DECHEMA

Monographien B

Elektrochemie in
Energie- und Umwelttechnik

VCH

DECHEMA

Monographien

Sammelbände mit
Einzeldarstellungen über
Forschung und Entwicklung auf
Gebieten des
Chemischen Apparatewesens,
der Chemischen Technik und
der Biotechnologie

begründet von
Max Buchner † und Herbert Bretschneider †

herausgegeben im Auftrag der DECHEMA
von Dieter Behrens

DECHEMA
Deutsche Gesellschaft für Chemisches Apparatewesen,
Chemische Technik und Biotechnologie e.V.
Frankfurt am Main

DECHEMA

Monographien Band 124

Elektrochemie in Energie- und Umwelttechnik

Vorträge von der Tagung der Fachgruppe Angewandte Elektrochemie der GDCh vom 10. bis 12. Oktober 1990, in Kassel
herausgegeben von A. Winsel

VCH

DECHEMA
Deutsche Gesellschaft für Chemisches Apparatewesen,
Chemische Technik und Biotechnologie e.V.
Postfach 97 01 46, Theodor-Heuss-Allee 25, D-6000 Frankfurt 97

CIP-Titelaufnahme bei der Deutschen Bibliothek

Elektrochemie in Energie- und Umwelttechnik: Vorträge von der Tagung der Fachgruppe Angewandte Elektrochemie der GDCh vom 10. bis 12. Oktober 1990 in Kassel / [DECHEMA, Deutsche Gesellschaft für Chemisches Apparatewesen, Chemische Technik und Biotechnologie e.V., Frankfurt am Main]. Hrsg. von A. Winsel. — Weinheim; Basel (Schweiz); Cambridge; New York, NY: VCH, 1991
(Dechema-Monographien ; Bd. 124)
ISBN 3-527-10218-3
NE: Winsel, August [Hrsg.]; Gesellschaft Deutscher Chemiker / Fachgruppe Angewandte Elektrochemie; Deutsche Gesellschaft für Chemisches Apparatewesen, Chemische Technik und Biotechnologie: DECHEMA-Monographien

Vertrieb an Nicht-Dechema-Mitglieder:
VCH Verlagsgesellschaft, Postfach 10 11 61, D-6940 Weinheim (Bundesrepublik Deutschland)
Schweiz: VCH Verlags-AG, Postfach, CH-4020 Basel (Schweiz)
Großbritannien und Irland: VCH Publishers (UK) Ltd., 8 Wellington Court, Wellington Street, Cambridge CB1 1HZ (Great Britain)
USA und Canada: VCH Publishers, Suite 909, 220 East 23rd Street, New York, NY 10010-4606 (USA)

Herausgegeben von A. Winsel und D. Behrens
in Zusammenarbeit mit der
DECHEMA Deutsche Gesellschaft für Chemisches Apparatewesen,
Chemische Technik und Biotechnologie e.V., Frankfurt am Main

Redaktionelle Bearbeitung: Wolf-Heinrich Kühne, Frankfurt am Main

Verantwortlich für den Inhalt der Beiträge: die Autoren

Reihe Dechema-Monographien ISSN 0070 315X
Band 124 ISBN 3-527-10218-3

Herstellung: Schön & Wetzel GmbH, Frankfurt am Main
Printed in Germany

Vorwort

Unter dem Motto Elektrochemie in Energie- und Umwelttechnik behandelte die Tagung 1990 der Fachgruppe Angewandte Elektrochemie der GDCh in Kassel diese beiden zukunftsträchtigen Arbeitsgebiete der Elektrochemie. Vor einhundert Jahren begann die industrielle Alkalichloridelektrolyse, die seitdem neben der Batterietechnik das beherrschende Verfahren der angewandten Elektrochemie ist und im Laufe der Jahre unter dem Einfluß des sich ausbildenden Energie- und Umweltbewußtseins einen regen Wandel erfahren hat. Der Alkalichloridelektrolyse einschließlich der Salzgewinnung galten die ersten Vorträge des Tagungsprogramms, dem auch die Zusammenstellung der Artikel dieses Buches folgt: Elektrolysen, Elektrochemische Grundlagen, Elektrochemie in der Umwelttechnik und Elektrochemie in der Energietechnik sind die zusammenfassenden Überschriften. Die zahlreichen Poster wurden ebenfalls unter den Rubriken Elektrochemie in der Energietechnik und Elektrochemie in der Umwelttechnik zusammengefaßt.

Die Vorbereitungen zur Kasseler Fachgruppentagung fielen in die Zeit eines vorher unvorstellbaren politischen Wandels. Schließlich konnten zum ersten Mal in unserem Berufsleben alle Fachkollegen aus dem vereinigten Deutschland ungehindert zusammentreffen und ihre Erfahrungen austauschen. Deshalb dürften die Statusberichte zum Hauptthema aus der früheren DDR, aus Österreich, den Niederlanden und der CSFR ebenso willkommen sein wie die zahlreichen Posterbeiträge aus vielen Ländern Europas.

Der große Umfang dieses Tagungsbandes erklärt sich aus den erstmalig durchgeführten Parallelsitzungen. Ob sie zu einer ständigen Einrichtung werden, hängt vom Echo der Tagungsteilnehmer ab. Sie kamen diesmal zahlreich wie nie zuvor aus Ost und West zur Tagung, die in den Räumen der Universität Gesamthochschule Kassel stattfand, wirksam unterstützt von deren Verwaltung. Unterstützung fand die Tagung jedoch auch durch die Beteiligung der Industrie im Kasseler Raum am Exkursionsprogramm der Fachgruppe. Wir haben jedoch besonders der Deutschen Forschungsgemeinschaft für die großzügige Gewährung von Reisekostenzuschüssen für unsere Kollegen aus den neuen Bundesländern zu danken.

Frankfurt am Main

W.-D. Lutz
Vorsitzender der GDCH-Fachgruppe
Angewandte Elektrochemie

Kelkheim, im Januar 1991

A. Winsel
Wissenschaftlicher Betreuer

Inhalt

Elektrolysen

E. Schadow, D. Bergner, J. Russow 3
100 Jahre technische Alkalichlorid-Elektrolyse
Technologiewandel unter Umweltaspekten

J. Jörissen, K. H. Simmrock 21
Einsatz von Gaselektroden in Zellen für die Alkalichlorid- und die Natriumsulfat-Elektrolyse

R. Reimer 37
Die Gewinnung und Aufbereitung von Steinsalz und Sole in der Bundesrepublik Deutschland

H. Matschiner, W. Thiele, R. Trutschel 49
Neue Einsatzmöglichkeiten für Gas-Lift-Zellen

Elektrochemische Grundlagen

J. Barthel, R. Buchner, H.-J. Gores 65
Struktur der Elektrolytlösung und ionische Leitfähigkeit

G. Nimtz 85
SIMIT: Der Metall-Isolator Übergang kleiner Metalle

G. J. Richter 97
Zum Design von Legierungskatalysatoren für die elektrochemische Energiedirektumwandlung bei tiefen Temperaturen

J. W. Schultze 109
Elektrochemische Eigenschaften wichtiger Metalloxide und ihr Einfluß auf den Reaktionsort von Elektrodenprozessen

K. Wiesener 121
Die angewandte Elektrochemie in der ehemaligen DDR — Beiträge zur Energie- und Umwelttechnik

J. Mrha 125
Elektrochemie in Energie- und Umwelttechnik in der CSFR

Elektrochemie in der Umwelttechnik

E. Heitz 131
Verfahrenstechnik des elektrochemischen Korrosionsschutzes

R. Breder, M. J. Schwuger 149
Voltammetrische Ultraspurenbestimmung von Cadmium und Blei in Bodenextrakten

J. P. Pohl, P. Weißenfels 155
Untersuchungen zum elektrochemischen Verhalten eines amperometrischen Festelektrolyt-Sensors für Chlorgas

C. Harzdorf 175
Anwendung ionenselektiver Elektroden in der Umweltanalytik

A. Möbius, K. Wiesener 195
Elektrochemische Reinigung galvanotechnischer Abwässer

F. Beck, P. Hülser 201
Elektrochemische Untersuchungen zur kathodischen Tauchlackierung von Aluminium

T. Bachmann, I. Vermes, E. Heitz 221
Abbau umweltbelastender halogenierter Kohlenwasserstoffe durch Metalle

D. Schmal, P. J. van Duin, A. M. C. P. de Jong 241
Electrochemical Dehalogenation of Toxic Organic Compounds in Industrial Waste Water

H.-J. Schmidt, K. G. Weil 249
Electrochemical Lead Deposition from Highly Diluted Solutions

D. Bahnemann, D. Bockelmann, R. Goslich 261
Photoelektrochemische Systeme zur Entgiftung verunreinigter Gewässer

J.-M. Séquaris 283
Anwendung der Voltammetrie für die Untersuchung der Wechselwirkungen von Schwermetallionen mit biologischen Molekülen

Elektrochemie in der Energietechnik

U. Teutsch, A. Winsel 289
Untersuchungen zur galvanostatischen Entladung des Bleiakkumulators

J. Garche, K. Wiesener, A. Dietz 305
Zum Einfluß der Aktivmasse auf die Korrosion von Bleigittern

K. Ledjeff, T. Rohrbach, G. Schaumberg 317
Verfahrenstechnik der Hochtemperatur-Brennstoffzellen

H. Landes, K. Mund 337
Charakterisierung von Hochtemperatur-Brennstoffzellen durch Impedanzmessungen

K. Rühling, C. Fischer, O. Führer, A. Winsel 349
Elektrolyse- und Brennstoffzellen in Eloflux-Technik

W. Plieth, J. Hanulik, J. Fiala-Goldiger, A. Abraham 363
Rezyklisierung von Trockenbatterien

D. von Borstel 375
Das (überwundene) Quecksilberproblem der Primärzellentechnik

A. Kalberlah 391
Kraftfahrzeuge mit Elektro- und Elektrohybridantrieb unter Umweltgesichtspunkten

B. Willer 411
Netztechnik in speichergestützten Solar- und Windnetzen

A. Heinzel, J. Ahn, K. Ledjeff 425
Autarkes Solarhaus mit H_2/O_2-Speichersystem

K. Knaack, G. Sattler 435
Brennstoffzellensysteme in der Unterwassertechnik

H. Gehrke, U. Knöbel 447
Status der Brennstoffzellenentwicklung für den europäischen Raumgleiter HERMES

Ch. Fabjan, H. Kronberger, K. Kordesch 455
Arbeiten an der Zink-Brom-Batterie und an anderen Systemen in Österreich

Posterbeiträge

Elektrochemie und Umwelttechnik

G. Wiegleb, J. Heitbaum 485
Eigenschaften von Zinnoxid-Gassensoren in Dickschichttechnologie

P. C. Hauser, R. W. Cattrall, S. S. Tan, T. J. Cardwell, I. C. Hamilton 505
Fließinjektionsanalyse mit simultaner Detektion zur Nährstoffbestimmung in Böden und Düngemitteln

A. Hagen, J. Mattusch, G. Werner 513
Bestimmung von Phenolen mittels flußprogrammierter HPLC/EC

P. Wolf, H. Polligkeit, C. H. Hamann 525
Kathodische Prozesse in aliphatischen Alkoholen und Kohlenhydraten

S. Koter, C. H. Hamann 533
Zur Elektrosynthese von Alkoholaten: Transporteigenschaften von Membranen des Nafion-Typs in methanolischen Lösungen

E. Gülzow, A. Winsel 543
Nitratreduktion mit Wasserstoffelektroden

M. A. Azzem, W. Hoffmann, K. Peters, E. Steckhan 551
Organische Oxidationsreaktionen mit elektrochemisch in-situ regenerierbaren Redox-Katalysatoren — ein Beitrag zum Umweltschutz

K. J. Müller 561
Neue Entwicklungen und Anwendungen des enViro-cell-Verfahrens zur elektrochemischen Abwasserreinigung

R. Schein, D. Bar 571
Wasserzersetzung an bipolaren Elektrodialyse-Membranen — Anwendung zur Reinigung von Säuren

Photoelektrochemie an Halbleitern

K. Wolff, B. R. Müller, D. Bahnemann, D. Meissner 593
Ladungstransferprozesse an Halbleiterteilchen

I. Uhlendorf, B. Kastening, R. Reineke, D. Meissner, R. Memming 599
Charakterisierung photoelektrochemischer Zellen mittels der Impedanzspektroskopie

M. Schülke, D. Meissner 605
Photostromtransienten an Halbleiterlektroden

J. Rimmasch, B. Kastening, D. Meissner, R. Memming, R. Reineke 611
Bestimmung von Oberflächenzuständen und Mott/Schottky-Messungen an TiO_2-Elektroden

I. Lauermann, B. Kastening, D. Meissner, R. Memming, R. Reineke 617
Wasserspaltung an und Stabilisierung von SiC in wäßrigen Lösungen

R. Reineke 623
Wirkungsgrade elektrochemischer Solarzellen

R. Bertram, R. Dillert, M. Mueller von der Haegen, T. Neumann 629
Wasserstoffspeichernde Photokathoden

Elektrochemie in der Energietechnik

A. Bandi, M. Specht 639
Rutheniumhaltige Mischoxide für die solare Brennstofferzeugung

A. Winsel, C. Fischer 655
Neuartige Messungen an $Ni(OH)_2$ (Formationsverlauf, Leitfähigkeit und Selbstentladung)

E. Gülzow, W. Schnurnberger 675
Degradation von PTFE-gebundenen Gasdiffusionslektroden

J. Ahn, A. Heinzel, K. Ledjeff 683
Untersuchungen an bifunktionellen Elektroden für eine integrierte Elektrolyse- und Brennstoffzelle mit Polymerelektrolyt

D. Ohms, R. Franke, S. Herzog, K. Wiesener 697
Anwendung von modifizierten Kohleelektroden für die kathodische Sauerstoffreduktion in Brennstoffzellen und technischen Elektrolyseprozessen

L. Binder, K. Kordesch, W. Taucher 713
Die Weiterentwicklung des wiederaufladbaren alkalischen Zink-Braunstein-Systems

S. Fichtner, A. Preuße, U. Eckoldt, D. Rahner, K. Wiesener 717
Lithiumlegierungen als Anodenmaterialien in sekundären Lithiumbatterien

J. O. Besenhard, M. Buser, M. Schwake 725
CrO_3-arme Chromoxide CrO_x als Kathodenmaterial für Lithium-Batterien hoher Energie- und Leistungsdichte

B. Rasch, E. Cattaneo, P. Novák, W. Vielstich 739
Zur anodischen Oxidation von Propylencarbonat an Platin — eine „in situ“ FTIR- und on-line MS-Studie

R. Knödler, H. P. Boßmann, G. Lilienkamp, F. Harbach 751
Entwicklung eines Alkalimetall-Thermoelektrischen Converters (AMTEC)
für die umweltfreundliche Stromerzeugung

H. Kronberger, G. Fafilek, Ch. Fabjan 759
Elektrochemische Speicherung und Nutzung von Solarenergie
für die Elektrotraktion

V. Vogt 767
Berechnungsverfahren für die Konzentrationsüberspannung
bei der Wasserstoffproduktion

Autorenverzeichnis 777

Elektrolysen

100 Jahre technische Alkalichlorid-Elektrolyse Technologiewandel unter Umweltaspekten

E. Schadow, D. Bergner, J. Russow
HOECHST AG, Frankfurt am Main

Zusammenfassung
Seit Beginn der chemisch-industriellen Produktion stellen Natronlauge und Chlor wichtige Grundprodukte für die chemische Industrie dar. Seit 100 Jahren werden für die Herstellung der beiden Koppelprodukte nahezu ausschließlich elektrochemische Verfahren angewendet. Die rasche Ausbreitung und technische Weiterentwicklung der Verfahren bis zur Gegenwart ist durch eine laufende Optimierung der einzelnen Verfahrensschritte unter dem Zwang wirtschaftlicher und ökologischer Anforderungen geprägt. Die Sicherheit und die Wirtschaftlichkeit der Verfahren wurden durch eine Vielzahl technischer Neuentwicklungen entscheidend verbessert. Dies läßt sich am deutlichsten am Energieverbrauch ablesen. Die Umweltbelastung konnte durch gezielte Maßnahmen wesentlich vermindert werden. Mit dem neu entwickelten Membranverfahren steht heute ein Prozeß zur Verfügung, welcher die Vorteile der beiden klassischen Verfahrensvarianten - niedrigeren Stromverbrauch und hohe Produktreinheit - mit einer vorbildlichen Umweltverträglichkeit in sich vereinigt.

Summary
Since the beginning of industrial chemical production, caustic soda and chlorine have represented important basic products in the chemical industry. For 100 years electrochemical processes have been almost exclusively used in the production of both these linked products. The rapid spreading and technical development of the processes have been marked by continuous improvement of the individual process steps under the constraints of economic and environmental requirements. The safety and economy of the processes have been improved decisively by a multitude of technical innovations. This is demonstrated most clearly by the reduction in energy consumption. The environmental pollution has been reduced considerably by specific measures. With the newly developed membrane method a process is available today which combines the advantages of the two classical process variations - low power consumption and high product purity - with an exemplary environmental compatibility.

Résumé

Depuis le début de la production industrielle de produits chimiques, la lessive de soude et le chlore représentent des produits de base importants pour l'industrie chimique. Depuis près de 100 ans, la fabrication de ces deux produits accouplés se fait presque exclusivement avec des procédés électrochimiques. L'expansion rapide et le perfectionnement technique des procédés jusqu'à notre époque ont été marqués par l'optimisation permanente des différentes étapes sous la contrainte des exigences économiques et écologiques. La sécurité et la rentabilité desprocédés ont été améliorées de manière décisive par une multitude de développements techniques. Ceci se mesure au mieux à la consommation d'énergie. Les nuisances causées à l'environnement ont pu être considérablement diminuées par des mesures ciblées. Le procédé à membrane récemment développé représente aujourd'hui un perfectionnement qui réunit les avantages des deux variantes classiques - une faible consommation de courant et un degré de pureté élevé des produits - en offrant simultanément une excellente compatibilité avec l'environnement.

1. Bedeutung der Produkte Natronlauge und Chlor

Natronlauge und Chlor zählen seit Beginn der Chemikalien-Produktion zu den wichtigsten Vorprodukten und Hilfschemikalien für die unterschiedlichsten Produktionszweige.
Weltweit werden heute jährlich etwa 33 Millionen Tonnen Chlor und etwa 37 Millionen Tonnen Natronlauge (als Natriumhydroxid gerechnet) praktisch ausschließlich nach dem Elektrolyseverfahren hergestellt. Wegen ihrer Anwendungsbreite stellen Natronlauge und Chlor einen aussagekräftigen Maßstab für die chemische Produktion eines Landes dar. Hierzu ist in Abb. 1 die Entwicklung der Natronlauge- und Chlorproduktion in der Bundesrepublik Deutschland im Vergleich zu der gesamten Chemieproduktion dargestellt.

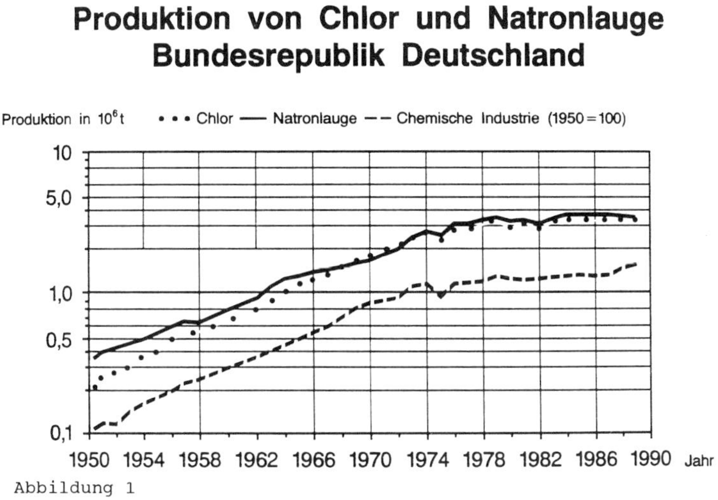

Abbildung 1

Natronlauge und Chlor sind verfahrenstechnisch bedingt Koppelprodukte. Da voneinander unabhängige Herstellverfahren für die beiden Produkte mengenmäßig praktisch keine Rolle spielen und auch Lagermöglichkeiten für beide Produkte vernachlässigbar gering sind, ist jeweils der Ausgleich der Mengenanforderungen für beide Produkte eine wichtige Steuerungsaufgabe.

Einen Überblick über die Hauptanwendungsgebiete für Natronlauge und Chlor geben die Abb. 2 und 3; wobei im Falle der Natronlauge etwa nur 70 % des Gesamtverbrauches erfaßt, aber als repräsentativ anzusehen sind.

Verbrauch Natronlauge

Bundesrepublik Deutschland 1987

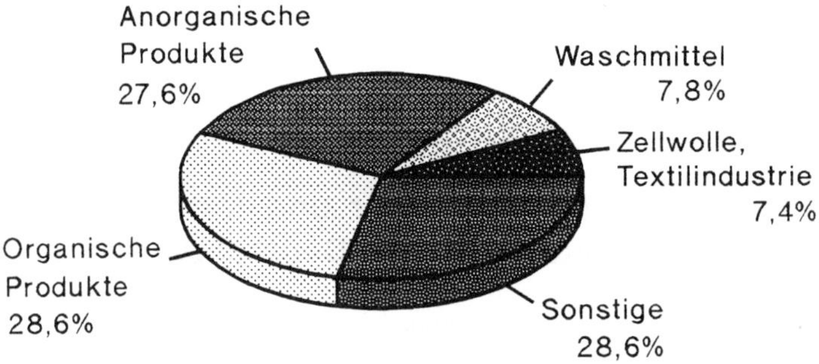

Abbildung 2

Verbrauch Chlor

Bundesrepublik Deutschland 1987

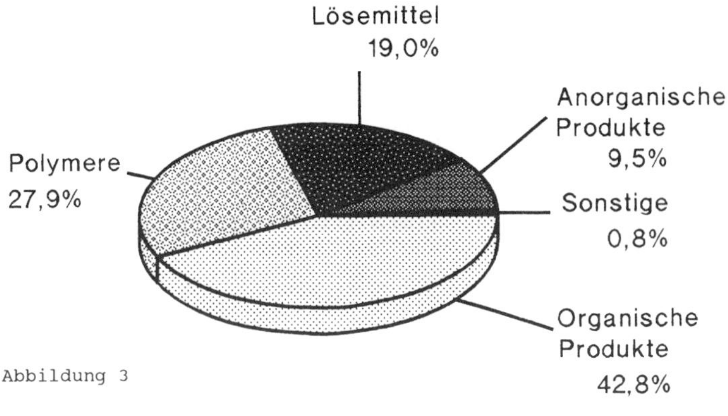

Abbildung 3

2. Zur ökologischen Bedeutung des Chlors

Von den drei Elektrolyseprodukten Natronlauge, Chlor und Wasserstoff sind das Chlor bzw. die synthetisch hergestellten Chlorverbindungen durch die Reizbegriffe Dioxin, Chloridfracht in Gewässern, Ozonloch, Chlorpestizide, Per oder andere chlorierte Lösemittel in die öffentliche Diskussion geraten, so daß letztlich alle chlorhaltigen Chemikalien in einen Topf geworfen und pauschal verteufelt zu werden drohen. Angesichts der Menge des hergestellten und weiterverarbeiteten Chlors ist eine solche Diskussion verständlich, eine pauschale Verdächtigung oder gar eine pauschale Verurteilung sicherlich nicht statthaft.

Mit einem Anteil von 0,013 % in der oberen Erdkruste gehört Chlor zu den zwanzig häufigsten Elementen und hat damit einen ähnlichen Anteil wie Kohlenstoff und Chrom. In Form seiner zahlreichen Verbindungen ist Chlor ein ubiquitäres Element. Infolge seines hohen Oxidationspotentials kommt es in der Natur nicht in elementarer Form vor, sondern liegt sowohl in Form von Salzen als auch in Form von Kohlenstoffverbindungen vor.
Synthetisch hergestellte Chlorverbindungen wie z. B. Polyvinylchlorid, chlorierte Lösemittel, Fluorchlorkohlenwasserstoffe, Pflanzenschutzmittel und chlorierte Aromaten sowie chlorfreie Produkte wie z. B. Polytetrafluorethylen (PTFE), Polyurethane, Silicone, hochreines Silicium und Titandioxid, die unter Verwendung von Chlor hergestellt werden, stellen wichtige und teilweise auch unverzichtbare Produkte der Chlorchemie dar. Etwa 60 % des Umsatzes der chemischen Industrie hängen direkt mit Chlor oder Natronlauge zusammen.

Eine ökologische Bewertung der synthetisch hergestellten chlorhaltigen Verbindungen kann nur für jede einzelne Verbindung getrennt anhand der chemischen, physikalischen, toxikologischen und ökologischen Daten erfolgen. Die Sammlung dieser Daten hat das Beratergremium für Umweltrelevante Altstoffe (BUA) der Gesellschaft Deutscher Chemiker übernommen. Bestehende Lücken werden in einem von der Industrie getragenen Untersuchungsprogramm geschlossen. Die abschließende Bewertung erfolgt durch das Bundesumweltministerium bzw. das Bundesumweltamt als Fachbehörde.

Mit diesen Maßnahmen, die zum Teil zeitaufwendige, zusätzliche Untersuchungen bedingen, wird sichergestellt, daß die Verwendung dieser Stoffe einschließlich ihrer Handhabung bei der Weiterverarbeitung den heutigen ökologischen Anforderungen entspricht.

3. Wirtschaftliche Überlegungen zur Entwicklung eines elektrochemischen Verfahrens zur Herstellung von Natronlauge und Chlor

Ende der siebziger Jahre des letzten Jahrhunderts geriet die Chemische Fabrik Griesheim in Frankfurt, ein Hersteller von Grundchemikalien, dadurch in wirtschaftliche Schwierigkeiten, daß erstens die bisherigen Abnehmer eine Eigenproduktion dieser Chemikalien begannen, und daß zweitens das bisher ausgeübte Le Blanc-Verfahren zur Herstellung von Soda gegenüber dem neu entwickelten Verfahren von Solvay nicht mehr konkurrenzfähig war. Der ersten Schwierigkeit begegnete man mit dem klassischen Mittel der Vorwärtsintegration, der zweiten Schwierigkeit war man allein nicht gewachsen, sondern gründete zusammen mit anderen Sodaherstellern in Deutschland 1884 ein Konsortium zur Ausarbeitung eines elektrochemischen Herstellverfahrens für Alkali und Chlor. Unter der Leitung von Ignaz Stroof wurde die Verfahrensentwicklung in Griesheim vorangetrieben.

Unter Verwendung eines Zementdiaphragmas konnte bereits nach drei Jahren intensiver Entwicklungsarbeit nachgewiesen werden, daß das Verfahren im Dauerbetrieb störungsfrei durchführbar war und für eine kontinuierliche Produktion geeignet sein sollte. Bereits Mitte Februar 1890 wurde in Griesheim in vergrößerten, technischen Zellen die Produktion von 1,5 t Kaliumhydroxid und 2,5 t Chlorkalk pro Tag aufgenommen (Abb 4). Die einzelnen Elektrolysezellen bestanden aus einem trogförmigen Behälter aus Zement mit einer Verstärkung aus Eisen, in den an den Längsseiten die oben erwähnten Zementdiaphragmen eingegossen waren. Diese Halbzellen wurden mit einem Zementdeckel verschlossen, von welchem die Anoden aus Retortengraphit in die Zelle hineinhingen. Mehrere solcher Halbzellen waren parallel in einem Eisenkasten angeordnet. Zwischen diesen Halbzellen befanden sich als Kathoden Eisenbleche, die mit dem Kasten verbunden waren. Die Zelle konnte mit Dampf beheizt werden, das Chlor wurde durch den Anodendeckel abgezogen, während der Wasserstoff ins Freie abgelassen wurde (Abb. 5).

Abbildung 4
Alkalichlorid-Elektrolyse
Griesheim 1890

Abbildung 5
Diaphragma-Elektrolyse
zellen um 1900

Die Entwicklung verlief in den folgenden Jahren so stürmisch, daß die neu ausgegründete Chemische Fabrik Griesheim Elektron AG im Jahre 1900 nach dieser Methode bereits 21 000 t Kaliumhydroxid produzierte und ab 1895 fünf Lizenzen für das Verfahren nach Deutschland, Frankreich, Spanien und Russland vergeben konnte.

Auch andere Unternehmen in Westeuropa und in den USA begannen aus denselben Gründen elektrochemische Verfahren zur Herstellung von Alkalien und Chlor intensiv zu untersuchen. So wurde 1892 mit den Le Sueur-Zellen in den USA erstmals ein Asbestdiaphragma eingesetzt. Parallel zu den Diaphragma-Zellen wurden ebenfalls 1892 die ersten Patente für das Amalgamverfahren unabhängig voneinander durch Castner in den USA und Kellner in Österreich angemeldet. 1895 wurde in Niagara Falls, USA, die erste technische Anlage nach diesem Verfahren in Betrieb genommen.

4. Die Optimierung der Verfahren unter wirtschaftlichen und ökologische Gesichtspunkten

4.1 Wirtschaftliche Randbedingungen

Die elektrochemischen Verfahrensvarianten - das Diaphragma- und das Amalgamverfahren und als neuere Variante das später zu behandelnde Membranverfahren - werden auch heute noch weltweit als konkurrenzlose Verfahren ausgeübt. Allerdings ist in Folge der beachtlichen Weiterentwicklung der beiden klassischen Verfahrensvarianten nur das Verfahrensprinzip erhalten geblieben. Die Antriebskräfte für die laufende Verfahrensverbesserung waren zunächst wirtschaftliche Zwänge zur Kostenminimierung und in den letzten Jahrzehnten zusätzlich ökologische Anforderungen.

Für die Auswahl zwischen den beiden klassischen Verfahrensvarianten gibt es verschiedene Kriterien, die je nach den lokalen Randbedingungen und sonstigen Anforderungen unterschiedliches Gewicht haben, so daß jeder Einzelfall unter Kostengesichtspunkten entschieden werden mußte. Primär stellt die Qualität der erzeugten Natronlauge das Hauptkriterium dar. Auch bei hohem zusätzlichen Reinigungsaufwand erreicht man für Diaphragma-Lauge nicht den für viele Anwendungszwecke erforderlichen niedrigen Chloridgehalt. Dem stehen für das Diaphragma-Verfahren Kostenvorteile aus dem niedrigeren Stromverbrauch für die Elektrolyse selbst und der Möglichkeit, das Salz direkt aus der Lagerstätte durch Solung zu gewinnen und zu verarbeiten, gegenüber.

Aus der Abb. 6 geht hervor, daß das früher in Deutschland bevorzugte Diaphragmaverfahren bis Mitte der 60er Jahre fast vollständig durch das Amalgamverfahren verdrängt wurde. Dies beruht auf dessen höherer Laugequalität. In den Folgejahren machen sich die Auswirkungen der japanischen Minimata-Krankheit bemerkbar - Quecksilbervergiftungen, die nicht durch Quecksilber aus der Elektrolyse verursacht wurden. Dies führte zu einer Abnahme des Anteils des Amalgamverfahrens zugunsten des Diaphragma-Verfahrens.

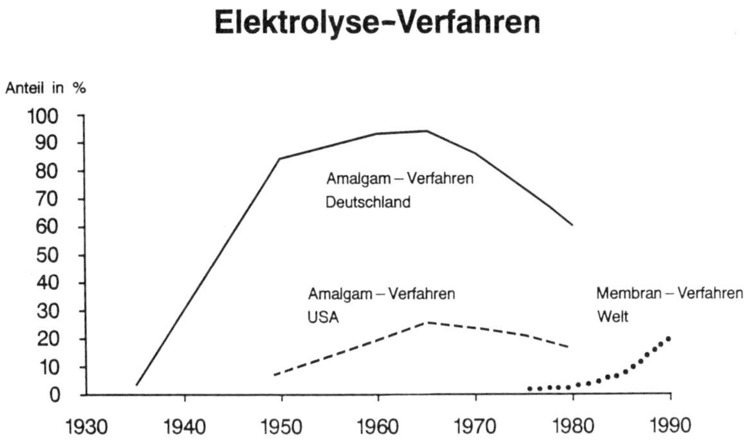

Abbildung 6

In den USA war die Situation von Anfang an anders. Die Amerikaner konnten ihre Elektrolysen direkt über die Salzlager bauen und dann das Salz in Form von Sole aus der Erde holen. Dadurch war der Diaphragmaprozeß wirtschaftlich so im Vorteil, daß die geringere Laugequalität in Kauf genommen wurde. Doch der Bedarf an reinerer Lauge ließ auch in den USA das Amalgamverfahren interessant erscheinen, aber nur kurze Zeit und in sehr viel geringerem Maße.

4.2 Technische Weiterentwicklung

Von den zahllosen technischen Verbesserungen, die die beiden klassischen Verfahrensvarianten erfahren haben, seien beispielhaft nur einige typische Entwicklungslinien herausgegriffen.

Über 50 % der Herstellkosten entfallen auf den Verbrauch an elektrischem Strom. Folglich besteht die wichtigste Aufgabe darin, den Energieverbrauch so gering wie möglich zu halten. Dies bedeutet in der Praxis, daß durch die Optimierung der Verfahrensführung insgesamt stromverbrauchende Nebenreaktionen und Folgereaktionen möglichst unterdrückt werden müssen. Die Wasserstoffentwicklung in der Amalgamzelle konnte z. B. durch eine wirkungsvollere Reinigung der Sole und Nebenreaktionen des Chlors wie z. B. die Chloratbildung, durch eine verbesserte Verfahrensführung deutlich verringert werden. Mit den heute erreichten Stromausbeuten von über 96 % ist derzeit die Entwicklung zu einem gewissen Abschluß gekommen.

Eine weitere wichtige Größe ist die Zellspannung, welche sich aus verschiedenen Teilbeträgen zusammensetzt und durch die folgende Gleichung beschrieben wird.

$$U = U_0 + k \cdot i$$

Hierbei ist U die gemessene Zellspannung, U_0 die reversible Zersetzungsspannung unter den vorgegebenen Verfahrensbedingungen (Elektrolytkonzentration, Temperatur und Druck), während der Anteil $k \cdot i$ alle diejenigen Zellspannungsanteile enthält, die von der Stromdichte $i/kA \cdot m^{-2}$ abhängig sind. Der Widerstandsbeiwert $k/V \cdot m^2 \cdot kA^{-1}$ ist eine weit gebräuchliche Kennziffer zur Charakterisierung der Leistungsfähigkeit einer Zelle. Da man zur Einsparung von Investitionskosten die Stromstärke auf den Elektroden möglichst hoch wählen muß, und damit möglichst kleine Elektrodenflächen installieren kann, muß der Widerstandsbeiwert möglichst gering gehalten werden. Von der Stromdichte abhängig sind:

- Der Spannungsabfall im Elektrolyten einschließlich der Gasblasen. Durch Einführung der Titananoden anstelle von Graphitanoden ließ sich der Gasblaseneffekt minimieren.

- Der Ohm'sche Spannungsabfall in den Zuleitungen, Kontakten und Elektroden. Dieser ließ sich durch Regelung des Elektrodenabstandes, durch eine automatische Erfassung und Vermeidung von Kurzschlüssen und durch die Einführung von Titananoden entscheidend verbessern.

- Die Überspannung bei der Abscheidung des Chlors oder des Wasserstoffs an den Elektroden. Durch eine sogenannte Aktivierung der Elektroden, die durch eine Beschichtung und/oder Vergrößerung der wirksamen Elektrodenoberfläche erreicht werden kann, läßt sich auch dieser Effekt minimieren.

Als typisches Ergebnis, bei welchem alle drei Effekte zusammenwirken, ist in der Abb. 7 die Verbesserung des k-Wertes in den letzten 20 Jahren dargestellt; zum Vergleich ist auch ein k-Wert für die Membranzelle angegeben. Die Einführung der aktivierten Titananode hat den entscheidenden Durchbruch bei der Optimierung der Leistungsfähigkeit der Amalgam- und Diaphragmenzelle gebracht und ist die Voraussetzung für die Entwicklung der weiter unten beschriebenen Membranzelle. Bei Amalgamzellen mit Stromdichten von 10 kA m^{-2} wird allein durch diese Maßnahme die Zellspannung um etwa 300 mV, d. h. der Stromverbrauch um ca. 7 % gesenkt.

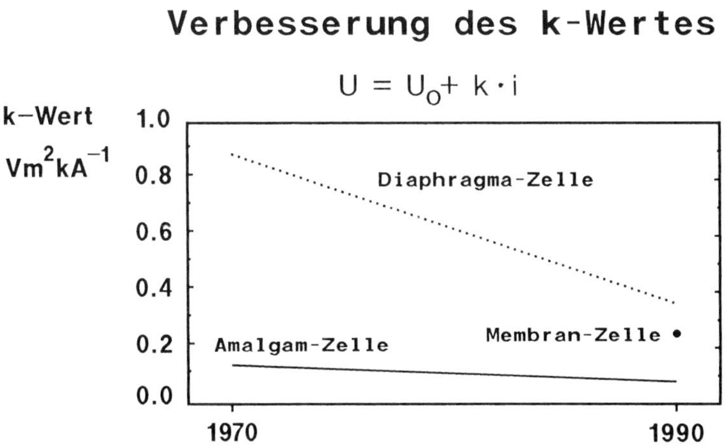

Abbildung 7

Nicht unerwähnt darf in diesem Zusammenhang bleiben, daß durch die moderne Elektrotechnik und durch die verfeinerte Meß- und Regeltechnik das Verfahren hinsichtlich des Stromverbrauchs entscheidend verbessert wurde.

Neben der bisher diskutierten Optimierung des Energieverbrauchs sind selbstverständlich auch die übrigen Verfahrensschritte mit den üblichen Methoden der Verfahrenstechnik laufend verbessert worden.

4.3 Ökologische Problemfelder

Wie ein Blick in die Vergangenheit zeigt, ist das Problembewußtsein für ökologische Aspekte eines großtechnischen Verfahrens erst in den beiden letzten Jahrzehnten so gewachsen, daß auch die Elektrolyse-Prozesse kritisch unter die Lupe genommen wurden. Für das Amalgam-Verfahren stehen hier die Quecksilber-Emissionen zur Debatte, während bei dem Diaphragma-Verfahren der Umgang mit Asbest vor allem unter arbeitsmedizinischen Aspekten diskutiert wird.

Obwohl die durch industrielle Aktivitäten hervorgerufenen Quecksilberemissionen nur einen Bruchteil der durch natürliche Vorgänge (Verwitterung, Vulkanismus) emittierten Menge ausmachen, haben die Elektrolysebetreiber seit Ende der 60er Jahre in Eigeninitiative und aufgrund behördlicher Richtlinien und Auflagen den Stand der Technik zur Verminderung der Quecksilberemission entscheidend verbessert. Wie aus der Abb. 8 hervorgeht ist innerhalb eines Jahrzehntes die Emission nahezu um eine Größenordnung gesenkt worden, wobei der größte Teil des Quecksilbers durch die Abluft (vgl. Abb. 9) emittiert wird. Durch konsequente Verwirklichung einer Vielzahl von Verbesserungsvorschlägen konnte die Prognose von 1980 in Höhe von 2 g Hg/t Cl_2 deutlich unterschritten werden.

Obwohl die über viele Jahrzehnte in der Diaphragma-Elektrolyse eingesetzten Asbestdiaphragmen nur etwa 0,1 % des gesamten Asbestverbrauches darstellten, wurde die weitere Verwendung von Asbest in jüngster Zeit in Frage gestellt. Eine Emission von Asbestfasern in die Atmosphäre ist während des eigentlichen Elektrolysebetriebes deswegen nicht möglich, weil in dem geschlossenen wäßrigen System allenfalls ein Austrag mit dem Abwasser (ca. 2 ppm) und mit der Natronlauge (ca. 0,02 ppm) erfolgt. Vorzugsweise bei der Fertigung, dem Transport und dem Einbau der Diaphragmen werden Partikel in die Umgebung emittiert. Der erste Schritt zur Verminderung

Quecksilberemissionen der Alkalichloridelektrolysen in der Bundesrepublik Deutschland (Produkte, Abwasser, Abluft)

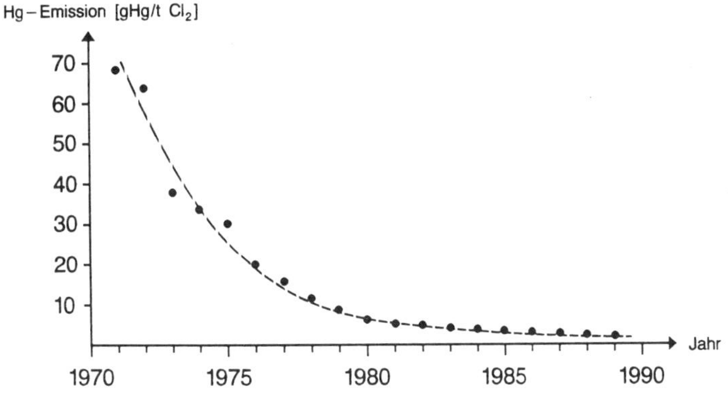

Abbildung 8

Quecksilberemissionen der Alkalichlorid-Elektrolysen Bundesrepublik Deutschland

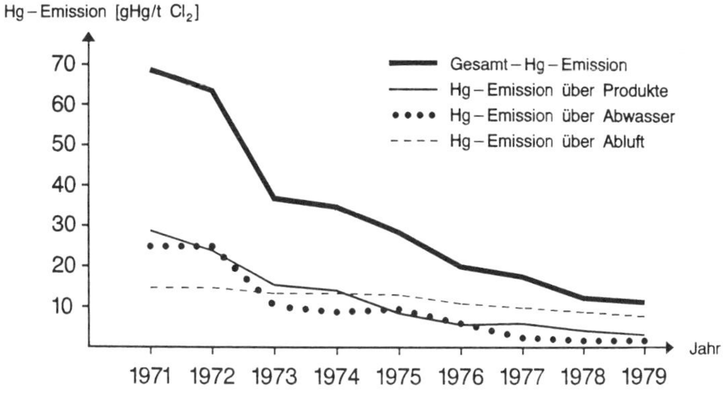

Abbildung 9

der Emission bestand in der Verwendung vorgefertigter, mit Schmelzfasern gebundener Diaphragmen, wobei die Fertigung selbst hinsichtlich der Emission deutlich verbessert werden konnte. Die bei der ordnungsgemäßen Deponie gebrauchter Diaphragmen sich ergebenden ökonomischen Zwänge haben dazu geführt, daß neue Diaphragmen auf der Basis von mikroporösen PTFE-Folien bzw. von PTFE-gebundenen Diaphragmen aus keramischen Fasern entwickelt wurden, wobei das zuletzt genannte Diaphragma aufgrund der bisher vorliegenden Praxiserprobung die Anforderungen erfüllt.

4.4 Zum heutigen Stand der Technik - das Membranverfahren

Obwohl die in der öffentlichen Diskussion angesprochene ökologische Problematik der beiden klassischen Verfahrensvarianten durch die Verfahrensverbesserungen auf ein vertretbares Maß zurückgeführt werden konnte, wurde dringend ein neues Verfahren gefordert, das diese Nachteile nicht aufweist, zumal ökologische Aspekte, losgelöst von realen Schäden, zunehmend höchste Priorität gewinnen.

Aber auch technische Fragen, die alle von der Idee eines verbesserten Diaphragmas ausgingen, spielten eine Rolle:

1. Das Asbestdiaphragma ist hydraulisch durchlässig; dies führt zu der bereits angesprochenen relativ hohen Salzkonzentration von ca. 1 % NaCl in der Lauge.

2. Das Asbestdiaphragma verändert seine Eigenschaften, unter anderem seine mechanische Festigkeit während des Betriebes.

3. Mit porösen Folien und Geweben, z. B. aus PTFE, konnten die Eigenschaften des Asbestdiaphragmas nicht nachgebildet werden.

Als DuPont Ende der 60er Jahre eine teure perfluorierte Ionenaustauscher-Membran, die für den Einsatz in Brennstoffzellen für die Raumfahrt gedacht war, bekanntmachte, lag es nahe, diese als Diaphragma einzusetzen. Die Eigenschaften der neuen Membran waren zunächst völlig unzureichend. Die Membran konnte auch wegen ihrer tuchartigen Struktur nicht ohne weiteres in die vorhandenen Diaphragmazellen eingebaut werden. Aber sie war mechanisch und chemisch stabil, sie war hydraulisch undurchlässig, d. h. man konnte eine hochreine, NaCl-freie Lauge herstellen.

In vielen Ländern, USA, England, Deutschland, Italien, vor allem aber in Japan wurden Membranzellen entwickelt. Infolge der gesetzlichen Zwänge und mit großzügiger staatlicher Unterstützung errichteten die Japaner bereits 1975 die ersten technischen Elektrolysen mit Membranzellen und erreichten dadurch einen großen Vorsprung.

Auch die Hoechst AG als traditioneller Anwender und Lizenzgeber für Alkalichlorid-Elektrolysen hat sich seit Beginn der 70er Jahre mit den Eigenschaften der Ionenaustauscher-Membranen und der Entwicklung von Membranzellen technischer Größe befaßt. 1983 konnte die Tochterfirma Uhde die erste technische Anlage mit Hoechst-Uhde-Membranzellen in Norwegen dem Betreiber übergeben; inzwischen sind über 1 Mio t/a NaOH-Kapazität mit dieser Technologie in 23 Elektrolyseanlagen verkauft worden. 1988 wurde im Werk Höchst eine Versuchsanlage mit einer Kapazität von 10.000 t pro Jahr Chlor zur Weiterentwicklung des Verfahrens und als Demonstrationsanlage in Betrieb genommen. Damit gehört Uhde mit einem Anteil von 14 % an der weltweiten Membranelektrolyse-Kapazität zu den führenden Verfahrensgebern auf diesem Gebiet (Abb. 10). Der Anteil der Membranelektrolyse an der Gesamtkapazität beträgt heute etwa 20 %. Wie aus der Abb. 11 hervorgeht, nimmt der Einsatz des Membranverfahrens weltweit in der typischen Form einer Wachstumskurve zu.

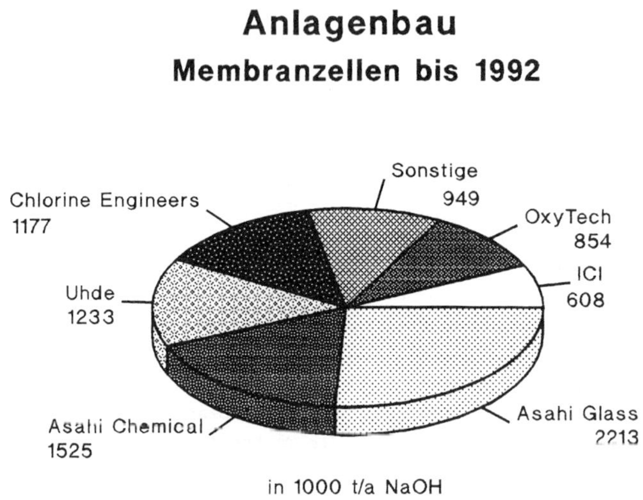

Abbildung 10

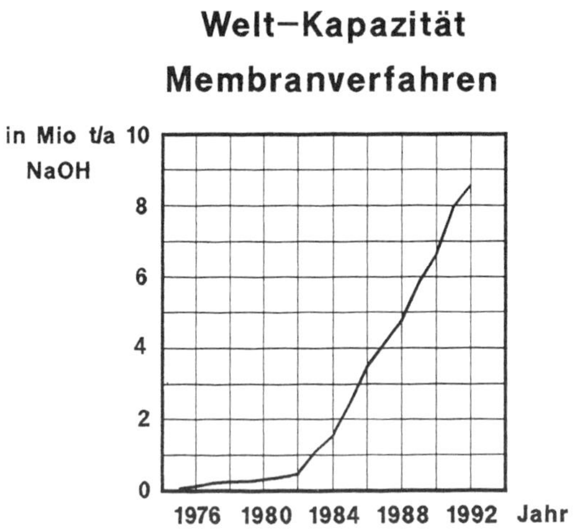

Abbildung 11

Der wesentliche Vorteil des Membranverfahrens liegt in dem niedrigeren Energieverbrauch, insbesondere dem niedrigeren Elektrolyse-Stromverbrauch, wie ein Vergleich mit den klassischen Verfahrensvarianten in Abb. 12 zeigt. Die bei der Ablösung des Amalgamverfahrens durch das Membranverfahren mögliche Energieeinsparung von etwa 25 % entspricht, übertragen auf die Alkalichlorid-Elektrolysen in der Bundesrepublik Deutschland, einer Kraftwerksleistung von etwa 300 MW. Bei einem modernen Steinkohlekraftwerk entspricht dieser Leistung eine Kohlendioxidemission von jährlich 1,8 Mio t. Damit ist das Membranverfahren unter ökonomischen und ökologischen Gesichtspunkten heute und für die voraussehbare Zukunft bei Neuinvestitionen das Verfahren der Wahl.

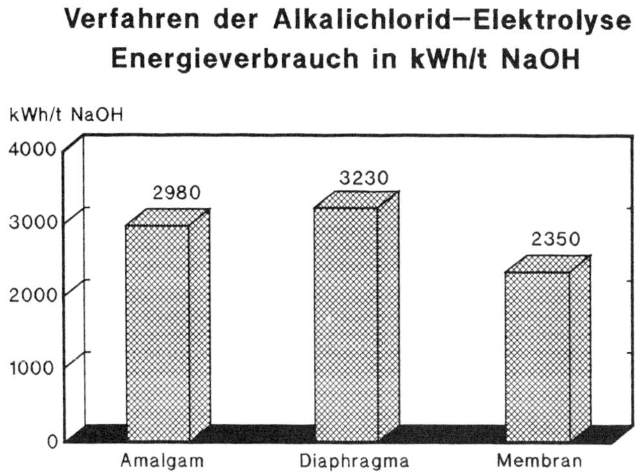

Abbildung 12

Einsatz von Gaselektroden in Zellen für die Alkalichlorid- und die Natriumsulfat-Elektrolyse

J. Jörissen, K. H. Simmrock

Lehrstuhl für Technische Chemie A, Fachbereich Chemietechnik, Universität Dortmund

Zusammenfassung

Durch Einsatz von Sauerstoffverzehr-Kathoden in der Alkalichlorid-Elektrolyse lassen sich unter Verzicht auf den Wasserstoff 20 - 30 % an elektrischer Energie einsparen. Die speziell hierfür entwickelten Elektroden auf Silber-PTFE-Basis (Silflon) besitzen die erforderliche Langzeitstabilität. Durch Drucksteigerung auf 5 bar mit reinem Sauerstoff konnte die Zellspannung zusätzlich um ca. 10 % abgesenkt werden. Versuche mit konstantem Sauerstoffpartialdruck von 1 bar und wachsendem Stickstoffgehalt durch Erhöhung des Gesamtdruckes zeigten keinen nennenswerten Anstieg der Zellspannung. Es bietet sich also an, anstelle reinen Sauerstoffs Luft im Druckbetrieb einzusetzen, wobei die aufwendige Luftzerlegung entfällt. Bei der Natriumsulfat-Elektrolyse liegt der Einsatz von Sauerstoffverzehr-Kathoden bzw. Wasserstoffverzehr-Anoden besonders nahe, da das zum Betrieb erforderliche Gas an der jeweiligen Gegenelektrode gebildet wird. Die Realisierbarkeit beider Varianten wurde experimentell bestätigt, wobei die Wasserstoffverzehr-Anode eine deutlich größere Energieeinsparung ermöglicht, weil die hohe Überspannung der Sauerstoff-Abscheidung vermieden wird.

Summary

By use of oxygen consuming cathodes in the alkali chloride elctrolysis a saving in electrical energy of 20 - 30 % is possible. The electrodes, developed especially hereto, based on silver-PTFE (Silflon), show the necessary long-time stability. By elevating the pressure up to 5 bar the cell voltage was lowered additionally by approx. 10 %. In tests at constant oxygen partial pressure of 1 bar and increasing nitrogen content by raising the total pressure no considerably higher cell voltage have been found out. Consequently air at elevated pressure instead of pure oxygen could be used, thus, the expensiv splitting of air will be no longer required. In case of the sodium sulphate electrolysis the application of oxygen consuming cathodes or of hydrogen consuming anodes is favourable because the needed gas is evolved at the respective counter-electrode. Both variants have been experimentally proved to be realizable. The hydrogen consuming anode is more efficient in energy saving since the high overvoltage of oxygen evolution is avoided.

Résumé

L'utilisation de cathodes de consommation d'oxygène dans l'électrolyse au chorure alcalin permet, en renonçant à l'hydrogène, d'économiser 20 à 30 % d'énergie électrique. Les électrodes à base de PTFE-argent (Silflon) spécialement mises au point à cette fin possèdent la stabilité longue durée requise. Lors d'une augmentation de la pression à 5 bars avec de l'oxygène pur, la tension de la cellule a pu encore être abaissée d'env. 10 %. Des essais effectués avec une pression partielle d'oxygène constante de l bar et une teneur en azote croissante par augmentation de la pression totale n'ont permis de constater aucune augmentation notoire de la tension de la cellule. Il convient donc de remplacer l'oxygène pur par de l'air en exploitation sous pression, ce qui rend la décomposition de l'air superflue. Lors de l'électrolyse du sulfate de sodium, l'utilisation de cathodes consommatrices d'oxygène ou d'anodes consommatrices d'hydrogène s'impose tout particulièrement puisque le gaz nécessaire à l'exploitation est produit sur la contre-électrode. La possibilité de réaliser ces deux variantes a été confirmée par voie expérimentale; ici, l'anode consommatrice d'hydrogène permet cependant une plus grande économie d'énergie puisque la surtension élevée de la séparation de l'oxygène est évitée.

1. Einsatz von Gaselektroden in der Alkalichlorid-Elektrolyse

1.1 Grundlagen

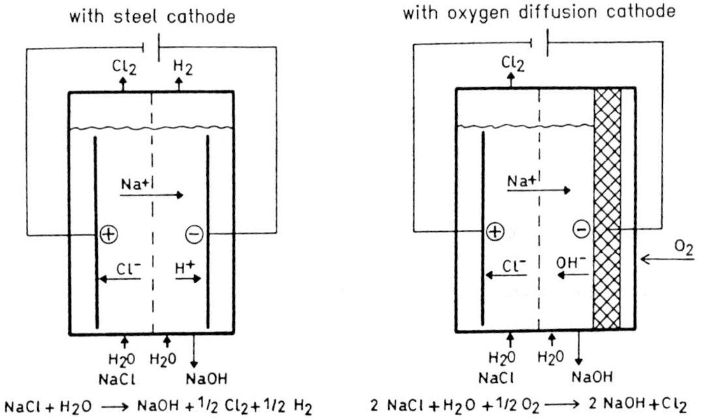

Abb. 1 Schema der Alkalichlorid-Elektrolyse
links: mit Wasserstoff-entwickelnder Kathode (Stahl-Kathode)
rechts: mit Sauerstoffverzehr-Kathode

In der Alkalichlorid-Elektrolyse sind Natronlauge und Chlor die Zielprodukte [1,2], wie es in der schematischen Skizze einer Membranzelle in Abb. 1 links gezeigt ist. Dagegen kann der an der Kathode als Koppelprodukt entwickelte Wasserstoff häufig lediglich als Heizgas genutzt werden (in Deutschland zu ca. 40 % [3]), wobei nur ein Bruchteil der zu seiner Erzeugung verbrauchten Energie wiedergewonnen wird. Der größte Teil dieser Energie läßt sich von vorneherein einsparen, wenn man unter Verzicht auf den Wasserstoff gemäß der Abb. 1 rechts eine Sauerstoffverzehr-Kathode, wie sie aus der Technologie der Brennstoffzellen bekannt ist, einsetzt. An der Sauerstoffverzehr-Kathode wird dann nicht mehr Wasser zu OH^--Ionen und Wasserstoff sondern Sauerstoff und Wasser zu OH^--Ionen reduziert.

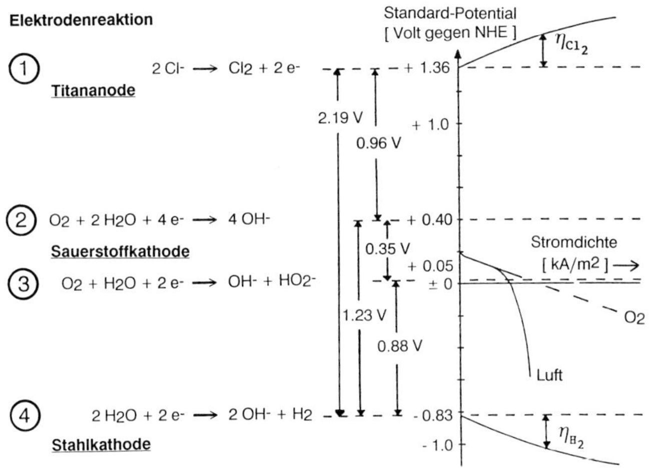

Abb. 2 Elektroden-Reaktionen und Standard-Potentiale [nach 4]

In der Abb. 2 sind die Elektrodenreaktionen und die zugehörigen Standardpotentiale dargestellt. Durch den Wechsel von der Wasserstoff-entwickelnden Stahlkathode (Reaktion (4), E_O = - 0.83 V) zur Sauerstoffverzehr-Kathode (Reaktion (2), E_O = + 0.40 V) wird theoretisch ein der Zersetzungsspannung des Wassers von 1.23 V entsprechender Betrag eingespart. Gegenüber der thermodynamischen Zersetzungsspannung des Natriumchlorids an einer Titananode (Reaktion (1)) und einer Stahlkathode (Reaktion (4)) von 2.19 V ist also eine maximale Einsparung an elektrischer Energie von 56 % möglich. Praktisch realisierbar erscheint eine Einsparung bei der Zellspannung von 0.8 bis 1.0 V, entsprechend 20 - 30 % der technischen Zellspannung, je nachdem welche Elektrolysezelle und Wasserstoff-entwickelnde Kathode man zum Vergleich heranzieht.

Der Einsatz von Sauerstoffverzehr-Kathoden für die Alkalichlorid-Elektrolyse wurde bereits vor mehreren Jahrzehnten vorgeschlagen (Übersichtsartikel z.B. [5,6,2]). Voraussetzung für die Nutzung der Reaktion (2) ist eine geeignete Gasdiffusionselektrode mit einem optimalen Katalysator wie z.B. Platin oder Silber. An Graphit oder Kohle, die häufig als Basismaterial in Brennstoffzellen-Elektroden eingesetzt werden, läuft die Reduktion des Sauerstoffs bevorzugt über das Peroxid-Ion ab (Reaktion (3), E_O = + 0.05 V). Da die Weiterreaktion des Peroxid-Ions langsam ist, reichert sich das Peroxid bei den in der Alkalichlorid-Elektrolyse üblichen hohen Stromdichten an. Dies hat eine wesentliche Verschlechterung des Potentials und eine unbefriedigende Lebensdauer der Elektrode zur Folge [6].

1.2 Meßergebnisse an Sauerstoffverzehr-Kathoden beim Betrieb mit reinem Sauerstoff

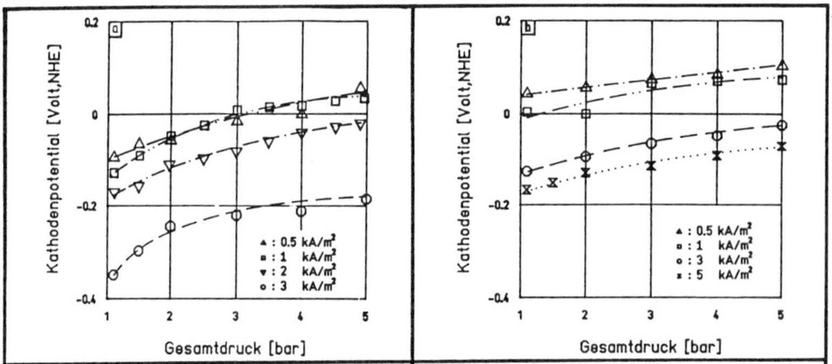

MEMBRAN : NAFION 324 KATHODE : VARTA KATHOL.-KONZ. : 24 GEW.-% NaOH	MEMBRAN : NAFION 901 KATHODE : SILFLON KATHOL.-KONZ. : 33 GEW.-% NaOH

GESAMTDRUCK : 1 - 5 BAR
O_2-KONZENTR. : 100 VOL.-%
TEMPERATUR : 80° C
ANODE : Ti + TiO_2/RuO_2
ANOL.-KONZ. : 23 GEW.-% NaCl

Abb. 3 Gegenüberstellung der Potentiale für Sauerstoffverzehr-Kathoden auf Kohle- (links) und Silber-Basis (rechts) [7]

In der Abb. 3 sind die Potentiale von Sauerstoffverzehr-Kathoden beim Betrieb mit reinem Sauerstoff als Funktion des Druckes und der Stromdichte dargestellt [7,8]. Im linken Teil für eine Elektrode der VARTA AG auf Kohlebasis, die kommerziell für einen anderen Einsatzbereich, nämlich für Zink-Luft-Batterien, produziert wird. Die rechte Seite gibt Meßwerte mit der speziell für die

Alkalichlorid-Elektrolyse entwickelten Silflon-Kathode der Hoechst AG [3] auf Silber-PTFE-Basis wieder. Die Kurvenverläufe sind zwar für beide Elektroden ähnlich, die Silflon-Kathode zeigt aber bei der Alkalichlorid-Elektrolyse wesentlich bessere Eigenschaften:

- sie arbeitet bei deutlich günstigeren Potentialen, da sie offenbar die Direktreduktion des Sauerstoffs zu OH^--Ionen katalysiert und so den Energieverlust durch die Peroxid-Zwischenstufe vermeidet,
- sie erreicht höhere Stromdichten,
- sie besitzt die erforderliche Langzeitstabilität,
- sie ist unempfindlich gegen Betriebsunterbrechungen, während eine Kohleelektrode in diesem Falle zerstört wird.

Durch Steigerung des Sauerstoff-Druckes auf 5 bar ergibt sich eine Potentialverbesserung von ca. 100 mV, ein wesentlich höherer Betrag als 12 mV, der Wert, der sich aus der Nernst - Gleichung ergibt. Als Ursachen für diesen Unterschied kommen die mit steigendem Druck wachsende Löslichkeit des Sauerstoffs im Elektrolyt und die Zurückdrängung des Wasserdampfanteils innerhalb der Kathodenporen in Betracht. Durch beide Effekte wird der Transport des Sauerstoffs zur Reaktionszone erleichtert. Galvanostatische Ein- und Ausschaltmessungen bestätigten, daß die Potentialverbesserung bei Druckerhöhung auf die Abnahme der durch den Stofftransport bestimmten Diffusions-Überspannung zurückzuführen ist.

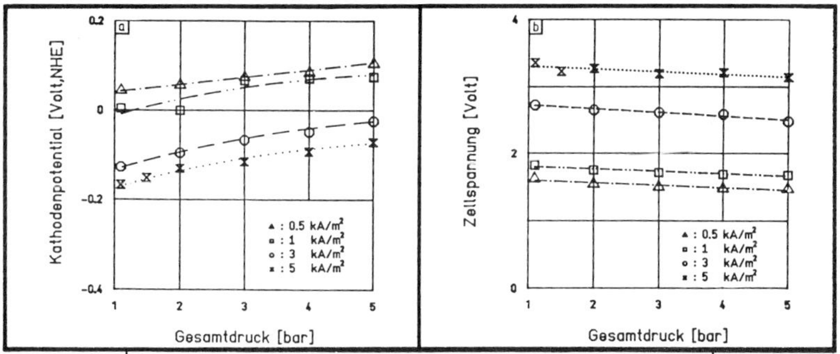

GESAMTDRUCK	: 1 - 5 BAR	MEMBRAN	: NAFION 901
O_2-KONZENTR.	: 100 VOL.-%	TEMPERATUR	: 80° C
KATHODE	: SILFLON	ANODE	: Ti + TiO_2/RuO_2
KATHOL.-KONZ.	: 33 GEW.-% NaOH	ANOL.-KONZ.	: 23 GEW.-% NaCl
ABSTAND KATHODE/ANODE - MEMBRAN	: 2 MM		

Abb. 4 Gegenüberstellung von Potentialen und Zellspannungen für die Silflon-Kathode [7]

In der Abb. 4 sind die Verläufe des Kathodenpotentials und der Zellspannung bei Variation von Druck und Stromdichte gegenübergestellt [7,8]. Durch die Drucksteigerung auf 5 bar bei reinem Sauerstoff ist eine zusätzliche Einsparung bei der Zellspannung von etwa 10 % erreichbar (0.23 V von 2.7 V bei 3 kA/m^2, Abb. 4 rechts), also mehr als doppelt so viel wie aus der Änderung des Kathodenpotentials folgt (0.1 V bei 3 kA/m^2, Abb. 4 links). Ein wesentlicher Grund dafür ist die Verkleinerung des Gasblasenanteils an der Anode und damit des Widerstandes im Anolyt.

1.3 Meßergebnisse an Sauerstoffverzehr-Kathoden beim Betrieb mit Luft

Aus wirtschaftlichen Gründen besteht Interesse daran, anstelle reinen Sauerstoffs Luft zur Versorgung der Sauerstoffverzehr-Kathode einzusetzen. Die Abb. 5 zeigt das Potential der Kohle-Kathode als Funktion des Gesamtdruckes bei unterschiedlichen Stickstoffgehalten von reinem Sauerstoff bis hin zu Luft, also auch bei wechselnden Sauerstoff-Partialdrücken von 0.2 bis 5 bar [7,8]. Der steile Abfall des Potentials bei niedrigem Gesamtdruck und hohem Stickstoffanteil, d.h. bei niedrigem Sauerstoff-Partialdruck, zeigt, daß die Elektrode in diesem Betriebszustand - selbst bei der für die Alkalichlorid-Elektrolyse sehr niedrigen Stromdichte von 0.5 kA/m^2 - nicht mehr richtig arbeitet. Andererseits funktioniert die Kathode bei hohem Druck auch mit Luft einwandfrei. Bei Luft mit 5 bar, also bei einem Sauerstoff-Partialdruck von 1 bar, wird annähernd das gleiche Potential erreicht wie bei reinem Sauerstoff mit 1 bar.

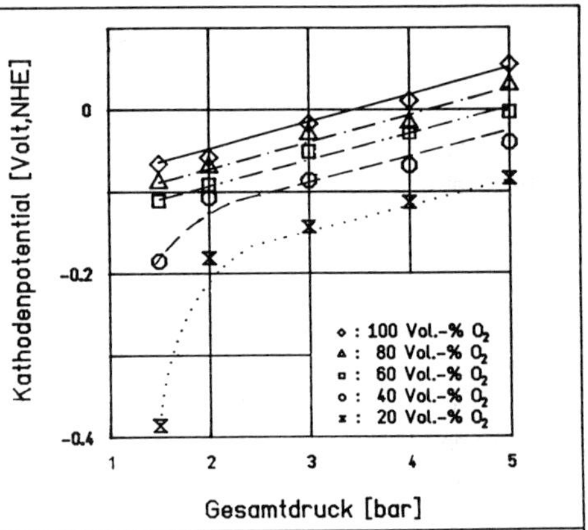

STROMDICHTE	: 0.5 KA/M^2	MEMBRAN	: NAFION 324
O_2-PARTIALDRUCK	: 0.2 - 5 BAR	TEMPERATUR	: 80° C
KATHODE	: <u>VARTA</u>	ANODE	: Ti + TiO_2/RuO_2
KATHOL.-KONZ.	: 24 GEW.-% NaOH	ANOL.-KONZ.	: 23 GEW.-% NaCl

Abb. 5 Abhängigkeit des Potentials der Kohle-Kathode vom Gesamtdruck für unterschiedliche Sauerstoff-Stickstoff-Gemische [7]

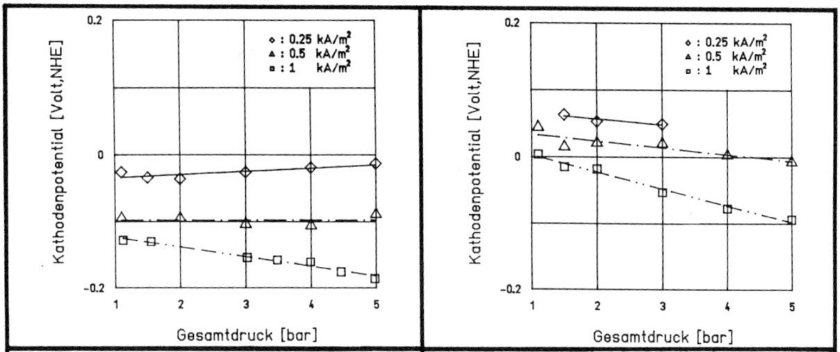

MEMBRAN : NAFION 324 KATHODE : VARTA KATHOL.-KONZ. : 24 GEW.-% NaOH	MEMBRAN : NAFION 901 KATHODE : SILFLON KATHOL.-KONZ. : 33 GEW.-% NaOH

GESAMTDRUCK : 1 - 5 BAR
O_2-PARTIALDRUCK: 1 BAR
TEMPERATUR : 80° C
ANODE : Ti + TiO_2/RuO_2
ANOL.-KONZ. : 23 GEW.-% NaCl

Abb. 6 Abhängigkeit des Potentials vom Stickstoffzusatz bei konstantem Sauerstoff-Partialdruck von 1 bar [7]
links: Kohle-Kathode rechts: Silflon-Kathode

Um zu klären, ob für die Potentialverschlechterung in erster Linie die Absenkung des Sauerstoff-Partialdruckes oder die Zugabe des Inertgases Stickstoff verantwortlich ist, wurden Versuche bei konstantem Sauerstoffpartialdruck von 1 bar und wachsendem Stickstoffgehalt durch Erhöhung des Gesamtdruckes durchgeführt [7,8]. Abb. 6 zeigt, daß sich die beiden Elektrodentypen dabei für niedrige Stromdichte unterschiedlich verhielten. In beiden Fällen erkennt man aber die mit steigender Stromdichte zunehmende Neigung. Würde nur der Sauerstoffpartialdruck das Verhalten bestimmen, dann sollten die Kurven als waagrechte Geraden (wie bei 0.5 kA/m^2 für die Kohle-Kathode in Abb. 6 links) verlaufen. Da dies nicht zutrifft, ist zu vermuten, daß das Kathodenpotential durch mindestens zwei unterschiedliche Effekte beeinflußt wird. Hier kommt einmal die zunehmende Diffusionshemmung durch den steigenden Stickstoffanteil für die Verschlechterung infrage (Abfall der Kurve). Die bereits erwähnte Reduzierung des prozentualen Wasserdampfanteils am Gesamtdruck, die die Diffusion des Sauerstoffs erleichtert, könnte dagegen das Ansteigen der Kurve bzw. die Verminderung ihres Abfalls bewirken.

Die Potential-Verschlechterung wird durch die bereits erwähnte Reduzierung des Spannungsabfalls auf der Anodenseite der Zelle in etwa kompensiert, so daß die Druckerhöhung durch Stickstoffzugabe bei konstantem Sauerstoff-Partialdruck nicht zu einem nennenswerten Anstieg der Zellspannung führt. Es bietet sich also an, anstelle reinen Sauerstoffs Luft im Druckbetrieb kleinerer Anlagen einzusetzen, wo dann die aufwendige Luftzerlegungsanlage entfallen kann. Eine Absenkung der Stromdichte ist dabei nicht erforderlich.

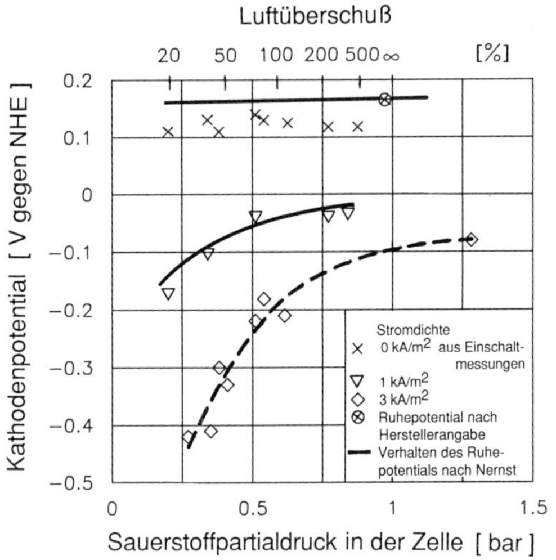

Zufuhrgas:	79 Vol.-% N_2	Katholyt:	33 Gew.-% NaOH
	21 Vol.-% O_2	Temperatur :	80°C
Gesamtdruck:	5 bar	Kathode:	Silflon
		Membran:	Nafion 901

Abb. 7 Potential der Silflon-Kathode als Funktion des Sauerstoff-Partialdruckes beim Luft-Betrieb mit 5 bar und unterschiedlichem Luftüberschuß [9]

Beim Betrieb mit Luft muß mit einem Luftüberschuß gearbeitet werden, um bei der partiellen Sauerstoff-Abreicherung den zugeführten Stickstoff auszuschleusen. Beim Druckbetrieb mit 5 bar würde sich der Sauerstoff-Partialdruck von 1 bar der unverbrauchten Luft nur mit einem unendlich großen Luftüberschuß in der Zelle aufrechterhalten lassen. Der Luftüberschuß sollte aber nicht zu hoch sein, da die Luft von Kohlendioxid gereinigt und komprimiert werden muß. In der Abb. 7 ist zu sehen, daß die Verschlechterung des Kathoden-Potentials mit sinkendem Sauerstoff-Partialdruck gegenüber dem Wert bei 1 bar von der Stromdichte abhängt [9]. Das Ruhepotential im stromlosen Zustand, das bei Einschaltmessungen bestimmt wurde, ist nahezu konstant während bei 3 kA/m^2 ein deutlicher Abfall erfolgt. Die Potential-Verschlechterung läßt sich aber auf etwa 100 mV bei 3 kA/m^2 begrenzen, wenn man mit 100 % Luftüberschuß bei 5 bar Gesamtdruck arbeitet und damit einen Sauerstoff-Partialdruck von ca. 0.6 bar einstellt.

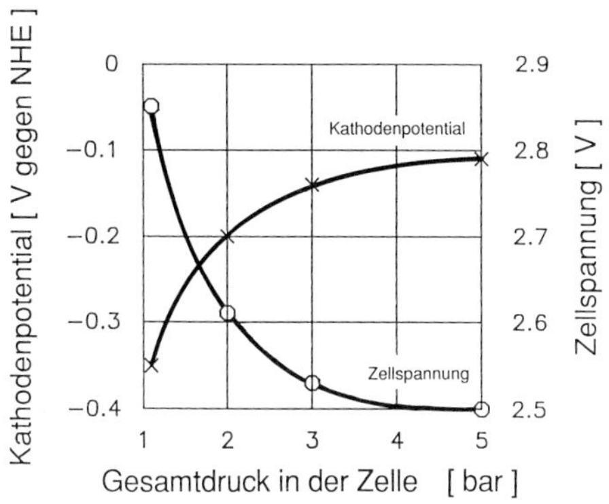

Gaszufuhr:	Luft synthetisch (22.3 Vol.-% O_2)	Stromdichte:	3 kA/m^2
		Temperatur:	80°C
O_2-Überschuß:	2.1-fach	Katholyt:	28 Gew.-% NaOH
Gasabfuhr:	11.5 Vol.-% O_2	Membran:	Nafion 901

Abb. 8 Zellspannung und Potential der Silflon-Kathode als Funktion des Gesamtdruckes im Luftbetrieb mit 2.1-fachem Luftüberschuß

Die Abb. 8 zeigt den Einfluß des Gesamtdruckes auf das Potential der Silflon-Kathode und die Zellspannung im Luftbetrieb mit 2.1-fachem (≙ 110 %) Luftüberschuß. Man erkennt wieder, daß mit steigendem Druck die Verringerung der Zellspannung größer als die Änderung des Kathoden-Potentials ist (siehe Abb. 4). Dies gilt besonders für die Drucksteigerung von Normaldruck auf 2 bar, wobei auch der größte Teil der Einsparung an elektrischer Energie erreicht wird. Die günstigsten Werte für den Gesamtdruck, den Luftüberschuß und die Stromdichte müssen auf der Basis dieser Daten in einer Optimierungsrechnung unter Berücksichtigung der Kompressionskosten und der Einsparung an elektrischer Energie ermittelt werden.

Die Sauerstoffverzehr-Kathode wäre von Interesse vor allem für kleine, dezentrale Anlagen der Alkalichlorid-Elektrolyse, die wegen der sicherheitstechnischen Probleme des Chlortransportes zunehmend an Bedeutung gewinnen. Durch Anwendung der Sauerstoffverzehr-Kathode würden sich 20 - 30 % an elektrischer Energie und damit auch an installierter Kraftwerksleistung einsparen lassen. Der Druckbetrieb erweitert die verfahrenstechnischen Möglichkeiten bei Verwendung von Luft anstelle von reinem Sauerstoff. Zellkonstruktionen für den Einsatz der Sauerstoffverzehr-Kathode im technischen Maßstab, wie z.B. die Fallfilmzelle, wurden bereits entwickelt und bis zum Technikumsmaßstab erprobt [3].

2. Einsatz von Gaselektroden in der Natriumsulfat-Elektrolyse

2.1 Grundlagen der Natriumsulfat-Elektrolyse

Die Natronlauge ist heute das bevorzugte Produkt der Alkalichlorid-Elektrolyse und ihr Wert wird steigen, da der Bedarf für das Koppelprodukt Chlor rückläufig ist. Es besteht daher zunehmendes Interesse an der Gewinnung von Natronlauge aus anderen Stoffen, z.B. aus Natriumsulfat, das weit über den Bedarf des Marktes hinaus anfällt [10]. Der nächstliegende Weg für die Aufarbeitung von Natriumsulfat zu Natronlauge und Schwefelsäure ist die Elektrolyse in einer Membranzelle wie sie für die Alkalichlorid-Elektrolyse eingesetzt wird (Abb. 9a).

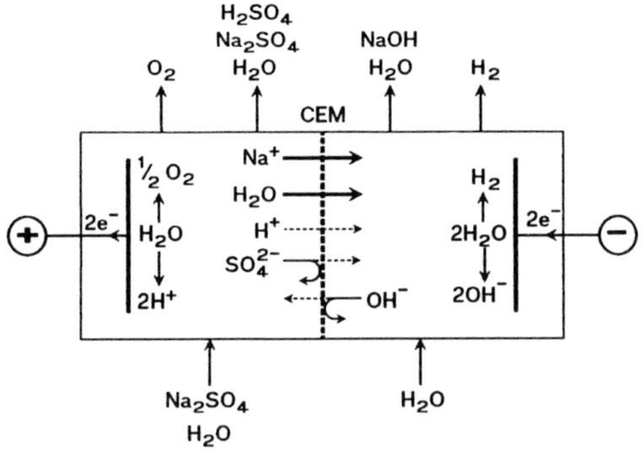

Abb. 9a Zweikammerzelle mit Kationenaustauscher-Membran (CEM) zur Gewinnung reiner Natronlauge und Natriumsulfat-haltiger Schwefelsäure

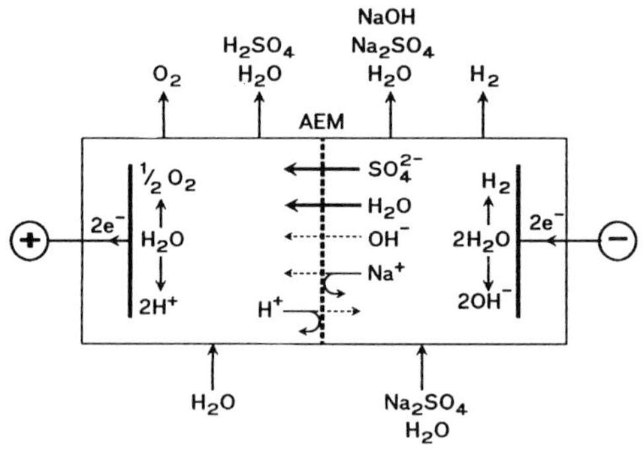

Abb. 9b Zweikammerzelle mit Anionenaustauscher-Membran (AEM) zur Gewinnung verdünnter reiner Schwefelsäure und Natriumsulfat-haltiger Natronlauge

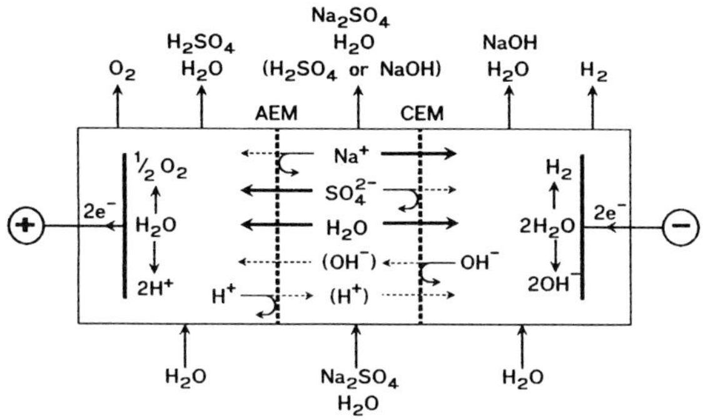

Abb. 9c Dreikammerzelle mit Kationen- (CEM) und Anionen- (AEM) Austauscher-Membran zur Gewinnung reiner Natronlauge und reiner Schwefelsäure

Abb. 9 Varianten der Natriumsulfat-Elektrolyse [11]

In Abb. 9 sind schematisch die verschiedenen Möglichkeiten dargestellt. An der Anode wird Wasser zu Sauerstoff und H^+-Ionen oxidiert, an der Kathode wird Wasser zu OH^--Ionen und Wasserstoff reduziert. Bei Verwendung einer Kationenaustauscher-Membran (CEM) gemäß Abb. 9a wird in Analogie zur Alkalichlorid-Elektrolyse die Natriumsulfat-Lösung in den Anodenraum eingespeist und zu einer Natriumsulfat-haltigen Schwefelsäure umgesetzt, während man im Kathodenraum reine Natronlauge erhält. Bei Einhaltung membranspezifischer Konzentrationsgrenzen kann auch eine Zelle mit einer Anionenaustauscher-Membran (AEM) gemäß Abb. 9b zur Produktion verdünnter reiner Schwefelsäure und Natriumsulfat-haltiger Natronlauge verwendet werden. In der Dreikammerzelle gemäß Abb. 9c mit der Kombination beider Membrantypen lassen sich Natronlauge und Schwefelsäure frei von Natriumsulfat gewinnen [10,11].

Bei der Natriumsulfat-Elektrolyse sind Natronlauge und Schwefelsäure die Zielprodukte, während die an den Elektroden gebildeten Gase Wasserstoff und Sauerstoff beide als geringwertige Nebenprodukte anzusehen sind. Besonders hier bietet sich der Einsatz von Gasdiffusionselektroden an, da das zum Betrieb erforderliche Gas an der jeweiligen Gegenelektrode gebildet wird.

2.2 Einsatz einer Sauerstoffverzehr-Kathode in der Natriumsulfat-Elektrolyse

Gemäß Abb. 10 ließ sich die Sauerstoffverzehr-Kathode (Silflon) in der Natriumsulfat-Elektrolyse mit dem an der Anode entwickelten Sauerstoff im stationären Zustand betreiben [12]. Eine geringe Menge Sauerstoff mußte dabei zusätzlich eingespeist werden, um die Verluste durch Lösung des Gases im Elektrolyt auszugleichen und den durch den Elektrolyt eingebrachten Stickstoff auszuschleusen. 5 % Sauerstoffzugabe reichten aus, um die ansonsten spürbare Potentialverschlechterung unter 100 mV zu halten.

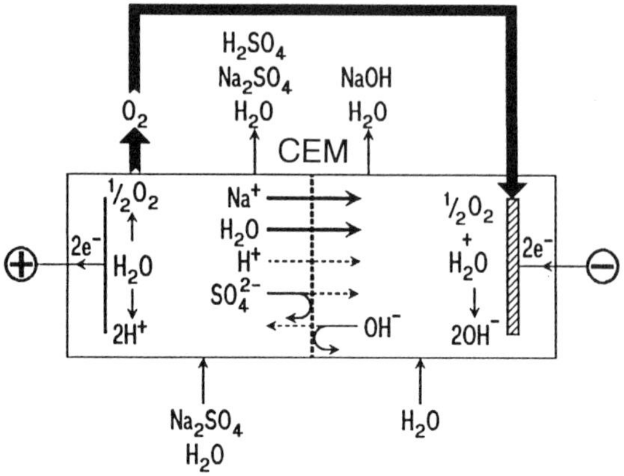

Abb. 10 Betrieb einer Sauerstoffverzehr-Kathode bei der Natriumsulfat-Elektrolyse mit dem an der Anode gebildeten Sauerstoff

Natriumsulfat-Elektrolyse

Zweikammerzelle mit Kationenaustauscher-Membran

Zellspannungsanteile in Volt bei 3 kA/m2 und 80°C

	konventionelle Zellen		mit Sauerstoff-Kathode	mit Wasserstoff-Anode
	herkömml. Elektroden	aktivierte Elektroden		
Anode:				
Platin glatt	2,2			
Titan/IrO2 (Heraeus, Neuzustand)		1,7	1,7	
H2-Anode (VARTA, Pt-Katalysator)				0,3
Kathode:				
Edelstahl	1,2			
Raney-Nickel		0,9		0,9
O2-Kathode (Hoechst Silflon)			0,2	
Anolyt:	0,1	0,1	0,1	0,1
Katholyt:	0,1	0,1	0,1	0,1
Membran:	0,4	0,4	0,4	0,4
Summe Zellspannung:	4,0	3,2	2,5	1,8

Tabelle 1 Zellspannungsanteile bei der Natriumsulfat-Elektrolyse

In der Tabelle 1 sind die ungefähren Zellspannungsanteile von Zweikammerzellen mit unterschiedlichen Elektroden für 3 kA/m^2 zusammengestellt. Das größte Potential weisen die Sauerstoff-entwickelnden Anoden infolge der hohen Überspannung auf: 2.2 V für glattes Platin (an Bleidioxid werden sogar 2.3 V erreicht). Durch Iridiumoxid-aktivierte Titananoden läßt sich der Betrag auf 1.7 V senken. Die Überspannung Wasserstoff-entwickelnder Kathoden, mit einem Potential von ca. 1.2 V für Edelstahl, kann durch Aktivierung z.B. mit Raney-Nickel weitgehend abgebaut werden, so daß sich ein Potential von ca. 0.9 V ergibt. Deutlich günstiger liegt das Potential der Silflon-Kathode mit 0.2 V, wie es bei dem erwähnten Betrieb unter Verwendung des anodenseitig gebildeten Sauerstoffs mit 5 % Überschuß auftritt [12]. Man erreicht dadurch gegenüber der Zelle mit herkömmlichen Elektroden eine Einsparung an elektrischer Energie von 38 % und gegenüber der Zelle mit aktivierten Elektroden 22 %.

2.3 Einsatz einer Wasserstoffverzehr-Anode in der Natriumsulfat-Elektrolyse

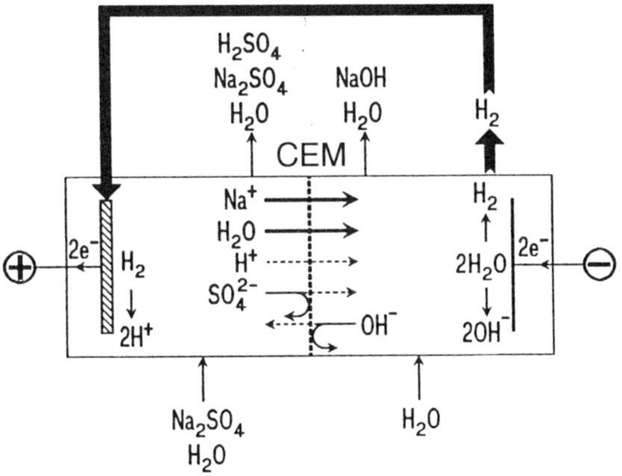

Abb. 11 Betrieb einer Wasserstoffverzehr-Anode bei der Natriumsulfat-Elektrolyse mit dem an der Kathode gebildeten Wasserstoff

Vorteilhafter für die Natriumsulfat-Elektrolyse ist der Betrieb einer Wasserstoffverzehr-Anode mit dem an der Kathode gebildeten Wasserstoff gemäß Abb. 11. In diesem Fall kann die auch an günstigen Elektrokatalysatoren hohe Überspannung der Sauerstoff-Abscheidung vermieden werden. An der Anode läuft dann die Reaktion ab:

$$H_2 \dashrightarrow 2\,H^+ + 2\,e^-$$

Mit platin-katalysierten Wasserstoffverzehr-Anoden auf Kohlebasis und einem Trägernetz aus Titan (VARTA AG) konnten Potentiale von 0.2 - 0.3 V gegen NHE bei 3 kA/m^2 erreicht werden. Der praktische Spannungsgewinn (gegenüber 2.2 bzw. 1.7 V, Tab. 1) ist also größer als der Unterschied der Standardpotentiale von 1.23 V, entsprechend einer Einsparung an elektrischer Energie von 40 % und mehr. Wasserstoffverzehr-Anoden können auch mit Wolframcarbid als Katalysator arbeiten, wobei etwas ungünstigere Potentialwerte erreicht werden [13,14].

Ein weiterer, wesentlicher Vorteil des niedrigen Anodenpotentials liegt darin, daß bei verunreinigtem technischem Natriumsulfat z.B. die Bildung von Chlor aus Chloriden oder die Oxidation organischer Stoffe verhindert wird. Derartige Reaktionen führen bei Sauerstoff-entwickelnden Anoden nicht nur zu unerwünschten Nebenprodukten sondern auch zu einer deutlichen Verminderung der Anoden-Lebensdauer. Elektrolyse-Verfahren, die bisher an einer zu geringen Anodenstandzeit gescheitert sind, könnten mit Hilfe der Wasserstoffverzehr-Anode realisierbar werden.

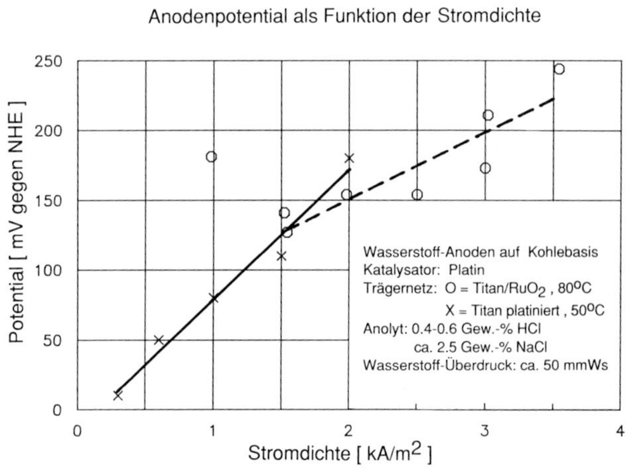

Abb. 12 Potential-Stromdichte-Kurven von Wasserstoff-Anoden auf Kohlebasis mit Platin-Katalysator in salzsaurer Lösung [12]

Als Beispiel für einen potentiellen Anwendungsfall von Wasserstoffverzehr-Anoden, der mit einer normalen gasentwickelnden Anode nicht möglich wäre, wurde Meerwasser im Anodenraum einer Elektrolysezelle teilweise zu Salzsäure umgesetzt, die dann zur Entcarbonisierung des Meerwassers in einer Entsalzungsanlage dienen soll [12]. Die Abb. 12 zeigt aus diesen Versuchen Potential-Stromdichte-Kurven für zwei von der VARTA AG hergestellte Wasserstoff-Anoden auf Kohlebasis mit Platin-Katalysator. Als Träger dienten Titan-Netze, die mit Rutheniumoxid bzw. Platinmetall beschichtet waren. Die letztgenannte Elektrode arbeitete bei 2 kA/m^2 mit Potentialen um 0.2 V für etwa 4 Monate störungsfrei ohne Chlorentwicklung.

Eine Alternative zur Natriumsulfat-Elektrolyse ist die Natriumsulfat-Elektrodialyse mit den neuentwickelten bipolaren Membranen zur Spaltung von Wasser in H^+- und OH^--Ionen [15]. Der Energieverbrauch der Natriumsulfat-Elektrolyse wird durch den Einsatz von Wasserstoffverzehr-Anoden auf das Niveau dieser Elektrodialyse gesenkt. Weitere Entwicklungen lassen höhere Stromdichten, verbesserte Stromausbeuten bei gesteigerten Natronlauge- und Schwefelsäure-Konzentrationen und eine geringere Empfindlichkeit gegenüber Verunreinigungen erwarten.

An dieser Stelle sei den Firmen VARTA Batterie AG, Hoechst AG und Heraeus Elektroden GmbH. für die Elektroden, Du Pont de Nemours (Deutschland) GmbH. und Berghof Membrantechnik GmbH. & Co. KG für die Membranen sowie der Arbeitsgemeinschaft Industrieller Forschungsvereinigungen (AIF) für die finanzielle Unterstützung aus Mitteln des Bundesministers für Wirtschaft gedankt.

Literatur

[1] E.Schadow, D.Bergner, J.Russow — siehe erster Beitrag dieser DECHEMA-Monographie

[2] D.Bergner, M.Hartmann, R.Staab — Chem.-Ing.-Tech. 59 (1987) 4 , S. 271 - 280

[3] R.Staab — Chem.-Ing.-Tech. 59 (1987) 4 , S. 316 - 319

[4] D.Schmid — "Sauerstoffelektroden für die Chloralkali-Elektrolyse" Bunsen-Kolloquium, Frankfurt/Main 1980

[5] W.Vielstich — Chem.-Ing.-Tech. 33 (1961) 2 , S. 75 - 79

[6] E.Yeager, P.Bindra — Chem.-Ing.-Tech. 52 (1980) 5 , S. 384 - 391

[7] J.Poblotzki — Dissertation Universität Dortmund, Technische Chemie A, 1986

[8] K.H.Simmrock, J.Poblotzki — Proc. - Electrochem. Soc. 88-2 (1988) (Proc. Symp. Electrochem. Eng. Chlor-Alkali Chlorate Ind.) S. 369 - 382

[9] F.-U. Leidich — Universität Dortmund, Technische Chemie A, 1989

[10] H.v.Plessen, H.Kau, G.Münster, W.Scheibitz — Chem.-Ing.-Tech. 61 (1989) 12 , S. 933 - 940

[11] J.Jörissen, K.H.Simmrock — eingereicht für Journal of Applied Electrochemistry

[12] K.-U.Wemhöner — Universität Dortmund, Technische Chemie A, 1988

[13] K.Wiesener, W.Schneider — Chem. Techn. (Leipzig) 37 (1985) 9 , S. 373 - 375

[14] A.Möbius, K.Wiesener, B.Brandt — Wiss. Z. Tech. Univ. Dresden, 38 (1989) 1 , S. 127 - 130

[15] K.N.Mani, F.P.Chlanda, C.H.Byszewski — Desalination, 68 (1988) 2,3 , S. 149 - 166

Die Gewinnung und Aufbereitung von Steinsalz und Sole in der Bundesrepublik Deutschland

G. Reimer
Deutsche Solvay-Werke GmbH, Solingen

Zusammenfassung

Die Bundesrepublik Deutschland ist reich an Steinsalzvorkommen. Die Salzgewinnung erfolgt durch bergmännischen Abbau und durch kontrollierte Bohrlochsolung. Haupteinsatzgebiet des gewonnenen Salzes ist die chemische Industrie. Das geförderte Steinsalz wird durch Zerkleinern, Sieben, Sichten und nach dem Schwertrübe-Zyklonverfahren aufbereitet. Eine weitere Veredelungsstufe stellt die Rekristallisation mittels besonderem Salinenverfahren dar. Die geförderte Rohsole wird vor ihrer Weiterverarbeitung einer chemischen Solereinigung unterzogen

Summary
The Federal Republic of Germany has abundant rock salt deposits. Salt is extracted by means of mining and controlled dissolution extraction methods. The salt extracted is principally used in the Chemical Industry. The rock salt extracted is processed by means of crushing, screening, sifting and according to the heavymedia cyclon process. Recrystallization by means of a spécial saline process constitutes a further refinement stage. Prior to its further processing, the crude brine extracted is subjec to chemical purification.

Résumé
La République fédérale d'Allemagne est riche en gisements de sel gemme. L'extraction du sel se fait par abattage minier et par saumure contrôlée. Le principal domaine d'utilisation du sel extrait est l'industrie chimique. Le sel gemme extrait est broyé, tamisé, criblé et traité selon le procédé du cyclone à milieu dense. La recristallisation à l'aide d'un procédé salin special représente une autre étape du traitement. Avant sa transformation, la saumure brute obtenue est soumise à une épuration chimique.

1 Einleitung

Die Bundesrepublik Deutschland besitzt in den reichlich vorhandenen Steinsalzlagerstätten nahezu unerschöpfliche Natriumchloridvorräte und gehört zu den führenden salzproduzierenden Ländern in der Welt. Die Salzgewinnung erfolgt durch bergmännischen Abbau und durch kontrollierte Bohrlochsolung. Die Steinsalzförderung betrug in der früheren Bundesrepublik im Jahr 1989 ca. 6 Mio. t. Ca. 5,6 Mio. t NaCl wurden in Form von Sole gewonnen. Die Steinsalzproduktion der ehemaligen DDR betrug ca. 3,1 Mio t. Haupteinsatzgebiet des gewonnenen Salzes war die chemische Industrie.

Nachfolgend soll erläutert werden, wo sich die bundesdeutschen Salzlagerstätten und Salzgewinnungsbetriebe befinden, und an Beispielen grob dargestellt werden, wie das Salz gewonnen und aufbereitet wird.

2 Steinsalzlagerstätten und -gewinnungsbetriebe in der Bundesrepublik Deutschland

2.1 Allgemeines

Eine besondere Massierung der Steinsalzvorkommen ist in Norddeutschland anzutreffen. Einzelne bedeutende Lagerstätten gibt es in Nordrhein-Westfalen, in Baden-Württemberg und im Gebiet der ehemaligen DDR. Es handelt sich um Salzlagerstätten unterschiedlichster Entstehung und geologischer Einstufung.

2.2 Norddeutschland

Die Lagerstätten Norddeutschlands gehören geologisch zur Rotliegend- und zur Zechsteinformation. Im Bereich der Nordseeküste finden sich hauptsächlich langgestreckte, tiefliegende Salzstrukturen. Im Landesinneren überwiegen Salzstöcke, die oft bis nahe an die Erdoberfläche reichen und Mächtigkeiten von mehreren tausend Metern aufweisen. Alle Lagerstätten bestehen überwiegend aus Steinsalz, das jedoch häufig, wie z. B. in den Salzstöcken des Hannoverschen Gebietes von steilgelagerten Kaliflözen begleitet wird.

Steinsalzgewinnung erfolgt auf Salzstöcken im Raum Stade, wo die Saline Unterelbe (AKZO) und das Aussolungsbergwerk Ohrensen (Dow Stade) durch kontrollierte Bohrlochsolung NaCl-Sole erzeugen, sowie im Raum Hannover und Helmstedt, wo in den Bergwerken Niedersachsen - Riedel und Braunschweig - Lüneburg (Kali und Salz) Steinsalz bergmännisch abgebaut wird.

2.3 Nordrhein-Westfalen

Im Gegensatz zu den Salzstockstrukturen Norddeutschlands sind die Salzlagerstätten Nordrhein-Westfalens flach ausgebildet.

Sie sind in einem dem Zechsteinmeer landnah vorgelagerten Sonderbekken - dem niederrheinischen Zechsteinbekken - sowie im Randbereich des Zechsteinmeeres entstanden. Das niederrheinische Zechsteinbecken reicht etwa bis in den Raum Winterswijk, wo es durch eine Barre vom Hauptmeer abgetrennt war. Das Salzlager innerhalb dieses Beckens, in dem durch weitestgehende Verdunstung des Wassers auch die Kalisalze ausgefällt wurden, hat eine Mächtigkeit von durchschnittlich 200 m. Im Zentrum des Beckens liegt das Steinsalzbergwerk Borth (Deutsche Solvay-Werke), von dem aus ein bedeutender Teil der nordrhein-westfälischen Großchemie mit Festsalz versorgt wird. Der Salzabbau erfolgt hier derzeit in ca. 850 m Teufe.

Nördlich der Winterswijker Schwelle im Anschluß an das niederrheinische Zechsteinbecken wurde nur Steinsalz abgelagert. Hier liegen die Salzstrukturen Lünten und Epe. Diese Lagerstätten befinden sich in einer Teufe von ca. 1.000 m und erreichen Mächtigkeiten bis zu 400 m. Im Solefeld Epe (Salzgewinnungsgesellschaft Westfalen) wird durch kontrollierte Bohrlochsolung gesättigte NaCl-Sole gewonnen, die über ein ausgedehntes Pipelinesystem den industriellen Verbrauchern zugeführt wird.

2.4 Baden-Württemberg

Die Steinsalzlagerstätten Baden-Württembergs stehen im Raum Heilbronn und bei Stetten südlich von Haigerloch in Gewinnung.

Die Salzvorkommen gehören geologisch dem Mittleren Muschelkalk an, sind flach gelagert und enthalten keine Kalisalze. Die Lagerstätte im Heilbronner Raum hat durch die Steinsalzbergwerke Heilbronn und Bad Friedrichshall-Kochendorf (Südwestdeutsche Salzwerke) eine erhebliche Bedeutung für die chemische Großindustrie erlangt. Das Salzvorkommen liegt in einer Teufe von rund 200 m und hat eine Mächtigkeit von 30 bis 40 m. Im Salzbergwerk Stetten (Wacker-Chemie) wird ein 8 - 10 m mächtiges Steinsalzlager in rund 130 m Teufe abgebaut.

2.5 Bayern

Die Salzproduktion in Bayern ist relativ gering und beschränkt sich auf die Berchtesgadener Lagerstätte. Diese gehört geologisch zur alpinen Trias, ist stockförmig ausgebildet und durch tonige Verunreinigungen gekennzeichnet. Im Berchtesgadener Salzbergwerk (BHS) wird bergmännisch Salzsole für die Saline Bad Reichenhall gewonnen.

2.6 Ehemalige DDR

Im Gebiet der ehemaligen DDR sind reichlich Salzvorkommen vorhanden. Hervorzuheben ist der Raum Straßfurt. Hier wird bei Bernburg/Saale in einem großen Salzbergwerk, dem einzigen Steinsalzbergwerk der ehemaligen DDR, Zechsteinsalz bergmännisch abgebaut. Abbaumethodik und Maschineneinsatz ähneln denen des Salzbergbaus in der früheren Bundesrepublik.

3 Steinsalzgewinnung und -aufbereitung

3.1 Bergmännische Gewinnung

3.1.1 Allgemeines

Für die bergmännische Steinsalzgewinnung werden zur Erschließung der Lagerstätten in der Regel zwei vertikale Schächte niedergebracht, die untertage durch Strecken miteinander verbunden werden.

Die Salzgewinnung erfolgt durch Bohr- und Sprengarbeit und teilweise auch durch Schneidarbeit, jeweils unter Einsatz gleisloser mobiler Großgeräte hoher Leistungsfähigkeit. Zur Herstellung der Sprenglöcher dienen elektrohydraulisch arbeitende, mit Dieselfahrantrieb ausgerüstete Bohrwagen.

Die Sprengarbeit ist gleichfalls mechanisiert. Der Sprengstoff - ein Ammoniumnitratsprengstoff - wird in loser Form mit Hilfe von dieselbetriebenen Sprengstoffladegerätfahrzeugen pneumatisch in die Bohrlöcher eingebracht und elektrisch mit Schlagpatronen gezündet.

Die Abförderung des losgesprengten Haufwerks erfolgt in den süddeutschen Salzbergwerken mittels dieselbetriebener Frontschaufelfahrlader mit Nutzlasten bis 18 t, im Steinsalzbergwerk Borth mit Elektrohydraulik-Baggern in Kombination mit dieselbetriebenen Absetzmulden-Kippern mit Nutzlasten bis 5o t.

Das Haufwerk wird in Revierbrechstationen vorzerkleinert und dann mit nachgeschalteten Förderbandanlagen zum Förderschacht transportiert. Die schon angesprochene schneidene Gewinnung erfolgt im Steinsalzbergwerk Borth unter Einsatz von elektrohydraulisch arbeitenden, mit zwei bzw. vier Schneidrotoren und mit Schrämketten ausgerüsteten Streckenvortriebsmaschinen. Diese Maschinen schneiden einen Vollquerschnitt von 10 bzw. 18 m^2.

3.1.2 Abbauverfahren

Die Verfahren zur bergmännischen Steinsalzgewinnung werden durch die Mächtigkeit und das Einfallen der Lagerstätte bestimmt.

Der Abbau der steilstehenden Lager im norddeutschen Raum erfolgt fast ausschließlich durch das im Kalibergbau bewährte Trichterbauverfahren. Auf dieses Verfahren soll hier nicht näher eingegangen werden, da es besonders den Kalibergbau betrifft.

In der flachen Lagerung ist der versatzlose Kammerbau mit Längspfeilern das vorherrschende Abbauverfahren. Bei dieser Gewinnungsmethode werden ausgehend von einer Förderstrecke rechtwinklig hierzu in bestimmten Abständen sogenannte Kammerstrecken aufgefahren, die dann in weiteren Abbauphasen durch Bohr- und Sprengarbeit auf die endgültigen Abbaukammerquerschnitte erweitert werden. So entstehen Abbaukammern von 140 - 600 m Länge, 12 - 22 m Breite und 5 - 20 m Höhe . Zur Erhaltung der Standsicherheit werden zwischen den Abbaukammern Salzpfeiler belassen. Diese Sicherheitspfeiler haben je nach

Abbau-Teufe 8 bis zu 56 m Breite. Der eigentliche kammerartige Abbau erfolgt in den süddeutschen Salzbergwerken ausschließlich im firstenbauartigen Verhieb. In Borth wird neben dieser Abbaumethode auch das Strossenbauverfahren durchgeführt.

Für die Durchführung des Firstenkammerbaus wird das Abbaustreckensystem im Liegenden der abbauwürdigen Salzpartie aufgefahren. Der Abbau der Kammern wird in mehreren seriellen Arbeitsphasen durchgeführt. In der Hauptabbauphase wird die sog. "Hohe First" durch Steilsprengen im Rückbau hereingewonnen. Hierbei wird das Salz von der Firste nach unten gesprengt.

Bei Anwendung des Strossenbauverfahrens wird die Kammereinbruchstrecke im Hangenden der abbauwürdigen Salzpartie aufgefahren. Der Abbau der Kammern erfolgt nach Erweiterung der Kammerstrecke und Herstellung eines Strossenkeils im Prinzip wie in einem Steinbruch. Es werden ca. 80 ° geneigte Strossenbohrlöcher von oben nach unten gebohrt. Anschließend erfolgt das Absprengen der Strosse.

3.2 Aufbereitungsverfahren

Das geförderte Steinsalz fällt größtenteils so an, daß es auf mechanischem Wege durch Brechen, Mahlen, Sieben und Sichten aufzubereiten ist. Diese Steinsalz-Klassierung bedarf keiner weiteren Erläuterung.

Steinsalz mit Ton und Anhydrit als Verunreinigungen - wie beispielsweise das Salz des süddeutschen Muschelkalks im Raum Heilbronn - kann prinzipiell durch Prallspaltung, nach dem Sinkscheideverfahren, nach dem Schwertrübe-Zyklonverfahren, durch Flotieren und durch elektrostatische Trennung aufbereitet werden.

Das Sinkscheideverfahren und das Schwertrübe-Zyklonverfahren beruhen auf dem Unterschied der Dichte von Steinsalz, Anhydrit und Ton. Das Schwertrübe-Zyklonverfahren hat sich infolge der höheren Trennschärfe, des kostengünstigeren Trennmediums und der besseren Regelbarkeit des Verfahrensablaufs durchgesetzt. Die Abscheidung der

Verunreinigungen erfolgt hierbei in einer Magnetit-Solesuspension. Das untertage durch Prallspaltung selektiv zerkleinerte Rohsalz wird nach Absiebung in der Körnung 1 - 12 mm Schwertrübe-Zyklonen aufgegeben und von den Verunreinigungen getrennt. Nach der Trennung wird das Salz zur Wiedergewinnung des Magnetits abgebraust, auf Schleudern getrocknet und in Mahlstühlen auf die gewünschte Kornfeinheit gebracht.

Das Flotationsverfahren und das elektrostatische Trennverfahren werden zur Aufbereitung von Kalirohsalzen angewendet und haben bei der Gewinnung von Steinsalz als Hauptprodukt keine Anwendung gefunden. Das Flotationsverfahren beruht bekanntlich darauf, daß die durch Zerkleinerung freigelegten wertvollen Mineralteilchen des Rohsalzes entgegen der Schwerkraft in einer Flüssigkeit, in der sie sich nicht auflösen, zum Schwimmen gebracht und dadurch von den unwertigen Mineralteilchen abgesondert werden. Das elektrostatische Aufbereitungsverfahren ist ein trockenmechanisches Verfahren. Bei diesem Verfahren wird das zerkleinerte, nach chemischer und thermischer Behandlung berührungselektrisch aufgeladene Rohsalz in einem Hochspannungsfeld die in zwei zu trennenden Fraktionen aufgespalten.

Eine weitere Veredlungsstufe für Steinsalz stellt die Rekristallisation mittels besonderem Salinenverfahren dar. Der Rekristallisationsprozess ist zur Herstellung von reinem Siedesalz aus verunreinigtem, feinen Steinsalz geeignet und wird in Borth und in Bad Friedrichshall-Kochendorf angewendet. Der Prozess beruht auf dem Effekt, daß mit steigender Temperatur die Löslichkeit von Calciumsulfat in Sole abnimmt und die Löslichkeit von Natriumchlorid ein wenig zunimmt. Das zu verarbeitende Steinsalz wird in eine NaCl-untersättigte Kreislaufsole eingebracht und mit Dampf auf ca. 105 °C aufgeheizt. Hierbei geht das NaCl in Lösung, während die Verunreinigungen, insbesondere das Anhydrit, in fester Form durch Eindicken und Filtrieren abgetrennt werden. Anschließend erfolgt die Eindampfung der klaren Sole in Entspannungsverdampfern.

Der Salzbrei wird wie bei den klassischen Salinen aus der Verdampfergruppe abgeführt und anschließend in Schubzentrifugen weitgehend entwässert. Die Kreislaufsole wird zu den Lösebehältern zurückgeführt.

4 Solegewinnung und -reinigung

4.1 Solegewinnung

4.1.1 Bergmännische Gewinnung

Der klassiche Solebergbau wird heute noch im Salzbergwerk Berchtesgaden betrieben. Hier werden nach dem sogenannten Sinkwerksbau-Verfahren definierte Kammern durch immer neue Süßwasserfüllungen, die sich in bestimmten Zeiten zur Sole aufsättigen, ausgelaugt.

4.1.2 Gewinnung durch kontrollierte Bohrlochsolung

Die kontrollierte Bohrlochsolung von übertage ist die moderne Form der Gewinnung von Sole aus Steinsalzlagerstätten.

Der Verfahrensablauf soll am Beispiel des Kavernenfeldes Epe erläutert werden. Das Kavernenfeld Epe ging Mitte 1973 in Betrieb und umfaßt derzeit 50 gesolte oder in Solung befindliche Kavernen, die überwiegend für die Erdöl- und Erdgasspeicherung bereits genutzt werden bzw. hierfür vorgesehen sind.

Die Solbohrungen - auch Kavernenbohrungen genannt -werden wie Erdöl- oder Erdgasbohrungen hergestellt und verrohrt. Sie werden bis in die Basis des Salzlagers niedergebracht und durch Einhängen zweier konzentrischer Spülrohrstränge und mit der Montage des Kavernenkopfes komplettiert.

Der Solbetrieb erfolgt nach einem von Solvay entwickelten Verfahren, das die Gewinnung gesättigter Sole zum Ziele hat. Im Prinzip wird Süßwasser über den Ringraum zwischen den beiden Spülrohrsträngen in die Bohrung gedrückt. Das Wasser löst an den Bohrloch- bzw. Kavernenwandungen das Salz. Die Lösung sinkt mit zunehmendem Salzgehalt nach unten und steigt dann als gesättigte Sole im Zentralrohr infolge des wasserseitigen Überdrucks nach übertage auf. Unlösliche Bestandteile lagern sich im sog. Kavernensumpf ab. Um eine ungewollte Aussolung an der Firste zu verhindern, wird in den Ringraum zwischen Bohrlochverrohrung und Spülkolonne eine inerte Schutzflüssigkeit- das sog. Blanket - eingepreßt. Dieses Blanket schichtet sich aufgrund geringerer Dichte über dem Lösewasser und sichert somit das Hangende. Durch Veränderung der Absetzteufen der Spülrohrstränge und Änderung des Blanketniveaus wird in mehreren Schritten die gewünschte Kavernenform von ca. 80 m Durchmesser und 150 bis 250 m Höhe erreicht. Zwischen Kavernenfirste und dem Hangenden des Salzes bleibt aus Sicherheitsgründen eine Salzschwebe von etwa 80 m stehen, ebenso müssen zwischen den fertig gesolten Kavernen Sicherheitspfeiler mit einer Breite von mindestens zweifachem Kavernendurchmesser verbleiben.

Die Kontrolle der Aussolung erfolgt laufend über Messung des Salzgehaltes, der Soledruchflußmenge sowie des Wasser-, Sole- und Blanketdrucks. Mit den Daten wird über Computer der entstandene Kavernenhohlraum errechnet und die Solentwicklung ständig kontrolliert Zusätzlich wird unter Einsatz einer computergestützten Ultraschallsonde in periodischen Abständen die Hohlaumentwicklung überwacht.

4.2 Solereinigungsverfahren

Die geförderte Rohsole ist das Ausgangsprodukt für die Herstellung von Siedesalz, für die Sodaerzeugung und die elektrolytische Gewinnung von Chlor und Natronlauge. Sie enhält als Hauptverunreinigungen Calcium-, Magnesium- und Sulfationen und wird vor ihrer Weiterverarbeitung einer chemischen Solereinigung unterzogen.

Die Entfernung der gelösten Calcium- und Magnesiumionen erfolgt hauptsächlich durch Behandlung der Rohsole mit Kalkmilch und Soda oder auch mit Natronlauge und Soda. In beiden Fällen werden hierbei die Magnesiumionen als Magnesiumhydroxid, die Calciumionen als Calciumcarbonat ausgefällt.

Im praktischen Salinenbetrieb wird die Solereinigung meist kontinuierlich in zwei Stufen durchgeführt. In der ersten Stufe werden Rohsole, Mutterlauge und Kalkmilch oder Lauge zusammengeführt und durchmischt. Hierbei fallen Magnesiumhydroxid und Calciumsulfat aus. Nach dem Abscheiden dieser Feststoffe wird der klaren, calciumhydroxid-gesättigten Sole in der zweiten Reinigungsstufe evtl. Natronlauge und/oder Soda zugesetzt. Weiter wird hier Rauchgas eingeleitet, so daß Calciumcarbonat ausfällt. Nach Abscheidung dieses Feststoffes wird die klare Sole in die Verdampferanlage eingespeist und soweit eingedampft, daß gerade noch kein Natriumsulfat auskristallisiert. Die natriumsulfatreiche Mutterlauge wird zur ersten Solereinigungstufe zurückgeführt.

In der Chloralkali-Elektrolyse wird zur Entfernung des Sulfats Bariumcarbonat oder auch Bariumchlorid eingesetzt. Bei einem von Bayer entwickelten Verfahren wird das Sulfat unter Zugabe von Calciumchlorid als Glauberit ausgefällt. Weiterhin ist ein von den Vereinigten Schweizerischen Rheinsalinen ausgearbeitetes Verfahren in Anwendung, bei dem als Fällungsreagenz eine Lösung verwendet wird, die Soda und Natronlauge nebeneinander enthält. Diese Lösung bewirkt die Fällung der Kationen Calcium und Magnesium als Calciumcarbonat und Magnesiumhydroxid. Das Sulfat verbleibt in der Sole und wird erst in nachgeschalteten Verfahrensschritten abgetrennt.

5 Ausblick

Die bundesdeutsche NaCl-Rohstoffversorgung ist langfristig gesichert.Die Qualitätsansprüche und somit die Anforderungen an die Aufbereitung werden in Zukunft voraussichtlich noch zunehmen, aus umweltpolitischen Gründen sowie aufgrund technologischer Änderungen in der Elektrolysentechnik.

Neue Einsatzmöglichkeiten für Gas-Lift-Zellen

H. Matschiner, W. Thiele
Eilenburger Chemie-Werke GmbH

R. Trutschel
Sektion Chemie der Martin-Luther-Universität, Halle-Wittenberg

Zusammenfassung

Ausgehend von Erfahrungen beim Betrieb von Gas-Lift-Zellen sowie von Ergebnissen der mathematischen Modellierung elektrochemischer Reaktoren wird ein neues Konzept für Gas-Lift-Zellen vorgestellt. Insbesondere wird die Verwendung dieser Zellen für Elektrolysen von Lösungen geringer Leitfähigkeit diskutiert. Neue Anwendungsmöglichkeiten der Zellen für Recycling-Verfahren und die anodische Oxidation von 4-Alkoxytoluenen werden erläutert.

Summary

A new conception of gas lift cells is represented starting from experiences acquired during the operation on gas lift cells and from results of the mathematical modelling of electrochemical reactors as well. The use of these cells in electrolyses of solutions of low conductivity is discussed particularly. New applications of the cells are given by recycling procedures and by the anodic oxidation of 4-alkoxytoluenes.

Résumé

Un nouveau concept est presenté pour des piles au gaz élevant en utilisant des expériences acquises par le fonctionnement des piles au gaz élevant ainsi que par le résultats des modéles mathématiques pour des électrolyseurs. Surtout, l'utilisation de ces piles est discutée pour des électrolyses aux solutions d'une conductivité diminuée. Des applications nouvelles des piles sont données pour des procédés de recyclage et pour l'oxydation anodique des alkoxy-4 toluénes.

Einführung

Bei gasentwickelnden Elektroden können im Elektrodenzwischenraum infolge des sich im Elektrolyten einstellenden stationären Gasphasenanteiles beträchtliche Dichtedifferenzen gegenüber dem gasfreien Elektrolyten auftreten /1,2/. Die daraus resultierenden Auftriebskräfte lassen sich bei entsprechender konstruktiver Gestaltung der Elektrolysezellen bzw. der Elektrolytumlaufsysteme für eine gerichtete Elektrolytströmung mit minimalem stationären Gasphasenanteil in den Elektrodenzwischenraum nutzen (Gas-Lift-Prinzip siehe Bild 1).

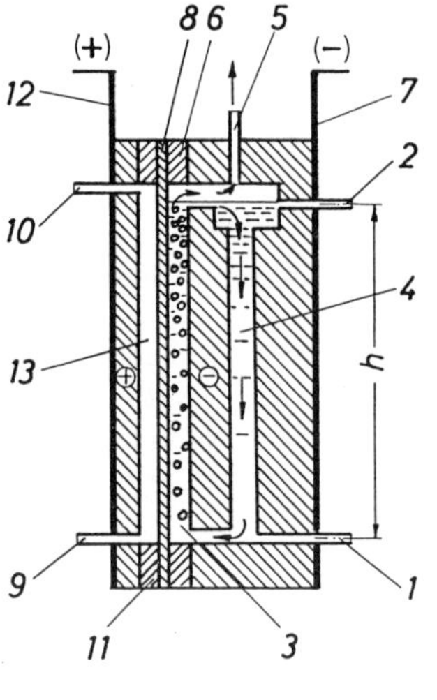

Bild 1: Funktionsprinzip einer Gas-Lift-Zelle mit integriertem Katholytkreislauf
1 Katholytzuführung; 2 Katholytüberlauf; 3 Strömungskanal, 4 Rückströmkanal Katholyt; 5 Gasaustritt; 6 Kathodendichtrahmen; 7 Stromzuführung Kathode; 8 Diaphragma; 9 Anolytzuführung; 10 Anolytauslauf; 11 Anodendichtrahmen; 12 Stromzuführung Anode; 13 Anodenraum

Besonders günstig ist dabei die Unterteilung der Elektrodenzwischenräume in vertikale, vom Elektrolyten durchströmte Kanäle /3,4/. Auf diese Weise kann unter technischen Bedingungen eine gezielte Durchmischung des Elektrolyten, eine Förderung des Elektrolyten von Zelle zu Zelle bzw. zu nachgeschalteten Verfahrensstufen und insbesondere eine Minimierung des gasblasenbedingten Spannungsabfalls erreicht werden /5/.

Nach unterschiedlichen Konstruktionsprinzipien aufgebaute Gas-Lift-Zellen nehmen seit langem einen festen Platz in der Elektrolysetechnik ein /6/, so z.B. zur Herstellung von Peroxodisulfaten /3,4,7/, Permanganat /8/, Hypochlorit /9/ und zur Wasserelektrolyse /10/. Die Elektrosynthese von Chlorat /11,12/ ist der wichtigste Anwendungsfall für ein externes Zirkulationssystem zwischen Elektrolysezelle und außen liegendem Reaktor.

Auf Grund der geringen elektrischen Leitfähigkeit der meisten organischen Elektrolyte wurden spezielle Elektrolysezellen mit geringem Elektrodenabstand entwickelt /13/. Unter diesem Aspekt stand auch die Frage, unter welchen Bedingungen Gas-Lift-Zellen mit Elektrolyten geringer elektrischer Leitfähigkeit optimal zu betreiben sind, da bei einer Vielzahl von organischen Elektrosynthesen zumindest an einer Elektrode Gase entwickelt werden.

Zellenkonzept für bipolare Gas-Lift-Zellen mit minimiertem Elektrodenabstand und hoher Raum-Zeit-Ausbeute

Ausgehend sowohl von Erfahrungen beim Betrieb von Gas-Lift-Zellen für die Elektrosynthese von Peroxodisulfaten als auch von Ergebnissen der mathematischen Modellierung elektrochemischer Reaktoren mit gasblasenbedingtem Elektrolytumlauf /14,15/ wurde ein neues Konzept vielseitig einsetzbarer bipolarer Gas-Lift-Zellen entwickelt und erprobt /5/.

Das Grundkonzept dieser neuen Elektrolyseure beinhaltet bipolare Einzelzellen minimaler Stärke mit seitlich von den elektrochemisch aktiven Zonen angeordneten Elektrolytrückströmkanälen /16/ (Bild 2) mit speziellen konstruktiven Lösungen

- zur Minimierung der Verlustströme zwischen den Einzelzellen /17/,
- zur Realisierung unterschiedlicher hydrodynamischer Schaltungen der bipolaren Einzelzellen unter Nutzung des Auftriebes durch die disperse Gasphase /18/,
- zur Verwendung speziell profilierter bipolarer Elektroden /19/ und

- für die Anordnung integrierter Kühlsysteme in den Einzelzellen /20/.

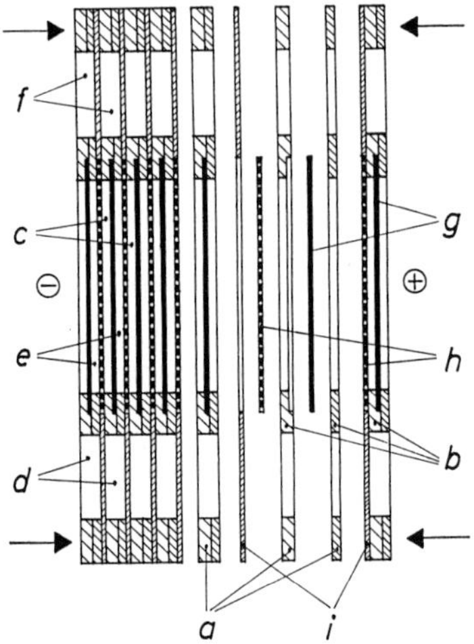

Bild 2: Horizontalschnitt durch eine bipolare Zelle mit seitlich von der Plattenelektrode angeordneten integrierten Strömungskanälen a äußerer Dichtrahmen; b innerer Dichtrahmen; c Anodenräume; d Anolytrückströmkanäle; e Kathodenräume; f Katholytrückströmkanäle; g bipolare Elektrodenbleche; h Trennsysteme (Diaphragma oder Ionenaustauschermembran); i Trennplatten (elektrisch nichtleitend)

Auf Grund der großen Packungsdichte und der bevorzugten Bauhöhe von 1 bis 2 Meter wird ein äußerst günstiges Verhältnis von wirksamer Elektrodenfläche und benötigter Grundfläche dieser Reaktoren erreicht. Im Sinne des Baukastenprinzips lassen sich durch Austausch einzelner Baugruppen diese Elektrolysezellen leicht an spezielle Anwendungsfälle anpassen, was insbesondere für die Verfahrensoptimierung im Technikumsbetrieb, aber auch für die Herstellung einer Vielzahl kleintonnagiger anorganischer und organischer Verbindungen sehr vorteilhaft ist /21/.

Für ein optimales Betreiben dieser Gas-Lift-Zellen mit wäßrigen Elektrolyten sind je nach Wahl der Stromdichte und der Reaktorhöhe ein Elektrodenabstand von 1 bis 3 mm erforderlich.

Wird dagegen mit einem weniger viskosen Elektrolyten, z.B. mit Methanol, gearbeitet, können bereits bei Spaltdicken um 0,5 mm Elektrolytumlaufgeschwindigkeiten zwischen 0,1 und 0,3 m/s gemessen werden, was in guter Übereinstimmung mit Modellrechnungen für Zweiphasen-Umlaufströmungen steht /22/.

Randbedingung: $p_0 - p(h) = \varrho g h - \xi \varrho v_0^2$

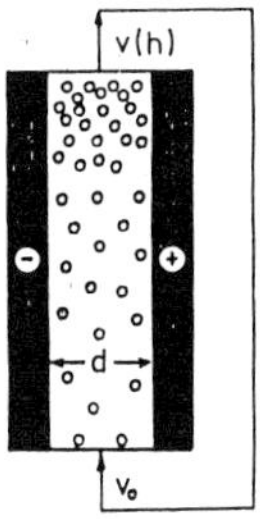

Umlauf- bzw. Zulaufgeschwindigkeit

$$v_0 = \frac{c_0 h \bar{i}}{2d}(B_1 - 1)$$

mittlerer Gasphasenanteil

$$\bar{\varepsilon} = B_1^{-1}$$

Spannungsabfall im Elektrodenzwischenraum

$$\Delta U = \frac{\bar{i}\, d}{\varkappa_F} \cdot \frac{B_1 + 0{,}5}{B_2 - 1}$$

Abkürzungen bzw. dimensionslose Gruppen	$c_0 = \frac{V_M \, \varphi_G}{F \, n_G}$	$B_1 = \sqrt{1 + (b_1 + 0{,}5\, b_2^{0,6})^{-1}}$ $b_1 = \frac{\lambda \eta c_0 h \bar{i}}{2 \varrho g d^3}$; $b_2 = \frac{\xi c_0^2 h \bar{i}^2}{4 g d^2}$

Bild 3: Mathematisches Modell für Gas-Lift-Zellen (Vereinfachte Lösungsgleichungen für $v_0 >> v_B$)
λ Reibungswert; η Zähigkeit; d Spaltdicke; h Zellenhöhe; ξ Reibungszahl; F Faradaykonstante; $\bar{i}$ mittlere Stromdichte; ϱ Dichte des Elektrolyten; $\varkappa_F$ spez. Leitfähigkeit des Elektrolyten; φ_G Stromausbeute der Gasentwicklung; n_G Elektronen je Mol Gas; V_M Molvolumen

In Bild 3 sind die unter der Voraussetzung einer gegenüber der Umlaufgeschwindigkeit vernachlässigbaren Gasblasenrelativgeschwindigkeit abgeleiteten Lösungsgleichungen /14/ zusammengefaßt (Bild 4). Wird bei der Rechnung berücksichtigt, daß sich mit einer gegenüber wäßrigen Lösungen deutlich geringeren Viskosität des umlaufenden Elektrolyten auch der Strömungswiderstand im gesamten Rückströmsystem verringert, ergeben sich für eine ungeteilte 1,5 m hohe Gas-Lift-Zelle aus den Stoffdaten einer methanolischen Lösung unter Optimalbedingungen (Spannungsminimum) die folgenden Werte:

i	d_{opt}	v_0		ΔU
A/cm^2	mm	m/s		V
500	0,6	0,12	0,4	0,75
1000	0,75	0,18	0,39	1,92
1500	0,89	0,24	0,39	3,31

Ein Spannungsabfall im Elektrolyten von ca. 1,9 V ist in Anbetracht der niedrigen elektrischen Leitfähigkeit methanolischer Lösungen durchaus angemessen und bewegt sich in einer Größenordnung, wie sie auch in Kapillarspaltzellen nicht wesentlich günstiger ist.

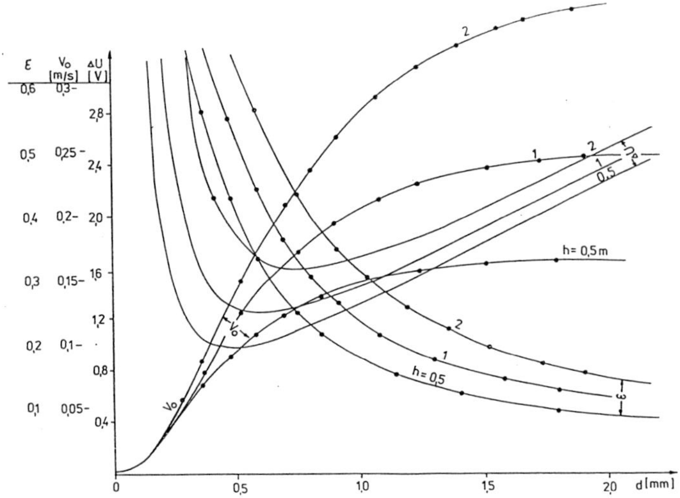

Bild 4: Abhängigkeit der Umlaufgeschwindigkeit v_0, des mittleren Gasphasenanteiles $\bar{\varepsilon}$ und des Spannungsabfalls ΔU von der Spaltgeometrie (d,h)
ρ = 1000 kg/m^3; n_e = 2; φ = 100 %; $\varkappa$ = 1 $\Omega^{-1}m^{-1}$; b = 20;
i = 1000 A/m^2; η = 0,0005 Pas; x = 10

In den folgenden Abschnitten soll auf einige interessante neue Anwendungsmöglichkeiten für Gas-Lift-Zellen bei Recycling-Verfahren und organischen Elektrosynthesen eingegangen werden.

Regenerierung peroxodisulfathaltiger Ätz- und Beizlösungen

Ein großer Teil der hergestellten Peroxodisulfate wird zum Ätzen und Beizen in der Leiterplattenindustrie verwendet: Kupfer wird aufgelöst und die Peroxodisulfationen werden zu Sulfationen reduziert.

$$Cu + Na_2S_2O_8 \longrightarrow CuSO_4 + Na_2SO_4$$

Auch zur Oberflächenbearbeitung von Halbzeugen und Fertigteilen aus Kupfer und bestimmten Kupferlegierungen können als Alternative zur sogenannten "Gelbbrenne", der Behandlung mit rauchender Salpetersäure, Peroxodisulfate eingesetzt werden. Sowohl aus ökonomischer als auch ökologischer Sicht liegt nahe, die verbrauchten Beiz- und Ätzlösungen zu regenerieren, in dem Sinne, daß die Kupferionen kathodisch abgeschieden und die Sulfationen anodisch zu Peroxodisulfationen oxidiert werden /23/. Dies ist möglich, wenn die zu regenerierenden Lösungen wenig Kupfer und keine Peroxomonosulfate enthalten. Aus diesem Grund wird zunächst in einer Vorelektrolyse der größte Teil der Kupferionen bei gleichzeitiger Reduktion der Peroxomono- und Peroxodisulfationen abgeschieden. Dieses Recycling-Verfahren kann wie folgt dargestellt werden (Bild 5):

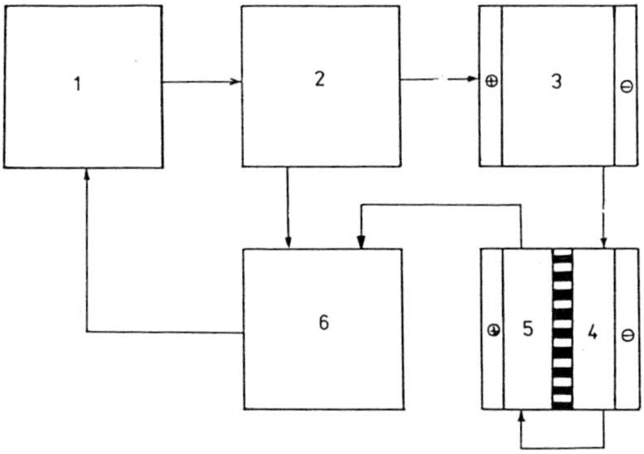

Bild 5: Verfahrensschema des Peroxodisulfat-Recycling-Beizverfahrens
1 Beizwanne; 2 Zwischengefäß; 3 Kupferrückgewinnungszelle; 4 Peroxodisulfat-Elektrolyseur Kathodenraum; 5 Peroxodisulfat-Elektrolyseur Anodenraum; 6 Zwischengefäß

Die verbrauchte Beizlösung gelangt über das Zwischengefäß 2 zur Kupferrückgewinnungszelle 3. Hier wird bei niedrigen kathodischen Stromdichten von 50 bis 200 A/m^2 die Hauptmenge des Kupfers abgeschieden. Die aus der Rückgewinnungszelle austretende Lösung wird zunächst in die Kathodenräume des Peroxodisulfat-Elektrolyseurs geleitet, wo es neben der Wasserstoff- auch gleichzeitig zu einer gewissen Kupferabscheidung kommt. Die so weitgehend entkupferte Beizlösung wird den Anodenräumen des Peroxodisulfat-Elektrolyseurs zugeführt. Besonders vorteilhaft ist die Verwendung einer modernen Ausführungsform des Eilenburger Peroxodisulfat-Elektrolyseurs EZ II /24/.

Regenerierung verbrauchter Eisen(III)-chlorid-Ätzlösungen

Bei der Herstellung durchbrochener Strukturen aus Eisen bzw. Eisen-Nickel-(Kobalt)-Legierungen, z.B. für hochpolige Trägerelemente in Schaltkreisen und Mikroprozessoren oder Lochmasken für Farbbildröhren, werden Eisen(III)-chlorid-Lösungen zum Ätzen verwendet.

$$Fe + Fe^{3+} \longrightarrow 2\,Fe^{2+}$$

Dabei reichern sich neben Fe(II) auch Legierungsbestandteile in den Ätzlösungen an, die nicht nur die Ätzgeschwindigkeit verringern, sondern auch die erforderliche Ätzqualität (Kantenschärfe) beeinträchtigen. Die erschöpften Ätzlösungen werden bisher meistens verworfen oder durch Oxidation mit Chlor bis zur gerade noch zulässigen Anreicherung der Legierungsbestandteile regeneriert. Als Alternative bietet sich eine elektrochemische Regenerierung der verbrauchten Ätzlösungen an.

$$FeCl_2 + HCl \xrightarrow[Ni,\ (CO)]{+\ H_2O} FeCl_3 + 1/2\ H_2$$

Als Anolyt wird die erschöpfte Ätzlösung, als Katholyt verdünnte Salzsäure eingesetzt. Die zur Erhaltung des geforderten Dichteintervalls erforderlichen Wasser- und HCl-Mengen werden über die Kathodenräume durch das Diaphragma in den Anolyten überführt. Die anodische Oxidation erfolgt bei Stromdichten von 600 bis 800 A/m^2 bis zu Restgehalten an Eisen(II) von 10 bis 20 g/l. Dabei werden Stromausbeuten von ca. 75 % bei Zellspannungen um 3 V erreicht.

Das Konstruktionsprinzip der entwickelten Regenerierungszelle ist in

Bild 6 dargestellt. Die Unterteilung des Kathodenraumes in parallel durchströmte Kanäle wird durch den Einsatz von profilierten PVC-Diaphragmen erreicht, die des Anodenraumes durch eingelegte Gitterroste. Als wesentliche Vorteile dieses Verfahrens sind zu nennen, daß der Umgang mit aggressiven Chemikalien wie Chlor sich vereinfacht und eine Rückgewinnung der Legierungsbestandteile Nickel oder Kobalt möglich wird /25/.

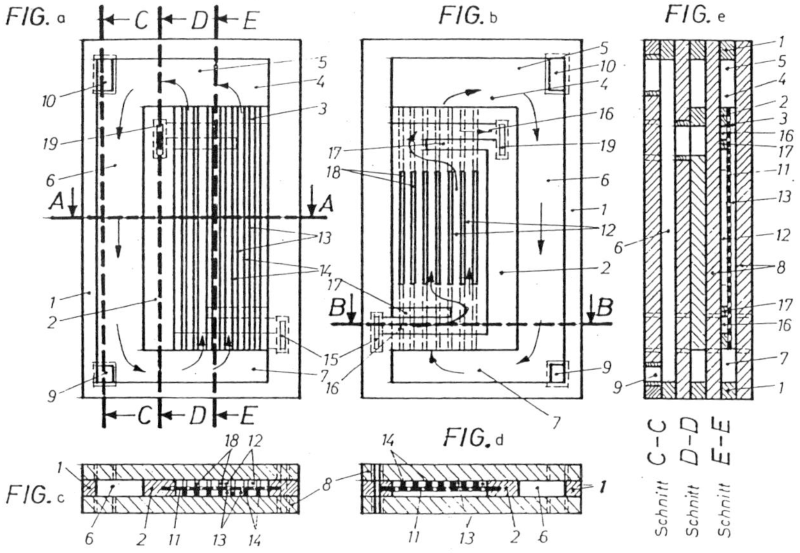

Bild 6: Konstruktionsprinzip einer Bipolarzelle mit internen Elektrolytsystemen, geeignet u.a. zur Regeneration von Eisen(III)-chlorid-Ätzlösungen

a Stirnansicht der Kathodenseite eines Dichtrahmens mit eingeklebtem Diaphragma und dahinter angeordneter Elektrodenplatte

b Stirnansicht der Anodenseite eines Dichtrahmens mit dahinter angeordneter Elektrodenplatte

c Querschnitt durch Einzelzelle in Höhe des elektrochemisch aktiven Bereiches

d Querschnitt durch Einzelzelle in Höhe des Anolytzuführungskanals

e Längsschnitt durch drei Einzelzellen, in verschiedenen Ebenen geschnitten

1 äußerer Dichtrahmen; 2 innerer Dichtrahmen; 3 Aussparungen im inneren Dichtrahmen für Elektrolytdurchtritt (Katholyt); 4 oberer Querkanal; 5 Gasabtrennzone im oberen Querkanal; 6 Rückströmkanal; 7 unterer Querkanal; 8 bipolare Elektrodenplatte; 9 Überströmöffnung für Elektrolytzuführung (Katholyt); 10 Überströmöffnung für Elektrolytzuführung (Anolyt); 11 Trennsystem (Diaphragma oder Membran); 12 Anodenraum; 13 Kathodenraum; 14 Rippen des Diaphragmas; 15 Überströmöffnung für Elektrolytzuführung; 16 Aussparungen für Elektrolytdurchtritt (Anolyt);
17 Einbauten zur Strömungsführung des Elektrolyten; 18 Abstandsstreifen; 19 Überströmöffnungen für Elektrolytabführung (Anolyt)

Elektrochemische Aufarbeitung von Thioglykolsäurelösungen

Bei der Herstellung von Thioglykolsäure aus Chloressigsäure und Natriumthiosulfat über das Buntesalz fällt in beträchtlichen Mengen Dithioglykolsäure als Nebenprodukt an. Da aus der Literatur zahlreiche Beispiele für elektrochemische Spaltungen von Disulfidbindungen bekannt sind, lag nahe zu untersuchen, ob eine direkte elektrochemische Umsetzung der anfallenden Reaktionslösungen möglich ist.

$$\begin{array}{l} S\text{-}CH_2COOH \\ | \\ S\text{-}CH_2COOH \end{array} + 2\,H^+ + 2e \longrightarrow 2\,HSCH_2COOH$$

Wir konnten nachweisen, daß in Elektrolyseuren, ähnlich aufgebaut wie die zur Regenerierung von Eisen(III)-Ätzlösungen, allerdings mit Bleikathoden ausgerüstet, eine quantitative Reduktion der Dithioglykolsäure in den bei der Hydrolyse der Buntesalze anfallenden technischen Lösungen mit vertretbarer Stromausbeute von über 50 % möglich ist, wobei gleichzeitig der gekoppelte Anodenvorgang zur Entsorgung von Prozeßabwässern, die Schwefeldioxid oder auch Extraktionsmittelreste enthalten, genutzt werden kann /26/.

Elektrooxydation von Alkylaromaten

Die Acetale von 4-Alkoxybenzaldehyden sind Zwischenprodukte für wichtige flüssig-kristalline Stoffklassen /27/. Für die Synthese dieser Verbindungen bietet sich die Elektrooxydation von 4-Alkoxytoluenen an. Die aus p-Cresol und Alkylhalogeniden leicht zugänglichen 4-Alkoxytoluene

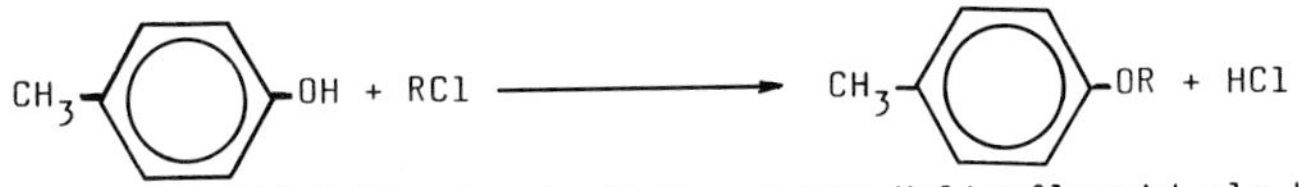

werden an Graphitelektroden in Methanol mit Kaliumfluorid als Leitsalz in glatter Reaktion zu den 4-Alkoxybenzaldehyddimethylacetalen umgesetzt /28/.

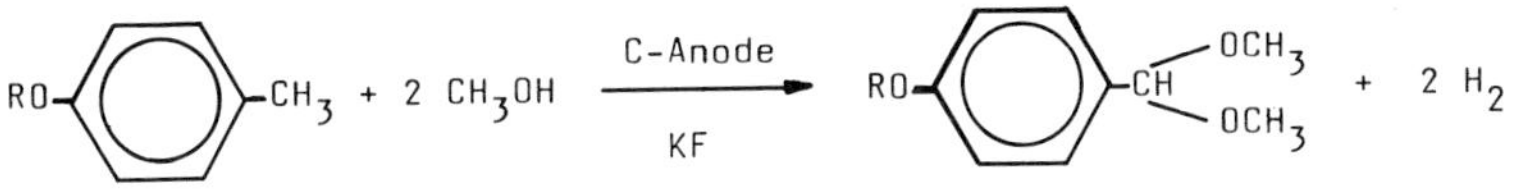

Tab. 1: Siedebereiche und Ausbeuten von 4-Alkoxybenzaldehyddimethylacetalen, erhalten durch Elektrooxidation von 4-Alkoxytoluenen (Graphitanode, MeOH/KF, 4 F/mol)

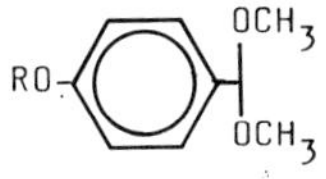

R	Kp./°C (p/Pa)	Materialausbeute (isoliert)/%
C_4H_9	96 - 97 (27)	58,4
C_5H_{11}	107 (27)	60,8
C_6H_{13}	122 - 124 (27)	68,9
C_7H_{15}	140 (80)	61,0
C_8H_{17}	142 (53)	70,3
C_9H_{19}	150 (67)	63,1
$C_{10}H_{21}$	153 - 155 (13)	61,1
$C_{11}H_{23}$	159 - 160 (13)	49,6
$C_{12}H_{25}$	178 (53)	42,0

In Tabelle 1 sind Ausbeuten und Stoffdaten einiger auf diesem Wege dargestellter Verbindungen zusammengefaßt.
Durch säurekatalysierte Umacetalisierung mit 2-substituierten Propan-1,3-diolen sind 2,5-disubstituierte 1,3-Dioxane, eine interessante Stoffklasse von flüssig-kristallinen Verbindungen, zugänglich /29/.

Diese cyclischen Acetale lassen sich in einer Einstufensynthese durch anodische Oxidation von 4-Alkoxytoluenen in Gegenwart von Propan-1,3-diolen und Paratoluolsulfonsäure darstellen. Sie bilden sich auch bei einem großen Überschuß von Methanol oder Ethanol als Lösungsmittel /30/.

Aus vergleichenden Untersuchungen mit Kapillarspaltzellen folgt, daß die anodische Oxydation der Methylaromaten in Gas-Lift-Zellen selektiver erfolgt und zum Teil höhere Ausbeuten erhalten werden. Auch aus energetischer Sicht ist die Gas-Lift-Zelle der Kapillarspaltzelle ebenbürtig.

Literatur

/1/ H. Vogt: "Gas-evolving Electrodes", in Ullmann's Encyclopedia of Industrial Chemistry Bd. 9, 5. Aufl., S. 192, Verlag Chemie Weinheim 1987

/2/ H. Vogt: "Electrochemical Reactors with Gas-Evolution", Fortschr. Verfahrenstechn. 20 (1982) 369

/3/ W. Thiele Dissertation A, Univ. Halle (1977)

/4/ W. Thiele, H. Matschiner: Chem. Techn. 23 (1977) 148

/5/ W. Thiele: Dissertation B, Univ. Halle (1986)

/6/ H. Vogt: Fortschr. Verfahrenstechn. 16 (1978) 297

/7/ W. Thiele, K. Wilder, H. Matschiner: Chem. Techn. 31 (1979) 198

/8/ US-PS 2 908 620

/9/ A. T. Kuhn, R. B. Lartey: Chemie-Ing.-Techn. 47 (1975) 129

/10/ E. Hausmann Chemie-Ing.-Techn. 48 (1976) 100

/11/ P. Wintzer: Chemie-Ing.-Techn. 52 (1980) 892

/12/ H. Vogt, P. Wintzer: "Chloric Acid and Chlorates", in Ullmann's Encyclopedia of Industrial Chemistry Bd. 6, 5. Aufl., S. 501

/13/ F. Beck, W. Guthke: Chemie-Ing.-Techn. 41 (1969) 943

/14/ M. Schleiff, W. Thiele, H. Matschiner: Chem. Technik 34 (1982) 18, 250, 576

/15/ M. Schleiff: Dissertation B, Univ. Halle (1985)

/16/ DD-PS 224 059

/17/ DD-PS 223 735; 227 736

/18/ DD-PS 248 380; 281 095

/19/ DD-PS 279 274

/20/ DD-PS 278 160; DD-PS-Anmeldung

/21/ W. Thiele, H. Matschiner: "Baukastenprinzip zur Entwicklung und Maßstabsübertragung elektrochemischer Reaktoren", Vortrag z. KDT-Tagung Techn. Reaktionsführung und Adsorption, Köthen, Dez. 1988

/22/ G. Lefeld: bisher nicht veröffentlichte Ergebnisse (1989)

/23/ W. Thiele: bisher nicht veröffentlichte Ergebnisse (1989)

/24/ W. Thiele, H. Matschiner: "Experience with a New Cell Design for Peroxodisulphate Electrosynthesis", Postervortrag Joint Meeting of DECHEMA and Society of Chemical Industry "Electrochemical Cell Design and Optimization Procedures" Bad Soden Sept. 1990 (als DECHEMA-Monographie in Vorbereitung)

/25/ DD-PS 257 361

/26/ DD-PS 236 347

/27/ C. Tschierske, H. Zaschke: Wiss. Z. Univ. Halle XXXVIII '89 M, H. 3, S. 3

/28/ H. Matschiner, U. Fechtel, R. Trutschel, H. Altmann: Liqu. Cryst. 6 (1989) 501

/29/ H.-M. Vorbrodt, S. Deresch, H. Kresse, A. Wiegeleben, D. Demus, H. Zaschke: J. prakt. Chem. 323 (1981) 902

/30/ DD-PS 340 889

Elektrochemische Grundlagen

Struktur der Elektrolytlösung und ionische Leitfähigkeit

J. Barthel, R. Buchner, H.-J. Gores
Institut für Physikalische und Theoretische Chemie der Universität Regensburg

Zusammenfassung

Die Frequenzabhängigkeit der Dielektrizitätszahl von Elektrolytlösungen im Mikrowellenbereich zeigt die Wechselwirkung von Elektrolyt und Lösungsmittel bei Reorientierung, Autoassoziation und H-Brückendynamik des Lösungsmittels, Assoziation von Ionen zu Ionenaggregaten, Ionensolvatation und Ionentransport. Für die Elektrolytleitfähigkeit in niederfrequenten (quasi-statischen) Wechselfeldern liefern Erniedrigung der statischen Lösungsmittels-DZ durch den Elektrolyten, Ionenassoziation, Ionensolvatation in reinen sowie spezifische Ionensolvatation in Mischlösungsmitteln wesentliche Beiträge zum Ionentransport. Das komplexe Wechselspiel der Effekte wird an Beispielen aufgezeigt.

Summary

The dispersion of the permittivity of electrolyte solutions at microwave frequencies shows the interactions of solvent and electrolyte revealing the mutual dependence of solvent molecule reorientation, autoassociation and H-bonding of the solvent, ion association to aggregates, ion solvation and ion transport. Electrolyte conductance in low-frequency (quasi-static) electric fields essentially depends on the permittivity depression of the solvent due to the electrolyte, ion association, ion solvation in pure solvents and specific solvation in mixed solvents. The complex interplay of these effects is illustrated by examples.

Résumé

La dispersion de la permittivité aux fréquences micro-ondes des solutions électrolytiques montre l'interaction entre électrolyte et solvant et découvrit l'influence mutuelle de la réorientation, de l'autoassociation et de la formation de la liaison H du solvant, de l'association des ions, de la solvatation des ions et des propriétés de transport. La dépression de la permittivité du solvant par l'addition de l'électrolyte, la formation des agrégats ioniques, la solvatation des ions dans les solvants purs et la solvatation spécifique des ions dans les solvants mixtes sont des contributions importantes à la conductivité électrolytique dans les champs électriques de basse fréquence (fréquences quasi-statiques). Quelques exemples ont été choisis qui montrent la complexité de l'interaction de ces effets.

Einleitung

Jede elektrochemische Zelle enthält einen Ionenleiter, der entweder eine Elektrolytlösung, eine Salzschmelze oder ein fester Ionenleiter ist. Die Bedeutung der verschiedenen Ionenleitertypen ist durch eine in neuerer Zeit steigende Zahl von Publikationen überzeugend dokumentiert. Alle zeigen inhärente Eigenschaften, die spezifischen Problemstellungen dienlich gemacht werden können. Unter den Flüssigelektrolyten haben wäßrige Elektrolytlösungen stets hervorragende Bedeutung in Grundlagenforschung, Technologie, Geologie, Ozeanographie und Biowissenschaften eingenommen. Nichtwäßrige Elektrolytlösungen haben seit etwa 20 Jahren spezifische Anwendungsgebiete mit steigender Bedeutung für Primär- und Sekundärbatterien hoher Energiedichte mit hervorragenden Tieftemperatureigenschaften, Galvanisieren von Aluminium und hochschmelzenden Metallen, Abscheidung verschiedenartiger Materialien, elektrolytisches Polieren, Galvanoplastik, photoelektrochemische Zellen, Flüssigkeitskondensatoren, nichtemittierende Bildschirme, Phasentransferkatalyse und elektroorganische Synthese gewonnen /1/. Gegenstand dieses Übersichtsartikels ist der Zusammenhang zwischen Struktur und Leitfähigkeit der wäßrigen und nichtwäßrigen Elektrolytlösungen. Die heutige Verfügbarkeit einer großen Anzahl von Lösungsmitteln und die nahezu unbegrenzte Zahl der daraus realisierbaren Mischungen mit einer breiten Skala von Viskosität, Dielektrizitätszahl, Schmelz- und Siedepunkt, Dampfdruck, Löslichkeit für Salze, Säuren und Basen erlauben die ingenieurmäßige Planung von Elektrolytlösungen für spezifische technologische Anwendungen.

Das für effiziente Planung lange bestehende Hindernis fehlender Elektrolytdaten und -berechnungsmethoden ist in den letzten Jahren durch die Elektrolytdaten- und -methodenbank ELDAR /2/,/3/, die über FIZ (Fachinformationszentrum) Chemie, TDS (Technical Database Services) und die Datenbank DETHERM zugänglich ist, weitgehend ausgeräumt worden. Eine Elektrolytdatensammlung im Rahmen der DECHEMA DATA SERIES ist in Vorbereitung.

Dielektrische Eigenschaften der Elektrolytlösung

Die in jüngster Zeit erheblich verbesserten Methoden der Mikrowellenspektroskopie bieten neuen Einblick in die Struktur und Dynamik der Elektrolytlösungen und ihrer Lösungsmittel. Heute ist der Frequenzbereich von einigen Megaherz bis 100 GHz für Präzisionsmessungen zugänglich, Elektrolytlösungen können von sehr niedrigen (etwa 10^{-3} mol dm^{-3}) bis zur Sättigungskonzentration vermessen werden. Die Mikrowellenspektren finden ihre Fortsetzung in FIR-FT-Methoden. Pilotmessungen im noch offenen Bereich von 100 GHz bis 500 GHz zeigen, daß auch dieser Bereich bald erschlossen sein wird.

Alle Prozesse in einer Lösung sind von Energieabsorption begleitet. Die Beschreibung des Phänomens erfolgt, wie für dissipative Systeme üblich, durch den Ansatz von komplexer frequenzabhängiger relativer Dielektrizitätszahl $\hat{\varepsilon}$, relativer Permeabilität $\hat{\mu}$ und spezifischer Leitfähigkeit $\hat{\sigma}$. Die relative Permeabilität von Elektrolytlösungen ist naturgemäß nur unwesentlich verschieden von Eins und kann im folgenden unbeachtet bleiben.

Die Frequenzabhängigkeit der Leitfähigkeit (Debye-Falkenhageneffekt) ist sehr gering. Daher wird der Imaginärteil der Leitfähigkeit im Hochfrequenzbereich, auch weil derzeit keine genauere Information erhalten werden kann, vernachlässigt. Dieser Ansatz wird durch Leitfähigkeitsmessungen im Bereich unterhalb 50 MHz und durch die im folgenden dargelegten Ergebnisse gestützt /4/. Die Beschreibung der dielektrischen Eigenschaften einer Elektrolytlösung folgt aus den Maxwellgleichungen, die den Ausbreitungskoeffizienten $\hat{k}$ einer elektromagnetischen Welle der Frequenz ν (Kreisfrequenz: $\omega = 2\pi\nu$) in einem Medium mit frequenzabhängigem $\hat{\varepsilon}$, $\hat{\mu}$ und $\hat{\sigma}$ liefern /5/

$$\hat{k}^2 = k_o^2\hat{\mu}(\nu)[\hat{\varepsilon}(\nu) + \frac{\hat{\sigma}(\nu)}{i\omega\varepsilon_o}] = k_o^2\hat{\mu}(\nu)\hat{\eta}(\nu); \quad k_o = [\mu_o\varepsilon_o\omega^2]^{1/2} = \frac{\omega}{c} \qquad (1a,b)$$

mit

$$\hat{\varepsilon}(\nu) = \varepsilon'(\nu) - i\varepsilon''(\nu); \quad \hat{\sigma}(\nu) = \sigma = e\sum_k \rho_k|z_k|u_k; \quad \hat{\mu}(\nu) = 1 \qquad (2a,b,c)$$

σ ist die Leitfähigkeit der Lösung bei quasi-statischen (d.h. sehr kleinen) Frequenzen, ρ_k ist die Dichte der Ionen vom Typ k, z_k deren Valenz und u_k deren Beweglichkeit, e ist die Elementarladung.

In den Gln.(1a,b) ist ε_o die elektrische Feldkonstante, μ_o die Permeabilität des Vakuums und c die Lichtgeschwindigkeit. Gleichung (1a) weist aus, daß bei strenger Beachtung der Maxwellgleichungen relative Dielektrizitätszahl und Elektrolytleitfähigkeit nicht getrennt bestimmt werden können. Man faßt die beiden Größen zu einer generalisierten Dielektrizitätszahl $\hat{\eta}$ (auch eine generalisierte Leitfähigkeit könnte definiert werden) zusammen. Mit Berücksichtigung der Gln.(2a,b,c) ergibt sich diese als

$$\hat{\eta}(\nu) = \eta'(\nu) - i\eta''(\nu); \quad \eta'(\nu) = \varepsilon'(\nu); \quad \eta''(\nu) = \varepsilon''(\nu) + \frac{\sigma}{\omega\varepsilon_o} \qquad (3a,b,c)$$

Mikrowellenspektrum des Lösungsmittels

Für das elektrisch nichtleitende Lösungsmittel ($\sigma = 0$) folgt $\hat{\eta}(\nu) = \hat{\varepsilon}(\nu)$. Die Antwort eines reinen polaren Lösungsmittels, das aus Molekülen mit permanentem Dipolmoment $\vec{\mu}$ und Polarisierbarkeit α besteht, auf ein statisches ($\nu = 0$) elektrisches Feld $\vec{E}$ ist seine Polarisation $\vec{P}$, die sich aus einem Anteil $\vec{P}_\mu$ der Dipolorientierung gegen die thermische Bewegung und einem Anteil $\vec{P}_\alpha$ der induzierten Dipolmomente zusammensetzt.

$$\vec{P} = \varepsilon_o(\varepsilon - 1)\vec{E} = \vec{P}_\mu + \vec{P}_\alpha \qquad (4)$$

$\vec{P}, \vec{P}_\mu$ und $\vec{P}_\alpha$ sind makroskopische Phaseneigenschaften. Ihre Verknüpfungen mit den mikroskopischen Moleküleigenschaften $\vec{\mu}$ und α ist Gegenstand der Theorien von Debye, Onsager oder Kirkwood-Fröhlich; ε ist die statische Dielektrizitätszahl.

Wird das polare Lösungsmittel einer elektromagnetischen Welle der Kreisfrequenz ω ausgesetzt, $\vec{E} = \vec{E}_0\exp(i\omega t)$, so können die Dipolmoleküle dem Polaritätswechsel eines niederfrequenten elektrischen Feldes ohne zeitliche Verzögerung folgen. Das System absorbiert keine Energie, ε behält seinen statischen Wert. Mit steigender Frequenz der eingestrahlten elektromagnetischen Welle jedoch wird die Situation erreicht, in der der Polaritätswechsel des elektrischen Feldes am Ort des Moleküls signifikante Feldstärkeänderungen in Zeitintervallen bedingt, die der charakteristischen Orientierungszeit der Moleküle entsprechen. Die Dipolausrichtung vermag dann dem Polaritätswechsel des elektrischen Feldes nicht mehr ohne Verzögerung zu folgen und kommt in einem Relaxationsprozeß schließlich ganz zum Erliegen. Für die gängigen Lösungsmittel geschieht dies im Mikrowellen/FIR Gebiet. Die Dielektrizitätszahl fällt stetig vom statischen Wert ε zum FIR-Wert ε_∞, wo sie bei weiter steigendender Frequenz zunächst konstant bleibt, bis im IR- und UV-Bereich die resonanten Übergänge der Moleküle angeregt werden, die deren Polarisierbarkeit α und damit $\vec{P}_\alpha$ verändern. Abb. 1 zeigt den Verlauf von ε' (Dispersionskurve) und ε'' (Absorptionskurve) für einen Relaxationsprozess und resonante Übergänge im IR- und UV-Bereich schematisch.

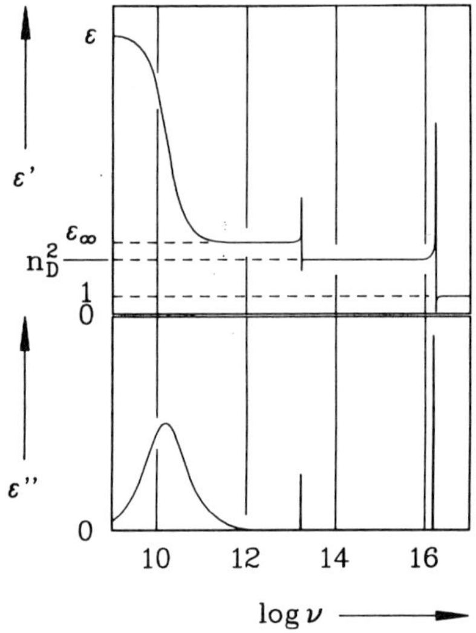

Abb. 1: Dielektrisches Dispersions(ε')- und Absorptions(ε'')-spektrum einer polaren Flüssigkeit (schematisch) mit einem Relaxationsprozeß im Mikrowellengebiet und zwei resonanten Übergängen im IR und UV Gebiet. n_D ist der Berechnungsindex der Flüssigkeit im sichtbaren Spektrum (Na-D Linie).

Orientierungspolarisation $\vec{P}_\mu$ und induzierte Polarisation $\vec{P}_\alpha$ können aus der Frequenzabhängigkeit der Polarisation bestimmt und als linear unabhängig angesehen werden.

$$\vec{P}_\mu = \varepsilon_o(\varepsilon - \varepsilon_\infty)\vec{E}; \quad \vec{P}_\alpha = \varepsilon_o(\varepsilon_\infty - 1)\vec{E} \tag{5a,b}$$

Das Relaxationsgebiet ($\varepsilon \leq \varepsilon' < \varepsilon_\infty$) des Lösungsmittels wird durch die komplexe Dielektrizitätszahl

$$\hat{\varepsilon}(\omega) = \varepsilon_\infty + (\varepsilon - \varepsilon_\infty)\mathcal{L}_{i\omega}[f_p^{or}(t)] \tag{6}$$

beschrieben /5/. $\mathcal{L}_{i\omega}[f_p^{or}(t)]$ ist die Laplacetransformierte der Pulsantwortfunktion

$$f_p^{or} = -\frac{dF_p^{or}}{dt}; \quad F_p^{or} = \frac{\langle \vec{P}(0) \cdot \vec{P}(t) \rangle}{\langle \vec{P}(0) \cdot \vec{P}(0) \rangle} \tag{7a,b}$$

F_p^{or} ist die aus Zeitbereichsmessungen zugängliche Stufenantwortfunktion der Orientierungspolarisation mit den Eigenschaften $F_p^{or}(0) = 1, F_p^{or}(\infty) = 0$, die das Abklingen von $\vec{P}_\mu(t)$ im Relaxationsgebiet beschreibt

$$\vec{P}_\mu(t) = \vec{P}_\mu(0) F_p^{or}(t) \tag{8}$$

Wird in einem Zeitbereichsexperiment ein statisches elektrisches Feld $|\vec{E}_o|$, das im System eine Polarisation $\vec{P}(0)$ erzeugt hat, zum Zeitpunkt t = 0 abgeschaltet, so bricht die induzierte Polarisation $\vec{P}_\alpha$ sofort zusammen und die Orientierungspolarisation klingt in einer Zeitfunktion vom Wert $\vec{P}_\mu(0)$ zum Wert Null ab. Für den einfachsten denkbaren Abklingprozeß erster Ordnung mit der 'Geschwindigkeitskonstante' $k = \tau^{-1}$ ist die Stufenantwortfunktion eine Exponentialfunktion

$$-\frac{d\vec{P}_\mu}{dt} = k\vec{P}_\mu; \quad \vec{P}_\mu(t) = \vec{P}_\mu(0)\exp(-\frac{t}{\tau}); \quad F_p^{or} = \exp(-\frac{t}{\tau}) \tag{9a,b,c}$$

Die charakteristische Zeitkonstante τ ist die Relaxationszeit des Prozesses. Aus den Gln. (7a) und (9c) folgen die Pulsantwortfunktion $f_p^{or}(t)$ und deren Laplacetransformierte $\mathcal{L}_{i\omega}[f_p^{or}(t)]$, die ein Frequenzbereichsexperiment an der gleichen Probe ergeben würde

$$f_p^{or} = \frac{1}{\tau}\exp(-\frac{t}{\tau}); \quad \mathcal{L}_{i\omega}[f_p^{or}(t)] = \frac{1}{1+i\omega\tau} \tag{10a,b}$$

und damit die komplexe Dielektrizitätszahl

$$\hat{\varepsilon}(\omega) = \varepsilon_\infty + \frac{\varepsilon - \varepsilon_\infty}{1+i\omega\tau}; \quad \varepsilon'(\omega) = \varepsilon_\infty + \frac{\varepsilon - \varepsilon_\infty}{1+\omega^2\tau^2}; \quad \varepsilon'' = (\varepsilon - \varepsilon_\infty)\frac{\omega\tau}{1+\omega^2\tau^2} \tag{11a,b,c}$$

ε' und ε'' sind in Abb. 1 dargestellt. Die im System pro Zeiteinheit dissipierte Energie ist $\dot{W} = \frac{1}{2}E_o^2\omega\varepsilon_o\eta''$. Eine andere gebräuchliche Darstellung eines Relaxationsprozesses ist das Arganddiagramm $\varepsilon'' = f(\varepsilon')$, das für die Gln. (11) einen Halbkreis mit Mittelpunkt auf der ε'-Achse liefern würde, s. Abb. 2.

Jeder Prozeß in der flüssigen Phase, der zu einer Änderung der Polarisation $\vec{P}_\mu$ ($\vec{P}_\mu = \sum\langle\vec{\mu}_i\rangle$: Summe der molekularen Dipolmomente pro Volumeneinheit) führt, hat eine charakteristische Relaxationszeit, s.Tab.1 /6/. Dies ist zum einen die für alle polaren Flüssigkeiten beobachtbare, vorangehend erläuterte Reorientierung der Dipolmoleküle im elektromagnetischen Wechselfeld, die durch die Relaxationszeit τ_r in Tab. 1 charakterisiert wird. Für nicht assoziierende Moleküle, wie Acetonitril oder Propylencarbonat ist dies der einzige im Mikrowellengebiet beobachtbare Prozess. Bei Molekülen, die zu Ketten assoziieren, z.B. Methanol, Ethanol oder N-Methylformamid, ist für diesen Prozeß die Bewegung freier Moleküle oder endständiger Moleküle der Ketten die Ursache. H-Brückenbildner, wie z.B. Wasser, Alkohole oder Amide, zeigen zwei weitere Relaxationsgebiete. Zum einen wird ein schneller Prozeß mit der Relaxationszeit τ_H in der Größenordnung der Lebensdauer einer H-Brücke gefunden. Zum anderen existiert ein langsamer Prozeß (τ_s in Tab. 1), der die Rückkehr der gesamten durch $\sum\langle\vec{\mu}_i\rangle$ beschriebenen Struktur der Lösung zur Gleichgewichtsstruktur charakterisiert. Bei den Netzwerkbildnern Wasser und Formamid sind τ_s und τ_r nicht separierbar. $\varepsilon, \varepsilon_\infty$ und n_D^2 sind in Abb. 1 erklärt. Ein deutlicher Unterschied zwischen ε_∞ und n_D^2 zeigt an, daß im Gebiet $\varepsilon_\infty < \varepsilon < n_D^2$ weitere Relaxationsprozesse (z.B. Librationsmoden) zu erwarten sind.

Tab.1: Dielektrische Parameter ausgewählter Lösungsmittel (25°C).

	ε	ε_∞	n_D^2	τ_s/ps	τ_r/ps	τ_H/ps
Wasser	78,36	4,49	1,7765	8,32		1,02
Formamid	109,5	4,48	2,096	37,3		1,16
Methanol	32,63	2,79	1,7596	51,5	7,09	1,12
Ethanol	24,35	2,69	1,8473	163	8,97	1,81
N-Methylformamid	185,98	3,20	2,0449	128	7,93	0,78
Acetonitril	35,92	2,26	1,7800	—	3,21	—
Propylencarbonat	64,96	4,14	2,0153	—	43,1	—
Dimethoxyethan	7,15	2,16	1,8962	—	3,6	—

Lösungsmittelgemische weisen für jede ihrer polaren Komponenten Relaxationsprozesse aus. Abb. 2 ist ein Arganddiagramm $\varepsilon'' = f(\varepsilon')$, wie es beim Auftreten mehrer separierbarer Relaxationsprozesse in einer Lösung gefunden wird, hier eine Propylencarbonat-Dimethoxyethanmischung /7/. Der Vergleich der Relaxationszeiten von PC und DME in der Mischung (Abb. 2) und als reine Flüssigkeiten (Tab. 1) zeigt die wechselseitige Beeinflussung der Moleküle in Mischlösungen.

Die Folge von Halbkreisen in Abb. 2 wird durch die Pulsantwortfunktion

$$f_p^{or} = \sum_j \frac{g_j}{\tau_j} \exp(-\frac{t}{\tau_j}); \quad g_j = \frac{\varepsilon_j - \varepsilon_{j\infty}}{\varepsilon - \varepsilon_\infty}; \quad \sum_j g_j = 1 \qquad (12a,b,c)$$

in den Gln.(6) beschrieben. Die Symbole sind in Abb. 2 erläutert. $(\varepsilon_j - \varepsilon_{j\infty})$ ist Dispersionsamplitude des j-ten Prozesses, τ_j ist die zugehörige Relaxationszeit. τ_j wird aus der Frequenz des Scheitelpunktes des zugehörigen Halbkreises bestimmt.

Übersichtstabellen mit den dielektrischen Eigenschaften von Lösungsmitteln und deren

Bedeutung findet man in /6/,/8/,/9/. Lösungsmittelgemische mit ihren Relaxationsgebieten sind in /10/,/11/ behandelt.

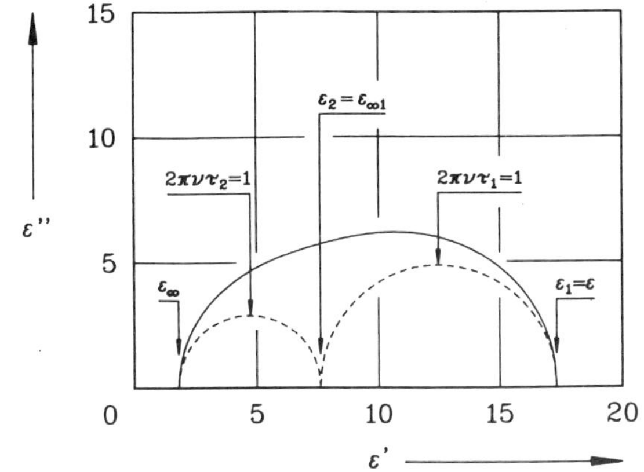

Abb. 2: Arganddiagramm einer Propylencarbonat-1.3-Dimethoxyethanmischung (Molenbruch $x_{PC} = 0.2$; 25°C) als Beispiel für zwei überlagerte Relaxationsprozesse. Beitrag des PC: Dispersionsamplitude $\varepsilon_1 - \varepsilon_{\infty 1} = 9.7$; Relaxationszeit: $\tau_1 = 22$ ps. Beitrag des DME: $\varepsilon_2 - \varepsilon_\infty = 5{,}8$; $\tau_2 = 4{,}7$ ps.

Relaxationsprozesse in Elektrolytlösungen

Freie Ionen ohne Dipolmoment erzeugen keine Relaxationsprozesse, da sie im elektrischen Feld nicht orientiert werden. Die frequenzabhängige Dielektrizitätszahl der Elektrolytlösung ist die generalisierte Dielektrizitätszahl $\hat{\eta}$, Gln. (3), die nunmehr die spezifische Leitfähigkeit der Lösung einschließt. Im Rahmen der Näherungen, die in der Vernachlässigung der Leitfähigkeitsdispersion gemacht wurden, kann die spezifische Leitfähigkeit in einem getrennten Experiment an der gleichen Lösung als statische Leitfähigkeit σ nach üblichen Leitfähigkeitsmeßmethoden (Kohlrauschbrücke mit Leitfähigkeitsmeßzelle) bestimmt werden. Damit läßt sich η'' auf den Anteil der Orientierungspolarisation ε'' reduzieren. Wäßrige $MgCl_2$-Lösungen sind ein Beispiel für einen vollständig dissoziierten Elektrolyten mit nur 'freien' Anionen und Kationen /12/. Abb. 3 zeigt als Kurve 1 das gemessene Relaxationsdiagramm des reinen Wasers. Der Übersichtlichkeit wegen sind die mittels Modenanalyse errechneten Halbkreise für H-Brückendynamik und Strukturrelaxation nicht eingezeichnet. Kurve 2 ist das gemessene $\eta'' - \varepsilon'$–Diagramm einer 0,5 M $MgCl_2$-Lösung. Die durch Datenanalyse erhaltenen Teilprozesse sind in der Legende von Abb. 3 erklärt.

Der Elektrolytzusatz zum Lösungsmittel senkt dessen statische Dielektrizitätszahl $\varepsilon_s(c)$ ionenspezifisch. Die Konzentrationsabhängigkeit dieses Effektes ist durch die Beziehung

$$\Delta\varepsilon = \varepsilon_s(c) - \varepsilon(o) = -\delta c + \beta c^n; \quad n = \frac{3}{2} \,\text{oder}\, 2 \tag{13}$$

gegeben, δ und β sind tabellierte Werte /6/, δ heißt dielektrisches Dekrement. Zum dielektrischen Dekrement tragen drei Effekte bei:

- ein Volumeneffekt, δ_{vol}, der auch beobachtet wird, wenn ein dem Ion gleichgroßes apolares Teilchen gelöst ist,
- ein Feldeffekt der Ionenladung, δ_{solv}, der die Lösungsmittelmoleküle in der Nachbarschaft des Ions entgegen dem äußeren Feld orientiert, und
- ein kinetischer Depolarisationseffekt, δ_{kin}, der die Beweglichkeit des wandernden Ions beeinträchtigt.

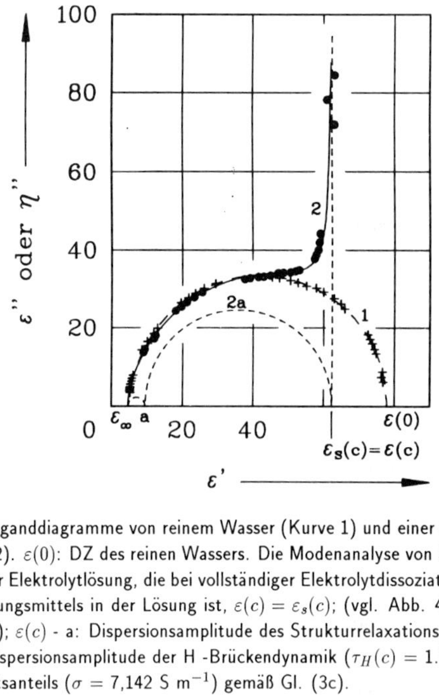

Abb. 3: Vergleich der Aganddiagramme von reinem Wasser (Kurve 1) und einer 0.5 M wäßrigen $MgCl_2$-Lösung (Kurve 2). $\varepsilon(0)$: DZ des reinen Wassers. Die Modenanalyse von Kurve 2 liefert Kurve 2a mit $\varepsilon(c)$: DZ der Elektrolytlösung, die bei vollständiger Elektrolytdissoziation in der Lösung gleich der DZ des Lösungsmittels in der Lösung ist, $\varepsilon(c) = \varepsilon_s(c)$; (vgl. Abb. 4: unvollständig dissoziierter Elektrolyt); $\varepsilon(c)$ - a: Dispersionsamplitude des Strukturrelaxationsprozesses ($\tau_s(c) = 8.52$ ps); $a - \varepsilon_\infty$: Dispersionsamplitude der H -Brückendynamik ($\tau_H(c) = 1.7$ ps); Berücksichtigung des Leitfähigkeitsanteils ($\sigma = 7{,}142$ S m^{-1}) gemäß Gl. (3c).

Zwischen der Größe $\Delta\varepsilon$ (bzw. δ bei kleinen Elektrolytkonzentrationen) und der statischen Leitfähigkeit besteht ein funktionaler Zusammenhang, auf den im folgenden Abschnitt eingegangen wird. Feld- und Volumeneffekt werden in der Literatur benutzt, um Solvatationszahlen zu bestimmen.

Die Relaxationszeit τ_s des reinen Lösungsmittels wird durch Ionen spezifisch geändert, die Relaxationszeit τ_H der H-Brückendynamik dagegen nicht.

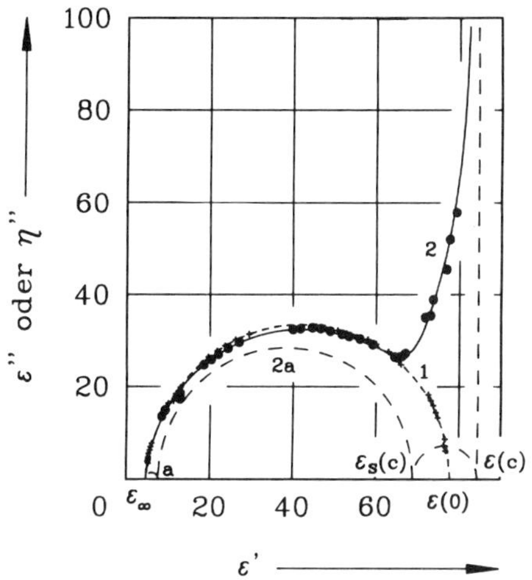

Abb. 4: Vergleich der Arganddiagramme von reinem Wasser (Kurve 1) und einer 0,36 M wäßrigen $MgSO_4$-Lösung (Kurve 2) ($\varepsilon(0)$: DZ des reinen Wassers). Die Modenanalyse von Kurve 2 liefert Kurve 2a mit $\varepsilon(c)$: DZ der Elektrolytlösung; $\varepsilon_s(c)$: DZ des Lösungsmittels S (H_2O) in der Lösung; $\varepsilon(c) - \varepsilon_s(c)$: Dispersionsamplitude des Ionenpaarrelaxationsprozesses ($\tau_{IP}(c) = 129$ ps); $\varepsilon_s(c)$ - a: Dispersionsamplitude des Strukturrelaxationsprozesses ($\tau_s(c) = 8{,}52$ ps); $a - \varepsilon_\infty$: H-Brückendynamik ($\tau_H(c) = 1.5$ ps); Berücksichtigung des Leitfähigkeitsanteils ($\sigma = 2{,}7163$ S m^{-1}) gemäß Gl. (3c).

Elektrolytlösungen, in denen Ionenassoziation zu Ionenpaaren oder höheren Ionenassoziaten mit oder ohne Lösungsmitteleinschluß erfolgt, lassen die Ionenassoziate an eigenen Relaxationsgebieten erkennen, wenn die Assoziate Dipolcharakter haben und sich im angelegten Feld orientieren können. Abb. 4 zeigt dies in Kurve 2 für eine 0,36 M Lösung von $MgSO_4$ in Wasser /12/, in der – im Gegensatz zu der in Abb. 3 dargestellten wäßrigen $MgCl_2$-Lösung – Ionenpaare $[Mg^{2+}(OH_2)SO_4^{2-}]^o$ identifiziert werden können. Kurve 1 zeigt wiederum das gemessene Wasserdiagramm ohne Aufgliederung in H-Brücken- und Umorientierungsanteil. Kurve 2 zeigt (von links nach rechts) das Relaxationsgebiet der H-Brückenbildung, das Relaxationsgebiet der Wasserorientierung, ein Ionenassoziatrelaxationsgebiet und den Leitfähigkeitsanteil. Die statische Dielektrizitätszahl der Elektrolytlösung $\varepsilon(c)$ ist größer als die des reinen Wassers. Die Konzentrationsabhängigkeit der DZ des Lösungsmittels der Lösung, $\varepsilon_s(c)$, liefert die Daten $\Delta\varepsilon, \delta$ und β, Gl. (13). Die Relaxationszeiten des Lösungsmittels zeigen die gleichen Eigenschaften wie die der $MgCl_2$ Lösung: τ_s ist ionenspezifisch konzentrationsabhängig, τ_H nicht. Die Dispersionsamplitude des Ionenpaarrelaxationsgebietes, $\varepsilon(c) - \varepsilon_s(c)$, kann mit Hilfe der Onsagertheorie ausgewertet werden und liefert die Konzentration der Ionenpaare in der Lösung, $c_{IP} = (1 - \alpha)c$, und damit die Gleichgewichtskonstante K_A

des Assoziationsprozesses (α: Dissoziationsgrad des Ionenpaares IP, $y'_\pm$: mittlerer Aktivitätskoeffizient des Elektrolyten) /1/

$$K_A = \frac{1-\alpha}{\alpha^2 c} \frac{1}{(y'_\pm)^2} \tag{14}$$

Die Konzentrationsabhängigkeit der Relaxationszeit des Assoziationsprozesses τ_{IP} setzt sich aus der charakteristischen Reorientierungszeit des Ionenpaardipols (τ_{IP}^{or}) und einer kinetischen Relaxationszeit (τ_{IP}^{kin}) für den Ionenpaarbildungs- und -zerfallsprozeß zusammen /4/

$$(\tau_{IP})^{-1} = (\tau_{IP}^{or})^{-1} + (\tau_{IP}^{kin})^{-1}; \quad \tau_{IP}^{kin} = k_{21} + 2k_{12}(c - c_{IP}) \tag{15a,b}$$

und liefert zusammen mit der Gleichgewichtskonstante K_A die Reorientierungszeitkontante τ_{IP}^{or} und die Geschwindigkeitskonstanten k_{12} (Ionenassoziatiatbildung) und k_{21} (Ionenassoziatzerfall). Typische Daten der Analyse des Ionenassoziatrelaxationsgebietes sind in Tab. 2 angegeben. Weitere Daten findet man in /6/.

Tab.2: Assoziationskonstante K_A, Relaxationszeit τ_{IP}^{or} der Ionenpaarorientierung und Geschwindigkeitskonstanten k_{12} und k_{21} der Ionenpaarbildungsreaktion aus der Datenanalyse des Ionenpaarrelaxationsprozesses (25°C).

$$K^{z+} + A^{z-} \underset{k_{21}}{\overset{k_{12}}{\rightleftharpoons}} [K^{z+}A^{z-}]^0 ; \quad \frac{k_{12}}{k_{21}} = K_A$$

	Elektrolyt	IP[a]	K_A	$K_A^{\text{Lit. b)}}$	$k_{12} \cdot 10^{-9}$	$k_{21} \cdot 10^{-7}$	$\tau_{IP}^{or} \cdot 10^{12}$
			dm^3mol^{-1}		$dm^3mol^{-1}s^{-1}$	s^{-1}	s
H_2O	$MgCl_2$	c)	—	—	—	—	—
	$CdSO_4$	SSIP	270±90	245	2,3±0,4	0,9±0,2	154±8
	$MgSO_4$	SSIP	164±25	156	1,8±0,1	1,1±0,1	152±5
CH_3OH	Bu_4NClO_4	CIP	44±17	47,1	d)		197±24
CH_3CN	Bu_4NBr	CIP	17±1	17-22	8,0±0,3	0,35±0,03	213±5
	LiBr	CIP	148±2	155-193	d)		78±2

a) CIP: Kontaktionenpaar, SSIP: solvenssepariertes Ionenpaar; b) Literaturdaten aus Leitfähigkeitsmessungen und kalorimetrischen Messungen zum Vergleich; c) vollständig dissoziierter Elektrolyt; d) Lebenszeit der Ionenpaare größer als Zeitskala des Mikrowellenexperimentes.

Dielektrisches Dekrement und Elektrolytleitfähigkeit

Wie vorangehend ausgeführt, hängt das dielektrische Dekrement δ und selbstverständlich auch die Erniedrigung der statischen DZ, $\Delta\varepsilon$, nach Gl. (13), des Lösungsmittels durch Zugabe eines Elektrolyten von drei Effekten ab

$$\Delta\varepsilon = \Delta\varepsilon_{vol} + \Delta\varepsilon_{solv} + \Delta\varepsilon_{kin} \tag{16}$$

die als Volumeneffekt, Feldeffekt der Ionenladung (Solvatation) und kinetischer Depolarisationseffekt ausgewiesen werden.

Die Solvatation der Ionen, deren Maß $\Delta\varepsilon_{solv}$ ist, bedingt eine Vergrößerung des effektiven Ionenradius R_{eff} des wandernden Ions und damit nach dem Stokes'schen Gesetz eine Erhöhung des mechanischen Reibungskoeffizienten ζ_{St} des Ions

$$\zeta_{St} = y \cdot \eta \cdot R_{eff} \tag{17}$$

Dabei ist η die dynamische Viskosität der Lösung, $y = 6\pi$ für den Ionentransport unter Haftreibungsbedingungen (hr), $y = 4\pi$ bei Gleitreibung (gr).

Der wechselseitige direkte Einfluß der dielektrischen Eigenschaften des Lösungsmittels und der Ionenbeweglichkeit wird durch die kinetische Depolarisation (dielektrische Reibung) $\Delta\varepsilon_{kin}$ wiedergegeben. Nach der Kontinuumstheorie von Hubbard und Onsager /13/,/14/ führt die Wanderung der Ionen im äußeren Feld $\vec{E}$ wegen ihrer hohen Ladungsdichte zu einer Verringerung der Orientierungspolarisation des Lösungsmittels, die der spezifischen Leitfähigeit proportional ist

$$\Delta\varepsilon_{kin} = p\frac{\varepsilon(0) - \varepsilon_\infty}{\varepsilon_o\varepsilon(0)}\tau_s \cdot \sigma \tag{18}$$

Dabei sind $\varepsilon(0)$, ε_∞ und τ_s die Relaxationsparameter des reinen Lösungsmittels; p = 1 für Haftreibung, p = 2/3 für Gleitreibung.

Die Erniedrigung der Ionenbeweglichkeit bedingt nach Hubbard und Onsager einen dielektrischen Reibungsfaktor ζ_{HO} über den mechanischen Reibungskoeffizienten ζ_{St} hinaus

$$\zeta_{HO} = \eta R_{HO} \sum_j a_j \left(\frac{R_{HO}}{R_{eff}}\right)^j; \quad R_{HO} = \left[\frac{e^2\tau_s}{64\pi^2\eta\varepsilon_o\varepsilon^2(o)}(\varepsilon(o) - \varepsilon_\infty)\right]^{1/4} \tag{19a,b}$$

Die Koeffizienten a_j der Reihenentwicklung findet man in /15/. Erweiterungen des Ausdrucks auf den Fall von Lösungsmitteln mit mehreren Relaxationsprozessen und auf Lösungsmittelgemische, sowie umfangreiche Prüfung der Theorie, findet man in den Arbeiten von Nakahara et. al. /16/ und Kessler et. al. /17/.

In der Regel wird experimentell ein linearer Zusammenhang zwischen $\Delta\varepsilon$ und σ gefunden, s. Abb.5, jedoch stimmen theoretischer und experimenteller Geradenanstieg nicht überein. Dies ist auf die unvollständig erfaßte Solvatation, $\Delta\varepsilon_{solv}$, und die vereinfachende Annahme, $\Delta\varepsilon_{kin}$ sei vom Ionenradius unabhängig (Vernachlässigung von $\Delta\varepsilon_{vol}$), zurückzuführen. Eine *ad hoc* Kombination von rotationsverhinderten Lösungsmittelmolekülen in der Umgebung der Ionen mit der Kontinuumstheorie der kinetischen Depolarisation erlaubt, unter Anpassung der Solvatationszahlen, gerechnete und experimentelle Kurven zur Deckung zu bringen /4/. Eine verbesserte Kontinuumstheorie wurde von Felderhoff /18/ entwickelt, eine molekulare Theorie veröffentlichten Hubbard, Colonomos und Wolynes /14/.

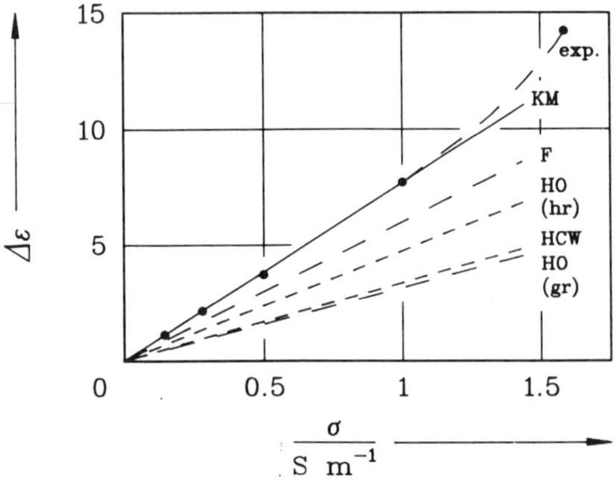

Abb. 5: Theorien der kinetischen Depolarisation. exp: experimentelle Daten (Bu_4NCl/CH_3OH; 25°C); HO: Hubbard-Onsager; (gr), (hr): Gleit- bzw. Haftreibungsbedingungen, HCW: Hubbard, Colonomos, Wolynes; F: Felderhoff; KM: Kombinationsmodell (Solvatationszahl: 10).

Abb. 5 gibt einen Überblick über die Theorien der kinetischen Depolarisation. Sie zeigt die experimentellen Daten für methanolische Lösungen von Bu_4NCl zusammen mit den theoretischen Voraussagen nach den Kontinuumsmodellen nach Hubbard - Onsager für Haft- (HO,hr) und Gleitreibung (HO, gr), Felderhoff (F) und dem molekularen Modell nach Hubbard, Colonomos und Wolynes (HCW). Die Berücksichtigung rotationsverhinderter Lösungsmittelmoleküle zur Erfassung von $\Delta\varepsilon_{vol} + \Delta\varepsilon_{solv}$ führt mit einer Solvatationszahl 10 bis zu mittleren Elektrolytkonzentrationen, c = 0,26 M, zur Deckung von Experiment und Theorie.

Ionenaggregate und Ionenleitfähigkeit

In den Untersuchungen zur Frequenzabhängigkeit der Dielektrizitätszahl von Elektrolytlösungen wird das komplexe Zusammenspiel von Lösungsstruktur, konzentrationsabhängiger DZ, Leitfähigkeit und Ionengleichgewichten in Elektrolytlösungen sichtbar. Zu den Ionengleichgewichten mit und ohne Lösungsmittelmoleküleinschluß tragen elektrostatische und spezifische Effekte bei. Leitfähigkeitsmessungen, die diesem Sachverhalt Rechnung tragen, erweisen sich als geeignete Untersuchungsmethoden zur Klärung von Elektrolytstrukturen, Umsolvatation von Ionen durch ein Kosolvens und spezifische Solvation. Das eröffnet neue Möglichkeiten für die Anwendung von Leitfähigkeitsmethoden, insbesondere für Messungen an verdünnten Elektrolytlösungen, deren Aussagegehalt nach klassischer Vorstellung erschöpfend behandelt schien.

Ionenpaare als Sonden für Solvatationsprozesse

1,1-Elektrolyte assoziieren in Lösungsmitteln kleiner bis mittlerer DZ, 2,2-Elektrolyte in nahezu allen Lösungsmitteln, zu Ionenpaaren /19/. Ionenpaare lassen sich als Sonden zur Untersuchung von Solvatationsprozessen verwenden /1/. Die Assoziationskonstante K_A, $K_A = exp[-\Delta G_A/RT]$, liefert die Gibbssche Energie ΔG_A des Assoziationsprozesses

$$K_s^+ + A_s^- \overset{K_A}{\rightleftharpoons} [K^+A^-]_s^o \qquad (20)$$

(Index s: solvatisierte Spezies). Kalorimetrische Bestimmungen der Verdünnungswärme /20/ oder temperaturabhängige Leitfähigkeitsmessungen /21/,/22/,/23/,/24/ bei niedrigen Frequenzen erlauben, die Enthalpie ΔH_A und die Entropie ΔS_A des Prozesses zu bestimmen. Leitfähigkeitsmessungen an Elektrolytlösungen, in denen Ionenpaarbildung auftritt, werden im Bereich kleiner bis mittlerer Elektrolytkonzentrationen mit Hilfe der Leitfähigkeitsgleichung

$$\Lambda = \alpha[\Lambda^\infty - S\sqrt{\alpha c} + E(\alpha c)\log(\alpha c) + J_1(\alpha c) + J_2(\alpha c)^{3/2}] \qquad (21)$$

ausgewertet. Λ und Λ^∞ sind die Äquivalentleitfähigkeiten der Elektrolytlösung bei der Konzentration c und bei unendlicher Verdünnung, α ist der Dissoziationsgrad des Ionenpaares bei der Konzentration c, zur Bedeutung der Koeffizienten S, E, J_1, J_2 wird auf die Literatur verwiesen /19/,/25/. Die Assoziationskonstante läßt sich aus dem Assoziationsgrad α berechnen, vgl. Gl. (14).

Tab.3: Assoziationskonstanten K_A, Gibbssche Energien ΔG_A, Enthalpien ΔH_A und Entropien ΔS_A des Ionenpaarassoziationsprozesses von Alkalimetall- und Tetraalkylammoniumiodiden in 1-Propanol (25°C).

Elektrolyt	K_A / $dm^3\,mol^{-1}$	ΔG_A / $kJ\,mol^{-1}$	ΔH_A / $kJ\,mol^{-1}$	ΔS_A / $J\,K^{-1}mol^{-1}$
NaI	205	-13,19	15,60	96,57
KI	336	-14,41	17,56	107,21
RbI	433	-15,04	16,28	105,03
Et_4NI	543	-15,60	5,29	70,05
Pr_4NI	515	-15,47	4,57	67,21
Bu_4NI	517	-15,48	4,33	66,44
$Pent_4NI$	537	-15,57	3,87	65,21

Tab. 3 weist am Beispiel der Elektrolytlösungen mit dem protischen Lösungsmittel Propanol zwei Elektrolytklassen aus /22/, die sich durch ihre Enthalpie (ΔH_A) - und Entropie (ΔS_A)-werte signifikant unterscheiden. Die größeren Werte der Alkalimetall- gegenüber denjenigen der Tetraalkylammoniumsalze sind aus verschiedenartiger Solvatation der Kationen in protischen Lösungsmitteln zu erklären, die mit den Ergebnissen aus Mikrowellenspektren in Einklang stehen.

Ein weiteres Beispiel der Verwendung von Ionenpaaren als Sonden für Solvatationsprozesse liefert die Untersuchung der spezifischen Solvatation. Der Zusatz von Spuren polarer Verbindungen L, die zu spezifischer Solvatation mit einem Ion des Ionenpaares befähigt sind, zu Lösungen stark assoziierender Elektrolyte K^+A^- in einem Lösungsmittel S bedingt drastische Leitfähigkeitserhöhung, wenn L und S um Koordinationsplätze von Kation und/oder Anion konkurrieren. Diese Umsolvatationsprozesse führen zur Erzeugung freier, spezifisch solvatisierter Ionen nach folgendem Schema /26/,/27/,/28/,/29/

$$K_s^+ + L \overset{K_1^+}{\rightleftharpoons} [KL]_s^+; \quad [KL]_s^+ + L \overset{K_2^+}{\rightleftharpoons} [KL_2]_s^+ \tag{22a,b}$$

$$A_s^- + L \overset{K_1^-}{\rightleftharpoons} [AL]_s^-; \quad [K^+A^-]_s + L \overset{K_p^1}{\rightleftharpoons} [K^+LA^-]_s^o \tag{22c,d}$$

Die Reaktionen (22a-c) sind Umsolvatationsreaktionen, (22d) beschreibt die Bildung eines solvensseparierten Ionenpaares $[KL^+A^-]_s^o$ aus dem gemäß Gl. (20) gebildeten Ionenpaar $[K^+A^-]_s^o$. Die Gl. (22b) entsprechende Bildung der Spezies $[AL_2]_s^-$ kann vernachlässigt werden. Das Zusammenspiel der Gleichgewichte verschiebt das Gleichgewicht (20) zur Seite der Ladungsträger und erhöht damit die Leitfähigkeit der Lösung. Aus Gleichgewichten und Bilanzgleichungen läßt sich der Ausdruck

$$R = \frac{(1 + K_1^+ c_L + K_1^+ K_2^+ c_L^2)(1 + K_1^- c_L)}{1 + K_p^1 c_L} = \frac{K_A^{(L)}}{K_A} \tag{23}$$

errechnen, wobei c_L die Konzentration von L ist. Die Assoziationskonstanten K_A im zusatzfreien Lösungsmittel und die Assoziationskonstante $K_A^{(L)}$ der Lösung mit Zusatz von L werden bei gleicher Elektrolytkonzentration gemessen. Die Konstanten können aus Leitfähigkeitsmeßserien $(\Lambda, c; c_L)$ mit dem Parameter c_L gewonnen werden.

Literaturwerte, wie die aus Leitfähigkeitsmessungen an Lithiumsalzen in reinen ätherischen Lösungsmitteln, auch an LiO_2CCF_3 in Propylencarbonat, gewonnenen, die in den Assoziationskonstanten stark von einander abweichen – und oft auch viel zu niedrig bestimmt worden sind – legen den Verdacht auf die Wechselwirkung mit Wasserspuren im Lösungsmittel nahe. Einem niedrig scheinenden Wassergehalt von 20 ppm entspricht eine Wasserkonzentration von 10^{-3} mol dm $^{-3}$. Das bedeutet im Elektrolytkonzentrationsbereich $10^{-5} < c/\text{mol dm}^{-3} < 10^{-1}$ erheblichen Wasserüberschuß in Bezug auf die niedrigen Elektrolytkonzentrationen /30/. Wasser spielt in diesen Lösungen die Rolle eines Kosolvens L.

Abb. 6 zeigt die drastische prozentuale Steigerung der Leitfähigkeit, die durch Zugabe von Wasser zu Lösungen von $LiClO_4$ in THF, DME und THF/DME-Mischungen erreicht wird; 0.1 % Wasser erzeugen eine Leitfähigkeitszunahme von 100 %. Die sehr hohen Assoziationskonstanten ($> 10^5$ dm^{3}mol^{-1}) dieser Lösungen bedingen sehr kleine Konzentrationen freier Ionen und erlauben zur Berechnung von R in Gl. (23) die Näherung

$$R = \left(\frac{\sigma^{(L)}}{\sigma^{(S)}}\right)^2 \tag{24}$$

wobei $\sigma^{(S)}$ die spezifische Leitfähigkeit im reinen Lösungsmittel und $\sigma^{(L)}$ die im Lösungsmittel mit Wasserzusatz ist. Wenn die Gegenionen des Li^+ in dieser Untersuchung koordinativ abgesättigte und daher nur schwach solvatisierte Anionen sind, wie z.B. ClO_4^- oder BF_4^- , kann man die Gleichgewichte (22c) und (22d) vernachlässigen. Damit wird Gl. (23) zu

$$\left(\frac{\sigma^{(L)}}{\sigma^{(S)}}\right)^2 = 1 + K_1^+ c_L + K_1^+ K_2^+ c_L^2 \tag{25}$$

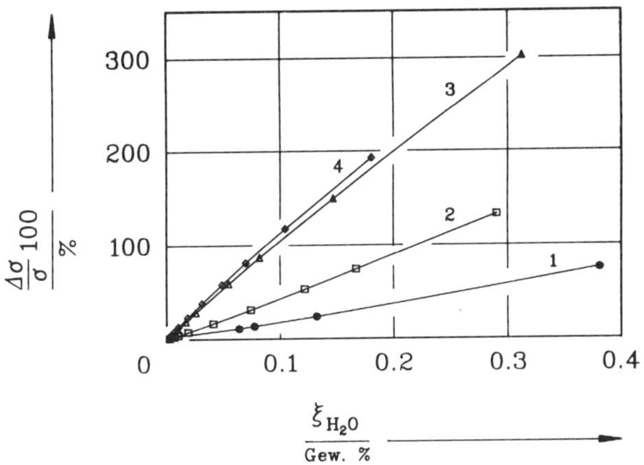

Abb. 6: Änderung der Leitfähigkeit von $LiClO_4$ (c = 8 · 10^{-3} mol dm^{-3}) in Tetrahydrofuran (1), Dimethoxyethan (4) und Tetrahydrofuran-Dimethoxyethanmischungen (2: x_{THF} = 0,514; 3: x_{THF} = 0,844) durch Wasserspuren (25° C).

Tab.4: Spezifische Solvatation des Lithiumions in aprotischen Lösungsmitteln (25°C) s; s = THF,DME oder THF+DME.

$$Li_s^+ + H_2O \overset{K_1^+}{\rightleftharpoons} [Li \cdot OH_2]_s^+ ; \quad [Li \cdot OH_2]_s^+ + H_2O \overset{K_2^+}{\rightleftharpoons} [Li \cdot (OH_2)_2]_s^+$$

System	$\frac{c}{mol\,dm^{-3}}$	$\frac{K_1^+}{dm^3\,mol^{-1}}$	$\frac{K_2^+}{dm^3\,mol^{-1}}$	n_{H_2O}/n_{El}
$LiBF_4$ / THF	$4,4 \cdot 10^{-6}$	64,2±0,7	3,4±0,1	271 bis 10000
$LiBF_4$ / THF	$1,9 \cdot 10^{-4}$	64,6±0,3	3,5±0,1	7 bis 262
$LiClO_4$ / THF	$8,2 \cdot 10^{-3}$	55,0±0,1	6,0±0,1	0,2 bis 11
$LiClO_4$ / DME+THF $x_{THF} = 0,844$	$1,2 \cdot 10^{-2}$	48,6±0,2	6,5±0,1	0,07 bis 13
$LiClO_4$ / DME+THF $x_{THF} = 0,514$	$5,3 \cdot 10^{-3}$	16,3±0,1	6,5±0,1	0,2 bis 27
$LiClO_4$ / DME	$2,0 \cdot 10^{-3}$	6,7±0,2	3,7±0,1	17,3 bis 103,4

Tab. 4 gibt Information über typische Ergebnisse solcher Untersuchungen. Das System $LiBF_4/THF$ zeigt bei sehr unterschiedlichen Elektrolytkonzentrationen und Molzahlverhältnissen n_{H_20}/n_{El} innerhalb der Fehlerbereiche gleiche Umsolvatationskonstanten. Daraus ist zu schließen, daß die zu Gl. (25) führenden Näherungen erlaubt sind. Der untere Teil der Tabelle zeigt die Abnahme von K_1^+ mit fallenden THF-Gehalt in THF/DME-Mischungen und weist damit aus, daß der zweizähnige Ligand DME das Li^+-Ion besser solvatisiert als THF; d.h., THF ist aus der Solvathülle des Li^+ durch H_2O leichter verdrängbar als DME. Die wider Erwarten verschiedenen Solvatationskonstanten K_1^+ für Li^+ in THF in Gegenwart der Gegenionen BF_4^- (64.2) und ClO_4^- (55.0) sind Folge der Näherungen der Gl.(25) und sollten nicht überbewertet werden.

Tripelionen

Selbst in der neueren Literatur findet man die Aussage, Lösungsmittel müßten eine hohe statische DZ aufweisen, um gut leitende Elektrolytlösungen zu ermöglichen. Es ist jedoch bekannt, daß sich auch mit inerten ($\varepsilon \approx 2$) oder ätherischen ($\varepsilon < 10$) Lösungsmitteln konzentrierte Lösungen herstellen lassen, deren Leitfähigkeit denen der Lösungen mit polaren aprotischen Lösungsmitteln gleichkommt. Beispiele findet man in der angewandten Forschung für Batterien mit Lithiumanode oder für die Elektroplattierung von Aluminium.

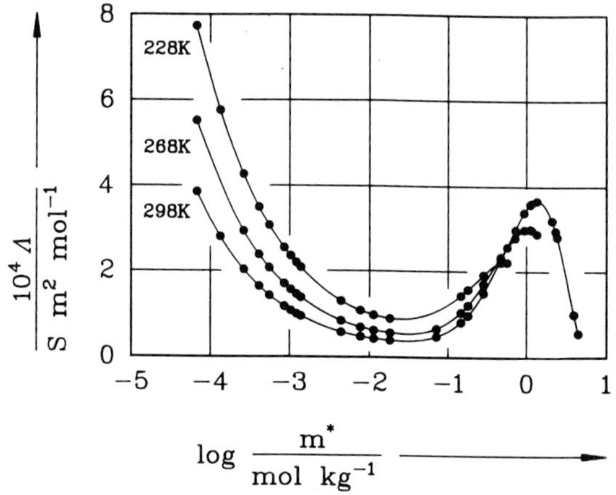

Abb. 7: Konzentrationsabhängigkeit der Äquivalentleitfähigkeit von $LiBF_4$-Lösungen in Dimethoxyethan bei verschiedenen Temperaturen. m* ist die Molonität [mol Elektrolyt/kg Lösung] der Lösung.

Abb. 7 zeigt die Konzentrationsabhängigkeit der Äquivalentleitfähigkeit des System $LiBF_4/DME$ bei verschiedenen Temperaturen /30/. Der Konzentrationsbereich erstreckt sich über mehr als 5 Zehnerpotenzen. Die Leitfähigkeitskurven zeigen einen für Elektrolytlösungen hoher DZ unbekannten Verlauf. Nach dem üblichen Leitfähigkeitsabfall im Bereich sehr kleiner Konzentrationen, der sehr gut durch Gl. (21) beschrieben wird, zeigen sie bei etwa 10^{-2} mol kg^{-1} ein schwach temperaturabhängiges Minimum und bei höheren Temperaturen ein stark temperaturabhängiges Maximum. Ein weiterer ungewöhnlicher Befund ist der negative Temperaturkoeffizient im Bereich kleiner Konzentrationen, der für die angewandte Forschung von Interesse ist.

Das Auftreten der Leitfähigkeitsminima läßt sich theoretisch begründen /31/, wenn zusätzlich zur Ionenpaarbildung gemäß Gl. (20) die Bildung von Ionentripeln angenommen wird

$$A^- + [K^+A^-]^o \overset{K_T}{\rightleftharpoons} [A^-K^+A^-]^-; \quad K^+ + [A^-K^+]^o \overset{K_T}{\rightleftharpoons} [K^+A^-K^+]^+ \tag{26}$$

Die der Datenanalyse zugrunde liegende Leitfähigkeitsgleichung

$$g(c)\sqrt{c} = \Lambda^\infty \sqrt{K_A} + \lambda_T^\infty \frac{\sqrt{K_A}}{K_T} c(1 - \frac{\Lambda}{\Lambda^\infty}) \tag{27a}$$

mit

$$g(c) = y'_\pm [1 - S(\Lambda^\infty)^{-3/2} \sqrt{\Lambda c}(1 - \frac{\Lambda}{\Lambda^\infty})^{1/2}]^{-1} \tag{27b}$$

liefert die Assoziationskonstanten der Ionenpaare (K_A)- und Tripelionenbildung (K_T). Im Bereich sehr kleiner Konzentrationen, in dem Tripelionenbildung vernachlässigt werden kann, gilt Gl. (21) und kann zur Bestimmung von Λ^∞ herangezogen werden. Im Falle sehr starker Ionenassoziation ($K_A > 10^6$ mol dm^{-3}) ist dieser Bereich experimentell nicht erreichbar. Dann können Kohlrauschgesetz der unabhängigen Ionenwanderung (Additivitätsregel) und Stokessche Beziehung, $\Lambda \cdot \eta =$ konstant (η: Viskosität des Lösungsmittels), zur Bestimmung von Λ^∞ herangezogen werden /30/. Die Koeffizienten S in den Gln. (27b) und (21) sind gleich und weisen die Gln. (27) als Grenzgesetz aus; $y'_\pm$ ist der Aktivitätskoeffizient des Elektrolyten. Die Grenzleitfähigkeit λ_T^∞ der Tripelionen ist experimentell nicht bestimmbar und muß systemkonsistent abgeschätzt werden /32/. Das komplexe Auswerteverfahren für die Gln.(27) ist in /30/ dargestellt und begründet. Die Temperaturabhängigkeit von Assoziationskonstanten der Ionenpaar- und Ionentripelbildung zeigt Tab. 5 für die Temperaturen von -45 ^oC und 25 ^oC. Das dem Leitfähigkeitsminimum bei steigender Konzentration folgende Maximum weist auf Assoziation der Ionen zu Quadrupeln und noch höheren Aggregaten hin.

Tab.5: Assoziationskonstanten der Ionenpaar (K_A)- und Ionentripel (K_T)-bildung bei den Temperaturen 25°C und -45°C für Lithiumsalze in Dimethoxyethan.

Elektrolyt	$10^{-3} K_A$ / $dm^3 mol^{-1}$		K_T / $dm^3 mol^{-1}$	
	298 K	228 K	298 K	228 K
$LiBF_4$	22100	560	32,2	16,4
$LiClO_4$	3600	83	31,3	13,4
$LiPF_6$	192	28	27,1	3,96
$LiAsF_6$	126	25	21,8	4,45
$LiSbF_6$	108	23	22,9	4,07
$LiB(C_6H_5)_4$	27	11	11,5	8,19

Eine Elektrolytlösung mit unerwartet hoher Ionenassoziation bei einer DZ, die nach Gl. (21) keine ($\alpha = 1$) oder nur sehr geringe Assoziation erwarten lassen würde, ist das System Lithiumtrifluoroacetat (LiO_2CCF_3)/ Propylencarbonat (PC: $\varepsilon \approx 64$). Für diese Elektrolytlösung wurden sehr hohe Assoziationskonstanten vermutet /33/ und darüber hinaus die Bildung von Ionenquadrupeln angenommen /34/. Bisher gelang jedoch keine Auswertung der Leitfähigkeitsmessungen. Erst eine neue Untersuchung der Temperaturabhängigkeit der Leitfähigkeit /35/ der Lösungen LiO_2CCF_3/PC und LiO_2CCHF_2/PC, in der neben der Bildung von Ionenpaaren die ausschließliche Bildung von unilateralen Ionentripeln $[A^-K^+A^-]^-$ angenommen wurde ($[K^+A^-K^+]^+$ tritt nicht auf), brachte Klärung. Die Datenanalyse erfolgte mit Hilfe der Gleichung /36/

$$g^2(c)\Lambda^2\frac{c}{1-\Lambda/\Lambda^\infty} = (\Lambda^\infty)^2K_A + (2\lambda_T^\infty\Lambda^\infty - \Lambda^\infty)^2\frac{K_T}{K_A}c(1-\frac{\Lambda}{\Lambda^\infty}) \qquad (28)$$

die den gleichen Näherungscharakter besitzt, wie die Gln.(27) für bilaterale Tripelionenbildung. Die Auswertung von Leitfähigkeitsmessungen im Temperaturintervall -35 ^{o}C bis + 15°C für LiO_2CCF_3 nach Gl. (28) liefert temperaturabhängige K_A-Werte zwischen 4,5 · 10^4 dm^3 mol^{-1} (-35°C) und 9,8 · 10 ^{3} dm ^{3} mol^{-1} (+15°C). LiO_2CCHF_2 liefert noch höhere Werte: 8,6 · 10^4 dm^3 mol^{-1} (-35°C) und 2,8 · 10^4 dm^3 mol^{-1} (+35°C). Die K_T-Werte für LiO_2CCF_3 fallen mit steigender Temperatur; für LiO_2CCF_3 von 646 dm^3 mol^{-1} (-35°C) auf 33 dm^3 mol^{-1} (5°C) und für LiO_2CCHF_2 von 429 dm^3 mol^{-1} (-35°C) auf 126 dm^3 mol^{-1} (+35°C) /35/. Die abnehmende Zahl der Fluoratome verringert die induktive Wirkung dieser Substituenten im Anion $O_2CCHF_2^-$ gegenüber $O_2CCF_3^-$ und vergrößert damit die Elektronendichte der ionophoren Gruppe. Damit steigt die Tendenz zur Ionenaggregatbildung. Messungen am LiO_2CCH_2F und LiO_2CCH_3 sind wegen mangelnder Löslichkeit der Salze leider nicht möglich. Der negative Temperaturkoeffizient von K_A zeigt an, daß die Assoziation zu Ionenpaaren im wesentlichen auf nichtelektrostatische Wechselwirkung zurückzuführen ist. Das Erscheinungsbild dieser Elektrolyte gleicht dem eines ionogenen (potentiellen) Elektrolyten: Lithium verhält sich ähnlich wie ein Proton mit partiell kovalenter Bindung.

Wir danken der Deutschen Forschungsgemeinschaft (Mikrowellenspektroskopie) und der VARTA AG (Leitfähigkeitsuntersuchungen) für großzügige Unterstützung unserer Arbeiten.

Literatur

/1/ J. Barthel, H.-J. Gores, G. Schmeer, R. Wachter, in: R.L. Boschke: Topics in Current Chemistry, Bd. 111, Springer, Berlin 1983, S. 33-144

/2/ J. Barthel, H. Popp, in: J.Gasteiger, Software-Entwicklung in der Chemie, Bd.2, Springer, Berlin 1988, S. 127-140

/3/ J. Barthel, H. Popp: J. Chem. Inf. Comput. Sci., (im Druck)

/4/ J. Barthel, R. Buchner, K. Bachhuber, H. Hetzenauer, M. Kleebauer, H. Ortmaier: Pure Appl. Chem., 62 (1990) S. 2287-2296

/5/ C.F.J. Böttcher, P. Bordewijk: Theory of Dielectric Polarization, Vol.2 (2nd ed.), Elsevier, Amsterdam 1978

/6/ J. Barthel, R. Buchner: Pure Appl. Chem., im Druck

/7/ J. Barthel, F. Feuerlein: Z. Phys. Chem. NF, 148 (1986) S. 157-170

/8/ J. Barthel, K. Bachhuber, R. Buchner, H. Hetzenauer: Chem. Phys. Lett., 165 (1990) S. 369-373

/9/ J. Barthel, K. Bachhuber, B. Gill, M. Kleebauer: Chem. Phys. Lett., 167 (1990) S. 62-66

/10/ J. Barthel, R. Buchner, H. Steger: Wiss. Zeitschr. THLM, 31 (1989) S. 409-423

/11/ R. Buchner, J. Barthel: J. Mol. Liq., (im Druck)

/12/ J. Barthel, H. Hetzenauer: in Vorbereitung

/13/ J.B. Hubbard, L. Onsager: J. Chem. Phys., 67 (1977) S. 4850-4857

/14/ J. B. Hubbard, P. Colonomos, P.G. Wolynes: J. Chem. Phys., 71 (1979) S. 2652-2661

/15/ K. Ibuki, M. Nakahara: J. Chem. Phys., 84 (1986) S. 2776-2782

/16/ K. Ibuki, M. Nakahara: J. Phys. Chem., 91 (1987) S. 1864-1867 u. 4411-4414, u. 4414-4416

/17/ Y.M. Kessler, R.S. Kumeev, I.I. Vaisman, R.B. Lyalina, R.H. Bratishko: Ber. Bunsenges. Phys. Chem., 93 (1989) S. 770-782

/18/ B.U. Felderhof: Mol. Phys., 51 (1984) S. 801-811

/19/	J. Barthel:	Ionen in nichtwäßrigen Lösungen, Steinkopff, Darmstadt 1976
/20/	R. Wachter, K.Riederer:	Pure Appl. Chem., 53 (1981) S. 1301-1312
/21/	J. Barthel, R. Neueder, F. Feuerlein, F. Strasser, L. Iberl:	J. Solution Chem. 12 (1983) S. 449-471
/22/	J. Barthel, R. Wachter, G. Schmeer, H. Hilbinger:	J. Solution Chem. 15 (1986) S. 531-550
/23/	J. Barthel, M. Krell, L. Iberl, F. Feuerlein:	J. Electroanalytical Chem. 214 (1986) S. 485-505
/24/	J. Barthel, L. Iberl, J. Roßmaier, H.J. Gores, B. Kaukal:	J. Solution Chem. 19 (1990) S. 321-337
/25/	J. Barthel, R. Buchner, H.-J. Wittmann:	Z. Phys. Chem. NF 139 (1984), S. 393-417
/26/	H.W.Aitken, W.R. Gilkerson:	J. Am. Chem. Soc., 95 (1973), S. 8551-8559
/27/	E.R. Ralph III., W.R. Gilkerson:	J. Am. Chem. Soc., 86 (1964), S. 4783-4791
/28/	J.B. Ezell, W.R. Gilkerson:	J. Phys. Chem., 72 (1968), S. 144-149
/29/	J. Macan, L. Lamberts, P. Huyskens:	Bull. Soc. Chim. Fr. (1971), S. 2387-2393
/30/	J. Barthel, R. Gerber, H.J. Gores:	Ber. Bunsenges. Phys. Chem., 88 (1984), S. 616-622
/31/	R.M. Fuoss, C.A.Kraus	J. Am. Chem. Soc., 55 (1933), S. 2387-2399
/32/	S. Boileau, P. Hemery:	Electrochim. Acta 21 (1976), S. 647-655
/33/	Y.-C. Wu, H.L. Friedman:	J. Phys. Chem., 70 (1966), S. 501-507
/34/	M.L. Jansen, H.L. Yeager:	J. Phys. Chem., 78 (1974), S. 1380-1382
/35/	J. Barthel, L. Kraml, H.J. Gores:	in Vorbereitung
/36/	C. Wooster:	J. Am. Chem. Soc., 59 (1937), S. 377-383

SIMIT: Der Metall-Isolator Übergang kleiner Metalle

G. Nimtz
II. Physikalisches Institut der Universität zu Köln

Zusammenfassung
Die elektrische Leitfähigkeit von Metall-Teilchen ist bei Durchmessern im Submikrometer-Bereich stark größenabhängig. Diese sogenannten mesoskopischen Teilchen verlieren ihre metallische Leitfähigkeit und werden mit abnehmender Größe schließlich Isolatoren (**S**ize-**I**nduced **M**etal-Isolator **T**ransition = SIMIT). Außerdem verhalten sich Metall-Teilchen kapazitiv und nicht induktiv wie Volumen-Metalle. Offenbar werden in kleinen Leitern die freien Elektronen lokalisiert und verhalten sich wie elektrische Dipole. Diese überraschenden experimentellen SIMIT-Ergebnisse werden mit klassischen und quantenmechanischen Modellen verglichen.

Summary
The electric conductivity of metal particles depends strongly on its size in the submicrometer range of particle diameter. These mesoscopic systems loose their metallic conductivity with decreasing size, eventually becoming insulators (**S**ize-**I**nduced **M**etal-Insulator **T**ransition = SIMIT). In addition small metal particles are capacitive and not inductive as bulk metals. Obviously, the electrons become localized in small conductors and behave like electric dipols. The SIMIT will be discussed with respect to classical and quantum-mechanical models.

Resumé

La conductibilité éléctrique des particules métaliques avec des diametres dans le domain sous-micrométrique est fortement dépendante de leur taille. Comme conséquence de la diminuation de leur dimension, ces particules denommées mésoscopiques, perdent leur conductibilité métalique en devenant finalement des isolateurs (Size-Induced-Metal-Insulator-Transition = SIMIT). En plus, les particules métaliques présentent un comportement capacitif et pas inductif, comme c'est le cas des métaux compactes (bulk metals). Evidemment dans les conducteurs minusculs les éléctrons libres se localisent et se comportent comme des dipoles éléctriques. Ces résultats experimentaux frappants du SIMIT ont été analysés et comparés par le moyen des modéles classiques et quantiques.

1 Einleitung

Es ist nicht einfach, an submikrometer-großen Leiter-Teilchen die elektrische Leitfähigkeit zu bestimmen. Zum einen ist das Kontaktieren schwierig, zum anderen würden Kontakte das Meßergebnis beeinlfussen. Deshalb haben wir die elektrische Leitfähigkeit konfaktfrei mit Wechselfeldern von 100 Hz bis weit in den Mikrowellenbereich hinein bestimmt. Solange die Schwingungszeit des elektrischen Wechselfeldes gegenüber der mittleren Stoßzeit der Elektronen groß ist, gilt für die elektrische Leitfähigkeit

$$\sigma = \varepsilon_2 \varepsilon_0 \omega \tag{1}$$

wo ε_2 der dissipative, d.h. imaginäre Teil der dielektrischen Funktion, ε_0 die Dielektrizitätskonstante des freien Raumes und ω die Kreisfrequenz des messenden Wechselfeldes sind. Wir haben Experimente im Frequenzgebiet zwischen 10^2 und 10^{10} Hz durchgeführt, d.h. bei Schwingungszeiten zwischen 10^{-2} und 10^{-10}s. Dies sind Zeiten, die mehrer Größenordnungen länger sind als die mittleren Stoßzeiten der Elektronen in einem Metall; z.B. sind bei Zimmertemperatur diese in der Regel deutlich kleiner als 10^{-14} s. Diese Zeiten entsprechen bereits Frequenzen im Infrarotgebiet des elektromagnetischen Spektrums.

Ein Problem ist allerdings die heterogene Struktur der Proben: Die Metall-Partikel werden in eine isolierende Matrix aus Öl, Kunststoff oder Keramik gebettet. Messungen an solchen Proben liefern somit eine effektive Dielektrische Funktion (DF) der beiden Komponenten. Experimentell und aus theoretischen Beschreibungen folgt für das effektive Medium keine lineare Abhängigkeit von den Volumina der beiden Komponenten. Die Analysen verschiedener dissipativer Hetero-Strukturen ergaben, daß die Landau-Lifshitz-Looyenga (L^3) Beziehung die Experimente im Vergleich zu den anderen effektiven Medien-Beziehungen am besten beschreibt /1/. Die L^3 Beziehung lautet für das effektive Medium

$$\bar{\varepsilon}^{1/3} = f\,\varepsilon^{1/3} + (1-f)\,\varepsilon_{Matrix}^{1/3}. \qquad (2)$$

Hier sind ε die komplexe DF des Metalls, ε_{Matrix} die kompletxe DF der Matrix und f der Volumen Füllfaktor der Metall-Komponente. Ein einfaches Koaleszenzexperiment an Indium-Teilchen in Hochvakuum-Öl ergab, daß die Absorption elektromagnetischer Wellen stark von der Teilchengröße abhängt /2, 3/.

Abbildung 1 zeigt die Abhänigkeit der Mikrowellen-Absorption von Indium-Teilchen von der Temperatur. Mit wachsender Temperatur kommt es zur Koaleszenz von Indium-Teilchen, die ursprünglich einen mittleren Durchmesser von 20 nm besaßen. Beim Erwärmen wächst der mittlere Teilchendurchmesser. Wird der Aufheizprozeß abgebrochen, und das In-Öl-Kolloid etwas abgekühlt, so wird die Absorption wieder stationär. Dieses Vorgehen wurde mehrfach wiederholt und schließlich bei 20 dB Absorption abgebrochen. Elektronenmikroskopische und Röntgenbeugungs-Analysen ergaben , daß durch die thermische Koaleszenz die Teilchengröße bei konstantem Volumenfüllfaktor von 20 nm auf etwa 100 nm im Mittel angewachsen war. Das überraschende Ergebnis: kleinere Metalle absorbieren bei konstantem Volumen-Füllfaktor weniger als größere /2, 3/.

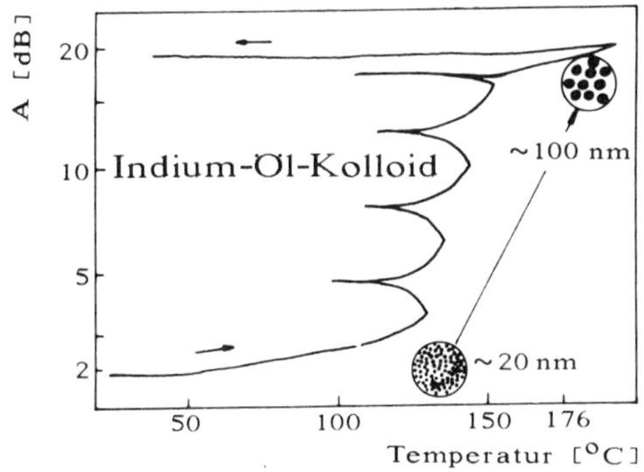

Abb. 1: Mikrowellen-Absorption A von In-Teilchen in Öl in Abhängigkeit von der Temperatur. Durch thermische Koaleszenz wuchsen im Verlauf des Experiments die Teilchen im Mittel von 20 auf 100 nm.

2 Die Quasi-Gleichstrom-Leitfähigkeit von Metallteilchen im submikrometer Gebiet

In der Nähe des Schmelzpunktes wachsen kleine Teilchen zu größeren zusammen. Solch ein Koaleszenzexperiment mit Indium-Teilchen, in Hochvakuum-Öl dispergiert, ergab also, daß die Absorption elektromagnetischer Wellen stark von der Teilchengröße abhängt. Wir haben daraufhin Experimente mit mehreren Metallen verschiedener Teilchengröße durchgeführt und erhielten das Ergebnis: in erster Näherung ist die Absorption und damit die elektrische Leitfähigkeit proportional zum Volumen der Metall-Teilchen.

Für die absorbierte Leistung P und die Leitfähigkeit σ gilt der Zusammenhang

$$P = \sigma E^2 = \varepsilon_0 \varepsilon_2 \omega E^2 \qquad (3)$$

wobei E die elektrische Feldstärke, ε_2 der dissipative, d.h. der imaginäre Teil der dielektrischen Funktion und ω die Meß-Kreisfrequenz sind. Die Meßergebnisse zeigt Abb. 2. Der verhältnismäßig große, durch das Netz angedeutete Fehler rührt von der breiten Teilchengrößen-Verteilung der untersuchten Proben her. Monodisperse Teilchenensembles stehen praktisch nicht zur Verfügung.

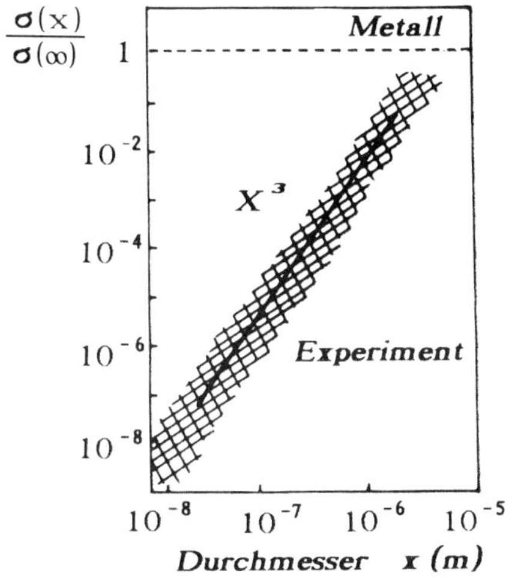

Abb. 2: Größenabhängigkeit der Leitfähigkeit verschiedener Metall-Teilchen (Ag, Au, Co, Cu, In, Ni, Pt). Die Leitfähigkeit wurde auf die Volumenmaterial-Leitfähigkeit $\sigma(\infty)$ normiert.

3 Die dielektrische Funktion kleiner Metalle

Nach den dissipativen Eigenschaften haben wir auch den Realteil der dielektrischen Funktion $\varepsilon = \varepsilon_1 + i\,\varepsilon_2$ bestimmt. Stets erhöhte sich das effektive ε_1, wenn Metall-Partikel in die Matrix eingebettet worden waren.
Die Metall-Komponente erhöhte also die kapazitiven Eigenschaften der reinen Matrix, und das obwohl ein Volumen- Metall sich induktiv verhält. Der Realteil der DF eines Metalls ist negativ und vom Betrag her extrem groß, typisch -10^4. Die effektive DF, und stärker noch die aus der effektiven Medien-Analyse für die kleinen Metalle bestimmten Realteile der DF sind kapazitiv, d.h. sie zeichnen sich durch positive Werte aus. In der Abb. 3 sind sowohl effektive Wertepaare von ε_1, und ε_2 für Indium-Öl Kolloide mit unterschiedlichen Medium-Teilchendurchmessern, als auch die daraus für die Metall-Komponente berechneten Werte dargestellt. Die Ergebnisse zeigen, daß nähe-

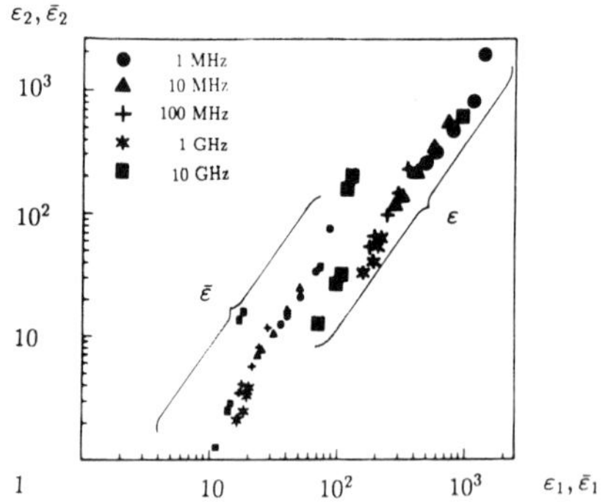

Abb. 3: Komponenten der effektiven DF $\bar{\varepsilon}$ und der Metall-DF ε von Indium-Öl Kolloiden. Beide Komponenten wachsen mit dem Teilchendurchmesser.

rungsweise gilt $\varepsilon_1 \sim x^2$ und $\varepsilon_2 \sim x^3$. Messungen zwischen 1 K und 500 K ergaben eine nur sehr schwache Temperaturabhängigkeit, und zwar eine Zunahme der DF, also wiederum ein Verhalten, das nicht im Einklang mit Metallen steht, bei denen die Leitfähigkeit mit wachsender Temperatur stark abnimmt. Interessant ist auch das Frequenzverhalten. Experimente an verschiedenen Systemen zeigten, daß die DF über mehrere Größenordnungen nahezu konstant ist. In den meisten Fällen konnte in dem großen Frequenzbereich von 10^2 und 10^{13} Hz ε durch die Beziehung

$$\varepsilon_2 = \varepsilon_1 \operatorname{cotan}(\pi \eta / 2) \sim \omega^{\eta - 1} \tag{4}$$

mit $0{,}7 < \eta \leq 1$ beschrieben werden. Der Wert $\eta \leq 1$ bedeutet, daß für den Absorptionskoeffizienten α die Frequenzabhängigkeit $\alpha \leq \omega^{\beta}$ mit $\beta \leq 1$ erwartet wird. Dies wurde tatsächlich an vergleichbaren Systemen, nämlich In-Teilchen und Al-Teilchen mit mittlerem Durchmesser von 20 nm, in zwei unabhängigen Untersuchungen beobachtet (Abb.4). Dieses Verhalten ist wie-

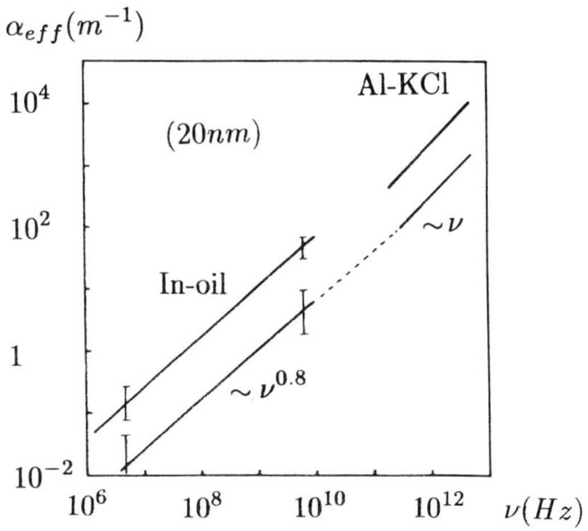

Abb. 4: Absorptionskoeffizient von In-Al-Teilchen (x = 20 nm) in Abhängigkeit von der Frequenz /4/

derum nicht typisch für ein Metall, hier würde in dem betrachteten Frequenzbereich eine Proportionalität $\varepsilon_2 \sim \omega^{-1}$ erwartet werden. Dies würde im Widerspruch zum Experiment einen frequenzunabhängigen Absorptionskoeffizienten ergeben.

4 Netzwerke von Metall-Partikeln

Schüttungen von Metall-Teilchen im Submikrometergebiet führen zu perkolierenden Netzwerken mit Füllfaktoren, die häufig kleiner als 10^{-4} sind. Diese Netzwerke besitzen eine endliche Gleichstromleitfähigkeit und trotzdem verhalten sie sich nicht wie Metalle sondern qualitativ wie die zuvor besprochenen isolierten Teilchen: Die elektrische Leitfähigkeit unter Berücksichtigung des Füllfaktors ist sehr klein, die dielektrische Respons ist kapazitiv und die Temperatur- und Frequenzabhängigkeiten verhalten sich wiederum nicht-metallisch. Bei den Netzwerken können nur grobe, qualitative Aussagen gemacht werden, da hier die Teilchengrößen-Verteilung noch breiter ist als bei den isolierten Teilchen, und noch bedeutsamer sind die völlig undefinierten Kontaktzonen, die die Teilchen vernetzen. Aber selbst die dielektrischen Eigenschaften gesinteter Proben mit Füllfaktoren nahe 1 sind nicht mit denen vom Volumenmaterial vergleichbar. D.h. auch bei den Netzwerken scheint sich die zumindest in zwei Dimensionen auftretende submikrometer-große Begrenzung bemerkbar zu machen.

5 Diskussion

Kleine Metalle, ob isoliert voneinander in eine Matrix eingebettet oder zusammenhängend ein schwammartiges Netzwerk bildend, verhalten sich wie Isolatoren. Ihre Leitfähigkeit ist gering und ihr dielektrisches Verhalten ist kapazitiv, die Ladungen können polarisiert werden.

Die elektrische Leitfähigkeit von Netzwerken wurde durch ein sogenanntes "Enghals" oder "Kugelhaufen"-Modell beschrieben. In diesem Modell wird die verminderte Leitfähigkeit den "engen Hälsen" des Kontaktgebietes zwischen den einzelnen Teilchen zugeschrieben. Wenn sich die Leitfähigkeit in den kleinen Partikeln verändert, führt dieses Modell, bestimmt durch die Kontaktzonen, zu einer starken Verminderung der effektiven Gleichstromleitfähigkeit in Netzwerken.

Dieses Modell versagt allerdings bei der Beschreibung der Quasi-Gleichstromleitfähigkeit isolierter Teilchen. Hier wird mit elektrischen Wechselfeldern die Leitfähigkeit des gesamten Partikels gemessen. Kontaktzonen spielen hierbei eine untergeordnete Rolle. In diesem Fall verliert die Leitfähigkeit ihre Bedeutung als eine Material-Konstante, sie ist in kleinen Metallen größenabhängig. Auch fehlt eine Erklärung für das kapazitive Verhalten der Netzwerke in dem "Enghals"-Modell.

Von Gorkov und Eliashberg wurde 1965 ein quanten-mechanisches Modell für das Absorptionsverhalten kleiner Metalle aufgestellt /3/. Die begrenzende Oberfläche der Teilchen verursacht eine Quantisierung der Zustände der freien Elektronen. Hier dominiert die Wellennatur des Elektrons über die Teilchen-Eigenschaften. Ähnlich wie bei einer schwingenden Saite, können die Elektronenwellen nur gewisse Frequenzen besitzen, nämlich solche, deren halbe Wellenlänge n-mal diesem Teilchendurchmesser entspricht (n = 1,2,3,4, ...). Wir haben also diskrete, stehende Elektronen-Wellen in dem Teilchen, und dies entspricht dem Verhalten eines Isolators. Dieses Modell beschreibt qualitativ beides, die Volumenabhängigkeit der Leitfähigkeit kleiner Metalle als auch die kapazitive Wirkung. Nicht beschrieben wird von diesem Modell die Frequenzabhängigkeit sowie die absoluten Werte der experimentellen Daten. Sehr verwunderlich ist, daß diese zugrundeliegende Raumquantisierung bis in den Mikrometerbereich wirksam sein soll. Anders ausgedrückt, die Kohärenzlänge der Elektronen müßte entsprechend groß sein. Abschätzugen der Kohärenzlänge der freien Elektronen in einem Volumen-Metall ist deutlich kleiner als 100 nm. Wenn derexperimentelle Befund auf einer Raumquantisierung beruht, würde das bedeuten, daß in den kleinen Metallen die Kohärenzlänge der Elektronenwellen selbst bei Raumtemperatur 1 μm erreicht. Dies könnte theoretisch durch das reduzierte Spektrum der Phononen (Gitterschwingungen) in einem kleinen Volumen tatsächlich geschehen. Quantitative Berechnungen zur Stützung dieser Hypothese fehlen zur Zeit. Ein anderes halbklassisches Modell führt gleichfalls qualitativ auf das beobachtete Verhalten. Aufgrund des Pauli-Prinzips bewegen sich in einem Metall die Elektronen auch am absoluten Temperatur-Nullpunkt mit einer sogenannten Fermi-Geschwindigkeit. In einem Metall beträgt diese typisch $v_F = 10^6$ m/s (diese Geschwindigkeit entspricht einer Temperatur zwischen 10^4 und 10^5 K). Die Elektronen rasen mit dieser Geschwindigkeit zwischen Streuzentren und schließlich zwischen den Begrenzungswänden hin und her. Wir können mit dieser Elektronengeschwindigkeit und dem Teilchendurchmesser x eine Frequenz einführen, mit der die negative Ladung des Elektrons in dem Teilchen zwischen den Wänden oszilliert

$$\omega_0 = v_F / 2x \tag{5}$$

Diese Schwingung führt zu einer $\varepsilon_1 > 0$ und $\varepsilon_2 \sim x^2$ Abhängigkeit, für ε_2 folgt für den experimentell erschlossenen Bereich $\varepsilon_2 \sim x^4$. Dieses Fermi-Oszillator-Modell führt also auch zu einem isolatorartigen Verhalten kleiner Metalle, die Frequenzabhängigkeit der komplexen DF stimmt jedoch auch bei diesem Modell nicht mit der Beobachtung überein.

Ein Vergleich der experimetellen Daten mit theoretischen Werten der beiden zuletzt vorgestellten Modelle zeigt die Abb. 5. Das FO-Modell beschreibt bei dieser Mikrowellen-Frequenz die Experimente befriedigend. Die Übereinstimmung wird jedoch mit beiden Modellen schlechter bei anderen Frequenzen. Es gilt für das GE-Modell ε_1 = const. $\varepsilon_2 \sim \omega^2$ und für das FO-Modell $(\omega < \omega_0)$ ε_1 = const., $\varepsilon_2 \sim \omega$ bzw. $\sim \omega^{-1}$.

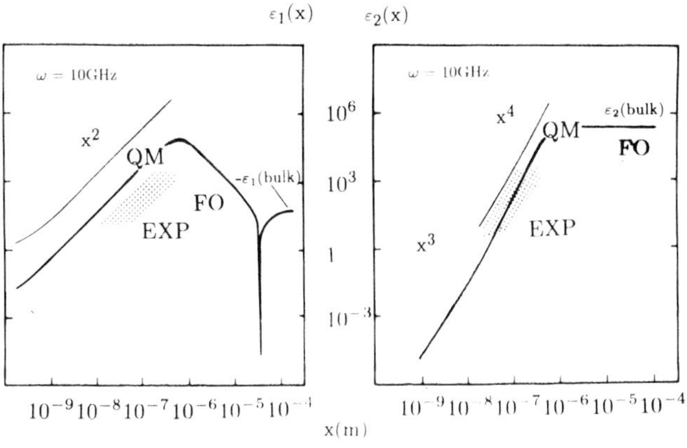

Abb.5: Vergleich experimenteller Daten der Komponenten der DF (Punkte) mit zwei Modell-Rechnungen QM und FO (ausgezogene Linien). Bei dieser Frequenz von 10 GHz beschreiben die FO-Werte die Meßwerte besser als das QM-Modell. Das breite Band der Meßwerte wird durch die breite Teilchengröße-Verteilung verursacht.

6 Zusammenfassung

Kleine Metalle, sowohl isolierte als auch vernetzte, verhalten sich dielektrisch wie Isolatoren. Die Absorption und damit die elektrische Leitfähigkeit nimmt mit der Teilchengröße stark ab. Daneben verhalten sich kleine Metalle kapazitiv und nicht induktiv wie ein makroskopischer Leiter. Die experimentellen Ergebnisse und die theoretischen Ansätze deuten darauf hin, daß die Elektronen in den kleinen Metallen mehr oder weniger stark lokalisiert sind, so daß ihre dielektrische Respons durch eine Polarisierung Elektronen-Gitterionen zustande kommt.

Literatur

/1/ P. Marquardt : Physics Letters **A123** (1987), S. 365

/2/ G. Nimtz, P. Marquardt, J.Crystal Growth **86** (1988), S. 66
H. Gleiter :

/3/ P. Marquardt, G. Nimtz : Advances in Solid State Physics
29 (1989), S. 317

/4/ P. Marquardt, G. Nimtz : Phys. Review **B40** (1989), S. 7996

Zum Design von Legierungskatalysatoren für die elektrochemische Energiedirektumwandlung bei tiefen Temperaturen

G. J. Richter

Siemens AG, Zentralabteilung Forschung und Entwicklung

Zusammenfassung

Zur Steuerung komplexer elektrochemischer Reaktionen werden komplexe Elektrokatalysatoren benötigt. Das Raney-Verfahren erlaubt es, vielfältige aktive Edelmetallegierungen mit zwei oder mehreren - auch unedlen - Legierungskomponenten besonders definiert und übersichtlich herzustellen. Als lösliche Komponente kann eines der Eisenmetalle gewählt werden. Wenn es in ausreichendem Überschuß vorhanden ist, läßt es sich unter oxidierenden Bedingungen in Säure weitgehend oder teilweise herauslösen.

Bei der Aktivierung finden Selbstorganisationsprozesse statt, die das Porenvolumen, den Porendurchmesser und die spezifische Oberfläche bestimmen.

Im Aktivierungsprozeß entstehen vorübergehend hochfehlgeordnete Strukturen mit verstärkter Beweglichkeit und Diffusion der Atome. Solche Zwischenzustände müssen auch bei anderen Herstellungsverfahren für aktive Katalysatoren wirksam sein. Sie werden die Bildung thermodynamisch stabiler intermetallischer Phasen oder Verbindungen begünstigen.

Summary

Complex electrocatalysts are required for the control of complex electrochemical reactions. The Raney method makes it possible to manufacture many different active noble metal alloys with two or more - also non-noble - components in a clearly defined and well-organized manner. One of the ferrous metals may be chosen as soluble component. When this component is available in sufficient surplus, it can be largely or partly dissolved out under oxidising conditions in acid.

During activation, self-organization processes take place which determine the pore volume, pore diameter and specific surface. During the activation process there temporarily arise structures displaying a highly false arrangement and increased atomic mobility and diffusion. Such intermediate states are also bound to occur in other manufacturing methods producing active catalysts. They will favour the formation of thermodynamically stable intermetallic phases or compounds.

Résumé

La conduite de réaction électrochimiques complexes exige des catalyseurs électriques complexes. Le procédé Raney permet de réaliser dans des proportions bien définies une grande diversité d'alliages actifs de métaux nobles faisant intervenir deux ou plusieurs éléments qui ne doivent pas tous être forcément nobles. Comme élément soluble on pourra prendre un métal du groupe du fer. S'il est présent en excès suffisant, il sera possible de l'extraire en grande partie ou partiellement, par dissolution dans de l'acide dans des conditions oxydantes.

L'activation s'accompagne de processus d'auto-organisation qui déterminent le volume des pores, leur diamètre et la surface spécifique. Le processus d'activation fait apparaître passagèrement des structures hautement désorganisées, caracterisées par une grande mobilité et une diffusion des atomes. Ces méta-états doivent aussi se présenter dans d'autres procédés de fabrication de catalyseurs actifs. Ils favoriseront la formation de phases ou de liaisons intermétalliques s'ils sont privilégiés thermodynamiquement.

Einleitung

Die elektrochemische Energiedirektumwandlung ist bei tiefen Temperaturen (um 100°C) wegen des hohen theoretischen Wirkungsgrades besonders interessant. Dieser Vorteil kommt aber in der Praxis nicht zum Tragen. Bisher sind unter diesen Bedingungen nur einfache Reaktionen reversibel. Nur sie erlauben hohe Stromdichten bei kleiner Überspannung. Andere wichtige Reaktionen wie die Reduktion und Abscheidung von Sauerstoff und die Umsetzung kohlenstoffhaltiger Brennstoffe wie Methanol sind heute auch mit den besten bekannten Katalysatoren noch irreversibel.

Bei stationären Wandlern weicht man deshalb auf Hochtemperaturbrennstoffzellen aus, bei denen die Katalyse eine geringere Rolle spielt. Für instationäre und mobile Anwendungen, z.B. in der Elektrotraktion, bleibt die Niedertemperaturvariante attraktiv und eine bessere Sauerstoffelektrode, eine CO-tolerante Wasserstoffanode oder gar eine Anode für die direkte Methanolumsetzung bei geringer Überspannung brächten entscheidende Fortschritte.

Für die Entwicklung neuer und besserer Elektrokatalysatoren ist eine gute Kenntnis der Reaktionsmechanismen, der Reaktionszwischenprodukte und deren Bindung an die Katalysatoroberfläche wünschenswert. Dazu können moderne Oberflächenanalysenmethoden beitragen.

Die Legierungspartner haben verschiedene Wirkungen und Aufgaben:

- Modifizierung der Bindungsenergie des Reaktanden und der Zwischenprodukte am Katalysator (im Sinne der Vulkan-Kurve)
- Bereitstellung von Reaktionspartnern (-H, -OH, -O-) nahe am reversiblen Potential der jeweiligen Reaktion
- Stabilisierung einer hohen spezifischen Oberfläche
  - durch Erhöhung der Gitterenergie
  - durch Gitterstörungen (Härtung)
- Stabilisierung gegen Korrosion.

Die einschlägigen Reaktionen sind an den einfachen Katalysatoren aus den in Frage kommenden Elementen bereits untersucht worden; Fortschritte können bei komplexen Reaktionen nur mit komplexen Katalysatoren, also z.B. mit Legierungen aus zwei oder mehr Elementen erwartet werden.

Grundsätzlich eignen sich verschiedene Verfahren zur Herstellung aktiver Legierungskatalysatoren:
- die elektrochemische Abscheidung
- das Fällungsverfahren
- das Raney-Verfahren
- die Vakuumverfahren (Aufdampfen, Sputtern)
- die thermische Zersetzung von Verbindungen.

Sie liefern aber nicht automatisch homogene aktive Legierungen. Dazu bedarf es geschickt gewählter Versuchsbedingungen und ggf. einer nachträglichen Kontrolle der Homogenität.

Das Raney-Prinzip garantiert die Homogenität des aktiven Katalysators, wenn die Ausgangslegierung homogen war. Es bietet besonders vielfältige, übersichtliche und definierte Möglichkeiten der Herstellung. Auch der Einbau unedler Komponenten ist ohne weiteres möglich. Für die technische und wirtschaftliche Herstellung sind aber möglicherweise andere Verfahren vorzuziehen.

Aus Gründen der Korrosionsbeständigkeit müssen die Katalysatoren zumindest für Anwendungen, die einen sauren Elektrolyten erfordern, Edelmetalle enthalten oder aus Übergangsmetallverbindungen bestehen (1,2). Katalysatoren auf der Basis von Kohlenstoff oder Kohlenstoffverbindungen sind für "reversible" Sauerstoffelektroden bei einem Potential ≥ 1V (H_2 rev) weder aktiv genug noch ausreichend stabil.(2).

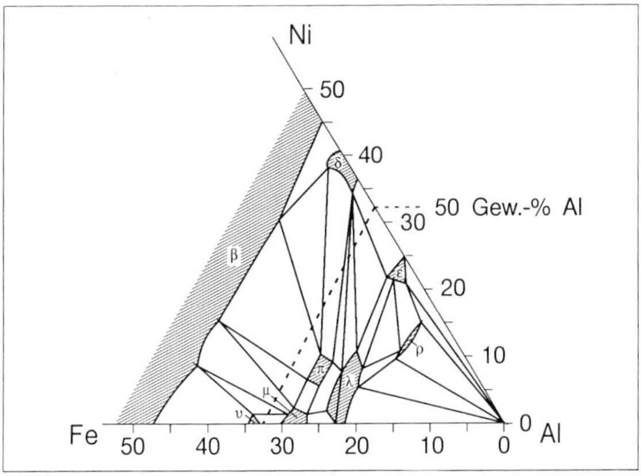

Abb. 1: Aluminiumecke des Phasendiagramms Eisen-Nickel-Aluminium (Konzentration in Atom-%). Entnommen aus A.J. Bradley und A. Taylor (4)

1. Raney-Legierungen mit Aluminium als eluierbarer Komponente

Schon bei der Wasserstoffelektrode für den alkalischen Elektrolyten hat sich gezeigt, daß Legierungszusätze die Aktivität eines mäßig guten Katalysators wie Raney-Nickel erheblich verbessern können (3). Um den Einfluß von Zusätzen zu untersuchen, war es notwendig, die ternären Phasendiagramme zu Hilfe zu nehmen.

Die Abb. 1 stellt den aluminiumreichen Teil des ternären Phasendiagramms Ni-Fe-Al für das Beispiel von Fe als Zusatzelement im Raney-Nickel dar (4). In den bekannten Phasen $NiAl_3$ (ε) und Ni_2Al_3 (δ) lösen sich nur geringe Mengen Eisen. Eine schmale ternäre Phase, die hier mit ρ bezeichnet ist, läßt eine größere Mischungsvariation zwischen Ni und Fe zu und gehört zu einem hohen Al-Gehalt (82-83 Atom-%). Im Bereich der ß-Phase (Ni,Fe) Al sind Ni und Fe beliebig miteinander mischbar. Sie hat aber den Nachteil, schwer aktivierbar zu sein. Die Aktivierung gelingt nur am Al-reichen Rand der Phase bei potentiostatischer Unterstützung. Im Bereich zwischen 10 und 20% Fe im Nickel erhält man aus den beiden Phasen (ρ und ß) sehr hohe Aktivitäten.

Im ternären System Ni-Mo-Al gibt es nur eine sehr eng begrenzte aktivierbare ternäre Phase der ungefähren Zusammensetzung Ni_2MoAl_3, die kaum rein zu gewinnen ist (5). Aber auch die unvollkommenen Präparate liefern außerordentlich hohe Aktivitäten (3).

Wenn ein Zusatzelement im Raney-Nickel nicht wirksam ist, kann das auch daran liegen, daß es im Phasendiagramm keine aktivierbare ternäre Phase gibt.

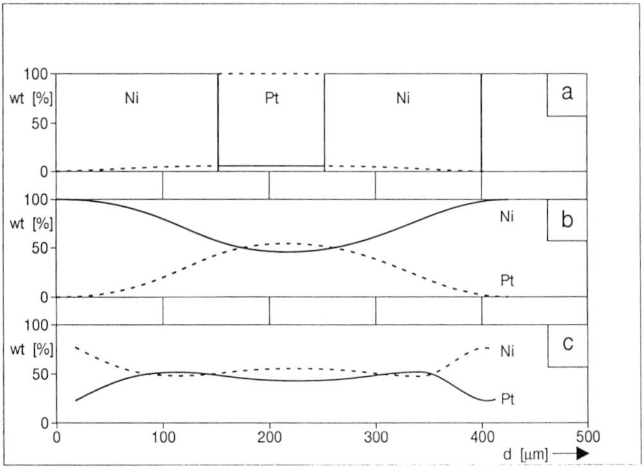

Abb. 2: Konzentrationsverlauf über den Querschnitt von Platin-Nickel-Folien
a) vor der Temperung
b) nach zweistündiger Temperung bei 1450°C
c) nach der Aktivierung

2. Raney-Legierungen mit eluierbaren Eisenmetallen

Bei den edelmetallhaltigen Legierungen sind Raney-Systeme mit mehreren Komponenten leichter zu finden und herzustellen, weil viele Phasendiagramme von Edelmetallen mit Eisenmetallen zumindest bei hoher Temperatur vollständige Mischbarkeit oder Löslichkeit in weiten Bereichen zeigen.

Wenn dann eine der Komponenten in saurer Lösung eluiert wird, entsteht daraus ein aktiver Katalysator. Dabei bleibt auch ein Anteil der löslichen Komponente im Katalysator und modifiziert dessen Aktivität (6).

Der Einfluß von Übergangsmetallen in Platin ist auch in Phosphorsäurebrennstoffzellen bei der hohen Betriebstemperatur nahe 200°C nachgewiesen worden (7).

Anhand der Abb. 2 werden die Verhältnisse am Beispiel des Systems Pt/Ni verdeutlicht. Hier ist eine Platinfolie vernickelt (a) und dann zwei Stunden bei 1450°C getempert worden . Dabei entstehen Konzentrationsgradienten von Platin und Nickel (b). Die Konzentration von Platin nimmt zur Oberfläche hin ab, während die Nickelkonzentration nach innen hin sinkt .

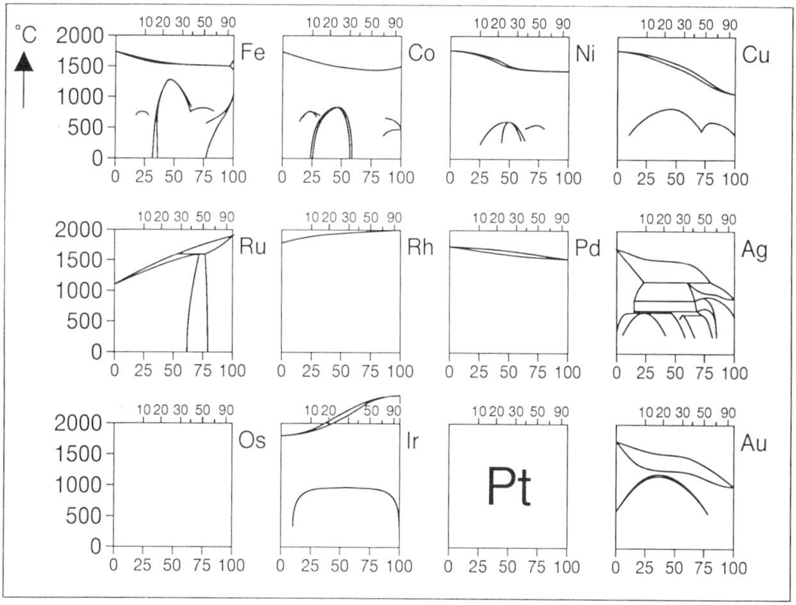

Abb. 3: Phasendiagramme der Elemente der Gruppe VIII und Ib mit Platin. Konzentrationsangaben unten in At%, oben in Gew.%

Nach der Aktivierung in oxidierender Säure kehren sich die Verhältnisse im Randbereich um (c). Beim Aktivieren wird das Nickel herausgelöst, wo es in hoher Konzentration vorhanden war und das Platin bleibt mit einem Restgehalt an Nickel zurück. Der mittlere Teil der Folie ist nicht aktivierbar. Die Konzentration des Nickels im korrosionsbeständigen Bereich liegt bei 50 Gew.%. Das entspricht der Phase Ni_3Pt, die sich im Zustandsdiagramm (Abb. 3) andeutet.

Aus dem Konzentrationsverlauf im aktiven Rand der Probe geht hervor, daß der Ni-Gehalt umso höher bleibt, je geringer er vor der Aktivierung war.

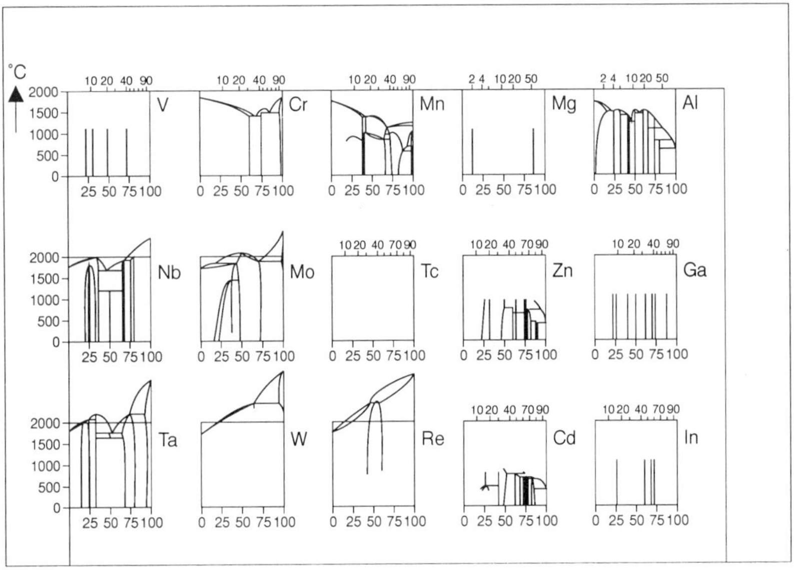

Abb. 4:Phasendiagramme der Elemente der Gruppen Vb, VIb, VIIb und einiger Elemente der Gruppen II und III des Periodensystems mit Pt. Konzentrationsangaben unten in At%, oben in Gew.%.

Ob es sich dabei allerdings um eine bezüglich der Korrosion stabile oder quasistabile Zusammensetzung handelt oder ob hier nur eine Korrosionshemmung vorliegt, müßte noch untersucht werden. Aus der Analyse aktiver Katalysatoren, die aus homogenen Legierungen hergestellt wurden, ergibt sich, daß das Platin immer auch Nickel enthält, z.B. im Atomverhältnis 1:1 entsprechend der Phase PtNi.

Ob das Nickel im Katalysator auch auf der Oberfläche der Mikrokristallite zu finden ist oder nur in ihrem Innern, ist noch unklar. Sicher ist, daß es die Aktivität des Platins beeinflußt. Das ist z.B. bei der

Oxidation von Glucose gezeigt worden. Die Aktivität konnte dabei durch Dotierung mit weiteren Elementen wie W und Ta zusätzlich gesteigert werden (6).

Die große Zahl von Möglichkeiten für binäre, ternäre und auch komplexere Katalysatorsysteme nach dem Raney-Verfahren ergibt sich bei Betrachtung der Phasendiagramme der Elemente der Gruppe VIII des Periodensystems der Elemente untereinander. In der Abb. 3 sind die Phasendiagramme des Platins mit den Elementen der Gruppen VIII und Ib skizziert. Hier ist die unbegrenzte Mischbarkeit aller Elemente der Gruppe VIII mit Ausnahme von Ruthenium und Osmium bei hohen Temperaturen zu erkennen, auch wenn sich bei tiefen Temperaturen intermetallische Phasen bilden. Man kann aufgrund der Kenntnis dieser Phasendiagramme davon ausgehen, daß die Elemente Pt, Pd, Rh, Ir, Fe, Co, Ni wegen ihrer Ähnlichkeit beliebig untereinander mischbar sind. Silber und Gold sind nur mit Pd vollständig mischbar. Weiterhin zeigt die Abb. 4 eine teilweise beträchtliche Löslichkeit der Elemente in Platin, die links von der Gruppe VIII stehen. Hierhin gehört auch das Ru. Daraus läßt sich eine Vielzahl aktiver Katalysatoren ableiten. Eine der unedlen Komponenten muß dann jeweils in so hoher Konzentration in der Legierung vorhanden sein, daß seine Eluierung möglich ist.

Die Elemente der Gruppen II und III zeigen kaum Löslichkeiten im Platin, aber viele intermetallische Phasen und Verbindungen. Selbstverständlich gibt es die Möglichkeit, die ternären Diagramme zu Hilfe zu nehmen und nach geeigneten aktivierbaren ternären Phasen zu suchen. Und schließlich wird die Zahl der möglichen Kombinationen weiter erhöht durch die amorphen Legierungen, die sich im Vergleich mit den im Gleichgewicht befindlichen Legierungen durch erweiterte Lösungsbereiche auszeichnen.

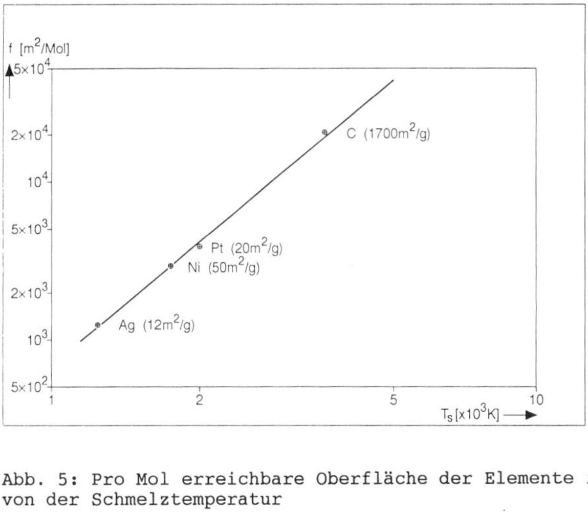

Abb. 5: Pro Mol erreichbare Oberfläche der Elemente in Abhängigkeit von der Schmelztemperatur

3. Selbstorganisation

Um die Aktivität eines Katalysators optimal zu nutzen, muß seine Struktur angepaßt werden. Dabei lassen sich die Selbstorganisationsprozesse nutzen. Die wichtigste Größe in diesem Zusammenhang ist die spezifische Oberfläche. Sie ist nach oben hin nicht frei einstellbar. Die Obergrenze hängt mit der Gitterenergie zusammen. Sie bestimmt die Beweglichkeit der Atome. In Abb. 5 ist dieser grobe Zusammenhang zwischen der pro Mol erreichbaren Oberfläche und der als Maß für die Gitterenergie gewählten Schmelztemperatur skizziert. Weil kleine Tröpfchen (kleine Krümmungsradien) und große spezifische Oberflächen thermodynamisch nicht stabil sind, kann man allenfalls von quasi-stabilen Oberflächen sprechen und die sind natürlich nicht genau definiert.

Zwar gelingt es z.B. beim Platin auf Kohleträgern auch deutlich höhere spezifische Oberflächen als hier angenommen zu erzielen, aber dann steigt die Aktivität im allgemeinen nicht mehr proportional zur Fläche (7), und es ist auch nicht sicher, ob diese größere spezifische Oberfläche unter realistischen Bedingungen einigermaßen stabil gehalten werden kann.

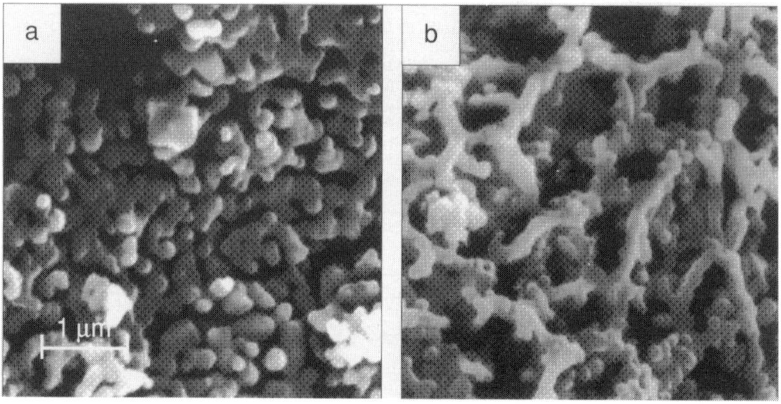

Abb. 6: REM-Aufnahmen von Raney-Silber
a) aus AgAl 65/35
b) aus AgAl 20/80

3.1 Porosität

Das Raney-Verfahren erzeugt mikroporöse Strukturen. Das Porenvolumen läßt sich in weiten Bereichen durch die Variation der Konzentration der eluierbaren Komponente in der Legierung bestimmen. Die Abb. 6 zeigt am Vergleich der beiden Raney-Silber-Proben 65/35 und 20/80 zunächst das unterschiedliche Porenvolumen der aus den AgAl-Legierungen unterschiedlicher Zusammensetzung gewonnenen Katalysatoren.

Die Krümmungsradien für das Silber sind bei beiden Proben ähnlich. (0,1 μ). Darin spiegelt sich die gleiche spezifische Oberfläche wider. Die Porenradien sind jedoch offensichtlich sehr verschieden entsprechend dem unterschiedlichen Aluminiumgehalt der Ausgangslegierung von 35% bzw. 80%.

Eine ähnliche Aussage läßt sich indirekt aus der Abb. 7 folgern. Sie zeigt die Aktivschicht einer Pt-Ni-Probe mit Diffusionsgradienten von Pt und Ni, wie anhand von Abb. 2 beschrieben. Da nur ganz außen Risse zu erkennen sind, die auf eine Schrumpfung bei der Aktivierung hindeuten, muß das Porenvolumen im übrigen dem eluierten Nickelanteil entsprechend zum nichtaktivierbaren Bereich hin abnehmen (vgl.Abb. 2 b und 2 c).

Das Porenvolumen und die Porenradien bestimmen die Zugänglichkeit der aktiven Katalysatoroberfläche für die Reaktanden, ermöglichen oder hemmen Transportprozesse und könnten auch Teilchengröße-abhängige Selektivitäten erzeugen.

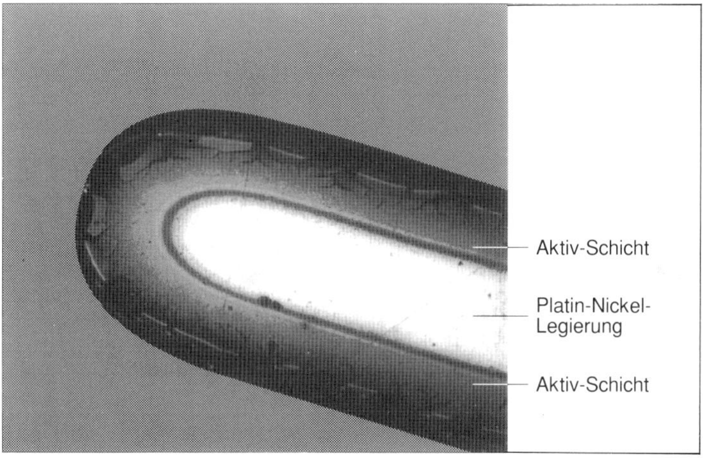

Abb. 7: Mikroskopische Aufnahme eines Schnittes durch eine aktivierte Pt-Ni-Folie (vgl.Abb. 2)

Da die porösen Strukturen der Abb. 6 b aus einer massiven Legierung entstanden sind, müssen die Silberatome teilweise weite Strecken durch Oberflächendiffusion zurückgelegt haben. Diese hohe Beweglichkeit erklärt die relativ kleinen spezifischen Oberflächen, die mit Silberkatalysatoren zu erreichen sind, wie immer man sie hergestellt hat.
Die Abb. 8 zeigt zum Vergleich Silberkatalysatoren, die durch Fällung hergestellt wurden (8). Hier sind die Krümmungsradien deutlich kleiner als in Abb. 6 (0,05 μ) und die spezifische Oberfläche ist entsprechend größer(10 m^2/g statt 5 m^2/g). Das wird auf die Zusätze von Ni, Ti und Bi zurückgeführt, welche die Beweglichkeit der Silberatome im Gitter oder an der Oberfläche hemmen. Überraschend ist, daß bei der Fällung

nicht Partikelagglomerate entstehen, sondern ausgedehnte, nadelbaumähnliche Strukturen (b), die nicht nur miteinander verfilzt, sondern offenbar auch schwammartig verschweißt sind (a).

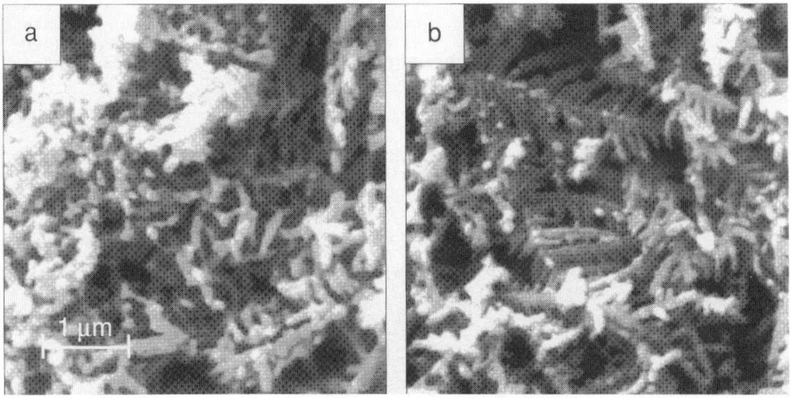

Abb. 8: REM-Aufnahmen von gefällten Silberkatalysatoren Ag (BiNiTi) nach K. Höhne (8), a und b verschiedene Stellen in einer Probe

Das bedeutet, daß auch durch das Fällungsverfahren gut definierte und angepaßte poröse Strukturen erzeugt werden können, wobei der Zusammenhang zwischen Herstellungsbedingungen und Struktur allerdings nicht so einfach wie beim Raney-Verfahren hergestellt werden kann.

Auch die Korngröße der Teilchen kann durch die Fällungsbedingungen in engen Grenzen den Anforderungen angepaßt werden (8).

Die Diffusionsprozesse, die zur Herstellung dieser Strukturen sowohl beim Raney-Verfahren als auch beim Fällungsverfahren stattfinden müssen, sind offenbar durch die starke Fehlordnung bei der Herstellung im Raney-Verfahren und bei der Fällung begünstigt.

Das Silber ist hier beispielhaft zu sehen. Seine Strukturen lassen sich besonders anschaulich und plastisch im REM darstellen. Für Elemente und Legierungen mit höherer Gitterenergie ist die Beweglichkeit kleiner, aber auch die Kristallite sind entsprechend kleiner. Die Verhältnisse sind, auf kleinere Dimensionen übertragen, aber genau analog.

3.2 Legierungsbildung bei der Fällung

Bei der gleichzeitigen reduktiven Fällung von zwei Elementen zur Herstellung eines Legierungskatalysators ist eine selektive, getrennte Fällung beider Elemente zu befürchten.

Von zwei Elementen ist immer eines das edlere, das zuerst reduziert wird. Wenn die Vermischung der ausfallenden Teilchen aber erfolgt, solange sie noch klein und stark fehlgeordnet sind, ist eine nachträgliche Legierung der Elemente durch Interdiffusion vor allem an der Oberfläche zu erwarten, insbesondere wenn eine negative Mischungsenthalpie vorliegt und das System somit zur Bildung intermetallischer Verbindungen bzw. intermetallischer Phasen neigt.
Umgekehrt ist bei nicht ineinander löslichen Elementen immer mit einer Entmischung zu rechnen.

4. Ausblick

Die Möglichkeiten, die Legierungskatalysatoren für die Steuerung komplexer Reaktionen bieten, sind bei weitem noch nicht ausgeschöpft. In Anbetracht der Bedeutung, die wichtigen heute noch irreversiblen Reaktionen in der elektrochemischen Energiewandlung zukommt, sollten die Anstrengungen zur Modifikation der Aktivität und der Stabilität von Katalysatoren durch weitere Komponenten verstärkt werden. An den Grundlagenuntersuchungen sollten außer der Elektrochemie auch die Katalyse, die Oberflächenanalyse und die Metallkunde beteiligt sein.

Literatur

1. K. Mund, G. Richter, R. Schulte und F. v. Sturm
Ber. Bunsenges. Phys. Chem. 77 (1973), 839

2. G. Luft, K. Mund, G. Richter, R. Schulte und F. v. Sturm
Siemens Forsch- u. Entwickl.-Ber. 3 (1974), 177

3. G. Richter
Troisièmes Journées Internationales d'Etude des Piles à Combustible, Bruxelles 1969, 194

4. A. J. Bradley und A. J. Taylor
Inst. Metals 66 (1940), 53

5. A. V. Virkar und A. Raman
Z. Metallkde. 60 (1969), 595

6. U. Gebhardt, J. R. Rao und G. Richter
Journal of Applied Electrochemistry 6 (1976), 127

7. P. Stonehart
Ber. Bunsenges. Phys. Chem. 94 (1990), 913

8. K. Höhne
Siemens Forsch- u. Entwickl.-Ber. 6 (1977), 350

Elektrochemische Eigenschaften wichtiger Metalloxide und ihr Einfluß auf den Reaktionsort von Elektrodenprozessen

J. W. Schultze
Arbeitsgemeinschaft Elektrochemischer Forschungsinstitutionen e.V.,
Institut für Physikalische Chemie und Elektrochemie der Heinrich-Heine-Universität Düsseldorf

Zusammenfassung

Thermodynamische und elektrochemische Eigenschaften der Oxide bestimmen deren Bildung und Stabilität. Am Beispiel des Titandioxids werden wichtige elektrochemische Eigenschaften, wie Potentiale, Bandstruktur und ionische bzw. elektronische Leitfähigkeit erläutert. Letztere hat einen großen Einfluß auf den Reaktionsort und damit die Geschwindigkeit von Elektrodenprozessen.

Die kathodische Wasserstoffentwicklung läuft am TiO_2 an der Phasengrenze Oxid/Elektrolyt, dagegen am Al_2O_3 an der Phasengrenze zum Metall ab. Das folgt aus der unterschiedlichen Protonen- und Elektronenleitfähigkeit der Oxide.

Analog ergibt sich aus den Leitfähigkeiten, daß die Sauerstoffentwicklung an den Eisenoxiden am FeOOH innerlich, an der Passivschicht des Eisens dagegen außen abläuft.

Summary

Thermodynamic and electrochemical properties of oxides determine their formation and stability. Thermodynamic potentials, band structure, and electronic and ionic conductivity are important properties which are explained for titanium dioxide as an example. The conductivities determine the reaction site and therefore the rate of electrode processes.

The evolution of hydrogen and oxygen is discussed as an example. At TiO_2 hydrogen evolution proceeds at the interface oxide/electrolyte while it takes place at the inner interface in case of Al_2O_3. That follows from the different electronic and ionic conductivities. For the case of the passive film of iron and anodic deposition films of ferric hydroxide it is shown that oxygen evolution can take place outside (passive film) or inside (FeOOH).

Résumé

Les propriétés thermodynamiques et électrochimiques des oxydes déterminent leur formation et leur stabilité. Le dioxyde de titane est pris comme exemple pour démontrer des propriétés électrochimiques importants comme les potentiels, la structure de bande et la conductivité ionique ou électronique. Cette dernière exerce une très grande influence sur le lieu de la reaction et donc sur la rapidité des processus avec des électrodes.

Le développement cathodique d'hydrogène avec le TiO_2 se déroule à l'interface oxyde/électrolyte alors que ce développement avec le Al_2O_3 se fait à l'interface avec le métal. Ceci résulte des différences de conductivité des protons et électrons des oxydes.

De façon analogue, les conductivités permettent de conclure que le développement d'oxygène sur les oxydes de fer se fait à l'intérieur du FeOOH mais à l'extérieur sur la couche passive du fer.

1. Problemstellung

Oxide finden in elektrochemischen Systemen als Elektrodenmaterialien, Membranen oder Ionenleiter oder auch im Korrosionsschutz und in Dünnschichttechniken breite Anwendung. Dabei macht man von ihren Redoxeigenschaften, den ionischen, elektronischen und optischen Eigenschaften gezielt Gebrauch. Bei der Leitfähigkeit κ bzw. dem Widerstand R muß zwischen den ionischen und elektronischen Beiträgen unterschieden werden:

$$\kappa = \kappa_e + \kappa_{ion} \quad \text{oder} \quad 1/R = 1/R_e + 1/R_{ion} \qquad (1)$$

Diese bedingen dann auch den unterschiedlichen Einsatz als Elektrolyt- oder Elektrodenmaterial. Abb.1 gibt in einem doppelt-logarithmischen Diagramm eine idealisierte Übersicht über die spezifischen Widerstände ρ der verschiedenen Systeme. Z.B. sollten nicht korrodierende Elektroden ionisch hohe und elektronisch kleine Widerstände haben, während Elektrolyte gerade durch das inverse Verhalten ausgezeichnet sind. Aktive Massen, wie z.B.die leitenden Polymere, haben oft einen kleinen elektronischen und ionischen Widerstand: das erleichtert die Reaktion an den inneren Oberflächen.

Abb. 2 zeigt schematisch die möglichen Reaktionswege von Ionen und Elektronen und die charakteristischen Orte m/ox, ox und ox/w an den Phasengrenzen bzw. im Innern.

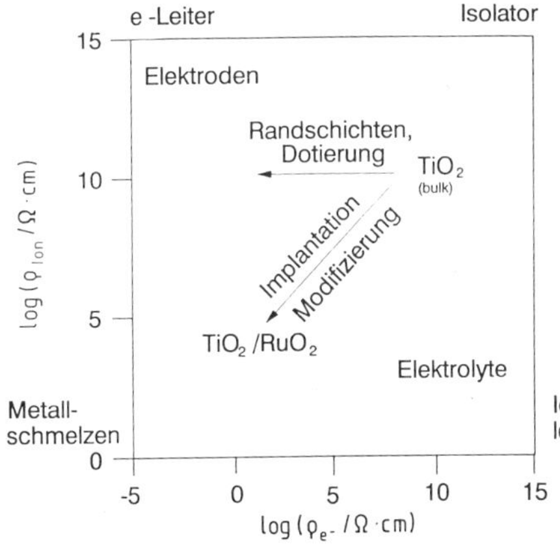

Abb. 1: Doppelt-logarithmische Darstellung der spezifischen Widerstände wichtiger Systeme

Elektronische Eigenschaften, Bandstrukturen und Redoxprozesse an Oxidschichten wurden in mehreren früheren Arbeiten behandelt /1-4/. In dieser Arbeit soll zunächst an einem Beispiel gezeigt werden, wie stark elektronische und ionische Prozesse von den Versuchsbedingungen abhängen und modifiziert werden können. In einem weiteren Teil wird dann am Beispiel der Wasserstoff- und Sauerstoffentwicklung gezeigt, wie der Reaktionsort von den elektronischen und ionischen Leitfähigkeiten bestimmt wird.

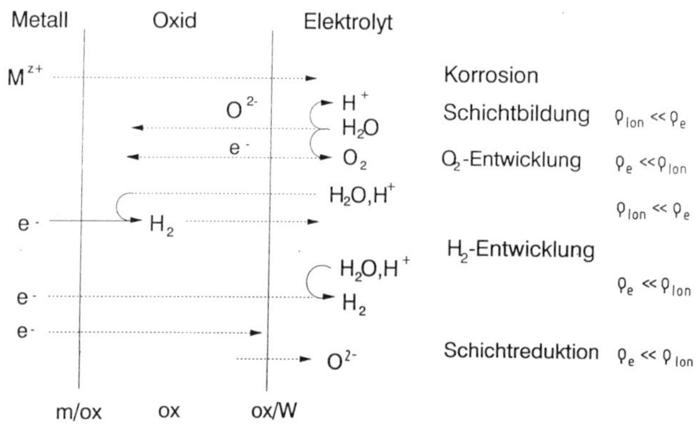

Abb. 2: Schematische Darstellung eines oxidbedeckten Metalls, der Reaktionswege von Ionen und Elektronen der spezifische Widerstände des Oxids sowie der möglichen Reaktionsorte.

2. Wichtige Eigenschaften von Oxiden

2.1 Thermodynamische Daten

In der Elektrochemie geht man i.a. zunächst von den thermodynamischen Daten der jeweiligen Systeme Metall/Oxid aus, die in den Pourbaix-Diagrammen anschaulich dargestellt werden /5/. Sie geben eine schnelle Übersicht, die für viele praktische Systeme aber aus zwei Gründen nur unzureichend informiert. Die chemische Zusammensetzung variiert in realen Systemen oft viel stärker als es im Diagramm berücksichtigt werden kann. Weiterhin sagt das Diagramm nur etwas über die Gleichgewichtszustände aus, die aufgrund kinetischer Hemmungen aber oft nicht erreicht werden.

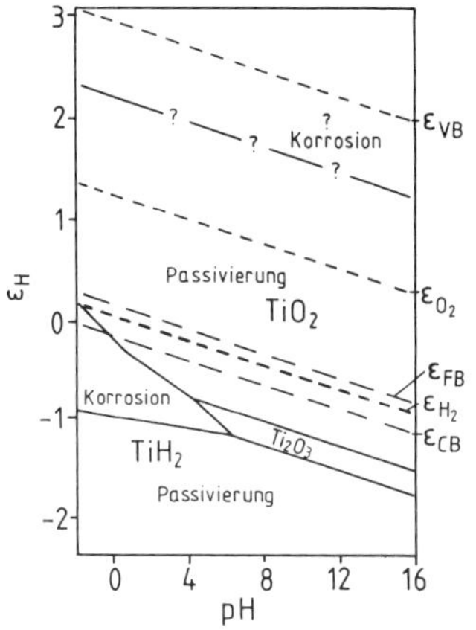

Das System Titan/Titandioxid ist ein sehr gut untersuchtes Beispiel, das für den Korrosionsschutz /6/, Titan als Elektrodenmaterial, vor allem der DSA /7/ und für Solarzellen /8/ Bedeutung hat. In der etwas vereinfachten Darstellung der Abb. 3 sind nur die Oxide Ti_2O_3 und TiO_2 berücksichtigt. Tatsächlich zeigt das Phasendiagramm Ti/O /9/ aber, daß es außerdem noch das TiO und den in Titan gelösten Sauerstoff gibt. Außerdem zeigen alle Oxide eine z.T. erhebliche Phasenbreite, in der die freie Energie und damit die Elektrodenpotentiale variieren. Die verschiedenen Modifikationen des TiO_2 Rutil, Anatas oder Brookit und vor allem die amorphen Zustände bringen eine weitere Unsicherheit.

Abb. 3: Vereinfachtes Pourbaix-Diagramm des Ti nach /5/ mit charakteristischen Daten der Bandstruktur nach /1/.

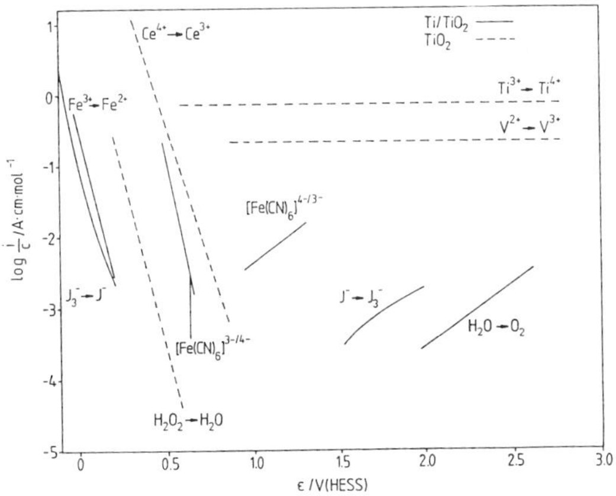

Abb.4: Tafel-Diagramm für verschiedene Redoxreaktionen an passivem Titan. Das Elektrodenpotential ist auf das Flachbandpotential bezogen, die Stromdichten i/c sind durch Berücksichtigung der Konzentration normalisiert. Daten für die einzelnen Redoxsysteme und Literatur s. /3/.

2.2 Elektronische Prozesse

Für den Ablauf von Elektrodenreaktionen sind jedoch nicht nur die thermodynamischen, sondern auch die kinetischen Bedingungen wichtig. Für Reduktions- und Oxidationsprozesse an der Oxidoberfläche müssen Elektronen durch das Oxid gelangen können (s. Abb. 2). Das wird durch die Potentiallage des Leitungs- und Valenzbandes und das Flachbandpotential bestimmt, die deshalb in Abb. 3 mit eingezeichnet sind. Wie früher bereits gezeigt wurde /4/, bedingt die Lage des Wasserstoffpotentials oberhalb des Reduktionspotentials des Titanoxids, daß bevorzugt Wasserstoffentwicklung stattfindet und das TiO_2 nur unter extremen Bedingungen reduziert werden kann.

Andererseits zeigt das hohe Valenzbandpotential von 3,05 V, daß anodische Prozesse über das Valenzband kaum ablaufen können, das Leitungsbandpotential liegt andererseits zu niedrig.

Der Ablauf elektronischer Prozesse ist am Ti im Vergleich zu Edelmetallelektroden stark gehemmt. Wie die Daten der Abb. 4 zeigen, sind kathodische Redoxprozesse mit großer Überspannung in der Nähe des Flachbandpotentials möglich: Elektronen können aus dem Leitungsband durch eine dünne Raumladungsrandschicht von 1 - 2 nm Dicke durchtunneln /2, 3/. Dagegen sind anodische Prozesse nur bei den sehr negativen Redoxsystemen des Ti^{3+} und des V^{2+} möglich, die ihr Elektron über das Leitungsband abgeben können. Bei den positiveren Redoxsystemen ist ein Tunneln durch das Oxid ebenso wie ein Austauch über das Valenzband unwahrscheinlich. Folglich sind die anodischen Stromdichten so klein, daß Titan zu den sogenannten Ventilmetallen gerechnet wird.

Diese qualitative Erklärung beschreibt die wichtigsten Einflüsse. Genauere Betrachtungen müssen die Elektronenterme in der Bandlücke, im Fall des n-halbleitenden TiO_2 die Donorterme von Sauerstoffehlstellen oder Ti-Zwischengitterionen mit einbeziehen. Für detaillierte Rechnungen s. /10/.

2.3 Elektronischer Widerstand

Aus der Impedanzanalyse resultieren die Ersatzschaltbilder, in denen Widerstände das System charakterisieren. Der Gesamtwiderstand ist durch die Steigung der Stromspannungskurve definiert. Aus Abb. 4 könnten, da es sich um Redoxprozesse handelt, die elektronischen Widerstände ermittelt werden, die sich aus den Beiträgen des Oxids und des Redoxsystems zusammensetzen.

$$R_e = dU/di_e = U/i \cdot 2,3 d\log i = b/2,3i \tag{2}$$

Da die b-Faktoren (Steigung der Tafelgeraden) und die Stromdichten variieren, werden stromdichte- und systemabhängige Widerstände erhalten. Für die Sauerstoffentwicklung würde man z.B. bei 2 V einen Wert von 1 $K\Omega cm^2$ erhalten, während für die Fe-Reduktion bei 0 V

0,1 Ωcm^2 erhalten werden. Mit den Schichtdicken von ca. 10^{-6} cm ergeben sich daraus spezifische Widerstände $\rho = R/d$ von 10^9 bzw. 10^5 Ωcm. Das erklärt sich durch die ganz unterschiedlichen Elektronenübergänge. Es ist also schon für reine Oxidschichten unmöglich, einen einzigen elektronischen Widerstand anzugeben. Durch Modifizierung, z.B. Ionenimplantation, kann die elektronische Leitfähigkeit nochmals erheblich gesteigert werden /11/.

Analog ist es bei der Dotierung von Oxiden, deren Leitfähigkeit mit der Verschiebung des Fermi-Niveaus um viele Zehnerpotenzen zunehmen kann /1/.

2.4 Spezifischer ionischer Widerstand

Entsprechende Überlegungen müssen für die ionischen Widerstände angestellt werden. Zunächst wollen wir uns auf die Ionen des Oxids, Ti^{4+} und O^{2-} beschränken. Da die Überführungszahlen der Ionen zwar etwas von der Feldstärke abhängen, aber nicht mehr als eine Zehnerpotentz variieren, können wir in grober Näherung die ionischen Widerstände gleich ansetzen. Für andere Ionen, z.B. H^+, würde das natürlich nicht gelten. In jedem Fall sind sie aber nach dem Gesetz von Güntherschulze und Betz exponentiell vom Potential bzw. der Feldstärke E abhängig.

$$\rho = \rho_o \cdot \exp(-\beta \cdot E) \qquad (3)$$

Beim potentiodynamischen Oxidwachstum des TiO_2 findet man z.B. für eine Stromdichte von 1 mA/cm^2 einen Schichtbildungskoeffizienten von etwa 2,5 nm/V entsprechend einer Feldstärke von $4 \cdot 10^6$ V/cm. Daraus resultiert ein spezifischer Widerstand von $\rho = E/i = 4 \cdot 10^9$ Ωcm. Bei fallender Feldstärke nimmt der Widerstand gemäß (3) exponentiell zu, d.h. der ionische Widerstand kann ebenso wie der elektronische um viele Zehnerpotenzen variieren.

Bei Modifizierung der Oxids wird es wiederum noch schwieriger. Durch Ionenimplantation wird das TiO_2 amorphisiert. Dann wandern die Ionen schon bei einer vielfach kleineren Feldstärke, der Widerstand wird also um Zehnerpotenzen erniedrigt. Das ist in Abb. 1 schematisch eingezeichnet.

2.5 Ionischer Widerstand und Schichtstabilität

Für viele Anwendungen kommt es nicht auf schnelle ionische Prozesse, sondern vielmehr auf die Stabilität des Elektrodenmaterials an. Darunter verstehen wir eine Stabilität des präparierten Systems für 10^7 - 10^8 s. Bei stöchiometrischer Empfindlichkeit des Oxids können schon Ladungen von 1 mC/cm^2 entsprechend Strömen von $10^{-11} A/cm^2$ die präparierten Schichteigenschaften völlig zunichte machen. Da leicht Potentialdifferenzen von bis zu 1 V an Schichten bis zu 100 nm anliegen können, muß also der Widerstand 10^{16} Ωcm sein, damit die Schicht hinreichend stabil bleibt. Im praktischen Korrosionsschutz sind die Bedingungen meist günstiger, da gute Passivschichten nachgebildet und erst durch Ladungen von 10-100C/cm^2 zerstört werden. Dann genügen schon Widerstände von 10^{11} Ωcm, um gute Passivität zu sichern. Bei lokaler Korrosion ist es natürlich um vieles kritischer.

2.6 Andere Oxide

Entsprechende Überlegungen können für andere Oxide angestellt werden. Gemäß den chemischen und elektronischen Eigenschaften variieren die Standardpotentiale zwischen -1,5 und +1,4 V und die Bandlückenenergien von 0 eV (metallische Oxide) bis zu 10 eV (Isolatoren) /1-3/. Auch die ionischen Eigenschaften variieren zwischen denen ionischer Isolatoren und denen ionenleitender Oxide. Zu letzteren zählen z.B. einerseits die Ionenleiter wie β'-Al_2O_3, andererseits aber auch die elektronen- und protonenleitenden Oxide, wie z.B. MnO_2 oder NiOOH. Die Li-Bronzen werden ja z.B. für schaltende Systeme verwandt /12/. Dagegen sind die Oxide der Sondermetalle Ti, Zr u.a. für die Intercalation wenig geeignet /13/.

3. Leitfähigkeit und Reaktionsort

3.1 Prinzipien

Bei großem elektronischen und ionischen Widerstand, d.h. an Isolatoren, können keine Elektrodenprozesse ablaufen. Bei kleinem elektronischen und großem ionischen Widerstand (ideale Metalle, Elektrodenmaterialien) laufen die Prozesse nur an der Phasengrenze zum Elektrolyten ab. Im inversen Fall wandern die Ionen durch die Schicht an die innere Phasengrenze zum Metall und reagieren dort: das Oxid verhält sich wie ein idealer Elektrolyt. Poröse Oxide und Membranen sind analog zu charakterisieren, da der Übergang von atomaren oder molekularen Kanälen zu mikroskopischen Poren oft kontinuierlich erfolgt.

Oxide, die als aktive Massen verwandt werden können, haben oft einen vergleichbaren, kleinen ionischen und elektronischen Widerstand. Das gleiche gilt für leitende Polymere. Dann ist die schnelle Auf- und Entladung gewährleistet, da der Reaktionsort sich über das gesamte Oxid erstrecken kann.

3.2 Wasserstoffentwicklung

Die kathodische Wasserstoffentwicklung ist ein Beispiel für einen Elektrodenprozeß, der sowohl elektrolytseitig als auch innen metallseitig ablaufen kann. Die metallseitige Reaktion erfordert Migration von Protonen und den Abtransport von molekularem Wasserstoff durch das Oxid. Für die elektrolytseitige Reaktion muß die elektronische Leitfähigkeit des Oxids wesentlich besser sein als die ionische. Das ist am TiO_2 z.B. der Fall, da das Leitungsbandpotential nahe bei 0 V liegt.

Für die stationäre Wasserstoffentwicklung an Oxiden gilt die zusätzliche Bedingung, daß das Oxid stabil sein soll, d.h. nicht reduziert wird. Das ist dann möglich, wenn das Oxidreduktionspotential weit negativer ist als das Wasserstoffpotential /4/. Wie Abb. 3 zeigt, ist das am Titan der Fall. Es ist also bei geringer Wasserstoffüberspannung möglich, Wasserstoff am Titandioxid elektrolytseitig zu reduzieren. Das ist experimentell bestätigt /14/. Die nach Abb. 3 zu erwartende Titanhydridbildung findet nur bei großer Überspannung statt. Andererseits ist aus der begrenzten Korrosionsstabilität des reinen Titans in reduzierenden oder komplexierenden Säuren bekannt, daß sich das Titan langsam aktiviert, weil das TiO_2 komplex gelöst wird. Dann findet schnelle Wasserstoffentwicklung am Ti und aktive Auflösung statt. Deshalb ist ein Zusatz von 0,2 % Pd üblich, um die Wasserstoffüberspannung soweit zu senken, daß die Passivierung aufrecht erhalten bleibt /14,15/.

Nach Vijh /16/ soll H_2-Entwicklung auch am Al_2O_3 stattfinden. Beim Aluminium liegen die Verhältnisse aber anders. Da Al_2O_3 ein guter Isolator mit hochliegendem Leitungsband (entsprechend tief liegendem Potential) ist, ist eine Elektronenleitung über das Leitungsband selbst bei -2 V noch nicht möglich. Die Wahrscheinlichkeit von Tunnelprozessen durch das Oxid ist für Schichtdicken über 3-4nm ebenfalls zu gering. Daher scheidet eine elektrolytseitige Wasserstoffentwicklung am Oxid aus.

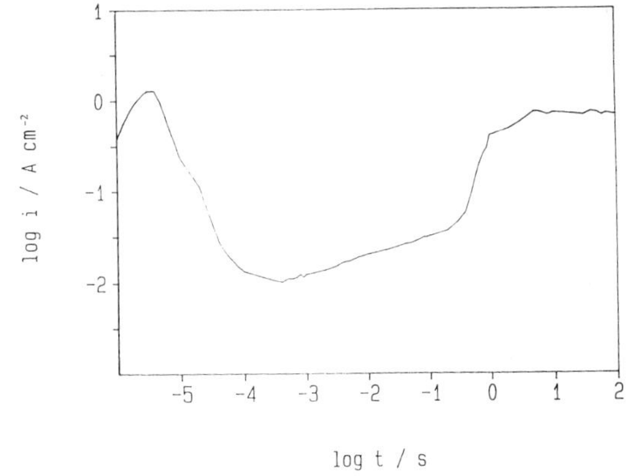

Abb. 5: Doppelt-logarithmische Darstellung des Transienten der Wasserstoffentwicklung während einer potentiostatischen Pulsmessung am vorpassivierten Aluminium. Dicke des Oxids 6,7 nm, pH 5,9. /17/.

In potentiostatischen Pulsmessungen wird am vorpassivierten Aluminium bei -2,5 V allerdings Wasserstoffentwicklung beobachtet. Abb. 5 zeigt aber, daß diese in 2 Phasen abläuft /17/. Innerhalb der ersten Sekunden fließt nur ein sehr kleiner Strom entsprechend einer kleinen Ladung. Dies kann mit der Protonenmigration durch das Oxid korreliert werden. Die Protonen werden dann metallseitig entladen. Daneben findet durch Wasserstoffentwicklung aus Wassermolekülen eine Alkalisierung statt. Das Alumiumoxid wird als Aluminat gelöst, und es kommt zur Bildung von Poren, in denen stationär Wasserstoffentwicklung mit hoher Stromdichte am aktiven Metall ablaufen kann.

3.3 Sauerstoffentwicklung

Auch für die anodische Sauerstoffentwicklung lassen sich verschiedene typische Fälle aufzeigen, die aus den unterschiedlichen ionischen und elektronischen Eigenschaften der Oxide resultieren. Die Oxide der sogenannten Ventilmetalle sind als gute Isolatoren bekannt. Am Tantaloxid ist die Sauerstoffentwicklung selbt bei 100 V noch nicht meßbar. An den Oxiden der Übergangsmetalle läuft die Sauerstoffentwicklung meist elektrolytseitig ab, da die elektronische Leitfähigkeit des Valenzbandes ausreichend ist. Es besteht eine gute Korrelation zwischen der Sauerstoffüberspannung und dem Valenzbandpotential /4/. Am dünnen Platinoxid sind Tunnelprozesse dominant /18/.

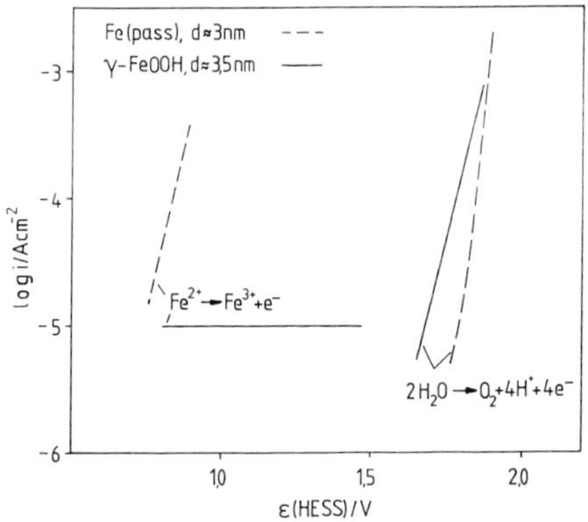

Abb. 6

Der Einfluß der elektronischen Leitfähigkeit läßt sich am Beispiel der Eisenoxide demonstrieren. Wie Abb. 6 zeigt, läuft die anodische Sauerstoffentwicklung am passiven Eisen und an Eisenhydroxidabscheidungsschichten (hauptsächlich γ-FeOOH) ähnlich schnell über tiefliegende valenzbandartige Zustände ab. Andere Elektronentransferreaktionen großer Ionen sind am FeOOH gehemmt, an der Passivschicht dagegen möglich /2/. Das erklärt sich dadurch, daß die FeOOH-Schicht durch eine äußere Hydratschicht elektronisch isolierend wirkt. Redoxreaktionen können deshalb nur ablaufen, wenn die Reaktanden durch diese Schicht an die innere kristalline Schicht kommen, an der der Elektronentransfer stattfindet.

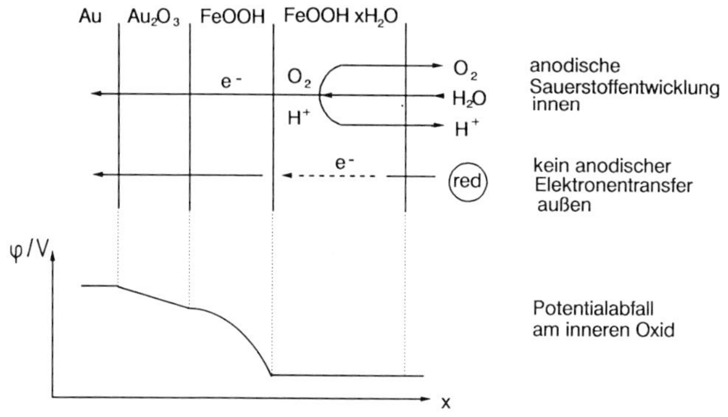

Abb. 7

Abb. 7 zeigt das Modell. Nur für das kleine Wassermolekül, Protonen und Hydroxylionen und Sauerstoffmoleküle ist die Hydratschicht gut zu durchdringen, während sie für große Ionen eine erhebliche Diffusionsbarriere darstellt. Das Modell wird durch Kapazitätsmessungen gestützt /19/.

Die selektive Inhibition einzelner Redoxreaktionen am FeOOH stellt für die Elektrokatalyse ein interessantes Modellsystem dar.

Danksagung

Für die Unterstützung dieser Arbeit sei dem BMFT und dem Fonds der Chemischen Industrie herzlichst gedankt.

Literatur

/1/ J.W. Schultze, S. Mohr; Dechema-Monographie 90 (1981) 213, Verlag Chemie, Weinheim

/2/ J.W. Schultze, L. Elfenthal; J. Electroanal. Chem. 204 (1986) 153

/3/ W. Schmickler, J.W. Schultze; Mod. Asp. of Electrochem. 17, Plenum Publishing Corp. (1986) 357

/4/ J.W. Schultze; Dechema-Monographie 98 (1985) 417, Verlag Chemie, Weinheim

/5/ M. Pourbaix: Atlas of Electrochemical Equilibria in Aqueous Solutions. Pergamon, Oxfort (1966) and
Encypclopedia of Electrochemistry of the Elements, Vol V (1976), 305

/6/ H. Kaesche: Die Korrosion der Metalle. Springer-Verlag, Berlin - Heidelberg - New - York, (1979), 205

/7/ H.B. Beer, DAS 1671 422 (7.2.1968)

/8/ A. Fujishima, K. Honda: Nature 238 (1972) 37

/9/ M. Hansen: Constitution of Binary Alloys. Mc Graw-Hill (1958)

/10/ C. Bartels, M.M. Lohrengel, J.W. Schultze; in "Fundamental Aspects of Corrosion Protection by Surface Modification" (Ed. E. McCafferty, C.R. Clayton, J. Oudar), The Electrochem. Soc., Pennington, N.J. Proc. Vol. 84-3, p.205 (1984)

/11/ J.W. Schultze, L. Elfenthal, K. Leitner, O. Meyer; Electrochimica Acta 33 (1988) 911

/12/ F.G.K. Baucke: Dechema- Monographie 102 (1986), 483

/13/ D.P. Ilic; Diss., TU Dresden (1985)

/14/ J.W. Schultze, A. Borgerding; Dechema-Monographie 109 (1987) 23

/15/ M. Stern, H. Wissenberg: J. electrochem. Soc. 106, (1959), 755

/16/ A.K. Vijh: J. phys. Chem. 73, (1969), 506

/17/ D. Ebling, J.W. Schultze; Metalloberfl. 44 (1990), 491

/18/ W. Schmickler, J.W. Schultze; Z. Phys. Chem., N.F., 110 (1978) 277

/19/ J.W. Schultze, M.M. Lohrengel, S. Mohr; J. Electroanal. Chem. 154 (1983) 57

Die angewandte Elektrochemie in der ehemaligen DDR - Beiträge zur Energie- und Umwelttechnik

K. Wiesener
Technische Universität Dresden

Zusammenfassung

Es wird ein Überblick über die auf dem Territorium der neuen fünf Bundesländer auf elektrochemischen Gebiet arbeitenden existierenden Forschungsgruppen an Universitäten und Hochschulen gegeben.

Summary

A summary on electrochemical research activities at universities and colleges of the five new german countries is given.

Résumé

Il est donner un survey d'activité electrochimique dans les universite dans pays noveaux d'Alemagne.

Im Vortrag wurden die auf dem oben genannten Gebiet tätigen Forschungsgruppen auf dem Gebiet der ehemaligen DDR vorgestellt. Diese Gruppen mit den Hauptinhalten ihrer Forschungstätigkeit sind in der angefügten Tabelle für das Hochschulwesen angegeben.
Im Vortrag wurde von den langen Traditionen der Elektrochemie in den Ländern der bisherigen DDR ausgegangen. Die Wurzeln befinden sich in

Leipzig, verbunden mit dem Namen Wilhelm Ostwald, und in Dresden, verbunden mit Fritz Foerster und Erich Müller, sowie Kurt Schwabe. Im Vortrag wurden die in der Tabelle stichwortartig angegebenen Arbeitsgebiete weiter mit konkreten Arbeitsergebnissen und Zielstellungen für die weiteren Arbeiten untersetzt.
Am Ende des Vortrages wurde beispielhaft die Entwicklung von neuen Nicht-Edelmetallkatalysatoren für acide Elektrolyte in Bezug auf Brennstoffzellen und die Energieeinsparung in technischen Elektrolysen dargestellt. Diese Arbeiten an der Technischen Universität Dresden sind in den Komplex Energie - Umwelt in Zusammenarbeit mit Forschungseinrichtungen der bisherigen DDR eingeordnet.

Tabelle 1
Elektrochemische Forschungsgruppen in den fünf ostdeutschen Ländern an Universitäten und Hochschulen

Institution	Leiter der Gruppen	Arbeitsgebiet
Humboldt-Universität zu Berlin	Prof.L.Müller	Elektrokatalyse Halbleiterelektrochemie Ionensensitive Elektroden Elektrochem. Kinetik
	Prof.W.Jugelt	Org. Elektrosynthese
Martin-Luther-Universität Halle	Prof.H.Matschiner	Anorg.u.org.Elektrosynthese Elektroanalytik
Technische Hochschule Ilmenau	Prof.H.Liebscher Prof.C.Schmidt	Metallabscheidung Galvanotechnik Elektrochem.Reaktionstechnik
Technische Hochschule Köthen	Prof.K.Hertwig Prof.J.Kardos	Elektrochem.Verfahrenstechnik

Tabelle 1 (Fortsetzung)

Institution	Leiter der Gruppen	Arbeitsgebiet
Ernst-Moritz-Arndt-Universität Greifswald	Prof.H. Füllbier	Feste Niedertemperaturionenleiter Charge Transfer Komplexe
	Prof.H.-H.Möbius	Sauerstoff-Festionenleiter Sensoren
Technische Hochschule Leuna-Merseburg	Prof.J.Eckert	Elektrochem. Metallabscheidung
Bergakademie Freiberg	Prof.K.Hein	Elektrometallurgie
Technische Universität Dresden	Prof.W.Forker	Korrosionsforschung
	Prof.G.Reinhard	Passivität der Metalle Elektrochem.Kinetik
	Prof.L.Franke	Elektrochem.Reaktionstechnik
	Prof.K.Wiesener	Elektrochem.Energieumwandlung Elektrokatalyse Elektrochem.Stromquellen Umweltelektrochemie

Elektrochemie in Energie - und Umwelttechnik in der ČSFR

J. Mrha
J. Heyrovský Institut, Tschecheslovakische Akademie der Wissenschaften (CS)

Zusammenfassung
Hermetisierte Akkumulatoren und plastgebundene Elektroden kann man als zwei Beispiele zur Lösung ökologischer Probleme auf dem Gebiet der elektrochemischen Stromquellen nennen. Elektrochemische Sensoren sind ein weiterer Beispiel im Bereich der Elektrochemie,der zur Verbesserung der Umwelttechnik beitragen könnten. Der Beitrag befasst sich mit einigen Aktivitäten, die in den letzten Jahren in der ČSFR bearbeitet wurden.

Summary
Sealed accumulators and plastic-bonded electrodes are two examples how to solve the ecological problems in the field of electrochemical power sources. Electrochemical sensors are the next example in the area of electrochemistry which could improve the environmental control. The paper presents some example of activities performed in last years in ČSFR.

Résumé
Les acumulateurs hermétiques at les électrodes a liants synthétiques représentent deux exemples de la contribution de l´électrochimie pour la solution des problèmes écologiques. Les éléments de mesure électrochimiques sont un autre exemple de la participation de l´électrochimie pour l´amélioration de l´environnement. Cet article présente quelques examples de l´activité scientifique effectuée au cours de ces dernières années en ČSFR

Bei der Herstellung und Anwendung der elektrochemischen Stromquellen treten besonders bei Ni-Cd Akkumulatoren ernshafte ökologische Probleme auf, die besonders auf die ungünstige Wirkung von Kadmium zurückzuführen sind. Deswegen wurde im J.Heyrovský Institut in Prag eine besondere Aufmerksamkeit den:

- plastgebundenen Elektroden
- gasdichten Akkumulatoren

gewidmet.

Bei den plastgebundenen Elektroden handelt es sich um Elektroden die durch ein Walzverfahren, bei dem die Mischung der Aktivmasse,PTFE und Äthanol beiseitig bei Normaltemperatur auf einen Stromkollektor angewaltzt wird. Durch das Walzverfahren kommt es zur einseitiger geometrischen Orientierung der PTFE-Teilchen und dabei entstehen PTFE-Mikrofasern die für die gewünschte mechänische Stabilität und Elastizität sorgen. Dadurch wird die Luftverunreinigung durch Kadmium bei der Elektrodenherstellung drastisch reduziert.

Bei der Technologie der gasdichten Akkumulatoren spielt der Sauerstoffzyklus (O_2-Bildung an der positiven Elektrode + O_2-Verzehr an der negativen Elektrode) eine entscheidende Rolle. Im Zusammenhang mit der Anwendung von plastgebundenen Cd-Elektroden wurde im J.Heyrovský Institut festgestellt, dass die O_2-Reduktion and der Elektrodenoberfläche durch die Anwesenheit einer passiven Schicht sehr gehindert wird und der Sauerstoff bei den Sinter-oder Taschenelektroden überwiegend am Strokollektor (Nickel, Stahl) reduziert wird. Bei den plastgebundenen Cd-Elektroden (Stromkollektor durch Elektrodenschicht bedeckt) wurde in Zusammenarbeit mit TU Dresden ein Aktivierungsvorgang entwickelt, der die O_2-Reduktionsgeschwindigkeit an der Oberfläche der Cd-Elektrode wesentlich erhöht. In der technischen Praxis wurde eine halbtechnische Produktion der offenen Ni-Cd Zellen mit plastgebundenen Elektroden bei der Firma AKUMA Mladá Boleslav realisiert. Eine normale Produktion läuft zur Zeit bei der ungarischen Firma Mechanikai Müvek (offene Ni-Cd Zellen) und bei der amerikanischen/ungarischen Firma ACCULEALED Ltd (hermetische Ni-Cd Zellen).

Hermetisierte Bleiakkumulatoren sind ein weiterer Beitrag zur Lösung ökologischer Probleme. Dazu wurden im J.Heyrovský Institut wissenschaftliche Untersuchungen durchgeführt, die sich mit der Art der Bestimmung und Steigerung des Wirkungsgrades des O_2Zyklus befasst haben. Dabei konnte man nach Optimierung:

- der Elektrolytmenge im Glasvlies(Separator und Elektrolytträger)

- des Zusammenpressens des Glasvlieses

einen Wirkungsgrad bis 99% erzielen.

Elektrochemische Analysatoren kann man als weitere Aktivität auf dem Gebiet der Umwelttechnik in der ČSFR bezeichnen. Es handelt sich dabei hauptsächlich um:

- polarographische
- SO_2, NO_x coulometrische
- flow through amperometrische
- ionselektive potentiometrische
- konduktometrische

Analysatoren.

Bei den polarographischen Analysatoren handelt es sich hauptsächlich um eine Garnitur TRIBO II, (dient zur Analyse von Smierstoffen (Abnutzungsgrad von Motorteilen) bis zu 10^{-7} -10^{-11} Mol/Liter. Die Garnitur besteht aus einem Zirkulationsextraktor (wässrige Lösungen) und Polarograph mit Miniaturelektrode (20-30 µm). Weiterhin handelt es sich um adsorptive Strippingvoltametrie bei der der Stoff elektrolytisch im Hg-Tröpchen aufkonzentriert wird. Nachher folgt die anodische Auflösung und DC-Polarographie. Als Elektroden kann man entweder einen "hängenden" Hg-Tropfen oder Kohlenpaste verwenden.

In den coulometrischen Analysatoren (COULOGRAPH-SO_2) wird die J_2-Reduktion durch SO_2 verwendet und anschliessend werden J^- Ionen an der Graphitanode beim konstanten Potential oxidiert und der Strom entspricht der SO_2 Menge. Bei der flow-through amperometrischen Methode werden wall-jet thin-layer Kohlefaserelektroden benützt.

Ionselektive Elektroden bestehen aus zwei Argentchlorideelektroden, eine Elektrode dient als Vergleichselektrode, die zweite ist mit einer ionselektiven Membrane (Glas, LiF, Ag_2S usw.) versehen. Man kann Mengen bis 10^{-6} Mol/liter bestimmen.

Leitfähigkeitssensoren beruhen z.B. auf dem isotachophoretischen Prinzip (Migrationstrennung in leitender und Endzone). Oder wird SO_2 zu SO_3 oxidiert und die H_2SO_4 steigert die Leitfähigkeit (Induktionsspule-Hochfrequenztechnik).

Elektrochemie in der Umwelttechnik

Verfahrenstechnik des elektrochemischen Korrosionsschutzes

E. Heitz
Dechema-Institut, Frankfurt am Main

Zusammenfassung

Die Elektrodenkinetik zusammen mit Transportreaktionen bilden die Grundlagen der elektrochemischen Verfahrenstechnik. Im Falle des elektrochemischen Korrosionsschutzes spielen Stoff- und Ladungstransport (Stromverteilung) eine besondere Rolle. Hinzu kommen Meß- und Regeltechnik und Anlagentechnik. An Beispielen aus der Praxis werden die wichtigsten Zusammenhänge dargestellt.

Summary

Electrode kinetics and transport processes are the basis of electrochemical engineering. For electrochemical corrosion protection mass and charge transport (current distribution) play a major role. Measuring and control techniques and process technique have to be added. Selected examples from practice illustrate the most important interrelations.

Résumé

La cinétiqe des électrodes et les réactions de transport forment les bases de la technique des processus électrochimiques. Dans le cas de la protection électrochimique contre la corrosion, le transport des matières et de la charge (répartition du courant) joue un rôle spécial. A cela viennent s'ajouter la technique de mesure et de régulation ainsi que la technique des processus. Les rapports les plus importants qui existent sont démontrés à partir d'exemples tirés de la pratique.

1. Einleitung

Elektrochemische Schutzverfahren sind dadurch charakterisiert, daß der Metalloberfläche ein Potential aufgezwungen wird, bei dem die Korrosionsgeschwindigkeit praktisch vernachlässigbar ist und bestimmte lokale Korrosionserscheinungen, wie z. B. Lochkorrosion und Spannungsrißkorrosion, vermieden werden. Sind in dem System mehrere Korrosionsarten möglich, so sind diese sämtlich hinsichtlich der Potentialabhängigkeit ihrer Geschwindigkeiten zu betrachten. Im allgemeinen gibt es für jede Korrosionsart einen Potentialbereich, innerhalb dessen die Korrosionsraten vernachlässigbar gering sind. Die Grenzpotentiale dieser Bereiche (Schutzbereiche) heißen Schutzpotentiale.

Der elektrochemische Schutz läßt sich im Prinzip in die elektrochemische Prozeßtechnik einordnen, obwohl die zugehörigen Verfahren nicht der Produkterzeugung, sondern der Produkterhaltung dienen. Unter Produkten sind in diesem Falle natürlich im weitesten Sinne Anlagen, Apparate, Maschinen, Transportsysteme, Pipelines, Bauteile usw. gemeint.

Bei der Diskussion der Verfahrenstechnik des elektrochemischen Korrosionsschutzes ist es zweckmäßig, das Konzept des Stammbaumes der Prozeßentwicklung, wie er aus der technischen Chemie und speziell aus der technischen Elektrochemie bekannt ist, zugrunde zu legen /1/. Entsprechend dem in Abb. 1 gezeigten Schema läßt sich die Entwicklung und Anwendung eines elektrochemischen Schutzverfahrens in drei Stadien einteilen:

- Grundlagenuntersuchungen bestehend hauptsächliche aus der elektrochemischen Thermodynamik, der elektrochemischen Kinetik und den Transportprozessen

- Entwicklung der elektrochemischen Verfahrens- und Reaktionstechnik, der Meß- und Regeltechnik und der Werkstofftechnik

- Konzeption und Aufbau der Prozeß- und Anlagentechnik.

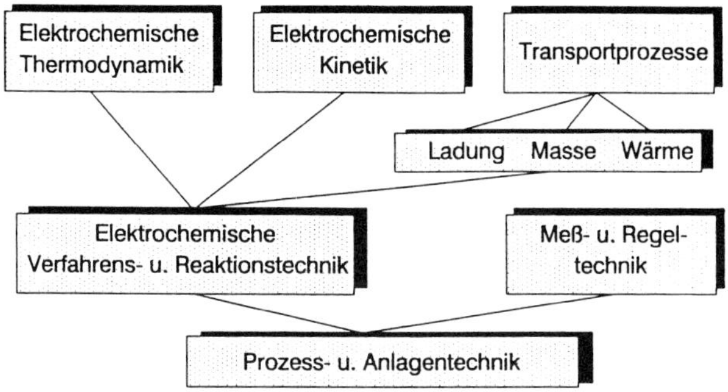

Abb. 1: Prozeßtechnische Charakterisierung des elektrochemischen Korrosionsschutzes

Entsprechend diesem Schema der Prozeßentwicklung ist der folgende Beitrag aufgebaut.

2. Grundlagen

Wie eingangs erwähnt, ist die Grundlage der richtigen Anwendung elektrochemischer Schutzverfahren, die Kenntnis der Potentialabhängigkeit der Korrosionsraten. Dabei unterscheidet man zwei Arten von Korrosionssystemen:

a) im Aktivzustand befindliche Korrosionssysteme und
b) Korrosionssysteme im Passivzustand.

In den Abb. 2 und 3 sind jeweils schematische Stromdichte/Potential-Kurven bzw. Korrosionsraten/Potential-Kurven gezeigt, die das Prinzipielle verdeutlichen.

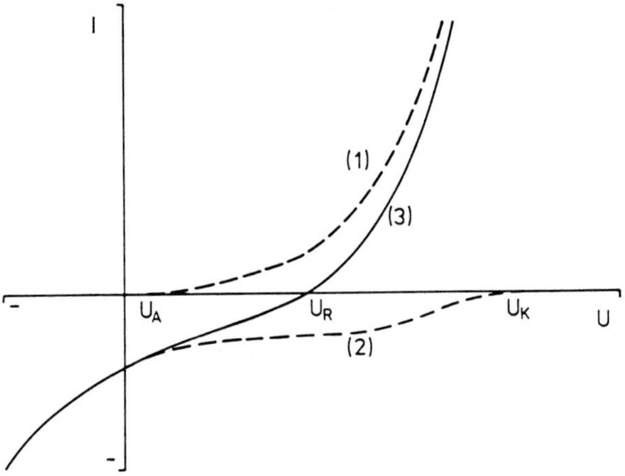

Abb. 2: Potentialabhängigkeit von Summen- und Teilströmen (schematisch)

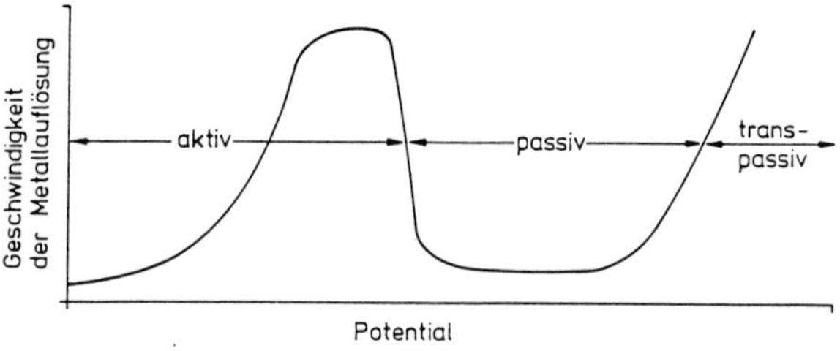

Abb. 3: Potentialabhängigkeit der Korrosionsrate passivierbarer Systeme (schematisch)

In Abb. 2 ist die Summenstromspannungskurve (3), die anodische Teilstromspannungskurve der Metallauflösung (1) und die kathodische Teilstromspannungskurve der Reduktion des Oxidationsmittels (2) dargestellt. Bei Korrosionssystemen mit einer solchen Stromspannungscharakteristik wird der kathodische Schutz dadurch erzeugt, daß das Potential ausgehend vom Ruhepotential U_R in negativer Richtung verschoben wird. Die Wahl dieses Potentials erfolgt so, daß die zugehörigen Stromdichten der Teilstromspannungskurve (1) vernachlässigbar gering werden. Für neutrale wäßrige Lösungen und unlegierte oder niedriglegierte Eisenwerkstoffe beträgt dieses Potential U_H = - 530 mV. Es ist das Grenzpotential des kathodischen Schutzbereiches in solchen Systemen.

Bei passivierbaren Systemen entsprechend Abb. 3 wird das Potential so weit in anodischer Richtung verschoben, daß das System in den Passivbereich gelangt. Entsprechend dieser Vorgehensweise wird dieses Verfahren mit anodischem Schutz bezeichnet.

Die für die Erzeugung einer elektrochemischen Schutzwirkung notwendigen Potentialverschiebungen können auf zwei Arten bewirkt werden:

- Das zu schützende Metall wird mit einem zweiten unedleren Metall in derselben Lösung kurzgeschlossen. Es bildet sich ein Korrosionselement, bei dem das unedlere Metall anodisch in Lösung geht und in bestimmten Zeitabständen erneuert werden muß (galvanische Anode, Schutzanode), während das edlere Metall kathodisch geschützt wird.

- Das zu schützende Metall wird mit dem negativen Pol einer äußeren Gleichstromquelle verbunden und bildet zusammen mit einer unangreifbaren Anode (FeSi-Legierung, Inertmetall, Eisenschrott usw.) und dem Medium einen Stromkreis. Das Metall wird in diesem Falle kathodisch geschützt. Beim anodischen Schutz kehren sich die Potentiale um.

Weitere Informationen über die elektrochemische Thermodynamik und Kinetik der Korrosion, die die Grundlagen für jede Schutzmethode bilden, sind aus der einschlägigen Literatur zu entnehmen /2, 3/.

3. Elektrochemische Verfahrenstechnik

Entsprechend der Systematik in der technischen Chemie versteht man unter der Verfahrens- und Reaktionstechnik das Zusammenwirken von makroskopischen Transportprozessen mit der Mikrokinetik im Rahmen der von der Thermodynamik gesetzten Grenzen. In analoger Weise versteht man unter der elektrochemischen Verfahrens- und Reaktionstechnik das Zusammenspiel von elektrochemischer Mikrokinetik und Transportprozessen (Abb. 1).

Naturgemäß steht bei der Diskussion elektrochemischer Schutzverfahren die Reaktionstechnik weniger im Vordergrund, da nicht auf maximalen Umsatz ausgelegt wird. Aus diesem Grunde beschränkt sich die folgende Diskussion auf die Erörterung von Transportprozessen, wobei unter den gegebenen technischen Bedingungen der Stoff- und Ladungstransport im Vordergrund steht, während der Wärmetransport in diesem Zusammenhang im allgemeinen keine Rolle spielt.

3.1 Stofftransport

Zur Aufrechterhaltung eines kathodischen Schutzpotentials ist eine bestimmte Schutzstromdichte notwendig, die unter anderem von der Geschwindigkeit des Antransports des Oxidationsmittels, in der Regel Sauerstoff, abhängig ist. Am Beispiel des kathodischen Schutzes von Schiffen in Meerwasser wird in Abb. 4 gezeigt, wie sich die Schutzstromdichte (ausgedrückt als Faktor und nicht als Absolutwert) mit zunehmender Fahrgeschwindigkeit ändert. Man erkennt, daß der Faktor zunächst ansteigt und dann einen mehr oder weniger stationären Endzustand erreicht. Da der kathodische Schutz in der Regel mit einer organischen Beschichtung kombiniert wird, kommt es darauf an, daß die Schutzeigenschaften der Beschichtung gut sind (F_1). Bei schlechten Beschichtungen ist der Anstieg des Faktors steiler und erreicht höhere Endwerte (F_2).

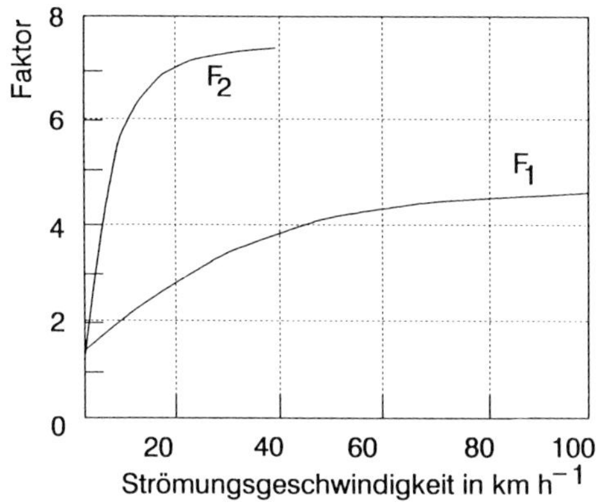

Abb. 4: Zunahme der Schutzstromdichte mit der Strömungsgeschwindigkeit (nach Bones und Richter /4/)

F_1 gute organische Beschichtung

F_2 schlechte organische Beschichtung

In ruhendem Meerwasser wächst auf unbeschichtetem Stahl eine Deckschicht aus Korrosionsprodukten auf, die zu einem starken Abfall der Schutzstromdichte mit der Zeit führt: Abb. 5. Bei den Schichten handelt es sich in der Hauptsache um Calziumcarbonat, das durch das kathodisch gebildete Alkali auf der Oberfläche ausgefällt wird. Diese durch die Wandalkalität ausgelöste Deckschichtbildung ist ein sehr verbreitetes Phänomen beim kathodischen Schutz, das einen zeitlichen Abfall der Schutzstromdichte im Langzeitbetrieb bewirkt.

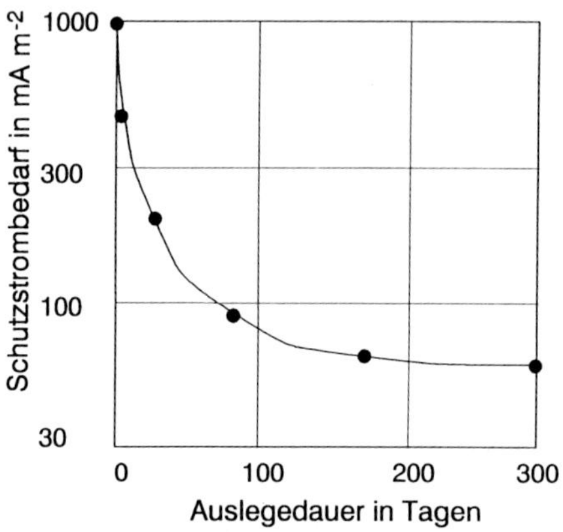

Abb. 5: Zeitabhängigkeit der Schutzstromdichte von unbeschichtetem Stahl in ruhendem Meerwasser (nach Bones und Richter /4/)

Ein zeitlich abnehmender Schutzstrombedarf wird sowohl beim kathodischen als auch beim anodischen Schutz in der Praxis beobachtet.

3.2 Ladungstransport

Eine große Rolle bei elektrochemischen Schutzverfahren spielt der unterschiedliche Ladungstransport im Elektrolyten bzw. Ladungsdurchtritt auf der Metalloberfläche. Dies hat eine unterschiedliche Stromdichte- bzw. Potentialverteilung zur Folge. Für die Praxis bedeutet dies, daß entweder das Schutzpotential nicht in allen Oberflächenbereichen erreicht wird, oder daß ein Überschutz auftritt, der beispielsweise im Falle eines kathodischen Schutzes mit einer unerwünschten Wasserstoffentwicklung einhergehen kann.

Abb. 6 zeigt die Anwendung eines kathodischen Schutzes durch Außenstrom auf eine erdverlegte, mit einem organischen Überzug versehene Pipeline. Man erkennt, daß an der Einspeisstelle des Stromes das Potential am negativsten ist, sich aber mit zunehmendem Abstand von der Einspeisstelle (man beachte den Kilometermaßstab) sich in positiver Richtung verschiebt.

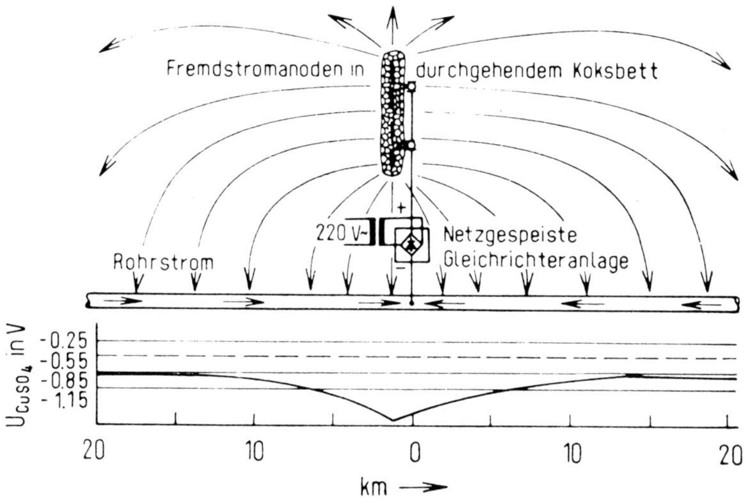

Abb. 6: Potentialverteilung längs einer erdverlegten, mit einer organischen Beschichtung versehenen Pipeline aus unlegiertem Stahl beim kathodischen Schutz (nach v. Baeckmann)

Der aus technischen Elektrolysen wohlbekannte Zwischenleitereffekt spielt auch bei elektrochemischen Schutzanlagen eine große Rolle. Er wird dort mit "Beeinflussung" bezeichnet und hat zur Folge, daß in metallischen Leitern, die mit der Schutzanlage nicht in Verbindung stehen, Streuströme erzeugt werden. An den Austrittsstellen dieser Streuströme aus dem beeinflußten Werkstoff kommt es dann zu einer zusätzlichen Korrosion. Die Verhältnisse sind in Abb. 7 dargestellt. Während die mit der Gleichrichteranlage verbundene Rohrleitung kathodisch geschützt ist, wird in der senkrecht dazu verlaufenden, nicht geschützten Rohrleitung ein Streustrom induziert, der insbesondere in der Nachbarschaft der geschützten Rohrleitung zu einer massiven Korrosion durch anodische Auflösung führen kann.

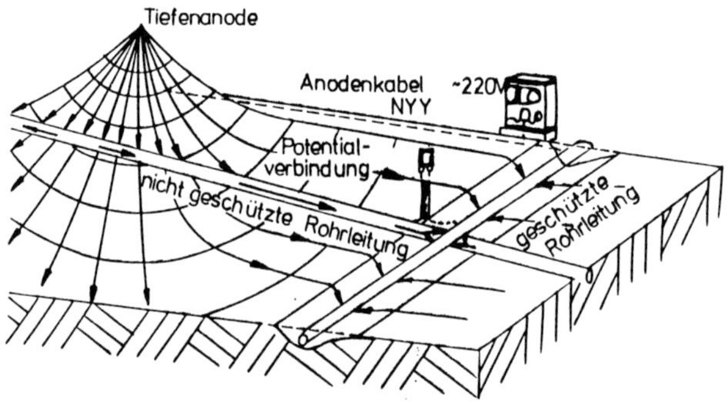

Abb. 7: Stromverteilung und Zwischenleitereffekt an einer ungeschützten, erdverlegten Rohrleitung (nach v. Baeckmann und Prinz /4/)

Während beim kathodischen Schutz die Strom- bzw. Potentialverteilung sehr ungleichförmig sein kann, ist dies beim anodischen Korrosionsschutz in der Regel nicht der Fall. Ursache sind die beim anodischen Schutz aufwachsenden Passivschichten, die einen zusätzlichen Oberflächenwiderstand im Sinne einer sekundären Stromverteilung bewirken /1/. Dies zeigt sich sehr schön in Abb. 8, die die Potentialverteilung im Inneren eines anodisch geschützten Wärmetauscherrohres darstellt. Obwohl sich die Kathoden außerhalb der Rohrenden befinden, wird längs der Rohrinnenwand ein Potential erzeugt, das an jeder Stelle, auch in der Rohrmitte, oberhalb des Schutzpotentials (+ 100 mV) liegt. Desweiteren ist aus der Abbildung zu entnehmen, daß mit zunehmender Einwirkungsdauer des anodischen Schutzes sich die Potentialverteilungskurven in positiver Richtung verschieben.

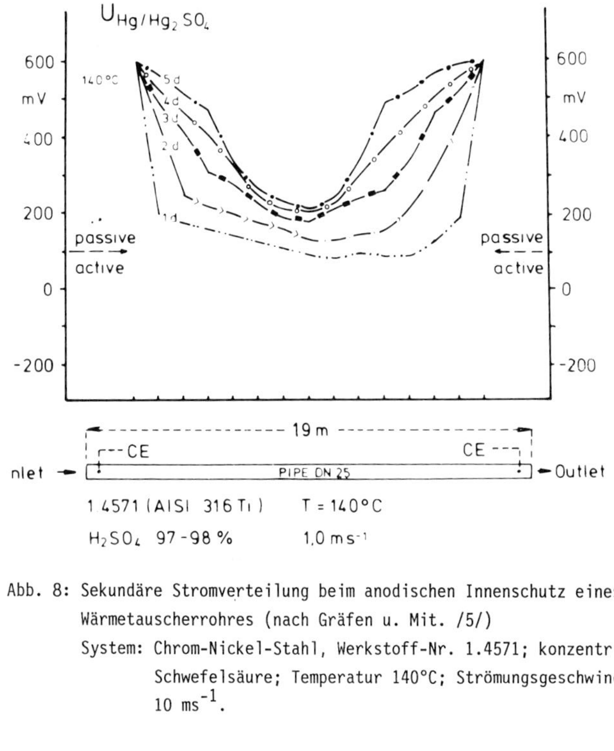

Abb. 8: Sekundäre Stromverteilung beim anodischen Innenschutz eines Wärmetauscherrohres (nach Gräfen u. Mit. /5/)
System: Chrom-Nickel-Stahl, Werkstoff-Nr. 1.4571; konzentrierte Schwefelsäure; Temperatur 140°C; Strömungsgeschwindigkeit 10 ms^{-1}.

4. Meß- und Regeltechnik

Die meßtechnischen Aufgaben bei der Anwendung elektrochemischer Schutzverfahren sind identisch mit denen, die beim Betrieb von Elektrolyseanlagen auftreten. Eine Zusammenstellung der wichtigsten Meßgrößen gibt Tabelle 1. Es handelt sich dabei insbesondere um die Aufnahme der Strom-Spannungs-Charakteristik im Laboratorium und um Feldmessungen, die die Bestimmung von Potentialen, Strömen und Widerständen (meist Bodenwiderstände) beinhalten. Eine wichtige Rolle spielen Aus- und Einschaltmessungen zur Eliminierung ohmscher Spannungsabfälle und zum Feststellen einer Beeinflussung durch Streuströme. Für alle Meßaufgaben gibt es bewährte Verfahren, die in der einschlägigen Literatur detailliert dargestellt sind /4, 6/.

Beim kathodischen Korrosionsschutz mit Fremdstrom wird der benötigte Schutzstrom durch Gleichrichtergeräte erzeugt, die als Schutzstrom-Geräte bezeichnet werden. Sie werden an öffentlichen Stromversorgungsnetzen angeschlossen. Nur in Ausnahmefällen, z. B. in dünn besiedelten Gebieten, werden bei Fehlen einer öffentlichen Stromversorgung Solarzellen, Thermogeneratoren oder bei geringem Schutzstrom Batterien zur Schutzstrom-Erzeugung eingesetzt.

Tab. 1: Meßgrößen beim elektrochemischen Schutz

Laboratorium

Strom-Spannungs-Charakteristik

Feldmessungen

Potential (Aus-und Einschaltmessungen bei IR-Abweichungen und Streustrom)

Strom (Schutzstrom, Rohrstrom-Messung)

Widerstand (Bodenwiderstand, Ausbreitungswiderstand)

Unter den neueren Entwicklungen ist die Potentialregelung mit Hilfe eines Unterbrecherpotentiostaten beim kathodischen Innenschutz von Behältern besonders erwähnenswert /7/. Das Verfahren wird als Zwei -Elektrodensystem angewandt, bei dem die Gegenelektrode, eine aktivierte Titananode, gleichzeitig als Bezugselektrode dient. Entsprechend der Darstellung in Abb. 9 wird der Schutzstrom in einem Bereich von etwa 100 µs unterbrochen, die Abklingphase wird abgewartet und dann wird gemessen. Das auf die Titananode bezogene wahre Potential der Eisenelektrode wird zur Regelung des Potentiostaten verwendet. Da es sich in der Regel um Anlagen mit kleiner Leistung handelt, sind Unterbrecherpotentiostaten mit den Möglichkeiten der modernen Mikroelektronik einfach und billig herstellbar.

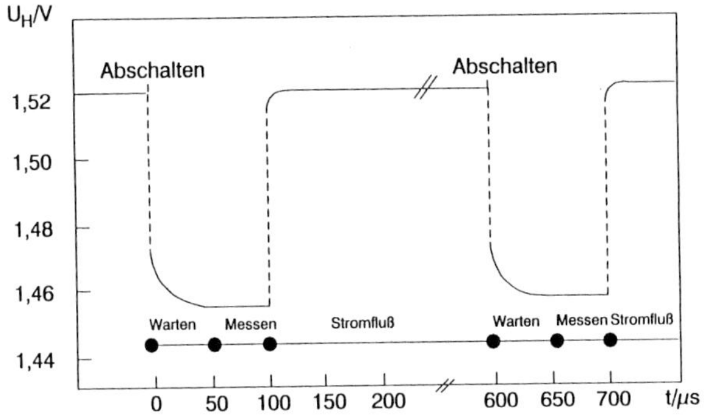

Abb. 9: Potentialregelung mit einem Unterbrecherpotentiostaten (nach Rickert u. Mit. /7/)

5. Werkstofftechnik

Werkstofftechnische Problemstellungen umfassen sowohl Fragen hinsichtlich des zu schützenden Werkstoffes als auch Probleme bei der Werkstoffwahl für Schutzelektroden, die insbesondere im Falle der Fremdstrom-Anoden einer starken anodischen Belastung ausgesetzt sind.

Eine Zusammenstellung gibt Tabelle 2. Der kathodische Schutz unlegierter Stähle, unbeschichtet oder beschichtet, ist mit Abstand das größte Einsatzgebiet. Es folgen hochlegierte Stähle, sowie Kupfer- und Nickellegierungen. In Einzelfällen ist auch Titan anodisch geschützt worden. Wichtig ist die Tatsache, daß stark elektronegative Werkstoffe, wie z. B. Magnesium, Aluminium, Zink wegen einer starken Wasserstoffentwicklung nicht kathodisch geschützt werden können.

Tab. 2: Werkstoffe beim elektrochemischen Schutz

Geschützter Werkstoff	kathodischer (k) und anodischer (a) Schutz
Un- und niedriglegierte Stähle	k + a
hochlegierte Stähle	k + a
Kupfer- und Nickellegierungen	k
Titan	a
Aluminium u.a. elektronegative Werkstoffe	nicht anwendbar!

Werkstoffe für Schutzelektroden

Galvanische Anoden : Al-, Mg-, Zn-Legierungen

Fremdstrom-Anoden : Graphit, Magnetit, Ferrosilicium,Pb-Ag
Pt- und Ir-beschichtetes Ti,Nb,Ta
Li-, Co-, Ni-Ferrite auf Ti, Nb, Ta

Das komplexe Problem der Anwendung geeigneter Fremdstrom-Anoden ergibt sich aus einer großen Zahl unterschiedlicher Elektrodensysteme. Für die Werkstoffauswahl sind maßgebend die gewünschte Größe der Elektrodenfläche, mechanische Stabilität, Korrosionsbeständigkeit und selbstverständlich der Preis, der besonders bei den Edelmetall-beschichteten Sondermetallen eine Rolle spielt.

6. Anlagentechnik

Die Anforderungen an eine geeignete Anlagentechnik elektrochemischer Schutzverfahren sind komplex und anspruchsvoll. Systemlösungen werden nur von wenigen einschlägigen Industrieunternehmen angeboten. Eine breite Diskussion der dabei auftretenden Fragestellungen geht deshalb über den Rahmen dieses Beitrages hinaus.

Eine Zusammenstellung der wichtigsten Anwendungsgebiete des kathodischen und anodischen Schutzes gibt Tabelle 3.

Tab. 3.: Anwendungsgebiete des elektrochemischen Schutzes

Kathodischer Schutz (viele Industriezweige)

Erdverlegte Rohrleitungen und Behälter

Seebauwerke u. Offshore-Anlagen

Schiffe

Bewehrungstahl in Betonbauten

Innenschutz von Wasserbehältern

Innenschutz von Apparaten und Rohren

Anodischer Schutz (Chemieanlagen)

Anlagen für Alkalilaugen

Anlagen für Schwefel- und Salpetersäure

Eine Reihe von Technologien sind ohne Anwendung kathodischer Schutzverfahren nicht denkbar. Typische Beispiele sind Pipelines bei der Öl- und Gasgewinnung und -verteilung, erdverlegte Behälter, Offshore-Anlagen und Seebauwerke sowie Schiffe. Zunehmende Bedeutung gewinnt der Schutz von Bewehrungsstahl in Betonbauten (nicht Spannbeton wegen der Gefahr einer Wasserstoffversprödung). Der Stand der Technik ist der Innenschutz von Wasserbehältern und Warmwasserbereitern.

Der anodische Schutz ist eine Domäne der Chemischen Industrie. Eine besondere Bedeutung spielt dabei der Schutz von Wärmetauschern bei der Schwefelsäurefabrikation und von Behältern bei der Handhabung von Alkalilaugen.

Gute Beschreibungen des derzeitigen Standes der Technik enthält /4/.

Die folgenden Abb. 10 und 11 geben Anwendungsbeispiele des kathodischen Schutzes an Schiffen in Meerwasser und an Wasserkraft-Turbinen in verschmutztem Flußwasser wieder.

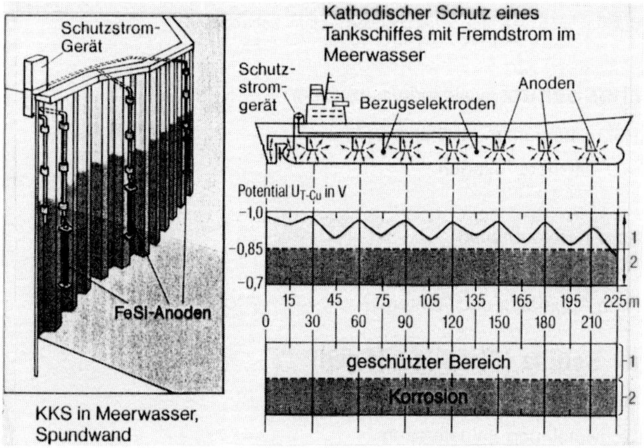

Abb. 10: Anwendung des kathodischen Schutzes an einem Schiff in Meerwasser und an einer Spundwand (nach v. Baeckmann)

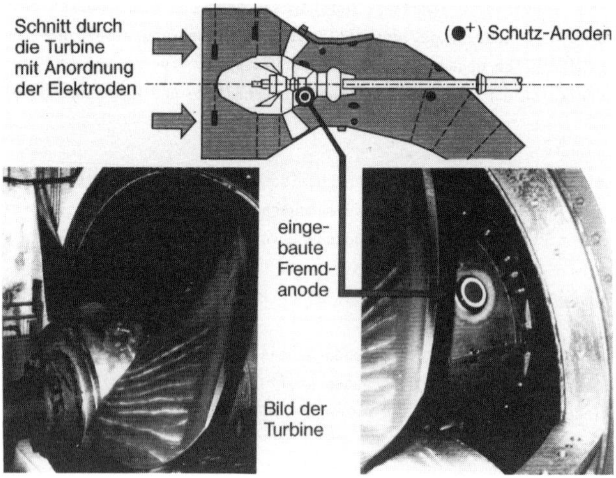

Abb. 11: Anwendung des kathodischen Schutzes an einer Wasserkraft-Turbine /8/

Der kathodische Schutz eines Tankschiffes mit Fremdstrom (Abb. 10) erfordert eine gleichmäßige Verteilung der Anoden längs des Schiffsrumpfes. Die gemessenen Potentiale befinden sich im Schutzbereich (negativere Werte als - 0,85 V bezogen auf die $Cu/CuSO_4$-Elektrode). In ähnlicher Weise wird beim kathodischen Schutz einer Spundwand in Meerwasser vorgegangen.

Der kathodische Schutz von Wasserkraft-Turbinen aus hochlegiertem Stahl ist notwendig geworden, nachdem in Folge einer zunehmenden Verschmutzung von Flußwässern mit Chloriden Turbinen aus unlegiertem Stahl wegen Korrosion keine ausreichende Standzeit mehr hatten. Die beim Einsatz von nichtrostendem CrNi-Stahl auftretende Lochkorrosion kann durch eine Potentialabsenkung mittels kathodischem Schutz verhindert werden. Dabei ist es nicht notwendig, das für unlegierten Stahl in Wässern notwendige Schutzpotential einzustellen, sondern es genügt ein Potential etwa 200 mV unterhalb dem freien Korrosionspotential des hochlegierten Stahles (Schutzpotential U_H = - 300 mV). Weitere Informationen enthält /8/.

Literatur

/1/	E. Heitz, G. Kreysa:	Principles of Electrochemical Engineering, VCH Verlag, Weinheim, 1986
/2/	H. Kaesche:	Die Korrosion der Metalle, 3.Auflage, Springer-Verlag, Berlin, 1990
/3/	E. Heitz, R. Henkhaus, A. Rahmel:	Korrosionskunde im Experiment, 2. Auflage, VCH-Verlag, Weinheim, 1990
/4/	W. v. Baeckmann, W. Schwenk, W. Prinz:	Handbuch des kathodischen Korrosionsschutzes, 3. Auflage, VCH-Verlag, Weinheim, 1989
/5/	F. Paulekat, H. Gräfen, D. Kuron:	Werkst. u. Korr. 33 (1982), S. 254-262
/6/	DIN 50 925 Korrosion der Metalle:	Einstellung und Überwachung des kathodischen Korrosionsschutzes erdverlegter Anlagen

/7/ H. Rickert, G. Holzäpfel, Ch. Fianda: Werkst. u. Korr. 38 (1987), S. 691-695

/8/ F. Paulekat: 3R international 27 (1988), S. 356-359

Voltammetrische Ultraspurenbestimmung von Cadmium und Blei in Bodenextrakten

R. Breder, M.J. Schwuger
Institut für Angewandte Physikalische Chemie des Forschungszentrums Jülich

Zusammenfassung

Im Gegensatz zu Ergebnissen aus älteren Studien zeigte sich, daß die Cadmium- und Bleigehalte in wäßrigen Extrakten (1:10) von unbelasteten oder nicht versauerten Böden unter 0.2 ng/g liegen können (z.B. 0.05 ng Cd/g, 0.18 ng Pb/g). Deshalb erfordert die genaue und richtige Bestimmung den Einsatz der nachweisstärksten Version voltammetrischer Methoden, der differentiellen Pulsinversvoltammetrie mit der Quecksilberfilmelektrode. Die in den Bodenextrakten vorhandenen organischen Komplexbildner werden unter Ozoneinleitung und UV-Bestrahlung vor der Messung zerstört. Ohne Mineralisierung der organischen Substanz kann auch die Komplexierungskapazität eines Bodenextrakts insbesondere für Blei ermittelt werden.

Summary

In contrast to the results of previous studies it has been found that the cadmium and lead contents of aqueous extracts (1:10) from unpolluted or not acidified soils can be lower than 0.2 ng/g (e.g. 0.05 ng Cd/g, 0.18 ng Pb/g). Therefore the precise and reliable determination requires the application of the most sensitive voltammetric version, the differential pulse anodic stripping voltammetry with the mercury film electrode. Organic complexing agents present in the soil extracts are destroyed before the measurement by ozonolysis and UV-irradiation. The complexing capacity of a soil extract can be determined especially for lead without mineralization of the organic substance.

Résumé

Contrairement aux résultats d'études antérieures on a trouvé que les teneurs en cadmium et en plomb dans les extraits aqueux (1:10) des sols non pollués ou non acidifiés peuvent être inférieures à 0.2 ng/g (p.ex. 0.05 ng Cd/g, 0.18 ng Pb/g). Il est donc nécessaire pour une analyse précise et valable d'utiliser la version la plus sensible des méthodes voltammétriques, c'est-à-dire la voltammétrie à redissolution anodique à impulsions différentielles avec l'électrode à film de mercure. Les agents complexants qui se trouvent dans les extraits de sol sont détruits avant la mesure par ozonolyse et irradiation U.V. La capacité de complexation d'un extrait de sol peut étre déterminée, en particulier pour le plomb, sans minéralisation de la substance organique.

1 Einführung

Physikalisch gesehen besteht ein Boden nicht nur aus fester Materie mineralischer und organischer Herkunft, sondern er enthält auch zahlreiche Poren, die insgesamt ein Hohlraumsystem bilden, das mit der Atmosphäre in Verbindung steht. Die kleinsten Poren sind mit Wasser, die größeren mit Luft gefüllt. Im System Porenwasser/fester Boden stellt sich das Gleichgewicht von gelösten und sorbierten Anteilen eines Elements je nach Eigenschaften des betreffenden Elements und des Bodens ein. Neben dem Redoxpotential, dem Salzgehalt und der Gegenwart von Komplexbildnern hat vor allem der pH-Wert großen Einfluß auf die Löslichkeit von Schwermetallen in Böden. Im Gegensatz zu Blei, das erst unterhalb pH 4 stärker in Lösung steht, steigt die Cadmiumdesorption schon bei pH 5.5 beträchtlich an. Das weist auf das besonders hohe ökotoxische Gefahrenpotential des Cadmiums hin. Nur die im Bodenwasser gelösten Schwermetalle und die in die Lösungsphase überführbaren Anteile können von den Pflanzenwurzeln aufgenommen werden oder durch Auswaschung über das Grund- in das Trinkwasser gelangen. Damit kommt der genauen und richtigen Bestimmung von Cadmium und Blei in Bodenlösungen und -Extrakten besondere Bedeutung zu.

2 Besonderheiten des voltammetrischen Verfahrens

Während die zu den wäßrigen Extraktionen häufig verwendeten Salze (z.B. Calciumchlorid) bei den alternativ eingesetzten atomspektroskopischen Methoden in der Regel stören, haben Elektrolyte in der Voltammetrie "Leitsalzcharakter". Das grundsätzlich hohe potentielle Nachweisvermögen voltammetrischer Verfahren basiert auf dem Gesetz von Faraday, wonach die Oxidation oder Reduktion von einem Mol Substanz dem Transfer der großen elektrischen Ladung von n 96.500 C durch die Phasengrenze Elektrode/Lösung entspricht (n=2 für Cd, Pb). Eine weitere Steigerung der Nachweisstärke wird bewirkt durch: Die weitgehende Ausschaltung des störenden kapazitiven Stromes (Pulsvoltammetrie), die kathodische Anreicherung der Metalle unter Amalgambildung (Inversvoltammetrie) und die starke Aufkonzentrierung wegen der kleinen Quecksilbermenge bei relativ großer Oberfläche (Filmelektrode). Gutes Auflösungsvermögen wird durch das differentielle Verfahren erreicht /1/, /2/.

3 Versuchsdurchführung

Die zentrifugierten und über 0.45 µm Membranfilter filtrierten Bodenextrakte (1:5 oder 1:10) werden in einem 100 ml-Teflonbecher mit Salzsäure auf pH 2.3 eingestellt, d.h. zu 50 ml annähernd neutralem Bodenextrakt werden in der Regel 40 µl HCl suprapur addiert. Zur Zerstörung von organischen Komplexbildnern, d.h. vor allem Humin- und Fulvinsäuren, wird 45 Minuten lang ein Sauerstoff-Ozon-Gemisch eingeleitet. Das Ozon wird photochemisch in einem geschlossenen System durch eine Niederdruck-UV-Röhre (50 W) erzeugt. Der Ozonanteil im Sauerstoffstrom beträgt ca. 3 - 4 %. Gleichzeitig wird die Analysenlösung mit einer 150 W-UV-Lampe bestrahlt. Nach Beendigung der Ozoneinleitung und UV-Bestrahlung wird 5 Minuten mit Sauerstoff gespült, um Ozonreste zu entfernen.

Bei der verwendeten Quecksilber-Filmelektrode dient ein Kohleglasstift mit 0.28 cm^2 wirksamer Oberfläche als Träger für den Film. Entscheidend für die Güte des Films ist die Politur des Kohleglases. Sie wird mit Aluminiumoxid-Schleifpulver in abnehmender Korngröße bis zu 0.05 µm vorgenommen. Nach jeder Analyse wird der Quecksilberfilm abgewischt. Für die voltammetrische Zelle mit Platin-Gegen- und Silber/Silberchlorid-Referenzelektrode wird der Teflonbecher mit der aufgeschlossenen Analysenlösung verwendet. Es wird Quecksilber(II)-nitrat addiert und 10 min. lang Stickstoff eingeleitet. Nach 2 min. Vor- bzw. Übersichtselektrolyse und Reoxidation werden Cadmium und Blei im wachsenden Quecksilberfilm unter weiterer Stickstoffeinleitung und Rotation der Elektrode (2000 min^{-1}) bei -0.8 V 6 min. angereichert. Nach einer Beruhigungszeit von 30 sec. erfolgt die Registrierung der Peaks in anodischer Richtung. Die Peakhöhen sind den Metallgehalten in der Analysenlösung proportional. Die Standard-Additionsmethode ist das sicherste Auswertungsverfahren, wobei zwei Zusätze genügen. Bei der Peakregistrierung betragen die Scan

Rate 10 mV pro sec., die Pulsdauer 57 msec., die Pulshöhe 50 mV und Pulsfolgezeit ½ sec.. Die Amalgammenge ist proportional dem Produkt aus Abscheidungszeit und der Konzentration des Metalls in der Lösung. Zur Einhaltung etwa gleicher Amalgammengen und Verkürzung der Analysenzeit wird die Abscheidungsdauer bei der 1. Standard-Addition auf 3 min. und bei der 2. Addition auf 2 min. verkürzt. Die Standardzugaben werden so bemessen, daß die Konzentration des Metalls in der Zelle etwa doppelt so hoch wird wie die Anfangskonzentration. Die Peakhöhen bleiben dann nach den Additionen ungefähr gleich groß. Im rein wäßrigen 1:10-Extrakt eines unbelasteten Bodens (pH 6.9) sind z.B. nur 0.05 ng Cd/g und 0.18 ng Pb/g bestimmt worden (siehe Tabelle 1).

Tab. 1: Cadmium- und Bleigehalte in rein wäßrigen Extrakten (1:10, 7 Tage) von verschiedenen, relativ tonreichen und nahezu unbelasteten Böden (Braunerden) mit unterschiedlichen pH-Werten

Boden	pH	Cd	Pb
		ng/g	
1.	7.7	0.12	0.58
2.	6.9	0.05	0.18
3.	6.3	0.14	0.59
4.	5.1	0.70	0.50
5.	4.0	1.60	2.20

4 Komplexierungskapazität

Ohne Mineralisierung der organischen Substanz in der Analysenlösung würde man eine falsche voltammetrische Bestimmung durchführen. Aber durch stufenweise Zugabe von jeweils gleichen Mengen eines Metalls in ionarer Form zu einem Bodenextrakt (prinzipiell wie bei der Standard-Addition) läßt sich die Komplexierungskapazität für das betreffende Metall, z.B. Blei ermitteln /1/, /3/. Der Bodenextrakt darf zu diesem Zweck jedoch nur filtriert, aber ansonsten nicht vorbehandelt werden. Die Komplexierungskapazität ist eine empirische, diagnostische Größe, und ihre Kenntnis erlaubt unter bestimmten Voraussetzungen die Berechnung von Stabilitätskonstanten. Sie bezieht sich auf die Summe aller

Inhaltsstoffe eines Bodenextrakts, die inerte Komplexe (vor allem Humine) mit dem zugesetzten Schwermetall bilden. Da Blei eher als Cadmium solche organischen Komplexe formt, ist die Komplexierungskapazität für Blei meistens weitaus größer als für Cadmium.

Bei der ersten Addition geeigneter ionarer Bleimengen wird das Metall noch weitgehend komplexiert. Nach weiteren Additionen (insgesamt ca. sieben) sind die Bindungsplätze mit Blei gesättigt, und die Steigung der "Titrationskurve" ändert sich. Verbindet man jeweils die Anfangs- und die Endpunkte, so erhält man zwei Geraden, deren Schnittpunkt die Komplexierungskapazität der Bodenlösung für Blei angibt.

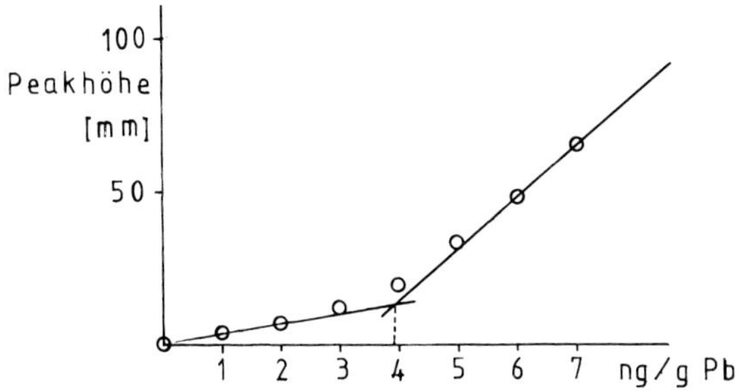

Bestimmung der Komplexierungskapazität für Blei in einem Bodenextrakt

5 Literatur

/1/ H.W. Nürnberg: Pure Appl. Chem. 54 (1982), S. 853-878

/2/ J. Wang: Stripping Analysis, VCH Publishers, Deerfield Beach, Florida 1985

/3/ M. Verloo, M. Eeckhout: Intern. J. Environ. Anal. Chem. 39 (1990), S. 179-186

Untersuchungen zum elektrochemischen Verhalten eines amperometrischen Festelektrolyt-Sensors für Chlorgas

J. P. Pohl, P. Weißenfels
Lehrstuhl für Physikalische Chemie I, Universität Dortmund

Zusammenfassung

An einer Festkörperkette mit dem prinzipiellen Aufbau

$$Ag(s) \mid AgI(s) \mid Pt, AgCl(s), Cl_2(g),$$

die für eine Verwendung als amperometrischer Sensor für Chlorgas vorgeschlagen wurde, wurden elektrochemische Untersuchungen im Hinblick auf ein modellmäßiges Verständnis der Funktionsweise dieser Anordnung durchgeführt. Stationäre Stromspannungskurven, die an der o.g. Kette bei 160°C und unter Verwendung verschiedener Chlorpartialdrücke im Bereich von 10^{-4}atm durchgeführt wurden, zeigen für genügend hohe Polarisation Grenzstromverhalten. Die gemessenen Grenzströme sind in diesem Druckbereich dem Cl_2–Partialdruck proportional. Auf der Basis von thermodynamischen Rechnungen und weiteren elektrochemischen Untersuchungen wird ein Modell zur Funktionsweise des Sensors diskutiert.

Summary

Electrochemical investigations were made using a solid state cell with the principle arrangement

$$Ag(s) \mid AgI(s) \mid Pt, AgCl(s), Cl_2(g).$$

This equipment is proposed as an amperometric sensor for chlorine gas.
Stationary current–overvoltage curves measured at 160°C using various chlorine partial pressures in the range of 10^{-4}atm show limiting currents at sufficiently high polarization. In this range the measured limiting currents depend in a linear way on the chlorine partial pressure. Based on thermodynamic calculations and additional electrochemical measurements a model for understanding the mode of operation of the sensor is discussed.

Résumé

Sur une chaine à l'état solide qui a été proposée pour l'utilisation en tant que paleur ampèrométrique pour gaz de chlore et dont la structure principelle est:

$$Ag(s) \mid AgI(s) \mid Pt, AgCl(s), Cl_2(g),$$

des recherches électrochimiques ont été effectuées pour permettre une interprétation modellisée du comportement de cette structure. Des courbes stationnaires tension / courant, mesurées sur la chaine ci–dessus à une température de 160°C et sous l'action de diverses valeurs de pression partielle du chlore autour de 10^{-4}atm, démontrent qu'un seuil de courant s'établit pour une forte polarisation. Dans ce domaine de pressions, les courants limites mesurés sont proportionnels à la pression partielle exercée par le chlore Cl_2. En ce fondant sur des calculs thermodynamiques et sur des recherches électrochimiques supplémentaires, il est possible de débattre d'un modèle décrivant le fonctionnement du papleur.

Einleitung

Sensoren als "technische Elemente zur Realisierung von Abbildungsmechanismen für aktuelle Zustandsgrößen" /1/ finden wachsende Anwendung in Wissenschaft, Industrie und Technik. Dies gilt insbesondere für den speziellen Fall der chemischen Sensoren, bei denen die "abzubildende" aktuelle Zustandsgröße im allgemeinen eine Konzentration oder ein Partialdruck ist.

Unter den verschiedenen Typen chemischer Sensoren /2/ nehmen elektrochemische Ketten mit Festelektrolyten einen wichtigen Platz ein /3–6/. Bekanntestes Beispiel ist die sogenannte Lambda–Sonde zur Regelung des Luft–Kraftstoff–Verhältnisses von Ottomotoren, ein Sauerstoffsensor auf der Basis des bei hohen Temperaturen sauerstoffionenleitenden Festelektrolyten Zirkondioxid. Dieser Sensor gehört zur Gruppe derjenigen Anordnungen, bei denen die Spannung einer Kette

Bezugselektrode / Festelektrolyt / Meßelektrode (I)

ein Maß für den Partialdruck eines Gases ist, das mit der Meßelektrode in Kontakt steht und dessen Ionen im Festelektrolyten beweglich sind. Da die Zahl der für Sensoranordnungen in Frage kommenden festen Ionenleiter begrenzt ist, erfuhr das Konzept "Gassensoren mit Festelektrolyten" erst dadurch eine wesentliche Erweiterung, daß Anordnungen vorgeschlagen wurden, bei denen der Partialdruck eines Gases gemessen wird, dessen Ionen nicht im Elektrolyten beweglich sind /4/. Beispielsweise wurden Sensoren mit der prinzipiellen Anordnung

$$Ag \mid Ag^{+}\text{–Ionenleiter} \mid AgCl\ (+\ \text{Elektronenleiter}),\ Cl_2(g) \qquad \text{(II)}$$

zur Messung des Cl_2–Partialdrucks vorgeschlagen, wobei die Spannung der Kette (II) ein Maß für diesen Druck darstellt /3,7–9/. Demgegenüber wird bei einem von Klockow, Melzig und Dobos /10/ vorgeschlagenen Sensor der durch die Kette fließende Strom als Maß für den Chlorpartialdruck benutzt.

Die von Klockow et al. /10/ veröffentlichten Ergebnisse sowie weitere Untersuchungen von Fahnenbrock /11/ bzw. von Pohl und Weißenfels /12/ zeigen, daß es Arbeitsbedingungen gibt, bei denen der gemessene Strom dem Chlorpartialdruck proportional ist. Dieses Ergebnis läßt die beschriebene Anordnung als Sensor für Chlorgas bzw. in Verbindung mit einer vorgeschalteten Aufspalteinheit als Sensor für Halogenkohlenwasserstoffe /13/ geeignet erscheinen. Im vorliegenden Beitrag wird auf der Basis von thermodynamischen Rechnungen und grundlegenden elektrochemischen Untersuchungen ein Modell zur Funktionsweise dieses Sensors diskutiert.

Aufbau der Festkörperkette

Der prinzipielle Aufbau der Festkörperkette, die von Klockow et al. /10/ als amperometrischer Cl_2–Sensor vorgeschlagen wurde, wird schematisch durch das folgende Phasenschema wiedergegeben:

$$Ag(s) \mid AgI(s) \mid Pt(s),\ AgCl(s),\ Cl_2(g) \qquad \text{(III)}$$

Die Silbereletrode auf der linken Seite arbeitet in dieser Kette als Gegenelektrode; die Platin–Elektrode auf der rechten Seite, die in Kontakt steht mit gebildetem Silberchlorid und Chlorgas, arbeitet als Meßelektrode (Sensorelektrode).

Als Festelektrolyt wird der Silberionenleiter Silberiodid verwendet, der insbesondere oberhalb von 149°C, wo AgI in der sog. α–Phase vorliegt, eine hohe ionische Leitfähigkeit aufweist /14/. Abb.1 zeigt die spezifische Leitfähigkeit σ von AgI in Abhängigkeit der Temperatur. Zum Vergleich ist die entsprechende Leitfähigkeit von H_2SO_4 in wäßriger Lösung (37 Gew.%) angegeben. Alle hier berichteten Messungen wurden bei 160°C durchgeführt; bei dieser Temperatur ist σ_{AgI} höher als $1\ \Omega^{-1}cm^{-1}$.

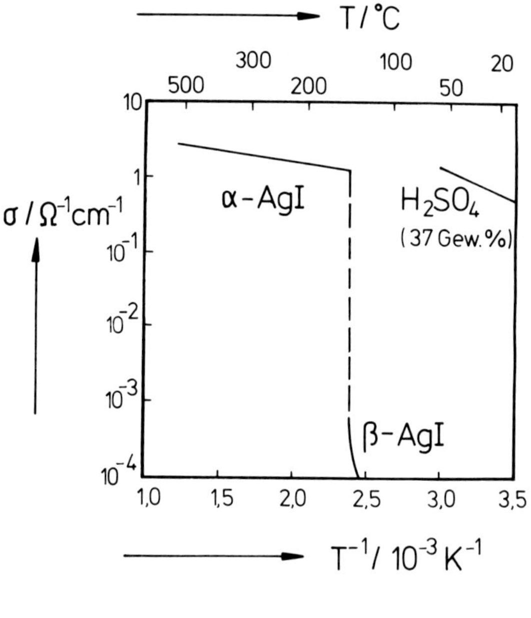

Abb. 1: Spezifische Leitfähigkeit des Festelektrolyten AgI in Abhängigkeit von der Temperatur. Zum Vergleich: Leitfähigkeit von H_2SO_4. (In Anlehnung an /4/)

Der schematische Aufbau der Sensoranordnung ist in Abb.2 gezeigt; als Meßelektrode wird hierbei ein Platinnetz verwendet. In der ursprünglich vorgeschlagenen Anordnung /10/ wird statt des in Abb.2 gezeigten Potentiostaten ein Meßwiderstand benutzt, über den die rechte und linke Elektrode elektronisch leitend verbunden werden. Dadurch wird die Zellspannung gegenüber der EMK auf einen deutlich kleineren Wert abgesenkt und es erfolgt der in Abb.2 durch Pfeile dargestellte Fluß von Elektronen bzw. Silberionen.

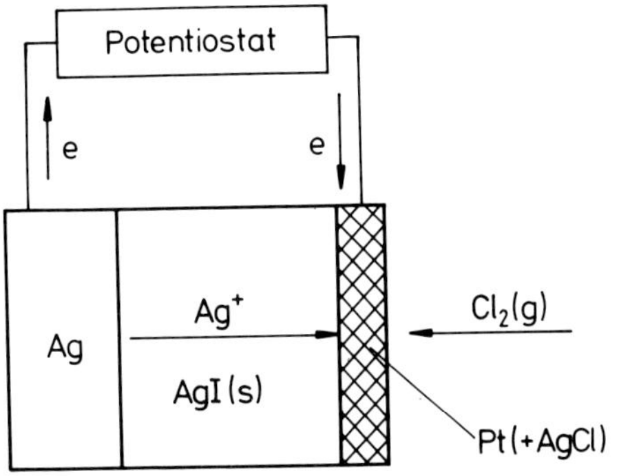

Abb. 2:
Schematische Darstellung des prinzipiellen Aufbaus des Cl_2–Sensors. Als rechte Elektrode (Sensorelektrode) wird ein Platinnetz verwendet. In der von Klockow et al. /10/ vorgeschlagenen Ausführung wird ein Meßwiderstand statt des Potentiostaten benutzt.

Die Silberelektrode arbeitet als Anode entsprechend der Elektrodenreaktion

$$Ag(s) = Ag^{+}(AgI) + e(Pt) \qquad (1)$$

Die Platinelektrode arbeitet als Kathode; an ihr läuft bei Anwesenheit von Chlorgas bruttomäßig die folgende Reaktion ab

$$1/2\ Cl_2(g) + Ag^{+}(AgI) + e(Pt) = AgCl(s) \qquad (2)$$

Als Gesamtreaktion ergibt sich aus (1) und (2):

$$Ag(s) + 1/2\ Cl_2(g) = AgCl(s) \qquad (3)$$

Thermodynamische Rechnungen

Aussagen zur thermodynamischen Stabilität von Silberiodid ergeben sich aus der Behandlung der Bildungs–Reaktion

$$Ag(s;\ a_{Ag}=1) + 1/2\ I_2(g;\ p_{I_2}) = \alpha\text{–}AgI(s;\ a_{AgI}=1) \qquad (4)$$

Wird diese Reaktion als Zellreaktion angesehen, die an der folgenden Kette ablaufen kann

$$Ag(s)\ |\ \alpha\text{–}AgI(s)\ |\ Pt(s),\ I_2(g) \qquad (IV)$$

so errechnet sich die theoretische EMK E dieser Kette bei idealem Verhalten von gasförmigem Iod entsprechend

$$E = -\,(1/F)\ \Delta_f G^\circ(\alpha\text{–}AgI) + (RT/2F)\ \ln(p_{I_2}/atm) \qquad (5)$$

Unter Benutzung von Literaturwerten für die Standard–Gibbsenergie $\Delta_f G^\circ(\alpha\text{–}AgI)$ der Bildung von α–Silberiodid /15/ ergibt sich für 160°C

$$E/V = 0{,}714 + 0{,}043\ \log(p_{I_2}/atm) \qquad (6)$$

Abb.3 zeigt eine graphische Darstellung dieser Beziehung.
Gl.(6) bzw. Abb.3 können wie folgt interpretiert werden: Wird bei gegebenem I_2–Partialdruck an einer Kette entsprechend (IV) die Spannung über den Wert erhöht, der durch Gl.(6) bzw. durch die Pt | AgI | $I_2(g)$ –Linie in Abb.3 gegeben ist, so wird an der rechten Elektrode der Kette $I_2(g)$ anodisch gebildet:

$$\alpha\text{–}AgI(s) = Ag^+(AgI) + 1/2\ I_2(g) + e(Pt) \qquad (7)$$

Wird dagegen die Spannung an der Kette unter den o.g. Wert abgesenkt, so wird eine Bildung von AgI unter kathodischer Umsetzung von $I_2(g)$ erfolgen (Gl.(7), von rechts nach links gelesen).
Wird die Spannung an der Kette unter den Wert Null abgesenkt, so ergibt sich eine treibende Kraft für die kathodische Abscheidung von Silber an der Platinelektrode entsprechend

$$Ag^+(AgI) + e(Pt) = Ag(auf\ Pt) \qquad (8)$$

Wird bei der Kette (IV) an der rechten Elektrode $I_2(g)$ durch $Cl_2(g)$ ersetzt (Kette (III)), so folgt eine Gl.(5) entsprechende Beziehung mit $\Delta_f G^\circ(AgCl)$ (Standard–Gibbsenergie der Bildung von

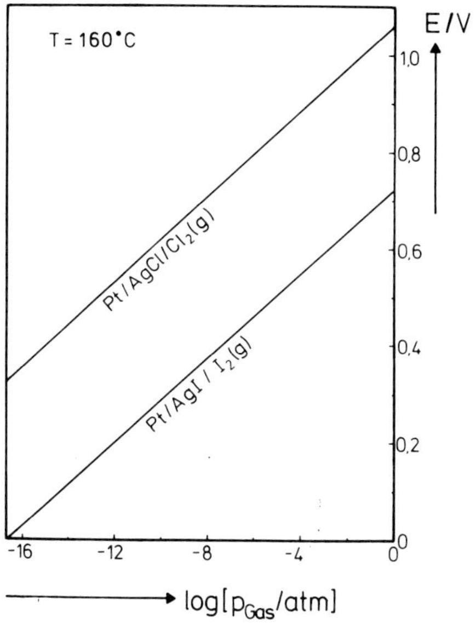

Abb. 3:
"Theoretische" EMK von Ketten:
Ag | Ag^+–Ionenleiter | Pt,AgX,X_2(g) für X=Cl;I (entsprechend Gl.(6) bzw. (9)) in Abhängigkeit vom X_2–Partialdruck

Silberchlorid) anstelle von $\Delta_f G^o(\alpha\text{–AgI})$ und p_{Cl_2} anstelle von p_{I_2}. Die zu Gl.(6) analoge Beziehung lautet dann:

$$E/V = 1{,}057 + 0{,}043 \log(p_{Cl_2}/\text{atm}) \quad (9)$$

Auch diese Gleichung ist graphisch in Abb.3 dargestellt. Die Tatsache, daß bei vergleichbaren Partialdrücken E für eine Kette mit Pt | AgCl | Cl_2(g) als rechte Elektrode positiver ist als E für Pt | AgI | I_2(g), hat zu Folge, daß die Reaktion

$$\alpha\text{–AgI(s)} + 1/2\ Cl_2(g) = AgCl(s) + I_2(g) \quad (10)$$

d.h. die Freisetzung von Iod aus Silberiodid unter Bildung von Silberchlorid thermodynamisch möglich ist.

Entsprechendes gilt auch für die Reaktion von Brom mit Silberiodid unter Bildung von Silberbromid

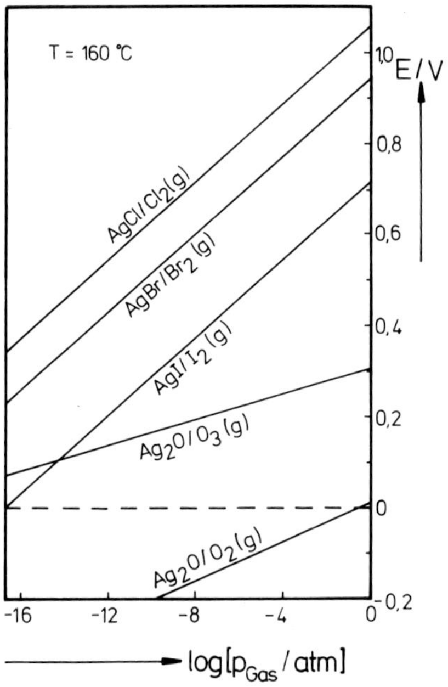

Abb. 4:
Ergebnisse weiterer thermodynamischer Rechnungen; Darstellung analog zu Abb. 3.

und Iod, wie Abb.4 zeigt. Weiterhin sind in dieser Abbildung die den Elektrodenreaktionen

$$2\ Ag^{+}(AgI) + 1/3\ O_3(g) + 2\ e(Pt) \ = \ Ag_2O(s) \qquad (11)$$

und

$$2\ Ag^{+}(AgI) + 1/2\ O_2(g) + 2\ e(Pt) \ = \ Ag_2O(s) \qquad (12)$$

entsprechenden EMK–Linien eingetragen. Während Ozon mit Partialdrücken $>2{,}5{*}10^{-22}$atm elektrochemisch zu Ag_2O umgesetzt wird, gilt das entsprechende für O_2 erst für wesentlich höhere Partialdrücke. Abb.5 zeigt, daß das Gleichgewicht für Reaktion (12) bei p_{O_2} = 0,33 atm (T = 160°C) liegt, d.h. insbesondere beim O_2–Partialdruck 0,21 atm (Luft) reagiert O_2 nicht mehr freiwillig mit Silber (in Form von Ag^{+}–Ionen und Elektronen) zu Ag_2O.

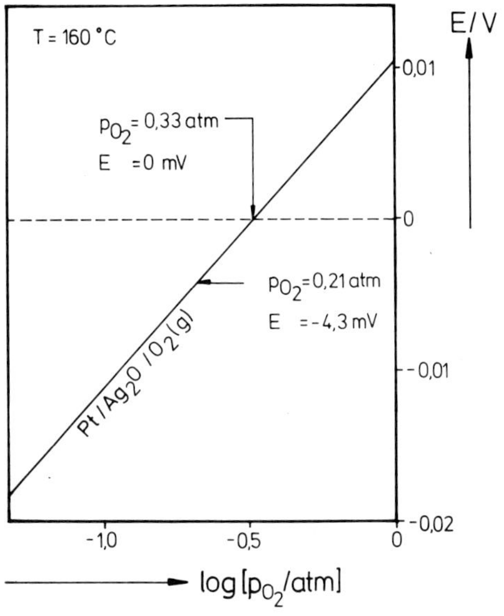

Abb. 5:
Ausschnitt aus Abb. 4. EMK einer Kette Ag | Ag^+–Ionenleiter | | Pt, Ag_2O, O_2(g) im O_2–Partialdruckbereich zwischen 0,05 und 1 atm.

Stromspannungskurven an verschiedenen AgI–Ketten

Im Rahmen der Untersuchungen wurden Stromspannungskurven an verschiedenen Ketten aufgenommen, die alle den Grundaufbau

$$Ag \mid \alpha\text{–}AgI \mid Pt \qquad (V)$$

hatten, wobei die Ag–Elektrode auf der linken Seite in allen Fällen praktisch als reversible Elektrode arbeitete.
Die Ketten waren jeweils aus einer Silbertablette und einer Silberiodidtablette aufgebaut. Die Silbertabletten wurden von einer Silberstange (Degussa; 99,995%) abgedreht. Die Festelektrolyt–Tabletten wurden aus Silberiodid (Riedel de Haen; 99,9%) gepreßt (p = 2000 atm). Die Tabletten hatten einen Durchmesser von 8 mm und ein Dicke von 5 mm. Als rechte Elektrode wurde anstelle des Platinnetzes in Abb.2 ein Platindraht (Durchmesser: 0,3 mm) auf den Festelektrolyten aufgedrückt (Abb.6). Hierdurch konnte – insbesondere mit Hilfe von REM–Aufnahmen – die Größe der geometrischen Kontaktfläche AgI/Pt bestimmt werden.

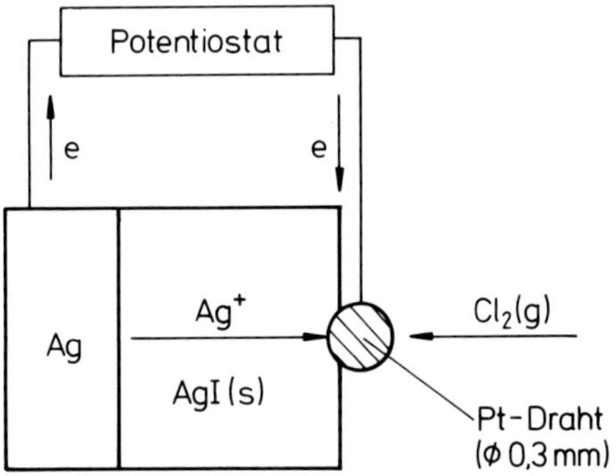

Abb. 6:
Prinzipieller Aufbau der Meßanordnung zur Aufnahme von Stromspannungskurven. Als rechte Elektrode (Sensorelektrode) wird ein Platindraht verwendet.

Als Gase wurden N_2 (Messer Griesheim; 99,996%) und Cl_2 (Messer Griesheim; 99,8%) eingesetzt. Die jeweiligen Gase hatten nur mit der Stirnfläche der AgI–Tablette Kontakt, auf die auch der Platindraht aufgedrückt war, wobei sie mit niedriger Geschwindigkeit an der Kette vorbeiströmten. Bei der Aufnahme von Stromspannungskurven, bei denen die rechte Elektrode im Kontakt mit gasförmigem Iod stand, wurde dies durch eine geschlossene Anordnung mit einem kleinen Gasraum verwirklicht, der $I_2(g)$ im Gleichgewicht mit $I_2(s)$ enthielt.

Stromspannungskurven der Abscheidung von Silber auf Platin

Abb.7 zeigt beispielhaft eine kathodische Stromspannungskurve, die an einer Kette mit dem Aufbau

$$Ag \mid \alpha\text{–}AgI \mid Pt; N_2 \qquad \text{(VI)}$$

gemessen wurde. Die Darstellung zeigt, daß schon beim Überschreiten der EMK E = 0 um wenige mV in negative Richtung ein Strom in der Größenordnung von einigen mA fließt, der der kathodischen Abscheidung von Silber auf Platin entsprechend Gleichung (8) zuzuordnen ist. Dementsprechend erscheint es wenig sinnvoll, Ketten mit AgI als Elektrolyt zum Nachweis von solchen Gasen einzusetzen, bei denen eine negative Spannung an die Kette angelegt werden müßte.

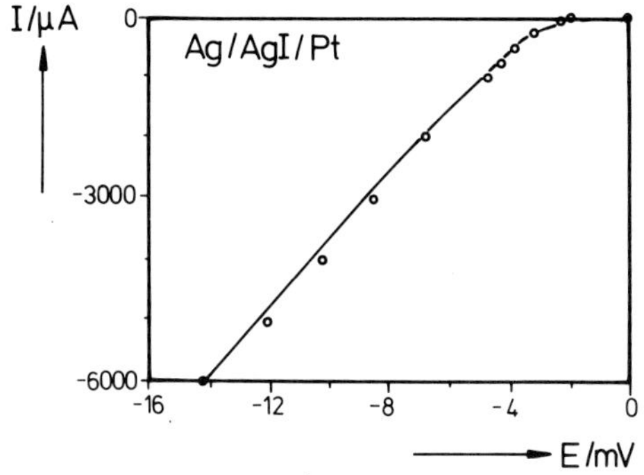

Abb. 7: Stromspannungskurve der Abscheidung von Silber auf Platin bei 160°C.
Kette: Ag| AgI| Pt,N_2(Aufbau entsprechend Abb.6)

Stromspannungskurve der Bildung/Zersetzung von AgI

Abb.8 zeigt eine Stromspannungskurve, die an einer Kette mit dem Aufbau

$$Ag \mid \alpha\text{–}AgI \mid Pt;\ I_2(g),\ N_2(g);\ I_2(s) \qquad (VII)$$

aufgenommen wurde. Der I_2–Partialdruck wurde dabei über das Gleichgewicht mit festem Iod eingestellt; bei 160°C betrug p_{I_2} damit 0,515 atm. Die an dieser Kette stromlos gemessene Spannung E^* liegt in der Nähe der berechneten EMK E (E = 702 mV; E^* = 697,2 mV); die Differenz beträgt etwa 5 mV. Wird die angelegte Spannung von E^* ausgehend in positive oder negative Richtung verändert, so fließt bei Abweichungen um wenige mV vom Ruhewert schon ein anodischer bzw. kathodischer Strom in der Größenordnung von 100 μA. Dem anodischen Strom ist eine Zersetzung von AgI unter Bildung von Iod zuzuordnen; im kathodischen Fall entspricht der Strom einer AgI–Bildung unter Iod–Verbrauch (Reaktion (4) von rechts nach links bzw. umgekehrt gelesen).

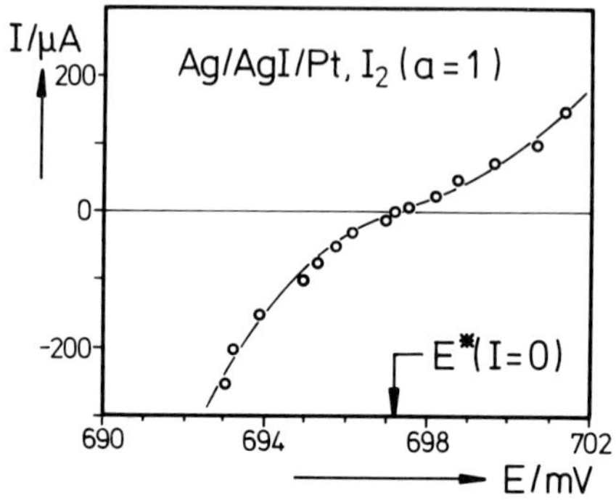

Abb. 8:
Stromspannungskurve der AgI–Bildung/–Zersetzung bei 160°C.
Kette:
$Ag|AgI|Pt;I_2(g),N_2(g)$
(Aufbau entspr. Abb.6).
I_2–Partialdruck:
0,515 atm (Gleichgewicht mit festem Iod (a=1)).

Modellmäßig sind die dabei ablaufenden Vorgänge in Abb.9 dargestellt. Die genannten Reaktionen finden entsprechend diesem Modell im Bereich der Dreiphasengrenze α–AgI | Pt | $I_2(g)$, N_2 statt, wobei zu beachten ist, daß sich die Position der Dreiphasengrenze bei länger andauerndem Stromfluß wegen der Zersetzung bzw. Bildung des Festelektrolytmaterials verschieben kann.

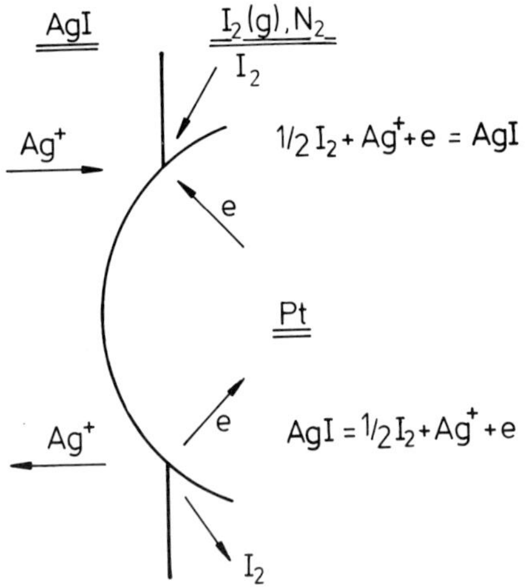

Abb. 9:
Modell zur Funktionsweise der rechten Elektrode der Kette
$Ag|AgI|Pt;I_2(g),N_2$

Stromspannungskurven der Bildung von AgCl

Abb.10 zeigt kathodische Stromspannungskurven, die an einer Kette mit dem Aufbau

$$Ag \mid \alpha\text{–}AgI \mid Pt;\ AgCl;\ Cl_2(g),\ N_2(g) \qquad \text{(VIII)}$$

unter Verwendung verschiedener Chlorpartialdrücke im Bereich von 10^{-4} atm aufgenommen wurden.

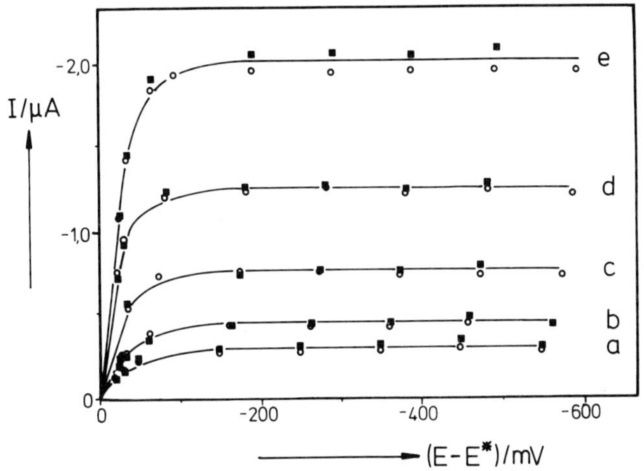

Abb. 10: Kathodische Stromspannungskurven, gemessen bei 160°C an der Kette Ag|AgI|Pt;AgCl;Cl_2,N_2 (Aufbau entsprechend Abb. 6). $(E\text{–}E^*)$ = Differenz zwischen angelegter und stromloser Zellspannung (beim jeweiligen Cl_2–Partialdruck). Cl_2–Partialdrücke /10^{-4} atm: a=0,87; b=1,50; c=2,56; d=4,35; e=7,25.

Die Auftragung erfolgte dabei in der Weise, daß die Differenz zwischen angelegter Spannung E und stromlos gemessener Zellspannung E^* als Abszisse gewählt wurde. Die Meßkurven zeigen zwei Bereiche: Zwischen $(E\text{–}E^*) = 0$ und etwa –100 mV weisen die Stromwerte eine deutliche Abhängigkeit vom Cl_2–Partialdruck und von der angelegten Spannung auf; im darüber hinausgehenden Spannungsbereich zeigen die Kurven ausgeprägtes Grenzstromverhalten. Der in diesem Bereich gemessene Strom I_g hängt linear von p_{Cl_2} ab, wie Abb.11 zeigt.

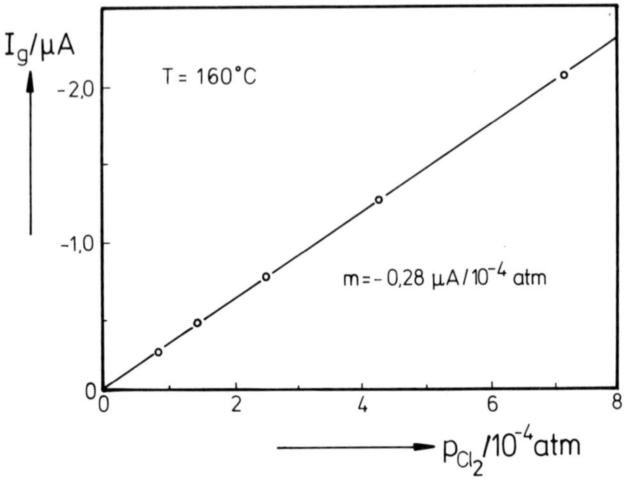

Abb. 11:
Auftragung der aus Abb. 10 entnommenen Grenzstromwerte gegen den Cl_2–Partialdruck.

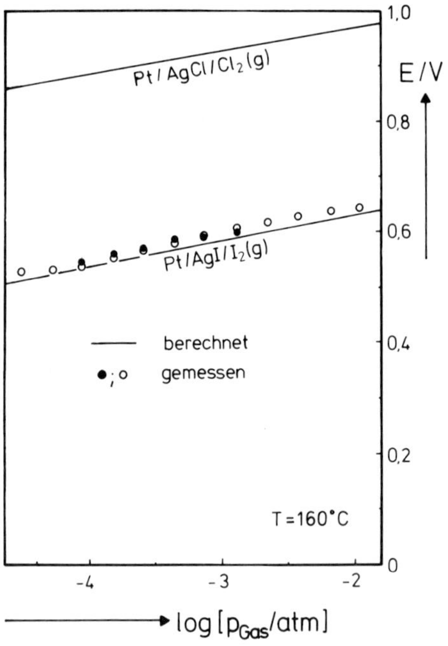

Abb. 12:
Werte der stromlos gemessenen Zellspannung im Vergleich zu berechneten EMK–Werten(Abb.3).
Kette:
Ag | AgI | Pt;AgCl;Cl_2,N_2.

Modell für die Funktionsweise der Sensorelektrode

Die an Ketten entsprechend (VIII) bei verschiedenen Partialdrücken im Bereich zwischen 10^{-5} und 10^{-2} atm gemessenen stromlosen Spannungswerte E^* sind in Abb.12 im Vergleich zu den berechneten Werten E für die Elektrodenreaktionen (2) bzw. (7) dargestellt.
Die gemessenen Werte liegen prinzipiell zwischen den beiden theoretischen EMK–Linien, allerdings sehr nahe der Linie für die Umsetzung von Iod zu Silberiodid. Diese Beobachtung führte zusammen mit den Ergebnissen der thermodynamischen Rechnungen und den oben diskutierten Stromspannungskurven zu folgendem Modell für das Verhalten der "Sensorelektrode" Pt | AgCl | Cl_2 :

Beim Kontakt der Stirnfläche der AgI–Tablette mit Chlorgas bildet sich entsprechend Reaktion (10) eine AgCl–Deckschicht auf dem Festelektrolyten aus (Abb.13). Der weitere Antransport von Cl_2 zur AgI–Oberfläche erfolgt durch Diffusion durch diese Schicht hindurch, wobei die Art der Diffusion bislang noch ungeklärt ist. Unter der Annahme, daß bei relativ niedrigen Cl_2–Partialdrücken im Gasraum jedes zur AgI–Oberfläche gelangende Cl_2–Molekül umgesetzt wird, ergibt sich an dieser Stelle eine stationäre Cl_2–Konzentration von praktisch Null. Das gebildete Iod diffundiert in umgekehrter Richtung durch die AgCl–Schicht in den Gasraum, wo der I_2–Partialdruck unter den o.g. Versuchsbedingungen einen Wert nahe Null aufweist. Dementsprechend stellt sich eine stationäre I_2–Konzentration an der Festelektrolyt–Oberfläche ein, deren Wert bei vergleichbaren effektiven Diffusionskoeffizienten für Cl_2 und I_2 in der Größenordnung der Cl_2–Konzentration im Gasraum liegt.

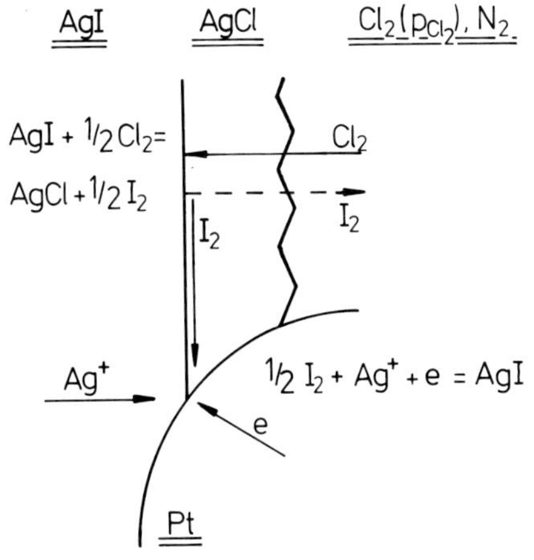

Abb. 13:
Modell zur Funktionsweise der rechten Elektrode (Sensorelektrode) der Kette
Ag | AgI | Pt;AgCl;Cl_2,N_2

In dem hier diskutierten Modell ist der Ort, an dem das Elektrodenpotential "gebildet" wird, die Dreiphasengrenze AgI | AgCl | Pt. Dementsprechend kann die stromlos gemessene Spannung E^* im einfachsten Fall als Differenz zwischen den Gleichgewichtspotentialen der I_2 | AgI–Elektrode und der Ag | AgI–Elektrode gedeutet werden. Zu dem an erster Stelle genannten Elektrodenpotential gehört die Elektrodenreaktion (7); der Wert des Potentials wird im vorliegenden Fall insbesondere durch die I_2–Konzentration im o.g. Dreiphasenbereich bestimmt. Wird die angelegte Spannung unter den stromlosen Wert abgesenkt, kommt es in diesem Bereich zum Verbrauch von I_2 entsprechend Gl.(7). Die Nachlieferung erfolgt durch Transport parallel zur AgI–Oberfläche über ein begrenzten Bereich. Stationär stellt sich bei ausreichend negativen $(E–E^*)$–Werten ein Zustand ein, in dem die I_2–Konzentration an der Dreiphasengrenze auf Null abgesenkt ist und der elektrochemische Umsatz transportbestimmt ist, wobei die Transportvorgänge von I_2 und Cl_2 über Reaktion (10) miteinander gekoppelt sind. Als Folge bestimmt der Cl_2–Partialdruck in der Gasphase den gemessenen Strom.

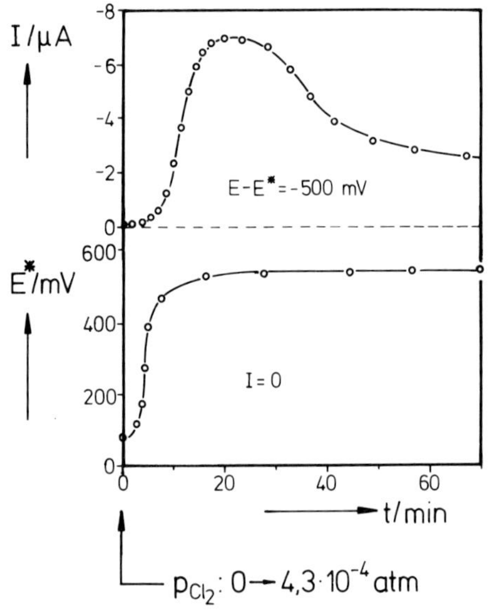

Abb. 14:
Elektrochemisches Verhalten von Ketten Ag|AgI|Pt (Aufbau entsprechend Abb. 6) beim ersten Kontakt mit Cl_2 (t=0).
Oben:
Strom–Zeit–Verlauf bei Polarisation auf $(E–E^*)$ = –500 mV.
Unten:
Zeitlicher Verlauf der stromlosen Zellspannung.

Das hier diskutierte Modell ist in Übereinstimmung mit dem elektrochemischen Verhalten von neuen Ketten, d.h. Ketten entsprechend (III) aber ohne AgCl, beim ersten Kontakt mit Chlorgas. Abb.14 zeigt beispielhaft das Strom–Zeit–Verhalten bzw. das Spannungs–Zeit–Verhalten von derartigen Ketten in den ersten 70 min nach dem ersten Kontakt mit Cl_2. Die an der Kette stromlos gemessene Spannung E^* steigt innerhalb von 20 bis 30 min auf einen dann zeitlich konstanten Wert an. Dies kann verstanden werden als Aufbau einer stationären I_2–Konzentration an der Elektrode durch Reaktion des Chlors mit dem Silberiodid und Aufbau einer AgCl–Schicht. Wird bei einem vergleichbaren Experiment vom Zeitpunkt $t = 0$ an eine Spannung, z.B. $(E-E^*) = -500$ mV, an die Kette angelegt, so ergibt sich erst dann ein merklicher Stromfluß, wenn an der Dreiphasengrenze genügend Iod für die oben diskutierte Reaktion (7) zur Verfügung steht. Die in der Folge beobachtete Abnahme des Stromes kann als Ergebnis der zunehmenden Dicke der AgCl–Schicht und des damit anwachsenden Transportwiderstandes für Cl_2 gedeutet werden.

Schlußbemerkung

Die Untersuchungen haben bestätigt, daß die Verwendung einer Festelektrolyt–Kette entsprechend (III) als amperometrischer Cl_2–Sensor eine diskutable Alternative zu den in der Literatur /3,7–9/ vorgeschlagenen potentiometrischen Festkörpersensoren darstellt. Ein Vorteil des amperometrischen Sensors ist, daß in einem gewissen Bereich ein linearer Zusammenhang zwischen Meßsignal und Chlorpartialdruck besteht. Weiterhin kann die Arbeitsspannung bei Verwendung einer potentiostatische Anordnung so gewählt werden, daß Querempfindlichkeiten (z.B. durch O_3) weitgehend ausgeschlossen werden. Problematisch ist zunächst noch die Tatsache, daß die gebildete AgCl–Schicht einerseits zwar notwendig ist (Diffusionsbarriere; Grenzstromverhalten), andererseits bei Anwesenheit von Cl_2 aber stetig wächst, so daß sich das Sensorsignal bei konstantem Chlorpartialdruck mit der Zeit verändert.

Einer der Autoren (J.P.P.) dankt dem Fonds der Chemischen Industrie für die Unterstützung seiner wissenschaftlichen Arbeit.

Literatur

/1/	H. Fritzsch:	Sensoren, Akademie–Verlag, Berlin, 1985, S. 17
/2/	siehe z.B.: R. Niessner:	in: Analytiker–Taschenbuch, Band 7 (Eds.: W. Fresenius et al.), Springer–Verlag, Berlin, 1987, S.55
/3/	G. Hötzel, W. Weppner:	Solid State Ionics 18+19 (1986), 1223
/4/	J.P. Pohl:	GIT Fachz. Lab. 31 (1987), 379
/5/	siehe z.B.: P.T. Moseley, B.C. Tofield (Eds.:)	Solid State Gas Sensors, Adam Hilger, Bristol, 1987
/6/	siehe z.B.: T. Seiyama (Ed.:)	Chemical Sensor Technology, Vol. 1, Elsevier, Amsterdam,1988
/7/	W. Weppner:	in: Proc. 2nd Int. Meeting on Chemical Sensors (Eds.: J.–L.Aucouturier et al.), Bordeaux, 1986, S. 59
/8/	G. Hötzel, W. Weppner :	in: Ref. 7, S. 285
/9/	G.–L. Schlechtriemen, J. Sohege:	Ber. Bunsenges. Phys. Chem. 94 (1990), 991
/10/	D. Klockow, W. Melzig, K. Dobos:	in: Ref. 7, S. 327
/11/	S. Fahnenbrock:	Diplomarbeit, Universität Dortmund, 1988
/12/	J.P. Pohl, P. Weißenfels:	in: Tagungsband InCom '90 (Eds.: W. Günther et al.), GIT–Verlag, Düsseldorf, 1990, S. 628

/13/ R. Niessner,
M. Bäcker: Analytical Sciences 5 (1989), 227

/14/ siehe z.B.:
H. Rickert: Electrochemistry of Solids, Springer-Verlag, Berlin, 1982

/15/ I. Barin,
O. Knacke,
O. Kubaschewski: Thermochemical Properties of Inorganic Substances, Springer-Verlag, Berlin, 1977

Anwendung ionenselektiver Elektroden in der Umweltanalytik

C. Harzdorf
Bayer AG, Anorganisch-analytisches Laboratorium, Bayerwerk, Leverkusen

Zusammenfassung

Im kontinuierlichen Betrieb oder in komplexer Matrix können ionenselektive Elektroden Besonderheiten zeigen, die beim Laboreinsatz keine wesentliche Rolle spielen. Hiervon werden vor allem Oberflächeneffekte betrachtet, welche Lebensdauer und dynamisches Verhalten einer Elektrode beeinflussen und welche bei der Anwendung ionenselektiver Elektroden in der Umweltanalytik von Bedeutung sind, da hier kontinuierlicher Meßbetrieb vorherrscht. In diesem Bereich eignen sich insbesondere auch spezielle Elektrodenkonstruktionen, von welchen Silberhalogenid-Membranelektroden betrachtet werden, die durch elektrolytische Beschichtung von Silberelektroden hergestellt worden sind.

Summary

Different from laboratory application, ion-selective electrodes may exhibit particular behaviour if used in complex matrix and for continuous measurements. This holds primarily for impairments of the electrode surface, that may affect the dynamic response and considerably reduce lifetime of the electrode. These effects are important in environmental analytical chemistry as in this field continuous monitoring is often applied.
Special electrode constructions such as electrolytically coated silver/silver halide membrane electrodes are discussed in view of their favourable features in the given field of application.

Résumé

Les électrodes sélectives d'ions peuvent dissimuler au cours de l'essai au laboratoire des particularités, qu'elles font voir aussi bien dans les procédés de contrôle en continu que dans les systèmes complexes.
Nous avons considéré surtout les phénoménes en rapport avec la surface des électrodes. Ces phénomènes-responsables et de la durée du fonctionnement de l'électrode et de son comportement dynamique-jouent un rôle important dans les techniques d'analyse utilisées dans le domaine de la protection de l'environnement où les méthodes en continu prédominent.
Parmi les constructions spéciales d'électrodes se prêtant à ce genre d'analyses, nous avons choisi l'électrode en argent recouverte d'une couche d'halogenures d'argent déposée par voie électrochimique.

Das Thema "Ionenselektive Elektroden in der Umweltanalytik" umfaßt ein breites, komplexes Arbeitsgebiet, und es kann im Rahmen eines Kurzvortrages nur behandelt werden, wenn man eine Einschränkung zuläßt: Es sollen hier lediglich Gesichtspunkte betrachtet werden, die im Dauermeßbetrieb eine Rolle spielen, also unter Bedingungen, die in der Umweltanalytik gewöhnlich vorherrschen.
Laboranalytik auf dem Umweltgebiet wird hier nicht behandelt werden. Und keinesfalls kann in diesem Rahmen ein Überblick über das gesamte Arbeitsgebiet gegeben werden.

Es soll also davon ausgegangen werden, daß es sich bei der Verwendung von ISE's im hier definierten Sinne stets um Monitoring handelt, d. h. um kontinuierliche oder quasi-kontinuierliche Messungen. Weiterhin kann angenommen werden, daß die zu messenden Matrices überwiegend komplex und oft unbekannter Zusammensetzung sind. Dadurch ergeben sich für den Sensor einige Anforderungen, die von manchen der doch recht empfindlichen ISE's nicht zu erfüllen sind. Diese Anforderungen bedeuten:

- Stabilität gegen chemische und mechanische Einflüsse, um befriedigende Standzeiten zu erreichen.

- Kurze Ansprechzeiten, um Konzentrationsschwankungen möglichst unverfälscht wiederzugeben.

- Stabile Meßcharakteristik, um den Kalibrier- und Kontrollaufwand in Grenzen zu halten.

Mit diesen Vorgaben kommen nur wenige Elektroden aus der breiten Angebotspalette für die genannten Zwecke in Betracht. Diese sind in den Abbildungen 1 und 2 markiert hervorgehoben.

Elektrode	Membran	Praktische Bestimmungsgrenze	
Fluorid	LaF_3	10^{-6}	FESTMEMBRANELEKTRODEN
Chlorid	$AgCl$ / Ag_2S	$5 \cdot 10^{-5}$	
Bromid	$AgBr$ / Ag_2S	$5 \cdot 10^{-6}$	
Jodid	AgJ / Ag_2S	10^{-7}	
Cyanid	AgJ / Ag_2S	10^{-5}	
Sulfid	Ag_2S	10^{-7}	
Silber	Ag_2S	10^{-7}	
Blei	PbS / Ag_2S	10^{-6}	
Cadmium	CdS / Ag_2S	10^{-7}	
Kupfer	CuS / Ag_2S	10^{-7}	
Chlorid/Bromid/ Jodid		10^{-4} - 10^{-3}	FLÜSSIGMEMBRANELEKTRODEN
Nitrat		10^{-5}	
Perchlorat		10^{-5}	
Tetrafluoroborat		10^{-5}	
Tenside		10^{-5}	
Lithium		$5 \cdot 10^{-5}$	
Natrium		$5 \cdot 10^{-5}$	
Kalium		10^{-6}	
Calcium		10^{-6}	
Barium		10^{-6}	

Elektrode	Membran	Praktische Bestimmungsgrenze	
Ammoniak	GM / Glas	10^{-6}	GASSENSITIVE ELEKTRODEN
Kohlendioxid	GM / Glas	10^{-5}	
Schwefeldioxid	GM / Glas	$5 \cdot 10^{-5}$	
Stickoxide (NO_x)	GM / Glas	$5 \cdot 10^{-6}$	
Schwefelwasserstoff	GM / Ag_2S	10^{-7}	
	GM = gasdurchlässige Membran		
Harnstoff	Urease / Glas		ENZYMELEKTRODEN
Amygdalin	ß-Glucoxidase/ AgJ - Ag_2S		
Aminosäuren	L-Aminosäureoxidase / Glas		
Penicilin	Penicillinase/ Glas		
Glucose	Glucoseoxidase/ Amperometrie/ Redox		
Wasserstoffperoxid	Katalase/Amperometrie / Redox		
Aliphatische Alkohole	Alkoholoxidase/ Amperometrie/ Redox		

Abb. 1, 2: Häufig verwendete ionenselektive Sensoren

Es ist zu erkennen, daß es sich hierbei stets um Festmembranelektroden oder um gassensitive Elektroden handelt. Die in der Laboranwendung außerordentlich interessanten Flüssigmembran- und Enzymelektroden kommen für die Anforderungen eines kontinuierlichen Meßbetriebs kaum in Frage.

Trotz der getroffenen Einschränkungen und der begrenzten Auswahl an robusten Elektroden bietet die potentiometrische Meßtechnik beim kontinuierlichen Monitoring Vorteile, die kaum mit anderen Meßprinzipien zu erzielen sind:

- Der optische Zustand des Meßguts spielt praktisch keine Rolle. Es kann auch in trüben und stark gefärbten Lösungen gemessen werden.
- Elektroden sind in beinahe jeder Form und Größe herzustellen und somit einer vorgegebenen Meßanordnung leicht anzupassen.
- Nicht zuletzt ist die potentiometrische Messung oft die ökonomischste Möglichkeit. Die Sensoren sind nicht teuer, und das Signal ist bequem zu verarbeiten, so daß auch die Peripherie kostengünstig gehalten werden kann.

Andere automatisierbare Meßverfahren, z. B. die verschiedenen Varianten der Spektrometrie, bieten für das Monitoring in der Umweltanalytik oft viel schlechtere Voraussetzungen.

Im folgenden sollen von beiden o. g. Elektrodentypen nur Festmembranelektroden betrachtet werden, da insbesondere diese im Dauereinsatz einige interessante Phänomene zeigen. Solche Elektroden werden kommerziell angeboten, und ihre Konstruktion ist ausgereift.

Festmembranen bestehen aus schwer löslichen Salzen in Form von Preßlingen oder Einkristallschnitten. Sie sind für eine Ionensorte permeabel und können so Membranpotentiale ausbilden. Ihre semipermeablen Eigenschaften sind durch Defektstrukturen bedingt.

Die wichtigsten Vertreter sind Silbersalze, welche Silberionen-Leitfähigkeit besitzen und somit auf Silberionen und die entsprechenden Membrananionen ansprechen. Ebenfalls erhebliche Bedeutung hat das

Lanthanfluorid mit Fluoridionen-Leitfähigkeit. Diese beruht auf Fehlstellen im Lanthanfluoridgitter, hervorgerufen durch Dotierung mit Europium(II)-fluorid.

Die Elektrodenkonstruktionen sind denkbar einfach (Abb. 3). Die Membran ist in einen Kunststoffschaft eingeklebt, und die Potentialableitung erfolgt über eine geeignete Innenlösung mit reversibler Ableitelektrode (Glaselektrodentyp) oder über einen direkt auf der Membran fixierten elektrischen Leiter. Die robuste Direktableitung wird im Monitorbetrieb natürlich bevorzugt.

Abb. 3 : Realisierung der Potentialableitung

Mit den genannten Membrantypen lassen sich folgende Ionen bestimmen:
- Chlorid, Bromid, Iodid
- Sulfid
- Cyanid
- Silber
- Fluorid

Daneben gibt es noch Elektroden auf Basis von Kupfer-, Cadmium- und Bleisulfid (selenid), die hier aber nicht betrachtet werden sollen.

Die Bestimmungsgrenzen der Festmembranelektroden liegen je nach Ionensorte zwischen 10 µg/l und 1 mg/l, die Ansprechzeiten überdekken die weite Spanne von wenigen Sekunden bis zu einigen Minuten.

Soviel in kurzer Form zum Instrumentarium der Sensoren. Auf die vollständige Meßanordnung kann hier nicht näher eingegangen werden. Es werden für den Dauermeßbetrieb grundsätzlich Durchflußsysteme eingesetzt, die überwiegend unsegmentiert betrieben werden. Die Messung erfolgt vollkontinuierlich, quasi-kontinuierlich im Zeittakt oder als Fließinjektion. Segmentierte Anordnungen in Verbindung mit einem Probenwechsler sind hier eher die Ausnahme.

Im folgenden soll darüber berichtet werden, wie sich Festmembranelektroden im Dauermeßbetrieb aus der Sicht unserer Erfahrung bewährt haben. Hierbei muß das Augenmerk vor allem auf Oberflächeneffekte gelenkt werden.

Elektroden auf Silbersalz-Basis

Am meisten verbreitet sind hier die Halogenidelektroden. Ihre Membranen bestehen gewöhnlich aus einer Mischung von Silbersulfid und dem entsprechenden Silberhalogenid. Das sehr gut leitende Silbersulfid setzt man zur Verringerung des Membranwiderstands zu. Solche Mischmembran-Elektroden sind für den kontinuierlichen Meßbetrieb jedoch mit einem Nachteil behaftet. Sie verändern im Laufe des Gebrauchs ihre Charakteristik, da sich die Silberhalogenide leichter und damit schneller lösen als Silbersulfid. Dadurch ergibt sich eine stark zerklüftete Oberflächenstruktur, wie sie in Abb. 4 am Beispiel einer Chloridelektrode gezeigt ist. Die zum Vergleich mit dargestellte frische Oberfläche der Elektrode zeigt eine Profiltiefe von etwa 1 µm. Im Verlauf von 10 Tagen Durchflußbetrieb bei Strömungsgeschwindigkeiten um 2 ml · min^{-1} wächst die maximale Profiltiefe auf etwa 10 µm. So beschaffene Elektrodenoberflächen verlängern drastisch die Ansprechzeiten der Elektroden bei Konzentrationsänderungen und führen damit zu einer unerwünschten dynamischen Trägheit.

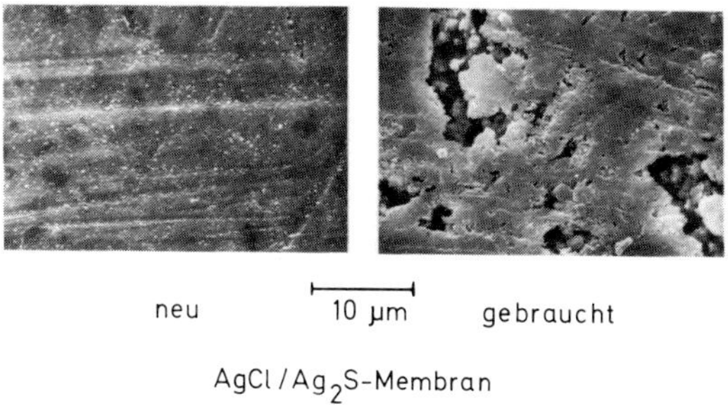

Abb. 4: Erosion an einer Silberchlorid/Silbersulfid-Mischmembran nach 10 Tagen Durchflußbetrieb

Die Erklärung für diesen Effekt ist einfach, da angenommen werden kann, daß der geschwindigkeitsbestimmende Schritt im Ansprechmechanismus einer ionenselektiven Elektrode der Ionentransport zur Oberfläche ist, welcher durch Diffusion erfolgt. Hierbei setzt sich der Diffusionsweg zusammen aus strömungsbedingter Diffusionsschicht und Profiltiefe der Elektrodenoberfläche. Bei Elektroden mit erodierter Oberfläche ist somit der Diffusionsweg um die Vergrößerung der Profiltiefe verlängert (vgl. Abb. 5). Falls die unterschiedliche Löslichkeit der Membranbestandteile auch zu Kavernenbildung führt, wird die dynamische Trägheit der Elektrode zusätzlich vergrößert.

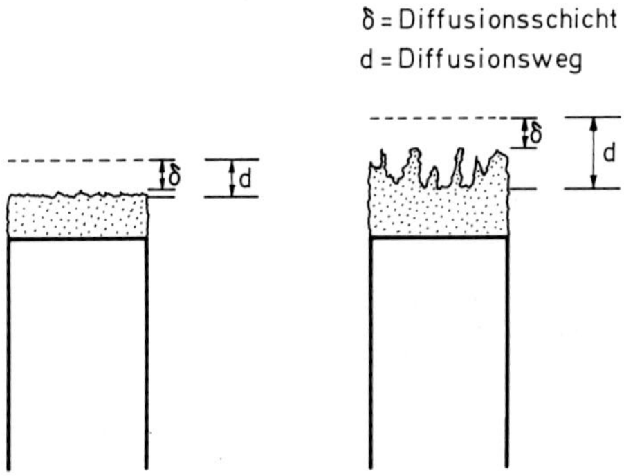

Abb. 5: Schematische Darstellung des Diffusionsweges an frischen und erodierten Elektrodenoberflächen

Die Ansprechzeiten einer Chloridelektrode in unterschiedlichem Gebrauchszustand zeigen den genannten Effekt augenfällig (vgl. Abb. 6).

ungebraucht	1 Tag Dauerbetrieb	10 Tage Dauerbetrieb
0,4 sec	0,5 sec	22 sec

98%-Ansprechzeiten einer Chlorid-Elektrode mit AgCl / Ag_2S-Membran

Konzentrationswechsel: 10^{-4} m $\longrightarrow$ 10^{-3} m

Abb. 6: Ansprechzeiten einer frischen und gebrauchten Chloridelektrode mit Silberchlorid/Silbersulfid-Mischmembran bei einem Konzentrationssprung in strömender Lösung.
Strömungsgeschwindigkeit 1 m · sec^{-1}

Ein noch deutlicheres Beispiel für Erosion an Mischmembranen zeigt die Iodidelektrode, wenn sie für Cyanidmessungen eingesetzt wird. Die Potentialbildung kommt hier durch eine an der Elektrodenoberfläche ablaufende Komplexbildungsreaktion zustande, bei der das potentialbestimmende Iodidion entsteht:

$$AgI + 2CN^- \rightarrow [Ag(CN)_2]^- + I^-$$

Bei diesem Mechanismus "verdaut" sich die Elektrode selbst, wobei Silberiodid relativ schnell aufgelöst wird, Silbersulfid aber unangegriffen bleibt.

Abb. 7 zeigt die Oberfläche einer Iodidelektrode nach mehrstündigem Durchflußbetrieb bei Cyanidkonzentrationen < 10^{-3} Mol/l im Vergleich mit einer frischen Elektrodenoberfläche.

Abb. 7: Erosion an einer Silberiodid/Silbersulfid-Mischmembran nach Durchflußbetrieb bei Cyanidmessungen

Das Resultat der Erosion sind wiederum stark verlängerte Ansprechzeiten und schließlich vollständige Zerstörung der Elektrode.
Je nach Cyanidkonzentration kann eine Elektrode im Dauerbetrieb bereits nach wenigen Tagen unbrauchbar sein.

Die Abhängigkeit der Elektrodeneigenschaften und insbesondere der Elektrodendynamik vom Gebrauchszustand ist im kontinuierlichen Meßbetrieb ein höchst unerwünschter Effekt. Wie gezeigt wurde, tritt dieser stets bei Mischmembranen mit Silbersulfidanteil auf.
Es wurde deshalb versucht, Elektroden mit Membranen aus reinem Silberhalogeniden herzustellen. Dies gelingt nicht in Form von Preßlingen mit der üblichen Membrandicke im Millimeterbereich. Solche Mem-

branen haben ohne Silbersulfid-Zusatz einen zu hohen Membranwiderstand. Mann kann jedoch dünne Silberhalogenidschichten auf Silbermetall erzeugen. Dies gelingt sowohl durch chemische als auch elektrochemische Oxidation in der entsprechenden Halogenidlösung. Die entstandenen Beschichtungen zeigen je nach Herstellung sehr unterschiedliche mechanische und elektrochemische Eigenschaften.

Gewünscht sind festhaftende, porenfreie Silberhalogenid-Membranen auf dem Trägersilber. Porenfrei müssen sie vor allem sein, um das metallische Silber vor dem Kontakt mit der Meßlösung zu schützen. Elektroden mit porösen Schichten reagieren auch auf Redoxsysteme und bilden in ihrer Gegenwart Mischpotentiale aus.
Weiterhin soll die Profiltiefe der Elektrodenoberfläche im Interesse kurzer Ansprechzeiten möglichst gering sein.
Mit dem Thema beschichteter Silberhalogenid-Membranelektroden haben sich zahlreiche Laboratorien beschäftigt /1-22/.
Erfahrungsgemäß lassen sich Elektroden mit definierten Eigenschaften durch anodische Oxidation von Silberelektroden in einer entsprechenden Halogenidlösung herstellen. Hierbei wird die mechanische Struktur der Membran durch die Stromdichte bestimmt. Die Schichtdicke läßt sich bei galvanostatischer Arbeitsweise exakt über die Strommenge regeln.
Als optimal haben sich Membranen erwiesen, die im Stromdichtebereich zwischen 0,5 und 5 mA · cm^{-2} erzeugt werden und die eine Dicke von 10 bis 50 µm aufweisen. Hierbei entstehen festhaftende, gleichmäßige Silberhalogenidschichten, die bereits ab einer Schichtdicke von 3 µm "geschlossen" sind.

Sehr niedrige Stromdichten führen zu einem "inselförmigen" Kristallwachstum, und die entstehenden Schichten schließen sich erst bei einer höheren Dicke.
Bei Stromdichten oberhalb 20 mA · cm^{-2} lassen sich keine festhaftenden geschlossenen Silberhalogenid-Membranen mehr erzeugen /23/.
In Abb. 8 sind die Oberflächen von zwei bei verschiedenen Stromdichten erzeugten Silberhalogenidschichten dargestellt. Die bei 0,5 mA · cm^{-2} erzeugte Membran hat ein Oberflächenprofil mit einer Tiefe von etwa 2 µm. Sie zeigt die äußerst kurze 98 %-Ansprechzeit

von 0,2 sec für einen Konzentrationssprung von 10^{-4} auf 10^{-3} Mol · l^{-1} Chlorid. Ihre mechanische Festigkeit ist gut, und Elektroden dieses Typs haben sich im Monitor- und Laborbetrieb gut bewährt. Dagegen ist die bei 125 mA · cm^{-2} hergestellte Membran für potentiometrische Messungen weniger brauchbar, da sie porös und mechanisch relativ instabil ist.

Abb. 8: Oberflächen elektrolytisch erzeugter Silberchlorid-membranen

Durch anodische Beschichtung lassen sich Elektroden in nahezu jeder Größe und Form herstellen, und man kann solche Elektroden durch Neubeschichtung schnell und ohne nennenswerte Kosten regenerieren. Beide Vorteile können insbesondere im robusten, kontinuierlichen Meßbetrieb genutzt werden.

- Die einfache Regenerationsmöglichkeit ermöglicht, daß der im Konti-Meßbetrieb relativ hohe Elektrodenverschleiß weder wirtschaftlich noch arbeitstechnisch eine nennenswerte Rolle spielt.
- Die freie Wahl der Elektrodenform erleichtert die Konstruktion optimaler Meßzellen.

Bei kontinuierlichen Durchflußmessungen hat es sich bewährt, zwei Meßzellen parallel anzuordnen. Hiervon befindet sich jeweils eine im Meßbetrieb, die andere steht nach elektrolytischer Regenerierung als Reserve zur Verfügung.

Bei der Konstruktion von Meßzellen bieten vor allem Ringelektroden Vorteile. Diese sind anodisch beschichtete Silberringe, deren Durchmesser der Bohrung der Meßzelle entspricht. Die Bezugselektrode ist gewöhnlich in Strömungsrichtung nachgeschaltet.

Solche Meßzellen reagieren besonders schnell auf Konzentrationsänderungen, da die Ringelektrode "glatt" in das Strömungssystem integriert ist und die Zelle keine Totvolumina aufweist.
In Abb. 9 ist die Ansprechkurve einer Chlorid-Ringmeßzelle für einen Konzentrationssprung von 10^{-4} auf 10^{-3} molare Chloridlösung dargestellt. Zum Vergleich ist die entsprechende Ansprechkurve einer konventionellen Meßzelle gezeigt, in welche eine handelsübliche Chloridelektrode eintaucht. Beide Meßzellen haben ein etwa gleiches Zellvolumen von 1 cm^3.

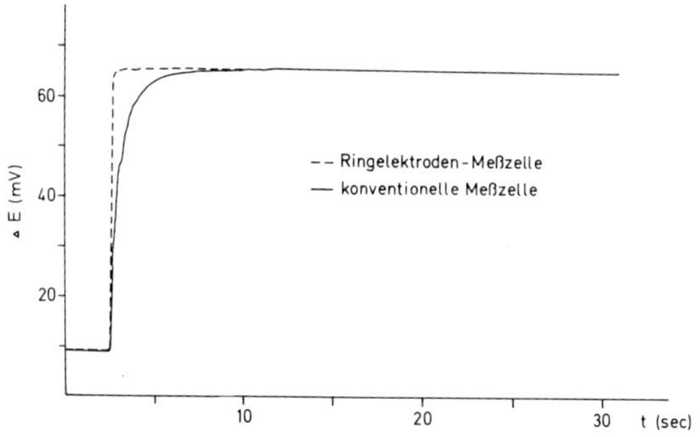

Abb. 9: Ansprechzeiten einer Ringmeßzelle mit Silber-Silberhalogenid-Membranelektrode bei einem Konzentrationssprung in strömender Lösung.
Strömungsgeschwindigkeit 1 m · sec^{-1}
Konzentrationswechsel 10^{-4} m -> 10^{-3} m

Die praktischen Vorzüge solcher schnellen Systeme liegen auf der Hand. Sie geben Konzentrationsspitzen realistisch wieder, und sie lassen sich besonders vorteilhaft in der modernen Fließinjektionsanalyse einsetzen (4, 24), die für quasi-kontinuierliche Messungen in der Umweltanalytik immer größere Bedeutung erlangt.

Neben konstruktiven, betriebstechnischen und wirtschaftlichen Vorteilen zeigen durch Beschichtung hergestellte Membranelektroden noch einen besonderen analytischen Vorzug: Sie reagieren nicht auf Redoxsysteme in der Probelösung und sind deshalb weniger störanfällig als Mischmembran-Elektrodentypen mit Silbersulfidanteil /23/. Deren Redoxempfindlichkeit ist dadurch bedingt, daß Silbersulfid neben Silberionenleitfähigkeit auch Elektronenleitfähigkeit besitzt und so Redoxpotentiale übertragen kann. Hinzu kommt die leichte Oxidierbarkeit von Silbersulfid mit der Möglichkeit, daß entstehende Oxidationsprodukte die Elektrodenoberfläche blockieren und so zu Potentialstörungen führen können /25/.
In Abb. 10 ist die Unempfindlichkeit einer Silber/Silberchlorid-Membranelektrode gegen Kaliumpermanganat dargestellt und zum Vergleich das Verhalten eines Mischmembran-Elektrodentyps gezeigt.

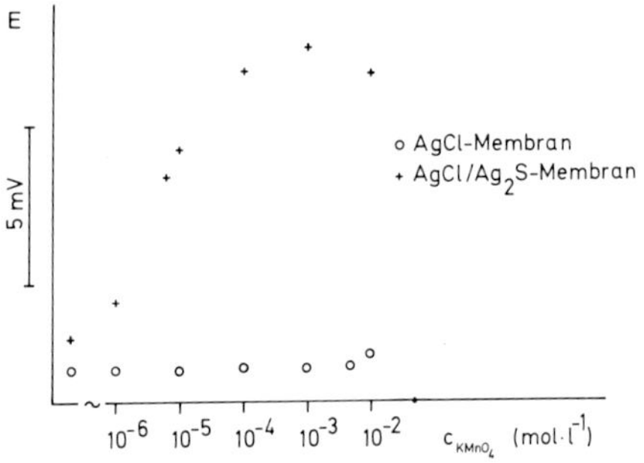

Potentialfehler von Chlorid-Elektroden in Gegenwart von Permanganat

Chlorid-Konzentration: 10^{-3} mol · l^{-1}

Abb. 10: Reaktion von Silberchlorid/Silbersulfid-Mischmembranelektroden und einfacher Silberchlorid-Membranelektroden auf Oxidationsmittel

Die elektrolytische Herstellung von nicht porösen Silber/Silbersalz-Membranelektroden gelingt neben den Halogeniden Chlorid, Bromid und Iodid auch für Sulfid.
Alle diese Elektroden sind naturgemäß auch zur Messung von Silberionen geeignet, und über die Iodidelektrode besteht zusätzlich die Möglichkeit zur Cyanidmessung /26/.

In der Meßpraxis verwenden wir überwiegend Silber/Silberchlorid-Elektroden zur kontinuierlichen Überwachung des Chloridgehalts im Rauchgas nach Absorption in wäßriger Lösung. Daneben wird die Silber/Silberiodid-Elektrode zur Cyanid-Kontrolle eingesetzt, z. B. bei der Abwassernachbehandlung durch Entcyanidierung. Auch beschichtete Silber/Silbersulfidelektroden haben sich in Durchflußmeßsystemen bewährt. Bei Abwesenheit oxidierender Bestandteile zeigen diese besonders lange Standzeiten, da sich die Silbersulfidmembran durch ihre extrem geringe Löslichkeit auch bei Dauermessungen kaum verbraucht.

Die in der Literatur beschriebenen Anwendungsbeispiele von Halogenidelektroden verschiedenen Typs in der Umweltanalytik sind so zahlreich, daß sie sich in diesem Rahmen nicht auflisten lassen. Eine herausragende Rolle spielt auch hier die Chloridelektrode. Sie wird eingesetzt zur Wasser- und Abwasseruntersuchung, aber auch zur Chloridbestimmung in Gasen und Abgasen nach vorheriger Absorption. Für diese Anwendung werden komplette Meßgeräte auch kommerziell angeboten.

Fluoridionen-selektive Elektrode

Neben den Elektroden auf Silbersalz-Basis beherrscht die Fluoridelektrode ein breites Anwendungsgebiet in der Umweltanalytik. Sie gehört zu den am meisten genutzten ISE's überhaupt, und sie besitzt den Vorteil, nahezu problemfrei zu arbeiten, da das Membranmaterial Lanthanfluorid mechanisch sehr stabil und chemisch weitgehend inert ist. Damit zeigt sie auch alle vorstehend dargestellten Oberflächeneffekte nicht oder nur in sehr untergeordnetem Maße. Selbst nach einem 4-Wochen-Meßzyklus haben wir keinerlei Veränderungen in ihrer

Charakteristik feststellen können. Dies gilt auch für das dynamische Verhalten. Hier ist die Fluoridelektrode jedoch grundsätzlich wesentlich langsamer als die meisten anderen Festmembranelektroden. Ihre Ansprechzeiten liegen im Gegensatz zu diesen nicht im Sekundenbereich, sondern im Bereich einiger Minuten.

Eine weitere Besonderheit bei der Anwendung der Fluoridelektrode besteht darin, daß die Zusammensetzung der Meßlösungen sehr sorgfältig beachtet werden muß. Die Messung ist nur in dem relativ schmalen pH-Bereich zwischen 5 und 7 möglich, und gegebenenfalls müssen auch Metallionen maskiert werden, die mit Fluoridionen Komplexe bilden. Es ist deshalb hier gewöhnlich die Zudosierung von Hilfslösungen erforderlich, während die Elektroden auf Silberhalogenidbasis meist ohne diese auskommen. Sie messen in einem weiten pH-Bereich störungsfrei, und es ist allenfalls die Einstellung einer annähernd definierten Ionenstärke durch einen Hilfselektrolyten wünschenswert.

Es gilt auch für die Fluoridelektrode, daß die publizierten Anwendungsbeispiele in der Umweltanalytik so zahlreich sind, daß sie in diesem Rahmen nicht dargestellt werden können. Für den Bereich der kontinuierlichen Messungen konzentrieren sich die Anwendungen wieder auf die Wasser- und Abwasserkontrolle sowie auf Gasmessungen vor allem im Bereich der Emissionskontrolle. Hierfür stehen verschiedene Typen handelsüblicher Monitore zur Verfügung. Es soll weiterhin hervorgehoben werden, daß die Fluoridelektrode im Umweltbereich neben der Verwendung im Monitoring auch die Basis für nahezu alle offiziellen und standardisierten Verfahren zur Fluoridkontrolle darstellt.

Literatur

/1/ W. J. Blaedel, W. B. Lewis, J. W. Thomas: Anal. Chem. 24 (1952), 509

/2/ A. S. Brown: J. Am. Chem. Soc. 56 (1934), 646

/3/ M. Chanin: Science 119 (1954), 323

/4/ W. Frenzel: Fresenius Z. Anal. Chem. 355 (1989), 931

/5/ J. O. Frohliger, R. T. Pflaum: Talanta 9 (1962), 755

/6/ H. Gruber: GIT Fachz. Lab. 28 (1984), 429

/7/ H. Hara, Y. Wakizaka, S. Okazaki: Talanta 34 (1987), 921

/8/ C. Harzdorf: Fresenius Z. Anal. Chem. 270 (1974), 23

/9/ G. K. Helmkamp, F. A. Gunter, J. P. Wolf, J. E. Leonhard: Agric. Food Chem. 2 (1954), 836

/10/ D. B. Hibbert, P. W. Alexander, S. Rachmawati, S. A. Caruana: Anal. Chem. 62 (1990), 1015

/11/ K. Huber: Z. Elektrochem. 59 (1955), 693

/12/ W. Jaenicke, R. P. Tischer, H. Gerischer: Z. Elektrochem. 59 (1955), 448

/13/ T. Katan, S. Szpak, D. N. Bennion: J. Elektrochem. Soc. 120 (1973), 883

/14/ T. Krawczynski vel Krawczyk, B. Szostek, M. Trojanowicz: Talanta 36 (1989), 811

/15/ J. E. Lockridge, N. E. Fortier, G. Schmuckler, J. S. Fritz: Anal. Chim. Acta 192 (1987), 41

/16/ F. Oehme: Oberflächentechnik 6 (1974), 5

/17/ G. S. Spicer, J. D. H. Strickland: Anal. Chim. Acta 6 (1952), 493

/18/ J. F. van Staden: Fresenius Z. Anal. Chem. 325 (1986), 247

/19/ J. F. van Staden: Anal. Chim. Acta 179 (1986), 407

/20/ M. Stern, H. Shwachman, F. S. Licht, A. J. de Bethune: Anal. Chem. 30 (1958), 1506

/21/ M. Trojanowicz, W. Matuszewski: Anal. Chim. Acta 151 (1983), 77

/22/ M. Trojanowicz, E. Pobozy, M. E. Meyerhoff: Anal. Chim. Acta 222 (1989), 109

/23/ C. Harzdorf: Anal. Chim. Acta 136 (1982), 61

/24/ J. F. van Staden: Analyst 115 (1990), 581

/25/ F. G. K. Baucke: Fresenius Z. Anal. Chem. 282 (1978), 105

/26/ C. Harzdorf: Anal. Chim. Acta 86 (1976), 103

Elektrochemische Reinigung galvanotechnischer Abwässer

A. Möbius
Institut für Anorganische Chemie, Berlin

K. Wiesener
TU Dresden, Fachbereich Chemie, Dresden

Zusammenfassung

Es wird über den aktuellen Stand zur Anwendung elektrochemischer Verfahren zur Reinigung galvanotechnischer Abwässer berichtet. Verschiedene Zellen und Verfahren zur Metallrückgewinnung und Entgiftung sowie die Elektrodialyse werden beschrieben. Die Einbindung elektrochemischer Reaktoren in galvanotechnische Verfahren und Prozesse der Leiterplattenfertigung ist ein Weg zur Abproduktminimierung in Form von produktionsintegriertem Umweltschutz.

Summary

The use of electrochemical processes for the purification of waste water is demonstrated in level and trends. A better way is the integration of electrochemical reactors in the production processes resulting in a minimization of wastes in electroplating and printed circuit plants.

Résumé

On donne un rapport de la situation actuelle d'application des méthodes de clarification des eaux résiduaires galvanotechniques. On décrit des différantes cellules et méthodes pour regagner de metal et pour la désintoxication et aussi l'électrodialyse.

Die ständig wachsenden Anforderungen an den Umweltschutz führen zunehmend zu Reinigungsverfahren galvanotechnischer Abwässer, die eine Vermeidung oder zumindest Minimierung von Schlämmen und einer Verringerung der Salzlast im Abwasser garantieren.
In diesem Zusammenhang spielen elektrolytische Verfahren zur Metallrückgewinnung und die Elektrodialyse eine besondere Rolle. Einmal, weil sie direkt Metalle in verwertbarer Form gewinnen oder im Falle der Elektrodialyse eine Aufkonzentration der Spülwässer und eine Rückführung in die Bäder möglich wird.
Elektrochemische Verfahren lassen sich relativ günstig in den Prozeßablauf der Galvanotechnik und der Leiterplattenindustrie in solch einer Weise einpassen, daß die Entstehung von metallhaltigen Abwässern von vornherein vermieden oder deutlich reduziert wird. Diese als produktionsintegrierter Umweltschutz bezeichneten Varianten sollen in die vorliegenden Betrachtungen mit einbezogen werden. Da in jüngster Zeit von KREYSA /1/ über elektrochemische Verfahren in der Umwelttechnik und von Danneels /2/ über Kostensenkung durch Recycling, auch durch elektrochemische Verfahren, umfassend berichtet wurde, soll in diesem Beitrag die elektrochemische Zelle, deren Konstruktion und Einbindung in die Verfahren der Abproduktvermeidung bzw. Abwasserreinigung in den Mittelpunkt gestellt und an einigen Beispielen der technischen Entwicklungsstand demonstriert werden. Seit langem wird in einfachen Plattenelektrolysezellen erfolgreich versucht, Metalle wie Kupfer, Silber, Gold aus relativ konzentrierten Lösungen (zumeist Prozeßlösungen) zurückzugewinnen bzw. verbrauchte Prozeßlösungen (Ätzen, Beizen etc.) so zu regenerieren, daß sie in den Produktionsprozeß zurückgeführt werden können.
Beispiele dafür sind einmal einfache Zellen zur Rückgewinnung von Edelmetallen oder zur Regenerierung von Chromsäurebädern (Rückoxydation von Cr^{3+} zu Cr^{6+}). Weit häufiger findet man in sehr unterschiedlicher Konstruktion monopolare und bipolare Plattenelektrolysezellen in geschlossenen Kreisläufen (Ätzmaschine-Elektrolysezelle) in der Leiterplattenindustrie.
Ziel ist die Rückgewinnung des abgeätzten Kupfers und die Regenerierung des Ätzmediums. Bei gleichzeitiger kathodischer Kupferabscheidung wird der Kupfer(I)diaminkomplex anodisch wieder zum Cu(II)tetraminkomplex aufoxydiert bzw. wird der anodisch entstehende Sauerstoff dazu genutzt und freiwerdendes Ammoniak wieder rückgeführt. Damit kann ein geschlossener Kreislauf aufgebaut werden, der die Ätzlösungen auf dem erforderlichen Konzentrationsniveau hält und das abgeätzte Kupfer in verkaufsfähiger Qualität zurückgewonnen wird (2 Firmen bieten Anlagen an).
Ein ähnliches Verfahren ist für salzsaure Cu(II)-Chloridätzen entwickelt worden, wobei als Anodenreaktion ausschließlich Cu (I) zu Cu (II) oxydiert wird. Durch die Abtrennung des Kathodenraums durch eine Membran

und separate Kreislaufführung wird die Gleichgewichtskonzentration an Cu (I) aufrechterhalten, so daß es sofort zur Kupferabscheidung kommt und die Rücklösung der von den Kathoden abfallenden Kupferdendriten verhindert wird. Problematisch ist der hohe Innenwiderstand der Zelle, der eine hohe Kühlleistung erfordert, die Feinregulierung der beiden Kreisläufe, um u.a. eine Chlorentwicklung zu vermeiden.

Von uns wurde ein Verfahren zur Kupferrückgewinnung aus salzsauren Kupferchloridätzen im kleintechnischen Maßstab entwickelt, das durch den Einsatz von Wasserstoffgasdiffusionsanoden eine Chlorentwicklung von vornherein ausschließt. Allerdings ist dabei ein zusätzlicher Reaktor zur Aufoxydation der während der Elektrolyse gebildeten Cu^+-Ionen notwendig. Das geschieht mit Luft, so daß gleichzeitig H^+-Ionen zu Wasser umgesetzt werden. Verbunden mit der parallelen Wasserstoffentwicklung an der Kathode kann dadurch der pH-Wert konstant gehalten werden, weil alle anodisch gebildeten H^+-Ionen bei geeigneter Strömungsführung aus dem Kreislauf entfernt werden.

Betrachtet man die für die Einleitung in das öffentliche Kanalnetz geforderten Grenzwerte, so wird deutlich, daß diese Werte mit einfachen Plattenelektrolysezellen nicht erreicht werden können, so daß der Kathodenprozeß anders gestaltet werden muß.

Durch eine Verwirbelung von Glaskugeln durch die Elektrolytströmung wird bei den CHEMELEC-Elektrolyseuren eine etwa um den Faktor 10 höhere Stoffübergangszahl und eine glatte Metallabscheidung erreicht. Grenzwerte bis 100 ppm können mit diesen Zellen bereits mit akzeptablen Stromausbeuten erreicht werden.

Eine weitere Verbesserung wird mit dem Einsatz von metallbeschichteten Schaumstoffkathoden erreicht, die quer durchströmt werden. Mit dem unter dem Namen RETEC bekannten Verfahren können bereits die gängigen Schichtmetalle in der Galvanotechnik bis auf etwa 10 ppm abgereichert werden. Die Einbindung der Zelle kann nach der Sparspüle oder nach dem Ionenaustauscher erfolgen. Die Schaumstoffkathoden werden nach Erschöpfung (Dendriten, Zuwachsen der Poren) gewechselt und einer Verhüttung zugeführt.

Die Elektrodenoberfläche läßt sich nun weiter vergrößern, indem sie als Partikelelektrode (Festbett, Wirbelbett, Rollschicht etc.) ausgebildet wird.

Im Fall des ENVIROCELL-Verfahrens wird der geometrische Querschnitt der Schüttgut-Kathode der Eindringungstiefe angepaßt, die u.a. konzentrationsabhängig ist.

Die Zelle, meist mit Graphitpartikeln als Kathode und Graphitplatte als Anode (durch ein Diaphragma getrennt), läßt sich mit Erfolg für die Abreicherung von vielen Metallen auf die geforderten Grenzwerte einsetzen, so werden von Danneels /2/ für Cu 0,5 ppm, Zn 50 ppm, Cr (VI) 0 ppm angegeben. Verbrauchsmaterial sind die Graphitpartikel, so daß es auf

die Art der Metalle (Preis) und die Größe der Anlage ankommt, ob man Festbettzellen für die Abreicherung von höheren Metallkonzentrationen verwendet oder nur für die Behandlung verdünnter Lösungen einsetzt. Eine Umpolung ist möglich, so daß dann die abgeschiedenen Metalle wieder als konzentrierte Lösung aufgelöst und in das Bad zurückgeführt werden können.
Festbettelektrolysezellen sind auch mit Erfolg zur EDTA-Zerstörung und gleichzeitiger Metallabscheidung, zur Teilentgiftung von Cyanid zur Entgiftung von $KMnO_4$, $NaClO_2$ (Ebonol) und CKW-(AOX-Senkung) getestet worden.

Wird die Strömungsgeschwindigkeit des Elektrolyten so hoch gewählt, daß die Elektrodenpartikel aufgewirbelt werden, so spricht man von Wirbelbettelektrolyse, die ebenfalls in einigen Versuchsanlagen erfolgreich arbeiten. Oft werden zylindrische Zellen mit rohrförmigen Diaphragmen und Stabanoden verwendet. Besonders bewährt hat sich dabei eine als Rollschichtzelle bezeichnete Variante, die von Hein /3/ an der Bergakademie Freiberg entwickelt wurde und für die Cu- und Silberrückgewinnung und die Herstellung von Stücknickel erfolgreich in der Industrie eingesetzt wurde.

Auch in solch einer Zelle haben wir Wasserstoffanoden getestet und festgestellt, daß die starke Strömung die Funktion der Anode nicht beeinträchtigt. Im Gegenteil, die Überspannung wird um 100 - 200 mV gesenkt. Eine zu starke Abführung der Säure aus dem Porensystem der Gasdiffusionsanode konnte nicht beobachtet werden. Eine Rollschichtzelle aufgeführter Bauart kann in Kombination mit einer Plattenzelle zur Peroxodisulfat-Herstellung zur kontinuierlichen Regeneration von Peroxodisulfatätzen in der Leiterplattenindustrie benutzt werden. In der Rollschichtzelle werden das abgeätzte Kupfer bis auf einen Gehalt von 50 ppm abgereichert und die schwefelsaure Ammoniumsulfatlösung dann anodisch wieder zum Peroxodisulfat oxydiert.
Eine von allen bisher beschriebenen Verfahren abweichende Prozeßführung weist ein elektrochemisches Verfahren der Fa. Ionsep auf. Grundlage ist die Fällung von Metallhydroxiden in einer zylindrischen Zelle mit Ionenaustauschermembran. Im Kathodenkreislauf werden Metallhydroxide gefällt, die aus der Zelle ausgetragen, abfiltriert und auf einer Filterpresse entwässert werden.
Zunehmende Bedeutung erlangen Verfahren, die zur Aufkonzentrierung von Lösungen z.B. aus Sparspülen eingesetzt werden, um wieder die notwendige Konzentration für das Galvanobad zu erreichen bzw. die für eine elektrochemische Metallabscheidung höhere Konzentration einzustellen. Zu nennen wären: Ultrafiltration, Umkehrosmose, Vakuumverdampfung und Elektrodialyse.

Das verfahrenstechnische Know-how der Elektrodialyse liegt in der Strömungsführung, integrierten Abstandshaltern, geeigneten Membrantypen und der Beherrschung von Abdichtungsproblemen. Da die Elektroden von einem getrennten Elektrodenspülkreislauf umströmt werden, treten, solange keine chloridhaltigen Lösungen verwendet werden, kaum Probleme auf. Werden chloridhaltige Systeme aufkonzentriert, kommt es meist zum Einwandern von Chloridionen in den Elektrodenspülkreislauf. Eine Chlorentwicklung an der Anode ist die unangenehme Folge. Auch hier können Wasserstoffanoden Abhilfe schaffen. Diskutiert wird auch die Salzspaltung in geeigneten Zellen, um z.B. aus Na_2SO_4 wieder Natronlauge und Schwefelsäure zu gewinnen /4/. Vorteilhaft wäre hier wieder der Einsatz von Wasserstoffanoden, um gleichzeitig den kathodisch entwickelten Wasserstoff zu nutzen.
Hauptproblem sind die geringe Selektivität und Beständigkeit von Anionenaustauschermembranen. Deshalb werden auch sogenannte bipolare Membranen für einen solchen Einsatz empfohlen /5/. Eindiffundiertes Wasser wird in diesen Membranen in H^+- und OH^--Ionen gespalten, so daß in den benachbarten Räumen Lauge und Säure entsteht, zwischen den alternierenden KAM und AAM noch 2 Räume getrennt durch eine bipolare Membran liegen.

Literatur

/1/ Kreysa, G. Chem.-Ing.-Techn. 62 (1990), 357

/2/ Danneels, L.: Galvanotechnik 81 (1990), 959
ebenda S. 1350, ebenda S. 1764

/3/ Hein, K.: Metall 41 (1987), 148

/4/ Matschiner, H.: siehe Beitrag in diesem Band

/5/ Schein, R.: Prospekt QVF Glastechnik GmbH
"Elektrodialyse, Säuredialyse, Elektrodialyse mit bipolaren Membranen"

Elektrochemische Untersuchungen zur kathodischen Tauchlackierung von Aluminium

F. Beck, P. Hülser
Fachgebiet Elektrochemie, Universität Duisburg

Zusammenfassung

In der Einleitung wird die technische Bedeutung der Elektrotauchlackierung als Beispiel eines umweltfreundlichen Verfahrens für die Industrielackierung dargestellt. Bei der Beschichtung von Aluminiumflächen durch kathodische Taucklackierung (KTL) treten Korrosionsprobleme am Metall auf. Sie werden durch die kathodisch generierten OH^--Ionen verursacht. Diese OH^--Ionen werden einerseits abtransportiert und neutralisieren die Kationen des Ionomeren. Andererseits lösen sie aber mit der Geschwindigkeit $k \cdot c^0_{OH^-}$ die AlOOH-Deckschicht auf, die das Metall schützt. Das blanke Al geht schnell in neues AlOOH über. Mit verschiedenen elektrochemischen und analytischen Methoden wird der Einfluß der Qualität und Vorbehandlung des Aluminiums aufgezeigt. Große Unterschiede bestehen in den KTL-Systemen. Auch die Abscheidungsparameter Strom/Spannung und Temperatur haben einen starken Einfluß.

Summary

The industrial importance of electrodeposition of paint as a process with beneficial environmental aspects is emphasized in the introduction. If aluminium is coated via cathodic deposition of paint (CDP), corrosion problems at the metal do occur. They are caused by the OH^--ions, which are generated at the cathode. These OH^--ions are off transported at the one hand, and they neutralize the cations of the ionomer. On the other hand they dissolve with a rate $k \cdot c^0_{OH^-}$ the AlOOH layer protecting the metal. The blank Al is rapidly converted into fresh AlOOH. The influence of quality and pretreatment of aluminium on k is investigated with different electrochemical and analytical methods. The CDP systems display large differences. Deposition parameters as current/voltage and temperature have a strong influence in addition.

Résumé

Dans l'introduction l'importance de l'électrodéposition de vernis est démontrée comme étant une méthode non polluante de vernissage industriel. En recouvrant la surface d'aluminium par la déposition cathodique de vernis des problèmes de corrosion peuvent être observés sur le métal. Ils sont causés par les ions OH^-, qui sont générés par la cathode. D'un côté ces ions OH^- sont enlevés et neutralisent les cations de l'ionomère. De l'autre côté ils dissolvent la couche de AlOOH protégeant le métal avec une vitesse de $k \cdot c^0_{OH^-}$. Le Al pur est très rapidement converti en AlOOH frais. L'influence de la qualité et de la préalable de l'aluminium est mise en évidence par plusieurs méthodes électrochimiques et analytiques. Il y a de grandes différences entre les systèmes CDP. De même les paramètres de déposition tel que le courant/voltage et la température sont d'une importance considérable.

1. Einleitung

Die Elektrotauchlackierung stellt seit 25 Jahren das wichtigste **industrielle Lackierungsverfahren** zur Aufbringung der ersten Schicht auf phosphatierte Gebrauchsmetalle dar /1-3/. Es ist, im Gegensatz zur schichtbildenden Elektropolymerisation, in der Praxis vollständig etabliert /4/. Heute werden jährlich etwa $2 \cdot 10^5$ to [1] ETL-Systeme auf Flächen von insgesamt mehr als 20.000 km^2 abgeschieden, entsprechend der Größe des Landes Hessen. Davon entfallen mehr als die Hälfte auf Autokarosserien. Mengenmäßig machen diese Lacke etwa 1% der gesamten Lackproduktion aus, die Wertschöpfung liegt aber beträchtlich darüber.

In den ersten Jahren der industriellen Entwicklung standen die technischen Vorteile des Verfahrens im Vordergrund:

- Wasser als Lösungsmittel, Reduktion der Feuergefährlichkeit
- Regel- und Automatisierbarkeit durch die elektrischen Größen Strom und Spannung
- Verbesserung von Qualität und Gleichmäßigkeit (Umgriff!) der Beschichtung

In unseren Tagen ist aber der Aspekt der **Umweltfreundlichkeit** zusätzlich wichtig geworden /5/. Mit den genannten technischen Vorteilen ist die starke Verminderung der Lösungsmittelemission und die Reduktion der Lackabfälle eng verbunden. Wegen der Isolatoreigenschaften der ETL- Schicht nach dem Einbrennen scheint das umweltfreundliche Lackierverfahren auf die Grundierung beschränkt zu sein. Vor einigen Jahren ist gezeigt worden, daß durch Elektrotauchlackierung in rußgefüllten Systemen diese Technologie prinzipiell auch auf die Folgeschichten übertragen werden kann /6,7/. Wie in Abb. 1 dargestellt wird /8/, genügen schon kleine Rußkonzentrationen im Bad, um den spezifischen

[1]Auch beim größten elektroorganischen Syntheseprozess, der Elektrosynthese von Adipo-dinitril, rechnet man mit dieser Kapazität. Auch der Energieverbrauch ist mit ~ 1 TWh/a zufällig in derselben Größenordnung.

Widerstand ρ des eingebrannten Lacks auf ein solches Niveau abzusenken, daß eine Überlackierung möglich ist (Kurve mit Meßpunkten). Hingegen sind in konventionellen Systemen, z.B. Ruß/PVC, 10-20 % Ruß für eine Perkolation der Rußteilchen notwendig (gestrichelte Kurve). Auf diese Weise werden die mechanischen Eigenschaften des ETL-Films nicht beeinträchtigt.

Die wasserdispergierbaren Bindemittel tragen saure oder basische Gruppen wie -COOH oder $-NR_2$. Sie können durch Behandlung mit Basen oder Säuren ionisiert werden. Es sind also anionische oder kationische Ionomere. Nur in dieser Form sind sie wasserdispergierbar, es liegen hierbei Micellen vor /9,10/. Wenn p ein Polymerabschnitt ist, der bei einem kathodischen Tauchlack eine Alkylaminogruppe trägt, läßt sich die "Solubilisierung" des Lacks nach Gl. (1) formulieren:

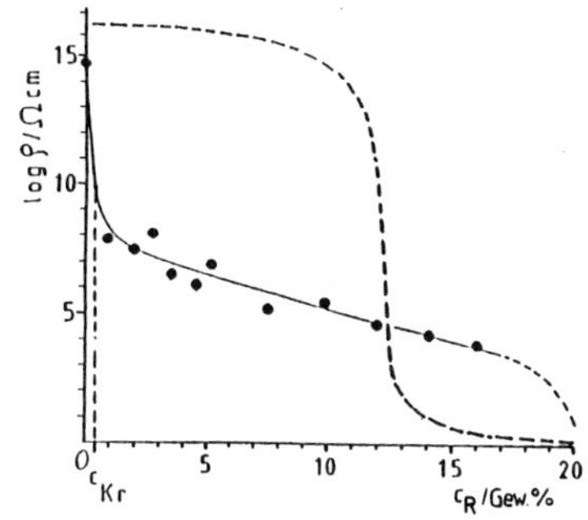

Abb.1 Spezifischer Widerstand ρ von Polymerschichten in Abhängigkeit von der Rußkonzentration c_R /8/, vergl. Text.

$$p\text{-}NR_2 + HA \rightleftharpoons p\text{-}NR_2H^+ + A^- \quad (1)$$

Hierbei ist HA z.B. Essigsäure. Der **Mechanismus** der Elektrotauchlackierung ist nun keineswegs eine direkte Entladung der Makro-Kationen an der Kathode. Ein Schichtwachstum wäre so unmöglich /11, 12/. Vielmehr handelt es sich um die Umkehrung (Gl. (3)) der Solubilisierungsreaktion nach Gl. (1) durch die OH^--Ionen, die infolge der Wasserelektrolyse nach Gl. (2) an der Kathode entstehen:

$$H_2O + e^- \longrightarrow OH^- + 1/2\ H_2 \quad (2)$$

$$p\text{-}NR_2H^+ + OH^- \longrightarrow p\text{-}NR_2 + H_2O \quad (3)$$

Dieser indirekte Mechanismus konnte durch Untersuchungen an der rotierenden Scheibenelektrode bewiesen werden /12/. Im stationären Zustand stellen sich die in Abb. 2 gezeigten Konzentrationsprofile an der Phasengrenze Kathode/KTL-Bad ein. Die elektrolytisch erzeugten OH^--Ionen reagieren sowohl mit HA als auch mit $p\text{-}NR_2H^+$, den beiden Säuren in Gleichung (1). Da es keine inerten Gegenionen zu den injiziierten OH^--Ionen gibt, müssen sich in gewissem Umfang Raumladungen vor der Elektrode aufbauen /3/. Nach diesem Mechanismus koaguliert das schwerlösliche neutrale Polymere und bildet einen Lackfilm, durch die Umkehrung von Gleichung (1).

Am Anfang der Entwicklung der Elektrotauchlackierung dominierten anionische Systeme, z.B. Polyacrylate oder maleinisierte Öle /1, 13, 14/ (ATL). **Korrosionsprobleme** waren deshalb zu erwarten, weil das Potential der Metallanode stark in Richtung auf die Metallauflösung verschoben wurde. Im allgemeinen setzte aber, z.B. bei Eisen, eine befriedigende Passivierung ein. Allerdings mußten Spuren von Depassivatoren, z.B. Chloridionen, sorgfältig vermieden werden /15/. Mitte der Siebziger Jahre wurden weltweit kationische ETL- Systeme (KTL) eingeführt /16-18/. Bezüglich der Korrosionsprobleme bei der Beschichtung gab es bei Eisen in der Tat relativ eisenfreie Beschichtungen /19,20/. In denselben Arbeiten wurde aber gezeigt, daß im Falle von Aluminium im Gegenteil eine relativ hohe Metallauflösung während der Abscheidung eintrat. Die Lacke enthielten bis zu 0,4% Aluminium. Die OH^--Ionen in der Diffusionsschicht hatten offensichtlich das Metall depassiviert über eine Auflösung der schützenden Oxidschicht als Aluminat.

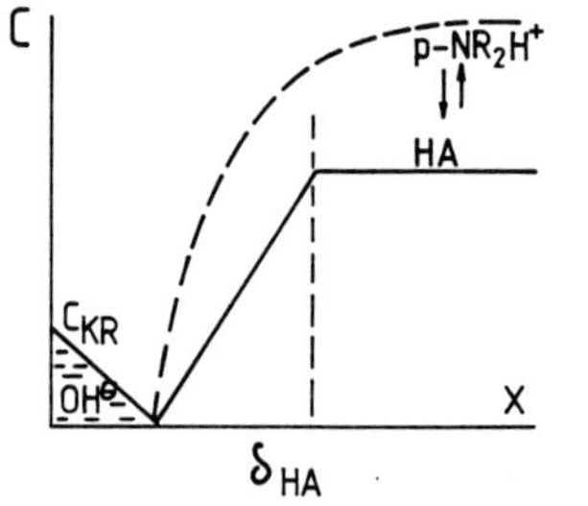

Abb. 2 Konzentration bei der KTL

Aluminium wird in zunehmendem Maße auch im Karosseriebau (Mischbauweise) eingesetzt mit dem Ziel einer Gewichtseinsparung /21/. Sogar Ganzaluminiumkarosserien sind in Zukunft wahrscheinlich. Die kathodische Korrosion des Aluminiums unter den Bedingungen der KTL ist komplex und wird von uns grundlagenorientiert untersucht. Über einen Teil unsere Ergebnisse wird im Folgenden berichtet.

2. Experimentelles

Die eingesetzten industriellen KTL- Systeme haben folgende Neutralisationsgrade:

A (Cathodip®), $\alpha = 0{,}55$

B (Neuentwicklung), $\alpha = 0{,}33$

Die partielle Neutralisation erfolgte mit Essigsäure. Beide Systeme stellen modifizierte Epoxidharze dar. Die 35% igen Konzentrate wurden mit destilliertem Wasser zu Klarlacken mit einem Festkörpergehalt von 13% verdünnt. Als Aluminiumsubstrate wurden folgende

Qualitäten eingesetzt: Al 99,0 (Goodfellow), Al 99,5 (VAW), Al 99,9 (ALUSINGEN) und Al 99,9999 (VAW). Die Standardfläche der Beschichtungen war 4 cm^2.
Die Abscheidung der KTL-Schichten aus dem magnetisch gerührtem Bad erfolgte in einer Glaszelle bei konstanten Spannungen im Bereich von 150-300 V. Die Standardspannung war 250 V. Als Netzgerät diente ein Stromversorgungsgerät von Rohde & Schwarz (NGPV 300). In einigen Fällen wurde auch bei konstanter Stromdichte im Bereich von 1-7 mA cm^{-2} abgeschieden. Die Standardstromdichte war 2 mA cm^{-2}. Die konstanten Ströme (4 bis 28 mA) wurden aus dem o.a. Stromversorgungsgerät entnommen. In beiden Fällen dienten zwei Platin-Bleche als Gegenelektroden. Die resultierenden j/t- und U/t-Kurven wurden in einem Meß- und Auswertesystem, (Hewlett & Packard 7090 A) gespeichert und computergestützt ausgegeben.

Die in Abschnitt 3.3 mitgeteilten Ergebnisse wurden an einer rotierenden Kegelelektrode aus Aluminium erhalten. Der Durchmesser war 26 mm, der Winkel an der Kegelspitze 154 ^{0} /12/. Die Anordnung wurde mit einem PINE Rotator, Modell ASR 2, im Bereich von 50 bis 1200 Upm rotiert.

Die analytische Bestimmung von Al im KTL-Film bzw. im Bad erfolgte nach einer in /22/ beschriebenen Methode: Der Naßlack (A = 4 cm^2) wurde mit insgesamt 12 ml Tetrahydrofuran (THF) abgelöst. Unter Zugabe von 7 ml 1%iger 8-Hydroxychinolin (Oxin) Lösung in Chloroform und 1 ml Eisessig wird mit THF auf 20 ml aufgefüllt. Nach einstündigem Stehen wird die Extinktion bei 395 nm gegen eine Blindprobe (gleiche Lösungen, aber unter Zugabe von 5 Tropfen KTL-Bad) gemessen. Die Eichung erfolgte durch Zugabe von 0.05 - 1 ‰ einer Lösung von 1g $AlCl_3$/1000 ml H_2O (Titrisol®) zum obigen Vergleichsgemisch.

3 Ergebnisse und Diskussion

3.1 KTL bei konstanter Spannung

3.1.1 Strom/Zeit-Kurven

Die Abscheidung bei konstanter Spannung ist in der industriellen Praxis üblich. In Abb. 3 sind zwei typische j/t- Kurven wiedergegeben. Theoretisch ist ein kontinuierlicher Abfall von j nach einem $t^{-1/2}$- Gesetz durch das Dickenwachstum der Schicht zu erwarten /23/, vergl. /24/:

$$j = \sqrt{\frac{s \cdot U}{2\rho\gamma \cdot m_e}} \cdot \frac{1}{\sqrt{t}} \qquad (4)$$

Hierbei bedeutet: γ = Stromausbeute, s = Dichte der Schicht, ρ = spezifischer Widerstand des Naßfilms, m_e = elektrochemisches Equivalent.

Die Kurve (a) für Aluminium läßt neben einer Anfangsstromspitze eine Stufe erkennen, insgesamt also einen komplizierten Verlauf. Bald werden aber Restströme deutlich unter 1 mA cm^{-2} erreicht. Bei einer Elektrode mit anodisch verdickter Oxidschicht (j = 14 mA cm^{-2}, 2 M H_2SO_4, 40 Minuten bei 20 °C, entsprechend d = 16 μm Al_2O_3 /25/, anschließend sealing bei 100 °C in dest. H_2O, 10 Minuten) halten sich über die ganzen zwei Minuten (Taktzeit) wesentlich höhere Restströme. Dieser überraschende Befund hängt mit der höheren Ionenleitfähigkeit der $Al_2O_3 \cdot x\, H_2O$-Schicht zusammen, die wiederum eine verstärkte Wasserstoffentwicklung und eine relativ schwammige KTL-Schicht nach sich zieht. Bei einer unverdichteten Schicht erfolgte hingegen ein früher Abfall zum Reststrom. In einem Fall haben wir nach 110 sec. einen plötzlichen Durchbruch auf etwa 20 mA cm^{-2} beobachten können.

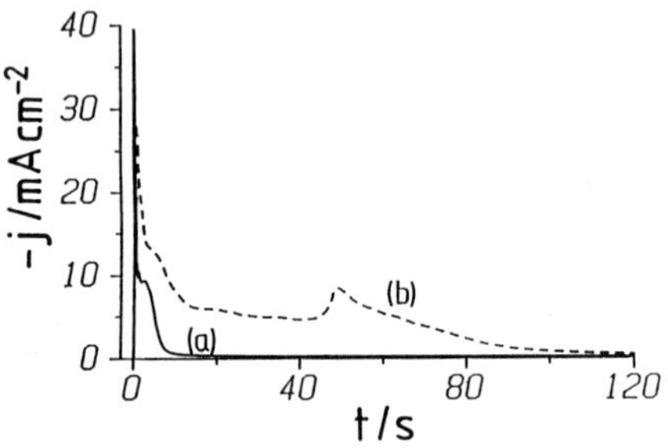

Abb. 3 KTL bei U= 250V, Lack B, 35° C
(a) ———— Al (99,0%), entfettet
(b) – – – – – Al (99,0%), anodisiert in 2 M H_2SO_4, d = 16 μm Al_2O_3, anschl. unvollständiges sealing

Dehnt man die Sealing-Periode auf einen längeren Zeitraum aus, so fällt die Stromdichte sehr schnell auf einen Reststrom ab, der zwischen den Fällen (a) und (b) in Abb. 3 liegt. Das sealing im obigen Fall war also unvollständig.

Variiert man die Badtemperatur im Bereich von 15 bis 45 °C, so ändern sich die Strom/Zeit-Profile deutlich. Abb. 4 zeigt eine Kurvenschar mit höherer zeitlicher Auflösung. Mit abnehmender Temperatur werden die schon erwähnten Spitzen immer breiter. Gleichzeitig nimmt die Stufe in Höhe und Breite ab und verschwindet schließlich vollständig. An Eisen werden ähnliche Kurven beobachtet, jedoch verbreitern sich die Spitzen noch

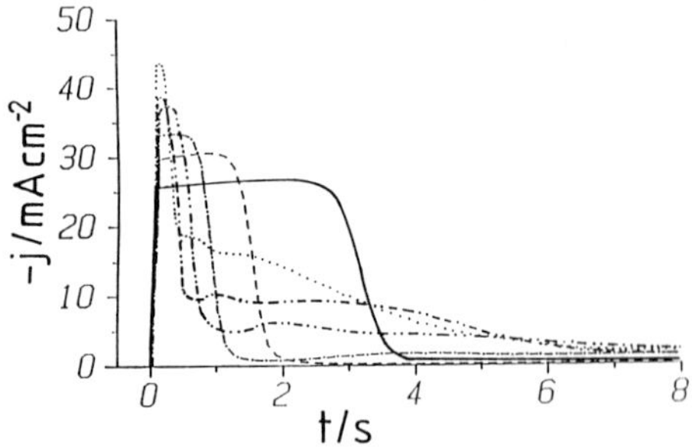

Abb. 4 KTL bei U= 250V, Lack B, Temperaturreihe:
———— 15 °C
– – – – – 20 °C
—·—·—·—· 25 °C
··—··—··— 30 °C
··— —··— — 35 °C
··········· 40 °C

mehr. Der komplizierte Verlauf hat also nichts mit der Porosität der Al_2O_3-Deckschicht zu tun, sondern ist eine intrinsische Eigenschaft des Bindemittels. Bei Lack A sind die Spitzen auch bei tiefen Temperaturen relativ schmal (0,3 s), die Stufe bleibt aber bei allen Temperaturen auf einem mittlerem Niveau (5-10 mA cm^{-2}) über etwa 10 Sekunden erhalten.

Abb. 5 zeigt klar, daß bei der höheren Spannung im Anfangsteil des Strom/Zeit-Profils erwartungsgemäß höhere Ströme fließen, bereits nach 10 Sekunden sind die Restströme /24/ aber praktisch gleich. Man erkennt, daß beim Lack A zwischen Eisen und Aluminium keine großen Unterschiede bestehen.

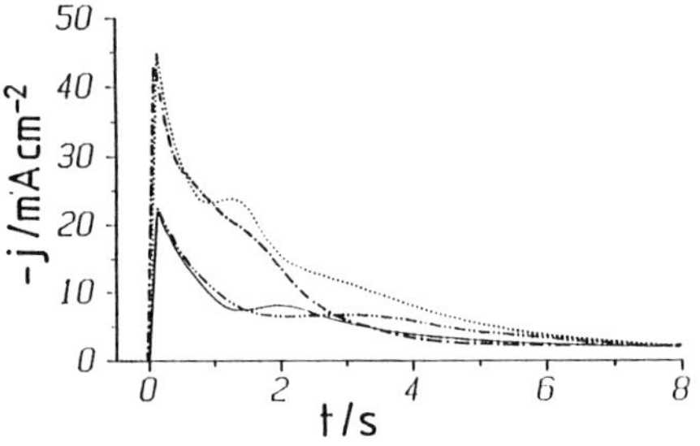

Abb. 5 KTL bei 35° C, Lack A, Spannungsreihe:

———	150 V,	Al 99,0
—·—·—·—	300 V,	Al 99,0
—··—··—	150 V,	Fe St 37
········	300 V,	Fe St 37

3.1.2 Abscheidungsequivalente

Das Abscheidungsequivalent ist definiert als

$$m_e = \frac{\Delta m}{Q} \; / \; mg\,C^{-1} \qquad (5)$$

Δm ist die Massenzunahme der Elektrode. Sie wird nach Abspülen mit destilliertem Wasser, Trocknen bei 23 °C im Vakuum und bei 110 °C bei Normaldruck, jeweils eine Stunde, bestimmt. Die Ladungsmenge Q wird durch Integration der Strom/Zeit-Kurve erhalten. Unter der Annahme, daß bei der Elektrocoagulation die partielle Neutralisation vollständig rückgängig gemacht werden muß, wäre m_e auch

$$m_e = M_p/\alpha F \qquad (6)$$

M_p ist das mittlere Molekulargewicht eines Polymersegments, an das eine NR_2/NR_2H^+ - Gruppe gebunden ist.

In Tabelle 1 sind eine Reihe von m_e-Werten für Aluminium zusammengestellt. m_e für Lack A ist deutlich (40 %) höher als für Lack B. Mit Gl. (6) und den Angaben am Anfang von

Tabelle 1

Abscheidungsequivalente auf Aluminium bei 250 Volt und 35 °C in Abhängigkeit von der Qualität und der Vorbehandlung

Gr.	Aluminium	Abscheidungsequivalent m_e / mg C^{-1}	
		Lack A	Lack B
I	Al 99,0	43,1	34,2
	Al 99,9	43,2	34,0
	Al 99,9999	42,6	32,0
	Al Mg 4,5 Mn 1,0	42,6	30,0
	Al Mg 3,0	--	31,4
	Al Mg 0,4 Si 1,2	42,8	29,5
II	Bo 723 / Al Mg 3	43,0	27,4
	VP 4215/3 / Al Mg 3	43,1	24,9
	16 μm Al_2O_3 anod. 2 M H_2SO_4 / Al 99,0	46,6	30,3
	16 μm Al_2O_3 anod. 2 M H_2SO_4, anschließend partielles sealing, kochendes dest. Wasser, 10 min / Al 99,0	44,4	35,9
	24 μm Al_2O_3 anod. 1,7 M H_2SO_4, anschließend vollständiges sealing, kochendes dest. Wasser, 60 min / Al 99,5	23,3	12,1
	Al_2O_3 anod. H_3BO_3 pH 11, siehe Tabelle 3 / Al 99,0	43,2	34,2
	Anod. pitting 0,1 M HNO_3, 2 min, 25 mA cm^{-2} / Al 99,0	41,1	--
	Therm. Al_2O_3 (5 min., 500 °C) / Al 99,0	42,7	--
	Beizen mit 20% NaOH / Al 99,0	43,9	35,9

Abschnitt 2 folgt hieraus, daß M_p bei Lack A wesentlich größer sein sollte als bei Lack B (die basische Gruppen sind "verdünnter"). Die Aluminiumqualität (Reinheit, Legierungen), vergl. Gruppe I, hat keinen nennenswerten Einfluß auf m_e. Dies gilt auch für die Gruppe II der oberflächenbehandelten Aluminiumbleche. Hier ist allerdings zu bemerken, daß bei den in H_2SO_4 anodisierten Blechen bei gleicher Spannung wesentlich höhere Ladungen (bis zum Faktor 6) durchgesetzt werden, vgl. Abb. 3. Sie entsprechen aber auch höheren Δm-Werten, so daß m_e insgesamt nur leicht erhöht ist, vergl. Tabelle 1. Die Proportionalität zwischen Δm und Q, wie sie aus dem Faradayschen Gesetz folgt, ist also weitgehend erfüllt. An Modellbindemitteln wurde schon früher eine strenge Proportionalität festgestellt /26/, wenn man die in der Induktionsperiode geflossene Ladungsmenge abzieht. Die einzige größere Abweichung ergibt sich für die vollständig gesealten Aluminiumbleche (nach Anodisierung). Hier werden auffallend kleine m_e-Werte erhalten. Δm ist hier besonders stark reduziert. Wahrscheinlich wird unter diesen Bedingungen ein erheblicher Teil der OH^--Ionen in der hydratisierten AlOOH-Schicht gespeichert und können dadurch nichts zur Elektrocoagulation beitragen. Alle KTL-Schichten waren homogen und blasenfrei, bis auf die anodisierten bzw. anodisierten und partiell gesealten Aluminiumelektroden.

Die Temperaturabhängigkeit von m_e ist in Abb. 6 wiedergegeben. Bei Lack A ist m_e praktisch temperaturunabhängig, und die Werte für Al oder Fe als Substrat unterscheiden sich praktisch nicht. Bei dem anderen Lack (B) sind die Verhältnisse etwas komplizierter. Die Kurven für beide Metalle durchlaufen ein Minimum bei ca. 25 °C, und die Aluminiumkurve liegt bei höheren Temperaturen deutlich über der Eisenkurve. Dies könnte mit einer zusätzlichen Elektrocoagulation durch Aluminationen zusammenhängen; Tabelle 3 in Abschnitt 3.4 zeigt eine zehnfache Al-Konzentration in der Lackschicht im Vergleich zu System A auf.

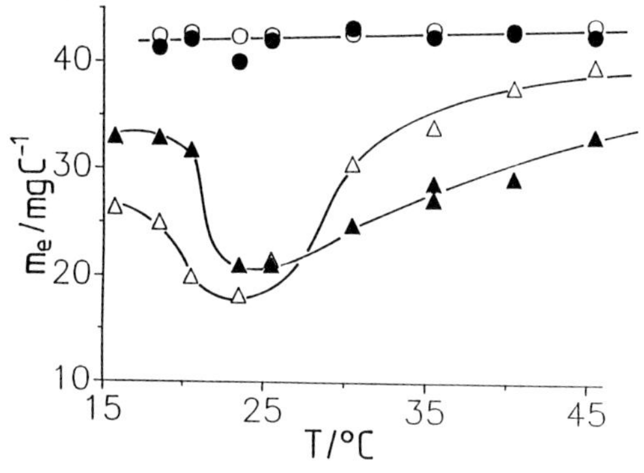

Abb. 6 Abscheidungsequivalente m_e in Abhängigkeit von der Abscheidungstemperatur T (250 V)

○ Lack A, Al 99,0
△ Lack B, Al 99,0
● Lack A, Fe St 37
▲ Lack B, Fe St 37

Die Spannungsabhängigkeit von m_e wird in Abb.7 aufgezeigt. Auch hier zeichnet sich m_e von Lack A durch eine praktische Unabhängigkeit von der Abscheidungsspannung U bei den Metallen aus. Bei Lack B nimmt aber m_e mit U deutlich zu. Die m_e-Werte für Al liegen deutlich über denen für Fe, die möglichen Gründe für diesen Effekt wurden bereits diskutiert.

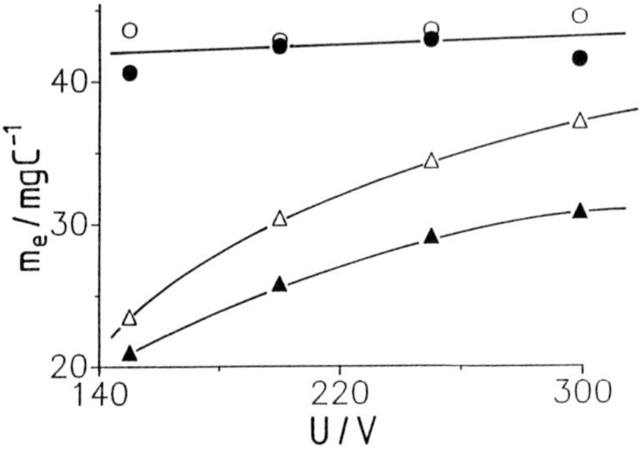

Abb. 7 Abscheidungsequivalente m_e in Abhängigkeit von der Abscheidungsspannung U (35 °C)
○ Lack A, Al 99,0
△ Lack B, Al 99,0
● Lack A, Fe St 37
▲ Lack B, Fe St 37

3.2 KTL bei konstanter Stromdichte

3.2.1. Messungen in ruhender Lösung

Polarisiert man eine horizontale Aluminiumelektrode (freie Fläche nach unten) mit konstanter Stromdichte, so scheidet sich erst nach einer Induktionsperiode τ eine Lackschicht ab. Die eintretende Bedeckung der Elektrode mit einer Polymerschicht ist durch einen steilen Anstieg der Spannung gekennzeichnet. In Abb.8 sind einige charakteristische Beispiele für die gemessenen Spannungs/Zeit-Kurven für je 2 mA cm^{-2} wiedergegeben. Man erkennt, daß bei Lack B wieder große Unterschiede zwischen Aluminium und Eisen bzw. Platin auftreten. Bei Al erfolgt die Lackabscheidung viel früher, die Spannungskurve hat eine Stufe bei etwa 200 V.

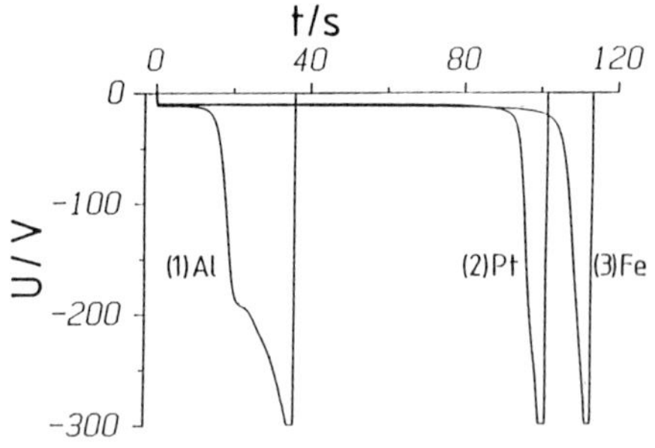

Abb. 8 Spannungs/Zeit-Kurven bei konstanter Stromdichte j= 2 mA cm^{-2} für Lack B und die Substrate:
(1) Al (99,5 %); (2) Pt; (3) Fe

Ganz im Gegensatz hierzu koinzidieren bei Lack A die U/t-Kurven für die drei Metalle fast vollständig. In Abb. 10a ist die Kurve gezeigt für j = 2 mA cm^{-2} an Aluminium. Demnach steigt die Spannung noch früher an, das Spannungsplateau liegt bei 75 Volt.
Die Transitionszeit τ ist umso kleiner, je größer die angewandte Stromdichte ist. Nach Abb.9 ist $1/\sqrt{\tau}$ proportional zu j. Demnach ist die Sand'sche Gleichung gültig:

$$j = 1/2 \sqrt{\pi D_{OH^-}} F c^*_{OH^-} \frac{1}{\sqrt{\tau}} \qquad (7)$$

Entsprechend diesem Modell haben sich die bei der galvanostatischen Elektrolyse entstehenden OH^--Ionen nach der Transitionszeit τ an der Phasengrenze bis zur kritischen Konzentration $c^*_{OH^-}$ akkumuliert, wodurch die Elektrocoagulation ausgelöst wird. Analoge Befunde sind mit anionischen Systemen schon früher erhalten worden /27,28/.

In Tabelle 2 ist der Einfluß der Aluminiumqualität (Gruppe I) und der Vorbehandlung des Aluminiums (Gruppe II) auf die nach dieser Methode ermittelten Transitionszeiten τ (bei j = 2 mA cm^{-2}) dargestellt. Man erkennt, daß die Aluminiumqualität (incl. Legierungen) einen relativ geringen Einfluß hat auf τ. Die Daten für die verschiedenen Vorbehandlungsarten zeigen aber drei herausragende Ergebnisse. Das Anodisieren in Borsäure führt bei beiden Lacken zu relativ geringen τ-Werten, während andererseits das Anodisieren in 2 M H_2SO_4, insbesondere bei Lack A, eine deutliche Zunahme von τ nach sich zieht. Bei Lack B ist auch der τ-Wert der in NaOH gebeizten Probe relativ lang.

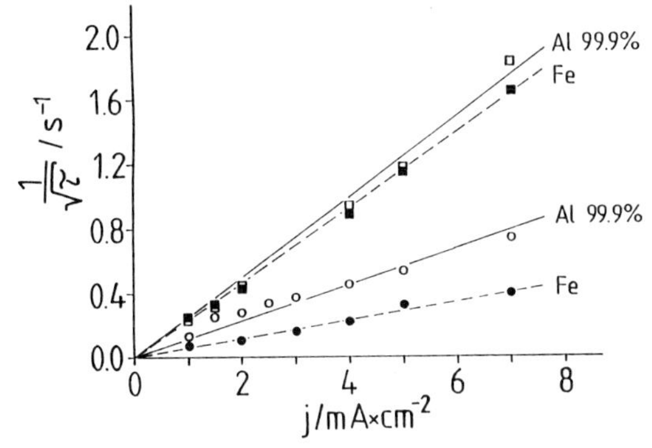

Abb. 9 Auftragung von Transitionszeiten τ gegen die Stromdichte j gemäß der Sand'schen Gleichung (7)
□ ■ Lack A
○ ● Lack B

Tabelle 2

Transitionszeiten τ (bei j= 2 mA cm^{-2} und 35 °C) in Abhängigkeit von der Qualität und der Vorbehandlung des Aluminiums			
Gr.	Aluminium	Transitionszeit τ/s	
		Lack A	Lack B
I	Al 99,0	5,8	16,4
	Al 99,9	5,3	13,8
	Al 99,9999	6,5	16,2
	Al Mg 4,5 Mn 1,0	7,0	21,5
	Al Mg 3,0	7,6	19,5
	Al Mg 0,4 Si 1,2	6,7	19,1
II	Bo 723 / Al Mg 3	6,7	19,3
	VP 4215/3 / Al Mg 3	4,5	20,2
	16 μm Al_2O_3 anod. 2 M H_2SO_4 / Al 99,0	9,5	17,5
	16 μm Al_2O_3 anod. 2 M H_2SO_4, anschließend partielles sealing, kochendes dest. Wasser, 10 min / Al 99,0	9,1	33,5
	Al_2O_3 anod. H_3BO_3 pH 11, siehe Tabelle 3 / Al 99,0	3,3	7,3
	Anod. pitting 0,1 M HNO_3, 2 min, 25 mA cm^{-2} / Al 99,0	--	12,5
	Beizen mit 20% NaOH / Al 99,0	5,1	30,0

3.2.2 Polypyrrol auf Aluminium als Zwischenschicht

Wir konnten kürzlich zeigen, daß Pyrrol an einer speziell vorbehandelten Aluminiumelektrode aus einer wäßrigen Oxalsäurelösung anodisch zu einer festhaftenden Polypyrrolschicht umgesetzt werden kann /29/. In den beiden in Abb. 10 wiedergegebenen Kurven b und c wurde das entfettete Aluminium in 0,1 M HNO_3/0,1 M Pyrrol anodisch bei 25 mA/cm^2 zwei Minuten lang polarisiert. Es entstehen pits in der Al_2O_3-Deckschicht. Diese Form der Akitivierung eignet sich auch für die nachfolgende Abscheidung von Polypyrrolpulver /30/. In unseren Beispielen wurde aber aus 0,1 M Oxalsäure/0,8 M Pyrrol bei 1 bzw. 10 mA cm^{-2} eine 3 bzw. 15 μm dicke Polypyrrolschicht abgeschieden.

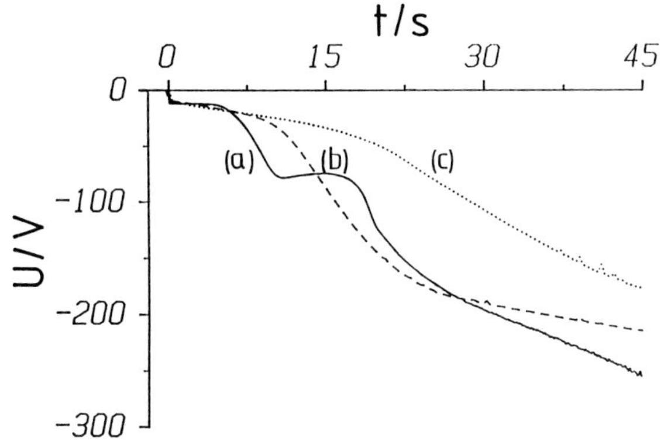

Abb. 10 Galvanostatische Abscheidung von Lack A auf Aluminium bei 2 mA cm^{-2} in ruhendem Elektrolyten
(a) ———— direkt
(b) – – – – – 3 μm PPy als Zwischenschicht
(c) ·········· 15 μm PPy als Zwischenschicht

Die Ergebnisse in Abb. 10 zeigen, daß diese Al-Elektroden mit einer KTL-Schicht überschichtbar sind. Bei 2 mA cm^{-2} wächst - nach einer Induktionsperiode von 5 - 15 Sekunden - eine Polymerschicht auf, wobei die Spannung schnell auf über 200 V ansteigt. Hierbei wird gegenüber der Al-Elektrode ohne PPy-Zwischenschicht (Kurve a) eine deutliche Verlängerung der Induktionsperiode beobachtet. Dies ist auch zu erwarten, denn zunächst läuft die kathodische Entdotierung des Polypyrrols ab:

$$(Py^{+}_{1/y}A^{-})_{yp} + yp\, e^{-} \longrightarrow (Py)_p + yp\, A^{-} \qquad (8)$$

Hierbei ist y der Insertionsgrad und p der Polymerisationsgrad. Die drastische Zunahme des spezifischen Widerstands hat bei den vorliegenden Dünnschichten eine Zunahme des Spannungsabfalls von nur wenigen Volt zur Folge. Es akkumulieren freie Anionen ($HC_2O_4^-$) an der Phasengrenze, die aber keine Koagulation des Bindemittels auslösen. Erst wenn die Konzentration der insertierten Anionen an der Oberfläche des Festkörpers auf Null abgefallen ist, negativiert sich das Potential bis zum Eintritt der Wasserelektrolyse nach Gl. (2), und die Elektrocoagulation setzt ein, wenn die kritische Phasengrenzkonzentration erreicht worden ist. Allerdings machen die Differenzen der Induktionsperioden zur Kurve (a) weniger als 20 % der Redoxkapazität des PPy aus. Die relativ dicken PPy-Schichten werden also nur teilweise entdotiert.

Der gesamte Aufbau Al/Al_2O_3/PPy/KTL zeigt nach dem Einbrennen eine hervorragende Haftung. Solche Systeme könnten für einen verbesserten Korrosionsschutz interessant werden, da die polymere Zwischenschicht als Korrosionsinhibitor wirksam sein könnte /31/.

3.3 KTL an der rotierenden Al-Kegelelektrode

Die Elektrocoagulation des Bindemittels an der Kathode wird über die Konzentrationsprofile der OH^--Ionen in der Diffusionsschicht gesteuert. Ihre Steilheit wächst mit der Stromdichte, durch Änderung der Diffusionsschichtdicke δ_N werden sie parallel verschoben. An der rotierenden Scheibenelektrode kann dies durch Änderung der Drehzahl geschehen:

$$\delta_N = 1{,}61\ \omega^{-1/2}\ \nu^{1/6}\ D_{OH^-}^{1/3} \quad (9)$$

(ω = Winkelgeschwindigkeit, ν = kinematische Viskosität des KTL-Bads, D = Diffusionskoeffizient). Durch Kombination mit der Transportgleichung für OH^--Ionen (vergl. Abb. 2):

$$j = F\ D_{OH^-} \cdot c_{OH^-}\ \delta_N^{-1} \quad (10)$$

erkennt man, daß bei einer kritischen Oberflächenkonzentration $c^*_{OH^-}$ eine Beziehung

$$j^2 = K \cdot n^* \quad (11)$$

erfüllt sein sollte. Sie wurde bei ATL-Systemen /12,32/ und bei KTL /20/ auch tatsächlich gefunden. Auch bei Lack B ist Gl. (11) verifiziert, wie Abb. 11 zeigt. Wir haben wegen der Wasserstoffentwicklung statt einer Al-Scheibe einen flachen Al-Kegel eingesetzt, vergl. Abschnitt 2. Man erkennt, daß an der Al-Kathode sich Lack B leichter abscheidet als an der Fe-Kathode; man muß bei vorgegebenem j bei Al schneller rotieren, um eine Abscheidung (innerhalb 20 Minuten) zu verhindern. Dies könnte wieder auf die zusätzliche elektrocoagulierende Wirkung der Aluminationen zurückzuführen sein, die hier in besonders reichlichem Maße in Lösung gehen, vergl. Tabelle 3.

Bei Lack A sind die entsprechenden Kurven nichtlinear, vergl. Abb. 12. Außerdem fallen die beiden Kurven an Al und Fe zusammen. Bei höheren Stromdichten wird also die Abscheidbarkeit relativ erschwert. Vermutlich hängt dieses Verhalten mit der Präsenz von quartären Ammoniumstrukturen zusammen, die sich durch die elektrogenerierten OH^--Ionen nicht "entladen" lassen. Daneben müssen aber noch partiell protonierte Aminogruppen vorhanden sein.

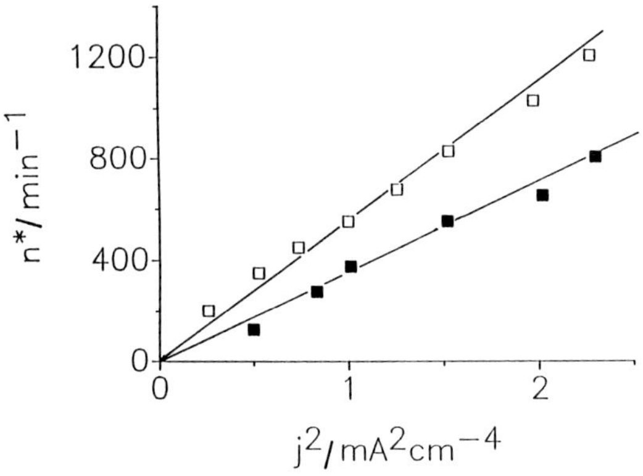

Abb. 11 KTL an der rotierenden Al-Kegelelektrode, Lack B
□—□ Al ; ■—■ Fe

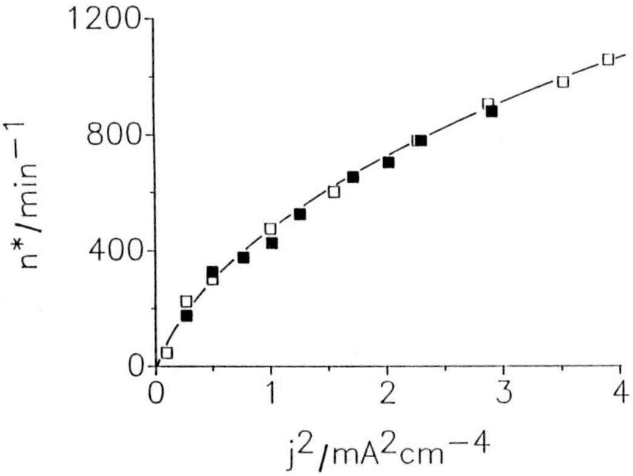

Abb. 12 KTL an der rotierenden Al-Kegelelektrode, Lack A
□—□ Al ; ■—■ Fe

3.4 Direkte Untersuchungen zur Korrosion der Aluminiumkathode

Eine Möglichkeit besteht in der quantitativen Erfassung des erzeugten Wasserstoffs. Neben der durch die Wasserelektrolyse nach Gl. (2) generierten H_2-Menge V wird eine Exzess-Menge ΔV beobachtet, die nach einem zweistufigen Korrosionsmechanismus entsteht. Die OH^--Ionen lösen das schützende AlOOH ab:

$$\mathrm{Al/AlOOH} + \mathrm{OH^-} \xrightarrow{\text{langsam}} \mathrm{Al} + \mathrm{AlO_2^-} + \mathrm{H_2O} \qquad (12)$$

Man muß von dieser 1 : 1-Stöchiometrie ausgehen. Die Al-Oberflächenatome bilden in einer schnellen Reaktion die oxidische Deckschicht zurück:

$$\mathrm{Al} + 2\,\mathrm{H_2O} \xrightarrow{\text{schnell}} \mathrm{AlOOH} + 3/2\,\mathrm{H_2} \qquad (13)$$

Despić et al. nehmen hierbei Al-OH als Zwischenprodukt an /33/. Wenn alle OH^--Ionen, die nach Gl. (2) kathodisch entstehen, nach Gl. (12) verbraucht werden würden, würde H_2 mit 400 % Stromausbeute (Verstärkungsfaktor f = 4) entstehen. Dieser Zustand wird bei höherer Temperatur auch nahezu eingestellt, wenn (12) schnell genug ist. Normalerweise diffundiert aber ein Teil der OH^--Ionen ab, so daß bei Versuchen in Modellpuffern alle Stromausbeuten zwischen 100 und 400 % beobachtet werden /34/. Entsprechende Gasmessungen in KTL-Systemen sind geplant, in Analogie zu unseren früheren ATL-Messungen /35/.

Ein anderer Weg besteht in der quantitativen Erfassung des nach Gl. (12) in Lösung gegangenen Aluminats. Tabelle 3 zeigt Ergebnisse auf dieser Grundlage (Photometrie des Al-Oxinats, vergl. Abschnitt 2). Die in der letzten Spalte angegebene "Stromausbeute" SA wurde unter der Annahme ausgerechnet, daß bei SA = 100 % jedes nach Gl. (2) injiziierte OH^--Ion ein "Molekül" AlOOH nach Gl. (12) ablösen würde, wobei die schnelle Korrosion nach Gl. (13) unmittelbar folgen würde. Das Korrosionsequivalent wäre also 26970000/96494 = 279 μg Al/C. Man kann aus Tabelle 3 entnehmen, daß die Al-Korrosion bei Lack A ca. zehnmal langsamer verläuft als bei Lack B. Da in der Lösung via AAS keine nennenswerten Mengen Al auffindbar waren, sie entsprachen in den beiden ersten Beispielen in Tabelle 3 jeweils weniger als 1 % Stromausbeute absolut,ergibt dieser Befund auch etwa die Gesamtkorrosion. Die Werte liegen bei Lack A deutlich unter den kathodischen Korrosionsraten in Acetatpuffer bei pH 6, gemessen über die Wasserstoffentwicklung /34/. Dies ist auch verständlich: Die nach Abb. 2 konkurrierenden Säuren HA und $p\text{-}NR_2H^+$ erniedrigen die Phasengrenzkonzentration der OH^- in beträchtlichem Maße. Im Acetatpuffer bei pH 6, der zu 95 % aus Acetationen besteht, kann sich hingegen das Konzentrationsprofil der OH^--Ionen fast voll entwickeln, die Phasengrenzkonzentration ist entsprechend höher. Das letzte Beispiel demonstriert eine ausgeprägte Schutzwirkung von Polypyrrol-Zwischenschichten, vergl. Abschnitt 3.2.2.

Tabelle 3

Analytische Bestimmung (Photometrie als Oxinat) des Al in KTL-Filmen; A = 4 cm^2, U = 250 V, 35 °C, 2 min.

Gr.	Aluminium	Lack	KTL - Lackfilm auf Al			
			m/mg	Q/mc	Al/μg	SA/%
I	Al 99,0	A	25	579	2,9	1,8
		B	12,7	375	16	15,3
	Al 99,9	A	22,4	519	2,5	1,7
		B	14,1	403	14	12,5
	Al 99,9999	A	24,5	568	2,9	1,8
		B	13,9	433	14	11,6
	Al Mg 4,5 Mn 1,0	A	21,2	490	2,4	1,8
		B	13,0	432	10,5	8,7
II	Al (99,0):					
		A	76,0	1640	3,8	0,8
	16 μm Al_2O_3 anod. 2 M H_2SO_4	B	30,8	857	24	10,0
	16 μm Al_2O_3 anod. 2 M H_2SO_4,	A	62,1	1400	2,2	0,6
	anschl. sealing, kochendes Wasser, 10 min	B	69,3	1925	44	8,2
	Therm. Al_2O_3	A	24,7	575	2,1	1,3
	(5 min., 500 °C)	B	11,9	351	9,2	9,4
	Al_2O_3 anod. H_3BO_3, 1 M Boratpuffer pH 11 a) 4 min bei j= -10 mA cm^{-2}; b) 8 min bei j= +15 mA cm^{-2}	B	14,2	415	10,5	9,1
	Al/ 3 μm PPy / KTL	B	32,5	792	5,3	2,4

4 Schlußbemerkung

Wie schon einleitend dargestellt worden ist, haben unsere Untersuchungen die quantitative Erfassung der kathodischen Korrosion des Aluminiums unter den Bedingungen der kathodischen Elektrotauchlackierung zum Ziel. Dieses Ziel kann natürlich analytisch (Bestimmung des in Lösung gegangenen Aluminiums) erreicht werden. Die überwiegende Menge wird im KTL-Film zurückgehalten. Die Stromausbeute ist bei Lack A 2 %, bei Lack B aber 10 -15 %. Die Stromausbeutewerte in Tabelle 3 wurden aus den Aluminiumwerten im Lack berechnet. Im Bad wurden demgegenüber vernachlässigbare Werte gefunden. Obwohl das Aluminat die Elektrocoagulation unterstützt, bleibt das elektrochemische Equivalent bei

Lack A stets über dem des Lackes B. Wir konnten zeigen, daß typische elektrochemische Untersuchungsmethoden, nämlich die Messung von galvanostatischen Transienten und die Bestimmung der Grenzdrehzahl an der rotierenden Kegelelektrode, wertvolle Beiträge sowohl zur Charakterisierung der Lacke als auch zur Erfassung der kathodischen Korrosion liefern können.

Danksagung: Wir danken der AIF und der DFO für die finanzielle Förderung unserer Arbeiten. Für die Bereitstellung von KTL-Konzentraten sind wir BASF Lacke + Farben, Münster-Hiltrup, zu Dank verpflichtet. ALUSINGEN GmbH, Singen a.H. und VAW AG, Bonn, haben uns dankenswerterweise Aluminiumhalbzeug zur Verfügung gestellt. Gebonderte Aluminiumbleche erhielten wir von Chemetall GmbH, Frankfurt, und auch hierfür danken wir vielmals.

Literatur

/1/ "Electrodeposition of Coatings", G.E.F. Brewer, Editor, American Chem. Soc., Washington DC (1973)

/2/ F. Beck in "Comprehensive Treatise of Electrochemistry", Vol.2, J.O'M. Bockris et al., Editors, p. 537. Plenum Press, New York (1981)

/3/ G.E.F. Brewer, J. Appl. Electrochem. 13 (1983) 269

/4/ F. Beck, Electrochim. Acta 33 (1988) 839

/5/ DFO-Tagungen "Umweltschutz in der Lackiertechnik"
a) DFO-Tagung am 24./25.11.1987 in Neuss, Extended Abstracts, F. Beck und H. Guder, "Umweltfreundliche Abscheidung von Decklackschichten durch Elektrotauchlackierung in rußgefüllten Systemen"
b) DFO-Tagung am 27./28.11.1990 in Düsseldorf

/6/ H. Guder und F. Beck, Farbe + Lack 93 (1987) 539

/7/ F. Beck und H. Guder, J. Electrochem. Soc. 134 (1987) 2416

/8/ F. Beck und H. Guder, Makromol. Chem., Macromol. Symp. 8 (1987) 285

/9/ P.E. Pierce and C.E. Cowan, J. Paint Techn. 44 (1972) 61

/10/ P.E. Pierce, J. Coat. Techn. 53 (1981) 52

/11/ C.L. Beal, Ind. Eng. Chem. 25 (1933) 609

/12/ F. Beck, Farbe + Lack 72 (1966) 218

/13/ G.L. Burnside und G.E.F. Brewer, J. Paint Technol. 38 (1966) 96

/14/ G.E.F. Brewer, J. Paint Technol. 45 (1973) 37

/15/ F. Beck, H. Pohlemann und H. Spoor, Farbe + Lack 73 (1967) 298

/16/ D. Saatweber, Metalloberfl. 31 (1977) 455

/17/ H.J. Streitberger, U. Strauss und K. Arlt, in SURTEC Congress Tagungsband, p. 351 ff, Berlin 1981

/18/ M. Wismer, P.E. Pierce, J.F. Bosso, R.M. Christenson, R.D. Jerabek und R.R. Zwack, J. Coating Technology 54 (1982) 35

/19/ D.J. Anderson, E.J. Murphy und J. Tucci, J. of Coating Technology 50 (1978) 38

/20/ H. Spoor und H.-U. Schenck, Farbe + Lack 88 (1982) 94

/21/ K. Arlt und Th. Brücken, Extended Abstracts DFO-Tagung 29.02. - 01.03.1988 in Düsseldorf

/22/ O.S. Koch und G.A. Koch-Dedic "Handbuch der Spurenanalyse", 2. Auflage, Teil I, Springer Verlag Berlin, Heidelberg, New York (1974)

/23/ S.L. Philips und E.P. Damm, J. Electrochem. Soc. 118 (1971) 1916

/24/ F. Beck, Progress in Organic Coatings 4 (1976) 1

/25/ H. Meißner, Metalloberfläche 29 (1975) 256

/26/ D. Saatweber und B. Vollmert, Angew. Makromol. Chem. 9 (1969) 61

/27/ J.C. Catonne und J. Royon, Proc. Interfinish Basel 1972, Forster Verlag, Zürich 1973, S. 250

/28/ Y. Nakamura, S. Ando und H. Nozaki, J. Electrochem. Soc. Jpn. 37 (1969) 13

/29/ P. Hülser und F. Beck, J. Appl. Electrochem. 20 (1990) 596

/30/ P. Hülser und F. Beck, J. Electrochem. Soc. 137 (1990) 2067

/31/ F. Beck, 369. DECHEMA-Kolloquium am 18.10.1990

/32/ F. Beck, Chem.-Ing.-Technik 12 (1968) 575

/33/ A. Despić, J. Radošević, P. Dabić und M. Kliškić, Electrochim. Acta 35 (1990) 1743

/34/ P. Hülser und F. Beck, Aluminium, eingereicht

/35/ F. Beck und H. Guthke, Farbe + Lack, 77 (1971) 299

Abbau umweltbelastender halogenierter Kohlenwasserstoffe durch Metalle

T. Bachmann, I. Vermes, E. Heitz
Dechema-Institut, Frankfurt am Main

Zusammenfassung

Chlorkohlenwasserstoffe (CKW) können in wäßrigen Lösungen durch Reduktion mit Stahlschrot, auf dem durch Auszementieren eine Kupferschicht erzeugt wurde, abgebaut werden. Reaktive CKW-Vertreter wie z. B. γ-Hexachlorcyclohexan (Lindan) lassen sich vollständig und schnell dechlorieren, während bei wenig reaktiven CKW-Verbindungen wie Tetrachlorethen (Per) und Trichlorethan die Reaktionsgeschwindigkeit geringer ist. Durch elektrochemische Reduktion an glatten Elektroden oder Festbettelektroden kann die Raumzeitausbeute zwar erhöht werden, doch ergibt sich bei CKW mit hohem Dampfdruck ein unerwünschter Strip-Effekt infolge des sich parallel entwickelnden Wasserstoffs.

Summary

Chlorinated Hydrocarbons (CHC) can be decomposed in aqueous solutions by means of steel grit, which contains a cemented copper layer. Reactive CHC compounds like γ-Hexachlorcyclohexane (Lindan) can be completely dechlorinated, whereas less reactive CHC show much lower reaction rates. By direct electrochemical chemical reduction on planar electrodes or in fixed bed electrodes the space time yield can be increased. However, in the case of high vapor pressure CHC like tetrachloroethene and tetrachlorethane on unwanted strip effect due to the parallel hydrogen evolution appears.

Résumé

Les hydrocarbures chlorés peuvent être décomposés dans des solutions aqueuses par réduction avec de la grenaille d'acier sur laquelle une couche de cuivre a été générée par cémentation. Les composés réactifs d'hydrocarbures chlorés comme l'hexachlorcyclohexane (Lindan) peuvent être intégralement et rapidement réduits en chlorure tandis que la vitesse de réaction est plus lente pour les composés d'hydrocarbures chlorés moins ractifs comme le tétrachloréthène (per) et le trichloréthane. La réduction électrochimique sur les électrodes lisses ou les électrodes à lit fixe permet certes d'augmenter le rendement dans le temps mais un effet ''strip'' indésiré se produit avec les hydrocarbures chlorés à pression de vapeur élevée en raison du développement parallèle d'hydrogène.

1. Einleitung

Eine Studie des Bundesministeriums für Forschung und Technologie /1/ geht von 32.741 bekannten Altablagerungen auf dem Gebiet der alten Bundesländer aus. Die tatsächliche Zahl liegt sicher noch höher: Schätzungen sprechen von bis zu 50.000 Altlasten-Verdachtsflächen, von denen bis zu 6.000 sanierungsbedürftig sind. Die von verschiedenen Stellen geschätzten Kosten liegen zwischen 3 und 17 Mrd. DM, wobei die meisten Gutachten Beträge zwischen 8 und 9 Mrd. DM annehmen. Darunter spielen die chlorierten Kohlenwasserstoffe (CKW) eine erhebliche Rolle. Sie werden als nichtbrennbare Metallentfettungs- oder Reinigungsmittel, als Insektizide (DDT, Lindan), Holzschutzmittel, Feuerlöschmittel, Kühlmittel, Pestizide, Isolatorflüssigkeiten hergestellt, vermarktet und letztlich in die Umwelt eingebracht.

Bisherige Verfahren zum Abbau von CKW /2/ verhindern entweder die Ausbreitung der Schadstoffe oder machen sie unter hohem Energieaufwand durch Verbrennung unschädlich. Biologische Verfahren haben sich bei Mineralölschadensfällen bewährt, für CKW sind sie noch in der Entwicklungsphase.

Rein chemische Verfahren zur Dechlorierung von CKW sind bekannt. Altöle, die CKW enthalten, werden mit einer Suspension von Natrium in Öl behandelt /3/. Eine andere Möglichkeit besteht darin, elektrochemische Reduktionsverfahren anzuwenden /4, 5/.

Die in der vorliegenden Arbeit angestrebte Verfahrensentwicklung beruht ebenfalls auf elektrochemischen Vorgängen. Als Reduktionsmittel wird Stahlschrot verwendet, auf dem durch Auszementieren eine Kupferschicht erzeugt wird. In wäßrigen CKW-haltigen Lösungen setzt das Kontaktelement Eisen/Kupfer eine Korrosionsreaktion in Gang, bei der in einer Nebenreaktion der CKW dechloriert werden kann. Ausgehend von den Ergebnissen dieser Untersuchungen wird in einem weiteren Teil der Arbeit die direkte elektrochemische Reduktion von CKW an glatten Elektroden und an Festbettelektroden weiter untersucht.

Der Abbau von CKW mit aktivierten Metallpartikeln wird in einer Reihe von Patenten von Sweeny beschrieben /6/. Als Reduktionsmittel dienten Metalle wie Zn, Al, Fe, Cd oder Mg, die mit Spuren eines Katalysatormetalls wie Cu, Ag, Co oder Ni aktiviert wurden. Erfolgreiche praktische Anwendungen sind in der Vergangenheit jedoch nicht veröffentlicht worden. Es steht zu vermuten, daß als Ursache ein Mangel an reaktionstechnischen und mechanistischen Kenntnissen angenommen werden muß, der eine Anwendung im technischen Maßstab verhinderte.

Die hier durchgeführten Untersuchungen gehen von dem billigen Reduktionsmittel Eisenschrot aus, wie es von J. Kempfert und F. Oeste aufgrund unveröffentlichter eigener Untersuchungen vorgeschlagen wurde /7/.

2. Reduktion mit dem Kontaktelement Kupfer/Eisen

2.1 Untersuchte Systeme und mechanistische Überlegungen

Als Reduktionsmittel wurden handelsübliche Stahlschrotsorten verwendet, wie sie in der Praxis zur Reinigung von Eisenoberflächen zur Anwendung kommen (Hersteller: SURFATEC GmbH, 6000 Frankfurt/M. 70). Es standen unterschiedliche Korngrößen zwischen 0,1 mm bis 1,25 mm zur Verfügung. Die einzelnen Typen mit chemischen Analysen sind in Tab. 1 zusammengefaßt.

Tab. 1: Zusammensetzung der verwendeten Stahlschrotsorten

/%	A Stahlkorn Vera	B RC 47/50	C Diamant	D Hartguß GH-K
C	0,16-0,2	0,85-1,0	2, 8-3,2	3,2-3,3
Si	0, 5-1,0	0,85-1,0	0, 8-1,2	1,8-2,0
Mn	0, 5-1,0	0,85-1,0	0, 5-1,0	0,5-0,65
P	0,03	0,03	0, 2-0,35	0,12
S	0,03	0,03	0,08-0,1	0,15

Rest: Eisen

Die Oberflächenstruktur der einzelnen Stahlschrotsorten wird in den folgenden REM-Aufnahmen Abb. 1a bis 1d gezeigt. Es ist zu erwarten, daß Partikelgröße und Oberflächenrauhigkeit einen großen Einfluß auf die Reaktionen haben. An dieser Stelle sei schon vorweggenommen werden, daß Schrotsorte D sich am günstigsten erwiesen hat.

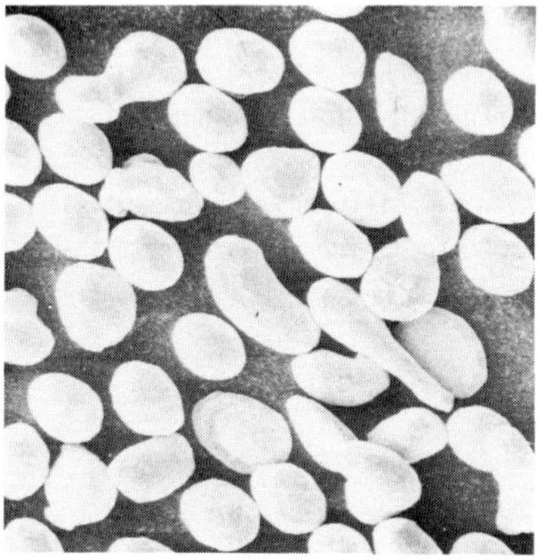

50:1
Abb. 1a: REM-Aufnahme von Schrot A

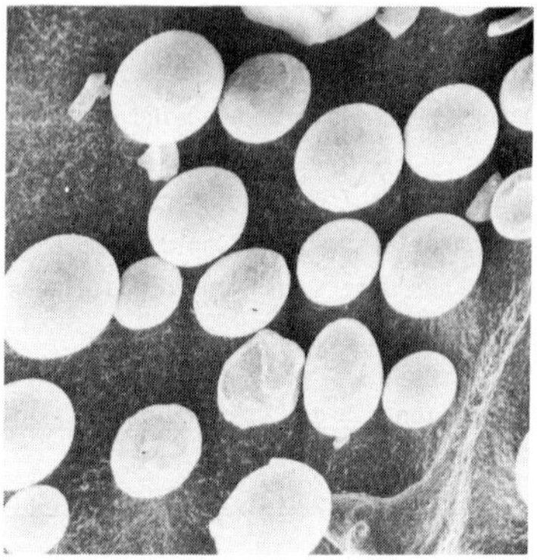

50:1
Abb.1b: REM-Aufnahme von Schrot B

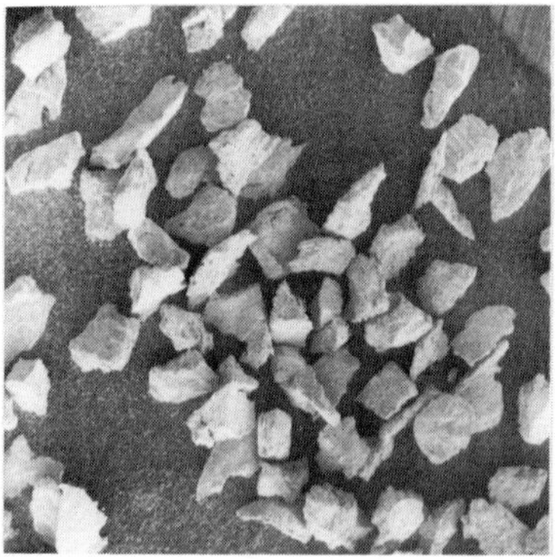

50:1
Abb. 1c: REM-Aufnahme von Schrot C

50:1
Abb. 1d: REM-Aufnahme von Schrot D

Der Schrot wurde zunächst mit 5 % Schwefelsäure gebeizt und nach gründlichem Auswaschen mit einer wäßrigen Kupfersulfatlösung verkupfert. Die Konzentrationen betrugen 10 g, 1 g oder 0,1 g Kupfersulfat auf 500 g Schrot. Der mit Kupfer beschichtete Stahlschrot wurde zunächst mit destilliertem Wasser und danach mit Ethanol gewaschen und im Trockenschrank getrocknet.

In einigen Fällen wurde eine in situ Verkupferung erzeugt, indem das Kupfersulfat direkt der CKW-haltigen, wäßrigen Lösung zugesetzt wurde.

Für die Parameteruntersuchungen wurden gesättigte, wäßrige Lösungen von γ-Hexachlorcyclohexan (Lindan) und Tetrachlorethen (Perchlorethylen) verwendet. Für orientierende Versuche wurde Chlorbenzol, 1,2-Dichlorbenzol und das polychlorierte Biphenyl Chlophen A30 gewählt.

Bei der Herstellung der wäßrigen Lösungen wurde mindestens 24 Stunden gerührt, um eine vollständige Lösung des CKW sicherzustellen. Sämtliche Versuche wurden als Standversuche durchgeführt, die durch gelegentliches Schütteln unterbrochen wurden. Soweit nicht anders vermerkt, kamen 10 ml CKW-Lösung und 6 g Stahlschrot zum Einsatz. In vorgegebenen Zeiten wurde eine Probe entnommen und gaschromatographisch analysiert (vgl. Abschnitt 4. Analytik).

Für den CKW-Abbau läßt sich die in Abb. 2 gezeigte Modellvorstellung anwenden. Die Kupferkathoden sind unregelmäßig über die Eisenpartikel verteilt, die korrodieren und als Fe^{2+} in Lösung gehen. An dem Kupfer findet die CKW-Reduktion statt. Es ist unmittelbar einsichtig, daß optimale Verhältnisse existieren, wenn eine bestimmte Verteilung Kupfer/Eisen gewählt wird. Wird zu wenig Kupfer abgeschieden, dann ist die Gesamtkathodenfläche so klein, daß die Reduktion nicht mit genügender Umsatzgeschwindigkeit stattfinden kann (Abb. 2a). Im idealen Fall (Abb. 2b) ist das Verhältnis von Anodenfläche zu Kathodenfläche derart, daß die durch Metallauflösung frei werdenden Elektroden an der Kathode durch Reduktionsprozesse mit maximaler Geschwindigkeit verbraucht werden. Ein Überschuß des Aktivierungsmittels Kupfersulfat (Abb. 2c) führt zur Verkleinerung der Anodenfläche. Jetzt werden nicht genügend Elektroden für die Aufrechterhaltung des Kathodenprozesses frei. Im ungünstigsten Fall ist das Eisen vollständig bedeckt und verhält sich wie reines Kupfer.

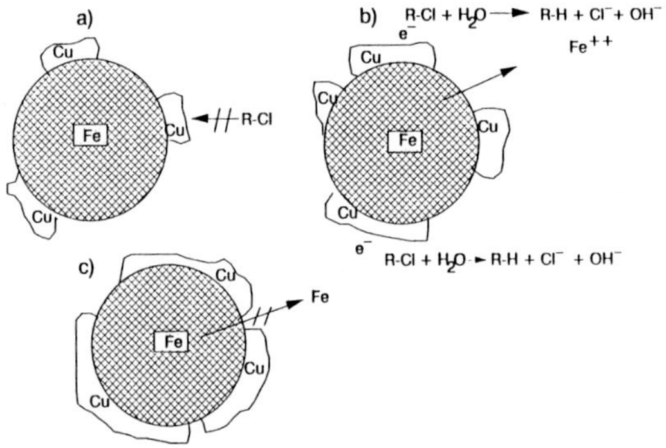

Abb. 2: Modell der Wirkungsweise des Reduktionsmittels Cu/Fe

2.2 Parameterstudien von γ-Hexachlorcyclohexan (Lindan, HCH)

Für den HCH-Abbau standen die Materialien aus Tab. 1 zur Verfügung. Sie wurden in vergleichbarer Korngröße (0,1/0,2 mm) und einheitlicher Kupferbeschichtung eingesetzt.

Aus Abb. 3 wird deutlich, daß mit der Schrotsorte D die Umsetzung am schnellsten ist. Nach 25 Minuten wurden nur noch 0,125 ppm HCH gefunden.

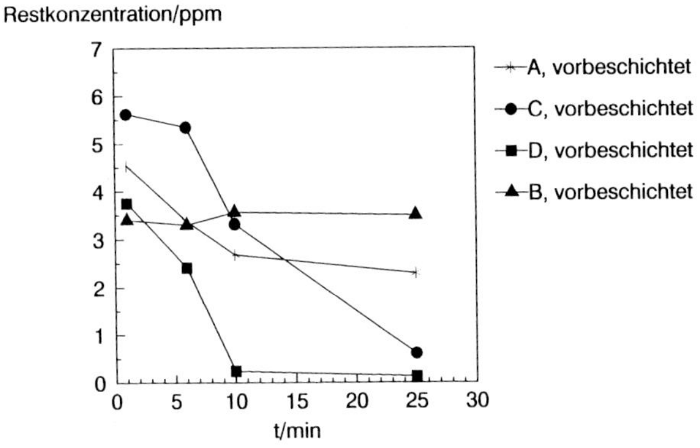

Abb. 3: Abbau von HCH: Zeitabhängigkeit und Einfluß der Schrotsorte.

Das Vorhandensein eines Optimums der Abbauleistung bei wechselnder Zugabe von Kupfersulfat direkt in die Reaktionslösung zeigt Abb. 4. Schüttelt man die HCH-Lösung mit Schrot D (0,2/0,4 mm) und unterschiedlichen Kupfersulfatzusätzen, dann ergibt sich bei 1 g Kupfersulfat eine minimale Restkonzentration an HCH. Diese Versuchsreihe beweist, daß sich bei Zusatz von zu wenig Kupfersulfat keine ausreichende Kathodenfläche ausbilden kann, bei einem Überschuß an Kupfersulfat keine freie Eisenoberfläche mehr existiert.

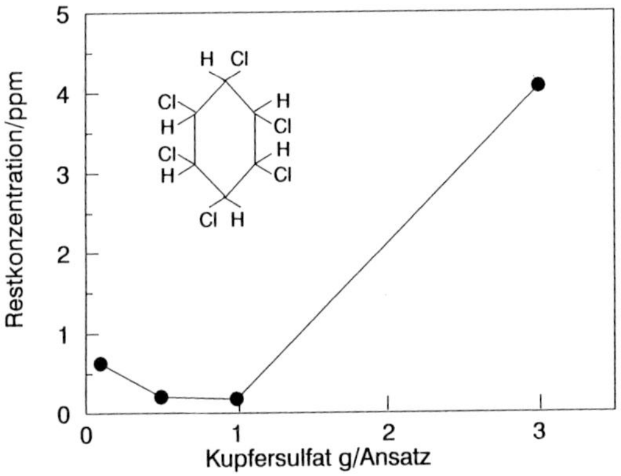

Abb. 4: Abbau von HCH: Abhängigkeit von der zugesetzten Kupfersulfatmenge (Schrotsorte D)

Der Einfluß der Korngröße ergibt sich aus Abb. 5. Die Versuche wurden unter Bedingungen des Optimums aus Abbildung 4 durchgeführt (1 g $CuSO_4$). Es zeigt sich, daß der HCH-Gehalt bei kleinen Korngrößen sehr schnell auf niedrige Restkonzentrationen abfällt, während er bei der größeren Kornsorte nur langsam abklingt. Da bei allen Versuchen mit gleichen $CuSO_4$-Zusätzen gearbeitet wurde, nimmt das Flächenverhältnis Kathode/Anode mit zunehmender Korngröße zu. Aus diesem Grunde könnte die in Abbildung 5 gezeigte Abhängigkeit auch ein Effekt dieses Flächenverhältnisses sein.

In drei Versuchsreihen wurden mit Salzsäure, mit Citrat/Salzsäure- bzw. mit einem Borsäure/Kaliumchlorid/NaOH-Puffer pH-Werte von 1, 4 und 9 eingestellt. Das Ergebnis zeigt Abb. 6. Die Reaktion verläuft im alkalischen deutlich langsamer als im sauren Bereich. Vermutlich kommt es durch Aufwachsen von Eisenhydroxyd-Deckschichten zu einer Blockierung der Reaktionsstellen.

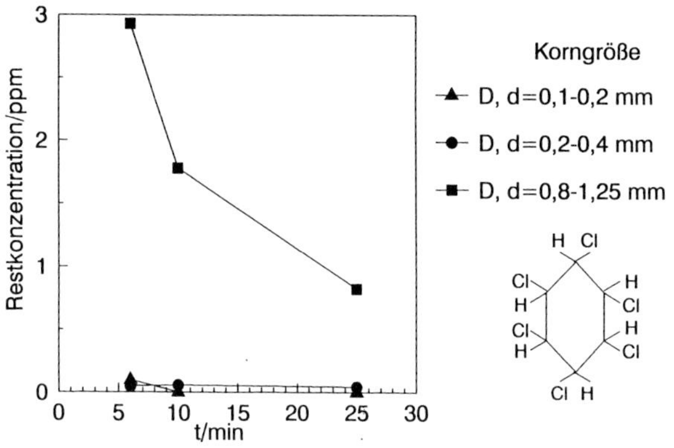

Abb. 5: Abbau von HCH: Einfluß der Korngröße (Schrotsorte D)

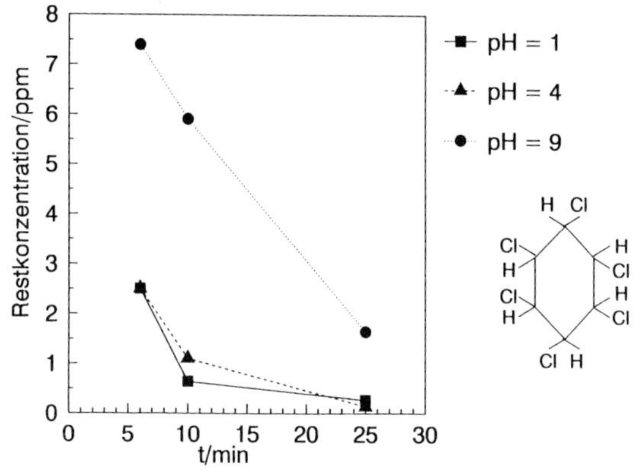

Abb. 6: Abbau von HCH: Einfluß des pH-Wertes (Schrotsorte D).

2.3 Abbau von Tetrachlorethen (Perchlorethylen) und 1,1,1-Trichlorethan

Im Gegensatz zu den vorangegangenen Versuchen handelt es sich hier um Chlorkohlenwasserstoffe mit hohem Dampfdruck und relativ großer Wasserlöslichkeit. Es wurden Lösungen von 150 ppm Tetrachlorethen bzw. 1000 ppm Trichlorethan hergestellt. Der Verlauf der Abbaureaktion wurde durch kolorimetrische Messung der Zunahme von gebildeten Chloridionen verfolgt.

Zur Ermittlung der reaktionsfähigsten Schrotsorte für den Tetrachlorethen-Abbau wurden 500 ml Lösung mit 10 g vorbeschichtetem Schrot versetzt und der Umsatz in Abhängigkeit von der Zeit verfolgt: Abb. 7.

Die Schrotsorten C und D erreichen Umsätze höher als 30 %, allerdings erst nach 35 Tagen. Die Reaktivität ist also um Größenordnungen geringer als beim HCH-Abbau. Erwartungsgemäß ist der Umsatz an unbeschichtetem Schrot D gleich Null. Hier zeigt sich deutlich die im Gegensatz zum HCH sehr viel größere chemische Beständigkeit des Tetrachlorethens.

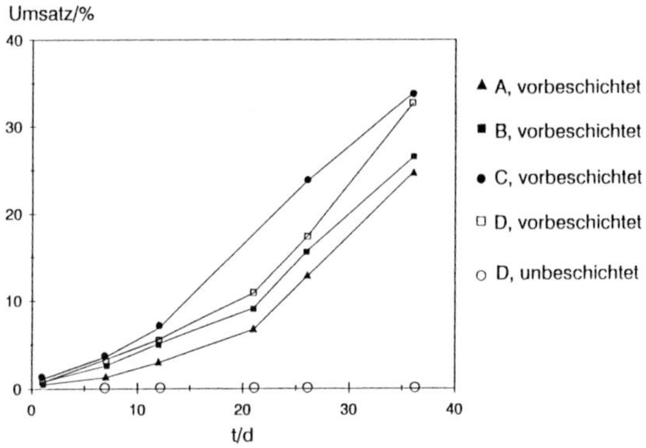

Abb. 7: Abbau von Tetrachlorethen: Zeitabhängigkeit und Einfluß der Schrotsorte

Versuche zum Abbau von Trichlorethan zeigen ein sehr interessantes Zeitverhalten: Abb. 8. Wird eine in situ-Verkupferung durchgeführt (500 ml einer 1000 ppm Trichlorethan enthaltenden Lösung plus 20 g Schrot und 5 g Kupfersulfat), dann erfolgt der größte Teil des Abbaus in den ersten zwei Stunden. Es zeigt sich also ein deutlicher Verlust an Reaktivität. Erwartungsgemäß wirkt sich auch die Korngröße entsprechend aus.

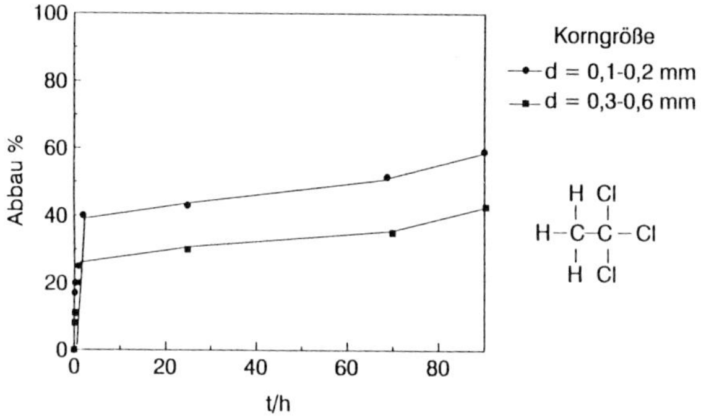

Abb. 8: Abbau von 1,1,1-Trichlorethan: Zeitabhängigkeit und Einfluß der Korngröße (Schrotsorte D)

Insgesamt ist festzustellen, daß Trichlorethan wesentlich schneller als Tetrachlorethen aber viel langsamer als HCH abgebaut wird. Diese Reihenfolge entspricht der allgemeinen Reaktivität dieser Chlorkohlenwasserstoffe.

2.4 Orientierende Versuche zum Abbau von Chlorbenzol, 1,2-Dichlorbenzol und einem polychlorierten Biphenyl

Die Versuche mit den beiden Chlorbenzolen wurden in wäßriger Lösung bei der Sättigungskonzentration durchgeführt. Es ergab sich, daß die Reaktivität deutlich geringer als in den vorher untersuchten Fällen war. Versuche mit Chlophen A 30 sollten ein PCB-verunreinigtes Altöl simulieren. Es kam eine Lösung von 1 % PCB in Dekalin in Kontakt mit einer Wasserphase, in der die Reduktion durch das Kontaktelement Cu/Fe stattfinden sollte. Durch Schütteln wurde eine Emulsion hergestellt. Die Versuchsergebnisse waren schlecht reproduzierbar, in jedem Fall war der Abbau von PCB sehr viel langsamer als der von chlorierten aliphatischen Verbindungen. Dies lag zum einen an der Anwesenheit einer organischen Phase, die durch Adsorption an den Metallpartikeln vermutlich die Reaktion stört. Außerdem mußte sich nach dem Versuchskonzept das PCB zuerst in einem vorgelagerten Schritt in der Wasserphase lösen und zur Metalloberfläche transportiert werden.

3. Kathodische Reduktion von Tetrachlorethen und Trichlorethan

3.1 Experimentelles

Da die Wirkung des Kontaktelementes Cu/Fe auf einem elektrochemischen Mechanismus beruht, wurden zunächst kathodische Reduktionsversuche in einer einfachen elektrochemischen Zelle durchgeführt. Sie bestand aus einer zylindrischen Blechkathode, einem Platinnetz als Gegenelektrode und einer Ag/AgCl-Bezugselektrode mit Haber-Luggin-Kapillare. Zur Erleichterung der Analytik wurde mit einer Elektrolytlösung bestehend aus Ethanol mit 30 % Wasser und 0,13 mol l^{-1} Kaliumhydroxyd gearbeitet. Weitere Angaben über die elektrochemische Untersuchungsmethodik und insbesondere auch über die Aufnahme von Strom/Spannungs-Kurven enthält eine im Zusammenhang mit diesen Untersuchungen entstandene Dissertation /8/.

Weitere Abbauversuche wurden in einer Festbettzelle mit Kupferkugeln als Kathode durchgeführt, die Bestandteil eines Glas-Strömungskreislaufes war. Die Gesamtapparatur zeigt Abb. 9; die Festbettzelle Abb. 10.

Der Kreislauf besteht aus einer Festbettzelle, einem gekühlten Vorratsgefäß, einer Kreiselpumpe mit regelbarem Rotameter, Bodenablaßhahn und Probenentnahme-Septum. Das Gesamtvolumen der Apparatur beträgt 4,5 l, die Außenmaße sind 90 X 90 X 40 cm.

Die zerlegbare Festbettzelle besteht aus plangeschliffenen Glasrohrteilen (Fabrikat Quickfit). Als Zelle dient ein zylindrisches Rohr von 15 cm Länge und 5 cm Ø. Das Festbett besteht aus Kupferkugeln der Körnung 0,2-0,6 mm, die auf einem Platinnetz aufliegen. Als Anode dient ebenfalls ein Platinnetz. Eine Hg/Hg_2SO_4-Bezugselektrode in einer mit 1 molarer Natriumsulfatlösung gefüllten Haber-Luggin-Kapillare endet über der Oberkante des Festbettes.

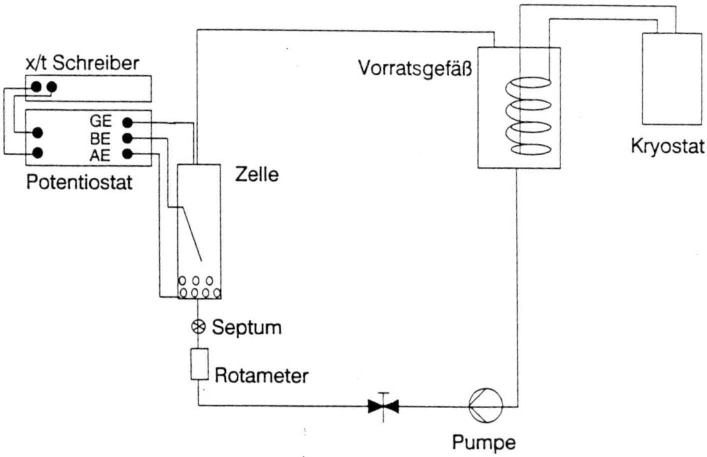

Abb. 9: Mikro-Pilot-Kreislauf mit Festbettzelle

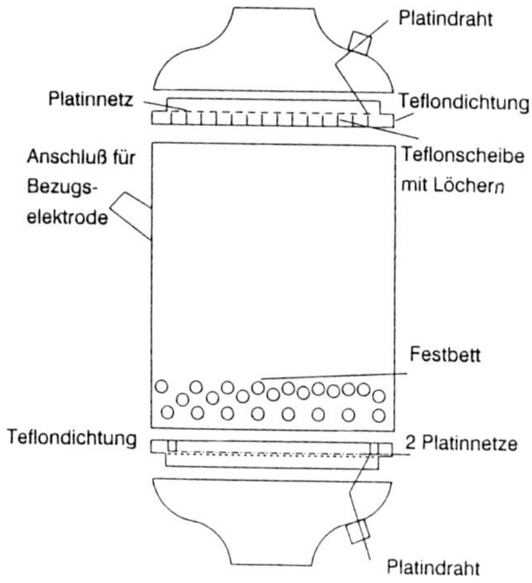

Abb. 10: Festbettzelle

Zur Durchführung der potentiostatischen Versuche werden die Elektroden in üblicher Weise mit einem High-Power-Potentiostaten (HP 72 Fa. Bank) verbunden.

3.2 Reduktionsversuche und reaktionstechnische Auswertung

Die Experimente zur elektrochemischen Reduktion von Tetrachlorethen wurden in galvanostatischer Fahrweise an folgenden Elektrodenmaterialien durchgeführt: Platin, G13, Silber, Kupfer und Palladium/Kohle. G13 ist ein metallisches Glas bestehend aus 60 % Cu und 40 % Ti, das sich durch eine geringe Wasserstoffüberspannung auszeichnet.

Die experimentellen Bedingungen und Ergebnisse sind in Tabelle 2 zusammengefaßt.

Tab.2: Reduktion von Tetrachlorethen an Plattenelektroden: Abbau an verschiedenen Elektrodenmaterialien

Bedingungen: 100 mA; RT.

Elekroden-material	Stromdichte mA/cm^2	Abbau in % nach 3h	Bemerkungen
Platin	2,7	4,1	
G 13	2,7	2,5	Wasserstoff-versprödung
Silber	1,8	23,7	
Kupfer	1,4	24,8	
	17,0	63,5	
Palladium/Kohle	Hydrierung mit H_2	29,3	potentiostatisch
Palladium/Kohle	in situ erzeugter Wasserstoff	61,9	U_H = -2000 mV

Es zeigt sich, daß die elektrochemische Abbauleistung an Kupfer und dies insbesondere bei hohen Stromdichten am größten ist. Die ebenfalls günstigen Ergebnisse an Palladium/Kohle sind darauf zurückzuführen, daß dieses Elektrodenmaterial als Aufschlemmung mit Stromzuführelektroden aus Platin oder Silber eingesetzt wurde.

Angaben über die Stromausbeute β und die Raumzeitausbeute RZA sind in Tab. 3 enthalten. Es zeigt sich, daß die Stromausbeuten insgesamt niedrig sind, mit Ausnahme des Elektrodensystems Palladium/Kohle, wobei allerdings die abweichende Versuchsdurchführung beachtet werden muß. Die Raumzeitausbeuten sind erwartungsgemäß sehr klein, da wegen der geringen CKW-Löslichkeit mit geringer Reaktandenkonzentration gearbeitet wird. Auffällig ist, daß am Elektrodenmaterial Kupfer wiederum die günstigsten Werte erreicht werden, während eine aus den Versuchen mit dem Kontaktelement Kupfer/Eisen errechnete RZA weit darunter liegt. Der Grund dürfte darin liegen, daß das Reduktionspotential am Kontaktelement nicht so stark negativ wie bei kathodischen Reduktionsversuchen ist.

Weitere Angaben zur Versuchsdurchführung und eine eingehendere Diskussion der Ergebnisse ist aus /8/ zu entnehmen.

Tab.3: Reduktion von Tetrachlorethen an Plattenelektroden:
Stromausbeute β und Raumzeitausbeute RZA

Elektrodenmaterial	ß	RZA/ kg $m^{-3}s^{-1}$
Silber	0,195	$7{,}6 \cdot 10^{-5}$
Kupfer	0,190	$9{,}6 \cdot 10^{-5}$
Platin	0,069	$8{,}6 \cdot 10^{-6}$
Platin/Palladium/Kohle	0,55	
Kontaktelement Kupfer/Eisen	----	$1{,}1 \cdot 10^{-7}$ auf Cl^- bezogen

Die Reduktionsversuche im Mikro-Pilot-Kreislauf wurden mit einer Tetrachlorethen-gesättigten, wäßrigen Lösung durchgeführt. Die Konzentration an Tetrachlorethen betrug 150 ppm. Als Leitsalz dienten 0,5 mol l^{-1} Na_2SO_4 und 0,01 bzw. 0,1 mol l^{-1} KOH.

Nach einer Dichtheitsprüfung der Apparatur wurde bei einer Umlaufgeschwindigkeit von 50 l h^{-1} gearbeitet. Ein Problem bei der Versuchsdurchführung besteht darin, daß einerseits bei möglichst hoher kathodischer Stromdichte gearbeitet werden muß,andererseits aber wegen des gebildeten Wasserstoffs ein Strip-Effekt auftritt, der zu einem Verlust an CKW führt.

Abb. 11 zeigt den kathodischen Tetrachlorethen-Abbau in Abhängigkeit von der Zeit.

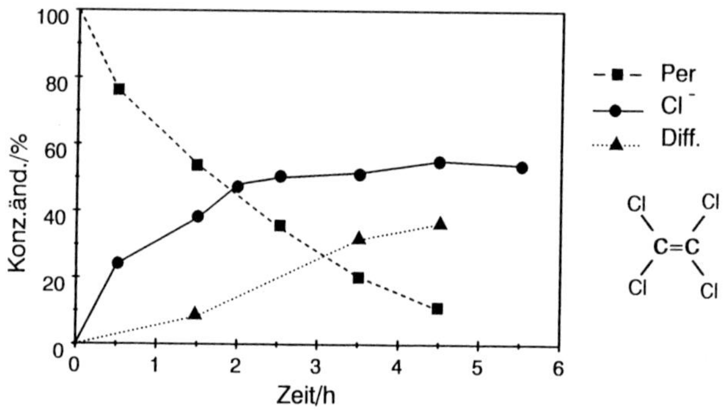

Abb. 11: Bilanzierung des kathodischen Tetrachlorethenabbaus: Zeitabhängigkeit.

Die Differenz zwischen dem zu Chloridionen abgebauten und dem noch in der Lösung vorhandenen Tetrachlorethen zeigt die gepunktete Linie in Abb. 11. Dies ist der Anteil an Tetrachlorethen, der während der Elektrolyse durch den Wasserstoffstrom ausgetrieben wird.

Weitere Versuche unter Variation des Kathodenpotentials und der Betthöhe zeigen, daß eine Verschiebung des Potentials in positiver Richtung (-1,35 V vs. NHE) und eine Vergrößerung der Betthöhe auf das Dreifache zu einer Verringerung der Abbaurate führt.

4. Analytik

Der Gehalt der Meßlösungen an CKW wurde gaschromatographisch bestimmt. Der Umsatz ergab sich aus der Zunahme der Chloridionenkonzentration durch den Abbau, die fotometrisch oder potentiometrisch ermittelt wurde. Für die gaschromatographischen Analysen stand ein Gaschromatograph (Carlo Erba, Modell 6130) mit Elektroneneinfang- und Flammenionisationsdetektor zur Verfügung. Die Auswertung der Spektren erfolgte mit einem Integrator (Sp 4290, Spektra Physics).

Die Ergebnisse des gaschromatographischen Nachweises zeigt Tab. 4. Es ist interessant, daß Trichlorethen bei sämtlichen Versuchen als Hauptprodukt nachgewiesen werden kann.

Tab. 4: Zwischenprodukte beim Tetrachlorethen-Abbau

Metall \ Produkt	Tri	cis-1,2	trans-1,2	1,1-Di	1,2-Di	Ethen
$Cu/Fe/H_2O$	+++	++	--	++	--	+
elektrochemisch						
Pt	+++	--	--	--	--	--
Pt/Pd/C	+++	--	--	--	++	--
G 13	+++	--	--	--	--	--
Ag	+++	++	++	--	--	--
Ag/Pd/C	+++	--	--	--	++	--
Cu	+++	++	++	++	--	--
Cu/H_2O	+++	--	--	--	--	--

		Tri:	Trichlorethen
+++	Hauptprodukt	cis-1,2:	cis-1,3-Dichlorethen
++	Nebenprodukt	trans-1,2:	trans-1,2-Dichlorethen
+	in Spuren nachweisbar	1,1-Di:	1,1-Dichlorethen
--	nicht nachweisbar	1,2-Di:	1,2-Dichlorethan

Die kolorimetrische Chloridanalyse wurde nach einem ASTM-Standard mit einem Spektralfotometer (Elco III, Carl Zeiss) durchgeführt. Für die Messungen bei sehr hohen Konzentrationen in alkoholischen Lösungen diente eine chloridsensitive Elektrode (Firma Ingold), die mit einem Potentialmeßgerät (PPT 75, Fa. Bank) betrieben wurde.

Weitere detailierte Angaben über die bei diesen Untersuchungen relativ umfangreiche Analytik enthält /8/.

5. Bedeutung für die Praxis

Die im ersten Teil dieser Arbeit dargestellten Ergebnisse zeigen, daß mit Kupfer aktiviertes Eisenschrot gut geeignet ist, teilhalogenierte, reaktive Aliphaten abzubauen. Am Beispiel der Modellsubstanz Hexachlorcyclohexan wurde gezeigt, daß ein Abbau bis zu Bruchteilen von ppm möglich ist. Bei der Umsetzung in den technischen Maßstab könnte ein Rohrreaktor konzipiert werden, der das aktivierte Eisenschrot enthält. Ein zentrales Problem ist die Aufrechterhaltung der Aktivität der Reaktorfüllung, die in weiteren Versuchen geklärt werden muß.

Wichtig ist die Randbedingung, daß die Wässer im pH-Bereich zwischen 4 und 7 eingestellt sein sollten. Die Begrenzung in Richtung saurer pH-Bereiche ergibt sich aus der Tatsache, daß eine Korrosion unter Wasserstoffentwicklung und der damit verbundene Strip-Effekt vermieden werden sollte. Die obere Begrenzung pH = 7 ist darin begründet, daß eine Reihe reaktiver Chlorkohlenwasserstoffe zu unerwünschten alkalisch stimulierten Weiterreaktionen neigen.

Entsprechend der Natur des Verfahrens könnte es sich besonders eignen für die Behandlung von Deponie-Sickerwässern, Waschwässern aus Entsorgungsanlagen, entsprechend belasteten Abwässern und möglicherweise für die Reinigung von kontaminierten Grundwässern.

Eine Anwendung des Abbaues in einer Festbettzelle scheint nur für reaktive Chlorkohlenwasserstoffe mit geringem Dampfdruck sinnvoll. Stabile leichtflüchtige CKW werden mit dem Wasserstoffstrom teilweise aus der Lösung ausgetragen und sind einer weiteren kathodischen Reduktion nicht mehr zugänglich.

Literatur

/1/	V. Franzius:	in "Sachstand Forschung Altlasten", Bundesministerium für Forschung und Technologie, 13 (1986)
/2/	K.J. Thomé-Kozmiensky:	Chem.-Ing.-Techn. 62 (1990), S. 286-298
/3/	DEGUSSA:	wlb 10 (1987), S. 63
/4/	A. Gemmler:	Metalloberfläche 44 (1990), S. 109-116
/5/	K.J. Müller:	Dechema-Monographie Bd. 124 (1991), S. 561
/6/	K.H. Sweeny:	US-Pat. 3737 384 (1973)
	K.H. Sweeny (Envirogenics Systems Company):	US-Pat. 4 219 419 (1980); EP 0012 162 A1 (1989)
/7/	J. Kempfert, F. Oeste:	Rütgerswerke AG, Frankfurt/M. (Mitteilung 1986)
/8/	Th. Bachmann:	Dissertation, Universität Frankfurt, 1990

Dank

Die Arbeiten wurden mit finanzieller Unterstützung des Bundesministeriums für Wirtschaft über die Arbeitsgemeinschaft Industrieller Forschungsvereinigungen durchgeführt.

Electrochemical Dehalogenation of Toxic Organic Compounds in Industrial Waste Water

D. Schmal, P.J. van Duin, A.M.C.P. de Jong
Section Electrochemistry, Division of Environment and Energy TNO, Delft (NL)

Zusammenfassung

Die chemische Industrie produziert grosse Mengen toxischer und nicht-abbaubarer Abwässer, die oft chlorierte Verbindungen enthalten.
Die Möglichkeiten um elektrochemische Reduktion als Behandlungsmethode anzuwenden, sind untersucht worden. Zu diesem Zweck sind mit 8 chlorierten Verbindungen, die von der EG-Liste der 129 Prioritätsverbindungen ausgewählt wurden, Experimente ausgeführt worden.
Es hat sich gezeigt, dass die kathodische Reduktion ausführbar ist, und in hohem Masse zu Detoxifikation führt. Die Kosten sind solcher Art, dass Weiterentwicklung nützlich ist.

Summary

In the chemical industry large quantities of toxic or non-biodegradable waste waters are produced, often containing chlorinated compounds. Investigations have been carried out on the possible applicability of electrochemical reduction as a method of treatment. For this purpose experiments on eight chlorinated compounds selected from the EC list of 129 priority compounds were carried out.
It was shown that cathodic reduction is feasible and results in a high degree of detoxification. The costs are such that further development is useful.

Résumé

L'industrie chimique produit des quantítés énormes d'eaux usées qui sont toxiques ou non biodégradables et qui contiennent souvent des composants chlorés.
Des recherches ont été faites pour savoir si on peut utiliser la réduction électrochimique comme une méthode de traitement. Dans ce but on a fait des expériences sur huit composants chlorés des 129 composants principaux de la liste de la C.E.E.
Les expériences ont montré que la réduction cathodique est réalisable et qu'elle aboutit à une détoxication considérable. Les frais sont tels qu'il est utile de continuer le développement.

1. Introduction

Many waste waters from the chemical process industry contain organochlorine compounds which are, amongst others, responsible for the toxicity of such wastes.

In the EC a list of priority compounds /1/ is used to stress the importance of their harmful properties and to avoid their use or to remove them from effluents. In this list, organochlorine compounds predominate as is shown in Table I.

Table I Subdivision of compounds from the EC priority list.

Group	Number of compounds	
1. Chlorinated aromatics	42	} 70%
2. Chlorinated aliphatics	26	
3. Other chlorinated compounds	19	
4. Compounds with -P=S groups	16	
5. Other compounds	26	
	129	

It is known that the toxicity of chlorinated compounds is connected with the chlorine content. As an example, Table II shows the toxicity, expressed as EC-50, for a series of chlorophenols.

Table II Toxicity of chlorophenols[a)].

Compound	EC-50 ($mg.dm^{-3}$)
Pentachloro-	0.1-1
Tetrachloro-	0.1
2,4,6-trichloro-	7
2,4-dichloro-	4
2-chloro-	22
Phenol	22-42

a) Microtox method /2/

Similarly, the biodegradability of organic compounds is strongly affected by chlorine substitution in the molecules as is shown with the example of DDT-related compounds (Table III).

Table III Effect of substitution on biodegradability.

R	Biodegradability	
Cl (DDT)	1	} $(C_6H_4R)_2CHCCl_3$
OCH_3	60	
CH_3	500	
SCH_3	3000	

These examples show that removal of chlorine atoms from organic molecules prior to their discharge may greatly facilitate the subsequent biological treatment of toxic waste water.
The overall reaction for the cathodic dehalogenation is:

$$R - Cl + 2e + H_2O \rightarrow RH + Cl^- + OH^-$$

From the EC-list of priority compounds we selected eight compounds from the groups 1, 2 and 3 of Table I to investigate the feasibility and to obtain data on the rates of removal of chlorine atoms. Table IV shows the selected compounds.

Table IV Selected organochlorine compounds from the EC-list.

EC-list no.	Compounds
2	2-amino-4-chlorophenol
30	4-chloronitrobenzene
70	dichlorvos (DDVP)
86	hexachloroethane
102	pentachlorophenol
107	2,4,5-T
111	tetrachloroethene
118	1,2,4-trichlorobenzene

Besides this technique, there are others for the treatment of organochlorine in liquid wastes some of which are directly available and some are under development.
They are:

- Concentrating techniques, e.g. by membranes, activated carbon adsorption, use of special resins. Further treatment of the concentrate is required /3/.
- Oxidation techniques: wet air oxidation, use of O_3, UV-light, other oxidants /3/.
- High temperature catalytic hydrogenolysis. Especially suitable for concentrated systems, e.g. PCB's, solvents, chemical weapon agents /4, 5/.
  (It must be noted that for these wastes the electrochemical route can be used as well when a suitable solvent/electrolyte is applied (e.g. an aprotic solvent)).
- Biological techniques with special microorganisms /6,7/.

Inherent advantages of the cathodic dehalogenation are:

- Treatment at ambient temperature.
- No additional chemicals.
- Selective removal of chlorine while the organic skeleton remains to be digested by the biological route. This still is the cheapest way.

2. Experimental

Experiments were conducted in a flow-through electrochemical cell as shown in Figure 1.

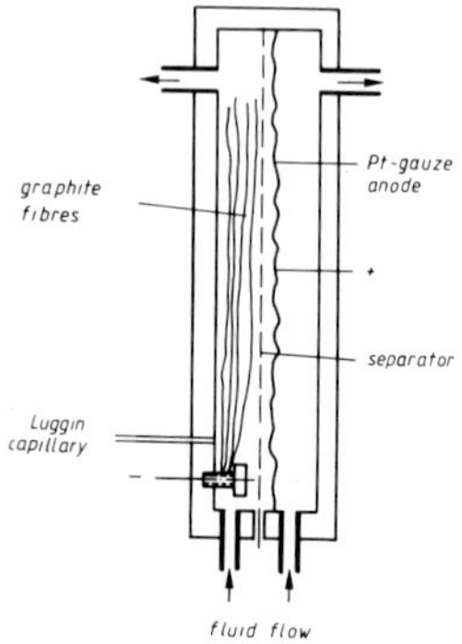

Figure 1 Multifibre cell.

The mass transfer properties of various fibre based electrode configurations were reported earlier /8/. Fibre bundles, containing 50.000 single fibres (diameter 8 μm) were accomodated, being clamped at the entrance side, in the cathode compartment of 10 cm length, 2 cm width and 0.5 cm depth. The anode (Pt-mesh) was separated from the cathode by a cation permeable membrane (Nafion), which serves to prevent both electrical and hydraulic short circuiting.

The experiments were performed in a batch recycle mode with 1 liter solution at constant current. The electrolyte was usually aqueous $NaOH/Na_2SO_4$. Where necessary, small amounts of an organic solvent, like methanol or acetonitrile were added to enhance the solubility of the organic compound.

The initial concentration of the organochlorine compounds was in the range of 30-500 mg per liter solution; concentration decrease was followed with HPLC or GC and the yield of Cl^--ions was measured potentiometrically using an argentometric titration.

The aqueous toxicity was determined by the instrumental Microtox method /2/.

3. Results

Full details of all the compounds, listed in Table IV, are reported elsewhere /9/. The results of pentachlorophenol (PCP), however, will be shown in some detail below.

Figure 2 shows the decrease of the PCP-concentration during electrolysis and the yield of Cl^--ions produced.

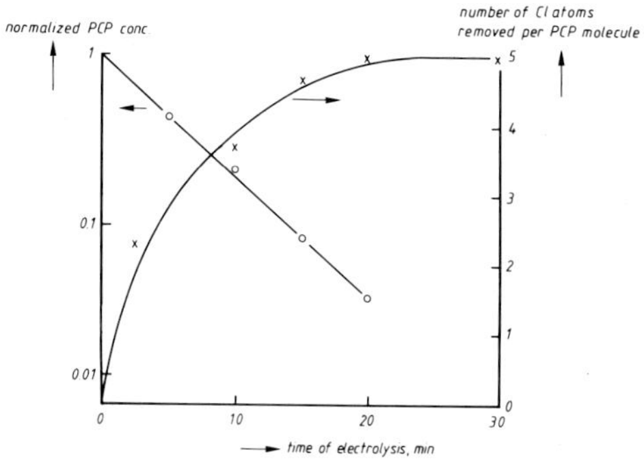

Figure 2 Normalized PCP-concentration and yield of Cl^--ions per mole of PCP.

Experimental conditions:

PCP	:	50 mg per liter
Electrolyte	:	0.1 M NaOH + 0.1 M Na_2SO_4
Current	:	10A
Solution volume	:	1 liter

After 20 minutes of electrolysis the PCP-concentration had fallen to about 1 mg per liter (detection limit 0.5 mg per liter) and all 5 Cl-atoms were removed from the PCP-molecule. The toxicity (Microtox) was then decreased to 5% of the initial value. The current efficiency is low (~1%) but can be increased considerably by the addition of small quantities of certain surfactants /10/. Despite the low current efficiency the energy consumption for complete detoxification is relatively low (about 30 kWh per cubic meter).

For the purpose of following the intermediates to the final product (phenol), a two liter experiment was performed under the same experimental conditions.

Figure 3 shows the decay of PCP as well as the rise and fall of the four intermediate chlorophenols, which confirms that the organic skeleton remains intact during cathodic treatment.

Final results for all the chlorinated compounds studied are given in Table V.

The normalized space velocities (30-100) are favourable, especially when taking into account that the conditions were not optimized.
The expected total costs of the process are of the order of magnitude of DM 10/m^3 waste water which is comparable with the cost of adsorption on activated carbon, the last method being applied on a relatively large scale in the Netherlands /9,12/.

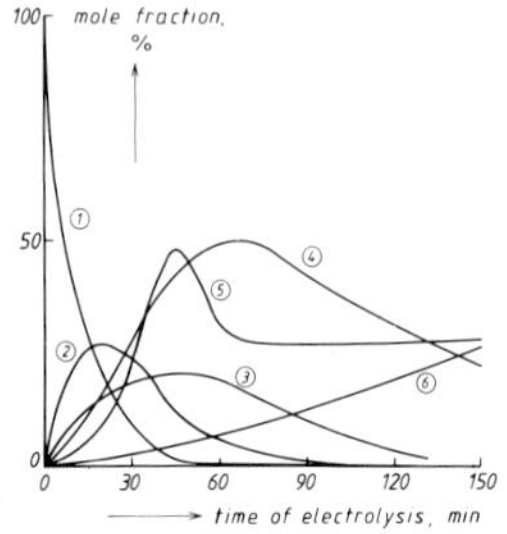

Figure 3 Molefractions of intermediates and product during electrolysis of PCP.

1. PCP
2. Tetrachloro-
3. Trichloro-
4. Dichloro-
5. Monochloro-
6. Phenol

Table V Results of electrochemical dehalogenation[a)].

Compound	Initial conc. mg.dm^{-3}	Normalized space velocity[b)] l.l^{-1}.h^{-1}	No of Cl removed	Current eff. %	Energy consumption kWh.m^{-3}
2 NH_2-4 Cl phenol	100	40	1	0.7	60
4 Cl-$C_6H_4NO_2$	48	50	1	0.4	55
DDVP	560	95	1(2)	75	0.8[c,d)]
C_2Cl_6	50	30	6	1	77[e)]
PCP	50	100	5	2	36
2,4,5-T	100	30	3	1	70
C_2Cl_4	74	40	4	3	70
1,2,4$Cl_3C_6H_3$	40	45	3	0.7	70

a) Current: 10A; solution volume 1 liter; electrolyte as for PCP

b) According to Kreysa /11/

c) Current: 1A; DDVP hydrolysis under the experimental conditions

d) Figures based on [DDVP]

e) Figure based on Cl^--yield

4. Conclusions

It has been shown for a representative ensemble of eight compounds that cathodic elimination of chlorine atoms is feasible at reasonable costs, and, moreover, that it results in a high degree of de-toxification. Therefore, further development of the method might lead to a technically and economically interesting method for treatment of chlorinated compounds in waste water.

5. References

/1/ EC list of 129 compounds; EC-publications No. C 176.7 (1982).

/2/ A.A. Bulich, D.L. Isenberg; ISA Transactions 20 (1981), 29-33.

/3/ S.E. Jørgensen; Industrial Waste Water Management, Elsevier Scientific Publishing Company, Amsterdam (1979).

/4/ R. Louw, H. Dijks, P. Mulder; Chem. and Ind. (1983), 30 Oct. 759.

/5/ S.K. Borger, J. McKenna, J. Karliner, M. Nirsberger; Tetrahedron Letters, 26 (1985), 599.

/6/ S.C. Atlow, L. Bonnadonna-Aporo, A.M. Klibanov; Biotechn. Bioeng. 26 (1984), 599.

/7/ L.G. Öberg, K.G. Paul; Biochim, Biophys. Acta 842 (1985), 30.

/8/ D. Schmal, J. van Erkel, P.J. van Duin; J. Appl. Electrochem. 16 (1986), 422.

/9/ D. Schmal, J. van Erkel, A.M.C.P. de Jong, P.J. van Duin; Report R 87/037 (1987) of MT-TNO to the Commission of EC.

/10/ Process for the detoxification of chemical waste material. Europ. Pat. Spec. 0052907 (1985); U.S. Pat 4,443,309 (1984) both to TNO.

/11/ G. Kreysa; Electrochim Acta. 26 (1981), 1693.

/12/ D. Schmal, J. van Erkel, A.M.C.P. de Jong, P.J. van Duin; Proc. of the Sec. Eur. Conf. on Environ. Techn., Amsterdam, June 22-26, 1987, 284

Electrochemical Lead Deposition from Highly Diluted Solutions

H.-J. Schmidt, K. G. Weil
Institut für Physikalische Chemie, TH Darmstadt

Summary

A quartz microbalance was used to determine the cathodic deposition of lead from very diluted solutions. It was found, that the removal of lead can be nearly complete, when the total amount in the solution does not exceed the monolayer capacity of the electrode. Simultaneously with the formation of this monolayer, Au/Pb-alloys are formed. These alloys also grow, when the electrode is held at an UPD potential. They were identified by electron diffraction as $AuPb_2$ and $AuPb_3$. The alloy formation can easily be detected from anodic stripping curves.

Zusammenfassung

Mit Hilfe einer Quarz-Mikrowaage wurde die kathodische Bleiabscheidung aus hochverdünnten Lösungen untersucht. Die Abscheidung kann nahezu vollständig ablaufen, wenn die Gesamtmenge Blei in der Lösung nicht grösser ist, als die Monolagenkapazität der Elektrode. Gleichzeitig mit der Bildung dieser Monolage entstehen Pb/Au-Legierungen. Diese entstehen auch, wenn die Elektrode im Unterpotentialbereich der Bleiabscheidung gehalten wird. Sie wurden mit Hilfe der Elektronenbeugung als $AuPb_2$ und $AuPb_3$ identifiziert. Die Legierungsbildung kann durch "anodic stripping" nachgewiesen werden.

Résumé

On a employé une microbalance à quartz pour déterminer la déposition cathodique de plomb à partir de solutions trés diluées.

La déposition peut être presque complète, si la quantité de plomb en solution ne dépasse pas la capacité d'une monocouche sur l'électrode. Des alliages Pb/Au se forment simultanement avec la monocouche. Ces alliages se forment aussi si l'électrode est tenue sous condition UPD. Ils sont été identifiés par diffraction d'électron comme $AuPb_2$ et $AuPb_3$. La formation des alliages peut être démontré facilement par "anodic stripping".

*) Part of the Dissertation of H.-J. Schmidt, Darmstadt D17

1. Introduction

In the present paper we will show, that the in-situ quartz crystal microbalance (QCM) is useful as an analytical tool to determine trace metals in solution. The QCM is an extremely sensitive sensor capable of measuring mass changes in the nanogram range [1-4]. This allows the determination of submonolayer and thicker electrodeposited films under controlled electrochemical conditions.

2. Experimental

In all experiments we used 5 MHz AT-cut quartz crystals (KVG Neckarbischofsheim) which were biplanar, circular with 15 mm diameter. Gold electrodes of 200 nm thickness were deposited onto both sides of the crystals by standard thermal evaporation techniques (Edwards E306A coater). In order to improve the adhesion between the crystal and the deposit, 5 nm of Chromium were evaporated onto the quartz prior to the deposition of the gold film. Only one of the polycristalline gold films was in contact with the solution. The eigenfrequency of the quartz oscillator varies, when material is deposited on or dissolved from its faces. In such a way, mass changes can be measured in-situ during the deposition or dissolution period. The crystals were operated at their third harmonic, 15 MHz, which provides a greater mass sensitivity. The geometric area of the working electrode was 0.785 cm^2. The oscillator was a modified Pierce-Miller circuit [5] and the frequencies were measured with a Rohde and Schwarz FEG3 frequency counter. This gives a resolution of 1 Hz over 1s. The BCD data of the last three significant digits were converted to a 0-10 V analogue signal by a D/A converter and plotted with a 2-channel x/t- or x/y-recorder. The quartz crystal microbalance was calibrated by constant current deposition of copper from copper sulfate solutions under conditions where the current efficiency is known to be 100%. A Wenking potentiostat with a ramp generator was used to carry out the potentiodynamic and potentiostatic experiments. The counter electrode was a platinum wire, while a Ag/AgCl (1M KCl) electrode was used as a reference. All potentials are reported vs. this electrode. With the exception of the electrodes all parts in contact with the solution are coated with Teflon (TFE) because it is well known that the adsorption of metal ions on TFE-surfaces is negligible. All solutions were deoxygenated by purging with purified nitrogen. During the measurements a nitrogen atmosphere was maintained over the solution. The solutions were stirred with a Teflon stirrer with a rate of 600 rpm. The volume of the solution was 15 cm^3 and the specific area of the electrodeposition cell was $5.2 \cdot 10^{-3}$ cm^2/cm^3. The base electrolyte (0.1 M $NaClO_4$, pH 6.5) was prepared from perchloric acid (suprapur, Merck) and sodiumhydroxid (suprapur, Merck); for UPD studies 0.02 M $Pb(ClO_4)_2$ (pro analysis, Merck) was added. Standard solutions of Pb^{2+} were prepared from a stock solution. All solutions were prepared with triply distilled water.

The temperature during the measurements was 22 ± 2°C. The polycrystalline Au electrodes were electrochemically cleaned by repeated cycling (approximately 100 cycles) into the hydrogen evolution and oxide growth regions. The electrolyte solution was changed several times during this process. After the lead solution to be investigated was filled into the cell, the desired potential was applied and maintained for about 20 hours. Then the deposited lead was dissolved by anodic stripping. During the whole experiment the frequencies of the QCM were recorded.

In a further experiment the UPD alloy formation was investigated by electron diffraction (EM 9 S-2, Zeiss). For this purpose a gold film of 20 nm thickness was vapor deposited onto a glass-plate and used as cathode in the electrochemical cell. Lead was deposited for periods of 3-5 days. Then the gold films were removed from the glas substrate and investigated with an electron transmission microscope in the selected area diffraction mode. Electron micrographs of the film surfaces were taken with a scanning electron microscope (JEOL JSM-T330A).

3. Results and Discussion

The depositions were carried out in the diffusion-limited current density range. Fig. 1 shows the frequency changes in dependence of the deposition time at various initial lead concentrations. The curves show a plateau after about 16 h of electrolysis. Fig. 2 shows the percentage of deposition in dependence of the initial lead concentrations. If the initial amount of lead is in the range of a monolayer coverage the percentage of deposition is about 98%.

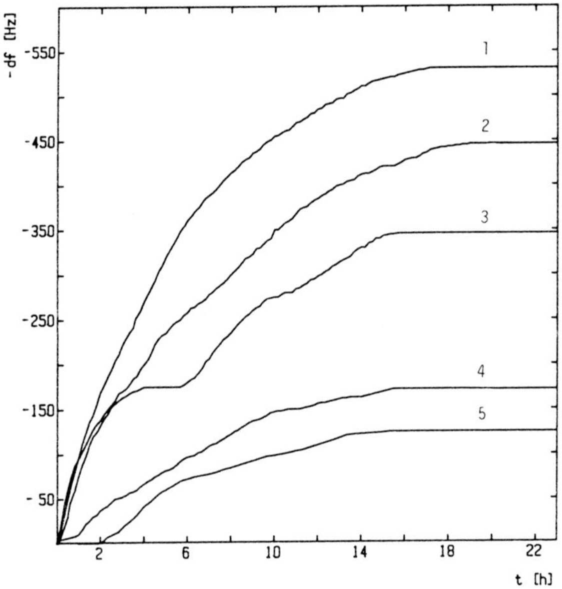

Fig. 1 Frequencies changes during the electrodeposition of lead for different initial lead concentrations.
Potential of deposition: -800 mV. c_0: $1.3 \cdot 10^{-6}$ mol/l (1); $1.0 \cdot 10^{-6}$ mol/l (2); $7.8 \cdot 10^{-7}$ mol/l (3); $2.6 \cdot 10^{-7}$ mol/l (4); $7.8 \cdot 10^{-8}$ mol/l (5).

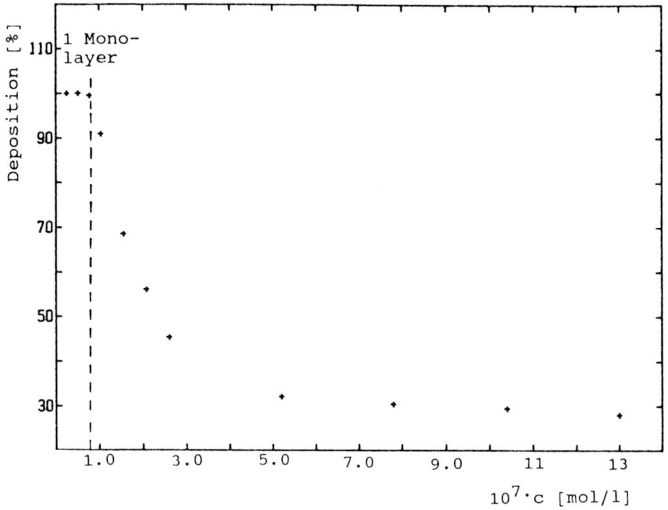

Fig. 2 Percentage of deposition in dependence of the initial lead concentrations.

At higher initial amounts the percentage of recovery of Pb^{2+} decreases. The first monolayer of Pb on Au seems to be strong bounded but the formation of three-dimensional lead nuclei is inhibited, possibly by the simultaneous hydrogen evolution. Fig. 3 shows the deposited amounts in dependence of the initial lead concentrations.

Fig. 4 shows a typical anodic stripping curve after a deposition time of 20 h at -800 mV. The initial concentration was $7.8 \cdot 10^{-7}$M. At these low concentrations, one always observes three anodic waves. The small peak appearing at the most positive potential is a typical UPD desorption peak (see Fig.5). Apparently the formation of the lead monolayer by a charge transfer step and the formation of alloys occur simultaneously. The very broad and structured peak at the most negative potential was already reported by Schmidt and Gygax [6,7]. The second very sharp peak has not been observed before. The anodic stripping curves obtained after different deposition times never show any bulk dissolution of lead. It seems that the deposition of lead on the alloy surface is limited by the diffusion of gold through the alloy phase.

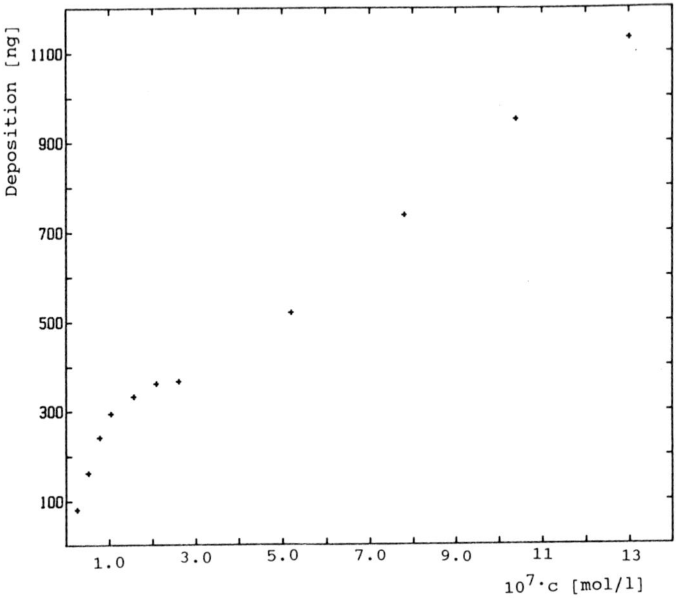

Fig. 3 Deposited amounts in dependence of the initial lead concentrations.

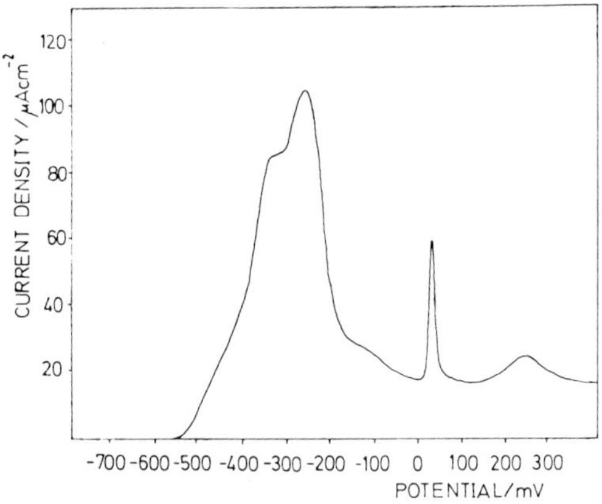

Fig. 4 Anodic stripping curve after deposition from a $7.8 \cdot 10^{-7}$ mol/l lead solution. Base electrolyte: 0.01 mol/l $NaClO_4$. Deposition time: 20h; potential of deposition: -800 mV; scan rate: 16 mV/s.

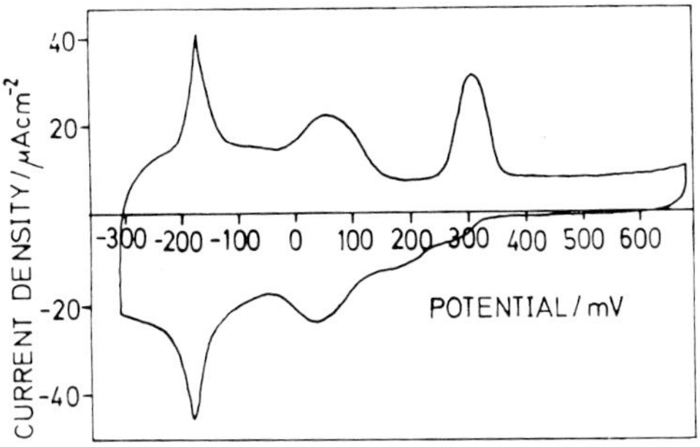

Fig. 5 Cyclic voltammogram of lead on a polycrystalline Au electrode. System: 0.02 M $PbClO_4$; scan rate: 16 mV/s.

In order to identify the alloys we studied the alloy formation in the underpotential range. The formation of Au-Pb alloys in the underpotential range has not yet been observed [8,9], but thermodynamically stable alloys are well-known [10]. Fig. 5 shows a cyclic voltammogram of Pb on Au in the UPD range. The peak observed at the most positive potentials is highly irreversible. This is in agreement with the experimental results of Hamelin [11], who studied the UPD deposition of lead on single crystal faces of gold. Fig. 6 shows an anodic stripping curve after a waiting time of 2.5 h at a potential of -410 mV, a potential which definitely is more positive than the Nernst potential of lead in these solutions. Two anodic waves are observed, which are similar to those waves in Fig. 4, which were ascribed to alloy dissolution. With increasing polarization time at a fixed underpotential, the anodic stripping charge associated with these two peaks increases. This indicates the formation of two Au-Pb alloys on the electrode surface. Fig. 7 shows an anodic stripping curve after a waiting time of 41 h at a potential of -160 mV. At this potential only the nobler alloy is formed. The sharp wave indicates that this intermetallic phase has a narrow range of homogeneity. Electron diffractograms from 20 nm thin gold films prepared with a waiting time of 3-5 days at a potential of -410 mV demonstrate the presence of two intermetallic phases. They could be identified as $AuPb_2$ and $AuPb_3$. At a potential of -160 mV only $AuPb_3$ is observed. Fig. 8 shows an electron scanning micrograph of

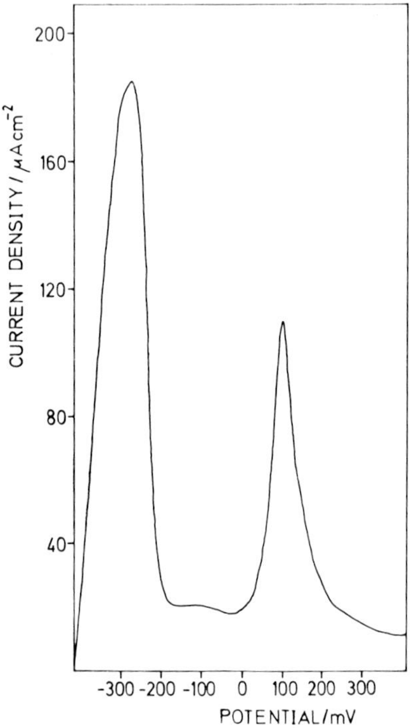

Fig. 6 Anodic stripping curve. System: 0.02 mol/l $PbClO_4$; deposition time 2.5 h; potential of deposition: -410 mV (UPD range); scan rate: 16 mV/s.

an $AuPb_3$ alloy. Most of the observed particles were of circular shape. This observation is in agreement with the results of precipitation studies of $AuPb_3$ by Campbell and Turnbull [12]. Fig. 9 shows an electron scanning micrograph of $AuPb_2$. The crystalline nature of this alloy is clearly visible.

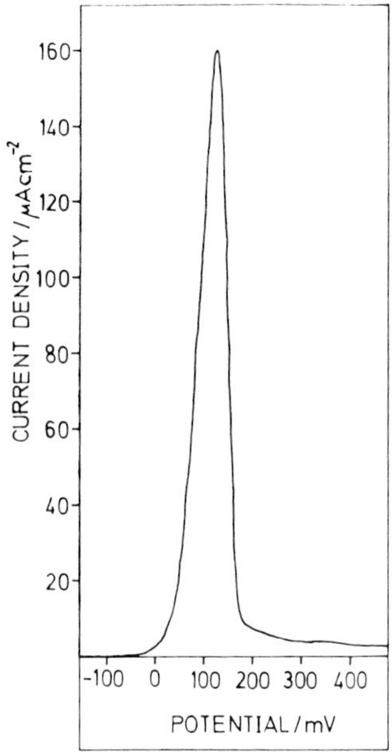

Fig. 7 Anodic stripping curve. System: 0.02 mol/l $PbClO_4$; deposition time 41 h; potential of deposition: -160 mV (UPD range); scan rate: 1.6 mV/s

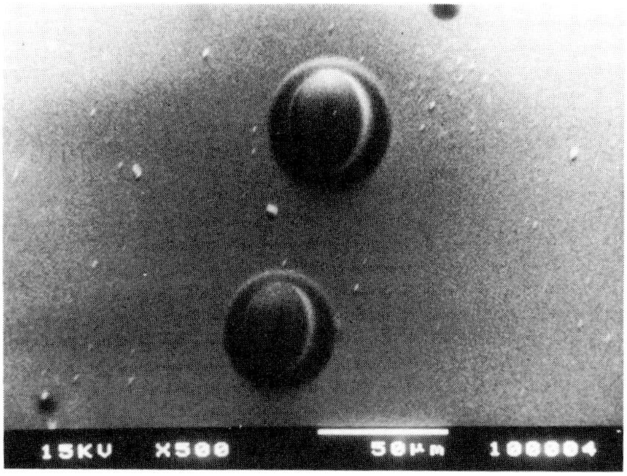

Fig. 8 Scanning electron micrograph of $AuPb_3$.

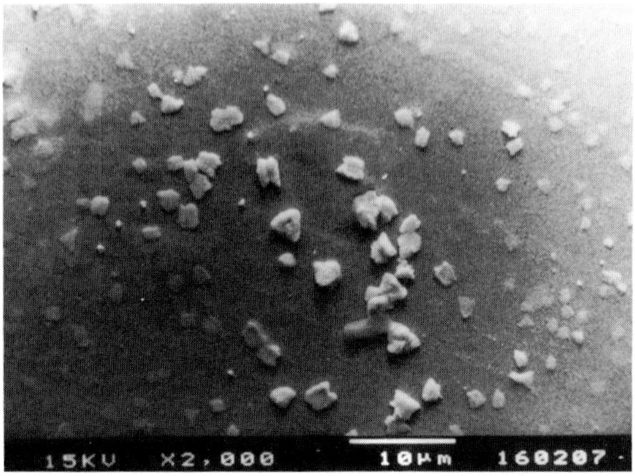

Fig. 9 Scanning electron micrograph of $AuPb_2$.

Literature

/1/ O. Melroy, K. Kanazawa, J. G. Gordon II, D. Buttry: Langmuir 2 (1986), 697

/2/ M. Deakin, O. Melroy: J. Electroanal. Chem. 239 (1988), 321

/3/ M. Hepel, K. Kanige, S.Bruckenstein: J. Electroanal. Chem. 266 (1989), 409

/4/ W. Stöckel, R. Schumacher: Ber. Bunsenges. Phys. Chem. 93 (1989), 606

/5/ R. A. Heising: Quartz Crystals for Electric Circuits, Van Nostrand, N.Y. 1946.

/6/ E. Schmidt, H. R. Gygax: J. Electroanal. Chem. 13 (1967), 378

/7/ E. Schmidt, H. R. Gygax: J. Electroanal. Chem. 14 (1967), 126

/8/ K. Engelsmann, W. J. Lorenz, E. Schmidt: J. Electroanal. Chem. 114 (1980), 11

/9/ H. Bort, K. Jüttner, W. J. Lorenz: Electrochim. Acta 28 (1983), 993

/10/ H. Okamoto, T. B. Massalski: Bull. Alloy Phase Diagrams 5 (1984), 276

/11/ A. Hamelin: J. Electroanal. Chem. 165 (1984), 167

/12/ A. N. Campbell, D. Turnbull: Acta Metall. 38 (1990), 269

Photoelektrochemische Systeme zur Entgiftung verunreinigter Gewässer

D. Bahnemann, D. Bockelmann, R. Goslich
Institut für Solarenergieforschung GmbH, Hannover

Zusammenfassung

Der Abbau toxischer halogenierter Kohlenwasserstoffe (HKW) in vergifteten Abwässern bzw. im zur Trinkwassererzeugung vorgesehenen Grund- und Oberflächenwasser ist ein zunehmendes Problem der modernen Industriegesellschaft. Da konventionelle Reinigungsverfahren wie chemische Oxidation oder mikrobiologische Entgiftung oft nur unzureichend oder gar nicht zur Zerstörung dieser Giftstoffe genutzt werden können, ist es unerläßlich, alternative Wege zur Detoxifizierung derartig verschmutzten Wassers zu entwickeln. Als vielversprechende Alternative wird die Verwendung photoelektrochemischer Systeme in Form wäßriger Suspensionen von Halbleiterteilchen diskutiert, an denen bei Bestrahlung mit Licht HKW-Moleküle vollständig zu Kohlendioxid und nicht-toxischen Mineralsäuren abgebaut werden können. In der vorliegenden Arbeit wurden beim photokatalytischen Abbau von Chloroform in beleuchteten Titandioxid-suspensionen vor allem Fragen der Lichtintensitäts-, Temperatur- und pH-Abhängigkeit eines solchen Mineralisierungsprozesses systematisch untersucht. Die dabei beobachteten Ergebnisse werden mittels kinetischer und thermodynamischer Modellvorstellungen beschrieben, mit deren Hilfe die Auslegung von Anlagen erleichtert werden soll. Die technische Realisierung der photokatalytischen Detoxifizierung wird anhand von Beispielen diskutiert.

Summary

The destruction of toxic halogenated hydrocarbons in waste water effluents or ground water wells is a problem of growing importance in our industrial society. Since conventional methods such as chemical oxidation or microbial treatment are often not efficient for the destruction of these toxins, alternative routes for detoxification are required. Photoelectrochemical systems have been developed where aqueous suspensions of semiconductor particles are used as photocatalysts capable of inducing the complete mineralization of many of these hazardous compounds under illumination yielding carbon dioxide and non-toxic mineral acids as the only products. Chloroform has been used in the present investigation as a probe molecule for a detailed study of the mechanisms of photocatalytic detoxification. Thus the influence of light intensity, temperature and pH on the overall yield of the $CHCl_3$ destruction in illuminated aqueous suspensions containing titanium dioxide powder has been studied. Kinetic and thermodynamic models are presented to explain the observations and to enable a more efficient scale-up of the method. Examples for possible technical realizations of the process are given.

Résumé

La destruction d'hydrocarbure hallogénées toxiques dans les eaux usées ainsi que dans les réserves d'eau potable est un problème d'une importance grandissante dans notre société industrielle moderne. Comme les procédés d'assainissement conventionnels comme l'oxydation chimique on la purification microbiologique sont souvent insuffisants ou ne peuvent pas du tout être utilisés dans la destruction de ces toxines, il est indispensable de développer d'autres voies de détoxication des eaux polluées. Une alternative promèteuse est l'utilisation de systèmes photoelectrochimiques sous forme de particules semi-conductrices en suspension dans l'eau qui permettent sous éclairage lumineux de réduire intégralement les molécules d'hydrocarbures hallogénées en dioxyde de carbone et en acides minéraux non toxiques. Dans la présente étude on a analysé systématiquement, à travers l'exemple de la destruction photocatalytique du chloroforme sous éclairage au dioxyde de titane, la dépendance d'un tel processus de minéralisation à l'intensité lumineuse, à la température, au pH. Les résultats ainsi observés sont dècrits au moyen de représentations types d'ordre cinétique et thermodynamique qui doivent permettre de simplifier la description des projets. La réalisation technique de la détoxification photocatalytique est traitée au moyen d'exemples.

Einführung

Die Verschmutzung von Industrie- und Haushaltsabwässern mit schwerabbaubaren organischen Chemikalien stellt ein Umweltproblem von steigender Bedeutung dar. Auch Oberflächengewässer und Brunnen, die zur Trinkwasserversorgung bereitstehen, sind zunehmend mit derartigen Substanzen belastet /1,2/. Halogenierte Kohlenwasserstoffe (HKW) sind in diesem Zusammenhang als eine besonders problematische Substanzklasse anzusehen. Sie werden, wie die auf der nächsten Seite folgende Tabelle zeigt, in großer Vielfalt und Menge industriell hergestellt, sind fast ausnahmslos sehr giftig und chemisch erstaunlich stabil.

Verschiedenste Verfahren zur Zerstörung dieser Giftstoffe sind diskutiert worden und werden z. T. in Kläranlagen und Wasserwerken angewendet. Am häufigsten bedient man sich des biologischen Abbaus /3-7/, wobei es jedoch entscheidend ist, daß der vorgegebene "Giftcocktail" nicht zu toxisch ist, damit die verwendeten Mikororganismen ausreichend lange überleben können. Daher wird diese Methode vor allem dort mit gutem Erfolg eingesetzt, wo wohldefinierte, zeitlich konstante Abwasserströme anfallen. Derartige Begrenzungen gelten naturgemäß nicht für die Verwendung von chemischen Oxidationsmitteln wie Chlor, Ozon oder Wasserstoffperoxid /8/. Hier wird eine Anwendung im großen Maßstab vor allem durch die hohen Materialkosten und die vielfach beobachtete Bildung höchst-toxischer Nebenprodukte begrenzt.

Preiswerter molekularer Sauerstoff hingegen ist aufgrund seines Tripletspin-Grundzustandes ein sehr reaktionsträges Oxidationsmittel, so daß heterogene oder homogene Katalyse zum Beispiel an Metalloxidoberflächen oder durch Übergangsmetallkationen zur Erhöhung der Effektivität notwendig ist. Derartige Systeme finden technisch nur begrenzt Anwendung /9,10/. Freie Radikale wie das Hydroxylradikal ($^{\bullet}OH$) stellen dagegen viel bessere Oxidationsmittel dar und können prinzipiell nahezu alle organischen Moleküle vollständig bis zur Stufe des CO_2 oxidieren. In wäßriger Lösung werden $^{\bullet}OH$-Radikale am elegantesten strahlenchemisch mit der Methode der γ-Radiolyse dargestellt. Verschiedene Autoren haben gezeigt, daß auf diese Weise eine Detoxifizierung belasteter Gewässer im Prinzip möglich ist /11-15/. Die mit dem Einsatz nuklearer Technologien verbundenen Sicherheitsrisiken werden neben den hohen Kosten den Einsatz dieser Methode auf spezielle Anwendungen begrenzen. Außerdem gibt es auch einfache photochemische

Umweltgefahr: Halogenierte Kohlenwasserstoffe

Verbreitung als:		Vorkommen in:
- Insektizide - Pestizide	⇒	- Grundwasser ⇒ Trinkwasser
- Holzschutzmittel - Kühlmittel - Treibgase	⇒	- Haushaltsabwässer
- Lösungsmittel - Grundchemikalien für Kunststoffe und Pharmazeutika	⇒	- Industrieabwässer

Weltproduktion 1986:

Verbindung:	t /Jahr:
Monochlormethan	400 000
Dichlormethan	5 000 000
Trichlormethan	250 000
Tetrachlormethan	1 000 000
Tetrachlorethen	750
Chloroethen	7 730
Trichlorethen	700
Trichlorethan	480
fluorierte KWs	750
Σ chlorierte Alkane und Alkene	25 000 000
DDT	60
Hexachlorcyclohexan	54 500
Chlorbenzol	900 000
Chlorphenole	200 000

geschätzt durch Koch, *HYDRO'GEO'CHEMIE*, VEB Deut. Verlag f. Grundstoffindustrie, Leipzig **1989**, 248

Toxizität:

aliphatische HKWs:

- schädigend für Leber und Nieren

aromatische HKWs:

- mutagen
- karzinogen
- fruchtschädigend
- nervenschädigend
- Anreicherung im Fettgewebe

Methoden zur Erzeugung radikalischer Oxidationsmittel. Bei der UV-Photolyse von wäßrigen Lösungen in Gegenwart von Wasserstoffperoxid oder Ozon bilden sich ˙OH-Radikale, die den oxidativen Abbau von HKWs initiieren /16,17/. Auch die direkte Photolyse kann zur Zerstörung toxischer Substanzen führen, wenn die Moleküle entsprechende Chromophore enthalten /18-20/. In Zukunft wird der geeignete Weg zur Reinigung verschmutzten Wassers wahrscheinlich aus einer Kombination verschiedener Verfahren bestehen. So kann man mit Hilfe einer photochemischen Vorbehandlung erreichen, daß die Abwässer auf Mikroorganismen nicht mehr toxisch wirken, wodurch eine nachgeschaltete biologische Klärstufe zur Endreinigung möglich wird /21,22/.

1 Photokatalytische Detoxifizierung

Seit ihrer ersten Erwähnung im Jahre 1976 /23/ ist die Methode der photokatalytischen Detoxifizierung zur Reinigung verschmutzter Gewässer in der Literatur intensiv diskutiert worden. Öffentliches Interesse hat dieses Verfahren kürzlich dadurch erlangt, daß es gelingt, die Sonne als Strahlungsquelle einzusetzen und in Verbindung mit heterogener Katalyse Giftstoffe im Wasser vollständig zu mineralisieren /24-27/. Im folgenden wird ein kurzer Abriß der Entwicklungen der letzten zehn Jahre auf diesem Gebiet gegeben. Zuvor sollen die physikalischen und chemischen Prinzipien der Photokatalyse zusammengefaßt werden.

1.1 Prinzipien der Photokatalyse

Ein photokatalytisches System besteht aus Halbleiterteilchen, die in einem Elektrolyten suspendiert sind. In Abbildung 1 ist ein einzelnes, idealisiertes Halbleiterteilchen als durchsichtige Kugel dargestellt, die in ihrem Inneren das Energieschema nach dem Bändermodell zeigt. Bei Belichtung mit einer Lichtenergie, die größer ist als die Energie der Bandlücke (E_g), gelingt es, Elektronen aus dem gefüllten Valenzband in das leere Leitfähigkeitsband zu heben. Während die so erzeugten Leitfähigkeitsbandelektronen (e^-_{CB}) in

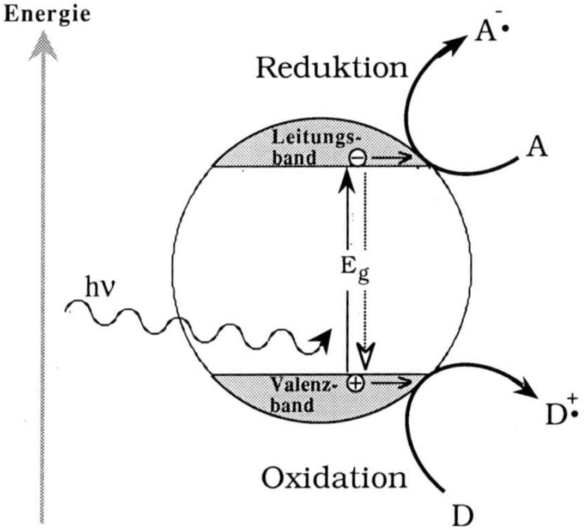

Abb. 1: Halbleiterpartikel als Redoxkatalysator (schematische Darstellung, wobei die energetischen Eigenschaften der geometrischen Form eines idealisierten Teilchens überlagert sind).

Anwesenheit geeigneter Redoxsysteme als Reduktionsmittel wirken können,

$$A + e^-_{CB} \longrightarrow A^{\bullet -} \quad (1)$$

sind Valenzbandlöcher (h^+_{VB}) in der Regel gute Elektronenakzeptoren:

$$D + h^+_{VB} \longrightarrow D^{\bullet +} \quad (2)$$

Die energetische Lage von Valenz- und Leitungsband entscheidet über die Redoxeigenschaften der beiden Ladungsträger; sie ist für die meisten Halbleiter bekannt /29/. Dabei ist es eine gemeinsame Eigenschaft von halbleitenden Metalloxiden, daß die Oberkanten ihrer Valenzbänder ausgesprochen positiv liegen, wodurch die durch Lichtabsorption gebildeten Löcher allein aufgund ihres Potentials in der Lage sein sollten, nahezu alle organischen Moleküle zu oxidieren /30/. Selbst die zur Bildung von Hydroxylradikalen führende Einelektronenoxidation von Wasser

$$H_2O \quad + \quad h^+_{VB} \longrightarrow {}^{\bullet}OH \quad + \quad H^+_{aq} \qquad (3)$$

sollte nach energetischen Gesichtspunkten an beleuchteten Metalloxidteilchen möglich sein. Tatsächlich können viele experimentelle Beobachtungen befriedigend durch eine intermediäre Bildung von $^{\bullet}OH$ erklärt werden; ein eindeutiger Beweis für das Auftreten dieser Radikale konnte bislang jedoch nicht geliefert werden, was vor allem auf ihre hohe Reaktivität und die damit verbundene kurze Lebensdauer zurückgeführt werden kann /31/.

Möglichkeiten und Grenzen des Einsatzes mikroheterogener Systeme in den Gebieten der Photosynthese und Photokatalyse wurden unlängst in Übersichtsartikeln diskutiert /31, 32/. An dieser Stelle sollte vor allem darauf hingewiesen werden, daß die photokatalytischen Eigenschaften von Halbleitersuspensionen sowohl quantitativ als auch qualitativ durch eine relativ große Anzahl von Reaktionsparametern beeinflußt werden können. So kann z. B. allein eine Vergrößerung des Durchmessers der Halbleiterpartikel dazu führen, daß radikalische Reaktionskanäle zulasten von Zweielektronentransferprozessen an Bedeutung verlieren /31/. Interessant ist auch, daß - anders als bei klassischen photochemischen Prozessen - die Quantenausbeute vieler photokatalytischer Reaktionen mit steigender Lichtintensität abnimmt /33/. In diesem Zusammenhang hat Ollis kürzlich ein Modell vorgestellt, das die bei Experimenten in Parabolrinnenreaktoren beobachtete Abhängigkeit der Ausbeute der Mineralisierung von Schadstoffen von der Sonnenlichtintensität beschreibt /34/. Systematische Studien zum Einfluß weiterer Parameter (Reaktionstemperatur, pH etc.) auf Produktverteilungen und Ausbeuten sind bislang noch nicht durchgeführt worden, obwohl eine sinnvolle technische Realisierung der photokatalytischen Detoxifizierung unbedingt derartige Kenntnisse voraussetzt.

1.2 Photokatalytische Mineralisierung von Schadstoffen: Ein Rückblick

Die Abbaubarkeit einer großen Vielfalt von Schadstoffmolekülen aus den unterschiedlichsten Substanzklassen ist im Laufe der vergangenen zehn Jahre untersucht worden. Dabei wurde unter anderem gezeigt, daß halogenierte Kohlenwasserstoffe bei der Bestrahlung wäßriger Titandioxidsuspensionen mit kurzwelligem Licht (λ_{ex}<400nm) vollständig mineralisiert werden /35-42/. Die Bruttoabbaureaktion eines chlorierten Kohlenwasserstoffmoleküls $C_xH_yCl_z$ wird dabei durch folgende Stöchiometrie beschrieben /43/:

$$C_xH_yCl_z \quad + \quad (x+\tfrac{y-z}{4})O_2 \longrightarrow xCO_2 \ + \ zHCl \ + \ (\tfrac{y-z}{2})H_2O \qquad (4)$$

Auch aromatische Moleküle wie z.B. Phenole werden photokatalytisch quantitativ oxidiert /44-48/. Während auch hier eine Bruttostöchiometrie angegeben wird /45/,

$$C_6H_5OH \quad + \quad 7\,O_2 \longrightarrow 6\,CO_2 \quad + \quad 3\,H_2O \qquad (5)$$

scheinen die Einzelschritte des recht komplexen Reaktionsablaufs noch weitgehend unverstanden zu sein. Auch halogenierte Aromaten (chlorierte Phenole, Biphenole, Dioxine) wurden bereits erfolgreich photokatalytisch zu CO_2 und HCl abgebaut /49-59/. Nur wenige der zitierten Arbeiten enthalten Hinweise auf die Bildung von Zwischenprodukten, so wurden beispielsweise Hydrochinone beim Abbau chlorierter Phenole detektiert /54/. Dagegen fehlen in der Literatur bislang eindeutige Beweise dafür, daß die Bildung höchstgiftiger Nebenprodukte auch im Spurenbereich ausgeschlossen werden kann. Noch weniger Daten findet man naturgemäß über kurzlebige Zwischenprodukte. So ist zwar die intermediäre Bildung von Oberflächenhydroxylradikalen ($^{\bullet}OH_s$, vgl. Reaktion (3)) diskutiert /60/, aber bislang noch nicht experimentell bestätigt worden.

Auch andere Problemchemikalien wie Farbstoffe /61,62/, Phthalsäureester /63/, DDT /64/ und Tenside /65,66/ können in Gegenwart von TiO_2 als Photokatalysator abgebaut werden.

Beim direkten Vergleich von Reaktionen an verschiedener Halbleitermaterialien zeigt TiO_2 die bei weitem höchste photokatalytische Aktivität /52,64,67,68/. Leider findet man in der Literatur nur selten Angaben über die absolute Größe von Quantenausbeuten der Detoxifizierung. Daher ist ein Vergleich der in verschiedenen Laboratorien gemessenen Werte nur schwer möglich.

Allein bei der Verwendung von Zinkoxid werden noch ähnlich hohe Abbauraten wie beim Titandioxid gemessen /69-72/. Da sich ZnO-Teilchen allerdings im sauren Medium auflösen /73/, erscheint die technische Anwendung dieses Materials unwahrscheinlich. Titandioxid kann in verschiedenen Kristallmodifikationen präpariert werden. Man beobachtet meist, daß Partikel, die überwiegend in der Anatas-Modifikation vorliegen, im Vergleich zu Rutil-Teilchen die besseren Photokatalysatoren sind /47, 74/. Dies wird zum einen durch die schnellere Rekombination der durch Lichtabsorption gebildeten Ladungsträger im Rutil

$$e^-_{CB} + h^+_{VB} \longrightarrow \text{Wärme} \qquad (6)$$

und zum anderen durch dessen schlechtere Adsorptionseigenschaften begründet /47/. Dabei wird der zuletzt genannte Effekt auf die niedrigere spezifische Konzentration von Oberflächenhydroxylgruppen auf Rutil im Vergleich zu Anatas zurückgeführt /74/. Verschiedene Ergebnisse deuten auch darauf hin, daß die Adsorption von Schadstoffmolekülen eine wesentliche Voraussetzung für eine effiziente photokatalytische Detoxifizierung darstellt /48,75/.

Titandioxid, das Material mit der höchsten photokatalytischen Aktivität, ist ein Halbleitermaterial mit einer sehr großen Bandlücke ($E_g \approx 3.2$ eV /29/). TiO_2 kann daher nur Licht mit Wellenlängen unterhalb von 400nm absorbieren und so die erwünschte Elektronen/Loch-Paarbildung induzieren /76/. Es ist also prinzipiell nicht möglich, mehr als 5% der auf die Erde auftreffenden Sonnenenergie bei Verwendung von TiO_2 als Photokatalysator zu nutzen. Für eine sinnvolle Auslegung geplanter Anlagen zur solaren Detoxifizierung belasteter Gewässer ist es unbedingt notwendig, neue Katalysatoren zu entwickeln, die einen größeren Anteil des Sonnenspektrums ausnutzen können. Obwohl durch die Absorption von Lichtquanten in den Halbleiterteilchen immer Ladungsträgerpaare gebildet werden, wurden die Reaktionen der Leitungsbandelektronen (e^-_{CB}) von den meisten Autoren nicht untersucht. Im allgemeinen wird angenommen, daß molekularer

Sauerstoff als Oxidationsmittel fungiert /43-45,47,49,53-55,62,77/,

$$e^-_{CB} + O_2 \longrightarrow O_2^{\bullet -} \quad (7)$$

Wasserstoffperoxid, das als Produkt der Kombination zweier in Reaktion (7) gebildeter Superoxidradikale entstehen sollte,

$$2\,O_2^{\bullet -} + 2\,H^+_{aq} \longrightarrow H_2O_2 + O_2 \quad (8)$$

wird jedoch meist nur in geringen Mengen gebildet, wenn TiO_2 als Katalysator verwendet wird /78/. Die weitere Reduktion von H_2O_2 sollte zur Bildung von $^{\bullet}OH$ Radikalen führen:

$$H_2O_2 + e^-_{CB} \longrightarrow {}^{\bullet}OH + OH^-_{aq} \quad (9)$$

Die Rate der photokatalytischen Detoxifizierung kann gesteigert werden, wenn H_2O_2 anstelle von O_2 als Oxidationsmittel eingesetzt wird /79/.

In mikroheterogenen Systemen sind die Halbleiterteilchen sozusagen als Elektroden enthalten. Eine Trennung von anodischen und kathodischen Teilprozessen ist daher prinzipiell ausgeschlossen und es kann a priori nicht entschieden werden, ob die allgemein diskutierte Bildung von $^{\bullet}OH$-Radikalen durch eine direkte Oxidation von Wasser (Reaktion (3)) oder eine sukzessive Reduktion von molekularem Sauerstoff (Reaktionen (7) bis (9)) erfolgt. Die Frage ist also, ob die Reaktion von Löchern oder die von Elektronen wichtiger ist, um $^{\bullet}OH$-Radikale zu bilden, die mit Substratmolekülen S reagieren:

$$^{\bullet}OH + S \longrightarrow S^{\bullet}\,OH \longrightarrow \text{Produkte} \quad (10)$$

Die Gesamtausbeute eines komplexen Reaktionsablaufes wird stets durch den langsamsten Schritt bestimmt. Daher ist es wichtig, zwischen den beiden beschriebenen Reaktionskanälen unterscheiden zu können. Photoelektrochemische Messungen der anodischen und kathodischen Teilprozesse könnten hier eine wesentliche Voraussetzung dafür schaffen, die Effizienz photokatalytischer Systeme entscheidend zu steigern.

Viele unterschiedliche Reaktortypen wurden bei den bislang beschriebenen Experimenten verwendet /35,39,51,55,65/. Beispiele typischer Reaktoren sind in Abbildung 2 wiedergegeben. Im oberen Teil dieses Bildes sind zwei von R. W. Matthews benutzte UV-Lampenreaktoren gezeigt, bei denen handelsübliche Leuchtstoffröhren als Bestrahlungsquelle dienen und die zu reinigende Flüssigkeit entweder über ein TiO_2-beschichtetes Festbett (linker Teil von Abb. 2a) oder durch ein auf der Innenseite beschichtetes Glasrohr geleitet wird /92/. In Abb. 2b ist ein sogenannter Parabolrinnenreaktor dargestellt, wie er zur Nutzung von Solarenergie bei Detoxifizierungsexperimenten bereits verwendet wurde /55/. Der letztgenannte Reaktortyp, bei dem man die wäßrige Suspension der Photokatalysatorpartikel durch ein in der Brennebene eines Parabolspiegels angebrachtes Glasrohr pumpt, wird bereits bei den ersten technischen Anwendungen der solaren Abwasserreinigung in den USA in Albuquerque (bei den Sandia National Laboratories) und in Spanien in Almeria (auf der Plataforma Solar de Almeria) eingesetzt. Ingenieurwissenschaftliche Probleme, die bei Verwendung

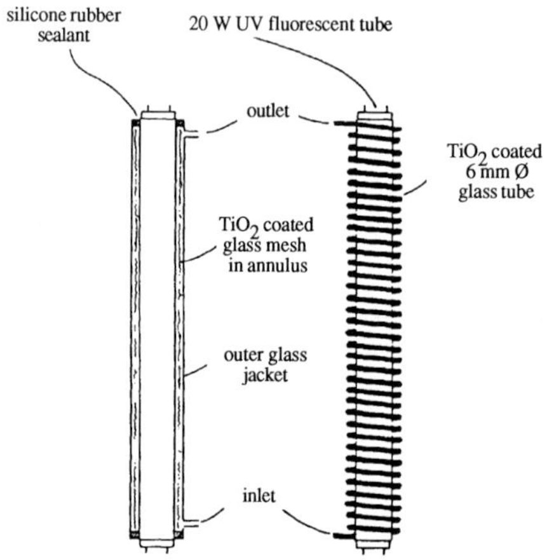

Abb. 2a: UV-Lampenreaktoren als Modellreaktoren für die photokatalytische Abwasserreinigung; (R.W. Matthews: Solar Energy 38 (1987), S. 405-413).

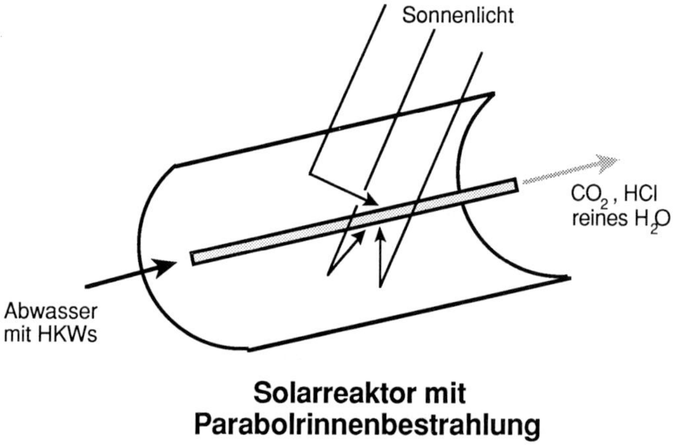

Abb. 2b: Solarreaktor als Modellreaktor für die photokatalytische Abwasserreinigung.

der verschiedenen Reaktortypen zu bedenken sind, wurden an anderer Stelle diskutiert /34,80,81/ und sollen hier nicht weiter ausgeführt werden.

Verschiedene Autoren haben die Methode der photokatalytischen Detoxifizierung mit anderen Verfahren zur Reinigung verschmutzten Wassers verglichen und die in diesem Zusammenhang relevanten ökonomischen /82/ und technischen /83/ Rahmenbedingungen diskutiert. Dabei wurden übereinstimmend die guten Chancen der Photokatalyse hervorgehoben. Während zum Nachweis einer sinnvollen technischen Realisierbarkeit Projekte größerer Dimensionierung erforderlich sind, hat die vorstehende Literaturübersicht aber auch deutlich gemacht, daß grundlegende Probleme noch durch systematische Laboruntersuchungen geklärt werden müssen. In der vorliegenden Studie geht es vor allem darum, durch Messungen von Intensitäts-, Temperatur- und pH-Abhängigkeiten beim photokatalytischen Abbau von Chloroform, die Anwendbarkeit der Methode auf konzentrierende Illuminationssysteme zu untersuchen.

2 Experimenteller Teil

In der vorliegenden Arbeit diente Chloroform als Modellsubstanz für alle Experimente. Folgende Bruttoreaktionsgleichung für den photokatalytischen Abbau von Chloroform wurde in einer Arbeit von Pruden und Ollis angegeben /37/:

$$CHCl_3 + 1/2\,O_2 + H_2O \longrightarrow CO_2 + 3\,HCl \qquad (11)$$

Dementsprechend sollte die vollständige Oxidation eines Chloroformmoleküls zur Bildung dreier Protonen führen.

Besonders geeignet zur in situ Messung der während der Bestrahlung gebildeten H^+_{aq} ist die sogenannte pH-stat Methode, die aufgrund ihrer hohen Empfindlichkeit auch bei extrem kleinen Beleuchtungsstärken erfolgreich eingesetzt werden kann /33,43/. Der dazugehörige experimentelle Aufbau ist in Abbildung 3 dargestellt. Jede Änderung des pH-Wertes löst über den Impulsomaten eine Zugabe von Natronlauge durch den Dosimaten aus, um so den pH-Wert im Reaktor konstant zu halten. Die jeweils dosierten NaOH-Volumina werden vom Dosimaten unmittelbar zum Rechner übertragen, mit dem der zeitliche Verlauf der Konzentration an gebildeten Protonen aufgenommen und dargestellt wird. Unter Berücksichtigung der angegebenen Stöchiometrie können so die Abbauraten berechnet werden. Als zusätzlicher Korrekturterm wird außerdem noch berücksichtigt, daß das gebildete CO_2 im Bereich $6.3 < pH < 10.3$ als HCO_3^- und oberhalb von pH 10 als CO_3^{2-} vorliegt /33, 43/.

In allen Experimenten wurde die pH-Elektrode GK 2421C (Radiometer) und ein Pt 100- Element zur temperatur-korrigierten pH-Messung verwendet. Die Natronlaugelösungen (0.02 bzw. 0.002 M NaOH) wurden unter einer Argon-Schutzgasatmosphäre aufbewahrt und einmal wöchentlich durch Titration mit 0.1 N HCl (Titrisol/Merck) kalibriert. Der thermostatisierte Photoreaktor bestand aus einer Quarzzelle und war mit 13 ml Reaktionslösung gefüllt, die während des Experiments stark gerührt wurde. Im allgemeinen enthielten die bestrahlten Suspensionen 0.5 g/l TiO_2 (P25 Degussa) und 62 mM Chloroform. Zusätzlich war noch jeweils 1mM Phosphat enthalten, damit die Ionenstärke der Reaktionslösung konstant blieb. Die Bestrahlungen wurden mit einer OSRAM HBO 500W Lampe durchgeführt, wobei kurzwelliges Licht unterhalb von 320

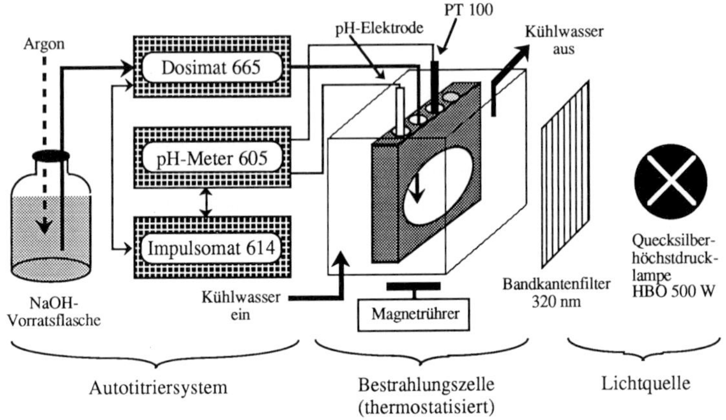

Abb. 3: pH-stat-Titriersystem.

nm durch ein Kantenfilter und der IR-Anteil der Strahlung durch ein 10 cm dickes Wasserfilter abgehalten wurden.

Die Lichtintensität im Wellenlängenbereich zwischen 310 und 370 nm wurde täglich durch eine chemische Aktinometrie mit der Aktinometersubstanz Aberchrome 540 durchgeführt /84/. Die Bestrahlungsintensität wurde durch den Einsatz verschiedener Neutralgrauglasfilter variiert, wobei eine maximale Abschwächung auf 1/40000stel der ursprünglichen Lichtintensität erreicht werden konnte.

Chlorid und Carbonat wurden mittels **H**igh **P**ressure **I**on **C**hromatography (HPIC) qualitativ und quantitativ analysiert, wozu ein Dionex 4500i Ionenchromatograph benutzt wurde. Dabei wurde Chlorid unter Standardbedingungen mit einer HPIC-AS4A Trennsäule und Carbonat mit einer HPICE AS1 Trennsäule (Ionenausschlußchromatographie) getrennt /85/.

Alle verwendeten Chemikalien und Lösungsmittel entsprachen dem Reinheitsgrad "pro analysis" und wurden ohne weitere Reinigungsschritte benutzt. Das Wasser wurde mit einer Milli-Q/RO Anlage der Firma Millipore gereinigt und hatte immer einen spezifischen Widerstand > 18 MΩ * cm.

3 Ergebnisse und Diskussion

Abbildung 4 zeigt einen postulierten Modellmechanismus, der auf Erkenntnissen homogener Reaktionen beruht und mit dem man die vollständige Mineralisierung von Chloroform an einem bestrahlten Halbleiterpartikel erklären kann. Das Potential der Leitungsbandelektronen in TiO_2 ist nicht ausreichend negativ (ca. –0.2 eV_{NHE} bei pH = 1), um eine Ein-Elektronenreduktion des $CHCl_3$ durch e^-_{CB} zu ermöglichen /86/. Deshalb wird angenommen, daß der erste Angriff auf das $CHCl_3$-Molekül oxidativ durch h^+_{VB} oder intermediär auftretender Hydroxylradikale (s. Einleitung) erfolgt, wobei das Trichlormethylradikal gebildet wird:

$$h^+_{VB} / OH^\bullet \quad + \quad CHCl_3 \longrightarrow CCl_3^\bullet \quad + \quad H^+_{aq} / H_2O \qquad (12)$$

Die in der Abbildung 4 dargestellten Folgeschritte entsprechen Reaktionen freier Radikale, wie sie aus strahlenchemischen Messungen in homogener Phase bekannt sind /87/. Bisher sind in der Literatur noch keine zeitaufgelösten Untersuchungen bekannt, die diese intermediär gebildeten, kurzlebigen Radikale in bestrahlten Halbleitersuspensionen nachweisen. Die dem Modell zugrunde liegende Gesamtstöchiometrie stimmt mit der von Pruden und Ollis gefundenen überein (siehe Gleichung (11)) /37/.

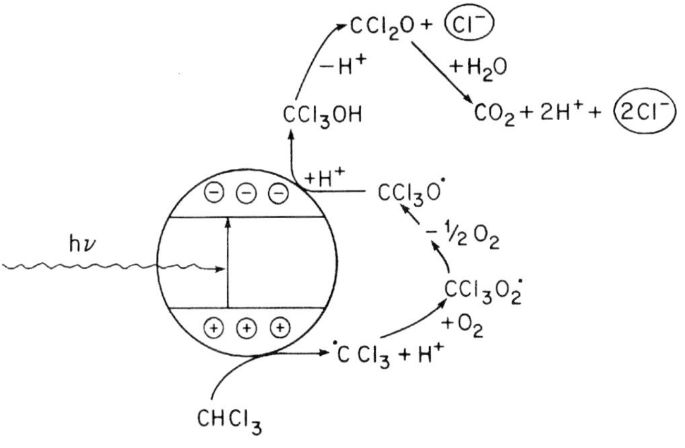

Abb. 4: Postulierter Mechanismus des photokatalytischen Chloroformabbaus.

Zu Beginn unserer Untersuchungen wurde die Stöchiometrie der photokatalytischen $CHCl_3$-Oxidation überprüft, indem in regelmäßigen Zeitintervallen während einer pH-stat-Messung Proben entnommen und ionenchromatographisch auf ihren Chlorid- und Carbonatgehalt analysiert wurden. In Abb. 5 ist für den Chloroformabbau bei pH 6.85 in Sauerstoff-gespülter TiO_2-Suspension die H^+- bzw. die Chloridkonzentration gegen die Bestrahlungszeit aufgetragen. Man erkennt, daß die Protonen- und die Chloridfreisetzung erst mit Beginn der Bestrahlung einsetzt und dann zeitlich in guter Übereinstimmung linear ansteigt. Außerdem konnte gezeigt werden, daß die gebildete Carbonatmenge etwa einem Drittel der freigesetzten Protonenmenge entsprach /91/; ein Hinweis auf die Richtigkeit der Reaktionsstöchiometrie.

Bevor eine effektive technische Realisierung von Wasserreinigungsanlagen mit künstlicher oder solarer Bestrahlung erfolgen kann, sind noch einige grundlegende Fragen bezüglich des Mechanismus der photokatalytischen Detoxifizierung und deren Einflußparameter zu klären. Für die Entscheidung, ob sich die Investition in lichtkonzentrierende Systeme lohnt, ist es beispielsweise notwendig, den Einfluß der Bestrah-

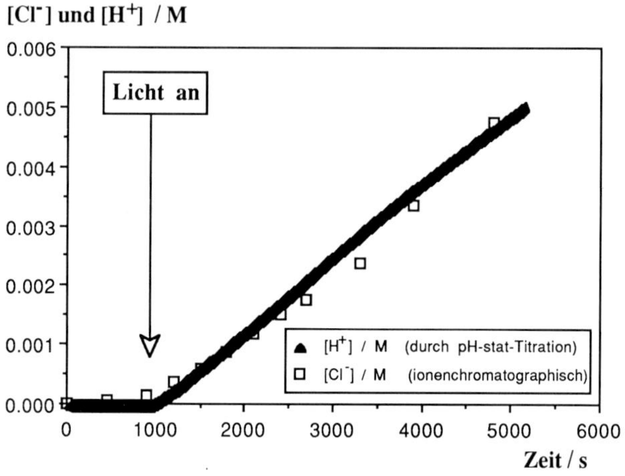

Abb. 5: $[Cl^-]$ und $[OH^-]$ als Funktion der (Bestrahlungs-) Zeit; $[TiO_2]$ = 0.5 g/l, $[CHCl_3]$ = 62 mM, mit O_2 gespült, 1mM Phosphat, pH 6.85, T = 16 °C.

lungsintensität auf die Effizienz photokatalytischer Abbauprozesse zu kennen. Aus diesem Grunde wurden $CHCl_3$-Abbauexperimente durchgeführt, bei denen die Lichtintensität über fünf Größenordnungen variiert wurde. Die Abbauraten wurden jeweils aus der Anfangssteigung der Auftragung der freigesetzten Protonenkonzentration als Funktion der Bestrahlungszeit bestimmt (dH^+/dt, vgl. Abb. 5). Hoffmann und Mitarbeiter haben unlängst gezeigt, daß man keinen linearen Zusammenhang zwischen diesen Abbauraten und der eingestrahlten Lichtintensität erhält /33/. Eine lineare Abhängigkeit findet man dagegen zwischen der $CHCl_3$-Abbaurate und der Quadratwurzel der Lichtintensität. Dies ist in Abb. 6 am Beispiel der Messungen bei pH 7.2 dargestellt.

Okamoto und Mitarbeiter haben bei Ihren Untersuchungen des Einflusses der Lichtintensität auf den photokatalytischen Phenolabbau eine ähnliche Quadratwurzelabhängigkeit beobachtet, allerdings erst bei vergleichsweise hohen Lichtintensitäten ($> 2 * 10^{-5}$ Einstein $m^{-2}s^{-1}$) /46/. Bei niedrigen Lichtintensitäten ($< 1 * 10^{-5}$ Einstein $m^{-2}s^{-1}$) haben sie dagegen eine lineare Abhängigkeit der Abbauraten von der Lichtintensität erhalten. Dieser Effekt wurde mit einer zunehmenden Bedeutung der Elektronen/Lochrekombination bei hohen Lichtintensitäten erklärt.

Memming hat jedoch kürzlich gezeigt, daß die sukzessive Absorption zweier Photonen durch dasselbe Halbleiterteilchen zu einer Quadratwurzelabhängigkeit des Umsatzes von der Lichtintensität führen können /88/. Entsprechend haben Hoffmann und Mitarbeiter bei ihren Untersuchungen des photokatalytischen $CHCl_3$-Abbaus die Quadratwurzelabhängigkeit zwischen Abbaurate und Lichtintensität mit einer Kompetition

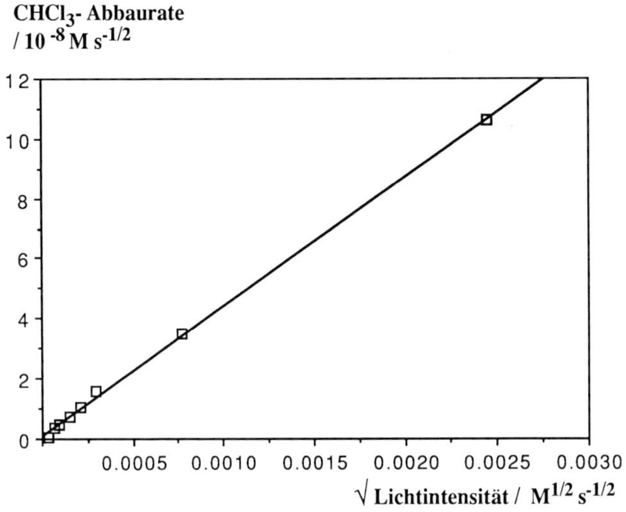

Abb. 6: $CHCl_3$- Abbauraten als Funktion der Quadratwurzel aus der Lichtintensität; $[TiO_2]$ = 0.5 g/l, $[CHCl_3]$ = 62 mM, mit Luft gesättigt, 1mM Phosphat, pH 7.2, T = 16 °C.

zwischen der Oxidation des Schadstoffmoleküls und der Kombination von Oxidationsäquivalenten erklärt, wobei diese Ladungsträger durch aufeinanderfolgende Absorption zweier Photonen im gleichen Halbleiterpartikel entstanden sind /33/. Dabei wurden an der Halbleiteroberfläche adsorbierte $OH^{\bullet}$-Radikale als reaktive oxidative Spezies postuliert,

$$CHCl_3 \quad + \quad (TiO_2)\,OH^{\bullet} \xrightarrow{k_1} CCl_3^{\bullet} \quad + \quad H_2O \qquad (13)$$

deren Kombination zur Bildung von H_2O_2 führen sollte:

$$2\,OH^{\bullet} \xrightarrow{k_r} H_2O_2 \qquad (14)$$

Mit der Annahme, daß die letztgenannte Reaktion bei höheren Lichtintensitäten dominiert, haben Hoffmann und Mitarbeiter folgende kinetische Beziehung für die Rate der photokatalytischen $CHCl_3$-Oxidation entwickelt /33/:

$$\frac{-d[CHCl_3]}{dt} = \frac{k_1}{\sqrt{k_r}}\,[CHCl_3]\,\sqrt{I_a} \qquad (15)$$

Eine entsprechende Auswertung der Abbildung 6 ergibt als Steigung der Geraden $4.3 * 10^{-5}\ M^{1/2}s^{-1/2}$, woraus mit $[CHCl_3] = 62$ mM für k_1/k_r als Wert $\approx 7 * 10^{-4}\ M^{-1/2}s^{-1/2}$ bestimmt wird. Nimmt man als Geschwindigkeitskonstante der $OH^{\bullet}$-Kombination (Reaktion (14)) einen Wert $k_r \approx 10^{14}\ M^{-1}s^{-1}$ an, der typisch für Reaktionen an der Halbleiteroberfläche ist /73/, so erhält man $k_1 \approx 7 * 10^3\ M^{-1}s^{-1}$. Damit ist k_1 beträchtlich kleiner als die Geschwindigkeitskonstante, welche aus homogener Lösung für die Reaktion von $OH^{\bullet}$-Radikalen mit Chloroform bekannt ist ($k_{homo} = 10^7\ M^{-1}s^{-1}$ /89/). Eine sinnvolle Erklärung für eine tausendfach geringere Reaktionsrate könnte sein, daß die reaktive oxidierende Spezies auf der TiO_2-Oberfläche zwar chemisch wie ein Hydroxyl-Radikal reagiert, aber dennoch ein niedrigeres Ein-Elektronenoxidationspotential und deshalb auch eine verminderte Reaktivität besitzt. Aus der eben ermittelten Geschwindigkeitskonstante berechnet sich eine Halbwertszeit der oxidierenden Spezies $(TiO_2)OH^{\bullet}$ von 1.6 ms. Mit einer derart langen Lebensdauer sollte der oxidative Angriff auf das Chloroformmolekül der bei weitem langsamste Reaktionsschritt im System und damit geschwindigkeitsbestimmend sein.

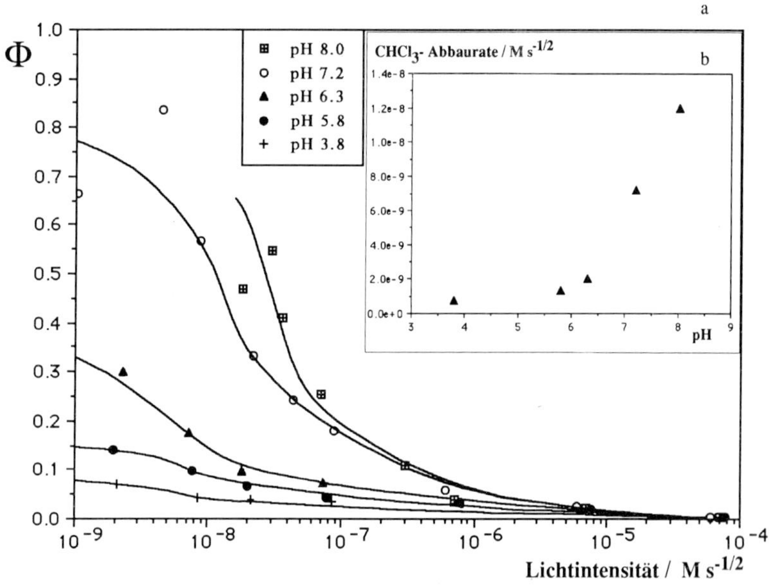

Abb. 7a: Quantenausbeuten Φ des photokatalytischen $CHCl_3$- Abbaus als Funktion der Lichtintensität bei fünf verschiedenen pH -Werten; $[TiO_2] = 0.5$ g/l, $[CHCl_3] = 62$ mM, Luft gesättigt, 1mM Phosphat, T = 16 °C.

Abb. 7b: $CHCl_3$- Abbauraten als Funktion des pH-Wertes (bestimmt aus Abb. 9a bei $I = 2 * 10^{-8}$ M/s).

Der Einfluß des pH-Wertes auf den photokatalytischen $CHCl_3$-Abbau wurde durch pH-stat-Messungen bei sechs verschiedenen pH-Werten zwischen pH 3.8 - 8.0 untersucht, wobei zudem die Lichtintensität variiert wurde. Um die Effektivität des photokatalytischen Abbauprozesses zu charakterisieren, wurden die Quantenausbeuten Φ als Quotient aus Abbaurate und zugehöriger Lichtintensität bestimmt. In Abb. 7a sind diese Quantenausbeuten als Funktion der eingestrahlten Lichtintensität bei den verschiedenen pH-Werten aufgetragen. Es fällt auf, daß mit abnehmenden Photonenflüssen die Quantenausbeuten stark zunehmen, wobei bei pH-Werten > 6 und für Lichtintensitäten < 10^{-8} Einstein $L^{-1}s^{-1}$ sogar Quantenausbeuten nahe dem theoretischen Grenzwert von eins erhalten wurden. Bei sehr großen Lichtintensitäten ($\geq 6*10^{-5}$ Einstein/l*s) wird der photokatalytische Abbau von Chloroform bei allen untersuchten pH-Werten ziemlich ineffektiv. Während sich die in diesem Lichtintensitätsbereich bei verschiedenen pH-Werten bestimmten Quantenausbeuten kaum voneinander unterscheiden, wird mit abnehmenden Photonenflüssen (< 10^{-6} Einstein L^{-1} s^{-1}) eine zunehmende pH-Wertabhängigkeit beobachtet. Dies wird in Abb. 7b verdeutlicht, in der für eine Intensität von $2*10^{-8}$ Einstein/l*s die $CHCl_3$-Abbaurate als Funktion des pH-Wertes aufgetragen ist. So ist bei pH 8 die Reaktionsgeschwindigkeit immerhin fast 10mal größer als bei pH 3.8.

Die Quadratwurzelabhängigkeit zwischen Reaktionsgeschwindigkeit und Lichtintensität stimmt strenggenommen nur bei pH 7.2 mit den Meßergebnissen des photokatalytischen Chloroformabbaus überein. Das Modell kompetitiver Prozesse (vergl. Reaktionen (13) und (14)) reicht daher nicht aus, die bei geringen Lichtintensitäten ($I_a < 10^{-6}$ Einstein/l*s) auftretende pH-Wert-Abhängigkeit der Quantenausbeute Φ zu erklären. In Übereinstimmung damit haben Hoffmann und Mitarbeiter bei ihren Messungen des $CHCl_3$-Abbaus bei $I_a \approx 4*10^{-6}$ Einstein/l*s, also vergleichsweise hohen Intensitäten, auch nur eine relativ geringe pH-Wert-Abhängigkeit beobachtet /33/.

Ein elektrochemisches Modell zur Erklärung von pH-Wert-Abhängigkeiten geht von einem "nernst'schen" Verhalten des Oberflächenpotentials von Halbleitern in Kontakt zum wäßrigen Elektrolyten aus, wonach sich bei Zimmertemperatur die Lage der Bandkanten an der Halbleiteroberfläche bei einer pH-Wertzunahme um eine Einheit um 59 mV in negative Richtung verschiebt /90/. Entsprechend nimmt mit steigendem pH das Reduktionsvermögen der Leitungsbandelektronen zu und das Oxidationsvermögen der Valenzbandlöcher ab. Setzt man jedoch weiterhin den oxidativen Angriff eines Lochs als geschwindigkeitsbestimmenden Schritt beim $CHCl_3$-Abbau voraus, so sollte dieser bei einer Zunahme des pH-Wertes entsprechend schwerer möglich sein. Dies steht im Widerspruch zu den Messergebnissen, die in Abb. 6b dargestellt sind, die eine ansteigende $CHCl_3$-Abbaurate mit zunehmendem pH-Wert zeigen. Diese Resultate sind mit dem elektrochemischen Modell nur dann zu erklären, wenn ein reduktiver Schritt, wie beispielsweise die Elektronenübertragung auf adsorbierte Sauerstoffmoleküle, die Reaktionsgeschwindigkeit bestimmt. Unklar bliebe dann allerdings immer noch, warum die pH-Wert-Abhängigkeit des Chloroformabbaus erst bei sehr kleinen Photonenflüssen beobachtet wird.

Im folgenden soll daher ein Modell diskutiert werden, bei dem die beobachtete pH-Wert-Abhängigkeit der Reaktionsgeschwindigkeiten durch die Adsorption des Substrats auf die je nach pH-Wert unterschiedlich geladene TiO_2-Oberfläche erklärt werden. Es ist bekannt, daß Metalloxide in Gegenwart von Wasser mit Oberflächenhydroxylgruppen bedeckt sind, die je nach pH-Wert der Lösung H^+-Ionen anlagern oder abgeben können. Die dazugehörigen Säure-Basegleichgewichte lauten:

$$\equiv TiOH \quad + \quad H^+ \quad \longleftrightarrow \quad \equiv TiOH_2^+ \qquad (16)$$

$$\equiv TiO^- \quad + \quad H^+ \quad \longleftrightarrow \quad \equiv TiOH \qquad (17)$$

Das Chloroformmolekül besitzt Dipolcharakter, wobei das H-Atom positiv polarisiert ist. Abbildung 8 zeigt, wie die Gegenwart einer negativ geladenen $\equiv TiO^-$-Gruppe zu einer gerichteten Adsorption von $CHCl_3$ an der TiO_2-Oberfläche führen kann. Da die oxidierenden Spezies auf oxidischen Halbleiteroberflächen in ihrem Reaktionsverhalten Ähnlichkeiten mit Hydroxylradikalen zeigen /31/, ist die CH-Gruppe halogenierter Kohlenwasserstoffe die wahrscheinlichste Stelle für einen oxidativen Angriff. Entsprechend der in Abb. 8 dargestellten gerichteten Adsorbtion sollten in alkalischer Umgebung höhere Abbauraten beobachtet werden als in saurer Lösung.

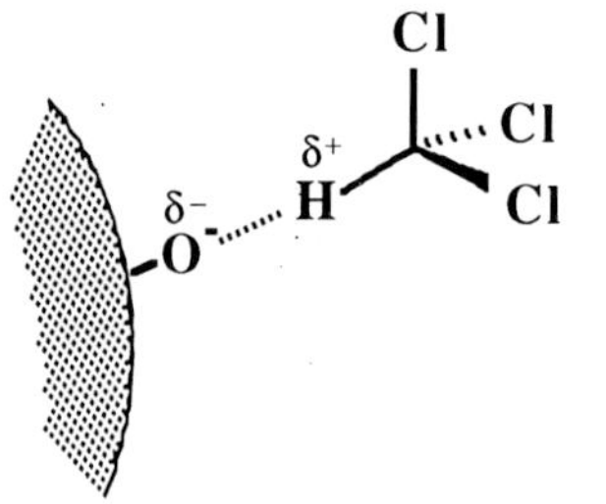

Abb. 8: Modell der Adsorption eines $CHCl_3$- Moleküls an der negativ geladenen TiO_2- Oberfläche.

Bei hohen Lichtintensitäten nimmt die Bedeutung der kompetitiven bimolekularen Kombinationsreaktion (vgl. Reaktion (14)) zu. Das erklärt, warum die pH-Abhängigkeit nur bei niedrigen Photonenflüssen beobachtet und bisher noch nicht in der Literatur beschrieben wurde /33/ .

Ein ausgeprägter Einfluß der elektrostatischen Wechselwirkungen zwischen der geladenen Katalysatoroberfläche und geladenen Reaktanden wurde kürzlich von Kormann festgestellt, der den photokatalytischen Abbau von Trichloracetat und Chlorethylammoniumhydrochlorid an TiO_2 bei verschiedenen pH-Werten studiert hat /43/. In dem untersuchten pH-Bereich ist die Trichloressigsäure stark dissoziiert ($pK_s = 0.7$) und liegt deshalb als Acetatanion vor, während das Chlorethylammoniumion positiv geladen ist. Bei niedrigem pH, wenn die TiO_2-Oberfläche positiv geladen ist, beobachtete man für Trichloracetat hohe Abbaugeschwindigkeiten, während bei pH-Werten > 6 die Rate gegen null ging. Auf der anderen Seite war bei pH = 3 noch kein Abbau der Chlorethylammoniumkationen festzustellen, während bei pH = 8, wenn die Katalysatoroberfläche negativ geladen ist, die maximale Abbaurate erreicht wurde. In Übereinstimmung mit unserer Studie können die in alkalischer Lösung gefundenen gesteigerten Abbauraten für organische Kationen nicht mit der Verschiebung des Fermi-Niveaus der Halbleiterpartikel erklärt werden. Wenn die Verschiebung des Fermi-

Niveaus die oxidative Reaktivität der TiO_2-Teilchen bestimmt hätte, müßte man die entgegengesetzte Abhängigkeit des Abbauverhaltens beobachten, also niedrigere Oxidationsraten bei hohen pH-Werten. So scheint die Oberflächenadsorption aufgrund von elektrostatischen Wechselwirkungen eine große Bedeutung für die Photoaktivität des Katalysatormaterials zu besitzen.

Intensive Beleuchtung mit Solarstrahlung (auch ohne den Gebrauch lichtkonzentrierender Systeme) führt aufgrund der Absorption des infraroten Teils des Sonnenspektrums zur Aufheizung der Reaktionslösung. Aus diesem Grund wurde die Temperaturabhängigkeit eines photokatalytischen Abbauprozesses am Beispiel des Chloroforms im Bereich von 15 - 75 °C bei zwei verschiedenen, relativ niedrigen Lichtintensitäten ($\sim 5 * 10^{-8}$ und $\sim 5 * 10^{-9}$ Einstein $L^{-1}s^{-1}$) untersucht. Abbildung 9 zeigt die gemessenen Abbauraten als Funktion der Temperatur der Bestrahlungslösung. Es wird eine Abnahme der Detoxifizierungsrate mit steigender Temperatur beobachtet, wobei dieses Verhalten bei erhöhter Lichtintensität besonders ausgeprägt ist.

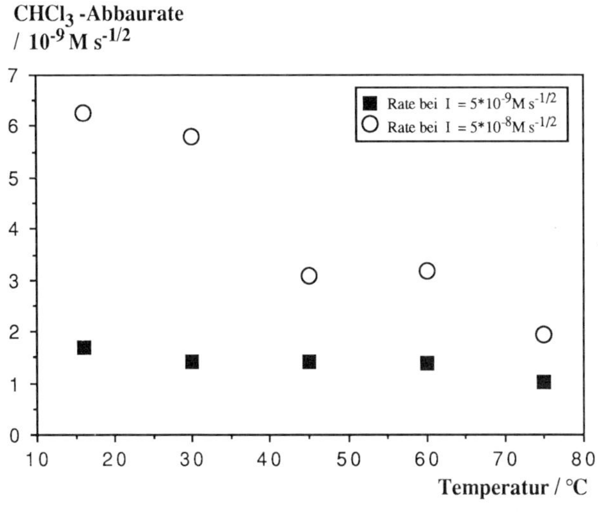

Abb. 9: $CHCl_3$- Abbauraten als Funktion der Reaktionstemperatur bei zwei verschiedenen Lichtintensitäten; $[TiO_2]$ = 0.5 g/l, $[CHCl_3]$ = 62 mM, Luft gesättigt, 1mM Phosphat, pH 6.3.

Die je nach Lichtintensität verschiedenen Temperaturabhängigkeiten könnten durch einen komplexen Reaktionsmechanismus bedingt sein, welcher sich nicht durch die Arrheniusgleichung beschreiben läßt. Die Geschwindigkeitskonstanten von Konkurrenz- und Folgereaktionen könnten dabei unterschiedliche Temperaturabhängigkeiten besitzen, wobei z.B. Rekombinationsprozesse mit zunehmenden Photonenflüssen an Einfluß gewinnen. Für diese bimolekularen Reaktionen lassen sich hieraus hohe Aktivierungsenergien vermuten.

Matthews /57/ und Okamoto /46/ haben bei ihren Untersuchungen der Temperaturabhängigkeit des photokatalytischen Abbaus von Salicylsäure bzw. Phenol an TiO_2 jeweils ein Ansteigen der Oxidationsraten mit zunehmender Temperatur beobachtet. Sie haben ihre Ergebnisse nach dem Arrheniusgesetz ausgewertet und so Aktivierungsenergien bestimmen können. Weitere Experimente zur Temperaturabhängigkeit sind offensichtlich erforderlich, um zu prüfen, ob die am Beispiel des Chloroforms gewonnenen Ergebnisse Ausnahmen darstellen oder generelle Eigenschaften der photokatalytischen Detoxifizierung sind.

Schlußfolgerung und Ausblick

In der vorliegenden Arbeit wurden beim photokatalytischen Abbau von Chloroform in beleuchteten Titandioxid-Suspensionen vor allem Fragen der Lichtintensitäts-, Temperatur- und pH-Abhängigkeit des auf diese Weise induzierten Mineralisierungsprozesses systematisch untersucht. Dabei konnte gezeigt werden, daß die Quantenausbeute des photokatalytischen $CHCl_3$-Abbaus mit abnehmender Lichtintensität ansteigt. Dieser Zusammenhang wird durch eine Kompetition zwischen der (erwünschten) Oxidation des Schadstoffmoleküls durch intermediär im Halbleiterteilchen gebildete Ladungsträger und der Kombination der letztgenannten Spezies zu weniger reaktiven Peroxiden erklärt. Die gleichzeitig mit steigendem pH-Wert beobachtete Zunahme der Abbaurate wird dagegen qualitativ sehr gut durch Adsorptionseffekte an negativ geladenen Oberflächengruppen des TiO_2 beschrieben. Messungen der Temperaturabhängigkeit des photokatalytischen $CHCl_3$-Abbaus ergaben eine Abnahme des Umsatzes mit zunehmender Reaktionstemperatur. Dieser bei erhöhter Lichtintensität besonders ausgeprägte Effekt wird auf eine Kompetition zwischen der Ladungsträgerrekombination und der Oxidation des Chloroform zurückgeführt.

Literatur

/1/ M. Häfner: Natur 10 (1989), S. 20-24
/2/ H. H. Dieter: Wechselwirkung 43 (1989), S. 4-9
/3/ M. Nerger, R. Mergler-Völkl: Z. Wasser-Abwasser-Forsch. 21 (1988), S. 16-19
/4/ S. S. Patil, V. M. Shinde: Environ. Sci. Technol. 22 (1988), S. 1160-1665
/5/ S. L. Woods, J. F. Fergusen, M. M. Benjamin: Environ. Sci. Technol. 23 (1989), S. 62-68
/6/ A. T. Moore, A. Vira, S. Fogel: Environ. Sci. Technol. 23 (1989), S. 403-406
/7/ O. Hristu: Toxicol. Environ. Chem. 20-21 (1989), S. 495-500
/8/ D. F. Ollis: M. Schiavello (Ed.): Photocatalysis and environment: trends and applications, Kluwer Academic Publishers, Dordrecht (1988), S. 663-680
/9/ W. D. Drechsler: Chemosphere 15 (1986), S. 1529-1534
/10/ H.-J. Ulrich, A. T. Stone: Environ. Sci. Technol. 23 (1989), S. 421-428
/11/ H. R. Buser, H. J. Zehnder: Experientia 41 (1985), S. 1082-1084
/12/ P. Tölgyessy: J. Radioanal. Nucl. Chem. 128 (1988), S. 321-329
/13/ P. Gehringer, E. Proksch, W. Szinovatz, H. Eschweiler: Wat. Res. 22 (1988), S. 645-646
/14/ N. Getoff: Appl. Radiat. Isot. 40 (1989), S. 585-594
/15/ N. Getoff: Radiat. Phys. Chem. 35 (1990), S. 432-439
/16/ T. Bandemer, W. Thiemann: bbr 11 (1986), S. 413-417
/17/ W. Thiemann, T. Bandemer: DVGW-Schriftenreihe Wasser 107 (1988), S. 129-145
/18/ F. Valerio, A. Lazzarotto: Intern. J. Environ. Anal. Chem. 23 (1985), S. 135-151
/19/ R. G. Zepp: Environ. Sci. Technol. 22 (1988), S. 256-257
/20/ R. L. Wolfe: Environ. Sci. Technol. 24 (1990), S. 768-773

/21/ H. M. Hwang, R. E. Hodson, R. F. Lee: Appl. Environ. Microbiol. 50 (1985), S. 1177-1180

/22/ R. M. Miller, G. M. Singer, J. D. Rosen, R. Bartha: Environ. Sci. Technol. 22 (1988), S. 1215-1219

/23/ J. H. Carey, J. Lawrence, H. M. Tosine: Bull. Eviron. Contam. Toxicol. 16 (1976), S. 697-701

/24/ E. Robin: San Francisco Examiner, May 20 (1989), S. D-3

/25/ B. Fox: New Sci., June 10 (1989), S. 36

/26/ J. Thornton: SERI S &T, In Review (1989), S.8

/27/ J. Hecht: New Sci., April 14 (1990), S. 28

/28/ N. Serpone, E. Pelizzetti : Photocatalysis : Fundamentals and Applications, J. Wile & Sons, New York 1989

/29/ H. Gerischer: Topics Appl. Phys. 31 (1979), S. 115-142

/30/ D. W. Bahnemann: C. Chatgilialoglu, K.-D. Asmus (Eds.): Sulfur-centered Reactive Intermediates in Chemistry and Biology (NATO-ASI Series A: Life Sciences, Vol. 197), Plenum Press, London (1991), S. 103-120

/31/ D. W. Bahnemann: E. Pelizzetti, M. Schiavello (Eds.): Proceedings of the 8t International Conference on Photochemical Conversion and Storage of Solar Energie, (1990), im Druck

/32/ R. Memming: Photochem. Photophys. 11 (1990), S. 143-189

/33/ C. Kormann, D. W. Bahnemann, M.R. Hoffmann: Environ. Sci. Technol. 25 (1991), im Druck

/34/ D. F. Ollis: E. Pelizzetti, M. Schiavello (Eds.): Proceedings of the 8t International Conference on Photochemical Conversion and Storage of Solar Energie, (1990), im Druck

/35/ A. L. Pruden, D. F. Ollis: J. Catal. 82 (1983), S. 404-417

/36/ C.-J. Hsiao, C.-L. Lee, D. F. Ollis: J. Catal. 82 (1983), S. 418-423

/37/ A. L. Pruden, D. F. Ollis: Environ. Sci. Technol. 17 (1983), S. 628-631

/38/ T. Nguyen, D. F. Ollis: J. Phys. Chem. 88 (1984), S. 3386-3388

/39/ S. Ahmed, D. F. Ollis: Sol. Energy 32 (1984), S. 597-601

/40/ D. F. Ollis, C.-Y.Hsiao, L. Budiman, C.-L. Lee: J. Catal. 88 (1984), S. 89-96

/41/ D. F. Ollis: Environ. Sci. Technol. 19 (1985), S. 480-484

/42/ D. F. Ollis: J. Catal. 97 (1986), S. 569

/43/ C. Kormann: Synthesis and Characterization of Quantum Size Metal Oxide Colloidal Particles. Photocatalytic Peroxide Formation on ZnO and TiO_2, Ph.D. Thesis, California Institute of Technology, Pasadena, California 1989

/44/ H. Kawaguchi: Environ. Technol. Lett. 5 (1984), S. 471-474

/45/ K. Okamoto, Y. Yamamoto, H. Tanaka, M. Tanaka, A. Itaja: Bull. Chem. Soc. Jpn. 58 (1985), S. 2015-2022

/46/ K. Okamoto, Y. Yamamoto, H. Tanaka, A. Itaja: Bull. Chem. Soc. Jpn. 58 (1985), S. 2023-2028

/47/ V. Augugliaro, L. Palmisano, A. Sclafani: Toxicol.Environ.Chem. 16 (1988), S. 89-109

/48/ R. W. Matthews: J. Catal. 113 (1988), S. 549-555

/49/ M. Barbeni, E. Pramauro, E. Pelizzetti, E. Borgarello, M. Grätzel, N. Serpone: Nouv. J. Chim. 8 (1984), S. 547-550

/50/ E. Pelizzetti, E. Borgarello, N. Serpone: M. Schiavello (Ed.): Photoelectrochemistry, Photocatalysis and Photoreactors (NATO-ASI Series C: Mathematical and Physical Science, Vol. 146), D. Reidel Publishing Company, Dordrecht (1985), S. 305-319

/51/ E. Borgarello, N. Serpone, M. Barbeni, C. Minero, E. Pelizzetti, E. Pramauro: Chim. Ind. 68 (1986), S. 53-58

/52/ M. Barbeni, E. Pramauro, E. Pelizzetti: Chemosphere 15 (1986), S. 1913-1916

/53/ H. Al-Ekabi, N. Serpone: J. Phys. Chem. 92 (1988), S. 5726-5731

/54/ H. Al-Ekabi, N. Serpone: Langmuir 5 (1989), S. 250-255

/55/ R. W. Matthews: Wat. Res. 20 (1986), S. 569-578

/56/ R. W. Matthews: J. Catal. 97 (1986), S. 565-568

/57/ R. W. Matthews: J. Phys. Chem. 91 (1987), S. 3328-3333

/58/ R. W. Matthews: J. Catal. 111 (1988), S. 264-272

/59/ G. Mills, M. R. Hoffmann: Ext. Abstr. 89 (1989), S. 529

/60/ R. B. Draper, M. A. Fox: J. Phys. Chem. 93 (1989), S. 1938-1944

/61/ R. W. Matthews: J. Chem. Soc., Faraday Trans. 1 85 (1989), S. 1291-1302

/62/ K. Tennakone, S. Punchihewa, S. Wickremanayaka, R. U. Tantrigoda: J. Photochem. Photobiol., A: Chemistry 46 (1989), S. 247-252

/63/ K. Hustert, P. N. Moza: Chemosphere 17 (1988), S. 1751-1754

/64/ R. Borello, C. Minero, E. Pramauro, E. Pelizzetti, N. Serpone, H. Hidaka: Environ. Toxicol. Chem. 8 (1989), S. 997-1002

/65/ H. Hidaka, S. Yamada, S. Suenaga, H. Kubota, N. Serpone, E. Pelizzetti, M. Grätzel: J. Photochem. Photobiol., A: Chemistry 47 (1989), S. 103-112

/66/ E. Pelizzetti, C. Minero, V. Maurino, A. Sclafani, H. Hidaka, N. Serpone: Environ. Sci. Technol. 23 (1989), S. 1380-1385

/67/ M. Barbeni, E. Pramauro, E. Pelizzetti, E. Borgarello, N. Serpone: Chemosphere 14 (1985), S. 195-208

/68/ E. Pelizzetti, M. Barbeni, E. Pramauro, N. Serpone, E. Borgarello, M. A. Jamieson, H. Hidaka: Chim. Ind. 67 (1985), S. 623-625

/69/ W. G. Filby, M. Mintas, H. Güsten: Ber. Bunsenges. Phys. Chem. 85 (1981), S. 189-192

/70/ T. Sehili, G. Bonhomme, J. Lemaire: Chemosphere 17 (1988), S. 2207-2218

/71/ T. Sehili, P. Boule, J. Lemaire: J. Photochem. Photobiol., A: Chemistry 50 (1989), S. 103-116

/72/ T. Sehili, P. Boule, J. Lemaire: J. Photochem. Photobiol., A: Chemistry 50 (1989), S. 117-127

/73/ D. W. Bahnemann, C. Kormann, M. R. Hoffmann: J. Phys. Chem. 91 (1987), S. 3789-3798

/74/ A. Sclafani, L. Palmisano, M. Schiavello: J. Phys. Chem. 94 (1990), S. 829-832

/75/ R. W. Matthews: Chem. Ind. 4 (1988), S. 28-30

/76/ C. Kormann, D. W. Bahnemann, M. R. Hoffmann: J. Phys. Chem. 92 (1988), S. 5196-5201

/77/ T. Ibusuki, K. Takeuchi: Atmos. Environ. 20 (1986), S. 1711-1715

/78/ C. Kormann, D. W. Bahnemann, M. R. Hoffmann: Environ. Sci. Technol. 22 (1988), S. 798-806

/79/ K. Tanaka, T. Hisanaga, K. Harada: New J. Chem. 13 (1989), S. 5-7

/80/ C. S. Turchi, D. F. Ollis: J. Phys. Chem. 92 (1988), S. 6852-6853

/81/ R. W. Matthews: J. Phys. Chem. 92 (1988), S. 6853.6854

/82/	D. F. Ollis:	M. Schiavello (Ed.): Photocatalysis and Environment: Trends and Applications (NATO-ASI Series C: Mathematical and Physical Science, Vol. 237), Kluwer Academic Publishers, Dordrecht (1988), S. 663-680
/83/	R. W. Matthews:	Appl. Radiat. Isot. 37 (1986), S. 1247-1248
/84/	H. G. Heller, J. R. Langan:	EPA Newslett. (1981), S. 71-73
/85/	J. Weiß:	Chemie in Labor und Betrieb 34 (1983), S. 293-299
/86/	S. Wawzonek, R. C. Duty:	J. Electrochem. Soc. 108 (1961), S. 1135-1140
/87/	J. Mönig, D. Bahnemann, K.-D. Asmus:	Chem.-Biol. Interactions 47 (1983), S. 15-27
/88/	R. Memming:	Topics Curr. Chem. 143 (1988), S. 79-112
/89/	B. Farhataziz, A. Ross:	NSRDS-DBS 59, NBS Special Publ. 3 (1977), S. 32
/90/	A. J. Bard, L. R. Faulkner:	Electrochemical Methods: Fundamentals and Applications, John Wiley & Sons, Inc., New York 1980
/91/	D. Bockelmann, R. Goslich, D. Bahnemann:	P. Kesselring, E. Smrekar (Eds.): Proceedings of the 5th Symposium of Solar High Temperature Technologies, Davos, 1990, im Druck
/92/	R.W. Matthews:	Solar Energy 38 (1987), S. 405-413.

Anwendung der Voltammetrie für die Untersuchung der Wechselwirkung von Schwermetallionen mit biologischen Molekülen

J.-M. Séquaris

Institut für Angewandte Physikalische Chemie, ICH-4, Forschungszentrum (KFA) Jülich GmbH, Jülich

Zusammenfassung

Ein Überblick über die verschiedenen Anwendungen der Voltammetrie zur Untersuchung der Wechselwirkungen von Schwermetallen mit biologischen Molekülen wird gegeben.

Summary

Different applications of the voltammetry are reviewed in the case of the study of the interactions of heavy metals with biological molecules.

Résumé

Différentes applications de la voltammétrie sont passées en revue dans le cas de l'étude des interactions des métaux lourds avec des molécules biologiques.

Die ökotoxikologische Gefahr, verursacht durch den anthropogenen Eintrag von Schwermetallionen in die verschiedenen Umweltkompartimente, erfordert die Erforschung ihres biogeochemischen Zyklus. Die Bestimmung der thermodynamischen und kinetischen Parameter der Wechselwirkungen von Schwermetallen unter anderem mit biologischen Molekülen trägt zur Aufklärung ihrer Transport-Mechanismen in der Umwelt sowie ihrer physiologischen Effekte bei. Aufgrund der Empfindlichkeit und der Substanzspezifität des elektrochemischen Signals, wurden voltammetrische Methoden /1/ zur Untersuchung des Verhaltens der Schwermetalle wie Pb, Cd, Zn, Mn und Eu in Anwesenheit von biologischen Liganden angewandt. Bei der Wahl der Meßmethoden spielen die Konzentration und das elektrochemische Verhalten des Schwermetalls sowie die Kinetik des Gleichgewichtes eine entscheidende Rolle /2/. Im Mittelpunkt der Untersuchungen steht die in-vitro Anwendung der Voltammetrie unter physiologischen Bedingungen bezüglich der Ionenstärke und des pH-Wertes. Mit dieser Methode können die Aufnahme und die Speziation der Schwermetallionen mit biologischen Modellsubstanzen beschrieben werden. Der passive Transport der toxischen Metallionen Cd^{2+} durch phospholipidische Vesikeln als Membran-Modell wurde polarographisch untersucht. Der Einfluß verschiedener physikalischer (Temperatur, osmotischer Druck) und chemischer (z.B. bei Anwesenheit von Tensiden) Faktoren auf die Stabilität und Permeabilität der Dipalmitoylphosphatidylcholin (DPPC)-Vesikel wurde geklärt /3/.

Bedeutsam für die toxische Wirkung ist die Neigung der Schwermetallionen zur Komplexbildung mit Proteinen, bei denen sie besonders mit den Sulfhydrylgruppen reagieren. Mit Hilfe der differentiellen Pulspolarographie wurden die Assoziationskonstanten des Cadmiumkomplexes mit thiolhaltigem Cystein (CysH) und Glutathion (GSH) ermittelt, und zwar durch eine kompetitive Komplexierung mit Nitrilotriessigsäure (NTA). Die Untersuchung der kompetitiven Wechselwirkung von Cadmium und Zink bei der Thiol-Komplexierung ergab eine Stabilisierung des Zink-Komplexes durch die Aminogruppe im Cystein /4/.

Hinsichtlich der genotoxischen Effekte des Schwermetalls ist für die Kenntnis der Wechselwirkungsmechanismen und der induzierten Strukturänderungen der Nukleinsäuren ein Verständnis auf molekularer Ebene erforderlich. Die Bindungsparameter der Schwermetallionen Cd^{2+} und Mn^{2+} mit Transferribonukleinsäure (t-RNS) wurden mit der Scatchard-Methode nach einem elektrostatischen Modell für Polyelektrolyte bestimmt /5/. Mit der Cyclovoltammetrie wurde auch die labile Komplexierung der Desoxyribonukleinsäure (DNS) mit Pb^{2+} und Cd^{2+} charakterisiert /6/. Der Übergang der rechtshändigen doppelhelicalen DNS (B-DNS) in die linkshändige Struktur (Z-DNS) wurde voltammetrisch in Anwesenheit von Eu^{3+}-Spuren verfolgt. Diese Transformation findet schon bei einem Verhältnis von einem Eu^{3+}-Ion zu 10 - 20 Mononukleotideinheiten statt /7/. Zur in-vitro Identifizierung und Quantifizierung solcher Strukturänderungen der DNS wurden voltammetrische Signale des Biopolymers benutzt /8/. Die Entwicklung der oberflächenverstärkten Ramanstreuung (SERS), einer neuen spektroelektrochemischen Methode /9/, führt zu weitere Informationen über die Wechselwirkungen sowohl von Eu^{3+} /10/ als auch von dem wirksamen Cancerostatikum-Komplex cis-$Pt(NH_3)_2Cl_2$ /11/ mit DNS-Molekülen. Der gemeinsame Einsatz von Voltammetrie und SERS-Spektroskopie bietet damit eine empfindliche und aussagekräftige Möglichkeit zur Beschreibung der Einwirkung von Schwermetallen auf lebenswichtige biologische Moleküle.

Literatur

/1/ H.W. Nürnberg, P. Valenta: in Trace Metals in Sea Water, Plenum, New York (1983), S. 671-697

/2/ J. Buffle: Complexation Reactions in Aquatic Systems: An Analytical Approach, Ellis Horwood, Chichester (1988)

/3/ J.-M. Séquaris, I.R. Miller: Bioelectrochem. Bioenerg. 13 (1984), S. 127-141

/4/ L. Wagner-Roos, H. Zahn, J.-M. Séquaris, P. Valenta: Toxicol. Environm. Chem. 22 (1989), S. 77-90

/5/ L. Kaba, J.-M. Séquaris, P. Valenta, H.W. Nürnberg: Toxicol. Environm. Chem. 10 (1985), S. 103-117

/6/ J.-M. Séquaris, M. Esteban: Electroanalysis 2 (1990), S. 35-41

/7/ J.-M. Séquaris, M.L. Kaba, P. Valenta: Bioelectrochem. Bioenerg. 13 (1984), S. 225-227

/8/ J.M. Séquaris: in Electrochemistry, Sensors and Analysis, Elsevier, Amsterdam (1986), S. 191-203

/9/ E. Koglin, J.-M. Séquaris: Topics in Current Chemistry, 134, Springer Verlag, Berlin (1986), S. 1-57

/10/ J.-M. Séquaris, H.H. Lewinsky, E. Koglin: in Spectroscopy for Biological Molecules, J. Wiley, Chichester (1985), S. 237-239

/11/ J.-M. Séquaris, E. Koglin, B. Malfoy FEBS Letters, 173 (1984) S. 95-98

Elektrochemie in der Energietechnik

Untersuchungen zur galvanostatischen Entladung des Bleiakkumulators

U. Teutsch, A. Winsel
VARTA BATTERIE AG, Kelkheim

Zusammenfassung

Für die galvanostatische Entladung von Bleidioxid-Arbeitselektroden, deren Kapazität durch Säureverarmung begrenzt wird, und von Bleidioxid- und Blei-Arbeitselektroden, bei denen Säureverarmung durch Elektrolytdurchströmung (Eloflux-Prinzip) verhindert wird, werden Belastungsdiagramme und Potentialverläufe vergleichend untersucht.

Zur Beschreibung der Abhängigkeit der Kapazität vom Entladestrom ist für alle Messungen eine analytische Näherungsfunktion geeignet, die drei Parameter enthält. Im Fall der Säureverarmung bei festgelegtem Elektrolyten können diese Parameter durch Funktionen von konstruktiven Zellparametern angenähert werden, in den anderen Fällen kann bisher nur ein Teil der Parameter interpretiert werden.

Zur vergleichenden Untersuchung der zeitlichen Änderung der Elektrodenpotentiale wird eine normierte Darstellung eingeführt, die eine charakteristische, von der Stromdichte wenig beeinflußte Kurvenform für die Säureverarmung in der positiven Elektrode und eine davon deutlich verschiedene, stark stromdichteabhängige Kurvenform für die Eloflux-Elektroden erkennen läßt. Für den durch Elektrolytverarmung verursachten Potentialverlust wird eine Näherungsfunktion angegeben.

Summary

Galvanostatic discharge of lead dioxide working electrodes, whose discharge capacity is limited by acid depletion, and of lead dioxide and lead working electrodes, where acid depletion is prevented by forced flow-through of electrolyte (Eloflux principle), is investigated, comparing the load diagrams and the potential characteristics.

The relation between discharge capacity and discharge current can for all measurements be approximated by an analytical function containing three parameters. In case of acid depletion with immobilized electrolyte these parameters are approximately given as functions of parameters of the cell design, in the other cases only part of the parameters can be interpreted up to now.

In order to compare the changes of electrode potential with time, a standardized representation is introduced. In this representation, a characteristic shape of the curve depending only slightly on current density is recognized for acid depletion in the positive electrode, and a considerably different shape of the curve influenced strongly by current density is found for the Eloflux electrodes. An approximating function is given for the potential drop caused by depletion of electrolyte.

Résumé

Pour la décharge galvanostatique des électrodes en dioxyde de plomb, dont la capacité de décharge est limitée par l'appauvrissement d'acide, et des électrodes en dioxyde de plomb et en plomb, pour quelles l'appauvrissement d'acide est empêché par l'électrolyte traversant (Eloflux-principe), les diagrammes de charge et les tracés de potentiel sont étudiés.

La dépendance de la capacité de décharge du courant de décharge peut être approchée pour tous les mesures par une fonction analytique, qui contient trois paramètres. En cas de l'appauvrissement d'acide à l'électrolyte immobilisé ces paramètres sont indiqués approximativement comme des fonctions des paramètres de la construction de l'élément, en les autres cas seulement une part des paramètres peut être interprétée jusqu'à présent.

Pour une comparaison des changements temporels des potentials d'électrode une représentation normalisée est introdruite. Dans cette représentation, une forme de courbe caractéristique, qui est seulement peu dépendante de la densité de courant, est aperçue pour l'appauvrissement d'acide dans les électrodes positives, et une forme de courbe considerablement différente, qui est marquément influencée par la densité de courant, est trouvée pour les Eloflux-électrodes. Une fonction approximative est indiquée pour la perte de potentiel qui est causée par un appauvrissement d'électrolyte.

1. Einleitung

Bei der Entladung eines Bleiakkumulators werden bekanntlich die aktiven Materialien Blei und Bleidioxid zu Bleisulfat umgesetzt, wobei Schwefelsäure aus dem

Elektrolyten verbraucht wird:

$$Pb + HSO_4^- \longrightarrow PbSO_4 + H^+ + 2e^-$$
$$PbO_2 + 3H^+ + HSO_4^- + 2e^- \longrightarrow PbSO_4 + 2H_2O$$
$$Pb + PbO_2 + 2H_2SO_4 \longrightarrow 2PbSO_4 + 2H_2O$$

Die Entladung kann durch verschiedene Mechanismen begrenzt werden. Als Begrenzungsmechanismen können auftreten

- Säureverarmung in der porösen Elektrode,
- Passivierung der elektrochemisch aktiven Masseoberfläche mit Bleisulfat oder bei tiefen Temperaturen auch mit Eis (Beispiel Kaltstart),
- Zusammenbruch der elektronischen Leitfähigkeit des Gerüsts der aktiven Masse.

Die spezielle Konstruktion eines Akkumulators und die Entladebedingungen entscheiden darüber, welcher Begrenzungsmechanismus wirksam wird. Durch geeignete experimentelle Anordnungen können daher die verschiedenen entladungsbegrenzenden Vorgänge untersucht werden. Im folgenden werden vergleichende Betrachtungen über Belastungsdiagramme und Elektrodenpotentialverläufe vorgestellt.

2. Belastungsdiagramme

Unter einem Belastungsdiagramm versteht man die Abhängigkeit der galvanostatisch entnehmbaren Ladungsmenge (Kapazität) vom Entladestrom. Für Vergleiche zwischen verschiedenen Zellen ist es zweckmäßig, beide Größen auf das Gewicht der trockenen geladenen Masse der begrenzenden Elektrode zu beziehen.

2.1 Messungen

Abb. 1 zeigt Meßpunkte von zwei Labortestzellen, deren Entladung durch Säureverarmung in der positiven Elektrode begrenzt wurde. Die Testzellen enthielten je eine positive und eine negative, einseitig belastete Gitterelektrode (Dicke 1.5 bzw. 1.3 mm) mit einem Plattenabstand von 3.4 mm. Die Separation bestand aus einem Mipor B-Blattscheider 0.8 mm, einem gelochten Wellscheider 2.1 mm und einem Glasfaservlies 0.5 mm. Eine der Testzellen war mit Gel, die andere mit flüssiger Schwefelsäure befüllt. In beiden Fällen betrug die Säuredichte 1.28 g/ml (20°C). Die Zellen befanden sich in einem Wasserbad von 30°C. Die Entladeschlußspannung lag um 350 mV unter der Einsatzspannung.

In Abb. 2 sind Belastungsdiagramme von Eloflux-Elektroden dargestellt, die während der gesamten Entladedauer mit Schwefelsäure durchströmt wurden, um Säureverarmung auszuschließen. Die Meßanordnung wurde bereits früher beschrieben /1/. Die jeweilige Arbeitselektrode wurde über zwei Gegenelektroden beidseitig belastet und bis zu einem Potential von 0.500 V bzw. -0.500 V gegen eine Hg/Hg_2SO_4-Bezugselektrode entladen. Die Entladungen fanden in Schwefelsäure der Dichte 1.20 g/ml (20°C) statt. Die Temperatur betrug 25°C bei Untersuchungen der negativen Elektrode und 40°C bei Untersuchungen der positiven Elektrode. Bei der Entladung unter Elektrolyt-Durchströmung werden als Begrenzungsmechanismen Bleisulfatpassivierung /2, 3/ und Zusammenbruch der elektronischen Leitfähigkeit /4/ wirksam.

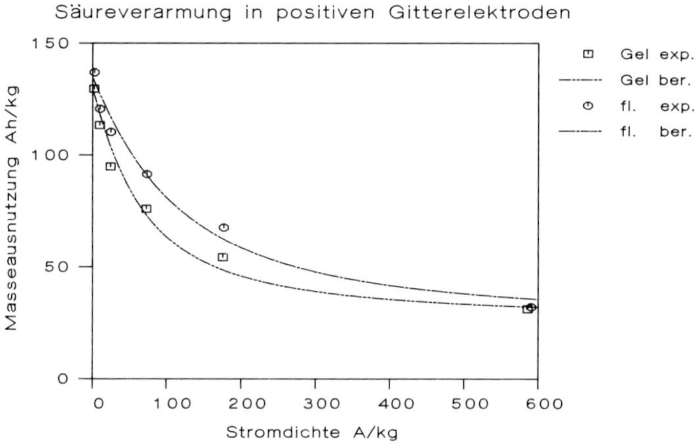

Abb. 1: Vergleich von Meßdaten und Kapazitätsfunktion (1) für die Belastungsdiagramme zweier Labortestzellen (baugleiche Zellen, eine mit Gel, eine mit flüssiger Säure befüllt).

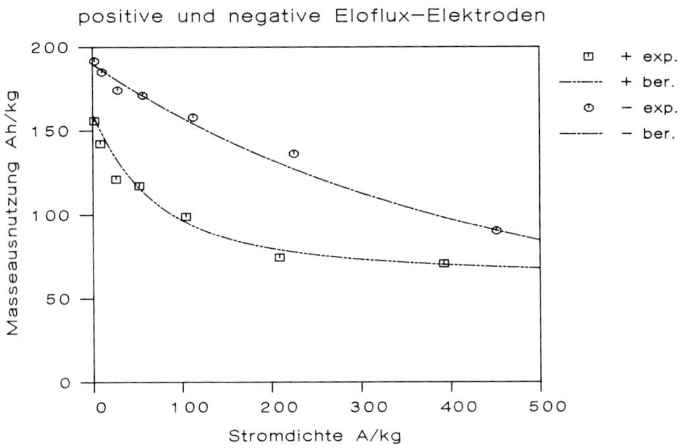

Abb. 2: Vergleich von Meßdaten und Kapazitätsfunktion (1) für die Belastungsdiagramme einer positiven und einer negativen Eloflux-Arbeitselektrode

2.2 Näherungsfunktion

Für den Fall der Säureverarmung in Zellen mit festgelegtem Elektrolyten wurde bereits eine analytische Näherungsfunktion für die Abhängigkeit der Kapazität K vom Entladestrom I vorgestellt /5/:

$$K(I) = K_{min} + (K_{max} - K_{min}) \frac{1 - \exp(-I/I_0)}{I/I_0} \qquad (1)$$

Die Anwendbarkeit dieser Kapazitätsfunktion ist jedoch nicht auf Zellen mit festgelegtem Elektrolyten und auch nicht auf den Begrenzungsmechanismus Säureverarmung beschränkt. Die Kapazitätsfunktion enthält drei Parameter, nämlich

- K_{max}, die mit sehr kleinem Entladestrom höchstens entnehmbare Kapazität,
- K_{min}, die mit sehr hohem Entladestrom mindestens entnehmbare Kapazität und
- I_0, einen charakteristischen Strom, der die Krümmung der Belastungskurve bestimmt.

Aus einem über einen großen Stromdichtebereich experimentell ermittelten Belastungsdiagramm können K_{max} und K_{min} leicht durch Extrapolation auf I -> 0 und I ->

∞ gewonnen werden, und zwar K_{max} durch lineare Extrapolation in der Auftragung von K über I für kleine Ströme und K_{min} durch lineare Extrapolation in der Auftragung von K über 1/I für große Ströme. Den charakteristischen Strom I_0 erhält man graphisch aus dem experimentellen Belastungsdiagramm, indem man die Tangente an die Kurve im Punkt (0, K_{max}) und die Gerade K = K_{min} einzeichnet. Der Schnittpunkt der Tangente und der Geraden hat die I-Koordinate 2 I_0.

Die Abbildungen 1 und 2 demonstrieren, daß die Kapazitätsfunktion (1) geeignet ist, die Meßpunkte von Entladungen, die durch verschiedene Begrenzungsmechanismen beendet werden, anzunähern. Die Kapazitätsfunktion ist also zur Interpolation anwendbar. Um die Funktion für Kapazitätsvorhersagen und somit für die Zellauslegung einsetzen zu können, müssen die Parameter K_{max}, K_{min} und I_0 durch Zellparameter ausgedrückt werden.

Im Falle der Säureverarmung in Zellen mit festgelegtem Elektrolyten wurde als Näherung gefunden /5/

$$K_{min} = \frac{2\,F}{1 + t_-} (c_0 - c_E)\, V^+_{Poren} \qquad (2)$$

$$K_{max} = F\,(c_0 - c_E)\, V_{Säure} \qquad (3)$$

$$I_0 = \frac{2}{(3 - 2t_+)^2}\, F\,(c_0 - c_E)\, \frac{A\,D\,\theta_S^{\,2}}{d_S} \qquad (4)$$

d. h., K_{min} wird durch die in den Poren der positiven Elektrode befindliche Säure bestimmt und K_{max} durch die insgesamt zur Verfügung stehende Säure (dies kann natürlich nur bei entsprechend knapp bemessener Säuremenge gültig sein). I_0 kann man folgendermaßen veranschaulichen:
$\tau_S = d_S^{\,2} / (D \cdot \theta_S)$ ist eine charakteristische Zeit, die eine Diffusionsfront benötigt, um den Plattenzwischenraum der Dicke d_S und der mittleren Porosität θ_S zu überqueren. Die Kapazität der Säure im Plattenzwischenraum $F \cdot (c_0 - c_E) \cdot A \cdot d_S \cdot \theta_S$ ist ungefähr $I_0 \cdot \tau_S$.

Über den Diffusionskoeffizienten der Schwefelsäure D ist I_0 temperaturabhängig. Der Konzentrationsabhängigkeit von D wird näherungsweise dadurch Rechnung getragen, daß D für den Mittelwert aus den Konzentrationen c_0 und c_E in Gl. (4) eingesetzt wird. Für die gelgefüllte Testzelle ergibt die Anwendung der Gl. (1) bis (4) die in Abb. 1 dargestellte gute Übereinstimmung zwischen berechnetem und gemessenem Belastungsdiagramm.

In Abb. 1 wird ferner deutlich, daß sich wie erwartet die Werte von K_{min} bzw. K_{max} für die beiden baugleichen säure- und gelbefüllten Zellen kaum unterscheiden (die Säurevolumina V^+_{Poren} bzw. $V_{Säure}$ sind ungefähr gleich). Wenn der Elektrolyt nicht festgelegt wird, besteht jedoch eine wesentlich geringere Behinderung des Säuretransports aus dem Plattenzwischenraum in die Elektroden, d. h., I_0 wird deutlich größer. Da bisher noch keine Näherung für den Zusammenhang zwischen I_0 und Zellparametern einer mit flüssiger Säure befüllten Zelle angegeben werden kann, wurde der I_0-Wert der entsprechenden berechneten Kurve in Abb. 1 an die Meßdaten angepaßt.

Einen Fit der Kapazitätsfunktion an die gemessenen Belastungsdiagramme der Eloflux-Elektroden zeigt Abb. 2. Der Parameter K_{max} ergibt sich zu 160 Ah/kg für die positive und 190 Ah/kg für die negative Elektrode. Ungefähr bei diesem Masseausnutzungsgrad findet ein steiler Zusammenbruch der elektronischen Leitfähigkeit der aktiven Masse statt /6/. An den Eloflux-Elektroden konnte auch in situ mit der in /4/ beschriebenen Sondenmeßtechnik eine starke Zunahme des Massewiderstands am Ende der Entladungen mit sehr kleinem Strom festgestellt werden. Die maximal entnehmbare Kapazität der positiven und negativen Eloflux-Elektroden wird also durch den Zusammenbruch der elektronischen Leitfähigkeit des Gerüsts der aktiven Masse bestimmt.

Bei Entladungen mit höheren Strömen bleibt der Massewiderstand der negativen Eloflux-Elektrode bis zum Entladeende relativ gering. Als Begrenzungsmechanismus wird Bleisulfatpassivierung angenommen /2, 3/. Der Parameter K_{min} könnte der Kapazität einer dünnen Bleisulfat-Deckschicht auf der Oberfläche der negativen aktiven Masse entsprechen. Diese Vorstellung steht in Einklang mit dem sehr kleinen Wert von K_{min}, der aus der Anpassung an die Meßdaten folgt. Der Parameter I_0 hat für die negative Eloflux-Elektrode einen relativ hohen Betrag. Es wird vermutet, daß I_0 durch die Diffusion der Pb^{2+}-Ionen bestimmt wird.

Für die positive Eloflux-Elektrode wird ein deutlich höheres K_{min} und ein deutlich niedrigeres I_0 gefunden als für die negative Elektrode. Arbeiten zur Deutung dieser Parameter sollten das Kugelhaufen-Modell /4/ verwenden.

3. Elektrodenpotentialverläufe

Bei einer galvanostatischen Entladung eines Bleiakkumulators wird der Potentialverlauf der begrenzenden Elektrode charakterisiert durch

- den Potentialverlust gegenüber Ruhepotential beim Einschalten des Stromes,
- die maximale Entladedauer bis zum steilen Zusammenbruch des Potentials und
- die Kurvenform (Neigung und Krümmung).

Wegen des Verbrauchs der aktiven Materialien Blei, Bleidioxid und Schwefelsäure bei der Entladung kann sich kein stationäres Potential einstellen.

3.1 Normierte Darstellung

Zur Untersuchung der Form des Elektrodenpotentialverlaufs eignet sich besonders gut eine normierte Darstellung, in der die Differenz zwischen Potential zum Zeitpunkt t und Potential beim Einschalten des Stromes über der relativen Entladedauer aufgetragen wird:

$$u(t) - u(t_0) = f(t/t^*) \qquad (5)$$

Durch die Differenzbildung werden über die Entladedauer konstante Anteile des Spannungsverlustes, wie z.B. ohmsche Spannungsverluste an metallischen Ableitern, eliminiert - es werden nur instationäre Anteile des Spannungsverlustes betrachtet. Als maximale Entladedauer t^* wird der Zeitpunkt eingesetzt, zu dem ein Potentialverlust von 0.60 V gegenüber dem Einschaltwert erreicht ist.

Im folgenden werden normierte Darstellungen von Potentialverläufen, die an den entladungsbegrenzenden Elektroden der in Kapitel 2 vorgestellten Zellen gemessen wurden, diskutiert.

Die Abbildungen 3 und 4 zeigen die Potentialverläufe der positiven Elektrode für die baugleichen, mit flüssiger Säure bzw. mit Gel gefüllten Labortestzellen. In beiden Fällen ist der Einfluß der Entladestromdichte auf die Form des Potentialverlaufs gering, obwohl die Stromdichte über zwei Größenordnungen variiert wurde, entsprechend Entladedauern zwischen mehr als 50 Stunden und ca. 3 Minuten. Ferner besteht große Ähnlichkeit zwischen den Potentialverläufen in beiden Zellen. Daß der Potentialverlauf dieser Entladungen wesentlich durch Konzentrationspolarisation bestimmt wird, verdeutlicht Abb. 4. Dort ist mit Punktsymbolen die Änderung des Ruhepotentials von Bleidioxid in Schwefelsäure eingetragen, die bei einem gleichmäßigen, sehr langsamen Absinken der Säurekonzentration vom Startwert c_0 = 4.876 mol/l auf den bei den Kapazitätsberechnungen Gl. (2) bis (4) verwendeten Endwert c_E = 0.825 mol/l entstehen würde (Daten berechnet nach /7, 8/). Erst nach mehr als 90% der Entladedauer treten starke Abweichungen zwischen dieser (ein langsames gleichmäßiges Absinken der Säurekonzentration voraussetzenden) Konzentrationspolarisationskurve und den Meßwerten des Elektrodenpotentials auf.

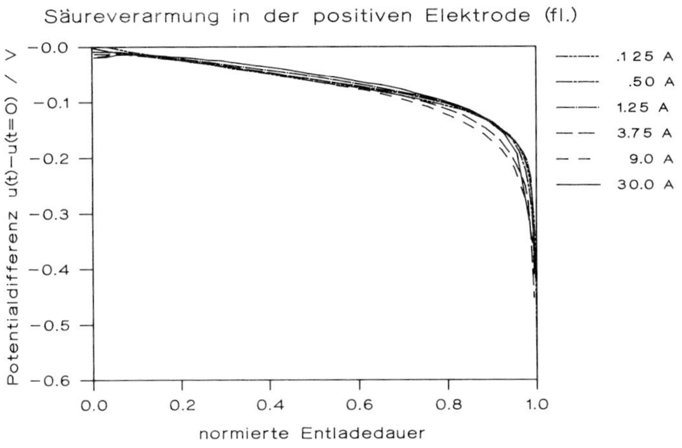

Abb. 3: Normierte Darstellung des Potentialverlaufs der positiven Elektrode bei Entladungen der mit flüssiger Säure gefüllten Labortestzelle (Kapazitäten vgl. Abb. 1).

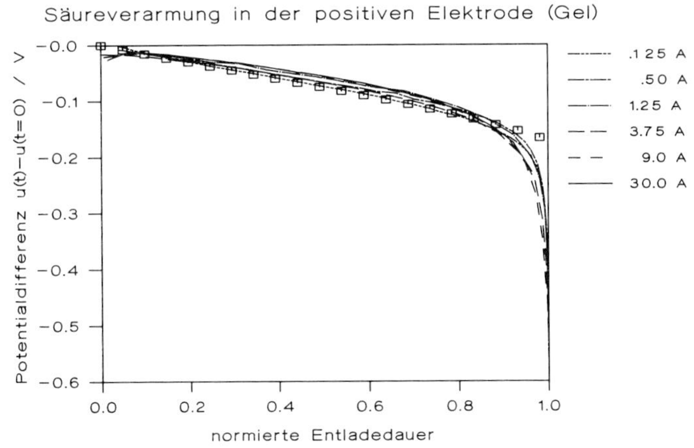

Abb. 4: Normierte Darstellung des Potentialverlaufs der positiven Elektrode bei Entladungen der mit Gel gefüllten Labortestzelle (Kapazitäten vgl. Abb. 1). Die Punktsymbole kennzeichnen die Lage der Ruhepotentiale, die sich bei sehr langsamem, gleichmäßigem Absinken der Säure-konzentration von c_0 auf c_E einstellen würden.

Potentialverläufe der negativen und positiven Eloflux-Elektroden sind in den Abbildungen 5 und 6 dargestellt. Bei beiden Polaritäten ist der Potentialverlauf der Entladung mit dem kleinsten Strom, die durch Zusammenbruch der elektronischen Leitfähigkeit des Gerüsts der aktiven Masse begrenzt wird (vgl. Kap. 2.2), bis kurz vor Entladungsende sehr flach und fällt dann sehr steil ab. Dieses Verhalten spiegelt die oberhalb einer bestimmten Masseausnutzung sehr starke Zunahme des Massewiderstands wieder. Ebenfalls bei beiden Polaritäten gibt es einen deutlichen Einfluß der Entladestromdichte auf die Form des Potentialverlaufs. Mit zunehmender Stromdichte wird die Anfangsneigung der Kurven steiler. Die normierte Darstellung der Potentialverläufe hebt somit eine Gemeinsamkeit der Entladung positiver und negativer Eloflux-Elektroden hervor.

Ein Vergleich der Abbildungen 3 bzw. 4 und 6 läßt ferner die Möglichkeit erkennen, mit Hilfe der normierten Darstellung von Elektrodenpotentialverläufen und ihrer Stromabhängigkeit Hinweise auf den Begrenzungsmechanismus zu erhalten.

3.2 Überlegungen zur Auswirkung von Konzentrationsänderungen

Die thermodynamische Abhängigkeit eines Elektrodenpotentials u von der Konzentration c einer potentialbestimmenden Spezies wird durch die Formel von Nernst beschrieben:

$$u - u_0 = \frac{RT}{zF} \ln \frac{c}{c_0} \tag{6}$$

Bei der Entladung einer porösen Elektrode ist die Konzentration c eine Funktion von Ort und Zeit. Nimmt man eine über Plattenbreite und -höhe homogene Entladung an (dies ist bei nicht zu großen Plattendimensionen erfüllt), so ist c nur noch von der Koordinate x senkrecht zur geometrischen Plattenoberfläche abhängig: $c(x, t)$.

Für die Wasserstoffelektrode, deren elektrochemische Reaktion an der Dreiphasengrenze mit $x = l$ lokalisiert ist und in deren Mündungsquerschnitt der Poren bei $x = 0$ die Elektrolytkonzentration c_0 herrscht, hat Winsel /9/ die Näherung

$$c(l, t) = c_0 \, [1 - (I/I_{gr}) \, (1 - \exp(-t/\tau))] \tag{7}$$

abgeleitet. Hierin ist I_{gr} der diffusionsbedingte Grenzstrom für den als Diaphragma wirkenden Elektrodenteil der Dicke l und τ eine charakteristische Zeit für die Relaxation der Diffusionsstrecke.

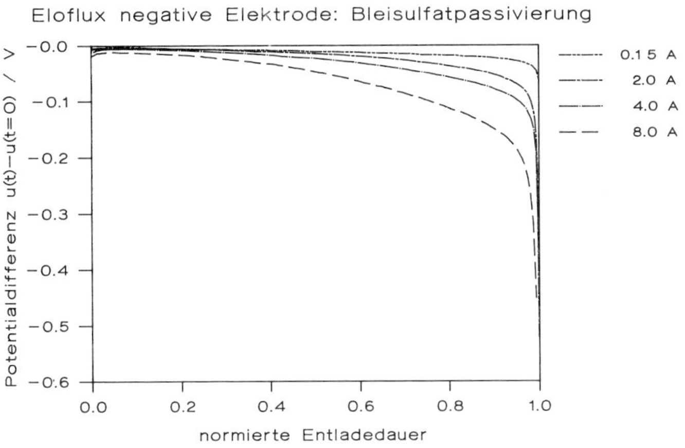

Abb. 5: Normierte Darstellung des Potentialverlaufs der negativen Eloflux-Elektrode bei Entladungen.

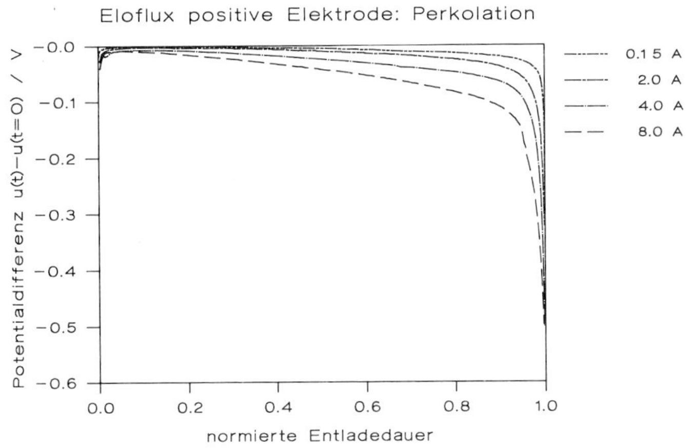

Abb. 6: Normierte Darstellung des Potentialverlaufs der positiven Eloflux-Elektrode bei Entladungen.

In grober Näherung kann man Gl. (7) auch für die Blei- bzw. Bleidioxidelektrode anwenden, indem man $l = d/2$ setzt (d: Elektrodendicke bei einseitig belasteter, halbe Elektrodendicke bei beidseitig belasteter Elektrode), d.h., man läßt die Ebene $x = l$ den gesamten Strom erzeugen und den Elektrodenteil der Dicke l als Diaphragma den Strom und den Stofftransport behindern. Im laufe der Entladung nimmt die Säurekonzentration in der stromerzeugenden Ebene $x = l$ gemäß Gl. (7) ab, wodurch nach der Nernstschen Gleichung (6) ein Potentialverlust

$$u - u_0 = \frac{RT}{zF} \ln \left[1 - \frac{I}{I_{gr}} (1 - \exp(-t/\tau))\right] \qquad (8)$$

entsteht. Da die Nernstsche Gleichung nur für ideale Lösungen gilt, wird nur der funktionale Zusammenhang (8) übernommen, jedoch ein Anpassungsparameter k als Faktor anstelle des Kehrwerts der Wertigkeit z eingeführt. Man erhält damit für den Fall einer Entladung, bei der sich gegenüber dem Einschaltzeitpunkt nur die Konzentrationspolarisation ändert, während alle übrigen Innenwiderstandsanteile konstant bleiben, den Zusammenhang

$$u(t) - u(t_0) = k\, RT/F \ln \left[1 - \frac{I}{I_{gr}} (1 - \exp(-t/\tau))\right] \qquad (9)$$

der bereits von Winsel /10/ angegeben wurde. Für $I < I_{gr}$ wird der Spannungsverlust $u(t) - u(t_0)$ für große Zeiten konstant, was nur zur Beschreibung der Vorgänge in Katalysatorelektroden wichtig ist. Für Akkumulatorelektroden ist der zur Elektrolytverarmung als begrenzendem Vorgang führende Fall $I > I_{gr}$ interessant. Wenn I größer als I_{gr} ist, wird nach einer Laufzeit t^*

$$t^* = \tau \ln [\, I / (I - I_{gr})\,] \qquad (10)$$

Gl. (9) instationär, d.h., der Potentialverlust geht gegen unendlich. Mit Einführung von t^* kann man für $I/I_{gr} > 5$ in guter Näherung Gl. (9) auf die einfache Form

$$u(t) - u(t_0) = k\, RT / F \ \ln (1 - t/t^*) \qquad (11)$$

reduzieren.

Gleichung (11) stellt eine Näherung dar für den Potentialverlauf bei der Entladung einer porösen Elektrode, die durch einen Verarmungsprozeß begrenzt wird. In Abb. 7 ist diese "Verarmungsfunktion" für verschiedene Parameter k dargestellt. Der Parameter k wird durch die Wertigkeit der potentialbestimmenden verarmenden Spezies und den Zusammenhang zwischen Konzentration und Aktivität dieser Spezies bestimmt.

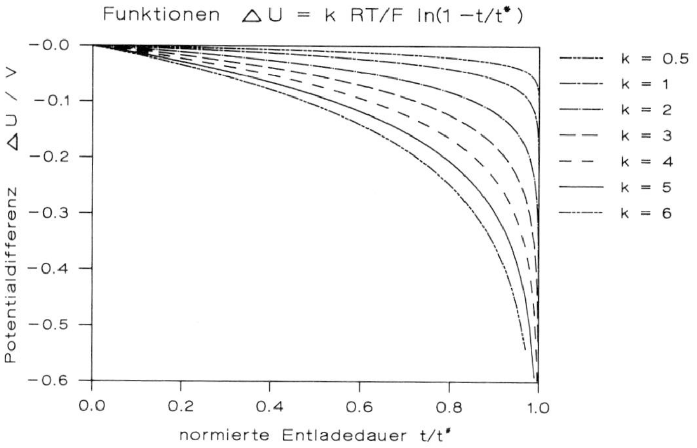

Abb. 7: Darstellung der Verarmungsfunktion (11). Einfluß des Parameters k.

Dieselbe Rolle wie eine Verarmung potentialhebender Spezies kann natürlich eine Anreicherung potentialsenkender Spezies spielen. Zum Beispiel bewirken beim Bleiakkumulator sowohl ein Verbrauch von Schwefelsäure als auch eine Übersättigung mit Pb^{2+}-Ionen einen Potentialverlust.

Zur Beschreibung des Potentialverlaufs bei der Entladung von Elektroden des Bleiakkumulators kann allerdings ein Ansatz, der nur Konzentrationspolarisation enthält, nicht ausreichen. Eine Zunahme des Durchtrittswiderstands und des elektronischen Ausbreitungswiderstands, die durch den Verbrauch von Bleidioxid bzw. Blei entstehen, eine Zunahme des effektiven Elektrolytwiderstands bei Säureabreicherung und/oder Porenverstopfung mit Bleisulfat und eine Zunahme der Hemmung des Abtransports von Bleiionen vom Reaktionsort durch Bildung eines Bleisulfat-Diaphragmas können ebenfalls eine wichtige Rolle spielen.

Es ist denkbar, die gemessenen Potentialverläufe durch eine Überlagerung von Spannungsverlusten gemäß Gl. (11) anzunähern

$$u(t) - u(t_0) = \frac{RT}{F} \sum_i k_i \ln (1-t/t_i^*) \qquad (12)$$

wobei jedem instationären Vorgang ein k_i und ein t_i^* zugeordnet werden. Dazu wäre zu zeigen, daß die Auswirkungen der verschiedenen instationären Vorgänge auf das

Elektrodenpotential formal durch die für den Fall der Verarmung abgeleitete Beziehung (11) beschrieben werden können, wobei k auch eine Funktion des Entladestroms sein kann.

Den Herren R. Bräutigam und U. Hullmeine danken wir für die sorgfältige Durchführung der Experimente.

Symbole

A	:	Fläche / cm^2
c	:	Konzentration / mol cm^{-3}
c_0, c_E	:	Start- und Endkonzentration / mol cm^{-3}, $c_E = 0.825 \cdot 10^{-3}$ mol cm^{-3}
d	:	Dicke / cm
D	:	Diffusionskoeffizient von H_2SO_4 / cm^2/h
F	:	Faraday-Konstante / Ah mol^{-1}
I	:	Strom / A
I_0	:	charakteristischer Strom für Belastungsdiagramme / A
I_{gr}	:	diffusionsbedingter Grenzstrom / A
k	:	Korrekturfaktor
K	:	Kapazität / Ah
R	:	allgemeine Gaskonstante / Ah K^{-1} mol^{-1}
t	:	Zeit / h
t_0	:	Startzeit /h
t^*	:	maximale Entladedauer / h
t_+, t_-	:	Überführungszahl von H^+, HSO_4^-
T	:	Temperatur / K
u	:	Elektrodenpotential / V
u_0	:	Ruhepotential bei Elektrolytkonzentration c_0 / V
V	:	Volumen / cm^3
z	:	Wertigkeit
Θ	:	Porosität
τ	:	charakteristische Zeit / h

Literatur

/1/ U. Hullmeine, W. Kappus: Electrochimica Acta 27 (1982) S. 1677-1681

/2/ J. Bohmann, U. Hullmeine, E. Voss, A. Winsel: Final Report, LE-277 ILZRO, Dec. 31, 1982

/3/ W. Kappus, A. Winsel: J. Power Sources 8 (1982) S. 159-173

/4/ A. Winsel, E. Voss, U. Hullmeine: J. Power Sources 30 (1990), S. 209-226

/5/ U. Teutsch, F. Böttcher, A. Winsel: Ber. Bunsenges. Phys. Chem. 92 (1988), S. 1297-1303

/6/ H. Metzendorf: J. Power Sources 7 (1982) S. 281-291

/7/ A. K. Covington, J. V. Dobson, W. F. K. Wynne-Jones: Trans. Faraday Soc. 61 (1965), S. 2050-2062

/8/ Gmelins Handbuch der anorganischen Chemie, 8. Auflage, Band 9 (Schwefel), Teil B2, S. 693, Verlag Chemie, Weinheim 1960

/9/ A. Winsel: Private Mitteilung

/10/ A. Winsel: Ber. Bunsenges. Phys. Chem. 79 (1975), S. 827-836

Zum Einfluß der Aktivmasse auf die Korrosion von Bleigittern

J. Garche, K. Wiesener, A. Dietz
Institut für Physikalische Chemie und Elektrochemie, Technische Universität Dresden

Zusammenfassung

Es wurden Messungen der Korrosion von Bleigittern in Schwefelsäure unter dem Einfluß von Aktivmasse vorgenommen. Deren Wirkung wird auf der Basis eines Korrosionsmodells erklärt. Daraus abgeleitet wurde eine neue Herstellungstechnologie für armiert-pastierte Elektroden entwickelt, die umweltschonend ist.

Summary

The corrosion of lead grids in sulphuric acid influenced by the active mass is investigated. The action of the active mass can be explained by the use of a new model of the corrosion process. From this investigation a new technique for the production of armed and pasted electrodes may be derived. The suggested process is less harmful with respect to the environmental pollution.

Résumé

On a mesuré la corrosion des supports de plomb en acide sulfurique en présence d une masse active. L action de cette dernière est expliquée à partir d un modèle de corrosion. On en déduit une nouvelle technologie mise au point pour la fabrication des électrodes armées tartinées.

1. Einleitung

Sehr umfangreich wird über Untersuchungen zur Korrosion von Blei und seinen Legierungen in Schwefelsäure in der Literatur berichtet. Die verschiedenen Parameter wie Legierungszusammensetzung, Schwefelsäurekonzentration, Potential, Stromdichte oder auch Temperatur wurden variiert. Jedoch wurde dem Einfluß der Aktivmasse der positiven Bleiakkumulatorelektrode auf die Korrosion bisher relativ wenig Aufmerksamkeit gewidmet /1-10/. Als Kriterien der Korrosion wurden im wesentlichen verwendet, der Masseverlust des Gitters, die Dicke der Korrosionsschicht, die Gitterdimension und die Ah-Kapazität der Elektrode. Vorstellungen zum Mechanismus der Aktivmassewirkung existieren bisher kaum. Die vorliegende Arbeit will aufbauend auf systematischen Untersuchungen zum Einfluß der Aktivmasse auf die Korrosion eine Antwort zu diesem Mechanismus geben. Weiterhin werden Rückschlüsse auf den Praxiseinsatz von positiven Bleiakkumulatorelektroden gezogen.

2. Experimentelles

Verwendet für Untersuchungen mit Aktivmasse wurden Einzelröhrchen (s.Abb.1), deren Aufbau von der Panzerplattenelektrode abgeleitet und von PAVLOV /10/ experimentell eingeführt wurde. Die Aktivmassendicke betrug 2 mm.

Eine unformierte Paste wurde mit Hilfe von Gas (3,5 kp/cm^2) in die Röhrchen gepreßt. Im Einzelfall wurde zur Variation der Aktivmassendichte trockener Bleistaub (60% PbO) eingerüttelt. Nach der Formation erfolgte die Überladung bei 40°C in H_2SO_4 der Dichte 1,28 g/cm^3 bei einer Stromdichte von 6 mA/cm^2 Bleistaboberfläche. Kriterium der Korrosion war der Masseverlust des Stabes nach mechanischer Entfernung der Aktivmasse und chemischer Entfernung (Kochen in alkalischer Zuckerlösung) der Korrosionsschicht.

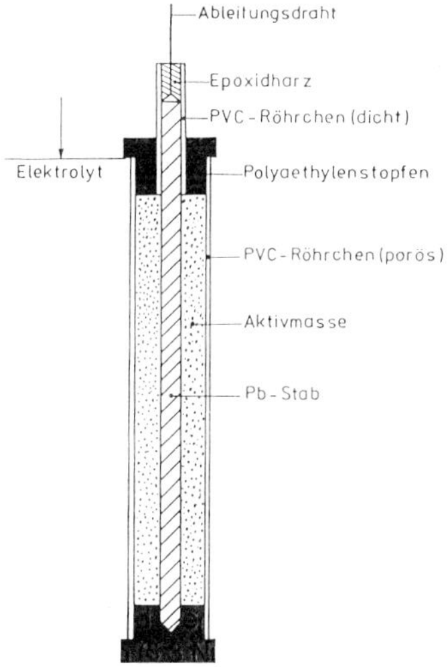

Abb.1: Schematische Darstellung eines Einzelröhrchens

3. Resultate

Abb.2 zeigt den Verlauf des Masseverlustes in Abhängigkeit von der Polarisationszeit (Überladezeit) für eine Probe ohne und mit Aktivmasse.

Daraus ist abzulesen, daß in beiden Fällen zwei Zeitbereiche zu unterscheiden sind, der erste Bereich von $t_p = 0$ bis etwa $t_p = 70...100$ h mit fallender Korrosionsgeschwindigkeit und der zweite Bereich mit $t_p > 70...100$ h mit konstanter Korrosionsgeschwindigkeit.

Im ersten Zeitbereich wurde für die Legierung PbSb5 ohne Aktivmasse die folgende Beziehung gefunden:

$$\Delta m \sim t_p^{0,52} \qquad (1)$$

Die konstante Korrosionsgeschwindigkeit (ν_k) im zweiten Bereich war in unserem Fall Maß der Korrosion. Weiterhin ist ersichtlich, daß die

Aktivmasse zu einer Reduzierung der Korrosion führt. Um diese quantifizieren zu können wurde von uns ein sogenannter Aktivmasseschutzfaktor (F_S) eingeführt, der das Verhältnis der Korrosionsgeschwindigkeit ohne Aktivmasse (v_k^{oAM}) zu der mit Aktivmasse (v_k^{mAM}) angibt

$$F_S = \frac{v_k^{oAM}}{v_k^{mAM}} \; . \tag{2}$$

Tabelle 1 gibt den Einfluß des Antimons auf die entsprechende Werte wieder.

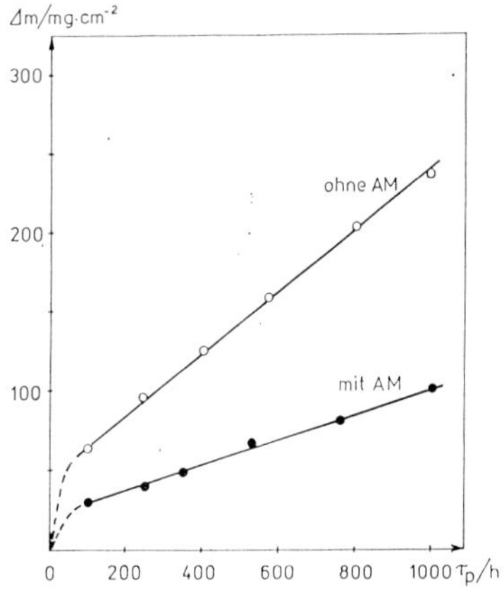

Abb.2: Masseverlust Δ m einer PbSb5,6As0,15-Legierung durch Korrosion in Abhängigkeit von der Polarisationszeit t_p

Tab.1: Korrosionsgeschwindigkeit ohne Aktivmasse (ν_k^{oAM}) und mit Aktivmasse (ν_k^{mAM}) und Schutzfaktor (F_S) in Abhängigkeit vom Antimongehalt der Pb-Legierung

Sb-Gehalt	ν_k^{oAM}	ν_k^{mAM}	F_S
%	$mgcm^{-2}h^{-1}$	$mgcm^{-2}h^{-1}$	
0	0,165	0.022	7,5
5	0,201	0,065	3,1
8	0,231	0,080	2,6

Es zeigt sich, daß der Schutzfaktor mit zunehmendem Antimongehalt abnimmt, was nicht von vornherein zu erwarten war. Die Tabelle 2 gibt den Einfluß der Aktivmassendicke auf die Korrosionsgeschwindigkeit wieder. Tabelle 3 zeigt den Einfluß der Dichte des eingerüttelten Pb-Staubes, der äquivalent der Aktivmassendichte ist, auf die Korrosion. Es wird ersichtlich, daß mit wachsender Aktivmassendicke und -dichte die Korrosion reduziert wird. Eine mögliche Ursache der Herabsetzung der Korrosionsgeschwindigkeit durch die Aktivmasse wäre im Stromfluß über die Aktivmasse (I_{AM}) zu suchen, der zur Herabsetzung des Stromflusses über den Pb-Stab (I_{Pb}) führt.

ohne Aktivmasse: $I_{gesamt} = I_{Pb}$ (3)

mit Aktivmasse: $I_{gesamt} = I_{Pb} + I_{AM}$ (4)

Tab.2: Schutzfaktor (F_S) als Funktion der AM-Dicke
Legierung: PbSb5,6As0,15

AM-Dicke mm	ν_k $mgcm^{-2}h^{-1}$	F_S
0	0,199	1
2	0,087	2,28
3	0,077	2,58

Tab.3: Schutzfaktor (F_S) als Funktion der Pb-Staubdichte
Legierung: PbSb5,6As0,15

Bleistaub-dichte gcm^{-3}	ν_k $mgcm^{-2}h^{-1}$	F_S
0	0,199	1
1,93	0,087	2,28
2,34	0,082	2,42

Um dies zu prüfen, wurde nichtleitendes α-Al_2O_3 in das Röhrchen eingebracht. Die Ergebnisse zeigt Tabelle 4.
Daraus folgt, daß auch durch elektrisch nichtleitende Massen eine Schutzwirkung erzielt werden kann, die in der Größenordnung der von Aktivmassen liegt.

Tab.4: Schutzfaktor (F_S) in Abhängigkeit von der Massezusammensetzung
Legierung: PbSb5As0,1

Massezusammensetzung AM Vol %	α-Al_2O_3 Vol %	ν_k $mgcm^{-2}h^{-1}$	F_S
0	0	0,223	1,00
0	100	0,157	1,42
50	50	0,138	1,47
100	0	0,152	1,62

4. Diskussion

Die Aktivmassenwirkung soll auf Basis des folgenden allgemeinen Modells der Korrosion /11/ erklärt werden:

Nach einer kurzen Anlaufphase, die durch Flüssigphasenkorrosion gekennzeichnet ist, erfolgt die Korrosion nach einem Festkörpermechanismus. Die Festkörperwanderung von Bleiionen ist aufgrund der gegenüber Sauerstoffionen wesentlich geringeren Wanderungsgeschwindigkeit /12-15/ praktisch vernachlässigbar. Daraus folgt, daß die Korrosion durch die Wanderung von Sauerstoffionen oder in äquivalenter Sicht von Sauerstoffehlstellen durch die dichte Korrosionsschicht bestimmt wird. Die Dicke dieser dichten Schicht (l_{np}) wird durch innere mechanische Spannungen begrenzt, die auf ein höheres Molvolumen des Korrosionsprodukts PbO_2 gegenüber Pb zurückzuführen sind und durch Ultraschallmessungen nachgewiesen wurden /16/. Bei einer kritischen Dicke dieser dichten, also nicht porösen, Korrosionsschicht (l_{np}^{kr}) führen diese Spannungen zum Aufplatzen der Schicht und ein zweiter, poröser Schichtteil (l_p) wird gebildet. Bei weiterer Polarisation bleibt die Schichtdicke l_{np}^{kr} jedoch konstant, da auch die Spannungsverhältnisse konstant bleiben. Der dichte Teil verschiebt sich dann nur relativ zu seiner Ausgangslage in Richtung Legierung /17/, währen des zu einem Anwachsen des porösen Schichtteils kommt. Bei einer kritischen Dicke dieses porösen Teils kommt es zum Abplatzen der Korrosionsschicht von der Probe (s.Abb.3).

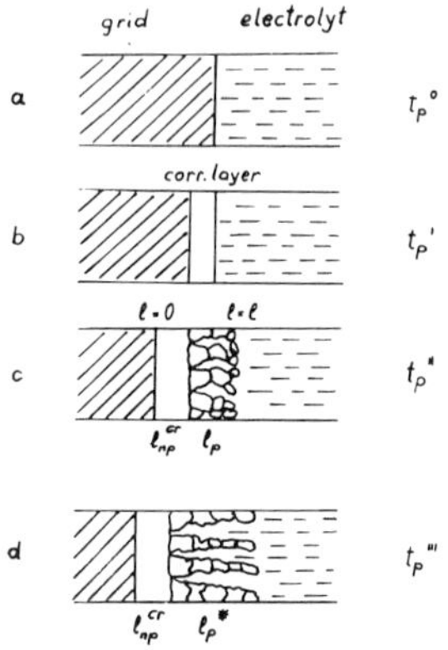

Abb.3: Schematische Darstellung der Sekundärstruktur der Korrosionsschicht zu verschiedenen Polarisationszeiten (ohne Aktivmasse)

Natürlich ist dieses Modell idealisiert, da es in der Korrosionsschicht immer auch Risse, die bis zum Metall gehen, geben wird. Diese werden aber dann relativ schnell mit dem Produkt einer Flüssigphasenkorrosion gefüllt.
Zur Beschreibung des Transports der Sauerstoffspezies durch die dichte Korrosionssschicht (l_{np}) wird eine Transportgleichung angesetzt:

$$j_o = \frac{D \cdot c}{RT} \cdot \frac{d\tilde{\mu}}{dl_{np}} \tag{5}$$

wobei j_0 : Fluß der Sauerstoffspezies
D : Diffusionskoeffizient
c : Konzentration der mobilen Teilchen
$\tilde{\mu}$: elektrochemisches Potential

Bei konstanten experimentellen Bedingungen und wachsender Dicke des dichten Teils der Korrosionsschicht folgt:

$$j_0 = \frac{const}{dl_{np}} \qquad (6)$$

Mit $dl_{np}/dt \sim j_0$ (7)

erhält man

$l_{np}dl_{np} = const.dt$ und (8)

$l_{np} = const.t$ (9)

Und mit

$\Delta m \sim l_{np}$ (10)

folgt

$$\Delta m = const.\sqrt{t} \qquad (11)$$

als Beziehung für die Beschreibung des Gewichtsverlustes (Δ m) in dem ersten Zeitbereich der Korrosion ($0 < t_p < 70...100$), der durch eine anwachsende Korrosionsschichtdicke gekennzeichnet ist.
Wird jedoch die Dicke des dichten Korrosionsschichtteils konstant, d.h. $l_{np} = l_{np}^{kr}$ (s.Abb.3) folgt aus Gleichung 5

$j_0 = const$ (12)

und damit

$$\Delta m = const.t\,. \qquad (13)$$

Diese Beziehung beschreibt den Gewichtsverlust im zweiten Zeitbereich ($t_p > 70...100$). Die Wirkung der Aktivmasse besteht nun darin, daß sie die inneren mechanischen Spannungen partiell kompensieren kann. Das führt zu einem Anwachsen der kritischen Dicke des dichten Korrosionsschichtteils und somit zu einer Reduzierung der Korrosionsgeschwindigkeit. Die Schutzwirkung der Aktivmasse wird sich also mit ihrer Dicke und Dichte erhöhen und kann auch durch Inertsubstanzen wie α-Al_2O_3

simuliert werden. Weiterhin wird der Schutzfaktor um so größer sein, je größer die inneren mechanischen Spannungen werden. Diese sind beim Reinblei am größten, wie SIMON /18/ nachwies. Infolgedessen wird auch der größte Schutzfaktor erhalten.

4. Praktische Betrachtungen

Aus der Schutzwirkung der Aktivmasse folgt, daß die Aktivmasseträger möglichst vollständig mit Aktivmasse umgeben sein sollten. Obwohl das gerade bei der Panzerplatte gewährleistet sein müßte, wird jedoch bedingt durch die Technologie des Röhrchenfüllens am oberen Ende des Röhrchens, d.h. an der Kopfleiste keine bzw. nur eine teilweise Aktivmassenumhüllung der Pb-Seelen beobachtet. Dies kann wirkungsvoll unterbunden werden, wenn man auf eine Naßfültechnologie (z.B. HOPPECKE) zurückgreift. Bei unserer Variante der Technologie wird der Masseträger wie eine Gitterplatte pastiert und erst danach mit einem Polyestertuch armiert. Um einen, der normalen Panzerplatte weitgehend ähnlichen Aufbau zu erhalten, wird durch einen Profilgeber eine elliptische bis kreisförmige Röhrchenform herausgebildet. Diese wird dann durch Nieten, Klammern, Nähen, Schweißen oder nur über den Separatordruck fixiert (s.Abb.4). Dies hat den Vorteil, daß man einen Masseträ-

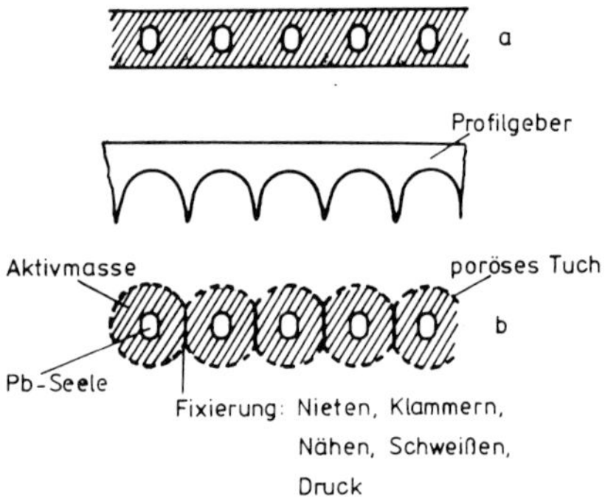

Abb.4: Schematische Darstellung von pastiert-armierten Platten
a - Plattenquerschnitt nach Pastierung
b - Plattenquerschnitt nach Armierung

ger mit geschlossenen Bleirahmen verwenden kann, d.h. auch die Bodenleiste besteht aus Blei und dient dem Stromtransport. Solcherart hergestellte Elektroden weisen aufgrund der reduzierten Korrosion eine hohe Lebensdauer auf (s.Abb.5). Da bei dieser Technologie das sehr umweltschädigende Trockenrütteln eliminiert werden kann, stellt dieses Verfahren auch einen Beitrag zum Umweltschutz dar.

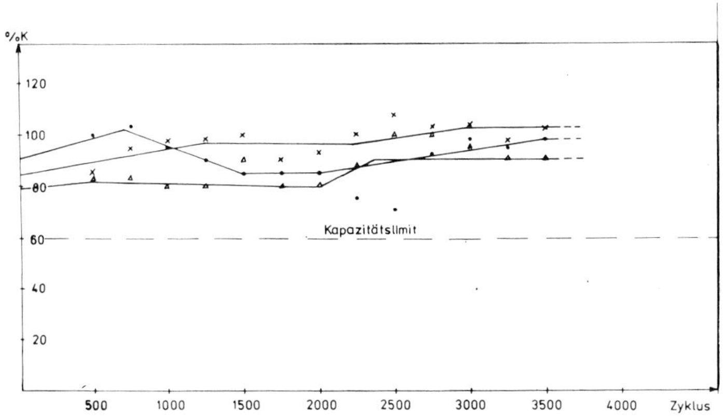

Abb.5: Zyklenlebensdauer von pastiert-armierten Elektroden nach dem Zugbeleuchtungstest (TGL 8066)
Ladung: 1h $I_L \hat{=} 0{,}16 \cdot K_5$ und 2h $I_L \hat{=} 0{,}04 \cdot K_5$
Entladung: 1h $I_E \hat{=} 0{,}20 \cdot K_5$, Prüfung: $I_P = 0{,}20 \cdot K_5$

5. Literatur

/1/ J.J.Lander: J.Electrochem.Soc., 98 (1951), 213, 220

/2/ S.Feliu, L.Galan, J.A.Gonzales: Werkstoffe und Korrosion, 23 (1973), 554

/3/ Anonym: Lead Research Digest, 31 (1973), 16

/4/ S.Feliu, E.Otero, J.A.Gonzales: J.Power Sources, 3 (1978), 145

/5/ A.C.Simon, S.M.Caulder: J.Electrochem.Soc., 121 (1974), 531

/6/ A.G.Cannone, D.O.Feder, R.V.Biagetti: Bell System Techn.J., 49 (1970), 1335

/7/ G.W.Mao, J.G.Larson, P.Rao: J.Electrochem.Soc., 120 (1973), 11

/8/ G.Kaden, B.Beyer: Korrosion, 5 (1974), 18

/9/ T.Rogatchev, G.Papazov, D.Pavlov: Progress in Batteries and Solar Cells, 2 (1979), 145

/10/ G.Papazov, T.Rogatchev, D.Pavlov, J.Garche, K.Wiesener: J.Power Sources, 6 (1981), 15

/11/ J.Garche: Habil.schrift TU Dresden, 1982, 223

/12/ R.Lindner: Arkiv Kemi 4 (1952), 395

/13/ S.J.Bone, M.Fleischmann, W.F.K. Wynne-Jones: Trans.Faraday.Soc., 55 (1959), 1783

/14/ B.A.Thompson, R.L.Strong: J.Phys.Chem., 67 (1963), 594

/15/ A.K.Dasgupta, D.N.Sitharamarao, G.D.Palkar: Nature, 207 (1965), 628

/16/ H.Niepraschk, H.Döring, J.Garche, H.Dietz, K.Wiesener: Vortrag Jahrestagung d.Chem.Ges.d.DDR Binz 1990

/17/ M.Pavlovic-Malkovic, J.Garche, K.Wiesener, I.Doroslovacki: Korrosion, 12 (1981), 263

/18/ A.C.Simon: J.Electrochem.Soc., 114 (1967), 1

Verfahrenstechnik der Hochtemperatur-Brennstoffzellen

K. Ledjeff, T. Rohrbach, G. Schaumberg
Fraunhofer-Institut für Solare Energiesysteme, Freiburg

Zusammenfassung

Hochtemperatur-Brennstoffzellen können zur Verstromung von Wasserstoff und kohlenstoffhaltigen Brenngasen (Kohlegas, Erdgas, Methanol) eingesetzt werden. Es gibt zwei Typen: die bei 650°C arbeitende Karbonatschmelzen-Brennstoffzelle (MCFC) mit einer in einer porösen Keramik fixierten Li_2CO_3/K_2CO_3-Schmelze als Elektrolyt sowie die eine sauerstoffionenleitende ZrO_2-Keramik verwendende Festelektrolyt-Brennstoffzelle (SOFC), die bei 1000-1100°C betrieben wird. Obwohl mit steigender Arbeitstemperatur der ideale thermodynamische Wirkungsgrad der H_2/O_2-Brennstoffzelle abnimmt, können Systemwirkungsgrade von bis zu 60% dadurch erreicht werden, daß die Hochtemperaturabwärme und die Restenthalpie des in der Brennstoffzelle nicht vollständig umgesetzten Brenngases in einem nachgeschalteten Dampf- bzw. Gasturbinenprozeß zur weiteren Elektrizitätserzeugung genutzt wird. Wird bei Verwendung von Brenngasen wie Erdgas die, zur Umwandlung in den für die Zelle umsetzbaren Wasserstoff notwendige, Dampfreformierung in die Zelle hineinverlegt (integrierte oder interne Reformierung), ist eine weitere Erhöhung des Wirkungsgrades um 8% möglich. Bei der MCFC muß wegen der niedrigeren Arbeitstemperatur ein Reformierungskatalysator eingesetzt werden, der eine aufwendigere Gastechnik erfordert. Ein 10 kW-Aggregat mit integrierter Reformierung wird z.Z. in Japan getestet.
Nach einer Einführung wird auf die Thematik der externen und internen Reformierung eingegangen. Das Konzept der internen Reformierung wird thermodynamisch analysiert im Hinblick auf eine Energie- und Stoffbilanz, und die Folgerungen für den Wärme- und Wasserdampfhaushalt der Zelle werden diskutiert.

Summary

High temperature fuel cell systems are suited for the generation of electricity from hydrogen or carbonaceous fuel gases, like coal gas, natural gas, and methanol. There are two types, the molten carbonate fuel cell (MCFC) and the solid oxide fuel cell (SOFC). The MCFC operates at 650°C and the electrolyte consists of a melt of Li_2CO_3 and K_2CO_3 which is fixed in a porous ceramic. The operating temperature of the SOFC is 1000-1100°C and the electrolyte is an oxygen anion conducting ZrO_2 ceramic.
Although the ideal thermodynamic efficiency of a H_2/O_2 fuel cell decreases with increasing temperature, the electrical efficiency can be increased up to 60% by using the waste heat in an additional steam turbine and the rest enthalpy of the fuel gas in a gas turbine, respectively. In case of fuel conversion to hydrogen inside the fuel cell (integrated or internal reforming), the over-all efficiency shows an increment of 8 percent. The reforming

reaction in the MCFC needs a catalyst and therefore the cell design is more complicated. A 10 kW MCFC stack with integrated reforming is being tested in Japan.
After a short introduction several aspects of external and internal reforming are treated. The main subject of the paper deals with the internal reforming concept. A thermodynamic analysis is carried out and the results concerning the heat balance and the water vapour balance are discussed.

Resumé

Les piles à combustibles à haute température sont capables de produire de l'électricité non seulement à partir de l'hydrogène mais aussi à partir d'autres gaz contenant du charbon (gaz naturel, alcool méthylique). Elles sont de deux types: l'un, la pile à combustibles à carbonate fondu (MCFC), fonctionnant à 650°C et utilisant un carbonate fondu de Li et de K comme électrolyte, et l'autre, la pile à combustibles à oxyde solide (SOFC), utilisant une céramique de ZrO_2 qui conduit des ions d'oxygène à 1000-1100°C.
Bien que le rendement électrique de la pile diminue lorsque la température augmente, un tel système avec une turbine à gaz ou à vapeur qui profite de la chaleur exédentaire à température élevée et de l'enthalpie du gaz non utilisé peut atteindre un rendement de 60%. Dans le but d'améliorer le rendement d'un système convertissant du gaz naturel, on est amené à intégrer la conversion de méthane en hydrogène dans la pile à combustibles (transformation de méthane intégrée ou interne). Le problème de la MCFC est que la température est plus basse par rapport à la SOFC ce qui demande l'utilisation d'un catalyseur et une géstion très fine des échanges de gaz. Un agrégat de 10 KW avec transformation integrée est testé au Japon.
Après l'introduction, la transformation du méthane interne et externe est discutée. Un bilan d'énergie et de masse est analysé pour la transformation du méthane interne et les conséquences concernant la géstion de la chaleur et de la vapeur d'eau sont discutées.

1. Einleitung

Unter der Bezeichnung "Hochtemperatur-Brennstoffzellen" (HTBZ) werden zwei Brennstoffzellentypen, die Karbonatschmelzen-Brennstoffzelle (Molten Carbonate Fuel Cell, MCFC) sowie die Festelektrolyt-Brennstoffzelle (Solid Oxide Fuel Cell, SOFC) zusammengefaßt. Durch die hohen Betriebstemperaturen (600-700°C bei der MCFC, 1000-1100°C bei der SOFC) ergeben sich gegenüber Niedertemperatur-Brennstoffzellen mehrere spezifische Vorteile:

- kohlenstoffhaltige Brenngase (z.B. Erdgas) können eingesetzt werden,
- der Brennstoffzelle kann ein Turbinenprozeß nachgeschaltet werden, wodurch sehr hohe Wirkungsgrade erreichbar sind,
- es sind keine Edelmetallkatalysatoren für die Elektroden erforderlich.

Der elektrische Wirkungsgrad von Hochtemperatur-Brennstoffzellensystemen kann bis zu 68% (SOFC mit interner Methanreformierung und Dampfturbine) erreichen /1/. Mit der Realisierung von 25 kW-Zellstapeln liegen die mit der MCFC bisher erreichten Leistungen um rund eine Größenordnung höher als bei der SOFC (bisher 3 kW). Derzeit werden in den USA und in Japan MCFC-Einheiten mit 100 kW Leistung aufgebaut und SOFC-Systeme mit 25 kW. Für beide Brennstoffzellentypen gibt es noch eine Reihe von Materialproblemen zu lösen, um die für einen wirtschaftlichen Einsatz notwendige Lebensdauer zu erreichen.

2. Zellenaufbau und -funktion

Das langjährig bewährte Konstruktionsprinzip der MCFC beruht auf der Verwendung planarer Elektroden. Bei der SOFC gibt es im wesentlichen drei verschiedene Konstruktionsprinzipien: röhrenförmige, monolithische und planare Zellen, wobei mit Systemen in Röhrenbauweise bereits Leistungen im kW-Bereich erzielt wurden. SOFC-Zellen in planarer Bauweise befinden sich erst seit wenigen Jahren in der Entwicklung.

In Abbildung 1 ist das Aufbauprinzip planarer Zellstapel gezeigt. Jedes Einzelzellenelement besteht aus der Anode, an der die Umsetzung des Brenngases erfolgt, dem Elektrolyten sowie der Kathode, der das Oxidationsmittel (Luft) zugeführt wird. Die sich anschließende bipolare Platte übernimmt die Aufgabe der Gasverteilung und der seriellen Verschaltung aufeinanderfolgender Einzelzellen.

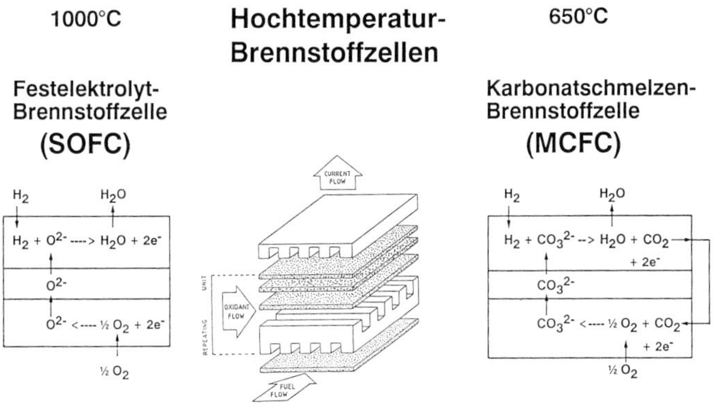

Abbildung 1: Konstruktiver Aufbau von planaren MCFC- und SOFC-Zellstapeln

Bei der MCFC wird als Elektrolyt eine eutektische Schmelze aus Lithium- und Kaliumkarbonat verwendet, die in einer porösen Keramikmatrix fixiert ist. Ladungsträger sind die CO_3^{2-}-Ionen, die von der Kathode zur Anode wandern und dort mit den bei der H_2-Oxidation gebildeten Protonen zu Wasserdampf und CO_2 reagieren. Das CO_2 wird an die Kathode zurückgeführt und bildet mit dem reduziertem Sauerstoff wiederum CO_3^{2-}-Ionen. Als Anode und Kathode werden poröse Gasdiffusionselektroden aus NiCr-Legierung bzw. Lithium-dotierten Nickeloxid eingesetzt.

In der SOFC-Zelle wird eine Yttrium-dotierte Zirkondioxid-Keramik als Elektrolyt verwendet. Der Ladungstransport erfolgt durch Oxid (O^{2-})-Ionen, die durch kathodische Sauerstoffreduktion gebildet werden und sich mit den bei der Wasserstoffoxidation gebildeten Protonen zu Wasser vereinigen. Als Kathodenmaterial werden üblicherweise dotierte Lanthan-Perowskite wechselnder Zusammensetzung verwendet; die Anode ist ein poröser Verbundwerkstoff (Cermet) aus Nickel und dem Elektrolytmaterial.

3. Verfahrenstechnik von Systemen

Der schematische Aufbau einer Hochtemperatur-Brennstoffzellen-Anlage ist in Abbildung 2 gezeigt. Die Anlage läßt sich in vier Hauptkomponenten aufgliedern: a) die Gasaufbereitung (Gasreinigung, Reformierung), b) die Brennstoffzellen-Module, c) die Netzanpassung (Wechselrichter) und d) die Abgas- und Abwärmenutzung (Dampf- und Gasturbine, Heizwärme).

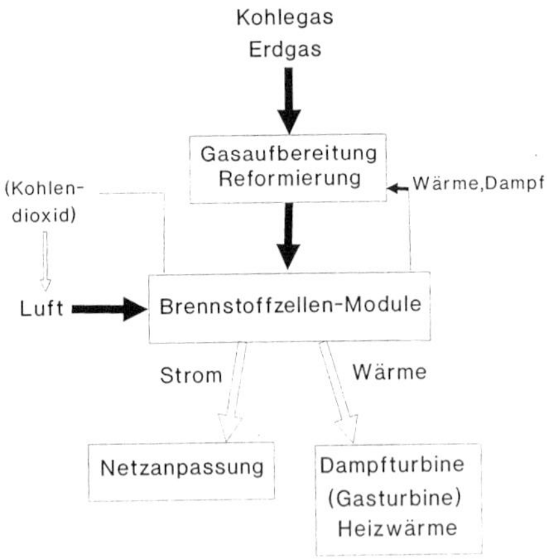

Abbildung 2: Schema einer Hochtemperatur-Brennstoffzellen-Anlage

Der verfahrenstechnische Aufwand für die Brenngasaufbereitung ist beim Einsatz eines externen Reformers, wie er auch bei phosphorsauren Brennstoffzellen eingesetzt wird, relativ hoch und mit Wirkungsgradeinbußen verbunden. Das System vereinfacht sich erheblich bei integrierter bzw. interner Reformierung (siehe nächster Abschnitt).

Zusätzlichen Aufwand erfordert bei der MCFC die Rückführung des anodenseitig gebildeten CO_2 an die Kathode. Ein gängiges Verfahren stellt hier die katalytische Nachverbrennung des Anodenrestgases mit anschließendem Auswaschen des Kohlendioxids und dessen Rückführung an die Kathode /2/ dar. Bei externer Reformierung kann die CO_2-Wäsche auch ohne vorherige katalytische Verbrennung erfolgen; in diesem Fall wird der abgetrennte Wasserstoff zur Beheizung des Reformers verwendet /1/.

Wichtig ist weiterhin die Entfernung von H_2S-Anteilen aus dem Brenngas. Hier gibt es ebenfalls mehrere mögliche Verfahren, wobei an dieser Stelle nur die Chemisorption des H_2S an Metalloxiden bei hoher Temperatur mit anschließender Regeneration der gebildeten Metallsulfide durch Luft /3/ erwähnt werden soll.

Die Auslegung des Abwärmenutzungsteils ist von den jeweiligen Bedingungen, unter denen ein Hochtemperatur-Brennstoffzellen-Kraftwerk betrieben wird, abhängig, da es für die auf hohem Temperaturniveau anfallende Abwärme verschiedene Nutzungsmöglichkeiten gibt (Stromerzeugung mit Gas- und Dampfturbinen, Auskopplung von Hochtemperaturwärme als Prozeßwärme, Nutzung der Niedertemperaturwärme für Raumheizung).

An dieser Stelle muß angemerkt werden, daß alle bisher für Hochtemperatur-Brennstoffzellensysteme entwickelten verfahrenstechnischen Konzepte in der Praxis noch nicht getestet werden konnten, da die dazu erforderlichen Brennstoffzellen noch nicht in den entsprechenden Dimensionen gebaut werden können. Bei der Auslegung von Anlagen werden in der Regel sehr positive Annahmen (z.B. Leistungsdaten) zugrundegelegt, die meist nicht dem derzeitigen, realen Stand der Forschung entsprechen. Dies trifft insbesondere für die SOFC zu, bei der noch viele prinzipielle Fragen offen sind, aber auch für die MCFC, die zwar technologisch weiterentwickelt ist, aber wiederum nicht soweit, daß gesicherte Daten über das Langzeitbetriebsverhalten vorliegen /4/.

4. Hochtemperatur-Brennstoffzellen mit Reformierung

Die Fähigkeit der Hochtemperatur-Brennstoffzellen, kohlenstoffhaltige (fossile oder regenerative) Brenngase umzusetzen, eröffnet sich diesen Energiewandlern ein breites Anwendungsfeld in der Stromerzeugung, vor allem in dezentralen Systemen. Der hohe Wirkungsgrad macht die HTBZ für einen Einsatz in erdgasversorgten Blockheizkraftwerken mit Fernwärmeverbundnetz interessant. Auch eine Versorgung der Brennstoffzellen mit Deponie- oder Biogas wäre, nach entsprechender Gasreinigung, denkbar.

Methan als Hauptkomponente von Erd- und Biogas ist wie andere gasförmige Kohlenwasserstoffe an der Brennstoffzellenanode elektrochemisch nicht oxidierbar, sondern muß zuvor durch eine Dampfreformierung in Wasserstoff überführt werden. Die Reformierung ist endotherm und wird unter Wärme- und Dampfzufuhr aufrechterhalten. Die Ankopplung der Reformierungsstufe an Hochtemperatur-Brennstoffzellen kann nach unterschiedlichen verfahrenstechnischen Konzepten erfolgen.

4.1 Reformierungskonzepte

Beim Einsatz von Erdgas bzw. Methan als Brenngas gibt es im wesentlichen drei Konzepte für die Reformierung /5/:

- externe Reformierung
- integrierte Reformierung
- interne Reformierung.

4.1.1 Externe Reformierung

Bei externer Reformierung ist der Reformer Bestandteil der Brenngasaufbereitung. Ein technischer Reformer, wie er in der Petrochemie für die Wasserstoffherstellung aus Erdgas eingesetzt wird, besteht im einfachsten Fall aus einem Bündel parallel geschalteter Rohre, die Katalysatoren auf Nickel- oder Edelmetallbasis enthalten /6/. Dieses Rohrbündel wird in einem Druckbehälter angebracht und mit einem Flammenbrenner von außen beheizt. Zur Erzielung hoher Umsätze und zur Vermeidung einer Abscheidung von Kohlenstoff muß dem (gereinigten) Erdgas Wasserdampf im Überschuß zugemischt werden. In Brennstoffzellen-Systemen ist es von Vorteil, das an der Anode nicht vollständig umgesetzte Brenngas zur Beheizung des Reformers zu verwenden. Typische Probleme, die bei Rohrreformern auftreten, sind:

a) uneinheitliche thermische Bedingungen längs der Reformerrohre, die selbst im stationären Betrieb zu Temperaturgradienten führen,

b) die Empfindlichkeit gegenüber Temperaturzyklen, die sich besonders auf die Lebensdauer des Reformierungskatalysators negativ auswirkt

c) die geringe Dynamik des Reformers in Kombination mit einem Brennstoffzellenaggregat. Während die Brennstoffzelle ein sehr gutes Lastwechselverhalten auszeichnet, braucht der Reformer einige Zeit, bis sich wieder stationäre Bedingungen eingestellt haben. Simulationsrechnungen für ein phosphorsaures Brennstoffzellen-Aggregat mit externer Reformierung ergaben, daß bei einem plötzlichen Lastabfall mit 1 MW pro Sekunde noch einige Sekunden lang reformiertes Gas an die Anode geliefert wird, wodurch sich kritische

Druckdifferenzen zwischen Anode und Kathode aufbauen können /8/.

Konstruktiv aufwendiger sind sog. Plattenreformer, in denen die Reformierreaktion durch katalytische Verbrennung von Wasserstoff thermisch aufrechterhalten wird /7/. Sie bieten gegenüber dem Rohrreformer den Vorteil der besseren thermischen Kopplung von Verbrennung und Reformierung. Auch ist ihr Platzbedarf deutlich geringer.

Für erdgasbetriebene Hochtemperatur-Brennstoffzellensysteme der 50 MW-Klasse mit externer Reformierung sind Wirkungsgrade von etwa 56% (MCFC) bzw. 60% (SOFC) zu erwarten /1/.

4.1.2 Integrierte Reformierung

Bei diesem auch als indirekte interne Reformierung bezeichneten Verfahren /9/ werden mehrere Plattenreformerzellen in einen Brennstoffzellen-Stapel derart integriert, daß jeweils etwa 5 Brennstoffzellen mit einer Reformerzelle alternieren. Der Reformerzelle wird das wasserdampfhaltige Brenngas zugeführt, am Katalysator umgesetzt und dann in die anodenseitigen Gaskanäle der benachbarten Zellen geleitet. Die Reformierungszelle übernimmt so eine zusätzliche Funktion als Kühlelement.

Die Nachteil dieses Verfahrens im Vergleich zur internen Reformierung liegen darin, daß eine gute Wärmeübertragung nur zwischen der Reformierungszelle und den jeweiligen benachbarten Brennstoffzellen möglich ist. Auch muß zum Erreichen hoher Umsatzgrade Wasserdampf im Überschuß eingesetzt werden. Das Prinzip der integrierten Reformierung ist in Abbildung 3a dargestellt. Vorteilhaft an diesem Konzept ist, daß Reformerzellen und Brennstoffzellen separate Komponenten darstellen, die räumlich getrennt sind und sich dadurch kaum gegenseitig beeinflussen.

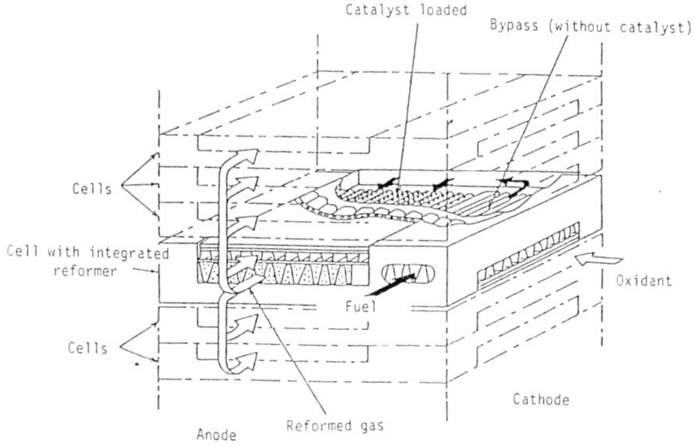

Abbildung 3a: MCFC-Zellstapel mit integrierter Reformierung (aus /10)

4.1.3 Interne Reformierung

Bei interner Reformierung (Abbildung 3b) wird das Brenngas im Anodenraum jedes einzelnen Brennstoffzellenelements reformiert. Diese räumliche Verknüpfung der endothermen Reformierreaktion mit der exothermen Brennstoffzellenreaktion ermöglicht eine wesentlich bessere thermische Kopplung beider Prozesse als bei externer oder integrierter Reformierung. Außerdem bewirkt der Wasserstoffverbrauch durch die Anode eine Verschiebung des Reformierungsgleichgewichts auf die Produktseite. Der an der Anode gebildete Wasserdampf kann zur Reformierung herangezogen werden, wodurch sich die Dampfeinspeisung reduziert.

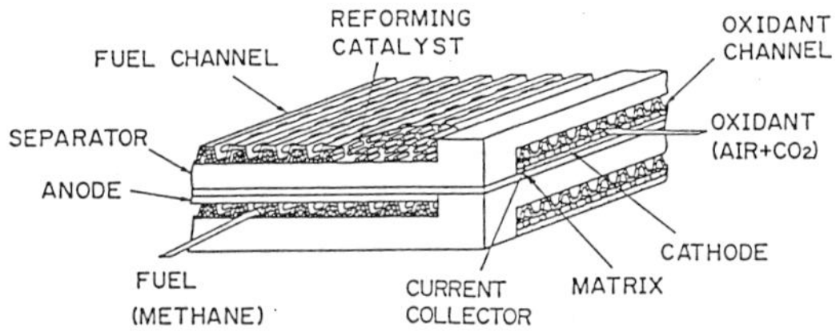

Abbildung 3b: MCFC-Zellstapel mit interner Reformierung (aus /11/)

Die Reformierung wird bei der SOFC durch das in der Anode enthaltene Nickel katalysiert, während bei der MCFC aufgrund der niedrigeren Betriebstemperatur ein zusätzlicher Reformierungskatalysator erforderlich ist. Dieser Katalysator ist eine mit Nickel beschichtete Oxidkeramik und kann in Form einer Schüttung aus gröberen Partikeln im anodenseitigen Gaskanal eingesetzt werden. Der Wirkungsgrad einer Hochtemperatur-Brennstoffzellen-Anlage steigt durch interne Reformierung erheblich an, weil der Wasserdampf für die Reformierung nicht wie bei den anderen Verfahren aufgeheizt werden muß, sondern bereits auf dem Temperaturniveau der Brennstoffzelle anfällt. Bei der MCFC sind 64%, bei der SOFC sogar 68% Wirkungsgrad erreichbar /1/. Bisher wurde mit diesem Konzept ein 3 kW-MCFC-Aggregat realisiert /9/.

4.2 Thermodynamik der internen Reformierung

4.2.1 Wärmebilanz

Für die Aufrechterhaltung des Zellbetriebs einer Hochtemperatur-Brennstoffzelle mit interner Reformierung muß der Wärmebedarf der Reformierreaktion durch die Abwärme der Brennstoffzelle gedeckt sein. Im folgenden sollen die Verhältnisse für die MCFC und für die SOFC auf der Basis von thermodynamischen Daten genauer betrachtet werden.

4.2.1.1 Abwärme der Brennstoffzelle

Für die Brennstoffzellen-Gesamtreaktion

$H_2 + ½ O_2$ <====> H_2O // $\Delta H_{R,650°C}$ = -247.9 kJ/mol $\Delta H_{R,1000°C}$ = -250.1 kJ/mol
$\Delta G_{R,650°C}$ = -197.6 kJ/mol $\Delta G_{R,1000°C}$ = -178.1 kJ/mol /12/

führt die negative Reaktionsentropie ΔS_R dazu, daß die maximal gewinnbare elektrische Arbeit ΔG_R mit steigender Temperatur geringer wird. Dies schlägt sich im temperaturabhängigen Verlauf der Gleichgewichtszellspannung U_0 [V] sowie des reversiblen thermodynamischen Wirkungsgrades $\eta_{id} = \Delta G_R / \Delta H_R$ nieder (siehe Abbildung 4).

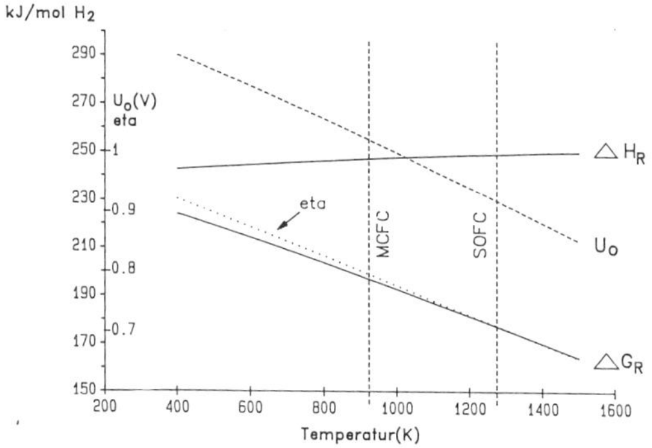

Abbildung 4: Temperaturabhängigkeit von Δ G, Δ H, der Zellruhespannung U_0 und des reversiblen thermodynamischen Wirkungsgrades η_{id} der H_2/O_2-Brennstoffzellenreaktion

η_{id} entspricht auch dem Quotienten aus Gleichgewichtszellspannung U_0 und thermoneutraler Spannung U_{th} [V] (das ist die Spannung, die sich einstellen würde, wenn die gesamte Reaktionsenthalpie als Arbeit nutzbar wäre):

$$\eta_{id} = \frac{U_0}{U_{th}} \qquad (1)$$

Die Abwärme, die von der Brennstoffzelle unter Last geliefert wird, läßt sich aufteilen in einen reversiblen Anteil Q_{rev} [Wh], und einen irreversiblen Anteil Q_{irrev}. [Wh]. Die reversible Wärme Q_{rev} entspricht dem nicht in elektrische Energie umwandelbaren Teil der Reaktionsenthalpie und ist linear proportional zur umgesetzten H_2-Menge n_{H2} [mol]:

$$Q_{rev} = n_{H2} \cdot T \Delta S_R = (U_{th} - U_0) \cdot I \cdot t \qquad (2)$$

mit I = Stromstärke [A]

Aus (1) und (2) ergibt sich

$$Q_{rev} = \frac{1-\eta_{id}}{\eta_{id}} U_0 \cdot I \cdot t \qquad (3)$$

d.h., Q_{rev} korreliert direkt mit der von der Brennstoffzelle gelieferten Strommenge. Die reversible Wärmestromdichte $\dot{q}_{rev}$ [W/cm²] ergibt sich dann zu

$$\dot{q}_{rev} = \frac{1-\eta_{id}}{\eta_{id}} U_0 \cdot i \qquad (4)$$

mit i = Stromdichte [A/cm²]

Umgesetzt wird die Wärme an den Reaktionsflächen der Dreiphasengrenzen, wobei mehr Wärme kathodenseitig produziert als anodenseitig verbraucht wird.

Die beim Stromfluß zusätzlich auftretenden Wärmen Q_{irrev} sind bedingt durch die Irreversibilität der Brennstoffzellenprozesse, hauptsächlich durch den ohmschen Widerstand des Elektrolyten und die Elektrodenpolarisation. Die Verluste nehmen mit der Stromdichte zu und wirken sich im Potentialabfall aus. Eine theoretische Erfassung der irreversiblen Verlustwärmen ist problematisch, sinnvoller ihre Ermittlung aus elektrochemischen Messungen. Die Summe der Verlustwärmen kann am einfachsten aus der Strom-Spannungs-Charakteristik der Zelle entnommen werden, die für nicht zu hohe Stromdichten in erster Näherung durch eine Geradengleichung angenähert werden kann:

$$U = U_0 - k \cdot i \qquad (5)$$

mit U_0 = Ruhespannung, U = Zellspannung bei der Stromdichte i, k = Steigung der (linearisierten) Strom-Spannungs-Kurve

Daraus ergibt sich die irreversible Wärmestromdichte q_{irrev} [W/cm²] über

$$\dot{q}_{irrev} = k \cdot i^2 = (U_0 - U) \qquad (6)$$

Die Gesamtwärmestromdichte $\dot{q}_{BZ}$ [W/cm²] ergibt sich aus Gl. (4) und (6) zu

$$\dot{q}_{BZ} = \dot{q}_{rev} + \dot{q}_{irrev} = (U_{th} - U)\ i \qquad (7)$$

4.2.1.2 Wärmeverbrauch durch die Reformierung

Die Reformierung von Methan gemäß den Reaktionsgleichungen

$$CH_4 + H_2O <====> CO + 3\,H_2 \quad // \ \Delta H_{R,650°C} = 225.4\ kJ/mol \qquad (8)$$

$$CO + H_2O <====> CO_2 + H_2 \quad // \ \Delta H_{R,650°C} = -35.1\ kJ/mol \qquad (9)$$

==

$$CH_4 + 2\,H_2O <====> CO_2 + 4\,H_2 \quad // \ \Delta H_{Ref,650°C} = 190.3\ kJ/mol \qquad (10)$$ /12/

Der Gleichgewichtsumsatz ist abhängig vom Druck, der Temperatur und dem Eintragsverhältnis von Wasserdampf zu Methan (steam-to-carbon ratio bzw. S/C-Verhältnis). In Abbildung 5 ist die Gaszusammensetzung im Gleichgewicht für S/C = 2 und p_{ges} = 1 bar als Funktion der Temperatur dargestellt

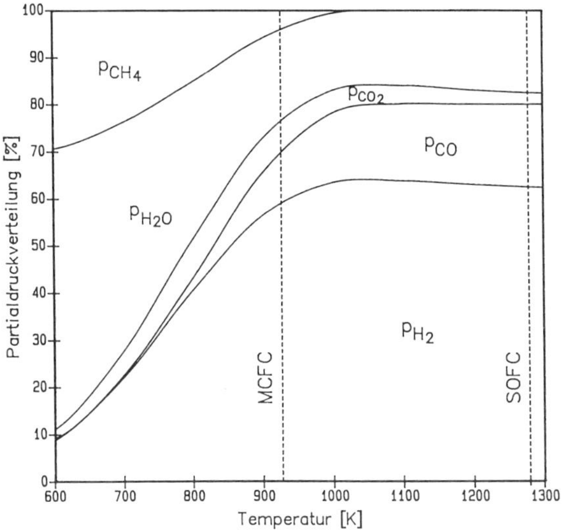

Abbildung 5: Gleichgewichts-Gaszusammensetzung bei der Reformierung von Methan mit Wasserdampf (S/C = 2)

Man sieht, daß bei der Betriebstemperatur der MCFC noch ein Restgehalt von 5% Methan vorhanden ist, wobei unter SOFC-Bedingungen der Methanumsatz praktisch vollständig ist. Der Umsatzgrad bei 650°C ließe sich zwar durch eine Erhöhung der Wasserdampfeingangskonzentration noch steigern, da jedoch maximal 2 Mol Wasserdampf auf 1 Mol Methan umgesetzt werden können, fiele der darüber hinaus zugeführte Dampf als Inertgas an, was bewirkt, daß die Partialdrücke aller Komponenten im Verhältnis zur wachsenden Gesamtmenge kleiner werden.

4.2.1.3 Wärmebilanz

Bei interner Reformierung werden Brennstoffzellenreaktion und Reformierungsreaktion thermisch miteinander gekoppelt. Zur Deckung des Wärmebedarfs der Reformierung steht maximal die von der Brennstoffzelle gelieferte Summe der reversiblen und irreversiblen Wärmen zur Verfügung. Unter der Voraussetzung, daß genausoviel Wasserstoff durch Reformierung erzeugt wird, wie elektrochemisch umgesetzt wird, gibt es einen Arbeitspunkt, bei dem (adiabatische Isolierung vorausgesetzt) gerade soviel Wärme durch die Brennstoffzelle freigesetzt wird, wie durch die Reformierung verbraucht wird und das System sich weder aufheizt noch abkühlt. Dieser Arbeitspunkt läßt sich formal durch eine Betriebsspannung U_B ausdrücken, wenn man der aufzubringenden Reformierungsenthalpie ΔH_{Ref} eine hypothetische Spannung U_{Ref} zuordnet, die sich für die Bildung von 1 Mol H_2 nach Gl. (10) (pro Mol CH_4 4 Mol H_2) ergibt zu

$$U_{Ref} = \frac{\Delta H_{Ref}}{4\ z\ F} \qquad (11)$$

Für den Fall, daß der gesamte Wasserstoff in der Brennstoffzelle umgesetzt wird, ergibt sich die Betriebsspannung U_B als Differenz aus der thermoneutralen Spannung und U_{Ref}. Bei 650°C ist

$$U_B = U_{th} - U_{Ref} = 1.28\ V - 0.24\ V = 1.04\ V \qquad /5/$$

U_B liegt hier über der Gleichgewichtszellspannung U_0, was bedeutet, daß die Reformierungsenthalpie bereits durch die reversible Wärme im Betrieb gedeckt werden kann und die Zelle Überschußwärme produziert. Im realen Fall kann jedoch nicht der gesamte bei der Reformierung erzeugte Wasserstoff in der Brennstoffzelle umgesetzt werden, da zur Erzielung günstiger Stromdichten nur bis zu Restkonzentrationen von 15-20% umgesetzt wird. Die Reformierungsreaktion liefert dann auch diesen Anteil, d.h. es muß mehr Wasserstoff erzeugt werden, als elektrochemisch oxidiert wird. Dadurch erhöht sich die benötigte Wärmeleistung für die Reformierung, die bereitsgestellt werden muß.

Das Vorhandensein von nicht umgesetztem Wasserstoff sowie von in der Brennstoffzelle gebildetem Wasserdampf (und Kohlendioxid bei der MCFC) bestimmen die Gleichgewichtslage infolge der veränderten Massenbilanzierung. Die verbrauchte H_2-Menge wird durch den Brennstoffausnutzungsgrad beschrieben. Er definiert das Verhältnis von verbrauchtem zu zugeführtem Brennstoff. Für die folgenden Betrachtungen soll er als verbrauchte Menge an Wasserstoff (n_{H2}) im Verhältnis zur maximalen, aus dem zugeführten Methan produzierbaren Menge Wasserstoff verstanden werden (maximal 4 mol H_2 pro Mol CH_4):

$$\text{Wasserstoffausnutzungsgrad} = 100 \cdot n_{H2}/4\, n_{CH4}\ [\%] \qquad (12)$$

Für eine Bilanzierung des Wärmehaushalts der Brennstoffzelle mit interner Reformierung spielt der Wasserstoffausnutzungsgrad eine wesentliche Rolle. Betrachtet man das Gesamtsystem (Brennstoffzelle + Reformierung) als adiabatisch isoliert, so gibt es einen Arbeitspunkt, an dem die Wärmeproduktion durch die Brennstoffzelle gleich dem Wärmeverbrauch durch die Reformierreaktion ist. Sinkt der Gasausnutzungsgrad, kühlt sich die Zelle ab, bei höherem Gasausnutzungsgrad erwärmt sie sich. Ist die Strom-Spannungs-Charakteristik der Zelle bekannt, so läßt sich für einen vorgegebenen Methan-Eingangsvolumenstrom der Mindestgasausnutzungsgrad, der zur Aufrechterhaltung der Zelltemperatur notwendig ist, bestimmen. Diese Verhältnisse sind für eine MCFC bzw. SOFC mit interner Reformierung, jeweils für 5 bar Systemdruck, in den Abbildungen 6 und 7 dargestellt. Aufgetragen ist auf der y-Achse die pro cm^2 durch die Reformierung verbrauchte bzw. durch die Brennstoffzelle produzierte Wärmemenge, auf der x-Achse die prozentuale Ausnutzung des Wasserstoffs, der durch die Reformierung von 1 mmol/cm^2 h Methan (S/C = 2) gebildet wird.

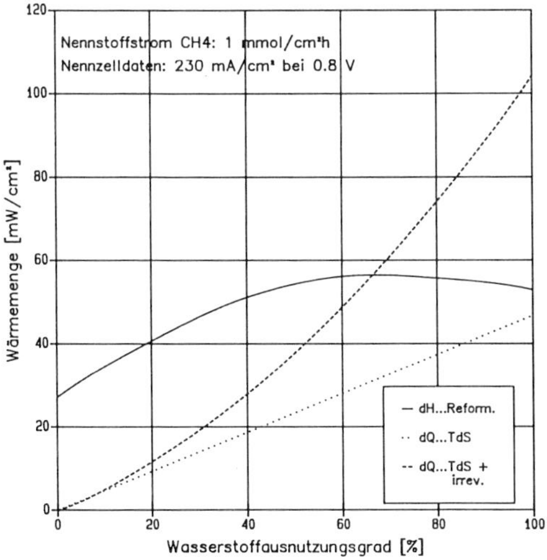

Abbildung 6: Wärmebilanz einer MCFC-Zelle mit interner Reformierung bei unterschiedlichen H_2-Gasausnutzungsgraden (Gesamtdruck 5 bar)

Der Wärmeverbrauch (durchgezogene Linie) wurde aus dem sich infolge des Entzugs von H_2 und der Bildung von H_2O (bei der MCFC H_2O und CO_2) neu einstellenden Reformierungsgleichgewicht berechnet. Die gestrichelte Linie entspricht der in der Brennstoffzelle entstehenden Wärme, die punktierte Linie dem reversiblen Anteil dieser Wärme. Die Berechnung der irreversiblen Wärme erfolgte auf Basis der auf den Diagrammen angegebenen Zelldaten und der Annahme einer linearen Strom-Spannungs-Charakteristik.

Der oben eingeführte Mindestgasausnutzungsgrad ergibt sich aus dem Schnittpunkt der Wärmebedarfs- mit der Wärmeverbrauchskurve. Beispielsweise muß eine bei 5 bar betriebene MCFC mit interner Reformierung mit mindestens 66%iger Brenngasausnutzung betrieben werden (erreichbar sind nach dem derzeitigen Stand der Technik bis zu 80%). Der Gasausnutzungsgrad einer bei 5 bar betriebenen SOFC darf, um die interne Reformierung aufrechtzuerhalten, 80% nicht unterschreiten. Bei einer Reduktion bzw. Wegnahme der Last muß die Methanzufuhr den jeweiligen Verhältnissen angeglichen werden, um eine Abkühlung der Zelle bzw. des Zellstapels zu vermeiden.

Nicht berücksichtigt wurde in diesen Betrachtungen bisher, daß beim Betrieb großflächiger Zelleinheiten größere Temperaturgradienten über die Zellfläche hinweg auftreten. So ist der Wärmebedarf der Reformierung im

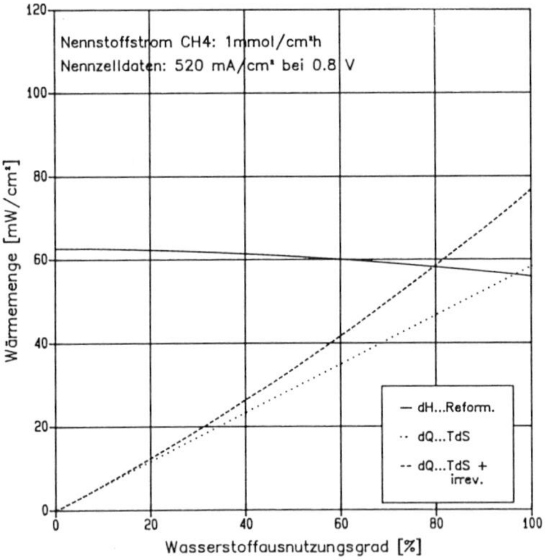

Abbildung 7: Wärmebilanz einer SOFC-Zelle mit interner Reformierung bei unterschiedlichen H_2-Gasausnutzungsgraden (Gesamtdruck 5 bar)

Einströmbereich des Methans am höchsten, andererseits ist noch keine für die Brennstoffzelle nutzbare Wasserstoffkonzentration vorhanden. Eine starke Abkühlung ist daher in diesem Bereich zu erwarten, die zudem mit dem Risiko einer Aufkohlung der Zellbauteile einhergeht (siehe nächster Abschnitt). Um solchen Effekten von vornherein gezielt entgegenwirken zu können (z.B. durch eine über die Gaskanallauflänge variierende Katalysatordichte), ist eine genauere Modellierung der Vorgänge in Zellen und Zellstapeln erforderlich.

4.2.2 Kohlenstoffabscheidung

Die Abscheidung von Kohlenstoff kann bei einer zu niedrigen Wasserdampfkonzentration durch Crackung des Methans erfolgen:

$$CH_4 <=====> C + 2\,H_2$$

Die Crackreaktion wird durch Nickel katalysiert, das im Reformierungskatalysator wie auch in der Anode und in der bipolaren Platte enthalten ist. Eine Aufkohlung beispielsweise des Reformierungskatalysators kann zu einer irreversiblen Desaktivierung führen. Es ist daher notwendig, daß in keinem Bereich der Anode Bedingungen auftreten, die eine Aufkohlung zur Folge hätten, d.h. die Parameter Temperatur, Druck und S/C-Verhältnis müssen außerhalb des kritischen Bereichs liegen. Ein besonderer Vorteil der internen Reformierung liegt gerade darin, daß der Produktwasserdampf der Brennstoffzellenreaktion für die Methanreformierung nutzbar ist und der extern eingestellte Methanbefeuchtungsgrad daher reduziert, im Idealfall gegen Null gehen kann.

Für die Vermeidung einer Kohlenstoffabscheidung im Einströmbereich ist zunächst die Kenntnis des kritischen S/C-Verhältnisses wichtig, d.h. die erforderliche Mindestwasserdampfkonzentration im Edukt. Die Grenzkurven der Kohlenstoffabscheidung wurden für Drücke zwischen 1 und 10 bar und den Temperaturbereich von 600 - 1400 K berechnet und sind in Abbildung 8 wiedergegeben. Unterhalb der Abscheidungslinien findet Aufkohlung, oberhalb Entkohlung statt. Die für 1 bar und 10 bar jeweiligen kritischen S/C_k-Verhältnisse ergeben sich damit zu

MCFC: $S/C_k = 1.34$ bei 1 bar; $S/C_k = 1$ bei 10 bar

SOFC: $S/C_k = 0.99$ bei 1 bar; $S/C_k = 0.92$ bei 10 bar

Die thermodynamischen Kohlenstoffabscheidungsgrenzen im Dreikomponentensystem C/H/O lassen sich für vorgegebenen Druck und Temperatur auch in einem ternären Diagramm darstellen. In den Abbildungen 9 und 10 sind die ternären Diagramme für die MCFC (650°C) und die SOFC (1000°C) dargestellt. Im Diagramm lassen sich alle denkbaren Mischungsverhältnisse der 3 Komponenten H, C und O wiederfinden. An den Eckpunkten liegen die einzelnen Komponenten jeweils zu 100% vor. An den Begrenzungslinien dazwischen liegen die Mischungen der binären Systeme jeweils zweier Komponenten ineinander (z.B. CO_2 = 66.7% O + 33.3% C). Geht man von der H-O-Mischungslinie zu immer größeren C-Anteilen, so überschreitet man an einem Punkt die

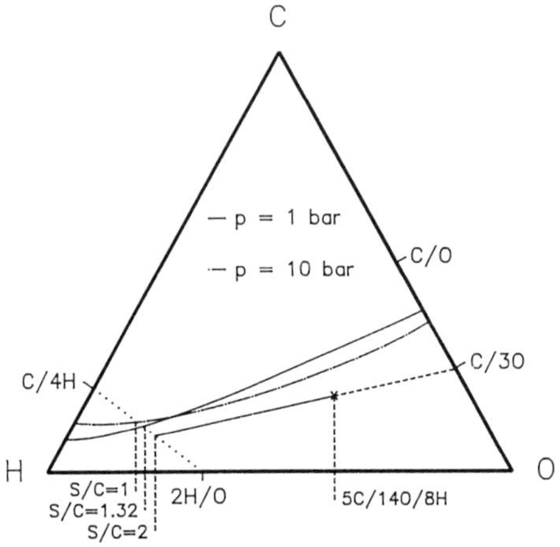

Abbildung 9: Kohlenstoffabscheidungslinien im CHO-Diagramm bei 650°C und 1 bar bzw. 10 bar Gesamtdruck

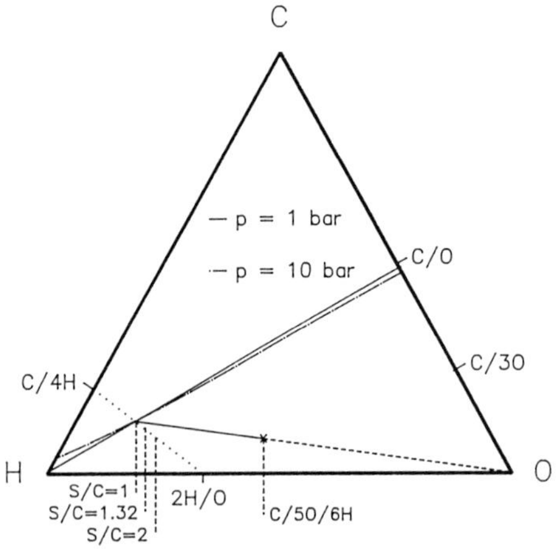

Abbildung 10: Kohlenstoffabscheidungslinien im CHO-Diagramm bei 1000°C und 1 bar bzw. 10 bar Gesamtdruck

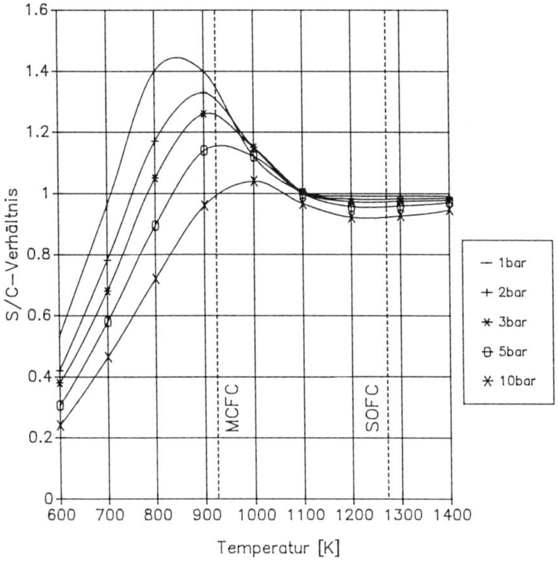

Abbildung 8: Kohlenstoffabscheidungslinien bei verschiedenen Gesamtdrücken
(der Aufkohlungsbereich liegt jeweils unterhalb einer Linie)

Abscheidungskurve, oberhalb derer der Kohlenstoff nicht mehr vollständig in CH_4, CO oder CO_2 gebunden vorliegt, sondern beginnt, sich elementar abzuscheiden. Bei der Methanreformierung mit den Edukten Methan und Wasserdampf in verschiedenen S/C-Verhältnissen bewegt man sich im Diagramm auf der (punktierten) Verbindungslinie CH_4 - H_2O. Die Abscheidungskurve schneidet die Verbindungslinie in einem Punkt, der dem kritischen S/C-Verhältnis entspricht.

Die Darstellung der Verhältnisse im ternären Diagramm ermöglicht es, die durch die Brennstoffzellenreaktion bedingte Verschiebung des Reformiergleichgewichts in die Betrachtung der Kohlenstoffabscheidung mit einzubeziehen. Geht man dabei von der Annahme aus, daß der durch Reformierung gebildete Wasserstoff vollständig an der Anode umgesetzt wird, so läßt sich die Bruttoreaktionsbilanz für die MCFC- bzw. die SOFC-Anode wie folgt aufstellen:

	MCFC	SOFC
Reformierung:	$CH_4 + 2H_2O => 4H_2 + CO_2$	$CH_4 + H_2O => 3H_2 + CO$
Anode:	$4H_2 + CO_2 + 4CO_3^{2-} => 4H_2O + 5CO_2 + 8e^-$	$3H_2 + CO + 4O^{2-} => 3H_2O + CO_2 + 8e^-$

Im ternären Diagramm ist der Reaktionsverlauf durch eine zusätzliche Linie dargestellt, die bei dem dem jeweiligen S/C-Verhältnis entsprechenden Punkt beginnt und für vollständigen Brenngasumsatz an dem Punkt endet, der einem molaren C/H/O-Verhältnis von 5/14/8 (MCFC) bzw. 1/5/6 (SOFC) entspricht. Auf dem Weg zwischen Gasein- und Gasauslaß werden alle auf der Linie liegenden molaren Verhältnisse durchlaufen. Aus den Diagrammen ist zu ersehen, daß weder bei der MCFC noch bei der SOFC die Zone der Kohlenstoffabscheidung berührt wird, d.h. es kann nur dann zu einer Aufkohlung kommen, wenn das kritische S/C-Verhältnis im Einströmbereich unterschritten wird. Dieser Aspekt ist wichtig für die Wahl der Betriebsbedingungen der Brennstoffzelle. Um beispielsweise den erforderlichen Mindestbefeuchtungsgrad des Methans senken zu können, kann ein Teil des nicht umgesetzten Wasserstoffs an die Anode zurückgeführt werden, wodurch sich das für die Aufkohlung verantwortliche Crackgleichgewicht auf die Methanseite verschiebt.

Diese thermodynamischen Betrachtungen bilden die wesentliche Grundlage für die Entwicklung eines mathematischen Modells der internen Reformierung. Eine vollständige Modellierung erfordert zusätzlich zur Thermodynamik die Einbeziehung weiterer relevanter Daten (Reaktionskinetik, Stofftransport, Strömungs- und Diffusionsgesetze).

4.2.3 Einfluß von Schwefelverunreinigungen

Die katalytische Aktivität von Nickel bei der Reformierung wird durch in Erdgas vorhandene Schwefelbestandteile (größtenteils Schwefelwasserstoff) vermindert. Der Grund ist eine Blockierung der aktiven Zentren durch die Chemisorption des H_2S an der Nickeloberfläche. Der Bedeckungsgrad hängt von der H_2S-Konzentration ab. Er kann bei 1 ppm bereits 80% erreichen, was mit einer Aktivitätsverminderung um etwa 50% einhergeht /13/. Eine Regenerierung des Katalysators ist durch eine längere thermische Behandlung mit Wasserdampf möglich, wobei der Schwefel in SO_2 überführt und das Nickel oxidiert wird. Das Nickeloxid kann anschließend wieder mit Wasserstoff zum Metall reduziert werden.

Ob dieses bei technischen Reformern übliche Verfahren auf eine Hochtemperatur-Brennstoffzelle mit durch Schwefel inaktiviertem Reformierungskatalysator übertragen werden kann, erscheint fraglich, denn ein Oxidations/Reduktions-Zyklus würde auch die nickelhaltigen Anodenwerkstoffe mit Sicherheit schädigen.

Zum Einfluß von H_2S-haltigem Brenngas auf die Anodenreaktion in der MCFC und der SOFC existieren Untersuchungen, wonach bei der SOFC etwa 50 ppm H_2S /14/, für die MCFC hingegen höchstens 1 ppm H_2S

/15/ tolerierbar sind. Der Grund wird darin gesehen, daß die hohe Betriebstemperatur der SOFC eine elektrochemische Oxidation des an der Anode chemisorbierten H_2S zu SO_2 möglich macht mit der Folge, daß es zu keiner Schwefelakkumulation an der Nickeloberfläche kommt /16/. Bei der MCFC hingegen führt die Aufoxidation des H_2S zur Bildung von Sulfationen, die die Karbonationen an den elektrochemisch aktiven Zentren verdrängen und dadurch die elektrochemische Oxidation des Wasserstoffs kinetisch hemmen /17/. Bei der SOFC stellt sich somit die Frage, ob die Schwefelverträglichkeit der Brennstoffzellenanode erhalten bleibt, wenn die Anode auch als Reformierungskatalysator arbeitet.

5. Ausblick

Die verfahrenstechnische Auslegung von Hochtemperatur-Brennstoffzellen-Systemen ist darauf ausgerichtet, Brennstoffzellen und Abhitzenutzung so aufeinander abzustimmen, daß höchste Wirkungsgrade erzielt werden. Neben dem Einsatz von Gas- und Dampfturbinen bietet besonders die Integration der Reformierung in den Brennstoffzellenstapel ein erhebliches Potential zur Steigerung der Wirkungsgrade. Das im Prinzip günstigste Konzept der internen Reformierung führt speziell bei der MCFC, wegen des erforderlichen Einbaus von Reformierungskatalysatoren in die eigentliche elektrochemische Zelle, zu Schwierigkeiten. Durch den aggressiven Elektrolyten kommt es sehr schnell zu Korrosionsreaktionen und, damit verbunden, zur Katalysatordesaktivierung. Neuere Konzepte verfolgen die Kombination von integrierter und interner Reformierung, weil dadurch die Anforderungen an den Reformierungskatalysator in der Brennstoffzelle reduziert werden können.

Bei der SOFC laufen auf Grund der höheren Betriebstemperaturen die Reformierungsreaktionen schneller ab und das Gleichgewicht liegt weitgehend auf der Wasserstoffseite. Noch unklar ist, inwieweit die interne Reformierung den Aufbau der Anode bezüglich Struktur, Dicke, Material, etc. beeinflußt, denn es müssen dort sowohl die heterogenen Gasreaktionen als auch die elektrokatalytischen Prozesse ablaufen. Von besonderem Interesse wird in Zukunft die Frage nach den Gasreinheiten sein, die zu fordern sind, wenn interne Reformierung erfolgen soll. Die hohe Schwefeltoleranz der SOFC liegt begründet in der Aufoxidation an der Anode zu gasförmigem SO_2. Inwieweit diese Reaktion auch die Vergiftung eines Reformierungskatalysators verhindert, werden weitere Untersuchungen zeigen müssen. Eine Lösung dieses Problems stellt eine wichtige Aufgabe bei der Weiterentwicklung der internen Reformierung dar, denn die H_2S-Elimination trägt erheblich zu den Kosten der Gasaufbereitung in Brennstoffzellensystemen bei.

Literaturangaben

/1/ W. Drenckhahn: Technik und Wirtschaftlichkeit von Brennstoffzellen-Kraftwerken, Industrieseminar "Brennstoffzellen", Stuttgart 1989

/2/ Y. Mugikura, T. Watanabe, Y. Izaki, H. Saitoh, K. Shimazu, T. Abe: 1990 Fuel Cell Seminar Abstracts, Phoenix (1990), S. 103

/3/ V. Jalan, M. Desai, C. Brooks: in: Proceedings of the Symposium on Molten Carbonate Fuel Cell Technology, Ed. J. Selman ans T.D. Claar, The Electrochemical Society, Inc, Pennington (1986), S. 506

/4/ I. Sone, M. Takeuchi, T. Yoshida, T. Kahara, K. Ohtsuka: 1990 Fuel Cell Seminar Abstracts, Phoenix (1990), S. 302

/5/ K. Ledjeff, T. Rohrbach, G. Schaumberg: Ber. Bunsenges. Phys. Chem. 94 (1990), 956

/6/ C.L. Laursen, L.J. Christiansen, N.R. Udengaard: 1990 Fuel Cell Seminar Abstracts, Phoenix (1990), S. 44

/7/ T. Watanabe, M. Koga, S. Morishima, K. Toyoda, K. Watanabe: IHI Eng. Rev. 21 (1988), 121

/8/ K. Kurosawa, H. Tanaka, T. Makabe, Y. Nagata, K. Agiyama, Y. Matsumoto: 1986 Fuel Cell Seminar Abstracts, Tucson (1986), S. 114

/9/ K. Sato, T. Tanaka, T. Murahashi: 1990 Fuel Cell Seminar Abstracts, Phoenix (1990), S. 40

/10/ Fuel Cell RD & D in Japan, Fuel Cell Development Information Center, Tokyo 1989, S. 49

/11/ K. Kishida, E. Nishiyama, M. Matsumura, T. Tanaka, S. Kaneko, Y. Mori, S. Nakagawa: Fuel Cell Technology ans Applications, Extended Abstracts, Den Haag (1987), S.40

/12/ I. Barin, O. Knacke: Thermodynamical Properties of Inorganic Substances, Springer Verlag (1973)

/13/ J.R. Rostrup-Nielsen: Steam Reforming Catalysts, Davisk Technical Press Inc., Kopenhagen (1975), S.63

/14/ Westinghouse Electric Corporation: "High-Temperature, Solid Oxide Electrolyte Fuel Cell Power Generation System", Quaterly Report Sept 1- Nov 30, 1980, DOE/ET/17089-3 (DE84015927)

/15/ R.J. Remick, D.R. Vasil: 1985 Fuel Cell Seminar Abstracts, Tucson (1985), S.173

/16/ B.G. Ong, D.M. Mason: 1986 Fuel Cell Seminar Abstracts, Tucson (1985), S. 88

/17/ D. Weaver, J. Winnick: J. Electrochem Soc. 136 (1989), 1679

Charakterisierung von Hochtemperatur-Brennstoffzellen durch Impedanzmessungen

H. Landes, K. Mund

Zentralabteilung Forschung und Entwicklung, Siemens AG, Erlangen

Zusammenfassung

Hochtemperatur-Brennstoffzellenkraftwerke mit elektrischen Systemwirkungsgraden von bis zu 60% könnten in Zukunft eine effiziente Stromerzeugung aus fossilen Brennstoffen sicherstellen. Voraussetzung dafür sind billig herstellbare Brennstoffzellen mit niedrigem Innenwiderstand und langer Lebensdauer.

Die Ursachen des Innenwiderstandes wurden in beiden Typen der Hochtemperaturbrennstoffzelle, der MCFC und der SOFC, untersucht.

Die Methode der Impedanzspektroskopie an symmetrisch aufgebauten Zellen, die sich bereits bei der Analyse der Verluste in alkalischen Niedertemperaturbrennstoffzellen bewährt hatte, machte es möglich, zwischen den Polarisationsbeiträgen der verschiedenen Zellkomponenten und der am Stromfluß beteiligten Transportprozesse zu unterscheiden und ihre Größe festzustellen. Dabei zeigte es sich, daß trotz der hohen Betriebstemperaturen dieser Zellen die Elektrodenpolarisationen den überwiegenden Teil der Verluste ausmachen. Im Fall der MCFC liefert die Korrosion der Kontakte zwischen Elektroden und Stromsammlerplatten den zweitgrößten Anteil zum Innenwiderstand.

Summary

Powerplants with an estimated efficiency of 60% could be designed by applying high temperature fuel cells operating on fossile fuels. However, it requires the economic production of fuel cells having a low internal resistivity and a long service life.

We investigated the source of internal resistivity in both types of high temperature fuel cells, in the MCFC as well as in the SOFC.

Impedance spectroscopy using symmetrical cells has already proved to be a useful tool in identifying losses occuring in alkaline fuel cells. The method was also applied to the high temperature systems. The contributions to the overall cell resistance caused by various components of a cell and different current related transport processes were thus separated from each other and measured. It turned out that electrode polarization dominated the losses despite the high working temperature of the cells. In case of MCFC, the second largest contribution to the internal resistance was due to corroded contacts between electrodes and current collectors.

Résumé

Grace à leur rendement global de près de 60%, les centrales électriques à piles à combustibles à haute température pourraient constituer à l'avenir un moyen efficace de production d'électricité à partir combustibles fossiles. Ceci présuppose toutefois des piles à combustibles caracterisées par de faibles coûts de fabrication, par une faible résistance interne et par une longue durée de vie.

Les éléments contribuant à la résistance interne one été analysés sur deux types de piles à combustible à haute température, la MCFC et la SOFC.

La méthode de la spectroscopie d'impédance sur des piles à structure symétrique, qui a déjà donné d'excellents résultats dans l'analyse des pertes dans les piles à combustible alcalines à basse température, a permis de discerner les contributions à la polarisation émanant des différents constituants de la pile et des processus intervenant dans la circulation du courant, et d'en déterminer la grandeur. Il est apparu que, malgré la haute température de fonctionnement de ces piles, la polarisation des électrodes constitue la principale cause des pertes. Dans le cas de la MCFC, la corrosion des contacts entre les électrodes et les plaques collectrices de courant range au deuxième rang par ordre d'importance des facteurs intervenant dans la résistance interne.

1. Hochtemperaturbrennstoffzellen für die Kraftwerksanwendung

Die Karbonatschmelzebrennstoffzelle (Molten Carbonate Fuel Cell, MCFC, Betriebstemperatur 650°C) und die Festelektrolytbrennstoffzelle (Solid Oxide Fuel Cell, SOFC, Betriebstemperatur 1000°C) werden unter dem Begriff "Hochtemperaturbrennstoffzellen" zusammengefaßt. Abb. 1 zeigt den prinzipiellen Aufbau dieser beiden Zelltypen. In jedem Fall wird an der Kathode Sauerstoff vom Elektrolyten aufgenommen und zur Anode transportiert, wo er den anstehenden Wasserstoff oxidiert.

Bei der MCFC besteht der Elektrolyt aus einer bei 650°C flüssigen Lithium-Kalium-Karbonatschmelze, in der der Sauerstoff durch das CO_3^{2-}-Ion transportiert wird. Das hat zur Folge, daß zwischen Anode und Kathode zusätzlich ein äußerer Kohlendioxid-Kreislauf aufrechtzuerhalten ist, um den kontinuierlichen Ablauf der Zellreaktion zu ermöglichen. Bei der SOFC hingegen wandert der Sauerstoff direkt als O^{2-} Ion durch einen Elektrolyten aus yttriumstabilisiertem Zirkonoxid, der bei Temperaturen über 800°C eine ausreichende Ionenleitfähigkeit besitzt.

Für die Kraftwerksanwendung ist es wesentlich, daß die Zellen bei Belastung mit 0.2 A/cm² noch eine Spannung über 0,8 V liefern können, d.h. der Innenwiderstand einer Zelle darf höchstens 1 Ω cm² betragen. Die Zellen müssen billig herzustellen sein und eine Lebensdauer von mindestens 5 Jahren besitzen.

Hochtemperaturbrennstoffzellen haben gegenüber Niedertemperaturzellen einige entscheidende Vorteile, die sie zur billigen und hocheffizienten Energiewandlung geeignet erscheinen lassen:

- Sie sind in der Lage, kohlenstoffhaltige Gase direkt umzusetzen oder Methan, das unter Ausnutzung ihrer Abwärme reformiert wurde, zu "verbrennen";

- infolge ihrer hohen Betriebstemperaturen lassen sich mit billigen Elektrodenkatalysatoren hohe Stromdichten realisieren;

- sie tolerieren Schwefelkonzentrationen bis 100 ppm im Brenngas;

- die Abwärme fällt auf so hohem Temperaturniveau an, daß sie noch in einem nachgeschalteten Gas- und Dampfprozeß weitergenutzt werden kann. Gerade dieser Umstand macht es möglich, sehr hohe elektrische Gesamtwirkungsgrade zu erzielen.

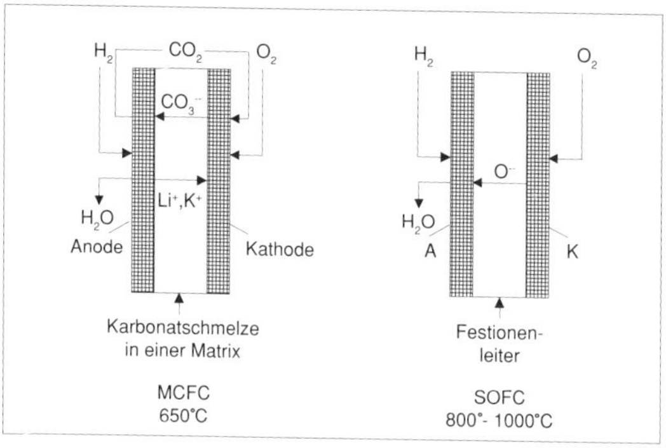

Abb. 1: Funktionsschema von Karbonatschmelze- bzw. Festelektrolytbrennstoffzelle

Da die Betriebstemperatur dieser Zellen noch deutlich unter der üblichen Verbrennungstemperatur liegt, bleibt der NO_x-Anteil in den Abgasen sehr gering. Die gegenüber konventionellen Verbrennungskraftwerken erhöhten Anforderungen an den Schwefelgehalt der Brenngase garantieren reduzierte SO_2-Emissionen. SO_2- und NO_x-Ausstoß eines Hochtemperaturbrennstoffzellenkraftwerkes werden so eine bzw. zwei Zehnerpotenzen unter den für Verbrennungskraftwerke üblichen Werten liegen.
Als ein weiterer Vorteil der Brennstoffzellentechnik erweist sich ihr zwangsweise modularer Aufbau. Da die Größe einer Einzelzelle auf max. 1 m² beschränkt ist, ergibt sich für diese eine Leistung im Bereich weniger kW. Deshalb und wegen der niedrigen Zellspannung müssen viele solcher Zellen zusammengeschaltet werden, um technisch verwertbare Spannungen und die erforderlichen Leistungen zu erzielen. So können Kraftwerke in einem Leistungsbereich von 100 kW bis 100 MW realisiert werden. Elektrische Energie kann also auch in kleinen, dezentralen Kraftwerkseinheiten mit Wärmeauskopplung zur Deckung des Strom- und Wärmebedarfs von Hochhäusern oder Stadtteilen erzeugt werden. Das stark vereinfachte Flußschema eines solchen Kraftwerkes zeigt Abb. 2. In Abb. 3 ist im Gegensatz dazu eine Anlage zu sehen, die durch einen der Brennstoffzelle nachgeschalteten Gas- und Dampfturbosatz für maximalen elektrischen Wirkungsgrad ausgelegt ist.

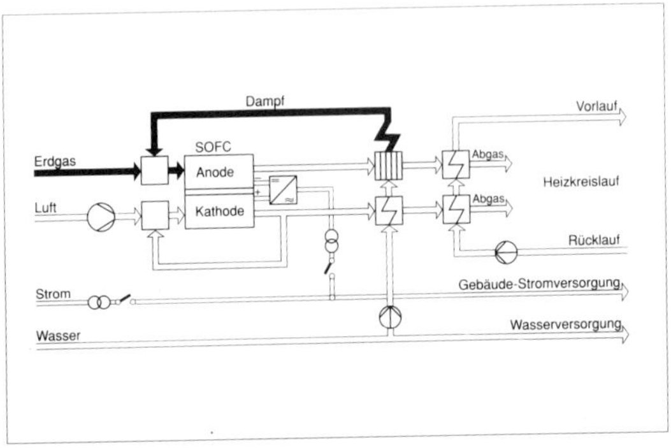

Abb. 2: Schematische Darstellung eines SOFC-Kraftwerkes zur Elektrizitäts- und Wärmeversorgung eines Hochhauses

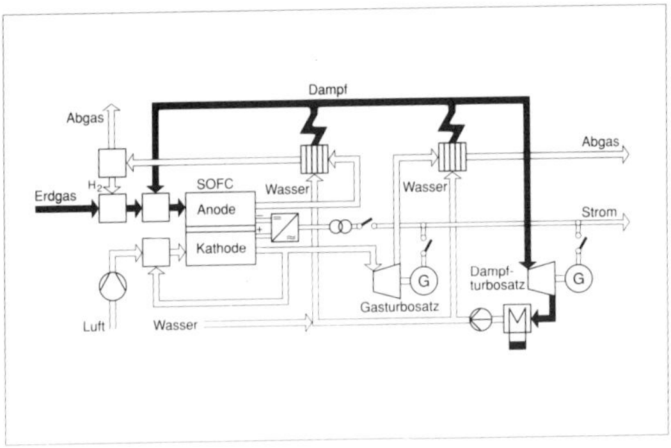

Abb. 3: SOFC-Kraftwerk ausgelegt für maximalen elektrischen Wirkungsgrad

2. Möglichkeiten zur Untersuchung der Energieverluste in Hochtemperaturbrennstoffzellen

Zur Optimierung des elektrischen Wirkungsgrades einer Brennstoffzelle muß deren Innenwiderstand so klein wie möglich gehalten werden. Der Innenwiderstand, wie er sich aus der Steigung der Zellkennlinie ergibt, resultiert aus der Summe sämtlicher stromhemmender Mechanismen, die in den einzelnen den Stromfluß aufrechterhaltenden Transportprozessen ihre Ursache haben. Um den Innenwiderstand senken zu können, ist es notwendig, jene Transportprozesse zu identifizieren, die die dominierenden Beiträge zum Innenwiderstand leisten. Dazu gibt es zwei prinzipiell verschiedene Wege:

- Im einen Fall untersucht man den Spannungsabfall längs eines Teilstückes des Stromweges in der Zelle, was durch die Einführung von Bezugselektroden in den Stromweg erreicht wird. So kann der Innenwiderstand auf räumlich voneinander getrennte Bereiche der Zelle, d.h. ihre Komponenten oder die Grenzflächen zwischen diesen aufgeteilt werden. Die Möglichkeiten, Bezugselektroden einzusetzen, sind jedoch begrenzt, weshalb statt dessen Untersuchungen an symmetrisch aufgebauten Zellen (z.B. Anode/Elektrolyt/Anode) sinnvoll sein können. Die dazu notwendige Reversibilität ist für Hochtemperaturbrennstoffzellen-Elektroden gewährleistet.

- Die Methode der Impedanzspektroskopie macht sich die oft um Zehnerpotenzen auseinanderliegenden Relaxationsfrequenzen der verschiedenen Transportprozesse zunutze: Der Widerstandsbeitrag eines bestimmten Transportprozesses in der Zelle macht sich erst im Bereich von dessen Relaxationsfrequenz und für noch niedrigere Frequenzen bemerkbar, für wesentlich höhere Frequenzen verschwindet er. An die Zelle wird zu diesem Zweck eine Wechselspannung angelegt, deren Amplitude so klein ist, daß die Kennlinie im überstrichenen Potentialbereich als linear angesehen werden kann. Die komplexe Impedanz der Zelle wird als Funktion der Frequenz zwischen 10^{-4} Hz und 10^{6} Hz gemessen.

Im allgemeinen werden die beiden beschriebenen Methoden kombiniert angewendet.

3. Untersuchungen an einer Karbonatschmelzebrennstoffzelle

Im Fall der MCFC wurde stets folgender Versuchszyklus eingehalten: Die Zelle wurde zunächst symmetrisch aus zwei porösen Ni-Anoden zu beiden Seiten eines Karbonatschmelze-gefüllten, inerten, keramischen Sinterkörpers aus $LiAlO_2$ aufgebaut. Über Details der Zellkonstruktion wurde an anderer Stelle berichtet /1/. Beide Elektroden wurden mit angefeuchtetem H_2 versorgt. Am Ruhepotential (=0 mV) wurde das Impedanzspektrum aufgenommen.

Anschließend wurde die eine Anode durch Spülen mit einem Luft/CO_2-Gemisch oxidiert. Unter Einwirkung des Elektrolyten wandelte sie sich dabei in Li-dotiertes NiO um, wie es für eine MCFC-Kathode benötigt wird. In diesem Zustand als eigentliche Brennstoffzelle stellte sich eine Leerlaufspannung von etwa 1V ein, und es konnte eine Kennlinie gemessen werden.

Schließlich wurde auch noch die verbliebene Anode zur Kathode oxidiert. Die Leerlaufspannung sank wieder auf 0 mV und es wurde das Impedanzspektrum dieser symmetrischen Kathodenzelle gemessen.

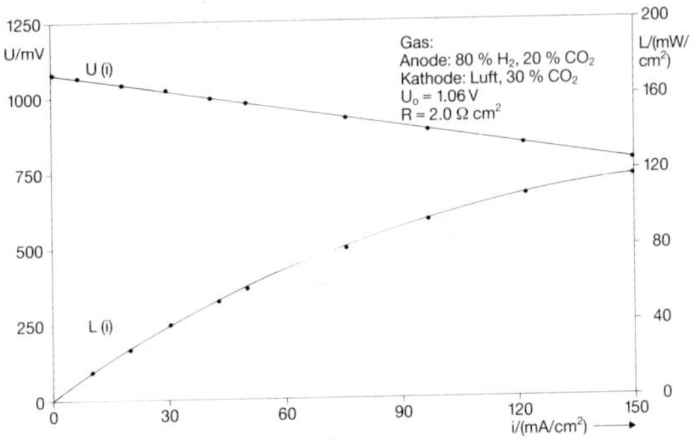

Abb. 4: Stromspannungscharakteristik einer Karbonatschmelzebrennstoffzelle (Fläche: 12 cm^2)

Abb. 4 zeigt die Kennlinie der 12 cm^2 großen Zelle. Die Kennlinie ist linear, ihre Steigung entspricht einem Innenwiderstand von 2 Ohm cm^2. Dieser Wert muß für die technische Anwendung noch auf 1 Ohm cm^2 gesenkt werden.

Das Impedanzspektrum einer symmetrischen Anodenzelle zeigt Abb. 5. Aufgetragen ist hierbei einmal der negative Imaginärteil des Impedanzmeßwertes als Funktion von dessen Realteil ("Ortskurve", Symbol "*"), zum anderen der negative Imaginärteil als Funktion der zugehörigen Wechselspannungsfrequenz (Symbol "+"). Mit steigender Frequenz wird die Ortskurve beginnend auf der reellen Achse beim Gleichstromwiderstand der Zelle von rechts nach links durchlaufen. Sie endet auf der hochfrequenten Seite bei der wieder reellen Summe aus Elektrolytwiderstand und elektronischem Widerstand der Zuleitungen. Die Kurve der Frequenzabhängigkeit des Imaginärteils wird dabei von links nach rechts überstrichen. Die durchgezeichneten Linien entsprechen einem analytischen Ausdruck für die Impedanz der porösen Elektrode, wie er aus einer Modellrechnung gewonnen wurde. Die Anpassung dieser Kurven an die Meßpunkte liefert dann die Werte, der in das Modell eingehenden Parameter.

Typisch für poröse Elektroden ist ein bei hohen Frequenzen linearer Anstieg der Ortskurve /2/. Er ist Folge der sich über die Elektrodendicke hinweg erstreckenden Umwandlung von elektronischer in ionische Leitung. Abb. 6 zeigt ein einfaches Ersatzschaltbild für diesen Vorgang.

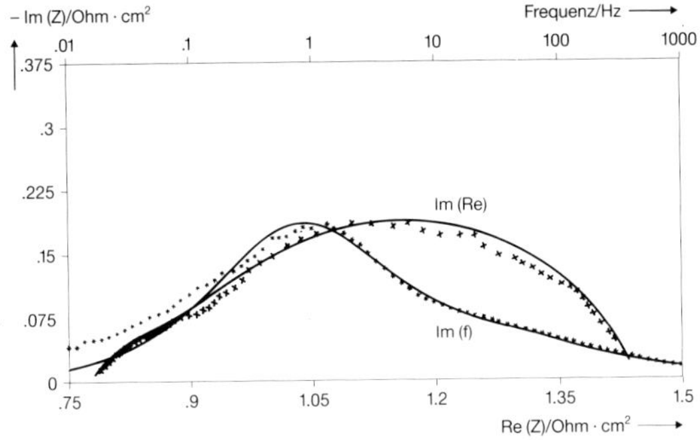

Abb. 5: Impedanzspektrum einer symmetrischen Zelle aus zwei MCFC-Anoden

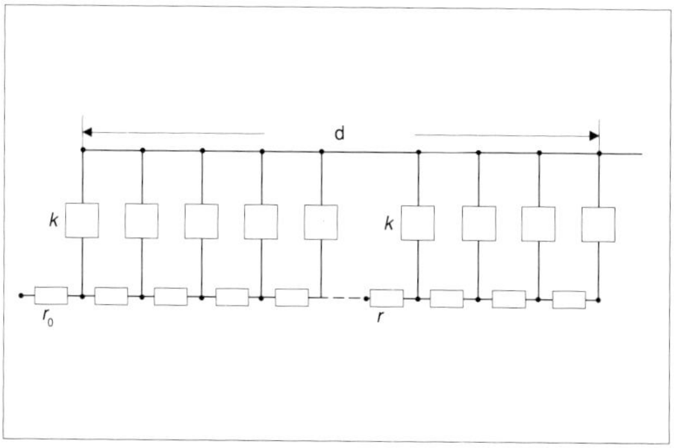

Abb. 6: Einfaches Ersatzschaltbild einer porösen Elektrode

Der obere Ast des Kettenleiters, dessen Länge der Dicke d der Elektrode entspricht, symbolisiert hier den als widerstandsfrei angenommenen elektronischen Leistungsweg längs der Metallmatrix der sich berührenden Katalysatorkörner. Der ionische Leitungsweg über den Elektrolytfilm, der die Katalysatorkörner bedeckt und diese mit dem Elektrolyten vor der Elektrode verbindet, wird durch den unteren Ast des Kettenleiters dargestellt. r_o bezeichnet den Flächenwiderstand der Elektrolytschicht vor der Elektrode, r den spezifischen Widerstand des ionischen Stromtransports innerhalb der Elektrode. Die Umwandlung zwischen elektronischer und ionischer Leitung erfolgt längs der Dicke der Elektrode über die Grenzschicht Metall/Elektrolyt auf der Oberfläche der Katalysatorkörner. k ist die zugehörige volumenbezogene Impedanz. Die Gesamtimpedanz z eines solchen Netzwerkes hat jetzt folgende Eigenschaften:

- Weit oberhalb der Relaxationsfrequenz der Impedanz k des Katalysatorkornes wird $z = r_o$, da dann die Grenzflächenkapazität der Körner deren Grenzflächenwiderstand überbrückt.

- Mit sinkender Frequenz steigt die Ortskurve von $z = r_o$ aus zunächst linear an. Die Steigung dieses Anstieges beträgt maximal 45°(dieser Maximalwert wird erreicht, wenn die Ortskurve der Impedanz k für hohe Frequenzen senkrecht zur reellen Achse verläuft, wie dies z.B. für eine halbkreisförmige Ortskurve der Fall ist).

- Bei genügend niedriger Frequenz, d.h. wenn k wieder rein reell wird, kehrt die Ortskurve von z wieder zur reellen Achse zurück.

Die Anwendung eines solchen Modells zur Erklärung der Impedanz der Anode (Abb. 5) ergibt für den bei hohen Frequenzen verbleibenden Widerstand r_o 0.77 Ohm cm². Davon entfallen etwa 0,3 Ohm cm² auf den Widerstand des elektrolytgefüllten Keramikkörpers zwischen den Elektroden, der Rest auf elektronische Kontaktwiderstände in der Stromzuführung.

Der Gesamtwiderstand <u>einer</u> Anode, gegeben durch die Hälfte des Abstandes zwischen Anfangs und Endpunkt der Ortskurve auf der reellen Achse, beträgt offensichtlich ebenfalls 0,3 Ohm cm². Der lineare Anstieg bei hohen Frequenzen wird dem ionischen Stromtransport ins Innere der porösen Elektrode zugeordnet.
Der sich unterhalb etwa 100 Hz anschließende Bogen entspricht einer Impedanz k, die durch Parallelschaltung eines Widerstandes und einer Kapazität gegeben ist.

Die BET-Oberfläche der Elektrode von $1.3 \cdot 10^2$ cm²/cm² liefert, wenn man diesen Widerstand als Durchtrittswiderstand interpretiert, eine Austauschstromdichte von 12 mA/cm². Der hohe Wert von 2 mF/cm² für die Kapazität deutet auf einen Chemisorptionsvorgang als Ursache hin. Die Herkunft des Bogens, der die Ortskurve dominiert und unterhalb 10 Hz beobachtet wird, ist unklar. Er wird sich jedoch in jedem Fall durch Erhöhung der Porosität der Elektrode verkleinern lassen.

Die Ortskurven der Impedanzspektren einer symmetrischen Kathodenzelle unter verschiedenen O_2:CO_2 Partialdruckverhältnissen sind in Abb. 7 wiedergegeben, wobei das hochfrequente Ende aller Ortskurven nachträglich in den Nullpunkt gelegt wurde. Dies ist sinnvoll, da sich dieser Endpunkt im Laufe der Zeit von wenigen 0.1 Ohm cm^2 bis zu Werten von 5 Ohm cm² verschiebt.

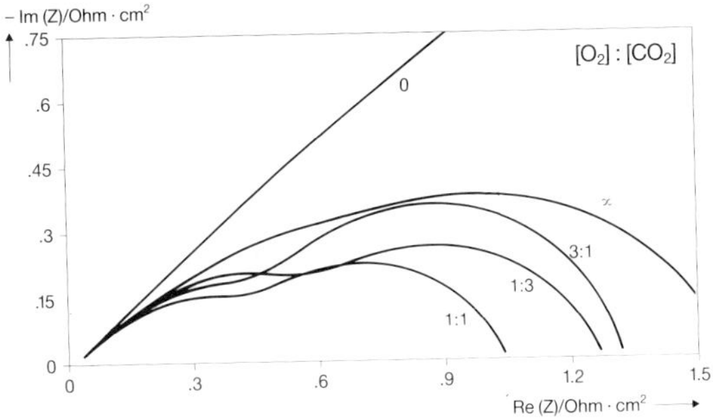

Abb. 7: Ortskurven der Impedanzspektren einer symmetrischen Zelle aus zwei MCFC-Kathoden, aufgenommen unter verschiedenen O_2:CO_2-Partialdruckverhältnissen

Diese Verschiebung erfolgt in zwei Abschnitten gleichzeitig mit der aufeinanderfolgenden Oxidation der Kathoden. Sie wird auf die Korrosion der elektrischen Kontakte zwischen Kathode und Stromableitung zurückgeführt und läßt sich durch Zusatz von Au-Pulver in den Elektroden eliminieren. Offensichtlich wächst die Kathodenpolarisation mit der Verarmung eines der Reaktionspartner O_2 und CO_2. Die Ortskurven zeigen in allen Fällen zwei Bögen.

Der 45°-Anstieg des linken Bogens wird wieder auf den Ionentransport in der Elektrode zurückgeführt, der Bogen selbst mit Durchtrittsreaktion (Austauschstromdichte: 10 mA/cm²) und Doppelschichtkapazität (80 µF/cm²) identifiziert. Der sich rechts anschließende zweite Bogen läßt sich erklären durch die Diffusion der Reaktionsgase im Elektrolyten. Diese stehen in den größeren gasgefüllten Poren der Elektrodenstruktur an und werden an der Oberfläche Festkörper-Elektrolyt eines Katalysatorkornes umgesetzt. Dazu müssen sie durch den Elektrolytfilm der das Korn bedeckt hindurchdiffundieren. (Die Diffusion innerhalb der Gasporen ist demgegenüber vernachlässigbar).
Mit Literaturwerten für die Gaslöslichkeit im Elektrolyten ($4 \cdot 10^{-7}$ mol/cm³) /3/ ergibt sich eine Diffusionskonstante von $3 \cdot 10^{-4}$ cm²/s in Einklang mit der Literatur. Der sich ebenfalls ergebende Diffusionsweg liegt mit 60 µm jedoch erheblich über dem Durchmesser einer Elektrodenpore. Die Elektrode muß also weitgehend mit Elektrolyt geflutet sein. Durch ein geringeres Angebot an Elektrolyt oder einen höheren Anteil großer Poren sollte sich das verhindern lassen. Damit würde

eine Verkleinerung dieses dominierenden Anteils der Kathodenpolarisation erreicht.

Der Polarisationswiderstand der Kathode beträgt 0.6 Ohm cm² (O_2:CO_2 = 1:2); die Summe aus Anoden, Kathoden und Elektrolytwiderstand ist also 1,2 Ohm cm². Für die Differenz zum Wert der Kennliniensteigung (2 Ohm cm²) sind Kontaktwiderstände verantwortlich.

4. Untersuchungen an SOFC-Komponenten

Der spezifische Widerstand des in der SOFC eingesetzten yttriumstabilisierten Zirkonoxid-Elektrolyten wurde ebenfalls durch Impedanzmessungen an einer symmetrischen Zelle bestimmt. Diese Zelle bestand aus einer Elektrolyttablette mit beidseitig eingebrannten porösen Pt-Elektroden. Abb. 8 zeigt zugehörige Impedanzspektren, aufgenommen unter 0.2 bzw. 0.06 bar O_2 in N_2 bei 1000°C. Die beiden Halbkreise wurden aufgrund ihrer Partialdruckabhängigkeit der Elektrodenreaktion zugeordnet, der bei hohen Frequenzen verbleibende partialdruckunabhängige ohmsche Widerstand der ionischen Leitung in der Elektrolyttablette. Sein im Vergleich zu flüssigen Elektrolyten hoher Wert (10 Ohm cm²) erzwingt für die Brennstoffzellenanwendung Elektrolytdicken von nur 100 μ.

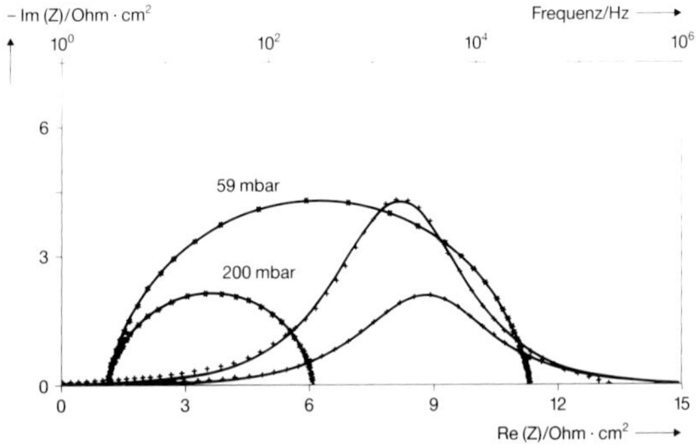

Abb. 8: Impedanzspektren einer symmetrischen Zelle bestehend aus einer Zirkonoxidtablette mit Pt-Elektroden bei zwei verschiedenen Sauerstoffpartialdrucken

Als SOFC-Kathoden kommen Lanthanmanganate zum Einsatz, in denen La bzw. Mn teilweise durch Sr bzw. Co substituiert sind. Abb. 9 zeigt das in Luft aufgenommene Impedanzspektrum einer symmetrischen Kathodenzelle mit 50 μ dicken porösen $La_{0,5}Sr_{0,5}Mn_{0,8}Co_{0,2}O_3$-Elektroden. Das linke Ende der Ortskurve liegt bei 4 Ohm cm². Dieser Wert ist fünfmal so hoch wie der Widerstand der Festelektrolytschicht und wird einer durch Mikrosondenanalyse nachgewiesenen weniger als 10 μ starken Interdiffusionsschicht zwischen Kathode und Elektrolyt zugeschrieben. Der Elektrodenwiderstand selbst ist mit 10 Ohm cm² noch sehr hoch. Er wird beherrscht von einem zunächst linear ansteigenden Bogen. Auch hier kann man vermuten, daß dieser lineare Anstieg durch elektrolytische Leitung von Sauerstoffionen im Festkörper des Kathodenmaterials verursacht wird. Im Gegensatz zur porösen elektrolytgefüllten Elektrode einer MCFC würde hier jedoch elektronische und ionische Leitung in ein und derselben Phase auftreten (Mischleitung), d.h. jedes gasseitige Oberflächenelement der Elektrode würde als Dreiphasengrenze arbeiten.

Als Anode dient in der SOFC eine einige 10 μ dicke Schicht eines porösen Nickel-Zirkonoxid-Cermets. Abb. 10 zeigt das Impedanzspektrum einer entsprechenden symmetrischen Zelle in angefeuchtetem Wasserstoff bei 1000°C. Auch hier liegt der Elektrodenwiderstand mit 8 Ohm cm² noch um mehr als eine Zehnerpotenz zu hoch. Die Elektrodenentwicklung der SOFC steht noch am Anfang. Im Brennstoffzellenbetrieb konnten jedoch kurzzeitig schon Innenwiderstände von wenigen Ohm cm² beobachtet werden.

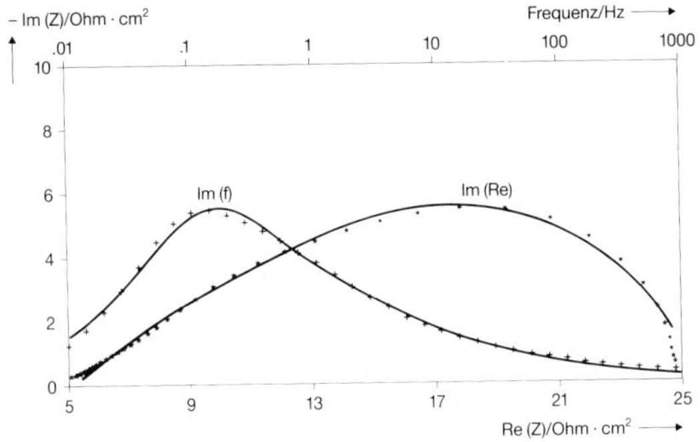

Abb. 9: Impedanzspektrum einer symmetrischen Zelle mit dotierten Lanthanmanganat-Elektroden

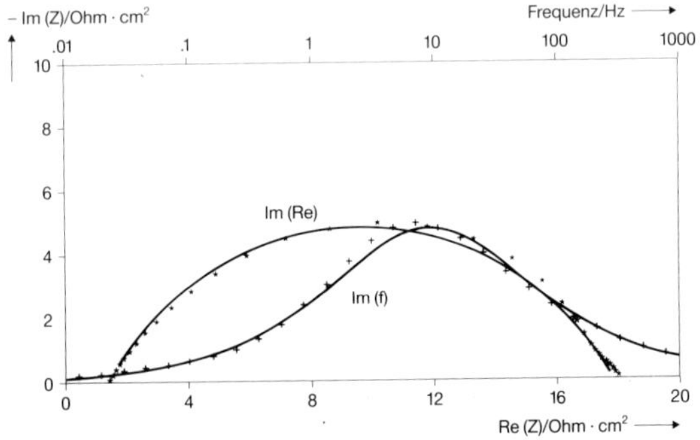

Abb. 10: Impedanzspektrum einer symmetrischen Zelle mit Nickel-Zirkonoxid-Cermet-Elektroden

Literatur

/1/ H. Landes, G. Luft, K. Mund, W. Rummel
Ber. Bunsenges. Phys. Chem. 94 (1990), 952

/2/ K. Mund, G. Richter, F. v. Sturm
Chem.-Ing.-Tech. 49 (1977), 337

/3/ Development of Molten Carbonate Fuel Cell Technology, DOE/ET/11304-19, Final Report Contract DE-AC03-76ET 11304, December 1980

Elektrolyse- und Brennstoffzellen in Eloflux-Technik

K. Rühling, C. Fischer, O. Führer, A. Winsel
Gesamthochschule Kassel, Varta Battarie AG

Zusammenfassung

Ausgehend von gewalzten biporösen Raney-Nickelelektroden /1/ und Silberelektroden wurden Zellen und Blöcke in Eloflux-Technik realisiert. Sie werden im Niedertemperaturbereich mit alkalischem Elektrolyten betrieben. Die Vorteile des Systems sind seine hohe Volumenstromdichte von ca. 1 A pro cm^3 sowie die einfache Herstellungstechnik von Elektroden (trockene, kalte Misch- und Walztechnik) und Zellen. Die Kombination von Brennstoffzelle, Elektrolyseur und einem Gasspeicher ergibt ein Energiespeichersystem, das mit einem Gasdruck von einigen bar bis zu einigen 10 bar arbeiten kann. Dazu wird der Elektrolyseur in ein Druckgefäß integriert. Die Begrenzung des Druckes ist durch die mechanische Stabilität der Druckgefäße und nicht durch die die der Zelle gegeben. Die Gase werden in den Elektroden in dem biporösen Porensystem vom Elektrolyten getrennt, so daß keine externe Separation notwendig ist. Der Elektrolyt kann die gesamte Elektrode durchfließen, ohne in das Gasporensystem einzudringen. Dies wird als Eloflux-Prinzip bezeichnet und minimiert den Einfluß von Konzentrationsunterschieden in den Elektroden.

Summary

Starting with rolled, bi-porous Raney-nickel /1/ and silver electrodes, cells and blocks were realized in Eloflux-technique. For their operation in the low temperature range alkaline electrolyte is used. The system's advantages are its high volume current density of approx. 1 A/cm^3, and the simple production technique for electrodes (dry/cold mixing and rolling technique) as well as for the cells. The combination of fuel cell and electrolyser plus a gas storage forms an energy storage system which permits production and consumption of gas at a pressure ranging from only a few 10^5 Pa to several MPa. To achieve this, the cells are placed within a pressure container and the limiting factor for the pressure is not the cell but the mechanical stability of this pressure container. There is no need for the electrolyser system to separate the gases from the electrolyte because this function is carried out directly inside the electrode by the bi-porous pore-system. The electrolyte flows through the entire electrode without penetrating the gas pore system. This is the so-called Eloflux principle which minimizes the influence of concentration differences within the electrodes.

Résumé

Des cellules et blocs ont été réalisés en technique "Eloflux" partant d'électrodes au nickel Raney biporeuses laminées /1/ et d'électrodes en argent. Ces cellules et blocs sont exploités à basse température avec un électrolyte alcalin. Les avantages du système sont sa densité volumique élevée d'env. 1 A par cm^3 ainsi que la technique de fabrication simple des électrodes (technique de mélangeage et de laminage à sec et à froid) et des cellules. La combinaison cellule combustible, électrolyseur et accumulateur de gaz donne un système accumulateur d'énergie qui peut fonctionner avec une pression de gaz de quelques bars jusqu'à quelques 10 bars. A cette fin, l'électrolyseur est intégré à un récipient sous pression. La pression est limitée par la stabilité mécanique du récipient sous pression et non pas par celle de la cellule. Dans les électrodes, les gaz sont séparés de l'électrolyte dans le système biporeux, de sorte qu'aucune séparation externe n'est nécessaire. L'électrolyte peut parcourir l'electrode entière sans pénétrer dans le système poreux des gaz. Ceci est appelé principe "Eloflux" et minimise l'influence des différences de concentrations dans les électrodes.

1. Anforderungen an Elektroden und das Eloflux-Prinzip

Die elektrochemische Reaktion der alkalischen Brennstoffzelle bzw. des Elektrolyseurs findet an Dreiphasengrenzen statt. Um in den technischen Zellen ausreichende Stromdichten zu erreichen, müssen Elektroden mit großen aktiven Oberflächen geschaffen werden, die als poröse Elektroden ausgeführt werden.

Betrachtet man die Vorgänge an einer Dreiphasengrenze innerhalb der Elektrode, so erkennt man, daß die Elektrodenkennlinie sowohl durch die Reaktion als auch die Transportvorgänge zur Dreiphasengrenze hin bzw. von ihr weg bestimmt ist. Bei der Wasserstoffelektrode der Brennstoffzelle, Abbildung 1, werden Wasserstoff und OH^--Ionen umgesetzt. Der inertgashaltige Wasserstoff, der Elektrolyt und das entstehende Wasser können die Dreiphasengrenze nur durch Diffusion erreichen bzw. verlassen. Dies führt zu Konzentrationsgradienten, die von der gewählten Stromdichte abhängig sind. Ist die Stromdichte zu groß, stellt sich ein Grenzstrom ein. Diese Probleme verschärfen sich, wenn man mehrere Elektroden zu einer kompakten Zelle zusammenbaut und den Elektrodenstapel nur von den Stirnseiten ver- bzw. entsorgt. Abbildung 2 zeigt das berechnete Konzentrationsprofil einer Brennstoffzelle für verschiedene Stromdichten. Will man den Konzentrationsgradienten im Elektrolyten verringern, muß man die Diffusion durch eine überlagerte Strömung unterstützen. Kann man dabei erreichen, daß Elektrolyt und Gas in ihren eigenen Porensystemen bleiben und sich nicht vermischen, spricht man von einer Zelle in Eloflux-Technik. Abbildung 2 zeigt den Einfluß einer solchen überlagerten Strömung.

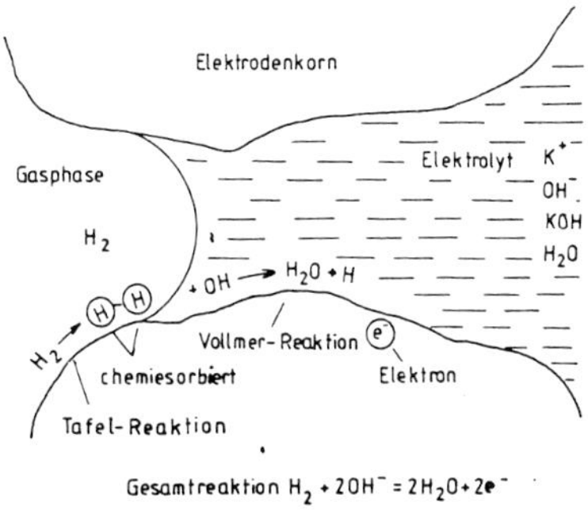

Abbildung 1: Dreiphasengrenze einer Wasserstoffverzehrelektrode /2/

Die Rechnung /3/ geht von einem Elektrodenpaket aus, das aus vier Sauerstoff-(O_2), vier Wasserstoffelektroden (H_2) und Separatoren (S) besteht. Das bei der Brennstoffzellenreaktion produzierte Wasser ist eine Volumenquelle. Sie führt zu einer Strömung des Elektrolyten zu beiden Seiten des Elektrodenpakets. Es ergibt sich dabei eine Strömungsgeschwindigkeit von -0,0673 ml /cm^3h bei 100 mA/cm^2 und von -0,202 ml/cm^3h bei 300 mA/cm^2. Die Konzentration innerhalb des Zellenpakets nimmt dabei von 7 normaler Kalilauge an den Außenseiten auf ca. 6 n bzw. 2,5 n in der Mitte ab. Kompensiert man die Eigenströmungsgeschwindigkeit durch eine von links kommende Strömung gleicher Geschwindigkeit, so verschiebt sich das Konzentrationsprofil. Mit steigender Strömungsgeschwindigkeit nähert sich das Konzentrationsprofil immer mehr einer Gleichverteilung mit den Außenwerten an. Als Temperatur wurde dabei 80 °C und als Druck 1 bar über dem gesamten Elektrodenpaket angenommen.

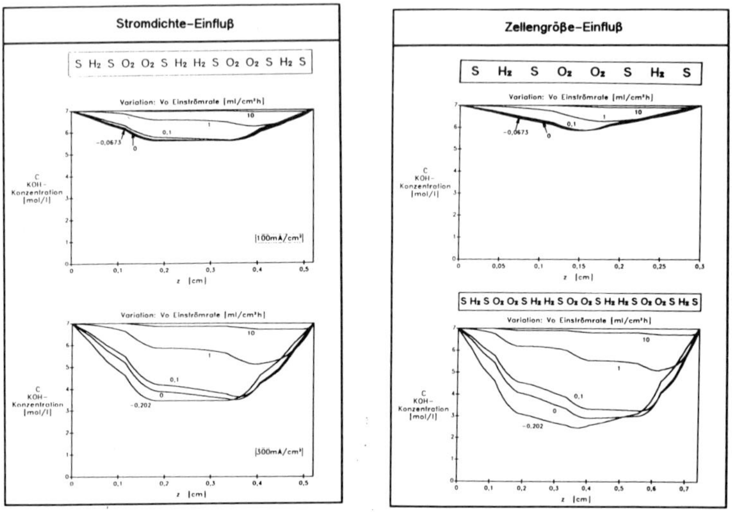

Abbildung 2: Einfluß von Stromdichte und Zellgröße auf die Konzentrationsverteilung innerhalb einer Eloflux-Zelle. Temperatur 80°C, Druck 1 bar, Stromdichte, sofern nicht angegeben, 200 mA/cm², Elektrolyt Kalilauge.

Für den praktischen Einsatz muß damit eine Elektrodenstruktur geschaffen werden, die eine große aktive Oberfläche, eine gute Gasdurchlässigkeit und eine gute Elektrolytver- und Entsorgung hat. Als Lösung wurde eine biporöse Elektrode geschaffen, die ein hydrophobes Porensystem für das Gas und ein hydrophiles Porensystem für den Elektrolyten aufweist. Aufgrund der Kapillardrücke der beiden Porensysteme ist sichergestellt, daß sich Gas und Elektrolyt nicht vermischen können. Abbildung 3 zeigt eine schematische Darstellung einer solchen Elektrode beim Einsatz in einer Eloflux-Zelle. Die Katalysatorkörner sind von Polytetrafluorethylen(PTFE)-Fäden umsponnen. Diese Fäden halten die Elektrode zusammen und bauen, aufgrund ihrer hydrophoben Eigenschaft, das Gasporensystem auf. Der Elektrolyt wird sowohl innerhalb der Katalysatorkörner (Raney-Nickel) als auch auf den PFTE-freien Oberflächenanteilen des Katalysators transportiert.

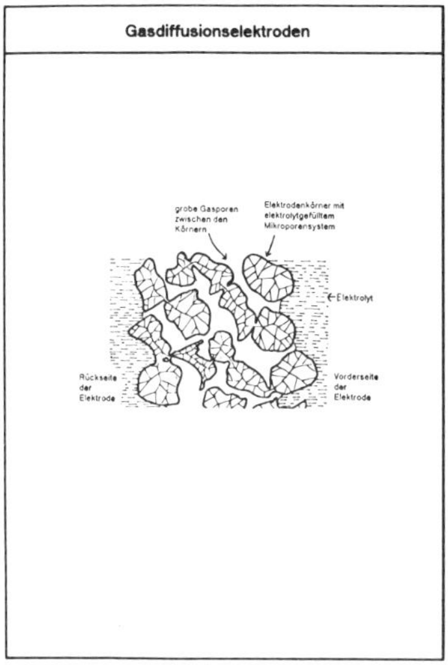

Abbildung 3: Schematische Darstellung der biporösen Gasdiffusionselektrode

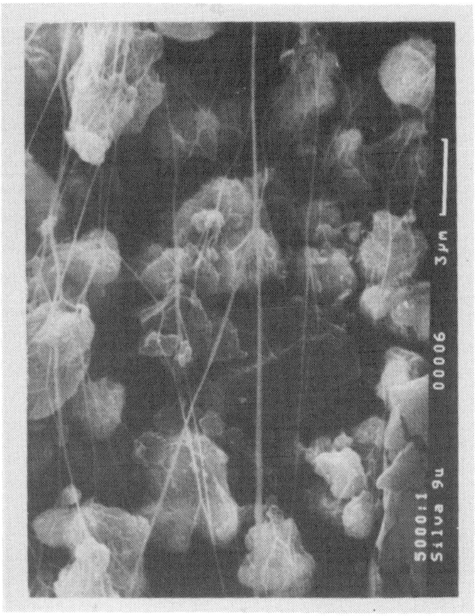

Abbildung 4: REM-Aufnahme einer PTFE-gebundenen biporösen Gasdiffusionselektrode

2. Elektrodenherstellung

Die Elektrode wird entweder aus Raney-Nickel (Wasserstoffelektrode und Sauerstoffentwicklungselektrode) oder aus einem Silberkatalysator hergestellt. Für low-cost Anwendungen stehen anstelle von Silber Kohle bzw. Manganoxid zur Verfügung. Bei der Nickelelektrode ergibt sich zur Zeit ein Materialpreis von 100 DM/m^2. Der Katalysator für die Elektrode wird bei der Herstellung mit einer bestimmten Menge PFTE trocken in einer Mühle vermischt /4/. Dabei entsteht eine, gemessen an den Ausgangsprodukten, klumpige Masse. Das PTFE umspannt die Katalysatorkörner und hält die Masse zusammen. Abbildung 4 zeigt eine REM-Aufnahme einer solchen Elektrode. Man erkennt die einzelnen Katalysatorkörner und die Fäden des PTFE. In einem zweiten Arbeitsschritt wird die Masse zu einem selbsttragenden Band ausgewalzt, welches sofort in ein Metallnetz als Ableiter eingewalzt wird, siehe Abbildung 5. Die Elektrode entsteht als ein Endlosband mit 100 mm Breite. In der Laborfertigung werden zur Zeit Elektrodenflächen von ca. 6 m^2/h hergestellt. Aus dem Elektrodenband werden Stücke gewünschter Länge herausgeschnitten und in einem Komplettschnitt auf die erforderliche Form gebracht. In drei weiteren Arbeitsschritten wird ein feines und ein grobes Gasleitsystem eingebracht sowie die elektrischen Kontakte angeschweißt. Bei der Sauerstoffelektrode, auf Basis von Silberoxid, ist mit der Reduktion noch ein weiterer Arbeitsschritt notwendig. Abbildung 6 zeigt eine schematische Darstellung eines Ausschnittes aus der fertigen biporösen Gasdiffusionselektrode.

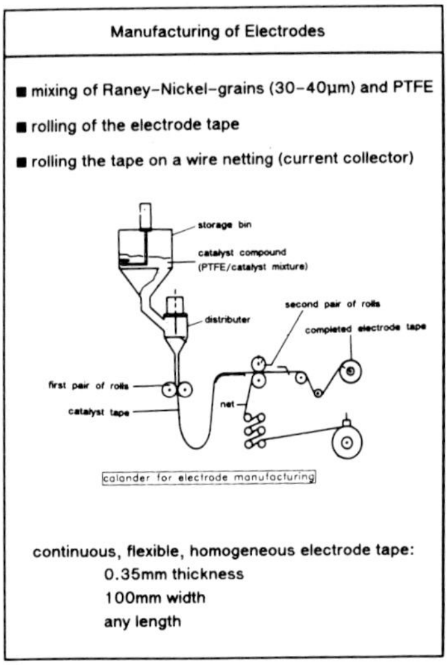

Abbildung 5: Schematische Darstellung der Walztechnik nach /4/.

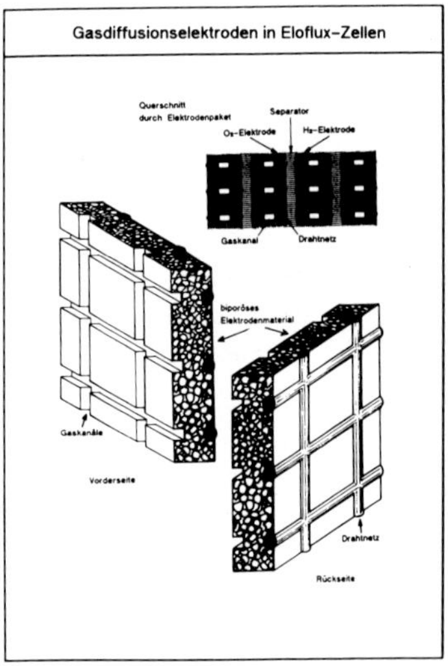

Abbildung 6: Schematische Darstellung eines Ausschnittes der gewalzten Elektrode

3. Kennlinien einzelner Elektroden

Die gewalzten Elektroden wurden bei Temperaturen bis zu 95 °C und Gasdrücken bis zu 41 bar in Halbzellen getestet. Als Differenzdruck zwischen Gas und Elektrolyt ist sowohl ein Gas- wie auch ein Elektrolytüberdruck zulässig. Standardmäßig werden die Elektroden mit einem Gasüberdruck von weniger als 100 mbar betrieben und die Elektrolytkonzentration (Kalilauge) auf 6 bzw. 7 normal eingestellt. Bei diesen Bedingungen funktionierten die Elektroden problemlos. Beim Einsatz in kompletten Zellen muß ein Gasüberdruck gewählt werden, um ein Eindringen des Elektrolyten in die Gaszuleitungen der Zelle zu verhindern.

3.1 Wasserstoffelektrode

Abbildung 7 zeigt die Kennlinie einer Wasserstoffelektrode bei verschiedenen Temperaturen. Gemessen wurde mit der Methode der zyklischen Voltametrie, wobei die gemessene Kennlinie einen IR-Anteil von weniger als einem Milliohm enthält.

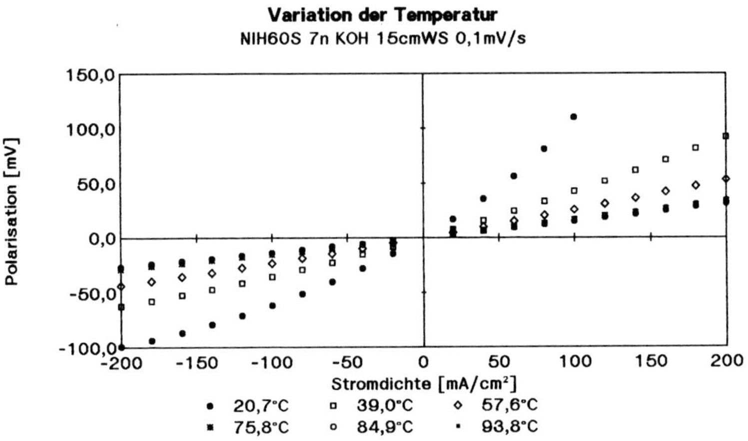

Abbildung 7: Kennlinien einer Wasserstoffelektrode bei verschiedenen Temperaturen. Gasüberdruck 15 cmWS, Gasdruck 1 bar, Elektrolyt 7n Kalilauge, Potentialvorschub 0,1 mV/s.

Die Wasserstoffelektrode hat im Brennstoffzellenbetrieb eine Polarisation von ca. 50 mV bei 200 mA/cm² und 58 °C. Bei Elektrolyse sinkt die Polarisation auf ca. 40 mV ab. Das Temperaturoptimum liegt bei 1 bar Gasdruck von ca. 85 °C. Diese Werte gelten für eine 7 normale Kalilauge. Erreichte Stromdichten liegen bei über 400 mA/cm² bei dem Gasverzehr und 700 mA/cm² bei der Gasentwicklung. Die gemessenen Polarisation waren jeweils kleiner als 140 mV.

3.2 Sauerstoffentwicklungselektrode

Die Sauerstoffentwicklungselektrode wurde ebenfalls in einer Halbzellenanordnung gemessen und das Potential IR-korrigiert. Eine Dotierung der Elektrode mit Platin erwies sich als vorteilhaft, wobei Mengen von 0,5 mg/cm² ausreichend sind. Die Sauerstoffentwicklungselektrode weist bei 200 mA/cm² ein Potential von +650 mV gegen die Hg/HgO-Referenz auf. Bei 95 °C sinkt das Potential auf +540 mV ab.

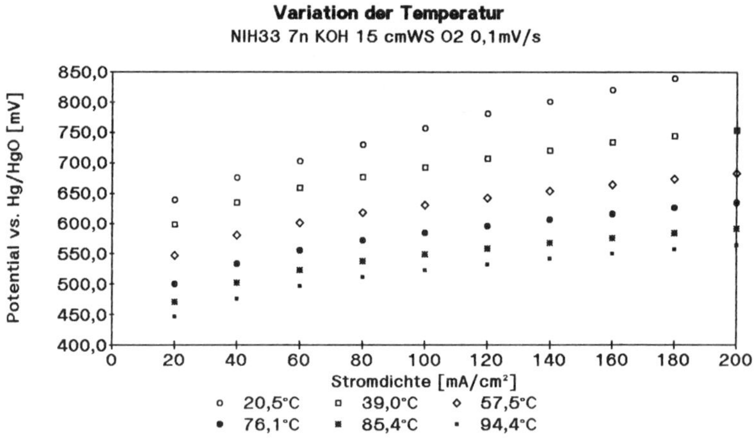

Abbildung 8: Kennlinien einer Sauerstoffentwicklungselektrode bei verschiedenen Temperaturen. Gasüberdruck 15 cmWS, Gasdruck 1 bar, Elektrolyt 7n Kalilauge, Potentialvorschub 0,1 mV/s.

3.3 Sauerstoffverzehrelektrode

In Abbildung 9 ist die Kennlinie einer Sauerstoffverzehrelektrode bei einer Temperatur von ca. 57°C gezeigt. Sie hat bei 200 mA/cm² und 1 bar Gasdruck ein Potential von ca. -45 mV gegen die Hg/HgO-Referenz. Bei dieser Temperatur wurden maximale Stromdichten von mehr als 500 mA/cm² erreicht, wobei das Potential oberhalb von -150 mV vs. Hg/HgO liegt.

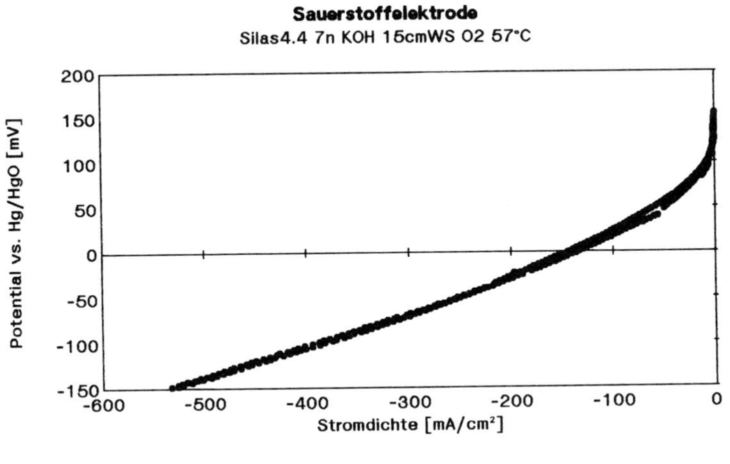

Abbildung 9: Kennlinien einer Sauerstoffverzehrelektrode bei verschiedenen Temperaturen. Gasüberdruck 15 cmWS, Gasdruck 1 bar, Elektrolyt 7n Kalilauge, Potentialvorschub 0,1 mV/s.

4. Die Blockherstellung

Mit den gewalzten Elektroden werden Zellblöcke hergestellt. Dazu werden die Elektroden zusammen mit Separatoren, Elektrolytverteilern, Labyrinthscheiben und

Endplatten in einer Gießform aufgeschichtet und mit Harz vergossen. Es entstehen kompakte Blöcke mit einer Dicke von ca. 3 cm für einen vierzelligen Block. Abbildung 10 zeigt den Innenaufbau an einem aufgeschnittenen vierzelligen Block. Abbildung 11 zeigt das Schliffbild eines einzelligen Brennstoffzellenblockes.

Abbildung 10: Schnittbild eines vierzelligen Brennstoffzellenblockes

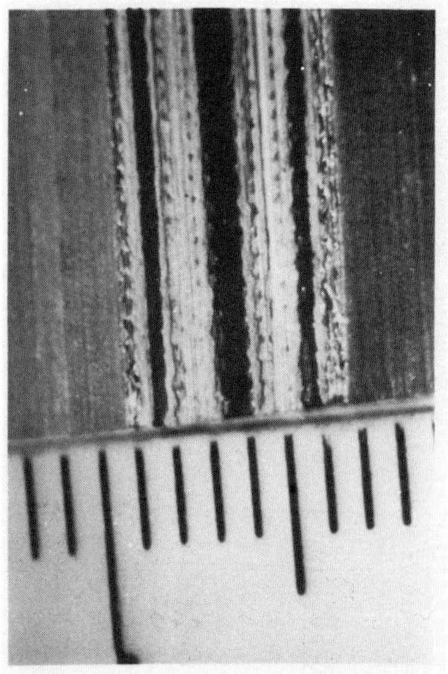

Abbildung 11: Schliffbild eines einzelligen Brennstoffzellenblockes

Die benutzten Elektroden gestatten eine Reihe von verschiedenen Blocktypen, die am Beispiel der Brennstoffzelle dargelegt werden, vgl. Abbildung 12. Der erste Typ, die klassische Eloflux-Zelle in der obersten Reihe von Abbildung 12, hat einen Elektrolytumlauf. Dabei übernimmt der an den Zellen vorbeiströmende Elektrolyt das produzierte Wasser und die Verlustwärme. Beides wird im Rekonzentrator und ggf. noch einem zusätzlichen Kühler wieder entfernt. Der Einsatz des Kühlers hängt von der Betriebsweise des Rekonzentrators ab. Man kann die ausgebrachte Wassermenge so groß wählen, daß alle Verlustwärme mit ausgebracht wird. Dann muß man allerdings einen Teil des Wassers wieder in den Elektrolyten zurückführen. Eine überlagerte Eloflux-Strömung kann man erreichen, indem man die beiden Elektrolytkreisläufe mit unterschiedlichem Druck betreibt.

Der zweite Blocktyp, vgl. die mittlere Reihe in Abbildung 12, verwendet einen Wasserstoffkreislauf zum Ausbringen des Reaktionswassers. Die überschüssige Verlustwärme muß durch einen getrennten Kühlkreislauf ausgebracht werden. Der Wasserdampf wird in einem separaten Gastrockner aus dem umlaufenden Wasserstoff entfernt.

Beim dritten Typ, vgl. unterste Reihe in Abbildung 12, ist der Rekonzentrator in den Zellblock integriert. Reaktionswasser und Wärme werden auf einen Flüssigkeitskreislauf übertragen, dessen Flüssigkeit, z.B. NaCl, denselben Wasserdampfpartialdruck wie der Elektrolyt hat. Ein zweiter Rekonzentrator bereitet die Flüssigkeit dieses Zwischenkreises wieder auf. Vorteil dieses Blockkonzeptes ist, daß die Flüssigkeit des Zwischenkreises leichter zu handhaben ist als der Elektrolyt (Kalilauge) und die Menge Elektrolyten reduziert werden kann.

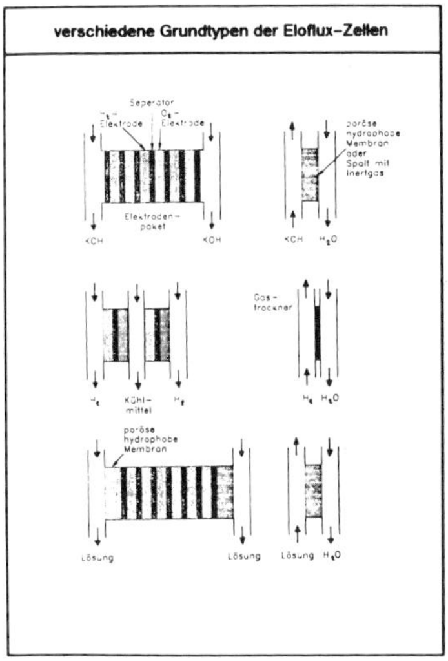

Abbildung 12: Verschiedene Grundtypen von Eloflux-Zellen, vgl. Text.

5. Kennlinien von Eloflux-Blöcken

Eloflux-Zellen des ersten Types wurden sowohl als Elektrolyseur als auch als Brennstoffzelle realisiert. Die Brennstoffzelle wurde mit Stromdichten bis zu 250 mA/cm², dies entspricht einem Zellstrom von 100 A, belastet. Bei einer Temperatur von

80 °C und Gasdrücken von ca. 0,5 bar ergab sich eine Zellspannung von ca. 750 mV. Bei der Nennstromdichte von 100 mA/cm², dies entspricht 40 A, liegt die Zellspannung bei 900 mV. Die Kennlinien von Brennstoffzelle und Elektrolyseur können Abbildung 13 entnommen werden. Betrachtet man die erreichten Leistungsdichten eines einzelnen Brennstoffzellenblockes /5/ in Abbildung 14, so findet man Werte von bis zu 190 Watt pro Kg.

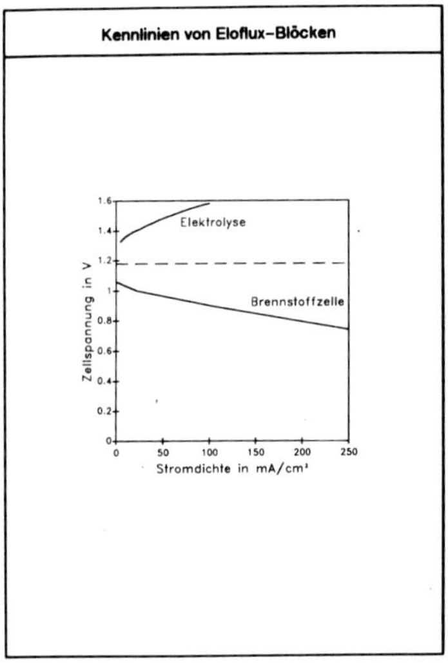

Abbildung 13: Kennlinien von Eloflux-Blöcken. Betriebsparameter siehe Text.

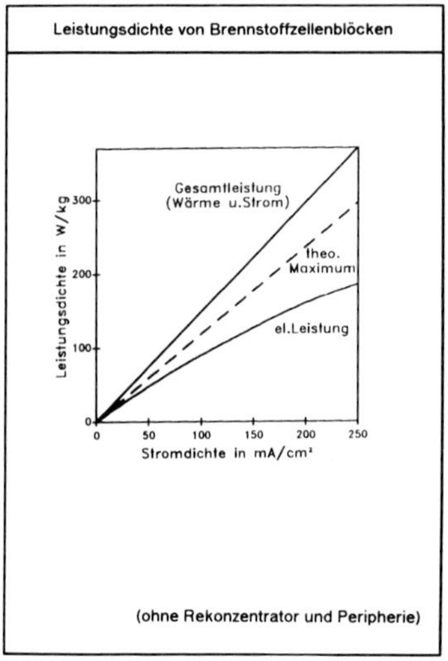

Abbildung 14: Leistungsdichte von Brennstoffzellenblöcken /5/

Der Elektrolyseur erreichte bei 60 °C und 100 mA/cm² eine Zellspannung von weniger als 1,6 Volt. Bei einer Stromdichte von 200 mA/cm², dies entspricht 40 A, bleibt die Zellspannung unter 1,8 Volt. Die Gasdrücke waren wie bei der Brennstoffzelle gewählt worden. Die Gasreinheit des Elektrolyseurs ist ohne besondere Maßnahmen bei 60°C und 125 mA/cm² besser als 98% beim Sauerstoff und 99% beim Wasserstoff, vgl.

Abbildung 15. Diese Werte wurden an einem 16 zelligen Elektrolyseur bestimmt, ohne daß der Block speziell für eine hohe Gasreinheit optimiert wurde.

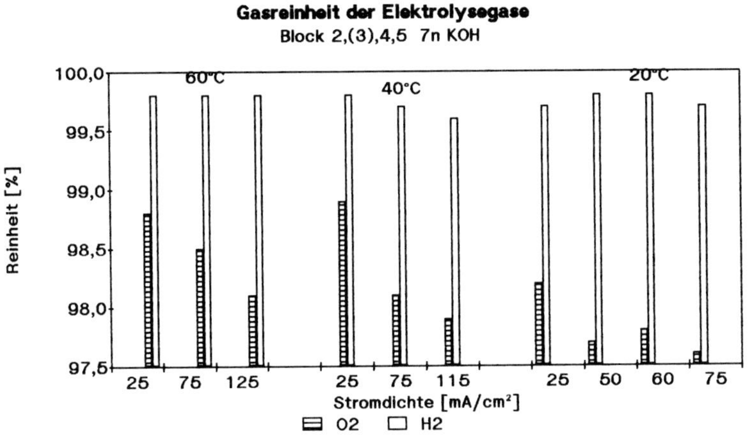

Abbildung 15: Gasreinheit eines 16 zelligen Elektrolyseurs bei verschiedenen Temperaturen und Stromdichten /6/.

Bei der Brennstoffzelle konnte bis jetzt Lebensdauer von 1000 Stunden nachgewiesen werden. Der Elektrolyseur wurde bis zu 2500 Stunden getestet. Die maximale Betriebstemperatur ist, aufgrund des verwendeten Harzes, auf 80°C für Dauerbelastungen beschränkt. Tabelle 1 faßt die Kennwerte der Brennstoff- und Elektrolysezellen zusammen.

Tabelle 1: Kenndaten der Elektrolyseur- und Brennstoffzellen

	Elektrolyseur	Brennstoffzelle
Elektrodenpaare pro Zelle:	2	4
H2-Elektrode:	PTFE-gebundene Raney-Nickelelektrode mit Kupfernetz	
O2-Elektrode:	PTFE-gebundene Raney-Nickelelektrode mit vernickeltem Kupfernetz	PTFE-gebundene Silberelektrode mit vernickeltem Kupfernetz
Separator:	Asbest 0,3 mm	
Blocktechnik:	Epoxid-Harz-Vergußtechnik	
Gasüberdruck:	0,5 bar	
Temperatur:	60°C	80°C
Elektrolyt:	6-7n KOH	6-7n KOH
Gasreinheit:	>99%	
Erreichte Betriebsstunden:	>2500 h	>1000h

Literaturverzeichnis:

/1/ A.Winsel: Dechama Monografien 98, Weinheim 1985, Verlag Chemie, S.181-194

/2/ A.Winsel und G.J.Richter in Wendt(Hrsg): Electrochemical Hydrogen Energy, Amsterdam 1990, Elsevier, S.390

/3/ O.Führer: Dissertation, Gesamthochschule Kassel, (1990)

/4/ H. Sauer: DBP 29 41 774 C2, (1985)

/5/ Berichte zum Hermes-Projekt der Varta Batterie AG/Gesamthochschule Kassel

/6/ K.Rühling, Dissertation, Gesamthochschule Kassel, (1990)

Rezyklisierung von Trockenbatterien

W. Plieth
Freie Universität Berlin, Institut für Physikalische und Theoretische Chemie, Berlin

J. Fiala-Goldiger, J. Hanulik
RECYTEC S.A., Nyon (CH)

H. Abraham
Berliner Stadtreinigungs Betriebe, Berlin

Zusammenfassung

Es wird ein Überblick über den derzeitigen Stand der Entwicklungen von Verfahren zur Rezyklisierung von Trockenbatterien gegeben.

Summary

A review is given of the present situation of the developement of technologies for the recycling of dry batteries.

Résumé

Il est donné un exposé complet de l'état de développement actuel de practiques pour la reutilisation des piles séches.

1. Einleitung

In allen Industriegesellschaften hat in den letzten Jahren ein Umdenken dahingehend begonnen, daß die Benutzung der Rohstoffreserven der Erde nicht im Einwegverfahren möglich ist, sondern daß die Materialien nach Verwendung, so weit wie irgend möglich, einer Wiederverwertung zugeführt werden müssen. Erst die Schaffung von geschlossenen Materialkreisläufen macht eine stabile Industriegesellschaft über längere Zeiträume möglich. Noch stehen diesem Konzept ökonomische Gesichtspunkte entgegen. Die Rohstoffe sind derzeit noch in einem Maße verfügbar, daß der Preis für die Wiederaufbereitung die meisten Rezyklisierungsverfahren, unter materialwirtschaftlichen Gesichtspunkten, unwirtschaftlich macht.

Das wachsende Bewußtsein für die ökologischen Probleme der industriellen Gesellschaft hat jedoch die Ausgangssituation verändert. Bis vor kurzem war es noch möglich, umweltbelastende Produkte als Sondermüll in Länder zu exportieren, die auf Grund ihrer wirtschaftlichen Lage und ihrer politischen Verhältnisse diese Stoffe zu Dumpingpreisen abnahmen. Politische Veränderungen haben die Deponiepreise auf den Sondermülldeponien drastisch erhöht. Unter Einbeziehung dieser Deponiegebühren sollte es bereits jetzt möglich sein, Rezyklisierungsverfahren für Sondermüll kostendeckend zu betreiben. Die Entwicklung von Verfahren und der Betrieb von Pilotanlagen könnte daher schnell und gezielt vorangetrieben werden.

Das Rezyklisieren von Trockenbatterien ist ein spezielles Beispiel für die angesprochene Thematik. Die Trockenbatterien sind ins Gerede gekommen durch den Quecksilbergehalt eines großen Teils der auf dem Markt befindlichen Batterietypen. Die Belastung der Ablüfte von Müllverbrennungsanlagen mit Quecksilber wird zum Teil auf die im Müll enthaltenen Batterien zurückgeführt. Obwohl der Anteil an verbrauchten Trockenbatterien im Vergleich zum gesamten Müllanfall gering ist, ist dennoch eine besondere Sensibilität entstanden. Spezielle Sammelaktionen, verbunden mit Aufklärungsmaßnahmen der Entsorgungsbetriebe, haben dazu geführt, daß in der Öffentlichkeit ein gewisses Bewußtsein für den Sonderabfallcharakter von Batterien entstanden ist. Die einheimische Batterieindustrie hat hierauf in der Weise reagiert, den Quecksilbergehalt der Batterien zu verringern und nach Möglichkeit ganz zu eliminieren. Damit ist zwar auf der einen Seite der Weg einer Verringerung der Schadstoffbelastung beschritten worden, auf der anderen Seite werden aber von Billiganbietern weiterhin quecksilberhaltige Batterien auf den Markt gebracht. Außerdem wird die Chance verpaßt, den Weg der totalen Rezyklisierung anzutreten. Immerhin enthalten Batterien hochwertige Rohstoffe und auch nach Eliminierung des Quecksilbergehalts bleibt ein beträchtlicher Anteil risikobelasteter Schwermetalle: z.B. Cadmium und Blei. Die Berliner Stadtreinigungs-Betriebe, in Zusammenarbeit mit dem Senat von Berlin, verfolgen deshalb seit längerem das ehrgeizige Ziel, eine Pilotanlage für die Rezyklisierung von Trockenbatterien aufzubauen und zwar unabhängig von der weiteren Entwicklung im Hinblick auf den Quecksilbergehalt der Batterien. Das dies ein richtiger Schritt ist, beweist der inzwischen deutlich gewordene Fehlschlag der vom Zentralverband der Elektroindustrie

(ZVEI) initiierten Sammel- und Selektieraktion für schadstoffbelastete Batterien durch den Fachhandel. Nach Prüfung mehrerer Verfahren wurde von den Berliner Stadtreinigungs-Betrieben der Prozeß der Schweizer Firma Recytec S.A. ausgewählt. Im folgenden soll ein Überblick über einige existierende Verfahren und die Besonderheiten des in Berlin vorgesehenen Verfahrens gegeben werden.

2. Überblick über die Batteriearten und ihre Zusammensetzung

Auf dem Markt sind nach Art des energieliefernden Prozesses sehr unterschiedliche Trockenbatterien im Umlauf. Ausgeschlossen von der folgenden Betrachtung sind Bleiakkumulatoren, wie sie z.B. als Starterbatterie im Kraftfahrzeug eingesetzt werden. Diese Batterien sind auf Grund ihrer Größe, ihres Gewichts und ihrer Säurefüllung bereits jetzt einer nahezu vollständigen Rezyklisierung unterworfen. Von den verbleibenden Batterietypen entfällt der größte Anteil (noch) auf Kohle/Zink- bzw. Zinkchloridzellen, gefolgt von Alkali/Manganzellen, wiederaufladbare Nikkel-Cadmiumzellen, sowie geringere Anteile an Quecksilberoxid- und Silberoxidzellen, Zink-Luftzellen, Lithiumzellen und kleinformatige Bleiakkumulatoren (Abb.1).

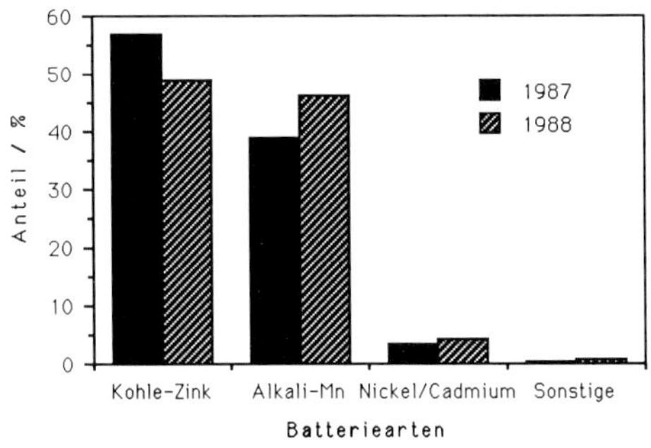

Abb.1
Marktanteile typischer Batteriearten am Beispiel der Schweiz 1987 und 1988 [1].

Der Grundprozeß der Kohle/Zinkzellen ist die Umsetzung zwischen Braunstein und Zink zu reduziertem 2,3-wertigem Mangan und zu oxidierten 2-wertigen Zink-Ionen. Als formale Zellreaktion kann formuliert werden:

$$2\ MnO_2 + Zn + 2\ NH_4Cl \longrightarrow Mn_2O_3 + Zn(NH_3)_2Cl_2 + H_2O$$

In der ammoniumchloridärmeren Zinkchloridzelle tendiert die formale Zellreaktion zum Zinkchlorid ($ZnCl_2$), anstatt des ammoniakalischen Zinkchlorids.

Der schwach saure Elektrolyt ist in den Alkali/Manganzellen durch Kalilauge ersetzt, der Zinkbecher durch Zinkstaub, durchfeuchtet mit Elektrolyt. Damit ergeben sich wesentlich verbesserte Bedingungen für die Leistungsfähigkeit der Zelle. Die formale Zellreaktion lautet

$$MnO_2 + Zn + H_2O \longrightarrow Mn_2O_3 + Zn(OH)_2$$

Aus verschiedenen Gründen muß jedoch in diesem System dem Zink in größeren Mengen Quecksilber hinzugefügt werden. Dieser erhöhte Anteil an Quecksilber (3-8%)bringt die Belastung dieses Hauptbatterietyps für die Umwelt mit sich. Er wurde in den Batterien renomierter Hersteller in den letzten Jahren auf 1% und sogar schon darunter verringert, nahezu "quecksilberfreie" Zellen sind in der Entwicklung.

In den Silberoxid- und Quecksilberoxidzellen laufen die folgenden formalen Reaktionen ab

$$Ag_2O + Zn + H_2O \longrightarrow Ag + Zn(OH)_2$$
$$HgO + Zn + H_2O \longrightarrow Hg + Zn(OH)_2$$

ab. Der hohe Quecksilbergehalt der HgO-Zellen fällt vergleichsweise nicht so ins Gewicht wie der der Alkali/Manganzellen. Hinzu kommt, daß bei den Zellen durch ihre speziellen Anwendungsbereiche bereits ein hoher Grad an Rezyklisierung erreicht ist.

Kritischer zu sehen ist die wiederaufladbare Nickel/Cadmiumzelle. Die formale Zellreaktion ist in der folgenden Gleichung wiedergegeben

$$NiOOH + Cd + 2\ H_2O \longrightarrow 2\ Ni(OH)_2 + Cd(OH)_2$$

Der hohe Gehalt an Cadmium macht diese Batteriezelle zu einem Problemfall für die Zukunft.

Von den selteneren Systemen sollen hier nur noch die Lithiumzellen wegen ihrer zu erwartenden zukünftigen Bedeutung beschrieben werden. Die Lithiumzellen sind im Normalfall Lithium/Braunsteinsysteme mit Propylencarbonat als Lösungsmittel. Die Zellreaktion ist

$$MnO_2 + 2Li + H_2O \longrightarrow Mn_2O_3 + 2Li(OH)_2$$

Als Hochleistungszellen kommen auch mit Schwefeldioxid oder mit

Thionylchlorid gefüllte Zellen vor. Zellreaktion ist z. B. im letzteren Fall

$SOCl_2 + 2Li \longrightarrow LiCl + SO_2$

Die ebenfalls wiederaufladbaren Bleisysteme sind miniaturisierte, mit gebundenen oder gelierten Elektrolyten gefüllte Bleiakkumulatoren mit der Zellreaktion

$PbO_2 + Pb + 2H_2SO_4 \longrightarrow 2PbSO_4 + 2H_2O$

Die verschiedenen Typen führen gemäß ihrer Zusammensetzung und ihres Marktanteils zu einem komplexen Stoffgemisch. Bestimmt man die mittlere Zusammensetzung eines typischen Tockenbatteriegemenges, so kommt man zu dem Diagramm in Abb.2.

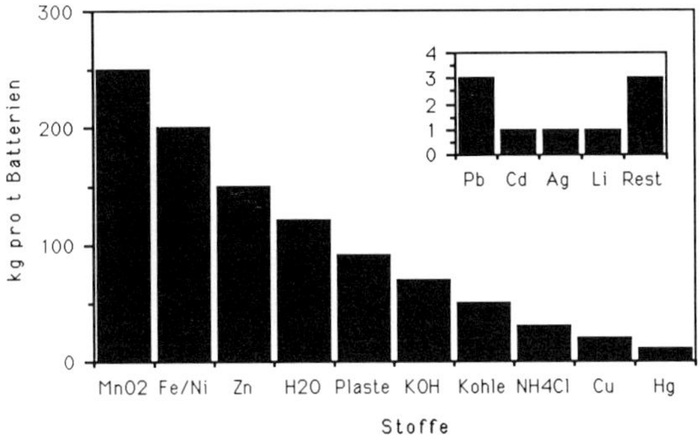

Abb. 2
Zusammensetzung eines typischen Batteriegemisches (Mischungsanalyse).

Hauptanteil der Batterie ist danach Braunstein (MnO_2) gefolgt von Eisen/ Nickel und Zink. Bereits der hohe Nickelanteil ist wegen der zunehmend kritischeren Haltung gegenüber dem Nickel bedenklich. Dazu kommen der Quecksilberanteil (um 3 %), der Bleianteil und der, zur Zeit noch geringe, aber sicher steigende Cadmiumanteil (0.1%), die dieses Gemisch zu Sondermüll deklarieren.

Die zweite Besonderheit des auf dem Markt befindlichen Batteriegemisches ist eine große Vielzahl an verschiedenen Formtypen. Grundsätzlich unterscheidet man zunächst zwischen Knopfzellen und Rundzellen, abgesehen von einigen besonderen Typen für spezielle Geräte (Rechteckformen). Sowohl bei Knopf- als auch bei den Rundzellen gibt es noch Größenunterschiede.

3. Grundsätzliche Strategien zur Rezyklisierung von Trockenbatterien

Bei der Entwicklung von Rezyklisierungsverfahren sind in den vergangenen Jahren zwei verschiedene Strategien erkennbar geworden. Die eine versucht durch die Form- und Größenunterschiede und einen weiteren Unterschied hinsichtlich des Gewichts, Batterien in ihre verschiedenen Typen zu sortieren. Das vorliegende Batteriematerial wird danach in unkritischen Batteriemüll und Sonderbatteriemüll unterteilt. Dabei geht man allerdings vorwiegend von der Entgiftung des Sondermülls aus und nicht von einer vollständigen Rezyklisierung des Materials.

Die zweite Strategie weicht den Schwierigkeiten einer Auftrennung der Batterietypen nach ihrer Form und chemischen Zusammensetzung aus und versucht statt dessen das unsortierte Trockenbatteriegemisch aufzuarbeiten. In einfachen Fällen steht auch hier nur die Entgiftung im Vordergrund, generell wird aber vorwiegend von einer Trennung in die Ausgangsmaterialien ausgegangen. Auch dabei unterscheidet man wieder grundsätzlich zwei Wege. Der eine Weg ist der traditionelle, pyrometallurgische Weg der Metallgewinnung, der zweite Weg konzentriert sich auf naßchemische Verfahren und besteht in einer Auflösung des Metallanteils der Batterien und einer chemischen oder elektrochemischen Trennung der Lösungskomponenten.

Das typische Beispiel für den ersten Verfahrensschritt ist das von der Firma Sumitomo Heavy Industries LTD. entwickelte Verfahren [2]. Das in Berlin geplante Verfahren der Fa. Recytec S.A. ist der typische Exponent des naßchemischen Verfahrens [3]. Andere Verfahren, z.B. das von der Firma Voest-Alpin entwickelte, können mit gewissen Einschränkungen zwischen diesen beiden Verfahren angesiedelt werden [4].

Neben den genannten Verfahren, die auf eine weitgehende Stofftrennung abzielen, gibt es eine Reihe von Varianten, die sich mehr oder weniger mit der Entsorgung der Schadstoffe zufrieden geben. Hierbei ist insbesondere an eine separate Entsorgung der Nickel/Cadmium-Batterien zum Zwecke der Abtrennung des Cadmiums gedacht, sowie an eine Abdestillation von Quecksilber aus dem übrigen Batterieschrott. In diese Richtung ging z.B. die Einbringung von Batterien in die Versuchsanlage zur Entsorgung quecksilberhaltiger Abfälle der japanischen Umweltbehörde CJC in Itomuka [5].

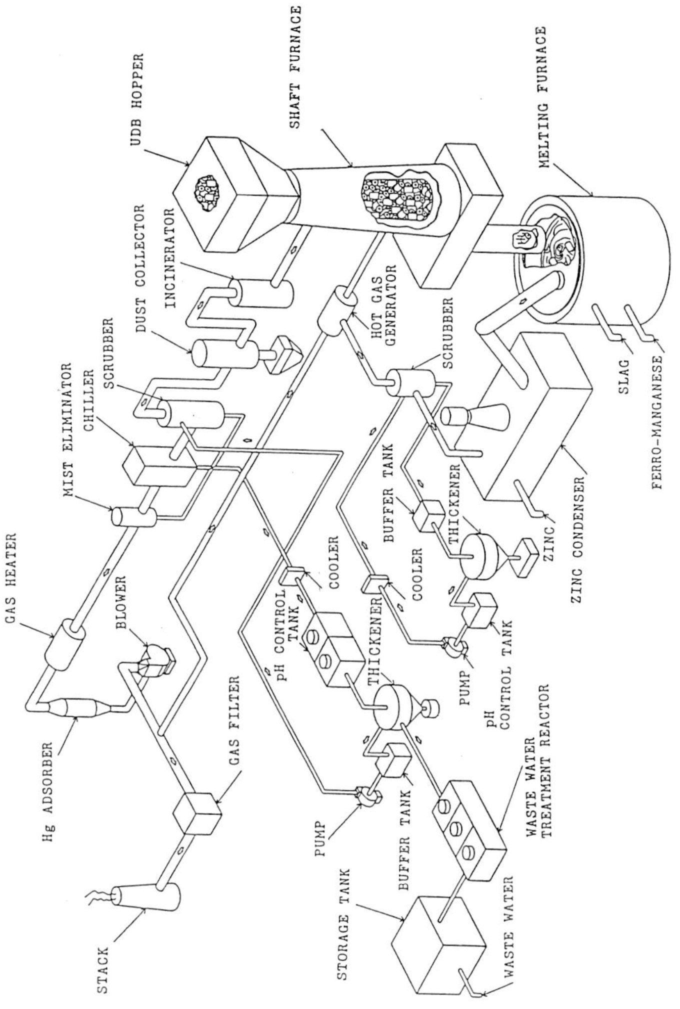

Abb. 3
Schematische Darstellung des Sumitomo-Verfahrens zur pyrometallurgischen Metallrückgewinnung verbrauchter Trockenbatterien (nach Ref. [2]).

4. Das Sumitomo Verfahren

Das pyrometallurgische Verfahren der Sumitomo Heavy Industries LTD. ist in Abb.3 schematisch dargestellt [2]. Dieses Verfahren ist in einer Pilotanlage in Japan erprobt worden. Das Verfahren besteht zunächst in einem Erhitzen der Batterien in einem Schachtofen auf etwa 800 °C, dabei werden die zersetzlichen Produkte pyrolysiert und die flüchtigen Produkte abdestilliert. Aus den flüchtigen Produkten gilt es, das kritische Quecksilber zu kondensieren und auszuwaschen. Danach wird in einem zweiten Schritt der gesamte verbleibende Batterieschrott aufgeschmolzen (1400°C). Dabei wird das Zink absublimiert, die verbleibende Schmelze separiert sich in Schlacke und in Ferromangan. Das Ferromangan könnte der Wiederverwertung zugeführt werden. Es enthält, neben Eisen und Mangan, allerdings noch weitere Metalle wie Kupfer (ca. 5%), Blei (ca. 1%). Der Kupfergehalt macht, zumindest unter Berücksichtigung der bestehenden hüttenmetallurgischen Verfahren, die Verwendung in der Stahlindustrie problematisch.

5. Das Voest-Alpin Verfahren

Das Verfahren der Voest-Alpin AG [4] unterscheidet sich zunächst von dem Sumitomo-Verfahren durch eine mechanische, auf Siebtrennung beruhende Separierung des Batterieschrotts in Knopfzellen und Rundzellen (Abb.4). Die Knopfzellen sind vorwiegend quecksilber- und siberhaltige Zellen. Sie werden in einem thermischen Prozeß vom Quecksilber befreit. Danach wird durch Laugung das für die Wiederaufarbeitung interessante Silber herausgelöst und ausgefällt.

Die Rundzellen werden zunächst einer mechanischen Zerkleinerung zugeführt. Magnetisch werden die eisenhaltigen Hüllenkomponenten der Batterien (der Batteriemantel) abgetrennt, der verbleibende Rest wird in zwei thermischen Stufen weiterbehandelt. Neben der Abtrennung des Quecksilbers wird dabei auch eine Sublimation des Zinks durchgeführt. Der verbleibende Rest, die "Schwarzmasse", besteht vorwiegend aus Braunstein. Die Rückführung des Braunsteins in die Batterieindustrie scheint derzeit nicht möglich, so daß eine Abgabe an die Stahlindustrie in Frage kommt.

6. Der Recytec-Prozeß

Der Recytec-Prozeß [3] ist das typische Beispiel eines vorwiegend naßschemischen Verfahrens (Abb.5). In einem ersten Schritt werden zunächst in einer thermischen Behandlung die flüchtigen Bestandteile von dem Batterieschrott abdestilliert. Neben Wasser, Fetten und Ölen (Dichtungsmassen) geht dabei Quecksilber und etwas Cadmium in den Gasstrom. Die noch in ihrer Form erhaltenen Batterien werden in ein Mahlwerk gegeben. Nach

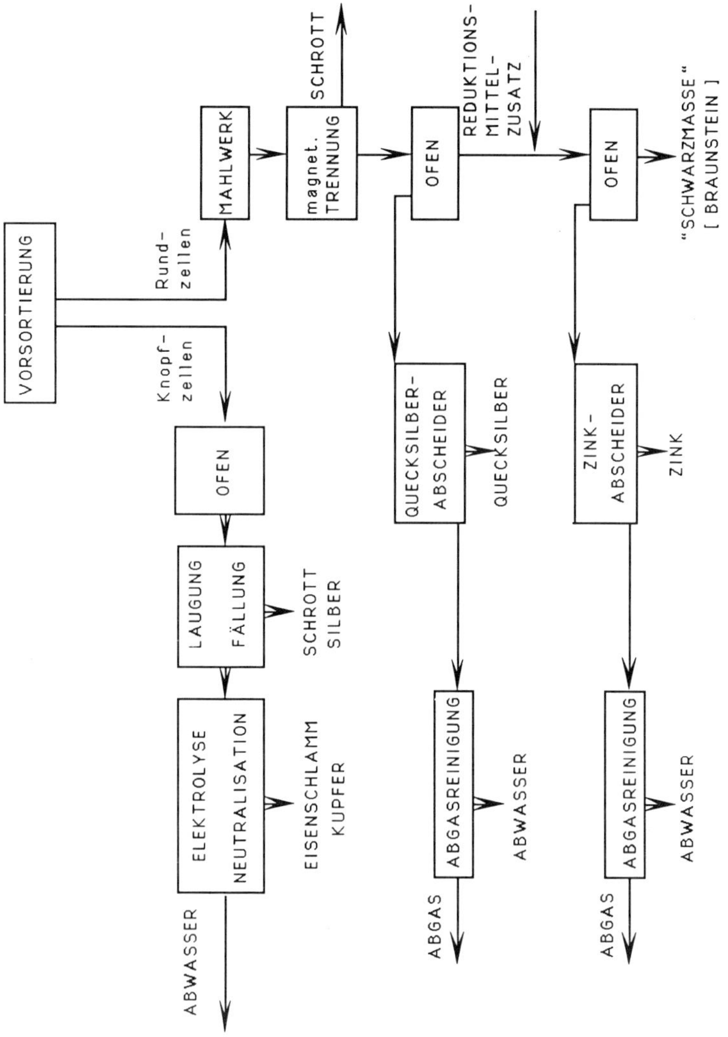

Abb. 4
Schematische Darstellung des Voest-Alpine-Verfahrens zur Metallrückgewinnung aus verbrauchten Trockenbatterien (nach Ref. [3]).

Zerkleinern der Batterien wird in einer magnetischen Trennanlage das Mantelmaterial entfernt (Stahl), der verbleibende Rest wird einer stufenweisen elektrolytischen Trennung zugeführt. Das Besondere dieses Verfahrens ist die Verwendung der stark komplexierenden Tetrafluorborsäure, die es möglich macht, quantitativ die Metalle in Lösung zu bringen. Der Auflösungsprozeß wird jedoch nicht in einem Schritt, sondern in einer stufenweisen elektrolytischen Auflösung und Wiederabscheidung durchgeführt. Die Stufen sind auch unter elektrochemischen Gesichtspunkten von Interesse. In der ersten Stufe wird zunächst Zink und Cadmium durch Elektrolyse bei 2 V in einer Tetrafluorboratlösung, pH 4,5 - 5, aufgelöst und an Edelstahlelektroden wieder abgeschieden. Der verbleibende Anodenkörper wird in einen zweiten Elektrolysetrog eingebracht, wo bei verringerter Spannung (0,1 - 0,5 V), beim pH-Wert 1 - 1,5, das Kupfer und Silber aufgelöst und an Kupferblechen abgeschieden wird. Dieser Prozess kann auch in zwei Stufen (getrennte Cu und Ag-Abscheidung) durchgeführt werden. Schließlich wird in einem letzten Elektrolyseschritt, unter wieder erhöhter Spannung (2,5 - 3 V) beim pH Wert 4,5 - 5 Nickel aufgelöst und abgeschieden. Es bleibt schließlich ein nicht löslicher Rest übrig von Graphitstäben, Keramikmaterialien und ähnlichem, der der normalen Deponie zugeführt werden kann.

Eine Anlage beruhend auf diesem Verfahren wird zur Zeit in der Schweiz installiert. Die Berliner Anlage wird voraussichtlich Anfang 1992 betriebsbereit sein.

7. Wirtschaftlicher Vergleich

Alle drei Verfahren sind von der Durchführung her vergleichsweise aufwendig, so daß mit Sicherheit der Erlös aus den wiedergewonnenen Stoffen nicht die Prozeßkosten der Wiederaufarbeitung deckt. Für die Prozeßkosten werden sehr unterschiedliche Zahlen angegeben, zwischen 1500,-- und 4500,-- DM. Die Kostenunterschiede beruhen zum einen auf den Anlagen- und Betriebsgrößen. Zum anderen sind unterschiedliche Rahmenbedingungen der einzelnen Standorte für die Unterschiede verantwortlich, so daß selbst für das gleiche Verfahren die Kalkulation stark differieren kann. Die tatsächlichen Kosten können wohl erst nach Abschluß längerfristiger Pilotbetriebsphasen benannt werden. Für die Kostenbeurteilung muß der Gesichtspunkt der Beseitigung von Sondermüll mitberücksichtigt werden. Ausgehend von den derzeitigen Kosten für die Sondermüllentsorgung, die von Ort zu Ort verschieden sich allmählich dem Betrag von 2000,- DM pro Tonne nähern, dürfte die Schwelle bis zur Wirtschaftlichkeit der Verfahren nicht mehr weit entfernt sein.

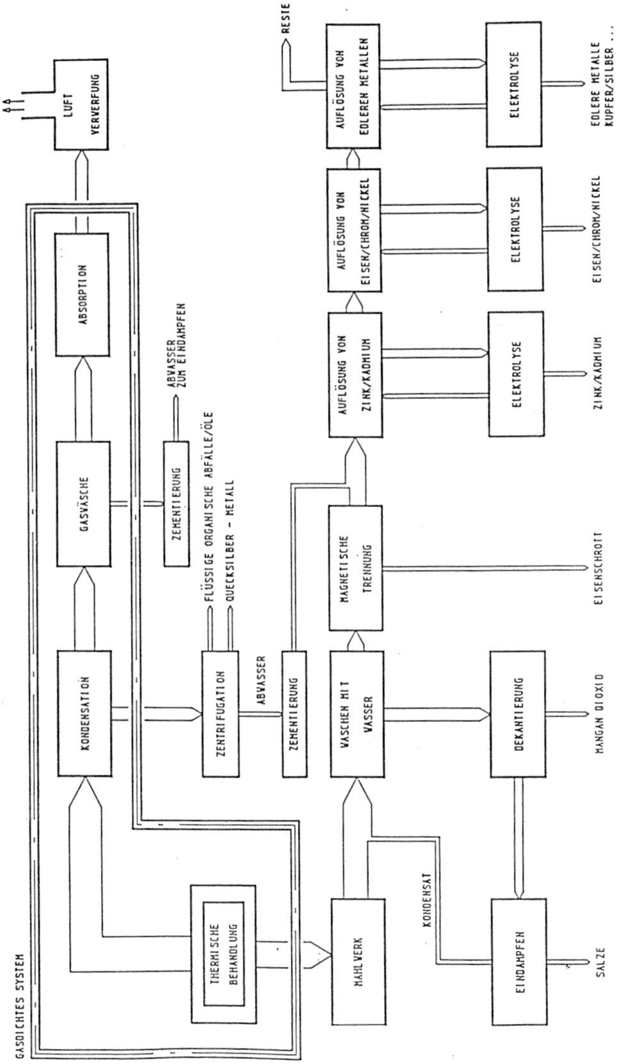

Abb. 5
Schematische Darstellung des Recytec-Verfahrens zur Metallrückgewinnung aus verbrauchten Trockenbatterien [4].

Wesentliche Voraussetzung für die Einführung von Verfahren ist jedoch die gesicherte Zufuhr an Batterieschrott. Diese Sicherung hängt von den Entsorgungsunternehmen ab und bedeutet ein gezieltes Sammeln und gezielte Aufklärung der Bevölkerung über die Notwendigkeit des Sammelns. Die in Berlin gemachten Erfahrungen sind, daß in den Jahren 1986 - 1990 durch gezielte Aufklärung der Bevölkerung eine Steigerung des Sammelergebnisses von 150 t pro Jahr auf 230 t pro Jahr möglich war. Angesichts des Gesamtverbrauchs an Batterien im Bereich des früheren West-Berlins bedeutet das allerdings immer noch erst eine Rückführung von einem Drittel der verbrauchten Batterien. Es wird also weiterer Aktivitäten bedürfen, um die Zukunft der diskutierten Verfahren sicherzustellen.

Literatur

/1/ J. Fiala-Goldiger, M. A. Roller, J. Hanulik,
The Status of Battery Recycling in Switzerland,
The Second Internatonal Seminar on Battery Waste Management,
Deerfield Beach, Fa, Nov. 1990.

/2/ T. Matsuoka, S. Kurozu, Y. Koyabu, M. Toila,
Technology for Treatment of Used Dry Batteries,
in "Abfallvermeidung in der Metallindustrie", Ed. G. Fleischer,
EF-Verlag, Berlin 1989; Firmendruckschrift, New Technology for Treatment of Used Dry Batteries, Rev.4, Nov. 1989.

/3/ J. Hanulik, J. Fiala-Goldiger, H. Abraham, W. Plieth,
Recycling von Trockenbatterien,
in "Abfallvermeidung in der Metallindustrie", Ed. G. Fleischer,
EF-Verlag, Berlin 1989.

/4/ Voest-Alpine Umwelttechnik TUU,
Projektstudie für eine Batterierecyclinganlage,
Projekt-Nr. 6773- 3012, Linz 1987.

/5/ S. Gotoh,
Avoidance and Recycling of used Dry Battery Cells,
in "Precedings of the 5th International Recycling Congress (I.R.C.)", Ed. K.J. Thomè-Koschninsky, Berlin, Okt. 1986.

Das (überwundene) Quecksilberproblem der Primärzellentechnik

D. von Borstel

VARTA Batterie AG, Ellwangen

Zusammenfassung

Quecksilber findet in der Batterietechnik Verwendung bei Primärzellen. Es wurde bisher zum einen als positives Elektrodenmaterial in Form von HgO, zum anderen als Zusatz zur negativen Zinkelektrode benutzt. Im Rahmen eines umfangreichen Entwicklungsprojekts ist es VARTA gelungen, Wege zu finden, um auf den Einsatz von Hg in Primärzellen zu verzichten. Probleme und technische Lösungen im Zuge der Realisierung quecksilberfreier Primärzellen werden diskutiert.

Summary

In primary batteries mercury is used as a positive electrode material (HgO) and for amalgamation of the negative zinc electrode. Based on a long range R & D program VARTA succeeded in finding ways to eliminate Hg from primary batteries. Problems and technical solutions during the realization of primary cells without any mercury are discussed.

Résumé

Dans les piles primaires, le mercure est utilisé comme un constituant de l'électrode positive (HgO) et pour l'amalgamation de l'électrode négative en zinc. Dans le cadre d'un vaste programme de développement, VARTA a réussi à trouver des moyens pour éliminer le mercure des piles primaires. Problèmes et solutions techniques en vue de la réalisation de piles primaires sans mercure sont discutés.

1. Einleitung

Quecksilber gelangt durch natürliche und anthropogene Quellen in unsere Umwelt. Es ist in der Natur mit durchschnittlich 0,08 ppm als Bestandteil der Erdkruste vertreten, wobei unbelastete Böden in der Regel Gehalte bis zu 0,5 ppm aufweisen. Quecksilber ist häufig mit organischen Sedimentbestandteilen assoziiert. Kohlen und Erdöle können beispielsweise mehr als 30 ppm Hg enthalten. Die im Rahmen des natürlichen Stoffkreislaufs z.B. durch Vulkanismus, Gesteinsverwitterung und Abgabe aus dem Meerwasser weltweit freigesetzte Quecksilbermenge wird auf ca. 40 000 t pro Jahr geschätzt /1/.

Dieser natürlichen Kontamination der Umwelt stand 1985 eine durch menschliche Aktivität verursachte Menge von ca. 6000 t pro Jahr aus weltweiter Quecksilberproduktion gegenüber. Wie Abb. 1 zeigt, entfielen davon als Eintrag auf das Gebiet der Bundesrepublik Deutschland 182 t pro Jahr, an denen die Batterieindustrie mit 61 t pro Jahr beteiligt war /2/. Angesichts dieser Schadstoffmenge ist es verständlich, daß VARTA es als eine ihrer vordringlichen Aufgaben angesehen hat, den Quecksilbergehalt in ihren entsprechenden Produkten zu verringern.

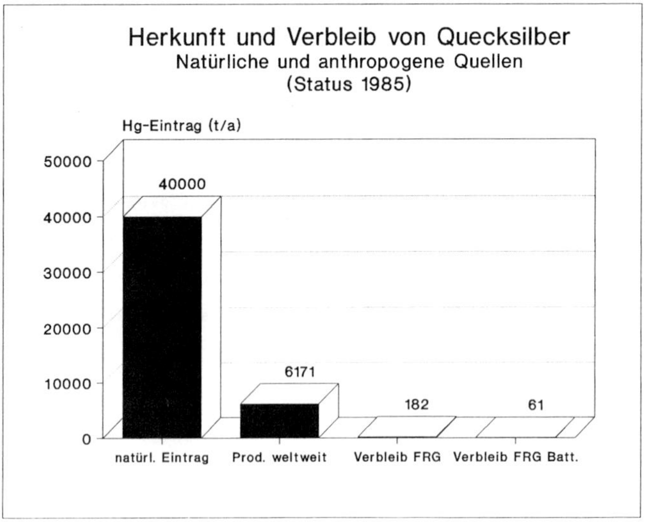

Abb. 1

2. Einsatz von Quecksilber in der Primärzellentechnik und Substitutionsmöglichkeiten

Primärzellen besitzen in der Regel als negative Elektrode ein Metall -häufig Zink- und als positive Elektrode ein Metalloxid. Quecksilber wird hierbei zum einen in Form von HgO als positives Elektrodenmaterial, zum anderen als Zusatz zur negativen Zinkgelelektrode benutzt. Abb. 2 verdeutlicht anhand von Konstruktionsskizzen diese unterschiedliche Verwendung in Knopf- und Rundzellen.

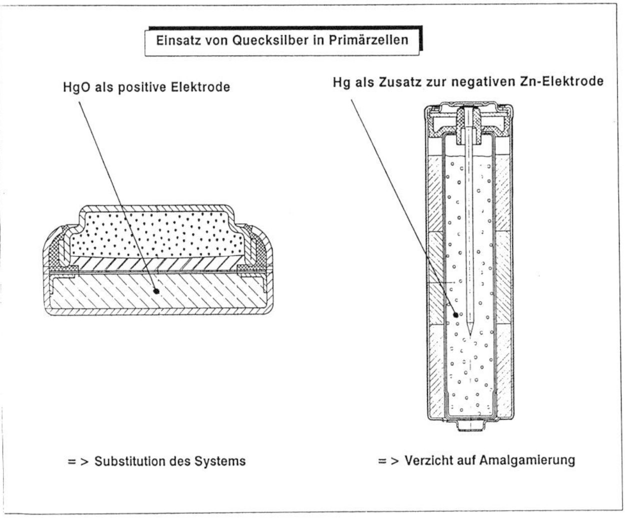

Abb. 2

2.1 Quecksilberoxid als positive Elektrode

Das Zink/HgO-System wird überwiegend in Knopfzellen zum Betrieb von Hörgeräten eingesetzt. HgO zeichnet sich hier durch gute Spannungsstabilität bei Strombelastung aus. Da HgO die positive Elektrode bildet, ist ein Verzicht auf Quecksilber in diesem Fall gleichbedeutend mit einem Ersatz des gesamten elektrochemischen Systems. Eine Alternative wird hier durch die Zink/Luft-Zelle geboten.

Sie nutzt den Sauerstoff der Luft, der an einer Katalysatorelektrode reduziert wird, als aktive positive Komponente. Dank der Entwicklung hochbelastbarer Zink/Luft-Zellen kann man inzwischen auf HgO in den wesentlichen zivilen Anwendungen verzichten. Abb. 3 zeigt einen Vergleich von Zink/Luft und Zink/HgO am Beispiel einer Entladung, wie sie für die Hörgeräteanwendung typisch ist.

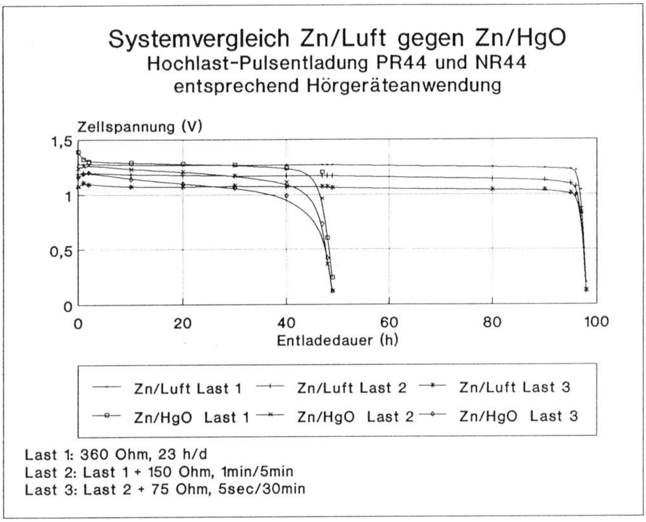

Abb. 3

Die Zink/Luft-Zelle verfügt gegenüber der Zink/HgO-Zelle über wesentlich mehr Anodenraum. Ihre Kapazität, die wie die der Zn/HgO-Zelle durch die Zinkmenge bestimmt wird, ist deshalb bei gleicher Baugröße etwa doppelt so hoch.

Die O_2-Elektrode der Zink/Luft-Zelle steht während des Betriebes im Austausch mit der umgebenden Atmosphäre. Die Gebrauchsdauer einer Zink/Luft-Zelle im aktivierten Zustand ist deshalb durch Stoffaustausch, z.B. durch Migration von Feuchte oder durch Carbonatisierung begrenzt. Diese Einschränkung gilt für die geschlossene Bauform der Zn/HgO-Zelle nicht. Bei Langzeitentladungen besitzt Zink/Luft gegenüber Zink/HgO somit einen gewissen Nachteil. In Hörgeräten werden die Zellen jedoch typischerweise in Zeiträumen unter einem Monat verbraucht, so daß hier nach Aktivierung keine Langzeitanforderungen an das System bestehen. Die Belastbarkeit der O_2-Elektrode ist durch den Sauerstoffzutritt begrenzt. Dieser kann so bemessen werden, daß im Mittel -auch bei harten Lasten- das Spannungsniveau der HgO-Zelle erreicht wird. Insgesamt bietet das Zink/Luft-System für die Anwendung in Hörgeräten einen mehr als vollwertigen Ersatz für Zink/HgO-Zellen.

2.2 Quecksilber als Zusatz zum Zink

In der Technik alkalischer Primärzellen wurden in der Vergangenheit weltweit diejenigen Mengen von Quecksilber der negativen Elektrode zugesetzt, die jeweils nötig waren, um die sichere Funktion des Produktes zu gewährleisten. Abb. 4 zeigt den Trend der Hg-Gehalte für die von VARTA im Zeitraum der letzten Jahre gefertigten alkalischen Rundzellen.

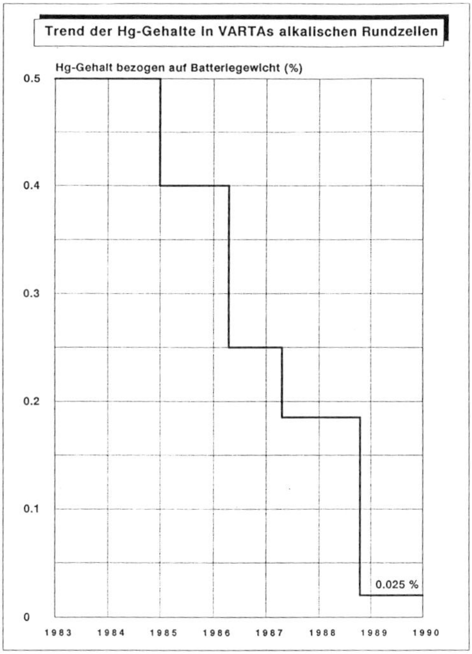

Abb. 4

Bis 1985 enthielt das Produkt demnach 0,5 % Quecksilber bezogen auf das Batteriegewicht, was in etwa einem Hg-Gehalt des Zinks von 2,5 % entsprach. Auf diesen Status beziehen sich auch die eingangs angegebenen Mengen von 61 t jährlichem Hg-Eintrag durch Batterien. In der Zwischenzeit ist es VARTA gelungen, den Hg-Gehalt um den Faktor 20 zu verringern. Das gesamte Produktspektrum der von VARTA gefertigten alkalischen Rundzellen enthält heute nur noch maximal 250 ppm Hg. Diesem Trend folgend, ist es ein erklärtes Ziel der Batteriehersteller, auf den Zusatz von Hg zum Zink vollständig zu verzichten.

3. Probleme bei quecksilberfreien alkalischen Rundzellen

Der bloße Verzicht auf Quecksilber ohne ein Ergreifen geeigneter kompensierender Maßnahmen würde zu einer unakzeptablen Qualitätsminderung für das Produkt führen. VARTA hat in einem umfassenden Entwicklungsprogramm Arbeiten geleistet, um die Schwächen Hg-freier alkalischer Zellen zu erfassen und Lösungen zu deren Behebung zu erarbeiten. Demnach sind die drei wesentlichen Problemekreise quecksilberfreier alkalischer Rundzellen

- erhöhte Wasserstoffentwicklung,
- geringere Belastbarkeit des Zinks und
- schlechterer elektrischer Kontakt der Zinkpartikel.

3.1 Wasserstoffentwicklung an Hg-freiem Zink

Zink ist in wässriger Umgebung thermodynamisch nicht stabil. Die Entstehung von Wasserstoff ist prinzipiell unvermeidbar; es besteht lediglich die Möglichkeit, die Reaktionsgeschwindigkeit durch hohe Barrieren zu vermindern. Die hohe Wasserstoffüberspannung von Hg bildete somit in der Vergangenheit einen der Gründe für die Amalgamierung des Zinks. Durch Quecksilber läßt sich die H_2-Entwicklung deutlich verlangsamen, die sonst zu einem Druckaufbau in den Zellen und im Extremfall zum Öffnen der vorgegebenen Berstmembran führen würde. Die erhöhte Gasungsneigung quecksilberfreien Zinks wird in Abb. 5 gezeigt. Hier sind Wasserstoffentwicklungsströme über dem Amalgamierungsgrad von Zink nach BAUGH et al. /3/ und volumetrisch gemessene

Wasserstoffmengen betrachtet, die sich nach einmonatiger Temperaturlagerung in LR14-Zellen[1] mit unterschiedlichem Hg-Gehalt gebildet haben. In diesen Darstellungen entsprechen sich Amalgamierungsgrad und Hg-Gehalt des Zinks, wenn man einen typischen Wert der spezifischen Oberfläche der Zinkelektrode von 300 cm^2/g zugrunde legt. Beide Ergebnisse lassen somit einen überproportionalen Anstieg der Gasung in Richtung auf Hg-Freiheit erkennen.

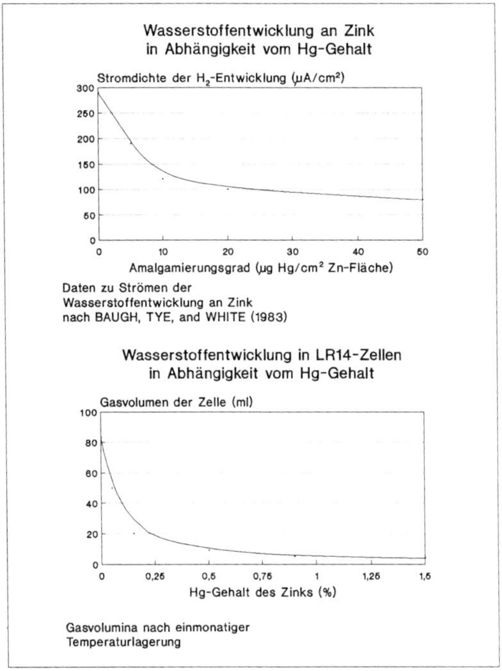

Daten zu Strömen der Wasserstoffentwicklung an Zink nach BAUGH, TYE, and WHITE (1983)

Gasvolumina nach einmonatiger Temperaturlagerung

Abb. 5

---

[1] Die IEC-Bezeichnung "LR14" beschreibt eine alkalische zylindrische Zn/MnO$_2$-Zelle mit einem max. Durchmesser von 26,2 mm und einer max. Höhe von 50,0 mm.

Die Möglichkeiten der Gasungsminimierung bei Verzicht auf Amalgamierung bestehen heute im Einsatz sehr reinen Zinks. Auch über die Verwendung von Zinklegierungen, die als Legierungsbestandteile Spuren von In, Ga, Al, Pb oder Bi enthalten, wird in der Literatur berichtet /4/.

Ein anderer Ansatz zur Lösung des Gasungsproblems liegt im Einsatz gasungshemmender Additive, die dem Zinkgel oder dem Elektrolyten zugesetzt werden können. Hier sind etliche Zusätze bekannt, wie z.B. Fluortenside oder Polyglykole und deren Derivate.

Die Verwendung dieser Substanzen ist nicht frei von Problemen. Zwar läßt sich die unerwünschte Reaktion des Zinks, nämlich Gasung, zurückdrängen, die erwünschte stromliefernde Reaktion kann jedoch ebenfalls beeinträchtigt werden. Insgesamt ist eine entsprechende Abstimmung bei Einsatz von Additiven nötig, um eine ausreichende Strombelastbarkeit der Zinkelektrode zu gewährleisten.

Im Rahmen der Massenfertigung quecksilberfreier alkalischer Zellen kommt der Reinheit der neben dem Zink eingesetzten Rohstoffe wie Braunstein, Separatoren, Ableitermaterial, Elektrolyt oder Verdickungsmittel entscheidende Bedeutung zu. Gasungsrisiken ergeben sich u.a. durch Verunreinigungen der negativen Elektrode mit Metallen, die im Hinblick auf Wasserstoffentwicklung hohe Austauschstromdichten aufweisen (Abb. 6). Problematisch sind beispielsweise bereits Spuren von Ni, W, oder Fe, d.h. von Metallen, wie sie typischerweise in Stählen oder Werkzeuglegierungen vorkommen. Hier sind enge Spezifikationen der Rohstoffe und Halbteile und ein kontaminationsfreier Fertigungsprozeß unumgänglich.

3.2 Belastbarkeit des quecksilberfreien Zinks

Der Einfluß von Quecksilber auf die Belastbarkeit einer Zinkelektrode wurde in einem Experiment untersucht, wobei eine 0,2 mm dicke Zink-Pulverelektrode in 10m KOH/0,1m ZnO mit einem potentiostatischen Puls von 1,38 V bis 1,363 V gegen Hg/HgO als Bezugselektrode für eine Pulsdauer von 7,5 Sekunden belastet wurde /5/. Abb. 7 zeigt das Resultat. Zink mit 0,15 % Hg trägt zu Beginn des Pulses einen spezifischen Strom von etwa 24 mA/mg Zink. Für quecksilberfreies Zink liegt dieser Wert bei 1 mA/mg Zink und somit etwa um den Faktor 20 tiefer.

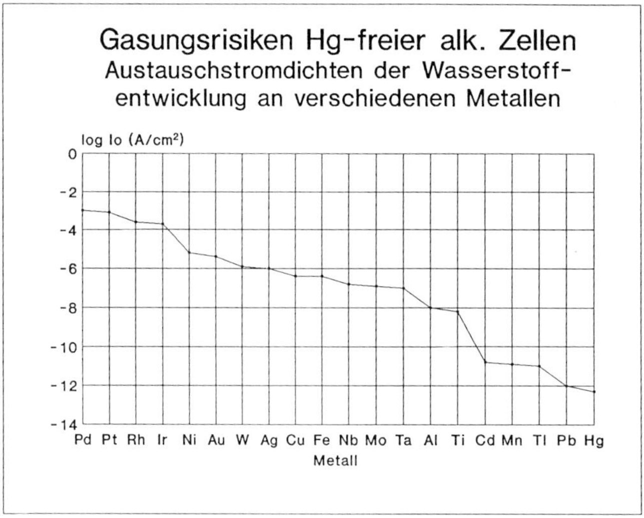
Gasungsrisiken Hg-freier alk. Zellen
Austauschstromdichten der Wasserstoff-entwicklung an verschiedenen Metallen
log Io (A/cm²)
0
-2
-4
-6
-8
-10
-12
-14
Pd Pt Rh Ir Ni Au W Ag Cu Fe Nb Mo Ta Al Ti Cd Mn Tl Pb Hg
Metall

Abb. 6

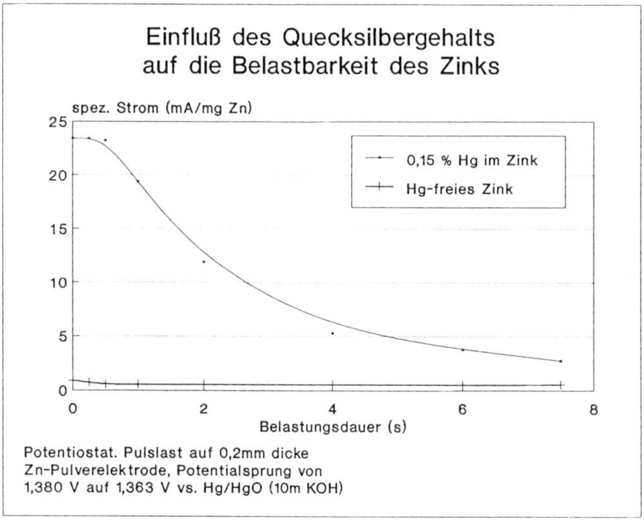
Einfluß des Quecksilbergehalts auf die Belastbarkeit des Zinks
spez. Strom (mA/mg Zn)
25
20
15
10
5
0
0,15 % Hg im Zink
Hg-freies Zink
0
2
4
6
8
Belastungsdauer (s)
Potentiostat. Pulslast auf 0,2mm dicke Zn-Pulverelektrode, Potentialsprung von 1,380 V auf 1,363 V vs. Hg/HgO (10m KOH)

Abb. 7

Die härtesten Batterieentladungen bei alkalischen Rundzellen entsprechen Belastungen von ca. 0,1 mA/mg Zink und liegen somit noch eine Zehnerpotenz unter dem Wert für Hg-freies Zink aus dem obigen Experiment. In realen alkalischen Rundzellen ist auch die Eindringtiefe des Stromes nicht auf 0,2 mm begrenzt, sondern die Schichtdicke gelierten Zinkpulvers beträgt mehrere mm. Bei Batterieentladungen, die typischerweise nicht potentiostatisch, sondern mit konstantem Strom oder konstantem Widerstand ausgeführt werden, äußert sich die geringere Belastbarkeit dann in einer höheren Polarisation des Hg-freien Zinks über die gesamte Elektrodendicke /6/.

Eine Interpretation dieser Resultate steht im Einklang mit Modellvorstellungen, die besagen, daß für die nicht amalgamierte Oberfläche eines Zinkkristalls nur eine begrenzte Anzahl von Plätzen existiert, an denen das Zink bereit ist, in Lösung zu gehen /3/, /5/, /7/.

In diesem Zusammenhang zeigt sich auch ein wesentlicher Einfluß der Elektrolytmenge und -konzentration auf das elektrische Verhalten der Batterie. Während der Entladung einer alkalischen Rundzelle werden Hydroxid-Ionen an der Mangandioxid-Elektrode produziert und an der Zinkelektrode verbraucht. Bei harten Lasten -z. B. 3,9 Ohm für eine LR6-Zelle[2)]- kommt es zur Ausbildung eines Konzentrationsgradienten, der kritisch wird, sobald die OH^--Konzentration im Zinkgel einen Wert von etwa 2 mol/l unterschreitet /6/. In diesem Fall ist die Zinkelektrode nicht mehr in der Lage, die Strombelastung zu tragen (vgl. Abb. 8). Eine Hg-freie Zelle reagiert deshalb sensibler auf Elektrolytdefizit als eine Hg-haltige.

3.3 Verhalten Hg-freien Zinks bei mechanischer Erschütterung

Quecksilber besitzt in der Zinkgelelektrode einen deutlichen Einfluß auf die elektrische Kontaktierung der Zinkkörner. Man erkennt dies, wenn man Zellen unter elektrischer Last erschüttert. Mechanische Beanspruchungen von Zellen kommen in der praktischen Anwendung beispielsweise in batteriebetriebenen Rasierapparaten vor.

---

2) Die IEC-Bezeichnung "LR 6" beschreibt eine alkalische zylindrische Zn/MnO_2-Zelle mit einem max. Durchmesser von 14,5 mm und einer max. Höhe von 50,5 mm.

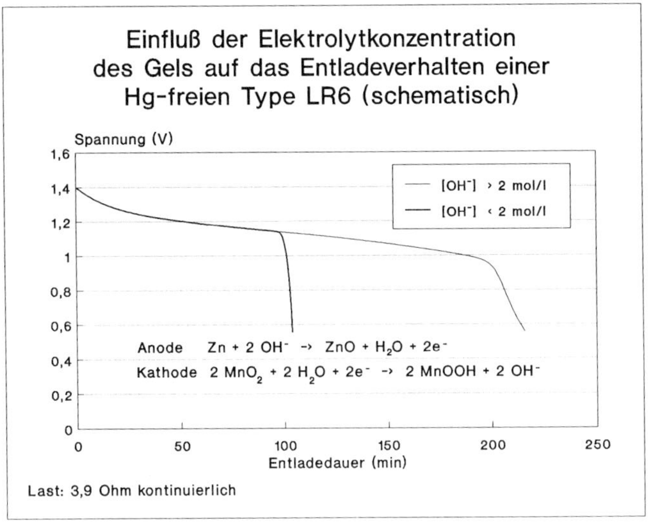

Abb. 8

In einer Versuchsapparatur läßt man zur Ermittlung des Schockverhaltens die Zellen aus ca. 20 cm Höhe in elektrisch belastetem Zustand auf eine Platte fallen und registriert den Spannungsverlauf über der Zeit. Abb. 9 zeigt derartige Schockspektren für LR14-Zellen mit und ohne Quecksilber im Zink. Die Hg-freie Zinkelektrode weist einen wesentlich tieferen Spannungseinbruch und einen deutlichen Versatz der nachfolgenden Lastspannung auf. Ganz offensichtlich sind demnach die amalgamierten Zinkpartikel untereinander und zum Ableiternagel hin deutlich besser elektrisch verbunden.

Das Schockverhalten der quecksilberfreien Zinkelektrode läßt sich verbessern, indem man mehr Kontaktfläche anbietet. Möglichkeiten sind hier eine Vergrößerung der Oberfläche des Zinks oder auch der des Ableiters, was jedoch andererseits nicht ohne Einfluß auf die Gasentwicklung in der Zelle ist. Möglich ist auch ein Anheben des Zinkgehalts im Gel, was allerdings nur zu Lasten der Elektrolytmenge in der Zinkgelelektrode erfolgen kann und im Extremfall zu vorzeitiger elektrischer Passivierung der Elektrode führt. Auch hier ist also die richtige Abstimmung der Zellbalance entscheidend für das resultierende Verhalten der Zelle.

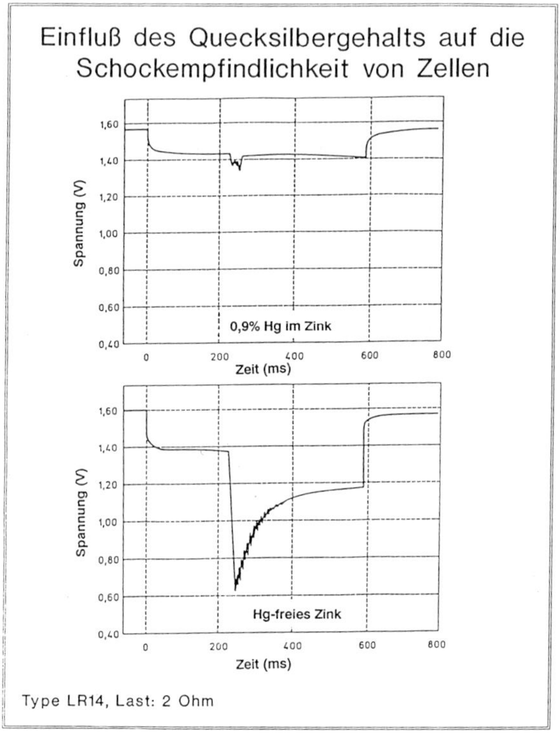

Abb. 9

4. Quecksilberfreie alkalische Rundzellen

Es existiert kein Ersatzstoff, der alle positiven elektrischen und elektrochemischen Eigenschaften des Quecksilbers in sich vereint.

Jedes der Probleme wie

- erhöhte Gasung

- geringere Strombelastbarkeit oder

- geringere Schockstabilität

erfordert eine separate Lösung, und diese unterschiedlichen Lösungswege bedürfen einer gegenseitigen Feinabstimmung.

Quecksilberfreie alkalische Rundzellen sind inzwischen entwickelt worden. Die VARTA Batterie AG ist derzeit in der Lage, Hg-freie Zellen herzustellen, die gegenüber Hg-haltigen keine wesentlichen Einbußen in allen typischen Entladearten aufweisen. Abb. 10 und 11 zeigen dies beispielhaft für milde und harte Lasten, d.h. für unterschiedliche Anwendungen von Transistor- bis hin zu Pulsblitz-entladungen. Weiterhin entsprechen die Gasungseigenschaften und die Belastbarkeiten der Hg-freien Zellen nahezu denen ihrer Vorgänger mit Hg-Gehalten von 250 ppm.

Die technische Machbarkeit alkalischer Rundzellen mit einer Nullösung für Quecksilber ohne signifikante Leistungsdefizite ist hiermit nachgewiesen.

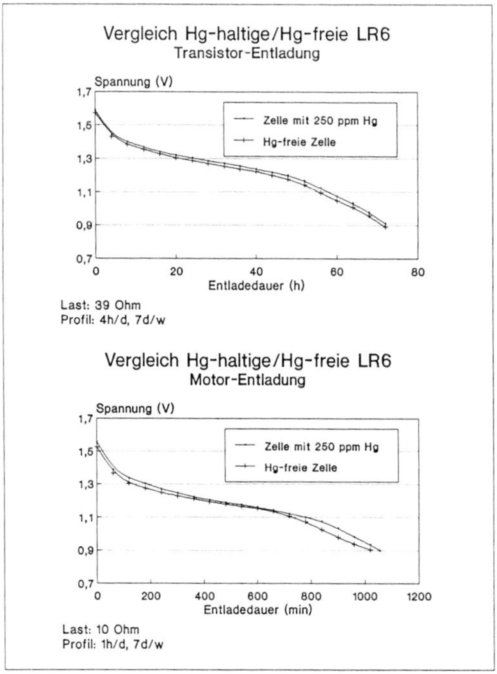

Abb. 10

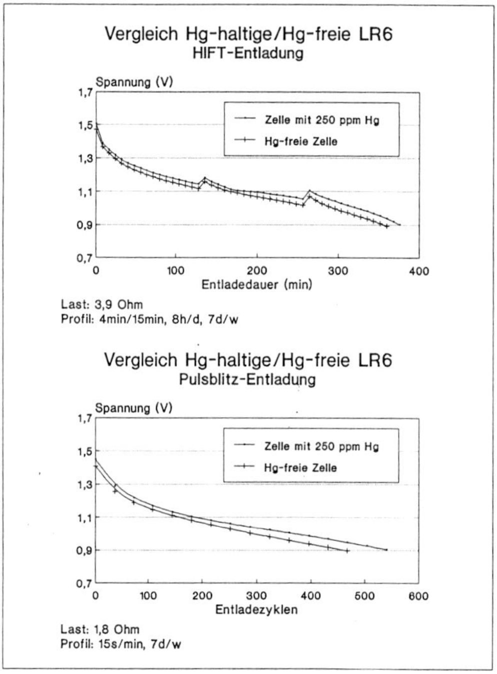

Abb. 11

Danksagung

An dieser Stelle sei den Herren H.-J. Feistner, Dr. H. Laig-Hoerstebrock, Dr. K. Holl und Dr. H-W. Nientiedt für ihre Beiträge im Rahmen der Realisierung quecksilberfreier Primärbatterien, sowie Frau A. Fuchs für die Erstellung des Manuskripts herzlich gedankt. Ein besonderer Dank gilt auch Herrn Dr. D. Spahrbier für zahlreiche wertvolle Diskussionen.

5. Literatur

/1/	F. Scheffer und P. Schachtschabel:	Lehrbuch der Bodenkunde, Enke Verlag, Stuttgart 1984
/2/	A. Rauhut:	Quecksilberbilanz 1983 - 1985 Landesgewerbeanstalt Bayern, Nürnberg 1988
/3/	L. M. Baugh, F.L. Tye und N.C. White:	Power Sources 9, ed. J. Thompson, Academic Press, London/New York 1983
/4/	W. Glaeser:	Power Sources 12, eds T. Keily and B. W. Baxter, Int. Power Sources Committee, 1989
/5/	D. Spahrbier:	Chemistry & Industry 13 (1990), S. 431 - 435
/6/	H. Laig-Hoerstebrock:	bisher nicht veröffentlichtes Ergebnis, VARTA Forschungszentrum, Kelkheim
/7/	T.P. Dirkse und N.A. Hampson	Electrochim. Acta 17 (1972), S. 1113-1119

Kraftfahrzeuge mit Elektro- und Elektrohybridantrieb unter Umweltgesichtspunkten

A. Kalberlah
Volkswagen AG, Wolfsburg

Zusammenfassung

Als Alternative zum Fahrzeug mit Verbrennungsmotor wird das als umweltfreundlich geltende Elektrofahrzeug in Bezug auf seine Geräusch- und Schadstoffemissionen, auf den Primärenergieverbrauch und die CO_2-Emission betrachtet und mit einem normalen Golf Diesel verglichen. Im Anschluß daran wird die gleiche Betrachtung für Fahrzeuge mit Elektro-Hybridantrieb durchgeführt.

Summary

The noise and exhaust emissions, the consumption of primary energy sources and the emission of carbon dioxide by electrical vehicles - which are considered environmentally friendly, are discussed and these values are compared with those of the normal Golf Diesel. Subsequently, vehicles with electric hybrid drives are studied with regard to these same factors.

Résumé

La voiture électrique, passant pour écologique quant à ses émissions de bruits et de polluants, à la consommation d'énergie primaire et aux émissions de CO_2, est condidérée comme alternative au véhicule à moteur à combustion interne et comparée à une Golf Diesel normale. Après cela, la même concidération est appliquée aux véhicules à transmission électro-hybride.

1. Einleitung

Elektrofahrzeuge gelten allgemein als umweltfreundlich, da sie zumindest dort, wo sie fahren, keine Abgase verursachen. Aber welche Emissionen entstehen eigentlich im Kraftwerk, das den Strom für die E-Fahrzeuge erzeugt? Wieviel Primärenergie wird dazu eingesetzt und wieviel CO_2 entwickelt sich dabei? Wie sieht ein Elektrofahrzeug unter diesen Gesichtspunkten im Vergleich zu einem Fahrzeug mit Verbrennungsmotor aus?

Es wird versucht, auf all diese Fragen eine Antwort zu geben, wobei auch die Geräusch-Emissionen betrachtet werden. Im Anschluß daran werden diese Ergebnisse auf Fahrzeuge mit Elektro-Hybridantrieb übertragen.

2. Fahrzeuge mit Elektroantrieb

2.1 Auswahl der zu vergleichenden Fahrzeuge

Bei dem angestrebten Vergleich besteht eine wesentliche Schwierigkeit darin, zwei vergleichbare Fahrzeuge zu definieren; denn immer wird das E-Mobil eine erheblich geringere Reichweite haben, oft auch eine geringere Fahrleistung und einen kleineren Nutzlastanteil am Fahrzeuggesamtgewicht. Wenn man aber von diesen Schwierigkeiten einmal absieht - bei einem eventuellen zukünftigen "Stadtauto" ist sowohl die kleine Reichweite, die geringere Fahrleistung und die kleinere Nutzlast nicht so relevant wie bei einem heute üblichen universell einsetzbaren Wagen -, dann ist der Vergleich des elektrisch angetriebenen Golf-CitySTROMer mit dem Golf-Diesel statthaft. Beide Fahrzeuge bieten wenigstens in etwa gleiches Platz- und Raumangebot sowie gleichen Komfort. Gleichzeitig hat man mit dem Diesel aus der Palette der Verbrennungsmotoren den Antrieb mit der schwächsten Leistung und dem niedrigsten Verbrauch ausgewählt. Zum Vergleich der Geräuschemissionen wurde der leisere Golf mit 40 kW-Otto-Motor herangezogen.

In der letzten Zeit sind häufig sehr kleine ein- bis zweisitzige Elektrofahrzeuge vorgeschlagen worden. Es wurden auch schon Vergleiche vorgenommen zwischen dem Primärenergieverbrauch dieser Elektro-Kleinwagen einerseits und dem Verbrauch der verbrennungsmotorisch angetriebenen Fahrzeuge üblicher Größe. Solche Vergleiche sind unzulässig, denn die Maßnahmen "kleine Fahrzeuge" und "Leichtbau" sind natürlich nicht für das Elektrofahrzeug reserviert; man könnte diese Fahrzeuge genauso gut mit kleinen Verbrennungsmotoren ausrüsten und hätte dann auch hier einen erheblich niedrigeren Verbrauch. Der hier durchzuführende Vergleich geht daher von zwei existierenden Fahrzeugen aus, mit denen Messungen im Stadtverkehr gemacht werden können. Man kann annehmen, daß sich die so ermittelten Relationen im Energieverbrauch und in den Emissionen dann auch auf kleinere Fahrzeuge übertragen lassen.

2.2 Vergleich der Geräusch-Emissionen

Die Bevölkerung in den Städten und an stark befahrenen Straßen fühlt sich durch den Lärm der Fahrzeuge belästigt. Aus diesem Grund wurden neben Maßnahmen am Fahrzeug auch Lärmschutzwälle oder -wände errichtet und Geschwindigkeitsbegrenzungen eingeführt. In wieweit können hier Elektrofahrzeuge helfen?

Es ist deshalb interessant, in welchem Verhältnis die Geräusch-Emissionen eines Elektro-Fahrzeugs zu denen eines entsprechenden Vergleichsfahrzeugs mit Verbrennungsmotor stehen.

In Bild 1 sind die Geräusch-Emissionen eines Golf mit 40 kW Otto-Motor und eines City-STROMers in für den Stadtverkehr typischen Betriebszuständen aufgetragen /1/.

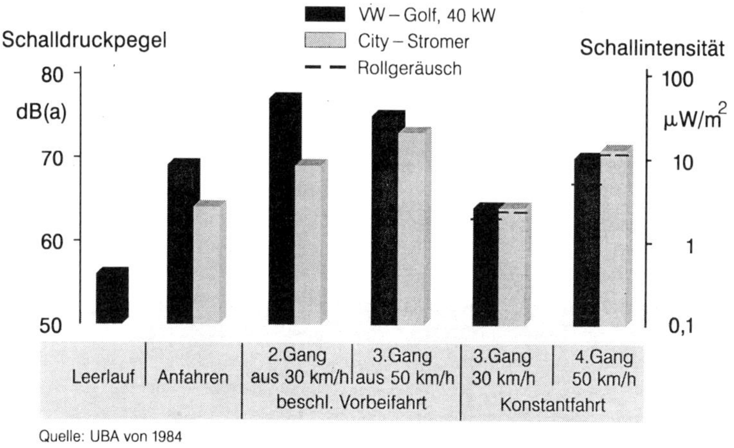

Bild 1 Vergleich der Geräuschemission

Die Messungen fanden auf einer Fahrbahn aus Betonplatten statt. (Im Rahmen der Meßgenauigkeit entspricht das Rollgeräusch demjenigen üblicher Asphaltbahnen.) Das Leerlaufgeräusch wurde an verschiedenen Punkten in einer Entfernung von 7 m vom Fahrzeugumriß gemessen. Als Meßergebnis ist der Wert des lautesten Punktes mit

56 dB (A) in Bild 1 angegeben. Da der City-STROMer beim Stand kein Geräusch erzeugt, weist er im dichten Stadtverkehr einen nicht zu unterschätzenden Vorteil auf. Die übrigen Messungen wurden in einem Abstand von 7,5 m von der Fahrbahnmitte durchgeführt. Das Anfahrgeräusch wurde 10 m nach dem Start gemessen. Es betrug 68 dB (A) beim Golf mit Otto-Motor und 64 dB (A) beim CitySTROMer.

Bei der Beschleunigung der Fahrzeuge aus 30 km/h bzw. 50 km/h liegt der Schalldruckpegel des Elektrofahrzeugs 8 dB (A) bzw. 2 dB (A) unter dem des Golf mit Verbrennungsmotor.

Bei der Fahrt mit konstanten Geschwindigkeiten ist der CitySTROMer erstaunlicherweise gleich laut bzw. bei einer Geschwindigkeit von 50 km/h sogar um 1 dB (A) lauter als der Golf mit Otto-Motor. Wie man an den Balken erkennen kann, besteht die Geräusch-Emission bei konstanten Geschwindigkeiten fast ausschließlich aus dem Rollgeräusch, beim CitySTROMer fast zu 100 %. Bedingt durch die schwere Batterie ist dieses beim E-Fahrzeug etwas lauter als beim Golf mit Verbrennungsmotor.

Fahrzeuge mit Elektroantrieb sind also nicht in jedem Fall leiser als Ottomotorfahrzeuge. Bei Fahrzuständen, in denen das Rollgeräusch die dominierende Geräuschquelle bildet, können Elektrofahrzeuge auch lauter sein. Es besteht somit keine Gefahr, Elektrofahrzeuge im Straßenverkehr nicht rechtzeitig wahrzunehmen. Der Vorteil des E-Fahrzeugs ist es, daß es dann, wenn herkömmliche Fahrzeuge besonders laut sind, also beim Anfahren und Beschleunigen, bis zu 8 dB (A) leiser ist. Dies ist ein großer Unterschied, da eine Differenz von 10 dB (A) eine Verzehnfachung der Schallintensität bedeutet.

2.3 Verbrauch von elektrischer Energie

Es ist bekannt, daß der Kraftstoffverbrauch eines Pkw stark von dem gefahrenen Fahrzyklus abhängt; man weiß, daß der Verbrauch im Stadtverkehr wesentlich höher ist, als wenn man gemächlich mit konstanter Geschwindigkeit auf der Landstraße fährt. Der streckenbezogene Kraftstoffverbrauch hängt aber auch von der pro Tag zurückgelegten Strecke ab; so verbrauchen besonders Kurzstreckenfahrer bekanntlich sehr viel Benzin.

Auch beim E-Mobil hängt der Verbrauch an Energie, d. h. an elektrischer Energie, die zum Wiederaufladen der Batterie aus dem Netz entnommen wird, von verschiedenen Faktoren ab. So zum Beispiel vom Fahrzyklus und der Tagesfahrstrecke bzw. der Strecke, die zwischen zwei Ladevorgängen zurückgelegt wird. Auch die Art der Batterie, die zum Einsatz kommt, oder das Ladeverfahren, mit dem die Batterie geladen wird, ist von Bedeutung.

Im Folgenden wird ein Überblick über diese Einflußfaktoren gegeben, um dann möglichst relevante Vergleichsbedingungen festlegen zu können. Das ist wichtig, da vom Verbrauch an elektrischer Energie sowohl die Emissionen des Kraftwerks, wie auch der Verbrauch an Primärenergie und die produzierte Menge an CO_2 abhängen.

Der offensichtlichste Einflußfaktor ist der Fahrzyklus, den das E-Mobil zu fahren hat. Um einen dem Einsatzort des Elektro-Fahrzeugs gerechten Verbrauch zu erhalten, wird zur Betrachtung des Verbrauchs, wie auch später der Emissionen, vom ECE-Stadtzyklus ausgegangen (Bild 2). Bei diesem Fahrzyklus sind dem Stadtverkehr angemessene Geschwindigkeiten und Standzeiten, welche Wartezeiten an Ampeln und Kreuzungen entsprechen, enthalten.

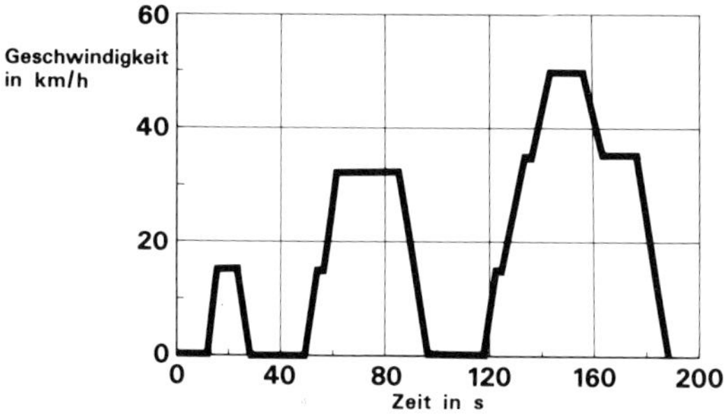

Bild 2 Europa-Zyklus

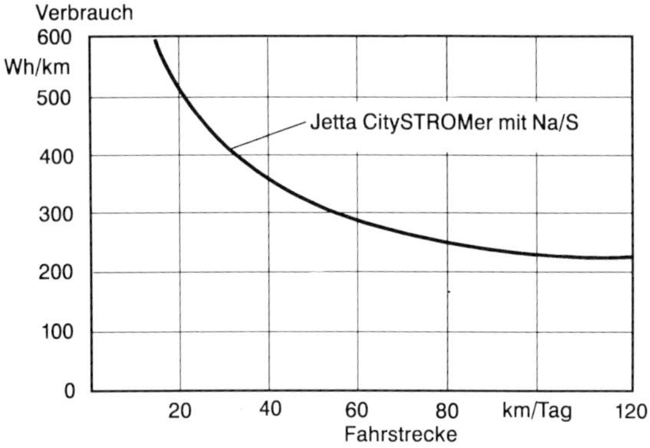

Bild 3 Energieverbrauch ab Netz über Tagesfahrstrecke

Der Verbrauch ist außerdem von der Länge der Fahrstrecke abhängig. Dies soll anhand der Natrium-Schwefel-Batterie erleutert werden, da hierbei die Abhängigkeit besonders deutlich ist: In Bild 3 ist der Verbrauch von elektrischer Energie eines Jetta-City-STROMers mit Na/S-Batterie über der Fahrstrecke aufgetragen; dazu wurde kein bestimmter Fahrzyklus zugrunde gelegt, sondern Werte im normalen Straßenverkehr gemessen. An der Kurve erkennt man, daß der Energieverbrauch mit der Länge der Fahrstrecke stark abnimmt. Die Ursache hierfür liegt darin, daß die Na/S-Batterie immer auf einer Betriebstemperatur von 300 bis 350° C gehalten werden muß, um funktionsfähig zu bleiben. Bei kurzer Fahrstrecke und längeren Standzeiten führt nun diese Heizenergie, umgelegt auf die gefahrenen Kilometer, zu viel höheren Verbrauchswerten, als wenn zwischen zwei Ladungen eine große Strecke zurückgelegt wird. Dieser Effekt wird noch dadurch verstärkt, daß durch den fließenden Strom beim Fahren und Laden Verlustwärme innerhalb der Batterie entsteht, wodurch die für die Heizung aufzuwendende elektrische Energie verringert wird.

Es ist jedoch anzunehmen, daß durch die weitere Entwicklung der Na/S-Batterie (bessere Isolation, effektivere Heizung) der Verbrauch besonders bei kurzen Fahrstrecken gesenkt wird. Die Kurve würde in Bild 3 dann etwas flacher verlaufen.

Ein weiterer Einflußfaktor des Energieverbrauchs ist die Batterieart, die als Energiespeicher im Fahrzeug eingebaut ist. Abb. 4 zeigt für zwei in etwa vergleichbare

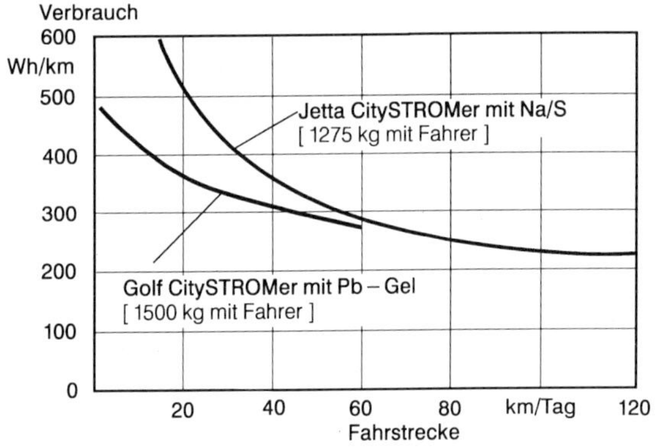

Bild 4 Energieverbrauch ab Nezt über Tagesfahrstrecke

Fahrzeuge, von denen eines mit einer Hochtemperatur-Na/S-Batterie, das andere mit einer bei Umgebungstemperatur arbeitenden Blei-Gel-Batterie ausgerüstet ist, den streckenbezogenen Energieverbrauch als Funktion der Fahrstrecke zwischen zwei Batterie-Ladungen. Man sieht, daß der Verbrauch des Fahrzeugs mit Blei-Gel-Batterie bei kurzen Fahrstrecken viel günstiger liegt, so daß man sagen kann, daß derjenige, der ausschließlich kurze Strecken fährt, mit einer Blei-Gel-Batterie besser bedient ist. Bei längerer Fahrstrecke - Strecken, die man mit der Blei-Gel-Batterie nicht erreichen kann - sinkt der Verbrauch des Fahrzeugs mit der Na/S-Batterie unter den günstigsten Wert der Blei-Gel-Batterie ab. Die Gründe hierfür sind:

- hoher Verlustwärmeanfall am Innenwiderstand der Batterie
- der Ah-Ladewirkungsgrad der Na/S-Batterie ist nahezu 100 %, der der Blei-Gel-Batterie ist nur etwa 92 %.
- bedingt durch das niedrigere Batteriegewicht ist das Fahrzeuggewicht geringer.

Es wäre auch zumindest theoretisch möglich, die Na/S Batterie soweit zu verkleinern, daß man auch nur die Reichweite des CitySTROMer mit Blei-Gel-Batterie hat. Diese kleine Na/S-Batterie hätte dann eine viel geringere Wäremeabstrahlung, was der gesamten Lage der Kurve des Na/S-Jettas, besonders aber der Lage im Kurzstreckenbereich, zugute käme. Allerdings können so kleine Na/S-Batterien beim heutigen Entwicklungsstand noch nicht die für den Antrieb des Fahrzeugs erforderliche Leistung von über 20 kW abgeben.

Für den nachfolgenden Vergleich des E-Fahrzeugs mit dem konventionellen Fahrzeug bezüglich Emissionen und Primärenergieverbrauch wurden nun folgende Versuchsbedingungen ausgewählt:

o Fahrzyklus: ECE-Stadtzyklus

o Tagesfahrstrecke, bzw. Fahrstrecke zwischen zwei Batterieladungen: 24 km

o Batterieart und Ladeverfahren:
  Da sich die Na/S-Batterie noch in der Entwicklung befindet, wurde auf die Blei-Batterien zurückgegriffen, in der Hoffnung, daß die Na/S Batterie auch einmal diese Werte erreichen wird. Von den Blei-Batterien hat sich in den letzten Jahren besonders die Blei-Gel-Batterie wegen ihrer Wartungsfreiheit bewährt, so daß diese für die Messungen herangezogen wird. Damit liegt auch das Ladeverfahren fest, denn für die Blei-Gel-Batterien ist als Nachladung eine Phase mit konstanter Ladespannung, vorgeschrieben. Dies ist ein zeitaufwendiges, aber energiesparendes Verfahren.

Unter diesen Meßbedingungen ergab sich für den CitySTROMer ein Verbrauch von 26 kWh ab 220-Volt-Steckdose pro 100 km, für den Golf Diesel ein Verbrauch von 6,5 l/100km.

2.4 Emissionen von limitierten Abgasschadstoffen

Das Elektrofahrzeug gilt als besonders umweltfreundlich, da es am Einsatzort keine Schadstoffe erzeugt. Diese entstehen in den Kraftwerken, die außerhalb der Wohn-

und Geschäftszentren liegen. Es stellt sich nun die Frage, wie hoch diese Kraftwerkemissionen sind und ob das E-Mobil insbesondere nach der Einführung von Katalysatoren überhaupt als umweltfreundliche Alternative zum Fahrzeug mit Verbrennungsmotor angesehen werden kann.

Eine Angabe über die durchschnittlichen Emissionsfaktoren für den gesamten Bestand aller verbrennungsmotorisch betriebenen Fahrzeuge ist äußerst schwierig. Es gibt aber für die sogenannten "limitierten Abgasschadstoffe" Kohlenmonoxid (CO), Kohlenwasserstoffe (HC), Stickoxide (NO_x) und für Partikel in vielen Ländern Grenzwerte. Diese Grenzwerte unterscheiden sich jedoch von Land zu Land. Sie sind z. B. in der EG nach Antriebsarten und Hubraumklassen gegliedert; in einigen Staaten (z. B. Schweiz, USA) müssen alle Neufahrzeuge diese Vorschriften erfüllen, in anderen Ländern gibt es steuerliche Anreize für die Anschaffung dieser bedingt schadstoffarmen oder schadstoffarmen Kraftfahrzeugen.

Einige Automobilfirmen bieten seit 1990 nur noch Fahrzeuge mit geregelten Drei-Wege-Katalysatoren und mit Diesel-Antrieb an, also nur noch Fahrzeuge, die die niedrigen US-Grenzwerte erfüllen. Doch man muß bedenken, daß bei der mittleren Lebensdauer eines Autos von über 10 Jahren auch die älteren Fahrzeuge, die nur den EG-Grenzwerten oder inzwischen überholten Abgasbestimmungen genügen, noch einige Jahre auf unseren Straßen in Betrieb sind. Insofern sollen die in Bild 5 bis 10 aufgetragenen Grenzwerte also einen Anhaltspunkt für einen Vergleich bieten.

Um die Elektrofahrzeuge in diesen Vergleich mit einbeziehen zu können, sind die Mengen der obigen Schadstoffe, die das Kraftwerk pro kWh abgibt, zu ermitteln. Es gibt auch hierfür vom Gesetzgeber festgesetzte Grenzwerte. Diese beziehen sich auf den Kubikmeter Rauchgas, lassen sich aber auf die kWh umrechnen, da es feste Relationen zwischen dem erzeugten Rauchgas und der dabei produzierten Menge an elektrischer Energie gibt.

Die Grenzwerte sind in der Großfeuerungsanlagen-Verordnung "GFAVO" der 13. Bundes-Immissionsschutz-Verordnung (BImSchV) festgeschrieben /2/. Diese wird in ihrer verschärften Form vom 05.04.1984 für den folgenden Vergleich der Schadstoffemissionen von E-Mobil und konventionellem Pkw verwendet. Bei dieser Verordnung wurden je nach Kraftwerksgröße sowie für Alt- und Neuanlagen unterschiedliche Grenzwerte festgelegt. Zum Vergleich werden hier die Grenzwerte für Neuanlagen > 300 MW herangezogen, da schon heute in Kraftwerken dieser Art über 90 % der elektrischen Energie aus Kohle erzeugt wird. Diese Werte sind in Zeile 1, Tabelle 1 aufgeführt.

Die Energiemenge W, die pro m^3 Rauchgas erzeugt wird, läßt sich mit den Richtzahlen der BImSchV für Stein- und Braunkohle ermitteln [3]:

		Steinkohle	Braunkohle
Heizwert Q	(MJ/kg)	29,2	8,2
Rauchgasmenge V	(m^3/kg)	10,5	3,4
Ges. Wirkungsgrad	(%)	39,5	38,5

Mit der Formel W = Q /V erhält man dann für

Steinkohle: W = 1,1 MJ/m³ = 0,30 kWh/m^3
Braunkohle: W = 0,95 MJ/m³ = 0,26 kWh/m^3

Da diese Werte dicht beieinander liegen, wird im folgenden nicht mehr zwischen Braun- und Steinkohle unterschieden, sondern mit dem Mittelwert von W = 0,28 kWh/m^3 die Emissionswerte bezogen auf eine Kilowattstunde berechnet (siehe Zeile 2 in Tabelle 1). Mit dem elektrischen Energieverbrauch des CitySTROMers von 26 kWh/100 km errechnet sich daraus die streckenbezogene Emissionen (Zeile 3 in Tabelle 1).

Tabelle 1: Grenzwerte der Kraftwerk-Emissionen

Grenzwerte	CO	NO_x	SO_2	Partikel
mg/m^3	250	200	400	50
mg/kWh	892	714	1429	179
mg/km	232	186	372	47

Diese Werte sollen nun den Grenzwerten der verbennungsmotorisch getriebenen Fahrzeugen gegenübergestellt werden. Dabei ist noch zu beachten, daß ein direkter Vergleich nur bei CO, NO_x und den Partikeln möglich ist (Bild 5, 6 und 7). Nimmt man allerdings an, daß die Kraftwerke wegen ihrer kontinuierlichen Verbrennung keine Kohlenwasserstoffe emittieren, kann man auch die von der EG für Kraftfahrzeuge gesetzten Grenzwerte für die Summe von HC und NO_x mit den NO_x-Emissionen der Kraftwerke vergleichen (Bild 8).

Um die Gegenüberstellung der SO_2-Emission zu ermöglichen, wurden die Grenzwerte der Deutschen Norm über flüssige Kraftstoffe (DIN 51600/51601) herangezogen und mit folgenden Werten auf Gramm SO_2 umgerechnet:

		Otto-Motor	Diesel-Motor
Kraftstoffverbrauch	(1/100 km)	8,0	6,5
Dichte des Kraftstoffes	(kg/1)	0,74	0,85
Schwefelgehalt	(Gew. %)	0,10	0,20

Aus 1 Gramm Schwefel werden durch Oxydation 2 Gramm Schwefeldioxyd (s. Bild 9).

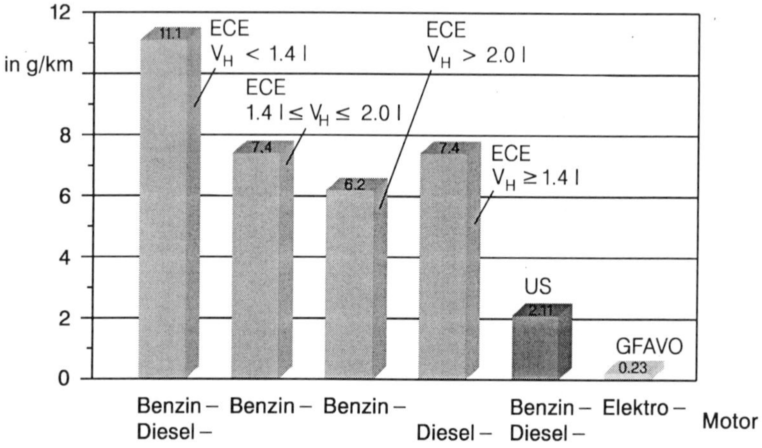

Bild 5 Grenzwerte der CO-Emission von Kraftfahrzeugen

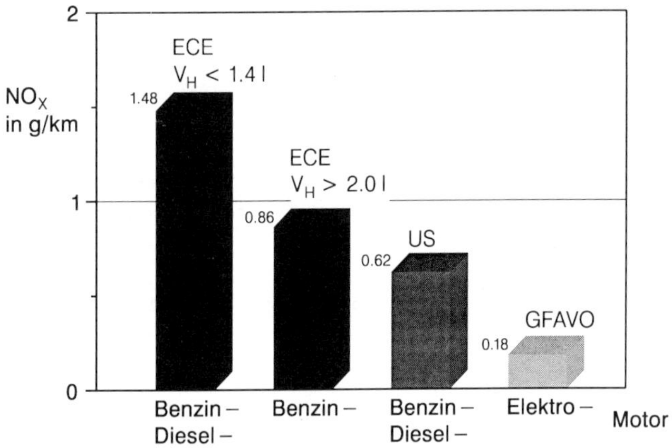

Bild 6 Grenzwerte der NO_x-Emission von Kraftfahrzeugen

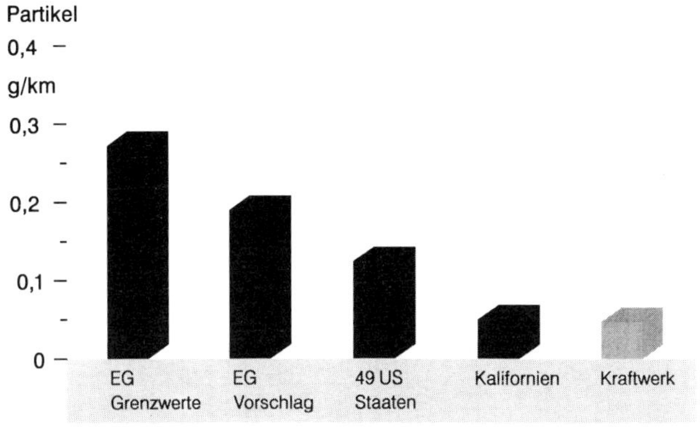

Bild 7 Grenzwerte der Partikel-Emission

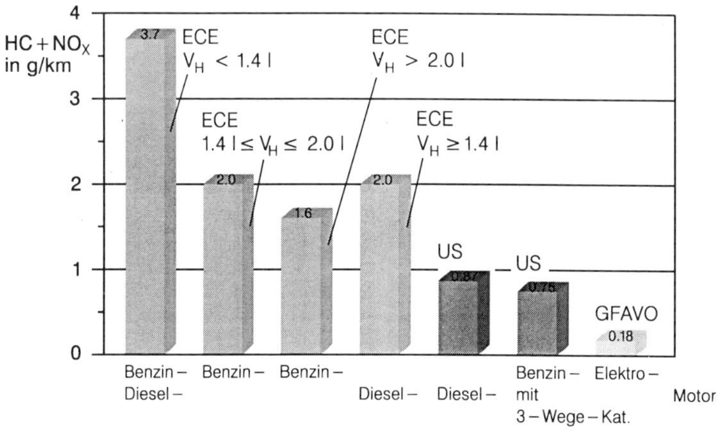

Bild 8 Grenzwerte der $HC+NO_x$-Emissionen von Kraftfahrzeugen

Diskussion der Ergebnisse:

In der Berechnung der Schadstoff-Emissionen wurde unterstellt, daß die elektrische Energie ausschließlich aus Braun- bzw. Steinkohle erzeugt wird. Man sieht aus den Abbildungen 5 bis 8, daß der E-Pkw selbst unter dieser Annahme bezüglich der CO-, NO_x-, HC- und Partikel-Emission wesentlich günstiger liegt als der Pkw mit Verbrennungsmotor. Bild 9 zeigt, daß der E-Pkw bezüglich der SO_2-Emission schlechter

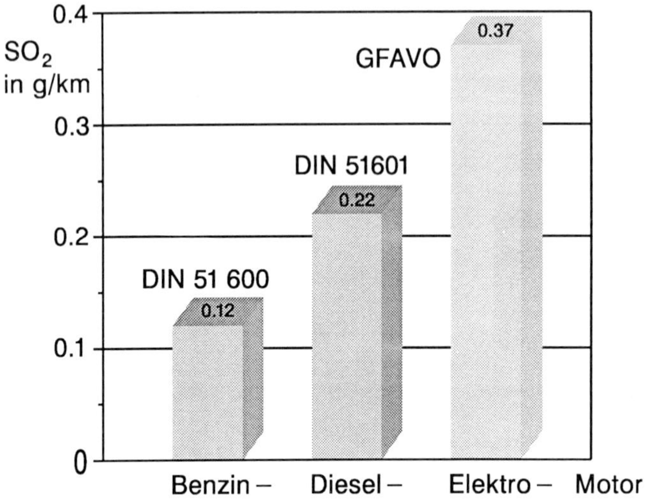

Bild 9 Grenzwerte der SO_2-Emission von Kraftfahrzeugen

liegt. Beim Einsatz von Kern- und Wasserkraft würden sich die Emissionen entsprechend verringern. In der Bundesrepublik Deutschland wurden z. B. im Jahre 1987 nur 49,6 % an elektrischer Energie aus Braun- und Steinkohle gewonnen. Das heißt, in der BRD liegen die Verhältnisse für das E-Fahrzeug günstiger als in den Bildern dargestellt.

2.5 Verbrauch an fossilen Brennstoffen

Das Erdöl ist einer unserer wichtigsten Rohstoffe. Es ist nicht nur ein Grundpfeiler unserer Mobilität, sondern Erdöl findet auch in der Chemie- und Pharmaindustrie einen großen Anwendungsbereich. Da Erdöl aber nicht unbegrenzt vorhanden ist, ist es notwendig, es dort einzusparen, wo es durch Alternativen ersetzt werden kann.
Das Elektrofahrzeug ist von einer bestimmten Primärenergie unabhängig. Die elektrische Energie kann auf verschiedene Arten erzeugt werden: zum Beispiel durch die Verbrennung von Erdgas, Heizöl, Braun- und Steinkohle, aus Kernenergie oder aus regenerativen Energien wie Wasserkraft, Wind- und Solarenergie.

Obwohl durch diese Primärenergiearten, z. B. durch Steinkohle, die Stromerzeugung auf wesentlich längere Zeit gesichert ist als mit Erdöl allein, ist die Menge der

Primärenergie, die zur Erzeugung einer Kilowattstunde oder auch pro E-Mobil-Kilomenter verbraucht wird, nicht unerheblich. Vom Verbrauch hängt es schließlich ab, wie lange die verschiedenen Vorkommen noch ausreichen und wie groß die erzeugte CO_2-Menge ist.

In Tabelle 2 ist der Vergleich für den Elektro-Golf und den verbrauchsgünstigen Golf-Diesel durchgeführt. Ausgangspunkt sind die schon benutzten Meßwerte für 100 km ECE-Zyklus.

Fahrzeug	Golf Diesel	Elektro Golf				
Rohstoff	Erdöl	Erdöl	Erdgas	Steinkohle	Braunkohle	WKK
Endenergie-verbrauch	65 (6,5l Diesel)	26	26	26	26	26
Kraftstoff bzw. Stromtransport	97,5	94,8	94,8	94,8	94,8	94,8
Kraftwerk	--	39,5	40	39,5	38,5	80
Primärenergie-aufbereitung	90	90	97	--	--	--
Förderung u. Transport	94,5	94,5	96,4	87,4	87,4	87,4
Primärenergie	78	82	73	79	82	39

Wirkungsgrad in % | Energie in kWh/100 km ECE-Zyklus

Tabelle 2 Energieketten von der End- zur Primärenergie

Der Golf Diesel benötigt hierzu 6,5 l Diesel, was einer Energie von 65 kWh entspricht. Mit den in Spalte 1 aufgeführten Wirkungsgraden für den Kraftstofftransport, die Raffinerie, den Rohöltransport und die Rohölförderung erhält man schließlich einen Wert von 78 kWh Erdöl, das gefördert werden muß. Die weiteren Spalten der Tabelle 2 beschäftigen sich mit dem Elektro-Pkw. Darin ist für die verschiedenen Energieträger, die zur Stromerzeugung herangezogen werden können, dieselbe Umrechnung bis zur Primärenergie vorgenommen worden, ausgehend jeweils von den 26 kWh Elektrizität ab Netz.

Die Ergebnisse in der letzten Zeile der Tabelle 2 lassen folgende Schlüsse zu:

Verglichen mit dem Primärenergieverbrauch eines City-STROMers, der seine Energie ausschließlich aus Kohlekraftwerken bezieht, verbraucht der Golf Diesel 5 % weniger als das E-Mobil. Wird der Strom aus 100 % Erdgas gewonnen, so ist das E-Mobil um 6 % günstiger als das Diesel-Fahrzeug. Der Verbrauch an fossilen Brennstoffen liegt also bei beiden Fahrzeugen nahe beieinander, d. h. es bestehen in diesem Punkt keine grundsätzlichen Unterschiede. In der Spalte "WKK" ist aufgeführt, wie durch ein Kraftwerk mit Wärme-Kraft-Kopplung mit einem Wirkungsgrad von 80 % die Primärenergie für einen E-Pkw-Kilometer auf 39 kWh gesenkt werden kann.

2.6 Emission von CO_2

Neben den gesetzlich limitierten Abgaskomponenten rückt zunehmend der Beitrag des Automobilabgases CO_2 zum Treibhauseffekt in den Mittelpunkt der Kritik, obwohl der Straßenverkehr nur mit 17 % an der CO_2-Emission beteiligt ist. Kohlendioxid gehört anders als die Abgase CO, NOx und HC, anders auch als die mit dem Stopp-Bann belegten FCKW, zu den für Mensch, Tier und Pflanze unschädlichen Bestandteilen der Erdatmosphäre. Mit einem Volumenanteil von nur 0,33 % gehört es zu den Spurengasen, trotzdem hat es am Treibhauseffekt einen Anteil von über 20 %. Um eine Vergrößerung des Treibhauseffektes zu verhindern, muß die CO_2-Emission, die durch die Verbrennung von fossilen Brennstoffen erfolgt, reduziert werden. Das betrifft alle CO_2-Erzeuger, den Hausbrand mit Heizöl, Holz oder Kohle, die Öl- und Kohlekraftwerke und auch den Straßenverkehr. Für das konventionell getriebene Fahrzeug bedeutet das die Forderung nach einer Absenkung des Kraftstoffverbrauchs.

Es soll nun untersucht werden, ob es möglich ist, eine Verminderung der CO_2-Emission durch den Einsatz von E-Mobilen zu erreichen. Zur Berechnung der CO_2-Produktion des Diesel- und des Elektro-Fahrzeuges wurden die in Tabelle 2 berechneten Primärenergieverbräuche mit CO_2-Emissionsfaktoren multipliziert, die das bei der Verbrennung entstehende CO_2 bezogen auf den Heizwert der eingesetzten Primärenergien angeben (s. Tabelle 3).

Tabelle 3: CO_2-Emission von Golf-Diesel und E-Golf

Fahrzeug	Golf Diesel	Elektro Golf			
Rohstoff	Erdöl	Erdöl	Erdgas	Steinkohle	Braunkohle
Primärenergieverbrauch in kWh pro 100 km	78	82	73	79	82
CO2-Emissionsfaktor /9/ in g/kWh	290	290	190	330	400
CO2-Emission in g/km	226	238	139	261	328

Die Ergebnisse in der unteren Zeile der Tabelle 3 zeigen, daß bei der Stromerzeugung aus Erdöl, Stein- und Braunkohle pro E-Fahrzeug-Kilometer mehr CO_2 entsteht als beim Golf Diesel. Erzeugt man die elektrische Energie für das E-Mobil zu 100 % aus Erdgas, liegt das E-Fahrzeug günstiger.

In der Praxis wird die elektrische Energie aus einem Mix von Primärenergieträgern erzeugt, wobei neben den fossilen Brennstoffen auch Kernenergie und regenerative Energien eingesetzt werden. Der Anteil der regenerativen Energien ist in den Lasttälern (im Sommer, in der Nacht) höher als bei Spitzenlastzeiten (im Winter, am Tag zwischen 6.00 und 13.00 Uhr)/10/. Zur Berechnung der CO_2-Emission, welche in der BRD bei der Erzeugung der elektrischen Energie für einen E-Mobil-Kilometer entstehen, werden folgende Daten verwendet [6]:

Heizöl	2,1 %	Kernenergie	36,8 %
Erdgas	5,1 %	Laufwasser	4,4 %
Steinkohle	29,2 %	Sonstige	2,0 %
Braunkohle	20,4 %		

Bild 10 CO_2-Emission

In Bild 10 ist das Ergebnis in der rechten Säule graphisch dargestellt. Man sieht, daß das E-Fahrzeug deutlich weniger CO_2 pro Fahrzeug-Kilometer verursacht als der Golf-Diesel. Die linke Säule gibt den Durchschnittswert aller Pkw der BRD an /9/.

Legt man also diesen Energie-Mix bei der Stromerzeugung zugrunde, trägt jeder Kilometer, der elektrisch gefahren wird, zur Verringerung der CO_2-Erzeugung bei. Würde man in Zukunft nennenswerte Anteile des Verkehrs elektrisch bewältigen, müßte zusätzliche Primärenergie eingesetzt werden. Bezüglich der CO_2-Emissionen hängt es dann sehr stark davon ab, welche Primärenergie dazu ausgewählt wird.

3. Straßenfahrzeuge mit Elektro-Hybridantrieb

Unter einem Elektro-Hybridantrieb wird ein Antrieb verstanden, bei dem ein Verbrennungsmotor und ein Elektromotor zusammenwirken. Bei geeigneter Auslegung können so die Vorteile des herkömmlichen Fahrzeugantriebs (großer Aktionsradius, gute Fahrleistungen) mit denen des rein elektrischen Antriebs (niedrige Geräusch- und Abgas-Emissionen, Einsparung von Erdöl) verbinden. Es gibt nun eine Fülle von Möglichkeiten, solche Hybridantriebe zu verwirklichen.

3.1 Vergleichsfahrzeuge

Nahezu alle heutigen Pkw sind universell einsetzbare Fahrzeuge, also Fahrzeuge, die sowohl im Kurzstreckenverkehr als auch im Fernverkehr eingesetzt werden können. Der Golf mit Einwellenhybridantrieb /8/ ist daher so konzipiert worden, daß er genauso universell einsetzbar ist. Daher soll im folgenden dieses Fahrzeug hinsichtlich seines Einflusses auf die Umwelt untersucht werden.

3.2 Geräusch-Emission

In reinem Elektro-Betrieb werden sich die Geräusch-Emissionen kaum von denen des E-Mobils in Bild 1 unterscheiden. Man muß allerdings bedenken, daß sich nur mäßige Beschleunigungen erreichen lassen. Im Hybrid-Betrieb, bei dem alle geringen Fahrleistungen vom E-Motor, alle hohen Fahrleistungen vom Diesel-Motor erbracht werden, verhält sich das Fahrzeug teils wie ein E-Fahrzeug, teils wie der Diesel. Die beim Beschleunigen auftretenden Geräuschemissionen werden im Vergleich zum Golf-Diesel etwas größer sein, da die Masse des Hybrid-Golf um ca. 200 bis 300 kg größer ist.

3.3 Energieverbrauch und Emissionen von CO, HC, NOx und Partikeln

In Bild 11 sind der Verbrauch und die Emissionen, die mit dem Hybrid-Golf im Europa-Zyklus gemessen wurden, aufgetragen. Zum Vergleich sind die Meßwerte eines serienmäßigen Golf Diesel, der mit seinen Werten die strengen US-Grenzwerte erfüllt, mit angegeben.

Man sieht, daß der Hybrid-Golf statt 6,5 l Diesel/100 km nur 2,5 l verbraucht. Zusätzlich müssen zum Wiederaufladen der Batterie noch 16,3 kWh elektrische Energie aus dem Netz entnommen werden. Auch die Emissionen sind beim Hybrid-Golf niedriger. Besonders gilt das für CO, NO_x und die Partikel. Auch wenn man die Emissionen des

Kraftwerks bei der Erzeugung der 16,3 kWh mit Hilfe der Grenzwerte der Tabelle 1 abschätzt und dazu addiert, erhöhen sich die Hybrid-Emissionen nur unwesentlich; die Vorteile der erheblich geringeren Emissionen des Hybrids bleiben erhalten.

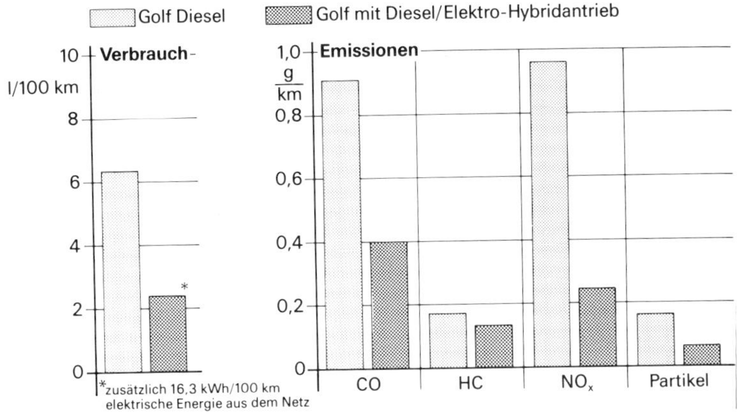

Bild 11 Kraftstoffverbrauch und Emissionen im ECE-Text
Golf Diesel und Golf mit Diesel/Elektro-Hybridantrieb

3.4 Verbrauch an fossilen Brennstoffen und CO_2-Emission

Ausgehend von den oben ermittelten Verbräuchen des Hybrid-Golf und des Golf Diesel sind in Bild 12 die im Kraftwerk und in der Raffinerie benötigten fossilen Brenn-

		Fossile Brennstoffe in kWh		
		Elektr. Energie aus therm. Kraftwerk η = 0,36	Elektr. Energie aus therm. Kraftwerk η = 0,70	Elektr. Energie aus regen. Energien oder Kernkraft
	16,3 kWh elektr. Energie	**49,8**	**24,6**	
+	2,5 Diesel aus Erdöl	**30,1**	**30,1**	**30,1**
=	Summe fossile Brennstoffe	**79,9**	**54,7**	**30,1**
		Zum Vergleich Golf – Diesel (Serie)		
	Verbrauch 6,5 l Diesel	**78,4**	**78,4**	**78,4**

Bild 12 Verbrauch an fossilen Brennstoffen (incl. Förderung)
vom Diesel-Elektrohybrid im ECE-Zyklus

stoffe aufgetragen. Für die Erzeugung der elektrischen Energie wurden 3 verschiedene Möglichkeiten betrachtet:

1) Elektrische Energie aus Kohle-Kraftwerk mit 39,5 % Wirkungsgrad
2) Elektrische Energie aus Kraftwerken mit Kraft-Wärme-Kopplung mit 80 % Wirkungsgrad
3) Elektrische Energie aus regenerativen Energien oder Kernkraft

Die Energien wurden mit den in Tabelle 2 angegebenen Wirkungsgraden bis in den ungeförderten Zustand zurückgerechnet, sie sind also für die CO_2-Produktion relevant.

Im Fall 1 liegt zwischen dem Hybrid-Golf und dem Golf Diesel kein nennenswerter Unterschied. Erst wenn man den Strom entweder aus Kraftwerken mit Wärme-Kraft-Kopplung oder aus regenerativen Energien oder aus Kernkraft erzeugt, hat der Hybrid-Golf Vorteile.

Ähnlich wie in Bild 12 für Steinkohle sind die für den Hybrid-Golf einzusetzenden fossilen Brennstoffe auch für die Fälle 'Strom aus Erdöl, Erdgas, Braunkohle und den 1987er Energiemix' berechnet und in Tabelle 4 angegeben. Mit Hilfe der Emissionsfaktoren aus Tabelle 3 wurden dann die CO_2-Emissionen berechnet und ebenfalls in Tabelle 4 angegeben.

Tabelle 4: CO_2-Emission von Golf-Diesel und Hybrid-Golf

Fahrzeug		Golf D	Hybrid-Golf					
Rohstoff		Erdöl	Erdöl	Erdgas	Stein	Braun	WKK	Mix
fossile Brennstoffe *	E	-	51	46	50	51	25	28
	D	78	30	30	30	30	30	30
Summe CO2-Emissionen **		226	235	175	252	291	169	147

* in kWh/100 km ECE ** in g/km ECE

Man sieht aus der unteren Zeile, daß bei der Stromerzeugung aus Kohle mehr CO_2 pro Fahrzeug-Kilometer emittiert wird als beim Golf-Diesel. Beim Einsatz von Erdgas liegt der Hybrid-Golf erwartungsgemäß günstiger, das gilt auch für das Kohle-Kraftwerk mit Kraft-Wärme-Kopplung. Erst wenn man auch nicht fossile Energie, wie in der Spalte 'Mix' einsetzt, hat der Hybridantrieb deutlich geringere CO_2-Emissionen.

4. Folgerung für das Elektro- und Elektro-Hybrid-Fahrzeug

Das E-Fahrzeug hat ohne Zweifel positive umwelt- und energiepolitische Auswirkungen, insbesondere, wenn man den Strom umweltfreundlich und aus regenerativen Energien erzeugt. Aber Nutznießer dieser Vorteile ist im wesentlichen die Allgemeinheit und nicht der E-Mobil-Besitzer oder der E-Mobil-Fahrer. Dieser hat sich hingegen mit den unbestrittenen Nachteilen des E-Mobils herumzuschlagen; das ist zu allererst die relativ geringe Reichweite und dann aber auch die geringe Fahrleistung.

Und da Kostenrechnungen ergeben haben, daß ein Elektrofahrzeug auch bei Großserienfertigung immer teurer ist als das vergleichbare Fahrzeug mit Verbrennungsmotor, liegt folgende aussichtlose Situation vor: Man müßte für ein E-Mobil, das nach heutigen Wertmaßstäben weniger leistet als ein konventionelles Auto, mehr Geld ausgeben. Unter diesen Umständen kann sich kein Markt für E-Fahrzeuge entwickeln.

Wenn die Allgemeinheit die Umweltvorteile des E-Mobils genießen will, muß sie die Weichen für das E-Mobil stellen, d. h. sie muß einen "politischen E-Mobil-Markt" schaffen. Das könnte z. B. auf folgenden Wegen geschehen: Wenn der E-Mobil-Fahrer dort parken kann, wo ein anderer ausgeschlossen ist, ist das ein starker Kaufanreiz für E-Fahrzeuge. Wenn man dort fahren kann, wo andere Fahrzeuge verboten sind, wird es E-Mobile geben.

Das Hybrid-Fahrzeug befindet sich in einer ähnlichen Situation, denn der von uns geschätzte Mehrpreis von ca. 10.000,- DM pro Fahrzeug bei Großserie läßt sich nicht aus den ersparten Energiekosten finanzieren. Das ist erst bei wesentlich höheren Kraftstoffpreisen möglich. Aber auch das Elektro-Hybrid-Fahrzeug würde von politischen Weichenstellungen in Richtung E-Mobil profitieren.

VW hat bislang seine Aufgabe darin gesehen, zu untersuchen, ob solche Weichenstellungen jetzt schon möglich wären: Unsere Flottenversuche haben gezeigt, daß das nicht der Fall ist, denn bis zum heutigen Tage ist noch kein einziges zuverlässiges Batterie-System vorhanden, daß eine ausreichend große Lebensdauer von z. B. 4 Jahren garantieren würde und einen vertretbaren Wartungsaufwand hätte.

Nun gibt es einige neue Batterie-Systeme, die vielversprechend sind, wie insbesondere Natrium/Schwefel- und Blei-Gel-Batterien. Hier sollte die öffentliche Hand ein Zeichen setzen und durch Förderung von Flottenversuchen die neuen Batterietechnologien weiterentwickeln und sie so bereit machen für einen eventuellen Einsatz zum Wohle der Allgemeinheit.

Literatur:

/1/ Umweltbundesamt II 3.6-Rodt
"Vergleich der Geräuschemission von Fahrzeugen mit Elektroantrieb und mit Otto-Motor"

/2/ Dreizehnte Verordnung zur Durchführung des Bundesimissionsschutzgesetz (Verordnung über Großfeuerungsanlagen - 13. BFmSchV.)

/3/ Dreißigacker/Surendorf/Weber
Luftreinhaltung
Band 3, Carl Heymanns Verlag KG

/4/ Tagungsbericht 9. Hochschultage Energie
"Energie und Umwelt - Gegensatz oder Einklang"
Klaus Töpfer
RWE Essen

/5/ Unnasch S./Moyer, C. B./Lowell, D. D./Jackson, M. D.
Comparing the impact of different transportation fuels on the greenhaus effect
Acurex Corporation, March 1989

/6/ Kemper, R./Junk, H./Wnuk, A.: Die Elektrizitätswirtschaft in der Bundesrepublik Deutschland 1987
Elektrizitätswirtschaft Jg. 87 (1988) H. 20

/7/ Kraftstoffe für den Markt von morgen
Deutsche Shell AG, Abt. Information und Presse, Dez. 1982

/8/ Kalberlah, A.
Elektrostraßenfahrzeuge - Pkw und Transporter
Vortrag anläßlich der ETG-Fachtagung 29./30.09.1987

/9/ Bundesdrucksache 11/3240
1. Zwischenbericht der Enquête-Kommission
Vorsorge zum Schutz der Erdatmosphäre

/10/ Sporckmann, B.
"Elektrofahrzeuge als Luftschadstoffbremse?"
Energiewirtschaftliche Tagesfragen, Heft 6/1990

Netztechnik in speichergestützten Solar- und Windnetzen

B. Willer
Institut für Solare Energieversorgungstechnik e.V.

Zusammenfassung

Regenerative Energieversorgungssysteme besitzen gegenüber konventionellen Netzen Besonderheiten, die ihre Netzstruktur beeinflussen. Aufbauend auf der Darstellung konventioneller Netztechnik und der prinzipiellen Regelungsmöglichkeiten der Netzgrößen Spannung und Frequenz werden Besonderheiten bei der regenerativen Energieumsetzung herausgestellt. Unterschiedliche Kopplungsarten der Generatoren werden erörtert und ihr Einfluß auf das Netzverhalten dargestellt. Zum Ausgleich von Energieangebot- und nachfrage müssen Energiespeicher eingesetzt werden, die besonders hohen Anforderungen genügen müssen. Auf die besonderen Anforderungen und auf den Aufbau eines speziellen wartungsarmen Batterieaggregates wird eingegangen. Die Vielfalt möglicher Netzkonfigurationen wird anhand ausgewählter Beispiele dargestellt.

Summary

In comparison to traditional grids regenerative energy supply systems possess peculiarities which influence their grid structure. Based on the presentation of conventional grid technics and the controlling possibilities of the grid parameters voltage and frequency in principle peculiarities of energy transformation will be underlined. Different ways of coupling of the generators will be discussed and their influence on the grid behavior will be presented. Balancing out energy supply and demand energy storages must be emploid being able to fulfil extraordinary high requirements. Into the particular requirements and the construction of a special battery aggregate with low maintenance will be gone. The variety of possible grid configurations will be presented by selected examples.

Résumé

Les systèmes d'approvisionnement électrique régénératifs possèdent, par rapport aux secteur conventionnels, des particularités qui influencent leur structure du secteur. Basant sur la présentation d'une technique due secteur conventionelle et des possibiltités de régulation des grandeur du secteur voltage et fréquence par principe les particularités vis-à-vis la transformation d'énergie régénérative seront mis en évidence. Différentes facons d'accouplement des générateurs seront discutés et leur influence sur la conduite du secteur sera exposée. Pour compensation de l'offre et la demande d'énergie des enregistrements devront été établie qui doivent satisfaire aux exigences extraordinairement grands. Il est tenu compte des exigences spéciales et de la conception d'une batterie d'accumulation à entretien réduit. La multiplicité des configurations du secteur possible sera présentée au moyen des exemples sélectionnés.

1 Einleitung

Die Erfahrungen mit energiebedingten Krisen und das wachsende Bewußtsein für die Folgeschäden von Umweltbelastungen sowie für die Grenzen der Rohstoffvorräte haben das Interesse an erneuerbaren Energien geweckt. Es werden zunehmend Anstrengungen zu Ihrer Nutzung, z. B. für die Versorgung mit elektrischer Energie, unternommen.

Im Vergleich zum steuerbaren Einsatz von speicherbaren Brennstoffen in konventionellen Netzen birgt die Nutzung der schwankenden Solar- und Windenergie eine vielschichtige Problematik in sich /1/. Es gilt, die Energieausbeute zu maximieren und beim Aufbau eines Wechselstrominselnetzes die Netzgrößen Frequenz und Spannung in engen Grenzen zu regeln. Zum Ausgleich von Energieangebot und -nachfrage werden bei den meisten Anwendungsfällen Energiespeicher benötigt. Die Besonderheiten regenerativer Generatoren und ihre Abhängigkeit von meteorologischen Gegebenheiten sind bei der Netzauslegung zu berücksichtigen.

2 Konventionelle Netztechnik

Besondere Anforderungen stellt die Bildung eines Wechselstromnetzes. Gefordert wird die Einhaltung von Frequenz und Spannung in einem engen Toleranzbereich. Zur Frequenz- und Spannungsregelung müssen steuerbare Wirk- und Blindleistungen bereitgestellt werden.

Konventionelle Netze zeichnen sich dadurch aus, daß die benötigte Energie im Augenblick ihrer Anforderung bereitgestellt wird. Die Verbrennung fossiler Brennstoffe kann kurzfristig gesteuert werden. Die Regelung der Netzgrößen Frequenz und Spannung ist relativ einfach. Bild 1 zeigt die prinzipiellen Regelungsmöglichkeiten eines Dampfkraftwerkes.

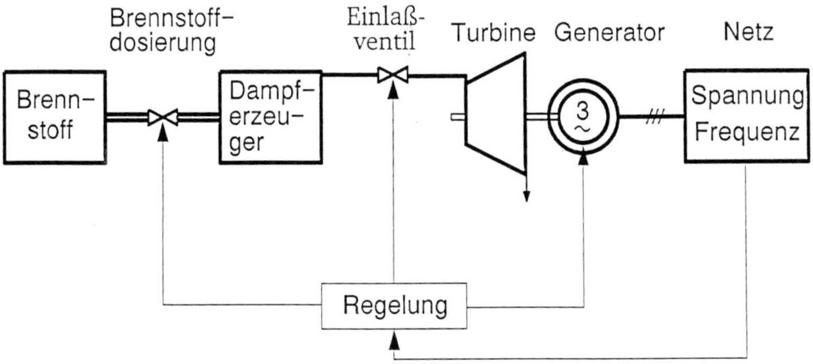

Bild 1: Prinzipielle Regelungsmöglichkeiten eines Dampfkraftwerkes

Durch eine Regelung der Kraftstoffverbrennung und Dampfzufuhr läßt sich die Wirkleistung des Kraftwerkes beeinflussen. Eine Blindleistungsregelung wird über eine Veränderung der Erregung des Generators möglich. Über die Regelung der Wirk- und Blindleistung eines Kraftwerkes werden die Netzgrößen Frequenz und Spannung konstant gehalten.

3 Regelungsmöglichkeiten einer Windenergieanlage

Die Leistungsabgabe einer Windenergieanlage wird direkt durch das Angebot an Windenergie beeinflußt. Bei einem hohen Energieangebot ist, ähnlich wie bei konventionellen Kraftwerken, eine Regelung der Wirk- und Blindleistung möglich. Wie in Bild 2 dargestellt, kann über eine Verstellung der Rotorblätter (B) die Wirkleistung und über die Erregung des Generators (C) die Blindleistung der Windanlage geregelt werden.

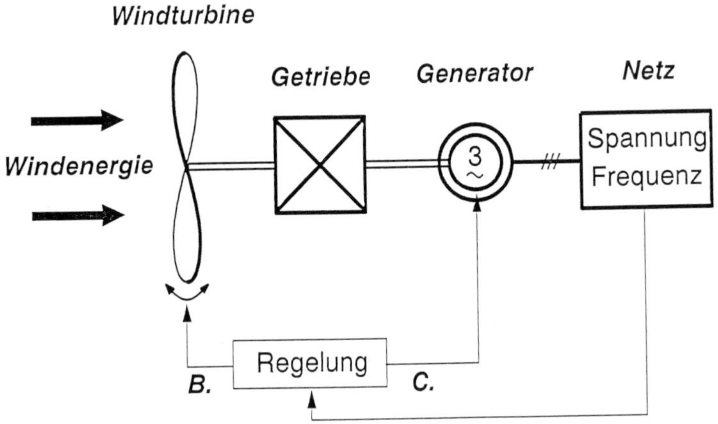

Bild 2: Prinzipielle Regelungsmöglichkeiten einer Windenergieanlage

Sinkt das Angebot an Windenergie unter die Energienachfrage, so ist eine zusätzliche Bereitstellung von Wirkleistung erforderlich. Hier ist der Einsatz eines weiteren Energielieferanten, z. B. eines Energiespeichers, vorzusehen.

Bei der Ankopplung von Windenergieanlagen an starre Netze bedingt ein schwankendes Energieangebot eine starke mechanische Belastung der Anlage. Dient, wie in Bild 3 dargestellt, ein Synchrongenerator als Kopplungsglied, so ist die Drehzahl der Windanlage stets konstant. Die starre Bindung des Windgenerators ans Netz erfordert eine hohe mechanische Fertigkeit der Anlage. Ein Vorteil dieser Kopplungsart besteht in der Möglichkeit der Blindleistungsregelung.

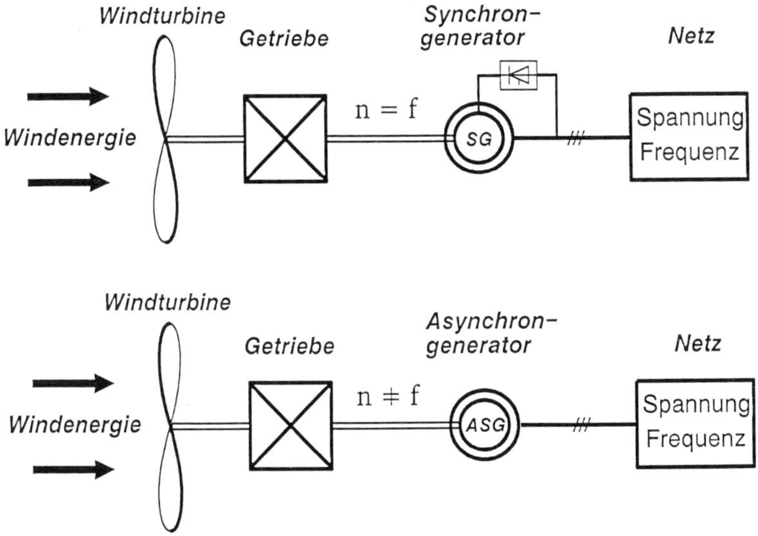

Bild 3: Netzkopplung einer Windenergieanlage über Synchron- und Asynchrongenerator

Eine weichere Kopplung wird bei der Verwendung eines Asynchrongenerators erreicht. Hierbei sind geringe Abweichungen zwischen Drehzahl und Netzfrequenz erlaubt. Die kinetische Energie der rotierenden Massen dient als Kurzzeitspeicher und verringert die mechanische Belastung der Anlage bei Energieangebotsschwankungen. Die Blindleistung der Anlage ist abhängig von der abgegebenen Wirkleistung und nur begrenzt regelbar.

In der Erprobung befinden sich weitere Kopplungsarten zur Verringerung der mechanischen Belastung wie Synchrongenerator mit Gleichstromzwischenkreis, übersynchrone Stromrichterkaskade oder doppeltgespeister Asynchrongenerator, auf die hier nicht näher eingegangen werden soll.

4 Regelungsmöglichkeiten eines Solargenerators

Photovoltaische Solargeneratoren unterscheiden sich wesentlich von klassischen Generatoren wie auch von Windenergieanlagen. Sie besitzen keine rotierenden Teile und stellen dem Anwender eine Gleichspannung zur Verfügung. Aufgrund der fehlenden rotierenden Massen ist eine Bereitstellung von Blindleistung ohne zusätzliche Maßnahmen nicht möglich. Photovoltaikgeneratoren weisen einige Bewonderheiten auf, die bei einem Netzaufbau zu berücksichtigen sind. Der Kurzschlußstrom ist nur geringfügig größer als der Betriebsstrom und die Leistungsabgabe der Generatoren hängt vom jeweiligen Arbeitspunkt ab. Die Strom-Spannungskennlinien photovoltaischer Generatoren werden direkt von meteorologischen Gegebenheiten beeinflußt (Bild 4). Sie verschieben sich in Abhängigkeit der Bestrahlungsstärke ϕ und der Modultemperatur ϑ.

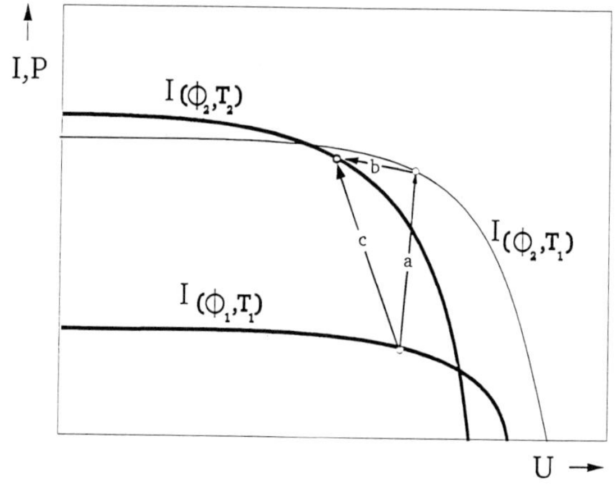

Bild 4: Strom-/Spannungscharakteristik eines Photovoltaik-Generators
Kennlinienübergang bei Erhöhung der Bestrahlungsstärke ϕ (a) und der Temperatur ϑ (b), c:quasistationärer Übergang

Beim Einsatz eines Solargenerators ist eine Anpassung von Generator und Last erforderlich. Es gilt, den Generator möglichst nahe am Punkt der maximalen Abgabeleistung zu betreiben.

Bei einer direkten Kopplung des Generators mit einer Gleichstromlast, z. B. einer Batterie, ist der optimale Arbeitspunkt nicht direkt einstellbar. Eine kontinuierliche Einstellung des Arbeitspunktes mit maximaler Leistungsabgabe (MPP-Regelung) ist mit Hilfe eines Energiewandlers möglich, dessen Übersetzungsverhältnis einstellbar ist. Hierbei sind jedoch auftretende Verluste des Wandlers zu berücksichtigen. Je nach Lastanforderung kommen DC/DC - oder DC/AC - Steller zum Einsatz.

5 Speicher für regenerative Energiesysteme

Photovoltaische Solargeneratoren sowie Windkraftanlagen geben, sowohl durch Witterungsverhältnisse als auch durch sich tages- und jahreszeitlich ändernde meteorologische Gegebenheiten, eine schwankende Leistung ab. Wird stets eine gesicherte Energiebereitstellung für die zu versorgenden Lasten gefordert, so müssen zum Ausgleich von Energieangebot- und nachfrage Energiespeicher eingesetzt werden. Nach dem heutigen Stand der Technik ist im mittelfristigen Zeitbereich bei Anlagen bis zu einigen Kilowatt Leistung der Bleiakkumulator als elektrochemisches Speichersystem anderen Speichern vorzuziehen. In Bild 5 sind das Grundschema einer Speicheranbindung an ein Netz und mögliche Energieflüsse zu sehen.

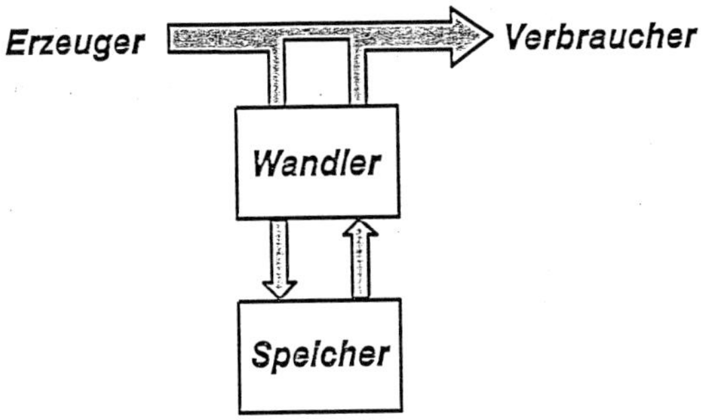

Bild 5: Grundschema einer Speicherkopplung

Ist die Leistungsanforderung des Verbrauchers gering, so wird ein Teil der vom Erzeuger kommenden überschüssigen Energie über einen Wandler dem Speicher zugeführt. Bei erhöhter Leistungsnachfrage gelangt Energie vom Speicher über einen Wandler zum Verbraucher. Die Randbedingungen für elektrochemische Speicher in regenerativen Versorgungssystemen unterscheiden sich deutlich von denen in konventionellen Einsatzgebieten:

- Ein schwankendes Energieangebot beeinflußt den Ladungstransfer,
- Schnelle Wechsel zwischen kurzen Lade- und Entladephasen sind möglich,
- Neben hohen Entladeströmen können auch extrem kleine Ströme auftreten,
- Eine geregelte Volladung der Batterie ist nicht immer möglich.

Regenerative Versorgungssysteme stellen erhöhte Anforderungen an die eingesetzten Energiespeicher und an die Gesamtbetriebsführung. Es sind systemtechnische Maßnahmen erforderlich, die die Besonderheiten der eingesetzten Speicher berücksichtigen. Eine an den Batterietyp und die örtlichen Gegebenheiten angepaßte und schonende Ladetechnik ist gefordert. Zur Vermeidung irreversibler Schädigungen sind regelmäßige Volladungen aller Zellen eines Speichers notwendig. Eine geeignete Meßtechnik zur Erfassung der Batterietemperatur, des Ladungsdurchsatzes und zur Erfassung des Volladezustandes ist eine wichtige Hilfe für eine optimale Batterieführung. Ein Schutz vor Tiefentladungen sollte immer installiert sein. Zur Betriebsführung der Gesamtanlage ist eine Ladezustandserfassung wünschenswert.

Bild 6 zeigt den Aufbau eines speziellen Bleibatterieaggregates, welches zur Zeit in einer photovoltaischen 2,5 kW-Versorgungseinheit zur Inselnetzbildung des Instituts für Solare Energieversorgungstechnik getestet wird /2/. Die einzelnen Zellen besitzen eine Elektrolytumwälzung zur Verhinderung einer Säureschichtung. Der Einsatz von Rekombinatoren reduziert das Freiwerden von Knallgas, erhöht die Betriebssicherheit, verringert den Wasseraustrag und damit den Wartungsaufwand.

Durch spezielle Meßsensoren werden batterierelevante Größen erfaßt, aufbereitet und zur Betriebsführung herangezogen. Im einzelnen sind dies die Säuredichte im Elektrolytraum, die Gasung und die Batterietemperatur.

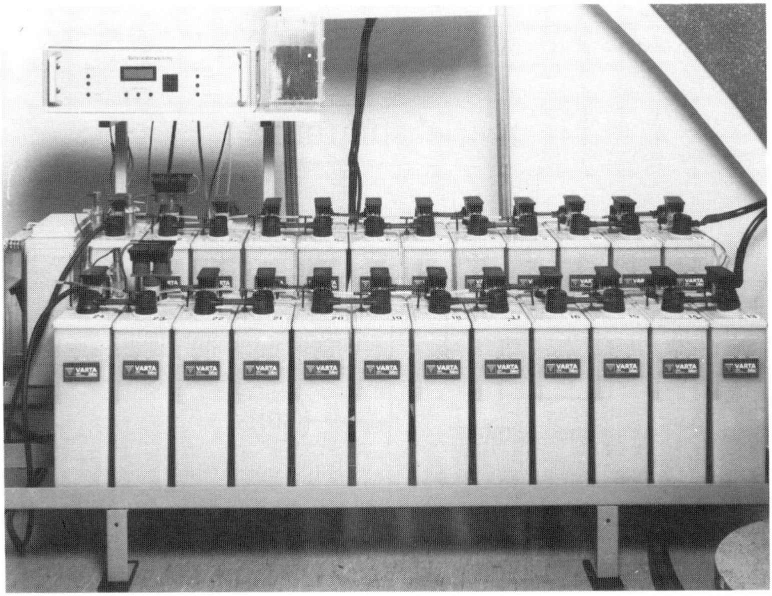

Bild 6: Batterieaggregat für regenerative Energieversorgungssysteme

Die Erfassung der Gasung wird zur Reduzierung des Ladestromes und zur Bestimmung des Volladezustandes herangezogen. Über eine kontinuierliche Erfassung der äußeren Säuredichte wird der Ladezustand der Batterie bestimmt. Eine autarke mikrorechnergesteuerte Batterieüberwachung steuert die Elektrolytumwälzung, erfaßt die batterierelevanten Größen, steuert die Laderegelung, bestimmt den Ladezustand und kommuniziert mit der Gesamtbetriebsführung der Anlage.

6 Netzkonfigurationen

Speichergestützte Solar- und Windnetze sind komplexe Systeme, die eine Vielzahl von Auslegungsvarianten zulassen. Bild 7 zeigt als Beispiel ein vereinfachtes Blockschaltbild einer Wind-Photovoltaik-Batterie-Kombination wie sie zur Stromversorgung eines kleinen jordanischen Dorfes geplant ist /3/.

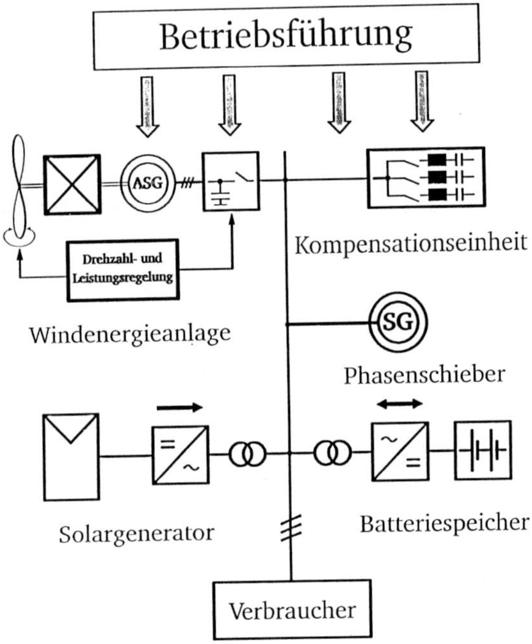

Bild 7: Vereinfachtes Blockschaltbild eines Wind-Photovoltaik-Batterie-Netzes

Die einzelnen Komponenten des Netzes sind direkt mit dem Drehstromnetz gekoppelt, an das auch die Verbraucher angeschlossen sind. Der netzgeführte Stromrichter des Batteriespeichers übernimmt die Frequenzregelung im Drehstromnetz, indem er entweder der Batterie Leistung entnimmt oder sie mit überschüssiger Leistung aus den Windenergiekonvertern oder dem Photovoltaik-Generator läd. Für die Spannungsregelung wird ein rotierender Phasenschieber eingesetzt. Dieses System ermöglicht ein problemloses Starten auch von rotierenden Lasten, wie z. B. Pumpen oder anderen Geräten mit hohen Anlaßströmen, ohne unzulässige Spannungs- oder Frequenzeinbrüche im Netz. Eine schaltbare Kompensationseinheit reduziert die Blindleistungsbelastung des Phasenschiebers. Die Windenergieanlage ist in der Standardversion für Netzbetrieb mit Asynchrongenerator ausgerüstet. Die Windenergieanlage schaltet sich selbsttätig auf das vom Stromrichter und rotierendem Phasenschieber gebildete Netz, wenn die Windgeschwindigkeit ausreicht. Die Leistung des Solargenerators wird in das Inselnetz über einen netzgeführten Stromrichter gespeist. Eine "Maximum-Power-Point"-Regelung garantiert eine optimale Energieausbeute.

Ein optimales Betreiben der Anlage erfordert die Regelung der einzelnen Komponenten, sowie eine Betriebsführung der gesamten Anlage. Zahlreiche Aufgaben der Systemüberwachung, Diagnose und Steuerung sind zu übernehmen. Eine Leistungsoptimierung und eine wartungsarme und schonende Betriebsführung der Anlage sind notwendig. Für die Regelung und Überwachung ist ein Mikroprozessor-Kompaktsystem installiert, das für das optimale und sichere Arbeiten aller Komponenten verantwortlich ist. Von diesem System werden folgende Aufgaben übernommen:

- Batterieregelung und -überwachung,
- Starten des rotierenden Phasenschiebers,
- Frequenzregelung,
- Leistungsregelung,
- Zu- und Abschaltung der Kompensationsstufen sowie
- MPP-Regelung für den Photovoltaik-Generator.

Eine weitere interessante Netzkonfiguration ergibt sich beim kombinierten Einsatz eines Dieselaggregates und Batteriespeichers. So wird zur Stromerzeugung auf der irischen Insel Cape Clear ein Wind-Diesel-Batterie-System eingesetzt /4/. Bild 8 zeigt ein vereinfachtes Blockschaltbild dieses Netzes. Bei guten Windbedingungen und geringem Verbrauch liefern die Windenergieanlagen genügend elektrische Energie, so daß der Dieselgenerator nicht betrieben werden muß. Der Dieselmotor ist nicht starr, sondern mit einer mechanischen Überholkopplung und einem Synchrongenerator verbunden. Bei abgeschaltetem Dieselmotor ist die Verbindung zwischen Motor und Generator aufgetrennt und der Synchrongenerator übernimmt selbsttätig die Spannungsregelung und Blindleistungslieferung. In Zeiten mit niedriger Windgeschwindigkeit übernehmen Dieselmotor und Synchrongenerator die Versorgung des Inselnetzes.

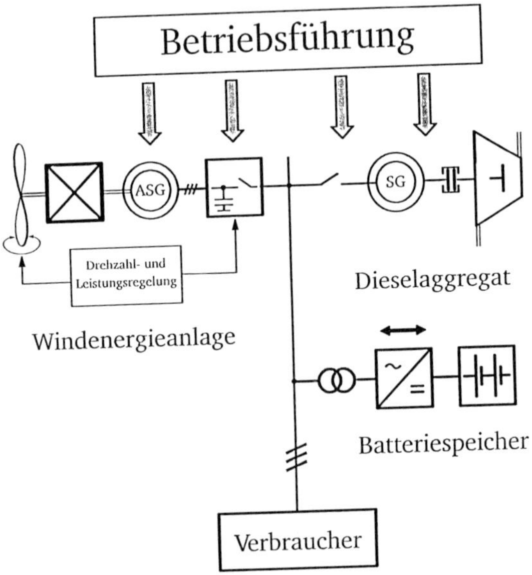

Bild 8: Vereinfachtes Blockschaltbild eines Wind-Diesel-Batterie-Systems

Um ein unnötig häufiges Starten des Dieselmotors - aufgrund wechselnder Windgeschwindigkeit - zu vermeiden, ist das System mit einem Batteriespeicher ausgestattet. Kurzzeitige Lastspitzen des Inselnetzes können vom Batteriesystem abgefangen werden, wodurch der Dieselmotor entlastet wird. Das Batteriesystem ist als Kurzzeitspeicher mit einer Kapazität für ca. 30 Minuten Nennleistung ausgelegt. Die Einspeisung in das Inselnetz oder die Batterieladung erfolgt über einen Stromrichter. Regelungstechnisch ist das Wind-Diesel-Batterie-System auf vier Betriebszustände ausgelegt:

- Windenergieanlage, Dieselmotor und Batteriespeicher werden in Zeiten geringer Windgeschwindigkeit und hoher Verbraucherleistung parallel betrieben.
- In Zeiten ungünstiger Windverhältnisse werden Dieselmotor und Batteriespeicher parallel betrieben.

- In Zeiten ausreichender Windverhältnisse und geringer Verbraucherleistung werden Windenergieanlagen und Batteriespeicher parallel betrieben.
- Alleinbetrieb des Batteriespeichers in Zeiten mit niedriger Windgeschwindigkeit und geringer Verbraucherleistung.

Mit diesem Demonstrationsprojekt konnten die Vorteile eines Wind-Diesel-Batterie-Systems gegenüber der herkömmlichen Elektrizitätsversorgung mit Hilfe eines Dieselaggregates nachgewiesen werden. Ca. 70% des elektrischen Energiebedarfs der Insel kann durch zwei Windenergieanlagen zur Verfügung gestellt werden. Das führt, wie eine durchgeführte Wirtschaftlichkeitsrechnung zeigt, zu einem um 25% niedrigeren Kilowattstundenpreis gegenüber der Energieerzeugung nur mit Dieselaggregaten.

7 Schluß

Die Komplexität regenerativer Netze führt zu einer großen Anzahl möglicher Netzkonfigurationen. Es gilt, die Energieausbeute zu maximieren und beim Aufbau eines Wechselstrom-Netzes die Netzgrößen Frequenz und Spannung in engen Grenzen zu regeln. Hierbei werden hohe Anforderungen an die Regelung und Dynamik der einzelnen Komponenten gestellt. Zum Ausgleich von Energieangebot- und nachfrage werden Energiespeicher benötigt, an die hohe Anforderungen gestellt werden und auf deren Besonderheiten die Betriebsführung des Netzes eingehen muß. Örtlich stark unterschiedliche meteorologische Gegebenheiten beeinflussen die Leistungsfähigkeit solcher Netze und sind bei der Netzauslegung zu berücksichtigen. Der Systemtechnik kommt hier eine entscheidende Rolle bei der Auslegung, Entwicklung und der Betriebsführung regenerativer Versorgungsnetze zu.

8 Literatur

/1/ H. Brüggemann, P. Caselitz, W. Döring, W. Pigorsch, J. Sachau, B. Willer
Regelung und Energieaufbereitung für photovoltaische Versorgungssysteme mit und ohne Batteriespeicher
BMFT-Abschlußbericht,
Gesamthochschule Kassel 1989

/2/ B. Willer, A. Winsel
Geschlossenes Batterieaggregat mit Pilotzelle
Dechema-Monographien Band 109 (1987)
S. 109-187

/3/ G. Cramer
etz 108 (1987), H. 22
S. 1080-1085

/4/ G. Cramer, R. Grebe, B. Hanna, J. Sachau
Advanced autonomous electrical power supply for the small irish island of Cape Clear
European Wind Energy Conference, Rom 1986

Autarkes Solarhaus mit H_2/O_2-Speichersystem

A. Heinzel, J. Ahn, K. Ledjeff
Fraunhofer-Institut für Solare Energiesysteme, Freiburg

Zusammenfassung

Das Fraunhofer-Institut für Solare Energiesysteme plant den Bau eines autarken Solarhauses, das ohne Anschluß an das öffentliche Stromnetz und ohne fossile Energieträger ausschließlich mit solarer Energie versorgt werden wird. Das Gesamtkonzept schließt verschiedene thermische Systeme und eine Photovoltaikanalage ein. Ein spezieller Hybrid-Energiespeicher wird den überschüssigen Solarstrom im Sommer speichern und damit den Bedarf an elektrischer Energie und Hochtemperaturwärme zum Kochen im Winter decken. Eine Bleibatterie dient als Kurzzeitspeicher und zur Aufnahme hoher Leistungen, ein Wasserstoffsystem übernimmt die Langzeitspeicherung des Solarstromes. Ein solcher Energiespeicher wird mit kommerziellen Geräten aber auch mit speziell entwickelten Komponenten zunächst im Labor aufgebaut, um für das bewohnte Haus eine fundierte Entscheidungsgrundlage zu haben. Über die Ergebnisse der Messungen an dem kommerziellen alkalischen Elektrolyseur und der alkalischen Brennstoffzelle, sowie mit den im Institut gebauten Energiewandlern mit polymerem Festelektrolyten wird berichtet.

Summery

The Fraunhofer-Institute for Solar Energy Systems is planning the construction of a self-sufficient solar house. The energy demand of the residence is met without connection to the grid, without fossil energy carriers, but only with various thermal solar systems and a photovoltaic generator. A special hybrid energy storage system will store the excess electrical energy in summer in order to redeliver it in winter as well as the high temperature heat for cooking purposes. The storage system consists of a lead acid battery for short term storage and for buffering the high power of the solar generator which is reached under optimal insolation conditions, and of a hydrogen system for long term storage. Such an energy storage system is constructed in laboratory first, in order to gain the necessary data for a correct decision for the residence. It is reported about the results made during operation of the commercial alkaline electrolyzer and the commercial fuel cell as well as the experiences with energy converting devices with solid polymer electrolyte which are constructed in our Institute.

Résumé

L'Institut Fraunhofer pour système d'énergie solaire projète la construction d'une maison, uniquement alimenté en énergie solaire sans aucune intervention du réseau d'électricité publique ni utilisation de ressources d'énergie fossile. La conception de cette maison inclut des systèmes thermiques et des cellules solaires. L'électicité excédente en été sera stockée dans un système hybride: un accumulateur à plomb sert au stockage de courte durée et au puissances élevées, un système d'hydrogène au stockage de longue durée. Un tel système est capable d'assurer la demande en électricité et en chaleur à haute température de cette maison même en hiver. Un prototype de ce système de stockage d'énergie sera installé tout d'abord en laboratoire avec des appareils commerciaux mais aussi des composants spécialement développés. Les résultats de ces expériences avec l'électrolyseur commercial et la pile à combustible alcalins ainsi que les transformateurs d'énergie à électrolyte de polymère solide construit à l'Institut seront présentés.

1. Einleitung

Die verschiedenen Techniken zur Nutzung regenerativer Energiequellen werden in dem autarken Solarhaus, das das Fraunhofer-Institut für Solare Energiesysteme bauen wird, umfassend dargestellt werden. Wegen der besonders hohen Anforderungen werden neben den konventionellen Wärmedämmaßnahmen neue Materialien Anwendung finden und ein hocheffizientes Energiespeichersystem entwickelt werden. Da die Leistung des Solargenerators nicht überdimensioniert ausgelegt werden soll, ist die Deckung des restlichen Bedarfs an Niedertemperaturwärme für Heizung und Warmwasser, an Hochtemperaturwärme zum Kochen und an elektrischer Energie im Winter nur mit einem speziellen, hybriden Energiespeicher möglich /1/. Die thermischen Systeme, eine Bleibatterie und ein Wasserstoffspeichersystem erfüllen gemeinsam diese Aufgabe. Da ein Wasserstoffsystem für ein bewohntes Haus nicht dem Stand der Technik entspricht, werden die Energiewandler, Elektrolyseur, Brennstoffzelle und katalytischer Wasserstoffherd, zunächst in einem Laboraufbau getestet.

2. Konzept zur Energieversorgung des autarken Solarhauses

2.1. Die Raumheizung

Der Nachheizbedarf des Hauses wird durch die bestmöglichen Wärmedämmaßnahmen und ein Lüftungssystem mit Wärmerückgewinnung auf extrem schlechte Winter reduziert. Eine optimale opake Wärmmedämmung im Norden, die Verwendung der besten kommerziellen Isolierverglasungen für die Fenster und eine sinnvolle Anordnung der Räume sind die Grundlage für energiesparendes Wohnen. Zusätzlich werden die nach Osten, Süden und Westen ausgerichteten Fassadenelement mit einer neuartigen transparenten Wärmedämmung (TWD) /2/ versehen. Dieses TWD-Material ist eine Waben- oder Kapillarstruktur aus transparenten Kunststoffen, wie Polycarbonat oder Polymethylmethacrylat, die mit einer Glasabdeckung versehen werden. Die dahinter liegende Wand bildet den Absorber für die einfallende Solarstrahlung, Abb. 1. Aufgrund der guten Wärmedämmeigenschaften der TWD-Elemente

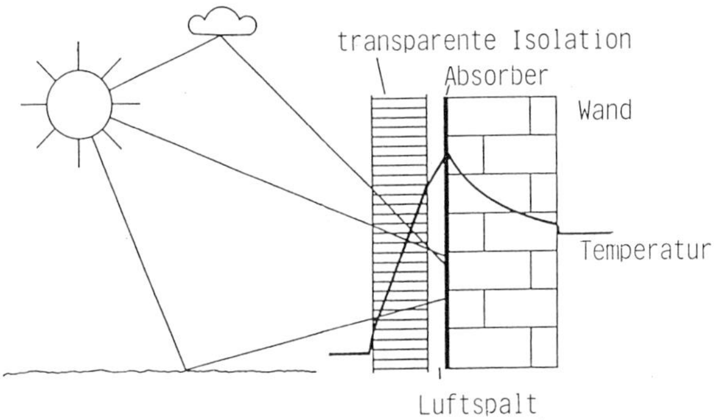

Abb. 1: Schematische Darstellung eines Fassadenelementes mit transparenter Wärmedämmung

wird eine positive Wärmebilanz auch an kalten (klaren) Wintertagen erreicht. Das Lüftungssystem wird daher nur in längeren nebligen Wetterphasen des Winters benötigt, wenn ein Lüften durch Öffnen der Fenster nicht möglich ist. Wegen des hohen Energieeintrages im Sommer werden die TWD-Elemente mit einer Abschattung versehen, um ein Überheizen der Wohnräume zu vermeiden.

2.2. Das Warmwassersystem

Das warme Wasser für den Haushalt wird mit einer Deckungsrate von 90% durch neuartige Flachkollektoren in Kombination mit einem Warmwasserspeicher bereitgestellt. Ein besonders attraktiver Kollektor ist der sogenannte Speicherkollektor /3/, der ebenfalls mit einer TWD-Abdeckung versehen wird. Der Kollektor selbst hat ein relativ großes Volumen und kann wegen der guten Isolation mit Wasser statt mit einer speziellen Kühlflüssigkeit gefüllt werden. Ein Einfrieren des Systems ist auch im Winter ausgeschlossen. Dadurch ergibt sich ein weiterer Vorteil: der direkte Anschluß an die Hauswasserversorgung erübrigt den Einsatz eines Wärmetauschers und der zusätzlichen Pumpe, so daß das gesamte System zur Warmwasserbereitung besonders einfach und robust gestaltet werden kann. Der Warmwasserspeicher mit einem Fassungsvermögen von 1000 l wird mit einem Nachheizsystem ausgestattet, das die restlichen 10% des Bedarfs decken wird. Auch dafür soll nach Möglichkeit die Abwärme eines anderen Energiewandlers, z.B. der Brennstoffzelle herangezogen werden.

2.3. Die elektrische Energie und die Hochtemperaturwärme

2.3.1. Berechnung der Daten des Speichers

Ein Energiespeicher, der den im Sommer zur Verfügung stehenden Solarstrom für den Winter speichert, wurde zunächst für einen vier Personen Haushalt ausgelegt. Drei Kriterien beeinflussen die Auslegung des Jahresspeichers: der Verbrauch des Haushaltes, die solaren Einstrahlungsdaten und die Energiewandlung mit ihren Wirkungsgraden. Der Verbrauch im Haushalt kann unter Verwendung energiesparender Geräte ohne Komfortverzicht auf 550 kWh elektrische Energie und 550 kWh Hochtemperaturwärme zum Kochen pro Jahr reduziert werden

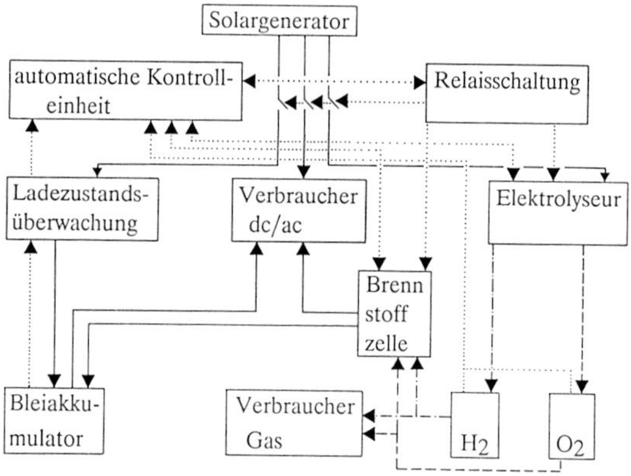

Abb. 2: Aufbau des Jahresspeichers
——— Stromleitungen
.... Daten- und Kontrolleitungen
—·—·— Wasserstoffleitungen
– – – – Sauerstoffleitungen

/4/. Für die Berechnungen muß außerdem ein bestimmtes Verbraucherverhalten angenommen werden. Die Einstrahlungsdaten für den Raum Freiburg sind bekannt und werden kontinuierlich erfaßt. Im Jahresmittel fallen 1200 kWh an Solarenergie auf einen m^2 ein. Der Aufbau des Jahresspeichers ist schematisch in Abb. 2 dargestellt. Aus den Daten ergibt sich die Verteilung des Energieflusses im Haus für den Verlauf eines Jahres und damit die Nutzung der verschiedenen Energiewandler. Bei dem angenommenen, sparsamen Verbrauch an elektrischer Energie kommt die mit einem vergleichsweise schlechten Energiewirkungsgrad behaftete Brennstoffzelle relativ selten zum Einsatz, sie ist nur zu ca 15% an der Energiewandlung beteiligt. Dadurch kann ein guter Systemwirkungsgrad für den Speicher von fast 70% erreicht werden. Die für das Speichersystem erforderlichen Komponenten und die zugehörigen Daten sind in Tabelle 1 zusammengefaßt. Der angenommene Wirkungsgrad für die Solarzellen von nur 7,17 % wird derzeit von allen kommerziellen Modulen übertroffen, was einen positiven Einfluß auf die benötigte Solarzellenfläche hat.

Tabelle 1: Daten des Jahresspeichers

Komponente	Wirkungsgrad	Kapazität	Leistung	Volumen
Solargenerator	7,17 %		2,1 kW	
Elektrolyseur(30 bar)	86 %		650 W	
Brennstoffzelle	55 %		200 W	
Bleibatterie	85 %	10 kWh		
Wasserstofftank		420 kWh		4 m^3 (30 bar)
Sauerstofftank				2 m^3 (30 bar)

Für die Erprobung im Labor wurde der Speicher mit kommerziellem, alkalischen Elektrolyseur und alkalischer Brennstoffzelle aufgebaut.

2.3.2. Das alkalische System

Für einen realistischen Testbetrieb des Jahresspeichers wurde ein Aufbau erstellt, der aus einem Automatisierungssystem (AS 215, Siemens) zur Steuerung, einer Relais-Sicherheitsschaltung, einem Computer zur Erfassung weiterer Meßwerte, die nicht durch das Automatisierungssystem abgedeckt werden (HP Vectra, Kempff, Karlsruhe) und einer am Institut entwickelten, hochgenauen Ladezustandsanzeige für den Bleiakkumulator /5/ besteht, neben den Energiewandlern selbst. Die Bleibatterie ist eine spezielle 48 V Batterie mit Säureumwälzung (Varta, Stuttgart), sowohl der alkalische Druckelektrolyseur (Metkon, Mendrisio, Schweiz) als auch die Brennstoffzelle (Elenco, Mol, Belgien) sind zwar keine Einzelstücke, jedoch

Spezialanfertigungen wegen der kleinen, benötigten Leistung. Trotzdem konnten beide Geräte nicht entsprechend den berechneten Daten beschafft werden, sondern in einer deutlich größeren Auslegung. Der Druckelektrolyseur kann Leistungen bis zu 2 kW aufnehmen, sowohl die gemessenen Strom/Spannungsdaten als auch die Werte des Herstellers sind in Abb. 3 wiedergegeben. Der Betriebspunkt des Elektrolyseurs wird bei ebenfalls 48 V und somit ca 15 A und einem Spannungswirkungsgrad von 85% liegen. Der Elektrolyseur wurde komplett mit Sensoren geliefert und wurde lediglich an das Automatisierungssystem angeschlossen, unter Berücksichtigung der Herstellerangaben für den sicheren Betrieb.

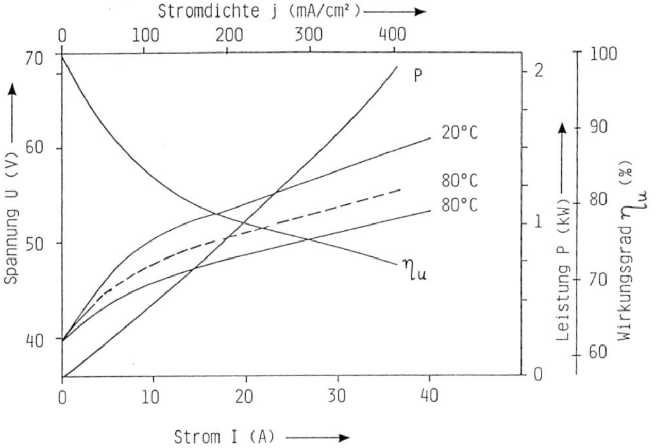

Abb 3:Elektrochemische Daten des alkalischen Druckelektrolyseurs bei 30 bar

——— Herstellerangaben

- - - - - Meßwerte

Die alkalischen Brennstoffzellenmodule sollten eine Mindestspannung von 12 V liefern, daraus ergab sich eine Leistung von 600 W. Die Strom/Spannungscharakteristik ist in Abb. 4 wiedergegeben, die Meßwerte entsprechen den Daten des Herstellers. Bei 12 V und 50 A liegt der Spannungswirkungsgrad bei 50,5 %. Der Teststand und die Automatisierung wurden im Institut erstellt.

Die Testergebnisse bei Betrieb des Elektrolyseurs und der Brennstoffzelle haben die Problematik für den geplanten Hauseinbau deutlich gemacht:

- Die kommerzielle Peripherie (Ventile, Pumpen) des Elektrolyseurs verbraucht zuviel Energie
- Insbesondere der Sauerstoff weist noch eine recht starke Verunreinigung mit Elektrolytnebeln auf, trotz der eingebauten Nebelfilter
- Die elektrischen Ventile, die im Normalzustand offen sind, werden durch Elektrolyt

verunreinigt und schließen nicht zuverlässig

Für die Brennstoffzelle wurde beobachtet, daß

- die Module über längere Zeit nicht elektrolytdicht sind
- die automatisierte Startprozedur nach mehreren erfolglosen Versuchen häufig durch das System abgebrochen werden muß, da die erforderliche Leerlaufspannung nicht von beiden in Serie geschalteten Modulen erreicht wird.

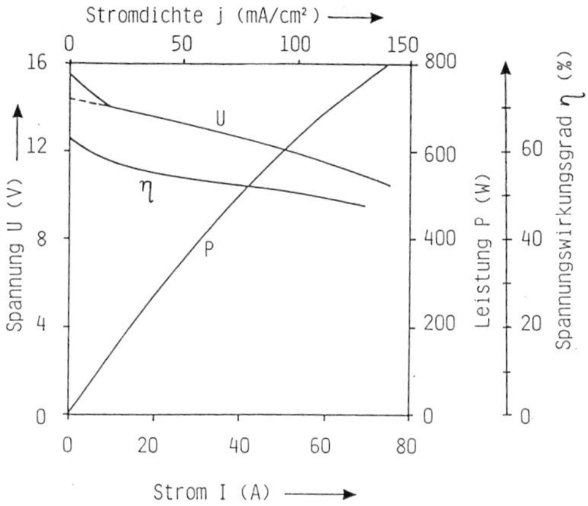

Abb. 4: Elektrochemische Daten der Brennstoffzelle bei 70°C

—— Herstellerangaben

--- Meßwerte

Daher werden zwei Alternativen verfolgt. Zunächst wird die Verbesserung des Speichers durch den Einsatz neuer, alkalischer Energiewandler, evtl. von anderen Firmen (Brennstoffzelle) bzw. eine verbesserte Version (Druckelektrolyse) angestrebt. Die zweite Möglichkeit besteht in der Nutzung von Energiewandlern mit polymerem Festelektrolyten, wobei sowohl auf industrielle Entwicklungen als auch auf eigene Arbeiten zurückgegriffen werden soll.

2.3.2. Energiewandler mit polymerem Festelektrolyten

Die Vorteile von Elektrolyseuren und Brennstoffzellen mit polymerem Festelektrolyten wurden in der Literatur bereits ausführlich diskutiert /6/. Bei hohen Leistungsdichten werden gute Wirkungsgrade erzielt, die Geräte sind kompakt, einfach zu handhaben und wartungsarm, die Sicherheit ist verbessert, wegen der Verwendung einer (druck)stabilen Ionenaustauschermembran als Elektrolyt und Separator. Obwohl der Stand der Technik bereits recht weit fortgeschritten ist, sind zur Zeit weder kommerzielle Druckelektrolyseure noch Brennstoffzellen auf dem Markt erhältlich. Aus diesem Grund wird seit ca. 3 Jahren die Entwicklung der Energiewandler mit einer Ionenaustauschermembran als Elektrolyt vorangetrieben. Als polymerer Elektrolyt wird die Nafion^{R}117-Membran eingesetzt. Die Methodiken der Vorbehandlung, Beschichtung mit den Elektrokatalysatoren, sowie die Zellkonstruktion sind dabei die Schwerpunkte der Arbeiten. Der derzeitige Stand läßt sich wie folgt zusammenfassen. Die Beschichtung der gequollenen und aufgerauhten Membran /7/ mit Platin gelingt nach zwei direkten, chemischen Verfahren /8,9/, während die für die Sauerstoffentwicklung erforderliche Belegung mit Ir und Ru nicht analog durchführbar ist. Das oxidative Aufsintern auf die Stromkollektoren oder der Einsatz von Preßlingen /10/ sind anwendbare Verfahren. Bezüglich der Zellkonstruktion gelang der Aufbau eines bis 30 bar arbeitenden Druckelektrolyseurs, dessen bipolare Platten aus einem besonders zugfesten Graphitmaterial gefertigt sind. Die Elektrodenfläche beträgt 46 cm^2, so daß eine Zelle eine Leistung von ca 100 W aufnehmen kann. Die Strom/Spannungskurve des Druckelektrolyseurs, ausgestattet mit zwei Platinelektroden, bestehend aus einer Beschichtung von 5 mg/cm^2, ist in Abb. 5 dargestellt. Im Vergleich dazu stehen die Resultate mit 1 cm^2 großen Laborzellen, worin bereits der beste Katalysator, IrO_2/RuO_2 untersucht wurde. Die Vergrößerung der Fläche dieser Edelmetalloxidlektrode für den technischen Elektrolyseur ist der nächste Arbeitsschritt, ebenso wie die Untersuchung der Gaspermeation bei 30 bar. Bei zufriedenstellenden Resultaten wird ein Lebensdauertest die Entscheidung zwischen dem Membranelektrolyseur und dem alkalischen Elektrolyseur bringen.

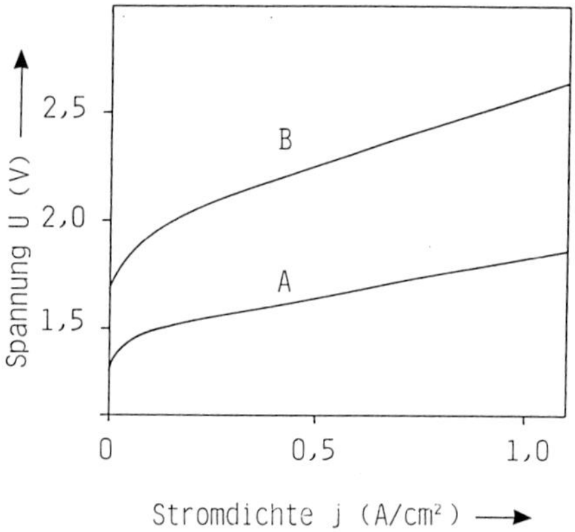

Abb. 5: Strom/Spannungskurven von Membranelektrolyseuren bei 80°C
A: Laborzelle, p = 1 bar, Elektrodenfläche 1 cm^2, Kathode Pt, Anode RuO_2/IrO_2
B: Technische Zelle, p = 30 bar, Elektrodenfläche 46 cm^2, Kathode und Anode Pt

Die Anforderungen zur Entwicklung einer Brennstoffzelle sind deutlich höher, poröse Elektroden sind erforderlich, ein genau steuerbarer Temperatur- und Feuchtigkeitshaushalt in der Zelle. Zu diesem Zweck wurde zunächst ein Teststand aufgebaut, in dem diese Parameter möglichst frei variierbar und genau zu regulieren sind. Poröse Elektroden mit unterschiedlichen Elektrokatalysatoren und verschiedener Hydrophobizität werden zur Zeit untersucht und liefern erste, vielversprechende Resultate. Der Aufbau einer gemäß den Literaturdaten /6/ arbeitenden Brennstoffzellenbatterie, die in ein bewohntes Haus eingebaut werden kann, erfordert jedoch noch intensive Entwicklungsarbeiten.

Als attraktives Thema, das der Grundlagenforschung zugeordnet werden muß, hat sich bei der Bearbeitung der Membrantechnologie die Entwicklung einer integrierten Elektrolyse/Brennstoffzelle, eines sog. "reversiblen" Systems, dargestellt. Für den Einsatz im autarken Solarhaus als Langzeitenergiespeicher ist ein Wechsel vom Elektrolyse- zum Brennstoffzellenbetrieb voraussichtlich nur einmal im Jahr erforderlich. Die Einsparungen bei den Investitionen rechtfertigen sogar einen etwas niedrigeren Speicherwirkungsgrad, insbesondere da der Anteil der Brennstoffzelle an der Energiewandlung nur einen kleinen Prozentsatz ausmacht. Prinzipiell gibt es zwei Möglichkeiten, ein solches reversibles System zu realisieren:

eine bifunktionelle Sauerstoff- und eine bifunktionelle Wasserstoffelektrode
eine bifunktionelle Oxidations- und eine bifunktionelle Reduktionselektrode

Der Vorteil der Kombination einer bifunktionellen Oxidations- und Reduktionselektrode ergibt sich vor allem durch die Möglichkeit, einen besseren Elektrokatalysator für die Sauerstoffentwicklung (im Elektrolysebetrieb) zu wählen, da die Wasserstoffoxidation im Gegensatz zur Sauerstoffreduktion (im Brennstoffzellenbetrieb) auch an oxidischen Edelmetallkatalysatoren abläuft. Dadurch kann statt Platin z.B. IrO_2/RuO_2 eingesetzt werden und durch das drastische Senken der Elektrolysespannung von 1,82 V an zwei Platinelektroden auf 1.56 V eine Verbesserung des gesamten Speicherwirkungsgrades von 52 auf ca 57 % erreicht werden. Elektrochemische Messungen unter zyklischem Wechsel der Elektrodenreaktionen wurden in Halbzellenanordnung bereits mit Erfolg durchgeführt /11,12/.

3. Diskussion

Ein hybrider Energiespeicher für ein bewohntes Haus kann mit den Geräten nach dem heutigen Stand der Technik als Demonstrationsanlage aufgebaut werden, bei Langzeitbetrieb ist jedoch mit einem relativ großen Wartungsaufwand zu rechnen. Um ein solches System für einen breiteren Einsatz anzubieten, sind noch intensive Arbeiten zur Verbesserung hinsichtlich technischer Sicherheit, Handhabbarkeit, Betriebssicherheit und Lebensdauer erforderlich. Die besten Aussichten auf Erfolg, obwohl von einer technischen Serienreife zur Zeit noch am weitesten entfernt, hat sicher das System mit polymeren Festelektrolyten.

Literatur:

/1/ K. Ledjeff: IEA Hydrogen Task VII, Proc. Workshop Vienna July 1986, p.85-96

/2/ V. Wittwer: Proc. of the 2nd Int. Workshop on Transparent Insulation Materials for Passive Solar Application, Freiburg 1988, S. 2-4

/3/ Ch. Schmidt, A. Goetzberger, J. Schmid: Solar Energy 41 (1988), 487

/4/ G. Feist: Sonnenenergie und Wärmepumpe 4 (1986), 4

/5/ G. Bopp, P. Straub, R. Philip: 4. Nationales Symposium Photovoltaische Solarenergie, Staffelstein

/6/ J.F. McElroy: Proc. of the 28th Power Sources Symposium, 1988, 32

K. Prater: J. Power Sources 29 (1990), 239

/7/ K. Ledjeff, J. Ahn, A. Heinzel: Dechema Monographien, Vol 121 (1989), 109

/8/ H. Takenaka, E. Torikai, Y. Kuwami, N. Wakabayashi: Hydrogen Energy Progress 1(1981), 107

/9/ P. Aldebert, F. Novel-Cattin, M. Pineri, P. Millet, C. Doumain, R. Durand: Solid State Ionics35 (1989), 3

/10/ A.J. Appleby, E.B. Yeager: Energy 11 (1986), 137

/11/ J. Ahn, K. Ledjeff: Deutsches Patent Nr. P 4027655.4, angemeldet am 31.8.1990

/12/ J. Ahn, A. Heinzel, K. Ledjeff: Dechema Monographie der Tagung der Fachgruppe "Angewandte Elektrochemie" in Kassel, 10.-12. Oktober 1990, im Druck

Brennstoffzellensysteme in der Unterwassertechnik

K. Knaack, G. Sattler
Ingenieurkontor Lübeck

Zusammenfassung

In der Meerestechnik nehmen außenluftunabhängige Antriebssysteme für den Vortrieb von Unterwasserfahrzeugen eine bedeutende Stellung ein.

Aus der Zahl der technisch möglichen Alternativen wird ein Wasserstoff/Sauerstoff-Brennstoffzellensystem vorgestellt. Dabei kann die Stromerzeugung sowohl über Brennstoffzellen allein als auch über eine Kombination von diesen mit Bleibatterien und einer herkömmlichen Diesel-Generator-Ladeanlage erfolgen. Die Vorteile des Einsatzes von Brennstoffzellen sind: Erhöhung der Verweildauer unter Wasser, weitgehend geräuschloses Fahren, Vordringen in größere Tiefen ohne Einschränkung durch den Antrieb, keine Abgase und daher umweltverträglicher Betrieb.

Der zum Brennstoffzellenbetrieb notwendige Wasserstoff kann gasförmig, flüssig oder in Metallhydrid gespeichert werden. Bisher werden Hydridspeicher eingesetzt. Wasserstoff und der aus Tanks entnommene flüssige Sauerstoff reagieren in der Brennstoffzelle, liefern Strom, Wärme und als Reststoff chemisch reines Wasser, das zum Gewichtsausgleich an Bord gespeichert wird. Wasserstoff-und sauerstoffhaltige Rest- und Leckgase werden aus Sicherheitsgründen unter Wasser mit Hilfe katalytischer Umsetzung in einem Rekombinator auf unwirksame Anteile reduziert.

Mit einer 100 kW-Brennstoffzellenanlage konnten an Bord eines Unterwasserfahrzeuges praktische Erfahrungen in einem mehrmonatigen erfolgreichen Seebetrieb gesammelt werden.

Summary

Air-independent propulsion systems for the propulsion of underwater vehicles play an important role in the field of ocean technology.

A hydrogen/oxygen fuel cell system is presented from a number of alternatives technically feasible. Energy may be generated both via fuel cells only and via a combination of fuel cells with lead storage batteries and a customary diesel generator charging system. The employment of fuel cells bears the following advantages: increase in submerged endurance, mostly noiseless transit, penetration into larger depths without any propulsion-related limitations, no exhaust gas and thus environmentally safe operation.

The hydrogen required for fuel cell operation may be stored in gaseous or liquid form or in metal hydrides. So far hydride storages have been used. Hydrogen and the liquid oxygen taken from the tanks react in the fuel cell, provide energy, heat and, as a residual substance, chemically clean water stored onboard for weight balance purposes. For reasons of safety, residual and leakage gases containing hydrogen and oxygen are reduced, in submerged state, to inactive portions in a recombinator through a catalytic reaction.

Successful sea trials lasting several months with a 100 kW-fuel cell plant aboard an underwater vehicle served for gaining practical experience.

Résumé

Dans la technologie océanique les systèmes indépendants de l'air extérieur pour la propulsion des véhicules sous-marins jouent un grand rôle.

Un système de pile à combustible à hydrogène et oxygène est présenté d'un nombre d'alternatives réalisables techniquement. L'eñergie peut être produite aussi bien par piles à combustible seules que par une combination de celles avec accumulateurs au plomb et une installation de chargement d'usage de groupe Diesel-électrogène. Les avantages de l'utilisation de piles à combustible sont les suivants: une endurance sous-marine augmentée, un passage largement siliencieux, un avance dans profondeurs plus grands sans restrictions dues à la propulsion, pas de gaz d'échappement et ainsi une opération non pullante.

Le hydrogène nécessaire pour l'opération de pile à combustible peut être stocké en état gazeux ou liquid ou en hydrure métallique. Jusqu'à présent on utilise la méthode de stocker en hydrure. L'hydrogène et l'oxygène liquid pris des réservoirs réagissent dans la pile à combustible, fournissent d'énergie, chaleur et eau à l'état pur comme substance résiduelle qui est stockée à bord pour l'équilibrage de poids. Pour raisons de sécurité, les gaz résiduels et les gas de fuite contenant hydrogène et oxygène sont réduits, en état submergé, à portions inactives à l'aide d'une transformation catalytique dans un recombinateur.

A bord d'un véhicule sous-marin on a pu accumuler des expériences pratiques avec une pile à combustible à 100 kW pendant une opération à la mer de plusieurs mois ayant succès.

1. Einführung

Mit dem Vorstoßen in größere Wassertiefen werden in der Meerestechnik außenluftunabhängige Energieversorgungssysteme unterschiedlicher Leistungsbereiche und unterschiedlicher Qualitätsanforderungen benötigt.

Liegen im Bereich der Offshore-Technik die Leistungen auf dem Gebiet der Mehrphasentransporttechnologie z.B. im Bereich von 1000 - 2000 kW, so werden in der Unterwassertechnik für mobile oder ortsfeste Energieversorgungssysteme Leistungen im Bereich um 100 kW benötigt.

Grundsätzlich können zwei verschiedene Energieversorgungssysteme Anwendung finden:

- Verbrennungskraftmaschinen
  - Kreislauf-Dieselmotor
  - Stirlingmotor
  - Kreislauf-Gasturbine
- Elektrische Energieversorgung
  - Primärbatterien
  - Sekundäarbatterien
  - Brennstoffzellen

Je nach Erfordernis werden auch Kombinationen der o.a. Systeme eingesetzt.

Zur Vergrößerung des Unterwasserfahrbereichs wurden bisher Brennstoffzellen, aber auch Kreislaufdieselmotoren und Stirlingmotoren weltweit getestet.

Für den Antrieb und die Bordnetzversorgung von Unterwasserfahrzeugen stehen in der Regel Bleibatterien in Verbindung mit außenluftabhängigen Dieselgeneratorsätzen zum Nachladen der Batterien zur Verfügung.

Die Auslegung einer Antriebsanlage für Unterwasserfahrzeuge erfolgt nach zwei Hauptkriterien:

- Maximale Geschwindigkeit und Bordnetz fordern die zu installierende Leistung.
- Unterwasserausdauer, Unterwasserfahrbereich fordern die zu speichernde Energie.

Beide Kriterien sind über das Unterwasserfahrprofil des Bootes miteinander gekoppelt.

Zwischen der Brennstoffzellenanwendung an Land und in der Unterwassertechnik bestehen wesentliche Unterschiede. In der Unterwassertechnik verzichtet man aus Gewichts- und Volumengründen auf Ballaststoffe in den Versorgungsgasen. Aus diesem Grunde werden wie in der Raumfahrt ausschließlich H_2/O_2-Brennstoffzellen eingesetzt.

2. Aufbau der Brennstoffzellenanlage

Im nachfolgenden soll der Aufbau und der Betrieb eines 100 kW-Brennstoffzellensystems an Bord eines Unterwasserfahrzeugs beschrieben werden.

Die Brennstoffzellenanlage besteht aus

- BZ-Modulen,
- Ver- und Entsorgungseinrichtungen,
  . H_2-Anlage,
  . O_2-Anlage,
  . N_2-Anlage,
  . Reaktionswasseranlage,
  . Restgassystem,
- Hilfseinrichtungen,
  . Frischkühlwasseranlage,
  . Seekühlwasseranlage,
- elektrischer Anlage,
- elektrischen Steuerungs- und Überwachungseinrichtungen.

Als Brennstoffzellenmodule kamen die Typen BZA 4-1 (3,5 und 7 kW) bzw. BZA 4-2 (6 kW) der Fa. Siemens zum Einsatz. Es handelt sich um alkalische Aggregate mit flüssigem Elektrolyten.

Die Vorteile eines BZ-Antriebes gegenüber anderen Antrieben besteht in folgenden Punkten:

- maximal mögliche Ausnutzung der chemischen Brennstoffenergie (hoher Wirkungsgrad)
- steigender Wirkungsgrad bei Teillast
- Lautlosigkeit der Energiewandlung
- geringe Wärmeabgabe nach außen
- keine Verbrennungsprodukte
- unabhängig von der Tauchtiefe
- keine Regelung

- vollständiger Gewichtsausgleich
  - . Brennstoff/Oxidationsmittel ---> Reaktionswasser oder
  - . Nutzung des Reaktionswassers
- weitgehend wartungsfreundlich und wartungsarm
- modularer Aufbau
  - . Brennstoffzelle
  - . Brennstofflagerung
  - . Oxidationsmittellagerung
  - . Komponente der Ver- und Entsorgung
- O_2-Versorgung der Besatzung aus dem Oxidationsmittelvorrat

Die Wasserstofflagerung wird vorteilhaft in Niedertemperaturmetallhydriden vorgenommen (Abb. 1).

Abb. 1: Wasserstofflagerung in Metallhydrid

Im Gegensatz zum Straßenfahrzeug oder in der Raumfahrt spielen bei den Unterwasserfahrzeugen das Verdrängungsvolumen und das Gewicht eine entscheidende Rolle, so daß die Wasserstofflagerung als aktiver Ballast angesehen werden kann. Das bedeutet, daß zur Erfüllung des Archimedes'schen Prinzips die Wasserstoffspeicher teilweise die Aufgabe von Bleiballast übernehmen.

Der Sauerstoff wird wie in der industriellen Anwendung in flüssiger Form bei -183 °C in doppelwandigen, vakuumisolierten Tanks gespeichert.

Aus Sicherheitsgründen werden Wasserstoff und Sauerstoff außerhalb des Druckkörpers gelagert. Eine Innenlagerung ist technisch möglich, erfordert jedoch einen höheren sicherheitstechnischen Aufwand.

3. Die Landtestanlage

Abb. 2: Landtestanlage für BZ-Systeme

Abb. 2 zeigt einen Blick in die Landtestanlage, in der der Brennstoffzellenantrieb einschließlich der erforderlichen BZ-Peripherie und der bootstypischen Hilfseinrichtungen wie Bleibatterie, Ladeaggregat, Fahrmotor u.a. aufgebaut wurde.

Über einen Zeitraum von etwa 2,5 Jahren wurden die einzelnen Systeme getestet und der Unterwasserfahrbetrieb simuliert.

Zum Abschluß der Landtests wurde in einem 350 h-Dauerversuchslauf der

- Nachweis der für eine See-Erprobung nötigen Standfestigkeit und

- der Nachweis der notwendigen Betriebssicherheit

erbracht. Als Ergebnis konnte eine Verfügbarkeit der Anlage (= Summe der nach einem vorgegebenen Fahrprofil kumulierten Amperestunden) von fast 96 % erzielt werden. Störungen an den BZ-Modulen und in der Peripherie hielten sich entsprechend in einem vertretbaren Rahmen. Besonders wichtig war, daß keine systembedingten Fehler auftraten.

Das Fahrprofil des 350 h-Dauertests beinhaltete alle im Unterwasserfahrbetrieb auftretenden Betriebszustände wie

- Inselbetrieb (reiner BZ-Antrieb)
- Pufferbetrieb (parallel mit Bleibatterie)

bei konstanter und wechselnder Last .

- Ab- und Zuschalten von BZ-Teilbatterien
- Betriebspausen.

4. See-Erprobung

Abb. 3: Brennstoffzellen auf einem Unterwasserfahrzeug

Abb. 3 zeigt eine von vier BZ-Teilbatterien einschließlich der BZ-Hauptschalttafel, von der die Module gestartet und überwacht werden, auf dem Unterwasserfahrzeug.

Entsprechend der Bootsgröße wurde eine Leistung von 100 kW festgelegt. Die Spannung wurde durch Serienschaltung von vier in der Zellenzahl angepaßten BZ-Modulen der Bootsspannung optimal angeglichen, so daß nicht nur der Unterwasserfahrbetrieb, sondern auch ein Aufladen der Bleibatterie unter Wasser möglich war.

Das Programm der See-Erprobung umfaßte zunächst

- Inbetriebnahme der BZ-Anlage
- Funktionsnachweise
- Manövierbetrieb des Bootes
- BZ im Unterwasserbetrieb

  . Inselbetrieb
  . Pufferbetrieb

  bei konstanter Last, wechselnden Fahrstufen und Überlast

- BZ im Überwasserbetrieb
- H_2-Speicherversuche

Darüber hinaus wurde eine Reihe von Einzelerprobungen gefahren.

Zur Versorgung des Unterwasserfahrzeugs mit Wasserstoff und Sauerstoff im In- und Ausland außerhalb des Heimathafens wurden die Versorgungsgase mit Gastrailern und Tankfahrzeugen verbracht bzw. im Ausland eingekauft (Abb. 4).

Abb. 4: Wasserstofftrailer

Auf diese Weise konnte sehr eindrucksvoll gezeigt werden, daß die Gasversorgung in europäischen Häfen auf der Straße, der Schiene und dem Wasserweg bereits heute möglich ist.

Hinsichtlich der Sicherheit des Systems kann festgestellt werden, daß die Lagerung bzw. der Umgang mit Gasen auf Unterwasserfahrzeugen nicht neu ist und eine Reihe möglicher Gefahren bereits auf konventionellen Booten beherrscht werden muß.

Hinsichtlich der Lagerung großer Wasserstoff- und Sauerstoffmengen wurde eine umfangreiche Schwachstellenanalyse durchgeführt, wie sie in ähnlicher Form z.B. bei Reaktoranlagen durchgeführt wird.

Im Rahmen einer qualitativen Analyse wurden die Komponenten des Systems beschrieben, Ausfallarten und Fehlerraten festgelegt. Daran schloß sich eine Fehlereffektanalyse an. Der quantitative Teil umfaßte eine Fehlerbaumanalyse, bei der die Schwachstellen des Systems durch unterschiedliche Verfahren wie

- Ermittlung der Minimalschnitte (minimal cutsets)
- Monte-Carlo-Simulation

aufgedeckt wurden.

5. Ausblick

Abschließend kann festgestellt werden, daß es uns durch das systematische Vorgehen gelungen ist, ein neues Antriebssystem auf der Basis von H_2/O_2-Brennstoffzellen für den Unterwassereinsatz bereitzustellen.

Status der Brennstoffzellenentwicklung für den Europäischen Raumgleiter HERMES

H. Gehrke, U. Knöbel
Dornier GmbH, Friedrichshafen

Zusammenfassung

Der Beitrag beschäftigt sich mit dem gegenwärtigen Entwicklungsstatus der Brennstoffzelle für den Europäischen Raumgleiter HERMES. Es wer-den zunächst kurz die Anforderungen an die Brennstoffzelle beschrie-ben und die daraus abgeleitete ausgewählte Technologie der Brenn-stoffzelle. Das Verfahrensschema der Anlage wird vorgestellt sowie die Hauptauslegungsparameter für die Flugeinheit genannt. Es folgt eine Beschreibung des Entwicklungsstatus der wichtigsten Untereinheiten des Brennstoffzellensystems und eine kurze Diskussion der kritischen Entwicklungschritte bei der elektrochemischen Schlüsselkomponente, dem Stack.

Summary

The article gives an overview about the present development status of the fuel cells for the European spacevehicle HERMES. The requirements to be fulfilled by the fuel cells are described and the selected technology as basis for the future development of this important subassembly of the HERMES power system. The flow chart of the subassembly is presented as well as the main lay-out parameters. It follows a description of the development status of the most important equipment of the fuel cell power plant as well as a short discussion of the critical development steps of the electrochemical key element, the stack.

Résumé

Cet article traite de l'état du développement actuel des piles à combustible de la navette europééne HERMES. En premier liau sont décrites les exigences des piles à combustible ainsi que la technologi4e choisie (qui fait la base du développement de l'avenir de ce sous-système important). L'organigramme du sous-système est presenté ainsi que les parametres d'aménagement principaux. Ensuite, suit une description de l'etat du dévelopment de l'équipment le plus important du "Fuel Cell Power Plant"(FCPP) ainsi qu'un commentaire bref des mesures de développement critiques de l'élement clef électrochimique: le stack.

1. EINLEITUNG

Innerhalb des von der ESA programmatisch geleiteten Projekts zur Entwicklung des Europäischen Raumgleiters HERMES ist eine raumfahrttaugliche Brennstoffzelle neu zu konzipieren, zu entwickeln und zu bauen. Unter Aerospatiale als dem industriellen Federführer für die Realisierung des Raumgleiters hat Dornier die Gesamtverantwortung für die HERMES Brennstoffzelle (abgekürzt HFCP: HERMES Fuel Cell Power Plant). Gemeinsam mit den Firmen Siemens, Dräger, Elenco und ETCA muß diese Aufgabe mit ihren hohen Anforderungen bis zum Start des ersten unbemannten HERMES Mitte 1998 bewältigt sein.

Die ersten konzeptionellen Arbeiten begannen bereits 1986, inzwischen wird eine Vorentwicklungsphase durchlaufen, deren Ziel es ist, bis Ende 1990 die Machbarkeit der gewählten Technik durch entsprechende Tests der kritischen Bauteile und ihres regelungstechnischen Zusammenspiels zu demonstrieren.

2. ANFORDERUNGEN UND GRUNDKONZEPTION

Zwei identische Brennstoffzellen sind als Hauptquellen für die elektrische Bordversorgung des Raumgleiters vorgesehen. Daneben dienen zwei Lithiumzellen als Reserve in kritischen Missionsphasen und zur Sicherstellung einer ungefährdeten Rückkehr im Fall des Ausfalls beider Brennstoffzellen.

Die Hauptanforderungen an die technische Leistungsfähigkeit sind in Tabelle 1 aufgelistet. Generell gilt, ein Aggregat hoher Leistungsdichte mit hoher Zuverlässigkeit und höchstem Sicherheitsstandard zu entwickeln. Außerdem muß der vorgegebene Zeitrahmen bei angemessenen Kosten für die Entwicklung eingehalten werden.

Leistung	1.5 - 6.5 KW
Spannung	115 - 75 VDC
Gesamtgewicht	< 80 kg
Leistungsgewicht	> 50 W/kg
Wirkungsgrad bei 6.5 KW	> 60%
Wirkungsgrad bei 1.5 KW	> 55%
Gesamtbetriebszeit	4000 h
Gesamtlebensdauer	89000 h

Tabelle 1: Zusammenstellung der Hauptanforderungen an das HFCP

Die Grundkonzeption baut auf die"immobile" KOH-Technologie auf. "immobil" bezieht sich dabei auf den Elektrolyten, der auf Grund von Kapillarkräften unbeweglich in einer Matrix genannten porösen Struktur gehalten wird, die beide Elektroden von einander trennt.

Abb. 1 zeigt das Prinzip. Diese Technologie wurde nach eingehenden analytischen Untersuchungen ausgewählt, die durch Labortests an verfügbaren Mustern unterstützt wurden. Das immobile System zeichnet sich aus durch große Zuverlässigkeit und verspricht hohe Sicherheit im Betrieb unter Schwerelosigkeit. Auch der Wirkungsgrad ist der höchste, was unmittelbare Auswirkungen auf die mitzuführende Reaktandenmasse hat. Diese vergleichenden Untersuchungen wurden 1988 durchgeführt und sind in [1] etwas ausführlicher dargestellt.

2.1 VERFAHRENSSCHEMA DES HFCP

Abb. 2 zeigt das Verfahrensschema der späteren Flugeinheit. Das Brennstoffzellensystem ist in mehrere technisch sinnvolle Unter-

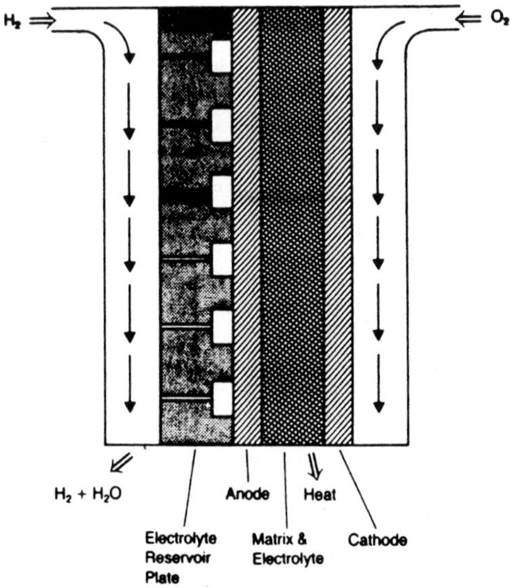

Abb.1 Prinzipskizze der immobilen Brennstoffzelle

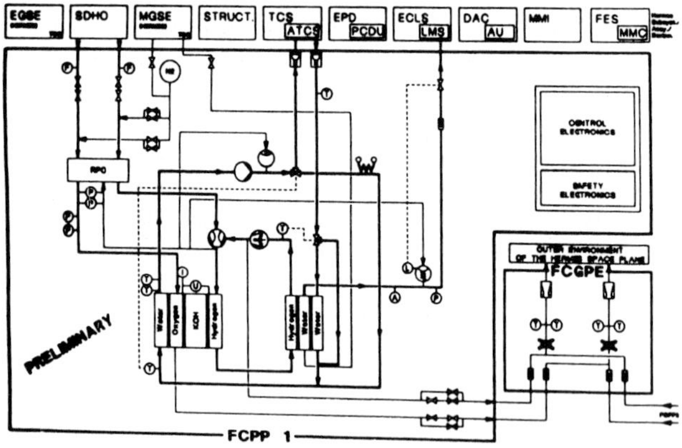

Abb. 2: Verfahrensschema der HERMES Brennstoffzelle

einheiten aufgeteilt. Diese sind

- Gasmanagement
- Kühlung
- Stack mit Wasserabreicherung
- Controller
- Kabelbaum
- Struktur

2.2 AUSLEGUNG DER BRENNSTOFFZELLE

Den Kern bildet der Stack mit der Wasserabreicherungseinheit. Außer Elektrizität produziert der Stack auch Wasser, das zum Lebenserhaltungssystem geleitet wird. Das Brennstoffzellenwasser wird hier aufbereitet und dient den Astronauten als Trinkwasser. Die Frage, die zu beantworten war, lautete, wie ein Wasseraustragsmechanismus gefunden werden kann, der immer gerade soviel Wasser wegführt, wie abhängig vom aktuellen Lastfall produziert wird, ohne daß ein Austrocknen der Matrix oder ein Fluten der Elektroden eintritt. Ersteres hätte eine Vermischung der Reaktanden zur Folge mit der Gefahr von unkontrollierbaren Auswirkungen, letzteres würde einen Leistungszusammenbruch bedeuten.

Die vorgesehene Lösung sieht so aus, daß ein Überschuß an Wasserstoff an der Anode vorbeigeführt wird. Durch den niedrigen Wasserdampfpartialdruck des Wasserstoffs verdampft Wasser aus dem Elektroden-Matrixverbund in den Wasserstoffstrom hinein. Eine Jet Pumpe treibt den Wasserstoffkreis, wobei die Förderleistung sich automatisch an den Wasserstoffverbrauch im Stack anpaßt. Zusätzlich ist ein Gebläse konstanter Drehzahl integriert, das die Jet Pumpe gerade im kleinen Lastbereich unterstützt. Der feuchte Wasserstoff wird in einem Membranseparator entfeuchtet. Das kondensierter Wasser diffundiert in die Produktwasserkammern, von wo es in einen Akkumulator geleitet wird. Der Akkumulator entlädt sich diskontinuierlich zum Lebenserhaltungssystem (ECLS) hin.

Sowohl der Stack als auch der Membranseparator werden über einen Kühlkreislauf mit Kaltwasser versorgt. Geregelte Dreiwegeventile werden so gesteuert, das vordefinierte Temperaturen an den Komponenten eingehalten werden können.

Die Reaktanden Wasserstoff und Sauerstoff werden mit Drücken von 25 bzw. 65 bar zur Verfügung gestellt. Der Druckregler RPC reduziert diese Drücke in zwei Stufen auf den Systemdruck von 3 bar. Von Zeit zu Zeit muß die Anlage gespült werden, um Ansammlungen von Inertgasanteilen aus den Reaktanden zu entfernen. Das Gesamtsystem wird über einen Mikroprozessor bestückten Controller überwacht und gesteuert.

Tabelle 2 gibt die Hauptauslegungsparameter der späteren Flugeinheit wieder.

No.	Interface	MASS FLOW E-3 kg/s	TEMP. deg C	PRESSURE bar
1	H2 SDHO OUTLET	0.046	50.0	25.000
2	H2 RPC INLET	0.046	50.0	25.000
3	H2 RPC OUTLET	0.046	51.0	4.167
4	H2 STACK INLET	0.639	51.2	3.000
5	H2 REFERENCE TO RPC	0.000	51.2	3.000
6	H2 STACK OUTLET	1.006	93.8	3.000
7	H2 MEMBRANE SEP. OUTLET	0.592	50.0	2.991
8	H2 FAN OUTLET	0.592	50.0	2.993
9	O2 SDHO OUTLET	0.366	50.0	65.000
10	O2 RPC INLET	0.366	50.0	65.000
11	O2 STACK INLET	0.366	43.8	3.000
12	N2 VESSEL OUTLET	0.000	TBD	TBD
13	N2 SUPPLY TO O2	0.000	TBD	TBD
14	H2O STACK OUTLET	62.148	93.8	3.580
15	H2O PUMP OUTLET	62.148	93.8	3.600
16	H2O TCS INLET	7.792	93.8	3.600
17	H2O TCS OUTLET	7.792	30.0	3.596
18	H2O WATER REMOVAL INLET	7.792	30.0	3.596
19	H2O MEMBRANE SEP. INLET	7.034	30.0	3.596
20	H2O MEMBRANE SEP. BYPASS	0.757	30.0	3.596
21	H2O MEMBRANE SEP. OUTLET	7.034	67.0	3.593
22	H2O BYPASS JUNCTION	7.792	63.4	3.593
23	H2O TCS BYPASS	54.043	93.8	3.600
24	H2O STACK INLET	62.148	90.0	3.588
25	H2O TO EXT	0.414	58.1	2.500
26	H2 PURGE OUTLET	TBD	50.0	<3.000
27	O2 PURGE OUTLET	TBD	93.8	<3.000

Tabelle 2: Hauptauslegungsparameter der Brennstoffzelle

3. ENTWICKLUNGSSTATUS

Die Entwicklungsaufgabe mit der höchsten Priorität ist die Beherrschung der Stacktechnologie.

Der Stack besteht aus über 100 Einzelzellen, die in Serie geschaltet sind. Jede Zelle ist aus den Einzelelementen Kühleinheit, Elektroden-Matrixverbund und Abstandshalter zusammengesetzt. Das Matrixmaterial besteht aus Asbest, der später möglicherweise durch eine Zirkondioxydfolie ersetzt wird. Die Anode und Kathode sind nach dem Sedimentationsverfahren hergestellte Elektroden, die hauptsächlich aus Platin bestehen.

Die ursprüngliche Konzeption auf Basis sedimentierter Silber und Nickelelektroden mußte verlassen werden, da die spezifischen Einsatzgrenzen dieser Technologie mit den HERMES Anforderungen kollidierten.

Schwerpunkt der Versuche an den Einzelzellen sind

- Feststellung der Leistungsdaten im Kurzzeitbetrieb
- Größe der Degradation bei Dauerbetrieb
- Stabilität des Wasseraustragsverhaltens, Vermeidung von partieller Matrixaustrocknung oder Elektrodenflutung
- Gleichmäßigkeit der Gasversorgung über die gesamte Elektrodenfläche
- Verhalten bei Lastsprüngen,Kaltstart, etc.

Die nächsten Entwicklungschritte beinhalten Bau und Test von 5-zelligen Stacks, dann die Kombination von 6 dieser 5-Zeller. Schwerpunkt der Untersuchungen ist hier die Gleichversorgung aller Zellen mit Reaktanden und auch die Gleichentsorgung aller Zellen von Wasser.

Um zu demonstrieren, daß alle wesentlichen technologischen Schwierigkeiten gelöst sind und sicher beherrscht werden, ist als nächster Schritt der Bau eines "Technologiedemonstrators", genannt TD geplant. Er beinhaltet die Komponenten Stack, Membranseparator, Jet Pumpe und Gebläse, ist also in der Lage, neben der Funktion der Einzelkomponenten auch deren Zusammenspiel und damit die Funktion der äußeren Wasserabreicherung zu demonstrieren. Der Stack wird aus 30 Zellen bestehen und etwa 2,5 KW liefern, der Separator wird einen adäquate Größe haben, während die Komponenten des Wasserstoffkreislaufs im Maßstab 1:1 realisiert werden.

4. AUSBLICK

Die Entwicklung wird über mehrere große Abschnitte vorangetrieben, in denen jeweils ein Modell einer bestimmten Qualität realisiert wird. Dieses sind ein Breadboard (BB) 1992, ein Ingenieurmodell (1994), ein Qualifikationsmodell (1995/96) und die eigentlichen Flugmodelle (1996/97).

Danksagung

An dieser Stelle sei allen beteiligten Firmen und Stellen, ganz besonders aber dem Team gedankt für ihren zähen Fleiß, ihrem täglich Kampf mit dem Papier, ihrem Willen und ihrer Zuversicht, diese nicht ganz leichte Aufgabe in der gesetzten Zeit zu bewältigen.

Literaturverzeichnis

[1] H. Gehrke et al."The HERMES Fuel Cell Power Plant", Proc. of the European Space Power Conf., Madrid, 2-6 Oct.89, Seite 203 - 209

Arbeiten an der Zink-Brom-Batterie und an anderen Systemen in Österreich

Ch. Fabjan, H. Kronberger
Technische Universität Wien, Institut für Chemische Elektrochemie (A)

K. Kordesch
Technische Universität Graz, Institut für Chemische Technologie Anorganischer Stoffe(A)

Zusammenfassung
Die Entwicklung des Zink-Brom-Speichersystems in Österreich durch die SEA führte zu einer vielversprechenden Batterie, die bereits in Kleinserien produziert wird und sich im Probebetrieb für die Elektrotraktion und für stationären Einsatz sehr gut bewährt hat. Die entscheidenden Fortschritte hinsichtlich Lebensdauer, Betriebssicherheit und der technischen Daten wurden durch Verbesserung des Verfahrens für die Herstellung des Zellpaketes (Kunststoffverschweißung) der Elektroden, Aktivschicht und Konzipierung der Separatorrandzonen erzielt und lassen eine baldige Serienfertigung erwarten. Weitere Arbeiten beschäftigen sich mit dem Br_2/H_2-Speichersystem mit dem Ziel der Entwicklung wirksamer und selektiver Elektroden. Ein wichtiges Thema stellt die Realisierung der wiederaufladbaren alkalischen Zn/MnO_2-Zelle mittels spezieller Zusätze und Elektrodenkonfigurationen dar, wobei als Ziel eine Lebensdauer von 100 - 200 Zyklen angestrebt wird. Auf dem Gebiet der Brennstoffzellen sind die Aktivitäten besonders auf alkalische Niedertemperaturzellen mit hydrophoben katalysierten Mehrschichtkohle-Gasdiffusionselektroden konzentriert. Eine entscheidende Erhöhung der Leistungsfähigkeit und der Lebensdauer, soll bei Minimierung der Herstellungskosten erreicht werden. Ferner werden die Betriebseigenschaften bei erhöhter Temperatur und die Frage der Entfernung des Reaktionswassers untersucht.

Summary
A review of the most important research and development activities in the field of rechargeable batteries and fuel cells in Austria is pre-

sented. The zinc-bromine-system has achieved a state of development which meets the requirements for a production at large scale. Improvements of the processes for the fabrication of the cell stack (such as plastic welding), the electrodes and separators, their design and of the activation method enabled decisive progress of cycle life, working, safety and technical data. Other activities concern the H_2/Br storage system aiming at the development of efficient and selective $Br_2/2Br^-$ and H_2 electrodes. Major efforts are focused on the development and production of rechargeable alkaline Zn-MnO_2-cells. Special additives and modifications of the electrode configuration were investigated aiming at a practical cycle life between 100 and 200. Another important project deals with the electrode-technology and operation of small modules of alkaline low temperature fuel cells. The development of low cost hydrophobic catalysed carbon multilayer gas-diffusion electrodes with increased performance and life expectancy are a central R & D goal. Moreover the cell behavior at elevated temperature and the problem of water removal are investigated.

Résumé
Le développement du système accumulator au zinc-brome effectué par la SEA en Autriche a abouti à une batterie fort prometteuse qui est déjà produite en petite série et qui a déjà fait ses preuves au cours d'essais de traction électrique et d'utilisation stationnaire. Les progrès décisifs du point de vue durée de vie, sécurité d'exploitation et données techniques ont été atteints par l'amélioration du procédé de fabrication des cellules (scellement plastique) des électrodes, de la couche active et de la conception des zones séparatrices et permettent d'envisager pour bientôt une production en grande série. D'autres travaux portent sur le système accumulateur de Br_2/H_2 avec pour objectif le développement d'électrodes plus efficaces et plus sélectives. La réalisation de la cellule Zn/MnO_2 alcaline rechargeable au moyen d'additifs spéciaux ainsi que des configurations d'électrodes représentent des thèrmes importants; l'objectif est ici l'obtention d'une durée de vie de 100 à 200 cycles. Dans le domaine des cellules combustibles, les activités sont particulièrement concentrées sur les cellules alcalines basse température avec des électrodes de diffusion gaz-charbon multicouches à catalyse hydrophobe. Une augmentation décisive du rendement et de la durée de vie doit être atteinte en minimisant les coûts de fabrication. D'autre part, les propriétés d'exploitation à température plus élevée et la question de l'évacuation de l'eau de réaction sont analysées.

Seit Beginn des Jahres 1983 stehen in Österreich die Arbeiten an der Zink-Brom-Batterie im Mittelpunkt der Aktivitäten für die Entwicklung neuer Speichersysteme. Die Batterie wird in fortgeschrittener Pilotproduktion von der SEA (Studiengesellschaft für Energiespeicher und Antriebssysteme GmbH.) in Mürzzuschlag erzeugt. Seit 1989 gehört die Firma zur ELIN-Gruppe, nachdem von EXXON R & E an die SEA für Europa, an TOYOTA für Japan, an Johnson Controls Inc. für die USA und an Sherwood Ltd. für Australien die Lizenzen für die Basistechnologie vergeben wurden. In Österreich hat die Batterie ihren höchsten Entwicklungsstand erreicht und besitzt gute Aussichten eines der wichtigsten Speichersysteme der Zukunft zu werden.

Das Funktionsprinzip soll im folgenden kurz erläutert und die wesentlichen technischen Daten angeführt werden:
Während der Ladung wird eine saure (pH = 1,5-2,5) wässrige $ZnBr_2$-Lösung unter Abscheidung einer metallischen Zinkschicht (Kathode) und (freiem) Brom (Anode) elektrolysiert - während der Entladung läuft der umgekehrte Vorgang ab, d.h. $ZnBr_2$ wird rückgebildet.

$$ZnBr_{2(aqu)} \rightleftharpoons Zn + Br_2$$

Diese Bruttoreaktion liefert eine reversible Zellspannung von 1,82(6) V, die theoretische Energiedichte beträgt 430 Wh/kg.

Die Speicherung des aggresiven Broms erfolgt durch Zusatz der quarternären Ammoniumsalze MEP- und MEM-Bromid*) zum Elektrolyten als nichtwässrige Polybromidphase. Das System wird als "flow battery" mit zwei voneinander unabhängig das Zellpaket durchströmenden Elektrolytkreisläufen ("anodic and cathodic loop") betrieben (Abb.1). Die Strömung (Konvektion) und die Anwesenheit quarternärer Ammoniumsalze gewährleisten eine weitestgehende Vermeidung der Bildung dendritischer Zinküberzüge.

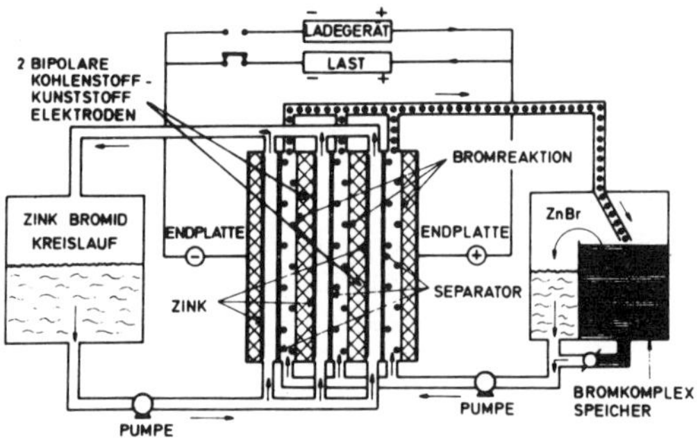

Abb.1: Schematische Darstellung der Zink-Brom-Batterie

Das von EXXON und SEA in Österreich verfolgte grundlegende Konzept beruht auf der Verwendung großflächiger (12 dm^2) flexibler Elektroden aus leitendem Kohle/Kunststoffverbundmaterial in bipolarer Anordnung. Anodische und kathodische Zellräume sind durch mikroporöse Kunststoffseparatoren voneinander getrennt, um rasche Selbstentladung durch direkten Kontakt der bromreichen aktiven Phase mit dem Zinkfilm zu vermeiden. Die bromseitige Elektrodenoberfläche ist mit einer Aktivschicht (Kohlefilz oder -pulver) versehen, um die erforderliche Reaktionsgeschwindigkeit (geringe Polarisation) insbesondere während des kathodischen Entladeprozesses zu garantieren (Abb.2). Die Vorteile des kompakten bipolaren Zellpaketes sind bekannt: Einfachheit im Aufbau,

*) N-Methyl-Äthylpyrrolidinium } bromid
N-Methyl-Äthylpnorpholinium }

Vermeidung der Rand-Stromabnahme, Verwendbarkeit großflächiger Elektroden, hohe Spannungen und wirtschaftlich günstige Voraussetzungen für die Serienproduktion.

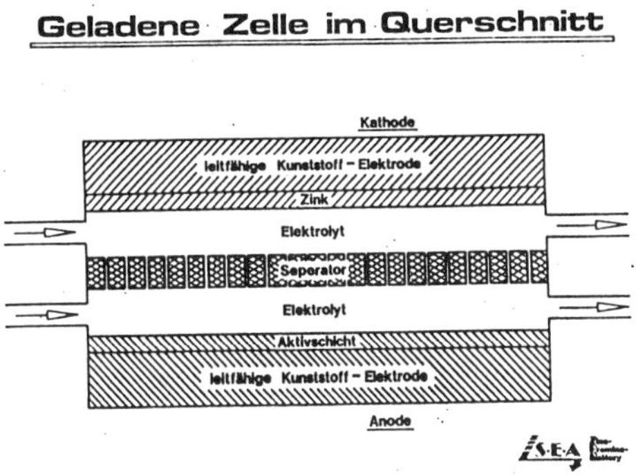

Abb.2: Anordnung einer einzelnen Zelle im bipolaren "stack".

Nachteile sind die durch die gemeinsamen Leitungen für die parallele Elektrolytversorgung der einzelnen Zellen verursachten parasitären Leckströme ("shunt currents"), die zu Energieverlusten und Ladungs- d.h. Zinkumverteilung führen. Ihre Höhe nimmt mit steigender Zellenzahl exponentiell zu.

Sie können durch geeignete Hilfsschaltungen oder geometrische Maßnahmen weitgehend verringert werden. Die von der SEA praktizierte mechanische Unterbrechung der Elektrolytverbindung bei abgeschalteten Pumpen ("shunt current interruption") hat sich als wirksame Gegenmaßnahme bewährt.

Das Speichersystem besteht daher aus drei essentiellen Komponenten:
1) Dem "stack" d.h. Zellpaket, in dem die energiespeichernden bzw. liefernden elektrochemischen Prozesse ablaufen.
2) Dem Elektrolyten als gewichts- (2/3 bis 3/4 des Batteriegewichtes), volumen- und kostenmäßig bedeutendsten Bestandteil
und
3) der Peripherie, die hauptsächlich aus den Hilfsaggregaten, so den beiden zusätzliche Energie verbrauchenden Pumpen und zugehörigen Versorgungs-, Regel- und Kontrolleinheiten sowie den Elektrolytreser-

voiren besteht.

Im geladenen Zustand wird die bromreiche aktive Phase außerhalb des elektrochemischen Moduls gespeichert und ermöglicht so zeitlich weitgehend unbegrenzte betriebsfreie Perioden ohne merkliche Selbstentladung. Das System ist gegen vollständige Entladung und Umpolung unempfindlich.

Das charakteristische elektrochemische Verhalten wird an Hand der Abb.3 demonstriert: eine 8-zellige Einheit, Zellspannung 14-15 V, mittlere Arbeitsspannung ∿ 12 V.

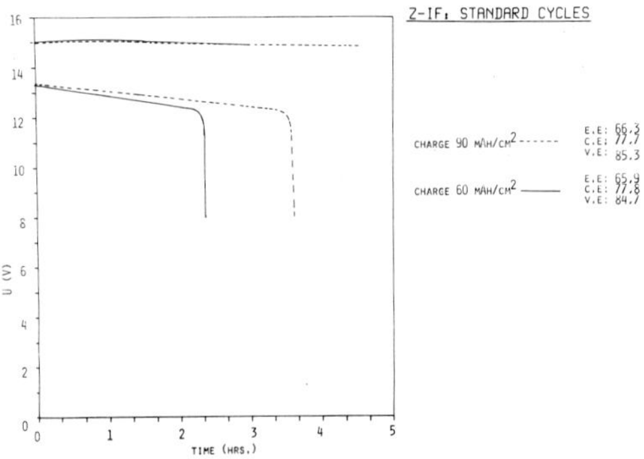

Abb.3: Lade-Entladecharakteristik einer 8-zelligen Testeinheit (Z-IF, 1kWh bei 20mA/cm^2).
E-E.= Energie Effizienz, C.E. = Coulomb'sche Effizienz
V.E.= Voltaische Effizienz

Während des Ladeprozesses bleibt die Spannung weitgehend konstant, bei der Entladung nimmt die Klemmenspannung geringfügig aber kontinuierlich ab, unter Ausbildung eines scharf ausgeprägten Endpunktes, der auf Zinkbegrenzung und Bromüberschuß zurückzuführen ist. Die Erklärung für diese Effekte sind:

1) Während der Ladung sinkt die Konzentration des Zinkbromids im Elektrolyten, die Leitfähigkeit steigt, der Ohm'sche Spannungsabfall nimmt ab.

2) Gleichzeitig ändern sich die (reversiblen) Potentiale an beiden Elektroden infolge der Verringerung der Zink- und Bromidionenkonzen-

tration (bzw. deren Aktivität), das heißt, daß die reversible Zellspannung zunimmt; insgesamt aber kompensieren einander diese beiden Effekte weitgehend. Während der Entladung addieren sich hingegen der Ohm'sche Spannungsabfall und die Abnahme der Zellspannung, die Entladespannung nimmt bei konstanter Belastung mit der Zeit ab. Diese Effekte äußern sich auch in den bei verschiedenen Lade- bzw. Entladezuständen aufgenommenen Strom-Spannungscharakteristiken. (Abb.4) Dies bedingt eine Abnahme der Leistung bei konstanter Zellspannung mit wachsendem Entladezustand (Entladetiefe).

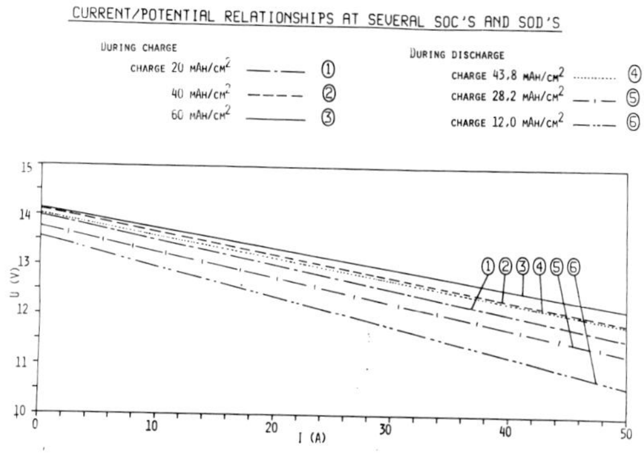

Abb.4: Strom-Spannungskurven einer 8-zelligen Testeinheit (Z-IF, 1kWh) bei verschiedenen Lade-(SOC) bzw. Entlade(SOD)zuständen.

Die geringfügige Änderung der Steigung der Geraden wird durch Veränderung des Elektrolytwiderstandes hervorgerufen, insgesamt bestehen aber lineare Beziehungen, d.h. es werden keine merklichen Polarisationserscheinungen beobachtet.

Die Weiterentwicklung der von EXXON zur Verfügung gestellten Technologie zu einem serienreifen Produkt erfolgt durch die S.E.A., mit dem Ziel der Realisierung von Traktionsbatterien und stationären Einheiten, von großer Kapazität z.B. für den Last- bzw. Spitzenlastausgleich.

Vordringliche Aufgabe war die flüssigkeits- und gasdichte Ausführung des Zellblocks. Für die von EXXON verwendete Konstruktion waren die mit breiten, nichtleitenden koextrudierten Kunststoffrahmen versehenen Elektroden sowie umspritzte Rahmen für die Separatoren charakteristisch, in denen sich die Kanäle und Kunststoffkörper (Blenden) für die Erzielung gleichmäßiger Strömungsbedingungen befanden ("flow distribution area"). Die Abdichtung und mechanische Fixierung des Zellblockes (stack) erfolgte durch Verkleben der Randzonen aus Kunststoff (PP, PÄ) und zusätzliche - durchgehende kunststoffüberzogene Metallschraubbolzen. Diese Lösung erwies sich in der Praxis als unbrauchbar, da stets Elektrolytaustritt infolge von Undichtigkeiten und mangelnder Haftfestigkeit und Beständigkeit des Klebstoffes beobachtet wurde. Darüber hinaus führten fehlerhafte Klebstellen zur Vermischung von Anolyt und Katholyt ("cross flow") sowie Mängel an der Isolierung der Metallbolzen zu schwerwiegenden Störungen und Schadensfällen (Kurzschlüsse).

Bei der SEA wurde daher ein grundsätzlich anderer Weg zur Behebung dieser Schwächen und Fehlerquellen beschritten, der gleichzeitig zu einer Neugestaltung des Zellblockes führte:

Abb.5: Separatoren mit Randzonen und Elektrolytkanälen nach dem EXXON- und SEA-Konzept.

Die Randzonen der Rahmen von Elektroden und Separatoren wurden mittels Kunststoffverschweißung hermetisch und formstabil gedichtet. Dies erforderte auch ein neues "design" der Separatoren und Elektroden (Randzonen) (Abb.5). Diese Entwicklung führte zu einer Verbesserung der Kompaktheit des Zellpaketes und Verringerung der "stack"-Dimensionen und bedingte gleichzeitig eine modifizierte Elektrolytversorgung der Einzelzellräume:

Diese erfolgt über einen außen am "stack" angebrachten (abnehmbaren) Verteiler (Stecker) durch dünne Kunststoffschläuche und ermöglicht die individuelle Beschickung jeder einzelnen Zelle bzw. der brom- und zinkseitigen Kammern. Neben der erwähnten konstruktiven Verbesserung erlaubt diese Art der Kreislaufführung eine optische Abschätzung der Funktionstüchtigkeit der Einzelzellen (z.B. Versagen infolge Verstopfung und Ausfall von Halbzellen) an Hand der Farbe der Lösung in den transparenten Schlauchverbindungen. Diese Anordnung ermöglicht auch eine vorteilhafte Anbringung eines Wärmetauschers.

Die Elektrolytreservoire wurden durch Anbringung zu beiden Seiten des Zellblockes dem System integriert, können aber auch unter Anpassung an spezifische räumliche Anforderungen vom "stack" getrennt angeordnet werden. Beabsichtigt ist die leichte Austauschbarkeit des "stacks" (z.B. bei Betriebsstörungen oder Funktionsverlust nach Dauerbetrieb) unter Weiterverwendung der anderen Komponenten (Peripherie, Elektrolyt). Schließlich stellte sich heraus, daß eine horizontale Lage der Zellblöcke das Verhalten verbesserte, wahrscheinlich infolge günstiger Strömungsbedingungen.

Schwierigkeiten bei der Entwicklung, Probleme und Nachteile des Systems, Neuentwicklung und Verbesserungen:

Diese Fragen betrafen hauptsächlich die Optimierung der Kohle-Kunststoffverbundelektroden und der Separatoren. Nach längerer Betriebsdauer, d.h. einigen 100 Zyklen zeigten entsprechende Untersuchungen der gebrauchten Module, daß Leistungs- und Kapazitätsverluste auf Verwerfungen und Verformungen dieser Komponenten zurückgeführt werden mußten. Die Ursachen lagen im Auftreten von Spannungen bei der Verarbeitung infolge der nicht ausreichend beherrschten Einhaltung der erforderlichen Fertigungstoleranzen, sowie auch einem möglichen langsamen Angriff durch aktives Brom-, Interkalation und Korrosion - und vor allem bevorzugter Aufnahme von bromreichen Komplexen in die mikroporöse Struktur des Separators. Diese Effekte führten zu einer Verschlechterung der Strömungsbedingungen und zum Auftreten von Zellbereichen die vom Elektrolyten nicht mehr erfaßt wurden. Diese Faktoren waren daher für die Lebensdauer der Batterie maßgebend.

In letzter Zeit konnten in dieser Hinsicht entscheidende Fortschritte erzielt werden:
Durch Anwendung eines verbesserten, stirnseitigen Schweißverfahrens und der Erhöhung der Elektrodendicke auf 1,2mm (Separatordicke 0,6mm)

konnten die Elektroden - und Extrusionstoleranzen - weitestgehend aufeinander abgestimmt bzw. angeglichen werden.

Ein weiteres Problem war infolge der Ablösung von Anteilen der bromseitigen Aktivschichten entstanden, welche zur Verstopfung von Elektrolytzuführungen in den Rahmenzonen bzw. den Zellen geführt hatte und infolge korrosiven Angriffes oder mangelnder mechanischer Haftfestigkeit verursacht wurden. Durch Verbesserung des Aktivierungsverfahrens konnte diese Schwierigkeit weitgehend überwunden werden.

Schließlich wurde die Elektrolytverteilung im Zellpaket durch Neukonzipierung der Verteilzonen im Separatorrahmen verbessert.

Weitere leistungsmäßige Fortschritte können durch eine Herabsetzung des Zellwiderstandes (Innenwiderstand) erreicht werden:

Während die Elektrode nur 2-3% beiträgt, zeichnet der Separator für mehr als 50% (-60%) des Innenwiderstandes verantwortlich. Die Verbesserung der Separatoreigenschaften ermöglicht daher die Erhöhung des Voltaischen und Energienutzeffektes um einige Prozentpunkte (2-4%). Auch eine weitere Steigerung der Leitfähigkeit und Verminderung der Elektrolytschichtdicke können merkliche Fortschritte bringen. Schließlich ermöglicht die Abstimmung und Optimierung des Pumpenbetriebes noch Energiegewinne. Es besteht also noch ein beträchtliches, nicht ausgeschöpftes Entwicklungspotential für die Steigerung der Leistungsfähigkeit der Zink-Brombatterie. (Die Lebensdauer ist gegenwärtig realistisch mit 500-700 Vollzyklen anzugeben). (Tabelle 1 zeigt die gegenwärtig erreichbaren technischen Daten der Batterie).

Im besonderen soll die Flexibilität und Anpassungsfähigkeit des Systemdesigns für verschiedene Einsatzbereiche hervorgehoben werden:
Dies betrifft die Optimierung hinsichtlich der Kapazität d.h. Energiedichte oder Leistungsdichte durch Variation des Ausnutzungsgrades (Ausarbeitung) des Elektrolyten oder dessen Menge (Volumen) und auch der Zinkbromidkonzentration.

An Hand der Bestückung eines Testfahrzeuges (Fiat PANDA) - der erfolgreich an der Austro-Solar 1990 teilnahm (in der ursprünglichen Ausrüstung 15 kWh, 2 x 7,5 kWh Batterieblöcke parallel, 48 Zellen, 72 Volt, auch am Wettbewerb von 1989), soll dies demonstriert werden:
- Die Zellenpakete befinden sich nun im Fahrzeuginneren, die Reservoire wurden unterhalb der Bodenplatten vor der Hinterachse angebracht (Verminderung des Sicherheitsrisikos der Fahrgäste). (Abb.6, 7, 8).

DIE TECHNISCHEN DATEN DER ZINK-BROM-BATTERIE

Batteriespannungen nominal	48 V, 72 V, 96 V, 108 V
Ah-Kapazität nominal	90 mah/cm² = 108 Ah/Elektr.
Coulomb'sche Effizienz	88 - 93 %
Voltaische Effizienz *)	80 - 84 %
Energie-Effizienz brutto *)	70 - 75 %
Energie-Effizienz netto *)	65 - 70 %
Energiedichte	65 - 70 Wh/kg
Volums-Energiedichte	60 - 70 Wh/l
Spezifische Leistung	100 - 120 W/kg
Betriebstemperatur	20° - 40°C
Batteriekapazitäten (kWh)	48 V: 5 kWh, 10 kWh
	72 V: 15 kWh
	96 V: 10 kWh, 20 kWh
	108 V: 22,5 kWh, 45 kWh

*) dreistündige Entladung

Tab.1: Technische Daten der Zink-Brom-Batterie

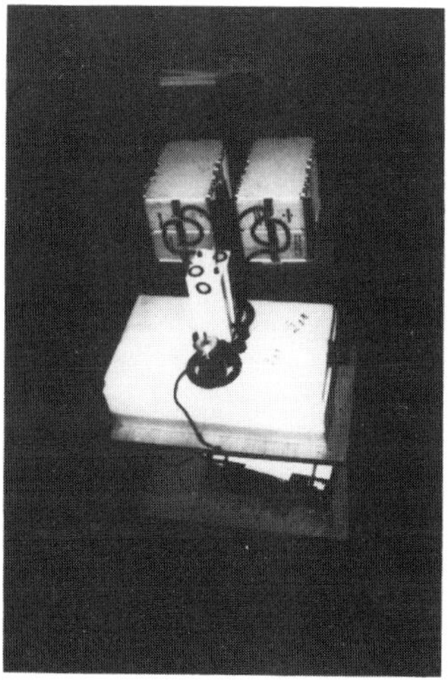

Zellenpaket und Reservoir
und Hilfs-Peripherie

Abb.6: Zellpaket und Reservoir mit Hilfsaggregaten (Peripherie)

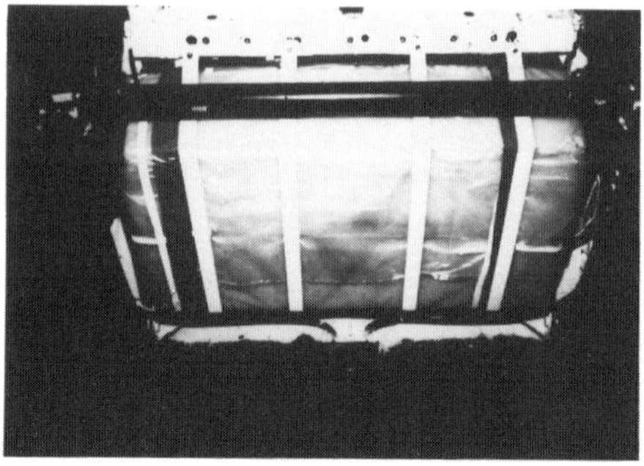

Fiat Panda mit eingebautem
Reservoir von unten

Abb.7: FIAT-PANDA mit eingebautem Reservoir von unten.

Fiat Panda mit eingebauter Batterie

Abb.8: FIAT-PANDA mit eingebauter Batterie.

4 Zellpakete an Stelle von 2 zu je 7,5 kWh sind parallel miteinander verbunden, wobei etwa die gleiche Elektrolytmenge eingesetzt wird. Es wird dadurch eine Verdopplung der Leistung angestrebt, bei nahezu gleichbleibender Kapazität, d.h. eine Entkopplung von Leistung (bis 30kW) und (etwa 17 kWh) Kapazität. Für diese Batterie stellt auch die Überquerung des Großglockners kein Problem dar, die Reichweite des Fahrzeuges liegt bei 100-150km. Abb.9-12 zeigen weitere Testfahrzeuge

mit den zugehörigen Traktionsbatterien.

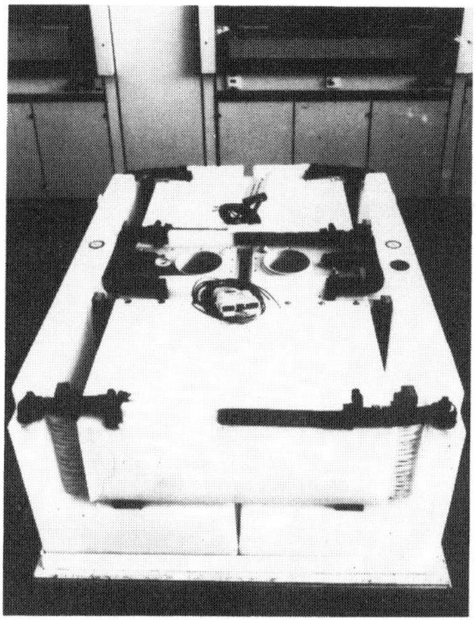

Abb.9: Fahrzeugbatterie 20 kWh, 96 V

Abb.10: Elektrotransporter, Batterie 2 x 20 kWh.

Abb.11: Fahrzeugbatterie 22,5 kWh, 110 V

Abb.12: ELIN-Bus, 220 V, 45 kWh (2 x 22,5 kWh in Serie geschaltet)

Die Produktionskapazität in Mürzzuschlag beläuft sich 1990 auf rund 2000 kWh mit steigender Tendenz. Angestrebt wird der Übergang zur Serienfertigung, die verbesserte Voraussetzungen für die Produktqualität und deren Konstanz liefern sollte. Gegenwärtig sind eine Reihe von Batterien aus Kleinserien in Erprobung, in Labor- und Feldtests - bei verschiedenen Partnern und Kunden.

Abschließend soll darauf hingewiesen werden, daß neben dem gegenwärtig vorherrschenden Schwerpunkt Elektrotraktion auch der stationäre Einsatz - mit größeren Speichereinheiten - geplant wird. (Last- und Spitzenlastausgleich). In diesem Zusammenhang soll auf das 14 MWh Berlin-Projekt und das 50 MWh Chino-Projekt in Kalifornien verwiesen werden.

Gegenwärtig sind Arbeiten an der Konzipierung eines 100 kWh Speicher-Basis-Elementes im Gange. Die Maßstabvergrößerung gegenüber den beherrschten Kapazitäten um den Faktor 50 - 100 bedeutet hierbei eine enorme technische Herausforderung. /1,2,3,4,5,6,7,8/

Das Bromwasserstoff-Speichersystem wird an der T.U. Wien als interessante Möglichkeit für die Speicherung von Solarenergie bearbeitet. Es stellt ein an sich bekanntes System dar und liefert eine reversible Zellspannung von 1,065 Volt.

Bruttoreaktion $$2HBr \underset{\text{Entladung}}{\overset{\text{Ladung}}{\rightleftharpoons}} H_2 + Br_2$$

Infolge der geringen Polarisation der Elektrodenreaktionen können gute theoretische Leistungsdichten erwartet werden. Je nach Art der Wasserstoffspeicherung wird die praktisch erreichbare Energiedichte auf 70 Wh/kg (Hydridspeicher) bzw. 100 Wh/kg (Druckspeicher) geschätzt. Diese Werte entsprechen etwa einem Fünftel bzw. einem Drittel des theoretischen Wertes (353 Wh/kg). Die praktische Zellspannung beträgt nur ca. 1V. Die bisherige bearbeitete Konzeption erforderte die Verwendung einer dichten Trenn-Membran (Nafion) bei der Speicherung von Wasserstoff und Brom. Im Mittelpunkt der gegenwärtigen Arbeiten stehen Untersuchungen über Einsatzmöglichkeiten selektiver Elektroden, die in saurem Elektrolyten den Betrieb der Zelle ohne Separator (Nafionmembran) ermöglichen sollen. Als Elektrodenmaterial bzw. Katalysator an der Wasserstoffseite wird Wolframcarbid (WC) herangezogen, während aktivierte Kohle-Kunststoffverbundelektroden an der Bromseite eingesetzt werden.

Einleitende Studien zeigten, daß WC für Brom keine Aktivität zeigt, d.h. das Verhalten der Wasserstoffelektrode durch die Anwesenheit von freiem Brom nicht beeinflußt wird. In analoger Weise weisen die aktivierten Kohleelektroden ausgeprägte Selektivität für die Elektrodenreaktionen von Brom bzw. Bromid auf.

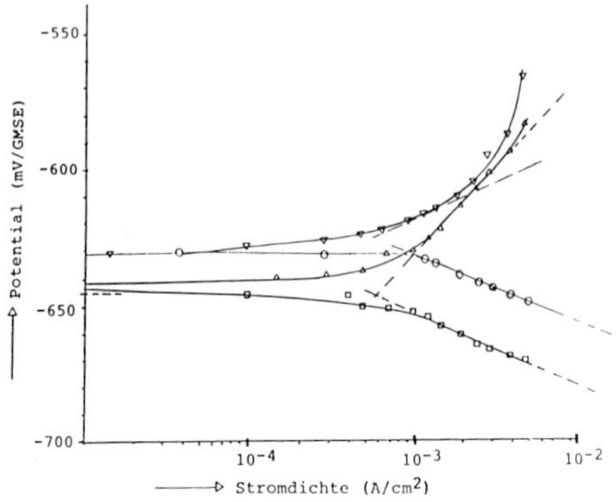

Abb.13: WC-Elektrode, Oxidation und Reduktion von H_2 in Gegenwart von Br_2; Elektrolyt: 1 Mol/l HBr, 0,01 Mol/l Br_2
18°C; △ anodisch □ kathodisch
40°C; ▽ anodisch O kathodisch

Hauptziele sind die Verbesserung der katalytischen Aktivität und der Technologie wechselweise anodisch und kathodisch verwendbarer WC-Gasdiffusionselektroden unter Verwendung des aus dem Zink/Brom System bekannten Verfahrens zur Bromspeicherung mittels Polybromidkomplexen*) /9,10,11/

Die Entwicklung wiederaufladbarer alkalischer Zink-Braunstein-Zellen stellt ein weiteres Hauptthema der Arbeiten dar (T.U. Graz)

Die Realisierung der Aufladbarkeit dieses Typs des bisher meistverbreiteten Primärelementes (Leclanché Zelle) ist aus verschiedenen Gründen äußerst attraktiv: Erstens besticht der wirtschaftliche Vorteil bei einer angestrebten Zyklenfestigkeit von 100-200,
zweitens sind Abfallvermeidung und Rohstoffersparnis wichtige Aspekte und
drittens bedeutet die wesentliche Verringerung der Umweltbelastung durch Quecksilber bzw. die erleichterte Wiederverwertung (Recycling) gebrauch-

*) Den Herren Prof.Dr.K.Wiesener (T.U.Dresden) und Prof.Dr.A.Möbius (Akademie der Wiss. Berlin) wird für die Überlassung von Elektrodenmaterial und beratende Unterstützung der Dank ausgesprochen.

ter Batterien einen nicht hoch genug einschätzbaren Vorzug. (Ersatz der Wegwerfbatterien).

Schließlich spielen auch die ausgezeichnete Lagerfähigkeit bei erhöhter Temperatur (bis 65°C), die vollständige Entladbarkeit mit anschließender zufriedenstellender Wiederladbarkeit neben der Verträglichkeit unsachgemäßer Behandlung und Unempfindlichkeit gegen hohe Belastung eine wichtige Rolle in der Verbraucherpraxis.

Die wesentlichen Voraussetzungen für die Erzielung der gewünschten Wiederaufladbarkeit sind:

1) Vermeidung der Volumenzunahme (Expansion) der Braunsteinelektrode während der Entladung (z.B. durch Anbringung eines Druckgehäuses).
2) Dotierung des Braunsteins mit verschiedenen Metallen (wie Ca, Ba, Bi, Pb etc.) oder Verbindungen wie z.B. TiS_2, das bei der elektrolytischen Herstellung in den Braunstein eingebaut wird.
3) Begrenzung der Kapazität durch die Zinkelektrode.
4) Verwendung spezieller Elektrolytzusätze (Korrosionsinhibitoren) und Optimierung der Zusammensetzung.
5) Gelierung und Immobilisierung des anodischen Elektrolyten, welche eine Erniedrigung der Korrosionsgeschwindigkeit bewirken und damit die Herabsetzung des Quecksilbergehaltes ermöglichen.
6) Verbesserung der Separatoren zur Verhinderung der Zinkatmigration (Hetaerolitbildung) und des Dendritenwachstums.
7) Modifizierung der Elektrodenstruktur, insbesondere der Anoden - d.h. zinkseitig.

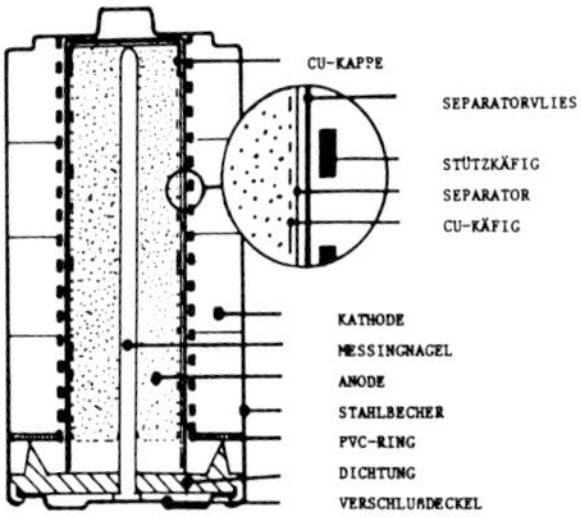

Abb.14: Aufbau einer wiederaufladbaren alkalischen Zink/Braunsteinzelle.

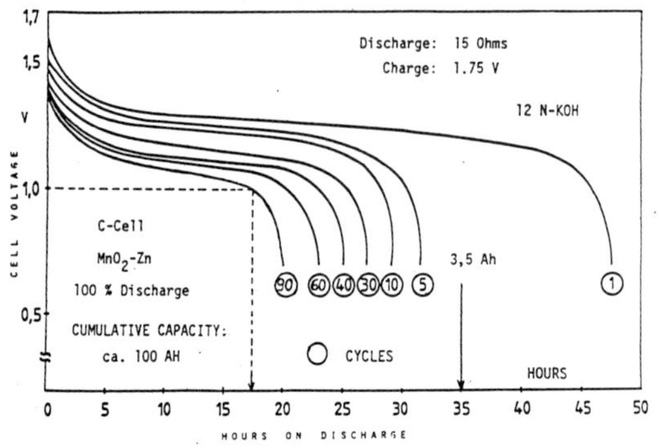

Abb.15: Das Verhalten einer Zelle (C-Typ) bei vollständiger Entladung (15 Ohm) und Aufladung nach der "taper charge" Methode auf 1,75 V,als Funktion der Zyklenzahl.

Die Zinkverluste an der Anode infolge der Reaktion mit dem Braunstein zeichnen für die allmähliche Kapazitätsabnahme der zinkbegrenzten Zellen verantwortlich und stellen den die Lebensdauer (Zyklenzahl) bestimmenden Faktor dar. Für viele Anwendungen bedeuten jedoch 100 bis 200 Zyklen jahrelangen Betrieb und erfüllen daher die Anforderungen voll. Die benötigten Rohstoffe sind im wesentlichen die gleichen wie gegenwärtig in den kommerziellen alkalischen MnO_2/Zn Primärzellen verwendet werden.

Die Batterien können in der normalen zylindrischen Form mit den üblichen Größen und Formen (D, C, AA und AAA) hergestellt werden.

Die neue Technologie kann aber auch mit Vorteil für die Erzeugung spiralig gewundener Zellen ("jelly roll") "flat-plate" Typen (flache Plattenzellen) mit dünnen Elektroden und bipolaren Zellen herangezogen werden. Solche Modifikationen erlauben die Entnahme hoher Ströme und Leistungen und ermöglichen eine wesentliche Steigerung des Ausnutzungsgrades der aktiven Massen.

"Flat Plate" also "Hochleistungs"(power)batterien bieten gute Voraussetzungen für den Einsatz großer wiederladbarer Einheiten als Notstromaggregate z.B. zur Versorgung und zum Schutz von EDV-Anlagen bzw. Computern.

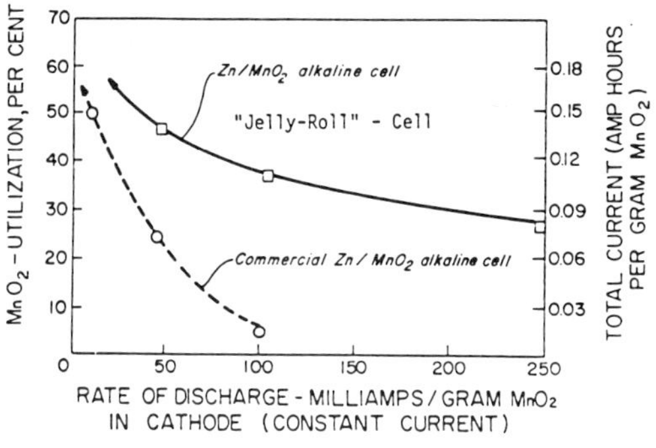

Abb.16: Vergleich des kapazitiven Ausnutzungsgrades der "Jelly-Roll"-Zelle mit einer konventionellen Zelle in Abhängigkeit von der Entladegeschwindigkeit.

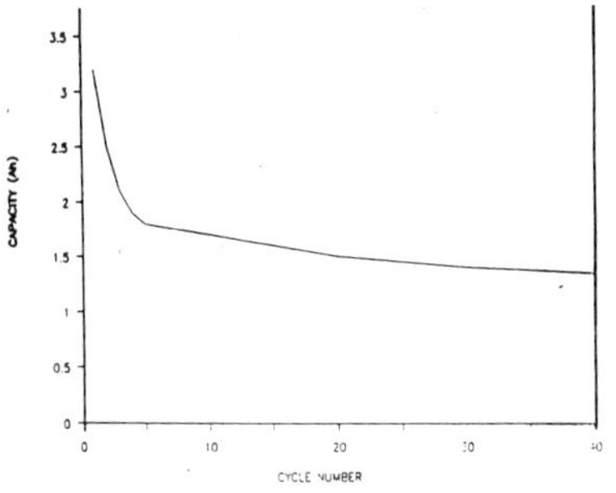

FIGURE : CELL CAPACITY CHARACTERISTIC ON CYCLING.
JELLY ROLL D-SIZE CELL DISCHARGE CONDITIONS. 2 OHM TO 0.9 VOLT
CHARGE CONDITIONS. 1.72 VOLT CONSTANT FOR 15 HOURS

Abb.17: Abhängigkeit der Kapazität einer "Jelly Roll"-Zelle von der Zyklenzahl.

Ein Hoffnungsgebiet stellt auch eine zukünftige Kombination mit Solarzellen dar. Vielzellige wiederladbare Zn/MnO_2 Einheiten sind gasdicht (versiegelt), 100% entladbar, unempfindlich gegen Umpolung und Überladung. Stehzeiten im teilweise entladenen Zustand haben ebenfalls keine schädlichen Folgen auf die erreichbaren Zyklenzahlen.

Die Selbstentladung ist im Vergleich zu Ni/Cd und Ni/H_2 Zellen insbesondere bei erhöhter Temperatur sehr gering.

Besondere Bedeutung kommt der Ladetechnik zu, wobei mit Vorteil das sogenannte "Taper-charge-Verfahren" angewendet wird. Dies bedeutet, daß anfangs rasch mit hohem Strom unter konstanter Spannung geladen wird, der gegen die Entladespannung (1,70 - 1,75 V auf wenige mA abnimmt. Daneben existieren kompliziertere, elektronisch gesteuerte und kontrollierte Ladegeräte, die bereits in die tragbaren (nichtortsfesten) Anlagen und Vorrichtungen eingebaut sind (mit direkter Verbindung zum Netz und/oder mit Transformator; - Band - Kassettengeräte, Radios, kleine TV-Geräte, PC, Telephonausstattung, Handgeräte, Werkzeuge, Spielsachen etc.). Die Kommerzialisierung der wiederladbaren Zinkbraunsteinzelle ist in Vorbereitung, die Marktchancen erscheinen außerordentlich günstig. /12,13,14,15,16/ Als letzte Entwicklung konnte die absolut quecksilberfreie aufladbare Zelle realisiert werden /17/.

Ferner soll nicht unerwähnt bleiben, daß an der T.U. Graz auch Aktivitäten für die Entwicklung eines H_2/MnO_2 Speicherelementes existieren (H_2-Hydridspeicher, hohe Zyklenzahlen ohne Kapazitätsverluste), das einen vorteilhaften Einsatz für Speicherung von Solarenergie verspricht /18/.

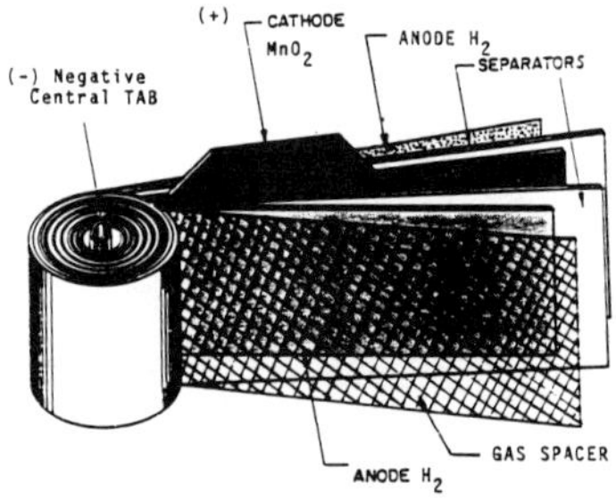

The design of the cylindrical "rolled" MnO_2-H_2-cell built in Graz.

Abb.18: Zylindrische "gewickelte" Braunstein-Wasserstoffzelle nach dem Konzept der T.U. Graz.

Brennstoffzellen stellen nach wie vor ein wichtiges Thema der elektrochemischen Energieforschung in Österreich dar. Die Arbeiten betreffen einerseits die Technologie der Gasdiffusionselektroden für alkalische Niedertemperaturzellen auf Kohlebasis mit Hydrophobierung und katalysierter Aktivschicht und das Verhalten ein- und mehrzelliger Einheiten im Dauerbetrieb. Ferner wird die Optimierung der Elektrokatalysatoren angestrebt, aus Sicht der Aktivität, Stabilität und der Wirtschaftlichkeit (T.U. Wien).

(Dieser Bereich hat besondere Bedeutung für die bemannte Raumfahrt und die Elektrotraktion - Hauptarbeitsgebiet an der T.U. Graz.)

Die Bemühungen betrafen besonders die Herstellung geeigneter Kohleausgangsmaterialien (Carbon blacks) mit exakt reproduzierbaren Eigenschaften und der erforderlichen Langzeitstabilität unter den Bedingungen hoher Alkalität und Temperaturen um 80°C - und höher, wobei spezielle Gasaktivierungsverfahren und Temperaturbehandlungen ausgearbeitet wurden. Des weiteren wurde versucht, die Prozesse zur Formung der Mehrschichtelektroden zu standardisieren; dies betraf vor allem die Warmpress- und Walzvorgänge der teflongebundenen Kohleschichten, um die notwendige mechanische Haltbarkeit, um die Vernetzung ("cross linking") der PTFE-Partikel und die erforderliche Hydrophobie der Diffusionsschicht zu erzielen. Anschließend erfolgt die Auftragung der hydrophilen, katalysatorhältigen Aktivschicht, ebenfalls unter Variation der Methodik (z.B. Spraymethode).

Die Stromabnahme wird durch Verpressen bzw. Einarbeitung von Nickelnetzen bewerkstelligt, wobei sowohl die gasseitige, wie auch elektrolytseitige Anbringung untersucht wurden. Auf diese Weise wurden Testelektroden von 10 cm^2 bis 100 cm^2 geometrischer Fläche angefertigt.

Als Katalysatoren kamen vor allem feinverteiltes Platin, aber auch mit verschiedenen Zusätzen wie z.B. Palladium und Rhodium versehene Mischkatalysatoren sowie Silber zum Einsatz. Optimale Verteilung und weitestgehende Herabsetzung der Belegungsdichte waren Ziele der Bemühungen für die Aktivierung, die z.B. durch chemische Reduktion oder thermische Behandlung erfolgte. Die Oberflächenkonzentrationen konnten bis auf wenige Zehntel mg/cm^2 gesenkt werden. Ferner wurde der Einfluß von Prae- und Postkatalysierung auf das elektrochemische Verhalten der Elektroden untersucht, d.h. Einbringung der Katalysatoren vor und nach der Elektrodenherstellung. Im allgemeinen konnten mit Wasserstoff- und Sauerstoffelektroden diesen Typs eine Lebenserwartung von 2000-5000 Stunden bei einer Flächenleistung von etwa $10W/dm^2$ - ($100mA/cm^2$ Stromdichte) erreicht werden. Trotz dieser Bemühungen konnten die individuellen Abweichungen des Verhaltens der verschiedenen Elektroden nicht vollständig eliminiert werden.

Ein Hauptnachteil solcher Elektroden ist in der begrenzten Verträglichkeit der Nickelkollektoren (Netze, Gitter) usw. mit den plastisch gebundenen Kohleschichten und PTFE - Deckschichtanteilen und die dadurch bedingte Verringerung der Lebensdauer zu sehen.

Die Vermeidung der individuellen Stromabnahme dieser Art oder der Randabnahme führt unweigerlich zum Übergang zum bipolaren Konstruktions- bzw. Anordnungsprinzip. Neben diesem Vorteil fällt auch die Begrenzung der Fläche auf etwa 400 cm^2 bei monopolaren Elektroden weg und die ausschließliche Verwendung von Kohle (Graphit) bzw. leitender Kohle Kunststoffverbundmaterialien würde auch den Betrieb der Brennstoffzelle in saurem Milieu ermöglichen. An der T.U. Graz wurde ein spezielles Design für bipolare Luft-Wasserstoff Brennstoffzelleneinheiten entwickelt, wobei die bipolaren Platten aus leitend gemachtem Plastikmaterial und die porösen H_2 und O_2-Elektroden aus katalysierter Aktivkohle plus Plastikmaterial bestehen, das leitend mit den Trennplatten verbunden wird.

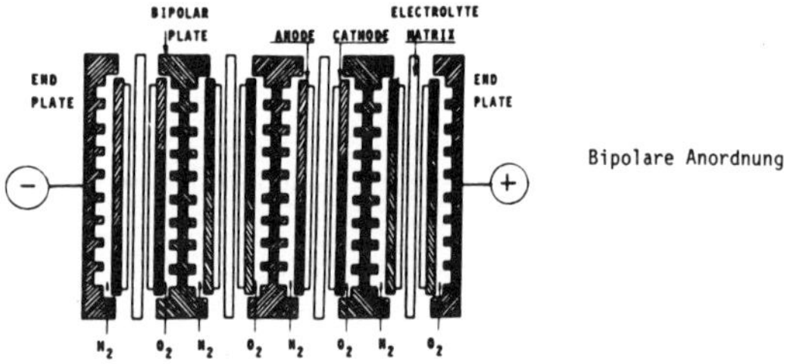

Abb.19: Bipolare Anordnung von Brennstoffzellenmodulen

Weitere Arbeiten betreffen spezielle alkalische Brennstoffzellen, die bei einer Betriebstemperatur von 150°C mit 70-80%iger Kalilauge arbeiten. Der effektive Wirkungsgrad beträgt bei einer Stromdichte von 200 mA/cm^2 noch mehr als 80% d.h. die Zellspannung liegt bei 1 Volt,

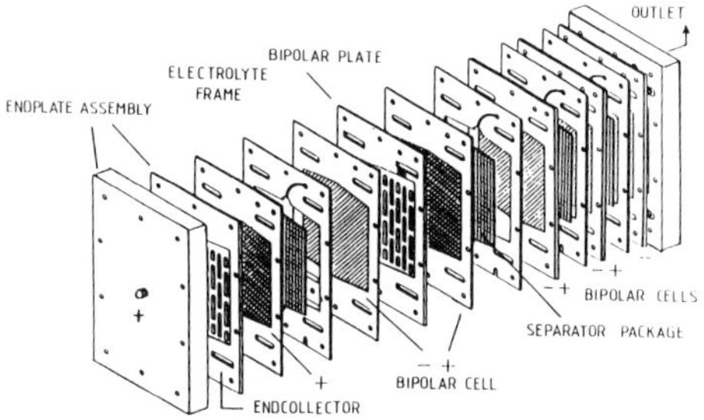

The design of bipolar alkaline Air-Hydrogen fuel cell stacks produced at the Institute for Inorganic Technology in Graz.

Abb.20: Konstruktionsprinzip bipolarer alkalischer Wasserstoff/Luft-Brennstoffzellenmodule nach Kordesch (T.U.-Graz).

10 A bei 50 cm^2 Elektrodenfläche und 20 W/dm^2 Flächenleistung.

Die Zellen, d.h. Elektrolytgehäuse und Reservoir bestehen aus Teflon, die Gaskammern aus rostfreiem Stahl; sie werden durch zwei Platten geheizt, die an die Endplatten angepreßt sind. Der Elektrolyt wird in der Zelle durch einen Stickstoffstrom (Prinzip der Mammutpumpe) umgewälzt. Bei konstanter Belastung wird infolge des Gleichgewichtes von Wasserverdampfung und der Wasserproduktion die Laugekonzentration auf 70-80% eingeregelt.

Abb.21 zeigt die erreichbaren Stromspannungscharakteristiken. Untersucht wurde bisher das Verhalten verschiedener Typen katalysierter Elektroden auf Kohlebasis (z.B. Elenco- Anoden und Kathoden von Cyanamid). Eine Verbesserung der Lebensdauer - die bisher den kritischen Punkt darstellt - wird durch eine spezielle Modifizierung der Elektrodenkonstruktion erwartet, nämlich durch Einpressen der Kohleschichten in Gerüste aus geschäumten Nickel, das die Korrosionsbeständigkeit insbesondere an der Kathode erhöhen soll.

Schließlich werden Untersuchungen über die Entfernung des Reaktionswassers aus alkalischen Brennstoffzellen durchgeführt, sowohl mit zirkulierendem als auch matrixgebundenem und halb immobilisierten Elektrolyten. Zur Abfuhr des Wassers wird insbesondere der im System im Kreislauf geführte Wasserstoff herangezogen und der Einfluß ver-

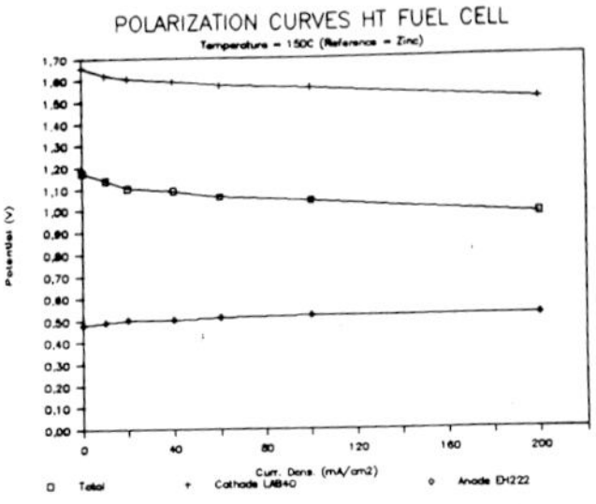

Polarization curves of the best anode type (Elenco EH 222) and the up-to-now best cathode type (LAB-40) are combined in one diagram. Both are measured versus the same Zn-reference electrode.

Abb.21: Stromdichte - Spannungs(Potential)kurven einer alkalischen Brennstoffzelle bei 150°C.

schiedener Parameter auf die Wirksamkeit der Wasserentfernung studiert. (z.B. der Gasdurchsatz, Temperatur, Stromdichte, Elektrolytkonzentration aber auch Porenstruktur und Benetzungstiefe der Elektroden).

Diese Arbeiten werden in enger Kooperation mit der ESA (European Space Agency) im Zusammenhang mit dem Hermes-Raumgleiter-Projekt durchgeführt, für das Hochleistungszellen mit geringen Gewicht eingesetzt werden müssen /19,20,21,22,23/.

In Wien werden daneben noch Arbeiten über die direkte Methanoloxidation in saurem Elektrolyten fortgesetzt. In Zusammenhang damit besteht großes Interesse an einer selektiven leistungsfähigen Sauerstoffelektrode; über einigermaßen erfolgversprechende Ergebnisse mit pyrolysierten, stickstoffhältigen Polymeren wie Polypyrrol in Kombination mit Übergangsmetallen wie Co und Fe wurde bereits an anderer Stelle berichtet /24/.

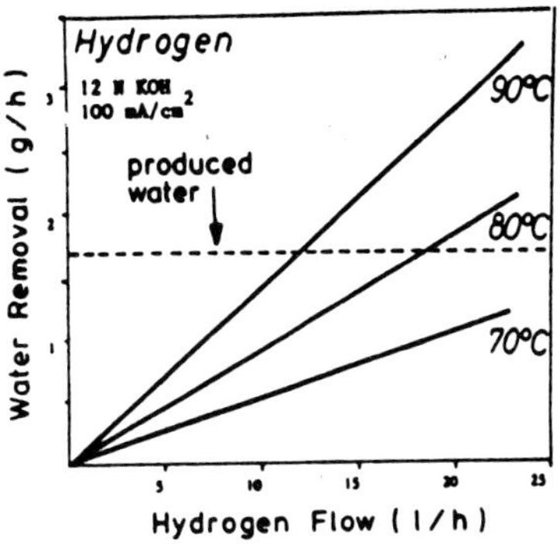

Abb.22: Entfernung des Reaktionswassers durch den im Kreislauf geführten Wasserstoff in Abhängigkeit von Durchsatz und der Betriebstemperatur.

Insgesamt ist in Österreich die elektrochemische Energieforschung und damit in Zusammenhang die Umwelttechnik in weiterem Aufschwung begriffen. Neben den Aktivitäten an den Universitäten, wie besonders der Zusammenarbeit der Technischen Universitäten Graz und Wien, der Universität Wien, der SEA und privater Organisationen engagieren sich in zunehmenden Maße größere Industriezweige wie z.B. Elin und vor allem die Elektrizitätsversorgungsunternehmen (Elektrizitätswirtschaft) erfreulicherweise für diese Problematik und betreiben und unterstützen Projekte im Hinblick auf die Speicherung und Nutzung von Solarenergie und die Einführung der Elektrotraktion.

Literatur:

/1/ G. Tomazič: Österr. Chemie-Zeitschrift 87, 4, 104 (1986)

/2/ G. Tomazič: Österr. Zeitschrift d. Elektrizitätswirtschaft 40, 1, 13 (1987)

/3/ K. Kordesch, Ch. Fabjan: Dechema-Monographien Bd. 97, 255 - 274, Verlag Chemie (1984)

/4/ R.J. Bellows, P.G. Grimes: "Power Sources for Electric Vehicles" 621 - 655, McNicol B.D. Rand D.A.J. eds. Elsevier, Amsterdam, New York (1984)

/5/ Ch. Fabjan, K. Kordesch: Dechema-Monographien Bd. 109, 355 -

376, VCH-Verlagsgesellschaft (1987)

/6/ Ch. Fabjan: UNESCO EXPERT WORKSHOP, Dresden Univ. of Technology, Part 1, 61 - 85 (1990)

/7/ K.V. Kordesch, A. Wertgarner, Ch. Fabjan, G. Tomaziĉ: Proceedings Vol. 88 - 11, 293 - 304, The Electrochem. Soc.

/8/ G. Tomaziĉ: Proc. of the fifth Annual Battery Conference on Applications and Advances, California State University 90IT-6, IX-6, (1990)

/9/ F.G. Will: Assessment of research needs for advanced battery systems, report of "The Committee on Battery Materials Technology", pp.45-58, Pub.NMAB-390, Nat.Academy Press, Washington D.C. (1982)

/10/ H. Cnobloch, K. Hoehne: Dechema Monographien Bd. 98, 341 - 355 (1985) Verlag Chemie

/11/ H. Kronberger, Ch. Fabjan: Monatshefte f. Chemie (im Druck)

/12/ K. Kordesch, W. Harer, W. Taucher, K. Tomantschger: Vol.2, 22nd Intersociety Energy Conversion Engineering Conf., Philadelphia, p.1102-1107 (1987)

/13/ K. Kordesch, J. Gsellmann: Power Sources, Vol. 7, pp.557-570, Academic Press, London (1979)

/14/ K. Kordesch, J. Gsellmann, K. Tomantschger: Journ. of Electroanalytical Chemistry and Interfacial Chemistry, 118, pp. 187-201 (1981)

/15/ K. Kordesch, J. Gsellmann, et.al.: Electrochimica Acta, 26, pp. 1495-1504, Pergamon Press, London (1981)

/16/ K. Kordesch: UNESCO EXPERT WORKSHOP, Dresden University of Technology, Part 1, 41-60, (1990)

/17/ K. Kordesch: private Mitteilung

/18/ K. Kordesch, J. Gsellmann, G. Winkler: 41. ISE-Meeting 1990, Prag, Postervortrag sowie Lit. /22/

/19/ K. Kordesch, P. Kalal, J.C.T. Oliveira, K.H. Steininger: Vol.2, 22nd Intersociety Energy Conversion Engineering Conf., Philadelphia, p.999-1004 (1987)

/20/ K. Kordesch: Jahresbericht 1987/88 zum Forschungsschwerpunkt (S27) "Elektrochemische Energiespeicherung und Energieumwandlung" des Fonds zur Förderung der wissenschaftlichen Forschung.

/21/ K. Kordesch: Jahresbericht 1988/89, siehe /20/

/22/ K. Kordesch: in Ber. Bunsenges. Phys. Chemie 9, 94, 902 (1990)

/23/ K. Kordesch, Ch. Gruber, R. Mussnig: 41. ISE-Meeting 1990, Prag, Postervortrag

/24/ Ch. Fabjan, G. Frithum, H. Hartl: Ber. Bunsenges. Phys. Chemie 9, 94, 937 (1990)

Posterbeiträge
Elektrochemie und Umwelttechnik

Eigenschaften von Zinnoxid-Gassensoren in Dickschichttechnologie

G. Wiegleb
Hartmann & Braun AG, Frankfurt/Main

J. Heitbaum
Chemetall GmbH, Frankfurt/Main

Zusammenfassung

SnO_2-Halbleitergassensoren wurden in konventioneller Dickschichttechnik (auf einem Al_2O_3-Substrat) hergestellt und zusätzlich mit einer Katalysatorschicht aus Pd und Pt versehen. Der strukturelle Aufbau der SnO_2-Schicht wurde mit Hilfe von REM-Aufnahmen und durch Röntgenbeugung ermittelt. Die Temperaturabhängigkeit des Sensorwiderstandes zeigte im Bereich von 300 K bis 800 K eine logarithmische Charakteristik. Die Gasempfindlichkeit für CO-Gemische (250 ppm) sowie das Zeitverhalten der Gaswechsel von 250 ppm CO auf Luft und umgekehrt wurde ebenfalls untersucht.
Die Ergebnisse zur Leitfähigkeit lassen sich mit einem Barrieren-Modell /14/ erklären, während das Ansprechverhalten durch die Gasdiffusion in die poröse SnO_2-Schicht und durch die Reaktionszeit an der SnO_2-Oberfläche charakterisiert wird.

Summary

SnO_2-Semiconductor gas sensors undoped and doped with Pt and Pd were prepared by thick film technique on Al_2O_3 substrates with different electrode structures. The SnO_2 layer structure is characterised by REM and X-ray diffraction. The temperature dependence of the conductance of these sensors showed in the temperature range from 300 to 800 K a logarithmic characteristic and was measured under synthetic air and air/250 ppm CO mixtures as well as the sensor response due to gas changes from air to air/CO and vice versa.
The results show a temperature activated conduction mechanism which is discussed using a barrier model. The response time is governed by diffusion process of the gas into the porous SnO_2 layer and surface reaction times.

Résumé

Les sondes de gaz à semiconducteurs SnO_2 ont été fabriquées en technique à couche épaisse conventionnelle (sur un substrat Al_2O_3) et elles ont été en outre pourvu d'une couche de catalyseur en Pd et en Pt. La structuration de la couche de SnO_2 a été déterminée par prises de vue par microscope électronique à balayage et par diffraction aux rayons X. La dépendance de la température de la résistance des sondes présentait, au sein de la plage de 300 à 800 K, une caractéristique logarithmique. La sensibilité des gaz pour les mélanges de CO (250 ppm) ainsi que le comportement temporel des changements du gaz de 250 ppm de CO en air et inversement ont également été étudiés.
Les résultats à la conductivité peuvent être expliqués au moyen d'un modèle de barrière /14/ alors que le comportement de réponse est caractérisé par la diffusion de gaz dans la couche de SnO_2 poreuse et par le temps de réaction à la surface de SnO_2.

1 Einführung

Die Messung von Schadgasen in der Umgebungsluft, mit Hilfe von chemischen Sensoren, hat eine breite Anwendung im Bereich des Umwelt- und Personenschutzes gefunden /1/. Als Meßverfahren werden aus Kostengründen einfache Prinzipien bevorzugt, die allerdings gegenüber aufwendigen Analysegeräten /2/ eine geringere Genauigkeit aufweisen.
Für Anwendungen im Automobil (Klimasteuerung), bei denen Kohlenmonoxid CO und Kohlenwasserstoffe C_nH_m im ppm-Bereich gemessen werden müssen, kommt nur ein Metalloxid-Gassensor in Betracht, da andere Verfahren aufgrund zu geringer Empfindlichkeit bzw. zu geringer Langzeitstabilität ausscheiden.

Derartige Sensorsysteme werden für die "Schadstoffabhängige-Zuluftsteuerung" (BMW-Kostal-ETR-System) im Kfz-Bereich eingesetzt /3/. Der Sensor erfaßt die Schadstoffkonzentrationen (z. B. CO) außerhalb des Fahrgastinnenraumes vor dem Ansaugkanal der Klimaanlage und schaltet bei Überschreitung eines Grenzwertes auf Umluft, so daß eine Schutzwirkung vor Schadgasen herbeigeführt wird /4/. Für die Zuverlässigkeit dieses Systems ist das Zeitverhalten des Gassensors von ausschlaggebender Bedeutung. Z. Z. werden für diese Anwendung SnO_2-Sensoren der Fa. Figaro eingesetzt, die in Sintertechnik /10/ hergestellt werden. Da diese Herstellungstechnik mit vielen manuellen Schritten verknüpft ist, ergeben sich hohe Stückkosten (> 10,-- DM), wobei diese Sensoren hohe Fertigungstoleranzen aufweisen. Weiterhin ist eine spezielle Anpassung der Sensoreigenschaften an die unterschiedlichen Anforderungen nicht möglich, da diese Sensorelemente für einen breiten Markt entwikkelt worden sind.

Der Ansatz für die Entwicklung von neuen Sensorelementen ergibt sich daher aus einer

- Reduzierung der Stückkosten mit Hilfe moderner Fertigungstechnologien
- Reduzierung der Fertigungstoleranzen durch eine automatisierte Fertigung
- Verbesserung des Zeitverhaltens und der Gasempfindlichkeit durch eine zielgerichtete Entwicklung spezieller Sensorstrukturen.

2 Funktionsweise

Die ersten Untersuchungen zum Leitfähigkeitsverhalten von Halbleitern (ZnO), unter Einfluß von Oberflächenadsorptionen in der Gasphase, wurden im Jahre 1954 von Heiland /5/ durchgeführt. Seiyama /6/ und Taguchi /7/ nutzten diesen Effekt als erste zur Detektion von Gasen aus. Basierend auf den Taguchi-Patenten werden jährlich mehrere Millionen dieser Sensoren von der Fa. Figaro in Japan hergestellt.

Als Basismaterial wird heute vorwiegend Zinndioxid (SnO_2) mit verschiedenen Dotierungen (Antimon, Magnesium etc.) sowie einer zusätzlichen katalytischen Aktivierung mit Platin oder Palladium eingesetzt /8, 10/.
Die Dotierungen dienen in erster Linie dazu, den Sensorwiderstand, der im undotierten Fall 10^6 bis 10^9 Ω beträgt, zu reduzieren (10^3 Ω). Der hohe Grundwiderstand ergibt sich aus der Energielücke von 3,6 eV /12/ zwischen dem Valenz- und dem Leitungsband, so daß die Leitfähigkeit im undotierten Zustand vor allem durch Sauerstoffehlstellen charakterisiert wird /11, 12/.
Die katalytische Aktivierung durch Edelmetallzusätze /20/ führt hingegen zu einer Selektivierung der Sensorelemente für ein bestimmtes Gas (z. B. Pd für CO).
Der Meßeffekt kommt durch Anlagerungen (Chemisorption) und Reaktionen verschiedener Gase an der Halbleiteroberfläche zustande, die mit einem Elektronentransfer aus dem Leitungsband in den chemisorbienten Komplex verknüpft sind. Der Elektronentransfer führt dann zu einer Widerstandsänderung, die meßtechnisch erfaßt werden kann.

Für polykristalline Schichtstrukturen, wie sie bei den konventionellen Figaro-Sensoren oder auch den Dickschichtsensoren auftreten, sind folgende Reaktionsabläufe zu berücksichtigen /22/:

1. Diffusion: Durch das Partialdruckgefälle innerhalb und außerhalb der Sensorschicht entsteht ein Diffusionsstrom, der sich mit dem Fickschen-Gesetz beschreiben läßt:

$$\nabla^2 \cdot C = \frac{1}{D} \cdot \frac{dC}{dt} \qquad (1)$$

C = Konzentration, ∇ = Nabla Operator, t = Zeit

Der Diffusionskoeffizient D, der von der Porösität der Sensorschicht abhängt, läßt sich durch folgenden Ausdruck darstellen:

$$D = D_O \exp. (-E_A/kT) \quad (2)$$

E_A = Aktivierungsenergie, die nach Gardner /9/ in der Größenordnung von 0,5 - 5 eV liegt.

2. Physisorption: Zunächst werden die Gasmoleküle durch schwache Kräfte (van der Waals) an der Halbleiteroberfläche gebunden. Diese Verbindung führt allerdings noch nicht zu einem Elektronenaustausch, so daß sich folgende Adsorbate bilden können:

$$R\ (Gas) \rightleftharpoons R\ (ad) \quad (3)$$

$$O_2\ (Gas) \rightleftharpoons O_2\ (ad) \quad (4)$$

3. Chemisorption: Die Bindungsenergie eines chemisorbierten Komplexes ist mit der einer chemischen Bindung zu vergleichen. Mit dieser Reaktion ist ein Elektronentransfer aus dem Leitungsband in dem chemisorbierten Komplex verbunden, der zu einer Reduzierung der Leitfähigkeit führt. Die Reaktion nach Gl. 6 findet allerdings erst bei Temperaturen oberhalb von 160 °C statt /13/.

$$O_2\ (ad) + e^- \rightleftharpoons O_2^-\ (cs) \quad (5)$$

$$O^-_2\ (cs) + e^- \rightleftharpoons 2\ O^-\ (cs) \quad (6)$$

4. Reaktionen: Nachdem sich die Sensoroberfläche mit den chemisorbierten Komplexen O^- (cs) gesättigt hat, kann es zu einer Reaktion mit den physisorbierten Molekülen kommen. Dieser Fall liegt dann vor, wenn der betriebsbereite Sensor mit einem Prüfgas (z. B. Kohlenmonoxid) beströmt wird.

$$R\ (ad) + O^-\ (cs) \rightarrow RO\ (ad) + e^- \quad (7)$$

Durch diese Reaktion wird ein Elektron freigesetzt, wodurch sich der Sensorwiderstand verringert (→ Meßeffekt).

5. Desorption: Nach der Reaktion befinden sich die Reaktionsprodukte RO (ad) noch immer an der Halbleiteroberfläche. Damit es zu keiner vollständigen Belegung der Oberfläche mit diesen Produkten kommt, muß eine Desorption erfolgen. Voraussetzung dafür ist eine geringe Reaktionsenthalpie (< kT).

$$RO\ (ad) \rightleftharpoons RO\ (Gas) \qquad (8)$$

3 Aufbau des Sensorelementes

Die Herstellung des Sensorelementes erfolgte in Dickschichttechnik auf einem 600 µm dicken Al_2O_3-Substrat, mit einer Grundfläche von 12,7 mm x 8,5 mm. Die Leiterbahnen der Sensorstruktur sowie die Anschlußflächen für das Heizelement auf der Substratrückseite wurden mit dem Siebdruckverfahren aufgebracht. Der Einbrennvorgang erfolgte bei einer Temperatur von 850 °C. Die Schichtdicken lagen bei ca. 10 µm. Danach wurde der Druckvorgang für das Heizelement mit einer Ruthenium/Rutheniumoxid-Widerstandspaste durchgeführt. Der Widerstand des Heizers betrug nach dem Brennvorgang ca. 7 Ω. Als letzter Arbeitsgang erfolgte dann die Bedruckung der Sensorschicht. Die eingesetzte Zinndioxid-Paste hatte einen SnO_2-Gehalt von 70 %, wobei das SnO_2-Grundmaterial eine Reinheit von > 99 % aufwies (Merck/Darmstadt).

Diese Sensorelemente lassen sich mit einer zusätzlichen Platin-Schicht versehen, die dann zu einer katalytischen Aktivierung der Sensorschicht führt. Diese katalytische Beschichtung wurde mit einer wässrigen Ammoniumhexachloroplatinat-Lösung durchgeführt, die in Tropfenform auf die SnO_2-Schicht gegeben wird. Während des Einbrennvorganges bei 800 °C wird das Platinat zersetzt, so daß sich das metallische Platin als feine, homogene Verteilung auf der Sensorschicht ausbildet.

In Abb. 1 ist der Querschnitt der Sensoren dargestellt, an dem man deutlich den Schichtaufbau der Elemente erkennen kann.

Die planare Struktur der Sensorelemente, mit dem Heizer auf der Rückseite und der Sensorschicht auf der Vorderseite, ist in Abb. 2 dargestellt.

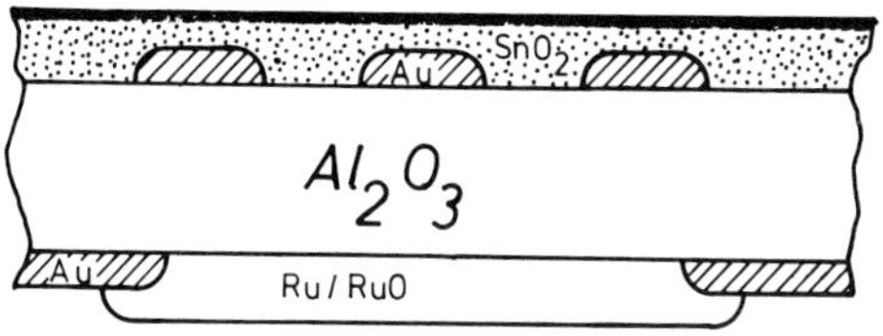

Abb. 1 Schichtaufbau der unterschiedlichen Zinndioxid-Gassensoren

Die eingebrannte Sensorschicht zeigte gegenüber dem pulverförmigen Grundmaterial keine signifikanten Unterschiede. Als Auswertungsgrundlage wurden REM-Aufnahmen (s. Abb. 3) und Röntgen-Beugungsspektren (s. Abb. 4) des SnO_2-Pulvers sowie der eingebrannten Sensorschicht herangezogen.

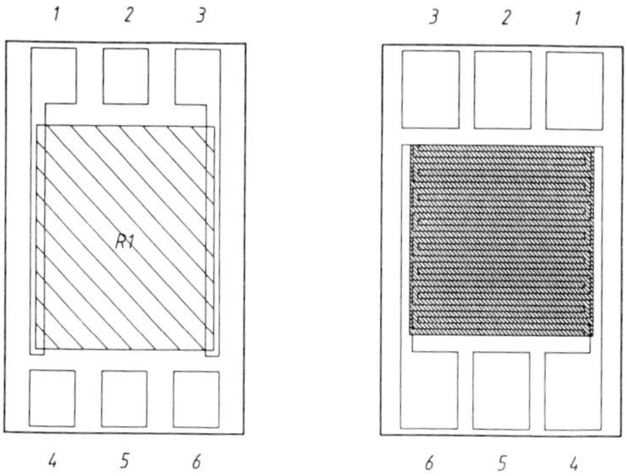

Abb. 2 Flächenstruktur der Sensorelemente für den Heizer und der SnO_2-Schicht

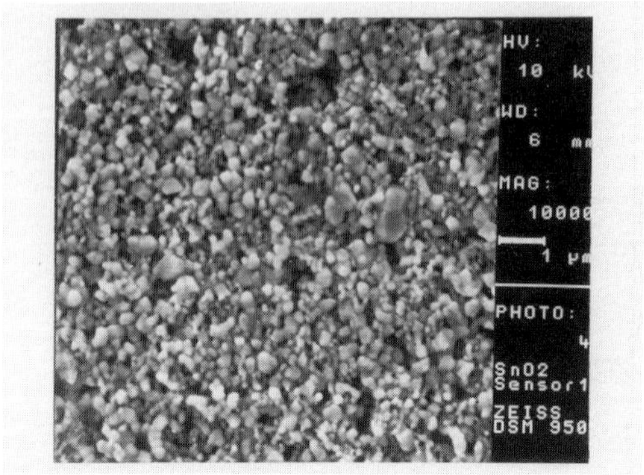

Abb. 3 REM-Aufnahmen der eingebrannten Sensorschicht

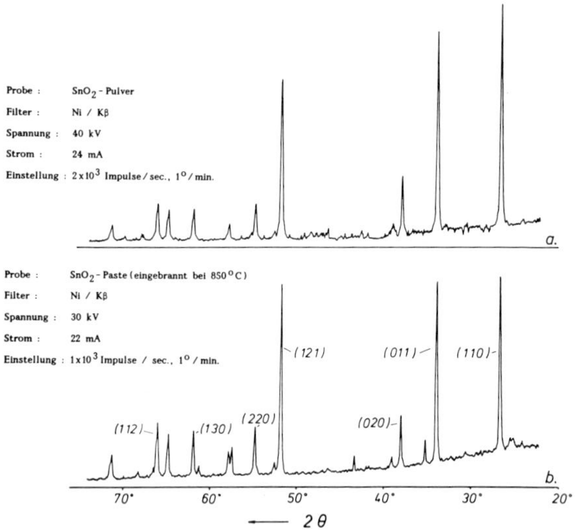

Abb. 4 Röntgen-Beugungsspektrum von reinem SnO_2-Pulver a) und einer eingebrannten SnO_2-Schicht auf einem Al_2O_3-Substrat b)

4 Versuchsdurchführung

Der Meßplatz (Abb. 5) besteht im wesentlichen aus einer Meßzelle /22/ in der sich der Sensor befindet, der Gaszuleitung mit einem Schwebekörper-Durchflußmesser (Fa. Krohne/Duisburg) und den peripheren elektronischen Geräten. Das Sensorelement wird mit einem stabilisierten Netzgerät versorgt. Die elektrische Verlustleistung (P = UI) sorgt dann für eine konstante Sensortemperatur T. Der Zusammenhang zwischen der Temperatur T und der eingespeisten Verlustleistung P wurde durch eine einmalige Aufnahme der T (P)-Kurve ermittelt. Die Messung des Sensorwiderstandes erfolgte mit einem Multimeter (Keithly-Instruments). Simultan zu dem Sensorsignal wurde der Prüfgasgehalt von Kohlenmonoxid mit einem Infrarot-Analysator gemessen und aufgezeichnet.

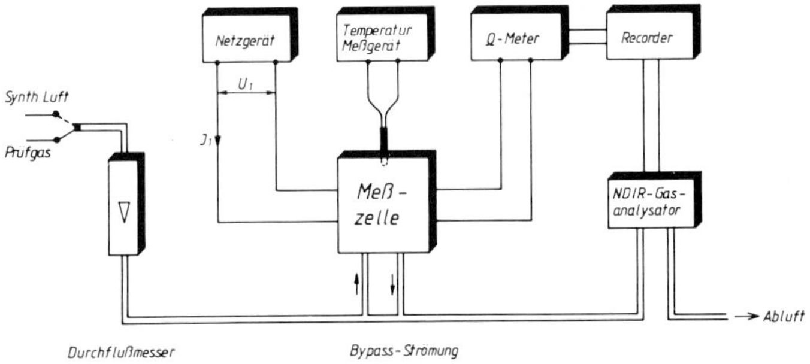

Abb. 5 Meßplatz für die gasspezifischen Untersuchungen

Durch die Bypaß-Beströmung der Meßzelle wird verhindert, daß sich das darin befindliche Sensorelement durch die Beströmung abkühlt und somit undefiniert seine Temperatur ändert.
Bei einem Durchfluß von ≈ 30 l/h und einem 1 : 1-Bypaß wird das Kammervolumen (≈ 7 cm^3) dann in τ = 1,7 sec ausgespült /22/, ohne daß es zu einer Verfälschung der Temperaturwerte kommt.

5 Ergebnisse

Ein wesentlicher Parameter, der die Eigenschaften eines SnO_2-Gassensors beeinflußt, ist die Temperatur. Infolge der halbleitenden, körnigen Struktur lassen sich unterschiedliche Effekte anführen, die eine Temperaturabhängigkeit zeigen:

- Kontaktübergänge mit definierten Aktivierungsenergien eV_s /14/
- Transport von Ladungsträgern in das Leitungsband /15/
- Adsorptions- und Reaktionsverläufe an der Kornoberfläche /16/
- Diffusionsvorgänge der Reaktionsgase innerhalb der Sensorschicht /17/

Durch Messung des Sensorwiderstandes, der Gasempfindlichkeit und der Zeitkonstante τ, können dann Rückschlüsse über die einzelnen Effekte gezogen werden.

5.1 Der Sensorwiderstand

Die Messung des Sensorwiderstandes wurde in einem Temperaturbereich von 250 °C bis 550 °C in 50 °-Schritten durchgeführt. Um für jeden Meßpunkt einen stabilen Widerstandswert des Sensors zu erhalten, mußte das Sensorelement ca. 30 min. bei konstanter Temperatur und konstanter Beströmung mit synthetischer Luft betrieben werden. Vor jeder neuen Meßreihe erfolgte eine ca. einstündige Einbrennphase bei ca. 600 °C in der Meßzelle, an der sich der Meßzyklus von 550 °C bis 250 °C anschloß. Zur statistischen Absicherung der Ergebnisse wurden mehrere Exemplare vermessen.

In Abb. 6 sind einige Resultate dieser Messungen aufgeführt. Sieht man von den unterschiedlichen Absolutwerten der Sensorwiderstände ab, so zeigen alle Sensoren eine exponentielle Abhängigkeit des Widerstandes von der Temperatur. Dieses Verhalten steht im Einklang mit den von Morrison u. a. /16/ durchgeführten Untersuchungen an gepreßten und gesinterten n-Halbleitern auf SnO_2-Basis. Die unterschiedlichen Absolutwerte ergeben sich aus den Fertigungstoleranzen, die für die ersten Untersuchungen noch nicht optimiert worden sind.

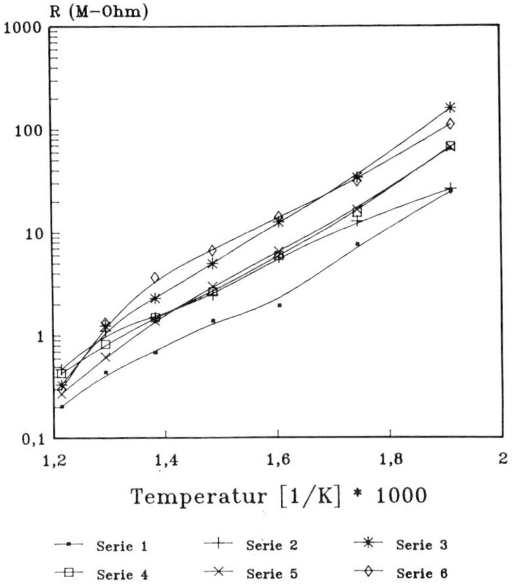

Abb. 6 Temperaturverhalten des Sensorwiderstandes in synth. Luft

Nach Morrison läßt sich die Leitfähigkeit eines polykristallinen n-Halbleiters wie folgt beschreiben:

$$R\ (T) = R_o \exp.\ [eV_s(T)/kT] \qquad (9)$$

Mit k = Boltzmann-Konstante (1,380 10^{-23} J K^{-1})

T = absolute Temperatur

R_o = Grundwiderstand des Zinndioxid

$eV_s(T)$ = Potential-Barriere zwischen zwei SnO_2-Körnern (s. Abb. 7)

In Gleichung 9 wurde vorausgesetzt, daß der Spannungsabfall an jedem Kontaktübergang zwischen den einzelnen Körnern kleiner als "kT/e" ist. In diesem Fall zeigt die Strom-Spannungs-Charakteristik Ohm'sches Verhalten /18/.

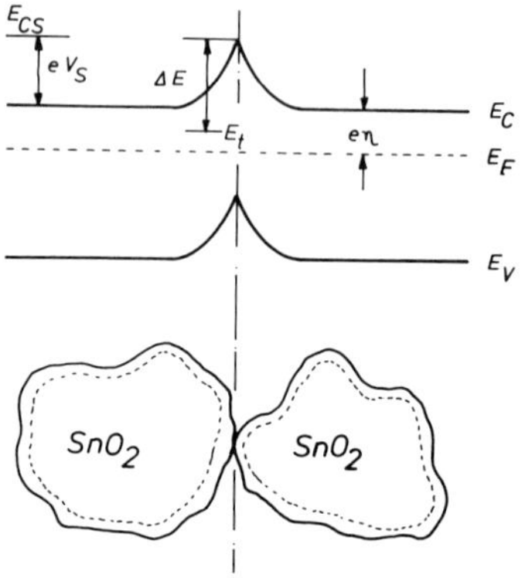

Abb. 7 Kontaktübergang zwischen zwei SnO_2-Körnern mit der Ausbildung einer Potential-Barriere im Bändermodell. Die Bandenverbiegung des Leitungsbandes E_C wird u.a. durch Chemisorption von Sauerstoff an der Kornoberfläche hervorgerufen. Die gestrichelte Linie zeigt den Bereich der Elektronenverarmung (Raumladungszone).

Die Potential-Barriere eV_S ist für die Untersuchung von porösen SnO_2-Strukturen von ganz entscheidender Bedeutung. Pijolat und Lalauze /19/ zeigten z. B. die Möglichkeiten auf, diese Potential-Barriere durch eine gezielte Nachbehandlung mit SO_2 zu modifizieren und somit den Grundwiderstand bei niedrigen Temperaturen (20 °C bis 150 °C) um mehrere Größenordnungen zu reduzieren. Die Temperaturabhängigkeit der Potential-Barriere wurde von Lantto, Romppainen und Leppävuori /14/ anhand von kommerziellen Sensoren (Figaro, Typ: TGS 812) untersucht. Es ergaben sich dabei unterschiedliche Energieverteilungen für die Aufheiz- und Abkühlphase, die im Bereich von 0,3 bis 0,7 eV lagen. Bei allen Messungen konnte eine starke Zunahme der Barrieren-Energie oberhalb von 200 °C festgestellt werden. Diese Ergebnisse sind mit der in Abb. 8 dargestellten Energieverteilung $eV_S(T)$ zu vergleichen, die von den Meßwerten aus Abb. 6 abgeleitet worden sind.

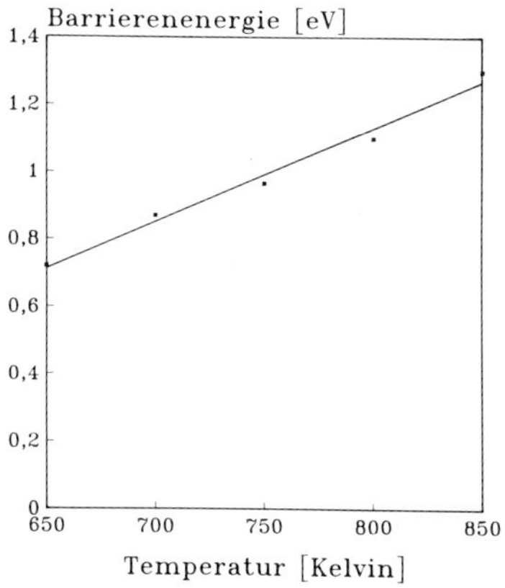

Abb. 8 Temperaturabhängigkeit der Barrieren-Energie, die aus den Messungen in Abb. 6 bestimmt wurde.

5.2 Gasempfindlichkeit für Kohlenmonoxid CO

Die Fähigkeit eines Sensors eine definierte und reproduzierbare Signaländerung zu erzeugen, die durch ein bestimmtes Gas hervorgerufen wird, bezeichnet man als Gasempfindlichkeit. Die Gasempfindlichkeit wird im allgemeinen in der prozentualen Änderung der Widerstände (Meßgröße) angegeben:

$$GE = R\ (Gas)/R\ (Luft) \times 100\ \% \tag{10}$$

Die Gasempfindlichkeit GE ist von der Gaskonzentration C abhängig. Der Zusammenhang GE (C) wird als Kennlinie definiert.
Die Änderung der Gasempfindlichkeit bei unterschiedlichen Sensortemperaturen ist in Abb. 9 dargestellt. Für Kohlenmonoxid (250 ppm/1000 ppm) erhält man eine Signaländerung von 50 % bzw. 60 %. Das Maximum der Gasempfindlichkeit liegt bei 400 °C bis 450 °C für einen reinen SnO_2-Sensor ohne katalytische Zusätze. Die Lage des Empfindlichkeitsmaximums variiert um ±25 °C, wobei die Gasempfindlichkeit eine Toleranzbreite von ±15 % aufweist.

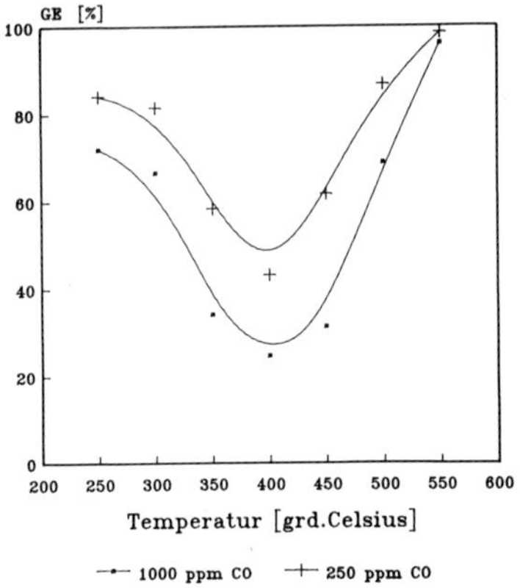

Abb. 9 Gasempfindlichkeit eines unbehandelten SnO_2-Dickschicht-Sensors für unterschiedliche Gaskonzentrationen.

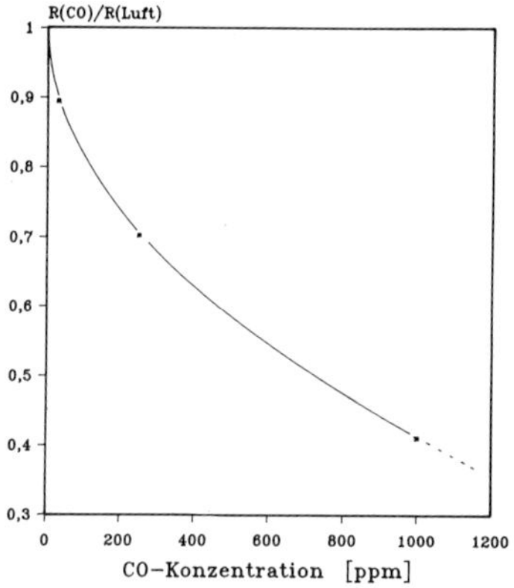

Abb. 10 CO-Kennlinie GE (C) bei einer Sensortemperatur von 450 °C.

Die Kennlinie GE (C) wurde mit drei unterschiedlichen Prüfgasen (30 ppm, 25 ppm, 1000 ppm) aufgenommen (s. Abb. 10) und läßt sich durch die folgende empirische Gleichung beschreiben /1/:

$$G = G_o + fp^n \quad n \sim 0{,}5 \tag{11}$$

Mit G_o = Leitfähigkeit in Luft, G = Leitfähigkeit mit Meßgas,
p = Partialdruck des Meßgases, f = Proportionalfaktor

5.3 Zeitverhalten

Sämtliche Prozesse die bei einem Gaswechsel von synth. Luft auf Prüfgas und umgekehrt zu einer Widerstandsänderung beitragen, sind mit einer Zeitverzögerung behaftet. Es zeigte sich, daß die zeitlichen Verläufe für die Hin- und Rückreaktion deutliche Unterschiede aufweisen. Weiterhin konnte eine ausgeprägte Temperaturabhängigkeit der Zeitkonstante τ festgestellt werden.

In Abb. 11 ist ein typischer Signalverlauf für einen derartigen Gaswechsel bei unterschiedlichen Temperaturen dargestellt.

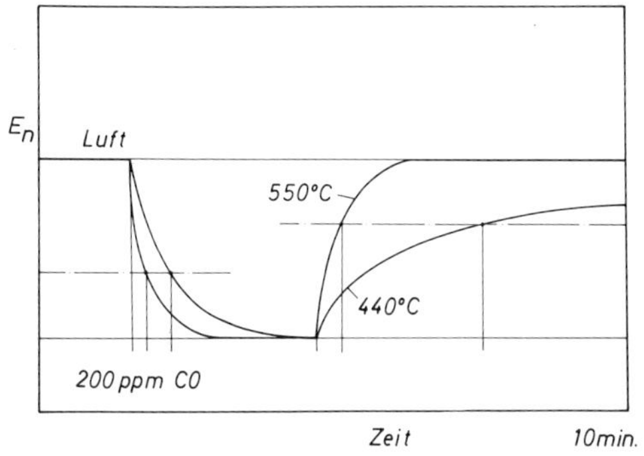

Abb. 11 Widerstandsänderung des Sensors für einen abrupten Wechsel von Luft auf Prüfgas (200 ppm) bei 550 °C und 440 °C.

Die charakteristische Größe für die Zeitkonstante ist der Zeitpunkt, zu dem das Sensorsignal 63 % des Endwertes (100 %) erreicht hat. Dieser Wert ergibt sich aus dem exponentiellen Verhalten der Zeitverläufe, der durch folgende Gleichung beschrieben werden kann:

$$R(t) = R_0 \exp. - t/\tau \tag{12}$$

In Abb. 12 a - c sind die τ-Werte im Temperaturbereich von 250 °C bis 550 °C für unterschiedliche Gaskonzentrationen und zusätzlicher katalytischer Beschichtung mit Platin dargestellt. Im unteren Temperaturbereich bis 400 °C ist die Zeitkonstante für den aktivierten Sensor niedriger als der nicht aktivierte Sensor. Aus diesen Messungen lassen sich Aktivierungsenergien ableiten, die im Bereich von 0,26 bis 1,2 eV /22/ liegen, wobei sich für den nichtaktivierten Sensor zwei unterschiedliche Aktivierungsenergien (Knickpunkt bei 440 °C) angeben lassen.

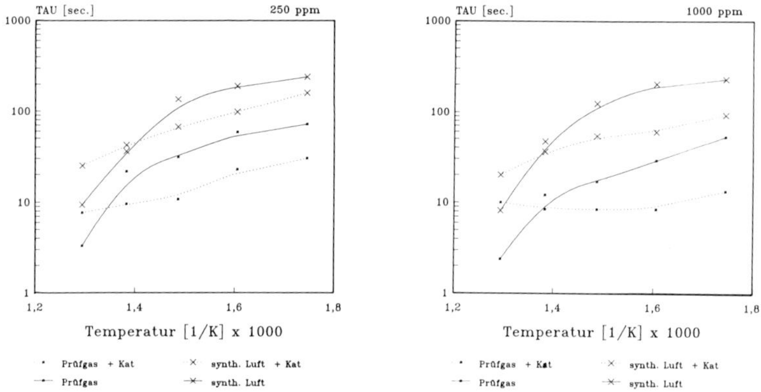

Abb. 12 Temperaturabhängigkeit der Zeitkonstante τ für den Wechsel von synth. Luft auf Prüfgas (--> Prüfgas) und von Prüfgas auf synth. Luft (--> synth. Luft). Die Meßkurven wurden für unterschiedliche CO-Konzentrationen aufgenommen (250 ppm/1000 ppm).

6 Diskussion

Das Leitfähigkeitsverhalten der Sensoren bei unterschiedlichen Temperaturen läßt sich sehr gut mit dem von Lantto et. al /14/ angegebenen Barrieren-Modell erklären und führt zu einer temperaturabhängigen Barrieren-Energie eV_B. Diese Barrieren-Energie ist ebenfalls von der Anzahl der chemisorbierten Komplexe an der Kornoberfläche abhängig, so daß die Leitfähigkeit des Sensors von den diskutierten Oberflächenreaktionen abhängt.
Das Zeitverhalten dieser Widerstandsänderungen wird nun durch die entsprechenden Reaktionsgeschwindigkeiten und Diffusionsvorgänge charakterisiert. Eine quantitative Beschreibung der Diffusionsvorgänge läßt sich allerdings nicht vornehmen, da die Reaktionsabläufe in der SnO_2-Schicht sehr komplex sind.

Zunächst muß das Reaktionsgas in die Schicht eindiffundieren, um einen $[O^-(cs)]$-Komplex als Reaktionspartner zu finden. Zahlenmäßig werden die meisten Reaktionen sicherlich im Randbereich der Schicht ablaufen, da die entsprechenden Reaktionspartner in der Randzone viel schneller zu erreichen sind, als die Reaktionspartner in der Substratnähe. Da das Reaktionsgas außerhalb der SnO_2-Schicht allerdings nur Umgebungstemperatur $T \leq 100$ °C hat, wird es an den äußeren Körnern zu keinen Reaktionen kommen, da die Gastemperatur dort zu niedrig ist.

Sobald das Gas jedoch in die Schicht eindiffundiert, wird es sich erwärmen und somit die Wahrscheinlichkeit für eine Reaktion mit dem $[O^-(cs)]$-Komplex steigern. Auf dem Weg von der Randzone zum Substrat reduziert sich die Konzentration von CO-Molekülen durch die nun stattfindenden Reaktionen nach Gl. 7, so daß dann die Reaktionsrate $[d(CO_2)/dt]$ wieder abnimmt. Durch dieses Verhalten der räumlichen Verteilung der Reaktionsraten kommt es zu einem Maximum (s. Abb. 13). Die Lage des Maximums kann dann als Eindringtiefe x_D definiert werden.

Der Katalysator ermöglicht nun eine Reaktion nach Gl. 7 schon bei niedrigeren Temperaturen, wodurch sich das ortsabhängige Maximum zur Randzone hin verschiebt. Die CO-Moleküle brauchen jetzt, statistisch betrachtet, nicht mehr so weit in die Schicht einzudiffundieren, bevor es zu einer Reaktion kommt. Durch diesen Umstand wird sich dann auch die Zeitkonstante τ_D reduzieren.

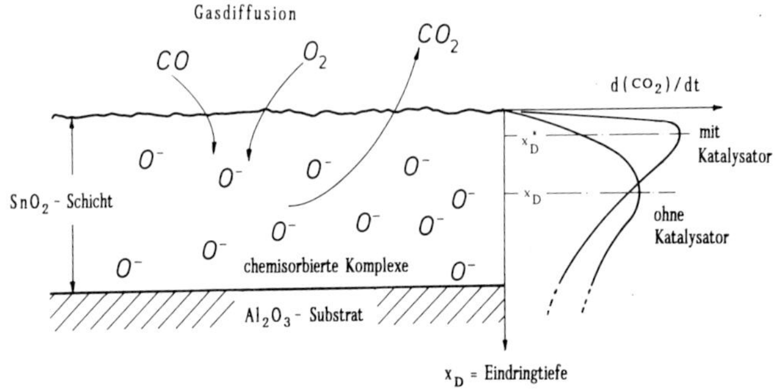

Abb. 13 Diffusionsvorgänge in die Sensorschicht, die zu einer ortsabhängigen Verteilung der Reaktionsprodukte und einer Eindringtiefe x_D führen.

Dieses Modell zeigt die Komplexität der Vorgänge, die in der porösen Zinndioxid-Schicht ablaufen können. Durch diese gekoppelte Modellvorstellung zwischen den Diffusionsprozessen und der heterogenen Katalyse könnte die Temperaturabhängigkeit der Zeitkonstanten τ erklärt werden, die sich offensichtlich aus mehreren Teilprozessen, mit unterschiedlichen Aktivierungsenergien, zusammensetzt.

Literatur:

/1/ H. P. Hübner, E. Obermeier: Technisches Messen 52 (1985), 59

/2/ G. Wiegleb: Messen, Prüfen, Automatisieren (1988), 430

/3/ Fa. Kostal, Lüdenscheid: Produktinformation (1989)

/4/ H. Hölter: Deutsche Patentanmeldung Nr. 34 446 082 (1984)

/5/ G. Heiland: Z. Physik 138 (1954), S. 459 - 464

/6/ T. Seiyama, A. Kato, K. Fujiishi, M. Nugatani: Analy. Chem. 34 (1962), S. 1502 - 1503

/7/ N. Taguchi: Deutsche Offenlegungsschrift Nr. 2 005 497 (05.11.1979)

/8/ W. Göpel, J. Hesse, J. N. Zemel: Sensors Vol. 1 (1989), VCH-Verlagsgemeinschaft, Weinheim

/9/ J. W. Gardner: Sensors and Actuators 18 (1989), S. 373 - 387

/10/ J. Watson: Sensors and Actuators 5 (1984), S. 29 - 42

/11/ F. J. Schmitte: Dissertation, Aachen 1982

/12/ L. Börnstein: B17 f. Kap. 9.10.2.4 (Schmitte)

/13/ J. F. McAleer, T. P. Moseley, W. O. Norris, E. D. Williams: J. Chem. Soc. Faraday Trans. 1 83 (1987), S. 1323 - 1346

/14/ V. Lantto, P. Romppuinen, S. Leppäruori: Sensors and Actuators 14 (1988), S. 149 - 163

/15/ S. R. Morrison: Surface Sci. 27 (1971), S. 586 - 604

/16/ S. R. Morrison: Sensors and Actuators 12 (1987), S. 425 - 440

/17/ J. W. Gardner: Sensors and Actuators B1 (1990), S. 166 - 170

/18/ F. Stöckmann: Halbleiterprobleme VI (1961), S. 279 - 320

/19/ C. Pijolat, R. Lalauze: Sensors and Actuators 14 (1988), S. 27 - 33

/20/ D. Kohl: Sensors and Actuators B1 (1990), S. 158 - 165

/21/ W. Göpel: Technisches Messen 52 (1985), S. 47 - 58, S. 92 - 105, S. 175 - 182

/22/ G. Wiegleb: Dissertation, Universität Witten-Herdecke, 1990

Fliessinjektionsanalyse mit simultaner Detektion zur Nährstoffbestimmung in Böden und Düngemitteln

P. C. Hauser
Paul Scherrer Institut, Villingen PSI (CH)

R. W. Cattrall, S. S. Tan, T. J. Cardwell
LaTrobe University, Melbourne (AUS)

I. C. Hamilton
BHP Central Research Laboratories, Newcastle (AUS)

Zusammenfassung

Ein Fliessinjektionssystem für die gleichzeitige Bestimmung von mehreren Ionenkonzentrationen wird beschrieben. Es basiert auf einer potentiometrischen Detektorzelle welche bis zu fünf ionenselektive Membranen enthält. Eine Erweiterung mit optischen Detektoren erlaubt die Bestimmung von zwei zusätzlichen Spezies. Die sechs in der Pflanzendüngung wichtigen Ionen, K^+, Ca^{2+}, NH_4^+, PO_4^{3-}, NO_3^- und Cl^-, konnten mit diesem einfachen Gerät erfolgreich in Bodenextrakten und Düngern bestimmt werden.

Summary

A flow-injection system for the simultaneous determination of several ion concentrations is described. It is based on a potentiometric detector cell that contains up to five ion-selective membranes. An extension of the system with optical transducers allows the determination of two additional species. Six ions that are important in plant nutrition, K^+, Ca^{2+}, NH_4^+, PO_4^{3-}, NO_3^- and Cl^-, could be determined simultaneously in soil extracts and fertilizers with this simple system.

Résumé

Un system á flow-injection pour la détermination simultanée de plusieurs concentrations ioniques est décrit. Il se base sur une cellule de détection potentiométrique, qui peut contenir jusqu'à cinq membranes selectives d'ion. Une expansion du system par des détecteur optiques permet de déterminer deux ions additionnelles. Les six ions trés importants dans la fumure des plants, K^+, Ca^{2+}, NH_4^+, PO_4^{3-}, NO_3^- et Cl^-, ont pu être déterminés fructueusement dans des extraits de terre et dans des engrains par ce simple systeme.

Einleitung

Die Fliessinjektionsanalyse (FIA) erlaubt einen hohen Probendurchsatz und ist daher für Routineanalysen gut geeignet. Wenn mehrere Spezies in der gleichen Probe bestimmt werden sollen kann eine weitere Verbesserung des Probendurchsatzes erzielt werden wenn es gelingt diese Parameter gleichzeitig zu bestimmen. Ein Beispiel für eine solche Anwendung ist die NPK-Bestimmung in Bodenextrakten und Düngemitteln. Potentiometrische Elektroden eignen sich bersonders gut für eine solche Aufgabe, da keine spezifische Reagenz für jede zu bestimmende Spezies zugegeben werden muss. Herkömmliche ionenselektive Elektroden sind aber wegen ihrer relativen Grösse für ein Fliessinjektionssystem schlecht geeignet. Eine spezielle Durchflusszelle für auf PVC basierende Membranen musste daher entwickelt werden und entsprechende Membranen für K^+, Ca^{2+}, NO_3^- und Cl^-, konnten eingesetzt werden.

Weitere für die Düngung wichtige Ionen sind NH_4^+, PO_4^{3-}. Für diese Spezies liegen keine genügend interferenzfreien Membranen vor. Daher wurde eine Erweiterung des Systems mit optischen Detektoren vorgenommen um die spektrophotometrische Bestimmung zweier zusätzlicher Spezies zu erlauben.

Potentiometrische Detektorzelle

Ein Schema der Durchflusszelle ist in Abbildung 1 gegeben. Sie besteht aus zwei Teilen welche durch eine Teflonfolie getrennt werden. Diese Folie besitzt Schlitze die zwei sich vereinigende Kanäle definieren. Der eine dieser Kanäle enthält die zur Messung dienenden Elektroden, währende der andere eine Ag/AgCl-Elektrode als Referenz enthält. Die ionenselektiven Membranen sind der Einfachheit halber direkt auf den zur Potentialableitung dienenden Silberdrähten in der sogenannten Coated-Wire-Konfiguration angebracht. Durch das Weglassen der internen Referenzelektrode sind zwar die Potentiale nicht definiert, aber eine Drift wird in der Fliessinjektionspotentiometrie laufend korrigiert, da Peakhöhen, nicht absolute Potentiale, gemessen werden. Details zum Aufbau der Zelle können Referenz /1/ entnommen werden. Das gesamte System der Fliessinjektionspotentiometrie ist in Abbildung 2 wiedergegeben.

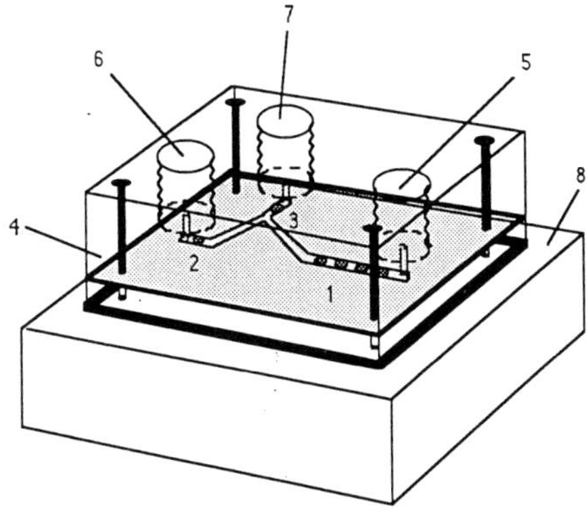

Abbildung 1: Potentiometrische Detektorzelle. (1) Ionenselektive Membranen, (2) Referenzelektrode, (3) Gegenelektrode, (4) Teflonmembrane mit Fliesskanälen, (5) Trägerstromeinlass, (6) Referenzstromeinlass, (7) Auslass, (8) Gehäuse mit Impedanzkonvertern.

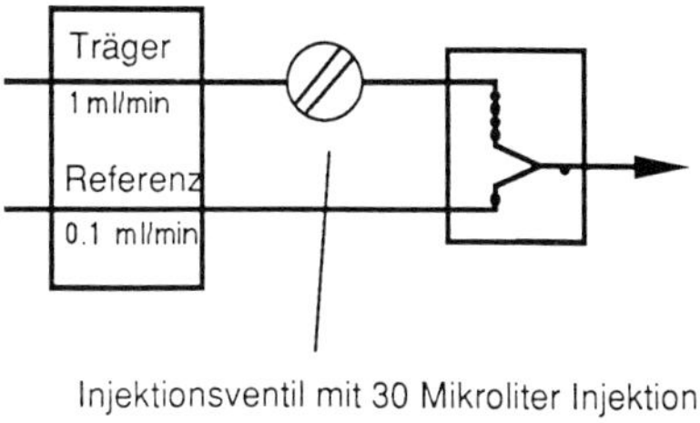

Abbildung 2: Schema der Fliessinjektionspotentiometrie

Spektrophotometrische Detektion

Die zwei Durchflusszellen basieren auf je einem Lichtquellen / Detektor-Paar bestehend aus Leucht- (LED) und Photodiode /2/. Die spektrale Selektivität ist durch die Bandbreite des emittierten Lichtes (etwa 30 nm) gegeben und kann durch Auswechseln der LED angepasst werden. Das Licht wird durch faseroptische Kabel zur und von der eigentliche Zelle geführt um die elektronischen Komponenten von der Nasschemie zu trennen. Eine Gasdiffusionszelle basierend auf einer mikroporösen Teflonfolie wurde ebenfalls in das System integriert /3/. Die Abtrennung diffundierbarer Spezies, wie z. B. NH_3, CO_2, SO_2 und HCN, erhöht die Spezifität ihrer spektrophotometrischen Bestimmung. Die drei Module, potentiometrischer Detektor, spektrophotometrische Detektoren und Gasdiffusionszelle, bilden gemeinsam ein kompaktes, flexibles und preiswertes Analysensystem, dass leicht für verschiedene Aufgaben adaptiert werden kann /1/.

Anwendung zur Nährstoffbestimmung in Bodenextrakten und Düngern

Abbildung 3 zeigt den Aufbau des Systems zur gleichzeitigen Bestimmung von K^+, Ca^{2+}, NO_3^- und Cl^- (potentiometrisch), und NH_4^+, PO_4^{3-} (spektrophotometrisch). Der Trägerstrom, in den die Probe eingeführt wird, durchläuft zuerst die potentiometrische Detektorzelle und wird dann aufgeteilt. Eine Hälfte wird mit den entsprechenden Reagenzien zur spektrophotometrischen Bestimmung von Phosphat gemischt, während die zweite Hälfte mit einer Natriumhydroxidlösung versehen wird, was zu einer Abtrennung des NH_4^+ als NH_3 in der Gasdiffusionszelle führt. Die durch das diffundierte NH_3 bewirkte pH-Änderung im Empfangsstrom wird mittels einer Indikatormischung detektiert.

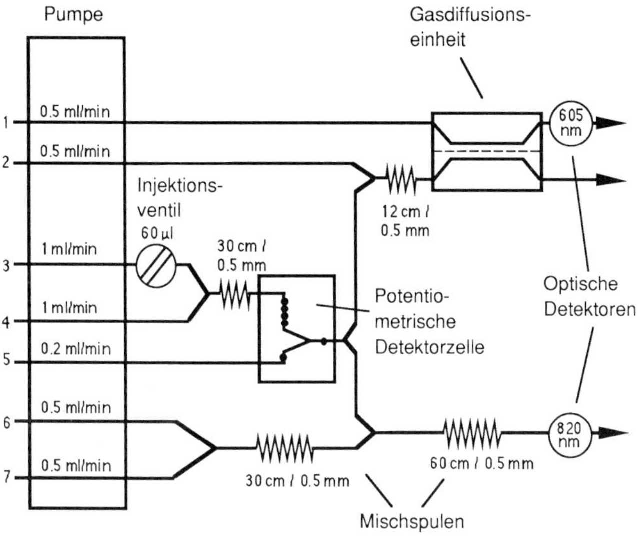

Abbildung 3: FIA-System zur Bestimmung von 6 Ionen.
(1) pH-Indikatorlösung; (2) 0.1 M NaOH; (3) Träger (Wasser); (4) Ionenstärkepuffer (0.2 M NaAzetat); (5) Referenz (0.2 M NaAzetat + 0.005 M NaCl); (6) Phosphatreagenz 1 (Saure Molybdatlösung); (7) Phosphatreagenz 2 (1% Ascorbinsäure).

Tabelle I zeigt einige typische Resultate die für Bodenextrakte bzw. Düngemittellösungen erhalten wurden:

Tabelle I Analyse einiger Bodenextrakte und Düngerlösungen

Probe	K^+ [mg/l]	Ca^{2+} [mg/l]	Cl^- [mg/l]	NO_3^- [mg/l]	NH_4^+ [mg/l]	PO_4^{3-} [mg/l]
I	94.9±0.7 (98.3)	59.2±0.4 (56.4)	57.9±1.6 (57.6)	154±0.4 (177)	n.b.	n.b.
II	52.7±0.5 (61.0)	65.0±1.4 (61.5)	30.6±1.2 (28.8)	225±0.7 (254)	n.b.	n.b.
III	41.7±0.2 (50.1)	44.1±1.0 (40.5)	19.3±0.9 (22.2)	125±0.7 (144)	n.b.	n.b.
IV	237±0.4 (238)	110±0.6 (114)	47.2±0.7 (47.1)	388±0.6 (399)	n.b.	n.b.
V	264±1.3 (262)	49.0±0.5 (43.1)	<1 (0)	25.0±0.5 (30.1)	20.0±1.4 (21.4)	210±2.9 (207)
VI	145±0.7 (140)	189±9.5 (182)	61.0±0.3 (57.3)	154±3 (152)	21.0±0.5 (22.6)	73.0±0.9 (72.2)
VII	179±0.9 (179)	21.0±0.5 (16.9)	<1 (0)	70.0±1.1 (67.8)	38.0±0.9 (35.6)	36.0±0.5 (39.3)
VIII	192±1.0 (198)	89.0±3.6 (91.6)	144±0.7 (138)	180±5.4 (196)	148±0.9 (145)	40.0±0.3 (42.9)

Proben I bis IV waren Bodenextrakte,V bis VIII Düngemittellösungen. Die Bodenextrakte wurden durch Zentrifugieren von feuchten Bodenproben erhalten, die Düngemittellösungen aus analysenreinen Salzen hergestellt. Die Unsicherheiten sind Standardabweichungen mit n = 5 (Ausnahme Probe III, n = 4). Die Vergleichswerte in Klammern wurden für die Bodenextrakte mittels Atomabsorptionsspektroskopie (Kationen) bzw. Ionenchromatographie (Anionen) bestimmt, und für die Düngemittellösungen aus der Zusammensetzung hergeleitet. n. b. = nicht bestimmt.

Die gemessen Werte stimmen recht gut mit den Referenzwerten überein. Damit wurde gezeigt, dass es möglich ist durch Fliessinjektionsanalyse mit einfachen Mitteln bis zu 6 Ionen gleichzeitig zu bestimmen. Im Vergleich zu den herkömmlichen Methoden wie etwa Ionenchromatographie und Atomabsorptionsspektroskopie stellt die FIA mit simultaner Detektion einen viel geringeren zeitlichen, wie auch apparativen Aufwand dar.

Literatur

/1/ P. C. Hauser, S. S. Tan, T. J. Cardwell, R. W. Cattrall, I. C. Hamilton: Analyst 113 (1988) S. 1551-1555

/2/ D. Betteridge, E. L. Dagless, B. Fields, N. F. Graves: Analyst 103 (1978) S. 897

/3/ W. E. Van der Linden: Anal. Chim. Acta 151 (1983) S. 359

Bestimmung von Phenolen mittels flußprogrammierter HPLC/EC

A. Hagen, J. Mattusch, G. Werner
Analytisches Zentrum der Karl-Marx-Universität Leipzig

Zusammenfassung

Es wird eine HPLC-Methode mit elektrochemischer Detektion zur Bestimmung von Phenol, Alkyl-, Hydroxy- und Chlorphenolen vorgestellt. Durch die Anwendung einer programmierten Fließgeschwindigkeitsvariation können gute Auflösungen in kurzen Analysenzeiten erreicht werden, der Eluent ist mehrfach verwendbar. Ein elektrochemischer Dualdetektor ermöglicht Nachweisgrenzen, die zwischen 55pg für Hydrochinon und 19ng für Pentachlorphenol bei einem Injektionsvolumen von 20µl liegen. Die duale Arbeitsweise des Detektors wird zur Erhöhung von Empfindlichkeit und Selektivität genutzt. Die Methode wurde erfolgreich zur direkten Bestimmung von Phenolen in Ab- und Flußwasser getestet.

Summary

A HPLC-method with electrochemical detection, able to determine phenol, alkylphenols, hydroxyphenols and chlorophenols, is proposed. With the application of programmed flow-rate-variation, good resolution in short analysis times could be reached, the eluent is useable for several times. An electrochemical dualdetektor provides detection limits ranging from 55pg for hydroquinone to 19ng for pentachlorophenol (injection volume 20µl). The dual mode is used to increase sensitivity and selectivity. The method was successfully applied to the direct determination of phenols in river and waste water.

Résumé

Une méthode de chromatographie en phase liquide à haute performance avec détection à réaction électrochimique pour la détermination de phénol, alkyl-, hydroxy- et chlorophénols est présentée. Un très bon pouvoir de résolution dans une période analytique courte a été obtenu par l'application d'une variation programmée de vitesse de migration. L'éluant est employable à plusieurs reprises. Un détecteur dual à réaction électrochimique permet des limites de détection entre 55 pg pour hydroquinone et 19 ng pour pentachlorophénol avec un volume d'injection de 20μl. Le mode dual de travail de détecteur est utilisé pour augmenter la sensibilité et la sélectivité. Cette méthode a été appliqué avec succès pour la détermination de phénols dans l'eau tirée des rivières et dans des eaux usées.

Einführung

Die Belastung der Gewässer mit organischen Schadstoffen ist enorm. Die Situation auf dem Gebiet der ehemaligen DDR wird durch Abb.1 verdeutlicht.

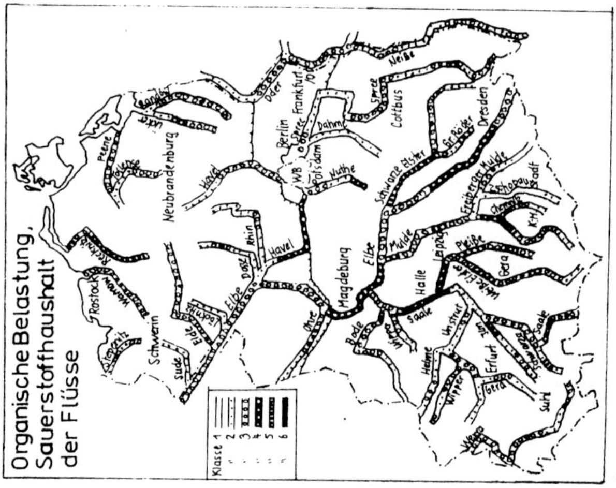

Klasse 1=Trinkwasser; 2=gute Nutzung; 3=für meiste Nutzung noch brauchbar; 4=bedingt brauchbar; 5=für meiste Nutzung unbrauchbar; 6=Beeinträchtigung durch Gifte und Schadstoffe

Abbildung 1

Phenolische Stoffe bilden aufgrund ihrer vielseitigen Verwendung in verschiedenen Industriezweigen /1/ einen beträchtlichen Anteil an der Schadstoffbelastung. Die Toxizität der einzelnen phenolischen Wasserinhaltsstoffe erfordert ihre exakte Erfassung und Kontrolle, die mit der bisherigen Routinemethode nicht gewährleistet sind /2/.

Die Hochleistungsflüssigchromatographie (HPLC) bietet die Möglichkeit der Trennung der hochpolaren und hochsiedenden Phenole. Die Unterschiede in ihrem chromatographischen Verhalten erfordern Gradiententechniken. In großem Umfang werden zur Phenolbestimmung UV-Detektoren /3/-/5/ und in steigendem Maße elektrochemische (EC) Detektoren, da sie sich als empfindlicher und selektiver für Phenole erweisen /6/, /7/, verwendet. Weitere Möglichkeiten zur Empfindlichkeits- und Selektivitätssteigerung ergeben sich aus der Anwendung von elektrochemischen Dualdetektoren in serieller, paralleler und parallel gegenüberliegender Anordnung /7/-/16/.

In der vorliegenden Arbeit wird eine HPLC-Methode mit elektrochemischer Detektion an einer Glas-Kohlenstoff-Dualelektrode für die Bestimmung von Phenolen vorgestellt. Gute Auflösung in kurzen Analysenzeiten konnte durch programmierte Fließgeschwindigkeitsvariation (FV-HPLC) erreicht werden.

Modellgemische

Standardmischungen wurden aus folgenden Phenolen mit einer Konzentration von je 10^{-5}M in Methanol hergestellt.

Testgemisch 1: Grundlage bildet die Zusammensetzung der Abwässer kohleverarbeitender Betriebe

Phenol (Ph)	Phloroglucin (PG)
o-Kresol (o-Kr)	Brenzcatechin (BC)
m-Kresol (m-Kr)	Resorcin (R)
p-Kresol (p-Kr)	Hydrochinon (HQ)

Testgemisch 2: Basierend auf der Liste von "Priority pollutant phenols" der U.S.EPA /17/

o-Chlorphenol	(o-ClPh)
4-Chlor-3-Methylphenol	(M-ClPh)
2,4-Dichlorphenol	(Di-ClPh)
2,4,6-Trichlorphenol	(Tri-ClPh)
2,3,4,5-Tetrachlorphenol	(Tetra-ClPh)
Pentachlorphenol	(Penta-ClPh)

Der Eluent bestand aus einem Gemisch von Methanol, Propanol und Phosphat-Citrat-Puffer (Mc Ilovain). Er wurde vor seiner Anwendung gefiltert und im Ultraschallbad entgast.

Chromatographische Anlage

Die analytische Säule enthielt LiChrospher 100RP8, 10um (MERCK Darmstadt). Das chromatographische System bestand aus einer HPLC-Pumpe HP10.1 (ZWG Berlin), einem Injektionsventil mit 20ul Dosierschleife (KNAUER Berlin) und der EC-Detektionseinheit /18/ mit einer Glas-Kohlenstoff-Dualarbeitselektrode (Abb.2). Die FV-HPLC wurde durch Kopplung der HPLC-Pumpe mit einem Variator PV3 (FIS Meinsberg) realisiert, der eine programmierte Spannungsänderung mit der Zeit ermöglichte (Abb.3).

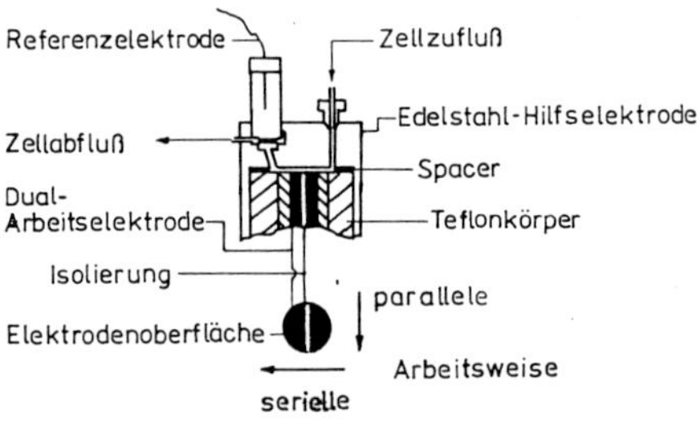

Abbildung 2
Schematischer Aufbau der Zelle

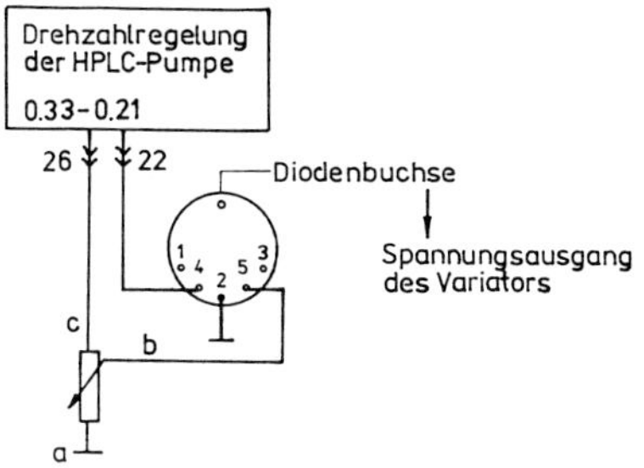

Abbildung 3

Anschlußplan des Variators an die HPLC-Pumpe

Chromatographische Trennung - FV-HPLC

Zur Optimierung der chromatographischen Trennung wurden Methanolgehalt und pH-Wert des Eluenten sowie die Fließgeschwindigkeit (u) variiert.

Die Abb.4 zeigt die Trennung der am schnellsten eluierten Komponente (PG) von der Lösungsmittelfront.

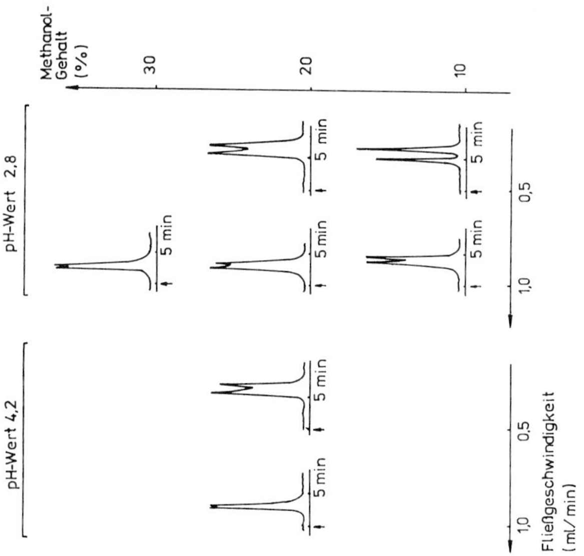

Abbildung 4

Chromatogramm-Ausschnitte zur Trennung PG (2.Peak) vom Lösungsmittel (1.Peak) Injektion bei Pfeil

Die Anwendung der Bedingungen für Basislinientrennung (pH-Wert 2.8, Methanolgehalt 10%, u=0,5ml/min) hätten für die am stärksten retardierten Verbindungen (Kresole) Retentionszeiten von über 90min zur Folge, mit den daraus resultierenden Problemen für qualitative und quantitative Auswertung (Peakverbreiterung, unverhältnismäßig lange Analysenzeiten). Die Lösung dieses Problems erfolgte durch FV-HPLC (im Gegensatz zur überwiegend angewandten Gradientenelution).

Die Berechnung der Kapazitätsfaktoren (k´) zur qualitativen Charakterisierung der Verbindungen erfolgte auf der Grundlage der Retentionsvolumina nach:

$$k' = V_R' / V_0$$

$$V_R' = \int_{t_0}^{t} u\,dt$$

V_R'.... Nettoretentionsvolumen
V_0 .... Totvolumen
t_0 .... Totzeit

Die Abb.5 zeigt die Ergebnisse für Trennung und Retentionszeit bei Anwendung der FV-HPLC im Vergleich zur Arbeitsweise mit konstanter Fließgeschwindigkeit. Die entsprechenden u-t-Verläufe sind in der Abb.6 dargestellt.

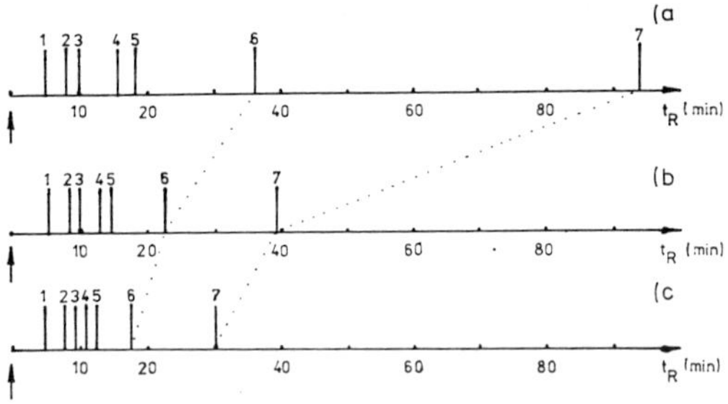

Abbildung 5

Schematische Chromatogramme
a) u=0,5 ml/min
b) u-Steigerung von 0,5 auf 2,2 ml/min mit 0,045 ml/min²
c) " " " " " " 0,11 ml/min²

1 Methanol
2 PG
3 HQ
4 R
5 BC
6 Ph
7 Kr

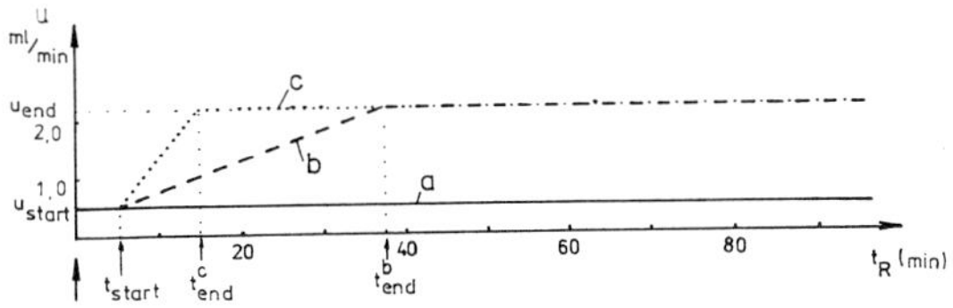

Abbildung 6
Ablaufplan der u-Änderung für obige Chromatogramme

Wie bei der Anwendung der Gradientenelution konnte eine entscheidende Verkürzung der Gesamtelutionszeit mit guter Auflösung verbunden werden. Darüberhinaus ist der Eluent nach seiner Nutzung in der FV-HPLC im Gegensatz zur Gradientenelution mehrfach wiederverwendbar.

Unter den gegebenen chromatographischen Bedingungen werden die Kresole untereinander nicht aufgetrennt.

Elektrochemische Detektion

Entsprechend den Ergebnissen der Chromatographie und Hydrodynamischen Voltammetrie wurden folgende Arbeitsbedingungen festgelegt:

Testgemisch 1:	Eluent	pH-Wert 2,8
		Methanolgehalt 10%
		Propanolgehalt 2,5%
	FV-HPLC	u_{Start} = 0,5ml/min
		u_{End} = 2,2ml/min
		t_{Start} = 5min
		du/dt = 0,045ml/min^2
	Detektor	Parallele Anordnung
		AE1 1,1V
		AE2 0,8V

Ein Potential von 1,1V ist für das Erreichen der diffusionsbestimmten Oxidationsgebiete aller Phenole notwendig. Bei einem Potential von 0,8V ist von den Kresolen nur p-Kr oxidierbar. Somit ist eine elektrochemische Abtrennung aus der chromatographisch nicht aufgelösten Gruppe der Kresole möglich. Außerdem sind bei 0,8V noch BC und HQ oxidierbar.

Testgemisch 2:	Eluent	pH-Wert 2,8
		Methanolgehalt 55%
		Propanolgehalt 2,5%
	FV-HPLC	u_{Start} = 0,8ml/min
		u_{End} = 2,2ml/min
		t_{Start} = 10min
		du/dt = 0,045ml/min^2
	Detektor	Parallele Anordnung
		AE1 1,1V
		AE2 1,0V

Bei einem Potential von 1,0V befinden sich alle Chlorphenole (mit Ausnahme von Tetra-ClPh) im diffusionsbestimmten Oxidationsgebiet, für Tetra-ClPh sind 1,1V notwendig. Außerdem besteht bei 1,0V ein Maximum im Signal/Rausch-Verhältnis für die Chlorphenole.

Zur Bestimmung der Empfindlichkeiten (E = Anstieg der Eichkurve), Nachweisgrenzen (NWG), Reproduzierbarkeiten (S) und linearen Bereiche erfolgte die Aufnahme von Eichkurven (Siehe Tab.1). Folgende Gleichungen wurden verwendet:

$$NWG = 2*R/E$$ R...Rauschen

$$S = \sqrt{\sum_i (x^i - x^i_m)^2/(n-1)}$$

x^i...Einzelmeßwert
x^i_m....Mittelwert
n...Anzahl der Messungen

Die Reproduzierbarkeit S basiert auf fünf hintereinander aufgenommenen Meßwerten für je 10^{-5}M Phenollösungen.

Aufgrund des niedrigeren Potentials an AE2 und damit geringeren Rauschniveaus sind die an dieser Elektrode bestimmten NWG generell niedriger im Vergleich zu AE1 (mit Ausnahme des Tetra-ClPh, dessen Empfindlichkeit an AE2 zu gering ist).

Lineares Verhalten bestand im Konzentrationsbereich von $2,5*10^{-8}$M bis 10^{-5}M Lösungen.

Die hohe Stabilität der Elektrodenoberfläche wurde durch Injektionen von 216 Phenolstandardlösungen von je 10^{-5}M nachgewiesen, in deren Folge kein Empfindlichkeitsverlust feststellbar war. Die nach Anwendung hoher Phenolkonzentrationen auftretenden Empfindlichkeitsverluste konnten durch kurzes Polieren mit Al_2O_3 vollständig beseitigt werden.

Tabelle 1: Eichkurven für Modellphenole

Verbindung	AE1 Anstieg (nA/mol/l)	AE1 NWG (ng)	AE1 Korrel.-koeff.	AE2 Anstieg (nA/mol/l)	AE2 NWG (ng)	AE2 Korrel.-koeff.	Relative Standardabw. (%)
PG	1,0*10⁶	1	0,994	-	-	-	2,3
HQ	x	x	x	2,0*10⁶	0,055	0,9992	2,4
R	2,0*10⁶	0,44	0,99991	-	-	-	2,7
BC	x	x	x	1,5*10⁶	0,074	0,9992	2,1
Ph	1,2*10⁶	0,63	0,9996	-	-	-	1,3
o-Kr	5,8*10⁵	1,49	0,99992	-	-	-	3,5
m-Kr	6,6*10⁵	1,31	0,9996	-	-	-	4,6
p-Kr	x	x	x	1,4*10⁵	0,8	0,97	3,3
ClPh	1,7*10⁶	0,93	0,992	1,5*10⁶	0,69	0,9998	3,9
M-ClPh	1,0*10⁶	1,71	0,991	1,1*10⁶	1,01	0,999	2,2
Di-ClPh	9*10⁵	2,17	0,995	9*10⁵	1,43	0,998	5,0
Tri-ClPh	4*10⁵	5,5	0,994	5*10⁵	3,1	0,994	3,7
Tetra-ClPh	2*10⁵	17,4	0,9998	6*10⁴	31,2	0,995	3,8
Penta-ClPh	1*10⁵	23,3	0,99996	1*10⁵	19,2	0,996	8,0

- kein Peak an AE2
x nicht bestimmt

Die Abb.7 zeigt die unmanipulierten (Driftkompensation, Glätten o.ä.) Chromatogramme für das Testgemisch 2.

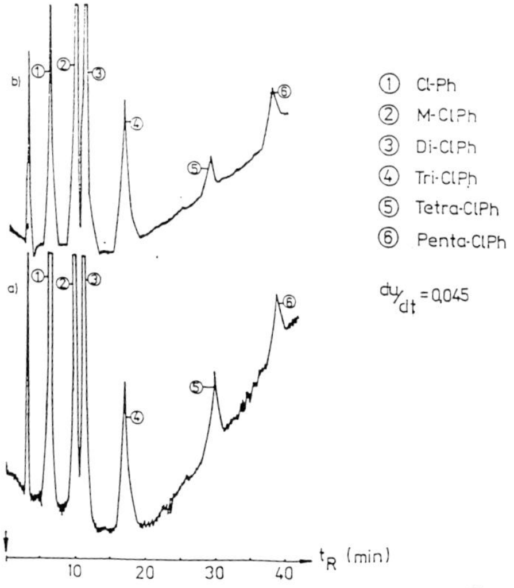

Abbildung 7 : Chromatogramm von Chlorphenolen je 10^{-5} M
a) AE 1 b) AE 2

Analytische Anwendung

Es wurden Flußwasserproben an verschiedenen Punkten (1-4) der Pleiße entnommen und nach Filtration direkt injiziert.

Desweiteren wurde ein unbehandeltes Abwasser des Braunkohlenverarbeitungswerkes Rositz nach Filtration und Verdünnung untersucht. Die Ergebnisse sind in Tab.2 zusammengestellt. Die Peakzuordung erfolgte entsprechend den Kapazitätsfaktoren und Peakstromverhältnissen an den beiden Arbeitselektroden.

Tabelle 2: Phenolgehalte in Fluß- und Abwasser

Phenol	Konzentration im Abwasser (mg/l)	Konzentration im Flußwasser (ug/l) Probe 1	2	3	4
HQ	2,69	-	-	-	-
R	9,64	14	368	212	230
BC	0,72	-	-	-	-
Ph	5,39	61	-	41	31
Kr	4,37	197	13	-	83
p-Kr	1,46	92	-	-	57

- nicht detektiert

Durch den Wegfall aufwendiger Probenaufbereitungsschritte bei Anwendung der hier vorgestellten Methode wird die Gesamtzeit für eine Analyse stark verkürzt, zusätzliche Fehlerquellen (wie Extraktion, Derivatisierung für Gaschromatographie) werden ausgeschaltet und Veränderungen und Umwandlungsprozesse in der Probe nach erfolgter Probenahme weiter unterbunden.

Literatur

/1/ A. Buikema Jr, M. Mc Ginnis, J. Cairns Jr: Phenolics in aquatic ecosystems: A selected review of recent literature. Marine Environ. Res. 2, Applied Science Publishers Ltd., England 1979

/2/ K.-E. Quentin: Trinkwasser. Untersuchung und Beurteilung von Trink- und Schwimmbadwasser, Springer Verlag, Berlin 1988

/3/ K. Ogan, E. Katz: Anal. Chem. 53 (1981), S. 160-163

/4/ P. Alarcon, A. Bustos, B. Cañas, M. Andrés, L. Polo: Chromatographia 24 (1987), S. 613-616

/5/ G. Blo, F. Dondi, A. Betti, C. Bighi: J. Chromatogr. 257 (1983), S. 69-79

/6/ E. Nieminen, P. Heikkilä: J. Chromatogr. 360 (1986), S. 271-278

/7/ G. Batley: J. Chromatogr. 389 (1987), S. 409-416

/8/ K. Štulik, V. Pacáková: Die Nahrung 29 (1985), S. 501-516

/9/ A. Mitchell, P. Rennie: Chromatogr. Int. 19 (1986), S. 35-36

/10/ D. Roston, P. Kissinger: Anal. Chem. 54 (1982), S. 1798-1802

/11/ D. Armentrout, J. Mc Lean, M. Long: Anal. Chem. 51 (1979), S. 1039-1045

/12/ D. Roston, R. Shoup, P. Kissinger: Anal. Chem. 54 (1982), S. 1417A-1434A

/13/ C. Lunte, T. Ridgway, W. Heineman: Anal. Chem. 59 (1987), S. 761-766

/14/ C. Lunte, P. Kissinger, R. Shoup: Anal. Chem. 57 (1985), S. 1541-1546

/15/ D. Roston, P. Kissinger: Anal. Chem. 54 (1982), S. 429-434

/16/ P. Rennie, A. Mitchell: Chromatographia 24 (1987), S. 319-332

/17/ H. Lee, S. Li, Y. Tay: J. Chromatogr. 438 (1988), S. 429-432

/18/ J. Mattusch, A. Rehorek, H. Erhardt, L. Dunsch, B. Findeisen: Patent WP DD 272 133 A1

Kathodische Prozesse an aliphatischen Alkoholen und Kohlenhydraten

P. Wolf, H. Polligkeit, C. H. Hamann
Fachbereich Chemie, AG Angewandte Physikalische Chemie, Universität Oldenburg

Zusammenfassung

Die kathodische Umsetzung von Alkoholen oder Kohlenhydraten ersetzt den Einsatz von Basen zur Aktivierung der Hydroxylgruppen. Als Beispiel wird die elektrochemische Aktivierung von Methyl-α-D-glucopyranosid und β-D-Fructofuranosyl-α-D-glucopyranosid (Saccharose) unter nachfolgender Abfangreaktion mit gebräuchlichen organischen Elektrophilen beschrieben und diskutiert.

Summary

The cathodic reaction of alcoholes or carbohydrates can replace the use of bases for activation of hydroxylgroups. The cathodic activation of methyl-α-D-glucopyranoside and β-D-fructofuranosyl-α-D-glucopyranoside is described and discussed as an example in connection with the use of common electrophiles as trapping agents.

Résumé

La conversion cathodique des alcools ou hydrates de carbone remplace l'utilisation de bases pour l'activation des groupes d'hydroxyle. L'activation électrochimique de méthyl-α-D-glucopyranoside et de β-D-fructofuranosyl-α-D-glucopyranoside (saccharose) sous réaction d'interception ultérieure avec des électrophiles organiques courants est prise comme exemple pour la description et la discussion.

1. Einführung

Beim einleitenden Elektronenübergang der kathodischen Umsetzung organischer Moleküle entstehen reaktive Radikalanionen. Sie sind bei ausreichender Lebensdauer mittels ESR-Verfahren nachweisbar. Die Vielzahl der möglichen Weiterreaktionen umfaßt - neben der direkten Aufnahme eines weiteren Elektrons - Disproportionierungen, Dimerisierungen, elektrophile Additionen und die Abspaltung von Anionen.

Der im konkreten Fall bevorzugte Weg hängt von den jeweiligen Geschwindigkeitskonstanten ab. Diese sind durch Natur und Stabilität des Radikalanions sowie dessen Wechselwirkungen mit der Elektrodenoberfläche und dem Lösungsmittel gegeben. Im Falle der Reaktionen zweiter

Ordnung spielen auch die Konzentrationsverhältnisse für den eingeschlagenen Reaktionsweg eine Rolle.

Ist das betrachtete Molekül ein aliphatischer Alkohol, so kann eine Stabilisierung des Radikalanions praktisch nur durch eine Anionenabspaltung erfolgen, wobei die radikalische Eigenschaft beim positiveren Teil des Moleküls verbleiben muß.

$$ROH + e^{\ominus} \longrightarrow ROH^{\cdot\ominus}$$
$$ROH^{\cdot\ominus} \longrightarrow RO^{\ominus} + H^{\cdot}$$

In der Folge bildet sich Wasserstoffgas /1/. Die Austauschstromdichte der Reaktion liegt für den Fall der Verwendung eines MeONa/MeOH-Elektrolyten an Platin bei 1 mA cm^{-2}. Dies bedeutet, daß Methanolatanionen bis in den Bereich mehrerer kA m^{-2} bei kleinen Überspannungen erzeugt werden können. Die Reaktionsgeschwindigkeiten sinken in der Reihenfolge EtOH, PrOH, verzweigte Alkohole ab. Bei Verwendung von Carbiden der Übergangsmetalle als Elektrokatalysator sind jedoch auch hier noch technische Stromdichten erreichbar /2/. Die Reaktionen können zur Elektrodirektsynthese von Alkoholaten ausgenutzt werden /3/. Weitere Arbeiten zur reduktiven Umsetzung von Alkoholen sind von T. Shono et al. durchgeführt worden /4/. Ähnliche Umsetzungen können mit Triphenylsilylalkoholen zur Herstellung von Triphenylsilyloxyderivaten der Übergangsmetalle verwendet werden /5/.

Ist das betrachtete Molekül ein Kohlenhydrat, so wird auch hier eine Stabilisierung über die Wasserstoffabspaltung vom Heteroatom erfolgen. Das so gebildete Polyol-Anion (ggf. auch Dianion) kann anschließend mit einem Elektrophil abgefangen werden. Auf diese Art wird bei Verwendung nichtprotischer Lösungsmittel die Elektrosynthese von substituierten Zuckern bzw. Zuckerderivaten möglich (Einführen von Schutzgruppen). Die erzeugten Verbindungen könnten z.B. als Bausteine für die Oligosaccharid-Synthese dienen. Die ersten Untersuchungen an Kohlenhydraten wurden an 1,2,4,6-Di-O-isopropylidenglucose mit einer freien OH-Gruppe an C-3 von S. Nakajima et al. durchgeführt /1/.

Wir sehen diese Arbeiten als ein Teilgebiet der Chemie nachwachsender Rohstoffe an. Elektrochemisch wurden auf diesem Gebiet Cellulose, Lignin und Terpentinöl näher untersucht /6/. Über die Elektrochemie komplexer Moleküle mit mehreren freien Hydroxylgruppen ist bisher nichts bekannt geworden.

2. Experimentelles

Die Experimente wurden an blankem (Cyclovoltamogramme) bzw. platiniertem Platin (potentiostatische Elektrolysen) in mittels G-3-Fritten unterteilten H-Zellen mit Hilfe eines integrierten Potentiostaten/ Funktionsgenerators BANK POS 73 sowie eines Philips PM 8231 XY-

Schreibers ausgeführt. Referenzelektrode war das System Ag/0,01 M $Ag^{\oplus}$ in AN. Während der Elektrolysen wurde der Katholyt mittels Argonspülung (Argon 4,6) gerührt.

Alle verwendeten Chemikalien wurden in p.a. Qualität beschafft. Die eingesetzten Zucker sowie das verwendete Leitsalz $LiClO_4$ wurden vor Gebrauch im Vakuum bei 100°C getrocknet. Die verwendeten Lösungsmittel (NMP und DMF) wurden über CaH_2 getrocknet, dann vakuumdestilliert und über Molekularsieb 4 Å aufbewahrt. Durch Karl-Fischer Titrationen wurde sichergestellt, daß der Wassergehalt in jedem Fall unter 500 ppm lag (darüber reagiert $Li^{\oplus}$ mit auf der Kathodenoberfläche gebildeten $OH^{\ominus}$-Ionen zu einer LiOH-Deckschicht). Das für den Fall der Elektrolysen im Anodenraum verwendete Leitsalz TEAAc wurde durch Umsalzen aus CH_3COOK und $(C_2H_5)_4NBr$ hergestellt. Es stellt gleichzeitig das Anodenreagenz dar (Oxidation des Acetats zu CO_2 und C_2H_6). Alle Experimente wurden bei 25°C ausgeführt.

Nach Abschluß der Elektrolysen wurden die entstandenen Zuckeranionen ex-situ abgefangen.

Die Separation des Produktgemisches erfolgt durch HPLC (Shimadzu LC-4A) mit einer RP-18 Säule und einem H_2O/MeOH Gradientenprogramm für den UV-Detektor bzw. mit einem isokratischen Lösungsmittelgemisch H_2O/MeOH für den Brechungsindexdetektor. Die Identifizierung der Produkte wurde mittels ^1H-NMR (300 MHz) ausgeführt.

3. Ergebnisse und Diskussion

Cyclovoltamogramme wurden in Lösungen von 0,1 M Methyl-α-D-glucopyranosid/0,5 M $LiClO_4$ in DMF bei dE/dt = 10 mV s^{-1} im Vergleich zu entsprechenden Lösungen von Methyl-β-D-glucopyranosid und Methyl-β-D-galaktopyranosid aufgenommen. Für den Fall von Disacchariden diente β-D-Fructofuranosyl-α-D-glucopyranosid (Saccharose) als Beispiel, in gleicher Konzentration untersucht in 0,5 M $LiClO_4$/ DMF und 0,5 M $LiClO_4$/NMP. Die für die unterschiedlichen Substrate erhaltenen Diagramme sind einander in Form, Peakpotentialen und Stromdichten sehr ähnlich.

Abb. 1 zeigt das Deckschichtdiagramm des Grundelektrolyten und den Stromspannungsverlauf einer Saccharose/DMF-Lösung als Beispiel.

Im kathodischen Hinlauf ist zwischen -1,9 und -2,3 V ein ausgeprägter Strompeak zu erkennen, welcher die Umsetzung der Hydroxylgruppen zu den entsprechenden Anionen wiedergibt. Im Rücklauf bildet sich von -1,3 bis -1 V eine Stromwelle aus, welche auf die Oxidation gelösten Wasserstoffs zurückzuführen ist. Dieser Peak tritt nicht auf, wenn während der Aufnahme des Cyclovoltamogramms mit Argon gespült wird.

Potentiostatische Elektrolysen wurden unter Verwendung von 0,5 M Methyl-α-D-glucopyranosid in DMF und von 0,4 M Saccharose in DMF und NMP ausgeführt (Leitelektrolyt 0,5 M $LiClO_4$).

Bei Elektrolysepotentialen zwischen -1,9 und -2,3 V (vgl. Abb. 1) liegen die Stromdichten zu Beginn der Experimente im Bereich 20 bis 40 mA cm^{-2} (plat. Pt). Nach Absinken auf etwa ein Zehntel des Anfangswertes wurden (nach einigen Stunden) die Elektrolysen abgebrochen. Der Umsatzgrad des eingesetzten Zuckers lag dann bei 35 bis 50 %, die Produktausbeuten im Bereich 35 % (Mehrfach durchgeführte Versuche).

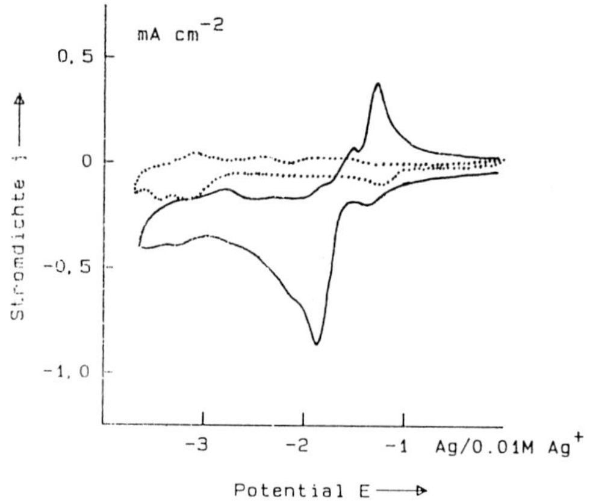

Abb. 1 Deckschichtdiagramm 0,5 M $LiClO_4$ in DMF und Cyclovoltamogramm einer 0.1M β-D-Fructofuranosyl-α-D-glucopyranosid-Lösung (Saccharose) in 0.5 M $LiClO_4$/DMF an blankem Platin mit dE/dt = 10 mV s^{-1}

Die Entstehung von Wasserstoff konnte gaschromatographisch nachgewiesen werden. Eine weitere Möglichkeit ist die massenspektroskopische in-situ Detektion (DEMS, /7/) von Wasserstoff. Dabei kann eine H_2-Entwicklung z.B. für den Fall von Saccharose ab -1,5 V beobachtet werden.

Tabelle 1 gibt die für eine Reihe von Abfangreagentien (Zugabe von 1,1 Äquivalenten der in der Elektrolyse verbrauchten Ladungsmenge) bei kathodischer Umsetzung (-2,1 V Ag/0,01 $Ag^{\oplus}$) des Glucopyranosids in DMF erhaltene Produktverteilung an.

Eine Variation des Elektrolysepotentials im o.a. Bereich und die Variation der Zuckerkonzentration (0,1 M) wurde in Versuchen mit Benzylchlorid durchgeführt. Es ergaben sich keine signifikanten Veränderungen.

Tabelle 1 Produktverteilung bei Abfangen der aus Methyl-α-D-glucopyranosid erzeugten Zuckeranionen mit unterschiedlichen Reagentien. Es handelte sich um Mittelwerte aus zumeist 3 identischen Experimenten. Experimentelle Bedingungen vgl. Text.

Abfang-reagenz	Tosyl-chlorid	Benzyl-bromid	Benzyl-chlorid	Methyl-iodid	Benzoyl-chlorid	Acetyl-chlorid
Produkt	-O-Tosyl-ester	-O-Benzyl-ether	-O-Benzyl-ether	-O-Methyl-ether	-O-Benzoyl-ester	-O-Acetyl-ester
Prozentuale Verteilung auf C-Position						
2	30	35	42	52	33	86
3	3	8	2	7	9	0
4	8	10	14	27	27	3
6	28	21	24	9	31	11
2,3	2	3	3			
2,4	4	9	5			
(2,3–4,6) ↕	31	28	19	16	4	0
2,6	16	14	7			
4,6	9	2	4			

Tabelle 2 zeigt die bei Verwendung von Benzylabfanggruppen (1,1 Ladungsäquivalente) bei kathodischer Umsetzung (-2,1 V Ag/0,01 M $Ag^{\oplus}$) von Saccharose in DMF und NMP erhaltene Produktverteilung.

Tabelle 2 Produktverteilungen bei Abfangen der aus Saccharose kathodisch erzeugten Zuckeranionen. Weitere Bedingungen vgl. Text.

Abfangreagenz	Benzylbromid		Benzylchlorid
Produkt	-O-Benzylether		-O-Benzylether
Lösungsmittel	DMF	NMP	DMF
Prozentuale Verteilung auf C-Position			
2	55	50	49
1'	40	39	41
3'	5	11	10

Auch hier erbrachte eine Variation des Elektrolysepotentials keine Veränderungen. Ausweislich der Tabelle hat auch das Lösungsmittel keinen Einfluß.

Abb. 2. zeigt eine Darstellung des aufaddierten prozentualen Anteils der unterschiedlichen Ringpositionen an den erhaltenen Endprodukten mit dem Abfangreagenz als Parameter.

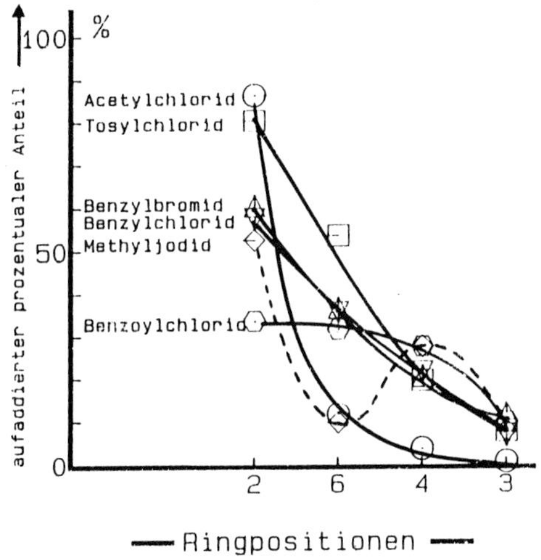

Abb. 2 vgl. Text. Für den Fall von Methyliodid und Benzoylchlorid wurden nur die monosubsituierten Spezies berücksichtigt

In der Diskussion sei zunächst auf die Ergebnisse für das Glucopyranosid eingegangen. Aussagen über die Lage der elektrochemisch bevorzugt aktivierten Ringpositionen sind auf Basis des elektrochemischen Teilexperiments nicht möglich (gleiches Verhalten unterschiedlicher Zucker in den Cyclovoltamogrammen, breiter Reduktionspeak, keine Abhängigkeit der endgültigen Produktverteilung von Elektrodenpotential und Substratkonzentration).

Es kann allerdings davon ausgegangen werden, daß bei Abschluß der Elektrolysen stets identische Verteilungen (in bezug auf die anionisch gewordenen Ringpositionen) vorlagen. Die Tatsache unterschiedlicher Substitutionsmuster bei Abfangen mit unterschiedlichen (gebräuchlichen organischen) Elektrophilen bedeutet dann ein Entstehen der Muster im Wechselspiel zwischen inter- wie intramolekularen Umlagerungen einerseits (Anstreben des Gleichgewichts für die

Verteilung der aktiven Zentren im Zuckermolekül) und der Geschwindigkeit der jeweiligen Abfangreaktion sowie deren sterischen Ansprüchen andererseits. Aus dieser Sicht tritt der Ort des einleitenden Elektronenübergangs in den Hintergrund.

Genauer sind die o.a. Umlagerungen Folge der Ausbildung von Wasserstoffbrücken. Aus Versuchen zur Methylierung von Zuckern (auch Methyl-α-D-glucopyranosid) mit Methyljodid und Natriumbutylat ist die Aciditätsreihe OH-2 > OH-4 = OH-3 > OH-6 bekannt /8/. Eine einmal gebildete anionische Position wandert demgemäß bevorzugt zur 2. Position etc. /9/. Abb. 2 bestätigt diese Vorstellung. Die Tatsache, daß im Falle der den durchgezogenen Linien entsprechenden anderen Abfangreagentien die 6-Position an zweiter Stelle steht, kann zwanglos durch die höheren sterischen Ansprüche dieser Gruppen gegenüber der Methylgruppe erklärt werden (stärkere Favorisierung der primären OH-Gruppe). Dies wird am deutlichsten für den Fall der Tosylgruppe (höchste sterische Ansprüche), weniger für den Fall des Acetyls (vergleichsweise geringe Ansprüche) sichtbar.

Während die als Reagentien verwendeten Alkylhalogenide in bezug auf die Substitution der 2-Position keine wesentlichen Unterschiede zeigen, ist dies für die Säurehalogenide durchaus der Fall. Die in Abb. 2 erhaltene Reihenfolge entspricht der Reaktivitätsreihenfolge dieser Spezies. Die Reaktivität des Acetylchlorids ist dabei offensichtlich so groß, daß Substitutionen in 3-Position und Disubstitutionen nicht mehr zum Zuge kommen.

Aus der Sicht der präparativen Zuckerchemie ist anzumerken, daß durch die von der Basis her elektrochemische Reaktionsführung eine bevorzugte Substitution des Zuckers in 2-Position gelang, für den Fall der Acetylierung mit einer Selektivität > 80 %.

Nach den mit dem Glucopyranosid erhaltenen Ergebnissen sind deutliche Unterschiede im Produktspektrum beim Abfangen mit Benzylbromid im Vergleich zu Benzylchlorid auch bei der Saccharose nicht zu erwarten (Tab. 2). Die bevorzugten Substitutionspositionen sind wiederum die acidesten OH-Gruppen (Nachbarschaft zur acetalischen Bindung).

Danksagung
Das dieser Veröffentlichung zugrundeliegende Vorhaben wurde mit Mitteln des Bundesministers für Forschung und Technologie unter dem Förderkennzeichen 0319267A gefördert. Die Verantwortung für den Inhalt dieser Veröffentlichung liegt bei den Autoren.

Literatur

/1/ S. Nakajima, T. Masumizu, K. Arai, T. Shaw, K. Nazawa, K. Kawai: in Recent Advances in Electroorganic Synthesis Sigeru Torrii (Ed), Kodansha [u.a.], (1987), 265-268

/2/ C.H. Hamann: unveröffentlicht

/3/ S. Koter, C.H. Hamann: Zur Elektrosynthese von Alkoholaten: Transporteigenschaften von Membranen des Nafion®-Typs in methanolischen Lösungen, dieser Band

/4/ T. Shono, S. Kashimura, Y. Mori: 46th National Meeting of the Chemical Society of Japan, Tokyo, March 1984, Abstr. No. 4 F 28

/5/ A.V. Bukhtiarov, V.N. Golyshin, I.A. Rodnikov, P.G. Melekhin, Ya. V. Makarov, O.V. Kuz'min: Z.H. Obshch. Khim. 59, 121 (1989) 5, 1078, Chem. Inform Vol. 20, Nr. 50, (1989) 17, Nr. 8950-055

/6/ H.L. Chum, M.M. Baizer: The Electrochemistry of Biomass and Derived Materials, ASC-Monographie, Washington D.C., 1983

/7/ B. Bittins-Cattaneo: Dissertation, Universität Bonn, 1988

/8/ Alain H. Haines; Adv. Carbohydr. Chem. Biochem., 33, (1976), 11

/9/ K. Kefurt, J. Stanek jr., Z. Kefurtova, J. Jary: Collection Czechoslov. Chem. Commun., 40, (1975), 300

Zur Elektrosynthese von Alkoholaten: Transporteigenschaften von Membranen des Nafion®-Typs in methanolischen Lösungen

S. Koter
Chemisches Institut, Nikolaus Kopernikus Universität, Torun (PL)

C. H. Hamann
Fachbereich Chemie, AG Angewandte Physikalische Chemie, Universität Oldenburg

Zusammenfassung
Bei der Elektrodirektsynthese von Alkoholaten spielt die verwendete Ionenaustauschermembran eine wichtige Rolle. Hierzu wurden die Transporteigenschaften von Nafion® -Membranen der Typen 417, 423 und 901 in methanolischen NaCl-Lösungen im Vergleich zu wäßrigen Lösungen bestimmt. Ergebnis sind deutliche, doch weit unterhalb einer Größenordnung liegende Differenzen. Das Cluster-Network-Modell für den Transport- bzw. Selektivitätsmechanismus läßt sich auf die Membran in methanolischer Lösung übertragen.

Summary
In direct electrosynthesis of alcoholates the ion exchange membrane used plays an important role. In this connection the transport properties of Nafion®-membranes of the types 417, 423 and 901 were investigated. Differences being far less than an order of magnitude resulted. The cluster-network-model, describing the mechanisms of transport and selectivity, can be transferred to the membrane in methanolic solutions.

Résumé
La membrane échangeuse d'ions joue un rôle important lors de l'électrosynthèse directe des alcoolats. Ici, les propriétés de transport de membranes Nafion (R) des types 417, 423 et 901 dans des solutions de NaCl additionnées de méthanol ont été définies par comparaison avec des solutions aqueuses. Le résultat se concrétise par de nettes différences qui restent cependant inférieures à un ordre. Le modèle Cluster-Network du mécanisme de transport ou de sélectivité peut être transféré à la membrane en solution à base de méthanol.

1. Einführung

Alkalialkoholate lassen sich direkt elektrosynthetisieren. Der Prozeß basiert auf einer membrangeteilten Zelle. In der Anodenreaktion werden in alkoholischer Lösung aus einem Alkalisalz Kationen freigesetzt. Im Kathodenraum bilden sich aus vorgelegtem Alkohol Alkoholat-Anionen sowie Wasserstoff. Auf diese Art lassen sich etwa Methanolat-Anionen bis in den Bereich mehrerer kA m^{-2} bei kleinen Überspannungen erzeugen. Das Alkoholat wird in der Folge mit aus dem Anodenraum durch die Membran selektiv einwandernden Kationen gebildet. Der Prozeß folgt damit dem Grundschema der Chlor-Alkali-Elektrolyse nach dem Membranverfahren /1/.

Naturgemäß kommt der Membran eine wichtige Rolle zu. Z.B. zeigen Membranen auf Basis perfluorierter Sulfonsäuren vom Nafion® -Typ in den verwendeten methanolischen Lösungen gute Beständigkeit und für technische Prozesse ausreichend hohe Leitfähigkeiten. Über die genauen Transporteigenschaften solcher Membranen in MeOH-Lösungen gibt es bisher jedoch kaum Messungen /2/.

Zur Beschreibung der Transporteigenschaften werden die effektive Überführungszahl $t_{G,eff}$ der Gegenionen (Gegenionen in bezug auf die SO_3^--Festionen der Membran), der effektive Permeabilitätskoeffizient P^* (ms^{-1}) für die weiteren Elektrolytkomponenten und die oberflächenbezogene Leitfähigkeit χ^* ($S\ m^{-2}$) benutzt. Sie stellen im Rahmen der Irreversiblen Thermodynamik drei Hauptparameter für Ionenaustauschermembranen bzw. Festelektrolyte dar /3, 4/ und erlauben unter Hinzunahme von vorgegebenen Größen wie Stromdichten und Konzentrationsdifferenzen die Berechnung der Stromausbeute und Energieausbeute von Elektrolyseverfahren in bezug auf die Membran. Sie spiegeln damit die Leistung der Membran wieder.

Die effektive Überführungszahl $t_{G,eff}$ beschreibt den Anteil der Gegenionen am Stromtransport. Sie entspricht der klassischen Überführungszahl korrigiert mit dem Einfluß der Elektroosmose. Die genaue Definition findet sich z.B. in /5/. Die zugehörige Meßvorschrift lautet /4/:

$$t_{G,eff} = -z_G\, \nu_G\, F \lim_{\Delta c_s \to 0} \left(\frac{\Delta E}{\Delta \mu_s} \right) \qquad (1)$$

mit ΔE als Potentialdifferenz über der Membran im stromlosen Zustand $i = 0$. z_G ist die Ladungszahl der Gegenionen, ν_G die stöchiometrische Äquivalenzzahl der Gegenionen, Δc_s die Konzentrationsdifferenz des aus Gegenion und Co-Ion gebildeten Salzes über der Membran, $\Delta\mu_s$ die entsprechende Differenz für das chemische Potential.

Der effektive Permeabilitätskoeffizient P^* einer Spezies ist durch den Quotienten aus dem Diffusionsstrom relativ zum Lösungsmittel ($mol\ s^{-1}\ m^{-2}$) und der Konzentrationsdifferenz zwischen den Außenphasen der Membran gegeben. Gemessen wird der mittlere effektive Koeffizient $\overline{P^*}$ im Konzentrationsbereich zwischen c' (verdünnte Lösung) und c" (konz. Lösung). Ist V' das Volumen der verdünnten Lösung, A_M die Fläche der Membran und t_o der Beginn der Zeitzählung, so gilt /4/:

$$\ln \frac{c'' - c'(t_o)}{c'' - c'(t)} = \overline{P^*}\, \frac{A_M}{V'} (t - t_o) \qquad (2)$$

Aus $\overline{P^*}$ erhält man $P^*(c)$ nach

$$P^*(c) = \overline{P^*} + (c - c'(t=0)) \frac{\delta \overline{P^*}}{\delta c} \tag{3}$$

Die oberflächenbezogene Leitfähigkeit der Membran wird aus der Bestimmung des Widerstandes R einer Leitfähigkeitsmeßzelle mit (R_M) und ohne (R_0) Membran zwischen den Elektroden erhalten /6/:

$$\chi^* = \frac{1}{(R_0 - R_M)\, A_M + \frac{d_M}{\chi_L}} \tag{4}$$

Hierbei ist d_M die Dicke der Membran und χ_L die Leitfähigkeit der verwendeten Lösung.

Eine weniger genaue Charakterisierung der Membranen kann durch das sog. Äquivalentgewicht erfolgen. Es ist definiert als die auf eine Austauschergruppe bezogene Molmasse des Polymers. Mit steigendem Äquivalentgewicht - d.h. auseinanderrückenden Festionen - sinkt die Quellung der Membran im Lösungsmittel ebenso wie die Leitfähigkeit und der Permeabilitätskoeffizient (d.h. die Selektivität steigt an) /7/.

Zur Erklärung des selektiven Stofftransports wird das sog. Cluster-Network-Modell /8/ herangezogen. Es ist durch spektroskopische und mikroskopische Untersuchungen abgestützt. Nach dem Modell entstehen beim Quellen in wäßrigem Medium in der Membran kugelförmige Erweiterungen, die durch enge (10 Å) Kanäle verbunden sind. Die Innenoberflächen werden dabei durch die Austauschgruppen (SO_3^--Festionen), die somit Cluster formen, gebildet. Infolge elektrostatischer Abstoßung können Co-Ionen die Kanäle daher nur schwer passieren.

Eine Begründung für die o.a. Struktur kann darin erblickt werden, daß auf diese Art sowohl die hydrophoben Abstoßungen zwischen Wasser und dem Fluorkohlenstoffgerüst als auch die Abstoßungen zwischen benachbarten SO_3^--Gruppen minimiert werden /8/.

2. Experimentelles

Es wurden Nafion®-Membranen der Typen 417, 423 und 901 benutzt. Die Messungen erfolgten bei 298 K unter Verwendung methanolischer Lösungen von NaCl, KCl, LiCl und MeONa. Die Chemikalien wurden als p. a. Chemikalien beschafft und ohne weitere Vorbehandlung eingesetzt. Für Vergleichsmessungen in wäßrigen Lösungen wurde 18 M Ohm-Wasser (Seral pro 90c) benutzt.

Für den Fall der Bestimmung der Überführungszahl wurde die vorbehandelte Membran mittels Teflon-Dichtungen zwischen zwei Planschliffe von 50 mm Nennweite eingespannt, wobei die

Planschliffe die membranseitigen Abschlüsse der thermostatisierten und mit Magnetrührern versehenen Elektrolyträume darstellen. Die Vorbehandlung entsprach einstündigem Kochen unter Rückfluß im jeweiligen Lösungsmittel und anschließendem Lagern in der Lösung (1 N wäßrige Lösung für einen Tag bzw. 0,17 N methanolische Lösung für eine Woche). Zwei identische Ag/AgCl-Elektroden konnten vor die Membran geführt werden, ein Fluke 75 diente als Spannungsmeßgerät. Die Auswertung der Meßdaten (Bestimmung des Grenzwertes) folgte der von Meares vorgeschlagenen Methode /9/. Die mittleren Aktivitätskoeffizienten für methanolische Lösungen und für wäßrige Lösungen wurden der Literatur entnommen /10, 11/.

Die gleiche Grundanordnung diente auch der Bestimmung der Permeabilität. Die sich zeitlich ändernde Chloridkonzentration c' wurde konduktometrisch bestimmt.

Für den Fall der Leitfähigkeitsmessung wurde eine Membran von 1 cm Durchmesser elektrolytdicht zwischen zwei Platinelektroden (Abstand jeweils 2,2 cm) in eine Teflon-Zelle eingesetzt (bzw. die Messung ohne diese Membran ausgeführt). Es kam ein Leitfähigkeitsmeßgerät Radiometer CDM 83 zur Verwendung.

Es wurde jeweils der durch die Löslichkeit der Salze in MeOH gegebene Konzentrationsbereich überstrichen.

3. Ergebnisse und Diskussion

Tabelle 1 gibt eine Zusammenstellung der grundlegenden Daten der untersuchten Membranen.

Tab. 1 Untersuchte Membranen (Nafion, Na^+-Form)

Typ		417	423	901 *)
Gewebeverstärkung		ja	ja	ja
Festladung		SO_3^-	SO_3^-	SO_3^-/COO^-
Äquivalentgewicht		1100	1200	keine Angabe
Dicke	MeOH	0,054	0,028	0,033
(cm)	H_2O	0,04	0,025	0,028
Dichte	MeOH	1,35	1,49	1,37
(g cm^{-3})	H_2O	1,67	1,76	1,76
Kapazität $\left(\frac{\text{mol Festladung}}{\text{kg Trockenmasse}}\right)$		0,65	0,51	0,58
Quellung $\left(\frac{\text{mol Lösungsmittel}}{\text{mol Festladung}}\right)$	MeOH	23,2	16	24,1
	H_2O	19,5	17	24,4

----

*) Zweischichtenmembran. Kathodenseitig ist eine dünne Schicht mit COO^--Austauschgruppen angeordnet. Die Zahlenangaben sind Mittelwerte. Äquivalentgewichte nach Herstellerangaben /12/.

Abbildung 1 zeigt die effektiven Überführungszahlen der drei untersuchten Membranen bei Verwendung von methanolischer und wäßriger NaCl-Lösung (25°C).

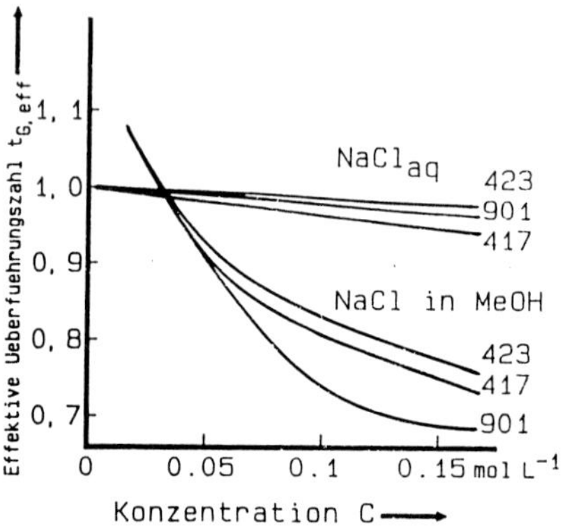

Abb. 1 Effektive Überführungszahlen

Abbildung 2 gibt die erhaltenen Permeabilitätskoeffizienten wieder.

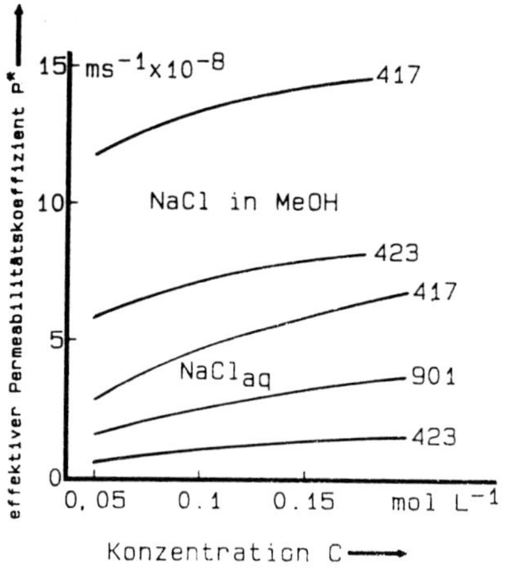

Abb. 2 Effektive Permeabilitätskoeffizienten

Abbildung 3 zeigt die Leitfähigkeiten für die Membranen ($\chi = \chi^*$ multipliziert mit der Membrandicke) und für die Lösungen (25°C)

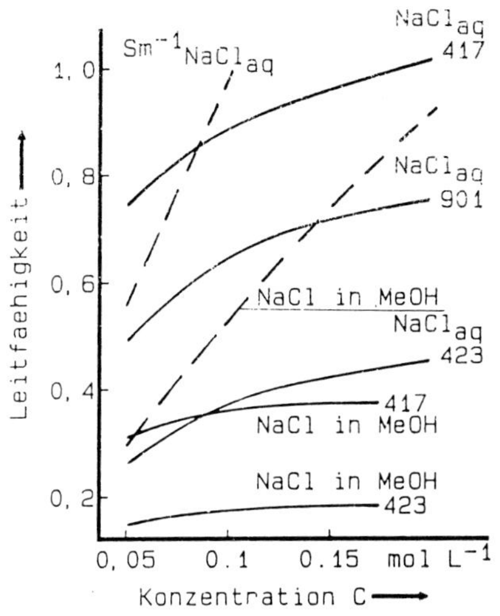

Abb. 3 Leitfähigkeiten der Membranen (ausgezogen) und Lösungen (gestrichelt)

Ein Gesamtvergleich der für wäßrige und methanolische NaCl-Lösungen erhaltenen Daten zeigt zwar deutliche, jedoch weit unterhalb einer Größenordnung liegende Differenzen auf. Vor allem aber ist die Lage der Daten zueinander für die beiden miteinander direkt vergleichbaren Membranen (417 und 423) stets identisch. Dies legt die Übertragung des Cluster-Network-Modells auf methanolische Lösungen nahe.

Die mit steigender Elektrolytkonzentration zu beobachtende Erniedrigung der effektiven Überführungszahl kann damit auch in methanolischer Lösung auf den Rückgang der Doppelschichtausdehnung zurückgeführt werden (erlaubt das leichtere Passieren der Co-Ionen durch die Kanäle des Netzwerks). Der hier gegenüber wäßrigem Medium beobachtete stärkere Abfall (Abb. 1) wird einsichtig, wenn man die geringere solvophobe Wechselwirkung mit dem Fluorkohlenstoffgerüst bedenkt (sollte zum Schrumpfen der Cluster-Hohlräume und zur Aufweitung der Kanäle führen). Zusätzlich kann die geringere Dielektrizitätskonstante (32,7 gegenüber 78,3) eine Rolle spielen (Doppelschicht, allerdings besteht hier nur eine Wurzelabhängigkeit). Die Unterschiede im Verhalten der verschiedenen Membranen selbst sind zu gering, als daß eine Interpretation sinnvoll wäre.

Überführungszahlen > 1 lassen sich mit der Wanderung von Ionenassoziaten erklären /13/. Assoziate können sich in MeOH leichter bilden als in H_2O (DK), so daß sie in der Membran infolge der dort herrschenden hohen Ionenkonzentration durchaus vorliegen können. Der Effekt muß allerdings mit $C_S \rightarrow 0$ verschwinden, so daß der in Abb. 1 sichtbare Effekt eine andere Erklärung erfordert.

Zur Überprüfung wurde daher das Diffusionspotential in einer Konzentrationszelle ohne Membran für kleine Konzentrationen gemessen (Verwendung einer durch Parafilm mit einem nadelgroßen Loch geteilten Zelle, 0,003 gegen 0,05 Mol L^{-1} NaCl in MeOH). Die Auswertung nach Gl. (1), d.h. unter Benutzen der gleichen thermodynamischen Daten wie zuvor, ergab für die Überfühungszahl der Natriumionen mit 0,497 einen deutlich größeren Wert als in der Literatur vermerkt (0,458, /11/). Dies deutet auf mögliche Unsicherheiten bei den verwendeten thermodynamischen Daten hin.

Nach der beschriebenen Vorstellung sollte die Diffusion durch die Membran durch steigende Salzkonzentration sowie durch den Übergang zum methanolischen Solvens begünstigt werden (Anstieg des Permeabilitätskoeffizienten). Abb. 2 bestätigt dieses.

Weiter zeigt die Membran mit dem höheren Äquivalentgewicht (423 gegenüber 417) einen niedrigeren Koeffizienten (bessere Selektivität, vgl. Abschn. 1 sowie die Dicke der Membranen). Für den Fall des Typs 901 senkt die Carboxylatschicht in methanolischem Milieu den Koffizienten auf Werte um 10^{-9} m s^{-1} ab.

Analog zu den Leitfähigkeiten der Lösungen liegen die Leitfähigkeiten der Membranen in methanolischen Lösungen unterhalb der Werte für wäßrige Lösungen. Dies kann als Folge geringerer Ionenbeweglichkeiten sowie der Bildung von Assoziaten in der Membran gedeutet werden. Für technische Anwendungen ist jedoch beachtenswert, daß sich die Leitfähigkeitskurve der in MeOH-Lösung besser leitfähigen Membran (Typ 417) bereits mit derjenigen der in wäßriger Lösung schlechteren Membran (423) schneidet.

Daneben ist ein niedriges Äquivalentgewicht/eine hohe Quellung für die Leitfähigkeit der Membran ausschlaggebend (vgl. Abschn. 1). Dies erklärt die Überlegenheit des Typ 417 über den Typ 423. Die Membran vom Typ 901 zeigt wiederum in methanolischer NaCl-Lösung eine sehr stark abfallende Leitfähigkeit (Isolator-Eigenschaften). Dies ändert sich sofort, wenn der an die Carboxylatschicht angrenzende Elektrolytraum mit methanolischer Methanolatlösung (alkalisch) befüllt wird. Die erzieltbare Leitfähigkeit liegt dann sogar höher als die der Typen 417 und 423 unter gleichen Bedingungen.

Höhere Leitfähigkeiten (und Permeabilitätskoeffizienten) für den Typ 901 erhält man im übrigen auch für den Fall beidseitiger methanolischer NaCl-Lösung, wenn die anfängliche Vorbehandlung mit MeONa-Lösung vorgenommen wird.

Mit der Membran 423 wurden Einzelexperimente auch in methanolischer KCl- und LiCl-Lösung ausgeführt. Die Ergebnisse fügen sich in die hier vorgestellten Daten ein, reichen jedoch für eine genaue Diskussion des Einflusses der Kationeneigenschaften auf das Transportverhalten noch nicht aus.

Danksagung
S. Koter bedankt sich recht herzlich für ein Stipendium der Alexander von Humboldt-Stiftung.

Literatur

/ 1/ Europäische Patentschrift 0146771 B1
/ 2/ H.L. Yeager, B. Kipling: J. Phys. Chem. 83 (1979) 1836
/ 3/ O. Kedem, S.R. Caplan: Trans. Faraday Soc. 61 (1965) 1897
/ 4/ S.Koter, C.H. Hamann: J. Non-Equilib. Thermod., 15 (1990), im Druck
/ 5/ A. Staverman: Trans. Faraday Soc. 48 (1952) 176
/ 6/ A. Basinski, A. Narebska, R. Dabek: Roczniki Chem. 40 (1966) 237
/ 7/ K.H. Simmrock, E. Griesenbeck, J. Jörissen, R. Rodermund: Chem.-Ing.-Tech. 53 (1981) 10
/ 8/ W.Y. Hsu, T.D. Gierke: J. Membrane Sci. 13 (1983) 307
/ 9/ M.A. Chaudry, P. Meares: ACS Symp. Ser. 153 (1981) 101
/10/ A.K. Covington, T. Dickinson (Herausg.): Physical Chemistry of organic solvent systemes, Plenum Press, 1973
/11/ R.A. Robinson, R.H. Stokes: Electrolyte Solutions, Butterworths, London, 1959
/12/ Nafion Product Bulletin, Du Pont Company, Polymer Products Department, Wilmington, DE 19898
/13/ R. Brdicka: Grundlagen der Physikalischen Chemie, VEB Deutscher Verlag der Wissenschaften, Berlin, 1982

Nitratreduktion mit Wasserstoffelektroden

E. Gülzow

Deutsche Forschungsanstalt für Luft- und Raumfahrt, Stuttgart

A. Winsel

VARTA Batterie AG, Kelkheim

Zusammenfassung

Bei der Herstellung von Nickel-Cadmium-Akkumulatoren treten nitrathaltige Ablaugen auf, die man aus verschiedenen Gründen aufarbeiten möchte. Hier wird über die katalytische Nitratreduktion an PTFE-gebundenen Raney-Nickel-Elektroden berichtet, die Beschreibung der verwendeten Elektroden, ihres Aufbaus und ihrer Wirkungsweise, die Beschreibung des Reaktors und die Darstellung der experimentellen Ergebnisse. Die Umsätze in den Wasserstoffelektroden entsprechen Stromdichten bis zu $100 mA/cm^2$.

Summary

During production of nickel-cadmium accumulators waste products containing sodium nitrate occur which one wishes to regenerate for various reasons. Here catalytic nitrate reduction on PTFE bounded Raney nickel electrodes will be reported including a description of the electrodes used, their construction and their mode of operation, a description of the reactor and a representation of the experimental results.

The reaction in the hydrogen electrodes relate to a current density of up to $100 mA/cm^2$.

Résumé

En cours de la production des accumulateur nickel-cadmium des lessives usées apparaissent, contenant des nitrates qu'on veut régénérer pour des raison bonnes. Dannes cette publication il est référé la réduction catalytique de la nitrate par des électrodes de la diffusion du gaz.

Les électrodes sont composées du Raney-Nickel, liées par PTFE. La structure et la manière d'opérer les électrodes sont présentées, de même que la description du réacteur et des résultats experimentels. Les réactions dans les électrode d'hydrogène correspondent aux densité du courant jusqu'a $100 mA/cm^2$.

Einleitung

Die elektrochemische aktiven Komponenten von Batterien sind Schwermetalle und deren Oxide. Bei der Herstellung der Speicherzellen, sowie deren Entsorgung können gefährliche Stoffe für die Umwelt entstehen. Deshalb muß versucht werden die Emission dieser Stoffe weitestgehend zu verringern und die Energieträger wiederzuverwerten.

In der Batterietechnik gibt es zwei Arten von elektrochemischen Energiespeichern, die Primär- und die Sekundärelemente. Im Gegensatz zu den Primärelementen können die Sekundärzellen ihre Energie mehrfach, nach wiederholter Aufladung abgeben.

Die Forderung bei diesen Zellen, mehrere hundert bis einige tausend Lade- und Entladezyklen sicherzustellen, verlangt eine aufwendige Elektrodenkonstruktion, verbunden mit Formationsprozessen zur Aktivierung der elektrochemischen Bestandteile der Elektroden. Bei diesen Produktionsprozessen treten oft umweltbelastende Substanzen auf, die dann freigesetzt werden.

Bei der Imprägnierung von positiven Sinterelektroden für Ni/Cd-Zellen wird Nickelnitrat mit konzentrierter Natriumhydroxid-Lösung gefällt. Dabei entsteht Natriumnitrat, das die Fällauge verunreinigt. Mit wachsender Konzentration dieser Verunreinigung nehmen auch die Fehler in der Struktur der Sinterelektroden zu. Verbleibendes Nitrat erhöht im entscheidenden Maße die Selbstladung von Ni/Cd-Zellen. Deshalb kann auch die Fällauge nur zu etwa 50% ausgenutzt werden. Es ist daher sinnvoll, die nitrathaltige Lauge durch elektrochemische Reduktion des Nitrats zu regenerieren, um die Belastung der Natur durch die großen Mengen Abfallauge zu reduzieren und gleichzeitig eine Produktverbesserung zu erreichen. [1] [2]

Die verschiedenen Arten der Regenerierung

Für die Aufbereitung gibt es vier verschiedene Möglichkeiten :

1. Ausfrieren mit $NaNO_3$
2. Elektrodialyse des $NaNO_3$
3. Elektrolytische Reduktion des $NaNO_3$
4. Katalytische Reduktion des $NaNO_3$

Die vierte Möglichkeit soll hier im weiteren betrachtet werden.

Es gibt verschieden Reaktionen, die bei der katalytischen Nitratreduktion zu beachten sind; fünf der wichtigsten sind hier dargestellt:

1. $NaNO_3 + H_2 \longrightarrow NaNO_2 + H_2O$

2. $NaNO_3 + 4\ H_2 \longrightarrow NH_3 + NaOH + 2\ H_2O$

3. $NaNO_3 + 3\ H_2O \longrightarrow NaOH + NH_4OH + 2\ O_2$

4. $NaNO_2 + 3\ H_2 \longrightarrow NaOH + NH_3 + H_2O$

5. $Ni(OH)_2 + 2\ NaNO_3 \longrightarrow Ni(NO_3)_2 + 2NaOH$

Die Reaktion 3. läuft beim Sauerstoffpotential ab und ist nur elektrolytisch möglich.

Die Reaktion 5. verbraucht bei der Bildung von Nickelnitrit Energie und ist daher unwahrscheinlich. Bei Analysen ist kein Nickelnitrit in den Elektroden und nur geringe Mengen im Elektrolyt festgestellt worden.

Deshalb wird angenommen, falls Natriumnitirit entsteht, daß dies sofort noch in der Pore der Elektrode weiter zu Ammoniak reduziert wird.

Die EMK dieser Reaktion ist E_0 = 0,695 V. Wenn man die Reaktion zur Reduktion des Natriumnitarits nach dieser Hauptreaktion benutzt, muß man sich den Reaktionsablauf wie in einem Kurzschluß zwischen der Anode und Kathode vorstellen.

Diese Hauptreaktion kann nun auch in zwei Teilreaktionen zerlegt werden.

Kathodische Reaktion:

$$NaNO_3 + 7\ H_2O + 8e^- \longrightarrow NaOH + NH_3 \quad + H_2O + 8OH^-$$

Anodische Reaktion:

$$4H_2 + 8OH^- - 8e^- \longrightarrow 8H_2O$$

Es ist die Reaktion 2. als Hauptreaktion anzusehen.

Der Katalysator

Ausgangsmaterial für die Herstellung des Katalysators ist eine Nickel-Aluminium-Legierung mit jeweils 50%. Oberhalb von 1300°C gibt es eine der stöchiometrischen Zusammensetzung entsprechend stabile Phase. Beim Abkühlen tritt eine Entmischung in Ni_2Al_3 und $NiAl_3$ ein.

Aktiviert wird das Pulver indem Natronlauge hinzugegeben wird, wobei sich ein Teil des Aluminium unter Wasserstoffentwicklung löst. Anschließend wird zur Dotierung eine Kupfersalzlösung hinzugegeben. Nach diesem Vorgang wird wieder Lauge benutzt, die auf 80°C temperiert ist, um weiteres Aluminium zu entfernen, bis ein Restgehalt von < 5% Aluminium erreicht ist. Danach wird das Pulver gewaschen und getrocknet. [3] Beim trocknen muß beachtet werden, daß das Pulver nicht abbrennt, da der Katalysator 0.5 bis 1.2 H-Atome pro Ni-Atome enthält. Um das so hergestellte Pulver auf Dauer zu stabilisieren, wird es bei 400°C zwei Stunden im Stickstoffstrom getempert. [4]

In einer Messermühle wird das Pulver mit dem "reactive mixing-Verfahren" mit PTFE gemischt. Dabei werden die einzelnen Raney-Nickel-Körner mit PTFE umsponnen und so miteinander verbunden. Beim Mischen entsteht eine dunkelbraune Masse, die mit einem Kalander zu Elektroden verarbeitet wird.

Die Elektrode

Die Katalysatormasse wird zwischen zwei sich gegenläufig drehenden Walzen verdichtet und so zu einem selbsttragenden Band ausgewalzt. Dieses Katalysatorband wird auf ein Metallnetz aus Nickel aufgewalzt, das die mechanische Stabilität erhöhen soll. [5]

Die Elektrode besteht aus einzelnen Raney-Nickel-Körnern, die mit Polytetrafluorethylen (PTFE) umsponnen sind. In jedem Korn befindet sich ein PTFE-freies Porensystem, daß hydrophil ist und den Elektrolyttransport gewährleistet. Durch das PTFE wird zwischen den einzelnen Körnern ein hydrophobes Porensystem aufgebaut, durch das das Reaktionsgas an jeden Ort der Elektrode gelangen kann.

Die oben genannte Hauptreaktion der Nitratreduktion läuft an einem Korn ab, da an jedem einzelnen auf der Oberfläche eine Dreiphasengrenze vorhanden ist, welche für die anodische Teilreaktion notwendig ist. Die kathodische Reaktion benötigt kein Reaktionsgas und kann so im gesamten Korn ablaufen.

Jedes Raney-Nickel-Korn kann als funktionierende Katalysatorelektrode angesehen werden, in dem eine kathodische und anodische Teilereaktion kurzgeschlossen abläuft.

Der Elektrolyaustausch und der Nitrattransport wird über die Berührungstellen der Körner und Elektrolytbrücken sichergestellt. Bei einem typischen Porenradius von 5nm in einem Korn, müßten 400bar aufgewand werden, um diese mit Gas zu füllen und vom Elektrolyt volllständig zu befreien.

Wenn die PTFE-Fäden nicht vorhanden wären, würde die gesamte Elektrode vom Elektrolyt überflutet werden. Es ist nicht anzunehmen, daß der Elektrolyt nur in den Poren vorkommt, sondern daß auch Teile der Oberfläche der Körner mit einem Elektrolytfilm bedeckt sind. Rasterelektronenmikroskopaufnahmen kann man entnehmen, daß der Abstand der PTFE-Fäden um ein Korn etwa 0.5µm beträgt und ganze Bereiche mit PFTE bedeckt sind. Da aber der typische Porenradius nur 0.005µm beträgt, ist nicht anzunehmen, daß genau, wenn man die "freien" Bereiche betrachtet, über jede Pore ein Faden gespannt ist und so den Elektrolytaustritt verhindert wird. Man muß sich dies vielmehr so vorstellen, daß auf der Oberfläche Elektrolytfilme vorhanden sind, die von den hydrophilen Poren versorgt werden und deren Ausdehnung durch die PTFE-Fäden begrenzt wird. In der Fig. 1 ist skizziert wie der Film sich wie beim Regenschirm zwischen den PTFE-Fäden ausbreitet. (Regenschirmeffekt)

Fig.1 *Darstellung der Elektrolytfilme*

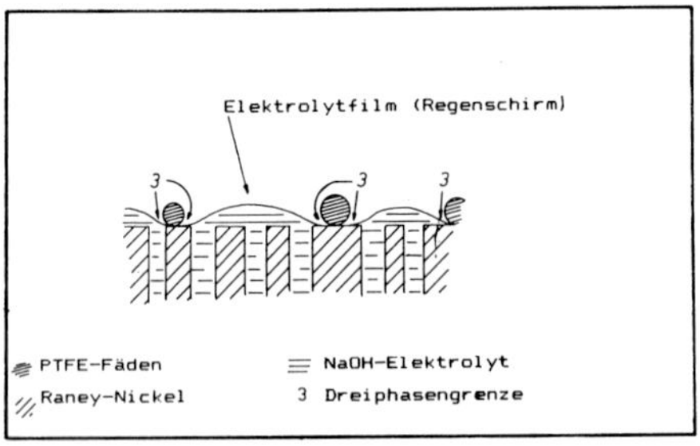

Bei Elektrolytüberdruck und geringen Abständen bilden sich zwischen den Raney-Nickel-Körner Flüssigkeitsbrücken aus. In Fig.2 ist dies dargestellt. Die Versuche wurden bei 70mm Wassersäule Überdruck durchgeführt auf der Gasseite unternommen.

Fig.2 *Elektrolytbrücken zwischen Partikeln*

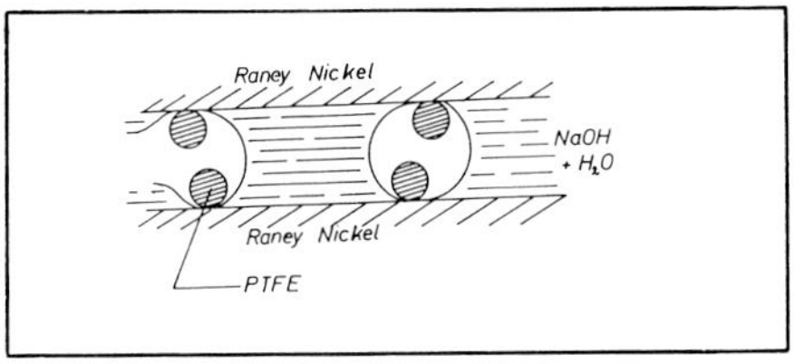

Die Reaktionszelle

Die gewalzten Elektroden wurden in Plexiglasrahmen eingeklebt und mit Dichtungen zusätzlich eingepreßt, um die Elektrolyträume gut von den Gasräumen zu trennen. Die Zu- und Abführung der Gase und der Lauge geschah durch Kanäle in den 4.5mm dicken Rahmen. Die Rahmen sind in Fig. 3 dargestellt.

Fig.3 *Darstellung eines Rahmens der Zelle*

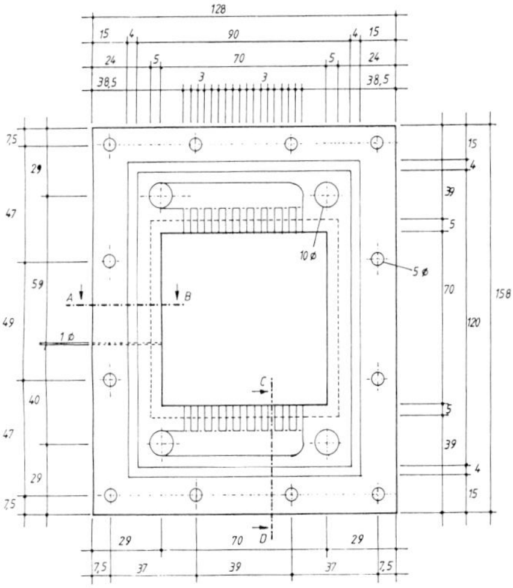

Der Elektrolyt strömt von unten nach oben an der Elektrode vorbei und auf der anderen Seite der Katalysatormatte das Reaktionsgas von oben nach unten. In den Zwischenräumen sind PVC-Gitter als Strömungswiderstände eingebaut. Bei Versuchen wurden 5 bzw. 4 Rahmen mit jeweils 48 cm^2 Fläche benutzt. Die Temperatur wurde mit einem Wasserbadthermostat reguliert. Elektrolytproben wurden immer direkt am Auslauf des Zellenblocks entnommen.

Experimente

Es wurden Versuche mit Elektroden mit PTFE-Folie, die auf der Gasseite der Elektrode aufgewalzt worden war und Elektroden ohne eine solche Folie
durchgeführt.

Die gemessenen Stromdichten der Elektroden mit Folie waren kleiner als $30mA/cm^2$ und die Aktivität fiel sehr schnell ab, wie in Fig.4 zu erkennen ist. Bei weiteren Reduktionsversuchen wurde die Stromdichte immer geringer, bis sich die Folie von der Elektrode ablöste und keine Reduktion mehr möglich war, da das Reaktionsgas durch den Flüssigkeitsfilm zwischen Folie und Elektrode nicht mehr zum Nickel gelangen konnte.

Fig.4 *Reaktionsverlauf*

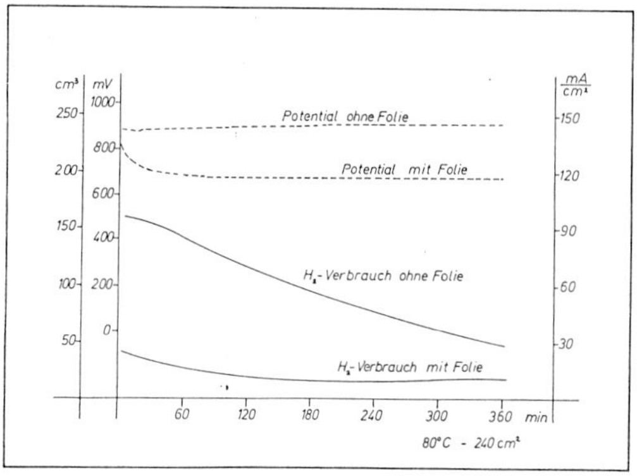

In weiteren Versuchen wurden nur noch Elektroden ohne Folie benutzt. Mit diesen konnten Stromdichten bis zu $100mA/cm^2$ erreicht werden. Bei einer Menge von 1.2 Liter Elektrolyt im
Kreislauf mit 0.5 mol $NaNO_3$ konnte die Nitratkonzentration innerhalb von 6 Stunden auf 10% gesenkt werden. Der Anstieg des Ammoniaks in der Lösung ist in Fig.5 dargestellt.

Fig.5 *Ammoniak-Konzentrationsverlauf*

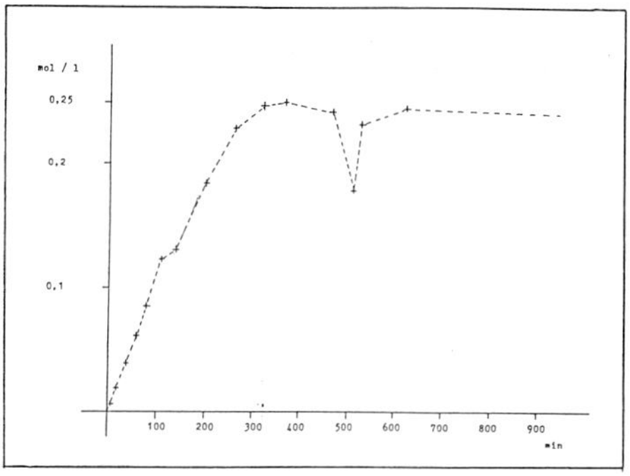

Bei Versuchen zur Bestimmung der Temperaturabhängigkeit konnte eine Erhöhung der Stromdichte bei einer Erhöhung der Temperatur festgestellt werden. Die Abhängigkeit zwischen Temperatur und Stromdichte ist linear, wie auch in der Grafik Fig.6 zu sehen ist. Zwischen den Temperaturen 40°, 60° und 80°C ist im chemischen Ablauf der Reaktion kein Unterschied festzustellen. In allen Fällen wurde Nitrat direkt zu Ammoniak umgesetzt.

Fig.6 *Vergleich der Stromdichten bei verschiedenen Temperaturen*

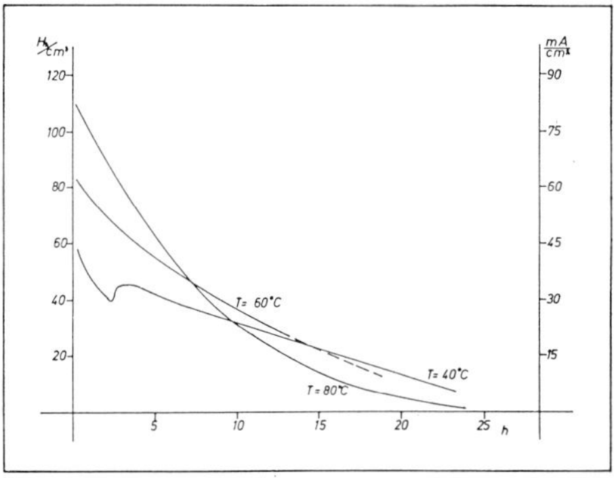

Es wurde ein Dauerversuch mit 1000 Stunden unternommen, der erfolgreich verlaufen ist. Nitrat wurde immer wieder dem Elektrolyt hinzugegeben, wenn die Konzentration auf 10% gesunken war. Auch hier bestätigte sich, daß die Reduktion ohne Zwischenstufe direkt zum Ammoniak abläuft. Im Laufe des Versuchs sammelten sich auf und in den Elektroden Verunreinigungen der im Aufbau verwandten Materialien, die in heißer Lauge nicht beständig waren, wodurch die Stromdichte geringer wurde, aber die Elektroden nicht inaktiv macht. Die Struktur der Elektroden veränderte sich in keinem Versuch.

Zusammenfassung

Die Reduktion des Natriumnitrats zum Ammoniak läuft ohne Zwischenstufe ab.

Bei Versuchen mit Elektroden mit einer PTFE-Folie sind nur geringe Stromdichten und kurze Lebensdauern erreicht worden.

Elektroden ohne Folie erreichten Stromdichten bis zu 100 mA/cm².

In einem Dauerversuch wurden 1000 Stunden lang auf einer Fläche von 240cm² erfolgreich Nitratreduktion betrieben. Die Struktur der Elektroden wurde durch den Einsatz als Katalysator nicht verändert, nur die BET-Oberfläche wurde durch Verunreinigungen kleiner.

Literatur

[1] K. W. Lexow, "Elektrochemische Regenerierung von Abfallösungen aus der Herstellung von aktiven Massen für Primärzellen und Akkumulatoren"; DECHEMA-Monographien, Vol. 97, Verlag Chemie Weinheim, 1984

[2] Prof. A. Winsel, "Verfahren zur Entfernung von Nitrat- und Nitritresten aus Ablaugen"; Offenlegungsschrift, DE 3342970 A 1, 1985

[3] M. Jung, Kröger, "Verfahren zur Herstellung aktivierter Katalysatoren aus Raney-Nickel-Legierungen" DBP 115669

[4] E. Justi, A. Winsel, "Kalte Verbrennung", Steiner Verlag, Wiesbaden, 1962

[5] H. Sauer, "Verfahren und Vorrichtungen zur Herstellung einer kunststoffgebundenen Aktivkohleschicht für dünne Gasdiffusionselektro den", DBP 2941774 C 2, 19833

Organische Oxidationsreaktionen mit elektrochemisch in-situ regenerierbaren Redox-Katalysatoren - ein Beitrag zum Umweltschutz

M. Abdel Azzem, W. Hoffmann, K. Peters, E. Steckhan
Institut für Organische Chemie und Biochemie der Universität Bonn

Zusammenfassung

Die indirekte elektrochemische Reaktionsführung gestattet die in-situ Erzeugung und Regeneration von Reagenzien für die selektive Oxidation von organischen Verbindungen. Dadurch kann die Umweltbelastung durch verbrauchte und ökologisch bedenkliche Reagenzien, wie sie bei klassischen Verfahren anfallen, reduziert werden. Es werden drei neue redoxkatalytische Systeme zur indirekten elektrochemischen Oxidation vorgestellt: **1.** Elektrochemisch erzeugtes und in-situ regeneriertes Kobalt(III)acetat ist geeignet, 4-Picolin selektiv zu Pyridin-4-carbaldehyddiacetat zu oxidieren, wenn Acetanhydrid als Solvens eingesetzt und eine Reaktionstemperatur von mindestens 80°C eingehalten wird. **2.** In einem Medium bestehend aus Acetonitril, etwas Methanol und wenig Perchlorsäure können in Gegenwart von Luftsauerstoff und katalytischen Mengen $Fe(bpy)_3^{2+}$ unter anodischer Aktivierung cyclische Ketone zu 1,ω -Esteraldehyden bzw. -Esterketonen oxidativ geöffnet werden. **3.** 1,1,3,3-Tetramethylisoindolin-2-yloxyl (TMINO) wurde als Redoxkatalysator entwickelt, der in der Lage ist, auch schwer oxidable Benzylalkohole zu den entsprechenden Benzaldehyden unter Hydridabstraktion zu oxidieren. Dieser Katalysator zeichnet sich gegenüber anderen Systemen durch erhöhte Stabilität aus.

Summary

In classical processes, the pollution of the environment by spent oxidizing agents which are ecologically hazardous is very often a problem. This can be diminished by indirect electrochemical processes which allow the in-situ generation and regeneration of selective reagents for the oxidation of organic compounds. Three new redox catalytic processes are presented: **1.**

Electrochemically generated and in-situ regenerated cobalt(III)acetate allows to selectively oxidize 4-picoline to pyridine-4-carbaldehyde diacetate, if acetic anhydride is used as solvent at temperatures of at least 80°C. **2.** The anodic activation of $Fe(bpy)_3^{2+}$ as a redox catalyst in the presence of air using an acetonitrile medium containing small amounts of methanol and perchloric acid allows to oxidatively cleave cyclic ketones. Thus 1,ω -esteraldehydes or -esterketones are formed. **3.** 1,1,3,3-Tetramethylisoindoline-2-yloxyl (TMINO) was developed as a redox catalyst which acts as a hydride atom abstracting agent. It is able to transform even difficult to oxidize benzylic alcohols into the respective benzaldehydes. Its stability as compared with similar reagents is greatly enhanced.

Résumé

Employant des méthodes de la chimie classiques, les réagents usés posent des problèmes en ce qui concerne la pollution de l'environnement. Ces problèmes sont être diminué en utilisant l'électrochimie indirecte, avec laquelle on peut préparer et regénerer "in-situ" des réagents qui oxident des substrats organiques sélectivement. On présente ici trois nouveaux processes redox-cataliques: **1.** $Co(OAc)_3$, qui est préparé électrochimiquement et regéneré "in-situ", permets l'oxidation sélective de 4-picoline en produisant le diacetate du pyridine-4-carbaldehyde, quand on travaille avec une solution de l'anhydride de l'acide acétique et à une température minimume de 80°C. **2.** Utilisant acetonitrile avec un peu de methanole et $HClO_4$, en présence de l'air et activé anodiquement, $Fe(bpy)_3^{2+}$ réagit comme redox catalyseur qui dédouble par oxidation des cétones cycliques. Avec cette réaction, les 1,ω -esteraldehydes ou les -estercétones sont produites. **3.** On a utilisé 1,1,3,3-Tetramethylisoindoline-2-yloxyle (TMINO) en qualité d'un redox catalyseur qui abstrait un atom d'hydride. Avec cet catalyseur on peut même transformer les alcools benzyliques, qui sont difficile à oxider, dans les aldehydes correspondants. La stabilité de TMINO, comparée avec d'autres systèmes, est très augmentée.

1. Motivation und Ziel

Organische Oxidationsreaktionen, die nicht katalytisch mit Sauerstoff ausgeführt werden können, benötigen ein chemisches Oxidationsmittel in stöchiometrischen Mengen. Viele dieser Oxidationsmittel, häufig Schwermetallsalze, und ihre Abbauprodukte sind ökologisch bedenklich. Die Abtrennung der verbrauchten Reagenzien ist aufwendig und ihrer umweltschonenden Entsorgung stehen kaum noch zu bewältigende Probleme entgegen. Als interessante Alternative bietet sich die elektrochemische Erzeugung und in-situ Regeneration von Oxidationsmitteln an, die in diesem Fall nur in "katalytischen" Mengen in Form von Redox-Katalysatoren benötigt werden. Hinzu kommt, daß solche Redox-Katalysatoren, insbesondere wenn es sich um Übergangsmetallkomplexe handelt, häufig hoch selektiv reagieren, bzw. die Selektivität durch Abwandlung der Liganden oder des Zentralatoms gezielt auf die gewünschte Reaktion hin abgestimmt werden können. Hohe

Selektivität beinhaltet immer auch die Verminderung von Nebenprodukten und führt somit ebenfalls zu einer verbesserten Umweltverträglichkeit des Prozesses. Für elektrochemische Prozesse allgemein gilt, daß sie leicht kontinuierlich durchführbar sind, und es gestatten, einen geschlossenen Kreislauf aufzubauen. Nachfolgend soll an drei neueren Beispielen die Anwendbarkeit dieses Konzepts auf die Oxidation organischer Verbindungen demonstriert werden.

2. Indirekte elektrochemische Oxidation von 4-Picolin zu Pyridin-4-carbaldehyddiacetat mit anodisch erzeugtem Kobalt(III)acetat in einem in-cell Prozeß

In der Literatur sind zahlreiche Methoden zur Oxidation von 4-Picolin zu Isonicotinsäure bekannt/1-6/. Dabei kommen meist ökologisch bedenkliche Oxidationsmittel wie Salpetersäure, Chromtrioxid oder Permanganat zum Einsatz. Die Oxidation zur Stufe des Pyridin-4-carbaldehyds ist besonders schwierig, da sich meist eine Weiteroxidation zur Carbonsäure kaum vermeiden läßt. Am geeignetsten ist noch die Oxidation mit dem teuren und toxischen Selendioxid/7/, das jedoch für eine technische Anwendung nicht in Frage kommt. Die nur schwierig durchzuführende direkte elektrochemische Oxidation von Picolinen führt gewöhnlich ebenfalls nur zu den Carbonsäuren/8,9/.

Wir fanden nun, daß sich Pyridin-4-carbaldehyddiacetat [4-(Diacetoxymethyl)pyridin] auf indirekt elektrochemischem Weg selektiv erzeugen läßt, wenn man Kobaltacetat (10 mol%) als Redox-Katalysator und Acetanhydrid als Solvens verwendet. Die Elektrolyse kann bequem in ungeteilter Zelle als in-cell Verfahren bei mindestens 80°C an Graphitanoden durchgeführt werden. Dabei dient das elektrochemisch erzeugte und kontinuierlich regenerierte Kobalt(III)acetat als Oxidationsmittel. Wie die Tabelle zeigt, sind hohe Temperaturen förderlich, während die Einleitung von Sauerstoff oder der Zusatz von Kupfer(II)acetat die Ergebnisse verschlechtern. Ausgehend von 4-Picolin-N-oxid beträgt die Ausbeute an Produkt 68%. 2- bzw. 3-Picolin reagieren unter den hier verwendeten Reaktionsbedingungen schlecht bzw. gar nicht.

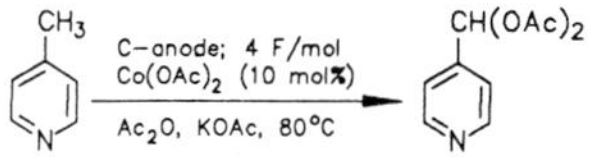

Tabelle: Ergebnisse der indirekten elektrochemischen Oxidation von 4-Picolin mit $Co(OAc)_2$ als Mediator in Essigsäureanhydrid als Solvens

Exp. Nr.	Verhältnis von 4-Picolin zu $Co(OAc)_2$[a]	Strom-dichte [mA/cm^2]	Ladungs-Verbrauch [F/mol]	Temp. [°C]	KOAc [mmol]	O_2-Einleitung	$Cu(OAc)_2$ [mmol]	Ausbeute[b] [%]
1	**20**	2	4	80	0	nein	0	35
2	**10**	2	4	80	0	nein	0	43
3	**5**	2	4	80	0	nein	0	46
4	**2**	2	4	80	0	nein	0	21
5	10	2	4	80	**10**	nein	0	55
6	10	2	4	80	**20**	nein	0	47
7	10	**4**	4	80	10	nein	0	53
8	10	**6**	4	80	10	nein	0	46
9	10	6	**2**	80	10	nein	0	21
10	10	6	**6**	80	10	nein	0	28
11	10	6	4	**20**	10	nein	0	5
12	10	6	4	**40**	10	nein	0	7
13	10	6	4	**60**	10	nein	0	14
14	10	2	4	80	10	**ja**	0	20
15	10	2	4	80	10	nein	**0.1**	28

[a] 4-Picoline (10 mmol) in 150 mL Essigsäureanhydrid.
[b] Materialausbeute (für 4 F/mol: Materialausbeute = Stromausbeute).

3. Erzeugung von 1,ω-Esteraldehyden und -Esterketonen durch elektrochemisch unterstützte oxidative Öffnung cyclischer Ketone mit Trisbipyridin-Eisen(II) als Katalysator

In der Technik wird die oxidative Ringöffnung von Cyclohexanon zu Adipinsäure in großem Maßstab durchgeführt. Dennoch gehört diese Reaktion zu den zahlreichen Problemfällen technischer Oxidationsreaktionen. Es wird entweder die katalytische Oxidation mit 60 proz. HNO_3 oder mit Luft in Gegenwart von Cu-Mn-Acetat angewandt/10/. Im Labor ist die Baeyer-Villiger-Oxidation mit Persäuren verbreitet, die über das Lacton zur 6-Hydroxyhexansäure führt.

Wir fanden, daß sich Cyclohexanon und einige andere cyclische Ketone mit dem elektrochemisch aktivierten System bestehend aus katalytischen Mengen $Fe(bipy)_3^{2+}$ als Mediator, Luftsauerstoff, Methanol als Co-Substrat und geringen Mengen Perchlorsäure in Acetonitril als Solvens mit guter Selektivität zum 6-Oxohexansäuremethylester öffnen läßt.

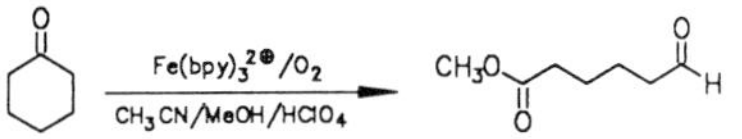

Auch andere cyclische Ketone lassen sich in gleicher Weise öffnen. Dabei spiegelt die Reaktivität die Enolisierungstendenz der Ketone wider. Die Verbindungen fallen unter den Reaktionsbedingungen hauptsächlich in Form ihrer Acetale an. Die Anwesenheit von Sauerstoff ist zwingend erforderlich. Die Reaktion verläuft, allerdings langsamer, auch ohne elektrochemische Aktivierung, wenn man reinen Sauerstoff einleitet. Die Bildung der Diester als Nebenprodukte tritt in diesem Fall verstärkt auf.

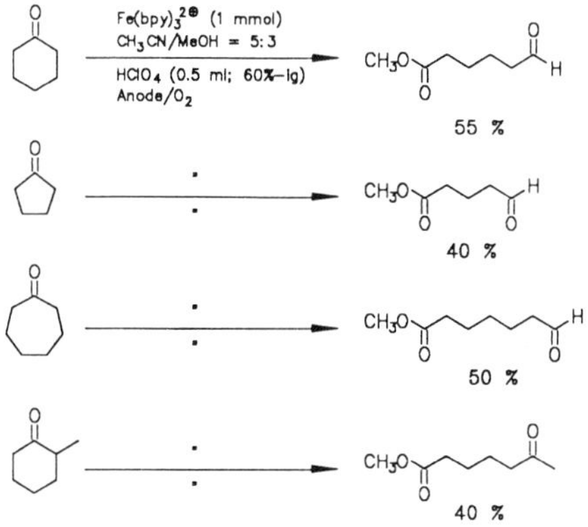

Dieses Oxidationssystem weist von der Zusammensetzung her gewisse Verwandtschaft mit Modellen des mikrosomalen Cytochrom P-450 - Enzymsystems, wie dem Gif- oder dem Gif-Orsay-System/11/ auf. Diese sind in der Lage, durch reduktive Aktivierung von Sauerstoff nicht-aktivierte Methylengruppen selektiv zu Ketofunktionen zu oxidieren. So ist Cyclohexanon aus Cyclohexan zugänglich. Als Reduktionsmittel dient entweder Zinkpulver oder die Kathode, während als Redox-Katalysator ein Eisenkomplex verwendet wird, der Pyridin- oder Picolinsäureliganden enthält. Unser Oxidationssytem unterscheidet sich jedoch dadurch, daß cyclische Ketone einer Ringöffnung unterliegen und eine oxidative Aktivierung entweder elektrochemisch oder durch Sauerstoff notwendig ist. Unsere experimentellen Ergebnisse lassen sich am besten mit dem folgenden Reaktionsmechanismus in Einklang bringen.

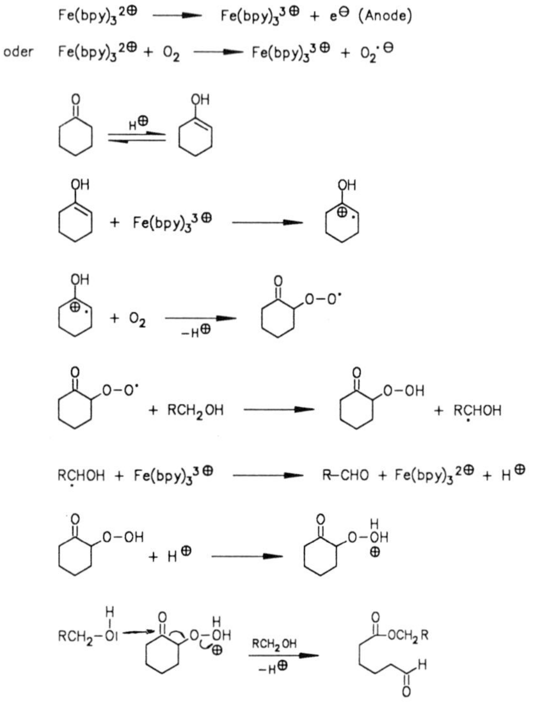

4. 1,1,3,3-Tetramethylisoindolin-2-yloxyl (TMINO) als Hydrid abstrahierender, elektrochemisch regenerierbarer Redox - Katalysator für die indirekte elektrochemische Oxidation von Benzylalkoholen

Es ist literaturbekannt/12/, daß sich 2,2,6,6-Tetramethylpiperidin-1-yloxyl (TEMPO) als elektrochemisch regenerierbarer Redox-Katalysator für die indirekte elektrochemische Oxidation von primären Alkoholen zu Aldehyden und primären Aminen zu Nitrilen sehr gut eignet. Besondere Aufmerksamkeit verlangt dieser organische Mediator, da er in der Lage ist, selektiv primäre OH-Funktionen neben sekundären zu oxidieren. Der elektrochemisch aktivierte Mediator, das entsprechende Nitroxoniumion, reagiert dabei formal über eine Hydridabstraktion. Die Turnoverzahlen für den Redox-Katalysator betragen gewöhnlich nicht mehr als 80. Dies ist für technische Anwendungen um mindestens den Faktor zehn zu wenig. Wir haben daher nach einem stabileren und möglichst auch reaktiveren Alternativsystem gesucht. Dieses fanden wir in der im Titel genannten TMINO-Verbindung, deren Oxidationspotential cyclovoltammetrisch zu 500 mV vs. $Ag/AgNO_3$ bestimmt wurde (Abbildung 1). Damit liegt es um 150 mV positiver als TEMPO.

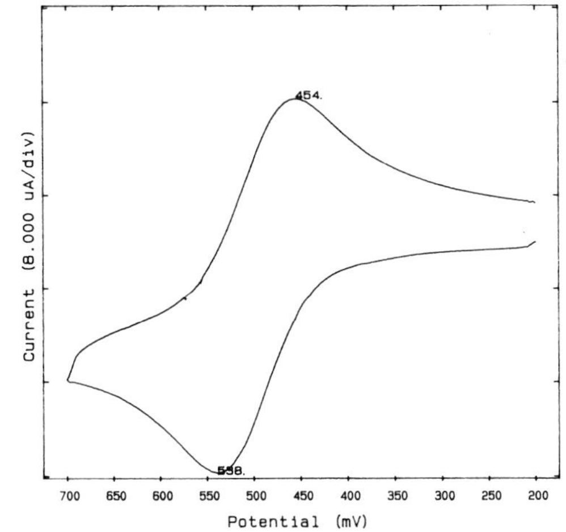

Abb. 1: Cyclovoltammogramm von 1,1,3,3-Tetramethylisoindolin-2-yloxyl in Acetonitril/0.1 M $LiClO_4$ (Referenzelektrode: $Ag/AgNO_3$ (0.1 M in CH_3CN); Potentialvorschubgeschwindigkeit: 300 mV/s)

Das pauschale Reaktionsverhalten gegenüber Benzylalkoholen kann wie folgt skizziert werden:

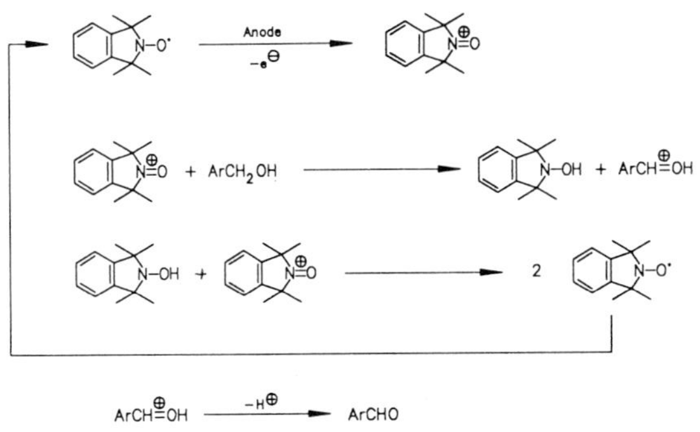

Der Vergleich der katalytischen Ströme beim Einsatz von TEMPO und TMINO in Gegenwart verschiedener Benzylalkohole und Collidin als Base zeigt einerseits die erhöhte Reaktivität von TMINO im Vergleich zu TEMPO. Andererseits wird deutlich, daß TMINO in der Lage ist, nicht nur Benzylalkohol selbst, sowie 4-Chlor- und 4-Brombenzylalkohol zu oxidieren, sondern auch die sehr schwer oxidablen 4-Nitro- und 2-Nitrobenzylalkohole mit sehr hoher Geschwindigkeit umzusetzen vermag. Die katalytische Aktivität von TMINO gegenüber TEMPO ist um den Faktor zwei bis drei höher. Dies spiegelt sich auch in den präparativen Umsetzungen wider.

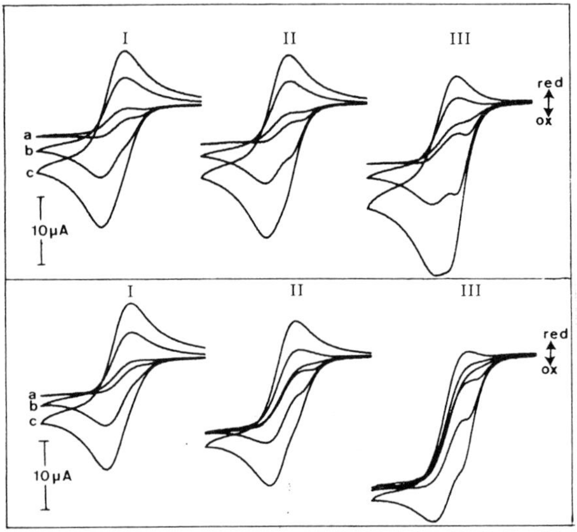

Abb. 2: Vergleich der Cyclovoltammogramme von TEMPO (obere Reihe) und TMINO (untere Reihe) in Gegenwart von Benzylalkohol (Elektrolyt: Acetonitril/0.1 M $LiClO_4$ in Gegenwart von Collidin; Referenzelektrode: $Ag/AgNO_3$ (0.1 M); Potentialbereiche: TEMPO = 0-500 mV; TMINO = 200-700 mV; Potentialvorschubgeschwindigkeiten: **a** = 4 mV/s; **b** = 36 mV/s; **c** = 100 mV/s; Substrat/Mediator-Verhältnis: **I** = 20 : 1; **II** = 50 : 1; **III** = 100 : 1).

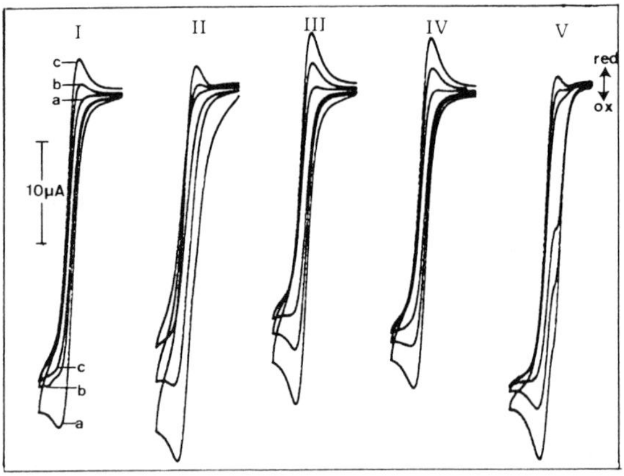

Abb. 3: Cyclovoltammogramme von TMINO in Gegenwart von **I** = 4-Brombenzylalkohol, **II** = 4-Chlorbenzylalkohol, **III** = 2-Nitrobenzylalkohol, **IV** = 4-Nitrobenzylalkohol, **V** = Benzylalkohol in Acetonitril/0.1 M $LiClO_4$ in Gegenwart von Collidin (Potentialbereich: 200-700 mV; Potentialvorschubgeschwindigkeiten: **a** = 36 mV/s; **b** = 64 mV/s; **c** = 100 mV/s; Referenzelektrode: $Ag/AgNO_3$ (0.1M)).

Um die Stabilität von TMINO in indirekten elektrochemischen Oxidationen zu testen, wurde 4-Nitrobenzylalkohol in Acetonitril in Gegenwart eine Überschusses an Collidin als Base mit einem **Substrat(12 mmol)/Mediator(30 μmol)-Verhältnis von 400:1** elektrolysiert. Unter diesen **extremen** Bedingungen war nach einem Umsatz von 50% (Materialausbeute an 4-Nitrobenzyaldehyd praktisch quantitativ, Stromausbeute >60%) der Mediator erschöpft. Hieraus errechnet sich eine Turnoverzahl von mindestens **200.** Unter den für Umsetzungen in größerem Maßstab realistischeren Konzentrationsverhältnissen erwarten wir noch bessere Ergebnisse. Damit konnte gezeigt werden, daß der neue Redox-Katalysator die gewünschten verbesserten Eigenschaften im Vergleich zu TEMPO aufweist.

Danksagung

Wir danken für die finanzielle Unterstützung des Bundesministeriums für Wirtschaft durch die Arbeitsgemeinschaft industrieller Forschungsvereinigungen (AIF-Nr. 1699), des Fonds der Chemischen Industrie, der BASF Aktiengesellschaft und der Alexander von Humboldt-Stiftung für ein Stipendium (M.A.).

Literatur

/1/ A.W. Singer, S.M. McElvain: Org.Synth., Coll.Vol. *3* (1955), 740; N. Rabjohn: Org.Reactions *5* (1949) 331.

/2/ E.B. Bengtsson: Acta Chem.Scand. *9* (1955) 832.

/3/ B. Hughes, H. Suschitzky, J.Chem.Soc. *1965*, 875.

/4/ H. Stopsak, M. Schmidt, H. Teubner, H. Titze, E. Schroetter, H. Schick: Ger. (East) DD 248,119 (15.6.1984); Chem.Abstr. *108* (1988) 150322u.

/5/ D. Jerchel, E. Bauer, H. Hippchen: Chem.Ber. *88*, (1955) 156; D. Jerchel, J. Heider, H. Wagner: Ann. *613* (1958) 153.

/6/ S. Paraskewas: Synthesis *1974*, 819.

/7/ H.R. Henze, M.B. Knowles: J.Org.Chem. *19* (1954) 1127.

/8/ A. Ito, K. Kawada: Ann.Rep.Takamine Lab. *5* (1953) 14; Chem.Abstr. *49* (1955) 14516; M. Yokoyama: Bull.Chem.Soc.Japan *7* (1932) 69.

/9/ H.V. Udupa, M.S. Venkatachalapathy, S. Chidambaram, K.S.S. Lalitha, A. Hamamoorthy: Indian P. 144 132, Council of Scientific and Industrial Research (India); Chem.Abstr. *92* (1980) 31033s; J. Alemmelu, K.S. Lalitha, K. Radhakrishnamurthi, S. Chidambaram, M.S.V. Pathy, H.V.K. Udupa: Trans SAEST *6* (1971) 97.

/10/ K. Weissermel, H.-J. Arpe: Industrielle Organische Chemie, 3. Aufl., VCH Verlagsgesellschaft, Weinheim 1988, S. 256, 257.

/11/ D.H.R. Barton, J. Boivin, W.B. Motherwell, N. Ozbalik, K.M. Schwarzentruber: Nouv.J.Chim. *10* (1986) 387; G. Balavoine, D.H.R. Barton, J. Boivin, A. Gref, P. Le Coupanec, N. Ozbalik, J.A.X. Pestana, H. Rivière: Tetrahedron *44* (1988) 1091; D.H.R. Barton, M.J. Gastiger, W.B. Motherwell: J.Chem.Soc., Chem.Commun. *1983*, 41; G. Balavoine, D.H.R. Barton, A. Gref, N. Ozbalik, H. Rivière: J.Chem.Soc., Chem.Commun. *1986*, 1727; G. Balavoine, D.H.R. Barton, J. Boivin, A. Gref, N. Ozbalik, H. Rivière: Tetrahedron Lett. *27* (1986) 2849.

/12/ M.F. Semmelhack et al., J.Am.Chem.Soc. *105* (1983) 4492; ibid. *105* (1983) 6732; J.M. Bobbitt, M.C.L. Flores, Heterocycles *27* (1988) 509.

Neue Entwicklungen und Anwendungen des enViro-cell-Verfahrens zur elektrochemischen Abwasserreinigung

K. J. Müller
Deutsche Carbone AG / enViro-cell Umwelttechnik GmbH

Zusammenfassung

Elektrochemische Prozesse im Bereich der Abwasserbehandlung finden zunehmend Berücksichtigung bei der Planung von Gesamtanlagen sowohl in der chemischen Industrie wie auch im Bereich der metalloberflächenverarbeitenden Industrie. Dazu trägt bei, daß mittlerweile industrielle Anlagen ihre Bewährungsprobe in mehrjährigem Betrieb bestanden haben. Anhand von Beispielen installierter Anlagen wird das Anwendungsspektrum des enViro-cell-Verfahrens zur elektrochemischen Abwasserreinigung vorgestellt. Als neue Anwendung wird der Einsatz elektrochemischer Zellen zum Abbau von AOX diskutiert.

Summary

Electrochemical processes in the field of waste water treatment are being increasingly taken into consideration in the planning of entire facilities for the chemical industry as well as for the metal finishing treatment industry. This is helped by the fact that, in the meantime, industrial facilities have stood their test after several years of operation. The application spectrum of the enViro-cell process for electrochemical waste water purification is to be introduced with the help of the examples of installed facilities. The use of electrochemical cells for the decomposition of AOX will be introduced as a new application.

Résumé

Les processus électrochimiques dans le domaine du traitement des eaux d'égout sont de plus en plus pris en considération dans la conception d'installations complètes aussi bien dans l'industrie chimique que dans le domaine de l'industrie du traitement de la surface de métal.Le fait que les installations industrielles en service depuis plusieurs années aient, entre-temps, fait leurs preuves y contribue. Les possibilités d'utilisation de la méthode enViro-cell pour l'épuration électrochimique des eaux d'égout sont présentées à l'aide d'exemples d'installations déjà montées. L'utilisation des cellules électrochimiques en vue de la dégradation de AOX se présente comme nouveau domaine d'application.

1.Einleitung

Das Anwendungsspektrum elektrolytischer Prozesse in der Abwassertechnik hat sich in letzter Zeit erheblich erweitert. Nicht nur die kathodische Abscheidung von Schwermetallen, sondern auch die elektrolytische Behandlung von Anionen, Komplexbildnern und organischen Verbindungen kommt mittlerweile zum Einsatz. Im Sinne eines produktionsintegrierten Recyclings findet dabei nicht allein die Endkonzentration an Schadstoffen Interesse, sondern mindestens ebenso die Rückgewinnungsrate an wiederverwertbaren Stoffen innerhalb des Prozesses. Rückgewonnen werden neben Metallen z.B. EDTA, Ätzbäder, Chromsäure . Selbst eine elektrolytische Reinigung von Spülwässern aus Prozessen der Metalloberflächenbehandlung, die zu einer Mehrfachverwendung des Spülwassers führt, kann ein wichtiger Rückgewinnungsprozeß sein, wenn man die Kosten für Frischwasser bedenkt. Ein Einsatz der Elektrolyse zur Entgiftung wird angewandt für z.B. Cyanid, Chlorit, Chromat, CSB, EDTA, Kaliumpermanganat, Nitrit, Peroxid, Persulfat.

Unter AOX versteht man organische an Aktivkohle adsorbierbare Halogenverbindungen. Aufgrund ihrer toxischen, persistenten und mutagenen Eigenschaften sieht der Entwurf der 40. Abwasserverwaltungsvorschrift für AOX eine Mindestanforderung von 1 mg/l bzw. von 0,1 mg/l für leichtflüchtige CKW vor. Ergebnisse von Versuchen zum elektrolytischen Abbau werden vorgestellt.

2.Apparative Grundlagen

Abb.1 zeigt die bei der elektrolytischen Abwasserreinigung verwendeten

Zellsysteme. Diese Typen sind wie folgt gekennzeichnet:

Festbettzelle

Eine kathodisch geschaltete Schüttung aus Graphitgranulat wird von der metallhaltigen Lösung durchströmt, wobei sich das Metall auf den Graphitpartikeln abscheidet. Die erhöhte Elektrodenoberfläche im Zusammenhang mit der speziellen Konstruktion führt zu Auslaufkonzentrationen, die eine sichere Einhaltung der Abwassergrenzwerte gewährleisten /1-4/.

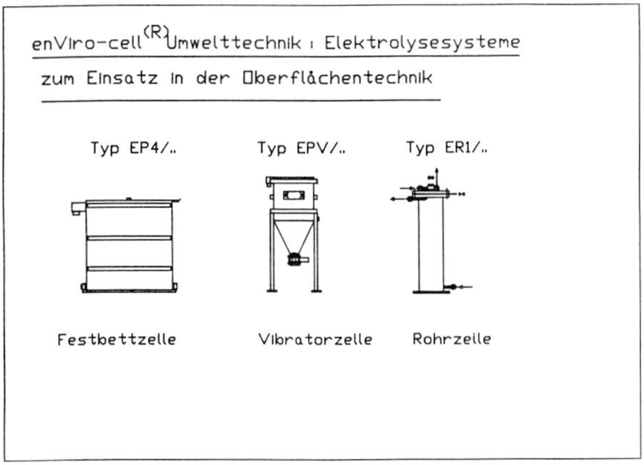

Abb.1 : Elektrolysezellen in der Abwassertechnik

Vibratorzelle

Diese Konstruktion ist eine ungeteilte Zelle mit Plattenelektroden, wobei die Vibration zu einer Erhöhung der Abscheidleistung führt. Die Zelle wird verwendet für höherkonzentrierte Lösungen, auch zur gleichzeitigen Cyanidoxidation.

Rohrzelle

Dieser Zelltyp enthält eine Stabelektrode und eine konzentrisch angeordnete Gegenelektrode. Zur Trennung der Elektrodenräume dient ein Keramikdiaphragma oder eine Ionenaustauschermembran.

3. Anwendungsbeispiele

3.1. Silberabscheidung aus cyanidhaltigen Lösungen

- Kombination Metallabscheidung + Cyanidoxidation -

Bei der Versilberung von elektronischen Zulieferteilen waren 3 Bäder mit folgenden Eintragsraten vorhanden :

1. Vorversilberungsbad : Volumen 150 l
   Eintrag in Standspüle : Ag^{+} 3 g/h
   CN^{-} 200 g/h

2. Versilberungsbad : Volumen 150 l
   Eintrag in Standspüle : Ag^{+} 270 g/h
   CN^{-} 132 g/h

3. Stripper Volumen 150 l
   Eintrag in Standspüle Ag+ 50 g/h
   CN- 100 g/h

Die Bäder waren jeweils mit 2 Standspülen und einer Fließspüle ausgestattet. Die Problemlösung bestand darin, parallel zur zweiten Standspüle eine Vibratorzelle einzusetzen, die auf den Eintrag an Ag^{+} und CN^{-} ausgelegt war (Abb.2).

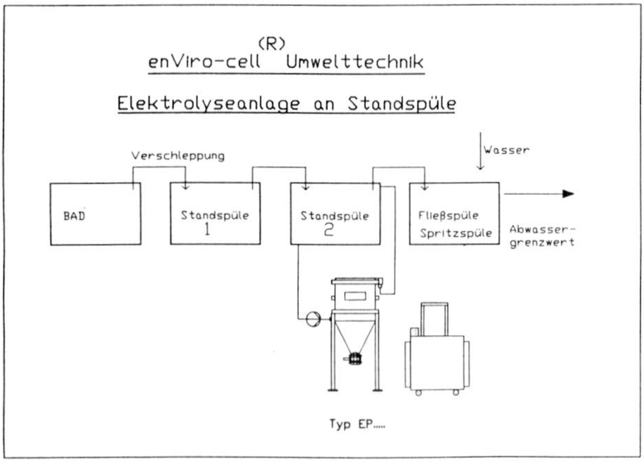

Abb.2 : Elektrolytische Abwasserbehandlung galvanischer Bäder

Die Konzentrationen in der Standspüle 2 werden auf so niedrigem Niveau gehalten, daß ausgangs der Spritzspüle die Abwassergrenzwerte von Ag^+ und CN^- sicher eingehalten werden.

3.2. Kupferabreicherung im Sauren
- Kombination Plattenelektrolyse + Festbettelektrolyse -

Bei einer Verkupferung fallen stündlich 108 l Elektrolyt mit einer Eingangskonzentration von 10 g/l an. Diese müssen vollkontinuierlich im Durchlauf bis auf eine Restkonzentration von 0,1 mg/l gereinigt werden. Die Lösung ist in Abb.3 gezeigt :

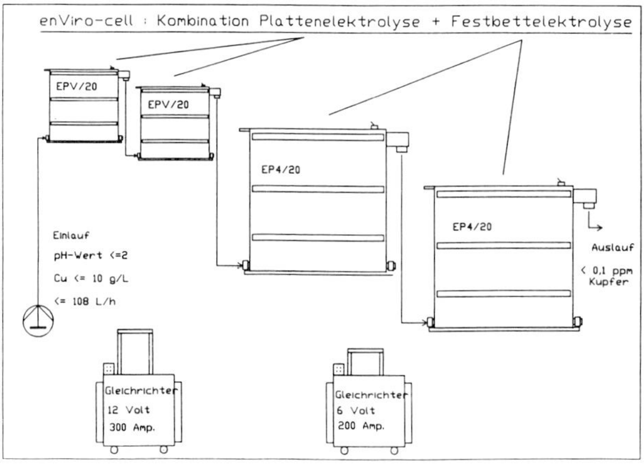

Abb.3 : Kombination Plattenelektrolyse + Festbettelektrolyse

Die Vorabreicherung geschieht in 2 Vibratorzellenstufen, die Endreinigung erfolgt in 2 Festbettzellenstufen. Die Elektrolyse-Betriebskosten für diese Anlage betragen 43 kWh/m^3, der Platzbedarf beträgt 12 m^2.

3.3. Festbettelektrolyseanlagen in der chemischen Industrie

Im Bereich der chemischen Großindustrie gibt es eine Vielzahl von Prozessen, die Schwermetalle z. B. als Katalysatoren enthalten. Die mit diesen Prozessen verbundenen Abwässer fallen in der Regel vollkontinuierlich an. Die jeweils gültigen Abwassergrenzwerte sind dauerhaft einzuhalten. Tab.1 beschreibt eine Auswahl dieser Prozesse mit den wichtigsten Parametern.

Anwendung	Metall	Durchfl.	Eingang	Ausgang	Energieverbrauch	Anodengröße
		l/h	ppm	ppm	kWh/m^3	m^2
Chlor-Alkali-Elektrolyse	Hg	3500	1	0,05	0,16	20
Prod. von Cellul.-Acetat	Cu	20000	20	1,9	0,08	40
Farbstoff-Produktion	Cu	6000	400	2,0	4,0	90
Farbstoff-Produktion	Hg	2000	4	0,05	2,5	15
Oxychlorierung (in Bau)	Cu	22000	6	0,5	0,15	40
Kunststoff-Vorprodukte (in Bau)	Cu	3000	50	0,5	1,8	26

Tab.1 : Industrielle Anwendungen der Festbettelektrolyse

4. Einsatz der Elektrolyse zum Abbau von AOX

In Zusammenarbeit mit dem Fraunhofer-Institut für Produktionstechnik und Automatisierung wurde ein zweijähriges Forschungsprojekt durchgeführt mit dem Ziel, die Verfahrensparameter für die elektrolytische Behandlung von AOX-haltigen Lösungen zu entwickeln. Als Testsubstanz wurde Tetrachlorethylen gewählt. Bei den pH-Werten 4 und 9 wurden jeweils in chloridhaltigen und chloridfreien Lösungen Versuche durchgeführt. Das Ergebnis war ein deutlicher kathodischer Per-Abbau. Nur im Kathodenraum einer geteilten Zelle konnte eine Zunahme der Chloridkonzentration gemessen werden /5/.

Ergebnisse anderer Arbeitsgruppen bestätigen den reduktiven Abbau anderer chlorierter Kohlenwasserstoffe /6/.

Die Ergebnisse eines Pilotversuchs zum AOX-Abbau zeigt Tab.2 . Ein Prozesswasser, das neben AOX noch Kupferspuren enthielt, wurde im Kathodenraum einer Festbettelektrolysezelle behandelt. Der AOX-Gehalt,

Pilotversuch zum AOX - Abbau
1. Batchversuch

Volumen : 120 l
Durchfluss : 250 l/h
pH - Wert : 10
Leitfähigkeit : › 200 mS/cm
Temperatur : 48 Grad C

t(h)	I(A)	U(V)	Cu(ppm)	AOX(ppm)
0	7	2,6	1,1	19,5
1,3	7,5	2,6	0,1	5,5
3,8	8	2,6	‹o,1	1,1

Zelltyp : Festbettelektrolyse

AOX ▪ Monochlorethan, Trichlorethan, Epichlorhydrin

Tab. 2 : 1. Pilotversuch zum AOX-Abbau

der sich aus Monochlorethan, Trichlorethan und Epichlorhydrin aufbaute, sank gleichzeitig mit der Konzentration an Kupfer, die einen katalytischen Effekt ausübte.

In einem zweiten Pilotversuch setzte sich der AOX-Wert aus Chloroform, Monochlorethan, Trichlorethan, Epichlorhydrin und Trichloracetaldehyd zusammen. Die Konzentration an Kupferionen betrug 30,8 ppm. Tab. 3 beschreibt die Ergebnisse dieses Versuchs : Die AOX-Konzentration sinkt gleichzeitig mit der Konzentration an Kupferionen. Wieder wurde die Lösung im Kathodenraum einer geteilten Festbettelektrolysezelle behandelt.

Pilotversuch zum AOX - Abbau
2. Batchversuch

Volumen : 120 l
Durchfluss : 250 l/h
pH - Wert : 10
Leitfähigkeit : › 200 mS/cm
Temperatur : 48 Grad C

t(h)	I(A)	U(V)	Cu(ppm)	AOX(ppm)
0	19,8	2,6	30,8	5,1
1,5	15,7	2,6	0,2	1,2
2,5	3,4	2,6	0,2	0,9

Zelltyp : Festbettelektrolyse

AOX = Chloroform,Monochlorethan
Trichlorethan, Epichlorhydrin
Trichloracetaldehyd

Tab. 3 : 2. Pilotversuch zum AOX-Abbau

Durch diese Behandlung in geteilten Zellen wird zum einen die Konzentration an Schwermetall gleichzeitig mit der von AOX gesenkt, zum anderen wird insbesondere bei chloridhaltigen Lösungen die Neubildung von AOX während der Elektrolyse durch anodische Chlor-Entwicklung sicher ausgeschlossen.

Literatur

/1/ G.Kreysa Chem.-Ing.-Tech.55(1983),S.23

/2/ K.J.Müller Galvanotechnik 74(1983)8,S.902

/3/ K.J.Müller, G.Kreysa Dechema-Monographien 98(1985)S.367

/4/ G.Kreysa Chem.-Ing.-Tech.62(1990),S.357

/5/ A.Gemmler,T.Bolch,K.Mertz W.Keller,K.J.Müller Metalloberfläche 44(1990) 3, S.109

/6/ D.Schmal, J.van Erkel, P.J.van Duin Electrochem.Eng.,The Inst.of Chem.Eng. Symposion Series No.98,April 1986

Wasserzersetzung an bipolaren Elektrodialyse-Membranen - Anwendung zur Reinigung von Säuren

R. Schein
QVF Glastechnik GmbH

D. Bar
Aquatech Systems

Zusammenfassung

Die Elektrodialyse mit bipolaren Membranen ermöglicht die Umkehrung der Neutralisationsreaktion. d.h. die Spaltung von Salzen in die jeweiligen Säuren und Laugen. Die klassische Anwendung dieses Verfahrens liegt daher in der Rückgewinnung dieser Wertstoffe aus produktionsbedingt anfallenden Salzen. Durch eine vereinfachte Anordnung der Membranen im ED-Stapel wird der Einsatzbereich erweitert auf die Reindarstellung von Säuren oder Laugen aus verunreinigten Rohlösungen.

Summary

Electrodialyses with bipolar membranes renders feasible the reversal of the neutralisation reaction, i. e. splitting of salts into the respective acids and bases. The classical application of this process is recovery of these values from salts as byproducts in industrial processes. By a simplified arrangement of membranes in the electrodialysis stack the field of application is enlarged onto the production of pure acids or bases from impure raw liquors.

Résumé

L'électrodialyse avec des membranes polaires permet l'inversion de la réaction de neutralisation, c'est-à-dire la scission des sels en leurs acides et lessives respectifs. L'application classique de cette méthode réside dans la récupération de ces matières précieuses à partir des sels résultant de la production. La disposition simplifiée des membranes dans la pile ED (électrodialyse) permet d'étendre l'application à la production d'acides ou de lessives purs à partir de solutions brutes impures.

1. Elektrodialyse

Ionentauser-Membranen sind nicht porös, ihre Wirkung beruht daher nicht auf einem Filtereffekt, sondern auf der elektrostatischen Abstoßung gleichnamiger Ladungen. Das Polymergerüst der Membran ist wie bei den gebräuchlichen Ionentauscher-Harzen mit elektrisch geladenen Molekülgruppen versehen, so daß zwischen diesen Endgruppen nur Gegen-Ionen passieren können und Co-Ionen zurückgehalten werden.

Abb. 1 zeigt die bei der konventionellen Elektrodialyse verwendeten Membrantypen: Kationentauscher-Membranen sind negativ geladen, stoßen daher Anionen ab und sind nur für Kationen permeabel, bei Anionentauscher-Membranen verhält es sich genau umgekehrt.

In der Abbildung ist zu erkennen, daß sowohl Kationen als auch Anionen aus der durch die beiden Membranen begrenzten Kammer entfernt werden, also eine Entsalzung der darin befindlichen Flüssigkeit stattfindet. Die treibende Kraft für den Prozeß ist ein elektrisches Gleichspannungsfeld, weshalb in der schematischen Abbildung auch die beiden Elektroden eingezeichnet sind. In der praktischen Ausführung befinden sich die Elektroden nur an den beiden Enden des aus vielen Membranpaaren bestehenden Stapelt.

Der Aufbau dieses Membranstapels (Abb. 2) ist ähnlich dem einer Filterpresse: Ausschnitte in den Membranen und Spacern (Abstandshaltern) bilden Kanäle längs des Stapels, der durch das Aufeinanderlegen bzw. Hintereinanderschalten dieser Einzelkomponenten entsteht. Die Spacer haben eine Öffnung in ihrer Mitte (und werden deshalb auch als Dichtrahmen bezeichnet) und zu zwei Strömungskanälen hin, so daß sie längs der Membran von Flüssigkeit aus einem Kanal durchströmt werden und die Flüssigkeit sich in einem zweiten Kanal sammelt. Der nächste Spacer ist seitenverkehrt eingebaut, daher fließt durch ihn die zweite Einsatzlösung völlig analog zur ersten. Insgesamt treten also zwei Einsatzlösungen in den Stapel ein, längs der Membranen findet der Stoffübergang statt, und zwei Produktströme verlassen den Stapel. Da alle Kammern parallel geschaltet sind, ist die Leistung einer solchen Anlage durch Hinzufügen weiterer Kammern praktisch beliebig zu steigern.

2. Prinzip der bipolaren Membran - Salzspaltung

Dabei handelt es sich um die unmittelbare Kombination einer Kationentauscher- mit einer Anionentauscher-Membran, so daß zwischen den beiden kein Elektrolyt fließt. Im "Zwischenraum" der beiden Membranhälften (die tatsächlich direkt aufeinander liegen) sind daher nur Ionen aus der Dissoziation des eindiffundierenden Wassers vorhanden (Abb. 3).

Diese Protonen und Hydroxyl-Ionen werden durch das angelegte Feld getrennt aus dem Membraninneren an die beiden Oberflächen gezogen, so daß sich daraus als Gesamteffekt die Wasserspaltung ergibt. Durch die geeignete Kombination dieser Wasserspaltung mit der oben genannten Entsalzung (die Kombination von bipolaren und monopolaren Membranen) gelangt man zur Salzspaltung.

In Abb. 4 ist das Funktionsprinzip der Elektrodialyse mit bipolaren Membranen gezeigt: eine Salzlösung fließt durch eine Kammer, die von monopolaren Membranen begrenzt ist. Aus ihr werden, wie bei der herkömmlichen Elektrodialyse, die Kationen und Anionen des Salzes entfernt und in getrennten Kammern aufgefangen, die an die bipolare Membran grenzen. Dort werden sie mit den Hydroxyl-Ionen bzw. Protonen zu Lauge und Säure ergänzt. So ergibt sich die Salzspaltung in der sogenannten Dreikammerzelle.

Die Idee, Salze in Säure und Base zu spalten, ist allerdings nicht neu und in Form der Elektrolyse (auch: Membran-Elektrolyse) schon lange verwirklicht. Der Einsatz von bipolaren Membranen bietet allerdings erhebliche Vorteile. Der Spannungsabfall an der bipolaren Membran ist durch das Wegfallen der an Elektroden immer auftretenden Überspannungen (Gasbildung!) erheblich geringer, was zu verringerten Energiekosten führt; außerdem ist für eine Vielzahl von Trennzellen nur ein einziges Elektrodenpaar erforderlich, was die Konstruktion vereinfacht und die Kosten für dimensionsstabiles Anodenmaterial gegen Null gehen läßt. Darüber hinaus können alle Salze, unabhängig von ihrer Stellung in der elektrochemischen Spannungsreihe, in Säure und Base gespalten werden, weil ja - anders als bei der Elektrolyse - keine Redoxreaktionen stattfinden (durch Elektrolyse kann man zwar aus Natriumsulfat Schwefelsäure erzeugen, nicht jedoch aus Kochsalz Salzsäure).

Im Hinblick auf die Zusammensetzung von Ausgangsmaterial und Produkten sind allerdings gewisse Ähnlichkeiten zur Membranelektrolyse gegeben, wie aus den in Tab. 1 angeführten Verfahrensrichtlinien hervorgeht. Dennoch ist der Einsatzbereich der Elektrodialyse mit bipolaren Membranen breit gefächert (Tab. 2).

3. Elektrodialytische Reinigung

Wie in Tab. 2 angeführt, läßt sich die Elektrodialyse mit bipolaren Membranen auch zur Reinigung von Laugen und Säuren einsetzen (auch die Darstellung von organischen Säuren aus ihren Salzen kann man so auffassen).

Durch Weglassen eines monopolaren Membrantyps gelangt man zur Zweikammerzelle. Bei der Reinigung von salzhaltiger Säure (Abb. 5) werden über eine Anionentauscher-Membran die Säure-Anionen aus der Rohlösungskammer gezogen und die verbleibenden Protonen durch an der bipolaren Membran generierte Hydroxylionen neutralisiert. Die gleichzeitig in der Säurekammer entstehenden Protonen ergänzen die Anionen zu reiner freier Säure, deren Konzentration höher eingestellt werden kann als in der Rohlösung gegeben. Die Säure-Ausbeute ist lediglich dadurch begrenzt, daß die verbleibende Salzlösung den Hydrolyse-pH der Metallhydroxide nicht erreichen darf. Die Ausgangslösung kann somit wesentlich höhere Gehalte an polyvalenten Kationen aufweisen (in der Regel einige g/l) als sonst in der Bipolar-Technik üblich.

In einer Zweikammerzelle mit Kationentauscher-Membranen kann analog Lauge gereinigt und aufkonzentriert werden (Abb. 6).

In einer Reihe von Laborversuchen mit verschiedenen salzhaltigen Säuren und Laugen wurden Produkt-Rückgewinnungsraten von 80 % (hohe Konzentrationen hydrolyse-empfindlicher Metallsalze) bis 100 % (Alkalisalze, Laugen) bei gleichzeitiger Salzrückhaltung von 99 % erzielt (Tab. 3).

Diese Werte zeigen, daß hier im Ergebnis die jeweiligen Vorteile der konkurrierenden Verfahren kombiniert und deren Nachteile eliminiert werden (Dialyse: hohe Selektivität bei mäßiger bis guter Säurerückgewinnung, Retardation: hohe Rückgewinnung bei schlechter Selektivität). Die Zellspannung liegt im Bereich der konventionellen Elektrodialyse. Zusammen mit einer Lebensdauer der Membranen von ca. 12.000 Betriebsstunden ist so auch der kostengünstige Betrieb gewährleistet.

3.1 Verfahrensbeispiel

Beim Recycling von Blei-Akkus fällt Altsäure an (typische Zusammensetzung: ca. 18 % H2SO4, 0,25-0,4 g/l Fe, 0,15-0,3 g/l Ca, 70-100 ppm Cd, 30-40 ppm Zn, Co, As je 10-20 ppm). Da die Metallgehalte zu hoch für eine Wiederverwendung der Säure sind, wird sie zur Entsorgung mit Kalkmilch neutralisiert, wobei mit Schwermetallen verunreinigter Gips als Sondermüll anfällt. Durch das Verfahren nach Abb. 7 wird die Schwefelsäure in wiederverwendbarer Reinheit zurückgewonnen, d. h. 15-20 % H2SO4, Metalle im ppm-Bereich (die im Versuch nach Tab. 3 erzielte geringere Selektivität von 97 % ist auf die in diesem Experiment eingestellte ungewöhnlich niedrige Stromdichte von 87 mA/cm2 zurückzuführen), die Schwermetalle werden mit geringen Mengen NaOH neutralisiert und als konzentrierter Hydroxidschlamm entsorgt.

4. Schlußbetrachtung

Als Alternative zur Salzspaltung durch Membran-Elektrolyse hat die Elektrodialyse mit bipolaren Membranen in der Dreikammer-Anordnung eine Reihe von Vorzügen: geringer Energieverbrauch (Zellspannung), Unabhängigkeit von der Spannungsreihe (keine Produktion von Chlor), einfache und preiswerte Bauweise (keine Metall-Elektroden). Neu ist der Einsatz der Zweikammer-Zelle zur Reinigung von Säuren und Laugen, der im Vergleich zu Diffusionsdialyse und Retardation hervorragende Selektivität und Ausbeute gewährleistet und überdies die Möglichkeit der Aufkonzentrierung bietet. Im Interesse der Minimierung von flüssigen und festen Abfällen werden daher intelligente Recyclingverfahren verstärkt auf diese Möglichkeiten zurückgreifen.

Tab. 1 Verfahrensrichtlinien für die Elektrodialyse mit bipolaren Membranen

Salzfeed:	Lösliche Salze	
	Keine Feststoffe	
	Leitfähigkeit > 35 mS/cm	
	Metall-Verunreinigungen (Ca, Mg, Fe etc.) < 2 ppm	
	Minimale Anteile hochmolekularer Organika	
Produktsäure:	Ausreichende Löslichkeit bei niedrigem pH	
	Typische Konzentration:	
	Starke Säuren	ca. 1 n
	H_2SO_4	ca. 2 n
	Schwache Säuren	ca. 3-6 n
	SO_2, CO_2, H_2S	> 95 %
Produktlauge:	Typische Konzentration:	
	NaOH, KOH, Na_2CO_3, K_2CO_3, Na_2SO_3	ca. 3-6 n
Allgemeines:	Temperatur max. 50°C	
	Keine oxidierenden Stoffe	
	Stromdichte:	0,5-1,5 kA/m^2
	Zellspannung:	1,3-1,9 V (2 Kammer)
		1,6-2,5 V (3 Kammer)
	Membran-Standzeit:	ca. 1 Jahr

Tab. 2 Einsatzbereiche der Elektrodialyse mit bipolaren Membranen

Spaltung von Salzen in Säure und Lauge
z.B. Na_2SO_4 (Rayon, organische Synthesen)
NaCl (Ionentauscher-Regeneration

Rückgewinnung von:
NH_3 aus Ammoniumsalzen
HF aus Fluoridsalzen, Hexafluorosilikat

Darstellung organischer Säuren aus deren Salzen (Fermentationsbrühen)

Rauchgasentschwefelung

Totalregeneration von Edelstahlbeizen

Reinigung von Säuren und Laugen

Tab. 3 **Versuchsergebnisse**

System H_2SO_4 (Eloxalbad)

Rohlösung			
Anfangskonzentration		4,7	n
Verunreinigungen	Fe	280	ppm
	Mn	290	ppm
	Al	3200	ppm
Endkonzentration		0,56	n
Produkt			
Endkonzentration		3,65	n
Verunreinigungen	Fe	5	ppm
	Mn	5	ppm
	Al	25	ppm
Stromdichte		1090	A/m^2
Produktausbeute		90	%
Metallrückhaltung		99	%

System H_2SO_4 (Alt-Batteriesäure)

Rohlösung				
Anfangskonzentration			4,15	n
Verunreinigungen		Cd	42	ppm
		Fe	221	ppm
		Ca	68	ppm
Endkonzentration			0,95	n
Produkt				
Endkonzentration			3,47	n
Verunreinigungen		Cd	1,4	ppm
		Fe	5,8	ppm
		Ca	4	ppm
Stromdichte			870	A/m^2
Produktausbeute			83	%
Metallrückhaltung			97	%

System NaOH

Rohlösung			
Anfangskonzentration		1,82	n
Verunreinigungen	NaCl	29000	ppm
Endkonzentration		0	n
Produkt			
Endkonzentration		2,76	n
Verunreinigungen	NaCl	470	ppm
Stromdichte		1090	A/m^2
Produktausbeute		100	%
Metallrückhaltung		> 99	%

System NaOH (aus Ni/Cd-Akku Produktion)

Rohlösung			
Anfangskonzentration		4,92	n
Verunreinigungen	$NaNO_3$	220000	ppm
	B	17	ppm
	Si	13	ppm
	Cd	7	ppm
Endkonzentration		0	n
Produkt			
Endkonzentration		3,93	n
Verunreinigungen	$NaNO_3$	1700	ppm
Stromdichte		1090	A/m^2
Produktausbeute		100	%
Metallrückhaltung		> 99	%

System H_2SO_4 (aus Seltenerd-Rückgewinnung)

Rohlösung			
Anfangskonzentration		3,8	n
Verunreinigungen	y	218	ppm
Endkonzentration		0,94	n
Produkt			
Endkonzentration		3,8	n
Verunreinigungen	y	5,4	ppm
Stromdichte		109	A/m^2
Produktausbeute		80	%
Metallrückhaltung		99	%

System HNO_3 (Raffinat aus Extraktion)

Rohlösung			
Anfangskonzentration		3,26	n
Verunreinigungen	Al	739	ppm
	Fe	900	ppm
	Mg	130	ppm
	Ca	420	ppm
	Ni	40	ppm
	Mn	34	ppm
	Cu	25	ppm
Endkonzentration		0,2	n
Produkt			
Endkonzentration		2,51	n
Verunreinigungen	Al	0,4	ppm
	Fe	0,8	ppm
	Mg	0,2	ppm
	Ca	0,8	ppm
	Ni	0,7	ppm
	Mn	0,1	ppm
	Cu	0,1	ppm
Stromdichte		1090	A/m^2
Produktausbeute		> 85	%
Metallrückhaltung		> 99	%

12.12.90
RS-hi

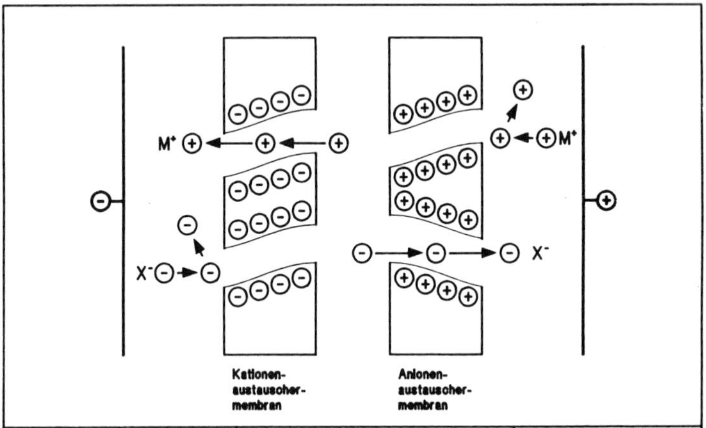

QVF GLASTECHNIK GMBH | Ionenaustauschermembranen | Abb. 1

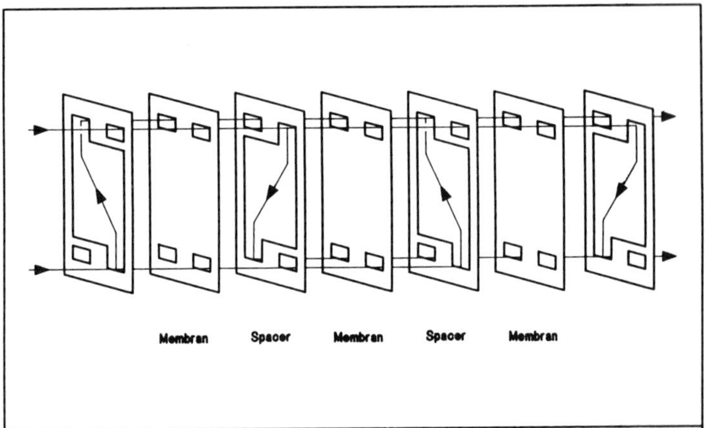

QVF GLASTECHNIK GMBH | Membranstapel | Abb. 2

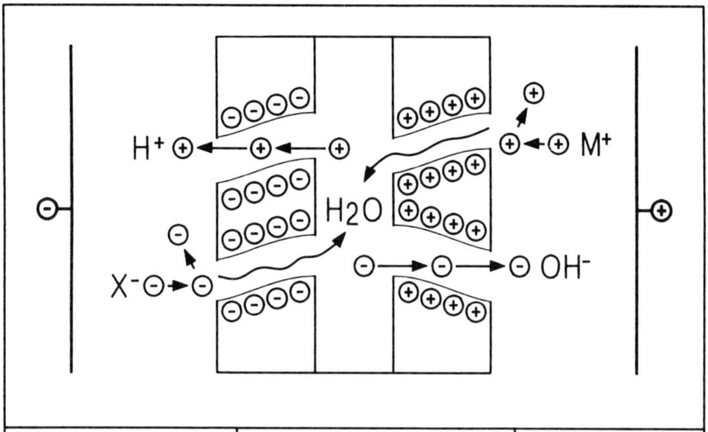

QVF GLASTECHNIK GMBH | Bipolare Membran | **Abb. 3**

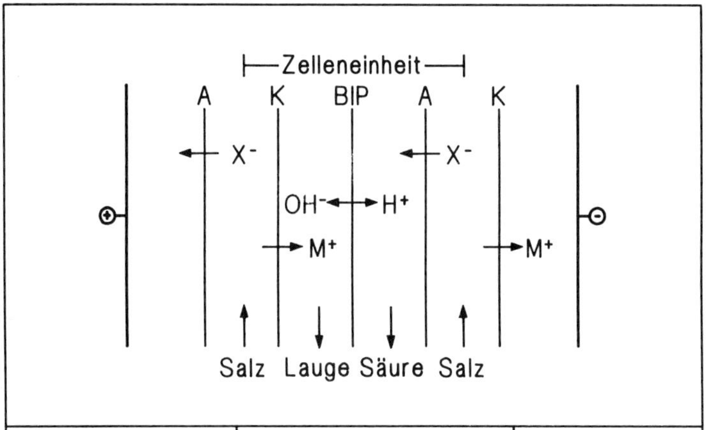

QVF GLASTECHNIK GMBH | Salzspaltung | **Abb. 4**

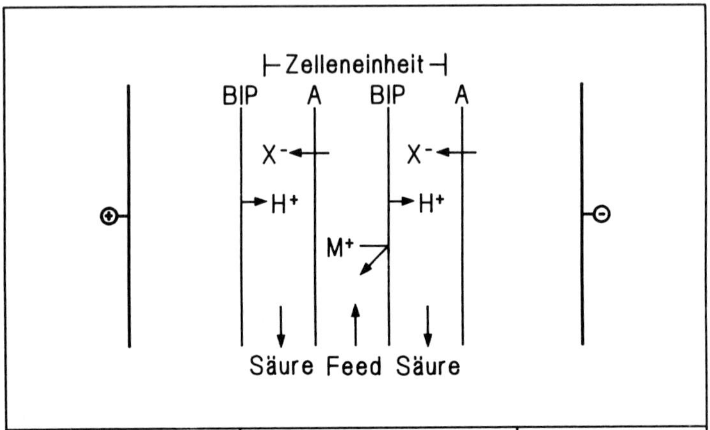

QVF GLASTECHNIK GMBH | Säurereinigung | Abb. 5

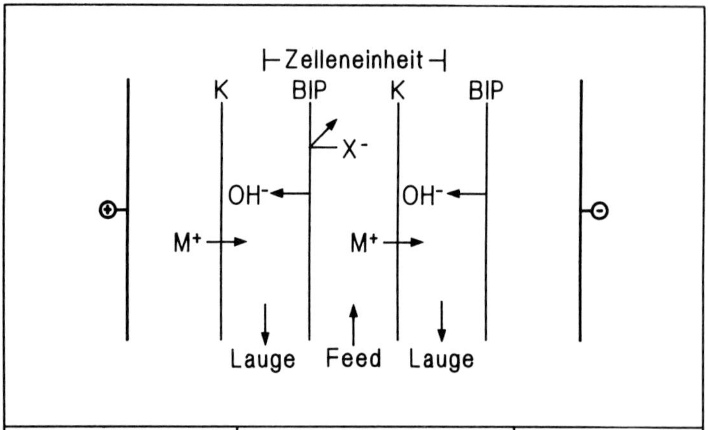

QVF GLASTECHNIK GMBH | Laugereinigung | Abb. 6

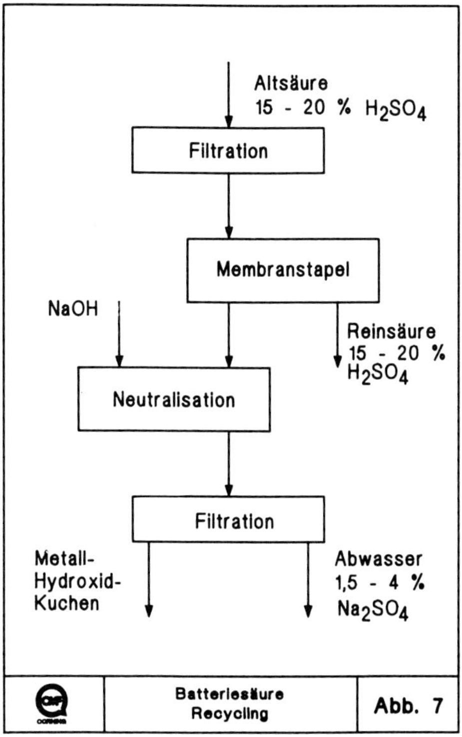
Altsäure
15 - 20 % H_2SO_4
Filtration
Membranstapel
NaOH
Reinsäure
15 - 20 %
H_2SO_4
Neutralisation
Filtration
Metall-
Hydroxid-
Kuchen
Abwasser
1,5 - 4 %
Na_2SO_4
Batteriesäure
Recycling
Abb. 7

Literatur

/1/ K. Nagrasubramanian, F. P. Chlanda und K. J. Liu, J. Memb. Sci. 2(2), 109, 1977

/2/ K. N. Mani, F. P. Chlanda und C. H. Byszewski, "AQUATECH Membrane Technology for Recovery of Acid/Base Values from Salz Streams", Desalination, 68, 149-166, (1988)

/3/ F. P. Chlande, Y. C. Chiao und K. N. Mani, "Water Splitting Efficiency of Bipolar Membranes,AIChE Symposium, Series 84, No. 261, 64 (1988)

Photoelektrochemie an Halbleitern

Ladungstransferprozesse an Halbleiterteilchen

K. Wolff, B. R. Müller, D. Bahnemann, D. Meissner
Institut für Solarenergieforschung GmbH, Hannover

Zusammenfassung

Die photoelektrochemische Oxidation von Ethanol an ZnS - Teilchen unterschiedlicher Größe und die Oxidation von Acetat an TiO_2 - Teilchen wurden bei verschiedenen pH Werten untersucht. An relativ großen ZnS - Teilchen (2 µm) entsteht nur Acetaldehyd als Oxidationsprodukt, während an sehr kleinen Teilchen (3 nm) Acetaldehyd und Butandiol gebildet werden. Dieser unterschiedliche Reaktionsverlauf läßt sich erklären, wenn angenommen wird, daß die Oxidation an großen ZnS - Teilchen über einen 2-Elektronen-Prozeß verläuft, an kleinen Teilchen dagegen über einen 1-Elektron-Prozeß. Weiter werden für den Abbau von Acetat in wässrigen, sauerstoffgesättigten TiO_2-Suspensionen verschiedene Reaktionswege für die Oxidation an der Halbleiter/Wasser - Grenzfläche diskutiert: direkte Oxidation durch Löcher bzw. Angriff durch intermediär gebildete OH-Radikale. Die Analyse der stabilen Primärprodukte bei verschiedenen pH-Werten deutet in alkalischer Lösung auf eine Reaktionsbeteiligung von OH-Radikalen.

Summary

The reaction mechanism of the photoelectrochemical oxidation of ethanol at ZnS - particles of different sizes and the oxidation of acetate at TiO_2 - particles were investigated at different pH - values. The oxidation of ethanol on 2 µm diameter ZnS - particles leads to the oxidation product acetaldehyde, by using ultra - small ZnS - particles (3 nm) two oxidation products acetaldehyde and 2,3-butanediol were detected. Based on these results we postulate two different reaction mechanisms of alcohol oxidation at large and small ZnS - particles, respectively. We

Résumé

L'oxydation photo-électrochimique d'éthanol sur des particules de ZnS de différentes tailles et l'oxydation d'acétate sur des particules de TiO_2 ont été analysées à différents pH. Sur les particules de ZnS relativement grosses (2 µm), seul de l'acétaldéhyde se forme comme produit d'oxydation tandis que de l'acétaldéhyde et du butandiol sont obtenus sur les très petites particules (3 nm). Cette différence de réaction peut être expliquée lorsqu'il est supposé que l'oxydation sur des grosses particules de ZnS se déroule par un procédé à 2 électrons alors qu'un procédé à 1 électron intervient pour les petites particules. D'autre part, diverses voies de réaction pour l'oxydation sur l'interface semi-conducteur/eau sont abordées pour la dégradation de l'acétate dans des suspensions de TiO_2 aqueuses et saturées à l'oxygène: oxydation directe par des trous ou une attaque par des radicaux OH formés de manière intermédiaire. L'analyse des produits primaires stables lors de différents pH tend à prouver une participation des radicaux OH à la réaction en solution alcaline.

assume that the oxidation reaction on large particles proceeds via a two, whilst on small particle via a one hole process. Furthermore, different reaction pathways for oxidation processes at the semiconductor/water interface are proposed for the degradation of acetate in aqueous, oxygen saturated TiO_2 - suspensions: direct oxidation by holes or an attack by intermediary OH - radicals. The detection of oxidation products at various pH - values demontrates a participation of OH - radicals in alkaline solutions.

1. Einführung

Photoelektrochemische Reaktionen lassen sich nicht nur an Halbleiterelektroden durchführen, sondern auch an Halbleiterteilchen, die suspendiert im Elektrolyten vorliegen. Bei Bestrahlung der Suspension mit Licht geeigneter Wellenlänge werden im Halbleiterteilchen zusätzliche Ladungsträger erzeugt (Elektronen und Löcher), die an der Halbleiter/Elektrolyt - Grenzfläche elektrochemische Reaktionen auslösen können. An den Teilchen laufen dann Oxidations- und Reduktionsprozesse simultan ab. In dieser Arbeit wird der an Halbleiterteilchen ablaufende anodische Teilprozeß untersucht. Dabei sind folgende Fragestellungen für uns von besonderem Interesse:

a. Welchen Einfluß hat die Größe von Halbleiterteilchen auf elektrochemische Reaktionen ?
b. Verlaufen Oxidationsreaktionen von organischen Verbindungen an Halbleiterteilchen direkt über Defektelektronen oder über intermediär gebildete OH-Radikale ?

Wir untersuchen solche Redoxreaktionen, die über reaktive Zwischenstufen (Radikale) verlaufen und bei Weiterreaktion stabile Oxidationsprodukte ergeben. Diese werden von uns quantitativ bestimmt.

2. Ergebnisse und Diskussion zu Fragestellung a

In diesem Teil wird der Einfluß der Partikelgröße auf elektrochemische Reaktionen an Halbleiterteilchen beschrieben. Als Modellsubstanz dient Ethanol, welches an ZnS - Kolloiden (Teilchendurchmesser: ca. 3 nm) und an größeren ZnS - Teilchen (Teilchendurchmesser: ca. 2 µm) oxidiert wird. Bei Bestrahlung der suspendierten Teilchen mit Licht werden zusätzliche Ladungsträger erzeugt. Die Zahl der pro Zeiteinheit und Teilchen erzeugten Elektron/Loch - Paare ist bei gegebener Bestrahlungsintensität vom Absorptionsquerschnitt der Teilchen und damit vom Teilchenradius abhängig. Das Zeitintervall zwischen der Absorption zweier Photonen in einem Teilchen läßt sich anhand eines Modells berechnen. Bei einem Fluß von 10^{17} Photonen cm^{-2} und s^{-1} beträgt die Zeit bis zur Absorption eines zweiten Photons für ein 3 nm Teilchen etwa 20 ms, für ein Teilchen mit einem Durchmesser von 2 µm dagegen nur etwa 0.3 ns.

Bei der Oxidation von Ethanol an ZnS - Teilchen entstehen je nach Partikelgröße unterschiedliche Reaktionspodukte: An großen Teilchen wird nur Acetaldehyd als Oxidationsprodukt gebildet (Bild 2), während an kolloidalem ZnS Acetaldehyd und 2,3 - Butandiol entstehen (Bild 1).

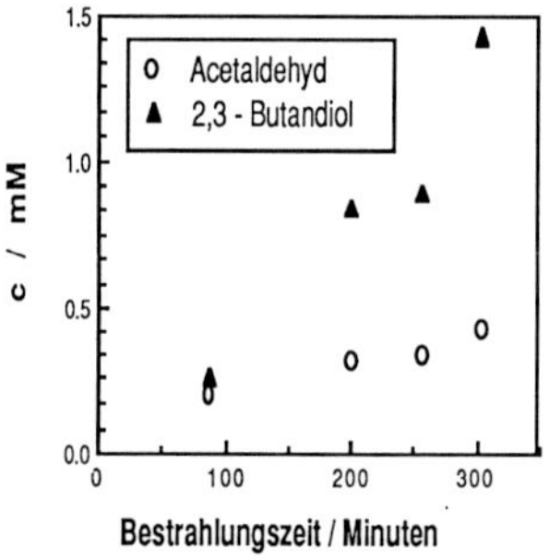

Bild 1: Bildung von Acetaldehyd und 2,3-Butandiol an kleinen Zinksulfidteilchen

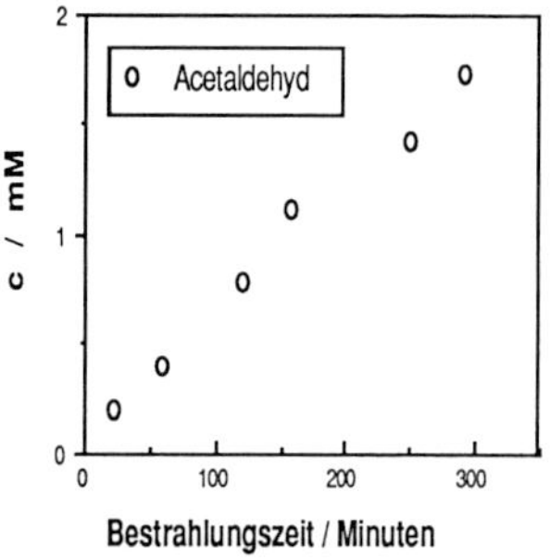

Bild 2: Bildung von Acetaldehyd an großen Zinksulfidteilchen

Zur Erklärung des experimentellen Befundes werden zwei Reaktionsmechanismen vorgeschlagen:

Mechanismus I: Alkoholoxidation an kolloidalem ZnS
Durch einen 1-Loch-Prozeß wird der Alkohol partiell oxidiert und es entsteht intermediär ein Hydroxyethylradikal. Die Bildung eines zweiten Lochs in einem 3 nm - Teilchen erfolgt aber erst nach ca. 20 ms, sodaß ein mit normaler Geschwindigkeit diffundierendes Radikal (Diffusionskoeffizient $D = 10^{-5}$ $cm^2 s^{-1}$) in dieser Zeit im Mittel eine Wegstrecke von 4,5 µm zurückgelegt haben kann (mittleres Verschiebungsquadrat). Die Weiterreaktion des Radikals geschieht dann im Elektrolyten und nicht auf der Halbleiterober-

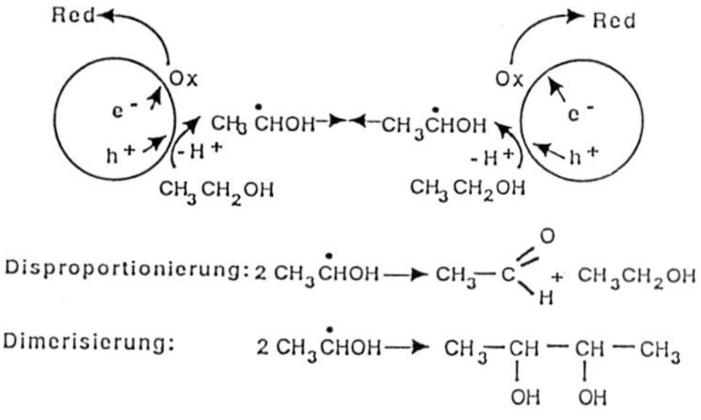

Bild 3: Mechanismus der Bildung von Acetaldehyd und 2,3-Butandiol an kleinen Zinksulfidteilchen

fläche. Durch Dimerisierung zweier Hydroxyethylradikale wird 2,3-Butandiol und durch Disproportionierung Acetaldehyd gebildet, die experimentell nachgewiesen werden. Dieser Mechanismus wurde auch von Henglein et al. postuliert /1/.

Mechanismus 2: Alkoholoxidation an großen ZnS - Teilchen
Das Zeitintervall zwischen der Absorption zweier Photonen in einem 2 µm Teilchen beträgt nur ca. 0.3 ns, d.h. bei einem großen Teilchen wird durch Lichtabsorption sehr schnell ein zweites Loch gebildet. Das primär gebildete Hydroxyethylradikal ist nicht in der Lage, in den Elektrolyten zu diffundieren, sondern verbleibt an der Oberfläche des Halbleiters und reagiert dort sofort mit dem weiteren Loch zu Acetaldehyd. Eine Diolbildung wird daher nicht beobachtet.

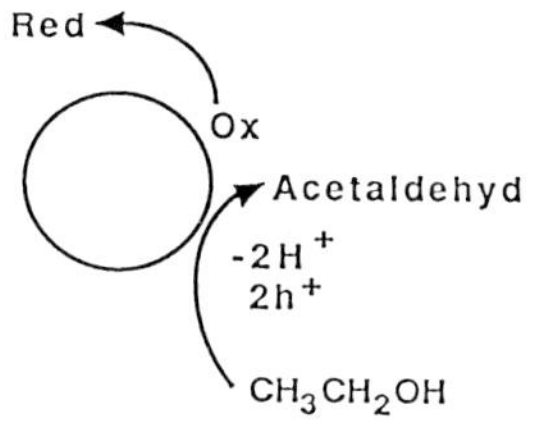

Bild 4: Mechanismus der Bildung von Acetaldehyd an großen Zinksulfidteilchen

In diesen Versuchen wird die direkte photochemische Reaktion von Acetaldehyd in Ethanol zu 2,3- Butandiol durch Verwendung eines 320 nm Kantenfilters ausgeschlossen.

3. Ergebnisse und Diskussion zu Fragestellung b

Bei der Umsetzung von organischen Substanzen in bestrahlten ($\lambda_{ex} \geq 320$nm), wässrigen Titandioxid-Suspensionen wird oft die Beteiligung von OH-Radikalen diskutiert /2/. Bei diesem Halbleiter ist die Bandlücke groß. Das Oxidationspotential der Löcher im Valenzband liegt dabei sehr anodisch (ca. +3.0 V bzgl. NHE), die Oxidation von Wasser oder OH-Gruppen an der Oberfläche des Halbleiters zu OH-Radikalen ist thermodynamisch möglich.

Als Modellsystem untersuchen wir die gezielte Umsetzung von Acetatmolekülen an Titandioxidteilchen (P25; Fa. Degussa) in wässriger, sauerstoffgesättigter Lösung. Nach Messungen in homogener wässriger Lösung ist erwiesen, daß einfache aliphatische Carbonsäuren von OH-Radikalen an der Alkylgruppe unter Wasserstoffabstraktion angegriffen werden. Für die Umsetzung von Acetat in wässriger Lösung ist der weitere Reaktionsverlauf bei Sauerstoffsättigung bereits gut bekannt/3/. Dabei bilden sich über mehrere schnelle Reaktionsschritte neben weiteren folgende Primärprodukte: **Wasserstoffperoxid**, **Kohlendioxid**, **Formaldehyd**, **Glyoxylsäure** und **Glycolsäure**.

Die direkte elektrochemische Oxidation (Kolbe-Mechanismus) von Acetat dagegen führt über Decarboxylierung zum Methylradikal. Die weiteren Umsetzungen dieses Radikals in **homogener** Lösung wurden ebenfalls schon untersucht /4/, das nachgewiesene Spektrum der Reaktionsprodukte führt folgende Substanzen auf: **Was-**

serstoffperoxid, Methylperoxid, Formaldehyd, Methanol und **Formiat.** Wir gehen davon aus, daß eine genaue Analyse der gebildeten stabilen Primärprodukte bei der Oxidation von Acetat in einer wässrigen Titandioxidsuspension unter Belichtung Rückschlüsse auf den Reaktionsmechanismus zuläßt.

Einen entscheidenden Einfluß nicht nur auf die Abbaurate des Acetats sondern auch auf Art und Konzentration der Produkte hat der pH-Wert der bestrahlten Lösung. Nur in alkalischer Lösung können Glyoxylat und Glycolat neben Formiat nachgewiesen werden (s. Abb. 5). Dies wird als Nachweis für einen Mechanismus gewertet, bei dem OH-Radikale mit zum Abbau beitragen. In neutraler oder saurer Lösung wird dagegen nur Formiat nachgewiesen (Nachweisgrenze für die organischen Säuren: 2µM; s. Abb. 6).

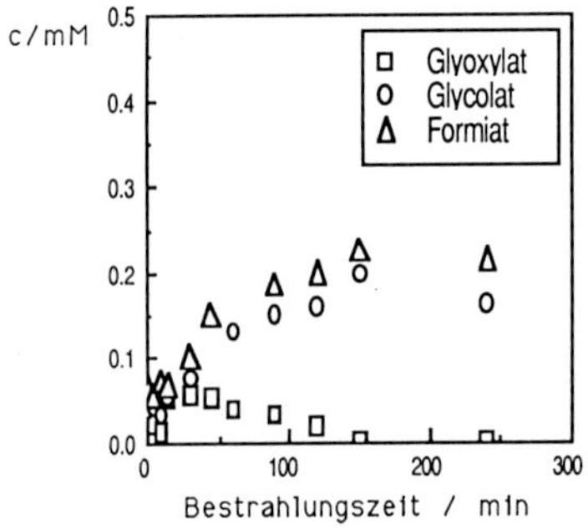

Bild 5: Produktbildung bei der Oxidation von 10 mM Natriumacetat an 0.5 g/l P25 bei pH: 10.6; T=konst. = 298 K, Abbaurate des Acetats: $7.3*10^{-8}$ Ms^{-1}

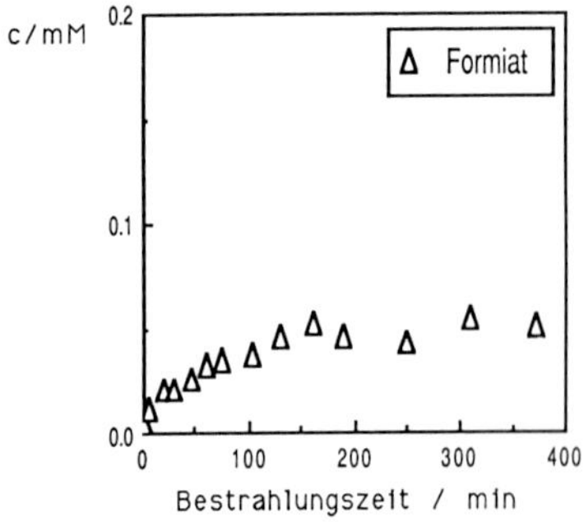

Bild 6: Produktbildung bei der Oxidation von 10 mM Natriumacetat an 0.5 g/l P25 bei pH: 3.0; T=konst. = 298 K, Abbaurate des Acetats: $1.3*10^{-8}$ Ms^{-1}

Unter vergleichbaren Bedingungen wird ebenfalls der Abbau von Glycolat und Glyoxylat untersucht. Bei der Untersuchung des Abbaus von Glycolat und Glyoxylat wird ebenfalls Formiat als Hauptproduktgefunden. Dies erklärt gut, daß bei allen Bestrahlungsexperimenten Formiat das Hauptprodukt ist.

Literaturangaben:

/1/ A.Henglein,M.Gutierrez,C.Fischer: Ber.Bunsenges.Phys.Chem.88(1984), 170
/2/ C. S. Turchi, D. F. Ollis: J. Catalysis 122 (1990), 178
/3/ C. v. Sonntag et al.: Z. Naturforsch. 40b (1985), 215
/4/ C. v. Sonntag, H.-P. Schuchmann.: Z. Naturforsch. 39b (1984), 217

Charakterisierung photoelektrochemischer Zellen mittels der Impedanzspektroskopie

I. Uhlendorf, B. Kastening*, R. Reineke, D. Meissner, R. Memming
Institut für Solarenergieforschung (ISFH), Hannover
*Institut für Physikalische Chemie der Universität, Hamburg

Zusammenfassung

Die anodische Auflösung von p-GaAs und die Oxidation von Cu^+ werden mit Hilfe der Impedanzspektroskopie untersucht. Es wird gezeigt, daß nicht nur kinetische Parameter und die Warburgimpedanz auch an Halbleiterelektroden bestimmt werden können, sondern auch, daß die Bestimmung des Flachbandpotentials bei potentialabhängigen Strömen möglich ist.

Summary

The anodic decomposition of p-GaAs and the oxidation of Cu^+ was investigated by impedance spectroscopy. It was shown that kinetical parameters and the Warburg impedance can be determined at semiconductor electrodes too and it is possible to measure the flat band potential even if potential dependent currents flow.

Résumé

La décomposition anodique de p-GaAs et l'oxydation de Cu_+ sont analysées à l'aide de la spectroscopie à impédance. Il est démontré qu'il est non seulement possible de déterminer les paramètres cinétiques et l'impedance de Warburg sur des électrodes à semi-conducteurs mais que le potentiel de bande plate lors de courants dépendant du potentiel peut également être défini.

Einführung

Mit der Impedanzspektroskopie steht ein vielseitiges analytisches Werkzeug zur Charakterisierung elektrochemischer Systeme zur Verfügung. Bei der Untersuchung von Metallelektroden ist sie seit langem eine etablierte Methode. Auch bei Halbleiterelektroden stellt ihr Einsatz eine Möglichkeit der Ergänzung und Erweiterung klassischer Untersuchungsmethoden dar. Große Bedeutung kommt der Wechselstrommessung an Halbleiterelektroden bei der Bestimmung des Flachbandpotentials im Rahmen von Mott-Schottky Messungen zu. Diese Messungen werden im Sperrbereich der Elektroden im Bereich potentialunabhängiger Ströme durchgeführt. Ziel dieser Arbeit ist es insbesondere, Messungen auch bei potentialabhängigen Strömen durchzuführen. Es sollen sowohl das Flachbandpotential unter diesen Bedingungen bestimmt, als auch die Faradayschen Prozesse charakterisiert werden. Gezeigt werden Impedanzmessungen an p-GaAs-Elektroden über einen weiten Frequenz- und Potentialbereich. Es werden Modelle in Form von Ersatzschaltbildern vorgestellt, mit denen sich die gezeigten Spektren im Rahmen der Meßgenauigkeit beschreiben lassen. Aus dem Modell und den Messungen werden mit Hilfe eines nicht linearen Fitverfahrens (CNLS) die Kenngrößen der untersuchten Systeme, zu denen neben dem Flachbandpotential auch kinetische Parameter von Redoxreaktionen gehören, bestimmt.

Impedanzmessungen an p-GaAs

Bei der Reaktion des $Cu^{2+/+}$-Redoxsystems in 6 N HCl an p-GaAs-Elektroden handelt es sich um eine reine Valenzbandreaktion. Der Einfluß von Minoritätsladungsträgern kann im Dunkeln ausgeschlossen werden. Analog der Theorie für Metallelektroden wird die Redoxreaktion durch einen Durchtrittswiderstand und eine Warburgimpedanz beschrieben. Das vollständige Ersatzschaltbild enthält zusätzlich die im gleichen Potentialbereich stattfindende anodische Oxidation des Halbleiters als Faradayschen Prozeß und die Raumladungskapazität. In Abb. 1 ist das Impedanzspektrum einer ruhenden p-GaAs Elektrode gezeigt. Die Auswertung erfolgt nach dem Ersatzschaltbild in Abb.2.

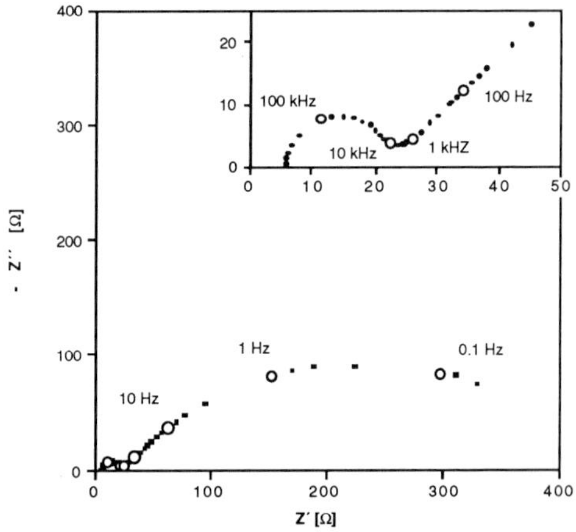

Abb. 1

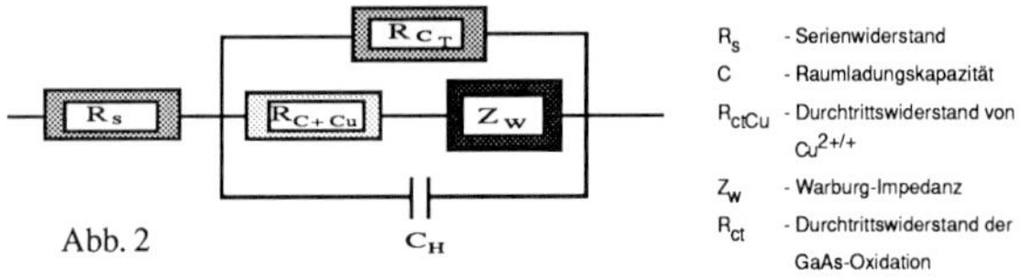

Abb. 2

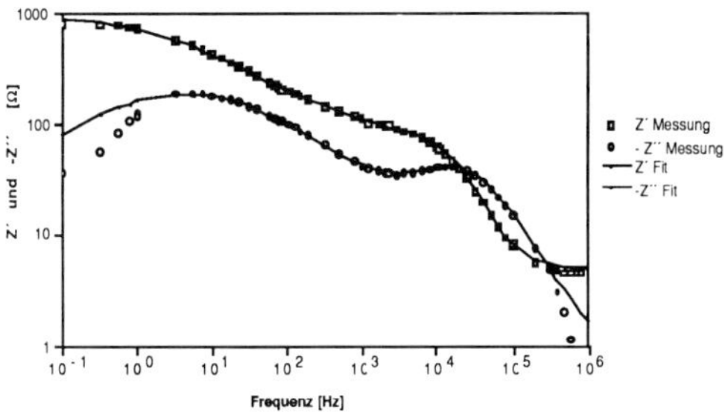

Abb. 3

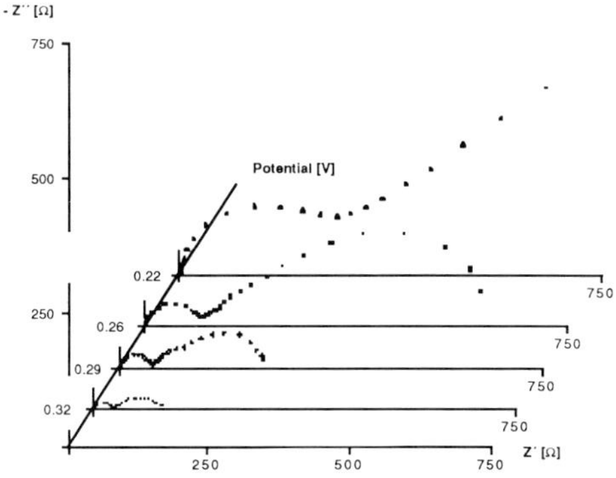

Abb. 4

Das Impedanzspektrum zeigt im hochfrequenten Teil (s. Ausschnitt) einen Halbkreis, der durch den Durchtrittswiderstand der Cu^+-Oxidation (R_{ctCu})und die Raumladungskapazität (C_{sc}) verursacht ist. Er geht zu niedrigen Frequenzen in eine Gerade mit 45° Winkel zur Abzisse über, die typisch ist für die Warburgimpedanz (Z_W) einer ruhenden Elektrode. Bei noch niedrigeren Frequenzen führt die Oxidation des Halbleiters (R_{ct}) zu einer Abweichung von der Geraden. In Abb.3 sind der Fit und die in Abb.1 dargestellte Messung gemeinsam aufgetragen. Schon optisch ist die gute Übereinstimmung zu erkennen. Eine genauere Analyse zeigt, daß im Bereich zwischen 5 Hz und 1 MHz Fit und Messung im Rahmen der Meßgenauigkeit übereinstimmen.

Das Impedanzspektrum von p-GaAs ist potentialabhängig (Abb. 4). Die entsprechende stationäre Strom-Potential -Kurve ist in Abb. 5 gezeigt. Bei dem in Abb. 4und 5 gezeigten Beispiel ist abweichend zu den anderen Abbildungen eine rotierende p-GaAs dargestellt. Aus diesem Grund ist der verzerrte Halbkreis bei niedrigen Frequenzen nicht nur durch die Oxidation des Halbleiters (R_{ct}) verursacht, sondern auch durch die modifizierte Warburg-Impedanz rotierender Elektroden. Die Potentialabhängigkeit der differentiellen Durchtrittswiderstände der Halbleiter- und der Cu^+-Oxidation sowie die der Raumladungskapazität sind in Abb. 6 und 7 dargestellt (ru-

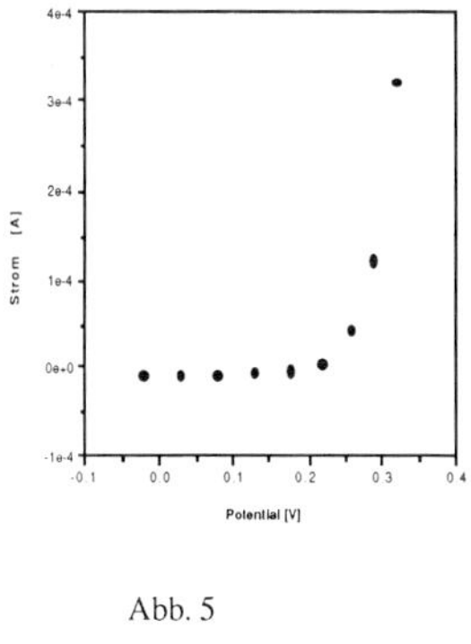

Abb. 5

gestellt (ruhende Elektrode). Die Raumladungskapazität C_{sc} ergibt auch bei vorwärtspolarisierten Elektroden eine Gerade in der Mott-Schottky Auftragung (Abb.7). Das Flachbandpotential beträgt 0.38 V(SCE). Die aus der Steigung bestimmten Dotierung stimmt mit der überein, die auch an der kathodisch polarisierten Elektrode gemessenen wurde. Die Potentialabhängigkeit des Durchtrittswiderstandes der Oxidation des Halbleiters (R_{ct}) von 60 mV/Dek. entspricht der Tafelneigung dieser Reaktion. Die Steigung für R_{ctCu} beträgt jedoch nur ca. 100 mV/Dek. und weicht damit vom erwarteten Wert ab.

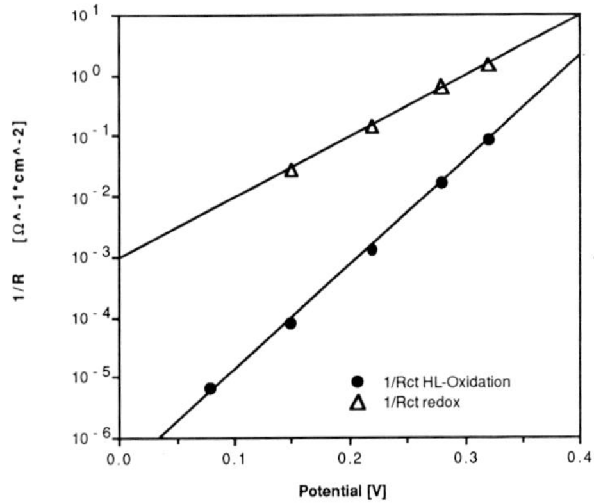

Abb. 6

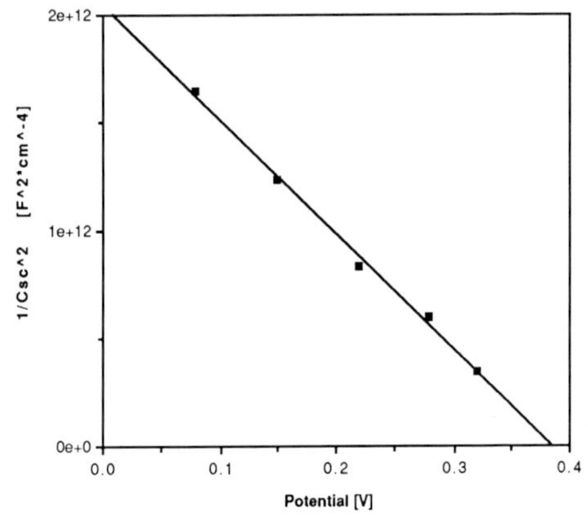

Abb. 7

Diskussion

Mit Hilfe der Impedanzspektroskopie lassen sich wichtige Kenngrößen photoelektrochemischer Zellen bestimmen. Das $Cu^{2+/+}$-Redoxsystem läßt sich mit einem für Metallelektroden bekannten Modell beschreiben. Ferner ist es möglich, das Flachbandpotential auch im Bereich potentialabhängiger Ströme, wie hier im Falle der Cu^{+}- und der Halbleiteroxidation, zu ermitteln. Weiterhin erhält man kinetische Parameter und deren Potentialabhängigkeit auch von schnellen Redoxreaktionen, wie sie die $Cu^{2+/+}$-Reaktion darstellt.

Die Auswertung der Messungen wie sie in den Abb.6 und 7 dargestellt ist, legt nahe, daß die

Bandposition des GaAs auch unter Stromfluß fixiert ist. Dies folgt aus der unveränderten Steigung der Mott-Schottky-Auftragung bei anodischen Potentialen (Abb. 6) und der Steigung von 60 mV/Dek. für den Durchtrittswiderstand der Halbleiteroxidation, die dem Anstieg der Löcherkonzentration entspricht. Die flachere Steigung im Falle der $Cu^{2+/+}$-Reaktion könnte auf eine Änderung der Oberflächenkonzentrationen des Redoxsystems oder auf das Auftreten von Tunnelströmen zurückzuführen sein.

Photostromtransienten an Halbleiterelektroden

M. Schülke, D. Meissner
Institut für Solarenergieforschung, Hannover

Zusammenfassung

Photostromtransienten an photoelektrochemischen Zellen werden mit einem Modell beschrieben, das auf einer Verschiebung des Flachbandpotentials bei Belichtung beruht. Beim Ein- und Ausschalten des Lichtes werden Oberflächenzustände in einem zusätzlichen anodischen bzw. kathodischen Stromtransienten ge- und entladen, was zu einer Verschiebung der Bandkanten führt.

Summary

Photocurrent transients in a photoelectrochemical cell are explained with a model, which assumes that the flatband potential is shifted under illumination. Switching the light on and off charges and discharges surface states at the semiconductor-electrolyte interface, which causes an additional anodic or cathodic current, respectively, and shifts the flat band potential and the bands of the semiconductor from the position in the dark to a new position under illumination.

Résumé

Les transitions de photocourant sur des cellules photo-électrochimiques sont décrites avec un modèle qui repose sur un décalage du potentiel de bande plate sous exposition. Lorsque la source de lumière est allumée et éteinte, les états surfaciaux sont chargés et une déchargés en une transition de courant anodique ou cathodique supplémentaire, ce qui produit un décalage des bords de la bande.

1.Einleitung

Photoelektrochemische Zellen können Solarenergie zur Erzeugung elektrischer Energie und zur Produktion chemischer Brennstoffe nutzen. Diese Zellen bestehen aus einer beleuchteten Halbleiterelektrode (hier: n-CdS) und einer Metall-Gegenelektrode in einer Elektrolytlösung. Im Anstiegsbereich des Photostromes, also in dem Potentialbereich, in dem Solarzellen betrieben werden, zeigen sich bei diesen Zellen in der Strom-Potential-Kurve sowohl beim Ein- als auch beim Ausschalten des Lichtes Stromtransienten, die bisher noch wenig untersucht sind. Ziel der Untersuchungen ist es, eine genauere Vorstellung von den zur Entstehung dieser Tran-

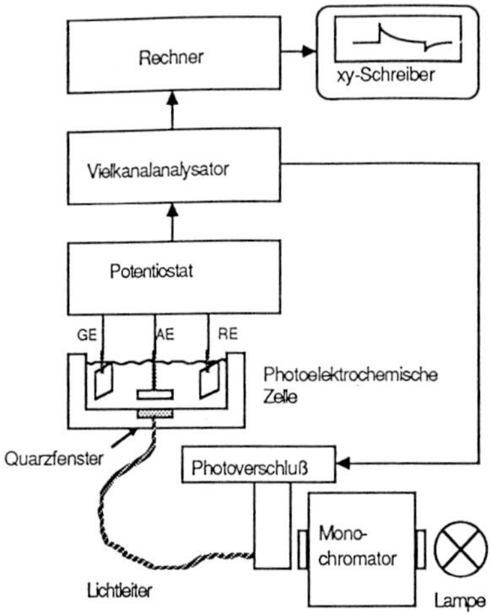

Bild 1: Aufbau Photostromtransienten

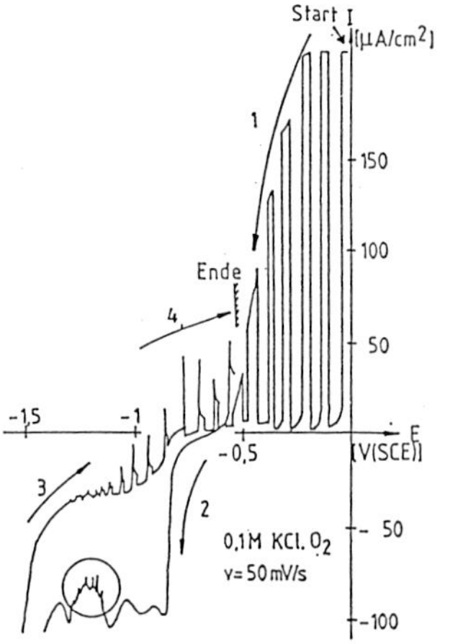

Bild 2: Strom-Spannungs-Kurve bei periodischer Belichtung

sienten führenden Vorgängen zu gewinnen, die an der Grenzfläche Halbleiter-Elektrolyt ablaufen.

2. Experimenteller Aufbau

Über einen Lichtleiter wird Licht durch ein Quarzfenster auf die Halbleiterelektrode in der elektrochemischen Zelle eingestrahlt (**Bild 1**). Mit einem Photoverschluß kann das vom Monochromator kommende Licht unterbrochen werden. Das Signal des Vielkanalanalysators wird mit einem Rechner über viele Einzelereignisse gemittelt, da unter Belichtung wegen der Belegung der Elektrodenoberfläche mit Schwefel (als Oxidationsprodukt) nur bei kleinen Lichtintensitäten gearbeitet wird und daher nur sehr kleine und damit stark verrauschte Photoströme fließen.

3. Ergebnisse

Bei periodischer Belichtung zeigen sich Stromtransienten in dem Potentialbereich, in dem der Photostrom ansteigt, bevor er einen (annähernd) stationären Wert erreicht (**Bild 2**). Zur genaueren Analyse der Stromtransienten wird bei festgehaltenem Potential das über mehrere Ereignisse gemittelte Strom-Zeit-Verhalten registriert (**Bild 3a**).

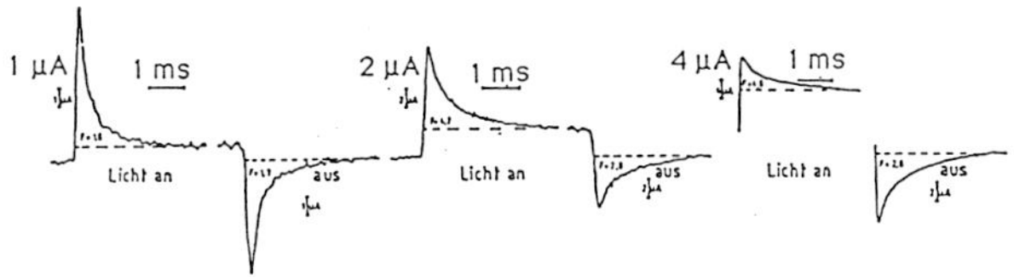

Bild 3a: Photostromtransienten bei den Potentialen -1.2 V, -0.8 V und -0.4 V (SCE)

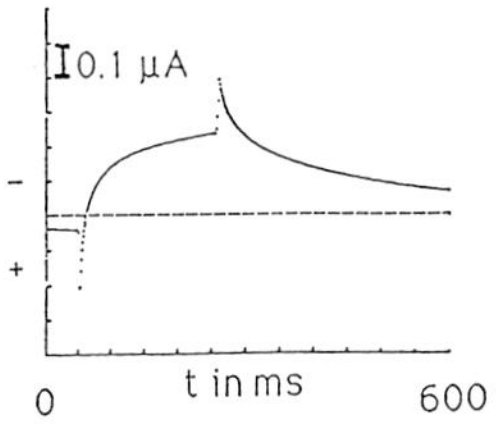

Bild 3b: Photostromtransienten mit Fe^{3+} als Oxidationsmittel bei 0.3 V (SCE)

Die Transientenhöhe und der sich einstellende stationäre Strom hängen bei konstanter Lichtintensität vom angelegten Potential ab. Die Stromrichtung ist beim Ein- und Ausschalten des Lichts jeweils entgegengesetzt. Der Flächenanteil oberhalb bzw. unterhalb des stationären Stromwertes ist ein Maß für die kurz nach dem Ein- bzw. Ausschalten zusätzlich geflossene Ladung.

Die Transienten treten auch schon in Potentialbereichen auf, in denen bei stationärer Belichtung noch kein Photostrom zu beobachten ist. In Anwesenheit bestimmter starker Oxidationsmittel werden Transienten beobachtet, bei denen der stationäre Strom unter Belichtung stärker als der ursprünglich fließende kathodische Dunkelstrom ist (Bild 3b).

4. Diskussion

In der Strom-Spannungs-Kurve der photoelektrochemischen Zelle (**Bild 2**) lassen sich grob drei Bereiche unterscheiden: Durchlaßbereich, Anstiegsbereich des Photostromes und der Bereich des stationären Photostromes. Im Bereich des stationären Photostromes, d.h. bei einer genügend großen Bandverbiegung, die vom angelegten Potential abhängt, können alle durch Licht in der Raumladungszone erzeugten Ladungsträger getrennt werden, bevor sie rekombinieren können: Eine weitere Potentialerhöhung führt nicht zu einer Vergrößerung des Photostromes, da bereits alle erzeugten Ladungsträgerpaare zum Stromfluß beitragen.

Im Anstiegsbereich des Photostromes ändert sich das Verhältnis zwischen der Anzahl der durch Licht erzeugten Ladungsträgerpaare, die rekombinieren, und der Zahl derer, die in der Raumladungszone getrennt werden können, mit dem angelegten Potential: Der stationäre Photostrom nimmt zu.

Die Photostromtransienten beim Ein- und Ausschalten der Beleuchtung können mit dem Auf- und Entladen von Oberflächenzuständen in der Bandlücke des Halbleiters

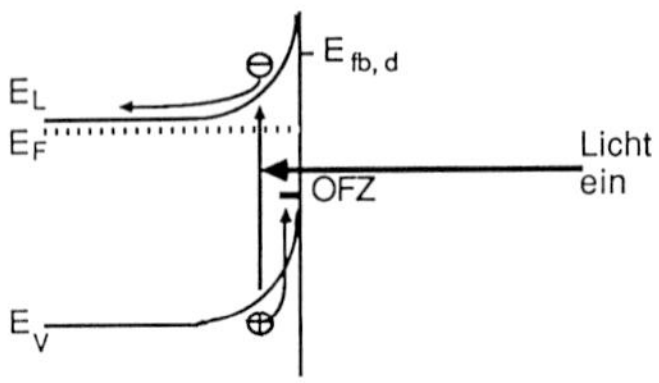

Bild 4: Lage der Bänder beim Einschalten des Lichts noch wie im Dunkeln, Oberflächenzustände (OFZ) noch nicht aufgeladen

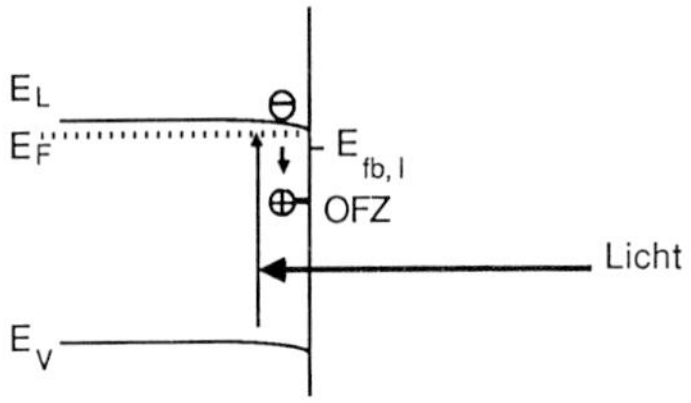

Bild 5: Situation bei konstanter Belichtung: Oberflächenzustände aufgeladen, dadurch Bänder anodisch verschoben

erklärt werden. Ursache der Oberflächenzustände sind u.a.: Störungen des periodischen Kristallgitters an der Oberfläche, Kristalldefekte, chemische Vorgänge an der Grenzfläche.

Beim Einschalten des Lichts laden sich Oberflächenzustände durch Minoritätsladungsträger auf, die beim Einschalten des Lichtes erzeugt werden (anodischer Transient). Die Bandkante und damit das Flachbandpotential $E_{fb,d}$ der Elektrode im Dunkeln verschieben sich infolge Aufladung der Oberfläche auf einen neuen Wert $E_{fb,l}$ bei Belichtung. Die an der Oberfläche getrappten Ladungen ändern wie bei einer Metallelektrode den Potentialabfall im Elektrolyten; die energetische Lage der Oberfläche verschiebt sich. Kurz nach dem Einschalten des Lichts, wenn die Position der Bänder praktisch noch so ist wie im Dunkeln (**Bild 4**), können mehr Ladungsträger in der Raumladungszone getrennt werden als etwas später, wenn die Aufladung der Oberfläche die Bandkanten so verschoben hat (**Bild 5**), daß die weiterhin erzeugten Elektron-Loch-Paare vermehrt rekombinieren.

In dem Potentialbereich, in dem nur Transienten, aber noch keine stationären Ströme beobachtet werden, verhindert die starke Verschiebung der Bandkanten das weitere Fließen eines Photostromes. Im Anstiegsbereich des Photostromes rekombiniert nach der Verschiebung der Bänder ein größerer Anteil der durch Licht erzeugten Elektron-Loch-Paare. In diesem Potentialbereich treten sowohl Transienten als auch ein Photostrom unter stationärer Belichtung auf. Im Potentialbereich stationärer Photoströme treten keine Transienten mehr auf: Trotz der Aufladung von Oberflächenzuständen bewirkt die Verschiebung der Bänder keine vermehrte Rekombination in der Raumladungszone; alle Elektron-Loch-Paare werden getrennt.

Durch das sehr positive Redoxpotential eines starken Oxidationsmittels wird eine Rückverschiebung der Bänder durch Elektronen, die die Oberfläche erreichen, verhindert (ähnl. **Bild 5**). Der dadurch bewirkte dauerhafte Abbau der Barriere für Elektronen führt zu einer Erhöhung der stationären Reduktionsströme unter Belichtung. Beim Abschalten des Lichtes noch vorhandene Elektron-Loch-Paare rekombi-

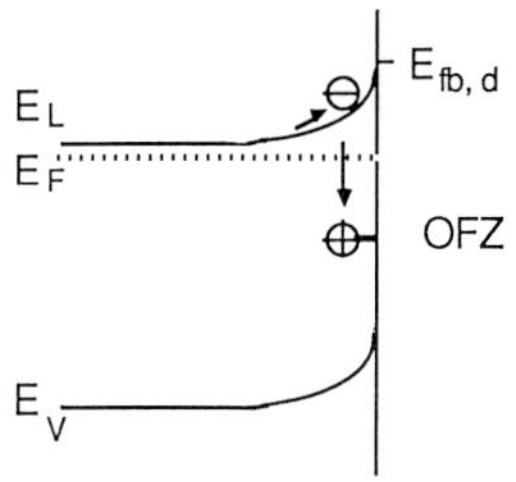

Bild 6: Kurz nach dem Ausschalten des Lichts verschieben sich die Bänder infolge Entladung der Oberflächenzustände zurück

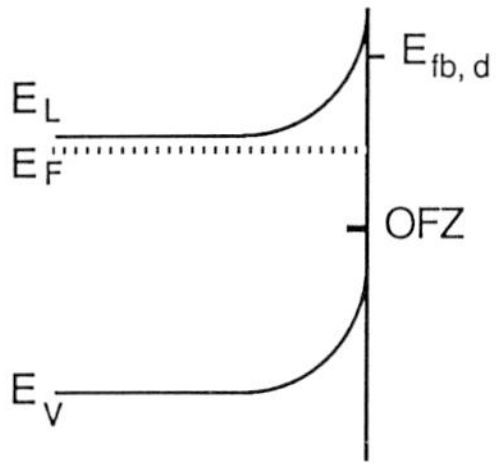

Bild 7: Lage der Bandkanten im Dunkeln: Oberflächenzustände entladen

nieren. Die Oberflächenzustände werden durch Majoritätsladungsträger entladen (kathodischer Transient) (**Bild 6**). Das Flachbandpotential $E_{fb,l}$ und die Bandverbiegung gehen auf ihren Dunkelwert zurück (**Bild 7**). Zum Auffüllen der Oberflächenzustände benötigte Ladungsträger fließen über den Rückkontakt der Elektrode nach.

5. Zusammenfassung und Ausblick

Photostromtransienten an CdS-Halbleiterelektroden werden mit einem Modell erklärt, bei dem durch die Aufladung von Oberflächenzuständen in der Bandlücke des Halbleiters die Lage des Flachbandpotentials gegenüber dem Dunkelwert ins Anodische verschoben wird. Eine detaillierte quantitative Auswertung der Prozesse an CdS durch Variation der Lichtintensität und bei verschiedenen Redoxsystemen erscheint wegen der sich bildenden unlöslichen Schwefel-Korrosionsschicht nicht sinnvoll. Untersuchungen an GaAs-Elektroden werden folgen, bei denen dieses Problem nicht auftritt und außerdem ein Vergleich zwischen n- und p-Verhalten möglich ist.

Bestimmung von Oberflächenzuständen und Mott/Schottky-Messungen an TiO_2-Elektroden

J. Rimmasch, D. Meissner, R. Memming, R. Reineke
Institut für Solarenergieforschung (ISFH), Hannover

B. Kastening
Institut für Physikalische Chemie der Universität, Hamburg

Zusammenfassung:

An Nb-dotierten TiO_2-Elektroden konnten durch Auswahl einer geeigneten Methode zur Probenvorbehandlung perfekte Mott/Schottky-Geraden über einen Potentialbereich von mehr als 3 V erhalten werden. Das Vorhandensein von Oberflächenzuständen konnte durch Kapazitätsmessungen unter Belichtung nachgewiesen werden. Hier ist das Flachbandpotential gegenüber dem Wert im Dunkeln um ca. 0.3-0.4 V zu positiveren Potentialen verschoben. Eine derartige Verschiebung kann mit der Aufladung von Zuständen in der Bandlücke erklärt werden, wenn durch Licht erzeugte Löcher die Oberfläche erreichen. Es sind Modelle unter Verwendung des Quasiferminiveau-Konzeptes entwickelt worden, um die hier gezeigten Messungen zu interpretieren. Das Modell erlaubt die Abschätzung der Lage der Oberflächenzustände auf ca. 1.1eV unterhalb der Leitungsbandkante.

Summary

Nb-doped TiO_2 rotating disc electrodes were studied by capacity and impedance measurements in different aqueous electrolytes. The Mott/Schottky plots were highly sensitive to the pretreatment of the electrodes. However, straight lines can be obtained over a voltage range of more than 3 Volts. Under illumination the flatband potential is shifted by about 0.3-0.4V in anodic direction. The observed shapes and the shift of the flatband potential can be understood as due to mid bandgap surface states. Two possible models using the Quasi-Fermi-level concept have been developed to explain this behavior quantitatively based on charge trapping in surface states when light produced holes reach the surface. This model allows to estimate the position of the surface states at about 1.1 V positive of the conduction band edge.

Résumé

Sur les électrodes de TiO_2 dotées de Nb, le choix d'une méthode appropriée pour le traitement préliminaire des échantillons donne des droites Mott/Schottky parfaites sur une plage de potentiel de plus de 3 V. La présence d'états surfaciaux a pu être démontrée par des mesures de capacité sous exposition. Ici et par comparaison avec la valeur obtenue sans exposition, le potentiel de bande plate est décalé d'env. 0,3 à 0,4 V vers des potentiels plus positifs. Un tel décalage peut être expliqué par le chargement d'états dans l'espace interbande lorsque les trous provoqués par la lumière atteignent la surface. Des modèles d'interprétation des mesures ici montrées ont été développés en utilisant la conception du quasi niveau de Fermi. Ce modèle permet d'estimer les états surfaciaux à env. 1,1 eV sous l'arête de la bande de conduction.

Einleitung:

TiO_2 ist als Material zur photoelektrochemischen Wasserspaltung intensiv untersucht worden. Aufgrund seiner großen Bandlücke (3eV) ist die energetische Lage von Valenzband und Leitungsband sehr unterschiedlich. Dieser Halbleiter ist daher besonders interessant für die Untersuchung des Ladungstransfers an der Halbleiter/Elektrolyt-Grenzfläche. Hier ist die genaue Kenntnis der Lage der Energiebänder von größter Bedeutung, da alle Ladungstransferprozesse an Halbleiterelektroden von den Bandpositionen an der Halbleiteroberfläche bestimmt werden. Damit stellen sich folgende Fragen:

- Kann die Lage der Bandpositionen reproduzierbar und zuverlässig durch Impedanzmessungen bestimmt werden?
- Ist das Flachbandpotential im Dunkeln und unter Belichtung verschieden und kann das Verhalten durch ein Modell erklärt werden?
- gibt es Oberflächenzustände des TiO_2 , die den Elektronentransfer an der Phasengrenzfläche beeinflussen können?

Ergebnisse:

Für die Untersuchungen wurden Nb-dotierte TiO_2-Einkristallelektroden [001] verwendet. Da die Literaturwerte für das Flachbandpotential in einem Bereich von 0.3V streuen, wurden Experimente zur Vorbehandlung und zum Ätzen der Elektroden durchgeführt. Folgendes Verfahren führte zu perfekten Mott/ Schottky-Geraden: Die Elektroden wurden mit nassem SiC-Schleifpapier (Gradation 1000) poliert. Dies führte zu einer gekrümmten Mott/ Schottky-Kurve (Abb.1). In der Strom/Spannungskennlinie beobachtet man einen anodischen Durchbruch bei ungefähr +1.5 V [vs Ag/ AgCl]. Anschließendes Ätzen in 40%-iger HF für 5-10 s liefert dann perfekte und über Stunden stabile Mott/Schottky-Geraden im gesamten Potentialbereich. Die hier bestimmten Flachbandpotentiale verschieben sich mit

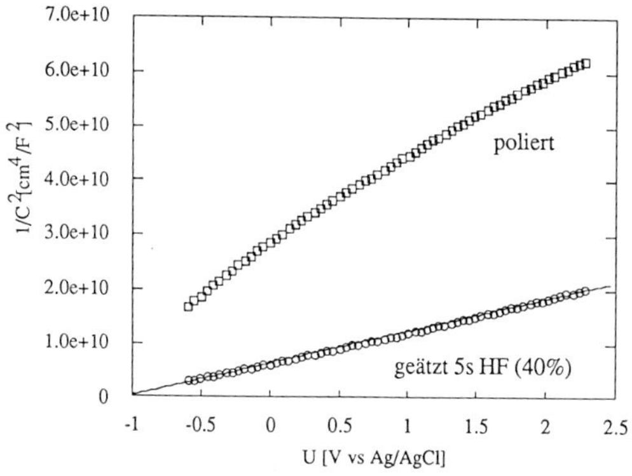

Abb. 1: Mott/Schottky-Messungen an einer a) polierten und b) geätzten Elektrode (1M NaOH; AC-Signal: 15kHz, 5mV)

60mV/pH. Die Strom/Spannungs-Kennlinie nach dem Ätzen zeigt ein wesentlich besseres Sperrverhalten der Elektrode, d.h. der anodische Durchbruchstrom setzt erst bei wesentlich positiveren Potentialen ein.
Unter Belichtung verschieben sich die Mott/Schottky-Geraden um ca. 0.3-0.4 V zu positiveren Potentialen. Diese Verschiebung setzt etwa 0.5 V anodisch vom Flachbandpotential ein und kommt erst 1V anodischer zum Abschluß (Abb.2 u.3). Dies zeigt, daß sich die Lage der Bandkanten an der Grenzfläche im Dunkeln von der unter Belichtung unterscheidet.

Das Modell

Um dieses Verhalten quantitativ zu beschreiben, sind zwei Modelle entwickelt worden. Das eine basiert auf einer energetisch schmalen (Abb.2) und das andere auf einer breiten Verteilung von Oberflächenzuständen (Abb.3) im Bereich der Bandlücke.

Abb.2:

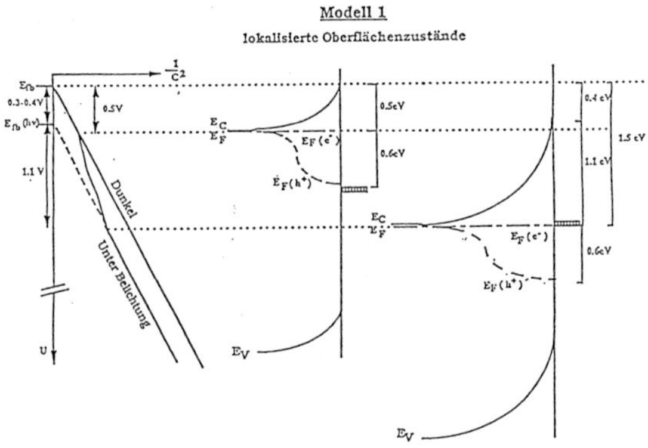

Abb.3:

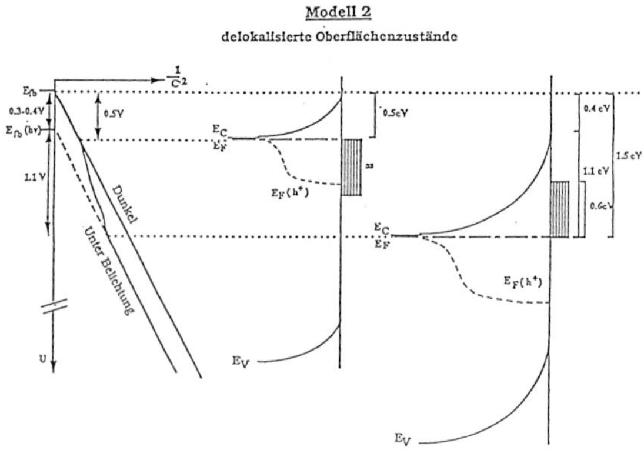

Unter Belichtung spaltet das Ferminiveau eines n-Halbleiters in ein Quasiferminiveau der Elektronen ($E_F(e^-)$) und ein Quasiferminiveau der Löcher ($E_F(h^+)$) auf (Abb.2). Bei Potentialen nahe dem Flachbandpotential liegen beide Quasiferminiveaus energetisch über den Oberflächenzuständen (Abb.2). Dies bedeutet, daß alle Zustände mit Elektronen gefüllt sind (bis ca.0.5V positiv vom Flachbandpotential). Verschiebt man das Elektrodenpotential zu noch positiveren Potentialen, passiert das Quasiferminiveau der Löcher die Oberflächenzustände. Damit sind die Löcher thermodynamisch dazu in der Lage die Zustände positiv aufzuladen. Die Bänder an der Halbleiteroberfläche werden verschoben. Die Verschiebung endet, wenn das Quasiferminiveau der Elektronen energetisch unterhalb der Oberflächenzustände angelangt ist, ungefähr +1.1V nach Beginn der Verschiebung. Dann können diese Zustände nicht mehr von Elektronen aus dem Halbleiter entladen werden. Ab hier wird unter Belichtung dann wieder eine Gerade erreicht, die zu der Messung im Dunkeln parallel verschoben ist.

Der Abstand der beiden Quasiferminiveaus wird u.a. auch durch die Lichtintensität bestimmt. Hieraus folgt, daß durch Variation der Lichtintensität der Potentialbereich, in dem die Flachbandverschiebung stattfindet, beeinflußbar sein sollte. Hierdurch sollte es möglich sein, die beiden vorgestellten Modelle zu unterscheiden. Das heißt: Der Einfluß der Lichtintensität auf den Potentialbereich für die Flachbandverschiebung sollte bei einer energetisch schmalen Verteilung der Zustände geringer sein als bei einer breiten Verteilung, da der Bereich, in dem die Lücke zwischen den beiden Ferminiveaus mit den Oberflächenzuständen überlappt, hier größer ist. Experimentell wird eine Abhängigkeit gefunden, die keine eindeutige Entscheidung zwischen den beiden Modellen ermöglicht(Abb. 4).

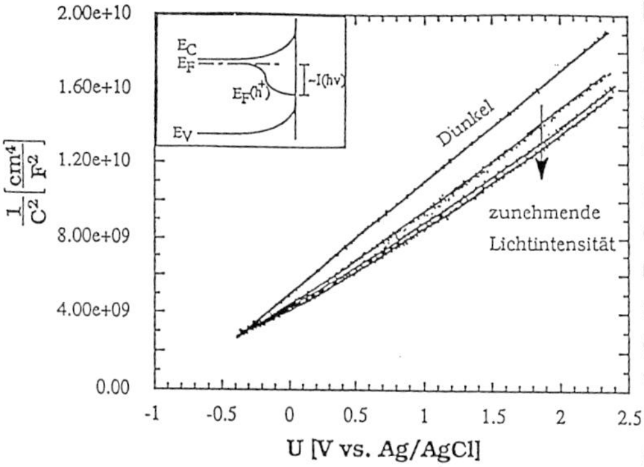

Abb.4: Lichtintensitätsabhängigkeit der Mott/Schottky-Messungen einer polierten und HF geätzten Elektrode

Zusätzlich zu der beschriebenen Lichtintensitätsabhängigkeit existiert in beiden Modellen noch eine Potentialabhängigkeit der Lage der Oberflächenzustände. Ihr Ladungszustand (und damit der der Halbleiteroberfläche) wird bestimmt durch ihre relative Lage zwischen den beiden Ferminiveaus, und kontrolliert durch das angelegte Potential. Damit erklärt sich die experimentell gefundene potentialabhängige Verschiebung des Flachbandpotentials.

Wird eine TiO_2-Elektrode bei positiven Potentialen (+2.5 V vs Ag/AgCl) längere Zeit belichtet und anschließend im Dunkeln eine Kapazitätsmessung durchgeführt (Abb.5), so findet man eine Mott/Schottky-Kurve, in der die Verschiebung des Flachbandpotentials unter Belichtung überkompensiert ist. Diese Kurve nähert sich erst bei kleinen Bandverbiegungen - also nahe dem Flachbandpotential - der Dunkel-Messung.

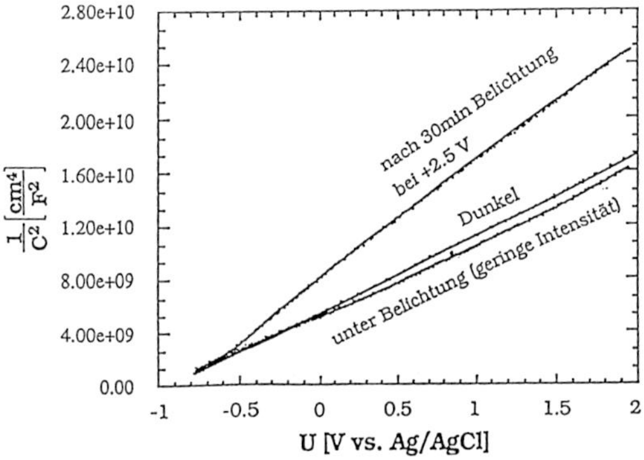

Abb.5: Auswirkung längerer Belichtung bei positiven Potentialen auf die Mott/Schottky-Messungen

Dieses Verhalten kann mit dem Modell der Oberflächenzustände erklärt werden, wenn man dem abstrakten Begriff "Oberflächenzustand" eine chemische Bedeutung gibt. Belichtet man das Titandioxid bei positiven Potentialen, so kommen ständig Löcher an die Elektrodenoberfläche, die in der Lage sind, Wasser zu oxidieren. Auf der anderen Seite trägt das TiO_2 an seiner Oberfläche OH-Gruppen, die ebenfalls oxidierbar sind. Ein Zwischenprodukt dieser Oxidationen können OH-Radikale sein. Diese könnten in den Halbleiter diffundieren und dort in der Raumladungszone als zusätzliche Akzeptorzustände wirken. Ein entsprechendes Modell wurde von Nakato et.al./1/ zur Erklärung von Zeitabhängigkeiten im Elektrodenverhalten entwickelt. Das Ergebnis wäre eine größere Steigung (~1/(Dotierung+Akzeptorzustände)) der Mott/Schottky-Kurve, wie sie experimentell auch gefunden wird (Abb.5).

/1/ Nakato, Y.; Akanuma, H.; Tsubomura, H. 40th ISE Meeting, Extended Abstracts, Vol II, No. 19-07-10-P, 1989

Diese Arbeit wurde im Rahmen eines BMFT-Projektes (Nr.0328686) gefördert

Wasserspaltung an und Stabilisierung von SiC in wäßrigen Lösungen

I. Lauermann, D. Meissner, R. Memming, R. Reineke
Institut für Solarenergieforschung, Hannover

B. Kastening
Institut für Physikalische Chemie der Universität Hamburg

Zusammenfassung

Die photoelektrochemischen Eigenschaften von zwei SiC-Modifikationen wurden insbesondere im Hinblick auf die Wasserspaltung mit sichtbarem Licht untersucht. Während bei n-SiC unter den Bedingungen der Wasserspaltung Korrosion auftritt, setzt an p-SiC die Wasserreduktion unter Belichtung zu kathodisch für die Wasserspaltung ein. Die kubische Modifikation von SiC absorbiert sichtbares Licht, verhält sich aber chemisch ähnlich wie die hexagonale.

Summary

Two modifications of silicon carbide were examined in aqueous solutions with regard to photoelectrochemical use. In spite of good chemical stability there was corrosion of both types of SiC with anodic currents flowing. p-type SiC was stable but water reduction occured at too negative potentials for water splitting. The cubic modification of SiC absorbs visible light but behaves chemically much like the hexagonal form.

Résumé

Les propriétés photo-électrochimiques de deux modifications de SiC ont été analysées, notamment pour ce qui est de la scission de l'eau, avec de la lumière visible.
Alors qu'une corrosion est constatée pour le n-SiC sous les conditions d'une scission d'eau, la réduction d'eau sous exposition du p-SiC intervient de manière cathodique pour la scission de l'eau. La modification cubique de SiC absorbe la lumière visible mais se comporte chimiquement comme la forme hexagonale.

1. Einführung

Die Erzeugung von Wasserstoff als umweltfreundlichem Energieträger mittels photoelektrochemischer Wasserspaltung erfordert keinen Umweg über Festkörpersolarzellen mit nachgeschalteter Elektrolyse, dadurch kann eventuell ein höherer Wirkungsgrad erreicht werden, zumal auch niedrigere Stromdichten nötig wären. Weiterhin sind unter Umständen billigere Materialien als für Festkörpersolarzellen verwendbar. Wirkungsweise: Eine mit Licht geeigneter Wellenlänge bestrahlte Halbleiterelektrode in einer wäßrigen Elektrolytlösung wird mit einer Metall-Gegenelektrode kurzgeschlossen. Die im Halbleiter getrennten Elektronen und Löcher bewirken die Reduktion bzw. die Oxidation des Wassers in den beiden durch eine semipermeable Membran getrennten Halbzellen. Dazu müssen Halbleiter gefunden werden, die ausreichend Licht im sichtbaren Teil des Sonnenspektrums absorbieren, und die eine hinreichend große Bandlücke haben, um Elektron/Loch-Paare zur Verfügung zu stellen, deren Energie für die Wasserspaltung hoch genug ist. Außerdem sollen sie billig, umweltneutral und in ausreichenden Mengen einfach zu beschaffen sein und vor allem stabil gegen Korrosion im Elektrolyten sein.

2.1. Warum Siliciumcarbid?

SiC ist chemisch außerordentlich stabil, aus billigen, umweltneutralen und leicht zu beschaffenden Rohstoffen gewinnbar. Eine Modifikation des SiC absorbiert sichtbares Licht ab ca. 500nm. Die Bandlage ist ideal für die Wasserspaltung. Idealvorstellung für die Wasserspaltung an n-SiC: : Sauerstoffentwicklung am belichteten Halbleiter, Wasserstoffentwicklung an der Gegenelektrode: Abbildung 1.

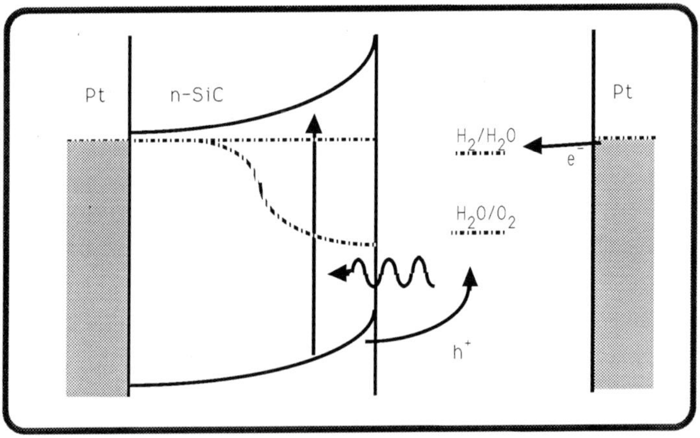

Abbildung 1: Schema einer photoelektrochemischen Zelle mit n-SiC als Anode und einer Platinkathode.

Aber: Auch am chemisch so stabilen SiC kommt es zur **Korrosion:** Oxidationsprodukte sind CO_2 und CO im Verhältnis 1:1 (gaschromatographisch nachweisbar) und SiO_x (weiße Schicht auf der Elektrode, in HF löslich).

Mögliche Reaktionsgleichungen:

$$SiC + 4H_2O + 8\,h^+ \longrightarrow SiO_2 + CO_2 + 8H^+$$

$$SiC + 2H_2O + 4\,h^+ \longrightarrow SiO + CO + 4H^+$$

Gesamtgleichung:

$$2SiC + 12\,h^+ + 6H_2O \longrightarrow SiO + CO + SiO_2 + CO_2 + 12H^+$$

2.2. Stabilisierung von Siliciumcarbid

Soll die anodische Korrosion einer Halbleiterelektrode verhindert werden, muß dem Elektrolyten ein Redoxsystem zugesetzt werden, welches anstelle des Halbleiters oxidiert wird. Als Stabilisierung S wird das Verhältnis von Oxidationsstrom zu Gesamtstrom aus Oxidations- und Korrosionsstrom definiert:

$$S = i_{ox}/(i_{ox} + i_{corr})$$

Zur Bestimmung der Stabilisierung wurden Messungen mit Ring-Scheibenelektroden mit n- und p- SiC Scheibenelektroden durchgeführt.

Während ohne zugesetzte Redoxsysteme der gesamte Strom zur Oxidation des Halbleiters führt, kann durch Zugabe von Iodid eine fast hundertprozentige Stabilisierung erreicht werden:

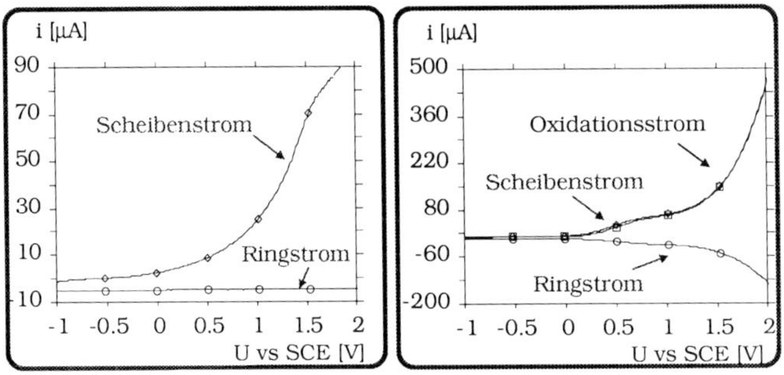

Abbildung 2: Ring- und Scheibenstrom an einer n-SiC/Pt-Ringscheibenelektrode ohne Redoxsystem (links) und mit Iodid (rechts) in der Elektrolytlösung. Im rechten Bild ist außerdem der aus dem Ringstrom berechnete Iodid-Oxidationsstrom als anodischer Strom eingezeichnet.

Die Korrosion der SiC-Anode kann so also praktisch vollständig unterdrückt werden, allerdings wird unter diesen Bedingungen nicht Wasser gespalten.

2.3. p-SiC als Photokathodenmaterial

SiC gehört zu den wenigen Halbleitern mit großer Bandlücke, die auch p-dotiert vorliegen können. Hier kann das Problem der anodischen Oxidation also einfach umgangen werden, indem das SiC als Kathode geschaltet wird. Allerdings ist auch beim SiC die Qualität der p-dotierten Kristalle bezüglich der photoelektrochemischen Eigenschaften deutlich schlechter als beim n-dotierten Material.

Entscheidend für die Wasserspaltung ist das Einsatzpotential der Wasserreduktion an der p-Elektrode. Da an beiden Elektroden fast das gleiche Potential anliegt, müssen die beiden Teilreaktionen der Wasserspaltung auch beim gleichen Potential ablaufen können. Leider ist dies beim unbehandelten p-SiC nicht der Fall, wie die folgenden Strom-Spannungskurven zeigen:

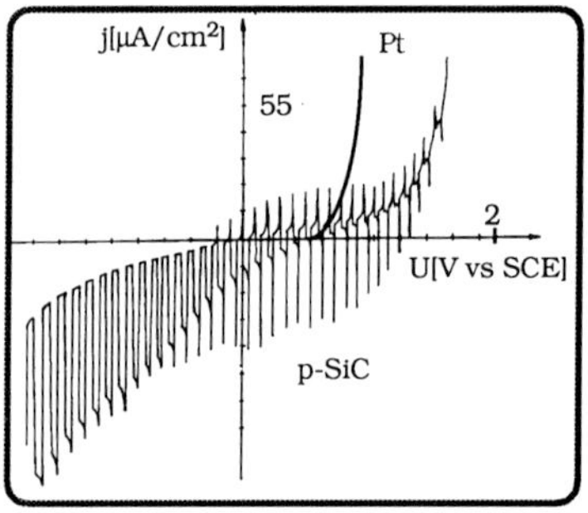

Abbildung 3: Gemessene Strom/Spannungskurven von p-SiC und Pt in wäßriger Lösung. Dargestellt ist der anodische Teil der i/U-Kurve am Platin und der Photostrom (Elektrode mit intermittierendem Licht bestrahlt) an der p-SiC-Elektrode.

Der stationäre Photostrom setzt sehr viel kathodischer ein, als für eine Wasserspaltungszelle nötig wäre. Dafür dürfte die hohe Konzentration an Bandlückenzuständen, über die die Rekombination der gebildeten Ladungsträger verläuft, verantwortlich sein. Darauf deuten auch die Photostromtransienten im Photostromanstiegsbereich.

2.4. Die 3C-Modifikation von SiC

Mit der kubischen SiC-Modifikation läßt sich auch sichtbares Licht ausnutzen: Die kubische Form des SiC hat die gleiche Bandlücke wie CdS, absorbiert also sichtbares Licht, hat chemisch aber die gleichen Eigenschaften wie 6H-SiC.

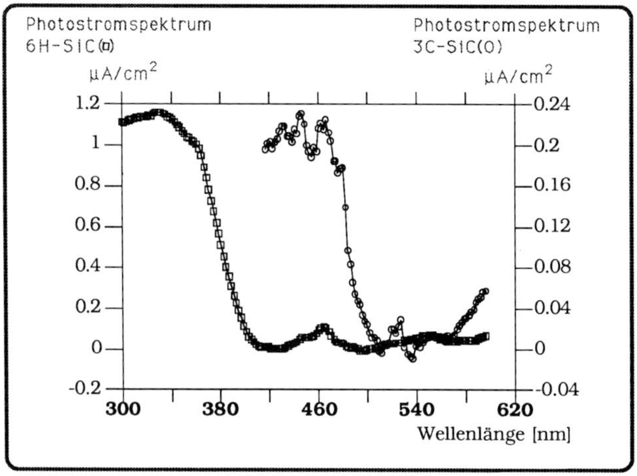

Abbildung 4: Photostromspektren von 6H- und 3C-SiC

Allerdings ist die Herstellung von 3C-SiC teuer (bisher sind nur mit MOCVD gute Schichten herstellbar). Außerdem sind die dünnen Schichten nicht sehr haltbar und die Dotierung ist schlecht steuerbar. Hauptnachteile sind aber, daß 3C-SiC wie hexagonales SiC nur eine indirekte Bandlücke, d.h. geringe Lichtabsorption aufweist, und daß anodische Korrosion bei n-dotiertem Material genauso auftritt wie bei der 6H-Modifikation.

Fazit: Nur wenn die p-dotierte kubische Modifikation des SiC in guter Qualität erhältlich ist, und es gelingt, die Wasserstoffentwicklung entsprechend zu katalysieren, kann SiC als Material für die photoelektrochemische Wasserspaltung Verwendung finden.

Literatur: Inoue, T.; Yamase, T.; Chem. Lett. 7, 869-72 (1985)

Die vorliegende Arbeit wurde im Rahmen des BMFT-Projektes 0328686 durchgeführt

Wirkungsgrade elektrochemischer Solarzellen

R. Reineke
Institut für Solarenergieforschung (ISFH), Hannover

Zusammenfassung

Es werden Kriterien für optimale photoelektrochemische Solarzellen aufgezeigt, die sowohl kinetische Aspekte (Überspannungen) als auch die Theorie der strahlenden Rekombination berücksichtigen. Dabei stellen sich die als wichtig erachteten Kriterien wie Irreversibilität von Redoxreaktionen und die Übereinstimmung von Photostromeinsatz- und Flachbandpotential als irrtümlich heraus.

Summary

Criteria for ideal photoelectrochemical solar cells are developed which include kinetical aspects (overpotentials) as well as the theory of radiative recombination. It was shown that criteria which are considered as essential like irreversibility of redox reaction and the correspondence of photocurrent onset and flat band potential are erroneous.

Résumé

Des critères qui tiennent compte aussi bien des aspects cinétiques (surtensions) que de la théorie de la recombinaison irradiante sont présentés pour des cellules solaires photo-électrochimiques idéales. Il s'avère ici que les critères considérés être essentiels comme l'irreversibilité des réactions redox et la concordance entre le potentiel de bande plate et de photocourant sont faux.

Einführung

Der Wirkungsgrad "idealer" Solarzellen ist aus thermodynamischen Gründen durch strahlende Rekombination begrenzt ist. Bolton et al. [1] wandten die Theorie an, um den maximal erzielbaren Wirkungsgrad der Wasserspaltung zu berechnen (Abb. 5). Dabei steht nicht die Energie des absorbierten Photons, sondern nur die Differenz der quasi-Ferminiveaus der Ladungsträger zur Verfügung.

Bei Untersuchungen an GaAs wurde ein allgemeines Prinzip entdeckt (Abb. 2), das die Meßbarkeit des quasi-Ferminiveaus der Minoritäten ermöglicht [2,3]. Dabei wurde einerseits erreicht, daß Überspannungen für Minoritätsladungträgerreaktionen mit klassischen (metall-) elektrochemischen Methoden bestimmt werden können und andererseits Photostrom-Kennlinien auf unabhängig bestimmbare Meßgrößen zurückgeführt werden können (Abb. 3 u. 4). Abschließend werden Kriterien für optimale photoelektrochemische Solarzellen aufgezeigt, die sowohl kinetische Aspekte (Überspannungen) als auch die Theorie der strahlenden Rekombination berücksichtigen.

Die elektrochemische Solarzelle

Elektrochemische Solarzellen können entweder zur Stromerzeugung (Abb. 1a) oder zur Produktion eines speicherbaren Energieträgers (Abb. 1a u. b) genutzt werden. Im Fall der Energiespeicherung werden an den Elektroden zwei verschiedene Redoxsysteme (1 und 2) umgesetzt, die sich durch die nutzbare Potentialdifferenz U_{stor} unterscheiden (z.B. 1.23 V bei der Wasserelektrolyse). Abhängig von der zu speichernden Potentialdifferenz U_{stor} kann es für solare Anwendungen effizienter sein, statt einer Halbleiter- und einer Metallelektrode zwei beleuchtete (n- und p-) Halbleiterelektroden zu verwenden (Abb. 1c). Gleich welcher Zelltyp verwendet werden soll, für eine optimale Solarzelle ist es notwendig, die Differenz der quasi-Ferminiveaus der Majoritäts- und Minoritätsladungsträger (gepunkte Linien) zu maximieren und die an den Grenzflächen auftretende Überspannungen (= Differenz zwischen quasi-Ferminiveau an der Grenzfläche und Redoxpotential im Elektrolyten) als Verluste zu minimieren. Ersteres erreicht man durch eine Reduzierung der Rekombinationsrate, letzteres durch Katalyse der Durchtrittsreaktion.

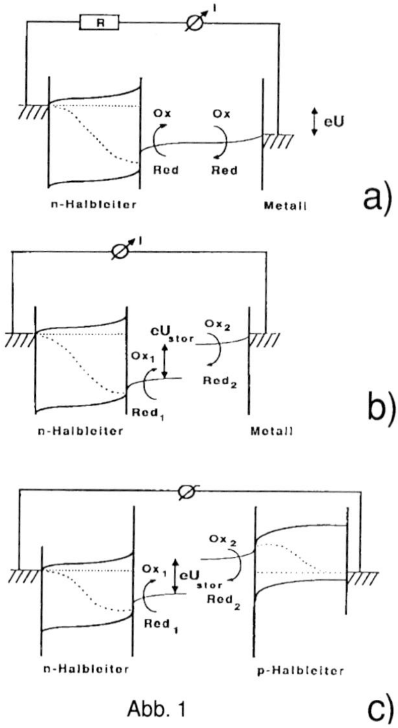

Abb. 1

Das Vergleichbarkeitsprinzip.
(ein quasi-Ferminiveaukonzept)

Ist an der Oberfläche das quasi-Ferminiveau der Löcher der n- und der p-Elektrode gleich, dann laufen die gleichen Reaktionen mit den gleichen Raten ab, daß heißt auch, es fließen die gleichen Ströme (Abb. 2). Das Ferminiveau der Löcher (Majoritäten) ist an der p-Elektrode als Elektrodenpotential meßbar. Danach stellt sich das quasi-Ferminiveau der Minoritäten an der n-Elektrode auf das Elektrodenpotential der p-Elektrode ein, für das gilt j_{photo}(n-Typ) = j_{dunkel}(p-Typ). Es ist damit meßbar! [2,3]

Überspannungen

Gemischt diffusions- und durchtrittskontrollierte Valenzbandreaktionen lassen sich an der p-Elektrode (Majoritäten) mit (metall-) elektrochemischen Methoden analysieren (z.B.: j^{-1} vs. $\omega^{-1/2}$; log [(j_{gr}-j)/j] vs. U_E usw.). Die Diffusions- und die Durchtrittsüberspannung (η_{diff}, η_{kin}) sind meßbar (Abb. 2b). Quantitativ erhält man die gleichen j-η Beziehungen für die beleuchtete n-Elektrode bezüglich des quasi-Ferminiveaus der Minoritäten (Abb. 2a).
In einer optimalen Solarzelle muß η_{kin} möglichst klein sein. Damit ist das optimale Redoxsystem an der Grenzfläche praktisch mit den Ladungsträgern (Löchern) der Elektrode im Gleichgewicht und verhält sich daher an einer p-Elektrode praktisch reversibel. Für ein reversibles Redoxsystem ist der anodische und der kathodische Teilstrom wesentlich größer als der Elektrodenstrom. Eine Konsequenz: Ein optimales Redoxsystem für Photoanoden muß an unbelichteten p-Elektroden auch gut reduzierbar sein (Nernstsches Verhalten)!

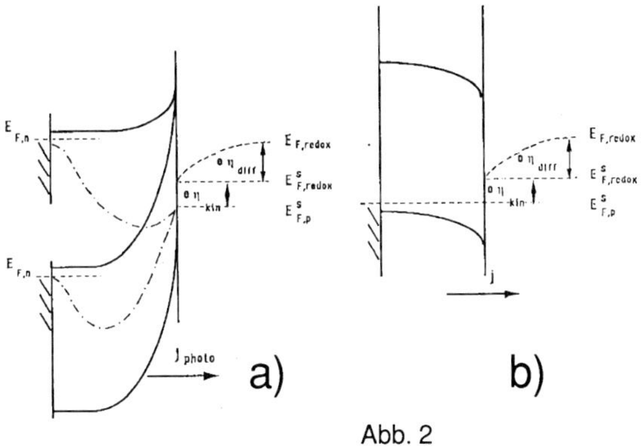

Abb. 2

Der Photostrom

Bei einer Rekombination der Elektronenlochpaare im Halbleiter sind die Durchtrittsreaktionen reine Valenzbandreaktionen und das Vergleichbarkeitsprinzip ist anwendbar (s.o.). Der Photostrom der n-Elektrode läßt sich aus der (im Dunkeln) gemessenen I-U-Kennlinie der p-Elektrode bei bekanntem Rekombinationsmechanismus konstruieren.

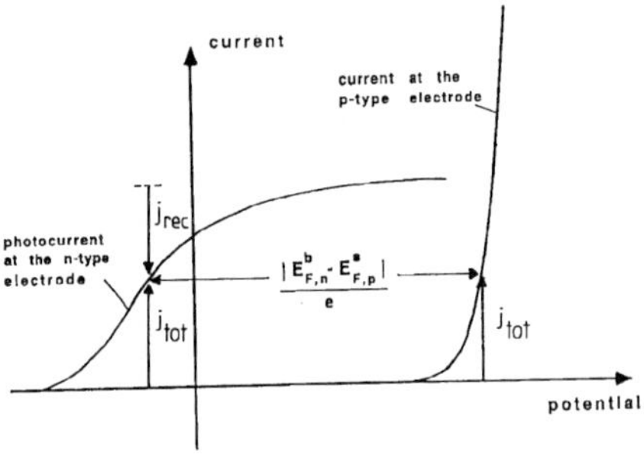

Abb. 3

Mit Abbildung 3 gilt

$j_{n\text{-}Typ}(E_{F,n}) = j_{ph} - j_{rec} = j_{p\text{-}Typ}(E_{F,p})$

$j_{rec} = j_{rec,0} * \exp[(E_{F,n} - E_{F,p})/n\,kT]$

Damit ergibt sich zu einem Strom j die folgende Beziehung zwischen dem Elektrodenpotential der n- und p-Elektrode:

$U_{n\text{-}Typ}(j) = - E_{F,n}/e = U_{p\text{-}Typ}(j) + n*kT/e\ \ln[(j_{ph} - j)/j_{rec,0}]$

Ideale, strahlende Rekombination

Im Fall der strahlenden Rekombination, dessen Rekombinationsrate nicht unterschritten werden kann, ist $j_{rec,0}$ durch die Absorbtion der Schwarzkörperstrahlung gegeben [1]:

$$i_{rec,0} = \int_0^{\lambda_{gap}} 8\pi\ e\ n^2\ c\ \lambda^{-4} \exp\left[\left(\frac{hc}{\lambda\ kT}\right) - 1\right]^{-1}\ d\lambda$$

In Abb. 4 sind die j_{ph}-U Kennlinien dargestellt, die für n-GaAs erhalten werden könnten. Auch in diesen idealen Fällen hängt die Form und der Photostromeinsatzbereich von der Lage des quasi-Ferminiveaus der Minoritäten, also von der j-U Kurve der p-Elektrode ab (Fall a-c). Die j_{ph}-U Kurven sind bei idealen Zellen nicht durch die Generation (Gärtner, s. Abb. 4), sondern durch die Rekombination der Ladungsträger bestimmt.

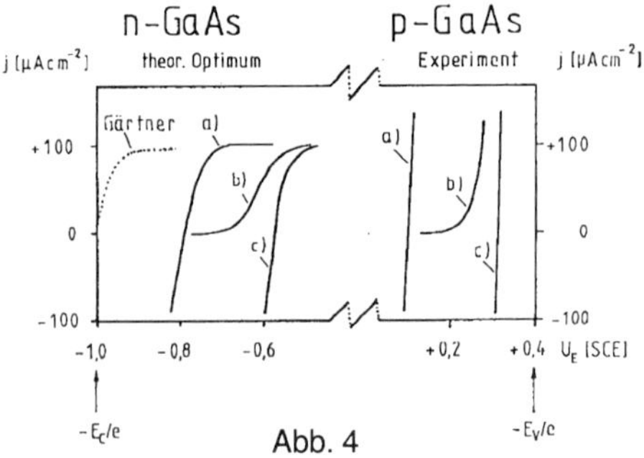

Abb. 4

Der theoretische Wirkungsgrad

Trotz der verschiedenen j_{ph}-U Kurven in Abb. 4 ist der theoretische Wirkungsgrad elektrochemischer Zellen vom Typ der Abb. 1a identisch mit dem der Festkörperzellen. Dies ist in Abb. 5 a und b für ein AM 0 Solarspektrum als Funktion des Bandabstandes dargestellt (umhüllende Kurven). Soll chemische Energie gespeichert werden (U_{stor} in Abb. 1 b und c), so ist es für die Wasserelektrolyse (U_{stor} = 1.23 eV) im allgemeinen günstiger gleichzeitig beleuchtete n- und p-Elektroden (Abb. 1c, Wirkungsgrad in Abb. 5 b) zu verwenden als den Zelltyp der Abb. 1b (Wirkungsgrad in Abb. 5 a).

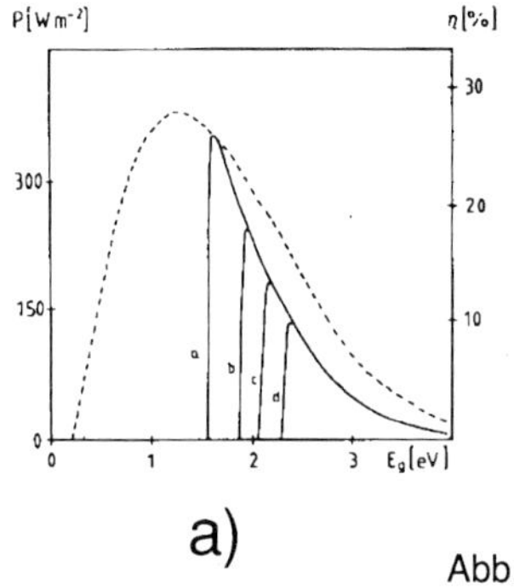

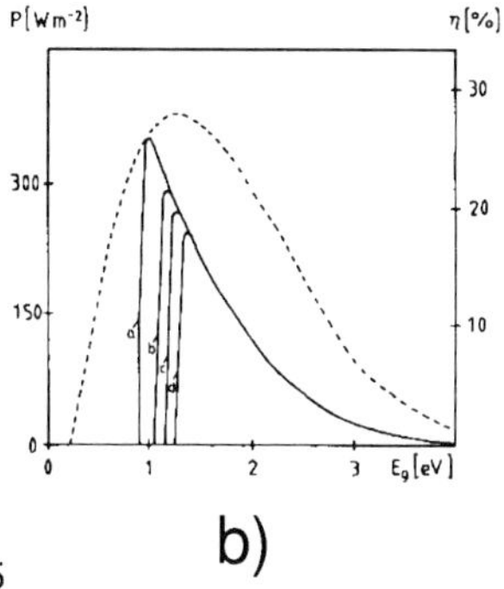

Abb. 5

Schlußfolgerung

- Für eine optimale Photoanode ist ein Redoxsystem notwendig, daß sich reversibel bezüglich des quasi-Ferminiveaus der Minoritäten verhält (Nernstsches Verhalten).
- Die Rekombination bei einer optimalen Photoanode erfolgt stahlend im Halbleiterinneren.
- Die j_{ph}-U Kurve der n-Photoelektrode hängt von der j-U Kurve der p-Elektrode ab.
- Das Photostromeinsatzpotential einer optimalen Elektrode liegt nicht in der Nähe des Flachbandpotentiales.

/1/ Bolton, J.R.; Haught, A.F.; Ross, R.T. in: "Photochem. Conv. Stor. Sol. Energy", Proc. 3th Int. Meet. Sol. Energy, Boulder (ed. Connolly, J.S.), Academic Press, Chap. 11, S. 297 (1980)

/2/ Reineke, R.: Dissertation, Hamburg 1988

/3/ Reineke, R.; Memming R.: J. Phys. Chem. in Vorbereitung

Wasserstoffspeichernde Photokathoden

R. Bertram, R. Dillert, M. Mueller von der Haegen, T. Neumann
Institut für Physikalische und Theoretische Chemie, TU Braunschweig

Zusammenfassung

Die photoelektrochemische Entwicklung von Wasserstoff gewinnt für die Umwandlung von Sonnenenergie in Brennstoff zunehmend an Bedeutung. Eine besondere Rolle spielen dabei photoaktive Halbleiter. Elektroden aus einem Gemisch von $LaNi_5$ und p-Halbleitern zeigen in lichtunterstützten photoelektrochemischen Zellen eine Doppel-Funktion: Der bei Belichtung am p-Halbleiter photolytisch entwickelte Wasserstoff wird vor dem Ausgasen unter Bildung von Hydriden adsorbiert. Solche als SOLHYSTOR-Elektroden (SOLar-HYdrogen-STORage) /1/ bezeichneten Presslinge verknüpfen die Photoaktivität von Halbleitern mit der wasserstoffspeichernden Eigenschaft bestimmter intermetallischer Phasen. Die lichtbetriebene Entstehung und Speicherung von Wasserstoff an derselben Elektrodenmasse kann für Brennstoffzellen, für die photokatalytische Hydrierung und für die Konversion der Sonnenenergie mittels photoelektrochemischer Zellen neue Wege eröffnen.

Summary

The conversion of sunlight to the fuel hydrogen expects to be successful in solarelectrochemical systems using semiconductor electrodes in photoelectrochemical cells. SOLHYSTOR (SOLar-HYdrogen-STORage) /1/ is a sophisticated system combining the photogeneration of hydrogen on the semiconductor-electrolyte interface with the storage of hydrogen in intermetallic phases. The main component is a special prepared hydrogen storing cathode activated by enclosing and partially covering with p-type semiconductors. Photoelectrochemical generated hydrogen is directly stored in the electrode material by formation of metal hydrides. Under desorption of hydrogen this system behaves similar a fuel cell.

Résumé

Le développement photo-électrochimique d'hydrogène prend de plus en plus d'importance pour la conversion de l'énergie solaire en combustible. Les semi-conducteurs photo-actifs jouent ici un rôle particulier. Les électrodes constituées d'un mélange de $LaNi_5$ et les semi-conducteurs du type p font preuve d'une double fonction dans les cellules photo-électrochimiques soutenues par de la lumière: l'hydrogène développe de manière photolytique lors de l'exposition des semi-conducteurs du type p est adsorbé avant le dégagement du gaz en formant des hydrures. Ces systèmes appelés électrodes SOLHYSTOR (SOLar-HYdrogen-STORage) /1/ combinent la photo-activité des semi-conducteurs et la propriété d'emmagasinage d'hydrogène de certaines phases intermétalliques. La formation - soutenue par la lumière - et l'emmagasinage d'hydrogène sur la même masse d'électrode peuvent ouvrir de nouvelles voies aux cellules combusibles pour l'hydrogénation photocatalytique et pour la conversion de l'énergie solaire au moyen de nouvelles cellules photo-électrochimiques.

Einleitung

Die lichtunterstützte Wasserspaltung wurde bisher überwiegend an n-Halbleitern studiert /2/. An diesen wird auf der anodischen Seite Photoelektrochemischer Zellen (PEC) Sauerstoff entwickelt. Die prinzipiell zur Wasserstoffentwicklung befähigten p-Halbleiter werden als Photokathoden trotz ihrer Stabilität gegen Korrosion und Photokorrosion kaum eingesetzt. Der Grund liegt darin, dass nur wenige p-leitende Materialien mit Bandstrukturen bekannt sind, die einen Ladungstransfer zu den H^+/H_2- bzw. O_2/H_2O-Potentialen im Elektrolyten zulassen /3/. Dieser Aspekt erschwert die Auswahl geeigneter p-Halbleiter.

Gewisse Metalle und Metallegierungen speichern Wasserstoff reversibel unter Hydridbildung. Dabei werden u.a. die elektrischen Eigenschaften verändert. Mit zunehmender Wasserstoffbeladung findet in einigen Fällen ein Übergang vom metallischen Leiter zum Halbleiter statt /4/. Obwohl die Bedeutung intermetallischer Phasen für Elektroden seit mehreren Jahren erkannt wurde /5/, sind systematische elektrochemische und photoelektrochemische Untersuchungen nicht durchgeführt worden. Eine Übersicht über die elektrochemische Verwendung von Metallhydriden geben BITTNER und BADCOCK /6/.

Untersuchung der elektrochemischen Charakteristika von Metallhydridelektroden

Eine speziell ausgebildete wasserstoffspeichernde intermetallische Verbindung wird durch Einlagerung und/oder Bedeckung mit p-Halbleitern photoaktiviert. Der entwickelte Wasserstoff wird vor dem Ausgasen unter Bildung von Metallhydriden gespeichert.

Mit Hilfe galvanostatischer Einschaltversuche wurde das Potential-Zeitverhalten bei konstantem Strom in ruhender Lösung untersucht. Hierbei wurde Lanthanpentanickel ($LaNi_5$) - wegen der zahlreichen publizierten Untersuchungen /6/ gut bekannt - als Modellsubstanz einer zur Wasserstoffspeicherung fähigen AB_5-Legierung herangezogen. In Langzeitversuchen wurden Einflüsse der Parameter der Elektrodenpräparation, der Vorbehandlung des aktiven Materials und der Elektrolytzusammensetzung auf die Speicherkapazität und Langzeitstabilität der wasserstoffspeichernden Elektrode untersucht. Es zeigte sich, dass die Speicherkapazität der Elektrode mit abnehmender Packungsdichte, beeinflusst durch den bei der Präparation angewandten Pressendruck, bis auf ca. 80% des theoretischen Wertes von 1340 As/g für die Reaktion

$$LaNi_5 + 6H_2O \text{ -----> } LaNi_5H_6 + 6OH^-$$

ansteigt.
In Abb. 1 sind die normierten reversiblen Kapazitäten zweier Elektroden gegen die normierte Beladung aufgetragen (Elektrode 1: p=1130 MPa, Elektrode 2: p= 300 MPa).

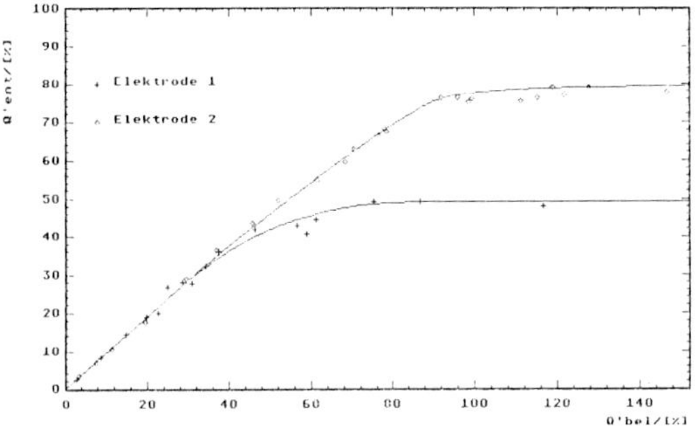

Abb.1 Reversible Kapazitäten zweier Hydridelektroden (normiert auf die theoretische Maximalbeladung)

Die Speicherkapazität der Elektroden nimmt nach einer Aktivierungsphase mit der Anzahl der durchgeführten Be- und Entladezyklen langsam ab.
Da in den Mikrostrukturen der Speicherelektrode die Barriere Halbleiter-Metall eine wichtige Rolle spielt, haben wir die von uns verwendeten Kontaktierungsmethoden untersucht. Die Speicherung und die Freisetzung von Wasserstoff in/aus Metallhydriden ist mit Temperatur- und Volumenschwankungen verbunden. Unsere Messungen von Strom-Spannungskurven in Abhängigkeit von der Temperatur erstreckten sich auch auf flüssige (InHg) und gesputterte Verbindungen (Abb. 2).
Die Korrosion von p-Halbleitern stellt ein zentrales Problem der nassen Solarzellen dar. In zahlreichen Publikationen ist versucht worden, die Oberfläche durch Beschichtung mit Edelmetallen zu schützen. Meistens gehen wichtige Eigenschaften der Halbleiter dabei verloren. TSOBOMURA /8/ entwickelte spezielle Techniken zur Herstellung kleinster Pt-Inseln. Nach Herstellung einer derartigen Mikrostruktur wird das Licht durch die dünne Oxidschicht "geerntet". Die Elektrode ist vor weiterer Korrosion geschützt. Die chemische Umsetzung verbunden mit einem Photostrom erfolgt an den Pt-Inseln. In Abb. 3 ist rechts die Messkurve einer unserer Elektroden dargestellt. Das Zyklovoltammogramm zeigt Resistenz gegen weitere Korrosion und doch gutes Sperren bis U=1,4V.

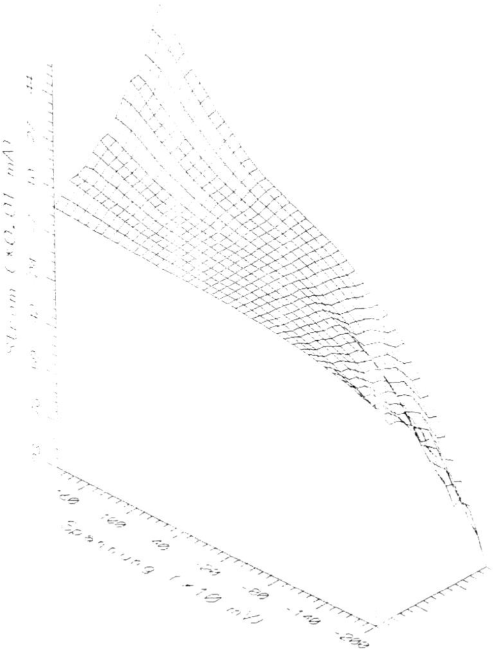

Abb.2 Messdiagramm eines Si-InHg-Kontaktes im Temperaturbereich von 283 - 353K

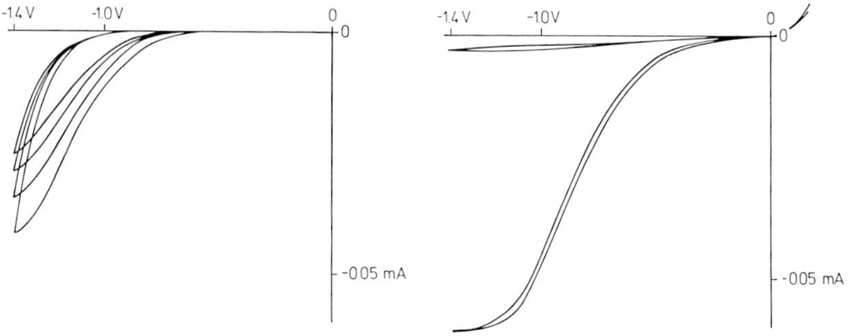

Abb.3 Strom-Spannungskurven einer p-Si-Elektrode (links) und einer Pt-100-p-Si(ox)-Elektrode (rechts)

Diskussion

In dem als Pressling verwendeten Gemisch von Hydridlegierungen und Halbleitern stossen Festkörperphasen mit unterschiedlichen Eigenschaften zusammen. Solche Gemischelektroden können als Bündelung von kurzgeschlossenen Mikroanoden und Mikrokathoden aufgefasst werden. Mit zunehmender Wasserstoffbeladung und fortschreitender Hydridbildung können an den Kontaktzonen zwischen Hydrid und Halbleiter Schottky-Barrieren entstehen. Da an den Korngrenzen weitere katalytische Prozesse aktiviert werden können, ist das Verhalten der Gemischelektroden nicht nur von den photoelektrochemischen Eigenschaften der separierten Gemischpartner sondern auch von Art und Menge der Kontakte abhängig.
Für die von uns ausgewählte Legierung $LaNi_5$ läuft bei Luftzutritt die Oberflächenreaktion

$$LaNi_5 + 3/2O_2 \dashrightarrow La_2O_3 + 10Ni$$

ab. Nach WALLACE u.a./9/ wird daneben auch $La(OH)_3$ gebildet, so dass eine Bedeckungsschicht wie in Abb. 4 dargestellt resultiert.

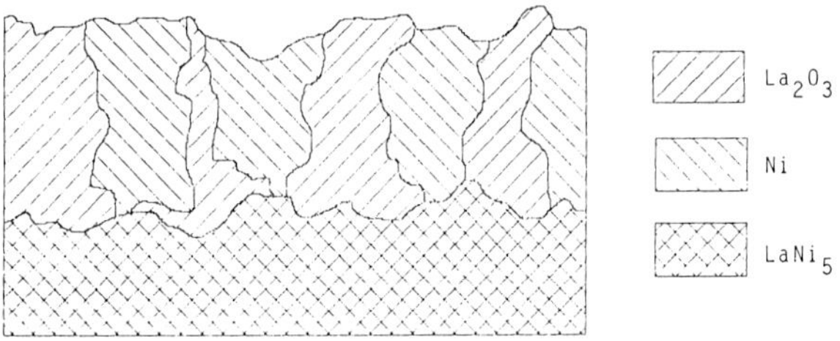

Abb.4 Bedeckungsschicht von $LaNi_5$ /aus 9/

La_2O_3 ist ein Halbleiter mit dem Symbol $D5_2$ /10/; über die Photoaktivität ist nichts bekannt. Die Wasserstoffaufnahme wird durch diese Schicht offensichtlich nicht beeinflusst. Die elektrochemische Charakterisierung ist z.Zt. noch nicht abgeschlossen. Ein Mikrozellengefüge der geschilderten Art ist allein durch Untersuchungen an getrennten Elektroden sowie an separierten Phasenpaaren nicht erschöpfend aufzuklären, da die Kontaktzonen wesentlichen Einfluss auf das photoelektrochemische Verhalten nehmen. Andere Untersuchungen /11/ zeigen, dass die Barrierenhöhe durch eindiffundierenden Wasserstoff verändert wird. Da die elektrolytische Aktivität für die Wasserstoffentwicklung mit dem Korngrenzenanteil der Elektrodenoberfläche verändert wird /12/, treten an polykristallinen Gemischelektroden unterschiedlicher Körnigkeit charakteristische Unterschiede auf. Als Folge des Misch- und Pressvefahrens sowie durch die thermische Nachbehandlung der Presslinge kann es darüberhinaus zu lichtinduzierten topotaktischen Redoxprozessen in Form von Intercalationsvorgängen kommen, durch die die photoelektrochemischen Eigenschaften zusätzlich beeinflusst werden /13/.

Literatur

/1/ R.Bertram: Offenlegungsschrift DE 3704171 (1988).

R.Bertram, R.Dillert, M.Mueller von der Haegen, T.Neumann: Das Solhystor-System. Poster Symposium "Regenerative Energiequellen", Braunschweig 8./9.Juni 1989.

R.Bertram et al.: In: Statusreport 1990 Photochemie/ Photoelektrochemie. Vorgelegt von dem Projektträger Biologie, Energie, Ökologie Forschungszentrum Jülich ... anlässlich des Statusseminars Photochemie/ Photoelektrochemie ´90 in Hannover vom 4. bis 5.Oktober 1990.

/2/ H.Gerischer: In: Photoelectrochemistry, photocatalysis, and photoreactors. M.Schiavello, ed.; Reidel: Dordrecht 1985.

H.Tributsch: In: Photocatalysis and environment. M.Schiavello, ed.; Kluwer: 1988.

/3/ R.Memming: Top.Curr.Chem. 143 (1988), 79.

/4/ "Wasserstoff in Metallen". Int.Tagung der Dt.Bunsengesellschaft, Jülich 1973. Ber.Bunsenges.Phys.Chem. 76 (1972), 705ff.

"Hydrogen in metalls" "Metal hydrides". Proc. First Int.Symp., Stuttgart, Sept. 4-9, 1989. Z.Physikal.Chem. NF164 (1989).

"Hydrogen in intermetallic compounds I" Top.Appl.Physics 63 (1988).

M.Gupta: Mat.Sci.Forum 31 (1988), 77.

A.C.Switendick: Solid State Comm. 8 (1970), 1463.

N.I.Kulikov, V.V.Tugushev: In: Cerium-Group Hydrids. Elsevier Sequoia: 1980; Vol.II, S.227-236.

W.E.Wallace, S.K.Malik: Proc.Hydrids for energy storage. Geilo, Norway 1977, 33.

M.Gupta: Z.Physikal.Chem. NF163 (1989), 517.

/5/ H.Buchner: Energiespeicherung in Metallhydriden. Springer: 1982.

/6/ H.F.Bittner, C.C.Badcock: J.Electrochem.Soc. 130 (1983), 193C.

/7/ J.J.G.Willems: Philips J.Research 39 (1984),Suppl.1.

/8/ H.Tsobumura et al.: J.Electrochem.Soc. 136 (1989), 2280.

/9/ W.E.Wallace, R.F.Karllcek, H.Imamura: J.Phys.Chem 83 (1979), 1708.

/10/ J.P.Suchet: Crystal chemistry and semiconductors. Academic Press: New York 1971.

/11/ Aspnes, Heller: J.Phys.Chem. 87 (1983), 4919.

/12/ M.Enyo: In: Comprehensive treatise of electrochemistry. Vol.7,5. B.E.Conway u.a., eds. Plenum Press: New York 1983.

/13/ G.Betz, H.Tributsch: In: Dechema-Monographie 102. VCH 1986.

Elektrochemie in der Energietechnik

Rutheniumhaltige Mischoxide für die solare Brennstofferzeugung

A. Bandi

Universität Stuttgart, Institut für Physikalische Elektronik

M. Specht

Zentrum für Sonnenenergie- und Wasserstoff-Forschung, Stuttgart

Zusammenfassung

Reaktiv kathodenzerstäubte und thermisch zersetzte rutheniumhaltige Mischoxide wurden für die anodische Sauerstoff- und die kathodische Wasserstoffentwicklung bzw. CO_2-Reduktion untersucht. Extrem dünne, transparente Ir/Ru-Mischoxide (60/40 Mol%) zeigen, unter Aufrechterhaltung sehr guter elektrokatalytischer Eigenschaften, gegenüber reinen Rutheniumoxidfilmen eine starke Inhibition der Korrosion. Für die Aktivität spielen elektrokatalytische Zentren mit höheren Oxidationsstufen des Rutheniums eine wesentliche Rolle. Kinetische Messungen im N_2-gesättigten Elektrolyten an thermisch präparierten Ru/Ti-Oxidmischungen ergeben eine desorptionsgehemmte Wasserstoffentwicklung, in deren Grenzstrombereich der CO_2-Reduktionsstrom sein Maximum erreicht. Mit Kupfer modifizierte Ru/Ti-Oxidelektroden weisen eine verbesserte Stromausbeute für die CO_2-Reduktion zu Methanol auf.

Summary

Mixed transition metal oxides containing ruthenium were investigated for the anodic oxygen evolution and the cathodic hydrogen evolution or CO_2-reduction, respectively. The catalysts were prepared by reactive sputtering and by thermal decomposition. Compared to pure ruthenium oxide, very thin layers of Ru/Ir-oxides (40/60 mol%) show high catalytic activity and a strong inhibition of corrosion. The catalytic activity is explained by means of higher oxidation states of Ru. Kinetic measurements in N_2-purged electrolytes indicate a desorption controlled hydrogen formation at Ru/Ti-oxides. The maximum value of the CO_2-reduction current was found in the range of the limiting current of hydrogen evolution. Copper modified Ru/Ti-oxide electrodes increase the current efficiency for CO_2-reduction to methanol.

Résumé

Des oxydes mixtes à teneur en ruthénium décomposés thermiquement et à pulvérisation cathodique réactive ont été analysés pour le développement anodique d'oxygène et cathodique d'hydrogène ou pour la réduction de CO_2. Tout en conservant leurs très bonnes propritétés electrocatalytiques, les oxydes mixtes de Ir/Ru extrêmement fins et transparents (60/40 mol%) font preuve d'une forte inhibition de corrosion par comparaison à des films d'oxyde de ruthénium purs. Les centres électrocatalytiques à échelons d'oxydation plus élevés du ruthénium jouent un rôle essentiel pour l'activité. Les mesures cinétiques d'électrolytes saturés au N_2 dans des mélangers d'oxyde de Ru/Ti thermiquement preparés donnent un développement d'hydrogène à désorption inhibée qui atteint son maximum dans la plage limite du courant de réduction de CO_2. Les électrodes d'oxyde Ru/Ti modifiées au cuivre font preuve d'un meilleur rendement de courant pour la réduction de CO_2 en méthanol.

1. Einleitung

Für die elektrolytische Herstellung von solaren Sekundärenergieträgern sind die Stabilität und die Aktivität der Elektrokatalysatoren von vorrangiger Bedeutung. Katalysatoren auf der Basis von Rutheniumoxid eignen sich sowohl zum Aufbau von Anoden zur Sauerstoffentwicklung, wie auch für die kathodische H^+- und CO_2-Reduktion. In dieser Arbeit werden transparente, reaktiv kathodenzerstäubte Iridium/Ruthenium-Mischoxidkatalysatoren als Schutzschichten für Photoanoden und thermisch erzeugte Ruthenium/Titan-Oxidmischungen zur Entwicklung von Wasserstoff und Reduktion von Kohlendioxid vorgestellt.

2. Experimentelles

Die transparenten Katalysatoren werden durch einen Kathodenzerstäubungsprozeß hergestellt. Zwischen Target (Ir bzw. Ru) und Substrat findet eine Ar-Gasentladung statt, in deren Verlauf Ar^+-Ionen auf das Target beschleunigt werden. Durch Stoßprozesse erfolgt ein Abtrag des Targetmaterials und Kondensation der abgesputterten Atome bzw. Cluster auf dem Substrat. Durch Zumischen von Sauerstoff zum Sputtergas können direkt Metalloxide präpariert werden (reaktives Sputtern). Der Sputtergasdruck beträgt 10^{-2} mbar, das $Ar:O_2$-Verhältnis 3:1. Die verwendete CJT/Varian UHV-Sputteranlage verfügt über eine HF- und zwei DC-Magnetron-Sputterstationen. Iridium wird bei 90 V HF-gesputtert, Ruthenium auf der DC-Station zwischen 360 und 480 V. Die Mischoxide werden durch abwechselndes Sputtern von wenigen Monolagen beider Materialien präpariert, so daß es zu einer Durchmischung der Schichten aufgrund der kinetischen Energie der Teilchen kommt (atomic mixing). Als Substrat für die elektrochemischen Untersuchungen dient Titan, zur Präparation der Photoanoden wird n-dotiertes Silizium mit einem Aluminium Rückkontakt verwendet.

Die Katalysatoren für die CO_2-Reduktion werden durch thermische Zersetzung einer $RuCl_3$- und Tetrabutoxititan-haltigen Lösung auf einem Titansubstrat bei 450 $^{\circ}C$ hergestellt. Die Stöchiometrie der thermisch hergestellten Oxidschichten ergibt sich aus der Zusammensetzung der Präparationslösungen. Die geometrische Oberfläche der stationären Elektroden beträgt 1 cm^2 und die der rotierenden Scheibe 0,28 cm^2. Die Experimente werden in einem Phosphatpuffer unter N_2- bzw. CO_2-Spülung durchgeführt.

3. Reaktiv gesputterte Ruthenium/Iridium-Oxidschichten

Wird eine Photoanode nicht mit einem katalytischen Schutzfilm bedeckt, so erfolgt Photokorrosion bzw. im Fall des Siliziums eine Photopassivierung. Die sich bildende SiO_2-Schicht hat eine schnelle Abnahme des Photostroms zur Folge. Durch eine ganzflächige Bedeckung des Halbleitersubstrats mit einer Schutzschicht kann diese Degradation unterbunden werden. Dabei kommen der Schicht als weitere Aufgaben zu: die Ausbildung eines Schottky-Kontaktes mit dem Halbleitersubstrat und die Reduktion der Überspannung durch eine gute Elektrodenkinetik /1-4/. Die Aufrechterhaltung sehr guter elektrokatalytischer Eigenschaften muß selbst bei extrem dünnen, transparenten Schichten (ca. 20 nm), wie sie für Photoelektroden erforderlich sind, gewährleistet sein.

Um elektrolytdichte Schichten reproduzierbar zu erzeugen und um ein definiertes Schichtwachstum im Bereich von Monolagen zu gewährleisten, werden die Schichten durch reaktive Kathodenzerstäubung erzeugt. Die reaktiv gesputterten Iridium-, Ruthenium- bzw. deren Mischmetalloxide zeigen eine unterstöchiometrische Zusammensetzung von $Ir_yRu_{1-y}O_x$ mit $x < 2$.

3.1 Der Halbleiter/Metalloxid-Kontakt

Durch die Trennung der Grenzschichten Halbleiter/Metalloxid und Metalloxid/Elektrolyt können die photovoltaischen und elektrochemischen Eigenschaften getrennt behandelt werden. Die maximale Photospannung wird durch die Ausbildung der Schottky-Barriere begrenzt. Durch gezielte Steuerung der Sputterparameter erfolgt während des reaktiven Beschichtungsprozesses zwischen Siliziumsubstrat und Metalloxidschicht die Ausbildung einer ca. 2 nm dicken SiO_2-Schicht durch Plasmaoxidation (MIS-Kontakt). Zur Messung der Barriere wird eine Elektrode folgenden Aufbaus mit einem Aluminium-Frontkontakt von ca. 300 nm verwendet:

Al	/ n^+n-Si	/ n-Si	/ SiO_2	/ RuO_2	/ Al	
300	1000	0.5 mm	2	20	300	[Dicke in nm]

Fig.1 gibt die Ausbildung der Schottky-Barriere (Mott-Schottky-Messungen bei 15 kHz) als Funktion des Potentials beim HF-Sputtern wieder. Die hochdotierte n^+-Schicht dient der ohmschen Kontaktierung.

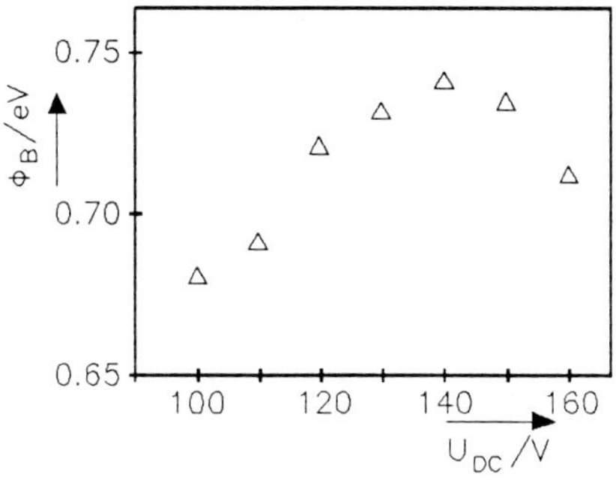

Fig.1

Barrierenhöhe des n-Si/RuO_x-Kontaktes als Funktion des DC-Potentials zwischen Ru-Target und Halbleitersubstrat während der HF-Entladung

3.2 Stabilisierung und elektrokatalytische Eigenschaften von transparenten Iridium/Ruthenium-Mischoxidfilmen

Weiterhin soll hier auf die elektrokatalytischen Schichteigenschaften eingegangen werden. Rutheniumoxid zeigt die besten elektrokatalytischen Eigenschaften für die Sauerstoffentwicklung in H_2SO_4 /5/, jedoch sind die gesputterten Schichten nicht langzeitstabil. Da auch kleinste Korrosionsraten bei 20 nm Schichten nicht toleriert werden können, wird versucht, Rutheniumoxid in eine stabilisierende Matrix von Iridiumoxid einzubauen /6/. Der Einfluß der Mischoxidzusammensetzung und der Sputterparameter auf die elektrokatalytische Aktivität soll im folgenden untersucht werden. Durch die praktisch gleichen Gitterkonstanten liegt eine unbegrenzte Mischbarkeit der in der tetragonalen Rutilstruktur kristallisierenden Übergangsmetalloxide IrO_2 und RuO_2 vor /7/. Die zentrale Fragestellung ist, ob bei Ir/Ru-Mischoxiden die Elektrodenkinetik des Rutheniumoxids bei gleichzeitiger Stabilität beibehalten werden kann.

Die Tafelsteigung gesputterter RuO_x-Filme (d = 50 nm) wurde zu b = 40 mV bestimmt (gegenüber IrO_x mit 54 mV, Fig.2). Alle Werte stammen vom ersten anodischen Scan frisch präparierter Elektroden mit einer Vorschubgeschwindigkeit von 1 mV/sec.

Im Gegensatz zu RuO_2 befindet sich IrO_2 bei den Sauerstoff-Entwicklungspotentialen im stabilen Bereich des Pourbaix-Diagramms /8/. Dagegen besteht bei RuO_2 ab einem Potential von ca. 1.45 V_{NHE} eine Korrosionsgefährdung durch Bildung des leicht flüchtigen RuO_4 /5/.

Für gesputterte Rutheniumoxidfilme ergab sich ein nicht tolerierbarer Korrosionsstromanteil von ca. 0.03 %, d.h. beim Betrieb einer Photoelektrode mit einer Stromdichte von ca. 20 mA/cm^2 unter solarer Einstrahlung ist die Katalysatorschicht bereits nach wenigen Stunden korrodiert.

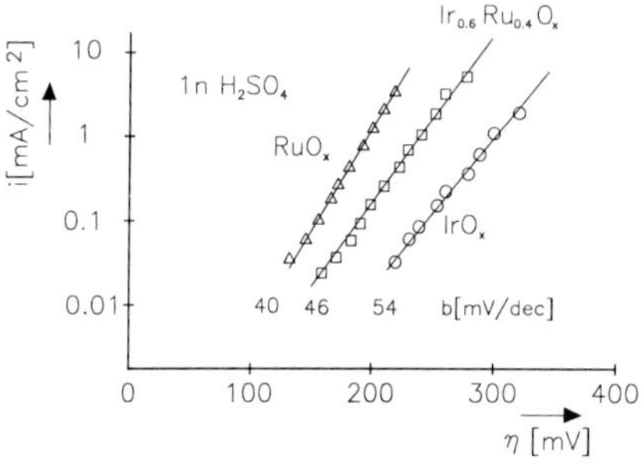

Fig.2

Tafel-Diagramm der O_2-Entwicklung an reaktiv gesputterten Ir/RuO_x-Schichten in 1 N H_2SO_4 (50 nm Filme auf Ti-Substrat)

Die Zusammensetzung des Mischoxidkatalysators $Ir_yRu_{1-y}O_x$ wurde zwischen y = 0 und y = 1 variiert. Aus Fig.3a ist ersichtlich, daß die Tafelsteigung nicht dem arithmetischen Mittel der beiden Komponenten entspricht. Dies gilt auch für das Einsatzpotential der Sauerstoffentwicklung (Fig.3b). Hieraus ist zu folgern, daß die Elektrodenkinetik i.w. über Rutheniumoxid abläuft. Erst ab einem Anteil von ca. y > 0.6 entspricht das elektrokatalytische Verhalten einer Linearkombination beider Mischoxidanteile. Die Cyclovoltammogramme von $Ir_{0.6}Ru_{0.4}O_x$ und RuO_x weisen im Bereich von 0.5 V_{SCE} (Oxidations-Reduktionspeak des III/IV-Übergangs /9,10/) exakt gleiches Verhalten auf. Auch dieses Ergebnis zeigt, daß die Elektrodenkinetik der Mischoxidelektrode durch die reine RuO_x-Komponente bestimmt wird.

Obwohl die elektrokatalytischen Eigenschaften weitgehend durch Rutheniumoxid bestimmt sind, konnte eine Stabilisierung durch Iridiumoxid erzielt werden. Während der reine RuO_x-Film nach 24 h bei einer Dauerpolarisation von 1.4 V_{SCE} keine nennenswerte Sauerstoffentwicklung mehr zeigt, ist die reine IrO_x-Probe zwar langzeitstabil, jedoch bei deutlich geringerer Anfangsintensität (Fig.4). Die besten Ergebnisse wurden mit dem Mischoxid $Ir_{0.6}Ru_{0.4}O_x$ erzielt. Bei diesen Schichten sind die höchsten Stromdichten zu beobachten. Nach einem leichten Abfall der Stromdichte in Fig.4, ist eine Stabilisierung bei 4 mA/cm^2 nach 10 Tagen zu beobachten. Durch diese Mischoxidzusammensetzung ist die Kombination der hohen elektrokatalytischen Aktivität des RuO_x mit der stabilisierenden IrO_x-Phase möglich.

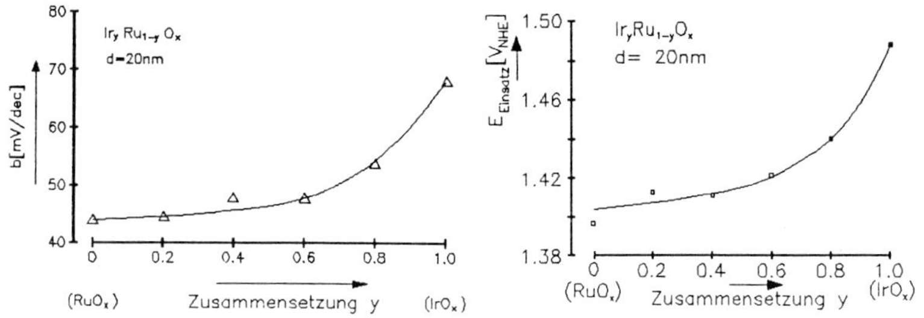

Fig.3a,b

Tafelsteigung und Einsatzpotential des Sauerstoff ($E_{Einsatz}$ bei $i = 0.1\ mA/cm^2$) von $Ir_yRu_{1-y}O_x$-Mischoxidfilmen in 1 N H_2SO_4 als Funktion der Oxidzusammensetzung

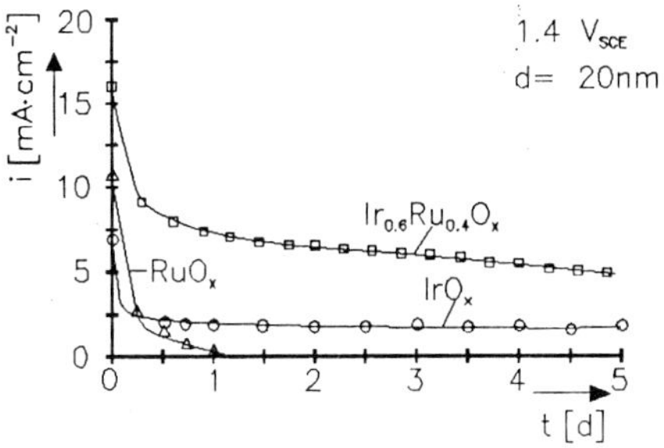

Fig.4

Dauerpolarisationsmessung von 20 nm Filmen der Oxide IrO_x, RuO_x und $Ir_{0.6}Ru_{0.4}O_x$ in 1 N H_2SO_4

3.3 Sputterbedingte elektrokatalytische Aktivität und XPS-Analyse

Beim reaktiven Kathodenzerstäuben von RuO_x-Filmen auf einer DC-Sputterstation wurde ein Zusammenhang zwischen elektrokinetischen Daten (Tafelsteigung, Überspannung) und Sputterpotential festgestellt (Fig.5). Das anliegende Potential zwischen Kathode (Target) und Substrat ist bei gleichen Sputterraten deutlich höher als beim HF-Sputterprozeß. Das hat auch eine höhere kinetische Energie der Ionen und Sputteratome zur Folge. Je höher das DC-Potential wird, desto kleiner ist die Tafelsteigung. Wahrscheinlich beruht dieser Effekt auf einer höheren Konzentration elektrokatalytischer Zentren, die höheren Oxidationszuständen des Rutheniums entsprechen, erst bei ansteigenden DC-Potentialen gebildet werden und über deren Wechsel die Sauerstoffbildung erfolgt. Bei hohen Sputterpotentialen nimmt die Anzahl am Target reflektierter Ionen zu, die auf dem Substrat für die Ausbildung höherwertiger Oxidationsstufen verantwortlich sind.

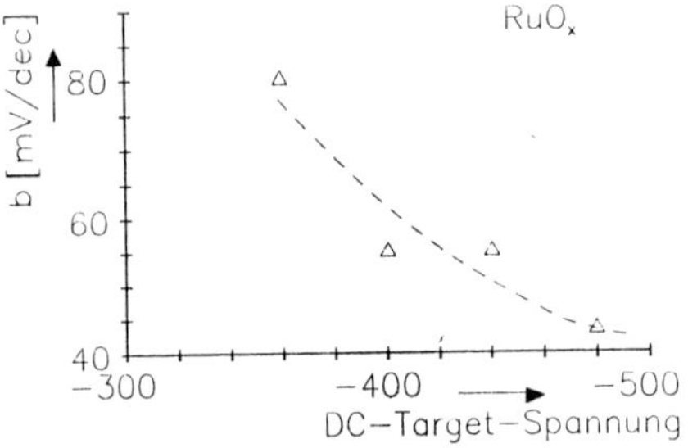

Fig.5

Einfluß der Targetspannung auf die Tafelsteigung von DC-gesputterten RuO_x-Filmen

Die hohe Kapazität von 1 mF/cm^2 bei 20 nm RuO_x-Filmen läßt auf eine große Oberflächenrauhigkeit (Porosität) gesputterter Schichten schließen. Ein großer Vorteil der Kathodenzerstäubung ist, daß das Schichtwachstum bei niedrigen Temperaturen erfolgt. Beim Tempern kommt es zum Verlust aktiver Oberfläche durch Rekristallisationsprozesse (Abnahme der Stromdichte unter potentiostatischer Polarisation und starke Abnahme der Kapazität auf bis zu 1 % des ursprünglichen Wertes).

Die größere Zustandsdichte elektrokatalytischer Zentren mit höheren Oxidationsstufen des Rutheniums auf hochaktiven Proben konnte oberflächenanalytisch belegt werden. Im XPS-Spektrum des Ru 3d-Niveaus wurde durch Differenzbildung der Spektren zweier Proben hoher und geringer katalytischer Aktivität eine Verschiebung von ca. 2.4 eV des Differenzspektrums zu höherer Bindungsenergie festgestellt, die einer größeren Konzentration höherer Oxidationsstufen ($Ru^{VI-VIII}$; die chemische Verschiebung liegt in der Größenordnung von 0.4 - 0.55 eV/Oxidationsstufe /11/) auf der katalytisch aktiveren Oberfläche entspricht. Weiterhin zeigen die Proben einen höheren Sauerstoffanteil in den ersten Monolagen bis zu einer Tiefe von ca. 1 nm, was höheroxidierten Rutheniumanteilen entspricht. Die geringere Tafelsteigung der Rutheniumoxidschichten konnte direkt mit dem Ergebnis einer oberflächenanalytischen Messung korreliert werden.

4. Thermisch präparierte Schichten für die CO_2-Reduktion

Die direkte Brennstoffsynthese durch die Elektrolyse von CO_2-haltigen wässrigen Lösungen ist besonders interessant für die Speicherung solarer Energie. Die Reaktionsprodukte wie z.B. Methanol sind direkt als Treibstoff oder Syntheserohstoff verwendbar. Die typischen CO_2-Reduktionsprodukte in wässrigen Lösungen sind CO oder HCOOH (auf Metallen mit großer Wasserstoffüberspannung /12-15/) und CH_4 oder C_2H_4 mit Cu /16/ bei sehr hohen Überspannungen. Methanol wurde an InP und GaAs /17,18/ - allerdings unter starker Korrosion der Elektroden - nachgewiesen /19/.

Kürzlich berichteten wir über die elektrochemische Reduktion von CO_2 mit thermisch hergestellten Übergangsmetalloxiden /20/. Die Reduktion läuft bei kleinen Überspannungen und die typischen Reaktionsprodukte sind HCOOH und CH_3OH. Mit Oxidmischungen wie RuO_2/ $TiO_2/SnO_2/Co_3O_4$ oder RuO_2/TiO_2 wurde Methanol mit Stromausbeuten zwischen 50 und 80% bei kleinen Stromdichten von ca. 0.06 mA/cm^2 produziert. Diese Oxide sind stabile Kathodenmaterialien und weniger empfindlich gegenüber kationischen Giften als Metalle /21,22/.

Hier werden kinetische Aspekte der H_2-Entwicklung und CO_2-Reduktion auf einer RuO_2/TiO_2 (75/25 Mol%) Elektrode vorgestellt. Es wurden Experimente mit einer stationären und einer rotierenden Scheibenelektrode durchgeführt.

4.1 Stromspannungskurven an stationären Elektroden

Die typischen E-i-Kennlinien einer stationären Elektrode in N_2-gesättigtem Phosphat-Puffer, pH = 6,04 - 6,11 (Kurve 2, Fig.6), zeigen eine Strombegrenzung im Potentialbereich von -0,9 bis - 1,1 $V_{Ag/AgCl}$. In der CO_2-gesättigten Lösung (Kurve 1, Fig.6) ist in diesem Potentialbereich dagegen ein Stromanstieg zu beobachten. Die Differenz der Kurven 1 und 2 ergibt den CO_2-Partialstrom (Kurve 3, Fig.6), der ein Maximum bei etwa -1,07 $V_{Ag/AgCl}$ erreicht. Die gaschromatographisch-massenspektrometrisch ermittelte Menge der Reduktionsprodukte zeigt eine gute Übereinstimmung mit Kurve 3. Für praktische Zwecke ist jedoch das Verhältnis des CO_2-Stroms zum Gesamtstrom i_{CO2}/i wichtig. Kurve 4 in Fig.6 zeigt das Verhältnis des CO_2-Partialstroms zum Gesamtstrom i als Funktion des Potentials. Das Optimum für das Verhältnis i_{CO2}/i liegt nicht beim Maximum des CO_2-Reduktionsstroms.

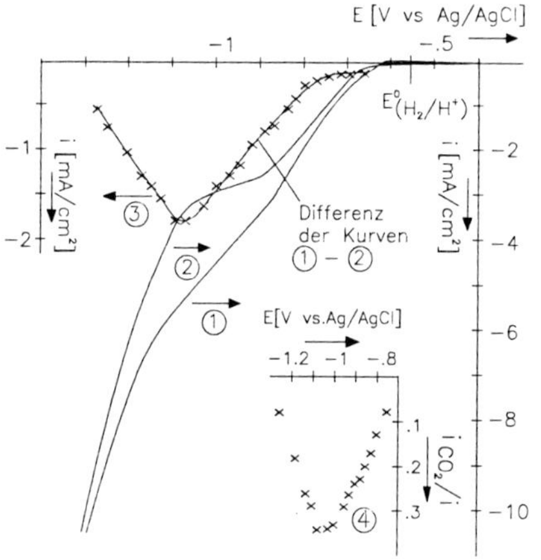

Fig.6

E - i - Kennlinien einer RuO_2/TiO_2 (75/25 Mol%) Elektrode im Phosphat Puffer (pH = 5,97 - 6,04) 1) CO_2-gesättigt; 2) N_2-gesättigt; 3) Differenz der Kurven 1 und 2; 4) E-i_{CO2}/i Auftragung

4.2 Stromspannungskurven an der rotierenden Scheibenelektrode

In Fig.7 sind die E-i-Kennlinien einer RuO_2/TiO_2 Elektrode im Phosphat Puffer (N_2-gesättigt) bei verschiedenen Rotationsgeschwindigkeiten dargestellt. Mit zunehmender Umdrehungsgeschwindigkeit steigt der Strom im Plateaubereich III an. In Fig.8 sind die i-$(UPM)^{1/2}$ Auftragungen im Plateaubereich III von Fig.7 (-0.95 bis -1.10 $V_{Ag/AgCl}$) dargestellt. Die geringfügig unterschiedlichen Steigungen können mit der hohen Rauhigkeit der Oberfläche erklärt werden. Beim Extrapolieren auf UPM = 0, gehen die Geraden nicht durch den Ursprung, wie das für eine reine Diffusionsbegrenzung zu erwarten ist /23/. Sie schneiden die Stromachse bei ca. - 3 mA/cm^2. Dies deutet darauf hin, daß es zwei parallele Reaktionen gibt, wobei die eine diffusionsbegrenzt, die andere kinetisch begrenzt ist. Die Trennung dieser beiden Prozesse ist aus i-$(UPM)^{1/2}$ Auftragungen vor dem Plateaubereich möglich /24/ (Fig.9a). In diesem Potentialbereich besteht der Strom i aus einem Diffusionsstrom i_d und einem kinetischen Strom i_k:

$$i = i_d + i_k$$

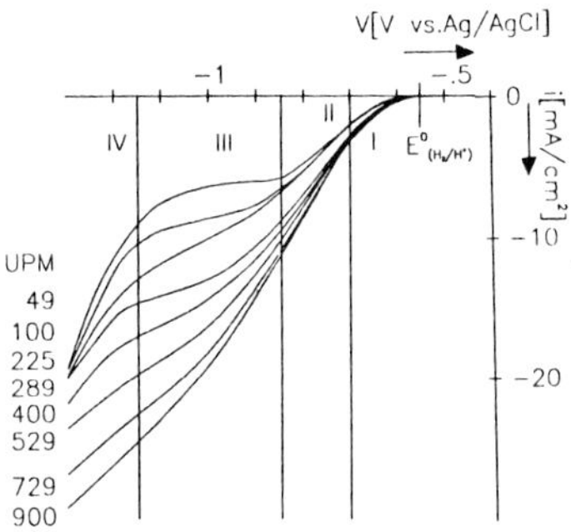

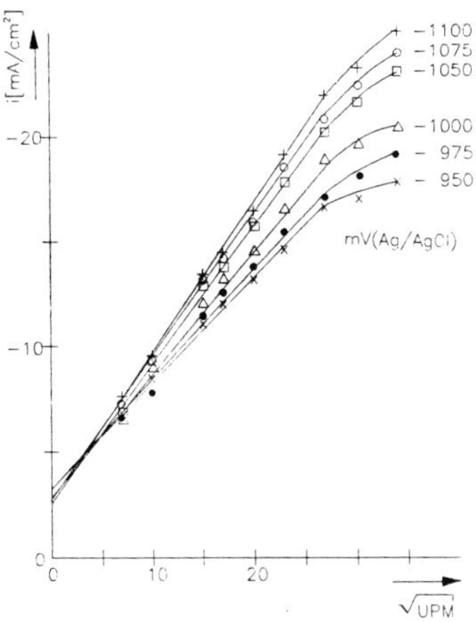

Fig.7 E - i - Kennlinien einer RuO_2/TiO_2 Elektrode in Abhängigkeit der Umdrehungsgeschwindigkeit(pH = 6,04-6,11)

Fig.8 i - $(UPM)^{1/2}$ Darstellung im Plateaubereich (pH = 6,04 - 6,11)

Beim Extrapolieren auf UPM = 0 ergibt sich i_k aus den Achsenabschnitten bei verschiedenen Potentialen (Fig.9a). Daraus läßt sich die E - i_k-Kennlinie der kinetisch gehemmten Reaktion aufbauen (Fig.9b). Die Tafelsteigung für diesen Prozeß (Fig.9c) beträgt ~ 260 mV und der Durchtrittsfaktor α = 0,23.

In einem Phosphat-Puffer bei pH = 6 ist die Konzentration von H_3PO_4, laut Gleichgewichtsdiagramm $10^{-4,6}$ mol/l. Diese Konzentration ist wesentlich höher als die von H^+ bei diesem pH-Wert. Daraus folgt, daß H_3PO_4 an der Wasserstoffentwicklung beteiligt ist und der Diffusionsbegrenzung unterliegt. Die Abweichung von der Linearität der i - $(UMP)^{1/2}$-Auftragung (Fig.8) deutet auf eine vorgelagerte chemische Reaktion hin (Dissoziation der Phosphorsäure) /25/. Bei dem nicht diffusionskontrollierten Prozeß handelt es sich um die kathodische Wasserzersetzung. Die Tatsache, daß auch dieser Prozeß einer Begrenzung unterliegt, ist dem Reaktionsmechanismus zuzuschreiben. Die große Tafelsteigung im Vorplateaubereich und die darauffolgende kinetische Begrenzung deutet darauf hin /26,27/, daß die chemische

Desorption der geschwindigkeitsbestimmende Schritt ist. Dieses Verhalten ist charakteristisch für Metalle mit großer Adsorptionswärme für Wasserstoff. Solche Materialien erschweren die Desorption, der Bedeckungsgrad mit H_{ad} bleibt hoch und es tritt ein Grenzstrom auf. Mit einer Ti-Cu Legierung wurde für die H_2-Entwicklung eine Tafelsteigung von 246 ± 10 mV und α = 0,24 ± 0,01 gemessen /28/. Die Adsorptionswärmen für Ti (ΔH_{ad} = 165.4 kJ/Mol) und Cu (ΔH_{ad} = 182.1 kJ/Mol) /29/ in der Gasphase liegen wesentlich höher als die für die üblichen Kathodenmaterialien.

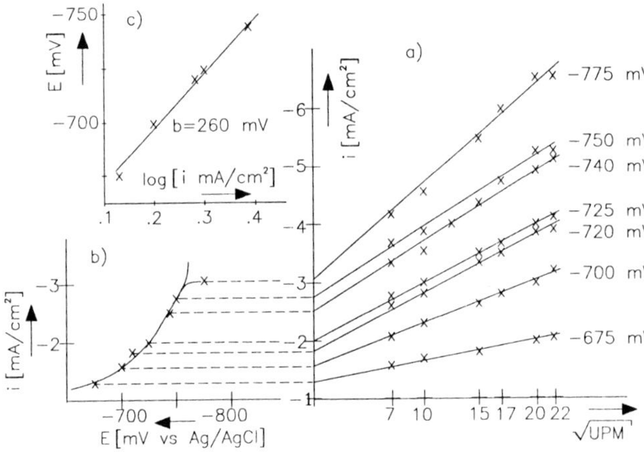

Fig.9 a) i-(UPM)$^{1/2}$ - Auftragung im Potentialbereich vor dem Plateau; b) E-i - Kennlinie, gebildet aus den Achsenabschnitten; c) Tafel-Darstellung für Kurve b

Aus log i - pH - Auftragungen wurde die Reaktionsordnung n ermittelt /22/. Die erzielten Werte bei konstantem Potential n_E = 0,22 und bei konstanter Wasserstoffüberspannung $n_\eta \sim 0$ stimmen gut mit dem gemessenen Wert für α (0,23) überein:

$$n_\eta = n_E - \alpha$$

Die kleine Reaktionsordnung spricht auch für eine nicht direkte Beteiligung von H^+ an dem geschwindigkeitsbestimmenden Schritt, und damit für einen Tafelmechanismus. An reinem RuO_2 wurde die elektrochemische Desorption als geschwindigkeitsbestimmender Schritt beschrieben /22/. Den unterschiedlichen Reaktionsmechanismus erklären wir mit dem veränderten Adsorptionsverhalten des Mischoxids RuO_2/TiO_2.

Der CO_2-Reduktionsstrom ist von der Rotationsgeschwindigkeit unabhängig. In Fig.10 sind die i_{CO2} - $(UPM)^{1/2}$ - Kennlinien bei verschiedenen Potentialen in einer Lösung mit pH = 4,97 - 5,01 aufgetragen. Die Unabhängigkeit des Reduktionsstroms von der Rotation gilt für alle untersuchten pH-Bereiche, d.h. die Reduktion ist nicht diffusionskontrolliert, und die Protonen sind nicht direkt an dem geschwindigkeitsbestimmenden Schritt beteiligt. Diese Aussage spricht für einen Adsorbtionsmechanismus bei der CO_2-Reduktion /20/. Ein großer Bedekkungsgrad mit H_{ad} ist anscheinend wichtig für die CO_2 - Reduktion (vor allem für die Bildung von wasserstoffreichen Reaktionsprodukten).

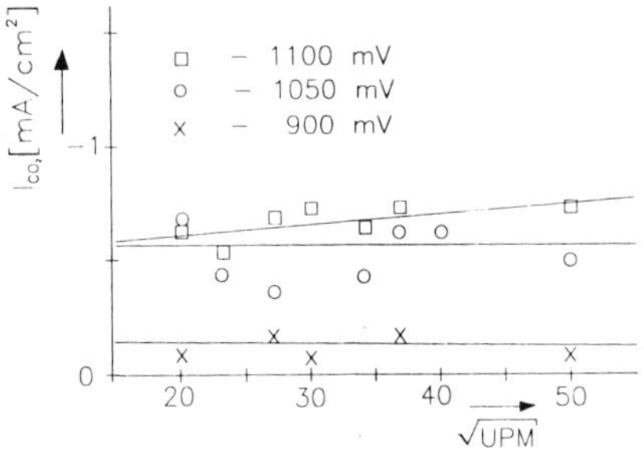

Fig.10

i_{CO2} in Abhängigkeit von der Rotationsgeschwindigkeit; pH = 4,97 - 5,01

4.3 Optimierung der Stromausbeute

Die relative Stromausbeute (Fig.6, Kurve 4) ist wesentlich von der Konkurrenzreaktion, der H_2-Entwicklung, abhängig. Eine Optimierung der Stromausbeute für die CO_2-Reduktion ist durch die Verschiebung der E-i - Kennlinie für die Wasserstoffentwicklung zu höheren Überspannungen möglich. Ein interessantes Ergebnis konnte durch partielle Bedeckung der Elektrodenoberfläche mit Metallen großer Wasserstoffüberspannung erreicht werden. In Fig.11 wird ein Beispiel mit 50 bis 350 mC/cm^2 Kupferabscheidung gezeigt. Die Abscheidung wurde im Potentialbereich der Wasserstoffadsorption durchgeführt. Die Stromspannungskurven wurden im Phosphat-Puffer (N_2-gesättigt) und in 0.5 M $KHCO_3$ (CO_2-gesättigt) aufgenommen.

Wie Fig.11 zu entnehmen ist, verschieben sich mit zunehmender Kupferabscheidung die Kennlinien für die Wasserstoffentwicklung zu negativeren Potentialen. In CO_2-gesättigter Lösung werden dagegen die Kennlinien nur geringfügig von der Cu-Menge beinflußt. Durch die Kupferabscheidung im Potentialbereich der Wasserstoffadsorption werden wahrscheinlich die aktivsten elektrokatalytischen Zentren für die H_2-Bildung blockiert. Eine RuO_2/TiO_2-Elektrode mit 350 mC/cm^2 Cu ergab bei einer Stromdichte von 5 mA/cm^2 eine Stromausbeute für die CO_2-Reduktion von ca. 50%. Die restlichen 50 % entfallen auf die Konkurrenzreaktion der Wasserstoffbildung. Die GC-MS-Produktanalyse ergab 29% CH_3OH, 9% C_2H_5OH, 5% HCOOH und 6% CH_4. Höhere Bedeckungsgrade als 350 mC/cm^2 verschieben auch die CO_2-Reduktionskurve.

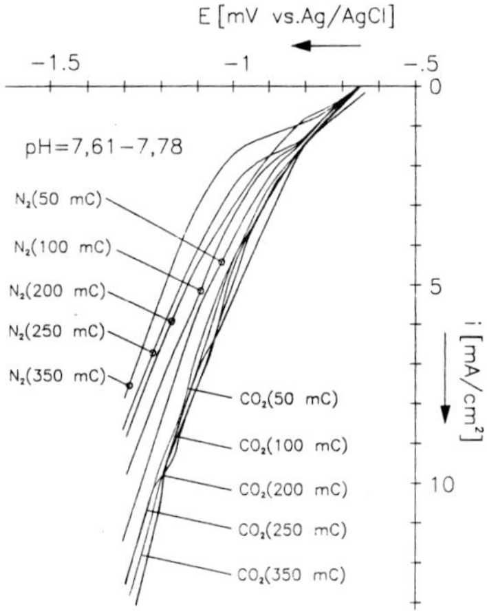

Fig.11

Einfluß der Cu-Abscheidung auf die E-i - Kennlinie einer RuO_2/TiO_2 - Elektrode (75/25 Mol%); pH = 7.61 - 7.68

5. Danksagung

Diese Arbeit entstand im Rahmen des deutsch/saudi-arabischen Solar-Wasserstoff-Projektes HYSOLAR und des Stuttgarter Sonderforschungsbereiches 270 "Energieträger Wasserstoff". Die Autoren danken Herrn Prof. Dr.-Ing. W.H. Bloss für die Unterstützung dieser Aktivitäten.

6. Literatur

/1/ M. Specht, Dechema Monographien **121**, 467 (1990)

/2/ A. Bandi, H.-M. Kühne, J. Schefold, M. Specht, M. Wendt, Dechema Monographien **117**, 411 (1989)

/3/ M. Wendt, H.-M. Kühne, Proc. XX. IEEE Photovoltaic Specialists Conf., Las Vegas (1988)

/4/ M. Specht, H.-M. Kühne, J. Schefold, Proc. 8th Hydrogen Energy Conf., Honolulu, Waikoloa, USA, 815 (1990)

/5/ S. Trasatti, G. Lodi in "Electrodes of Conductive Metallic Oxides", S. Trasatti (ed), Elsevier Scientific Publishing Company, Amsterdam, Oxford, N.Y. (1981)
/6/ R. Kötz, S. Stucki, Electrochim. Acta **31**, 1311 (1986)
/7/ Gmelin, "Handbuch der anorganischen Chemie", Ir, Erg.-Bd.2, Springer-Verlag, Heidelberg (1978); Ru, Verlag Chemie, Weinheim (1970)
/8/ M. Pourbaix, "Atlas of Electrochemical Equilibria in Aqueous Solutions", Pergamon Press, Oxford (1966)
/9/ D. Galizzioli, F. Tantardini, S. Trasatti, J.Appl.Electrochem.**4**, 57 (1974)
/10/ S. Hackwood, L.M. Schiavone, W.C. Dautremont-Smith, G. Beni, J.Electrochem.Soc.**128**, 2569 (1981)
/11/ M. Specht, G. Bilger, A. Eicke, in Vorbereitung
/12/ P. G. Russel, N. Kovac, S. Srinivasan, M. Steinberg, J.Electrochem.Soc.**124**, 1329 (1977)
/13/ S. Kapusta ,N. Hackerman, J.Electrochem.Soc.**130**, 607 (1983)
/14/ Y. Hori, K. Kikuchi, S. Suzuki, Chem.Lett., 1694 (1985)
/15/ M. Azuma, K. Hashimoto, M. Hiramoto, M. Watanabe ,T. Sakata, J.Electroanal.Chem.**260**, 441 (1989)
/16/ Y. Hori, A. Murata , R. Takahashi, J.Chem.Soc., Faraday Trans. I **85**, 2309 (1989)
/17/ D. Canfield ,K. W. Frese Jr, J.Electrochem.Soc.**130**, 1772 (1983)
/18/ K. Ogura ,M. Takagi, Solar Energy **37**, 41 (1986)
/19/ K. Ito, S. Ikeda, M. Yoshida, S. Ohta ,T. Iida, Bull.Chem.Soc.Jpn.**57**, 583 (1984)
/20/ A. Bandi, J.Electrochem.Soc.**137**, 2157 (1990)
/21/ R. Kötz ,S. Stucki, J.Appl.Electrochem.**17**, 1190 (1987)
/22/ J.C.F. Boodts, G. Fregonara, S. Trasatti, Proc.Electrochem.Soc.**89-10**, 135 (1989)
/23/ F. Opekar und P. Beran, J.Electroanal.Chem.**69**, 1 (1976)
/24/ Y.V. Pleskov, Zh.Fiz. Khim.**34**, 623 (1960)
/25/ J. Heitbaum, W. Vielstich, Angew.Chem. **86**, 756 (1974)
/26/ T. Erdey-Gruz, "Kinetik der Elektrodenprozesse", Akademiai Kiado, Budapest, 1975, S.73
/27/ Southhampton Electrochemistry Group, "Instrumental Methods in Electrochemistry", T.J. Kemp (ed), Ellis Horwood Limited Publishers, Chichester (1985)
/28/ G. Kreysa ,B. Hakansson, J.Electroanal.Chem.**201**, 61 (1986)
/29/ I. Toyoshima und G. A. Somorjai, Catal.Rev.-Sci.Eng.**19**, 105 (1979)

Neuartige Messungen an $Ni(OH)_2$ (Formationsverlauf; Leitfähigkeit und Selbstentladung)

A. Winsel, C. Fischer
VARTA Batterie AG, Forschungs- und Entwicklungszentrum, Kelkheim
Fachbereich 18, Technische Physik, Gesamthochschule Kassel

Zusammenfassung

Nickelhydroxid wird als aktive Masse der positiven Elektrode in Ni/Cd-Akkumulatoren verwendet. Um ein effektives Zyklenverhalten der Elektrode zu erreichen bedarf es eines Aktivierungsprozeß - ***Formation*** - gemäß

$$Ni(OH)_2 + OH^- \longrightarrow NiOOH + H_2O + e^- \quad (1)$$

In dieser Arbeit wird eine Meßanordnung vorgestellt, mit der es möglich ist, unter Ausnutzung der bei der Formation eintretenden Farbänderung des Nickelhydroxids von grün nach schwarz, die Formationsvorgänge näher zu studieren. Zum besseren Verständnis des Experimentes wurde ein Ersatzschaltbild entwickelt. Experimentelle Ergebnisse werden präsentiert.

Die ***Selbstentladung*** stellt eine wesentlichen Gütefaktor von wiederaufladbaren Ni/Cd - Akkumulatoren dar. Sie wird hauptsächlich durch die thermisch aktivierte Zersetzung des Nickelhydroxids unter Ausbau von Sauerstoff nach Gleichung (2) bestimmt.

$$NiOOH + OH^- \longrightarrow Ni(OH)_2 + \tfrac{1}{4}O_2 + e^- \quad (2)$$

Durch Bestimmung des bei der Zersetzung freiwerdenden Sauerstoffs mittels einer kommerziellen Zink/Luft-Zelle (Hörgeräte), ist es uns gelungen die für diesen Prozeß notwendige Aktivierungsenergie zu bestimmen.

Summary

$Ni(OH)_2$ is used as the positive electrode in commercial Ni/Cd-accumulators. In order to achieve an effective charge-discharge behaviour of the Nickelhydroxide, an initial activation process, the so-called *formation*, is necessary according to equation (1) .

$$Ni(OH)_2 + OH^- \longrightarrow NiOOH + H_2O + e^- \quad (1)$$

To study this elementary process we have developed a device which is based on the change in colour from green to black during the formation of the $Ni(OH)_2$. Additionally, a schematic circuit diagram for the different flows during the formation is shown.

Also we have studied the ***selfdischarge*** of the $Ni(OH)_2$. During the thermal activated decomposition process of the NiOOH according to equation (2) oxygen is evolved.

$$NiOOH + OH^- \longrightarrow Ni(OH)_2 + \tfrac{1}{2}O_2 + e^- \quad (2)$$

By measuring the amount of developed oxygen it is possible to obtain data for the molar energy of activation of the selfdischarge. This was done by using a zinc/oxygen-cell. Theoretical and experimental results of both investigations are given.

Résumé

L'hydroxyde de nickel est employé comme masse active de l'électrode positive dans les accumulateurs au Ni/Cd. Pour parvenir à un comportement de cycle effectif de l'électrode, un processus d'activation - formation - est nécessaire selon la formule suivante:

$$Ni(OH)_2 + OH^- \quad NiOOH + H_2O + e^- \qquad (1)$$

Un appareillage de mesure est ici présenté, lequel permet, en exploitant la modication de couleur de l'hydroxyde de nickel qui passe de vert à noir lors de la formation, d'étudier plus en détail les phénomènes de cette formation. Pour mieux comprendre cette expérience, un schéma de connexion de substitution a été développé. Les résultats expérimentaux sont présentés.

L'autodéchargement représente un facteur de qualité essentiel des accumulateurs au Ni/Cd rechargeables. Il est principalement défini par la décomposition thermiquement activée de l'hydroxyde de nickel sous formation d'oxygène selon la même équation (2).

$$NiOOH + OH^- \quad Ni(OH)_2 + 1/2O_2 + e^- \qquad (2)$$

En déterminant l'oxygène libéré lors de la décomposition à l'aide d'une cellule zinc/air commerciale (appareils d'audition), nous sommes parvenus à définir l'énergie d'activation nécessaire à ce processus.

1 Formation; Leitfähigkeit

1.1 Einleitung

Nickelhydroxid wird als positive, die Kapazität der Zelle bestimmende, Elektrodenmasse in wiederaufladbaren (gasdichten) Ni/Cd-Akkumulatoren verwendet. Aus diesem Grund reagiert die Zelle sehr sensibel auf Veränderungen im elektrochemischen Verhalten der positiven Elektrode. Die Elektrode besteht aus (grünem) $Ni(OH)_2$, das durch chemische Fällung von Nickelsalzen ($NiSO_4$,$Ni(NO_3)_2$) mit alkalischen Lösungen (KOH,NaOH), hergestellt wird. Da $Ni(OH)_2$ eine relativ schlechte elektronische Leitfähigkeit aufweist, ist es notwendig, zusätzliche Substanzen (z.B. Graphit) als Leitmaterial der aktiven Masse hinzuzufügen.

Um eine ausreichende elektrochemische Aktivität der positiven Masse zu gewährleisten, ist ein Initialisierungsprozeß - ***Formation*** - notwendig. Diese Formation geschieht während der ersten Lade- und Entladezyklen und erscheint deshalb als ein einfacher, unkomplizierter Prozeß. Ungeachtet der Tatsache, daß dieser Prozeß tagtäglich mehrtausendfach durchgeführt wird, ist relativ wenig über die dabei ablaufenden elementaren Prozesse bekannt.

Die Formation kann als ein Prozeß beschrieben werden, bei dem eine solche Zusammensetzung und räumliche Verteilung der aktiven Masse bewirkt wird, die ein effektives Zyklenverhalten der Elektrode ermöglicht.

1.2 Versuchsaufbau

Aufgrund der während der Oxidation von $Ni(OH)_2$ (grün) zu NiOOH (schwarz) eintretenden Farbänderung, ist es möglich, mit Hilfe optischer Untersuchungen den Formationsprozeß zu studieren. Zu diesem Zweck wurde die Versuchszelle gemäß Abbildung A entwickelt.

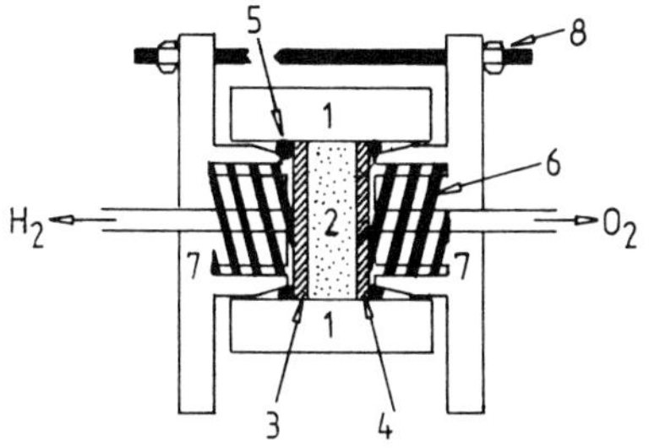

1 Plexiglasmatrize
2 Probe
3 Kupfer - DSK
4 Nickel - DSK
5 Dichtung (O-Ring)
6 Anpreßfeder (V2A)
7 Kopfplatten (V2A)
8 Gewindestange

Abb.A: Plexiglas-Versuchszelle

Die Nickelhydroxidprobe, die durch das Abpressen einer mittels chemischer Fällung gewonnenen Suspension /1/ hergestellt wurde, befindet sich zwischen zwei porösen DSK-Nickelelektroden /2/ innerhalb einer Matrize aus Plexiglas. Wird elektrischer Strom an diese Anordnung gelegt, laufen folgende Prozesse ab:

Oxidation des $Ni(OH)_2$ an der Anode nach Gleichung (1):

$$Ni(OH)_2 + OH^- \longrightarrow NiOOH + H_2O + e^- \qquad (1)$$

Wasserstoffentwicklung an der Kathode:

$$2H_2O + 2e^- \longrightarrow 2OH^- + H_2 \qquad (2)$$

Während des Formationsprozesses wandert die Formationsfront, die den Übergang von grünem zu schwarzen Nickelhydroxid darstellt, von der Anode zur Kathode. Nachdem die Formation abgeschlossen ist, setzt an der Anode Sauerstoffentwicklung ein:

$$4OH^- \longrightarrow 2H_2O + O_2 + 4e^- \qquad (3)$$

Mißt man die bei der Formation entstehenden Wasserstoff- und Sauerstoffmengen, so kann man mit Hilfe des Faraday'schen Gesetz aus der Differenz der über die Wasserstoff- und Sauerstoffentwicklung geflossenen Strommengen den Anteil des Stromes berechnen der für die Formation aufgebracht wurde.

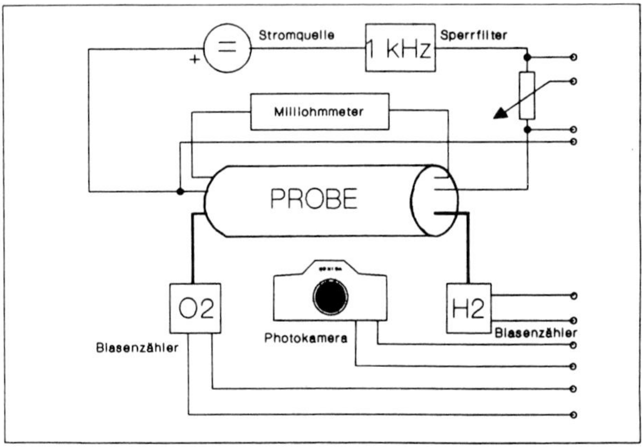

Abb.B: Versuchsaufbau (Gesamtübersicht)

Um eine einwandfreie Funktion der Apparatur zu gewährleisten, ist eine gute elektrische Kontaktierung der Probe sowie eine kontrollierte Bildung und Abführung der Reaktionsgase notwendig. Ist Letzteres nicht der Fall, so könnten Probleme wegen Gasblasenbildung und einsetzendem Gasüberdruck auftreten. Aus diesen Gründen wurde die Probe mittels 3-lagigen DSK Elektroden beidseitig kontaktiert. Die Gasentwicklung findet an der inneren Lage (Arbeitsschicht) statt, die aus einem groben Raney Nickel Skelett besteht. Die beiden Deckschichten aus Nickel (Anode: höhere Überspannung für O_2-Entwicklung als Raney Nickel) bzw. Kupfer (Kathode: höhere Überspannung für H_2-Entwicklung als Raney Nickel) garantieren eine definierte Entwicklung der Gase an der Arbeitsschicht; das feine Porensystem der Deckschichten verhindert aufgrund des hohen Kapillardruckes ein Eindringen der Gase. Um das "rückwärtige" Austreten der Gase aus den DSK Elektroden zu ermöglichen, wurden die entsprechenden Deckschichten entfernt.

Die erzeugten Gase wurden mit einem - ähnlich einer Waschflasche aufgebauten - Blasenzähler registriert. Die Umsetzung der Blasen in elektrische Impulse geschieht mittels einer optoelektronischen Einheit.

Der Fortschritt der Formationsfront wurde durch eine in periodischen Abständen ausgelöste Photokamera mit Macroeinrichtung registriert.

Da sich während der Oxidation des schlechtleitenden $Ni(OH)_2$ zum gutleitenden NiOOH der Widerstand verändert, wurde der Widerstand der Probe mittels eines Wechselstrom-Milliohmmeters (f=1kHz, 4 Pol Technik) miterfaßt.

Alle Daten wurde mit einem Kleinrechner (Apple IIe) aufgezeichnet.

1.3 Ersatzschaltbild für die während der Formation auftretenden Ströme

Die während der Formation des Nickelhydroxids in der oben beschriebenen Meßapparatur ablaufenden Vorgänge, können relativ einfach mit dem nachfolgend skizzierten Ersatzschaltbild beschrieben werden.

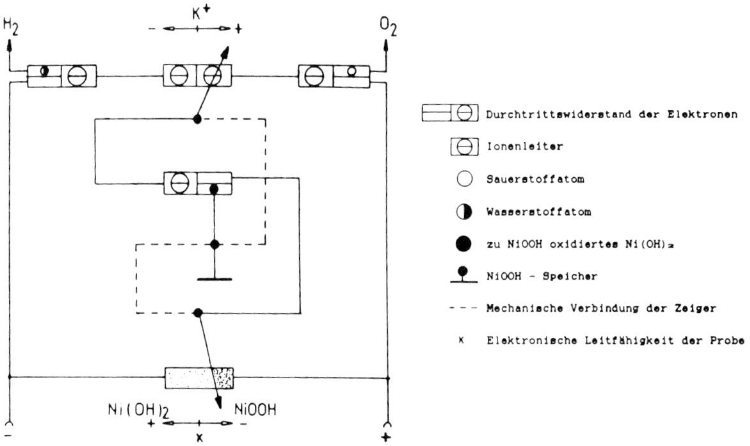

Abb.C: Ersatzschaltbild der während der Formation auftretenden Ströme

Der der Probe aufgeprägte konstante Gleichstrom besitzt drei verschiedene mögliche Wege um von der Kathode zur Anode zu gelangen.

Zu Beginn besteht die Probe aus grünem, zweiwertigen Nickelhydroxid, das als schlechter elektrischer Leiter bekannt ist; somit wird der Strom die Probe als Ionenstrom passieren. Beim Ladungstransfer an den Elektroden kommt es zu einer Wasserstoff- bzw. Sauerstoffentwicklung. Mit beginnender Oxidation des $Ni(OH)_2$ zu NiOOH hört die O_2-Entwicklung auf und, nach einiger Zeit wird die schwarze Formationsfront an der Anode sichtbar und schreitet in Richtung Kathode fort. Die gebildete NiOOH-Zone kann der Strom aufgrund der guten Leitfähigkeit des NiOOH als reinen

Elektronenstrom überwinden. An der Front der Formationszone kommt es zu einer Ladungstransferreaktion mit anschließendem ionischen Stromtransport; hierbei wird weiteres $Ni(OH)_2$ formiert. An der Kathode kommt es bei einem zweiten Ladungstransfer vom Elektrolyten zur Kupfer-DSK-Elektrode zu einer Wasserstoffentwicklung. Bei einer unvollständigen Formation, bzw. einer hohen Leitfähigkeit des Elektrolyten kann zusätzlich zur Formation eine Elektrolyse stattfinden, was sich in einer anodischen Sauerstoffentwicklung wiederspiegelt. Erreicht die Formationsfront die Kathode, so kommt es zu einem elektrischen Kurzschluß über das NiOOH, der alle elektrochemischen Prozesse unterbricht.

1.4 Experimentelle Befunde

Um einen Einblick in das Formationsverhalten von Nickelhydroxid zu erhalten, wurde ein Reihe von Versuchen unter Variation der nachfolgend aufgeführten Parameter durchgeführt:

- Korngröße des Nickelhydroxids
- Veränderung ionalen Zusammensetzung der Lauge (K^+,Li^+)
- Laugenkonzentration
- Dotierung des Nickelhydroxid (Fe,Co,Al)

Wie bereits erläutert, wird der Fortschritt der Formationsfront mit einer Photokamera dokumentiert. Die hierbei erzielten Ergebnisse werden den theoretischen Werten gegenübergestellt, die sich folgendermaßen errechnen:

Definitionen:

I_F = über die Formation geflossener Stromanteil [mA]
c = Volumenkapazität des $Ni(OH)_2$ [$mAhcm^{-3}$]
dx = Fortschritt der Formationsfront während des Zeit dt
q = Probenquerschnittsfläche (3.46 cm^2)

Die Ladungsmenge $I_F \cdot dt$, die für die Formation in der Zeit dt notwendig ist, entspricht dem Fortschritt der Formationsfront $q \cdot c \cdot dx$:

$$dx = (I_F \cdot dt)/(q \cdot c) \qquad (4)$$

I_F kann über die Differenz der entwickelten Wasserstoff- und Sauerstoffmengen berechnet werden:

$$I_F = \left(\frac{dV_{H_2}}{dt} \cdot 2.39 \frac{mAh}{ml}\right) - \left(\frac{dV_{O_2}}{dt} \cdot 4.79 \frac{mAh}{ml}\right) \qquad (5)$$

Ein typisches Kurvenprofil, das bei einer Messung der Formation gefunden worden ist, zeigt Abbildung D exemplarisch für eine in einer Elektrolytmischung aus Lithium und Kalium formierte Probe.

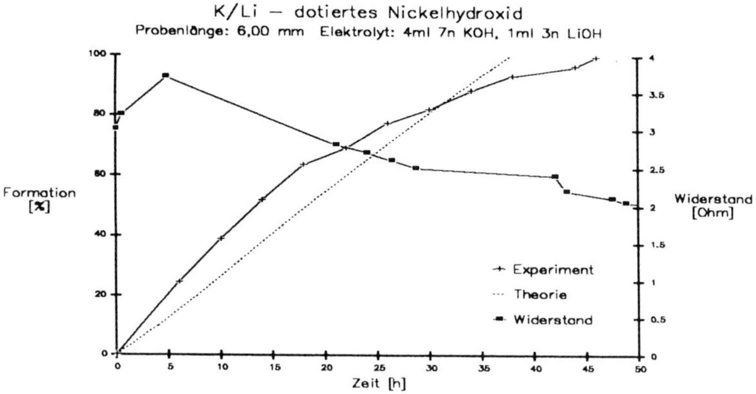

Abb.D: Zeitliche Änderung der Formationsfront sowie zeitliche Abnahme des Wechselstromwiderstandes

Aus Abbildung D geht hervor, daß die optische Formation den theoretisch zu erwartenden Werten vorhergeht. Dieser Effekt ist an allen Proben beobachtet worden und führt zu mehr oder weniger unformierten Bereichen innerhalb der Probe, die nach Zerbrechen des Preßlings sichtbar werden.

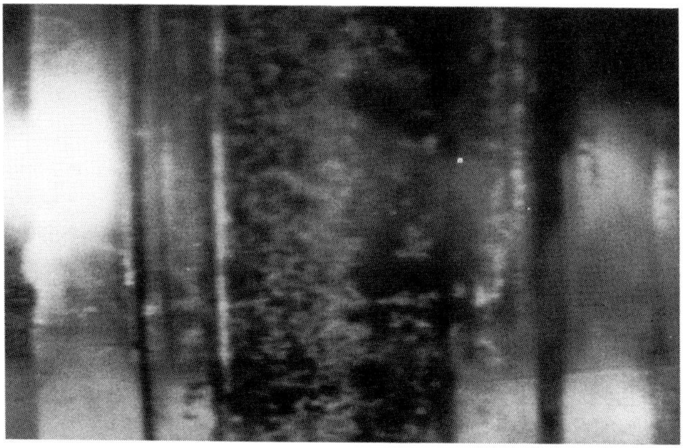

Abb.E: Während der Formation aufgenommenes Photo der Probe

Abbildung E zeigt ein Photo der Probe während des Formationsvorganges; deutlich sieht man die durch Formationsfront geteilten unterschiedlichen Oxidationsformen des Nickelhydroxids. Rechts der Formationsfront zeigt sich schwarzes NiOOH, auf der linken Seite ist unformatiertes (helles) $Ni(OH)_2$ zu erkennenn.

Ein bemerkenswerter Einfluß der *Korngröße* des Nickelhydroxids auf das Formationsverhalten konnte nicht beobachtet werden /3/.

Der am Ende der Formation gemessene ***spezifische Wechselstromwiderstand*** aller untersuchten Nickelhydroxidproben lag im Bereich von 10 bis 100 Ωcm; somit um ein bis zwei Zehnerpotenzen niedriger als die postulierten Literaturwerte!

Bei der Variation der *Elektrolytkonzentration* 0,5 bis 12 mol/l wurden die besten Ergebnisse bei einer Normalität von 6±1 mol/l, dem Leitfähigkeitsmaximum der Kalilauge, erzielt. Mit höherer Konzentration stieg die parallele Sauerstoffentwicklung an; sehr kleine Konzentrationswerte (< 1mol/l) führten zu einer reduzierten maximal 80-prozentigen Formation der Probe.

Die Zugabe von *LiOH* zum Elektrolyt zeigte sich in einem verbesserten Formationsverhalten der untersuchten Preßlinge. Dieser Effekt war nahezu unabhängig von der zugegebenen LiOH-Menge wie aus Abbildung F hervorgeht. Zusätzlich zeigte sich eine erhebliche Kapazitätssteigerung /4/ der so behandelten Masse; dies stimmt mit den von *Dennstedt* /5/ erzielten Ergebnissen überein. Da auch die molare Aktivierungsenergie für die Selbstentladung akzeptable Werte aufweist, scheint eine Zugabe von LiOH zum Elektrolyten empfehlenswert.

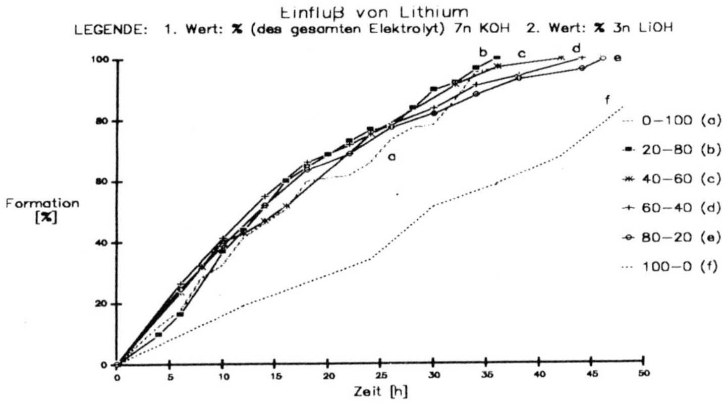

Abb.F: Formation in LiOH-haltigem Elektrolyt

Bei der Dotierung der Probe mit *Kobalt* zeigte sich kein positiver Einfluß auf das Formationsverhalten. Obwohl in der Industrie Kobalt als Zusatz in Nickelhydroxid üblich ist, zeigte diese Variante in unseren Versuchen ein relativ schlechtes elektrochemisches Verhalten (geringe Kapazität und niedriger MEA Wert /4/).

Bei der Behandlung der Probe mit *Aluminium* (10 und 20 Mol%) zeigten sich zwei unterschiedliche Tendenzen. Während die mit 10% Aluminium dotierte Probe das gleiche Formationsverhalten zeigte wie die mit Kalium und Lithium dotierten Proben, brach bei dem mit 20% Aluminium dotierten Preßling nach 35 Stunden der Konstantstrom von 50 mA zusammen, da die maximale Spannung (30V) der verwendeten Stromquelle überschritten wurde. Die Formation blieb bei ca. 60% des maximal möglichen Wertes stehen. Als einzige plausible Erklärung für dieses Verhalten bietet sich die Passivierung der Nickelhydroxidoberfläche mit einer Schicht aus Aluminiumoxid an. Dieser Effekt konnte durch Messungen der Kapazität untermauert werden; auch hier erwies sich die 20 prozentige Dotierung mit Aluminium als unvorteilhaft, während die 10 prozentige Dotierung gute Resultate lieferte /4/.

Ein völlig unterschiedliches Formationsverhalten zeigten die mit *Eisen* dotierten Proben ("siderophiles" Nickelhydroxid /6/). Hier konnte kein geschlossenes Fortschreiten einer Formationsfront beobachtet werden, vielmehr zeigte sich ein ausgeprägtes Nadelwachstum. Eine mögliche Erklärung für diesen Effekt basiert auf der Annahme, daß es zur Bildung (dies ist bei dem vorliegenden Potential durchaus vorstellbar) von gutleitendem Magnetit Fe_3O_4 kommt. Dieses Magnetit verbessert die Leitfähigkeit des oxidierten Nickelhydroxids und bewirkt aufgrund der inhomogenen Verteilung innerhalb der Probe das Nadelwachstum. Diese Theorie fand Unterstützung durch die Resultate eines Experimentes, bei dem Graphit als Leitmaterial der aktiven Masse zugesetzt wurde. Durch diese Maßnahme war nunmehr die Formation fast vollständig ohne merkliche Nadelbildung, da der Strom über die zusätzlichen Graphitpfade alle Bereiche der Probe gleichermaßen erreichen konnte. Im Gegensatz zu dem ungewöhnlichen Formationsverhalten des siderophilen Nickelhydroxids, waren alle übrigen ermittelten elektrochemischen Daten durchaus befriedigend. Zieht man die Unempfindlichkeit der Masse gegenüber der sogenannten "Eisenvergiftung" in Betracht, so könnte mit ihr eine Renaissance des Ni/Fe Stahlakkumulators mit reduzierter Korrosionsneigung ermöglicht werden; eine preiswerte und umweltfreundlichere Alternative zum Ni/Cd Akkumulator.

2 Selbstentladung

2.1 Einleitung

Ein bedeutender Faktor für die Qualität eines Ni/Cd Akkumulators ist dessen Selbstentladungsgeschwindigkeit. Diese Selbstentladung wird im wesentlichen durch die thermisch aktivierte Reduktion der aktiven Masse (NiOOH) der postiven Elektrode bestimmt. NiOOH bildet sich während der Ladung gemäß (6) aus $Ni(OH)_2$:

$$Ni(OH)_2 + OH^- \longrightarrow NiOOH + H_2O + e^- \tag{6}$$

Die in Gleichung (7) dargestellte Reduktion von Nickel(III) zu Nickel (II) ist von einer Sauerstoffentwicklung begleitet:

$$NiOOH + OH^- \longrightarrow Ni(OH)_2 + \tfrac{1}{2}O_2 + e^- \tag{7}$$

Durch diesen Umstand eröffnet sich die Möglichkeit, die Selbstentladung durch Messung der zeitlich und in Abhängigkeit der Temperatur freigesetzten Sauerstoffmenge, zu studieren. Die erhaltenen Werte können zu einem *Arrhenius plot* Gln.(8) aufgetragen werden; aus der Steigung der Geraden ergibt sich die für den Prozeß relevante Aktivierungsenergie.

$$k_n = k_o \cdot \exp\left(-\frac{E_A}{RT}\right) \tag{8}$$

2.2 Theoretische Betrachtungen

Der Zusammenhang zwischen der bei der Selbstzersetzung entwickelten Sauerstoffmenge m und dem Strom I der Zn/Luft Zelle kann folgendermaßen hergeleitet werden.
Die zeitliche Änderung des Sauerstoffs dn/dt ist über die um den Verbrauch der Zn/Luft Zelle verminderte bei der Selbstzersetzung freiwerdende Sauerstoffmenge bestimmt:

$$dn/dt = dm/dt - I/4F \tag{9}$$

Differenziert man die ideale Gasgleichung (V=const) und ersetzt die zeitliche Änderung der Teilchenzahl durch Gleichung (9) so ergibt sich:

$$\frac{dm}{dt} = \frac{V}{RT} \cdot \frac{dp}{dt} + \frac{pV}{R} \cdot \frac{d(1/T)}{dt} + \frac{I}{4F} \tag{10}$$

Der Strom der Zn/Luft Zelle hängt nur vom Partialdruck p des Sauerstoffs ab (T=const). Mit der Annahme, daß die Diffusion des Sauerstoffs in die Zelle die Transportrate begrenzt, ist der Strom proportional zum Druck:

$$I = \alpha \cdot p \tag{11}$$

Mittels der Substitution von p in Gleichung (10) durch obigen Ausdruck ergibt sich eine Formel zur Berechnung der bei der Selbstzersetzung des NiOOH entwickelten Sauerstoffmenge aus den experimentell zugänglichen Stromwerten der Zn/Luft Zelle:

$$\frac{dm(t)}{dt} = \left[\frac{1}{4F} + \frac{V}{\alpha R} \cdot \frac{d(1/T)}{dt} \right] \cdot I(t) + \frac{V}{\alpha RT} \cdot \frac{dI(t)}{dt} \qquad (12)$$

Spezialfälle

A. Konstante Temperatur, ohne Probe

Mit diesen Annahmen ($d(1/T) = 0$, $dm/dt = 0$) wird Gleichung (12) zu:

$$\frac{dI(t)}{dt} + \frac{\alpha RT}{4FV} \cdot I(t) = 0 \qquad (13)$$

Lösung der Differentialgleichung:

$$I(t) = I_0 \cdot \exp(-\frac{t}{\tau}), \qquad \tau = \frac{4FV}{\alpha RT} \qquad (14)$$

B. Linearer Temperaturanstieg $T = T_0 \cdot (1 + \beta t)$, ohne Probe

In diesem Fall müssen zwei Fälle betrachtet werden:

1. Der Strom der Zink/Luft Zelle hängt nur vom Verhältnis p/p_G des Sauerstoffpartialdruckes zum Totaldruck ab, da die den Strom bestimmende Diffusion unabhängig vom Totaldruck ist. Aufgrund der Unabhängigkeit des Verhältnisses p/p_G von der Temperatur, kann die Behandlung dieses Falles wie unter A erfolgen.

2. Der Strom hängt vom Druck ab. Aus Gleichung (12) wird:

$$\frac{dI(t)}{dt} + \left[\frac{\alpha RT_0(1+\beta t)}{4FV} - \frac{T_0(1+\beta t)d(1/T)}{dt} \right] \cdot I(t) = 0 \qquad (15)$$

   Unter Vernachlässigung des zweiten Termes ($|Td(1/T)/dt|$ klein) läßt sich dies mit Gleichung (14) und einer variablen Relaxationszeit τ beschreiben:

$$\tau = \frac{4FV}{\alpha RT_0} \cdot \frac{1}{(1 + \beta t)} \qquad (16)$$

C. Thermisch aktivierte Selbstzersetzung der Probe mit zeitproportionalem Anstieg $T = T_0 \cdot (1 + \beta t)$ der Temperatur

Für die Sauerstoffentwicklung der Probe wählen wir folgenden Ansatz:

$$\frac{dm}{dt} = m_0 \cdot \exp\left(-\frac{Q_A}{RT}\right) = m_0 \cdot \exp\left(-\frac{T_A}{T}\right) \tag{17}$$

Q_A = Aktivierungsenergie

T_A = Aktivierungstemperatur

Einsetzen in Gleichung (12), Entwicklung von $1/(1+\beta t)$ zu $1-\beta t$ ($\beta \ll 1$) unter Vernachlässigung des Termes $d(1/T)/dt$, ergibt folgende inhomogene Differentialgleichung:

$$m_0^* \cdot \exp\left(\frac{t}{\tau^*}\right) = \frac{1}{4F} \cdot I(t) + \frac{V}{\alpha RT} \cdot \frac{dI(t)}{dt} \tag{18}$$

$m_0^* = m_0 \cdot \exp(-T_A/T_0)$, $\tau^* = T_0/\beta T_A$

Als Lösung obiger Differentialgleichung erhält man:

$$I(t) = I_0 \cdot \exp\left(-\frac{t}{\tau}\right) + 4Fm_0^* \frac{\tau^*}{\tau^*+\tau} \cdot \left[\exp\left(-\frac{t}{\tau^*}\right) - \exp\left(-\frac{t}{\tau}\right)\right] \tag{19}$$

2.3 Experimenteller Teil

2.3.1 Aufbau

Die geladene Nickelhydroxid Probe wird in die beheizbare Meßapparatur gemäß Abb.G eingebracht. Oberhalb der Probe befindet sich eine Zn/Luft Zelle, die den bei der Selbstzersetzung freiwerdenden Sauerstoff in einen elektrischen Strom umwandelt. Um eine einwandfreie Funktion der Zelle zu gewährleisten, wird die Spannung mittels einer Zener Diode auf 0.7V begrenzt. Der von der Zn/Luft Zelle gelieferte Strom, die Probentemperatur und die Versuchsdauer werden auf einem Computer gespeichert und ausgewertet.

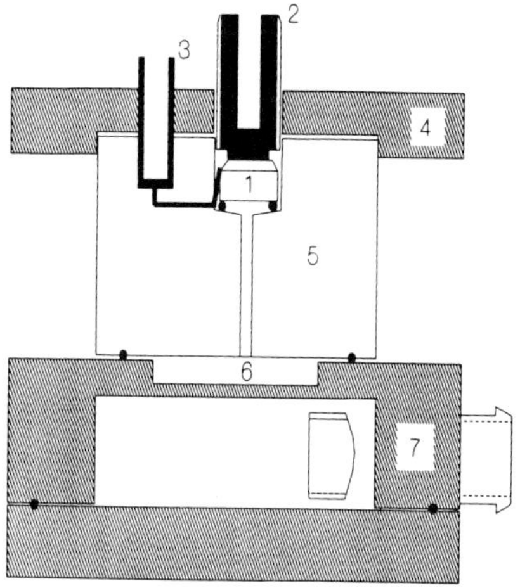

1 Zink/Luft Zelle
2 negativer Pol
3 positiver Pol
4 Deckplatte (V2A)
5 Batterieaufnahme
6 Probe
7 beheizter Probenbehälter
▪ Dichtung (O-Ring)

Abb.G: Schematische Darstellung des Aufbaues zur Messung der Selbstentladung von Nickelhydroxidproben

2.3.2 Durchführung

Um die Theorie zu überprüfen und gleichzeitig die Dichtigkeit der Anlage zu testen, wurde das Probenbehältnis (ohne Probe) auf konstantem Temperaturniveau gehalten und der Strom der Zink/Luft Zelle aufgenommen. Das Ergebnis diese Versuchs ist in Abbildung H dargestellt; zusätzlich sind die theoretisch berechneten Werte in das Diagramm eingetragen.

Um die gezeigte gute Überlappung beider Kurven zu erreichen, mußte Gleichung (14) folgendermaßen abgewandelt werden:

$$I(t) = I_0 \cdot \exp[-(t-t_0)/\tau] \qquad (20)$$

Der Zeitkorrekturfaktor t_{02} (gepunktete Linie in Abb. 2) war in Anbetracht der Abweichung der Zelle vom "idealen Verhalten" notwendig. Diese Abweichung macht sich in einem reduzierten Maximalstrom (begrenzender Faktor: Sauerstoffdiffusion in die Zelle) und einer zusätzlichen, in der Zelle gespeicherten, Sauerstoffkapazität (diese muß zu Beginn der Messung zuerst abgebaut werden) bemerkbar.

Die Integration der Kurve zwischen $t=t_{02}$ und $t=\infty$ ergibt einen Wert von 1,53 cm^3 für den Probenbehälter; eine geometrische Berechnung führt zu einem Wert von 1,60 cm^3. Die experimentelle Verwirklichung von Fall B führte zu analogen Ergebnissen.

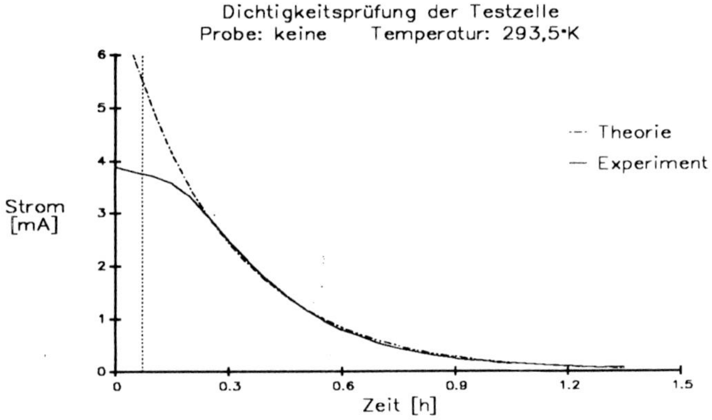

Abb.H: I/t-Charakteristik der Zink/Luft Zelle (Abpumpverhalten)

In Abbildung I ist der typische Verlauf, wie er bei einem Experiment mit Probe erzielt wird, dargestellt. Als Probe wurde in diesem Fall ein sogenanntes "siderophiles Nickelhydroxid" benutzt /6/.

Das Experiment besteht aus drei Phasen. In Phase 1 wird die Probe solange auf 0°C gekühlt bis der Strom, und somit die Selbstentladung, gegen Null läuft. Nachdem der Restsauerstoff durch die Zink/Luft Zelle aufgebraucht wurde, beginnt mit Phase 2 die eigentliche Messung mit einem zeitproportionalen Temperaturanstieg bis auf eine Temperatur von 80°C. In der sich anschließenden dritten Phase des Experiments wird die Temperatur solange bei 80°C konstant gehalten, bis der Strom erneut kleine Werte (<0,5mA) annimmt. Aus Abbildung 3 wird deutlich, daß die Selbstzersetzung der Probe in Phase 2 bei einer Temperatur von ca. 40°C einsetzt und steil ansteigt. In Phase 3 geht die Sauerstoffentwicklung zurück, da immer weniger oxidiertes NiOOH verfügbar ist.

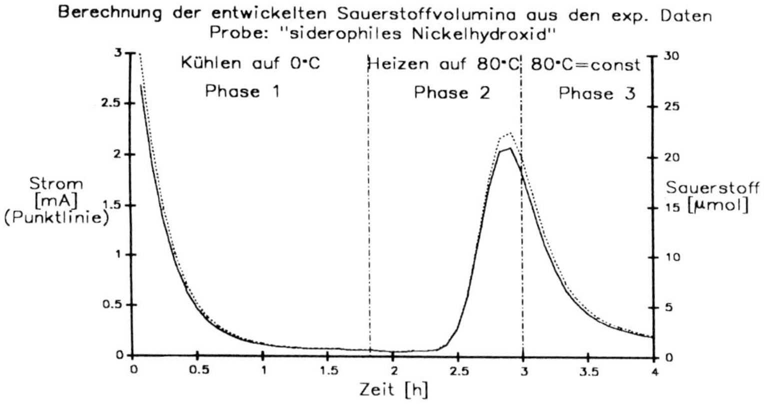

Abb.1: Berechnung der Sauerstoffentwicklung aus den experimentell ermittelten Stromwerten

In obiger Abbildung sind, zusätzlich zu den experimentellen Stromwerten, die nach Gleichung (17) berechneten Sauerstoffmengen eingetragen (Vernachlässigung von $d(1/T)/dt$). Wie man leicht sieht, weisen beide Kurven ein ähnliches Profil auf: deshalb ist es möglich, bei einem maximal möglichen Fehler von lediglich ±2%, die Aktivierungsenergie direkt aus den in Phase 2 ermittelten Stromwerten mittels eines Arrhenius Plots zu berechnen, ohne zuvor eine Umrechnung auf Sauerstoffvolumina durchführen zu müssen.

Die Integration der Kurve vom Beginn der Phase 2 bis zum Meßende liefert die Gesamtmenge des entwickelten Sauerstoffs; diese korrespondiert mit der Selbstentladungskapazität der untersuchten Probe.

2.3.3 Ergebnisse

Untersuchungen an verschiedenen $Ni(OH)_2$ Proben, dotiert mit K^+, Li^+, Fe, Al und Co, ergaben Ergebnisse für die molare Aktivierungsenergie (MEA) zwischen 55 und 98 kJ/mol.

Die höchsten MEA Werte lieferten Proben, die mit reiner KOH bzw. reiner LiOH als Elektrolyt behandelt wurden; die Werte der Proben die in Mischungen aus beiden Elektrolytsorten formiert wurden, fallen mit steigendem LiOH Anteil und vice versa (siehe Abb. J). Dies kann mit den verschiedenen Einbaumechanismen von Kalium und Lithium in das Kristallgefüge des Nickelhydroxids erklärt werden.

Das Kaliumion wird in die hochoxidierte Gamma-Phase des Nickelhydroxids eingebaut /8/,/9/. Das dabei entstehende Gebilde kann folgendermaßen beschrieben werden:

$$[4\ NiO_2 \cdot 2\ NiOOH]\ (2\ K^+ \cdot 2OH^- \cdot 2\ H_2O) \qquad (21)$$

Daraus resultiert eine Vergrößerung der Gitterkonstante c_0 von 0.46 nm (β-$Ni(OH)_2$) auf 0.7 nm und ein Oxidationszustand von $NiO_{1,83}$.

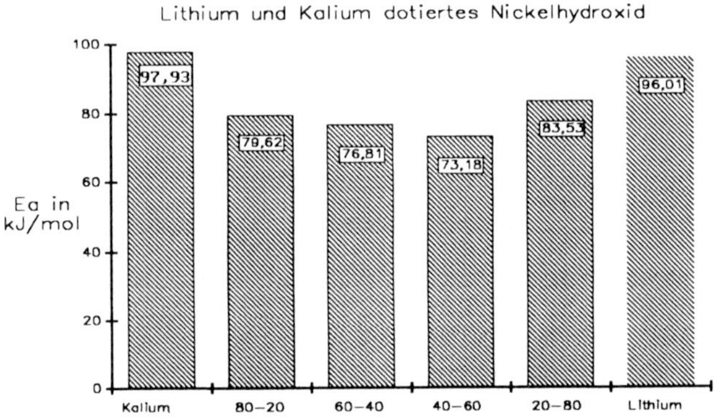

Abb.J: MEA Werte für Nickel Hydroxide dotiert mit K^+ und Li^+

Nach *Dennstedt* /10/ kann der Einbau von Lithium in das Kristallgitter des Nickelhydroxids mit dem nachfolgenden Schema beschrieben werden:

$$n \cdot Ni(OH)_2 + OH^-_{ad} + H_2O_{ad} \qquad (22a)$$

Oxidation

$$n \cdot NiOOH + OH^- + Li^+_{ad} + H_2O_{ad} + H^+ \qquad (22b)$$

Reduktion

$$n \cdot Ni(OH)_2 + OH^- + Li^+ + H_2O \qquad (22c)$$

Während der Oxidation von β-$Ni(OH)_2$ zu β-NiOOH findet ein Transfer der Hydroxid-Gruppen innerhalb der Ebene der kristallographischen a-Achse statt, der zu einer Bildung von Leerstellen im Kristall führt. Diese Leerstellen können mit der Hydroxidgruppe eines adsorbierten Lithiumhydroxidmoleküls besetzt werden, während das Lithiumion zunächst auf einem Zwischengitterplatz verharrt. Bei der Reduktion entsteht in analoger Weise eine Hydroxid-Leerstelle, die durch eine Hydroxidgruppe oder ein Wassermolekül ausgefüllt werden kann. Kommt es nun in zwei benachbarten, eine Schicht von Nickelatomen einschließenden, Hydroxidschichten zu einer gleichsinnigen Verschiebung von jeweils einer Hydroxidgruppe, so folgt ein Nickelatom dieser Versetzung. Die dadurch entstehende Leerstelle kann ein Lithiumion aufnehmen. Zusammenfassend kann gesagt werden, daß die in den Hydroxidschichten und in der Nickelebene entstehenden Leerstellen für zwei OH^--Gruppen und ein Nickelatom von einem, gleiche räumliche Abmessungen besitzenden, hydratisierten Lithiumion ($LiOH \cdot H_2O$) ausgefüllt werden.

Formiert man Nickelhydroxid in einer Elektrolytmischung aus KOH und LiOH, kommt es zu einer zweidimensionalen Gitteraufweitung durch die oben beschriebenen unterschiedlichen Einbaumechanismen von Lithium und Kalium in das Nickelhydroxidgitter. Hierdurch erhöht sich die Gitterenergie, während gleichzeitig die Aktivierungsenergie des Selbstzerfalls absinkt.

Mit Kobalt und Aluminium dotierte Nickelhydroxidproben zeigten eine reduzierte molare Aktivierungsenergie von ca. 44% bis 34% verglichen mit den MEA Werten der Proben, die in reiner KOH bzw. reiner LiOH formiert wurden. Diese Absenkung könnte das Ergebnis eines, durch nicht "kompatible" Atomradien der Dotanten, aufgeweiteten Kristallgitters des Nickelhydroxids sein. Weiterhin ist Abbildung K der MEA Wert für das eisendotierte ("siderophile") Nickelhydroxid zu entnehmen. Dieser liegt mit 81 kJ/mol lediglich 17% unterhalb dem höchsten gemessenen Wert von 98 kJ/mol. Die Selbstzerfallstendenz des Nickelhydroxids wird durch die gegen die Eisenvergiftung der positiven Elektrode sehr wirksame Dotierung mit Eisen nur wenig erhöht.

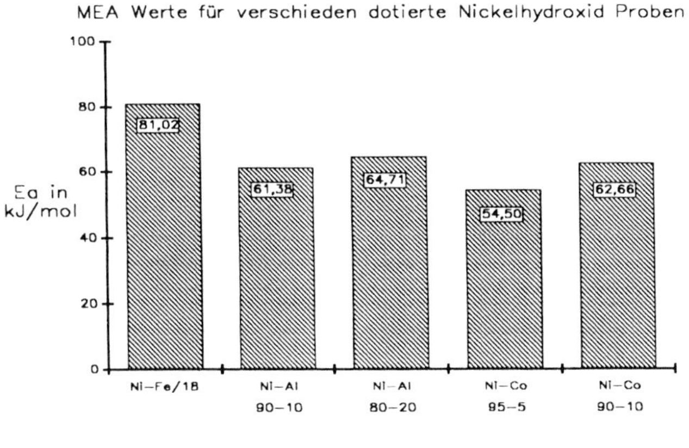

Abb.K: MEA Werte verschieden dotierter Nickelhydroxid Proben

Eine ausführlichere Beschreibung kann /4/ und /7/ entnommen werden.

Literaturverzeichnis

/1/ G. Krämer, Y. Eren: VARTA Untersuchungsbericht, TK 6/83 (1983)

/2/ W. Baucke, A. Winsel: Advanced Energy Conversion, Vol.3, pp. 613-645, Pergamon Press (1963)

/3/ K.-H. Otto: "Versuche zur Ermittlung der elektronischen und protonischen Leitfähigkeit in gepreßten Nickelhydroxid-Tabletten, Bericht, GH Kassel 1984

/4/ C. Fischer: "Untersuchungen an dotierten Nickelhydroxid - Proben" Diplomarbeit, GH Kassel 1987

/5/ W. Dennstedt: VARTA Untersuchungsbericht, TF 12/89 (1989)

/6/ G. Krämer: VARTA Untersuchungsbericht, ITK 12/85 (1985)

/7/ G. Leber: "Bau einer Oxidationsapparatur zur Messung der Selbstentladung von Nickelhydroxid - Sinterelektroden",Bericht, GH Kassel 1984

/8/ H. Bode, K. Dehmelt, J. Witte: Electrochemica Acta (1966), Vol.11, pp.1079 to 1087

/9/ H. Bode, K. Dehmelt, J. Witte: Zeitschrift für anorganische und allgemeine Chemie, Band 366, Heft 1-2, (1969)

/10/ W. Dennstedt: VARTA Untersuchungsberischt, EK 13/86 (1986)

Degradation von PTFE-gebundenen Gasdiffusionselektroden

E. Gülzow, W. Schnurnberger

Deutsche Forschungsanstalt für Luft- und Raumfahrt, Institut für Technische Thermodynamik, Stuttgart

Zusammenfassung

PTFE-gebundene-Gas-Diffusionselektroden (GDE) für hohe Stromdichten (400 mA/cm2) werden mit einem Kalander nach einem Verfahren der VARTA Batterie AG und der Gesamthochschule Kassel hergestellt. Die DLR untersucht diese Elektroden für alkalische Brennstoffzellen systematisch mit verschiedenen elektrochemischen wie auch physikalischen Methoden mit besonderer Beachtung der Degradationserscheinungen.
Hier werden einige ausgewählte Ergebnisse dargestellt, wie z.B. die Belegung der Oberfläche einer belasteten Wasserstoffelektrode mit einer Oxidschicht.
Die ermittelten Lebensdauern lagen bei Anoden und Kathoden immer über 1600 Stunden.

Summary

PTFE bonded Gas Diffusion electrodes (GDE) for high current densities (400 mA/cm2) are prepared applying a rolling technique developed by VARTA Batterie AG and Gesamthochschule Kassel. These electrodes for alkaline fuel cell application are characterized by electrochemical and physical methods, focussing on degradation effects. The surface of used Raney Nickel hydrogen electrodes is covered with a thick oxide layer. Both anodes and cathodes have been operating up to now for more than 1600 hours succesfully.

Résumé

Les électrodes de la diffusion du gaz (GDE) chargeable de densités du courant jusqu'à 400 mA/cm2 on été préparées après une méthode du VARTA Batterie AG et Gesamthochschule Kassel par une téchnique de laminer PTFE avec des éléctrocatalyseurs. Les éléctrodes ont été characterisées par les méthods électrochimique et physique, considérant la dégradation en détail. La surface des Raney Nickel électrodes à l'hydrogène est couvri d'une couche d'oxide de Nickel. Non seulement l'anode mais aussi la cathode d'oxygene ont été actionnès plus de 1600 heures jusqu'alors.

Einleitung

Die elektrochemische Verstromung von Wasserstoff und Sauerstoff in alkalischen Brennstoffzellen erfordert Gasdiffusionselektroden mit hoher katalytischer Aktivität und definierter Porenverteilung/Porensystemverteilung. Dazu werden Katalysatorpulver mit einem Gemisch organischer Bindemittel und Dotierungsstoffen zu einer porösen Elektrode verarbeitet.

PTFE-gebundene Gasdiffusionselektroden

Hier sind die Untersuchungsmethoden und einige ausgewählte Ergebnisse an derartigen Elektroden dargestellt. Die Elektroden wurden nach einem Walzverfahren der VARTA-Batterie AG und der Gesamthochschule Kassel nach einer Idee von Prof. Winsel hergestellt. Das Katalysatorpulver besteht aus einem Pulver mit einer großen aktiven Oberfläche, wie z.B. aus Raney-Nickel. Dieses Pulver wird aus einer Legierung von Aluminium und Nickel, aus der der Nickelanteil herausgelöst wird, sodaß ein schwammartiges Gebilde entsteht, hergestellt. Nach diesem Prozeß wird das Pulver konserviert und getempert. Anschließend wird dieses Pulver mit dem "reactive-mixing" Verfahren zu einer hydrophoben Masse verarbeitet und in einem Kalander zu einem Katalysatorband ausgewalzt.

Die Elektroden werden entweder bei der VARTA Batterie AG in Kelkheim oder auf dem DLR-Kalander in Stuttgart präpariert. Bei der DLR können mehr Parameter variiert werden und die mögliche Walzbreite ist doppelt so groß (200 mm). Die fertige Elektrode ist eine bis zu 0.5 mm dicke flexible Matte, die auf der Unterseite ein Netz hat, das zum Ableiten der elektrischen Ströme dient und auf der anderen Seite aus der Katalysatormasse besteht.

Um die Eigenschaften der Elektrode zu verstehen, wird mit folgenden Verfahren gearbeitet:

Galvanostatische/potentiotastische Kennlinie

Zyklische Voltammetrie

BET-Porositätsmessungen zur Porenverteilung/Porenvolumen

Quecksilberpenetrationsverfahren zur Porenverteilung/Porenvolumen

Photoelektronenspektroskopie (XPS)

Energieaufgelöste Röntgenanalyse (EDX)

Rasterelektronenmikroskopaufnahmen (REM)

Röntgendiffraktogramme (XRD)

Impedanz-Spektroskopie

Zusätzlich, zu den kinetischen Vorgängen beim Betrieb als Brennstoffzellenelektroden, werden auch die Alterungsprozesse verstärkt untersucht. Dazu wurden Nickel-Elektroden anodisch belastet und anschließend begonnen, diese mit den oben genannten Methoden zu untersuchen. Im folgenden sind einige Ergebnisse der Untersuchungen beispielhaft dargestellt. In Abbildung 1 ist der schematische Ablauf der Präparation der Elektroden zu erkennen.

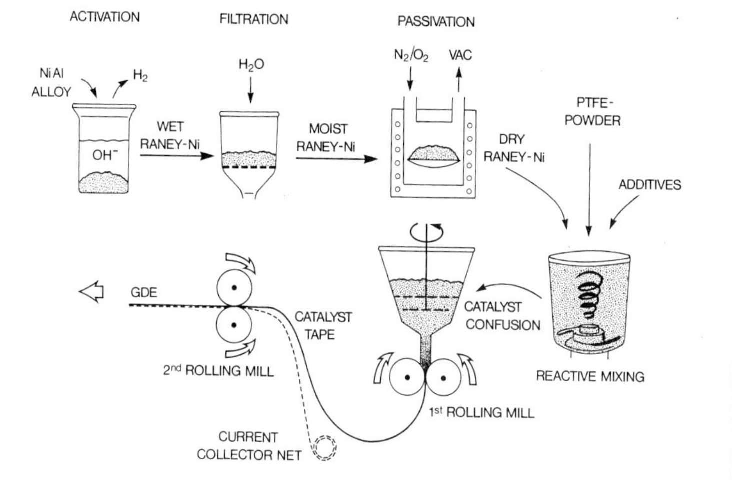

Bild 1. Herstellung der Gas-Diffusions-Elektroden

Nach der Herstellung des Raney-Katalysators aus einer Legierung durch Auslaugen des Aluminiums, wird der Ansatz gewaschen und abfiltriert. Anschließend wird der Katalysator in einem Vakuumtrockenschrank bei 100°C getrocknet. Dieser so präparierte Katalysator wird dann mit dem "reactive-mixing" Verfahren in einer schnellaufenden Messermühle mit einem organischen Binder zu einer hydrophoben Katalysatormasse verarbeitet. Dieses Material wird in einem Kalander zu einem selbsttragenden Band ausgewalzt und in einem zweiten Arbeitsgang, wieder mit einem Kalander, auf ein Stromableitungsnetz aufgebracht. /1,2,5,6/

Die so hergestellten Gasdiffusionselektroden werden zuerst immer einer Kennlinienmessung unterzogen. Diese Messungen werden in einer Halbzellenanordnung vorgenommen, die in der Abb. 2 zu sehen ist. Hierbei handelt es sich um einen computergesteuerten Meßplatz bei dem IR-korrigierte Strom-Spannungskurven (Abb. 3 + 4) aufgenommen werden können.
Der Rechner steuert eine Stromquelle zur Aufnahme galvanostatischer Kennlinien in der Weise, daß ein neuer Stromwert erst dann eingestellt wird, wenn die Potentialdrift unter eine vorgegebene Schranke gefallen ist, um sicherzustellen, daß nur stationäre Werte aufgezeichnet werden. Wird diese Schranke nicht nach einer bestimmten Zeit unterschritten, wird der Meßvorgang abgebrochen. Um die apparativen Fehler zu minimieren, wird eine IR-Drop Korrektur vorgenommen. Dazu wird vom Computer bei jedem Meßwert mit einem schnellen Schalter eine Abschaltmessung vorgenommen, und mit dem auf einem Transientenrekorder aufgezeichneten Signal eine Korrekturrechnung vorgenommen. Ausgegeben werden während der Messung sowohl die korrigierte als auch die nicht korrigierte Meßkurve. Zur Sicherheit werden alle Daten mit einem Vielkanalschreiber aufgezeichnet, um eventuellen Datenverlusten bei Rechnerausfällen vorbeugen zu können. Der Meßplatz kann in unserer ersten Ausbaustufe bis zu 6 Halbzellen gleizeitig steuern.
Mit diesem Meßplatz wurden auch die Kurven in Abb. 3 + 4 aufgenommen. Da diese Messungen automatisch ablaufen konnten Lebensdauertests durchgeführt werden. Die untersuchten Elektroden aus Silber und Nickel zeigten in allen Fällen eine Lebendauer von mehr als 1600 h. In dieser Zeit wurden die Zellen mit mindestens 100 mA/cm2 belastet. Die Versuche mußten nach 1600 h nicht wegen Alterungserscheinungen der Elektroden beendet werden, sondern wegen Materialproblemen an den Versuchsaufbauten.

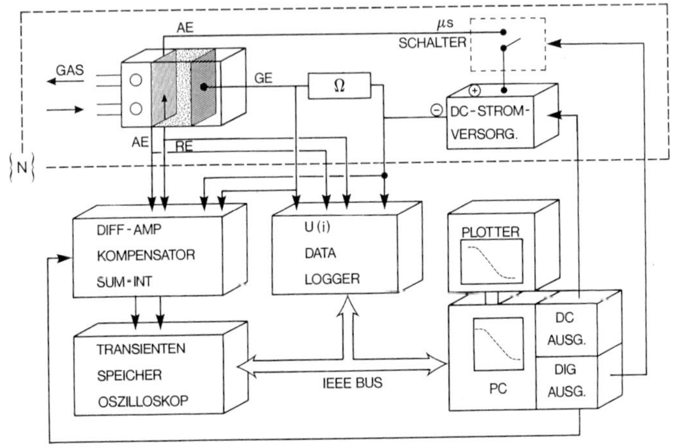

Bild 2. Schematischer Aufbau des Kennlinien-Meßplatzes

REM

Auf den Rasterelektronenmikroskopaufnahmen sind Oberflächen von Ni-Elektroden dargestellt. Auf Abb. 5 sieht man ein Bild einer neuen gewalzten Elektrode. Es wurde bisher vermutet, daß beim "reactive- mixing" Verfahren die PTFE-Fäden sich um die einzelnen Körner wickeln und so die Partikel zu einer ganzen Elektrodenstruktur verspinnen. Dies wird auch durch die Aufnahme bestätigt. Es sind einzelne Fäden auf der Oberfläche zu erkennen. Die Fäden sollen ein Gasporensystem aufspannen, über das das Reaktionsgas ab- bzw. zugeführt wird. Die Lauge wird von Partikel zu Partikel in den Feinporensystemen transportiert. Man erhält so eine Elektrodenstruktur, die aus zwei verschiedenen Porensystemen besteht, welche ineinandergreifen und die Reaktionszonen auf die gesamte Dicke der Elektrode ausdehnen.

Mit Hilfe der Rasterelektronenmikroskopie kann man erkennen, daß bei der Alterung der Elektroden eine Veränderung der makroskopischen Struktur stattgefunden hat. REM-Aufnahmen zeigen gequollene oder leicht gerissene Strukturen. Veränderungen waren an fast allen belasteten Elektroden zu erkennen, wobei aber bemerkt werden muß, daß die Elektroden auch sehr hoch belastet wurden, um schon nach relativ kurzen Zeiten (wenige Wochen) Veränderungen untersuchen zu können.

BET / Quecksilberporosimetrie

Durch Variation des PTFE-Gehaltes entstehen Elektroden unterschiedlicher physikalischer und elektrochemischer Eigenschaften. Es wurden Untersuchungen der Porenverteilung auf effektive Oberflächen PTFE-gebundener Elektroden mit Quecksilberpenetrationsverfahren und mit einer Gasadsorptionsmethode aufgenommen. Mit steigendem PTFE-Anteil wird einerseits die mechanische Stabilität erhöht, dadurch nimmt jedoch die effektive Oberfläche und damit die Aktivität der Elektrode ab. Der optimale Anteil des organischen Binders liegt bei unserem Ni-Katalysator im Bereich von 6-12 Gew% PTFE /3/.

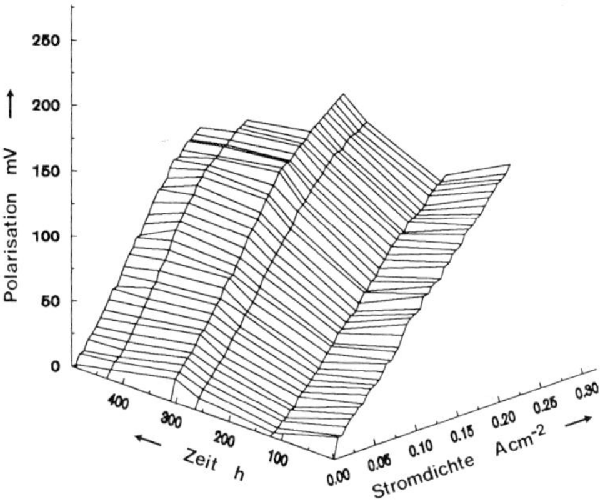

Bild 3. Strom-Spannungs-Zeit Kennlinie einer Wasserstoffelektrode
Wasserstoff-Elektrode (Nickel)
Überspannung bezogen auf das Ruhepotential

XPS

Die Katalysatorkörner werden beim Herstellungsprozeß durch das eingesetzte PTFE-Pulver hydrophobisiert. Es ist daher von Interesse, die chemische Oberflächenzusammensetzung des Katalysatorpulvers zu bestimmen. Hierzu wurden photoelektronenspektroskopische Untersuchungen (XPS) durchgeführt. Weil die Austrittstiefe der erzeugten Photoelektronen im interessanten Energiebereich nur wenige Atomlagen beträgt (2 - 6 Atomlagen), ist eine oberflächensensitive Charakterisierung der katalytisch aktiven Elektroden möglich.

Bei Untersuchungen im Besonderen bei Erstellung von Tiefenprofilen wurde der Einfluß der Messung auf die Zusammensetzung der Probe deutlich /4/. Das PTFE zersetzt sich während der Messung und Fluor wird freigesetzt. Diese Effekte überlagern die Informationen, welche durch die Tiefenprofilierung der Probe gewonnen werden sollten. Eine Diskussion der Struktur von Gasdiffusionselektroden aufgrund der durch XP-Spektroskopie und Tiefenprofilierung gewonnenen Daten bedarf also einer genaueren Analyse der durch die Messung verursachten Effekte. Hierzu sind noch tiefgreifendere Untersuchungen der Einflüsse der eingesetzten Experimente auf die Probensubstanzen notwendig.

Bei Untersuchungen mit XPS an gealterten/belasteten Wasserstoff und Sauerstoffelektroden wurden Oberflächenveränderungen festgestellt. Die Nickeloberfläche ist mit einer sehr dicken Oxidschicht nach dem Betrieb in Wasserstoff belegt. Nach Reinigung der Oberfläche bzw. vorsichtigem Sputtern kommt man wieder zu einer Nickeloberfläche. Der hohe Bedeckungsgrad mit PTFE ist bei einer belasteten Elektrode auch nicht mehr so stark festzustellen. Die "PTFE-Schicht" auf der Elektrodenoberfläche hat sich verändert oder ist "abgetragen" worden.

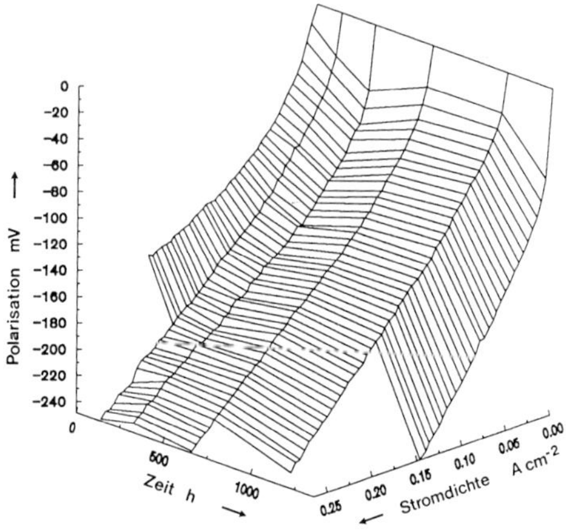

Bild 4. Strom-Spannungs-Zeit Kennlinie einer Sauerstoffelektrode
Sauerstoff-Elektrode (Silber)
Überspannung bezogen auf das Ruhepotential

EDX-Resultate

Elektronenstoßinduzierte Röntgenspektren werden mittels eines energiedispersiven Röntgendetektors aufgenommen. Die Messungen werden sowohl an ungebrauchten Elektroden als auch nach dem Betrieb der Elektrode in alkalischer Lösung durchgeführt. Die Ergebnisse sind am Beispiel einer aktivierten PTFE-gebundenen Raney-Nickel-Elektrode in Abb. 6 dargestellt.

Aufgrund der stark abfallenden Detektorempfindlichkeit für niedrige Röntgenenergie kann PTFE in der energiedispersiven Röntgenanalyse nicht nachgewiesen werden. Jedoch sind deutliche Änderungen in der elementaren Zusammensetzung der Elektrode durch den Betrieb in alkalischer Lösung (25% KOH) erkennbar. Die Intensitäten der nachgewiesenen Röntgenlinien sind in Abb. 8 zusammengestellt. Zunächst erkennt man eine Abnahme der AlKα-Intensität. Dies kann durch weiteres Auslaugen des nach der Aktivierung übriggebliebenen Aluminiums aus dem Raney-Nickel interpretiert werden. Die geringe Zunahme der SiKα-Intensität ist auf experimentelle Randbedingungen zurückzuführen. Da Glasgeräte für die KOH-Lösung verwendet wurden, lagerte sich gelöstes Si auf der Elektrode ab. Die starke Zunahme der KKαKβ-Intensität ist auf eine Ablagerung der Kaliumionen auf der Elektrodenoberfläche zurückzuführen. Aufgrund der hohen KKα-Intensität und wegen der geringen Oberflächensensitivität der Röntgenanalyse muß geschlossen werden, daß große Mengen Kalium auf der Elektrode und insbesondere in deren Porensystem abgeschieden worden sind.

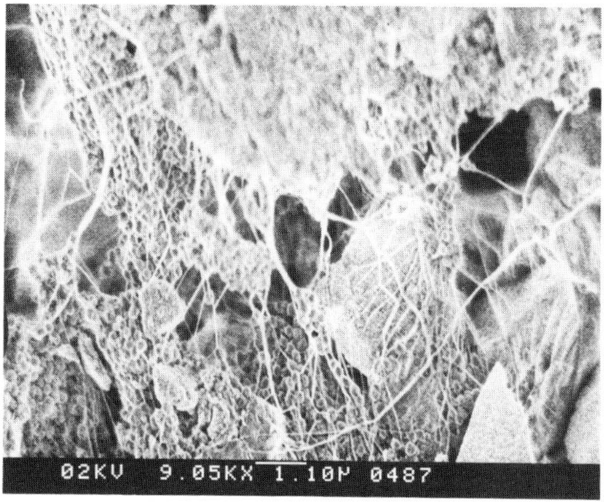

Bild 5. REM-Aufnahme einer Gas-Diffusions-Elektrode

Zusammenfassung

Es wurden Elektrodenvorgänge, Degradationen an PTFE-gebundenen Gasdiffusionselektroden und Probleme bei der Aktivierung von Raney-Nickel untersucht.

Bei dem "reactive mixing" Verfahren wird die Oberfläche mit PTFE bedeckt, was mit XPS-Untersuchungen und REM-Aufnahmen nachgewiesen werden konnte. Das bedeutet, daß die katalytisch aktive Oberfläche kein freies Nickel sein kann, da sonst die Stromdichten zu hoch wären.

XP-Spektroskopie an PTFE-gebundenen Strukturen bedürfen einer sehr genauen Betrachtung der Einflüsse der Messgeräte auf die Probensubstanz. Es ist beobachtet worden, daß sich PTFE während der Messung zersetzt und Fluor freigesetzt wird.

Bei Untersuchungen von Alterungsvorgängen wurden Strukturveränderungen, jedoch keine chemische Veränderung der Oberfläche festgestellt.

Bei Untersuchungen mit XPS an gealterten/belasteten Wasserstoff und Sauerstoffelektroden wurden Oberflächenveränderungen festgestellt. Die Nickeloberfläche ist mit einer sehr dicken Oxidschicht nach dem Betrieb in Wasserstoff belegt. Die "PTFE-Schicht" auf der Elektrodenoberfläche hat sich verändert oder ist "abgetragen" worden.

Es wurden Lebendauern von größer als 1600 h bei Wasserstoff- und Sauerstoffelektroden bei einer Dauerbelastung von größer als 100 mA/cm2 bestimmt.

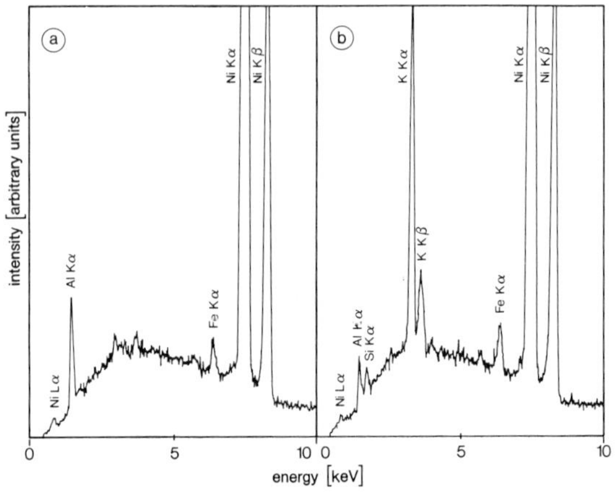

Bild 6. EDX-Aufnahmen - a: unbelastet - b: belastet

Literatur

/1/ M.Jung, Kröger, Verfahren zur Herstellung aktivierter Katalysatoren aus Raney-Nickel-Legierungen, DBP 1 156 769

/2/ H. Sauer, Verfahren und Vorrichtung zur Herstellung einer kunststoffgebundenen Aktivkohleschicht für dünne Gasdiffusionselektroden DBP 2941 774 C2, 1985

/3/ V.Borck, Effektive Oberflächen und Porenverteilung aktivierter Raney-Nickel Katalysatoren, Studienarbeit 1988, DLR

/4/ E.Gülzow, K.Bolwin, W.Schnurnberger, Ionenstrahlinduzierte Zersetzung PTFE-gebundener Katalysatoroberflächen von Gasdiffusionselektroden, Dechema Monographie, Band 121, p.483-493, (1989)

/5/ E.Gülzow, Versuche zur katalytischen und elektrokatalytischen Nitratreduktion, Diplomarbeit, Gesamthochschule Kassel 1986

/6/ R.Rühling, Untersuchungen an neuartigen PTFE-gebundenen Raneynickel - und Silberelektroden, Diplomarbeit, Gesamthochschule Kassel 1986

Untersuchungen an bifunktionellen Elektroden für eine integrierte Elektrolyse- und Brennstoffzelle mit Polymerelektrolyt

J. Ahn, A. Heinzel, K. Ledjeff

Fraunhofer Institut für Solare Energiesysteme, Freiburg

Zusammenfassung

Zur Nutzung regenerativer Energiequellen in energieautarken dezentralen Einheiten stellt ein Wasserstoffsystem eine sinnvolle Möglichkeit für die notwendige Speicherung der elektrischen Energie über mehrere Monate dar. Eine bedeutende Vereinfachung eines solchen Systems ergibt sich durch die Verwendung einer elektrochemischen Zelle für die beiden Funktionen Wasserelektrolyse und H_2/O_2-Brennstoffzelle. Für eine solche integrierte Elektrolyse- und Brennstoffzelle wurden zwei Typen von bifunktionellen Elektroden mit den dazugehörigen Katalysatorkonzepten entwickelt.
In einer Testzelle mit Referenz-Elektrode wurden für bifunktionelle Elektroden in Elektrolyseanordnung, Sauerstoff- und Wasserstoffhalbzellenanordnung an Nafion^R 117 bei 80°C Messungen durchgeführt. Es wurde die elektrokatalytische Aktivität durch die Aufnahme von Strom-Spannungs-Kurven und die elektrochemischen Stabilitäten durch jeweils zehn Zyklen bei jeweils 100 mA/cm^2 mit Wechsel der Elektrodenreaktionen bestimmt. An Pt, Rh, Ir, Ru und deren Oxide werden die Strom-Spannungs-Kurven der Sauerstoffentwicklung und der Wasserstoffoxidation gezeigt. Ein Zyklustest zeigt mit Pt als Elektrokatalysator sowohl für die Wasserstoff- und Sauerstoffelektrode, wie auch für die Oxidations- und Reduktionselektrode über zehn Zyklen ein stabiles Verhalten. Für beide Typen von bifunktionellen Elektroden läßt sich dabei für eine integrierte Zelle ein elektrischer "Speicher-Spannungs-Wirkungsgrad" von 50% errechnen. Schon durch die gezeigte bifunktionelle Oxidationselektrode mit Rhodiumoxid als Elektrokatalysator, die im Zyklustest ebenfalls Stabilität zeigt, errechnet man einen "Speicher-Spannungs-Wirkungsgrad" von über ~52%. Aufgrund der abgebildeten Strom-Spannungs-Kurven läßt sich durch andere Katalysatoren für die Oxidationselektrode eine weitere Verbesserung des Wirkungsgrades bis zu ~57% vorhersagen.

Summary

A hydrogen storage system is a suitable possibility to store electric energy in solar systems for several months. An electrolyzer and fuel cell are the main energy converting devices and an important simplification would be the realization of both functions in one single device. For such an integrated electrolysis and fuel cell module two types of bifunctional electrodes are developed: the bifunctional H_2- and O_2-electrodes and the bifunctional reduction- and oxidationelectrode.
The characterization of different catalysts for those electrodes is done in a test cell with reference electrode during electrolysis and half cell measurements on Nafion^R 117 at 80°C. Current/Voltage curves and cyclic changes of the electrode reactions from electrolysis operation mode to fuel cell operation mode. These cyclic tests have been repeated 10 times at 100 mA/cm^2 at 80°C, for each bifunctional electrode. Thereby, the electrocatalytic activity and the electrochemical stability of the noble metals generation Pt, Rh, Ir, Ru and their oxides could be proved for oxygen and hydrogen oxidation. On basis of the measured potentials with platinum catalyst for both electrodes the storage efficiency has been calculated to 50% at least with rhodiumoxide as bifunctional oxidation electrode the value increases to ~52% and ~57% should be realizable by further improvements.

Résumé

Pour l'utilisation d'énergie renouvelable dans des centres isolés et autarque d'énergie, un système d'hydrogène est une possibilité adéquate pour le stockage de l'électricité pendant quelques mois.
Une simplification énorme d'un tel système resulte d'une utilisation d'une cellule électro-chimique bifonctionelle d'electrolyse et pile à combustibles H_2/O_2, respectivement. Pour ce système deux types d'électrodes bifonctionelles avec les catalyseurs correspondants etaient développées.
Utilisant une cellule avec une membrane Nafion^R temperée à 80°C, l'activité électro-catalytique et la

stabilité électro-chimique était déterminé basée sur des courbes de courant-voltage à dix cycles de 100 mA chaque fois. Les cyclogrammes du développement d'oxygène et de l'oxidation d'hydrogène sont montrées pour Pt, Rh, Ir, Ru et leurs oxides. Un experiment avec Pt comme électro-catalyseur montre un comportement stabile pendant dix cycles pas seulement pour l'électrode d'oxigène et d'hydrogène mais aussi pour l'électrode d'oxidation et de réduction, respectivement. Pour les deux types d'électrodes bifontionelles on peut calculer un chiffre de rendement électrique du stockage de 50%. L'électrode d'oxidation bifonctionelle contenant l'oxide de rhodium comme électro-catalyseur, étant également stabile, resulte d'un rendement de ~52%. En regardant les cyclogrammes présentées, on peut prédire encore une amélioration du rendement jusqu'à ~57% avec d'autres catalyseurs pour l'électrode d'oxidation.

Einleitung

Die Nutzung regenerativer Energiequellen, insbesondere für energieautarke Einheiten, erfordert wegen der Schwankungen des Energieangebotes effiziente Energiespeicher. Für Solarstrom aus photovoltaischen Anlagen wird eine Speicherung von elektrischer Energie für Zeiträume bis zu mehreren Monaten benötigt. Unter diesen Bedingungen ist selbst in einer relativ kleinen Anlage, zum Beispiel einem Haushalt mit einem Verbrauch von 1500 kWh pro Jahr (elektrische Energie und Hochtemperaturwärme), ein Bleiakkumulator nicht mehr wirtschaftlich einsetzbar. Ein Wasserstoffsystem stellt dazu eine sinnvolle Alternative dar /1/. Die Langzeitspeicherung von Wasserstoff, die Erzeugung von Wasserstoff duch Elektrolyse, die Umwandlung in elektrische Energie durch eine Brennstoffzelle und die Umwandlung in Wärme durch einen Diffusionsbrenner oder katalytische Verbrennung ist mit bekannten Technologien möglich. Elektrolyseure, Brennstoffzellen und wasserstoffbetriebene Heizer sind kommerziell verfügbar.
Eine bedeutende Vereinfachung eines solchen Systems ergibt sich durch die Verwendung einer elektrochemischen Zelle für die beiden Funktionen Elektrolyse und Brennstoffzelle.
Für eine solche integrierte Elektrolyse- und -Brennstoffzelle ist die Entwicklung sogenannter bifunktioneller Elektroden erforderlich. An einer bifunktionellen Elektrode müssen zwei verschiedene Elektrodenreaktionen im Wechsel ablaufen können. Bifunktionelle Elektroden für eine integrierte Elektrolyse- und Brennstoffzelle müssen

- wechselweise als gasentwickelnde und gasverzehrende Elektroden eingesetzt werden können
- eine gute katalytische Aktivität für beide im Wechsel ablaufenden Elektrodenreaktionen zeigen und
- Stabilität bei wechselndem Ablauf beider Elektrodenreaktionen aufweisen.

In Brennstoffzellen mit flüssigen Elektrolyten sind als gasverzehrende Elektroden Gasdiffusionselektroden notwendig, die aufgrund ihrer Struktur zur Verwendung als gasentwickelnde Elektroden nicht geeignet sind. In Systemen mit Ionen-Austauscher-Membranen als Elektrolyt ist die Verwendung von Gasdiffusionselektroden für gasverbrauchende Reaktionen dagegen nicht unbedingt notwendig. Hier liegt die Katalysatorschicht als möglichst dünne, stoffdurchlässige aber in sich elektrisch leitende Schicht dicht auf der Membran vor /2/. Siehe Abb. 1 und 2.

Im Fall der Brennstoffzelle wird die Befeuchtung der Membran über die Befeuchtung des Wasserstoffs und Sauerstoffs geregelt. Die auf der Anodenseite durch die Anodenreaktion gebildeten Protonen wandern mit einer Solvathülle von ein bis zwei Molekülen Wasser durch die Membran. Das auf der Kathodenseite austretende Produkt- und Solvatwasser wird duch ein direkt auf die Katalysatorschicht aufgelegtes

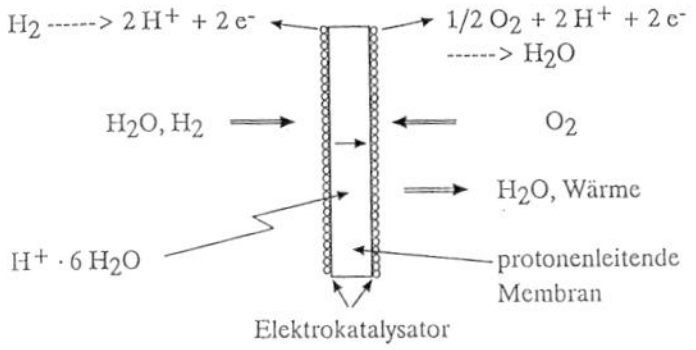

Abb. 1: Funktionsprinzip einer Brennstoffzelle mit Ionen-Austauscher-Membran als Elektrolyt

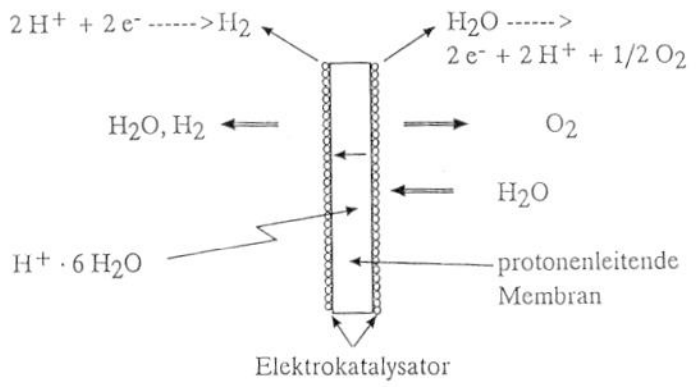

Abb. 2: Funktionsprinzip eines Elektrolyseurs mit Ionen-Austauscher-Membran als Elektrolyt

hydrophobiertes Graphitpapier abgeführt. Beim Betrieb des Elektrolyseurs wird die Befeuchtung durch zirkulierndes destilliertes Wasser auf der Anodenseite gewährleistet. Die durch die Membran von der Anodenseite zur Kathodenseite wandernden Protonen transportieren hier fünf bis sechs Moleküle Wasser pro Proton mit, welches in den Kathodenraum austritt.
Im Vergleich zu Systemen mit flüssigem Elektrolyt sind daher in Systemen mit Ionen-Austauscher-Membranen durch die für beide Funktionsarten prinzipiell gleichen Katalysatorschichten günstige technische Voraussetzungen zur Realisierung einer integrierten Elektrolyse- und Brennstoffzelle gegeben.

Elektrodenkonzepte

Die in der Literatur beschriebenen Ansätze zur Verwirklichung einer solchen integrierten elektrochemischen Zelle, dort meist unter dem Begriff "reversible Brennstoffzelle" aufgeführt, beziehen sich dabei alle auf bifunktionelle Wasserstoff- und Sauerstoffelektroden /3/. Die bifunktionelle Sauerstoffelektrode stellt dabei das eigentliche Problem dar. Aufgrund der relativ schlechten Kinetik beider Elektrodenreaktionen (Sauerstoff-Entwicklung und Sauerstoff-Reduktion) ist die Suche nach einem Elektrokatalysator, der für beide Vorgänge gute Aktivität zeigt, sehr schwierig. Einen Ansatz zur Lösung dieses Problems stellt die Entwicklung von bifunktionellen Oxidations- und Reduktionselektroden dar /4/. Dabei sollen jeweils die beiden Oxidationsreaktionen (Wasserstoff-Oxidation und Sauerstoff-Entwicklung) und die beiden Reduktionsreaktionen (Wasserstoff-Entwicklung und Sauerstoff-Reduktion) an einer bifunktionellen Elektrode im Wechsel ablaufen. Die beiden kritischen Elektrodenreaktionen laufen so nicht an der gleichen Elektrode ab, so daß es einfacher ist, geeignete Katalysatoren zu finden, die für beide Reaktionen gute elektrochemische Aktivitäten zeigen.

Mit diesen beiden Typen von bifunktionellen Elektroden lassen sich für ein System mit Kationen-Austauscher-Membran als Elektrolyt folgende Elektrodenkonzepte aufstellen:

1. Bifunktionelle Sauerstoff- und Wasserstoffelektrode /5/

   An einer Elektrode finden jeweils Oxidation und Reduktion einer Elektrodenreaktion statt.

   Wasserstoff-Elektrode: In Systemen mit saurem Elektrolyt stellt Platin für beide Elektrodenreaktionen den Katalysator bester kaltalytischer Aktivität dar.

   Sauerstoff-Elektrode: Zur Sauerstoff-Reduktion in sauren Elektrolyten ist Platin notwendig. Alle anderen Edelmetalle zeigen hier erheblich schlechtere Aktivitäten. Für die Sauerstoffentwicklung stellt Platin in der Gruppe der Edelmetalle (und nur diese sind unter den Bedingungen der anodischen O_2-Entwicklung mit sauren Elektrolyten stabil) jedoch den schlechtesten Katalysator dar. Da zur Sauerstoff-Reduktion Platin notwendig ist, muß ein Platin enthaltendes Katalysatormaterial für die bifunktionelle Sauerstoffelektrode gewählt werden. Nach Stand der Technik für Brennstoffzellensysteme mit Ionen-Austauscher-Membranen als Elektrolyt wird bei der Sauerstoff-Reduktion zum Wasserstoffabtransport ein hydrophobiertes Graphitpapier benötigt. Im Fall der bifuktionellen Sauerstoffelektrode würde dies aufgrund des Potentials der Sauerstoffentwicklung unter anodischer Oxidation aufgelöst. Hier ist zusätzlich eine verfahrenstechnische Entwicklung zum Wasserabtransport ohne ein Graphitpapier notwendig.

2. Bifunktionelle Oxidations- und Reduktionselektrode

   An einer Elektrode finden die Oxidationsreaktionen (das heißt Sauerstoff-Entwicklung und Wasserstoff-Oxidation) und an der anderen Elektrode die Reduktionsreaktionen (das heißt Sauerstoff-Reduktion und Wasserstoff-Entwicklung) im Wechsel statt.

   Reduktionselektrode: Für beide Elektrodenreaktionen ist im sauren Elektrolyten Platin der als beste bekannte Katalysator. Das für die Sauerstoff-Reduktion benötigte hydrophobierte Graphitpapier ist im Potentialbereich beider Reaktionen stabil, so daß hier der Wasserabtransport auf der Kathodenseite der Brennstoffzelle nach Stand der Technik mit hydrophobiertem Graphitpapier möglich ist.

   Oxidationselektrode: Die elektrokatalytischen Eigenschaften der Edelmetalle (beziehungsweise deren Oxide) bezüglich der Sauerstoff-Entwicklung in sauren wäßrigen Elektrolyten sind in der Literatur ausführlich beschrieben. Die Reihenfolge der katalytischen Aktivität lautet: Ir/Ru > Ir > Rh > Pt. Zur Wasserstoffoxidation an Edelmetallen sind für in der Praxis relevante Stromdichten in der Literatur jedoch nur Untersuchungen an Pt bekannt. Dies läßt sich auf die Schwierigkeiten bei der Präparation von Gasdiffusionselektroden, die für gasverzehrende Elektrodenreaktionen in wäßrigen Lösungen benötigt werden, zurückzuführen. Aus der Literatur läßt sich deshalb lediglich die qualitative Einordnung: Pt > Rh, Ir, Ru abschätzen. Eine genauere

Bestimmung der Aktivität der Edelmetalle bezüglich der Wasserstoff-Oxidation ist in Systemen mit Ionen-Austauscher-Membran als Elektrolyt gut durchführbar, da dort keine speziellen Gasdiffusionselektroden benötigt werden. Aufgrund der wesentlich besseren Kinetik der Wasserstoffreaktionen im allgemeinen, ist hier zu erwarten, daß die Potentialverbesserungen, die bei der Sauerstoff-Entwicklung gegenüber Platin erreicht werden, wesentlich größer sind, als die Potentialverluste, die durch die Wasserstoff-Oxidation an einem anderen Edelmetall gegenüber Platin hervorgerufen werden.

Das neu entwickelte Konzept der bifunktionellen Oxidations- und Reduktionselektroden zeigt daher für eine integrierte Elektrolyse- und Brennstoffzelle mit saurem Polymerelektrolyten gegenüber dem konventionellen Konzept der bifunktionellen Wasserstoff- und Sauerstoffelektroden zwei Vorteile:

- für die kritischen Elektrodenreaktionen (Sauerstoff-Entwicklung und -Reduktion) ist die Benutzung des jeweils besten Katalysators möglich,
- der auf der Kathodenseite der Brennstoffzelle notwendige Wasserabtransport ist nach dem Stand der Technik mit hydrophobiertem Graphitpapier möglich.

Experimentelles

Alle Messungen wurden mit der Kationen-Austauscher-Membran Nafion^R 117 als Elektrolyt durchgeführt. Diese besteht aus einem perfluorierten Polymergerüst mit Sulfonsäuregruppen (Äquivalentgewicht: 1100 g/mol) als Kationenleiter. Die Membran ist in gequollenem Zustand 200 μm dick und zeigt in 1 N Schwefelsäure bei RT einen spezifischen Flächenwiderstand von 0,16-0,18 Ωcm^2. Zum Einsatz wurde die Membran mit halbkonzentrierter Salpetersäure behandelt, mit destilliertem Wasser gewaschen und 30 Minuten bei 130 °C im Auto-klaven gequollen. Die Katalysatoren wurden als Metall in Form von kommerziell erhältlichen Pulvern (Heraeus Feinchemikalien, Karlsruhe) oder als Metalloxide durch zweistündiges Sintern der Metallchloride bei 500 °C in Luft eingesetzt (Metallchloride ebenfalls Heraeus Feinchemikalien, Karlsruhe).

Die Herstellung der Membran-Elektroden-Einheiten erfolgte nach zwei verschiedenen Methoden. Pt wurde durch chemische Reduktion von anionischem Platinsalz durch Hydrazin auf die Membran abgeschieden /2b/. Alle anderen Katalysatoren wurden mit einem Zusatz von 10% Teflon auf die Membran gepreßt. Alle Katalysatorbelegungen betrugen ~5 mg/cm^2. Alle Messungen wurden bei einer Temperatur von 80°C, die über den Wasserkreislauf eingestellt wurde, durchgeführt. Die elektrochemischen Messungen wurden in einer 1 cm^2-Testzelle mit Dreielektrodenanordnung (siehe Abb. 3) durchgeführt.

Die Ankopplung der Referenzelektrode erfolgt über eine aus der Zelle geführte Membran, die über 1 N Schwefelsäure mit einer Kalomelektrode als Referenz in Kontakt gebracht wird.

Die Strom-Spannungs-Messungen wurden als stationäre potentiostatische Messungen mit computergesteuerter Potentialvorgabe und Meßwertaufnahme durchgeführt. Jede Kurve wurde mit 20-25 Meßpunkten mit einer Verweilzeit von 200 Sekunden pro Meßpunkt aufgenommen. Die Zyklustests wurden als galvanostatische Messungen mit Meßpunkten in 60 Sekunden Abstand durchgeführt. Die Stromdichte betrug dabei 100 mA/cm^2 im dreißigminütigem Wechsel der Elektrodenreaktionen über 10

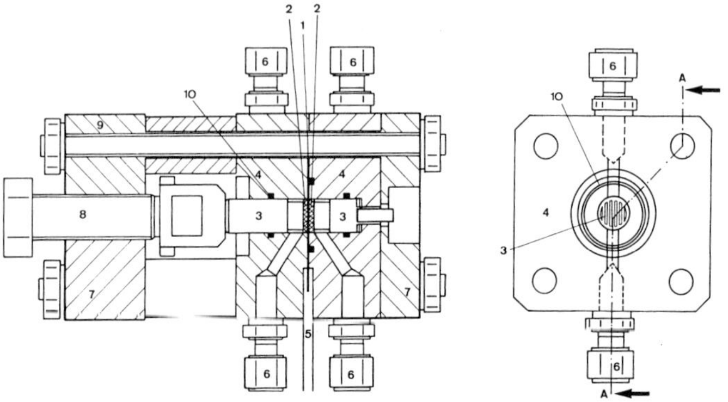

Abb. 3: 1 cm^2-Testzelle mit Dreielektrodenanordnung für Messungen mit Ionen-Austauscher-Membranen als Elektrolyt

1 Membran-Elektroden-Einheit 2 Titan-Sinterkörper 3 Stromkollektoren 4 Gehäuse 5 Ankopplung Referenzelektrode 6 Anschlüße 7 Druckplatten 8 Druckschraube 9 Abstandshalter 10 O-Ringe

Zyklen. Der Meßplatz bestand aus einem Potentioscean POS 73 der Firma Bank und einer Daten Ein- und Ausgabestation HP3497A mit einem Rechner HP9121 von Hewlett Packard.
Die Bestimmung des IR-Abfalls zwischen Arbeits- und Bezugselektrode zur IR-Korrektur wurde mit einem Impedanzmeßplatz der Firma Solartron (Frequenzganganalysator 1250A, Potentiostat 1286) durchgeführt. Die Messungen zur Sauerstoff- und Wasserstoffentwicklung wurden in Elektrolyseanordnung, die Messungen zur Sauerstoff-Reduktion und Wasserstoff-Oxidation in Halbzellenanordnungen durchgeführt.

Ergebnisse und Diskussion

Um die im Abschnitt "Elektrodenkonzepte" diskutierten bifunktionellen Elektroden zu untersuchen, wurde für Platin als Elektrokatalysator ein 10 Zyklen umfassender Test für alle vier Möglichkeiten der bifunktionellen Elektroden durchgeführt. In Abb. 4a)-d) sind die gemessenen Daten aufgetragen.
Bei allen vier bifunktionellen Elektroden wurden über die zehn Zyklen für beide Reaktionen jeweils konstante Potentiale gemessen. Die in Abb. 4a) gezeigten 10 Zyklen wurden mit einer frischen Platin-Elektrode durchgeführt, so daß das hier gemessene Potential der Sauerstoffentwicklung nicht als Sauerstoffentwicklungspotential der bifunktionellen Sauerstoffelektrode angesetzt werden kann. An einer zweiten bifunktionellen Sauerstoffelektrode mit Platin als Katalysator wurde vor dem Zyklustest durch fünftägige Sauerstoffentwicklung bei 1 A/m^2 eine Platinoxidschicht aufgebaut (Abb. 4a: gestrichelte Linie). Der Wechsel zur Sauerstoffreduktion zeigt nach einer kurzen Zeit der Verschlechterung des Potentials gegenüber einer Elektrode ohne Oxidschicht bei 100 mA/cm^2 wieder das gleiche Potential wie die Elektrode ohne Oxidschicht. Eine zweite Sauerstoffentwicklungsperiode zeigt wieder das niedrige, langsam ansteigende Potential der oxidfreien Platinelektrode. Bei der bifunktionellen Oxidationselektrode

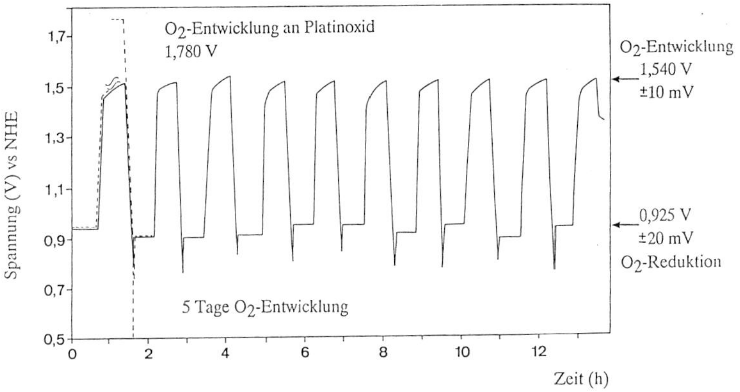

Abb. 4a): Zyklentest einer bifunktionellen Sauerstoffelektrode mit frischem Platin als Katalysator bei 80°C, 2 bar O_2-Druck und unter zyklischer Belastung mit 100 mA; IR-korrigiert; gestrichlte Linie: Sauerstoffelektrode mit mehrtägig gebildeter Platinoxidschicht

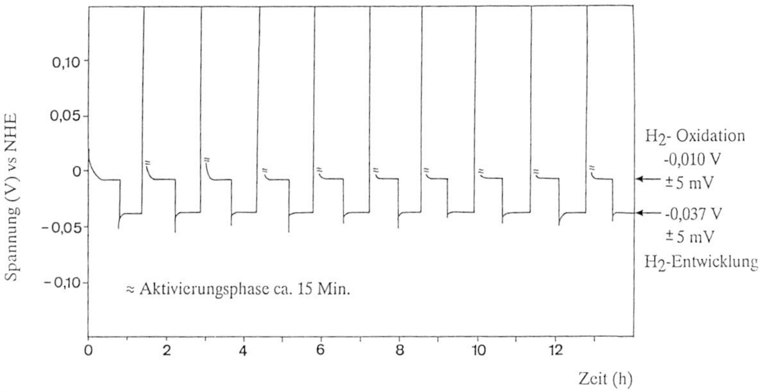

Abb. 4b): Zyklustest einer bifunktionellen Wasserstoffelektrode mit Platin als Katalysator bei 80°C, 2 bar H_2-Druck und unter einer zyklischen Belastung von 100 mA/m^2; IR-korrigiert

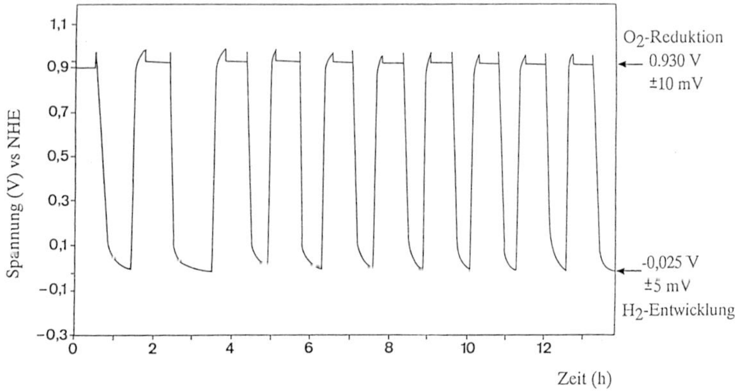

Abb. 4c): Zyklustest einer bifunktionellen Reduktionselektrode mit Platin als Katalysator bei 80°C, 2 bar O_2-Druck und unter zyklischer Belastung von 100 mA/m^2; IR-korrigiert

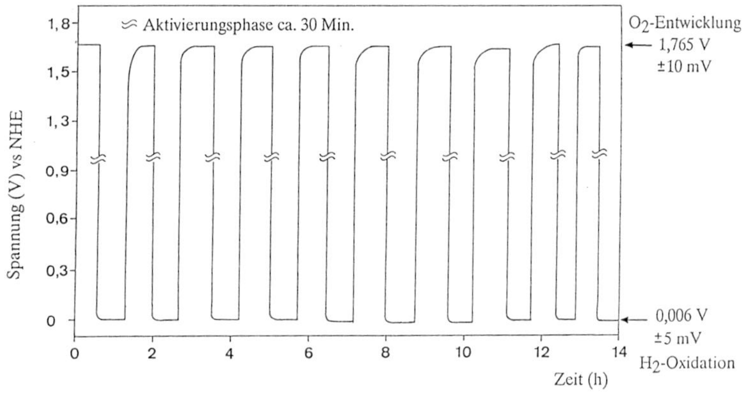

Abb. 4d): Zyklustest einer bifunktionellen Oxidationselektrode mit Platin als Katalysator bei 80°C, 2 bar H_2-Druck und unter zyklischer Belastung mit 100 mA/m^2; IR-korrigiert

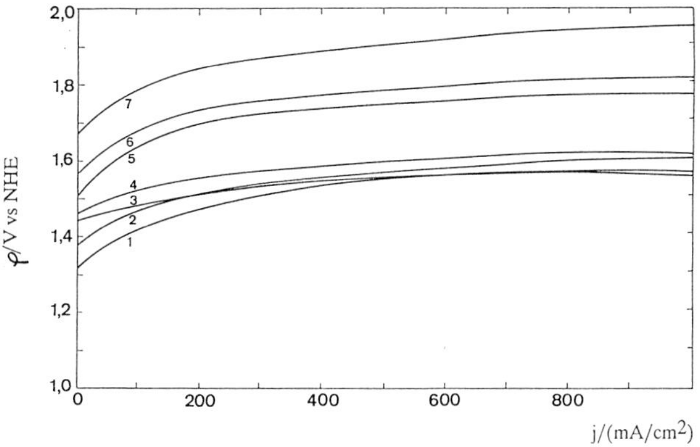

Abb. 5: Die Abhängigkeit der Elektrodenpotentiale der Sauerstoffentwicklung verschiedener Edelmetallkatalysatoren von der Stromdichte bei 80°C; IR-korrigiert:

1 Ru-oxid
2 Ir/Ru (1:1)-oxid
3 Ir
4 Ir-oxid
5 Rh-oxid
6 Rh
7 Pt

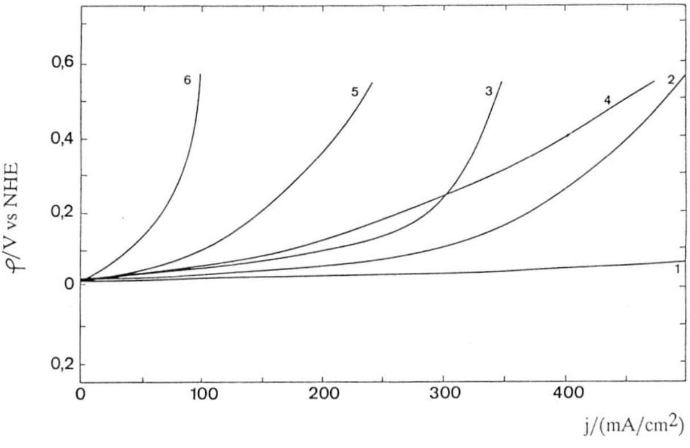

Abb. 6: Die Abhängigkeit der Elektrodenpotentiale der Wasserstoff-Oxidation verschiedener Edelmetallkatalysatoren von der Stromdichte bei 80°C und 2 bar H_2-Druck; IR-korrigiert:

1 Pt
2 Ir
3 Rh
4 Rh-oxid
5 Ir/Ru (1:1)-oxid
6 Ru-oxid

ist beim Wechsel von der Sauerstoff-Entwicklung zur Wasserstoff-Oxidation eine ca. 30 minütige Aktivierungsphase notwendig. Die mit Wasserstoff beaufschlagte Elektrode darf dabei nur mit einem geringen Strom (1-2 mA/cm^2) belastet werden: Da in dem vorgesehenen Anwendungsfall nur einmal jährlich ein Wechsel der Betriebsart vorgenommen wird, stellt die Aktivierungsphase in der Anwendung keine Probleme dar.

Für Platin als Elektrodenkatalysator zeigen sich also bei beiden Elektrodenkonzepten (bis auf wenige Millivolt, die im Bereich der angegebenen Fehlergrenzen liegen) gleiche Spannungswerte.

Um eine Verbesserung des Speicher-Wirkungsgrades zu erreichen, wurden die elektrochemischen Aktivitäten der Oxidationselektrode untersucht. Für Iridum, Rhodium, Iridum-, Rhodium-, Ruthenium- und Iridum/Ruthenium-Oxid wurden die Strom-Spannungs-Kurven der Sauerstoff-Entwicklung und Wasserstoff-Oxidation aufgenommen (siehe Abb. 5 und 6).

Die Potentiale der Sauerstoffentwicklung entsprechen den in der Literatur bekannten Daten zur Sauerstoff-Entwicklung in sauren Elektrolyten. Rutheniumoxid alleine, welches die beste Aktivität zeigt, ist wegen seiner bekannten schlechten Langzeitstabilität (Korrosion durch Bildung von gasförmigen Rutheniumoxiden) als Elektrodenkatalysator zur O_2-Entwicklung unbrauchbar. Die aus der Literatur bekannte Mischung aus Ir- und Rutheniumoxid stellt deshalb zur Sauerstoffentwicklung im Sauren den Katalysator bester Aktivität dar /6/. Iridium beziehungsweise Iridiumoxid zeigen ein um etwa 50-70 mV schlechteres Potenial als Ir/Ru-oxid. Am Rhodium beziehungsweise Rhodiumoxid mißt man ein um weitere 100-150 mV höheres Potential. Bei den Strom-Spannungs-Kurven der Wasserstoff-Oxidation zeigt Platin als Elektrokatalysator die größte Aktivität. Bei den übrigen Katalysatoren muß jedoch berücksichtigt werden, daß die verwendeten Katalysatorschichten nicht speziell für die Wasserstoff-Oxidation optimiert wurden. Die hohen Überspannungen sind deshalb eindeutig als Transportüberspannungen zu bewerten. Ein Vergleich der Aktivität ist deshalb nur sehr qualitativ möglich. Trotz dieser Einschränkung sind diese Strom-Spannungs-Kurven, die in diesem Stromdichtebereich in der Literatur auch bei flüssigen Elektrolyten nicht zu finden sind, für eine erste positive Bewertung ausreichend. Die mit Deutlichkeit schlechtesten Aktivitäten zeigen Rutheniumoxid und Iridium/Rutheniumoxid als Katalysator. An Iridiumoxid alleine ließ sich keine Aktivität feststellen, wohingegen Iridium in dieser Meßreihe nach Platin die besten Eigenschaften aufweist. Eine eindeutige Reihenfolge zwischen Rhodium, Rhodiumoxid und Iridium läßt sich jedoch wegen der erwähnten großen Transportüberspannungen nicht vornehmen. Es läßt sich jedoch erkennen, daß bei der zum Zyklustest benutzten Stromdichte von 100 mA/cm^2 eine Verschlechterung der Wasserstoff-Oxidation der drei letztgenannten Katalysatoren gegenüber Platin von 20-40 mV festzustellen ist.

In Abb. 7 wurde deshalb mit Rhodiumoxid als Katalysator begonnen, die bifunktionelle Oxidationselektrode zu verbessern.

Beim Übergang von der Sauerstoff-Entwicklung zur Wasserstoff-Oxidation ist wieder eine etwa 30 minütige Aktivierungsphase, während der unter Wasserstoff nur wenig Strom gezogen werden darf, notwendig. Die sich bei 100 mA/cm^2 einstellenden Potentiale sind bei beiden Elektrodenreaktionen über die 10 Zyklen konstant. Gegenüber der bifunktionellen Oxidationselektrode mit Platin als Katalysator (Abb. 4d) stellt sich die Wasserstoff-Oxidation um 25 mV schlechter und die Sauerstoffentwicklung um 105 mV besser ein, so daß insgesamt ein besserer Speicher-Wirkungsgrad festzustellen ist.

Weitere Untersuchungen zur bifunktionellen Oxidationselektrode sind in Arbeit und lassen aufgrund der gezeigten Strom-Spannungs-Kurven weitere Verbesserungen erwarten.

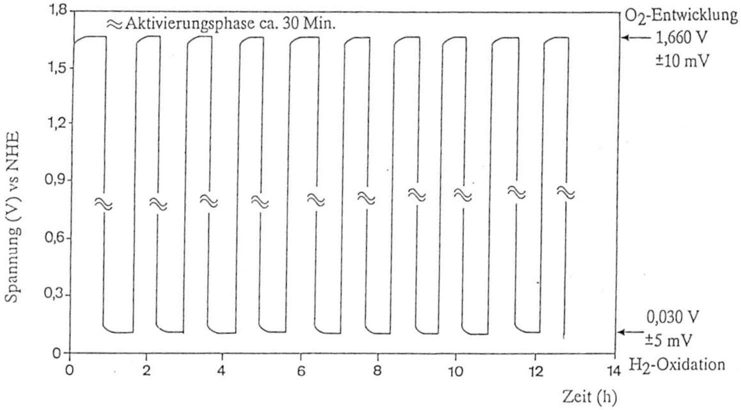

Abb. 7: Zyklustest einer bifunktionellen Oxidationselektrode mit Rhodiumoxid als Katalysator bei 80°C, 2 bar H_2-Druck und unter zyklischer Belastung von 100 mA/cm^2; IR-korrigiert

Bifunktionelle Elektroden	Zellspannungen Elektrolyse	BZ	elektrische "Speicher-spannungswirkungsgrad"
Pt-Sauerstoffelektrode Pt-Wasserstoffelektrode	1,822	0,915	50,2%
Pt-Oxidationselektrode Pt-Reduktionselektrode	1,810	0,905	50,0%
Rh-Oxidationselektrode Pt-Reduktionselektrode	1,705	0,880	51,6%
Edelmetallmischung -Oxidationselektrode Pt-Reduktionselektrode	1,562	0,890	57,0%

Tabelle 1: "Speicher-Spannungs-Wirkungsgrade" verschiedener Elektrodenkonzepte und -materialien für 100 mA/cm^2, 80°C, 2 bar Gasdrücke und 0,2 Ωcm^2 spezifischer Innenwiderstand aus den Elektrodenpotentialen berechnet

Um die verschiedenen Elektrodenkonzepte mit verschiedenen Katalysatormaterialien besser vergleichen zu können, kann man aus den in Halbzellenanordnung gemessenen Elektrodenpotentialen und einem angenommenen spezifischen Innenwiderstand von 0,2 Ωcm^2 die Zellspannungen und daraus die "Speicher-Spannungs-Wirkungsgrade" (= Zellspannung Brennstoffzelle/Zellspannung Elektrolysezelle) für die Speicherung von elektrischer Energie über Wasserstoff berechnen. (Siehe Tabelle 1)

Bei gleichen Katalysatoren zeigen beide Elektrodenkonzepte einen gleichen "Speicher-Spannungs-Wirkungsgrad" von 50%. Bei der Benutzung von Rhodiumoxid zur bifunktionellen Oxidationselektrode läßt sich ein Wirkungsgrad von ~52% erzielen. Setzt man als bifunktionelle Oxidationselektrode Iridium mit der, in Abb. 5 und 6 abgebildeten Aktivität an, errechnet man schon einen "Speicher-Spannungs-Wirkungsgrad" von 57%.

Zusammenfassung und Ausblick

Insgesamt kann man feststellen, daß die elektrochemischen Voraussetzungen, die zur Eignung von bifunktionellen Elektroden für eine integrierte Elektrolyse- und Brennstoffzelle notwendig sind, als gegeben gefunden wurden. Mit dem neu entwickelten Konzept der bifunktionellen Oxidations- und Reduktionselektroden erreicht man dabei bei einer Stromdichte von 100 mA/cm^2 eine Verbesserung des "Speicher-Spannungs-Wirkungsgrades" gegenüber dem bekannten Konzept der bifunktionellen Wasserstoff- und Sauerstoffelektrode um etwa zehn Prozentpunkte.

Bei Verwendung der bifunktionellen Oxidations- und Reduktionselektroden ist zum Bau einer integrierten Elektrolyse- und Brennstoffzelle voraussichtlich ein Zellaufbau nach Stand der Brennstoffzellentechnik möglich.

Zur weiteren Verbesserung des Wirkungsgrades ist für die Wasserstoffoxidation eine Weiterentwicklung der Elektroden- und Katalysatorschicht notwendig. Lassen sich dort Beschichtungen herstellen, die bis zu 500 mA/cm^2 keine Transportüberspannungen zeigen, ist für eine integrierte Zelle bei einer Stromdichte von 500 mA/cm^2 ein "Speicher-Spannungs-Wirkungsgrad" von mindestens noch 50% zu erwarten.

Literatur

/1/ A. Heinzel, J. Ahn, D. Zylka, V. Peinecke, K. Ledjeff
Proc 41th International Society Electrochemistry 1990, Prag 20. bis 25. August 1990, TH 140

/2/ (a) E.B. Yeager, A.J. Appleley
Energy (Oxford) 11 (1986) 137

(b) K. Ledjeff, J. Ahn, A. Heinzel
DECHEMA Monographie Vol. 121 (1990), 109

/3/ (a) E.W. Justi, A.W. Winsel
Kalte Verbrennung - Fuel Cells,1962, S. 248
(b) J.S. Borne, S. Gilman, L.W. Niedrach, M.D. Read
US Army Proc., 13th-22nd Annual Power Sources Conference, Ft Mommonth, New York, 1964, S. 47
(c) E. Findl, M. Klein
US Army Proc., 13th-22nd Annual Power Sources Conference, Ft Mommonth, New York, 1966, S. 49
(d) L. Swette, J. Giner
J. Power Sources 22 (1988), 399
(e) D.O. Ham, G. Moniz, E.J. Taylor
J. Power Sources 22 (1988), 409
(f) E.B. Yeager
Lawrence Berkeley Lab. CA, USA, Final Report LBL-24788, DE 88008397, Jan. 1988
(g) K. Kordesch, K.-H. Steininger, K. Tomantschger
Proc. 23rd Intersoc. Energy Conversion Eng. Conf. 1988, Vol. 2, S. 283

/4/ J. Ahn, K. Ledjeff
Deutsche Patentanmeldung Nr. P 40276554

/5/ K. Ledjeff, J. Ahn, D. Zylka, A. Heinzel
Ber. Bunsenges. Phys. Chem. 94 (1990), 1005

/6/ R. Kötz, S. Stuki
Electrochi. Acta 31 (1986), 1311

Anwendung von modifizierten Kohleelektroden für die kathodische Sauerstoffreduktion in Brennstoffzellen und technischen Elektrolyseprozessen

D. Ohms, R. Franke, S. Herzog, K. Wiesener
Technische Universität Dresden

Zusammenfassung

Es wird die Anwendung von modifizierten Kohlenstoffmaterialien als Elektrokatalysatoren für die Sauerstoffreduktion im aciden Medium für verschiedene elektrochemische Prozesse diskutiert. Eine Besonderheit sind dabei solche Prozesse, bei denen das hohe Elektrodenpotential der Sauerstoffelektrode die außenstromlose Prozeßführung ermöglicht. Die Anwendung solcher Verfahren im Hinblick auf umweltfreundliche Prozeßführung und Energieeinsparung wird vorgestellt.

Summary

Modified carbon materials are applied as electrocatalysts for the cathodic oxygen reduction in different electrochemical processes with acid electrolytes. Due to the high electrode potential of the oxygen electrode current-less electrochemical processes become possible under certain conditions. The application of such techniques for environmental protection and energy saving is demonstrated.

Résumé

On discute dans cet exposé des matériaux carbonés modifiés, appliqués comme catalyseurs électriques à la réduction de l'oxygène au milieu acide dans les processus électro-chimiques divers. Une particularité parmi les processus y étant ceux, où le potential élevé de l'électrode à l'oxygène permet de gérer les processus sans courant de l'extérieur. On présente l'application de ces techniques en vue d'une gestion écophile des processus et d'une économie d'énergie.

1. Einführung

Chelatmodifizierte Kohlematerialien katalysieren die katodische Sauerstoffreduktion in aciden Elektrolytsystemen. Durch thermische Behandlung im Inertgasstrom lassen sich elektrokatalytische Wirksamkeit und Stabilität beträchtlich erhöhen, wobei an der Oberfläche Strukturen erhalten bleiben, die sowohl Stickstoff als auch Metallionen enthalten /1-3/. Analoge Materialien kann man auch durch gezielte Modifizierung mit stickstoffhaltigen Verbindungen, wie PAN, in Gegenwart von Metallionen erhalten /4-6/. Sauerstoffelektroden mit diesen Katalysatormaterialien wurden als selbstatmende Luft- bzw. Sauerstoffkatoden in verschiedenen aciden Elektrolytsystemen untersucht. Dabei ergeben sich neben dem möglichen Einsatz als edelmetallfreie Brennstoffzellenkatoden weitere Anwendungsmöglichkeiten in verschiedenen elektrochemischen Prozessen.

Beim Einsatz für Elektrolyseprozesse, bei denen anodisch Produkte gebildet werden, kann durch die Anwendung von Sauerstoff-Gasdiffusionselektroden die Elektrolysezellspannung gegenüber wasserstoffentwickelnden Elektroden gering gehalten werden bzw. andere unerwünschte katodische Reaktionen unterdrückt werden.

Eine zusätzliche Anwendungsmöglichkeit ist in außenstromlosen Prozessen zu sehen, bei denen Teilreaktionen elektrochemische Schritte, insbesondere die Sauerstoffreduktion, enthalten /7,8/. Dabei werden die beiden Elektrodenreaktionen durch elektrisches Verbinden der Elektroden so kombiniert, daß die thermodynamisch freiwillig ablaufende Zellreaktion beobachtet wird. In solchen Fällen ermöglichen bzw. verbessern die untersuchten Elektrokatalysatoren eine außenstromlose Umsetzung der Reaktanden. Auch bei offensichtlich "rein chemischen" Prozessen, wie der Wasserstoff-Sauerstoffrekombination, erreicht man mit diesen Katalysatoren (als Komponenten eines Mischkatalysatorsystems, welches außerdem die anodische Teilreaktion der Wasserstoff zu oxydieren vermag) eine Erhöhung der Umsetzungsgeschwindigkeit /7,9/.

Nachfolgend sollen Ergebnisse des Einsatzes von pyrolysierten Stickstoffverbindungen als edelmetallfreie Katalysatoren für die katodische Sauerstoffreduktion in verschiedenen Anwendungsfällen vorgestellt werden.

2. Anwendung von chelat-modifizierten Kohlematerialien für die katodische Sauerstoffreduktion in Brennstoffzellenelektroden

Der Einfluß der thermischen Behandlung von N_4-Chelaten auf Kohleträgermaterialien im Inertgasstrom wurde in Hinblick auf deren elektrokatalytische Wirksamkeit (gemessen als Stromdichte der Sauerstoffelektrode bei 700 mV vs. RHE) untersucht. Die Elektroden wurden aus diesen Materialien in Form von selbstatmenden Zweischichtelektroden aufgebaut (Abb.1).

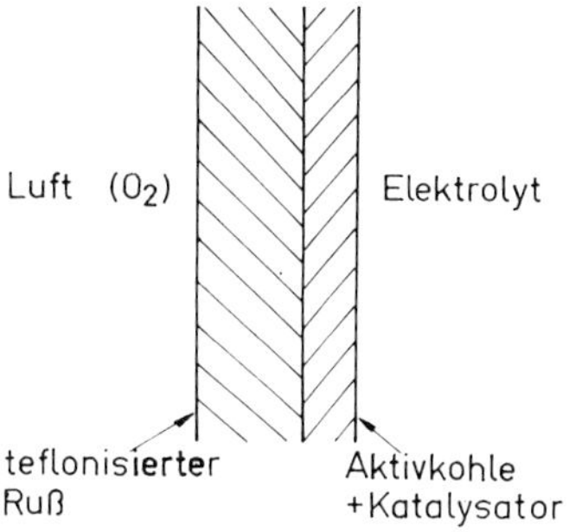

Abb.1
Schematischer Aufbau der Doppelschichtelektroden

Dabei zeigte sich, daß insbesondere bei Cobaltkomplexen, eine deutliche Erhöhung der elektrokatalytischen Aktivität beobachtet wird. Bei metallfreien Liganden kann eine gewisse Aktivitätserhöhung festgestellt werden, wobei jedoch der Einfluß des Metallionengehaltes des Kohleträgermaterials berücksichtigt werden muß. Abb.2 zeigt die Ergebnisse, wenn als Chelatbildner Tetraazaannulen mit Cobalt als Metallion (CoTAA) und der freie Ligand (H_2TAA) eingesetzt wird. Als günstig erweist sich eine thermische Behandlung über mehrere Stunden in einem Temperaturintervall von 650°C bis 900°C.
Da das Trägermaterial P33 (wasserdampfaktiviertes Kohlenstoffmaterial) bestimmte Verunreinigungen enthält, wurden die Experimente nach einer speziellen Reinigungsprozedur wiederholt. Durch chemische Untersuchungen konnte nachgewiesen werden, daß der Stickstoffgehalt nach der thermischen Behandlung einen deutlichen Einfluß auf die elektrokataly-

tische Wirksamkeit ausübt. Auch die Metallionen beeinflussen den Pyrolyseprozeß und verbleiben auf der Oberfläche des Kohlematerials.

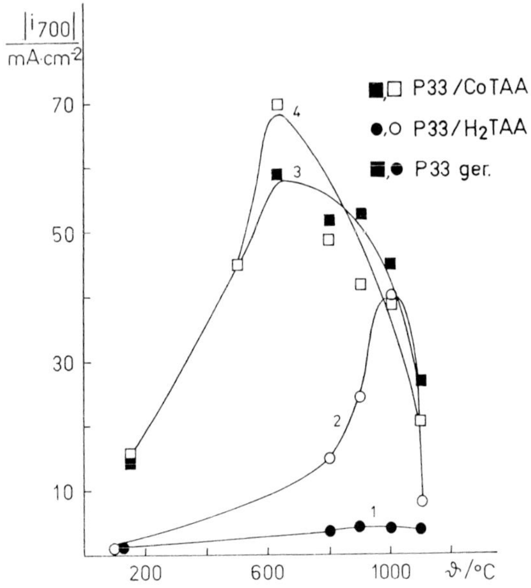

Abb.2
Einfluß der Bedingungen der thermischen Behandlung im Inertgasstrom auf die elektrokatalytische Wirksamkeit (Stromdichte bei 700 mV vs. RHE mit Sauerstoff als Depolarisator in 2,25 M H_2SO_4) für verschiedene Katalysatoren

3. Anwendung von stickstoffhaltigen Kohlematerialien auf der Basis pyrolysierten Polyacrylnitrils für die katodische Sauerstoffreduktion in Brennstoffzellenelektroden

Anstelle der Pyrolyse von N_4-Chelaten ist auch bei thermischer Behandlung anderer stickstoffhaltiger Substanzen in Anwesenheit von Metallionen eine elektrokatalytische Wirksamkeit zu erwarten. Das sollte an Hand von Untersuchungen an Kohlenstoffmaterialien, auf welches Polyacrylnitril (PAN) und Metallsalze aufgefällt und einer thermischen Behandlung im Inertgasstrom unterzogen wurden, nachgewiesen werden. In den Abb. 3a und 3b sind Stromdichte-Potential-Charakteristiken und galvanostatische Potential-Zeit-Kurven von Elektroden mit diesen Materialien dargestellt. Insbesondere der Zusatz von Cobaltionen und Eisenionen während der thermischen Behandlung beeinflußt die elektrokatalytischen Eigenschaften.

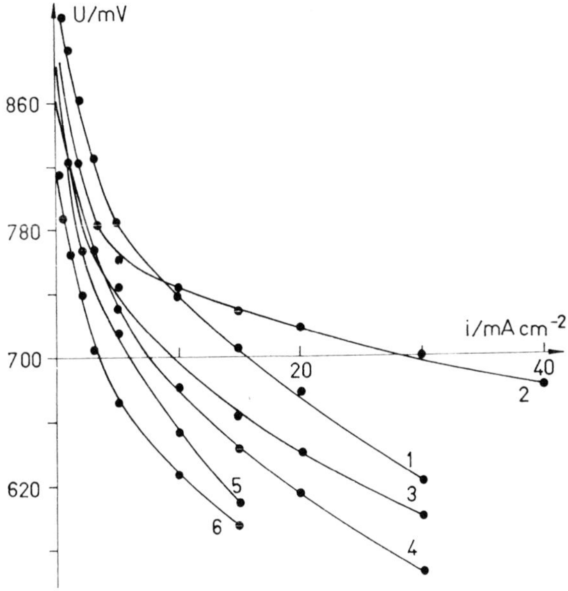

Abb.3a
U-i-Charakteristiken von Elektroden aus Kohlematerialien auf der Basis thermisch, in Gegenwart von Metallionen, behandelten Polyacrylnitrils P33/$MeSO_4$/PAN (850°C, 5 h) in 2,25 M H_2SO_4, 25°C, Potential vs. RHE

Me : 1 - Fe, 2 - Co, 3 - Mn, 4 - Zn, 5 - Cu, 6 - Ni

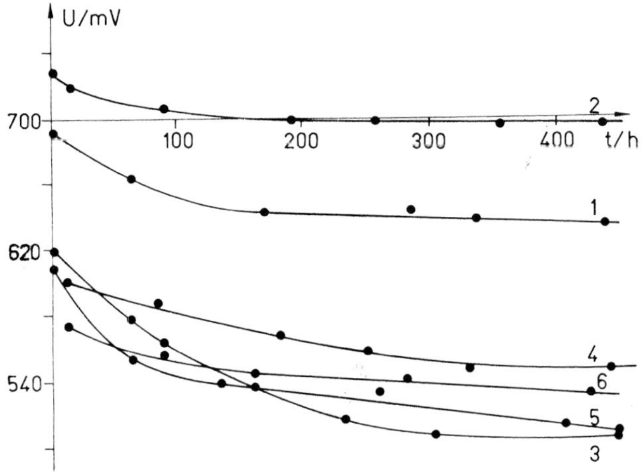

Abb.3b
Galvanostatische Dauerversuche von Elektroden aus Kohlematerialien auf der Basis thermisch, in Gegenwart von Metallionen, behandelten Polyacrylnitrils P33/$MeSO_4$/PAN (850°C, 5 h) in 2,25 M H_2SO_4, 25°C, i = 5 mA/cm^2, Depolarisator: Luft, Potential vs. RHE
Me : 1 - Fe, 2 - Co, 3 - Mn, 4 - Zn, 5 - Cu, 6 - Ni

Die Ergebnisse zeigen, daß damit Materialien herstellbar sind, die zwar nicht die elektrokatalytische Wirksamkeit der Pyrolyseprodukte des CoTAA erreichen, aber dennoch für Sauerstoffelektrodenanwendungen geeignet sind. In Abb. 4 wird die Langzeitstabilität solcher Elektroden mit denen auf der Basis thermisch behandelten CoTAA verglichen. Für spezielle Anwendungen kann die gute Stabilität der Produkte auf der Basis von PAN trotz der geringeren elektrokatalytischen Wirkung für eine Anwendung ausreichen.

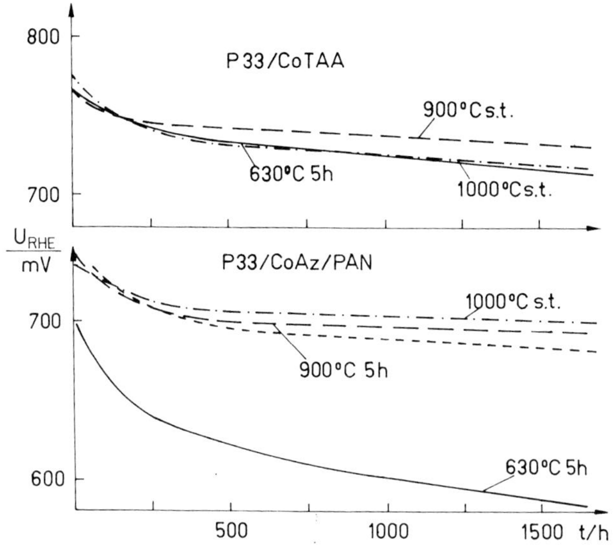

Abb.4
Vergleich der Langzeitstabilität verschiedener modifizierter Kohlematerialien für die katodische Reduktion von Sauerstoff (Luft) in 2,25 M H_2SO_4

4. Anwendung von Sauerstoffelektroden für die anodische Metallauflösung zur Synthese von Metallsalzlösungen

Die anodische Auflösung von Metallen im aciden Medium erfordert im Falle säurestabiler Metalle eine entsprechende Polarisation der aufzulösenden Elektrode. In bestimmten Fällen können dabei unerwünschte Nebenwirkungen, wie beispielsweise eine Passivierung des Metalls, eine Oxydation zu höheren Oxydationsstufen oder Nebenreaktionen an der Katode auftreten.

Ein solches System ist beispielsweise bei der anodischen Auflösung von Zinn in Tetrafluoroborsäure gegeben. Bei zu starker anodischer Belastung tritt eine Zinn(IV)ionenbildung ein. Gleichzeitig wird katodisch Zinn wieder abgeschieden, so daß Ionenaustauschermembranen zu verwen-

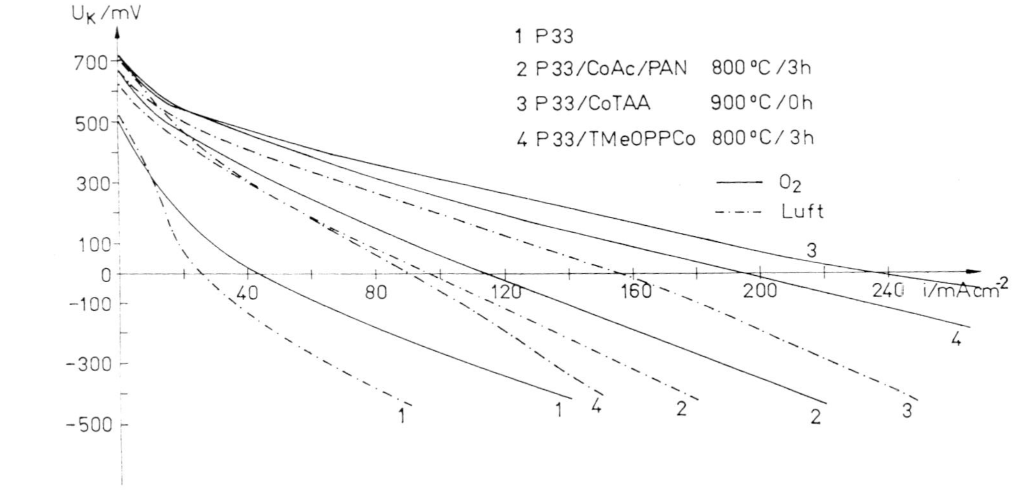

Abb.5
Stromdichte-Potential-Charakteristik von Sauerstoffelektroden mit verschiedenen Katalysatoren in 40% Tetrafluoroborsäure bei 25°C

den sind. Bei solchen Membranen ist deren begrenzte Stabilität und Selektivität im aciden Elektrolyten zu berücksichtigen.
In Kombination mit einer Sauerstoffkatode gelingt es jedoch, Zinn in einem membranfreien, außenstromlosen Prozeß zu Zinn(II)tetrafluoroborat umzusetzen, wobei die Sauerstoffkatode direkt oder über einen entsprechenden Leitungswiderstand mit der Zinnanode verbunden wird. Dazu wurde zunächst die Stabilität der Katodenmaterialien und die elektrokatalytische Wirkung der Sauerstoffelektrode in dem Elektrolytsystem untersucht (Abb.5).
Werden diese Sauerstoffelektroden mit Zinnanoden kombiniert, so ergibt sich eine merkliche Auflösung des Zinns.
In Abb.6 ist die Auflösung der Zinnanode bei periodischer Versuchsdurchführung (Elektrolytwechsel bei Erreichen einer vorgegebenen Grenzkonzentration an Zinntetrafluoroborat) dargestellt. Die Zinnelektrode wird dabei flächenmäßig sichtbar aufgelöst.
Damit besteht die Möglichkeit ein energetisch günstiges (außenstromloses) und umweltschonendes Verfahren zu konzipieren.

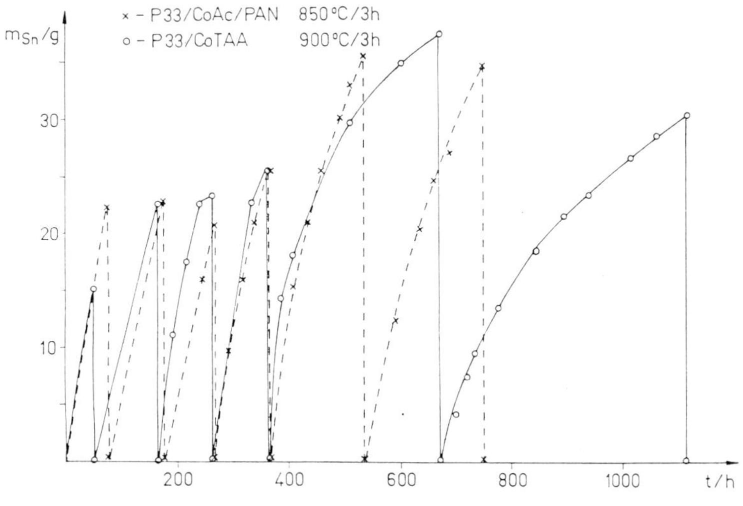

Abb.6
Zinnauflösung bei mehrfachem Einsatz von Sauerstoffelektroden in Tetrafluoroborsäure (40%) bei 25°C

5. Anwendung von Sauerstoffelektroden für die Oxydation chloridischer Kupfer(I)elektrolyte (verbrauchte Ätzlösungen)

Beim Ätzen von Kupfer mit aciden chloridischen Ätzbädern wird aus ökonomischen und ökologischen Zwängen eine Regenerierung der Bäder notwendig. Probleme werden dadurch verursacht, daß bei der Aufarbeitung zusätzliche Chemikalien benötigt werden, die Bäder verdünnt werden und die Möglichkeit der Entwicklung von Chlor in den dazu verwendeten Elektrolysezellen besteht. In Zusammenarbeit mit der Akademie der Wissenschaften zu Berlin wurden Grundlagen für ein mehrstufiges geschlossenes Verfahren erarbeitet, das die Lösung der genannten Probleme ermöglicht. Dabei wird der verbrauchte Ätzelektrolyt zunächst außenstromlos vorreduziert und dann das geätzte Kupfer elektrolytisch abgeschieden. Das Verfahren enthält einen weiteren Teilschritt zur direkten, außenstromlosen Oxydation von kupfer(I)chlorid-angereichertem Elektrolyt an einer Sauerstoffgasdiffusionselektrode mit modifizierten Kohlematerialien (Abb.7). Dadurch kann der Elektrolyt wieder als Ätzelektrolyt eingesetzt werden.

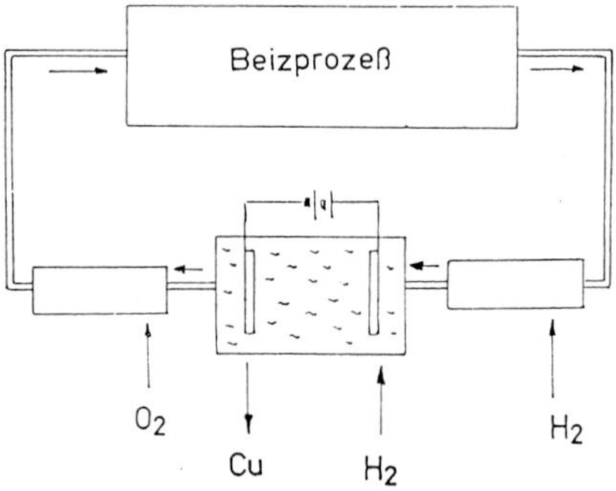

Abb.7
Schema des Prozesses mit Aufarbeitung des verbrauchten Elektrolyten

Dabei wird eine inerte Elektrode mit einer Sauerstoffgasdiffusionselektrode elektrisch leitend verbunden. An der Anode erfolgt die Oxydation der Kupfer(I)ionen, während Sauerstoff (oder Luft) reduziert wird. Dieser Prozeß kann auch direkt an der Sauerstoffelektrode ablaufen, wobei sich dann ein Mischpotential an der Sauerstoffelektrode einstellt. Der Umsatz kann durch Messung des Redoxpotentials an einer in den Elektrolyten eingetauchten Platinelektrode verfolgt werden. In Abb.8 ist der schematische Aufbau der Zelle dargestellt.

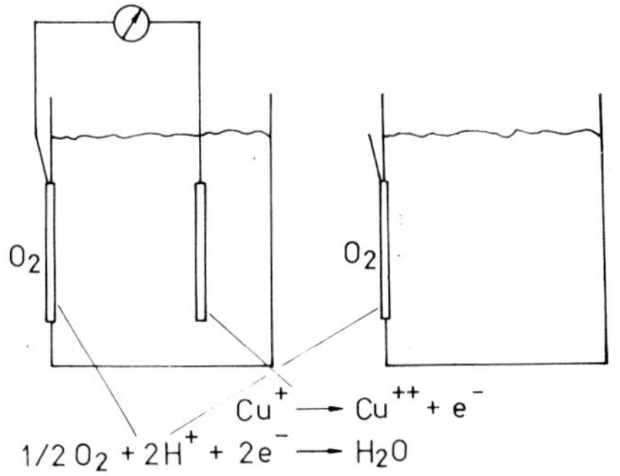

Abb.8
Aufbau der Zelle für den Einsatz der Sauerstoffelektrode zur Ätzlösungsaufbereitung
a) mit Hilfsanode b) mit bifunktioneller Sauerstoffelektrode

Die Verminderung des Kupfer(I)ionenanteils und die Änderung des Redoxpotentials in einer Zelle mit einer 9 cm^2 großen Sauerstoffelektrode ist in Abb.9 dargestellt.
Diese Reaktion läßt sich auch in Verbindung mit Transportprozessen des Elektrolyten verbinden. Dadurch erscheint die Realisierung eines geschlossenen Kreislaufs bei der Kupferätzmittelaufbereitung denkbar.

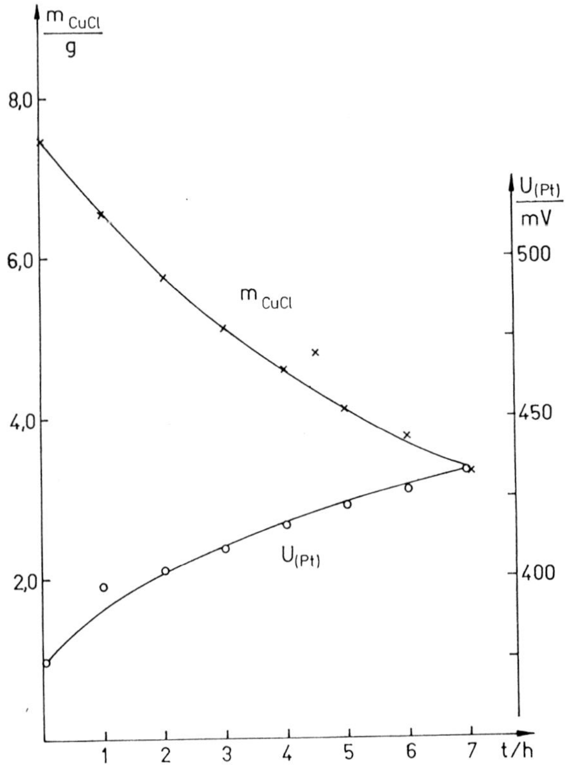

Abb.9
Zeitliche Abnahme der Cu(I)-Konzentration durch außenstromlose Oxydation an einer Sauerstoffkatode ($9 cm^2$) in chloridischer Lösung und Änderung des Redoxpotentials im Elektrolyten

6. Anwendung von Elektrokatalysatoren für die Sauerstoffreduktion als Komponente in Mischkatalysatoren für die außenstromlose Rekombination in Wasserstoff-Sauerstoff-Gasgemischen

In geschlossenen Bleiakkumulatoren tritt das Problem der Gasbildung an den Elektroden während des Betriebes (Standzeit, Überladephase) auf. Während es durch verschiedene Maßnahmen gelingt, den überschüssig gebildeten Sauerstoff durch den sogenannten Sauerstoffzyklus zu binden und in den elektrochemischen Kreislauf zurückzuführen, kann es in längeren Zeiträumen zur Anreicherung von Wasserstoff im gasgefüllten Zellenteil und damit zum Aufbau eines Überdruckes kommen, der beim weiteren Betrieb zur Zerstörung der Zelle führen kann. In einigen Anwendungsfällen kann diesem Überdruck nicht durch den Einsatz von Sicherheitsventilen begegnet werden.

Für die Beseitigung des Wasserstoffs ist ein Rekombinationsprozeß denkbar, der an einem Mischkatalysator mit gleichzeitiger wasserstoffoxidierender und sauerstoffreduzierender Wirkung ablaufen sollte.

Edelmetallhaltige Katalysatoren scheiden für eine Anwendung in geschlossenen Bleiakkumulatoren aus, da diese bei Überführung in den Elektrolytraum zu Nebenreaktionen (z.B. Absenken der Wasserstoffüberspannung an den Akkumulatorelektroden führen) würden.

Da sich der Katalysator bei Anwendung mit einem Feuchtigkeitsfilm überzieht, liegt aufgrund der Säurenebel im Akkumulator ein acides Medium vor. Durch Potentialmessungen an den Katalysatoren konnte die Vermutung bestätigt werden, daß die Rekombination des Wasserstoff-Sauerstoffgemischs über elektrochemische Teilschritte abläuft.

Als Sauerstoffreduktionskomponente lassen sich modifizierte Kohlenstoffmaterialien verwenden, die zusammen mit der wasserstoffoxidierenden Komponente als Mischkatalysator gepreßt im Gasraum des Akkumulators eingebracht werden. Die Wirkung einer solchen Anordnung im Vergleich zu einer Modellzelle ohne Rekombinationskatalysator ist in Abb.10 gezeigt.

Die bei der Rekombination freiwerdende Wärme kann bei geeigneter Anordnung zur isothermen Destillation des bei der Reaktion entstandenden Wassers in den Elektrolyten der Akkumulatorzelle genutzt werden.

Damit gelingt es, ein Teilproblem zur Realisierung eines hermetisierten Bleiakkumulators zu lösen, womit die Umweltbelastung beim Betrieb verringert werden kann.

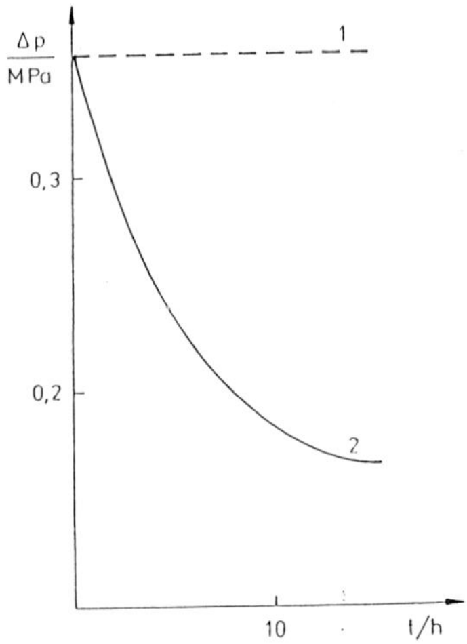

Abb.10
Druck-Abklingkurve (stöchiometrisches Wasserstoff-Sauerstoff-Gemisch) in einem geschlossenen Bleiakkumulator unter Wirkung eines Katalysators (2) mit modifiziertem Kohlenstoff als sauerstoffreduzierender Komponente und ohne Katalysator (1)

7. Schlußfolgerungen

Sauerstoffelektroden auf der Basis modifizierter Kohlenstoffmaterialien können für verschiedene Anwendungszwecke eingesetzt werden. Diese Materialien katalysieren dabei den katodischen Prozeß der Sauerstoffreduktion. Eine Besonderheit sind dabei solche Prozesse, bei denen das hohe Elektrodenpotential der Sauerstoffelektrode die außenstromlose Prozeßführung ermöglicht. Für die genannten Anwendungsgebiete ergeben sich dabei umweltfreundliche Verfahrenslösungen, die auch vom energetischen Standpunkt interessant sind.

8. Literatur

/1/ K.Wiesener, D.Ohms: Electrochemical Hydrogen Technologies - Electrochemical Production and Combustion of Hydrogen, (ed.H.Wendt) Elsevier Publ. Amsterdam, Oxford, New York, Tokyo, 1990, S.63-103

/2/ R.Franke, D.Ohms, K.Wiesener: J. Electroanal. Chem. 260 (1989), S.63-73

/3/ K.Wiesener, D.Ohms, V.Neumann, R.Franke: Mat.Chem.Phys. 22, 3-4 (1989), S.457-475

/4/ D.Ohms, K.Wiesener: Chem.Techn. 33 (1981), S.312-314

/5/ U Dok Hi, V.Neumann, R.Franke, D.Ohms, K.Wiesener: Chem.Techn. 42 (1990), S.66-68

/6/ U Dok Hi, D.Ohms, R.Franke, K.Wiesener: Chem.Techn. 42 (1990), S.294-297

/7/ D.Ohms, K.Wiesener: UNESCO Expert Workshop "Contribution of Electrochemistry to Energy Conservation and Saving and Environmental Protection", Gaussig Castle, Dresden University of Technology, Oct 30-Nov 3, 1989, Proceedings; TU Dresden (1990), S.153-164

/8/ K.Wiesener, A.Möbius, D.Ohms: Conference "Electrochemical Cell Design and Optimization Procedures", Bad Soden, 24-26.9.1990, DECHEMA, Soc.Chem.Ind. - Electrochem.Techn. Group (London), (432 Working Party)

/9/ D.Ohms, L.Dittmar, H.Dietz, K.Wiesener: Chem.Techn. im Druck

Die Weiterentwicklung des wiederaufladbaren alkalischen Zink-Braunstein-Systems

L. Binder, K. Kordesch, W. Taucher
Institut für chemische Technologie anorganischer Stoffe, Technische Universität Graz (A)

Zusammenfassung

Durch Zusatz spezifisch leichter, elektrisch leitender Materialien zum Anodengel einer wiederaufladbaren alkalischen Zink-Braunstein-Batterie sollte deren Qualität hinsichtlich Wirkungsgrad und Verläßlichkeit gesteigert werden.
Als Zusatzstoffe wurden oberflächlich metallisierte Glas- und Kunststoffpartikel erprobt. Besonders Polymer-Stapelfasern mit Kupfer- bzw. Silberauflage zeigten den gewünschten Effekt.

Summary

The addition of materials with low specific weight but good surface conductivity to the anode gel of a rechargeable alkaline manganese-dioxide-zinc battery should improve its efficiency and reliability.
Metallized glass and polymer particles were tested as additives.
Especially copper- or silver-coated polymer fibers showed the expected positive effect.

Résumé

L'addition des matériaux ayant une densité basse mais une bonne conductivité superficielle à l'anode d'une pile alcaline de manganèse rechargeable doit améliorer son efficacité et sa sûreté. On a appliqué des particules de verre et de matière synthétique métallisées.
Le meilleur effet était obtenu en ajoutant des filaments couverts de cuivre ou d'argent.

Einleitung

Die Zinkbegrenzung in wiederaufladbaren alkalischen Braunstein-Zink-Batterien funktioniert nur dann verlässlich, wenn das in der Zelle vorhandene Zink reproduzierbar und möglichst vollständig reagiert. Die üblichen Anodenmischungen nützen nur etwa die Hälfte des vorhandenen Zinks als aktives Elektrodenmaterial. Die verbleibende andere Hälfte des Zinkpulvers wirkt nur als elektronisch leitende Komponente der Anodenpaste und ist elektrochemisch inaktiv. Aus dem Grund erscheint es sinnvoll, diesen Teil des Zinks durch ein spezifisch leichtes Material mit guter Oberflächenleitfähigkeit zu ersetzen. Einige versilberte und verkupferte Polymerfasern und Glaskügelchen wurden auf ihre Verwendbarkeit als leitende Füllmaterialien für alkalische Zinkpulver-Gel-Anoden untersucht. Die Qualität der Materialien wurde durch Mikroskopaufnahmen und Leitfähigkeitsmessungen geprüft. Aufladbare Braunstein-Zink-Batterien, die in der Anode solche leitende Füllstoffe enthielten, zeigten weitgehende Zinkausnützung und gute Reproduzierbarkeit.

Experimentelles

Die Herstellung der leitenden Füllmaterialien geschieht in einem stromlosen Metallisierungsverfahren. Um eine Metallabscheidung selektiv auf der Oberfläche des Substrats zu erreichen, muß diese mit geeigneten Methoden aktiviert und katalysiert werden. Im letzten Schritt des Verfahrens erfolgt die Reduktion der Silber- oder Kupferkomplexverbindungen an der Oberfläche des Substrats zum jeweiligen Metall. Die leitenden Füllstoffe werden dem Zinkanodengel einer aufladbaren Braunstein-Zink-Batterie zugemischt. Diese Batterien wurden 40 Tage lang nach folgendem Testprogramm periodisch geladen und entladen:

<u>Entladung:</u> über 3,9 Ohm Last bis 900 mV Zellspannung
<u>Ladung:</u> mit 1,72 V const., 20 Stunden.

Ergebnisse und Diskussion

Grundsätzlich zeigen Anodenmischungen mit Polymerfasern viel bessere Leitfähigkeit (Faktor 10) als solche mit Glaskügelchen, was sicher auf die günstigere Geometrie zurückgeführt werden kann. Entladekapazitäten und kumulative Kapazitäten von Batterien mit dem besten leitenden Füllmaterial (PI-Fasern, verkupfert) sind in den Abb.1 und 2 dargestellt.

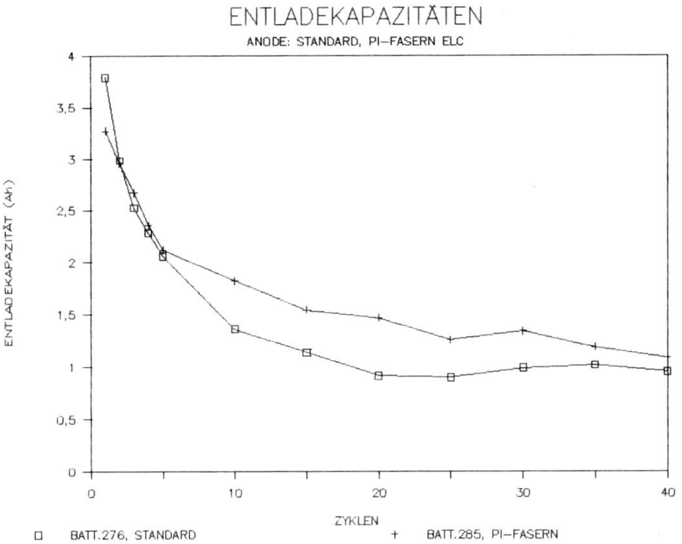
ENTLADEKAPAZITÄTEN
ANODE: STANDARD, PI-FASERN ELC
ENTLADEKAPAZITÄT (Ah)
4
3,5
3
2,5
2
1,5
1
0,5
0
0
10
20
30
40
ZYKLEN
BATT.276, STANDARD
BATT.285, PI-FASERN

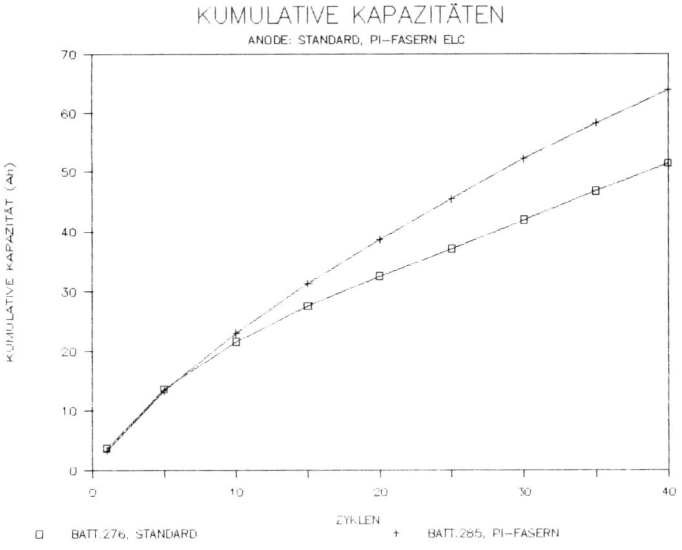
KUMULATIVE KAPAZITÄTEN
ANODE: STANDARD, PI-FASERN ELC
KUMULATIVE KAPAZITÄT (Ah)
70
60
50
40
30
20
10
0
0
10
20
30
40
ZYKLEN
BATT.276, STANDARD
BATT.285, PI-FASERN

Lithiumlegierungen als Anodenmaterialien in sekundären Lithiumbatterien

S. Fichtner, A. Preuße, U. Eckoldt, D. Rahner, K. Wiesener
Technische Universität Dresden, Institut für Physikalische Chemie und Elektrochemie, Dresden

Zusammenfassung

Bei der Entwicklung sekundärer Lithiumbatterien führt die Anwendung von reinem Lithium zu einer Vielzahl von Problemen. Als sinnvolle Alternative bieten sich Lithiumlegierungen, z.B. auf Aluminiumbasis, an. Notwendig ist es, die mechanischen Probleme durch Schaffung einer stabilisierenden Matrix zu umgehen. Ein mögliches Konzept und erste Lösungswege werden aufgezeigt.

Summary

The development of secondary lithium batteries causes a lot of problems when using pure lithium as a negative material. As a useful alternative one can use lithium alloys, for instance on the basis of aluminium. In this case the existing mechanical properties should be avoided by creating a stabilizing matrix in the alloy. A possible concept and first attempts in this direction will be discussed.

Résumé

En ce qui concerne la mise au point de piles secondaires au lithium, l'application du lithium pur conduit à une multitude de problèmes. Une alternative raisonnable se prète par l'emploi des alliages au lithium.

p.ex. à base d'aluminium. Il importe cependant de contourner les problèmes mécaniques, ce qui est possible par la réalisation d'une matrice stabilisante. Un des concepts possibles et quelques approches d'une.

1. Problematik

Primärbatterien auf der Basis von Lithium haben bereits eine breite Anwendung gefunden. Im Sinne einer effektiveren Materialausnutzung ist man nun bestrebt, sekundäre Lithiumbatterien zu entwickeln. Bei Untersuchungen zu dieser Thematik zeigte sich, daß reines Lithium als Negativmaterial für wiederaufladbare Batteriesysteme eine Vielzahl bisher ungelöster Probleme aufwirft:

- dendritische Abscheidung des Lithiums
- irreversible Reaktionen mit dem Elektrolyten
- Isolierung des frisch abgeschiedenen Lithiums vom Basismaterial

Die Zyklisierfähigkeit der Lithiumelektrode (d.h. die vielfache Wiederholung des Entlade-Lade-Vorganges) wird ganz entscheidend von der Art und Form der Lithiumabscheidung beeinflußt. Eine Dendritenbildung wirkt sich begrenzend auf die Anwendung von Lithium als negative Elektrode in einer Batterie aus.
Eine der Hauptmöglichkeiten zur Verbesserung der Zyklisierbarkeit ist die Anwendung von Lithiumlegierungen. Zyklisieruntersuchungen an inerten und legierungsfähigen Substraten zeigen bemerkenswerte Unterschiede in der Zykleneffektivität, die durch zurückgedrängte Nebenreaktionen bei Verwendung eines legierungsfähigen Substrates erklärt werden können. Bevorzugte Systeme sind hier Aluminium (ca. 97 % Gitteraufweitung) und spezielle Kohlenstoffarten (ca. 9 % Gitteraufweitung).
Wir haben zunächst Legierungselektroden auf Aluminiumbasis untersucht. Hierbei gibt es jedoch noch drei Problemkreise zu beachten:

1. Starke Morphologieänderungen beim Zyklisieren infolge dauernder Volumenänderungen, die bis zur totalen Materialzerstörung führen können
2. Die Ausbildung einer Oberflächendeckschicht mit passivierenden Eigenschaften
3. Eine teilweise stark veränderte Lithiumdiffusion

Für diese Problemkreise gibt es aufgrund von vorläufigen Untersuchungen Lösungsansätze, die künftig weiterentwickelt werden sollen. Die Morphologieänderungen können auf metallurgischem Weg durch Wahl bestimmter Legierungselemente, die mit Aluminium Mischkristalle bzw. intermetallische Phasen bilden, in Form einer stützenden Matrix abgefangen werden /1/. Die auf Aluminium immer vorhandene oxidische Deckschicht läßt sich mit Legierungselementen hinsichtlich ihrer Dicke und Zusammensetzung in weiten Bereichen modifizieren und für einen Transport von Li^+-Ionen optimieren. Schließlich können die Diffusionsverhältnisse für Lithium innerhalb der Legierung durch Legierungselemente beeinflußt werden, da Kornfeinung und Kristallitgröße stark von Legierungselementen abhängen. Für erste Untersuchungen zur Überprüfung dieses Konzeptes wurde folgender Weg beschritten: Dem Aluminium wird ein Metall zulegiert, das in Aluminium weitgehend unlöslich, mit Lithium jedoch mischbar ist. Hierzu wurde Germanium gewählt, da es innerhalb der Aluminium-Matrix ein Stützgitter aus Germanium-Inseln bildet. Um die mechanische Stabilität zu erhöhen, wurde den Aluminiumlegierungen in einigen Fällen noch Silber und Kupfer zugesetzt.

2. Experimentelles

Die verwendeten Legierungen wurden vom Zentralinstitut für Festkörperphysik und Werkstofforschung der Akademie der Wissenschaften (Dresden) in Form von Bandfolien in einer Dicke von 60 ... 100 μm zur Verfügung gestellt. Als Elektrolytlösung wurde Propylencarbonat (PC)/1M $LiClO_4$ verwendet /2/. Die elektrochemischen Kurzzeituntersuchungen erfolgten in Laborglaszellen mit Elektrolytüberschuß bei Raumtemperatur (293 - 295K). Als Gegenelektrode bzw. Bezugselektrode wurde kompaktes Lithium auf einem Nickelkollektor (ca. 0.5 cm^2) verwendet.
In die Arbeitselektroden wurden kleine Ladungsmengen Lithium (0.25 C) bei einer Stromdichte von i = 1 mA/cm^2 eingelagert bzw. im Falle von Inertmaterialien auf ihr abgeschieden. Anschließend wurde die Arbeitselektrode mit gleicher Stromdichte anodisch belastet und das Lithium bis zu einer Entladeschlußspannung von 1 V wieder aufgelöst. Die ermittelte Zykleneffektivität ergibt sich dabei als Quotient aus den Ladungsmengen beim Entladen (Q_s) und Laden (Q_p). Alle Potentiale beziehen sich auf die Lithiumelektrode im gleichen Elektrolyten und sind um den IR-Abfall korrigiert. Die Langzeittests erfolgten in Containerzellen /3/ unter Druck und bei Elektrolytunterschuß, um Knopfzellenmodelle zu simulieren. Als Arbeitselektroden wurden Legierungen eingesetzt. Vor Testbeginn wurde eine Erstladungsmenge von 5 C/cm^2 Lithium

in die zu untersuchende Legierung eingeladen und dann jeweils 1 C/cm^2 Lithium mit einer Stromdichte von 1 mA/cm^2 bis zu einer Entladeschluß-spannung gegen Lithium als Gegenelektrode zyklisiert.

3. Ergebnisse und Diskussion

Die Lithiumabscheidung und -auflösung bei kleinen Ladungsmengen (Kurzzeitzyklisierung) diente zur Vorauswahl der Elektrodenmaterialien, wobei aus der Zykleneffektivität der ersten fünf Zyklen schon erste Trendaussagen getroffen werden können. Folgende Legierungen wurden eingesetzt:

$Al_{70}Ge_{30}$, $Al_{62}Ge_{21}Ag_{17}$, $Al_{60}Ge_{15}Ag_{25}$, $Al_{65}Ge_{20}Ag_{10}Cu_5$, $Al_{65}Ge_{15}Ag_{15}Cu_5$, $Al_{60}Ge_{15}Ag_{20}Cu_5$, $Al_{60}Ge_{20}Ag_{15}Cu_5$, $Al_{54,6}Ge_{43,9}Cu_{1,5}$, $Al_{53,7}Ge_{43,3}Cu_3$

Aus den erhaltenen Ergebnissen sind folgende Tendenzen erkennbar:

- Die Zyklisierfähigkeit an legierungsfähigem Material ist deutlich höher als an Inertsubstrat (Nickel) oder reinem Lithium (Abb.1).
- Ein Zusatz von Kupfer zur AlGe-Legierung beeinflußt die Zykleneffektivität im Kurzzeittest nicht (Abb.2).
- Ein Zusatz von Silber zur AlGe-Legierung senkt die Zykleneffektivität deutlich (Abb.3).

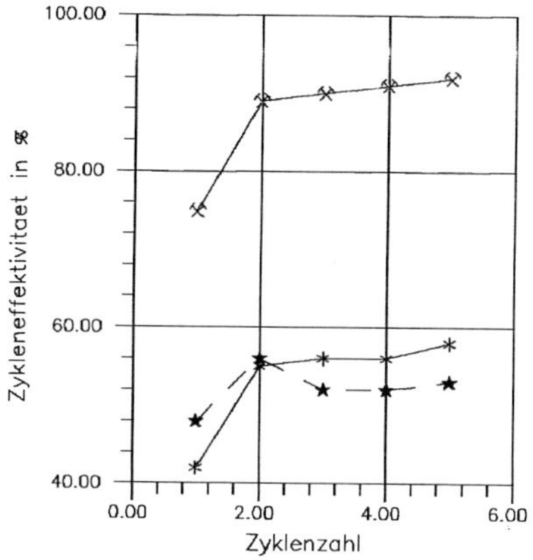

Abb.1 Vergleich der Zykleneffektivitäten in den ersten 5 Zyklen bei Verwendung von Li-legierungsfähigen und inerten Arbeitselektroden

★ - Li; ✱ - Ni; ✗ - $Al_{70}Ge_{30}$

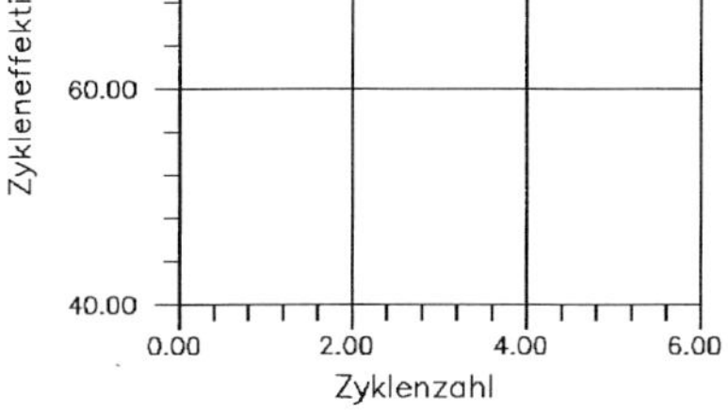

Abb.2 Vergleich der Zykleneffektivitäten in den ersten 5 Zyklen für AlGeCu-Legierungen mit unterschiedlichen Cu-Gehalten

★ - $Al_{70}Ge_{30}$; ✱ - $Al_{54,6}Ge_{43,9}Cu_{1,5}$; ✗ - $Al_{53,7}Ge_{43,3}Cu_{3}$

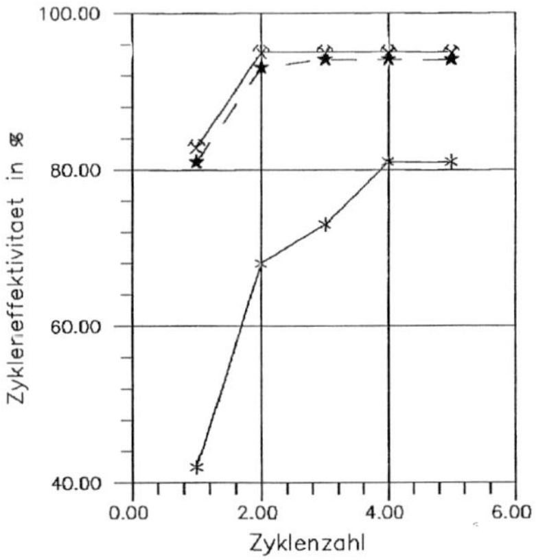

Abb.3 Vergleich der Zykleneffektivitäten in den ersten 5 Zyklen für Legierungen mit unterschiedlichen Ag- und Ge-Gehalten

- $Al_{65}Ge_{15}Ag_{15}Cu_5$ — $Al_{65}Ge_{20}Ag_{10}Cu_5$
- $Al_{60}Ge_{15}Ag_{20}Cu_5$ — $Al_{60}Ge_{20}Ag_{15}Cu_5$

Für praktische Anwendungen ausgewählter Legierungen wurden Langzeittests durchgeführt. Nach den Ergebnissen der Voruntersuchungen wurden hierfür AlGeCu-Legierungen folgender Zusammensetzung ausgewählt:

$Al_{55,4}Ge_{44,6}$, $Al_{54,6}Ge_{43,9}Cu_{1,5}$, $Al_{53,7}Ge_{43,3}Cu_3$

Aus den erhaltenen Ergebnissen sind folgende Tendenzen erkennbar:

- Ein Zusatz von Kupfer zur AlGe-Legierung erhöht die mechanische Stabilität, beeinträchtigt bei längerem Zyklisieren jedoch die Beweglichkeit von Lithium innerhalb der Matrix. Mit steigendem Kupfergehalt (Abb.4) bzw. zunehmender Zyklenzahl (Abb.5) wird im Entladezyklus der Lithiumausbau erschwert, was seinen Ausdruck in stark steigenden Entladepotentialen findet. Begleitende kinetische Untersuchungen ergaben, daß offensichtlich die Bildung neuer Mischphasen der geschwindigkeitsbestimmende Schritt ist.

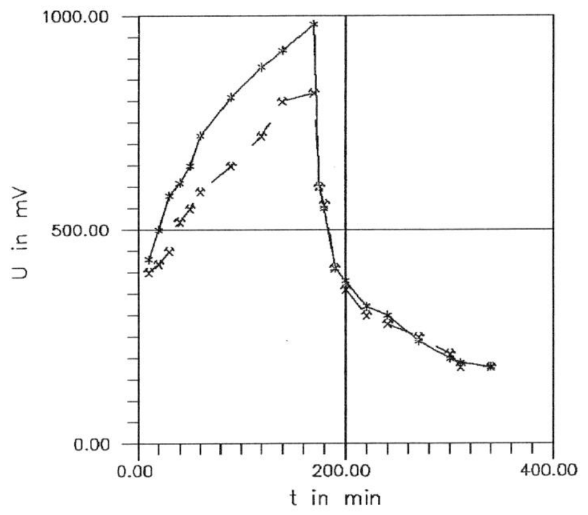

Abb.4 Potential-Zeit-Verlauf im 30. Zyklus für AlGeCu-Legierungen mit unterschiedlichen Cu-Gehalten

$\times$ - $Al_{54,6}Ge_{43,9}Cu_{1,5}$; $\ast$ - $Al_{53,7}Ge_{43,3}Cu_3$

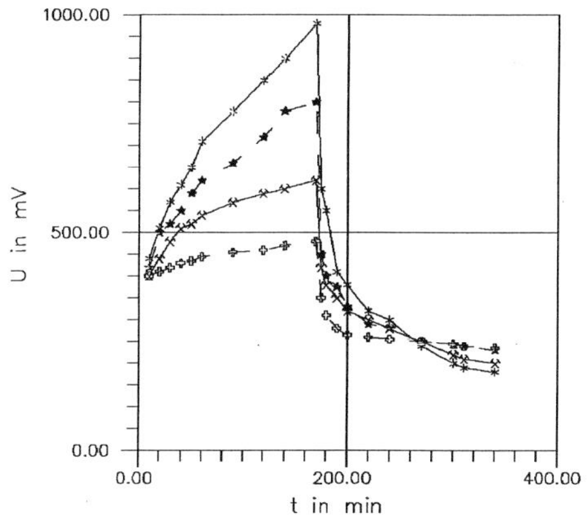

Abb.5 Langzeitzyklisierung von $Al_{53,7}Ge_{43,3}Cu_3$

✠ - 1. Zyklus ★- 20. Zyklus

$\times$ - 10. Zyklus ✱- 30. Zyklus

Durch Zusatz von Germanium und Kupfer gelingt es, das Aluminiumgitter zu stabilisieren. In Langzeittests wirkt sich jedoch die verminderte Lithiumbeweglichkeit nachteilig aus, so daß zwar die mechanischen Parameter verbessert, das elektrochemische Verhalten jedoch ungünstig beeinflußt wird.

4. Literatur

/1/ I.O.Besenhard: J.Electroanal.Chem. 78 (1977), 189
J.Electroanal.Chem. 94 (1978), 81

/2/ K.Wiesener, U.Eckoldt, D.Rahner: J. Power Sources 26 (1989), 563-569

/3/ U.Eckoldt: Dissert. TU Dresden, in Vorber.

CrO_3-arme Chromoxide CrO_x als Kathodenmaterial für Lithium-Batterien hoher Energie- und Leistungsdichte

J. O. Besenhard, M. Buser, M. Schwake
Anorganisch-Chemisches Institut der Universität Münster

Zusammenfassung

Durch Thermolyse von CrO_3 werden Lithium einlagernde Chromoxide CrO_X erhalten, die als Kathodenmaterialien in primären und sekundären Lithiumbatterien mit organischen Elektrolytlösungen verwendbar sind. Ihr Hauptvorteil gegenüber dem hier vorwiegend verwendeten MnO_2 ist die höhere Energiedichte, der entscheidende Nachteil aber liegt in verbleibenden Anteilen von nicht umgesetztem CrO_3. Es hat sich herausgestellt, daß SO_3 die thermische Zersetzung von CrO_3 katalysiert und sie damit nicht nur schneller, sondern vor allem auch vollständiger macht und somit den Gehalt an Rest-CrO_3 drastisch senkt. Darüber hinaus kann $CrO_X\langle SO_3\rangle$ mit viel höheren Stromdichten entladen werden als herkömmliches CrO_X. Orientierende Hochstromentladungen von kristallinen $CrO_X\langle SO_3\rangle$-Präparaten (BET-Oberfläche ca. 2 m^2/g) zeigten Belastbarkeiten, die denen von chemisch gefälltem MnO_2 hoher Porosität (Faradiser TR, BET-Oberfläche ca. 50 m^2/g) entsprachen.

Summary

Thermolysis of CrO_3 yields lithium-intercalating chromium oxides CrO_X, which can be used as cathode materials in primary and secondary organic electrolyte lithium batteries. Their main advantage over the mostly used MnO_2 is higher energy density, whereas the presence of some unreacted CrO_3 is a serious drawback. SO_3 was found to be a catalyst making the thermal decomposition of CrO_3 not only faster but also more complete, thus decreasing drastically the content of residual CrO_3. Moreover, $CrO_X\langle SO_3\rangle$ can be discharged at much higher rates than conventional CrO_X. Preliminary high rate discharge experiments with crystalline $CrO_X\langle SO_3\rangle$-preparations (BET surface area ca. 2 m^2/g) revealed rate capabilities comparable to those of highly porous chemically deposited MnO_2 (Faradiser TR, BET surface area ca. 50 m^2/g).

Résumé

La thermolyse de CrO_3 permet d'obtenir du chromoxyde CrO_x emmagasinant du lithium qui peut être utilisé comme matériaux de cathodes dans les piles au lithium primaires et secondaires avec des solutions d'électrolyte organiques. Leur avantage essentiel envers le MnO_2 généralement utilisé ici est la densité énergétique plus élevée; le principal inconvénient réside cependant dans les parts restantes de CrO_3 non converti. Il s'est avéré que le SO_3 catalyse la décomposition thermique du CrO_3; cette décomposition est alors non seulement plus rapide mais surtout plus complète et la teneur en CrO_3 résiduel est considérablement réduite. D'autre part, le $CrO_x<SO_3>$ peut être déchargé avec des densités de courant beaucoup plus élevées que le CrO_x conventionnel. Les déchargements de courant très fort préliminaires des préparations cristallines de $CrO_x<SO_3>$ (surface BET env. 2 m^2/g) révèlent des possibilités qui correspondent à celles de MnO_2 chimiquement précipité à porosité plus élevée (Faradiser TR, surface BET env. 50 m^2/g).

1 Einführung

Chromoxide CrO_x ($2 \leq x < 3$), insbesondere Cr_3O_8 und auch Cr_2O_5, wurden schon früh als Intercalationskathoden für primäre und sekundäre Lithiumbatterien mit organischen Elektrolytlösungen vorgeschlagen und intensiv untersucht [1-4]. Trotz ihrer gegenüber Li/MnO_2-Zellen rund 50 % höheren Energiedichte haben sich aber Li/CrO_x-Zellen nicht durchsetzen können, weil die durch Thermolyse von CrO_3 hergestellten unlöslichen Oxide CrO_x noch erhebliche Restgehalte an löslichem CrO_3 aufweisen und somit mit gesundheitlichen und technischen Risiken behaftet sind.

Die thermolytische Abgabe von Sauerstoff aus Chromoxiden ist mit einer Zunahme des Schmelzpunktes verbunden. Chromoxide CrO_x scheiden sich daher in Form meist sehr kleiner aber kompakter Kristalle aus der CrO_3-Schmelze aus. Der Mangel an Porosität bedingt auch eine nur mäßige Hochstrombelastbarkeit. "Amorphe" Chromoxide CrO_x, die durch längeres Nachbehandeln von Cr_3O_8 mit heißem Wasser bei hohem Druck (24 h, 200 - 300°C) erhalten werden, sind dagegen durch höhere Energie- und Leistungsdichten gekennzeichnet [5-8].

Unser Ziel war es, die Eigenschaften der bekannten kristallinen Chromoxide durch einfachere Verfahren zu verbessern. Mit der SO_3-katalysierten Thermolyse von CrO_3 ist ein Weg zu einem bisher unbekannten Chromoxid "$CrO_x\langle SO_3\rangle$" der ungefähren Zusammensetzung Cr_2O_5 gefunden worden [9], das jedoch mit dem bekannten Cr_2O_5 [10] strukturell nicht identisch ist und praktisch kein SO_3 enthält. Es zeichnet sich trotz seines kompakt-kristallinen Charakters durch sehr gute Hochstrombelastbarkeit aus und enthält nur sehr wenig Rest-CrO_3. In der vorliegenden Arbeit wird die Hochstrombelastbarkeit von $CrO_x\langle SO_3\rangle$ mit der einer kommerziellen oberflächenreichen chemisch gefällten MnO_2-Präparation (SEDEMA, Faradiser TR) verglichen.

2 Experimentelles

Abweichend von dem schon früher beschriebenen Verfahren für die Präparation von $CrO_X\langle SO_3\rangle$ [9] ist hier mit geringeren Aufheizzeiten (< 4 °C/min), einer 0.5-stündigen Verweilzeit bei 50 °C, einer weiteren 1-stündigen Verweilzeit bei 200 °C und einer Vervollständigung der Reaktion bei 270 °C (6 h) gearbeitet worden. Die CrO_3-Restgehalte wurden nach Auswaschen mit Wasser (60 min intensives Rühren bei 60 °C) jodometrisch in der Waschlösung bestimmt.

Elektrodenmassen wurden durch intensives trockenes Vermischen von 70 Gew.-% gemahlenem $CrO_X\langle SO_3\rangle$, 20 Gew.-% Ruß und 10 Gew.-% Teflonpulver (ROTH, Katalog-Nr.: 56031) und anschließendes längeres Verkneten im Mörser hergestellt und bei ca. 10 to/cm^2 auf Edelstahlgewebe zu ca. 0.2 mm dicken Elektroden verpreßt. Zur besseren Vergleichbarkeit der Ergebnisse mit unterschiedlichen aktiven Materialien ist ein standardisierter aber keineswegs optimierter hoher Anteil an Ruß und Teflon gewählt worden. Das MnO_2-Rohmaterial (SEDEMA, Faradiser TR) wurde zur Trocknung 8 h auf 300 °C erhitzt. Alle Operationen mit Elektrolytlösungen ($LiClO_4$ / Propylencarbonat (PC) - 1,2-Dimethoxyethan (DME) jeweils 50 Vol.-%, Wassergehalt < 50 ppm) erfolgten ausschließlich unter getrocknetem Argon, die Chromoxide waren dagegen kurzzeitig der Luft ausgesetzt.

3 Ergebnisse und Diskussion

Eine im Vergleich zu Cr_3O_8 erheblich bessere Hochstrombelastbarkeit von $CrO_X\langle SO_3\rangle$ in organisch gelösten Li^+-Elektrolyten wurde von uns schon früher berichtet [9], wobei allerdings die Absolutwerte immer noch nicht ganz zufriedenstellend waren. Eine deutliche Verbesserung ist aber durch das im experimentellen Teil beschriebene Temperaturprogramm bei der Herstellung von $CrO_X\langle SO_3\rangle$ zu erreichen, womit gegenüber dem früher beschriebenen Verfahren die Kontaktzeit zwischen Chromoxid und SO_3 verlängert wird. Wegen der sehr geringen elektronischen Leitfähigkeiten*) der Chromoxide CrO_X und $CrO_X\langle SO_3\rangle$ sowie ihrer

---

*) Orientierende Leitfähigkeitsmessungen an Pellets aus gepreßten Pulvern [12,13] ergaben spezifische Leitfähigkeiten der Größenordnung $10^{-5}\ \Omega^{-1} \cdot cm^{-1}$ für die Oxide vor der Intercalation. Die Li-Intercalation führt zunächst zu einer Leitfähigkeitssteigerung, wobei allerdings nur in einem engen Stöchiometriebereich um den formalen Oxidationsgrad von +4 für Chrom drastisch höhere Leitfähigkeiten zu beobachten sind. Für die weitgehend "durchintercalierten" Chromoxide liegen die Leitfähigkeiten sogar geringer als für die Ausgangsoxide.

Li-Intercalationsverbindungen Li_nCrO_x und $Li_nCrO_x\langle SO_3\rangle$ erweisen sich auch Art und Verteilung der zur Verbesserung der Leitfähigkeit zugesetzten Kohlenstoff-Materialien als bedeutende Einflußgrößen.

Kohlenstoffzusätze: Pulvermischungen aus einer leitenden und einer isolierenden Komponente zeigen bekanntlich beim Überschreiten einer Grenzkonzentration der leitenden Komponente einen sprunghaften Anstieg der Leitfähigkeit, der durch die nichtlinear zunehmende Anzahl der Kontakte pro Partikel bestimmt wird [14,15].

Chromoxid/Kohlenstoff-Gemische verhalten sich in ähnlicher Weise, wobei allerdings neben Art und Menge des zugesetzten Leitmaterials auch die Methode seiner Verteilung eine erstaunlich große Rolle spielt. Intensives trockenes Vermischen von Chromoxid-, Kohlenstoff- und Teflonpulver auf einer Schüttelmaschine hat sich dabei als nicht ausreichend erwiesen. Erst nach längerem Kneten und Verreiben dieses Gemisches im Mörser wird eine gute Hochstrombelastbarkeit erreicht.

Eine optimale Verteilung der Rußzusätze würde in der Einhüllung der vergleichsweise großen Chromoxidpartikel mit den perligen bzw. "Perlenketten" bildenden Rußpartikeln (typische Teilchengröße ca. 20 nm) bestehen (Abb. 1).

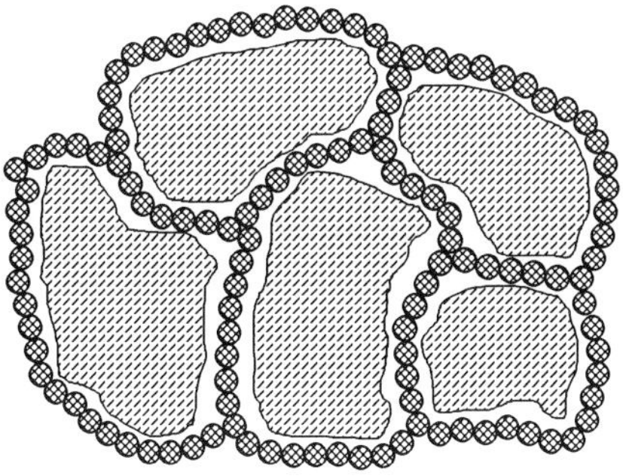

Abb. 1 Schematische Darstellung der Umhüllung des aktiven Materials durch Rußpartikel

Dieser Art der Verteilung kommt man durch längeres Kneten der Mischung von Ruß, Teflonpulver und Chromoxid vermutlich recht nahe, während sich einfaches Schüttelmischen der lockeren Komponenten als wesentlich weniger effektiv erwiesen hat.

Beim Vergleich verschiedener Kohlenstoffmaterialien fallen zunächst die deutlich schlechteren Ergebnisse für Graphitpulver auf, das vor allem bei Hochstromentladungen nur eine geringe Ausnutzung der Chromoxide zuläßt. Dabei ist aber zu berücksichtigen, daß die voluminösen Rußmaterialien zwar als Elektrolytreservoir dienen und damit das Hochstromverhalten verbessern, andererseits aber auch die auf das Volumen bezogene Energiedichte erheblich verringern.

Schwieriger ist es, die Abstufung der verschiedenen hochdispersen Ruße -Shawinigan Acetylenruß (GULF OIL CANADA), Printex L, Printex L6, Printex XE2, Farbruße FW1, FW2 und FW200 (DEGUSSA)- zu erklären. Da sich diese Abstufung nach dem Verkneten kaum mehr zeigt, ist ihre Ursache wohl vor allem in der Kinetik der Rußverteilung bei den Mischvorgängen zu suchen. Hier scheinen die feinteiligen und oberflächenreichen Ruße schneller ein leitendes Netz aufzubauen. Als relativ unbedeutend hat sich dagegen bei den hier verwendeten Mischungen die elektronische Leitfähigkeit der verwendeten Ruße erwiesen. So ist z. B. der hochfunktionalisierte saure Farbruß FW200 schlecht leitend, während sich die Sorte XE2 durch besonders hohe Leitfähigkeit auszeichnet (siehe Abb. 2 a,b). (Eigenschaften der Kohlenstoffverbindungen, siehe Tabelle 1; Herstellung der Elektroden, siehe Experimentelles)

Tab. 1 Eigenschaften der verwendeten Kohlenstoffmaterialien nach [16,17] SAB = Shawinigan Acetylen Black (GULF OIL CANADA); Printex L, L6 und XE2 sowie Gasruß FW1, FW2 und Gasruß FW200 (DEGUSSA)

Kohlenstoffsorte	Symbol	mittlere Teilchengröße [nm]	BET-Oberfl. [m^2/g]	pH-Wert	Dichte δ [g/cm^3]	Stampfdichte [g/l]
Pulvergraphit	●				2,26	
SAB	□	42	60		1,95	
Printex L	◇	23	150	9,5	1,85	230
Printex L6	O	18	265	9,5	1,85	120
Printex XE2	∇	35	1000	8,5	1,85	140
Gasruß FW1	Δ	13	320	4,0	1,85	80
Gasruß FW2	×	13	460	2,5	1,85	140
Gasruß FW200	+	13	460	2,5	1,85	140

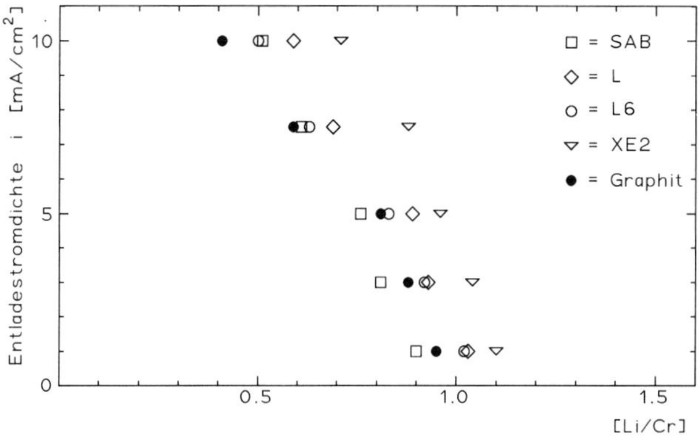

Abb. 2a **Ausnutzung von $CrO_x\langle SO_3\rangle$ in Abhängigkeit von der Art des zugesetzten Rußes in 1 M $LiClO_4$/PC-DME (50 : 50)**
Entladeschluß: 1.5 V gegen Li/Li^+,
Verarbeitungstechnik: Einzelkomponenten trocken vermischt

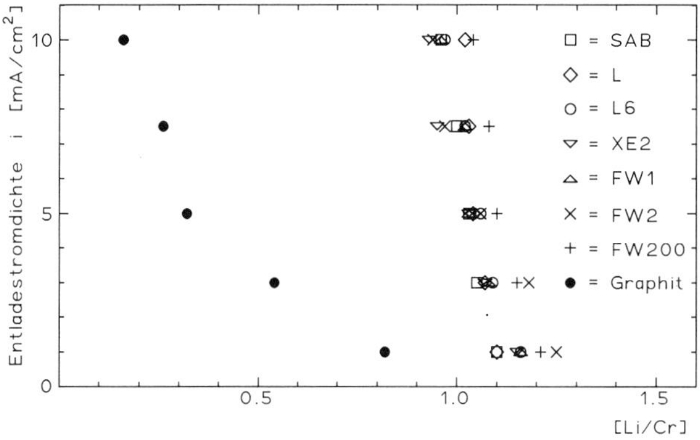

Abb. 2b **Ausnutzung von $CrO_x\langle SO_3\rangle$ in Abhängigkeit von der Art des zugesetzten Rußes in 1 M $LiClO_4$/PC-DME (50 : 50)**
Entladeschluß: 1.5 V gegen Li/Li^+,
Verarbeitungstechnik: Einzelkomponenten trocken vermischt und geknetet

Vergleich zwischen Cr_3O_8 und $CrO_x\langle SO_3\rangle$: Während bei Cr_3O_8 ähnlich wie auch bei Cr_2O_5 die maximale Aufnahmefähigkeit für Lithium bei etwa 1.5 Li/Cr liegt, beträgt dieser Wert für $CrO_x\langle SO_3\rangle$ nur etwa 1.3. Die theoretischen Energiedichten ebenso wie die praktischen Energiedichten bei kleinen Stromdichten sind daher für herkömmliches Cr_3O_8 höher. Dieser Trend kehrt sich allerdings bei höheren Stromdichten rasch um. Abb. 2 zeigt den Nutzungsgrad der Chromoxide in Abhängigkeit von der Belastung in Form eines Balkendiagramms.

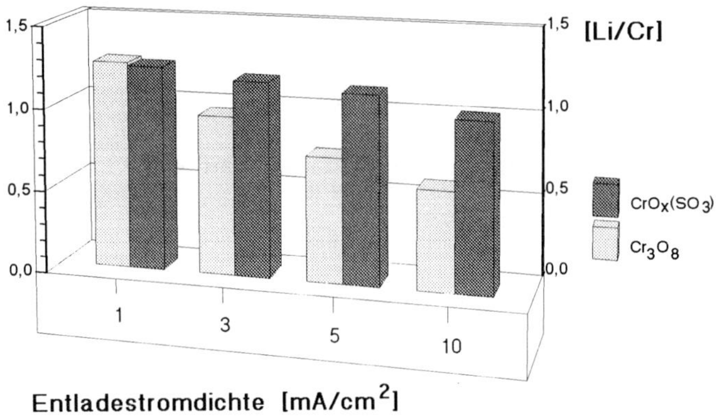

Abb. 3 **Li-Aufnahme von Chromoxid-Kathoden in Abhängigkeit von der Entladestromdichte in 1 M $LiClO_4$/PC-DME (50 : 50), Entladeschluß: 1.5 V gegen Li/Li^+, Rußzusatz: Printex L**

Ein signifikanter Unterschied zwischen Cr_3O_8 und $CrO_x\langle SO_3\rangle$ besteht auch im Anfangspotential gegen Lithium. Während bei Cr_3O_8 lästige Spitzenwerte um 4 V auftreten, liegt das Anfangspotential von $CrO_x\langle SO_3\rangle$ rund 0.5 V tiefer. Unter Last gleichen sich die Spannungen von Li/Cr_3O_8- und $Li/CrO_x\langle SO_3\rangle$-Zellen dagegen rasch an (Abb. 4).

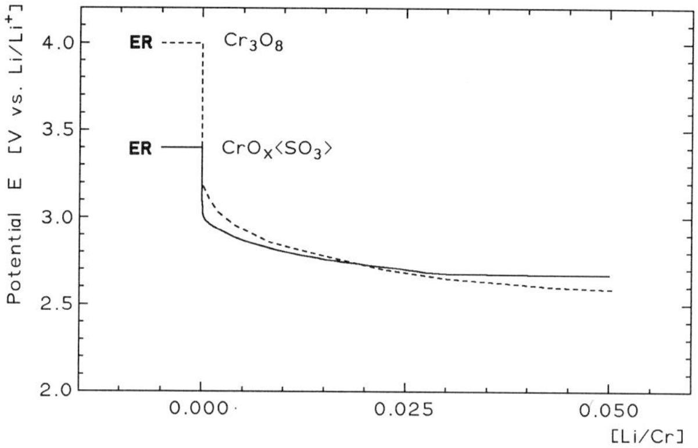

Abb. 4 Ruhepotential (ER) und Spannungsverlauf unter Last (10 mA/cm²) von nicht vorentladenen Cr_3O_8- und $CrO_x\langle SO_3\rangle$-Kathoden in 1 M $LiClO_4$/PC-DME (50 : 50), Rußzusatz: Printex L

Ein für die Verantwortbarkeit der Anwendung von Chromoxiden in Batterien entscheidender Unterschied zwischen Cr_3O_8 und $CrO_x\langle SO_3\rangle$ liegt schließlich in den CrO_3-Restgehalten nach der thermolytischen Herstellung aus CrO_3. Das bei der unkatalysierten Thermolyse von CrO_3 (typische Reaktionsbedingung 24 h an Luft bei 270 °C [9,10]) entstehende Cr_3O_8 enthält häufig rund 10 Gew.-% CrO_3. Dieser Anteil kann durch Steigerung der Thermolysezeit bzw. -temperatur zwar gesenkt werden, jedoch nur unter Inkaufnahme einer weiteren Sauerstoffabgabe aus Cr_3O_8 und einer damit verbundenen Verringerung des Aufnahmevermögens für Li^+-Ionen. Das durch SO_3-katalysierte Thermolyse von CrO_3 hergestellte $CrO_x\langle SO_3\rangle$ enthält ca. 0.5 % CrO_3, das jedoch durch Auswaschen mit Wasser praktisch vollständig entfernt werden kann. Im Gegensatz dazu wird Cr_3O_8 von Wasser schnell zersetzt und kann somit allenfalls mit organischen Lösungsmitteln gewaschen werden.

Vergleich zwischen $CrO_x\langle SO_3\rangle$ und chemisch gefälltem MnO_2: Gegenüber MnO_2 ist $CrO_x\langle SO_3\rangle$ durch erheblich höhere theoretische Energiedichten gekennzeichnet. Aufgrund der sehr viel kompakteren Morphologie und entsprechend kleinen realen Oberfläche von $CrO_x\langle SO_3\rangle$ ist allerdings eine erheblich geringere Hochstrombelastbarkeit zu erwarten. Die Abb. 5 a,b zeigen die typische Morphologie von $CrO_x\langle SO_3\rangle$ und chemisch gefälltem MnO_2 für Batterieanwendungen (SEDEMA, Faradiser TR). Die Morphologie von Cr_3O_8 ist der von $CrO_x\langle SO_3\rangle$ sehr ähnlich [9].

Fig. 5a REM-Aufnahmen von $CrO_x\langle SO_3\rangle$ (gemahlen)

5 μ

Fig. 5b REM-Aufnahmen von MnO_2 (Faradiser TR)

5 μ

Die BET-Oberflächen (N_2-Adsorption) liegen für $CrO_x\langle SO_3\rangle$ und Cr_3O_8 vor dem Vermahlen unter 2 m^2/g, nach dem Vermahlen (typische Teilchengrößen 1 - 10 µm) unter 4 m^2/g und damit weit unter der von Faradiser TR MnO_2 (ca. 50 m^2/g). Aus der REM-Aufnahme (Abb. 5 b) wird auch die schwammige Morphologie des chemisch gefällten MnO_2, die eine gute Aufnahme von Elektrolytlösung erlaubt, deutlich.

Die Entladekennlinien von $CrO_x\langle SO_3\rangle$ und MnO_2 (Faradiser TR) sind bezüglich ihrer Potentiallage und "Härte" praktisch identisch, so daß eine Austauschbarkeit Li/MnO_2- und $Li/CrO_x\langle SO_3\rangle$-Batterien gewährleistet wäre (siehe Abb. 6). Allerdings schwindet bei sehr hohen Stromdichten ($i > 40$ mA/cm^2) der Energiedichtevorteil von $CrO_x\langle SO_3\rangle$ (siehe Abb. 7). Die in diesen Abbildungen gewählte Auftragung als Einlagerungsdichte [Li/Metall] gibt dabei die relativen Abstufungen zwischen $CrO_x\langle SO_3\rangle$ und MnO_2 praktisch genauso wieder wie eine Auftragung als Energiedichte Wh/kg oder Wh/l.

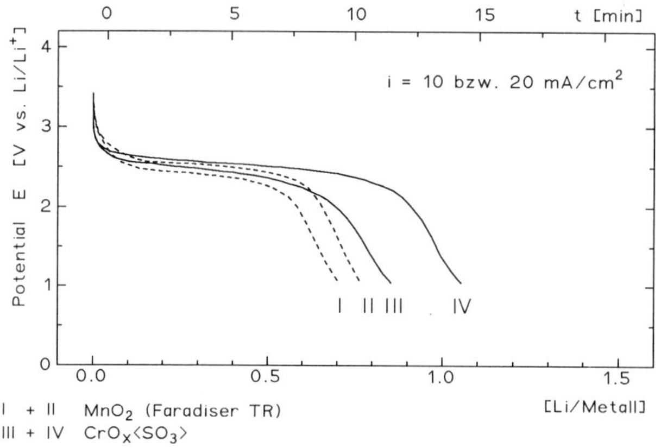

Abb. 6 Entladekennlinien von $CrO_x\langle SO_3\rangle$- und MnO_2-Kathoden in 1 M $LiClO_4$/PC-DME (50 : 50), Rußzusatz: Printex L

Da eine Hochstrombelastung in der Praxis meist nur kurzzeitig auftritt, sind $CrO_x\langle SO_3\rangle$- und MnO_2-Kathoden auch "gepulst" entladen worden, wobei einem kleinen Entlade-Grundstrom (I_g) in regelmäßigen Abständen Pulse hoher Stromdichte (I_p) aufgeprägt wurden.

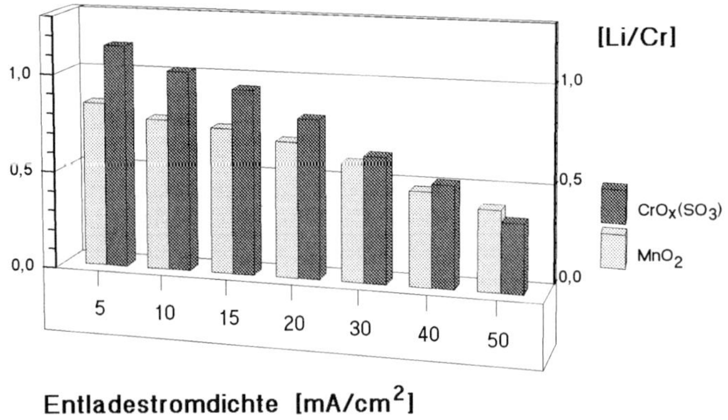

Abb. 7 Li-Aufnahme von $CrO_x\langle SO_3\rangle$- und MnO_2-Kathoden in Abhängigkeit von der Entladestromdichte in 1 M $LiClO_4$/PC-DME (50 : 50), Entladeschluß: 1.5 V gegen Li/Li^+, Rußzusatz: Printex L

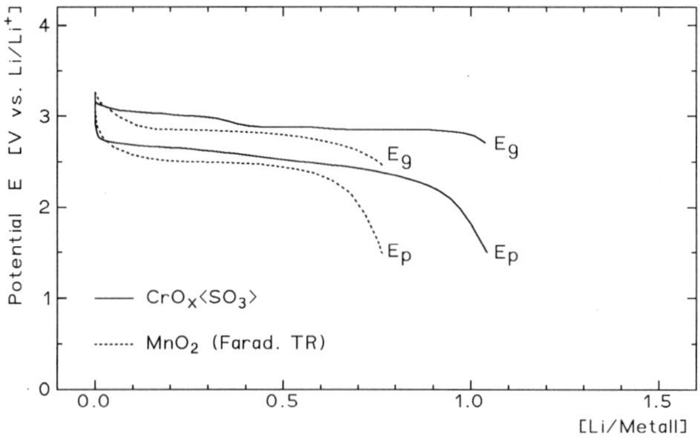

Abb. 8 Entladekennlinie von $CrO_x\langle SO_3\rangle$- und MnO_2-Kathoden in 1 M $LiClO_4$/PC-DME (50 : 50), Rußzusatz: Printex L, obere Kennlinie (E_g): i = 0.1 mA/cm^2, untere Kennlinie (E_p): i = 15 mA/cm^2, Übergänge zwischen E_g und E_p sind nicht gezeigt, Pulsdauer: 15 s, Zeit zwischen zwei Pulsen: 15 min

In Abb. 8 ist ein typisches Experiment dieser Art dargestellt. Dabei erweisen sich die beiden Kathodenmaterialien als vergleichbar erholungsfähig, d. h., der Energieinhalt bei der Pulsentladung ist jeweils um etwa den gleichen Prozentsatz höher als bei der Dauerentladung mit der Pulsstromdichte.

4 Schlußfolgerung

Das durch SO_3-katalysierte Thermolyse von CrO_3 erhaltene $CrO_x\langle SO_3\rangle$ ist ein Kathodenmaterial für Li-Batterien, das im Vergleich zu MnO_2 bei praktisch gleicher Entladespannung bis zu rund einem Drittel mehr Energiedichte bietet. Trotz seiner kompakten Morphologie ist es auch bei extrem hohen Stromdichten mit den oberflächenreichen chemisch gefällten MnO_2-Präparationen vergleichbar. $CrO_x\langle SO_3\rangle$ kann praktisch frei von CrO_3 erhalten werden und stellt somit eine verantwortbare Alternative zu MnO_2 dar.

5 Dank

Wir danken der Fa. SILBERKRAFT und dem Fonds der Chemischen Industrie für die Unterstützung dieser Arbeiten. Ruße und MnO_2-Präparationen wurden uns von den Firmen DEGUSSA und SEDEMA zur Verfügung gestellt.

6 Literatur

[1] J.O. Besenhard, R. Schöllhorn, J. Electrochem. Soc., **124** (1977) 968.

[2] VARTA Batterie AG, DT-PS 27 26 380 (1977).

[3] J.O. Besenhard, J. Heydecke, H.P. Fritz, Solid State Ionics, **6** (1982) 215.

[4] J.O. Besenhard, J. Heydecke, E. Wudy, H.P. Fritz, Solid State Ionics, **9** (1983) 61.

[5] Y. Takeda, R. Kanno, Y. Tsuji, O. Yamamoto, J. Power Sources, **9** (1983) 325.

[6] Y. Takeda, R. Kanno, Y. Tsuji, O. Yamamoto, J. Electrochem. Soc., **131** (1984) 2006.

[7] Y. Takeda, R. Kanno, Y. Oyabe, O. Yamamoto, K. Nobugaya, F. Kanamaru, J. Power Sources, **14** (1985) 215.

[8] O. Yamamoto, Y. Takeda, R. Kanno, Y. Oyabe, Y. Shinya, J. Power Sources, **20** (1987) 151.

[9] J.O. Besenhard, M. Schwake, N. Misailidis, J. Power Sources, **26** (1989) 409.

[10] K.A. Wilhelmi, Acta. Chem. Scand., **22** (1968) 2565.

[11] R.S. Schwartz, I Fankuchen, R. Ward, J. Am. Chem. Soc. **74,** (1952) 1676.

[12] J. Heydecke, Dissertation, Technische Universität München, 1982.

[13] M. Schwake, Dissertation, Universität Münster, 1989.

[14] K.-J. Euler, R. Kirchhof, H. Metzendorf, J. Power Sources, **5** (1980) 255.

[15] G.H. Kleinhans, K.P. Goetze in: Elektrisch leitende Kunststoffe, Hrsg. H.-J. Mair, S. Roth, Carl-Hanser Verlag, München 1989, S. 121.

[16] Datenblätter der Shawinigan Products Corporation der GULF OIL CANADA.

[17] Datenblätter der DEGUSSA AG, Frankfurt.

Zur anodischen Oxidation von Propylencarbonat an Platin - eine "in situ" FTIR- und on-line MS-Studie

B. Rasch, W. Vielstich
Institut für Physikalische Chemie der Universität Bonn

E. Cáttaneo
Hoppecke Batterien, Brilon

P. Novák
J. Heyrovsky Institut für Physikalische Chemie und Elektrochemie, Prag

Zusammenfassung

Die Elektrooxidation von 0,5 M $LiClO_4$/Propylencarbonat (PC) mit einem Wassergehalt von $\leq$0,006 M, 0,056 M und 0,56 M an Platin wurde mittels "in situ" FTIR-Spektroskopie und on-line Massenspektroskopie untersucht. Beide Methoden zeigen einen Beginn der bulk-Oxidation von PC bei 4,0 V vs. Li/Li^+. Die Oxidationsrate und die CO_2-Entwicklung steigen mit zunehmendem Wassergehalt im Elektrolyten. Desweiteren gibt es Hinweise für eine Filmbildung bei 2,0 V und die Oxidation des Films unter CO_2-Entwicklung bei 2,6 V.

Summary

Electrooxidation of 0.5 M $LiClO_4$/propylene carbonate (PC) electrolyte containing $\leq$0.006 M, 0.056 M and 0.56 M H_2O was investigated on platinum applying in situ FTIR and on-line mass spectroscopy measurements. These techniques show that the bulk oxidation of PC sets on at 4.0 V vs. Li/Li^+. An increased water content in the electrolyte results in both an increased oxidation current density and an enhanced CO_2 formation rate. Evidence was found for a film formation on the electrode at 2.0 V and for a further oxidation of this film at 2.6 V.

Résumé

L'électrooxydation de 0,5 M de LiC104/carbonate de propylène (PC) avec une teneur en eau inférieure ou égale à 0,006M, 0,056 M et 0,56 M sur du platine a été analysée "in situ" par spectroscopie FTIR et par spectroscopie de masse "on-line". Ces deux méthodes révèlent un début d'oxydation bulk de PC à 4,0 V vs. Li/Li^+. Le taux d'oxydation et le développement de CO_2 augmentent avec l'accroissement de la teneur en eau de l'électrolyte. Ceci indique une formation de film à 2,0 V et une oxydation du film sous développement de CO_2 à 2,6 V.

1. Einleitung

In wiederaufladbaren Lithiumbatterien findet Propylencarbonat (PC) eine breite Anwendung als Solvent, da es einen großen Stabilitätsbereich aufweist. Mit Hilfe der zyklischen Voltammetrie wurden für das anodische Oxidationsspotential Werte von 4,6 bis 5,3 V vs. Li/Li^+ gefunden /1/. Eine Kombination von elektrochemischen und spektroskopischen Methoden ermöglicht nun eine bessere Untersuchung des Oxidationsprozesses und eine genauere Bestimmung des Oxidationspotentials /2,3/. Hier wurde der Beginn der anodischen Zersetzung von 0,5 M $LiClO_4$/PC an Platin durch die Kombination von zyklischer Voltammetrie mit der "in situ" FTIR-Spektroskopie /2/ sowie der on-line Massenspektroskopie (DEMS) /4/ untersucht. In beiden Fällen ist der Verlauf der Oxidation des Elektrolyten mit verschiedenen Wasserzusätzen anhand der entstehenden CO_2-Menge verfolgt worden.

2. Experimentelles

Als Elektrolyt diente 0,5 M $LiClO_4$ in Propylencarbonat, der nach Ref. /5/ hergestellt wurde. Der Wassergehalt des Elektrolyten ist durch Karl-Fischer-Titration bestimmt worden und betrug 0,001 M (20 ppm). Die Messungen wurden bei Wasserkonzentrationen im Elektrolyten zwischen 0,006 M und 0,56 M durchgeführt.

Die Zellen wurden unter Ar-Atmosphäre in einer Glove Box getrocknet, mit dem Elektrolyten gefüllt, hermetisch verschlossen und anschließend in das jeweilige Spektrometer eingebaut.

Alle Potentiale sind auf die Li/Li^+-Elektrode bezogen.

Für die IR-Messungen wurde ein FTIR-Spektrometer (Digilab FTS40) und eine Dünnschichtzelle, wie in Ref /5/ beschrieben, verwendet. Als Arbeitselektrode diente eine polierte, in Araldit eingegossene Platinelektrode (Durchmesser 7 mm) /5/. Als Gegenelektrode wurde ein Platindraht und als Bezugselektrode ein Streifen Lithium, der in den Elektrolyten eintauchte, verwendet. Vor jeder Meßreihe wurde das Potential der Arbeitselektrode für 2 Stunden bei 2,0 V gehalten. In dieser Zeit konnte sich der Elektrolyt thermisch stablilisieren. Die FTIR-Spektren sind nach Potentialsprüngen von 0,2 V zwischen 2,0 und 5,0 V aufgenommen worden. Pro Spektrum wurden 512 Scans bei einer Auflösung von 8 cm^{-1} erhalten. Die Scans wurden addiert und gemittelt zum single-beam-Spektrum R. Das Reflexionsspektrum berechnet sich zu R/R_o, wobei R_o das beim Bezugspotential aufgenommene single-beam-Spektrum darstellt.

Für die DEMS-Messungen diente eine Apparatur und eine Zelle, wie sie in Ref. /4/ beschrieben sind. Als Arbeitselektrode wurde eine poröse Platinelektrode (38 cm^2) verwendet. Als Gegenelektrode diente ein Platinblech und als Bezugselektrode ein Lithiumstreifen, der in den Elektrolyten eintauchte und durch eine Fritte von der Arbeitselektrode getrennt wurde. Während der DEMS-Messungen wurde das Potential gezykelt (v = 4 mV/s, E = 2,0 - 5,4 V) und simultan der Strom und das Massensignal m/e = 44 (CO_2) registriert.

3. Ergebnisse und Diskussion

3.1 Oxidation oberhalb von 3,5 V

Abb. 1A zeigt zyklische Voltamogrammme einer porösen Platin-Elektrode in 0,5 M $LiClO_4$/PC mit verschiedenen Wasserkonzentrationen im Elektrolyten. Die Kurve des Elektrolyten mit dem niedrigstem Wassergehalt (1A:a) zeigt einen langsamen Anstieg des Stromes oberhalb von 4,0 V unter Ausbildung eine Plateaus bei 4,4 V. Eine Erhöhung der Wasserkonzentration (1A:b,c) bewirkt einen steileren Anstieg des Stromes, der zu niedrigeren Potentialen hin verschoben ist.

Die simultan zu den Strom-Potential-Kurven aufgenommenen Massensignale m/e = 44 (CO_2) sind in Abb. 1B zu sehen. In allen drei Kurven ist ein Peak zwischen 4 und 5 V zu sehen, gefolgt von einem monotonen Anstieg des Signals mit höheren Potentialen. Der Peak im Massensignal korreliert mit dem Plateau in der Strom-Spannungs-Kurve und verschiebt sich mit zunehmender Wasserkonzentration im Elektrolyten zu niedrigeren Potentialen hin.

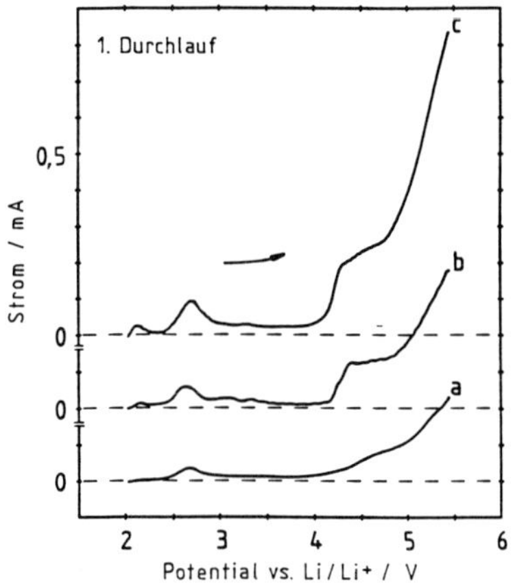

Abb.1 A

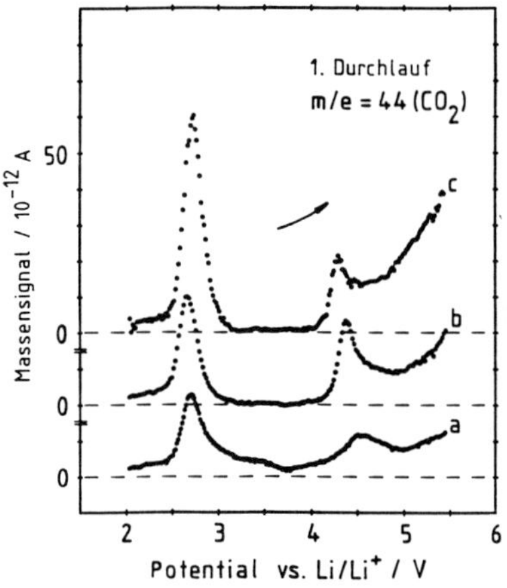

Abb. 1B

Abb. 1 Oxidation von 0,5 M $LiClO_4$/PC mit (a) ≤ 0,006 M, (b) 0,056 M und (c) 0,56 M H_2O im Elektrolyten an einer porösen Pt-Elektrode.
(A) Strom-Spannungs-Kurve (Durchlaufgeschwindigkeit 4 mV/s) nach einer Wartezeit von 10 min bei 2,0 V .
(B) Massensignal m/e = 44 (CO_2), simultan zu (A) aufgenommen.

Die Verschiebung des CO_2-Peaks zu niedrigeren Potentialen hin sowie die Zunahme der CO_2-Entwicklung mit zunehmendem Wassergehalt ist noch einmal detaillierter in Abb. 2 zu sehen. Der "tatsächliche" Verlauf der bulk-Oxidation wird durch die interpolierten Kurven dargestellt. Es ergibt sich, daß die bulk-Oxidation unabhängig von der Wasserkonzentration im Elektrolyten bei 4,0 V einsetzt, und daß mit zunehmender Wasserkonzentration die Rate der CO_2-Entwicklung ansteigt.

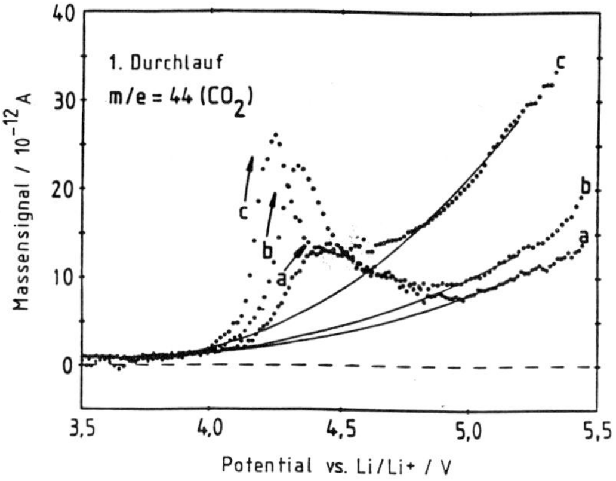

Abb. 2 Oxidation von 0,5 M $LiClO_4$/PC mit (a) $\leq$ 0,006 M, (b) 0,056 M und (c) 0,56 M H_2O im Elektrolyten an einer porösen Pt-Elektrode (Ausschnitt aus Abb. 1B). Massensignal m/e = 44 (CO_2): (......) Meßwerte, (———) interpolierte Kurven.

In Abb. 3 ist die Intensität der CO_2-Schwingungsbande (k = 2342 cm^{-1}) als Funktion des Potentials dargestellt. Alle drei Kurven zeigen eine geringe Intensität der Bande bei 2,4 V, die aber mit zunehmendem Potential und zunehmender Wasserkonzentration ansteigt. Die Potentialabhängigkeit der Intensität der CO_2-Schwingungsbande entspricht qualitativ der des Massensignals (Abb. 1B). Beide Methoden zeigen CO_2-Peaks bei 2,6 und 4,2 V. Die Abnahme der Intensität der CO_2-Schwingungsbande zwischen 3,0 und 3,5 V ist jedoch nicht so ausgeprägt wie die Abnahme des CO_2-Massensignals. Dieser Unterschied ist durch die unterschiedlichen Meßmethoden begründet. Bei den DEMS-Messungen wird ein flüchtiges Produkt, z. B. das CO_2, unmittelbar nach dessen Entstehung nachgewiesen und das Massensignal entspricht der momentanen Produktkonzentration. Bei den FTIR-Messungen diffundieren die Reaktionsprodukte, in diesem Fall das CO_2, nur langsam (innerhalb mehrerer Stunden) aus der dünnen Elektrolytschicht zwischen Arbeitselektrode und optischem Fenster und es kommt zu einer Ansammlung dieser Stoffe in der Elektrolytschicht. Die gemessene Intensität der CO_2-Schwingungsbande entspricht daher in erster Nährung dem zeitlichen Integral der gebildeten CO_2-Menge.

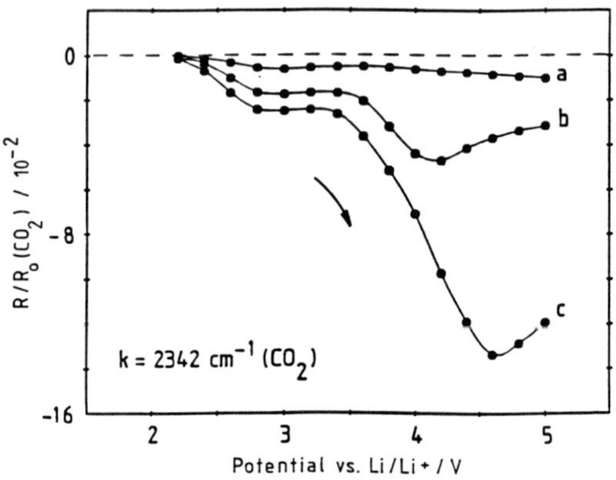

Abb. 3 Potentialabhängigkeit der Intensität R/R_o der CO_2-Schwingungsbande (k = 2342 cm^{-1}) während der Oxidation von 0,5 M $LiClO_4$/PC mit (a) $\leq$ 0,006 M, (b) 0,056 M und (c) 0,56 M H_2O im Elektrolyten an poliertem Pt. Das Bezugsspektrum R_o wurde bei 2,0 V aufgenommen. Danach wurde das Potential in 0,2 V Schritten auf 5,0 V erhöht (512 scans, 8 cm^{-1} Auflösung pro Spektrum).

In Abb. 4 ist ein FTIR-Spektrum einer polierten Platin-Elektrode in 0,5 M $LiClO_4$/PC mit einem Wassergehalt von 0,056 M bei 4,2 V bzw. 5,0 V dargestellt. Die Banden können wie folgt zugeordnet werden: Die positiven Banden bei 2981, 2923, 1827, 1783, 1386 und 1351 cm^{-1} zeigen den Verbrauch von PC. Die negative Bande bei 2342 cm^{-1} zeigt die Entwicklung von CO_2. Die Bande bei 1099 cm^{-1} gehört zu den Schwingungen von ClO_4^--Ionen, die im Verlauf der Oxidation zum Ladungsausgleich in die Doppelschicht migrieren /6/. Die negativen Banden bei 1757, 1410, 1363 und 1212 cm^{-1} gehören zu den Oxidationsprodukten des Propylencarbonats /2/. Bei 5,0 V sind außerdem zwei wachsende Banden (Schultern) bei 1713 und 1240 cm^{-1} zu sehen (Abb. 4c,d). Diese Banden gehören zur (C=O)- bzw. (C-O)-Valenzschwingung einer Carbonylgruppe und zeigen die Öffnung des zyklischen Carbonats bei höherem Potential.

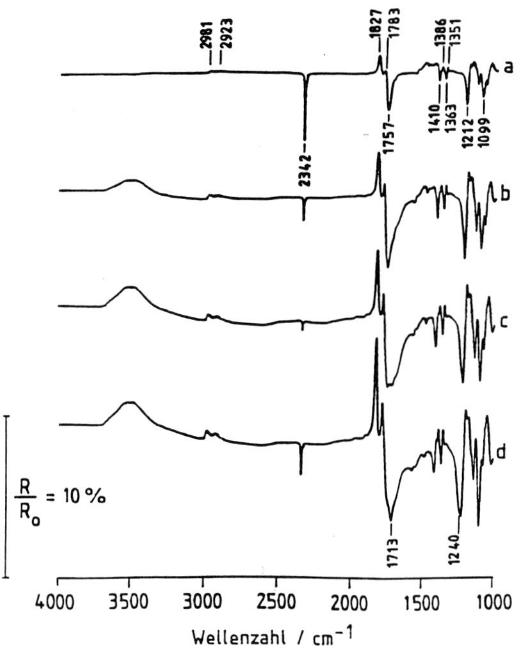

Abb. 4 FTIR-Spektren einer polierten Pt-Elektrode in 0,5 M $LiClO_4$/PC mit 0,056 M H_2O bei 4,2 V bzw. 5,0 V zu verschiedenen Zeiten: (a) 4,2 V; 0 min, (b) 4,2 V; 40 min, (c) 5,0 V; 0 min und (d) 5,0 V; 16 min. Das Bezugsspektrum R_O wurde bei 3,6 V aufgenommen (256 scans, 2 cm^{-1} Auflösung pro Spektrum).

3.2 Oxidation unterhalb von 3,5 V

Im zyklischen Voltamogramm ist unterhalb von 3,5 V ein anodisches Strommaximum bei 2,6 V zu sehen (Abb. 1A). Bei diesem Potential zeigt sich zudem ein Peak im m/e = 44 Massensignal (Abb. 1B). Mit zunehmender Wasserkonzentration nimmt sowohl die Höhe des Strommaximums als auch die des Massenpeaks zu. In einem zweiten Durchlauf, der ohne 10 minütige Wartezeit bei 2,0 V sofort nach dem ersten Durchlauf gemessen wird, nehmen die Flächen unter dem Strompeak und unter dem Massenpeak ab. Teilweise verschwinden die Peaks sogar /5/. Dieses

Verhalten läßt auf eine Passivierung der Platinelektrode bei 2,0 V und eine Oxidation des Films unter CO_2-Entwicklung bei 2,6 V schließen.

Passivierungsphänomäne bei niedrigen Potentialen (2,0 V vs. Li/Li^+) in PC-Elektrolyten, mit und ohne Wasserzusatz, wurden schon von mehreren Autoren beobachtet /7-11/. Dieses Verhalten wurde auf die Bildung eines anorganischen /7/ oder organischen /8/ Films zurückgeführt.

Um die Natur des hier gebildeten Films zu untersuchen, wurden bei 2,0 V FTIR-Spektren von Platin in 0,5 M $LiClO_4$/PC mit 0,056 M H_2O aufgenommen (vgl. Abb. 5). Nach einer Wartezeit von 74 Minuten bei 2,0 V sind unter anderem folgende negative IR-Banden zu erkennen: k = 1670, 1520, 1436, 1324-1298, 1191 und 1167 cm^{-1}. Die Zunahme der Intensität dieser Banden mit der Zeit läßt auf die Bildung einer oder mehrerer Substanzen bei 2,0 V schließen.

Durch einen Vergleich unserer Spektren mit denen von Aurbach und Gottlieb /8/ von Bu_4NClO_4/PC und $LiClO_4$/PC mit und ohne Wasserzusätzen an Gold konnten die Banden wie folgt zugeordnet werden: die breiten Banden bei 1520 und 1436 cm^{-1} gehören zu CO_3^{2-} und die Banden bei 1670, 1436, 1324-1298 und 1167 cm^{-1} zu $CH_3CH(OCO_2^-)CH_2OH$. Die negativen Banden bei 3400, 2981, 2922 und 2877 cm^{-1} können Spuren von 1,2-Propandiol zugeordnet werden.

Der vorgeschlagene Reaktionsverlauf ist im folgenden Schema zusammengefaßt:

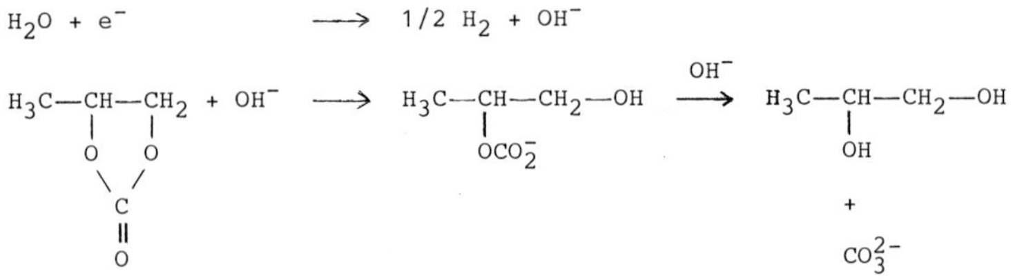

Bei der Reduktion von Wasser, die schon bei 2,0 V erfolgt /5/, entstehen Wasserstoff und OH^--Ionen. Die OH^--Ionen reagieren mit dem PC unter Ringöffnung wobei $CH_3CH(OCO_2Li)CH_2OH$, Li_2CO_3 und Spuren von 1,2-Propandiol entstehen.

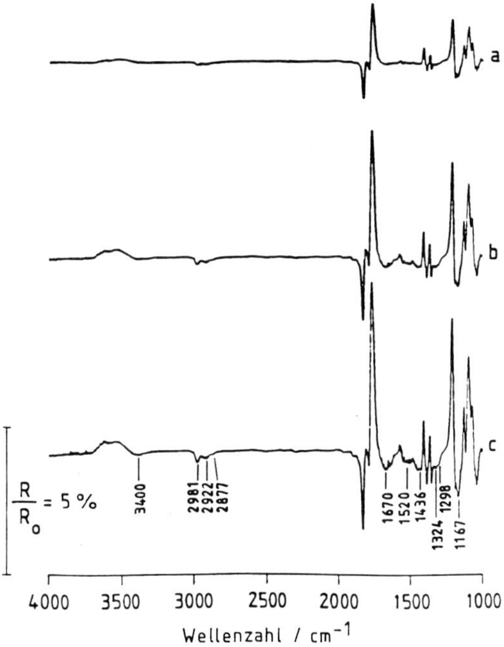

Abb. 5 FTIR-Spektren einer polierten Pt-Elektrode in 0,5 M $LiClO_4$/PC mit 0,056 M H_2O bei 2,0 V nach einer Wartezeit von: (a) 5 min, (b) 10 min und (c) 74 min. Das Bezugsspektrum R_o wurde bei 3,6 V aufgenommen (256 scans, 2 cm^{-1} Auflösung pro Spektrum).

4. Schlußfolgerungen

1) Die Elektrooxidation von 0,5 M $LiClO_4$/Propylencarbonat bei verschiedenen Wasserkonzentrationen im Elektrolyten ($\leq$0,006-0,56 M) kann über die Detektion des gebildeten CO_2 mit Hilfe der "in situ" FTIR-Spektroskopie und der on-line Massenspektroskopie verfolgt werden.

2) Beide Methoden zeigen einen Beginn der bulk-Oxidation von PC bei 4,0 V unabhängig vom Wassergehalt. Eine Zunahme der Wasserkonzentration bewirkt einen steileren Anstieg des Oxidationsstroms und der CO_2-Entwicklung.

3) Die on-line MS-Spektren zeigen im ersten Durchlauf einen CO_2-Peak bei 2,6 V. Die Abnahme der Peakfläche in einem zweiten unmittelbar anschließendem Durchlauf läßt auf eine Filmbildung bei 2,0 V und die Oxidation des Filmes unter CO_2-Entwicklung bei 2,6 V schließen. Die Filmbildung bei 2,0 V wurde mit der "in situ" FTIR-Spektroskopie verfolgt.

Danksagung

Dem Minister für Wissenschaft und Forschung des Landes Nordrhein-Westfalen, der Alfried Krupp von Bohlen und Halbach-Stiftung sowie der Alexander von Humboldt-Stiftung danken wir für die finanzielle Unterstützung.

Literatur

/1/ F.Ossola, G. Pistoia, R. Seeber, P. Ugo: Electrochim. Acta, 33 (1988) 47.

/2/ P. Novák, P.A. Christensen, T. Iwasita, W. Vielstich: J. Electroanal. Chem., 263 (1989) 37.

/3/ G. Eggert, J. Heitbaum: Electrochim. Acta, 31 (1986) 1443.

/4/ B. Bittins-Cattaneo, E. Cattaneo, P. Königshoven, W. Vielstich in: A.J. Bard (Hrsg.), "Electroanalytical Chemistry: A Series of Advances", Bd. 17, Kap. 3, Marcel Dekker, USA, New York (1990).

/5/ B. Rasch, E. Cattaneo, P. Novák, W. Vielstich: Electrochim. Acta, eingereicht (1990).

/6/ P. Novák, W. Vielstich: J. Electrochem. Soc., 137 (1990) 1681.

/7/ (a) B. Gosse, J.P. Gosse, N. Felici: J. Appl. Electrochem., 5 (1975) 329,
(b) B. Gosse, A. Denat: J. Electroanal. Chem., 56 (1974) 129.

/8/ D. Aurbach, H. Gottlieb: Electrochim. Acta, 34 (1989) 141.

/9/ G. Eichinger: J. Electroanal. Chem., 74 (1976) 183.

/10/ M.G.S.R. Thomas, P.G. Bruce, J.B. Goodenough: J. Electrochem. Soc., 132 (1985) 1521.

/11/ P. Zelenay, M. Winnicka-Maurin, J. Sobkowski: J. Electroanal. Chem., 278 (1990) 361.

Entwicklung eines Alkalimetall-Thermoelektrischen Converters (AMTEC) für die umweltfreundliche Stromerzeugung

R. Knödler, H.P. Boßmann, G. Lilienkamp, F. Harbach
Asea Brown Boveri AG, Konzernforschungszentrum Heidelberg

Zusammenfassung

Der AMTEC ist eine Wärmekraftmaschine, die Wärme direkt in elektrische Energie umwandelt. Wegen des erwarteten hohen Umwandlungswirkungsgrades, seiner kompakten und modularen Bauweise und der niedrigen Kosten ist dieses System unter anderem gut geeignet für die Erzeugung von elektrischem Strom aus Solarenergie über hochkonzentrierende Parabolspiegel und für die Kraft-Wärme-Kopplung.

Das Prinzip des AMTEC besteht in der isothermen Expansion von Natrium über die ionenleitende Keramik Beta-Aluminiumoxid. Diese Keramik trennt einen Heißnatriumraum mit 800 bis 1000 °C von einem Kaltnatriumraum mit 200 bis 300 °C. Der Temperaturunterschied ist verknüpft mit einem Unterschied in den zugehörigen Natriumpartialdampfdrücken. Dieser Dampfdruck bzw. Konzentrationsgradient ruft eine elektrische Spannung hervor: $U_0 = RT \cdot \ln(p_2/p_1)/F$.

Wird eine äußere Last angeschlossen, können Natriumionen vom Hochdruckraum durch die Festelektrolytkeramik zum Niederdruckraum fließen, während der Arbeit leistende Elektronenstrom durch den Verbraucher fließt. Das kondensierte Natrium wird über eine elektromagnetische Pumpe zurückgeführt.

Summary

The AMTEC ist a heat engine which converts heat directly into electrical energy. The AMTEC has the potential to exhibit high efficiency and high energy density and can be produced in a modular design and with low cost. Therefore, the system is well suited e.g. for the production of electricity from solar heat via parabolic dishes and for cogeneration of heat and electricity.

The operating principle of the AMTEC is the isothermal expansion of sodium across the sodium ion conducting ceramic beta-alumina. This ceramic separates a hot sodium compartment with 800 to 1000 °C from a cold sodium compartment with 200 to 300 °C. The temperatur difference is connected with a difference in the respective sodium vapor pressures. This gradient in vapor pressure causes an electric potential to arise:
$U_0 = RT \cdot \ln(p_2/p_1)/F$.

If an external load is applied, sodium ions can flow from the high pressure compartment across the solid electrolyte ceramic to the low pressure compartment, while electrons flow through the external load. The condensed sodium is recirculated via an electromagnetic pump.

Resumé

Le AMTEC est un moteur thermique, que transforme directement la chaleur dans l'energie electrique. Ce système a le potentiel d'un rendement haut de transformation. Il a une forme de construction compacte et modulaire et son coût est bas. Pour ces raisons ce système est bien apte à la production de courant electrique de l'énergie solaire par des réflecteurs paraboliques á haute concentration.

Le principe du AMTEC est l'expansion isotherme de sodium par le ceramique á conduction d'ions d'alumine-beta. Cette ceramique sépare le compartiment de sodium chaud (800 a 1000 °C) du compartiment de sodium froid (200 a 300 °C). La différence de température est associée a une differénce de pression partielle de vapeur de sodium Ce gradient de la pression de vapeur (alors de la concentration) produit une tension électrique: $U_0 = RT \cdot \ln(p_2/p_1)/F$.

Une charge electrique permet au ions de sodium de parcourir du compartiment a haute pression au compartiment a pression basse en realisant un courant electrique qui traverse le recepteur en realisant du travail. Le sodium condense est ramene par une pompe electromagnetique.

Einleitung

Die bisherigen Systeme zur direkten Umwandlung von Wärme in Elektrizität sind nicht wirtschaftlich. Der Alkalimetall-Thermoelektrische Converter (AMTEC) erfüllt dagegen alle Anforderungen und ermöglicht einen wirtschaftlichen Einsatz bei der Umwandlung von Energie, insbesonders von Solarenergie.

Wirkungsweise

Der AMTEC ist eine Wärmekraftmaschine. Ihr Arbeitsmedium ist Natrium. Sie besteht im wesentlichen aus einer Druckkammer, in der das Natrium von einer beliebigen Wärme-quelle (z.B. Kohle, Öl, nuklear oder solar erzeugte Wärme) auf 800 bis 1000 °C erhitzt wird und einer Niederdruckkammer, in der Natriumdampf von einem luft- oder wassergekühlten Kondensator bei einem Druck von 10^{-5} bar entsprechend einer Sattdampftemperatur von 300 °C niedergeschlagen wird (Bild 1). Ein Festelektrolyt aus Beta-Aluminiumoxid trennt die Druck- und Niederdruckkammer gasdicht voneinander und läßt nur Natriumionen durch. Beta-Aluminiumoxid (Natriumpolyaluminat) leitet Natriumionen und wird bereits in der Natrium/Schwefel-Batterie eingesetzt. Eine elektromagnetische Pumpe fördert das Natriumkondensat aus der Niederdruck- in die Druckkammer zurück.

Die Leistung des AMTEC wird aus dem isothermen Entspannungsvorgang des Na über den Festelektrolyten gewonnen. Treibende Kraft dieses Prozesses ist der Druckunterschied zwischen den Kammern. Da die Festelektrolytkeramik zwar Natriumionen, aber weder Natriumatome noch Elektronen durchläßt, kann ein Druckausgleich nur erfolgen, wenn eine äußere Last elektronenleitend angeschlossen ist. Denn dann können Natriumionen vom Druckraum durch den Festelektrolyten zum Niederdruckraum fließen, während der Arbeit leistende Elektronenstrom durch den Verbraucher fließt.

Trennung und Rekombination von Ionen und Elektronen erfolgen in Elektroden auf beiden Seiten des Festelektrolyten.

Für die praktische Realisierung des Prozesses ist es empfehlenswert, das heiße Natrium dem Festelektrolyt-Separator als Natriumsattdampf zuzuführen. Dadurch werden Handhabung des heißen Natriums und Serienverschaltung einzelner Zellen zu größeren Einheiten erleichtert. Dieses Konzept unterscheidet sich wesentlich von AMTEC-Zellen an-derer Forschungsinstitute, bei denen das Natrium flüssig zugeführt wird.

Die Spannung des AMTEC bestimmt sich nach Nernst zu $U_0 = RT \cdot \ln(p_2/p_1)/F$ wobei p_2 und p_1 die Dampfdrücke im Hoch- und im Niederdruckraum sind. Bei Stromfluß sinkt diese Spannung infolge des inneren Widerstandes ab.

Als Wärmekraftmaschine unterliegt der AMTEC prinzipiell der thermodynamischen Begrenzung durch den Carnot-Wirkungsgrad. Der theoretisch maximal mögliche Wirkungsgrad eines "idealen" AMTEC liegt bei etwa 90 % des Carnot-Wirkungsgrades; dies entspricht etwas mehr als 50 % für eine Maschine, die zwischen T_2 = 1000 °C und T_1 = 300 °C betrieben wird. Der tatsächlich erreichbare Wirkungsgrad eines "realen" AMTEC fortgeschrittener und optimierter Konzeption wird wesentlich von den elektrischen und Wärmeverlusten bestimmt und wird zwischen 35 und 45 % liegen. Wie bei anderen Direktumwandlungssystemen auch, ist der Wirkungsgrad des AMTEC über weite Bereiche praktisch belastungsunabhängig; ein AMTEC sollte bei Teillast sogar noch höhere Wirkungsgrade als bei Nennlast erreichen. Das Beta-Aluminiumoxid erlaubt es, sehr hohe Ströme zu ziehen; dadurch sind - besonders bei höheren Temperaturen - Leistungsdichten über 1 W/cm^2 erreichbar.

Untersuchungen haben gezeigt, daß Beta-Aluminiumoxid in Natrium bei 1000 °C und unter Stromfluß langzeitstabil ist.

Vorteile

Gegenüber Diesel- oder Stirlingmotoren und im Vergleich zu anderen Direktumwandlungssystemen (Seebeck-Generatoren, Thermionik) weist der AMTEC gleichzeitig die folgenden Besonderheiten und Vorzüge auf:

- hoher Wirkungsgrad erreichbar (35 % und höher)
- hohe Leistungsdichte (150 W/kg), dadurch kompakte Bauweise
- keine beweglichen Teile,
  d. h. schwingungsfrei, geräuschlos, wartungsarm
- einsetzbar für alle Wärmequellen,
  seien es fossile Brennstoffe oder nuklear oder solar erzeugte Wärme
- niedrige Investitionskosten
  (ca. 700 DM/kW, ohne Wärmequelle oder Strahlungsempfänger)
- Anlauf ohne Hilfsenergie (keine Starterbatterie erforderlich)
- extrem geringer Schadstoffausstoß bei fossiler Beheizung
- modularer Aufbau, damit wirtschaftlich auch bei kleinen Leistungen
- Möglichkeit zur Kraft-Wärme-Kopplung.

Anwendungsmöglichkeiten

Wegen seines hohen Energieumsetzungsgrades und seines modularen Aufbaus ist der AMTEC besonders für dezentrale Stromversorgungsanlagen attraktiv. Wie alle Wärmekraftmaschinen ist er besonders wirtschaftlich bei Kraft-Wärme-Kopplung einsetzbar.

Als brennerbetriebenes Aggregat kann der AMTEC Dieselgeneratoren (beispielsweise in Blockheizkraftwerken) ersetzen. Anders als der Diesel ist der AMTEC leise, schwingungsfrei und wartungsfrei. Er benötigt auch keine Hilfsenergien beim Starten und kann neben Dieselöl auch andere lokal verfügbare Brennstoffe jeglicher Art nutzen.

Prinzipiell läßt sich der AMTEC in jede beliebige Heizquelle integrieren und zur Stromerzeugung verwenden - wenn ein Temperaturniveau von mehr als 700 °C erreicht werden kann.

Für die netzunabhängige Energieversorgung abgelegener Verbraucher in sonnenreichen Gegenden kann der AMTEC als Zentraleinheit einer solarthermischen Energiestation eingesetzt werden, die ergänzend fossil befeuert werden kann: zu konkurrenzfähigen Kosten und unabhängig von den momentanen Einstrahlungsbedingungen (Bild 2). Der AMTEC ist der einzige thermoelektrische Converter, der hierfür einen guten Wirkungsgrad ohne Einsatz beweglicher Teile anbietet. Bei Berücksichtigung von Verlusten beim Spiegel, beim Receiver und bei der Elektronik kann man für ein optimiertes AMTEC-Solarsystem einen Wirkungsgrad von etwa 25 % erwarten. Wichtig für den solarelektrischen Einsatz ist auch die Wartungsfreiheit und der Wegfall von Starthilfen.

Für Automobilhersteller oder -zulieferer kann der AMTEC zusammen mit nur wenig zu verändernden herkömmlichen Standheizungen als motorunabhängiges Generatoraggregat ausgebaut werden, das mit normalem Treibstoff (Benzin oder Diesel) versorgt werden kann, um Strom für die verschiedensten Service- und Komfortfunktionen in Luxus-Pkw, Lkw oder Bussen zu liefern: wirtschaftlich, umweltschonend, platzsparend, leise.

Als Vorschaltstufe in Kraftwerken führen AMTEC-Einheiten entsprechender Größe zur Anhebung des Prozeßwirkungsgrades um 10 %. Vorteilhaft für diese Anwendung ist die hohe Leistungsdichte des AMTEC und seine Integrierbarkeit auch in Altanlagen. Be-sonders interessant ist auch hier die Möglichkeit, sowohl feste als auch flüssige oder gasförmige Brennstoffe einzusetzen. AMTEC-Module können zumindest prinzipiell so ein-gesetzt werden, daß sie das Temperaturband zwischen verfügbarer Brennraumtemperatur und Eingangstemperatur des Basisprozesses optimal ausnutzen.

Entwicklungsstand bei ABB

Bisher wurde der AMTEC in erster Linie in USA entwickelt; dort wurden kleine Laborzellen gebaut und getestet, die das Potential des AMTEC für hohe Wirkungsgrade und lange Lebensdauer experimentell bestätigen.

Bei ABB wird z. Zt. vor allem an der Verbindungstechnik und an den niederdruckseitigen Elektroden gearbeitet. Es konnten Einzelzellen mit einer Leistung von 25 W bei 900 °C betrieben werden. Das Ziel ist zunächst die Entwicklung von 1 kW-Modulen, später von 10 kW-Modulen.

Literatur:

1. T. Cole, Thermoelectric conversion with solid electrolytes, Science 221 (1983), 915

2. R.M. Williams et al., Kinetics and Transport at AMTEC electrodes, J. electrochem. Soc. 137 (1990), 1709

Slide:@ 627 - 2 Opid: ABB Job#:904000 DDS:0628 Size:8598 Mon Jan 15 17:51:08 1990

Bild 1:

AMTEC:
Darstellung des Prozesses

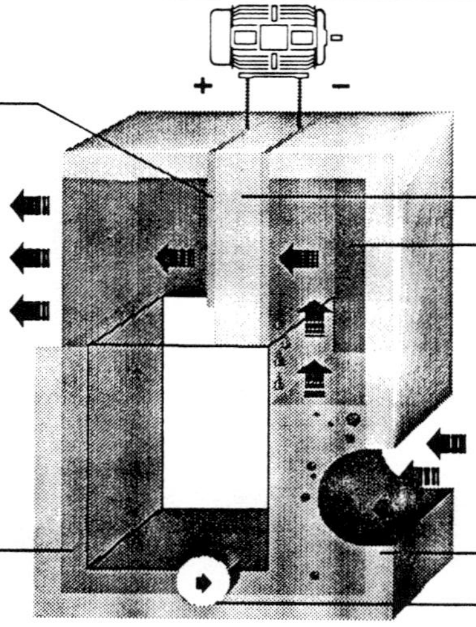

Anode: $Na \rightarrow Na^+ + e^-$

Kathode: $Na^+ + e^- \rightarrow Na$

$$U_0 = \frac{RT_2}{F} \ln \frac{p_2}{p_1}$$

CRH
FH 90 003

Slide:@ 627 - 3 Opid: ABB Job#:904000 DDS:0628 Size:7982 Mon Jan 15 17:52:53 1990

Bild 2:

Decentralized Hybrid (Fuel/Solar) Thermoelectric Converter Station

ABB ASEA BROWN BOVERI

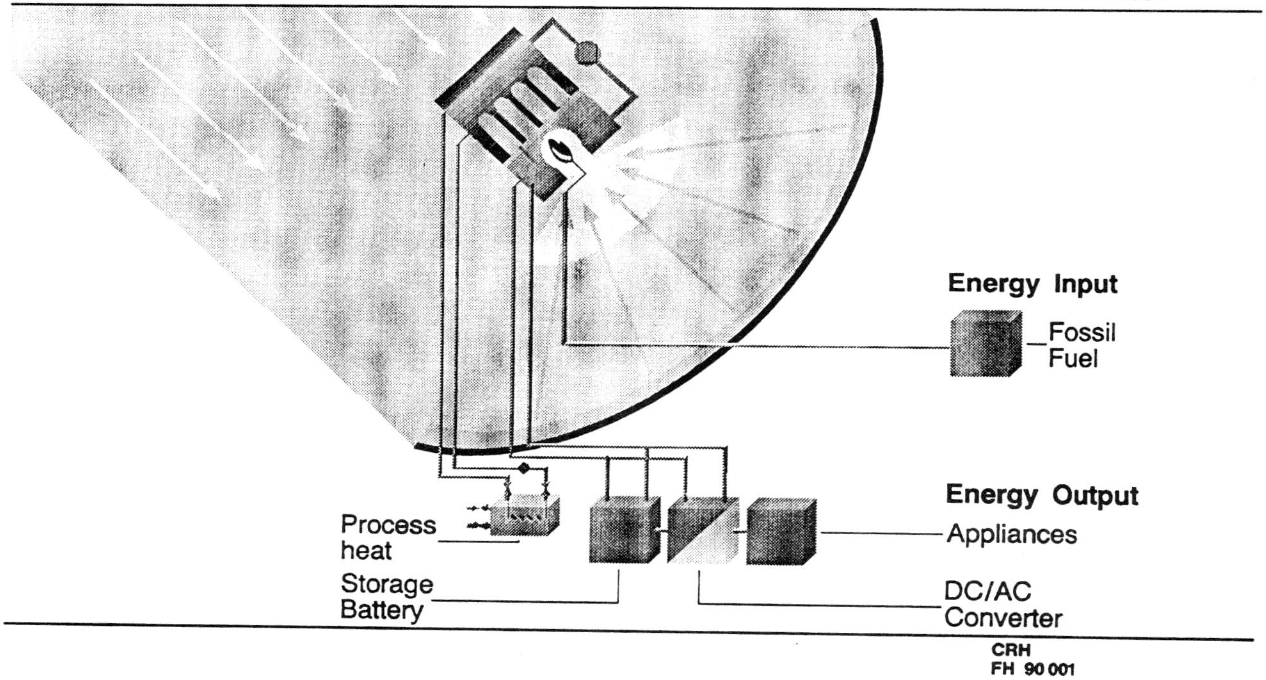

Elektrochemische Speicherung und Nutzung von Solarenergie für die Elektrotraktion

H. Kronberger, G. Fafilek, Ch. Fabjan
Institut für Technische Elektrochemie, Technische Universität Wien

Zusammenfassung

Die vorliegende Studie behandelt die Frage nach der grundsätzlichen Realisierbarkeit einer "Solartankstelle" mit weitgehender Mobilität sowie Netzunabhängigkeit. Es wurde untersucht, welche Systeme bzw. Anlagenkomponenten aus dem photovoltaischen, elektrotechnischen und elektrochemischen Bereich für diese Aufgabe am besten geeignet erscheinen und wie sie optimal - im Hinblick auf maximale Ausnützung der Energie (Wirkungsgrad), Kostenminimierung und Mobilität unter Berücksichtigung der in Mitteleuropa üblichen Sonneneinstrahlung aufeinander abgestimmt werden können. Zu diesem Zweck wurde die Anlage in folgende funktionelle Einheiten - Solargenerator, Verbindung Solargenerator - Zwischenspeicher, Zwischenspeicher, Ladegerät für Fahrzeugbatterie und Fahrzeugbatterie - aufgeteilt. Die Anlagenkomponenten wurden hinsichtlich der Erfüllung der spezifischen Anforderungen beurteilt, ausgewählt und optimal aufeinander abgestimmt. Abschließend wird die Realisierbarkeit eines solchen Projektes an Hand eines Ausführungsbeispieles diskutiert.

Summary

The present study is concerned with the question of the basic realizability of a "solar filling station" with a high degree of mobility and supply systems independency. Tests were performed to determine which system or plant components from the photovoltaic, electrotechnical and electrochemical field appear to be the most suitable for this task and how they can be optimally coordinated with each other with respect to the maximum exploitation of energy (degree of efficiency), cost minimization and mobility taking into consideration insolation usual in Central Europe. For this purpose, the plant was divided into the following functional units - solar generator, connection solar generator - buffer storage unit, buffer stornage unit, battery charger for motor vehicle battery and motor vehicle battery. The plant components were assessed, selected and optimally coordinated with each other with respect to the fulfilment of specific requirements. Finally, the realizability of a project of this type is discussed on the basis of a design example.

Résumé

La présente étude traite la question de la réalisation dans le principe d'une "station-service solaire" à large mobilité et indépendante du réseau. Il a été analysé quels systèmes ou quels composants d'installation du domaine photovoltaique, électrotechnique et électrochimique conviendraient le mieux à cette tâche et comment ils pourraient être optimalement adaptés les uns aux autres du point de vue de l'exploitation maximale de l'énergie (degré de rendement), de la minimisation des coûts et de la mobilité en tenant compte de l'ensoleillement habituel en Europe centrale. A cette fin, l'installation a été subdivisée dans les unités fonctionnelles suivantes - générateur solaire, combinaison générateur solaire/accumulateur intermédiaire, accumulateur intermédiaire, chargeur pour batterie de véhicule et batterie de véhicule. Les composants de l'installation ont été appréciés quant à leur aptitude à remplir les exigences spécifiques, choisis et optimalement adaptés entre eux. La réalisation d'un tel projet à l'appui d'un exemple est discutée dans ce qui suit.

Einführung

Ziel der Arbeiten war die Beantwortung der Frage nach der Realisierbarkeit mobiler netzunabhängiger SOLARTANKSTELLEN. Die Forderung nach Netzunabhängigkeit schließt eine für photovoltaische Anlagen in mehrfacher Hinsicht vorteilhafte Netzkopplung aus und bedingt die Verwendung eines elektrochemischen Speicherelements. Eine derartige Anlage ist daher aus folgenden Komponenten aufzubauen:

SOLARGENERATOR (Solarzellen)

ZWISCHENSPEICHER (Speicherbatterie)

FAHRZEUGBATTERIE (elektrochemischer Speicher)

VERBINDUNG VON SOLARGENERATOR,
ZWISCHENSPEICHER UND FAHRZEUGBATTERIE (Leistungselektronik)

Die Anlage soll folgende Anforderungen erfüllen:
1. Netzunabhängigkeit
2. Mobilität der gesamten Anlage
3. Optimaler Gesamtwirkungsgrad
4. Betrieb von maximal zwei Elektro PKW
5. Kapazität für 3-tätigen autonomen Betrieb

Die Problemstellung erfordert die wissenschaftliche Behandlung dreier Bereiche:
1. Physikalische und technische Aspekte der Photovoltaik*)
2. Elektrotechnische und elektronische Einrichtungen für die effiziente Energieübertragung, sowie Schutz- und Regeleinrichtungen.
3. Elektrochemische Speicher als Zwischenspeicher und als Fahrzeugbatterie.

Es wurde versucht, eine Auswahl der einzelnen Systemkomponenten nach technischen und ökonomischen Gesichtspunkten zu treffen. Ein Vergleich der speziellen Eigenschaften der verschiedenen Systeme lieferte dafür die entscheidenden Voraussetzungen. Während bei den Solargeneratoren unter den wenigen marktverfügbaren Zellentypen (monokristallin, polykristallin, amorph) die Auswahl in einfacher Weise zugunsten leistungsstarker und derzeit auch preisgünstiger monokristalliner Zellen getroffen werden konnte, wurde die Auswahl der Speicher- und Fahrzeugbatterien auf wenige besonders aussichtsreiche Systeme beschränkt.

In diesem Zusammenhang wurden die speziellen Eigenschaften der Speicherbatterien Blei, Zink-Brom und Natrium-Schwefel hinsichtlich ihrer Eignung als Solarspeicher oder Fahrzeugbatterien untersucht:

*) Für die Behandlung des Bereiches Photovoltaik wird auf die umfangreiche Literatur auf diesem Gebiet verwiesen. Gegenstand der vorliegenden Arbeit waren vor allem die Punkte 2. und 3.

Bleiakkumulator:

* Ausgereifte Technologie, ausreichende Verfügbarkeit.
* Geringe Selbstentladung, kein Energieverbrauch durch Hilfsaggregate.
* Effektiver Betrieb (hoher Wirkungsgrad) ist auch bei geringen Leistungen möglich (Abb.1). Dies spielt bei der für Mitteleuropa charakteristischen zeitlichen Verteilung der Strahlungsenergie eine Rolle, wobei ein hoher Prozentsatz der Gesamtenergie im Bereich sehr geringer Leistungen anfällt. (70% der Gesamtenergie aus Strahlungsleistungen kleiner als 10% der Maximalstrahlung!) /1/, /2/.
* Niedrige Energiedichte (20 - 40 Wh/kg).
* Leistungsdichte: Dauernd 20 - 35 W/kg, Spitze bis 100 W/kg.
* Empfindlichkeit gegen häufige Tiefentladung erfordert kapazitive Überdimensionierung zur Erhöhung des Gesamtenergietransfers (kumulative Kapazität, Lebensdauer), /4/, /5/.
* Kapazitätsreserve durch Überdimensionierung für fallweise notwendige Tiefentladungen in Schlechtwetterperioden.

Zink-Brom-Batterie:

* Sehr hohe Energiedichte (70 Wh/kg).
* Leistungsdichte: Dauernd 100 W/kg, Spitze bis 200 W/kg.
* Volle Kapazitätsausnutzung infolge der Unempfindlichkeit gegen Tiefentladung.
* Gute Zyklenfestigkeit
* Geringe Selbstentladung in Ruheperioden.
* Hohe Selbstentladung während des Betriebs.
* Zusätzlicher Energieverbrauch der Pumpen ("Flow Battery").
* Geringe Erfahrungen hinsichtlich der Lebensdauer und Störungsanfälligkeit.
* Effektiver Betrieb ist wegen Selbstentladung und Pumpen nur in mittleren und hohen Leistungsbereichen zu erwarten.

Natrium-Schwefel-Batterie:

* Sehr hohe Energiedichte (120 Wh/kg).
* Leistungsdichte: Dauernd 100 W/kg. Spitze bis 200 W/kg.
* Volle Kapazitätsausnutzung infolge der Unempfindlichkeit gegen Tiefentladung.
* Geringe Zyklenfestigkeit.
* Außerordentliche Empfindlichkeit gegen thermische Zyklen erfordert die Erhaltung der Betriebstemperatur auch während der Ruheperioden.
* Energiebedarf zum Ausgleich der Wärmeverluste.

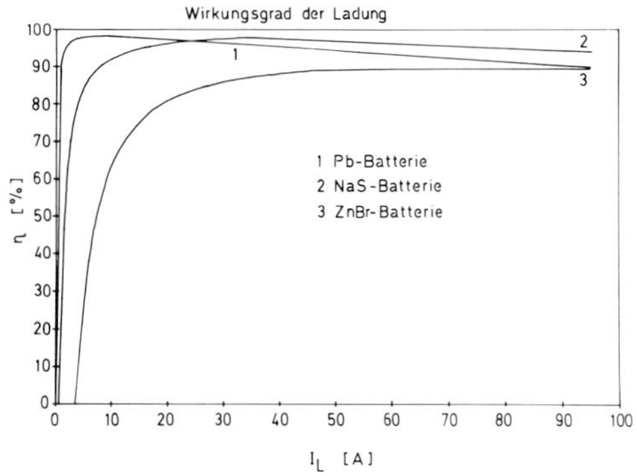

Abb.1 Vergleich der Wirkungsgrade verschiedener Batterien in Abhängigkeit von der Ladeleistung.

Weiters wurde ein Vergleich der Eigenschaften der als Verbindungsglied notwendigen Leistungselektronik zwischen den Systemkomponenten Solargenerator, Zwischenspeicher und Fahrzeugbatterie durchgeführt:

Direkte Verbindung über Blockdiode:

* Sehr einfache Anordnung.
* Keine Wandlerverluste und vernachlässigbare Verluste der Blockdiode.
* Geringe Störanfälligkeit.
* Betrieb im PML (Punkt Maximaler Leistung) (Abb.2) ist nicht immer möglich /3/.
* Anordnungsbedingte Energieverluste bei der Ladung der Fahrzeugbatterie durch das notwendige höhere Spannungsniveau des Zwischenspeichers.
* Schwierigkeiten bei der Anpassung an unterschiedliche Fahrzeugbatterien.

Verbindung mit Spannungswandler:

* Der Betrieb im PML ist in allen Leistungsbereichen möglich.
* Möglichkeit der Regelung des Ladungsvorganges der Fahrzeugbatterie mit konstantem Strom und hohem Gesamtwirkungsgrad.
* Infolge hoher Wandlerverluste bringt diese Anordnung in dem für mitteleuropäische Strahlungsverhältnisse typischen Schwachlastbereich keine Wirkungsgradverbesserung.

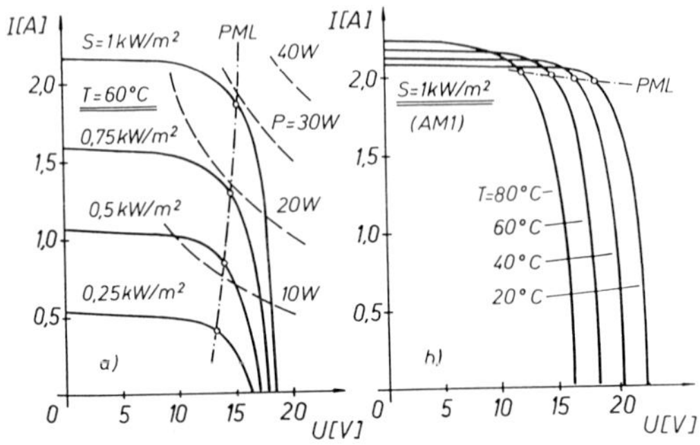

Abb.2: Punkt maximaler Leistung (PML)

Zusammenfassung

Bleibatterien sind als Solarspeicher den Natrium-Schwefel und Zink-Brom Batterien überlegen. Die geringe Selbstentladung und das Fehlen von Hilfsaggregaten (Pumpen, Heizung) ermöglicht eine effizientere Nutzung der Strahlungsenergie.

Als Traktionsbatterie sind grundsätzlich Natrium-Schwefel und Zink-Brom-Batterien geeignet. Entscheidend sind in beiden Fällen hohe Energie-und Leistungsdichten sowie ihre Unempfindlichkeit gegenüber Tiefentladung (100%ige Nutzung der Kapazität). Die Versorgung aus einer netzunabhängigen Solaranlage schließt die Verwendung einer Natrium-Schwefel-Batterie wegen des permanenten Wärmebedarfs aus. Anhand von praktischen Modellversuchen mit Bleibatterien (1 - 3 Ah Einheiten) und Modellrechnungen mittels Simulationsprogramm konnten Aussagen über den Wirkungsgrad verschiedener Batterie-zu Batterieladamethoden gemacht werden. Für die Auswahl der Verbindungsvarianten zwischen Solargenerator, Zwischenspeicher und Fahrzeugbatterie empfiehlt sich daher folgende Anordnung:

Für die Verbindung von Solargenerator und Zwischenspeicher bietet der Anschluß über Blockdiode ohne Wandler den Vorteil geringerer Gesamtverluste.

Dagegen ermöglicht die Verwendung eines Spannungswandlers bei der Ladung von Fahrzeugbatterien aus dem Zwischenspeicher höhere Wirkungsgrade und eine einfache Anpassung an Fahrzeugbatterien verschiedener Spannung.

Auslegung der Anlage

Bei Erhaltung der Mobilität ist eine Solartankstelle zur Versorgung von 1 oder 2 Elektro-PKW mit einem angenommenen täglichen Energiebedarf von je 15 kWh (Reichweite 100-150 km) nicht realisierbar.

Der vorgeschlagene Auslegungsfall sieht daher 1 Fahrzeug mit reduziertem täglichen Energiebedarf von 7,5 kWh vor.

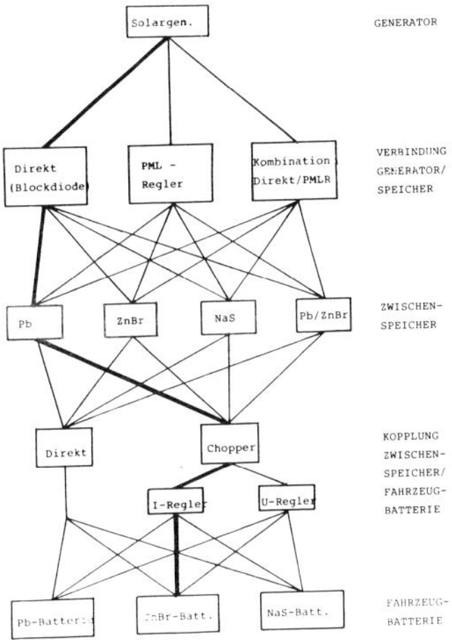

Abb.3: Schematische Darstellung der Anlage

Die präsentierten Ergebnisse sind Teil einer Studie, die im Auftrag der Österreichischen Verbundgesellschaft (Elektrizitätswirtschaft) erarbeitet wurde.

Literatur

/1/ H.K. Köthe: Stromversorgung mit Solarzellen. Franzis, München 1988

/2/ W. Wienhöfer: Optimale Anpassung terrestrischer Solargeneratoren an Gleichspannungssysteme mit Speicher. Diss.,

Hannover 1982

/3/ G. Faninger, G. Groier, W. Heindl, E. Rummich: Photovoltaische Stromerzeugung, ASSA Wien 1984

/4/ E. Witte: Blei und Stahlakkumulatoren, Varta Fachbuchreihe, VDI Verlag Düsseldorf 1977

/5/ K. Kordesch: Batteries, 2, Marcel Dekker, New York 1977

Berechnungsverfahren für die Konzentrationsüberspannung bei der Wasserstoffproduktion

H. Vogt
Fachbereich Verfahrens- und Umwelttechnik der Technischen Fachhochschule Berlin

Zusammenfassung
Bei gasentwickelnden Elektroden tritt stets ein Überspannungsbetrag auf, der durch Übersättigung der elektrodennahen Flüssigkeit mit gelöstem Gas verursacht wird. Bei der Abschätzung des Betrags dieser Konzentrationsüberspannung versagen konventionelle Methoden gerade bei solchen Stromdichten, wie sie bei industriellen Reaktoren zumeist üblich sind. Unter Heranziehung bekannter Stoffübergangsgleichungen lassen sich jedoch Konzentrationsüberspannungen vorausberechnen, die mit experimentellen Ergebnissen gut übereinstimmen. Das Berechnungsverfahren kann dem Ingenieur zur Hand gegeben werden. Es läßt auch erkennen, inwieweit durch betriebliche Maßnahmen die Überspannung gesenkt werden kann.

Summary
All gas-evolving electrodes exhibit an overpotential owing to supersaturation of the liquid with dissolved gas. Conventional methods to estimate this concentration overpotential fail just for those values of the current density which are usually applied in industrial reactors. However, referring to well-known mass transfer equations the overpotential can be predicted. Results are in agreement with experimental findings. The procedure can be recommended for practical use. It shows also to what extent operational measures are successful in lowering the overpotential.

Résumé
Lors d'électrodes développant du gaz, une surtension se produit toujours, laquelle est causée par la sursaturation du liquide proche de l'électrode avec du gaz dissous. Lors de l'estimation du montant de cette surtension de concentration, les méthodes conventionnelles ne donnet aucun résultat, notamment pour les densités de courant rencontrées la plupart du temps por les réacteurs industriels. Sous prise en considération des équations de transport de matière connues, les surtensions de concentrations peuvent cependant être précalculées et sont en conformité avec les résultats expérimentaux. La méthode de calcul peut être fournie à l'ingénieur. Elle permet également de constater dans quelle mesure la surtension peut être abaissée par des mesures opérationnelles.

1. Einleitung

Wenn hochwertige Elektroden für die Wasserstoff-Abscheidung bei Potentialen arbeiten, die nahezu den thermodynamisch reversiblen Vorgängen entsprechen, so bedeutet das keineswegs, daß nicht auch Überspannungen auftreten. Es sind dies unvermeidbare Überspannungen, und zwar solche, die durch die Übersättigung des Elektrolyten mit gelöstem Gas an der Grenzfläche Elektrode/Elektrolytlösung verursacht sind und die sich leicht mit der Nernstschen Gleichung

$$\eta_c = \frac{R\ T}{(n/\nu)F} \ln\frac{c_e}{c_o} \qquad (1)$$

abschätzen lassen, wenn die Konzentration c_e an gelöstem Gas unmittelbar an der Elektrode bekannt ist; c_o ist ein geeigneter Referenzwert. Schon bei Stromdichten oberhalb von 500 A/m^2 können relative Übersättigungen von über 100 auftreten /1/. Das bedeutet, daß an der Kathode die Konzentration des gelösten Wasserstoffs über 100mal größer ist als die Sättigungskonzentration, und das entspricht Überspannungen von etwa 60 mV.

Es ist üblich, die Konzentrationsüberspannung mit einer offenbar erstmals von Agar und Bowden /2, 3/ angegebenen Beziehung an die Stromdichte j anzubinden und der praktischen Berechnung zugänglich zu machen:

$$\eta_c = \frac{R\ T}{(n/\nu)F} \ln\left(1 + \frac{j}{|j_o|}\right) , \qquad (2)$$

wo j_o eine geeignete Referenzstromdichte ist. Diese Gleichung sagt aus, daß bei hohen Stromdichten die Konzentrationsüberspannung mit dem Logarithmus der Stromdichte linear zunimmt. Das wird durch den experimentellen Befund nicht bestätigt. Messungen für die Wasserstoffentwicklung belegen, daß die Kurve schon bei Stromdichten oberhalb etwa 500 A/m^2 erheblich abflacht. (Siehe auch Abb. 3.) Dieser Kurvenverlauf ist nicht charakteristisch für Kathoden; einen ähnlichen Verlauf findet man auch bei der chlorentwickelnden Elektrode /4/. Gl. (2) versagt grundsätzlich bei hohen Stromdichten.

In folgenden wird ein Berechnungsverfahren vorgestellt, das auf der Einbeziehung des Stoffübergangs an gasentwickelnden Elektroden basiert und das es gestattet, die durch gelöste Gase verursachte Konzentrationsüberspannung im gesamten technisch interessanten Stromdichtebereich zu berechnen. Das Verfahren hat sich im Vergleich mit experimentellen Ergebnissen bewährt und wird für die praktische Anwendung empfohlen /5/.

2. Konzentrationsüberspannung und Stoffübergang

Mit der Definitionsgleichung des Stoffübergangskoeffizienten k

$$\frac{j}{(n/\nu)F} = k\,(c_e - c_\infty) \tag{3}$$

erhält man mit Gl. (1) allgemein die Konzentrationsüberspannung

$$\eta_c = \frac{R\,T}{(n/\nu)F} \ln\left(\frac{j}{(n/\nu)F\;k\;c_o} + \frac{c_\infty}{c_o}\right) \quad . \tag{4}$$

Zum Vergleich mit der üblichen Gl. (2) kann man Gl. (3) auf den Spezialfall der anodischen Oxidation von Wasserstoff unter Grenzstrombedingungen, $c_e = 0$, $c_\infty = c_{\infty d}$, anwenden,

$$\frac{|j_o|}{(n/\nu)F} = k_d\; c_{\infty d} \quad , \tag{5}$$

und erhält

$$\eta_c = \frac{R\,T}{(n/\nu)F} \ln\left(\frac{j}{|j_o|}\,\frac{k_d}{k}\,\frac{c_{\infty d}}{c_o} + \frac{c_\infty}{c_o}\right) \quad . \tag{6}$$

Man sieht sofort, daß Übereinstimmung mit Gl. (2) nur unter besonderen Bedingungen eintritt:

1. Der Stoffübergangskoeffizient ist konstant und gleicht überdies bei der Gasentwicklung stets dem bei Wasserstoff-Oxidation, $k = k_d$.

   Diese Bedingung ist nur bei starker Zwangskonvektion der Flüssigkeit erfüllt. Bei anderen Mechanismen des Stoffübergangs ist, wie in Abb. 1 verdeutlicht wird, der Stoffübergangskoeffizient von der Stromdichte abhängig. Sobald die Rührwirkung durch Gasblasen vorherrschend wird, ändert sich der Stoffübergangskoeffizient stark mit der Stromdichte, und die Gleichsetzung $k = k_d$ ist nicht einmal als grobe Näherung brauchbar.

2. Die Konzentration des gelösten Gases im Innern der Flüssigkeit ist unter allen Betriebsbedingungen gleich der Referenzkonzentration $c_\infty = c_o$.

   Diese Gleichsetzung hat ihren Wert insoweit, als sie die Überspannung zur allein stoffübergangsbedingten Überspannung (Diffusionsüberspannung) macht. Der Nachteil ist, daß, da bei der Gasentwicklung die Wasserstoff-Konzentration c_∞ im Innern der Flüssigkeit von den Betriebsbedingungen, insbesondere von der Stromdichte, abhängig ist /6/, die Referenzkonzentration ebenfalls schwankt und deshalb als unveränderliches Bezugsmaß nicht geeignet ist. Gewöhnlich benutzt man einen konstanten Referenzwert, und zwar die Sättigungskonzentration beim Betriebsdruck. Diese mit der Kernkonzentration c_∞ gleichzusetzen ist zwar nicht realitätskonform, aber immerhin eine praktikable Näherung, weil Abweichungen der Kernkonzentration von der Sättigungskonzentration meist klein genug sind, um die Gleichsetzung zuzulassen, $c_\infty = c_s$.

3. Definitionsgemäß ist damit die Konzentration im Flüssigkeitsinneren bei der Wasserstoff-Oxidation ebenfalls gleich der Sättigungskonzentration, $c_{\infty d} = c_s$.

Mit der Gleichsetzung $c_o = c_\infty = c_s$ erhält man aus Gl. (4) für die Konzentrationsüberspannung eine Gleichung

$$\eta_c = \frac{R\,T}{(n/\nu)F} \ln \left(\frac{j}{(n/\nu)F\;k\;c_s} + 1 \right) , \qquad (7)$$

die bei Kenntnis des Stoffübergangskoeffizienten ohne weiteres anwendbar ist und Gl. (2) ersetzt.

3. Stoffübergangsmechanismen

An Wasserstoff abscheidenden Kathoden treten - wie an jeder gasentwickelnden Elektrode - zwei oder drei Mechanismen auf, die stets gleichzeitig, aber mit oft stark unterschiedlicher Intensität wirksam sind.

3.1. Einphasen-Eigenkonvektion

Infolge von Konzentrations- und Temperaturunterschieden in der Flüssigkeit zwischen dem Inneren und dem Abstand null von der Elektrode treten Dichtedifferenzen auf, die zur Eigenkonvektion der Flüssigkeit führen. Der Stoffübergang läßt sich dann beschreiben durch

$$Sh = \frac{k\,L}{D} = C\,(Gr\;Sc)^m \,\frac{1-\Theta}{1-\frac{2}{3}f_G} \qquad (8)$$

mit den Kennzahlen in üblicher Definition:

$$Gr = \frac{g\,L^3}{\nu_L^2}\,\frac{\rho_e - \rho_\infty}{\rho_\infty} \qquad (9)$$

$$Sc = \frac{\nu_L}{D} \qquad (10)$$

Die geometrische Größe L wird wahrscheinlich durch die Populationsdichte der auf der Elektrode haftenden Blasen bestimmt und läßt sich mit dem Abreißdurchmesser der Blasen und dem Bedeckungsgrad der Elektrode abschätzen gemäß

$$\frac{L}{d} = \frac{0{,}8}{\Theta} - 1 \quad . \qquad (11)$$

Der Abreißdurchmesser d und der Bedeckungsgrad Θ lassen sich zumindest näherungsweise anhand spezieller Meßwerte abschätzen /7, 8/. Für die überwiegend anzutreffende laminare Grenzschichtströmung gelten C = 0,66 und m = 0,25, für die turbulente Grenzschicht C = 0,15 und m = 0,333. (Die Faktoren C sind leicht von der Schmidt-Zahl abhängig und hier für Sc = 300 angegeben.) Die Korrektur (1 - Θ) berücksichtigt, daß ein mittlerer Flächenanteil Θ in der Konzentrationsgrenzschicht von haftenden Blasen versperrt ist; die Korrektur (1 - $2f_G/3$) erfaßt die Desorption von gelöstem Wasserstoff innerhalb der Grenzschicht /9/.

3.2. Zwangskonvektion (Makrokonvektion)

Wird der Elektrodenspalt mit hoher Geschwindigkeit durchströmt, überlagert sich der Eigenkonvektion eine Zwangskonvektion, die leicht vorherrschend werden kann. Es ist dabei unerheblich, ob die Flüssigkeit mittels einer Pumpe durch den elektrochemischen Reaktor gefördert wird oder ob, wie in modernen Gaslift-Zellen, allein die Förderwirkung der im Elektrodenspalt entsehenden Gas-Elektrolyt-Dispersion im Kreislauf mit Gasabscheider genutzt wird.

Geeignete Stoffübergangsgleichungen sind in diesem Fall die hinreichend bekannten Gleichungen für Zwangskonvektion bei der Durchströmung von Kanälen /10/, beispielsweise bei laminarer Strömung /11/

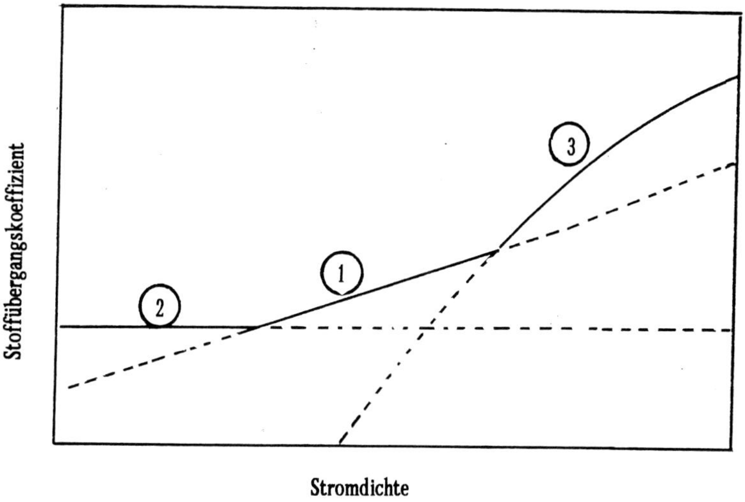

Abb. 1. Die drei Stoffübergangsmechanismen: 1 - bei einphasiger Eigenkonvektion; 2 - bei Zwangskonvektion; 3 - bei blaseninduzierter Mikrokonvektion.

$$Sh = \frac{k\, d_h}{D} = 0{,}664\ Re^{0,5}\ Sc^{1/3}\ (d_h/L)^{0,5}\ \frac{1 - \Theta}{1 - \frac{2}{3} f_G} \qquad (12)$$

Auch hier sind im Unterschied zu den originalen Gleichungen wieder die Korrekturen für die Verengung der Stoffübergangsfläche und für die Desorption in der Grenzschicht berücksichtigt.

$$Re = \frac{v\, d_h}{\nu_L} \qquad (13)$$

3.3. Blaseninduzierte Mikrokonvektion

Gasblasen bilden sich schon bei kleinsten Stromdichten, wirken sich dort aber auf den Stoffübergang nur durch partielle Abschirmung der Elektrodenfläche aus. Bei Stromdichten oberhalb etwa 500 A/m^2 wird aber eine blaseninduzierte Mikrokonvektion vorherrschend. Sie beruht im wesentlichen darauf, daß die anwachsende Gasblase am gesamten Umfang Flüssigkeit zentrifugal verdrängt, also auch über die Oberfläche schiebt /12/ und dadurch den Stoffübergang beeinflußt. Zusätzlich bildet sich beim Ablösen der Blase, sobald diese ihr maximales Haftvolumen erreicht hat, eine Nachlaufströmung, die im Bereich der alten Haftfläche Verwirbelung ausübt. Die Vorgänge sind im einzelnen sehr komplex, die verfügbaren Stoffübergangsgleichungen dementsprechend weniger zuverlässig. Immerhin läßt sich mit der Gleichung /13/

$$Sh = \frac{k\, d}{D} = \frac{0{,}93\ (Re_G\ f_G)^{0,5}\ Sc^{0,487}}{1 - \frac{2}{3} f_G} \qquad (14)$$

der Stoffübergangskoeffizient abschätzen. Die Reynolds-Zahl ist hier anders definiert:

$$Re_G = \frac{j\ R\ T\ d}{(n/\nu) F\ p} \qquad (15)$$

Ferner bedeutet f_G wieder die Gasausbeute; das ist derjenige Anteil am an der Elektrode erzeugten Wasserstoff, der dort(!) in die Gasphase an der Elektrode haftender Blasen überführt wird. Der Wert steigt (wie auch der Bedeckungsgrad Θ) mit der Stromdichte an und läßt sich gegenwärtig zumindest grob abschätzen gemäß /5/

$$f_G = 1 - (1 - \Theta)^{2,5}\ . \qquad (16)$$

3.4. Überlagerung zweier Mechanismen

Falls in einem Stromdichtebereich zwei Mechanismen von etwa gleichem Einfluß sind, läßt sich der effektive Stoffübergangskoeffizient k aus den beiden einzelnen Koeffizienten k_1 und k_2 für verschiedene Mechanismen berechnen nach /14/

$$k = (k_1^2 + k_2^2)^{0,5} \tag{17}$$

4. Experimentelle Überprüfung

Zur Überprüfung des Verfahrens sind Stoffübergangskoeffizient k, relative Übersättigung $(c_e - c_s)/c_s$ und Überspannung η_c für die Wasserstoff-Entwicklung aus Schwefelsäure 0,5 mol/l bei 25 °C an Platin-Elektroden mit den angegebenen Gleichungen errechnet und mit Meßergebnissen von Shibata /15/ verglichen worden.

Man sieht aus Abb. 2 und 3, daß bei nicht zu hohen Stromdichten die Meßpunkte sowohl bei einphasiger Eigenkonvektion als auch bei Zwangskonvektion, d.h. bei erzwungener Rührung des Elektrolyten, durch die Gln. (7) und (8) bzw. (12) gut korreliert werden. Oberhalb von 500 A/m^2 bei Eigen-

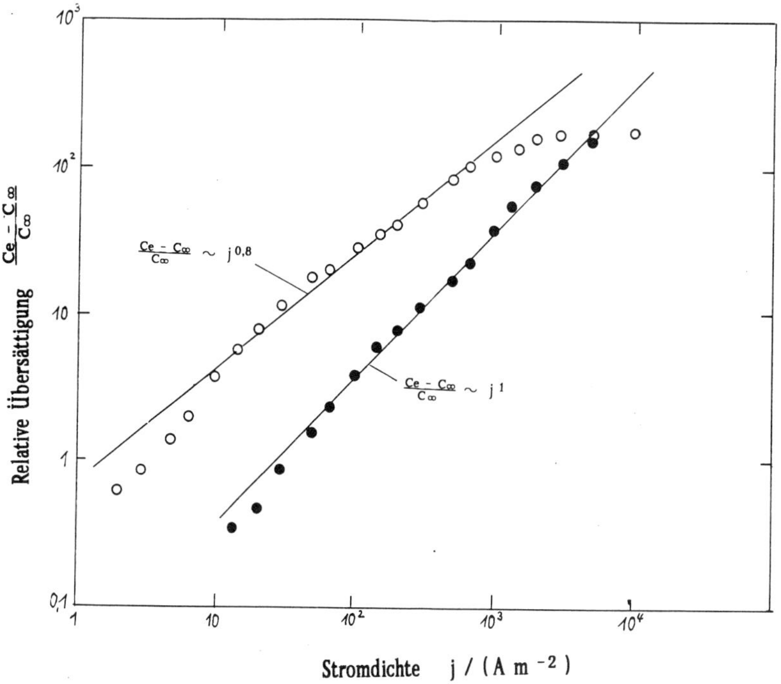

Abb. 2. Relative Übersättigung in Abhängigkeit von der Stromdichte. Wasserstoff-Entwicklung aus 0,5 M Schwefelsäue, 25 °C, Platin. Meßpunkte nach Shibata /15/: o – Eigenkonvektion, • – Zwangskonvektion.

konvektion und oberhalb von 5000 A/m^2 beim Ausmaß der hier angewandten Zwangskonvektion wirkt sich aber die von den Gasblasen verursachte Mikrokonvektion als maßgeblich aus. Der Stoffübergangskoeffizient wächst dann viel stärker an, und die Überspannungskurve flacht ab. Ob sie allerdings bei sehr hohen Stromdichten einem Grenzwert asymptotisch zustrebt, wie früher vorausgesagt wurde /16/, ist zweifelhaft.

5. Praktische Konsequenzen

Das hier vorgestellte Verfahren gestattet die Berechnung der durch die Wasserstoff-Entwicklung unmittelbar verursachten Konzentrationsüberspannung. Darüber hinaus erlaubt es abzuschätzen, um welchen Betrag die Überspannung gesenkt werden kann, wenn der Stoffübergang an der Elektrode

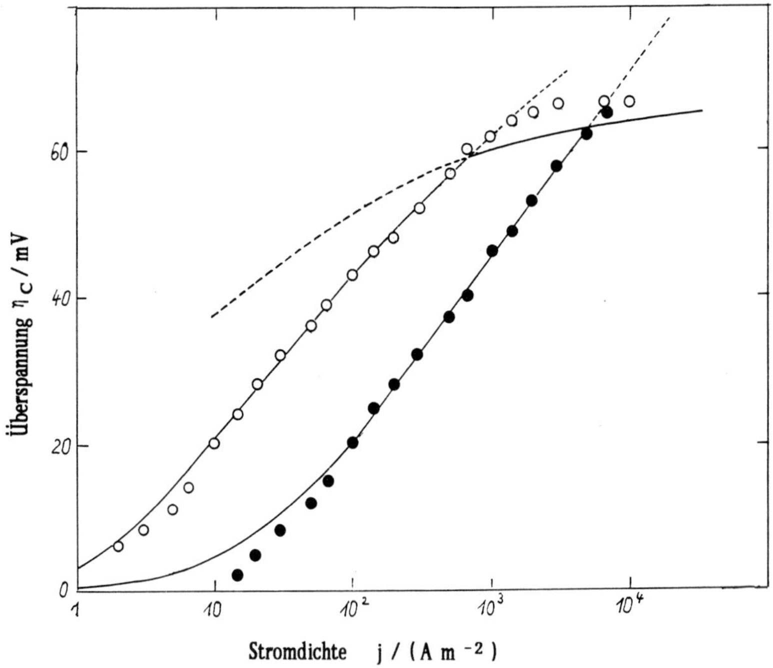

Abb. 3. Konzentrationsüberspannung in Abhängigkeit von der Stromdichte. Wasserstoff-Entwicklung aus 0,5 M Schwefelsäure, 25 °C, Platin. Meßpunkte nach Shibata /15/; Kurvenzüge berechnet: o - Eigenkonvektion, ● - Zwangskonvektion.

durch betriebliche Maßnahmen verbessert wird. Einsparung an Überspannung auf der einen Seite und Mehraufwand an Pumpenergie auf der anderen Seite lassen sich so quantifiziert vergleichen.

Beispielsweise wäre es erfolglos, bei 5000 A/m^2 durch Steigerung der Strömungsgeschwindigkeit der Elektrolytlösung den Stoffübergangskoeffizienten anzuheben allein mit dem Ziel, die Überspannung senken zu wollen. Dagegen führt bei 500 A/m^2 eine Steigerung kleiner Strömungsgeschwindigkeiten im Zwischenelektrodenraum bei geringen zusätzlichen Förderkosten zu einer wesentlichen Senkung der Überspannung.

Formelzeichen

c_e	Konzentration des gelösten Gases unmittelbar an der Elektrode
c_o	Referenzkonzentration /mol m^{-3}/
c_∞	Konzentration im Innern der Flüssigkeit /mol m^{-3}/
c_s	Sättigungskonzentration /mol m^{-3}/
d	Abreißdurchmesser der Gasblase /m/
d_h	Hydraulischer Durchmesser des Strömungsquerschnitts /m/
D	Diffusionskoeffizient /m^2 s^{-1}/
f_G	Gasausbeute /-/
F	Faraday-Konstante
g	Erdbeschleunigung /m s^{-2}/
j	Stromdichte /A m^{-2}/
j_o	Referenzstromdichte /A m^{-2}/
k	Stoffübergangskoeffizient /m s^{-1}/
k_d	Stoffübergangskoeffizient bei Grenzstrombedingung /m s^{-1}/
L	Charakteristische Länge /m/
n/ν	Ladungszahl
p	Druck /kg m^{-1} s^{-2}/
R	Allgemeine Gaskonstante
T	Temperatur /K/
v	Strömungsgeschwindigkeit /m s^{-1}/
Gr	Grashof-Zahl
Re	Reynolds-Zahl
Sc	Schmidt-Zahl
Sh	Sherwood-Zahl
η_c	Konzentrationsüberspannung /V/
Θ	Bedeckungsgrad /-/
ν_L	Kinematische Viskosität /m^2 s^{-1}/
ϱ_e	Dichte unmittelbar an der Elektrode /kg m^{-3}/
ϱ_∞	Dichte im Innern der Flüssigkeit /kg m^{-3}/

Literatur

/1/ S. Shibata: Bull. Chem. Soc. Japan 36 (1963) 53-57

/2/ J.N. Agar, F.P. Bowden: Proc. Roy. Soc. 169 A (1939) 206

/3/ K.J. Vetter: Elektrochemische Kinetik, Springer, Berlin 1961, p. 142

/4/ N.Ya. Bune, L.E. Chuvaeva, V.V. Losev: Elektrokhim. 23 (1987) 1249-1252; Sov Electrochem. 23 (1987) 1179-1182

/5/ H. Vogt: J. Electrochem. Soc. 137 (1990) 1179-1184

/6/ H. Vogt: Electrochim. Acta 30 (1985) 265-270

/7/ H. Vogt: Electrochim. Acta 25 (1980) 527-531

/8/ H. Vogt: Electrochim. Acta 34 (1989) 1429-1432

/9/ H. Vogt: J. Appl. Electrochem. 19 (1989) 713-719

/10/ H. Brauer, D. Mewes: Stoffaustausch einschließlich chemischer Reaktionen. Sauerländer, Aarau 1971

/11/ E. Pohlhausen: Z. angew. Math. Mech. 1 (1921) 115

/12/ H. Vogt: Chem.-Ing.-Techn. 52 (1980) 418-423

/13/ K. Stephan, H. Vogt: Electrochim. Acta 24 (1979) 11-18

/14/ H. Vogt: Electrochim. Acta 23 (1978) 203-205

/15/ S. Shibata: Denki Kagaku 44 (1976) 709-712

/16/ R. Clamroth, C.A. Knorr: Z. Elektrochemie Ber. Bunsen-Ges. phys. Chem. 57 (1953) 399-405

Autorenverzeichnis

H. Abraham
Berliner
Stadtreinigungs Betriebe
Ringbahnstr. 96
1000 Berlin 42

Dr. J. Ahn
Fraunhofer-Institut für
Solare Energiesysteme
Oltmannsstr. 22
7800 Freiburg

Dr. M. Abdel Azzem
Institut für Organische
Chemie u. Biochemie
Gerhard-Domagk-Str. 1
5300 Bonn 1

Dr. T. Bachmann
DECHEMA
Theodor-Heuss-Allee 25
6000 Frankfurt 97

Dr. D. Bahnemann
Institut für
Solarenergieforschung
Sokelantstr. 5
3000 Hannover

Dr. A. Bandi
Universität Stuttgart
Institut für
Physikalische Elektronik
Pfaffenwaldring 47
7000 Stuttgart 80

Prof. Dr. J. Barthel
Institut f. Physikalische
und Theoretische Chemie
der Universität Regensburg
Universitätsstr. 31
8400 Regensburg

Prof. Dr. F. Beck
Universität GH Duisburg
FB 6 - Elektrochemie
Lotharstraße 1
4100 Duisburg

Dr. D. Bergner
HOECHST AG
Werk Hoechst
Postfach 80 03 20
6230 Frankfurt 80

Prof. Dr. R. Bertram
Institut für Physikalische
und Theoretische Chemie
TU Braunschweig
Hans-Sommer-Str. 10
3300 Braunschweig

Prof. Dr. J. O. Besenhard
Anorg. Chem. Institut
d. Universität Münster
Wilhelm-Klemm-Str. 8
4400 Münster

Prof. Dr. L. Binder
TU Graz
Inst. f. Chem. Anorg. Stoffe
Stremayrgasse 16
A-8010 Graz

D. Bockelmann
Institut für
Solarenergieforschung
Sokelantstr. 5
3000 Hannover

Dr. D. von Borstel
Varta Batterie AG
Daimlerstr. 1
7090 Ellwangen

Dr. H. P. Boßmann
Asea Brown Boveri, CRH
Forschungszentrum
Eppelheimer Str. 82
6900 Heidelberg

Dr. R. Breder
Forschungszentrum Jülich (KFA)
Institut für Chemie
Postfach 1913
5170 Jülich

Dr. R. Buchner
Institut f. Physikalische
und Theoretische Chemie
der Universität Regensburg
Universitätsstr. 31
8400 Regensburg

M. Buser
Anorg. Chem. Institut
d. Universität Münster
Grevener Str. 16
4400 Münster

Dr. E. Cattaneo
Hoppecke Batterien
5790 Brilon

A. Dietz
Institut f. Physikalische
Chemie Universität Hamburg
Bundesstr. 45
2000 Hamburg 13

Dr. R. Dillert
Institut für Physikalische
und Theoretische Chemie
TU Braunschweig
Hans-Sommer-Str. 10
3300 Braunschweig

Dr. P. J. van Duin
Dept. of. Environm. Technology
TNO Div. of Technology
for Society
P.O. Box 217
NL-2600 AE DELFT

Dr. U. Eckoldt
Techn. Universität Dresden
WB Elektrochemie
Mommsenstr. 13
O-8027 Dresden

Prof. Dr. C. Fabjan
Institut für Techn.
Elektrochemie
Technische Universität Wien
Getreidemarkt 9
A-1060 Wien

Dr. G. Fafilek
Institut für Technische
Elektrochemie
Getreidemarkt 9
A-1060 Wien

Dr. J. Fiala-Goldiger
RECYTEC S.A.
rue Juste-Olivier
CH-1260 Nyon

S. Fichtner
Techn. Universität Dresden
WB Elektrochemie
Mommsenstr. 13
O-8027 Dresden

Dipl.-Phys. Ch. Fischer
Gesamthochschule Kassel
Techn. Physik
Heinrich-Plett-Str. 40
3500 Kassel

Prof. Dr. R. Franke
TU Dresden
Sektion Chemie
Mommsenstr. 13
O-8027 Dresden

Dr. O. Führer
Gesamthochschule Kassel
Techn. Physik
Heinrich-Plett-Str. 40
3500 Kassel

Dr. J. Garche
TU Dresden
Sektion Chemie
Mommsenstr. 13
O-8027 Dresden

Dr. H. Gehrke
Dornier GmbH
Postfach 1360
7990 Friedrichsfeld

Dr. H.-J. Gores
Institut f. Physikalische
und Theoretische Chemie
der Universität Regensburg
Universitätsstr. 31
8400 Regensburg

Dr. R. Goslich
Institut für
Solarenergieforschung
Sokelantstr. 5
3000 Hannover

E. Gülzow
DFVLR
Institut f. Technische
Thermodynamik
Pfaffenwaldring 38-40
7000 Stuttgart 80

A. Hagen
Karl-Marx-Universität
Analytisches Zentrum Chemie
Talstr. 35
O-7010 Leipzig

Prof. Dr. C. Hamann
Fachbereich Chemie
AG Angew. Physik. Chemie
Universität Oldenburg
Postfach 2503
2882 Ovelgönne 1

J. Hanulik
RECYTEC S.A.
rue Juste-Olivier
CH-1260 Nyon

Dr. F. Harbach
Asea Brown Boveri, CRH
Forschungszentrum
Eppelheimer Str. 82
6900 Heidelberg

Dr. C. Harzdorf
Bayer AG
Anorganisch-Analytisches
Laboratorium
5090 Leverkusen, Bayerwerk

Dr. P. Hauser
Paul Scherrer Institut
Elektrochemie
CH-5232 Villingen

Dr. A. Heinzel
Fraunhofer-Institut für
Solare Energiesysteme
Oltmannsstr. 22
7800 Freiburg

Prof. Dr. J. Heitbaum
Chemetall GmbH
Reuterweg 14
6000 Frankfurt a. Main

Prof. Dr. E. Heitz
DECHEMA
Theodor-Heuss-Allee 25
6000 Frankfurt 97

S. Herzog
Techn. Universität Dresden
Sektion Chemie
Mommsenstr. 13
O-8027 Dresden

Dr. W. Hoffmann
Institut für Organische
Chemie und Biochemie der
Universität Bonn
Gerhard-Domagk-Str. 1
5300 Bonn

P. Hülser
Universität GH Duisburg
FB 6 - Elektrochemie
Lotharstraße 1
4100 Duisburg

Dr. A.M.C.P. de Jong
Dept. of. Environm. Technology
TNO Div. of Technology
for Society
P.O. Box 217
NL-2600 AE DELFT

Dr. J. Jörissen
Universität Dortmund
Technische Chemie A
Postfach 500500
4600 Dortmund 50

Dr. A. Kalberlah
Volkswagen AG
Postfach
3180 Wolfsburg 1

Prof. Dr. B. Kastening
Institut für physikalische
Chemie der Universität
Hamburg
Bundesstr. 45
2000 Hamburg 13

Dr. Ing. K. Knaack
Ingenieurkontor Lübeck
Prof. Gabler Nachf. GmbH
Niels-Bohr-Ring 5
2400 Lübeck 1

U. Knöbel
Dornier GmbH
Postfach 1360
7990 Friedrichsfeld

Dr. R. Knödler
Asea Brown Boveri, CRH
Forschungszentrum
Eppelheimer Str. 82
6900 Heidelberg

Prof. Dr. K. Kordesch
Inst. f. chem. Technologie
Anorg. Stoffe D
Uni Graz
Stremayrgasse 16
A-8010 Graz

Dr. S. Koter
Chemisches Institut
Nikolaus Kopernikus Univers.
Gagarinstr. 7
PL-87100 Torun

Dr. H. Kronberger
Institut für Techn.
Elektrochemie
Technische Universität Wien
Getreidemarkt 9
A-1060 Wien

Dr. H. Landes
Siemens AG
Abt. ZFE ME AC 31
Paul-Gossen-Str. 100
8520 Erlangen

Dr. I. Lauermann
Institut für physikalische
Chemie der Universität
Hamburg
Bundesstr. 45
2000 Hamburg 13

Dr. K. Ledjeff
Fraunhofer-Institut für
Solare Energiesysteme
Oltmannsstr. 22
7800 Freiburg

Dr. G. Lilienkamp
Asea Brown Boveri, CRH
Forschungszentrum
Eppelheimer Str. 82
6900 Heidelberg

Prof. Dr. H. Matschiner
Martin-Luther-Universität
Sektion Chemie
Weinbergweg 16
0-4050 Halle

Dr. J. Mattusch
Universität Leipzig
Sektion Chemie
Talstr. 35
0-7010 Leipzig

Dr. D. Meissner
Institut für
Solarenergieforschung
Sokelantstr. 5
3000 Hannover

Dr. R. Memming
Institut für Solarenergie-
forschung (ISFH)
Sokelantstr. 5
3000 Hannover 1

Prof. Dr. A. Möbius
Zentralinstitut für Anorg.
Chemie der AdW
Rudower Chaussee 5
0-1090 Berlin

Dr. J. Mrha
J. Heyrovsky Institut
Dolejskova 3
CS-18223 Prag 8

M. Mueller von der Haegen
Institut für Physikalische
und Theoretische Chemie
TU Braunschweig
Hans-Sommer-Str. 10
3300 Braunschweig

B. R. Müller
Institut für
Solarenergieforschung
Sokelantstr. 5
3000 Hannover

Dr. K.-J. Müller
Deutsche Carbone AG
Talstr. 112
6000 Frankfurt 56

Dr. K. Mund
Siemens AG
Abt. ZFE ME AL 31
Paul-Gossen-Str. 100
8520 Erlangen

T. Neumann
Institut für Physikalische
und Theoretische Chemie
TU Braunschweig
Hans-Sommer-Str. 10
3300 Braunschweig

Prof. Dr. G. Nimtz
II. Physikalisches Institut
der Universität zu Köln
Zülpicherstr. 77
5000 Köln

Dr. P. Novak
J. Heyrovsky Institut
für Physikalische Chemie und
Elektrochemie
CS- Prag

Dr. D. Ohms
TU Dresden
Sektion Chemie
Mommsenstr. 13
0-8027 Dresden

K. Peters
Institut für Organische
Chemie und Biochemie der
Universität Bonn
Gerhard-Domagk-Str. 1
5300 Bonn

Prof. Dr. W. J. Plieth
Institut für Physikalische
Chemie
Freie Universität Berlin
Takustraße 3
1000 Berlin 33

Prof. Dr. J. Pohl
Universität Dortmund
Lehrstuhl Physikalische
Chemie I
Postfach 500500
4600 Dortmund

H. Polligkeit
Universität Oldenburg
Carl-von-Ossietzky-Str. 9-11
2900 Oldenburg

A. Preuße
Techn. Universität Dresden
WB Elektrochemie
Mommsenstr. 13
0-8027 Dresden

Dr. D. Rahner
Techn. Universität Dresden
WB Elektrochemie
Mommsenstr. 13
0-8027 Dresden

B. Rasch
Institut für Physikalische
Chemie der Universität Bonn
Wegeler Str. 12
5300 Bonn

Dr. G. Reimer
Deutsche Solvay-Werke GmbH
Langhansstr. 6
5650 Solingen

Dr. R. Reineke
Institut für Solar-
energieforschung
Sokelantstr. 5
3000 Hannover 1

Dr. G. Richter
Siemens AG
Abt. ZFE ME AC 3
Postfach 3220
8520 Erlangen

Dr. J. Rimmasch
Institut für physikalische
Chemie der Universität
Hamburg
Bundesstr. 45
2000 Hamburg 13

Dr. K. Rühling
Gesamthochschule Kassel
Techn. Physik
Heinrich-Plett-Str. 40
3500 Kassel

Dr. E. Russow
HOECHST AG
Werk Hoechst
Postfach 80 03 20
6230 Frankfurt 80

Dipl.-Ing. G. Sattler
Ingenieurkontor Lübeck
Prof. Gabler Nachf. GmbH
Niels-Bohr-Ring 5
2400 Lübeck 1

Dr. E. Schadow
HOECHST AG
Werk Hoechst
Postfach 80 03 20
6230 Frankfurt 80

Dr. G. Schaumberg
Fraunhofer-Institut für
Solare Energiesysteme
Oltmannsstr. 22
7800 Freiburg

Dr. R. Schein
QVF
Glastechnik GmbH
Schlossbergstr. 11
6200 Wiesbaden

Dr. D. Schmal
Dept. of. Environm. Technology
TNO Div. of Technology
for Society
P.O. Box 217
NL-2600 AE DELFT

Dr. H. J. Schmidt
TH Darmstadt
Inst. f. Physik. Chemie
Abt. Elektrochemie
Petersenstr. 20
6100 Darmstadt

Dr. W. Schnurnberger
Deutsche Forschungs- und
Versuchsanstalt für Luft- und
Raumfahrttechnik
Pfaffenwaldring 38
7000 Stuttgart 80

M. Schülke
Institut für
Solarenergieforschung
Sokelantstr. 5
3000 Hannover

Prof. Dr. J.W. Schultze
Institut für Physikalische
Chemie II
Universität Düsseldorf
Universitätsstr. 1
4000 Düsseldorf

M. Schwake
Anorg. Chem. Institut
d. Universität Münster
Wilhelm-Klemm-Str. 8
4400 Münster

Prof. Dr. M. J. Schwuger
Forschungszentrum Jülich (KFA)
Institut für Chemie
Postfach 1913
5170 Jülich

Dr. J. M. Séquaris
Institut für Angewandte
Physik. Chemie, ICH-4
Forschungsz. (KFA) Jülich GmbH
Postfach 1913
5170 Jülich

Prof. Dr. K. H. Simmrock
Universität Dortmund
Postfach 500500
4600 Dortmund 50

Dr. M. Specht
Universität Stuttgart
Inst. f. Physik. Elektronik
Pfaffenwaldring 47
7000 Stuttgart 80

W. Taucher
Inst. f. chem. Technologie
Anorg. Stoffe D
Uni Graz
Stremayrgasse 16
A-8010 Graz

Dr. U. Teutsch
Varta Batterie AG
Gundelhardtstr. 72
6233 Kelkheim

Dr. R. Trutschel
Martin-Luther-Universität
Sektion Chemie
Weinbergweg 16
O-4050 Halle

I. Uhlendorf
Institut für Solarenergie-
forschung
Sokelantstr. 5
3000 Hannover 1

Dr. Ing. I. Vermes
DECHEMA
Theodor-Heuss-Allee 25
6000 Frankfurt 97

Prof. Dr. W. Vielstich
Institut für Physikalische
Chemie der Universität Bonn
Wegeler Str. 12
5300 Bonn

Prof. Dr.-Ing. H. Vogt
FB Verfahrens- u. Umwelttechn.
d. Techn. Fachhochschule
Berlin
Luxemburger Straße 10
1000 Berlin 65

Prof. Dr. K. G. Weil
Institut für Physik. Chemie
Elektrochemie Techn. Hochsch.
Petersenstr. 20
6100 Darmstadt

Petra Weißenfels
Universität Dortmund
Physikalische Chemie I
Kirchhörder Str. 57
4600 Dortmund

G. Werner
Universität Leipzig
Sektion Chemie
Talstr. 35
7010 Leipzig

G. Wiegleb
Hartmann & Braun AG
Mess- u. Prozessautomatis.
Heerstr. 136
6000 Frankfurt a. Main

Prof. Dr. K. Wiesener
Techn. Universität Dresden
Sektion Chemie
Mommsenstr. 13
O-8027 Dresden

Dr. B. Willer
Institut für Solarenergie-
Versorgungstechnik
Königstor 57-61
3500 Kassel

Prof. Dr. A. Winsel
Varta Batterie AG
Gundelhardtstr. 72
6233 Kelkheim

Dr. K. Wolff
Institut für
Solarenergieforschung
Sokelantstr. 5
3000 Hannover

P. Wolf
Universität Oldenburg
Carl-von-Ossietzky-Str. 9-11
2900 Oldenburg

W. Taucher
Inst. f. chem. Technologie
Anorg. Stoffe D
Uni Graz
Stremayrgasse 16
A-8010 Graz

Dr. U. Teutsch
Varta Batterie AG
Gundelhardtstr. 72
6233 Kelkheim

Dr. R. Trutschel
Martin-Luther-Universität
Sektion Chemie
Weinbergweg 16
0-4050 Halle

I. Uhlendorf
Institut für Solarenergie-
forschung
Sokelantstr. 5
3000 Hannover 1

Dr. Ing. I. Vermes
DECHEMA
Theodor-Heuss-Allee 25
6000 Frankfurt 97

Prof. Dr. W. Vielstich
Institut für Physikalische
Chemie der Universität Bonn
Wegeler Str. 12
5300 Bonn

Prof. Dr.-Ing. H. Vogt
FB Verfahrens- u. Umwelttechn.
d. Techn. Fachhochschule
Berlin
Luxemburger Straße 10
1000 Berlin 65

Prof. Dr. K. G. Weil
Institut für Physik. Chemie
Elektrochemie Techn. Hochsch.
Petersenstr. 20
6100 Darmstadt

Petra Weißenfels
Universität Dortmund
Physikalische Chemie I
Kirchhörder Str. 57
4600 Dortmund

G. Werner
Universität Leipzig
Sektion Chemie
Talstr. 35
7010 Leipzig

G. Wiegleb
Hartmann & Braun AG
Mess- u. Prozessautomatis.
Heerstr. 136
6000 Frankfurt a. Main

Prof. Dr. K. Wiesener
Techn. Universität Dresden
Sektion Chemie
Mommsenstr. 13
0-8027 Dresden

Dr. B. Willer
Institut für Solarenergie-
Versorgungstechnik
Königstor 57-61
3500 Kassel

Prof. Dr. A. Winsel
Varta Batterie AG
Gundelhardtstr. 72
6233 Kelkheim

P. Wolf
Universität Oldenburg
Carl-von-Ossietzky-Str. 9-11
2900 Oldenburg

Dr. K. Wolff
Institut für
Solarenergieforschung
Sokelantstr. 5
3000 Hannover

DECHEMA-MONOGRAPHIEN

Die Dechema-Monographien geben einen Überblick über die technisch-wissenschaftliche Arbeit der DECHEMA.

Sie enthalten Vorträge von den Veranstaltungsreihen, die von der DECHEMA z. B. zu den Themenkreisen Chemischer Apparatebau, Konstruktion von Apparaten und Anlagen, Umweltschutz, Energieeinsparung und Biotechnologie veranstaltet werden.

Zu den Themen des vorliegenden Bandes 124 sind früher erschienen:

Band 90	Elektrochemie und Elektronik 1980 DM 76,77 (Dechema-Mitglieder DM 61,42)
Band 92	Elektrochemische Energieumwandlung einschließlich Speicherung 1981 DM 125,95 (Dechema-Mitglieder DM 100,75)
Band 93	Elektrochemie der Metalle 1982 DM 89,70 (Dechema-Mitglieder DM 71,75)
Band 94	Reaktionstechnik chemischer und elektrochemischer Prozesse 1983 DM 109,15 (Dechema-Mitglieder DM 87,30)
Band 97	Elektrochemische Verfahrenstechnik 1983 DM 147,65 (Dechema-Mitglieder DM 118,10)
Band 98	Technische Elektrolysen 1984 DM 180,75 (Dechema-Mitglieder DM 144,60)
Band 101	Electrochemical Corrosion Testing 1985 DM 116,35 (Dechema-Mitglieder DM 93,10)
Band 102	Grundlagen von Elektrodenreaktionen 1985 DM 217,85 (Dechema-Mitglieder DM 174,30)
Band 109	Elektrochemische Verfahren 1986 DM 197,25 (Dechema-Mitglieder DM 157,80)
Band 112	Organische Elektrochemie 1987 DM 219,— (Dechema-Mitglieder DM 175,—)
Band 117	Elektrochemie und Elektronik 1988 DM 189,— (Dechema-Mitglieder DM 151,20)
Band 121	Werkstoffe in der Elektrochemie DM 288,— (Dechema-Mitglieder DM 230,40)

Alle Preise verstehen sich zuzügl. Versandkosten und Mehrwertsteuer in der jeweils gültigen gesetzlichen Höhe.

Eine Zusammenstellung aller noch lieferbaren Bände der Dechema-Monographien erhalten Sie auf Anfrage kostenlos bei der DECHEMA.

Die Dechema-Monographien können bezogen werden bei der DECHEMA, Postfach 97 01 46, D-6000 Frankfurt am Main, oder bei der VCH Verlagsgesellschaft, Postfach 10 11 61, D-6940 Weinheim.